高等学校电子信息类专业系列教材

U0169899

随机介质中的
波传播与散射基础

吴振森　李海英　编著

西安电子科技大学出版社

内 容 简 介

本书系统地讲述了随机介质中波传播与散射的基本理论以及该领域的前沿进展。全书共八章。第一章至第四章主要介绍了离散随机介质中波传播与散射的理论和方法，具体包括电磁散射基本理论、稀疏随机分布粒子中波传输的单次散射、聚集和随机簇团粒子系的散射、离散随机分布粒子中波传输的多重散射；第五章和第六章分别介绍了连续随机介质中平面波和球面波的传播、湍流大气中波束的传播；第七章和第八章分别给出了随机粗糙面的电磁散射，地面、海面电磁散射特性与应用。

本书可作为无线电物理、光学与光学工程、雷达探测、遥感等专业的高年级本科生和研究生教材，也可以供其他相关专业人员参考。

图书在版编目(CIP)数据

随机介质中的波传播与散射基础 / 吴振森，李海英编著. —西安：西安电子科技大学出版社，2023.2

ISBN 978 - 7 - 5606 - 6694 - 5

Ⅰ. ①随… Ⅱ. ①吴… ②李… Ⅲ. ①波传播—研究 ②散射—研究 Ⅳ. ①O4

中国版本图书馆 CIP 数据核字(2022)第 214453 号

策　　划　李惠萍
责任编辑　阎　彬
出版发行　西安电子科技大学出版社(西安市太白南路 2 号)
电　　话　(029)88202421　88201467　　邮　　编　710071
网　　址　www.xduph.com　　电子邮箱　xdupfxb001@163.com
经　　销　新华书店
印刷单位　陕西博文印务有限责任公司
版　　次　2023 年 2 月第 1 版　2023 年 2 月第 1 次印刷
开　　本　787 毫米×1092 毫米　1/16　印张 27.5
字　　数　657 千字
印　　数　1～2000 册
定　　价　67.00 元
ISBN 978 - 7 - 5606 - 6694 - 5/O
XDUP 6996001 - 1

前言

QIANYAN

“随机介质中的波传播与散射基础”作为我校研究生课程，即无线电物理和光学学科博士生与硕士生学位课程已经开设了近三十年。在1990年以前，王一平教授、肖景明教授、黄际英教授和吴振森教授先后以A. Ishimaru著的*Wave Propagation and Scattering in Random Media*(1978)作为我校研究生学位课教材。为满足学科建设和课程改革需求，该课程由早期的两学期120学时压缩为一学期48学时，因此，该课程着重于系统介绍随机介质中波传播与散射的基础理论和物理过程，并适当介绍该领域的前沿进展。

近几十年来，随机介质中的波传播与散射发展迅速，研究成果相当丰富。随机介质不仅包含人类赖以生存的空间自然环境，而且涉及因科技发展而产生的各类新型材料与介质。波和随机介质的相互作用与许多领域有密切联系，涵盖无线电谱段、微波、太赫兹波、光波、声波以及X射线等各个波段，涉及地基、空基和天基雷达探测、通信、遥感以及生物化学、粒度分析等领域。

本书分为八章，分别讲述：离散随机介质中的波传播理论以及在各类随机分布粒子(如各类大气水凝物)中电磁波的传输与散射等方面的应用；连续随机介质中的波传播与散射理论，并介绍弱起伏和强起伏大气湍流中的波传播理论，以及平面波、相干波束和部分相干波束在湍流大气中的视距传播与斜程低空传播的闪烁、漂移和展宽特性；随机粗糙面的波散射中包含粗糙面的电磁散射理论、实际地面和海面波的散射与辐射以及雷达杂波特性分析与预测。

特别值得一提的是，经过30年的发展和磨砺，一大批青年学子通过攻读硕士与博士学位，在学习和研究工作中锻炼成长，打造了我国从事随机介质中波传播与散射研究、发展与应用的队伍，建成了我国各工业部门与研究所的研发基地，其中部分学者已成为我国各领域的领军人才。本书内容来源于著作者和这支研究队伍近三十年的亲密合作和研究成果的积累。

读者通过本书的学习，可以系统地了解随机介质中波传播与散射的基本概念，基本掌握随机介质中的波传播与散射的建模、测量和分析方法。因此，本书可作为无线电物理、光学与光学工程、雷达探测、遥感等专业的高年级本科生和研究生教材，也可供其他相关专业人员参考。

因课时和篇幅限制，本书在理论、技术和应用方面还未将国内外更新、更多的研究成果融汇其中，且书中一定会有不少疏漏之处，请读者不吝赐教。

吴振森

2022年10月

于西安电子科技大学

目录

MULU

第一章　电磁散射基本理论

随机介质中的波传播与散射几乎涵盖自然界90%以上的介质，如日地空间太阳风等离子体，电离层不规则体，对流层大气和各类气溶胶与水凝物，地面、海面和水下介质的电磁波、光波和声波传播与散射，以及生物细胞体和各类人工材料的波传播、散射与材料特征的探测与检测。概括而言，本章主要介绍单个散射体的波散射的基本理论和常用算法。

1.1　电磁散射基本理论

1.1.1　波动方程与格林函数

设时谐平面电磁波 $\boldsymbol{E}_i$(时谐因子为 $\exp(-i\omega t)$)入射到相对介电常数为 $\varepsilon_r(\boldsymbol{r}')=\varepsilon_r'(\boldsymbol{r}')+i\varepsilon_r''(\boldsymbol{r}')$，磁导率为 μ_0 的有限散射体 V 上，$\boldsymbol{r}'$ 为散射体中某一点的位置矢量，如图 1.1 所示。在无源空间，其总场 $\boldsymbol{E}(\boldsymbol{r})=\boldsymbol{E}_i(\boldsymbol{r})+\boldsymbol{E}_s(\boldsymbol{r})$，$\boldsymbol{H}(\boldsymbol{r})=\boldsymbol{H}_i(\boldsymbol{r})+\boldsymbol{H}_s(\boldsymbol{r})$满足麦克斯韦方程：

$$\nabla\times\boldsymbol{E}=i\omega\mu_0\boldsymbol{H},\quad \nabla\times\boldsymbol{H}=-i\omega\varepsilon_0\boldsymbol{E}+\boldsymbol{J}_{\text{eff}} \tag{1.1}$$

其中，在散射体内产生散射波场的等效电流可表示为

$$\boldsymbol{J}_{\text{eff}}=\begin{cases}-i\omega\varepsilon_0[\varepsilon_r(\boldsymbol{r}')-1]\boldsymbol{E}, & \boldsymbol{r}'\in V\\ 0, & \boldsymbol{r}'\notin V\end{cases} \tag{1.2}$$

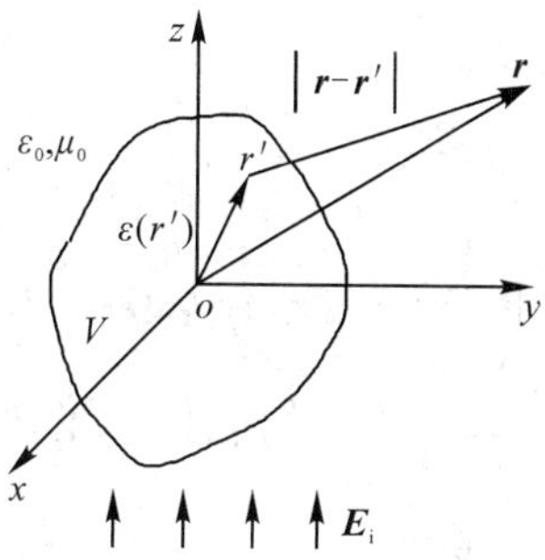

图 1.1　平面波入射示意图

由式(1.1)和式(1.2)获得电场的矢量波动方程为

$$\nabla\times\nabla\times\boldsymbol{E}(\boldsymbol{r})+k^2\boldsymbol{E}(\boldsymbol{r})=i\omega\mu_0\boldsymbol{J}_{\text{eff}}(\boldsymbol{r}) \tag{1.3}$$

式(1.2)和式(1.3)中，ω 是圆频率，$\varepsilon_r(\boldsymbol{r}')=\varepsilon(\boldsymbol{r}')/\varepsilon_0$ 是相对介电常数，传播常数 k 满足 $k^2=\omega^2\mu_0\varepsilon_0$。散射体的散射场和其外部的总场分别为

$$\boldsymbol{E}_s(\boldsymbol{r})=\int\overline{\overline{\boldsymbol{G}}}(\boldsymbol{r},\boldsymbol{r}')k^2[\varepsilon_r(\boldsymbol{r}')-1]\boldsymbol{E}(\boldsymbol{r}')\mathrm{d}\boldsymbol{r}' \tag{1.4}$$

$$\boldsymbol{E}(\boldsymbol{r})=\boldsymbol{E}_i(\boldsymbol{r})+\boldsymbol{E}_s(\boldsymbol{r}) \tag{1.5}$$

式(1.4)中，并矢格林函数 $\overline{\overline{\boldsymbol{G}}}(\boldsymbol{r},\boldsymbol{r}')$满足点源的波动方程：

$$\nabla\times\nabla\times\overline{\overline{\boldsymbol{G}}}(\boldsymbol{r},\boldsymbol{r}')+k^2\overline{\overline{\boldsymbol{G}}}(\boldsymbol{r},\boldsymbol{r}')=\overline{\overline{\boldsymbol{I}}}\delta(\boldsymbol{r}-\boldsymbol{r}') \tag{1.6}$$

其中，$\overline{\overline{\boldsymbol{I}}}$ 为单位并矢。并矢格林函数 $\overline{\overline{\boldsymbol{G}}}(\boldsymbol{r},\boldsymbol{r}')$可用标量格林函数 $g(\boldsymbol{r},\boldsymbol{r}')$表示为

$$\overline{\overline{\boldsymbol{G}}}(\boldsymbol{r},\boldsymbol{r}')=\left(\overline{\overline{\boldsymbol{I}}}+\frac{\nabla\nabla}{k^2}\right)g(\boldsymbol{r},\boldsymbol{r}') \tag{1.7}$$

考虑矢量运算公式$\nabla\times\nabla\times\nabla\nabla=\nabla\times(\nabla\times\nabla)\cdot\nabla=0$，以及

$$\nabla\times\nabla\times(\bar{\bar{\boldsymbol{I}}}g(\boldsymbol{r},\boldsymbol{r}'))=\nabla\nabla g(\boldsymbol{r},\boldsymbol{r}')-\bar{\bar{\boldsymbol{I}}}\nabla^2 g(\boldsymbol{r},\boldsymbol{r}') \tag{1.8}$$

可以获得标量格林函数$g(\boldsymbol{r},\boldsymbol{r}')$满足的波动方程：

$$(\nabla^2+k^2)g(\boldsymbol{r},\boldsymbol{r}')=-\delta(\boldsymbol{r}-\boldsymbol{r}') \tag{1.9}$$

格林函数作为式(1.9)的解为

$$g(\boldsymbol{r},\boldsymbol{r}')=g(\boldsymbol{r}-\boldsymbol{r}')=\frac{\exp[\mathrm{i}k|\boldsymbol{r}-\boldsymbol{r}'|]}{4\pi|\boldsymbol{r}-\boldsymbol{r}'|} \tag{1.10}$$

由傅里叶变换，格林函数和δ函数可分别表示为

$$g(\boldsymbol{r}-\boldsymbol{r}')=\frac{1}{(2\pi)^3}\int_{-\infty}^{\infty}\mathrm{e}^{\mathrm{i}\boldsymbol{K}\cdot(\boldsymbol{r}-\boldsymbol{r}')}g(\boldsymbol{K})\mathrm{d}\boldsymbol{K} \tag{1.11}$$

$$\delta(\boldsymbol{r}-\boldsymbol{r}')=\frac{1}{(2\pi)^3}\int_{-\infty}^{\infty}\mathrm{e}^{\mathrm{i}\boldsymbol{K}\cdot(\boldsymbol{r}-\boldsymbol{r}')}\mathrm{d}\boldsymbol{K} \tag{1.12}$$

将式(1.11)和式(1.12)代入式(1.9)，可以获得

$$g(\boldsymbol{K})=\frac{1}{K^2-k^2} \tag{1.13}$$

其中，$\boldsymbol{K}=K_x\hat{\boldsymbol{x}}+K_y\hat{\boldsymbol{y}}+K_z\hat{\boldsymbol{z}}$，$\mathrm{d}\boldsymbol{K}=\mathrm{d}K_x\mathrm{d}K_y\mathrm{d}K_z$。对于积分式(1.11)，在$K_z$上半平面存在极点$K_{0z}=\sqrt{k^2-K_x^2-K_y^2}$；在$K_z$下半平面存在极点$-K_{0z}$。并矢格林函数为

$$\bar{\bar{\boldsymbol{G}}}(\boldsymbol{r})=-\hat{\boldsymbol{z}}\hat{\boldsymbol{z}}\frac{\delta(\boldsymbol{r})}{k^2}+\begin{cases}\dfrac{\mathrm{i}}{8\pi^2}\displaystyle\int\frac{1}{K_{0z}}\left[\bar{\bar{\boldsymbol{I}}}-\frac{\boldsymbol{K}\boldsymbol{K}}{k^2}\right]\mathrm{e}^{\mathrm{i}\boldsymbol{K}\cdot\boldsymbol{r}}\mathrm{d}\boldsymbol{K}_\perp, & z>0\\ \dfrac{\mathrm{i}}{8\pi^2}\displaystyle\int\frac{1}{K_{0z}}\left[\bar{\bar{\boldsymbol{I}}}-\frac{\boldsymbol{K}'\boldsymbol{K}'}{k^2}\right]\mathrm{e}^{\mathrm{i}\boldsymbol{K}\cdot\boldsymbol{r}}\mathrm{d}\boldsymbol{K}_\perp, & z<0\end{cases} \tag{1.14}$$

式中，$\boldsymbol{r}$代表$\boldsymbol{r}-\boldsymbol{r}'$，$\boldsymbol{K}_\perp=K_x\hat{\boldsymbol{x}}+K_y\hat{\boldsymbol{y}}$，$\boldsymbol{K}=K_x\hat{\boldsymbol{x}}+K_y\hat{\boldsymbol{y}}+K_{0z}\hat{\boldsymbol{z}}$，$\boldsymbol{K}'=K_x\hat{\boldsymbol{x}}+K_y\hat{\boldsymbol{y}}-K_{0z}\hat{\boldsymbol{z}}$。

1.1.2 矢量格林定理和惠更斯原理

考虑区域V_0的电流源的电磁散射，S_1为散射体V_1的表面，$\hat{\boldsymbol{n}}$为外法向单位矢量。S_∞为无穷大表面，包围了所有空间。散射体V_1内外的电磁参数如图1.2所示。根据矢量格林定理，在空间V_0中任意两矢量$\boldsymbol{P}$和$\boldsymbol{Q}$满足下式：

$$\int_V\{\boldsymbol{P}\cdot\nabla\times\nabla\times\boldsymbol{Q}-\boldsymbol{Q}\cdot\nabla\times\nabla\times\boldsymbol{P}\}\mathrm{d}V=\int\{\boldsymbol{Q}\times\nabla\times\boldsymbol{P}-\boldsymbol{P}\times\nabla\times\boldsymbol{Q}\}\cdot\hat{\boldsymbol{n}}\mathrm{d}S \tag{1.15}$$

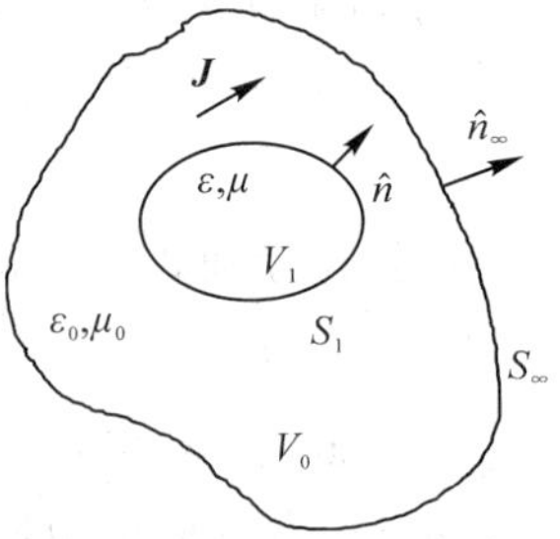

图1.2 惠更斯原理

让$\boldsymbol{P}=\boldsymbol{E}(\boldsymbol{r})$，$\boldsymbol{Q}=\bar{\bar{\boldsymbol{G}}}(\boldsymbol{r},\boldsymbol{r}')\cdot\boldsymbol{a}$，且$\boldsymbol{a}$为任意常矢量，式(1.15)可改写为

$$\begin{aligned}&\int_{V_0}\{\boldsymbol{E}(\boldsymbol{r})\cdot\nabla\times\nabla\times\bar{\bar{\boldsymbol{G}}}(\boldsymbol{r},\boldsymbol{r}')\cdot\boldsymbol{a}-\bar{\bar{\boldsymbol{G}}}(\boldsymbol{r},\boldsymbol{r}')\cdot\boldsymbol{a}\cdot\nabla\times\nabla\times\boldsymbol{E}(\boldsymbol{r})\}\mathrm{d}V\\&=-\int_{S_1}\{\bar{\bar{\boldsymbol{G}}}(\boldsymbol{r},\boldsymbol{r}')\cdot\boldsymbol{a}\times\nabla\times\boldsymbol{E}(\boldsymbol{r})-\boldsymbol{E}(\boldsymbol{r})\times\nabla\times\bar{\bar{\boldsymbol{G}}}(\boldsymbol{r},\boldsymbol{r}')\cdot\boldsymbol{a}\}\cdot\hat{\boldsymbol{n}}\mathrm{d}S+\\&\quad\int_{S_\infty}\{\bar{\bar{\boldsymbol{G}}}(\boldsymbol{r},\boldsymbol{r}')\cdot\boldsymbol{a}\times\nabla\times\boldsymbol{E}(\boldsymbol{r})-\boldsymbol{E}(\boldsymbol{r})\times\nabla\times\bar{\bar{\boldsymbol{G}}}(\boldsymbol{r},\boldsymbol{r}')\cdot\boldsymbol{a}\}\cdot\hat{\boldsymbol{n}}_\infty\mathrm{d}S\end{aligned} \tag{1.16}$$

根据辐射条件，式(1.16)对于 S_∞ 的积分为零。考虑电场满足式(1.3)和格林函数满足式(1.6)，式(1.16)可重新写为

$$\int_{V_0}\{\boldsymbol{E}(\boldsymbol{r})\cdot\boldsymbol{a}\delta(\boldsymbol{r}-\boldsymbol{r}')-(\overline{\overline{\boldsymbol{G}}}(\boldsymbol{r},\boldsymbol{r}')\cdot\boldsymbol{a})\cdot\mathrm{i}\omega\mu_0\boldsymbol{J}_{\mathrm{eff}}(\boldsymbol{r})\}\mathrm{d}V$$
$$=-\int_{S_1}\{(\overline{\overline{\boldsymbol{G}}}(\boldsymbol{r},\boldsymbol{r}')\cdot\boldsymbol{a})\times\nabla\times\boldsymbol{E}(\boldsymbol{r})-\boldsymbol{E}(\boldsymbol{r})\times\nabla\times(\overline{\overline{\boldsymbol{G}}}(\boldsymbol{r},\boldsymbol{r}')\cdot\boldsymbol{a})\}\cdot\hat{\boldsymbol{n}}\mathrm{d}S \tag{1.17}$$

并矢格林函数具有对称性质，即

$$\overline{\overline{\boldsymbol{G}}}^{\mathrm{T}}(\boldsymbol{r},\boldsymbol{r}')=\overline{\overline{\boldsymbol{G}}}(\boldsymbol{r}',\boldsymbol{r}),\ (\nabla\times\overline{\overline{\boldsymbol{G}}}(\boldsymbol{r},\boldsymbol{r}'))^{\mathrm{T}}=\nabla'\times\overline{\overline{\boldsymbol{G}}}(\boldsymbol{r}',\boldsymbol{r}) \tag{1.18}$$

则有

$$\int_{V_0}\boldsymbol{a}\cdot\overline{\overline{\boldsymbol{G}}}(\boldsymbol{r},\boldsymbol{r}')\cdot\mathrm{i}\omega\mu_0\boldsymbol{J}_{\mathrm{eff}}(\boldsymbol{r})\mathrm{d}V+\int_{S_1}[\boldsymbol{a}\cdot\overline{\overline{\boldsymbol{G}}}(\boldsymbol{r},\boldsymbol{r}')\cdot\hat{\boldsymbol{n}}\times\mathrm{i}\omega\mu_0\boldsymbol{H}(\boldsymbol{r})+$$
$$\boldsymbol{a}\cdot\nabla'\times(\overline{\overline{\boldsymbol{G}}}(\boldsymbol{r},\boldsymbol{r}')\cdot\hat{\boldsymbol{n}}\times\boldsymbol{E}(\boldsymbol{r})]\cdot\hat{\boldsymbol{n}}\mathrm{d}S$$
$$=\begin{cases}\boldsymbol{E}(\boldsymbol{r}')\cdot\boldsymbol{a}, & \boldsymbol{r}'\in V_0\\ 0, & \boldsymbol{r}'\in V_1\end{cases} \tag{1.19}$$

对于任意常矢量 $\boldsymbol{a}$，式(1.19)两边相等，于是有

$$\boldsymbol{E}_{\mathrm{i}}(\boldsymbol{r}')+\int_{S_1}[\overline{\overline{\boldsymbol{G}}}(\boldsymbol{r},\boldsymbol{r}')\cdot\hat{\boldsymbol{n}}\times\mathrm{i}\omega\mu_0\boldsymbol{H}(\boldsymbol{r})+\nabla'\times\overline{\overline{\boldsymbol{G}}}(\boldsymbol{r},\boldsymbol{r}')\cdot\hat{\boldsymbol{n}}\times\boldsymbol{E}(\boldsymbol{r})]\cdot\hat{\boldsymbol{n}}\mathrm{d}S$$
$$=\begin{cases}\boldsymbol{E}(\boldsymbol{r}'), & \boldsymbol{r}'\in V_0\\ 0, & \boldsymbol{r}'\in V_1\end{cases} \tag{1.20}$$

当 $\boldsymbol{r}'\in V_0$ 时，式(1.20)即为众所周知的惠更斯(Huygens)原理式。散射场可用散射体表面的切向电场和切向磁场表示为

$$\boldsymbol{E}_{\mathrm{s}}(\boldsymbol{r}')=\int_{S_1}[\overline{\overline{\boldsymbol{G}}}(\boldsymbol{r},\boldsymbol{r}')\cdot\hat{\boldsymbol{n}}\times\mathrm{i}\omega\mu_0\boldsymbol{H}(\boldsymbol{r})+\nabla'\times\overline{\overline{\boldsymbol{G}}}(\boldsymbol{r},\boldsymbol{r}')\cdot\hat{\boldsymbol{n}}\times\boldsymbol{E}(\boldsymbol{r})]\cdot\hat{\boldsymbol{n}}\mathrm{d}S \tag{1.21}$$

在远场近似(见图1.3)时，格林函数和它的导数可近似表示为

$$g(\boldsymbol{r},\boldsymbol{r}')=\frac{\exp(\mathrm{i}kR-\mathrm{i}k\hat{\boldsymbol{o}}\cdot\boldsymbol{r}')}{4\pi R} \tag{1.22}$$

$$\nabla\left(\frac{\mathrm{e}^{\mathrm{i}kR}}{R}\right)=\mathrm{i}k\hat{\boldsymbol{o}}\left(\frac{\mathrm{e}^{\mathrm{i}kR}}{R}\right) \tag{1.23}$$

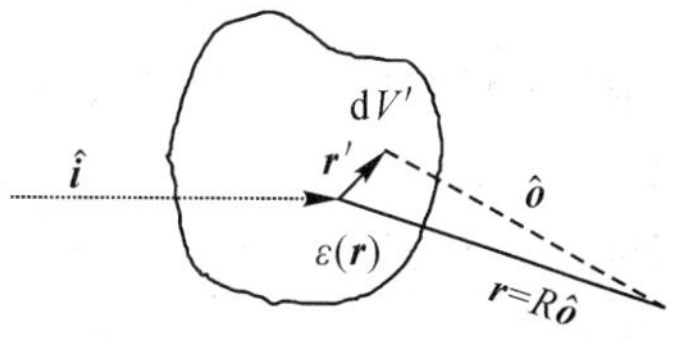

图 1.3　格林函数远场近似

其中，R 为散射体到散射场接收点的距离；$\hat{\boldsymbol{o}}$ 为散射方向的单位矢量。

由式(1.7)，并矢格林函数 $\overline{\overline{\boldsymbol{G}}}(\boldsymbol{r},\boldsymbol{r}')$ 的远场近似表示为

$$\overline{\overline{\boldsymbol{G}}}(\boldsymbol{r},\boldsymbol{r}')\approx\frac{\exp(\mathrm{i}kR)}{4\pi R}\left(\overline{\overline{\boldsymbol{I}}}+\frac{\nabla\nabla}{k^2}\right)\exp(-\mathrm{i}k\hat{\boldsymbol{o}}\cdot\boldsymbol{r}') \tag{1.24}$$

将式(1.24)代入式(1.4)，根据格林函数的对偶性，将 $\boldsymbol{r}$ 与 $\boldsymbol{r}'$ 互换，则散射电场强度为

$$\boldsymbol{E}_{\mathrm{s}}(\boldsymbol{r})=\frac{k^2\exp(\mathrm{i}kR)}{4\pi R}\int_{V'}\{-\hat{\boldsymbol{o}}\times[\hat{\boldsymbol{o}}\times\boldsymbol{E}(\boldsymbol{r}')]\}[\varepsilon_{\mathrm{r}}(\boldsymbol{r}')-1]\exp(-\mathrm{i}k\boldsymbol{r}'\cdot\hat{\boldsymbol{o}})\mathrm{d}V' \tag{1.25}$$

该式为散射场满足的积分方程。实际应用中也常用矢势和标势来求解。如果应用电赫兹矢量 $\boldsymbol{\Pi}_{\mathrm{e}}$，则散射电场与磁场强度分别为

$$\boldsymbol{E}_{\mathrm{s}}(\boldsymbol{r})=\nabla\times\nabla\times\boldsymbol{\Pi}_{\mathrm{e}}(\boldsymbol{r}),\ \boldsymbol{H}_{\mathrm{s}}(\boldsymbol{r})=-\mathrm{i}\omega\varepsilon_0\nabla\times\boldsymbol{\Pi}_{\mathrm{e}}(\boldsymbol{r}) \tag{1.26}$$

其中：

$$\boldsymbol{\Pi}_{\mathrm{e}}(\boldsymbol{r}) = -\frac{1}{\mathrm{i}\omega\varepsilon_0}\int_{V'} g(\boldsymbol{r},\boldsymbol{r}')\boldsymbol{J}_{\mathrm{eff}}(\boldsymbol{r}')\mathrm{d}V'$$

$$= \int_{V'}[\varepsilon_{\mathrm{r}}(\boldsymbol{r}')-1]\boldsymbol{E}(\boldsymbol{r}')g(\boldsymbol{r},\boldsymbol{r}')\mathrm{d}V', \quad \boldsymbol{r}\neq\boldsymbol{r}' \tag{1.27}$$

根据式(1.26)和式(1.27)，同样可以获得由式(1.25)给出的散射电场强度积分表示式。让散射场波矢量 $\hat{\boldsymbol{k}}_{\mathrm{s}}=\hat{\boldsymbol{o}}$，场的两正交分量的单位矢量为$(\hat{\boldsymbol{v}}_{\mathrm{s}},\hat{\boldsymbol{h}}_{\mathrm{s}})$。在远场条件下，上述单位矢量在直角坐标系的关系如下：

$$\begin{aligned}
\hat{\boldsymbol{o}}&=\hat{\boldsymbol{k}}_{\mathrm{s}}=(\sin\theta_{\mathrm{s}}\cos\phi_{\mathrm{s}})\hat{\boldsymbol{x}}+(\sin\theta_{\mathrm{s}}\sin\phi_{\mathrm{s}})\hat{\boldsymbol{y}}+(\cos\theta_{\mathrm{s}})\hat{\boldsymbol{z}}\\
\hat{\boldsymbol{v}}_{\mathrm{s}}&=(\cos\theta_{\mathrm{s}}\cos\phi_{\mathrm{s}})\hat{\boldsymbol{x}}+(\cos\theta_{\mathrm{s}}\sin\phi_{\mathrm{s}})\hat{\boldsymbol{y}}-(\sin\theta_{\mathrm{s}})\hat{\boldsymbol{z}}\\
\hat{\boldsymbol{h}}_{\mathrm{s}}&=-(\sin\phi_{\mathrm{s}})\hat{\boldsymbol{x}}+(\cos\phi_{\mathrm{s}})\hat{\boldsymbol{y}}
\end{aligned} \tag{1.28}$$

$$\overline{\overline{\boldsymbol{G}}}(\boldsymbol{r},\boldsymbol{r}')=(\overline{\overline{\boldsymbol{I}}}-\hat{\boldsymbol{k}}_{\mathrm{s}}\hat{\boldsymbol{k}}_{\mathrm{s}})\frac{\exp(\mathrm{i}kR)}{4\pi R}\mathrm{e}^{-\mathrm{i}\boldsymbol{k}_{\mathrm{s}}\cdot\boldsymbol{r}'}=(\hat{\boldsymbol{v}}_{\mathrm{s}}\hat{\boldsymbol{v}}_{\mathrm{s}}+\hat{\boldsymbol{h}}_{\mathrm{s}}\hat{\boldsymbol{h}}_{\mathrm{s}})\frac{\exp(\mathrm{i}kR)}{4\pi R}\mathrm{e}^{-\mathrm{i}\boldsymbol{k}_{\mathrm{s}}\cdot\boldsymbol{r}'} \tag{1.29}$$

则式(1.21)可以写为

$$\boldsymbol{E}_{\mathrm{s}}(\boldsymbol{r}) = \mathrm{i}\omega\mu\frac{\mathrm{e}^{\mathrm{i}kR}}{4\pi R}\int_{S_1}\exp(-\mathrm{i}\boldsymbol{k}_{\mathrm{s}}\cdot\boldsymbol{r}')\{(\hat{\boldsymbol{v}}_{\mathrm{s}}\hat{\boldsymbol{v}}_{\mathrm{s}}+\hat{\boldsymbol{h}}_{\mathrm{s}}\hat{\boldsymbol{h}}_{\mathrm{s}})\cdot\hat{\boldsymbol{n}}\times\boldsymbol{H}(\boldsymbol{r}')+\frac{1}{\eta}\hat{\boldsymbol{k}}_{\mathrm{s}}\times(\hat{\boldsymbol{v}}_{\mathrm{s}}\hat{\boldsymbol{v}}_{\mathrm{s}}+\hat{\boldsymbol{h}}_{\mathrm{s}}\hat{\boldsymbol{h}}_{\mathrm{s}})\cdot\hat{\boldsymbol{n}}\times\boldsymbol{E}(\boldsymbol{r}')\}\mathrm{d}\boldsymbol{S} \tag{1.30}$$

其中，$\eta=\sqrt{\mu/\varepsilon}$ 为波阻抗，在自由空间为 $\eta_0=\sqrt{\mu_0/\varepsilon_0}=120\pi$。

1.1.3 散射振幅与截面积

设介质体被单位幅度、线极化平面电磁波 $\boldsymbol{E}(\boldsymbol{r})=\hat{\boldsymbol{e}}_{\mathrm{i}}\exp(\mathrm{i}k\hat{\boldsymbol{i}}\cdot\boldsymbol{r})$照射，传播常数 $k=2\pi/\lambda$，介质体的复介电常数为 $\varepsilon_{\mathrm{r}}(\boldsymbol{r})=\varepsilon_{\mathrm{r}}'(\boldsymbol{r})+\mathrm{i}\varepsilon_{\mathrm{r}}''(\boldsymbol{r})$，如图 1.4 所示。在远场近似条件下($R>D^2/\lambda$，$D$ 为介质体的尺寸)，介质体的散射场可表示为

$$\boldsymbol{E}_{\mathrm{s}}(\boldsymbol{r})=\boldsymbol{f}(\hat{\boldsymbol{o}},\hat{\boldsymbol{i}})\frac{\exp(\mathrm{i}kR)}{R} \tag{1.31}$$

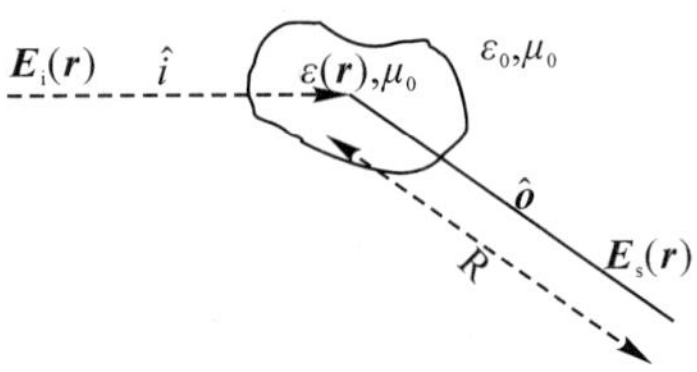

图 1.4　介质体对平面波的散射

式中，$\boldsymbol{f}(\hat{\boldsymbol{o}},\hat{\boldsymbol{i}})$为散射振幅矢量，它表示相对介电常数为 $\varepsilon_{\mathrm{r}}(\boldsymbol{r})$的介质体，在 $\hat{\boldsymbol{i}}$ 方向的线极化的单位振幅平面波的照射下，在 $\hat{\boldsymbol{o}}$ 方向上产生的散射波场的振幅、相位和极化特性。一般情况下，散射场为椭圆极化。如果入射波不是线极化的，其散射振幅矢量应改为散射振幅矩阵。本章稍后将介绍。

入射波的坡印亭矢量(功率通量密度，即通过单位面积的功率)为

$$\boldsymbol{S}_{\mathrm{i}}=\frac{1}{2}\mathrm{Re}(\boldsymbol{E}_{\mathrm{i}}\times\boldsymbol{H}_{\mathrm{i}}^{*})=\frac{\hat{\boldsymbol{i}}\,|E_{\mathrm{i}}|^2}{2\eta_0} \tag{1.32}$$

在距离介质体 R 处、$\hat{\boldsymbol{o}}$ 方向上散射功率通量密度为

$$\boldsymbol{S}_{\mathrm{s}}=\frac{1}{2}\mathrm{Re}(\boldsymbol{E}_{\mathrm{s}}\times\boldsymbol{H}_{\mathrm{s}}^{*})=\frac{\hat{\boldsymbol{o}}\,|E_{\mathrm{s}}|^2}{2\eta_0} \tag{1.33}$$

其中，$\eta_0=(\mu_0/\varepsilon_0)^{1/2}$是自由空间的波阻抗。考虑式(1.31)，有

$$\boldsymbol{S}_s=\hat{\boldsymbol{o}}\frac{|\boldsymbol{f}(\hat{\boldsymbol{i}},\hat{\boldsymbol{o}})|^2}{2\eta_0 R^2} \tag{1.34}$$

由此，通过面积 dA 的散射功率为

$$\mathrm{d}P_s=|\boldsymbol{S}_s|\mathrm{d}A=|\boldsymbol{S}_s|R^2\mathrm{d}\Omega=\frac{1}{2\eta_0}|\boldsymbol{f}(\hat{\boldsymbol{i}},\hat{\boldsymbol{o}})|^2\mathrm{d}\Omega \tag{1.35}$$

定义介质体的微分散射截面如下：

$$\sigma_d(\hat{\boldsymbol{o}},\hat{\boldsymbol{i}})=\lim_{R\to\infty}\left(\frac{R^2 S_s}{S_i}\right)=|\boldsymbol{f}(\hat{\boldsymbol{o}},\hat{\boldsymbol{i}})|^2 \tag{1.36}$$

它是单位立体角内的散射功率(S_sR^2)与入射功率通量密度的比值，具有面积的量纲，表示在给定方向上用入射场功率通量密度归一化的散射功率的一种量度。它消除了散射波按球面扩散、传输距离为 R 时对散射功率衰减的影响，使 R 不成为量度散射特征的因子。

在雷达探测应用中，常常用到双站雷达截面 σ_{bi}和单站(后向散射)雷达截面 σ_b。它们与微分散射截面的关系如下：

$$\sigma_{bi}(\hat{\boldsymbol{o}},\hat{\boldsymbol{i}})=4\pi\sigma_d(\hat{\boldsymbol{o}},\hat{\boldsymbol{i}}),\quad \sigma_b=4\pi\sigma_d(-\hat{\boldsymbol{i}},\hat{\boldsymbol{i}}) \tag{1.37}$$

它们分别表示为介质体沿 4π 立体角各向同性均匀散射时，沿 $\hat{\boldsymbol{o}}$ 方向和沿 $-\hat{\boldsymbol{i}}$ 方向的散射功率与 4π 的乘积。实际上介质体沿各个方向的散射并不均匀，可以定义介质体在整个立体角的总散射功率与入射功率通量密度的比值为介质体的散射截面：

$$\sigma_s=\int_{4\pi}\sigma_d\mathrm{d}\Omega=\int_{4\pi}|\boldsymbol{f}(\hat{\boldsymbol{o}},\hat{\boldsymbol{i}})|^2\mathrm{d}\Omega=\frac{P_s}{S_i} \tag{1.38}$$

同理，可以定义介质体的吸收截面为总吸收功率与入射功率通量密度的比值，即 $\sigma_a=P_a/S_i$，以及总衰减截面(消光截面)$\sigma_t=\sigma_s+\sigma_a$。由此，在粒子对电磁波散射的理论与实验测量中，常引入单个粒子的反照率 W_0，并将其定义为散射截面与总衰减截面的比值，即

$$W_0=\frac{\sigma_s}{\sigma_t}=\frac{1}{\sigma_t}\int_{4\pi}|\boldsymbol{f}(\hat{\boldsymbol{o}},\hat{\boldsymbol{i}})|^2\mathrm{d}\Omega=\frac{1}{4\pi}\int_{4\pi}p(\hat{\boldsymbol{o}},\hat{\boldsymbol{i}})\mathrm{d}\Omega \tag{1.39}$$

式中，定义相函数为 $p(\hat{\boldsymbol{o}},\hat{\boldsymbol{i}})=4\pi|\boldsymbol{f}(\hat{\boldsymbol{o}},\hat{\boldsymbol{i}})|^2/\sigma_t$。

1.1.4　前向散射定理

当平面波场 $\psi_i(\boldsymbol{r})=\exp(\mathrm{i}k\hat{\boldsymbol{i}}\cdot\boldsymbol{r})$入射到散射体时，总场 $\boldsymbol{E}(\boldsymbol{r})$的场分量 $\psi(\boldsymbol{r})$满足波动方程：

$$[\nabla^2+k^2\varepsilon(\boldsymbol{r})]\psi(\boldsymbol{r})=0 \tag{1.40}$$

也可改写为

$$[\nabla^2+k^2]\psi(\boldsymbol{r})=-k^2(\varepsilon(\boldsymbol{r})-1)\psi(\boldsymbol{r}) \tag{1.41}$$

根据格林定理，获得积分方程为

$$\psi(\boldsymbol{r})=\psi_i(\boldsymbol{r})+\int_{V'}\frac{\exp[\mathrm{i}k|\boldsymbol{r}-\boldsymbol{r}'|]}{4\pi|\boldsymbol{r}-\boldsymbol{r}'|}k^2(\varepsilon(\boldsymbol{r}')-1)\psi(\boldsymbol{r}')\mathrm{d}V' \tag{1.42}$$

为了获得散射幅度，在远离散射体时，参考图 1.3，在被积函数中取 $|\boldsymbol{r}-\boldsymbol{r}'|\approx R$，

$\exp(\mathrm{i}k|\boldsymbol{r}-\boldsymbol{r}'|)\approx\exp(\mathrm{i}kR-\mathrm{i}k\hat{\boldsymbol{o}}\cdot\boldsymbol{r}')$，则散射场 $\psi_s(\boldsymbol{r})$ 为

$$\begin{aligned}\psi_s(\boldsymbol{r}) &= \frac{\exp(\mathrm{i}kR)}{R}\,|\,\boldsymbol{f}(\hat{\boldsymbol{o}},\hat{\boldsymbol{i}})\,| \\ &= \frac{\exp(\mathrm{i}kR)}{R}\int_{V'}\frac{k^2(\varepsilon_r(\boldsymbol{r}')-1)}{4\pi}\exp(-\mathrm{i}k\hat{\boldsymbol{o}}\cdot\boldsymbol{r}')\psi(\boldsymbol{r}')\mathrm{d}V'\end{aligned}\tag{1.43}$$

利用格林第二定理：

$$\int_V[\psi_i^*(\boldsymbol{r})\,\nabla^2\psi(\boldsymbol{r})-\psi(\boldsymbol{r})\,\nabla^2\psi_i^*(\boldsymbol{r})]\mathrm{d}V=\int_S\left(\psi_i^*(\boldsymbol{r})\frac{\partial\psi(\boldsymbol{r})}{\partial n}-\psi(\boldsymbol{r})\frac{\partial\psi_i^*(\boldsymbol{r})}{\partial n}\right)\mathrm{d}S\tag{1.44}$$

于是

$$-\int_V k^2(\varepsilon_r-1)\psi_i^*(\boldsymbol{r})\psi(\boldsymbol{r})\mathrm{d}V=\int_S\left(\psi_i^*(\boldsymbol{r})\frac{\partial\psi(\boldsymbol{r})}{\partial n}-\psi(\boldsymbol{r})\frac{\partial\psi_i^*(\boldsymbol{r})}{\partial n}\right)\mathrm{d}S\tag{1.45}$$

考虑

$$\int_S\left(\psi_i^*(\boldsymbol{r})\frac{\partial\psi_i(\boldsymbol{r})}{\partial n}-\psi_i(\boldsymbol{r})\frac{\partial\psi_i^*(\boldsymbol{r})}{\partial n}\right)\mathrm{d}S=0\tag{1.46}$$

取 $\hat{\boldsymbol{o}}=\hat{\boldsymbol{i}}$，$\psi_i^*(\boldsymbol{r})=\exp(-\mathrm{i}k\hat{\boldsymbol{i}}\cdot\boldsymbol{r})$，以及体积元 V' 和对应包围的闭合曲面 S'，则散射振幅为

$$\begin{aligned}f(\hat{\boldsymbol{i}},\hat{\boldsymbol{i}}) &= \int_{V'}\frac{k^2(\varepsilon(\boldsymbol{r}')-1)}{4\pi}\exp(-\mathrm{i}k\hat{\boldsymbol{i}}\cdot\boldsymbol{r}')\psi(\boldsymbol{r}')\mathrm{d}V' \\ &= -\frac{1}{4\pi}\int_{S'}\left(\psi_i^*\frac{\partial\psi_s}{\partial n}-\psi_s\frac{\partial\psi_i^*}{\partial n}\right)\mathrm{d}S'\end{aligned}\tag{1.47}$$

定义吸收截面 σ_a 为单位入射波强度时散射体内的总吸收功率为

$$P_a=\mathrm{Re}\left(\psi^*\frac{\nabla\psi}{\mathrm{i}k}\right)=\mathrm{Im}\left(\psi^*\frac{\nabla\psi}{k}\right)\tag{1.48}$$

所以，吸收截面为

$$\sigma_a=-\int_{S'}\mathrm{Im}\left|\frac{\psi^*\dfrac{\partial\psi}{\partial n}}{k}\right|\mathrm{d}S'=-\frac{1}{\mathrm{i}2k}\int\left[\psi^*\frac{\partial\psi}{\partial n}-\psi\frac{\partial\psi^*}{\partial n}\right]\mathrm{d}S'\tag{1.49}$$

$\partial/\partial n$ 是包围散射体曲面的外法向导数。同理散射截面可定义为

$$\sigma_s=-\int_{S'}\mathrm{Im}\left|\frac{\psi_s^*\dfrac{\partial\psi_s}{\partial n}}{k}\right|\mathrm{d}S'=\int_{4\pi}|\boldsymbol{f}(\hat{\boldsymbol{o}},\hat{\boldsymbol{i}})|^2\mathrm{d}\Omega\tag{1.50}$$

注意：因为

$$\psi^*\frac{\partial\psi}{\partial n}-\psi\frac{\partial\psi^*}{\partial n}=(\psi_i^*+\psi_s^*)\frac{\partial}{\partial n}(\psi_i+\psi_s)-(\psi_i+\psi_s)\frac{\partial}{\partial n}(\psi_i^*+\psi_s^*)\tag{1.51}$$

$$\psi_i^*\frac{\partial\psi_i}{\partial n}-\psi_i\frac{\partial\psi_i^*}{\partial n}=0\tag{1.52}$$

所以

$$\sigma_a=-\frac{1}{\mathrm{i}2k}\int_S\left[\left(\psi_i^*\frac{\partial\psi_s}{\partial n}-\psi_s\frac{\partial\psi_i^*}{\partial n}\right)-\left(\psi_i\frac{\partial\psi_s^*}{\partial n}-\psi_s^*\frac{\partial\psi_i}{\partial n}\right)+\psi_s^*\frac{\partial\psi_s}{\partial n}-\psi_s\frac{\partial\psi_s^*}{\partial n}\right]\mathrm{d}S'\tag{1.53}$$

将式(1.51)和式(1.52)代入式(1.49)，可获得

$$\sigma_a=\frac{4\pi}{k}\mathrm{Im}[\boldsymbol{f}(\hat{\boldsymbol{i}},\hat{\boldsymbol{i}})]\cdot\hat{\boldsymbol{e}}_i-\sigma_s \tag{1.54}$$

不难将上述推导过程扩展为电场强度的矢量形式，由此衰减截面为

$$\sigma_t=\sigma_a+\sigma_s=\frac{4\pi}{k}\mathrm{Im}[\boldsymbol{f}(\hat{\boldsymbol{i}},\hat{\boldsymbol{i}})]\cdot\hat{\boldsymbol{e}}_i \tag{1.55}$$

$\hat{\boldsymbol{e}}_i$ 为入射波极化方向的单位矢量。如果考虑用散射振幅矩阵 $\overline{\overline{\boldsymbol{F}}}(\hat{\boldsymbol{o}},\hat{\boldsymbol{i}})$ 代替 $\boldsymbol{f}(\hat{\boldsymbol{o}},\hat{\boldsymbol{i}})$，则由前向散射定理得衰减截面为

$$\sigma_t=\frac{4\pi}{k}\mathrm{Im}[\hat{\boldsymbol{e}}_i\cdot\overline{\overline{\boldsymbol{F}}}(\hat{\boldsymbol{i}},\hat{\boldsymbol{i}})\cdot\hat{\boldsymbol{e}}_i] \tag{1.56}$$

1.1.5　等效原理

设 S 为闭合表面，它将各向同性的均匀介质空间分为两部分。如图 1.5(a)所示，S 外为无源空间，所有的源都在 S 内部，则 Schelkunoff 等效定理指出：以 S 为边界的无源空间的场，可以在该表面引入电流元及磁流元来等效原来存在的实际的源分布。同时，如果原来的源所产生的场是($\boldsymbol{E}_s$，$\boldsymbol{H}_s$)，则表面等效的电流元和磁流元分别为 $\hat{\boldsymbol{n}}\times\boldsymbol{H}_s$ 和 $\boldsymbol{E}_s\times\hat{\boldsymbol{n}}$。这一等效原理如图 1.5(c)所示。另外，考虑图 1.5(b)，设有一系列的源 $-\boldsymbol{J}_i$、$-\boldsymbol{M}_i$ 在自由空间中产生场 $-\boldsymbol{E}_i$、$-\boldsymbol{H}_i$，可利用等效原理得到图 1.5(d)，于是 S 以外的源就可用其表面的等效流代替，这些等效流在 S 内产生 $-\boldsymbol{E}_i$、$-\boldsymbol{H}_i$ 的场，在 S 外产生零场。将图 1.5(c)和图 1.5(d)叠加得到图 1.5(e)。其中 $\boldsymbol{J}_+=\hat{\boldsymbol{n}}\times(\boldsymbol{H}_i+\boldsymbol{H}_s)=\hat{\boldsymbol{n}}\times\boldsymbol{H}_+$，$\boldsymbol{M}_+=(\boldsymbol{E}_i+\boldsymbol{E}_s)\times\hat{\boldsymbol{n}}=\boldsymbol{E}_+\times\hat{\boldsymbol{n}}$。

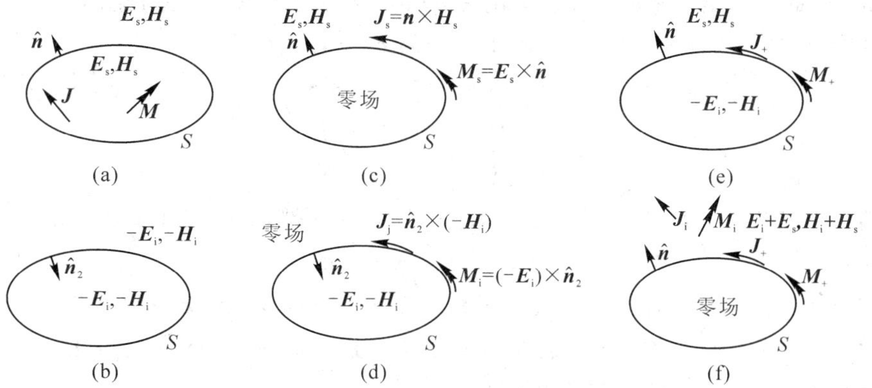

图 1.5　等效原理示意图

如果继续在图 1.5(a)中加入一系列的源 $\boldsymbol{J}_i$ 和 $\boldsymbol{M}_i$，使其产生入射场 $\boldsymbol{E}_i$ 和 $\boldsymbol{H}_i$，即可得到图 1.5(f)。$\boldsymbol{E}_+$ 和 $\boldsymbol{H}_+$ 就是外部的总场。至此，在 S 外部的源与场都与原问题图 1.5(a)相同，只是散射体被一系列的表面流取代。这些表面流在 S 外激发的就是散射场，而在 S 内产生的是负的入射场。

根据图 1.5(f)，整个区域无界，因此任何地方的散射场可以由矢势 $\boldsymbol{A}$ 和 $\boldsymbol{F}$ 来决定，即

$$\boldsymbol{E}_s=-\nabla\times\boldsymbol{F}-\frac{1}{\mathrm{i}\omega\varepsilon_0}(\nabla\times\nabla\times\boldsymbol{A}) \tag{1.57}$$

$$\boldsymbol{H}_s=\nabla\times\boldsymbol{A}+\frac{\mathrm{i}}{\omega\mu_0}(\nabla\times\nabla\times\boldsymbol{F}) \tag{1.58}$$

其中

$$\boldsymbol{A}=\frac{1}{4\pi}\int_S\frac{\boldsymbol{J}_+\exp(\mathrm{i}k|\boldsymbol{r}-\boldsymbol{r}'|)}{|\boldsymbol{r}-\boldsymbol{r}'|}\mathrm{d}S,\quad \boldsymbol{J}_+=\hat{\boldsymbol{n}}\times\boldsymbol{H}_+ \tag{1.59}$$

$$\boldsymbol{F}=\frac{1}{4\pi}\int_S\frac{\boldsymbol{M}_+\exp(\mathrm{i}k|\boldsymbol{r}-\boldsymbol{r}'|)}{|\boldsymbol{r}-\boldsymbol{r}'|}\mathrm{d}S,\quad \boldsymbol{M}_+=\boldsymbol{E}_+\times\hat{\boldsymbol{n}} \tag{1.60}$$

将式(1.59)和式(1.60)带入式(1.57)，得

$$\boldsymbol{E}_s(\boldsymbol{r})=\nabla\times\int_S(\hat{\boldsymbol{n}}\times\boldsymbol{E}_+)g(kR)\mathrm{d}S-\nabla\times\nabla\times\int_S\frac{1}{\mathrm{i}\omega\varepsilon_0}(\hat{\boldsymbol{n}}\times\boldsymbol{H}_+)g(kR)\mathrm{d}S \tag{1.61}$$

其中，$g(kR)$是自由空间的格林函数 $\exp\left(\frac{\mathrm{i}kR}{4\pi R}\right)$，$R=|\boldsymbol{r}-\boldsymbol{r}'|$且$k=\frac{2\pi}{\lambda}$。则

$$\boldsymbol{E}_i(\boldsymbol{r})+\nabla\times\int_S(\hat{\boldsymbol{n}}\times\boldsymbol{E}_+)g(kR)\mathrm{d}S-\nabla\times\nabla\times\int_S\frac{1}{\mathrm{i}\omega\varepsilon_0}(\hat{\boldsymbol{n}}\times\boldsymbol{H}_+)g(kR)\mathrm{d}S=\begin{cases}\boldsymbol{E}\text{，}\boldsymbol{r}\text{ 在 }S\text{ 外}\\0\text{，}\boldsymbol{r}\text{ 在 }S\text{ 内}\end{cases} \tag{1.62}$$

事实上当$\boldsymbol{r}$在S内时，式(1.62)已部分地决定了表面流，因为如前所述，要求散射场在S内部区域抵消入射场。此时有

$$\nabla\times\int_S(\hat{\boldsymbol{n}}\times\boldsymbol{E}_+)g(kR)\mathrm{d}S-\nabla\times\nabla\times\int_S\frac{1}{\mathrm{i}\omega\varepsilon_0}(\hat{\boldsymbol{n}}\times\boldsymbol{H}_+)g(kR)\mathrm{d}S=-\boldsymbol{E}_i(\boldsymbol{r}) \tag{1.63}$$

1.1.6 互易性

如果两组源a和b满足$\langle a,b\rangle=\langle b,a\rangle$，则称这一系统之间具有互易性。设系统为各向同性介质，则此介质是互易的。分别写出源a和b满足的麦克斯韦方程组如下：

$$\nabla\times\boldsymbol{H}_a=-\mathrm{i}\omega\varepsilon\boldsymbol{E}_a+\boldsymbol{J}_a \tag{1.64}$$

$$-\nabla\times\boldsymbol{E}_a=-\mathrm{i}\omega\mu\boldsymbol{H}_a+\boldsymbol{M}_a \tag{1.65}$$

$$\nabla\times\boldsymbol{H}_b=-\mathrm{i}\omega\varepsilon\boldsymbol{E}_b+\boldsymbol{J}_b \tag{1.66}$$

$$-\nabla\times\boldsymbol{E}_b=-\mathrm{i}\omega\mu\boldsymbol{H}_b+\boldsymbol{M}_b \tag{1.67}$$

对上述四式做运算和：$\boldsymbol{E}_b\cdot$式(1.64)$+\boldsymbol{H}_a\cdot$式(1.67)和$\boldsymbol{E}_a\cdot$式(1.66)$+\boldsymbol{H}_b\cdot$式(1.65)可得

$$-\nabla\cdot(\boldsymbol{E}_b\times\boldsymbol{H}_a)=-\mathrm{i}\omega\varepsilon\boldsymbol{E}_a\cdot\boldsymbol{E}_b+\boldsymbol{J}_a\cdot\boldsymbol{E}_b-\mathrm{i}\omega\mu\boldsymbol{H}_a\cdot\boldsymbol{H}_b+\boldsymbol{M}_b\cdot\boldsymbol{H}_a \tag{1.68}$$

$$-\nabla\cdot(\boldsymbol{E}_a\times\boldsymbol{H}_b)=-\mathrm{i}\omega\varepsilon\boldsymbol{E}_a\cdot\boldsymbol{E}_b+\boldsymbol{J}_b\cdot\boldsymbol{E}_a-\mathrm{i}\omega\mu\boldsymbol{H}_a\cdot\boldsymbol{H}_b+\boldsymbol{M}_a\cdot\boldsymbol{H}_b \tag{1.69}$$

式(1.68)减去式(1.69)，并取积分可得

$$\langle a,b\rangle-\langle b,a\rangle=\oint_S(\boldsymbol{E}_a\times\boldsymbol{H}_b-\boldsymbol{E}_b\times\boldsymbol{H}_a)\mathrm{d}\boldsymbol{S} \tag{1.70}$$

由定义，如果

$$\oint_S(\boldsymbol{E}_a\times\boldsymbol{H}_b-\boldsymbol{E}_b\times\boldsymbol{H}_a)\mathrm{d}\boldsymbol{S}=0 \tag{1.71}$$

则各向同性介质是互易的，这也称为洛伦兹互易性定理。当所有的源和物质的大小都有限时，可以将体积表面扩展至无穷远，式(1.70)左端包含对反作用有贡献的全部源。在离源距离为无穷大处，电场$\boldsymbol{E}$和磁场$\boldsymbol{H}$满足

$$\boldsymbol{H}=\hat{\boldsymbol{r}}\times\frac{\boldsymbol{E}}{\eta},\quad \hat{\boldsymbol{r}}\cdot\boldsymbol{E}=\hat{\boldsymbol{r}}\cdot\boldsymbol{H}=0 \tag{1.72}$$

因此

$$\boldsymbol{E}_a\times\boldsymbol{H}_b-\boldsymbol{E}_b\times\boldsymbol{H}_a=0 \tag{1.73}$$

所以得到式(1.71)中的面积分趋于零。

1.2　Mie 理论

1.2.1　矢量波函数

求解矢量波动方程的边值问题时，可以将矢量场分解为满足标量赫姆霍兹方程的分量，也可以通过对不同坐标系的分量进行变换来获得满足各坐标分量的赫姆霍兹方程，然后合成为矢量场。这是一种间接方法。此外也可以采用直接求解方法，即引入矢量波函数。

设有一个标量函数 ψ 和一个任意常矢 $\boldsymbol{c}$（也称为领示矢量）。若 ψ 满足赫姆霍兹方程，即

$$\nabla^2\psi+k^2\psi=0 \tag{1.74}$$

则可以构建一组矢量函数，它们分别满足

$$\boldsymbol{L}=\nabla\psi,\ \boldsymbol{M}=\nabla\times(\boldsymbol{c}\psi),\ \boldsymbol{N}=\nabla\times\nabla\times\frac{\boldsymbol{c}\psi}{k}=\nabla\times\frac{\boldsymbol{M}}{k} \tag{1.75}$$

其中，$\boldsymbol{L}$ 为纵向矢量场，且$\nabla\cdot\boldsymbol{L}=\nabla^2\psi$，$\nabla\times\boldsymbol{L}=\nabla\times(\nabla\psi)=0$。显然 $\boldsymbol{L}$ 满足矢量波动方程：

$$\nabla^2\boldsymbol{L}+k^2\boldsymbol{L}=0 \tag{1.76}$$

横向矢量场 $\boldsymbol{M}$ 满足$\nabla\cdot\boldsymbol{M}=0$。根据算子$\nabla\times\nabla\times=\nabla\nabla\cdot-\nabla^2$，以及式(1.74)，它也满足矢量波动方程：

$$\nabla\times\nabla\times\boldsymbol{M}=k^2\boldsymbol{M},\quad \nabla^2\boldsymbol{M}+k^2\boldsymbol{M}=0 \tag{1.77}$$

另一个横向矢量场 $\boldsymbol{N}=\nabla\times\nabla\times\frac{\boldsymbol{c}\psi}{k}=(\nabla\nabla\cdot-\nabla^2)\frac{\boldsymbol{c}\psi}{k}$，且$\nabla\cdot\boldsymbol{N}=0$。它也满足矢量波动方程：

$$\nabla\times\nabla\times\boldsymbol{N}=k^2\boldsymbol{N},\quad \nabla^2\boldsymbol{N}+k^2\boldsymbol{N}=0 \tag{1.78}$$

显然矢量函数($\boldsymbol{L}$，$\boldsymbol{M}$，$\boldsymbol{N}$)构成正交矢量场。它们可用基本波函数 ψ 表示，其线性组合构成矢量赫姆霍兹方程的完备解。表明任何满足矢量赫姆霍兹方程的矢量场，均可用矢量波函数展开。如磁矢势可表示为

$$\boldsymbol{A}=\sum_n(a_n\boldsymbol{M}_n+b_n\boldsymbol{N}_n+c_n\boldsymbol{L}_n) \tag{1.79}$$

1.2.2　矢量球谐函数

对于球形粒子的散射问题，选择矢量波函数 $\boldsymbol{M}$ 满足

$$\boldsymbol{M}=\nabla\times(\boldsymbol{r}\psi) \tag{1.80}$$

式中，$\boldsymbol{r}$ 是径向矢量。在球坐标下标量 ψ 满足波动方程：

$$\frac{1}{r^2}\frac{\partial}{\partial r}\left(r^2\frac{\partial\psi}{\partial r}\right)+\frac{1}{r^2\sin\theta}\frac{\partial}{\partial\theta}\left(\sin\theta\frac{\partial\psi}{\partial\theta}\right)+\frac{1}{r^2\sin\theta}\frac{\partial^2\psi}{\partial\phi^2}+k^2\psi=0 \tag{1.81}$$

由分离变量法，令 $\psi(r,\theta,\phi)=R(r)\Theta(\theta)\Phi(\phi)$，有

$$\frac{\mathrm{d}^2\Phi}{\mathrm{d}\phi^2}+m^2=0 \tag{1.82}$$

$$\frac{1}{\sin\theta}\frac{\mathrm{d}}{\mathrm{d}\theta}\left(\sin\theta\frac{\mathrm{d}\Theta}{\mathrm{d}\theta}\right)+\left[n(n+1)-\frac{m^2}{\sin^2\theta}\right]\Theta=0 \tag{1.83}$$

$$\frac{\mathrm{d}}{\mathrm{d}r}\left(r^2\frac{\mathrm{d}R}{\mathrm{d}r}\right)+[k^2r^2-n(n+1)]R=0 \tag{1.84}$$

式(1.82)的线性无关解(分奇、偶项)为

$$\Phi_{\mathrm{e}}=\cos m\phi,\quad \Phi_{\mathrm{o}}=\sin m\phi \tag{1.85}$$

设 ψ 是方位角 ϕ 的单值函数，且满足

$$\lim_{v\to 2\pi}\psi(\phi+v)=\psi(\phi) \tag{1.86}$$

我们只关心区域内标量波动方程的解，式(1.85)要求 m 是整数或零。方程(1.83)的解是在 $\theta=0$，$\theta=\pi$ 处为有限值的连带勒让德函数 $\mathrm{P}_n^m(\cos\theta)$。根据勒让德函数的正交性：

$$\int_{-1}^{1}\mathrm{P}_n^m(\mu)\mathrm{P}_{n'}^m(\mu)\mathrm{d}\mu=\delta_{n'n}\frac{2}{2n+1}\frac{(n+m)!}{(n-m)!} \tag{1.87}$$

若设 $\rho=kr$，$Z=R\sqrt{\rho}$，则式(1.84)变成

$$\rho\frac{\mathrm{d}}{\mathrm{d}\rho}\left(\rho\frac{\mathrm{d}Z}{\mathrm{d}\rho}\right)+\left[\rho^2-\left(n+\frac{1}{2}\right)^2\right]Z=0 \tag{1.88}$$

式(1.88)的两个线性无关解为第一类 Bessel 函数 J_n 和第二类 Bessel 函数 Y_n，所以式(1.84)的解是两个球谐 Bessel 函数：

$$\mathrm{j}_n(\rho)=\sqrt{\frac{\pi}{2\rho}}\mathrm{J}_{n+1/2}(\rho),\quad \mathrm{y}_n(\rho)=\sqrt{\frac{\pi}{2\rho}}\mathrm{Y}_{n+1/2}(\rho) \tag{1.89}$$

j_n 和 y_n 的线性组合是汉克函数，也是式(1.84)的解，即

$$\mathrm{h}_n^1(\rho)=\mathrm{j}_n(\rho)+\mathrm{i}\mathrm{y}_n(\rho),\quad \mathrm{h}_n^2(\rho)=\mathrm{j}_n(\rho)-\mathrm{i}\mathrm{y}_n(\rho) \tag{1.90}$$

由此可以得到球坐标系下标量波动方程的解为

$$\psi_{\substack{\mathrm{e}\\\mathrm{o}}mn}=\mathrm{P}_n^m(\cos\theta)Z_n(kr)\begin{pmatrix}\cos m\phi\\ \sin m\phi\end{pmatrix} \tag{1.91}$$

由式(1.75)和式(1.91)产生的球谐函数为

$$\boldsymbol{M}_{\mathrm{e}mn}=\frac{-m}{\sin\theta}\sin m\phi\mathrm{P}_n^m(\cos\theta)Z_n(\rho)\hat{\boldsymbol{e}}_\theta-\cos m\phi\frac{\mathrm{dP}_n^m(\cos\theta)}{\mathrm{d}\theta}Z_n(\rho)\hat{\boldsymbol{e}}_\phi \tag{1.92}$$

$$\boldsymbol{M}_{\mathrm{o}mn}=\frac{m}{\sin\theta}\cos m\phi\mathrm{P}_n^m(\cos\theta)Z_n(\rho)\hat{\boldsymbol{e}}_\theta-\sin m\phi\frac{\mathrm{dP}_n^m(\cos\theta)}{\mathrm{d}\theta}Z_n(\rho)\hat{\boldsymbol{e}}_\phi \tag{1.93}$$

$$\begin{aligned}\boldsymbol{N}_{\mathrm{e}mn}=&\frac{Z_n(\rho)}{\rho}\cos m\phi n(n+1)\mathrm{P}_n^m(\cos\theta)\hat{\boldsymbol{e}}_r+\cos m\phi\frac{\mathrm{dP}_n^m(\cos\theta)}{\mathrm{d}\theta}\frac{1}{\rho}\frac{\mathrm{d}}{\mathrm{d}\rho}[\rho Z_n(\rho)]\hat{\boldsymbol{e}}_\theta-\\&m\sin m\phi\frac{\mathrm{P}_n^m(\cos\theta)}{\sin\theta}\frac{1}{\rho}\frac{\mathrm{d}}{\mathrm{d}\rho}[\rho Z_n(\rho)]\hat{\boldsymbol{e}}_\phi\end{aligned} \tag{1.94}$$

$$\begin{aligned}\boldsymbol{N}_{\mathrm{o}mn}=&\frac{Z_n(\rho)}{\rho}\sin m\phi n(n+1)\mathrm{P}_n^m(\cos\theta)\hat{\boldsymbol{e}}_r+\sin m\phi\frac{\mathrm{dP}_n^m(\cos\theta)}{\mathrm{d}\theta}\frac{1}{\rho}\frac{\mathrm{d}}{\mathrm{d}\rho}[\rho Z_n(\rho)]\hat{\boldsymbol{e}}_\theta+\\&m\cos m\phi\frac{\mathrm{P}_n^m(\cos\theta)}{\sin\theta}\frac{1}{\rho}\frac{\mathrm{d}}{\mathrm{d}\rho}[\rho Z_n(\rho)]\hat{\boldsymbol{e}}_\phi\end{aligned} \tag{1.95}$$

利用矢量球谐函数，我们可以进一步研究球形粒子的散射问题。

1.2.3 入射场、散射场和内场的矢量球谐函数展开

一百多年前 Mie 给出了各向同性均匀介质球的平面电磁波的散射的精确解。本小节只

对 Mie 理论作简单介绍，详细的理论推导可参考相关书籍。考虑半径为 a 的球，相对背景的折射率为 m，平面电磁波沿 z 方向入射，电矢量沿 x 方向极化，如图 1.6 所示。忽略时间因子，$\boldsymbol{E}_{\mathrm{i}}=\hat{\boldsymbol{x}}\exp(\mathrm{i}kz)=\hat{\boldsymbol{x}}\exp(\mathrm{i}\boldsymbol{k}\cdot\boldsymbol{r})$。球内、外场满足波动方程：

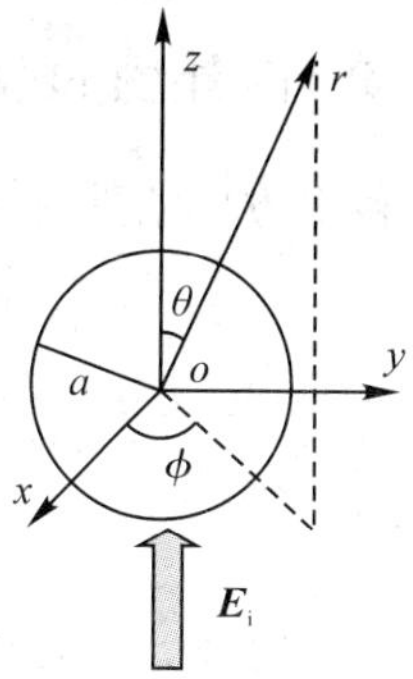

图 1.6　Mie 散射示意图

球外：　$[\nabla^2+k^2]\boldsymbol{E}=0,\quad [\nabla^2+k^2]\boldsymbol{H}=0$　(1.96)

球内：　$[\nabla^2+k^2m^2]\boldsymbol{E}=0,\quad [\nabla^2+k^2m^2]\boldsymbol{H}=0$　(1.97)

令 $k_1=km$，将入射电场 $\boldsymbol{E}_{\mathrm{i}}$ 与磁场 $\boldsymbol{H}_{\mathrm{i}}$、球内场 $\boldsymbol{E}_1$ 与 $\boldsymbol{H}_1$，以及散射场 $\boldsymbol{E}_{\mathrm{s}}$ 与 $\boldsymbol{H}_{\mathrm{s}}$ 分别用矢量球谐函数展开为

$$\boldsymbol{E}_{\mathrm{i}}=E_0\sum_{n=1}^{\infty}\mathrm{i}^n\frac{2n+1}{n(n+1)}(\boldsymbol{M}_{\mathrm{o}1n}^{(1)}-\mathrm{i}\boldsymbol{N}_{\mathrm{e}1n}^{(1)})\tag{1.98}$$

$$\boldsymbol{H}_i=\frac{-k}{\omega\mu}E_0\sum_{n=1}^{\infty}\mathrm{i}^n\frac{2n+1}{n(n+1)}(\boldsymbol{M}_{\mathrm{o}1n}^{(1)}-\mathrm{i}\boldsymbol{N}_{\mathrm{e}1n}^{(1)})\tag{1.99}$$

$$\boldsymbol{E}_1=\sum_{n=1}^{\infty}E_n(c_n\boldsymbol{M}_{\mathrm{o}1n}^{(1)}-\mathrm{i}d_n\boldsymbol{N}_{\mathrm{o}1n}^{(1)})\tag{1.100}$$

$$\boldsymbol{H}_1=\frac{-k_1}{\omega\mu_1}\sum_{n=1}^{\infty}E_n(d_n\boldsymbol{M}_{\mathrm{o}1n}^{(1)}+\mathrm{i}c_n\boldsymbol{N}_{\mathrm{o}1n}^{(1)})\tag{1.101}$$

$$\boldsymbol{E}_{\mathrm{s}}=\sum_{n=1}^{\infty}E_n(\mathrm{i}a_n\boldsymbol{N}_{\mathrm{e}1n}^{(3)}-b_n\boldsymbol{M}_{\mathrm{o}1n}^{(3)})\tag{1.102}$$

$$\boldsymbol{H}_{\mathrm{s}}=\frac{k}{\omega\mu}\sum_{n=1}^{\infty}E_n(\mathrm{i}b_n\boldsymbol{N}_{\mathrm{o}1n}^{(3)}+a_n\boldsymbol{M}_{\mathrm{e}1n}^{(3)})\tag{1.103}$$

式(1.98)～式(1.103)中，矢量球谐函数中右上角标(1)和(3)分别代表球贝塞尔函数 $\mathrm{j}_n(\rho)$ 和第一类球汉克尔函数 $\mathrm{h}_n^{(1)}(\rho)$。a_n、b_n、c_n、d_n 为四个待定系数，$m=k_1/k$，$E_n=\mathrm{i}^nE_0(2n+1)/[n(n+1)]$。针对球形体对平面波的散射，缔合勒让德方程(1.83)中 $m=1$，则矢量球谐函数为

$$\boldsymbol{M}_{\mathrm{o}1n}=\cos\phi\pi_n(\cos\theta)Z_n(\rho)\hat{\boldsymbol{e}}_\theta+\sin\phi\tau_n(\cos\theta)Z_n(\rho)\hat{\boldsymbol{e}}_\phi\tag{1.104}$$

$$\boldsymbol{M}_{\mathrm{e}1n}=-\sin\phi\pi_n(\cos\theta)Z_n(\rho)\hat{\boldsymbol{e}}_\theta-\cos\phi\tau_n(\cos\theta)Z_n(\rho)\hat{\boldsymbol{e}}_\phi\tag{1.105}$$

$$\begin{aligned}\boldsymbol{N}_{\mathrm{o}1n}=&\sin\phi n(n+1)\sin\theta\pi_n(\cos\theta)\frac{Z_n(\rho)}{\rho}\hat{\boldsymbol{e}}_{\mathrm{r}}+\\&\sin\phi\tau_n(\cos\theta)\frac{[\rho Z_n(\rho)]'}{\rho}\hat{\boldsymbol{e}}_\theta+\cos\phi\pi_n(\cos\theta)\frac{[\rho Z_n(\rho)]'}{\rho}\hat{\boldsymbol{e}}_\phi\end{aligned}\tag{1.106}$$

$$\begin{aligned}\boldsymbol{N}_{\mathrm{e}1n}=&\cos\phi n(n+1)\sin\theta\pi_n(\cos\theta)\frac{Z_n(\rho)}{\rho}\hat{\boldsymbol{e}}_{\mathrm{r}}+\\&\cos\phi\tau_n(\cos\theta)\frac{[\rho Z_n(\rho)]'}{\rho}\hat{\boldsymbol{e}}_\theta-\sin\phi\pi_n(\cos\theta)\frac{[\rho Z_n(\rho)]'}{\rho}\hat{\boldsymbol{e}}_\phi\end{aligned}\tag{1.107}$$

在球外 $\rho=kr$，在球内 $\rho=kmr=k_1r$。在第一类、第二类和第三类矢量球谐函数中，$Z_n(\rho)$ 分别为球贝赛尔函数 $\mathrm{j}_n(\rho)$、球诺依曼函数 $\mathrm{y}_n(\rho)$ 和第一类球汉克尔函数 $\mathrm{h}_n^{(1)}(\rho)$。角函数为

$$\pi_n=\frac{\mathrm{P}_n^1}{\sin\theta},\quad \tau_n=\frac{\mathrm{dP}_n^1}{\mathrm{d}\theta}\tag{1.108}$$

式中，P_n^1 为缔合勒让德函数。

1.2.4 内外场的散射系数

利用边界条件有

$$(\boldsymbol{E}_i+\boldsymbol{E}_s-\boldsymbol{E}_1)\times\hat{\boldsymbol{e}}_r=0,\quad (\boldsymbol{H}_i+\boldsymbol{H}_s-\boldsymbol{H}_1)\times\hat{\boldsymbol{e}}_r=0 \tag{1.109}$$

式(1.109)写成分量形式为

$$\begin{cases} E_{i\theta}+E_{s\theta}=E_{1\theta},\ E_{i\phi}+E_{s\phi}=E_{1\phi} \\ H_{i\theta}+H_{s\theta}=H_{1\theta},\ H_{i\phi}+H_{s\phi}=H_{1\phi},\ r=a \end{cases} \tag{1.110}$$

将入射场、内场和散射场代入边界条件，并利用勒让德函数和三角函数的正交性，获得四个待定系数 a_n、b_n、c_n、d_n 满足的线性方程组为

$$\begin{cases} j_n(mx)c_n+h_n^{(1)}(x)b_n=j_n(x) \\ \mu[mxj_n(mx)]'c_n+\mu_1[xh_n^{(1)}(x)]'b_n=\mu_1[xj_n(x)]' \\ \mu mj_n(mx)d_n+\mu_1h_n^{(1)}(x)a_n=\mu_1j_n(x) \\ [mxj_n(mx)]'d_n+m[xh_n^{(1)}(x)]'a_n=m[xj_n(x)]' \end{cases} \tag{1.111}$$

其中，$x=ka$ 为介质球的尺寸参数，m 是相对折射率。求解以上四个方程得到散射场系数与内场系数：

$$a_n=\frac{\mu m^2 j_n(mx)[xj_n(x)]'-\mu_1 j_n(x)[mxj_n(mx)]'}{\mu m^2 j_n(mx)[xh_n^{(1)}(x)]'-\mu_1 h_n^{(1)}(x)[mxj_n(mx)]'} \tag{1.112}$$

$$b_n=\frac{\mu_1 j_n(mx)[xj_n(x)]'-\mu j_n(x)[mxj_n(mx)]'}{\mu_1 j_n(mx)[xh_n^{(1)}(x)]'-\mu h_n^{(1)}(x)[mxj_n(mx)]'} \tag{1.113}$$

$$c_n=\frac{\mu_1 j_n(x)[xh_n^{(1)}(x)]'-\mu_1 h_n^{(1)}(x)[xj_n(x)]'}{\mu_1 j_n(mx)[xh_n^{(1)}(x)]'-\mu h_n^{(1)}(x)[mxj_n(mx)]'} \tag{1.114}$$

$$d_n=\frac{\mu_1 mj_n(x)[xh_n^{(1)}(x)]'-\mu mh_n^{(1)}(x)[xj_n(x)]'}{\mu m^2 j_n(mx)[xh_n^{(1)}(x)]'-\mu_1 h_n^{(1)}(x)[mxj_n(mx)]'} \tag{1.115}$$

将散射系数代入式(1.102)，散射电场可表示为

$$E_{s\theta}=E_0\frac{i\exp(ikr)}{kr}S_2(\theta)\cos\phi,\quad E_{s\phi}=-E_0\frac{i\exp(ikr)}{kr}S_1(\theta)\sin\phi \tag{1.116}$$

其中，散射幅度函数 $S_1(\theta)$、$S_2(\theta)$ 定义如下：

$$S_1(\theta)=\sum_{n=1}^{\infty}\frac{(2n+1)}{n(n+1)}[a_n\pi_n(\cos\theta)+b_n\tau_n(\cos\theta)] \tag{1.117}$$

$$S_2(\theta)=\sum_{n=1}^{\infty}\frac{(2n+1)}{n(n+1)}[a_n\tau_n(\cos\theta)+b_n\pi_n(\cos\theta)] \tag{1.118}$$

以上讨论仅限 x 方向极化的入射电磁波散射。任意线性极化的入射波的散射，取决于散射物体的对称性。例如，对于介质球，振幅相同的 x 轴极化与 y 轴极化的入射波满足如下关系：

$$\boldsymbol{E}_s(\phi;x\text{-polarized})=\boldsymbol{E}_s\left(\phi+\frac{\pi}{2};y\text{-polarized}\right) \tag{1.119}$$

在前向方向($\theta=0°$)，有

$$S_2(0°)=S_1(0°)=S(0°)=\frac{1}{2}\sum_n(2n+1)(a_n+b_n) \tag{1.120}$$

根据衰减截面的定义，得到

$$\sigma_t = \frac{4\pi}{k^2}\mathrm{Re}\{S(0°)\} \tag{1.121}$$

定义 $E_{\parallel}$ 和 $E_{\perp}$ 分别表示极化方向平行和垂直于散射平面的电场分量，由式(1.116)得到散射场与入射场的关系如下：

$$\begin{pmatrix} E_{\parallel s} \\ E_{\perp s} \end{pmatrix} = \frac{\exp[ik(r-z)]}{-ikr}\begin{pmatrix} S_2 & 0 \\ 0 & S_1 \end{pmatrix}\begin{pmatrix} E_{\parallel i} \\ E_{\perp i} \end{pmatrix} \tag{1.122}$$

其中

$$S_{11} = \frac{(|S_2|^2 + |S_1|^2)}{2}, \quad S_{12} = \frac{(|S_2|^2 - |S_1|^2)}{2}$$

$$S_{33} = \frac{(S_1 S_2^* + S_2 S_1^*)}{2}, \quad S_{34} = \frac{i(S_1 S_2^* - S_2 S_1^*)}{2}$$

略去因子 $1/(k^2 r^2)$，归一化平行极化散射强度和垂直极化散射强度分别为

$$i_{\parallel} = S_{11} + S_{12} = |S_2|^2 = \mathrm{sih}, \quad i_{\perp} = S_{11} - S_{12} = |S_1|^2 = \mathrm{siv} \tag{1.123}$$

当入射波为非极化时，归一化散射强度为 S_{11}，散射场的极化度 P 满足

$$P = -\frac{S_{12}}{S_{11}} = \frac{i_{\perp} - i_{\parallel}}{i_{\perp} + i_{\parallel}} \tag{1.124}$$

1.2.5　介质球和导体球的散射特性

根据由 Mie 理论获得的球形粒子的散射强度的表述，本小节数值求解了导体和介质球的散射特性。图 1.7 比较了导体与介质球的散射强度随散射角的变化，其中粒子的尺寸参数都为 10，导体和介质的折射率分别为 $m=2.7+10.3i$，$m=1.5$。显然散射体的折射率对球散射强度有明显影响，平行极化分量随角分布起伏变化更为突出。图 1.8 给出了介质球归一化非极化散射强度和极化度的角分布。由式(1.123)也可以获得平行极化与垂直极化强度的散射角分布。图 1.8 中极化度变化起伏剧烈，表明两种极化分量强度随散射角变化起伏很大。

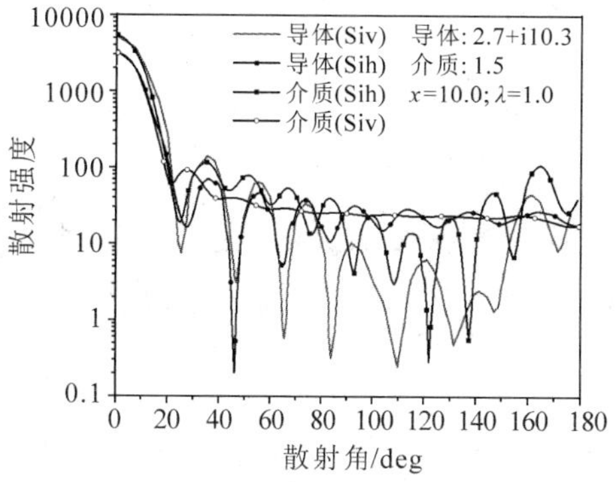

图 1.7　导体与介质球的散射强度比较

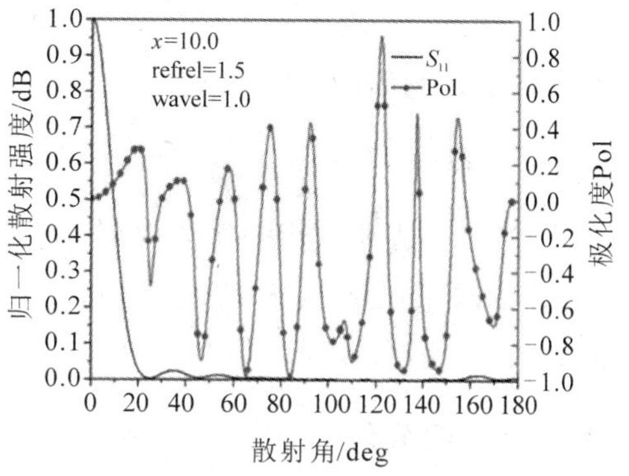

图 1.8　归一化非极化散射强度和极化度的角分布

为了较清楚地分析不同尺寸参数球形粒子的散射强度的角分布，图 1.9 给出了不同电尺寸参数球粒子的散射强度和极化度的角分布。图 1.9 表明：随着尺寸的增大，这两个指标随角度变化起伏更为剧烈，而且前向散射也明显增强。随着球形粒子的尺寸参数增大，其前向散射迅速增大，与邻近 10°的强度可以相差几个量级，极化度振荡更为剧烈。

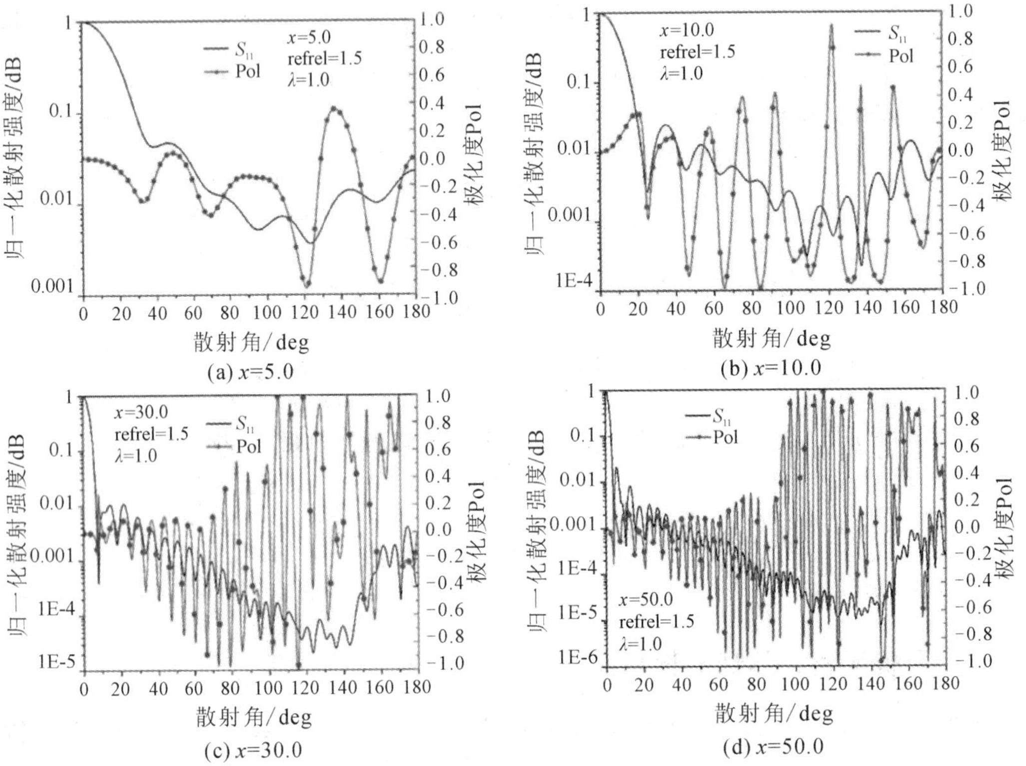

图 1.9　不同电尺寸参数球粒子的散射强度和极化度的角分布

1.3　散射振幅的积分形式

对于简单形状的物体，如球和无限长圆柱，可以利用 Mie 理论获得散射场和散射截面的精确表达式。在大多数实际情况下，散射体形状比较复杂，此时由式(1.25)和式(1.31)获得的散射振幅的积分形式为

$$\boldsymbol{f}(\hat{\boldsymbol{o}}, \hat{\boldsymbol{i}}) = \frac{k^2}{4\pi}\int_{V'}\{-\hat{\boldsymbol{o}}\times[\hat{\boldsymbol{o}}\times\boldsymbol{E}(\boldsymbol{r}')]\}[\varepsilon_r(\boldsymbol{r}')-1]\exp(-\mathrm{i}k\boldsymbol{r}'\cdot\hat{\boldsymbol{o}})\mathrm{d}V' \tag{1.125}$$

式(1.125)表明应用介质体内部的总电场可以获得散射振幅的远场表达式。针对介质体电磁散射的三个不同区域——瑞利区、谐振区和几何光学区，可以近似处理散射振幅的积分表达式，以获得适合于不同区域的结果。

1.3.1　瑞利散射

当被电磁波照射的散射体的电尺寸参数满足 $x=ka\ll 1$ 且 $ka|n-1|\ll 1$ 时，表明其尺寸远小于入射波长，散射体内部和附近的电场呈现静电场特征，且界面内外场的相位差也相当小。散射体被入射波场极化，激发的散射场类似于偶极子辐射(如图 1.10 所示)。介质内部的电极化强度矢量 $\boldsymbol{P}$ 满足：

$$\boldsymbol{J}_{\text{eff}} = -\mathrm{i}\omega\varepsilon_0(\varepsilon_r-1)\boldsymbol{E} = -\mathrm{i}\omega\boldsymbol{P} \tag{1.126}$$

则均匀散射体的内部场 $\boldsymbol{E}=\dfrac{3}{\varepsilon_r+2}\boldsymbol{E}_i$ 为均匀场，极化方向平行于入射电场极化方向，相当于偶极子辐射。由式(1.125)，散射振幅为

$$\boldsymbol{f}(\hat{\boldsymbol{o}},\hat{\boldsymbol{i}})=\frac{k^2}{4\pi}\frac{3(\varepsilon_r-1)}{\varepsilon_r+2}V[-\hat{\boldsymbol{o}}\times\hat{\boldsymbol{o}}\times\hat{\boldsymbol{e}}_i]E_i \tag{1.127}$$

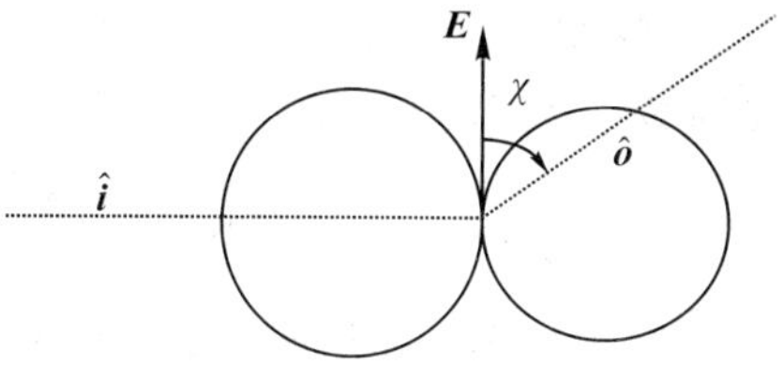

图 1.10 瑞利散射的偶极子辐射

注意：$|-\hat{\boldsymbol{o}}\times\hat{\boldsymbol{o}}\times\hat{\boldsymbol{e}}_i|=\sin\chi$，$\chi$ 为入射电场极化方向的单位矢量 $\hat{\boldsymbol{e}}_i$ 与散射方向 $\hat{\boldsymbol{o}}$ 之间的夹角，如图 1.10 所示。因此微分散射截面表示如下：

$$\sigma_d(\hat{\boldsymbol{o}},\hat{\boldsymbol{i}})=\frac{k^4}{(4\pi)^2}\left|\frac{3(\varepsilon_r-1)}{\varepsilon_r+2}\right|^2V^2\sin^2\chi \tag{1.128}$$

它与入射波长的四次方成反比，与散射体的体积平方成正比。则散射截面为

$$\sigma_s=\int_{4\pi}\sigma_d\mathrm{d}\Omega=\frac{k^4}{(4\pi)^2}\left|\frac{3(\varepsilon_r-1)}{\varepsilon_r+2}\right|^2V^2\int_0^{2\pi}\int_0^{\pi}\sin\chi\mathrm{d}\chi\mathrm{d}\phi=\frac{24\pi^3V^2}{\lambda^4}\left|\frac{\varepsilon_r-1}{\varepsilon_r+2}\right|^2 \tag{1.129}$$

取入射波功率通量密度 $\boldsymbol{S}_i=|\boldsymbol{E}_i|^2/(2\eta_0)$，吸收截面为

$$\sigma_a=\frac{1}{2S_i}\int_{V'}\omega\varepsilon_0\varepsilon_r''|\boldsymbol{E}(\boldsymbol{r}')|^2\mathrm{d}V'=\int_{V'}k\varepsilon_r''|\boldsymbol{E}(\boldsymbol{r}')|^2\mathrm{d}V'=k\varepsilon_r''\left|\frac{3}{\varepsilon_r+2}\right|^2V \tag{1.130}$$

考虑单位幅度的平面波沿 z 方向传播，极化方向为 x 方向，如图 1.11 所示。

$$\begin{cases}[-\hat{\boldsymbol{o}}\times\hat{\boldsymbol{o}}\times\hat{\boldsymbol{x}}]=\cos\theta\cos\phi\hat{\boldsymbol{\theta}}-\sin\phi\hat{\boldsymbol{\varphi}}\\ \sin^2\chi=1-\sin^2\theta\cos^2\phi\end{cases} \tag{1.131}$$

可以获得在球坐标系中，沿散射角 θ、方位角 ϕ，散射体的远区电场强度：

$$\begin{cases}E_\theta=E_0(\cos\theta\cos\phi)\exp(\mathrm{i}kR)\\ E_\phi=E_0(-\sin\phi)\exp(\mathrm{i}kR)\end{cases} \tag{1.132}$$

式中，$E_0=\dfrac{k^2}{4\pi}\left|\dfrac{3(\varepsilon_r-1)}{\varepsilon_r+2}\right|\dfrac{V}{R}$。

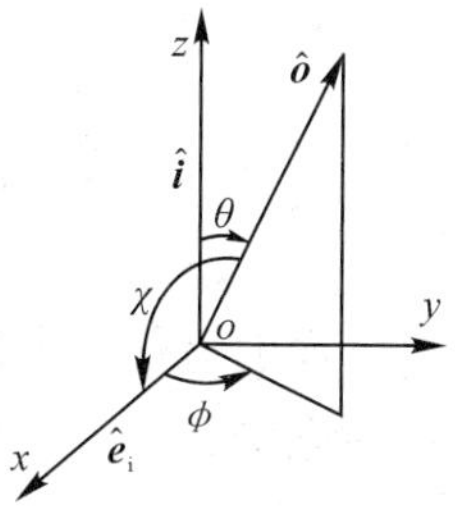

图 1.11 球坐标系瑞利散射表示

当 $\phi=0$ 和 $\phi=\pi/2$ 时，分别表示入射电场极化方向平行和垂直于散射平面。则平行极化和垂直极化散射场为

$$\begin{pmatrix}E_{\parallel}\\E_{\perp}\end{pmatrix}_s=\frac{\exp(\mathrm{i}kR)}{4\pi R}k^2V\frac{3(\varepsilon_r-1)}{\varepsilon_r+2}\begin{pmatrix}\cos\theta&0\\0&1\end{pmatrix}\begin{pmatrix}E_{\parallel}\\E_{\perp}\end{pmatrix}_i \tag{1.133}$$

对应的散射强度为

$$\begin{pmatrix}I_{\parallel}\\I_{\perp}\end{pmatrix}_s=\frac{k^4}{(4\pi R)^2}\left|\frac{3(\varepsilon_r-1)}{\varepsilon_r+2}\right|^2V^2\begin{pmatrix}I_{\parallel}\cos^2\theta\\I_{\perp}\end{pmatrix}_i \tag{1.134}$$

考虑半径为 a 的介质球，瑞利近似的散射截面和吸收截面分别为

$$\sigma_s=\frac{128\pi^5 a^6}{3\lambda^4}\left|\frac{\varepsilon_r-1}{\varepsilon_r+2}\right|^2,\quad \sigma_a=\frac{4\pi}{3}ka\varepsilon_r''\left|\frac{3}{\varepsilon_r+2}\right|^2 \tag{1.135}$$

当电尺寸参数 $x\ll 1$ 时，对于有耗介质散射体，一般有 $\sigma_a\gg\sigma_s$，故 $\sigma_t\approx\sigma_a$。显然，瑞利散射强度与波长的四次方成反比，吸收衰减与波长成反比。瑞利散射可以解释为什么晴天的天空呈蓝色，而日出或日落时天空泛红。

考虑一个椭球粒子，其表面方程为

$$\frac{x^2}{a^2}+\frac{y^2}{b^2}+\frac{z^2}{c^2}=1 \tag{1.136}$$

当此椭球粒子被沿 z 轴传播、x 方向线极化的平面电磁波照射时，在瑞利散射近似条件下，散射体的内场为

$$E_1=\frac{E_i}{1+L_1(\varepsilon_r-1)} \tag{1.137}$$

其中，$L_1=\frac{abc}{2}A_z=L_1\int_0^\infty\frac{ds}{[(a^2+s)f(s)]}$，$f(s)=[(s+a^2)(s+b^2)(s+c^2)]^{1/2}$。

介质椭球内部的电偶极矩和电极化率分别为

$$\boldsymbol{P}=4\pi\varepsilon_0\frac{abc}{3}\frac{\varepsilon_r-1}{1+L_1(\varepsilon_r-1)}\boldsymbol{E}_i \tag{1.138}$$

$$\alpha_1=\frac{4\pi abc}{3}\frac{\varepsilon_r-1}{1+L_1(\varepsilon_r-1)}=\frac{\varepsilon_r-1}{1+L_1(\varepsilon_r-1)}V \tag{1.139}$$

则散射截面、吸收截面和总衰减截面分别为

$$\sigma_s=\frac{8\pi^3}{3\lambda^4}V^2\left|\frac{\varepsilon_r-1}{1+L_1(\varepsilon_r-1)}\right|^2 \tag{1.140}$$

$$\sigma_a=k\varepsilon_r''\left|\frac{\varepsilon_r-1}{1+L_1(\varepsilon_r-1)}\right|^2V \tag{1.141}$$

$$\sigma_t=k\mathrm{Im}\{\alpha_3\}=k\mathrm{Im}\left\{\frac{\varepsilon_r-1}{1+L_1(\varepsilon_r-1)}\right\}V \tag{1.142}$$

如果平面波沿任意方向入射，且不平行于椭球的三个主轴，则在粒子内部 x、y、z 方向上均存在电场：

$$E_x=\frac{E_{ix}}{1+L_x(\varepsilon_r-1)},\ E_y=\frac{E_{iy}}{1+L_y(\varepsilon_r-1)},\ E_z=\frac{E_{iz}}{1+L_z(\varepsilon_r-1)} \tag{1.143}$$

其中

$$L_x=\frac{abc}{2}\int_0^\infty\frac{ds}{(a^2+s)f(s)} \tag{1.144}$$

$$L_y=\frac{abc}{2}\int_0^\infty\frac{ds}{(b^2+s)f(s)} \tag{1.145}$$

且有 $L_x+L_y+L_z=1$，电极化率为

$$\alpha_j=\frac{4\pi abc}{3}\frac{\varepsilon_r-1}{1+L_j(\varepsilon_r-1)},\quad j=x,\ y,\ z \tag{1.146}$$

电偶极矩为

$$\boldsymbol{P}=\varepsilon_0(\alpha_x E_{ix}\hat{\boldsymbol{e}}_x+\alpha_y E_{iy}\hat{\boldsymbol{e}}_y+\alpha_z E_{iz}\hat{\boldsymbol{e}}_z) \tag{1.147}$$

式中，$E_{ij}(j=x, y, z)$是入射场 $\boldsymbol{E}_i$ 沿椭球主轴的各个分量。

1.3.2 波恩近似

当散射体的介电常数$|\varepsilon_r-1|\ll 1$，以及 $kD|\varepsilon_r-1|\ll 1$ 时，散射体界面上的波没有明显的反射、折射，并且在散射体内部电场的幅度与相位也没有明显的变化，则内部电场可近似用入射场代替，即

$$\boldsymbol{E}(\boldsymbol{r}')=\boldsymbol{E}_i(\boldsymbol{r}')=\hat{\boldsymbol{e}}_i\exp(ik\boldsymbol{r}'\cdot\hat{\boldsymbol{i}}) \tag{1.148}$$

将式(1.148)代入式(1.125)，散射振幅为

$$\boldsymbol{f}(\hat{\boldsymbol{o}}, \hat{\boldsymbol{i}})=\frac{k^2}{4\pi}[-\hat{\boldsymbol{o}}\times\hat{\boldsymbol{o}}\times\hat{\boldsymbol{e}}_i]VS(k_s) \tag{1.149}$$

$$S(k_s)=\frac{1}{V}\int[\varepsilon_r(\boldsymbol{r}')-1]\exp(i\boldsymbol{k}_s\cdot\boldsymbol{r}')dV' \tag{1.150}$$

其中，$\boldsymbol{k}_s=k(\hat{\boldsymbol{i}}-\hat{\boldsymbol{o}})$，$|\boldsymbol{k}_s|=2k\sin(\theta/2)$。显然散射振幅正比于 ε_r-1 关于波数 k_s 的窗口傅里叶变换。若平面电磁波 $\boldsymbol{E}_i=\boldsymbol{E}_0\exp(ik\hat{\boldsymbol{i}}\cdot\boldsymbol{r})$入射到均匀散射体，则平行和垂直散射平面的散射电场为

$$\begin{pmatrix}E_{\parallel}\\E_{\perp}\end{pmatrix}_s=\frac{\exp(ikR)}{4\pi R}k^2\int_{V'}(\varepsilon_r-1)\exp(i\boldsymbol{k}_s\cdot\boldsymbol{r}')\begin{bmatrix}\cos\theta & 0\\0 & 1\end{bmatrix}\begin{bmatrix}E_{\parallel}\\E_{\perp}\end{bmatrix}_i dV' \tag{1.151}$$

散射振幅可表示为

$$\boldsymbol{f}(\hat{\boldsymbol{o}}, \hat{\boldsymbol{i}})=\frac{k^2}{4\pi}[-\hat{\boldsymbol{o}}\times\hat{\boldsymbol{o}}\times\hat{\boldsymbol{e}}_i](\varepsilon_r-1)VF(\theta) \tag{1.152}$$

其中，$F(\theta)$称为形成因子。以半径为 a 的均匀介质球为例，其形成因子为

$$\begin{aligned}F(\theta)&=\frac{1}{V}\int_{V'}\exp(i\boldsymbol{k}_s\cdot\boldsymbol{r}')dV'=\frac{1}{V}\int_0^{2\pi}d\phi'\int_0^{\pi}\sin\theta'd\theta'\int_0^a r'^2\exp(ik_s r'\cos\theta')dr'\\&=\frac{3}{k_s^3a^3}[\sin k_s a-k_s a\cos(k_s a)]=\frac{3j_1(k_s a)}{k_s a}\end{aligned} \tag{1.153}$$

$j_1(\cdot)$为第一类球贝塞尔函数，$|F(\theta)|^2$ 如图 1.12 所示。当半径 a 很小时，无论散射角 θ 为何值，都有 $k_s a\ll 1$，故$|F(\theta)|^2\to 1$，散射几乎为各向同性。而当半径 a 很大且只有 $\theta\sim 0°$时，形成因子才有明显的贡献，此时前向散射占优。

设有半径为 a、长为 $2l$ 的均匀介质圆柱，入射波单位矢量和散射波单位矢量分别为 $\hat{\boldsymbol{i}}=\hat{\boldsymbol{x}}\sin\theta_i\cos\phi_i+\hat{\boldsymbol{y}}\sin\theta_i\sin\phi_i+\hat{\boldsymbol{z}}\cos\theta_i$，$\hat{\boldsymbol{o}}=\hat{\boldsymbol{x}}\sin\theta_s\cos\phi_s+\hat{\boldsymbol{y}}\sin\theta_s\sin\phi_s+\hat{\boldsymbol{z}}\cos\theta_s$，如图 1.13 所示。$\boldsymbol{k}_s=k(\hat{\boldsymbol{i}}-\hat{\boldsymbol{o}})=k_1\hat{\boldsymbol{x}}+k_2\hat{\boldsymbol{y}}+k_3\hat{\boldsymbol{z}}$，各分量分别为

$$\begin{cases}k_1=k(\sin\theta_i\cos\phi_i-\sin\theta_s\cos\phi_s)\\k_2=k(\sin\theta_i\sin\phi_i-\sin\theta_s\sin\phi_s)\\k_3=k(\cos\theta_i-\cos\theta_s)\end{cases} \tag{1.154}$$

则形成因子为

$$
\begin{aligned}
F &= \frac{1}{V}\iiint \exp[\mathrm{i}(k_1 x' + k_2 y' + k_3 z')]\mathrm{d}x'\mathrm{d}y'\mathrm{d}z' \\
&= \frac{2\pi a}{V\sqrt{k_1^2+k_2^2}} \mathrm{J}_1(\sqrt{k_1^2+k_2^2}\,a)\int_{-L}^{L}\exp(\mathrm{i}k_3 z')\mathrm{d}z' \\
&= \frac{2}{a\sqrt{k_1^2+k_2^2}} \mathrm{J}_1(\sqrt{k_1^2+k_2^2}\,a)\left(\frac{\sin(k_3 L)}{k_3 L}\right)
\end{aligned} \tag{1.155}
$$

即当 $a\to 0$ 时，$F\to\dfrac{\sin(k_3 L)}{k_3 L}$；当 $L\to 0$ 时，$F\to\dfrac{2\mathrm{J}_1(\sqrt{k_1^2+k_2^2}\,a)}{\sqrt{k_1^2+k_2^2}\,a}$。

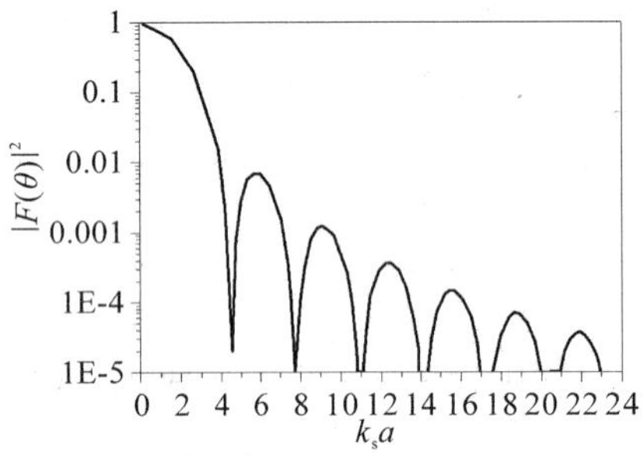

图 1.12　波恩近似均匀球散射的形成因子

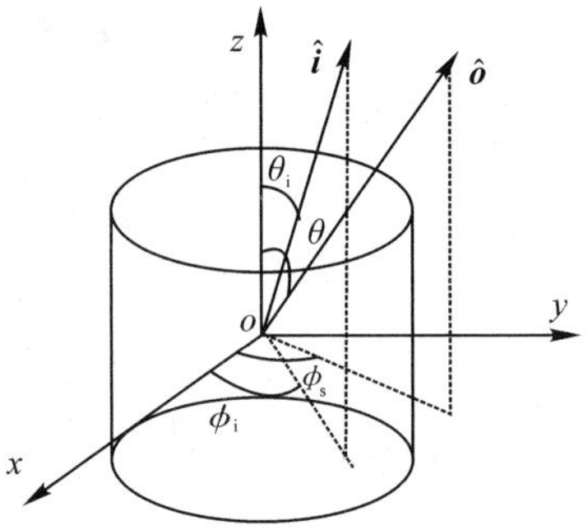

图 1.13　有限圆柱散射的波恩近似

1.3.3　WKB 近似方法

散射振幅一般是复数，根据前向散射理论，衰减截面由散射振幅 $\boldsymbol{f}(\hat{\boldsymbol{o}},\hat{\boldsymbol{i}})$的虚部决定。散射振幅的实部描述了物体对电磁波散射的角分布特征。上述内容讨论的瑞利近似和波恩近似能很好地描述散射的角分布特征。尽管对散射振幅进行全立体角积分可以获得总散射截面，但瑞利近似和波恩近似在其各自适用的范围内不能准确地给出散射振幅的虚部，使前向散射理论不能适用。WKB 近似在其适用范围内能较精确地给出散射振幅的虚部，这给利用前向散射定理计算衰减截面提供了可能性。

WKB 方法是一种能较好地获得总衰减截面的近似方法。WKB 近似条件为

$$
|(\varepsilon_r - 1)kD| \gg 1,\qquad |\varepsilon_r - 1| < 1 \tag{1.156}
$$

在 WKB 近似中，散射体内部波场的传播近似以散射体内部介质的波数沿入射波方向传播。因为$|\varepsilon_r-1|<1$，折射角近似等于入射角，传播方向不变，所以散射体表面的透射率 T 近似等于垂直入射时的值，如图 1.14 所示。设入射波沿 z 轴方向传播，$\boldsymbol{E}_i(\boldsymbol{r})=\hat{\boldsymbol{e}}_i E_i\exp(\mathrm{i}kz)$，在粒子内 B 点的场近似为

$$
\boldsymbol{E}(\boldsymbol{r}') = \hat{\boldsymbol{e}}_i T E_i \exp[\mathrm{i}kz_1 + \mathrm{i}kn(z'-z_1)],\qquad z_1 < z' < z \tag{1.157}
$$

$$
T = \frac{2}{\sqrt{\varepsilon_r}+1} = \frac{2}{n+1} \tag{1.158}
$$

将式(1.157)代入式(1.125)，得散射振幅为

$$
\boldsymbol{f}(\hat{\boldsymbol{o}},\hat{\boldsymbol{i}}) = \frac{k^2}{4\pi}[-\hat{\boldsymbol{o}}\times\hat{\boldsymbol{o}}\times\hat{\boldsymbol{e}}_i]VS(\theta) \tag{1.159}
$$

$$
S(\theta) = \frac{1}{V}\int T[(\varepsilon_r(\boldsymbol{r}') - 1]\exp[\mathrm{i}kz_1 + \mathrm{i}kn(z'-z_1) - \mathrm{i}k\hat{\boldsymbol{o}}\cdot\boldsymbol{r}']\mathrm{d}V' \tag{1.160}
$$

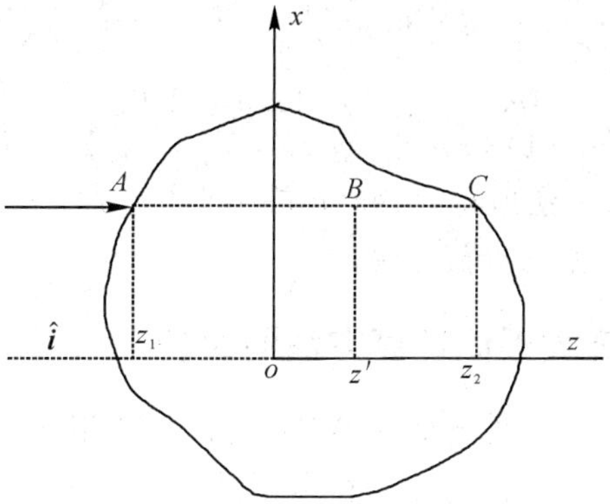

图 1.14 WKB 近似

由前向散射定理，总衰减截面和吸收截面分别为

$$\sigma_t = \frac{4\pi}{k}\mathrm{Im}\{\boldsymbol{f}(\hat{\boldsymbol{i}}, \hat{\boldsymbol{i}}) \cdot \hat{\boldsymbol{e}}_i\} = k\mathrm{Im}\int_{V'} 2(n-1)\exp[-\mathrm{i}k(n-1)z_1 + \mathrm{i}k(n-1)z']\mathrm{d}V' \tag{1.161}$$

$$\sigma_a = \int_{V'} k\varepsilon_r'' |\boldsymbol{E}(\boldsymbol{r}')|^2 \mathrm{d}V' = \int_{V'} k\varepsilon_r''(\boldsymbol{r}') \frac{4}{|n(\boldsymbol{r}')+1|^2}\exp[-2kn_i(z'-z_1)]\mathrm{d}V' \tag{1.162}$$

式中，$n=n_r+\mathrm{i}n_i$。考虑半径为 a 的均匀介质球，令 $z_1=-\sqrt{a^2-\rho'^2}$，$Y=4kn_ia$，$Z=k(n-1)a$，$\mathrm{d}V'=\mathrm{d}z'\rho'\mathrm{d}\rho'\mathrm{d}\phi'$，考虑积分：

$$\begin{aligned}
&\int_V 2(n-1)\exp[-\mathrm{i}k(n-1)z_1 + \mathrm{i}k(n-1)z]\mathrm{d}V' \\
&= 2(n-1)\int_V \exp[-\mathrm{i}k(n-1)z_1 + \mathrm{i}k(n-1)z']\mathrm{d}V' \\
&= 2(n-1)\int_0^a \exp[\mathrm{i}k(n-1)\sqrt{a^2-\rho'^2}]\rho'\mathrm{d}\rho'\int_{-\sqrt{a^2-\rho'^2}}^{\sqrt{a^2-\rho'^2}}\exp[\mathrm{i}k(n-1)z']\mathrm{d}z'\int_0^{2\pi}\mathrm{d}\phi'
\end{aligned} \tag{1.163}$$

介质球的衰减截面为

$$\begin{aligned}
\sigma_t &= 2\pi a^2 \mathrm{Re}\left[\frac{\mathrm{i}\exp[2\mathrm{i}k(n-1)a]}{k(n-1)a} + \frac{1}{2k^2(n-1)^2}(1-\exp[2\mathrm{i}k(n-1)a]) + 1\right] \\
&= 2\pi a^2 \mathrm{Re}\left[1 + \frac{\mathrm{i}\exp(2\mathrm{i}Z)}{Z} + \frac{1-\exp(2\mathrm{i}Z)}{2Z^2}\right]
\end{aligned} \tag{1.164}$$

同理，对于式(1.162)的积分：

$$\begin{aligned}
&\int_V \exp(-2kn_iz')\cdot\exp(2kn_iz_1)\mathrm{d}V' \\
&= \int_0^a \exp(-2kn_i\sqrt{a^2-\rho'^2})\rho'\mathrm{d}\rho' \cdot \int_{-\sqrt{a^2-\rho'^2}}^{\sqrt{a^2-\rho'^2}}\exp(-2kn_iz')\mathrm{d}z'\int_0^{2\pi}\mathrm{d}\phi' \\
&= \frac{\pi a^2}{kn_i}\left(\frac{1}{2} + \frac{\exp(-4kn_ia)}{4kn_ia} + \frac{1}{(4kn_ia)^2}[\exp(-4kn_ia)-1]\right)
\end{aligned} \tag{1.165}$$

令 $Y=4kn_ia$，则衰减系数和吸收系数分别为

$$Q_t = \frac{\sigma_t}{\pi a^2} - 2\text{Re}\left[1 + \frac{\text{iexp}(\text{i}2Z)}{Z} + \frac{1 - \exp(\text{i}2Z)}{2Z^2}\right] \tag{1.166}$$

$$Q_a = \frac{\sigma_a}{\pi a^2} = \left[\frac{4n_r}{(n_r + 1)^2 + n_i^2}\right]\left\{1 + \frac{2\exp(-Y)}{Y} + \frac{2}{Y^2}[\exp(-Y) - 1]\right\} \tag{1.167}$$

注意：一般采用 WKB 方法所得的解比真值稍小。当 $k(n-1)a$ 较小时，其解是不准确的，此时可采用瑞利近似和波恩近似方法。

1.3.4 散射振幅积分公式近似计算方法的比较

前几节讨论了瑞利近似、波恩近似和 WKB 近似的适用范围。此节以双层介质球对平面波散射为例，给出上述三种近似方法获得散射截面、衰减截面的计算公式与数值结果，并与 Mie 理论解进行比较分析。

设双层同心介质球内外半径分别为 r_1 和 r_2，介电常数分别为 ε_1 和 ε_2，嵌在折射率为 1 的均匀介质中。由瑞利近似公式(1.127)，获得散射振幅为

$$\boldsymbol{f}(\hat{\boldsymbol{o}}, \hat{\boldsymbol{i}}) = [-\hat{\boldsymbol{o}} \times \hat{\boldsymbol{o}} \times \hat{\boldsymbol{e}}_i]k^2 \frac{(2\varepsilon_2 + \varepsilon_0)(\varepsilon_1 - \varepsilon_2)r_1^3 + (\varepsilon_1 + 2\varepsilon_2)(\varepsilon_2 - \varepsilon_0)r_2^3}{(2\varepsilon_2 + \varepsilon_0)(\varepsilon_1 + 2\varepsilon_2) + 2q^3(\varepsilon_2 - \varepsilon_0)(\varepsilon_1 - \varepsilon_2)} \tag{1.168}$$

式中，$q = r_1/r_2$。散射截面和吸收截面分别为

$$\sigma_s = \frac{8\pi k^4}{3}\left|\frac{(2\varepsilon_2 + \varepsilon_0)(\varepsilon_1 - \varepsilon_2)r_1^3 + (\varepsilon_1 + 2\varepsilon_2)(\varepsilon_2 - \varepsilon_0)r_2^3}{(2\varepsilon_2 + \varepsilon_0)(\varepsilon_1 + 2\varepsilon_2) + 2q^3(\varepsilon_2 - \varepsilon_0)(\varepsilon_1 - \varepsilon_2)}\right|^2 \tag{1.169}$$

$$\sigma_a = \frac{12\pi k[9r_1|\varepsilon_{r2}|^2\varepsilon''_{r1} + (r_2^3 - r_1^2)\varepsilon''_{r2}(|\varepsilon_{r1} + 2\varepsilon_{r2}|^2 + 2q^3|\varepsilon_{r2} - \varepsilon_{r1}|^2)}{|(2 + \varepsilon_{r2})(\varepsilon_{r1} + 2\varepsilon_{r2}) + 2q^3(1 - \varepsilon_{r2})(\varepsilon_{r2} - \varepsilon_{r1})|^2} \tag{1.170}$$

对于波恩近似，与式(1.149)类似，获得形成因子：

$$\begin{aligned} F(\theta) = {} & \frac{4\pi}{k_{s1}^3}(\varepsilon_{r1} - 1)[\sin(k_{s1}r_1) - k_{s1}r_1\cos(k_{s1}r_1)] + \frac{4\pi}{k_{s2}^3}(\varepsilon_{r2} - 1)\{[\sin(k_{s2}r_2) - \\ & k_{s2}r\cos(k_{s2}r_2)] - [\sin(k_{s2}r_1) - k_{s2}r_1\cos(k_{s2}r_1)]\} \end{aligned} \tag{1.171}$$

式中，$k_{s1,2} = 2kn_{1,2}\sin(\theta/2)$。散射截面和吸收截面分别为

$$\sigma_s = \frac{\pi^3}{\lambda^4}\int_0^\pi (2 - \sin^2\theta) \mid F(\theta) \mid^2 \sin\theta \mathrm{d}\theta \tag{1.172}$$

$$\sigma_a = \frac{4\pi}{3}k[\varepsilon''_{r1}r_1^3 + \varepsilon''_{r2}(r_2^3 - r_1^3)] \tag{1.173}$$

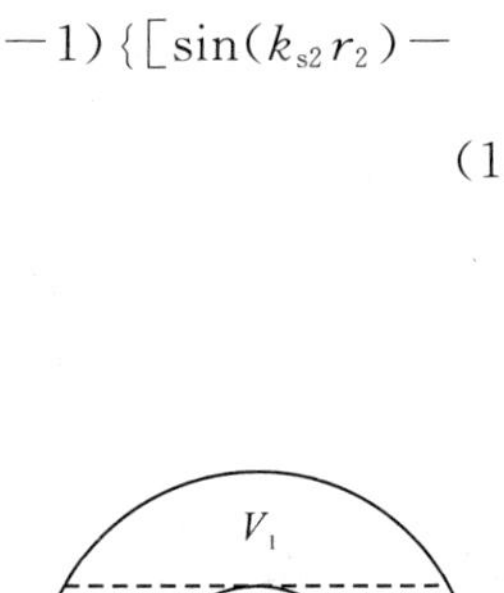

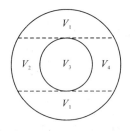

图 1.15 WKB 近似积分区域划分

WKB 近似适用于相对波长而言的大粒子且相对折射率很小的情况，即弱折射状态，此时，折射角近似等于入射角，波在介质中沿入射方向传播。考察双层同心介质球，如图 1.15 所示，根据折射率，即积分区域的不同将整个区域分为四个部分，由式(1.161)和式(1.162)，获得的衰减截面和吸收截面分别表示如下：

$$\begin{aligned} \sigma_t = {} & \frac{4\pi}{\text{i}}\int_{r_1}^{r_2}\{\exp[\text{i}2k(n_2 - 1)(r_2^2 - \rho'^2)^{1/2}] - 1\}\rho'\mathrm{d}\rho' + \frac{4\pi}{\text{i}}\int_0^{r_1}[G_1(\rho') - 1]\rho'\mathrm{d}\rho' + \\ & \frac{8\pi n_2(n_1 + 1)}{\text{i}(n_2 + 1)(n_2 + n_1)}\int_0^{r_1}G_1(\rho')\{\exp[\text{i}2k(n_1 - 1)(r_1^2 - \rho'^2)^{1/2}] - 1\}\rho'\mathrm{d}\rho' + \\ & \frac{16\pi n_1 n_2}{\text{i}(n_2 + n_1)^2}\int_0^{r_1}G_1(\rho')\exp[\text{i}2k(n_1 - 1)(r_1^2 - \rho'^2)^{1/2}][G_1(\rho') - 1]\rho'\mathrm{d}\rho' \end{aligned} \tag{1.174}$$

$$\sigma_a = \frac{-4\pi\varepsilon''_{r2}}{n''_2 \mid n_2+1\mid^2}\int_{r_1}^{r_2}\{\exp[-4kn''_2(r_2^2-\rho'^2)^{1/2}]-1\}\rho'\mathrm{d}\rho' + \frac{-4\pi\varepsilon''_{r2}}{n''_2 \mid n_2+1\mid^2}\int_0^{r_1}[G_2(\rho')-1]\rho'\mathrm{d}\rho' + \frac{-16\pi\varepsilon''_{r1}\mid n_2\mid^2}{n''_1\mid n_2+1\mid^2\mid n_2+n_1\mid^2}\cdot \int_0^{r_1}G_2(\rho')\{\exp[-4kn''_1(r_1^2-\rho'^2)^{1/2}]-1\}\rho'\mathrm{d}\rho' + \frac{-64\pi\varepsilon''_{r2}\mid n_1 n_2\mid^2}{n''_2\mid n_2+1\mid^2\mid n_2+n_1\mid^4}\cdot \int_0^{r_1}G_2(\rho')\exp[-4kn''_1(r_1^2-\rho'^2)^{1/2}][G_2(\rho')-1]\rho'\mathrm{d}\rho' \tag{1.175}$$

其中

$$\begin{cases} G_1(\rho')=\exp\{ik(n_2-1)[(r_2^2-\rho'^2)^{1/2}-(r_1^2-\rho'^2)^{1/2}]\} \\ G_2(\rho')=\exp\{2kn''_2[(r_1^2-\rho'^2)^{1/2}-(r_2^2-\rho'^2)^{1/2}]\} \end{cases} \tag{1.176}$$

在对上述三种近似方法进行数值计算时，着重考察了外层球大小(内外半径比值为定值)、波长对三种近似方法适用范围的影响，并将结果与多层球散射理论的级数解进行比较。图 1.16(a)给出了融化冰粒的电磁波和光波的散射特性(散射系数 $Q_s=Q_t-Q_a$，Q_t 为衰减系数)，其内层为冰，外层为水，粒子半径在 10 μm 以上。计算中取 $r_1=11$ μm，$r_2=11.5$ μm，波长在[10 μm，1000 μm]范围内。当 $\lambda \leqslant 1000$ μm 时，折射率近似取 $n_2=(2.4, 0.8)$，$n_1=(1.76, 0.01)$。从图 1.16(a)可见，在毫米波段和亚毫米波段，求解融化冰云粒子的散射特性时，瑞利近似是可用的，因为它与 Mie 理论解吻合得很好；在远红外及更短的波段，瑞利近似已不再适用。

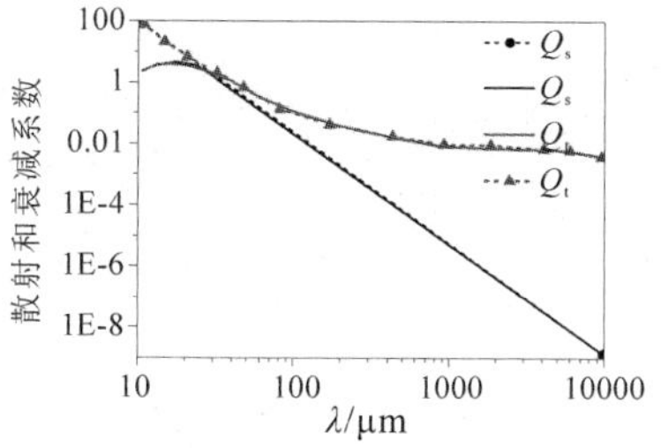

(a) 散射系数、衰减系数随波长变化的曲线

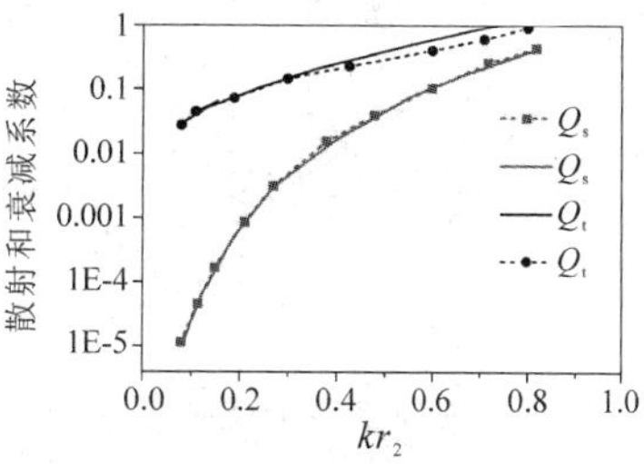

(b) 散射系数、衰减系数随粒子尺寸参数变化的曲线

图 1.16　融化冰粒的散射系数、衰减系数的变化曲线(实线为 Mie 理论解，虚线为瑞利近似解)

图 1.16(b)表示截面随粒子尺寸 kr_2 的变化曲线。其中 $r_2/r_1=5/4$，$\lambda=100$ μm，折射率分别取 $n_1=(1.76, 0.01)$，$n_2=(2.4, 0.8)$。当 $kr_2<0.15$ 时，散射系数和衰减系数的瑞利近似解均与 Mie 理论解吻合得很好。而当尺寸参数大于 0.15 时，衰减系数与 Mie 理论解不相符，但散射系数在相当大范围内(甚至 $kr_2>1$ 时)与 Mie 理论解吻合得很好。衰减系数适用范围较小的主要原因是受到吸收截面的影响。结果说明：当 $kr_2>0.15$ 时，以静电场为基础的瑞利近似已不再适用于吸收截面的计算。

这里以有核血细胞为例，采用波恩近似法和 WKB 近似法计算其散射特性，并与 Mie 理论结果进行比较分析。设有核血细胞的细胞质半径 $r_2=3.5$ μm，相对介电常数为 $\varepsilon_{r2}=1.03$，细胞核半径 $r_1=3$ μm，相对介电常数 $\varepsilon_{r1}=(1.05, 0.005)$。图 1.17 给出了衰减系数、散射系数随波长和粒子尺寸参数变化的曲线。分析结果表明，当波长 $\lambda<2$ μm 时，随波长的减小，

波恩近似法与 Mie 理论解的偏差逐渐增大。取 $r_2/r_1=3.5/3$，$\varepsilon_{r1}=(1.05,\ 0.005)$，$\varepsilon_{r2}=1.03$，$\lambda=0.6328\ \mu m$，当 $kr_2>10$ 时，波恩近似计算值与 Mie 理论解出现较大的误差。这表明：波恩近似法要求粒子相对折射率接近于 1，且粒子的尺寸参数也不能太大。

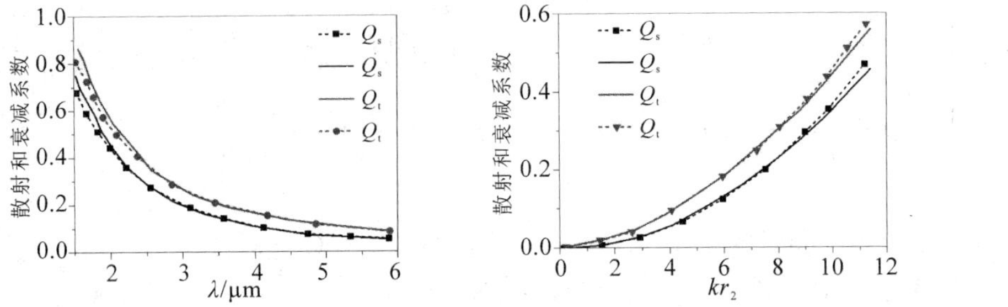

(a) 散射系数、衰减系数随波长变化的曲线　(b) 散射系数、衰减系数随粒子尺寸参数变化的曲线

图 1.17　衰减系数、散射系数的变化曲线(实线为 Mie 理论解，虚线为波恩近似解)

如果仍取 $r_1=3\ \mu m$，$r_2=3.5\ \mu m$，当 $\lambda<3.6\ \mu m$ 时，有核血细胞符合 WKB 近似的使用条件，图 1.18 表明计算值与 Mie 理论结果吻合得很好。波长越短，WKB 方法的计算精度越高，这表明 WKB 近似法适用于相对折射率接近 1 的大粒子散射特性的研究。

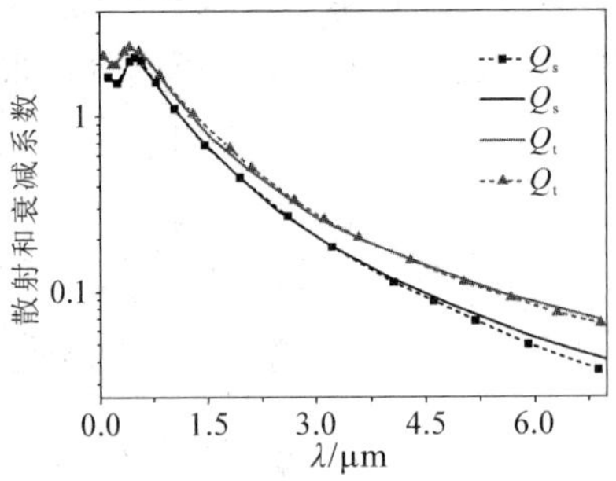

图 1.18　有核血细胞的系数随波长变化的曲线(实线为 Mie 理论解，虚线为 WKB 近似解)

1.4　极化和斯托克斯参量

波的极化(或称偏振)的定义，通常指电场矢端在空间随时间变化的方向。如果电场矢端的运动轨迹为直线、圆或椭圆，则分别称为线极化波、圆极化波和椭圆极化波。如果用右手拇指指向波传播方向，其四指所指方向与电场矢量方向相同，则称波为右旋极化波；如果电波传播方向与左手拇指指向相同，则称波为左旋极化波。设沿 z 轴传播的平面电磁波为

$$\boldsymbol{E}=\boldsymbol{E}_0\exp[\mathrm{i}(kz-\omega t)]=[\hat{\boldsymbol{x}}a_1\exp(-\mathrm{i}\delta_1)+\hat{\boldsymbol{y}}a_2\exp(-\mathrm{i}\delta_2)]\exp[\mathrm{i}(kz-\omega t)] \tag{1.177}$$

其中，幅度 a_1 和 $a_2\in\mathbf{R}$。$E_x=a_1\cos(kz-\omega t+\delta_1)$，$E_y=a_2\cos(kz-\omega t+\delta_2)$，轨迹方程

$$\left(\frac{E_x}{a_1}\right)^2+\left(\frac{E_y}{a_2}\right)^2-2\left(\frac{E_xE_y}{a_1a_2}\right)\cos\delta=\sin^2\delta \tag{1.178}$$

为椭圆方程(如图 1.19 所示)，表示 **E** 矢量在 $x-y$ 平面投影矢端的轨迹。$\delta=\delta_2-\delta_1$，沿传播方向看，当 $\sin\delta>0$ 时，电场矢量为左旋椭圆极化波，当 $\sin\delta<0$ 时，电场矢量为右旋椭圆极化波。定义椭圆的长主轴与 x 轴的夹角 ψ 为旋转角，满足

$$\tan 2\psi=\frac{2a_1a_2}{a_1^2-a_2^2}\cos\delta \tag{1.179}$$

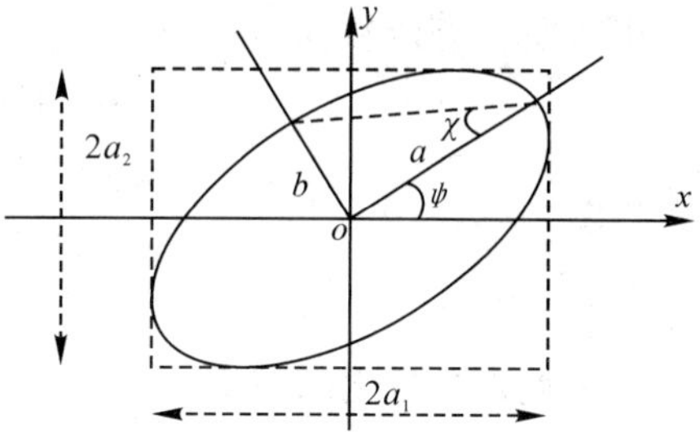

图 1.19 椭圆极化

取波场分量的幅度比 $a_2/a_1=\tan\alpha$，椭圆主轴比 $b/a=\tan\chi$，χ 也称为椭圆度角，则

$$\begin{cases}a^2=a_1^2\cos^2\psi+a_2^2\sin^2\psi+2a_1a_2\sin 2\psi\cos\delta\\ b^2=a_1^2\sin^2\psi+a_2^2\cos^2\psi-2a_1a_2\sin 2\psi\cos\delta\end{cases} \tag{1.180}$$

不难获得

$$ab=a_1a_2\sin\delta,\quad 2a_1a_2\cos\delta=(a_1^2-a_2^2)\tan 2\psi \tag{1.181}$$

由式(1.179)和式(1.181)，显然有

$$\tan 2\psi=\tan 2\alpha\cos\delta,\quad \sin 2\chi=\sin 2\alpha\sin\delta \tag{1.182}$$

下面讨论几种特殊的极化状态。忽略 $\exp(\mathrm{i}kz-\mathrm{i}\omega t)$，定义平行极化和垂直极化电场分量分别为 $E_{\parallel}=a_1\exp(\mathrm{i}\delta_1)$，$E_{\perp}=a_2\exp(\mathrm{i}\delta_2)$。

(1) 对于非极化电磁波，强度为

$$I=E_{\parallel}E_{\parallel}^*+E_{\perp}E_{\perp}^* \tag{1.183}$$

(2) 平行线极化和垂直线极化波强度分别为 $E_{\parallel}E_{\parallel}^*$ 和 $E_{\perp}E_{\perp}^*$，则其强度差为

$$I_{\parallel}-I_{\perp}=E_{\parallel}E_{\parallel}^*-E_{\perp}E_{\perp}^* \tag{1.184}$$

(3) 定义 +45°与 −45°线极化波的电场强度为

$$E_+=\frac{E_{\parallel}+E_{\perp}}{\sqrt{2}},\quad E_-=\frac{E_{\parallel}-E_{\perp}}{\sqrt{2}} \tag{1.185}$$

波的强度分别为

$$\begin{cases}I_+=\dfrac{E_{\parallel}E_{\parallel}^*+E_{\parallel}E_{\perp}^*+E_{\perp}E_{\parallel}^*+E_{\perp}E_{\perp}^*}{2}\\ I_-=\dfrac{E_{\parallel}E_{\parallel}^*-E_{\parallel}E_{\perp}^*-E_{\perp}E_{\parallel}^*+E_{\perp}E_{\perp}^*}{2}\end{cases} \tag{1.186}$$

则两者的强度差为

$$I_+-I_-=E_{\parallel}E_{\perp}^*+E_{\perp}E_{\parallel}^* \tag{1.187}$$

(4) 右旋圆极化与左旋圆极化波的电场强度与波强度分别为

$$E_{\mathrm{R}}=\frac{E_{\parallel}+\mathrm{i}E_{\perp}}{\sqrt{2}},\quad E_{\mathrm{L}}=\frac{E_{\parallel}-\mathrm{i}E_{\perp}}{\sqrt{2}} \tag{1.188}$$

$$\begin{cases}I_{\mathrm{R}}=\dfrac{E_{\parallel}E_{\parallel}^*+\mathrm{i}E_{\parallel}E_{\perp}^*-\mathrm{i}E_{\perp}E_{\parallel}^*+E_{\perp}E_{\perp}^*}{2}\\ I_{\mathrm{L}}=\dfrac{E_{\parallel}E_{\parallel}^*-\mathrm{i}E_{\parallel}E_{\perp}^*+\mathrm{i}E_{\perp}E_{\parallel}^*+E_{\perp}E_{\perp}^*}{2}\end{cases} \tag{1.189}$$

波的两个强度差为

$$I_{\mathrm{R}}-I_{\mathrm{L}}=\mathrm{i}(E_{\parallel}E_{\perp}^*-E_{\perp}E_{\parallel}^*) \tag{1.190}$$

引入斯托克斯参量：

$$I=|E_{\parallel}|^2+|E_{\perp}|^2=a_1^2+a_2^2 \tag{1.191}$$

$$Q=|E_{\parallel}|^2-|E_{\perp}|^2=a_1^2-a_2^2 \tag{1.192}$$

$$U=2\mathrm{Re}(E_{\parallel}E_{\perp}^*)=2a_1a_2\cos\delta \tag{1.193}$$

$$V=2\mathrm{Im}(E_{\parallel}E_{\perp}^*)=2a_1a_2\sin\delta \tag{1.194}$$

斯托克斯参量之间满足

$$I^2=Q^2+U^2+V^2 \tag{1.195}$$

上述各种极化波强度公式表明，Q 为平行线极化与垂直线极化强度差，U 为 $+45°$ 线极化与 $-45°$ 线极化强度差，V 为右旋圆极化与左旋圆极化强度差。由于

$$a_1^2=a^2\cos^2\psi+b^2\sin^2\psi,\ a_2^2=a^2\sin^2\psi+b^2\cos^2\psi \tag{1.196}$$

所以可将斯托克斯参量用强度和椭圆极化参数表示为

$$Q=I\cos 2\chi\cos 2\psi,\ U=I\cos 2\chi\sin 2\psi,\ V=I\sin 2\chi \tag{1.197}$$

它们构成了极化球(Poincare 球)，见图 1.20。赤道线表示线极化，$\delta=0$ 或 π，$\sin 2\chi=0$；北极点表示左旋圆极化，南极点表示右旋圆极化，$\tan\alpha=1$，$\sin 2\chi=\pm 1$，$\delta=\pm\pi/2$；上半球面表示左旋椭圆极化，$\tan 2\chi>0$，下半球面表示右旋椭圆极化，$\tan 2\chi<0$。

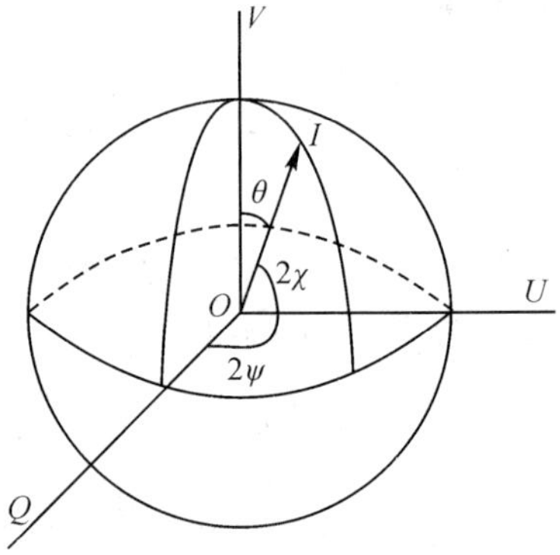

图 1.20　Poincare 极化球

显然，由式(1.197)可获得：

$$\tan 2\psi=\frac{U}{Q},\ \tan 2\chi=\frac{V}{\sqrt{Q^2+U^2}} \tag{1.198}$$

斯托克斯参量 Q、U 取决于电场平行分量和垂直分量方向的选择。如果单位矢量 $\hat{\boldsymbol{e}}_{\parallel}$ 和 $\hat{\boldsymbol{e}}_{\perp}$ 旋转角度 ψ(使坐标轴与极化椭圆主轴平行)，则斯托克斯参量(I，Q，U，V)和旋转之后的斯托克斯参量(I'，Q'，U'，V')满足

$$\begin{pmatrix} I' \\ Q' \\ U' \\ V' \end{pmatrix}=\begin{bmatrix} 1 & 0 & 0 & 0 \\ 0 & \cos 2\psi & \sin 2\psi & 0 \\ 0 & -\sin 2\psi & \cos 2\psi & 0 \\ 0 & 0 & 0 & 1 \end{bmatrix}\begin{pmatrix} I \\ Q \\ U \\ V \end{pmatrix} \tag{1.199}$$

但值得注意的是，测量的电磁波或光束一般是很多平面波作为子波的非相干叠加，各子波的相位难以保持相位差持久不变。这种混合的电磁波或光波的斯托克斯参数是各子波的斯托克斯参数的非相干叠加。这种波是部分相干，称为部分极化波。

在长于周期的时间尺度下对斯托克斯参量进行平均，得

$$Q^2+U^2+V^2=I^2-4(\langle a_{\parallel}^2\rangle\langle a_{\perp}^2\rangle-\langle a_{\parallel}a_{\perp}\mathrm{e}^{\mathrm{i}\delta}\rangle\langle a_{\parallel}a_{\perp}\mathrm{e}^{-\mathrm{i}\delta}\rangle)$$

由此，等式(1.195)改为不等式：

$$I^2\geqslant Q^2+U^2+V^2 \tag{1.200}$$

比值 $p=(Q^2+U^2+V^2)^{1/2}/I\leqslant 1$ 被称为极化度。对于完全极化波，极化度 $p=1$，而比值 $(Q^2+U^2)^{1/2}/I$ 和 V/I 分别称为线极化度和圆极化度。如果 $U=0$，比值 $-Q/I$ 通常用于

线极化度的测量。对于非极化电磁波(自然光)，有 $Q=U=V=0$。对于部分极化波，用位于极化球(Poincare 球)内的点表示。

1.5 散射矩阵

设入射波沿 z 方向传播，选择 yz 平面为散射平面，入射波场的垂直极化分量和平行极化分量分别为 $E_{ix}=E_{i\perp}$ 和 $E_{iy}=E_{i\parallel}$，散射场两个分量 $E_{sX}=E_{s\perp}$ 和 $E_{sY}=E_{s\parallel}$ 分别垂直和平行于散射平面，如图 1.21 所示。

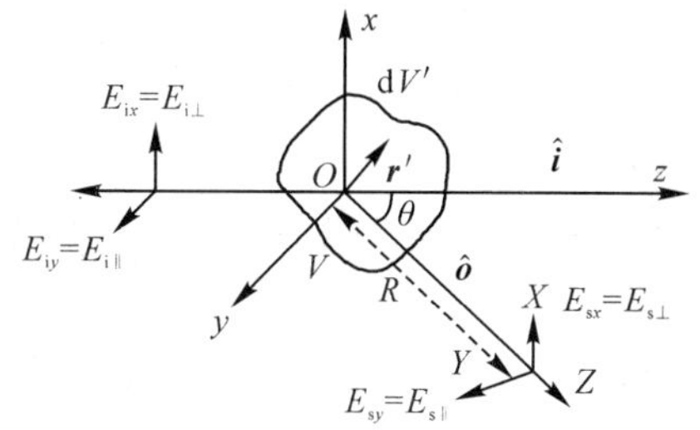

图 1.21　散射振幅和散射函数

显然：

$$\begin{pmatrix} E_{s\perp} \\ E_{s\parallel} \end{pmatrix} = \frac{\exp(\mathrm{i}kR)}{R} \begin{pmatrix} f_{11} & f_{12} \\ f_{21} & f_{22} \end{pmatrix} \begin{pmatrix} E_{i\perp} \\ E_{i\parallel} \end{pmatrix} = \frac{\mathrm{i}\exp(\mathrm{i}kR)}{kR} \begin{pmatrix} S_1 & S_4 \\ S_3 & S_2 \end{pmatrix} \begin{pmatrix} E_{i\perp} \\ E_{i\parallel} \end{pmatrix} \tag{1.201}$$

式中，散射振幅与散射函数之间的关系为 $f_{11}=(\mathrm{i}/k)S_1$，$f_{12}=(\mathrm{i}/k)S_4$，$f_{21}=(\mathrm{i}/k)S_3$，$f_{22}=(\mathrm{i}/k)S_2$。如果散射函数和入射波极化状态已知，可以获得散射的斯托克斯参量：

$$\begin{pmatrix} I_s \\ Q_s \\ U_s \\ V_s \end{pmatrix} = \frac{1}{k^2R^2} \begin{pmatrix} S_{11} & S_{12} & S_{13} & S_{14} \\ S_{21} & S_{22} & S_{23} & S_{24} \\ S_{31} & S_{32} & S_{33} & S_{34} \\ S_{41} & S_{42} & S_{43} & S_{44} \end{pmatrix} \begin{pmatrix} I_i \\ Q_i \\ U_i \\ V_i \end{pmatrix} \tag{1.202}$$

式中，[S]为斯托克斯矩阵，也称为 Muller 矩阵。其中各个矩阵元素与散射振幅函数元素的关系表示如下：

$$\begin{cases} S_{11} = \dfrac{|S_1|^2+|S_2|^2+|S_3|^2+|S_4|^2}{2} \\ S_{12} = \dfrac{|S_2|^2-|S_1|^2+|S_4|^2-|S_3|^2}{2} \\ S_{13} = \mathrm{Re}(S_2S_3^*+S_1S_4^*) \\ S_{14} = \mathrm{Im}(S_2S_3^*-S_1S_4^*) \\ S_{21} = \dfrac{|S_2|^2-|S_1|^2-|S_4|^2+|S_3|^2}{2} \\ S_{22} = \dfrac{|S_2|^2+|S_1|^2-|S_4|^2-|S_3|^2}{2} \\ S_{23} = \mathrm{Re}(S_2S_3^*-S_1S_4^*) \\ S_{24} = \mathrm{Im}(S_2S_3^*+S_1S_4^*) \end{cases} \tag{1.203}$$

$$\begin{cases}S_{31}=\mathrm{Re}(S_2S_4^*+S_1S_3^*),\ S_{32}=\mathrm{Re}(S_2S_4^*-S_1S_3^*)\\S_{33}=\mathrm{Re}(S_1S_2^*+S_3S_4^*),\ S_{34}=\mathrm{Im}(S_2S_1^*+S_4S_3^*)\\S_{41}=\mathrm{Im}(S_4S_2^*+S_1S_3^*),\ S_{42}=\mathrm{Im}(S_4S_2^*-S_1S_3^*)\\S_{43}=\mathrm{Im}(S_1S_2^*-S_3S_4^*),\ S_{44}=\mathrm{Re}(S_1S_2^*-S_3S_4^*)\end{cases}\tag{1.204}$$

S_{11}：反映总的入射场强度在散射发生前后的变化情况，并且它能反映出粒子尺寸参数的总体信息。

S_{12}：平行和垂直于散射平面的线性极化波的去极化率。S_{21} 与 S_{12} 刚好对应，对于一般的轴对称体系恒有 $S_{12}=S_{21}$。S_{12} 的值取决于散射体的尺寸、形状、复折射率。

$-S_{12}/S_{11}$：描述散射体的线性极化程度。

S_{13}：$\pm 45°$散射平面的线性极化波的去极化率。

S_{14}：圆极化波的去极化率。

S_{22}：描述线性极化的入射波($\pm 90°$)时，线性极化的散射波($\pm 90°$)的变化情况。S_{22} 偏离 S_{11} 是揭示散射体为非球形的重要判据。

S_{33}、S_{44}：描述线性极化的入射波($\pm 45°$)时，线性极化的散射波($\pm 45°$)的变化情况。S_{44} 偏离 S_{33} 预示着散射体非球对称的特征。

S_{34}：描述圆极化的入射波时，线性极化的散射波($\pm 45°$)的变化情况。它的取值取决于散射体的尺寸及复折射率。

如果粒子是球对称的，散射函数矩阵元素 $S_3=S_4=0$，则斯托克斯矩阵中只剩下元素 S_{11}、S_{12}、S_{22}、S_{33} 和 S_{34}。由式(1.201)得到

$$\begin{pmatrix}E_{\perp s}\\E_{\parallel s}\end{pmatrix}=\frac{\exp[\mathrm{i}k(r-z)]}{-\mathrm{i}kr}\begin{pmatrix}S_1&0\\0&S_2\end{pmatrix}\begin{pmatrix}E_{\perp i}\\E_{\parallel i}\end{pmatrix}\tag{1.205}$$

对应的散射斯托克斯参量和入射斯托克斯参量的关系为

$$\begin{pmatrix}I_s\\Q_s\\U_s\\V_s\end{pmatrix}=\frac{1}{k^2r^2}\begin{pmatrix}S_{11}&S_{12}&0&0\\S_{12}&S_{11}&0&0\\0&0&S_{33}&S_{34}\\0&0&-S_{34}&S_{33}\end{pmatrix}\begin{pmatrix}I_i\\Q_i\\U_i\\V_i\end{pmatrix}\tag{1.206}$$

$$\begin{cases}S_{11}=\dfrac{|S_2|^2+|S_1|^2}{2}\\S_{12}=\dfrac{|S_2|^2-|S_1|^2}{}2\\S_{33}=\dfrac{S_1S_2^*+S_2S_1^*}{2}\\S_{34}=\dfrac{\mathrm{i}(S_1S_2^*-S_2S_1^*)}{2}\end{cases}\tag{1.207}$$

忽略因子 $1/(k^2r^2)$，归一化平行极化散射强度和垂直极化散射强度分别为

$$i_{\parallel}=S_{11}+S_{12}=|S_2|^2,\ i_{\perp}=S_{11}-S_{12}=|S_1|^2\tag{1.208}$$

当入射波为非极化时，归一化散射强度为 S_{11}，散射场的极化度 P 满足：

$$P=-\frac{S_{12}}{S_{11}}=\frac{i_{\perp}-i_{\parallel}}{i_{\perp}+i_{\parallel}}\tag{1.209}$$

习 题

1. 设时谐平面电磁波 $\boldsymbol{E}_i$ 照射到相对介电常数为 $\varepsilon_r(\boldsymbol{r}')=\varepsilon_r'(\boldsymbol{r}')+\varepsilon_r''(\boldsymbol{r}')$、磁导率为 μ_0 的散射体 V 上，利用麦克斯韦方程证明，散射场满足 $\boldsymbol{E}_s(\boldsymbol{r})=\int\overline{\overline{\boldsymbol{G}}}(\boldsymbol{r},\boldsymbol{r}')k^2(\varepsilon_r(\boldsymbol{r}')-1)\boldsymbol{E}(\boldsymbol{r}')\mathrm{d}\boldsymbol{r}'$。

2. 描述粒子电磁散射的瑞利近似、波恩近似和 WKB 近似的条件和物理含义。当温度为 20℃时，雨滴的折射率为(5.59823＋i2.23659)，计算波长为 8 mm，雨滴半径为 0.01 cm 和 0.1 cm 时的散射振幅。

3. 设椭球粒子沿 x 轴对称(见表 1.1)，计算不同形状椭球的瑞利散射的散射截面、吸收截面。取折射率为 1.05＋i0.0005，粒子尺寸与波长可以相比拟，满足 $x\ll1$，$x|n-1|\ll1$。

表 1.1 椭球粒子瑞利散射的 L_j 的值

粒子形状	轴间关系	L_1	L_2	L_3
扁长椭球	$a>b$；$b=c$	$\frac{1-e^2}{e^2}\left\{\frac{1}{2e}\ln\left(\frac{1+e}{1-e}\right)-1\right\}$	$\frac{1-L_1}{2}$	$\frac{1-L_1}{2}$
扁平椭球	$a<b$；$b=c$	$\frac{1+f^2}{f^2}\left\{1-\frac{1}{f}\arctan f\right\}$	$\frac{1-L_1}{2}$	$\frac{1-L_1}{2}$
平椭圆盘	$b\gg a$；$c\gg a$	1	0	0
长椭圆柱	$b\ll a$；$c\ll a$	0	$\frac{c}{b+c}$	$\frac{c}{b+c}$
长圆柱	$a\gg b$，$b=c$	0	$\frac{1}{2}$	$\frac{1}{2}$

4. 推导出双层同心球的电磁散射波恩近似的计算公式。设内外半径分别为 a 和 b，折射率分别为 1.05 和 1.02，入射波长为 0.6328 μm，计算并画出散射截面随半径比 a/b 的变化曲线。

5. 一有限长圆柱，其对称轴为 z 轴，半径 $a=0.5\lambda$，长 $L=2.0\lambda$，相对折射率为 1.02，计算相对 z 轴的入射角分别为 0°、30°、90°时，形成因子的角分布，并画出曲线。

6. 由 Mie 理论导出球形粒子散射平行极化、垂直极化归一化强度公式。设入射波长为 0.8 cm，折射率为 5.55＋i2.85，计算半径 $a=0.1$、0.2、0.3、0.4 cm 时的散射系数、吸收系数和衰减系数，以及平行极化、垂直极化归一化强度 $i_{\parallel}$ 和 $i_{\perp}$ 的角分布和极化度。

7. 推导平面波垂直入射无限长圆柱时的电磁散射系数、单位长度散射截面、吸收截面和衰减截面，以及散射强度的表达式。

8. 当球形粒子散射满足瑞利近似时，根据 Mie 散射系数导出瑞利近似散射系数和吸收系数的表达式。

9. 设椭圆极化波沿 z 方向传播，可分解为两正交线极化波。它们分别为 $\boldsymbol{E}_x=\hat{\boldsymbol{x}}a_1\cos[ikz-i\omega t-i\delta_1]$，$\boldsymbol{E}_y=\hat{\boldsymbol{y}}a_2\cos[ikz-i\omega t-\delta_2]$，两者相差 $\delta=\delta_2-\delta_1$。证明：旋转角 ψ 和椭圆度角 χ 分别满足 $\tan2\psi=\tan2\alpha\cos\delta$，$\sin2\chi=\sin2\alpha\sin\delta$。

10. 平面电磁波可以按不同的极化基分解为两个分量，例如正交的线极化、圆极化、椭圆极化分量。若单位幅度的沿 x 方向极化的平面波沿 z 方向传播，试将其分解为左旋和右旋极化波，其幅度如何？说明斯托克斯矢量各分量与不同极化波的关系。

11. 由散射振幅矩阵导出斯托克斯矩阵元，以及球形粒子散射的[S]矩阵。

12. 设单色高斯波束 TEM_{00} 波沿 z 轴正向传播，电极化在 xz 平面，省去时间因子 $\exp(-\mathrm{i}\omega t)$，在 $z=0$ 处，$E_{ix}(x, y, 0)=E_0\exp[-(x^2+y^2)/w_0^2]$，$E_{iy}(x, y, 0)=0$，式中 E_0 是波束中心的电场幅度。证明入射高斯波束在任意点的各电磁场分量均可用平面波角谱展开。

$$
\begin{cases}
E_{ix}(x, y, z)=E_0\psi_0\exp(\mathrm{i}kz) \\
E_{iy}(x, y, z)=0 \\
E_{iz}(x, y, z)=\dfrac{2Q_0 x}{l}E_{ix}(x, y, z)
\end{cases},\quad
\begin{cases}
H_{ix}(x, y, z)=0 \\
H_{iy}(x, y, z)=H_0\psi_0\exp(\mathrm{i}kz) \\
H_{iz}(x, y, z)=\dfrac{2Q_0 y}{l}H_{iy}(x, y, z)
\end{cases}
$$

其中，$l=kw_0^2$，$Q_0=\left(\mathrm{i}-\dfrac{2z}{l}\right)^{-1}$，$s=\dfrac{w_0}{l}=\dfrac{1}{kw_0}$，$H_0=E_0\sqrt{\varepsilon_0/\mu_0}$，且 $x=\xi w_0$，$y=\eta w_0$，$z=\xi l$。并证明函数

$$
\psi_0=\mathrm{i}Q_0\exp\left[-\frac{\mathrm{i}Q_0(x^2+y^2)}{w_0^2}\right]=\mathrm{i}Q_0\exp[-\mathrm{i}Q_0(\xi^2+\eta^2)]
$$

满足抛物线型方程：

$$
\left(\frac{\partial^2}{\partial\xi^2}+\frac{\partial^2}{\partial\eta^2}\right)\psi_0+2\mathrm{i}\frac{\partial\psi_0}{\partial\xi}=0
$$

第二章　稀疏随机分布粒子中波传输的单次散射

大气中的气溶胶粒子不仅形态各异，而且尺度分布极广。大气层中的水凝物(如雨、云、雾、雪、冰)、沙尘、烟雾以及晴空大气及大气湍流对电波、光波均产生衰减和散射，它们是影响微波、毫米波和光波通信，雷达和制导系统工作性能的重要因素。本章主要介绍雨、云雾、冰粒子等主要水凝物的物理特性，以及电磁波、光波传播的单次散射特性。

2.1　粒子的尺寸分布和散射场的统计特征

2.1.1　随机分布粒子的散射统计特征量

对流层中雨、雪、冰晶、云、雾、冰雪、冻雨、冰雹、沙尘暴对电磁波的影响主要是随机离散分布的不同尺寸的粒子对电磁信号的散射。粒子的散射特性主要取决于散射体的几何形状、尺寸分布和粒子的介电常数等参数。图 2.1 给出了典型气象环境中粒子的尺寸分布范围。

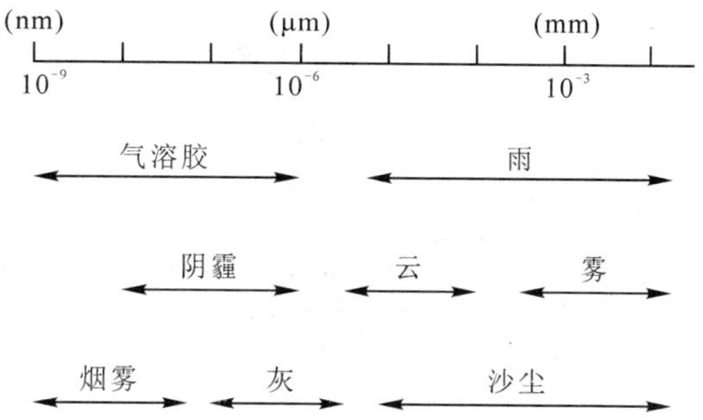

图 2.1　大气沉降粒子的尺寸范围

通常，在随机介质中的粒子，例如雨滴、雾等不是同一尺寸的，而是在一定的范围内具有一定的尺寸分布。$N(D)\mathrm{d}D$ 是线度在 D 和 $D+\mathrm{d}D$ 之间的单位体积粒子数，则单位体积中粒子的总数(也称为粒子数密度)为

$$\rho=\int_0^{\infty}N(D)\mathrm{d}D \tag{2.1}$$

粒子分布的概率密度为 $W(D)=N(D)/\rho$，显然 $\int_0^{\infty}W(D)\mathrm{d}D=1$。任意尺寸分布粒子系的平均半径和有效半径分别定义为

$$\bar{r}=\frac{\int_0^{\infty}rf(r)\mathrm{d}r}{\int_0^{\infty}f(r)\mathrm{d}r},\quad r_{\mathrm{eff}}=\frac{\int_0^{\infty}r^3f(r)\mathrm{d}r}{\int_0^{\infty}r^2f(r)\mathrm{d}r} \tag{2.2}$$

有效半径是一个非常重要的参量，它不同于简单的平均半径，而是粒子的平均体积和平均表面积的比值。此外，还有几个重要的统计量，分别定义如下：

- 体积权重的平均半径：

$$R_{\mathrm{vw}}=\frac{1}{\langle V\rangle}\int_0^{\infty}\frac{4\pi}{3}r^3f(r)r\mathrm{d}r \tag{2.3}$$

其中，$\langle V\rangle$为粒子的平均体积，$\langle V\rangle = \frac{4\pi}{3}\cdot\int_0^{\infty} r^3 f(r)\mathrm{d}r$。

- 平均表面积：

$$\langle\Sigma\rangle = 4\pi\int_0^{\infty} r^2 f(r)\mathrm{d}r \tag{2.4}$$

- 平均截面积：

$$\langle G\rangle = \pi\int_0^{\infty} r^2 f(r)\mathrm{d}r \tag{2.5}$$

- 平均质量：

$$\langle W\rangle = \rho\langle V\rangle \tag{2.6}$$

式中，ρ 为粒子质量密度。例如，水的质量密度为 $\rho=1\ \mathrm{g/cm^3}$。

在实际大气或云层中，水滴粒子的大小服从一定的尺寸分布。虽然水滴谱分布的时空变化很大，但是大量的观测资料表明，它们都可以通过各种分布来表示。表 2.1 中给出了几种典型气溶胶粒子的尺寸分布。

表 2.1　几种典型气溶胶粒子的尺寸分布

气溶胶类型	尺寸分布	有效半径/μm	方差系数 Δ
雾	修正伽玛($\mu=2$，$r_c=2\ \mu$m)	5	0.58
平流层气溶胶	修正伽玛($\mu=2$，$r_c=0.1\ \mu$m)	0.25	0.58
冰雹	修正伽玛($\mu=2$，$r_c=1000\ \mu$m)	2500	0.58
可溶水气溶胶	对数正态($\sigma=1.095\ 27$，$r_g=0.05\ \mu$m)	0.1	1.52
尘埃气溶胶	对数正态($\sigma=1.095\ 27$，$r_g=0.5\ \mu$m)	10.0	1.52
烟尘气溶胶	对数正态($\sigma=0.693\ 17$，$r_g=0.0118\ \mu$m)	0.04	0.79
海洋气溶胶	对数正态($\sigma=0.920\ 28$，$r_g=0.3\ \mu$m)	2.5	1.15

例如，修正的伽玛分布：

$$f(r) = \mathrm{const}\times r^{\mu}\exp\left(-\frac{\mu r}{r_c}\right) \tag{2.7}$$

其中，$\mathrm{const}=\mu^{\mu+1}/(\Gamma(\mu+1)r_c^{\mu+1})$为归一化常数，$\Gamma(\mu+1)$为伽马函数，$r_c$ 为众数半径，即：$f'(r_c)=0$，$f''(r_c)<0$，因此 $f(r)$在 r_c 处有最大值。于是有

$$\langle V\rangle = \frac{\Gamma(\mu+4)}{\mu^3\Gamma(\mu+1)}v_0,\ \langle\Sigma\rangle = \frac{\Gamma(\mu+3)}{\mu^2\Gamma(\mu+1)}s_0,\ \langle\Sigma\rangle = 4\langle G\rangle \tag{2.8}$$

其中，$v_0=4\pi a_0^3/3$，$s_0=4\pi a_0^2$。粒子分布的一个重要参量是有效方差，定义为

$$\sigma_{\mathrm{eff}} = \frac{\int_0^{\infty}(r-r_{\mathrm{eff}})^2 r^2 f(r)\mathrm{d}r}{r_{\mathrm{eff}}^2\int_0^{\infty} r^2 f(r)\mathrm{d}r} \tag{2.9}$$

另一个重要的参数为方差系数，定义为

$$\Delta = \frac{s}{\langle r\rangle} = \frac{\sqrt{\int_0^{\infty}(r-\langle r\rangle)^2 f(r)\mathrm{d}r}}{\langle r\rangle} \tag{2.10}$$

也称为标准差。对于修正的伽玛分布，有

$$\Delta=\frac{1}{\sqrt{1+\mu}},\ r_c=\frac{1-\Delta^2}{1+2\Delta^2}r_{eff} \tag{2.11}$$

显然，μ 决定了尺寸分布 $f(r)$的宽度，μ 越大宽度越小；反之，μ 越小宽度越大。大气气溶胶的尺寸谱在 20 世纪 40 年代开始就已经被广泛研究。例如，对于水云气溶胶的粒子分布，实测资料统计表明，大多数情况下，$r_c\in[4, 20]$，$\mu\in[2, 8]$，$\Delta\in(0.3, 0.6)$。表 2.2 给出了可见光谱典型波长下，各种气溶胶的复折射率。

表 2.2　可见光谱典型波长下气溶胶的复折射率

气溶胶类型	折　射　率		
	0.4 μm	0.55 μm	0.694 μm
水溶性气溶胶	$(1.53, 5\times10^{-3})$	$(1.53, 6\times10^{-3})$	$(1.53, 7\times10^{-3})$
尘埃气溶胶	$(1.53, 8\times10^{-3})$	$(1.53, 8\times10^{-3})$	$(1.53, 8\times10^{-3})$
烟尘气溶胶	$(1.74, 4.7\times10^{-1})$	$(1.75, 4.4\times10^{-1})$	$(1.75, 4.3\times10^{-1})$
海洋气溶胶	$(1.385, 9.90\times10^{-9})$	$(1.381, 4.26\times10^{-9})$	$(1.376, 5.04\times10^{-8})$

粒子的平均衰减截面$\langle\sigma_t\rangle$和平均散射截面$\langle\sigma_s\rangle$分别为

$$\langle\sigma_t\rangle=\frac{1}{\rho}\int_0^\infty N(\alpha)\sigma_t\mathrm{d}\alpha,\ \langle\sigma_s\rangle=\frac{1}{\rho}\int_0^\infty N(\alpha)\sigma_s\mathrm{d}\alpha \tag{2.12}$$

则平均单个粒子的反照率$\langle W_0\rangle=\langle\sigma_s\rangle/\langle\sigma_t\rangle$。衰减截面的均方差为

$$\langle\sigma_t^2\rangle=\int_0^\infty[\sigma_t(D)-\langle\sigma_t(D)\rangle]^2W(D)\mathrm{d}D \tag{2.13}$$

在粒子尺寸分布随机的介质中，定义等效同一尺寸参数粒子的平均相函数为

$$\langle p(\boldsymbol{s}, \boldsymbol{s}')\rangle=\frac{1}{\rho\langle\sigma_s\rangle}\int_0^\infty N(\alpha)\sigma_s(\alpha)p(\boldsymbol{s}, \boldsymbol{s}')\mathrm{d}\alpha \tag{2.14}$$

它是$\langle\sigma_t\rangle$、$\langle\sigma_s\rangle$和平均不对称因子$\langle g\rangle$的函数。一般情况下，球形粒子散射遵循 Mie 理论，但经常近似采用 Henyey - Greenstein 相函数描述，即

$$p(\mu)=W_0(1-g^2)(1+g^2-2g\mu_0)^{-3/2} \tag{2.15}$$

式中，散射角余弦 $\mu_0=\cos\gamma=\boldsymbol{s}\cdot\boldsymbol{s}'$；$g$ 是散射角余弦 $\cos\gamma$ 的平均值，称为单个粒子的不对称因子，表征粒子散射各向异性的程度，其表达式为

$$g=\bar{\mu}_0=\frac{\int_{4\pi}p(\boldsymbol{s}, \boldsymbol{s}')\mu_0\mathrm{d}\omega'}{\int_{4\pi}p(\boldsymbol{s}, \boldsymbol{s}')\mathrm{d}\omega'} \tag{2.16}$$

平均不对称因子可表示为

$$\langle g\rangle=\frac{1}{\rho\langle\sigma_s\rangle}\int_0^\infty N(\alpha)\sigma_s(\alpha)g(\alpha)\mathrm{d}\alpha \tag{2.17}$$

2.1.2　随机分布粒子的散射场与强度分布特征

在随机介质中，波的散射不仅是粒子尺寸参数的函数，也是空间位置、时间以及介质参数等众多随机变量的随机函数。考虑在稀薄随机分布粒子中的散射场分量：

$$U_s=A\exp(i\phi)=X+iY \tag{2.18}$$

式中，A 和 ϕ 分别是散射场的幅度和相位，X 和 Y 分别是散射场的实部与虚部，它们满足 $X=A\cos\phi$，$Y=A\sin\phi$。散射场是大量不同随机分布粒子的散射场之和，即

$$U_s=\sum_{n=0}^{N}A_n\exp(i\phi_n)=\sum_{n=0}^{N}(X_n+iY_n) \tag{2.19}$$

利用中心极限定理，当 $N\to\infty$ 以及 X_n、Y_n 是独立变量时，X 和 Y 遵循正态分布。假设散射场的相位是在 $(0, 2\pi)$ 上均匀分布的，由此得到散射场的幅度与相位是相互独立的。幅度与相位的联合概率密度为

$$P(A, \phi)=P(A)P(\phi),\quad P(\phi)=\frac{1}{2\pi},\quad 0<\phi<2\pi \tag{2.20}$$

由此，不难获得 (X, Y) 和 (A, ϕ) 的数字特征为

$$\langle X\rangle=\langle A\cos\phi\rangle=\langle Y\rangle=\langle A\sin\phi\rangle=0 \tag{2.21}$$

$$\langle XY\rangle=\langle A^2\cos\phi\sin\phi\rangle=0,\ \langle X^2\rangle=\langle Y^2\rangle=\sigma^2=\frac{1}{2}\int_0^\infty A^2P(A)\mathrm{d}A \tag{2.22}$$

考虑联合分布 $P(X, Y)\mathrm{d}X\mathrm{d}Y=P(A, \phi)\mathrm{d}A\mathrm{d}\phi$，$\mathrm{d}X\mathrm{d}Y=A\mathrm{d}A\mathrm{d}\phi$，以及

$$P(X, Y)=P(X)P(Y)=\frac{1}{2\pi\sigma^2}\exp\left(-\frac{X^2+Y^2}{2\sigma^2}\right)=\frac{1}{2\pi\sigma^2}\exp\left(-\frac{A^2}{2\sigma^2}\right) \tag{2.23}$$

条件概率为

$$P(A)=\int_0^{2\pi}P(A, \phi)\mathrm{d}\phi=\int_0^{2\pi}\frac{A}{2\pi\sigma^2}\exp\left(-\frac{A^2}{2\sigma^2}\right)\mathrm{d}\phi=\frac{A}{\sigma^2}\exp\left(-\frac{A^2}{2\sigma^2}\right) \tag{2.24}$$

表明散射场的幅度遵循瑞利分布，它仅用方差 σ 这一个参量表征。由式(2.24)可以获得散射幅度的数字特征。平均幅度为

$$\langle A\rangle=\int_0^\infty AP(A)\mathrm{d}A=\left(\frac{\pi\sigma^2}{2}\right)^{1/2} \tag{2.25}$$

类似地，平均强度 $\langle I\rangle=\langle A^2\rangle$ 和强度起伏分别为

$$\langle I\rangle=\int A^2P(A)\mathrm{d}A=2\sigma^2,\quad \langle(I-\langle I\rangle)^2\rangle=4\sigma^4=\langle I\rangle^2 \tag{2.26}$$

以及强度的 N 阶矩(推导见本章习题)为

$$\langle I^N\rangle=\langle I\rangle^N N! \tag{2.27}$$

这些数字特征可以用于检验其散射场的幅度是否服从瑞利分布。

由于粒子在空间随机分布且存在一定的运动速度，因此它产生的散射场的振幅和相位在空间与时间上随机起伏。设介质中场分量 $U(\boldsymbol{r}, t)=A(\boldsymbol{r}, t)\exp(i\phi(\boldsymbol{r}, t))$ 可表示为

$$U(\boldsymbol{r}, t)=\langle U(\boldsymbol{r}, t)\rangle+U_f(\boldsymbol{r}, t),\quad \langle U_f(\boldsymbol{r}, t)\rangle=0 \tag{2.28}$$

式中，$\langle U\rangle$ 为相干场，U_f 为非相干场。平均强度为相干强度与非相干强度之和，即

$$\langle I\rangle=I_C+I_i=|\langle U\rangle|^2+\langle|U_f|^2\rangle \tag{2.29}$$

在 $(\boldsymbol{r}_1, t_1)$ 和 $(\boldsymbol{r}_2, t_2)$ 处场的相关函数 $\Gamma(\boldsymbol{r}_1, t_1; \boldsymbol{r}_2, t_2)$ 定义为

$$\begin{aligned}\Gamma(\boldsymbol{r}_1, t_1; \boldsymbol{r}_2, t_2)&=\langle U(\boldsymbol{r}_1, t_1)U^*(\boldsymbol{r}_2, t_2)\rangle=\Gamma_C+\Gamma_f\\&=\langle U(\boldsymbol{r}_1, t_1)\rangle\langle U^*(\boldsymbol{r}_2, t_2)\rangle+\langle U_f(\boldsymbol{r}_1, t_1)U_f^*(\boldsymbol{r}_2, t_2)\rangle\end{aligned} \tag{2.30}$$

$\Gamma_f=\langle(U-\langle U\rangle)(U^*-\langle U^*\rangle)\rangle$ 是场的协方差。注意：强度 I 可表示为平均强度 $\langle I\rangle$ 和强度起伏 I_f 之和，即

$$I=|U|^2=\langle I\rangle+I_f \tag{2.31}$$

强度起伏 I_f 的方差 σ_I^2 为

$$\sigma_I^2=\langle I_f^2\rangle=\langle I^2\rangle-\langle I\rangle^2 \tag{2.32}$$

其中，$\langle I^2\rangle=\langle|U|^4\rangle=\langle U^2U^{*2}\rangle$是场的四阶矩。强度的相关函数为

$$\langle I_1I_2\rangle=\langle U_1(\boldsymbol{r}_1,\ t_1)U_1^*(\boldsymbol{r}_1,\ t_1)U_2(\boldsymbol{r}_2,\ t_2)U_2^*(\boldsymbol{r}_2,\ t_2)\rangle \tag{2.33}$$

在大多数实际问题中，在一定的时间范围内，场 $U(\boldsymbol{r},\ t)$为时间的平稳随机过程。例如，大气湍流和水汽的变化在几分钟时间内均可近似认为是平稳随机过程。取 $\boldsymbol{r}_1=\boldsymbol{r}_2=\boldsymbol{r}$，$t_1=t_2+\tau$，协方差 Γ_f 仅是$(\boldsymbol{r},\ \tau)$的函数，起伏场 U_f 的时间频谱 $W_f(\boldsymbol{r},\ \omega)$与协方差 $\Gamma_f(\boldsymbol{r},\ \tau)$是一对傅里叶变换：

$$W_f(\boldsymbol{r},\ \omega)=\int_{-\infty}^{\infty}\Gamma_f(\boldsymbol{r},\ \tau)\exp(\mathrm{i}\omega\tau)\mathrm{d}\tau \tag{2.34}$$

$$\Gamma_f(\boldsymbol{r},\ \tau)=\frac{1}{2\pi}\int_{-\infty}^{\infty}W_f(\boldsymbol{r},\ \omega)\exp(-\mathrm{i}\omega\tau)\mathrm{d}\omega \tag{2.35}$$

一般协方差函数 $\Gamma_f(\boldsymbol{r},\ \tau)$是复数，满足 $\Gamma_f(r,\ \tau)=\Gamma_f^*(\boldsymbol{r},\ -\tau)$。

2.2　单次散射近似

2.2.1　平均散射功率

当平面波入射到包含了随机分布粒子的体积 V 中时，在体积元 $\mathrm{d}V$ 的入射功率通量密度为

$$S_i=\frac{G_t(\hat{\boldsymbol{i}})P_i}{4\pi R_1^2} \tag{2.36}$$

在接收机处单个粒子的散射功率通量密度 $S_r=(|\boldsymbol{f}(\hat{\boldsymbol{o}},\ \hat{\boldsymbol{i}})|^2/R_2^2)S_i$。对于稀薄随机分布粒子，可以忽略粒子间场的相互作用，接收体积元的散射功率为该体积元内各个粒子的散射功率的叠加。在不考虑各种损耗时，接收功率 $P_r=A_r(\hat{\boldsymbol{o}})S_r=\lambda^2G_r(\hat{\boldsymbol{o}})S_r/(4\pi\eta_r)$，取效率因子 $\eta_r=1$，则雷达方程满足：

$$\frac{P_r}{P_t}=\int_{V'}\frac{\lambda^2G_t(\hat{\boldsymbol{i}})G_r(\hat{\boldsymbol{o}})}{(4\pi)^3R_1^2R_2^2}\rho\sigma_{bi}(\hat{\boldsymbol{o}},\ \hat{\boldsymbol{i}})\mathrm{d}V' \tag{2.37}$$

进一步，单站雷达方程为

$$\frac{P_r}{P_t}=\int_{V'}\frac{\lambda^2[G_t(\hat{\boldsymbol{i}})]^2}{(4\pi)^3R^4}\rho\sigma_b\mathrm{d}V' \tag{2.38}$$

式(2.38)为单次散射近似雷达方程。其近似条件是：光学长度为

$$\gamma=\int_0^L\rho\sigma_t\mathrm{d}s\approx\rho\sigma_tL\ll1$$

当 $\gamma<1$ 时，需考虑一阶多重散射近似，即

$$\frac{P_r}{P_t}=\int_{V'}\frac{\lambda^2G_t(\hat{\boldsymbol{i}})G_r(\hat{\boldsymbol{o}})}{(4\pi)^3R_1^2R_2^2}\rho\sigma_{bi}(\hat{\boldsymbol{o}},\ \hat{\boldsymbol{i}})\exp(-\gamma_1-\gamma_2)\mathrm{d}V' \tag{2.39}$$

$$\frac{P_{\mathrm{r}}}{P_{\mathrm{t}}}=\int_{V'}\frac{\lambda^2[G_{\mathrm{t}}(\hat{\boldsymbol{i}})]^2}{(4\pi)^3R^4}\rho\sigma_{\mathrm{b}}\exp(-2\gamma)\mathrm{d}V' \tag{2.40}$$

式中，$\gamma_1=\int_0^{R_1}\rho\sigma_{\mathrm{t}}\mathrm{d}s$，$\gamma_2=\int_0^{R_2}\rho\sigma_{\mathrm{t}}\mathrm{d}s$。对于单站情况，$\gamma_1=\gamma_2=\gamma$，$R_1=R_2=R$。当存在粒子尺寸分布时，$\gamma=\int_0^L\rho\langle\sigma_{\mathrm{t}}\rangle\mathrm{d}s$。则发射机直接传输到距离 R 处的功率为

$$\frac{P_{\mathrm{c}}}{P_{\mathrm{t}}}=\frac{\lambda^2G_{\mathrm{t}}(\hat{\boldsymbol{i}})G_{\mathrm{r}}(\hat{\boldsymbol{o}})}{(4\pi)^2R^2}\exp(-\gamma) \tag{2.41}$$

在大多数实际应用中，发射与接收天线均集中在相当窄的立体角内，收发波束将传输介质交会形成公共体积 V_{c}，如图 2.2 所示。如果假设在公共体积 V_{c} 内粒子是全同的且是随机均匀分布的，可以近似获得窄波束的雷达方程。

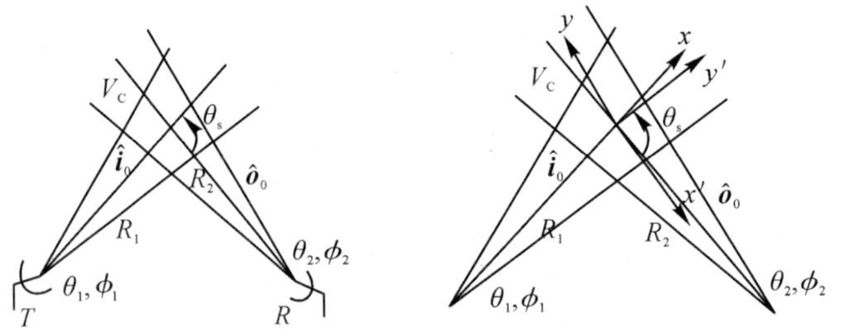

(a) 窄波束双站散射示意图　　(b) 公共体积示意图

图 2.2　窄波束双站散射以及公共体积

设发射与接收天线的增益函数是高斯函数，即

$$G_{\mathrm{t}}(\hat{\boldsymbol{i}})=G_{\mathrm{t}}(\hat{\boldsymbol{i}}_0)\exp\left\{-\ln2\left[\left(\frac{2\theta}{\theta_1}\right)^2+\left(\frac{2\phi}{\phi_1}\right)^2\right]\right\} \tag{2.42}$$

$$G_{\mathrm{r}}(\hat{\boldsymbol{o}})=G_{\mathrm{r}}(\hat{\boldsymbol{o}}_0)\exp\left\{-\ln2\left[\left(\frac{2\theta}{\theta_2}\right)^2+\left(\frac{2\phi}{\phi_2}\right)^2\right]\right\} \tag{2.43}$$

$(\theta_1，\phi_1)$、$(\theta_2，\phi_2)$分别是发射和接收天线方向图垂直与水平半功率宽度。在式(2.39)中近似将 R_1、R_2、γ_1 和 γ_2 处理为常数，ρ、σ 用 $\hat{\boldsymbol{i}}_0$ 和 $\hat{\boldsymbol{o}}_0$ 处的值代替。取 $\theta_1=y/R_1$，$\phi_1=z/R_1$，$\theta_2=y'/R_2$，$\phi_2=z'/R_2$，且 $y'=y\cos\theta_{\mathrm{s}}+x\sin\theta_{\mathrm{s}}$，$z'=z$，$\mathrm{d}V=\mathrm{d}x\mathrm{d}y\mathrm{d}z$。由于增益函数只在 $\hat{\boldsymbol{i}}_0$ 和 $\hat{\boldsymbol{o}}_0$ 附近对积分有明显的贡献，所以积分可以延拓为 $\int_{-\theta_1/2}^{\theta_1/2}\mathrm{d}\theta\int_{-\phi_1/2}^{\phi_1/2}\mathrm{d}\phi\rightarrow\iint_{-\infty}^{\infty}\mathrm{d}z\mathrm{d}y$。那么，窄波束的雷达方程近似表示为

$$\frac{P_{\mathrm{r}}}{P_{\mathrm{t}}}=\frac{\lambda^2G_{\mathrm{t}}(\hat{\boldsymbol{i}}_0)G_{\mathrm{r}}(\hat{\boldsymbol{o}}_0)}{(4\pi)^3R_1^2R_2^2}\rho\sigma_{\mathrm{bi}}(\hat{\boldsymbol{o}}_0，\hat{\boldsymbol{i}}_0)\exp(-\gamma_1-\gamma_2)V_{\mathrm{c}} \tag{2.44}$$

其中，公共体积为

$$V_{\mathrm{c}}=\frac{\pi^{3/2}}{8(\ln2)^{3/2}}\frac{R_1^2R_2^2\theta_1\theta_2\phi_1\phi_2}{(R_1^2\phi_1^2+R_2^2\phi_2^2)^{1/2}\sin\theta_{\mathrm{s}}} \tag{2.45}$$

对于后向雷达方程式(2.40)，$V_{\mathrm{c}}=(\pi R^2\theta_1\phi_1/8\ln2)\mathrm{d}R$，于是

$$\frac{P_{\mathrm{r}}}{P_{\mathrm{t}}}=\frac{\pi\lambda^2[G_{\mathrm{t}}(\hat{\boldsymbol{i}}_0)]^2\theta_1\phi_1}{8(4\pi)^3\ln2}\int_0^{\infty}\frac{\rho\sigma_{\mathrm{b}}}{R^2}\exp(-2\gamma)\mathrm{d}R \tag{2.46}$$

在对流层气溶胶和折射率起伏的散射通信与雷达探测中，公共体积的确定是很重要

的。在实际应用时，可以进行一定的简化处理，具体内容读者可以参考相关文献。

2.2.2 运动粒子的时间相关散射截面

当粒子运动时，散射场的相位随时间变化，导致散射场随时间起伏。图 2.3 是移动粒子对平面电磁波的散射示意图。考虑粒子的平动速度为 $\boldsymbol{V}$，$|\boldsymbol{V}|$ 远小于波的传播速度 c。设时谐入射场为 $\boldsymbol{E}_{\mathrm{i}}(\boldsymbol{r})=\hat{\boldsymbol{e}}_{\mathrm{i}}\exp(\mathrm{i}k\boldsymbol{r}\cdot\hat{\boldsymbol{i}})$，距离粒子 R_0 处、$\hat{\boldsymbol{o}}$ 方向、t_1 时刻的散射场为

$$\boldsymbol{E}_{\mathrm{s}}(t_1)=\frac{\boldsymbol{f}(\hat{\boldsymbol{o}},\ \hat{\boldsymbol{i}})}{R_0}\exp[\mathrm{i}k(\hat{\boldsymbol{i}}-\hat{\boldsymbol{o}})\cdot\boldsymbol{r}_1+\mathrm{i}kR_0] \tag{2.47}$$

$\boldsymbol{r}_1$ 是粒子在延迟时间 $t_1'=t_1-R_1/c$ 时的位置。类似地，t_2 时刻的散射场为

$$\boldsymbol{E}_{\mathrm{s}}(t_2)=\frac{\boldsymbol{f}(\hat{\boldsymbol{o}},\ \hat{\boldsymbol{i}})}{R_0}\exp[\mathrm{i}k(\hat{\boldsymbol{i}}-\hat{\boldsymbol{o}})\cdot\boldsymbol{r}_2+\mathrm{i}kR_0] \tag{2.48}$$

式中，$\boldsymbol{r}_2$ 是粒子在延迟时间 $t_2'=t_2-R_2/c$ 时的位置。

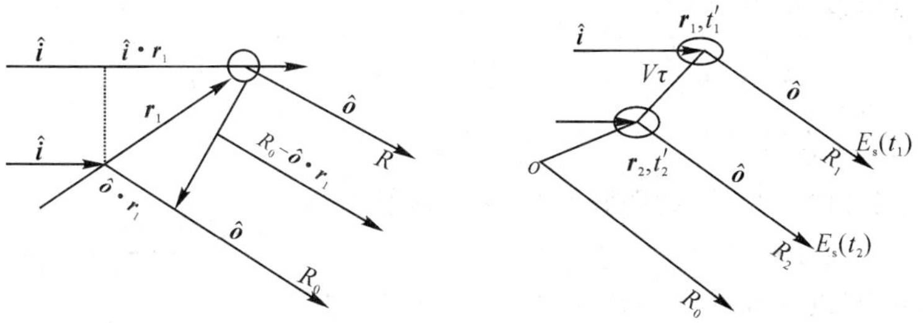

(a) 平面波入射移动粒子的散射　　(b) t_1和t_2散射示意图

图 2.3 移动粒子对平面电磁波的散射

当粒子的运动速率 $V\ll c$，$R_1\approx R_2$ 时，$\boldsymbol{r}_1$ 和 $\boldsymbol{r}_2$ 与粒子运动速度之间的关系为

$$\boldsymbol{r}_1-\boldsymbol{r}_2=\int_{t_2'}^{t_1'}\boldsymbol{V}\mathrm{d}t\approx\boldsymbol{V}\tau \tag{2.49}$$

式中，$\tau=t_1-t_2$。定义时间微分散射截面为

$$\sigma_{\mathrm{d}}(\hat{\boldsymbol{o}},\ \hat{\boldsymbol{i}},\ \tau)=\lim_{R_0\to\infty}[R_0^2\langle E_{\mathrm{s}}(t_1)E_{\mathrm{s}}^*(t_2)\rangle]=\sigma_{\mathrm{d}}(\hat{\boldsymbol{o}},\ \hat{\boldsymbol{i}})\langle\exp(\mathrm{i}\boldsymbol{k}_{\mathrm{s}}\cdot\boldsymbol{V}\tau)\rangle \tag{2.50}$$

一般粒子的速度 $\boldsymbol{V}$ 由平均速度 $\langle\boldsymbol{V}\rangle=\boldsymbol{U}$ 和起伏速度 $\boldsymbol{V}_{\mathrm{f}}$ 两部分组成，即 $\boldsymbol{V}=\boldsymbol{U}+\boldsymbol{V}_{\mathrm{f}}$，则

$$\langle\exp(\mathrm{i}\boldsymbol{k}_{\mathrm{s}}\cdot\boldsymbol{V}\tau)\rangle=\exp(\mathrm{i}\boldsymbol{k}_{\mathrm{s}}\cdot\boldsymbol{U}\tau)\langle\exp(\mathrm{i}\boldsymbol{k}_{\mathrm{s}}\cdot\boldsymbol{V}_{\mathrm{f}}\tau)\rangle=\exp(\mathrm{i}\boldsymbol{k}_{\mathrm{s}}\cdot\boldsymbol{U}\tau)\chi(\boldsymbol{k}_{\mathrm{s}}\tau) \tag{2.51}$$

式中，$\chi(\boldsymbol{k}_{\mathrm{s}}\tau)$ 为起伏速度的特征函数。由式(2.50)得到

$$\sigma_{\mathrm{d}}(\hat{\boldsymbol{o}},\ \hat{\boldsymbol{i}},\ \tau)=\sigma_{\mathrm{d}}(\hat{\boldsymbol{o}},\ \hat{\boldsymbol{i}})\chi(\boldsymbol{k}_{\mathrm{s}}\tau)\exp(\mathrm{i}\boldsymbol{k}_{\mathrm{s}}\cdot\boldsymbol{U}\tau) \tag{2.52}$$

其时间频谱为

$$W_\sigma(\hat{\boldsymbol{o}},\ \hat{\boldsymbol{i}},\ \omega)=\int_{-\infty}^{\infty}\sigma_{\mathrm{d}}(\hat{\boldsymbol{o}},\ \hat{\boldsymbol{i}},\ \tau)\exp(\mathrm{i}\omega\tau)\mathrm{d}\tau \tag{2.53}$$

当起伏速度 $\boldsymbol{V}_{\mathrm{f}}=0$，平均速度 $\langle\boldsymbol{V}\rangle=\boldsymbol{U}$ 为常数时，微分散射截面和其对应的频谱为

$$\sigma_{\mathrm{d}}(\hat{\boldsymbol{o}},\ \hat{\boldsymbol{i}},\ \tau)=\sigma_{\mathrm{d}}(\hat{\boldsymbol{o}},\ \hat{\boldsymbol{i}})\exp(\mathrm{i}\boldsymbol{k}_{\mathrm{s}}\cdot\boldsymbol{U}\tau),\ W_\sigma(\hat{\boldsymbol{o}},\ \hat{\boldsymbol{i}},\ \omega)=\sigma_{\mathrm{d}}(\hat{\boldsymbol{o}},\ \hat{\boldsymbol{i}})\delta(\omega+\boldsymbol{k}_{\mathrm{s}}\cdot\boldsymbol{U}) \tag{2.54}$$

式中，$\boldsymbol{k}_{\mathrm{s}}=k(\hat{\boldsymbol{i}}-\hat{\boldsymbol{o}})$，$k=\omega_0/c$，$\omega_0$ 是波的载频。显然多普勒频移为

$$\frac{\omega}{\omega_0}=-(\hat{i}-\hat{o})\cdot\left(\frac{\boldsymbol{U}}{c}\right)=-2\sin\left(\frac{\theta}{2}\right)\left(\frac{U_{\mathrm{d}}}{c}\right) \tag{2.55}$$

式中，θ 为散射角，U_d 是平均速度 $\boldsymbol{U}$ 在 $\boldsymbol{k}_s$ 方向的分量，如图 2.4 所示。散射波的频率为

$$\omega+\omega_0=\omega_0\left[1-(\hat{\boldsymbol{i}}-\hat{\boldsymbol{o}})\cdot\left(\frac{U}{C}\right)\right] \tag{2.56}$$

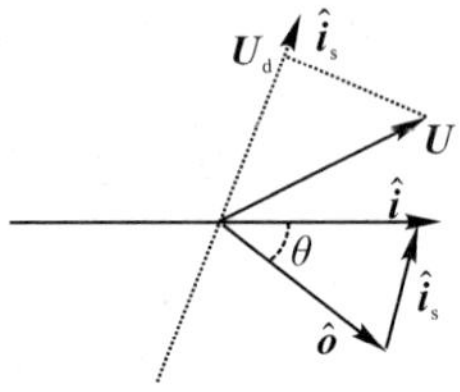

图 2.4　粒子的运动速度与双站散射

如果起伏速度遵循正态分布，其方差为 σ_f^2，则概率密度函数为

$$P(V_f)=(2\pi\sigma_f^2)^{-3/2}\exp\left(-\frac{V_f^2}{2\sigma_f^2}\right) \tag{2.57}$$

它的特征函数为

$$\chi(\boldsymbol{k}_s\tau)=\exp\left(\frac{-k_s^2\sigma_f^2\tau^2}{2}\right) \tag{2.58}$$

2.2.3　运动粒子散射截面的频谱

运动粒子散射截面的频谱为

$$W_\sigma(\hat{\boldsymbol{o}},\hat{\boldsymbol{i}},\omega)=\sigma_d(\hat{\boldsymbol{o}},\hat{\boldsymbol{i}})\left(\frac{2\pi}{k_s^2\sigma_f^2}\right)^{1/2}\exp\left[-\frac{(\omega+\boldsymbol{k}_s\cdot\boldsymbol{U})^2}{2k_s^2\sigma_f^2}\right] \tag{2.59}$$

由于速度起伏，除多普勒频移外，频谱还被展宽，$\Delta\omega=|\sqrt{2}k_s\sigma_f|$。散射波的多普勒频移和展宽示意图如图 2.5 所示。

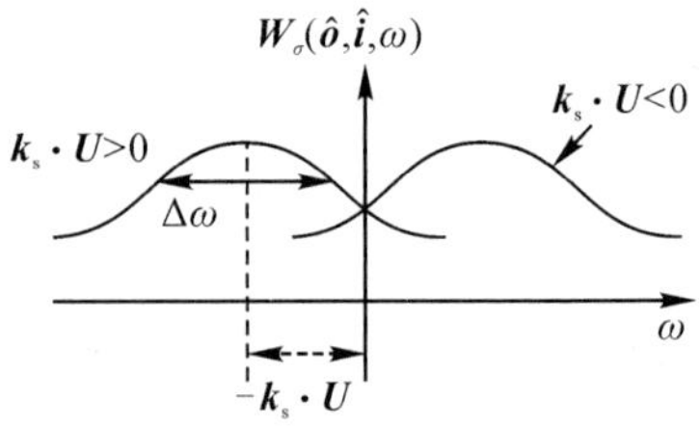

图 2.5　粒子运动产生散射场的多普勒频移与展宽

在稀薄离散随机介质中，各个粒子的散射之间相关性很小，接收机接收的散射场近似认为是散射体各部分贡献的非相干叠加。接收机的输出电压正比于散射场的幅度，考虑平稳随机过程，输出电压的时间相关函数为

$$B_V(\tau)=\langle V(t_1)V^*(t_2)\rangle=K\int_{V'}\frac{\lambda^2G_t(\hat{\boldsymbol{i}})G_r(\hat{\boldsymbol{o}})}{(4\pi)^3R_1^2R_2^2}\rho\sigma_{bi}(\hat{\boldsymbol{o}},\hat{\boldsymbol{i}};\tau)\exp(-\gamma_1-\gamma_2)\mathrm{d}V' \tag{2.60}$$

其中，常数 $K=\langle V^2\rangle/(P_r/P_t)$。由于不同的粒子具有不同的速度和微分散射截面，所以平均双站散射截面满足

$$\rho\langle\sigma_{bi}\rangle=\int_0^\infty N(D)\sigma_{bi}(\hat{\boldsymbol{o}},\hat{\boldsymbol{i}},\tau,D)\mathrm{d}D \tag{2.61}$$

利用窄波束的雷达截面，即式(2.50)，再由式(2.60)可得

$$B_V(\tau)=\frac{K\lambda^2G_t(\hat{\boldsymbol{i}})G_r(\hat{\boldsymbol{o}})}{(4\pi)^3R_1^2R_2^2}\rho\langle\sigma_{bi}(\hat{\boldsymbol{o}}_0,\hat{\boldsymbol{i}}_0,\tau)\rangle\exp(-\gamma_1-\gamma_2)V_c \tag{2.62}$$

例如，雨滴的速度是其直径的函数：$\boldsymbol{U}=-U(z)\hat{\boldsymbol{z}}$，则双站散射截面为

$$\langle\sigma_{bi}(\hat{\boldsymbol{o}}_0,\hat{\boldsymbol{i}}_0,\tau)\rangle=\sigma_{bi}(\hat{\boldsymbol{o}},\hat{\boldsymbol{i}})\exp[-\mathrm{i}\boldsymbol{k}_s\cdot\hat{\boldsymbol{z}}U(D)\tau] \tag{2.63}$$

由式(2.61)得

$$\rho\langle\sigma_{bi}\rangle=\int_0^\infty N(D)\sigma_{bi}(\hat{\boldsymbol{o}},\hat{\boldsymbol{i}},D)\exp[-\mathrm{i}\boldsymbol{k}_s\cdot\hat{\boldsymbol{z}}U(D)\tau]\mathrm{d}D \tag{2.64}$$

则时间频谱为

$$\rho\langle4\pi\sigma_\sigma(\hat{\boldsymbol{o}},\hat{\boldsymbol{i}},\omega)\rangle=\int_0^\infty N(D)\sigma_{bi}(\hat{\boldsymbol{o}},\hat{\boldsymbol{i}},D)\delta[\omega-\boldsymbol{k}_s\cdot\hat{\boldsymbol{z}}U(D)]\mathrm{d}D \tag{2.65}$$

由公式

$$\delta[f(x)]=\sum_n \frac{\delta(x-x_n)}{\left|\frac{\mathrm{d}f}{\mathrm{d}x}\right|_{x_n}} \tag{2.66}$$

可以获得

$$\rho\langle 4\pi\sigma_\sigma(\hat{\boldsymbol{o}},\ \hat{\boldsymbol{i}},\ \omega)\rangle=\frac{2N(D_0)\sigma_{\mathrm{bi}}(\hat{\boldsymbol{o}},\ \hat{\boldsymbol{i}},\ D_0)}{\left|\boldsymbol{k}_{\mathrm{s}}\cdot\hat{\boldsymbol{z}}\cdot\frac{\partial U}{\partial D}\right|_{D=D_0}} \tag{2.67}$$

上两式中，x_n是$f(x)$的零点，D_0 满足 $\omega=\boldsymbol{k}_{\mathrm{s}}\cdot\hat{z}U(D_0)$。

2.3　大气水凝物和沙尘的物理特征与传输衰减

水凝物作为最常见的大气环境，对电波的衰减和散射，特别对微波、毫米波雷达的作用距离、检测率、虚警率、检测门限、灵敏度等都有重要影响。所以研究水凝物对微波、毫米波的散射和辐射特性具有重要的实用价值。水凝物的传播特性是一个复杂的随机过程，不仅与传播条件有关，还与气象条件、地理位置和气候区域密切有关，所以对传播特性的预测不能简单套用国外已有的预测模式，必须针对我国不同区域进行深入的分析和研究，从而保证不同波段通信，特别是军用通信卫星在恶劣气象条件下的高可靠通信。

2.3.1　典型大气水凝物和沙尘的物理特征

1. 常用的雨滴尺寸分布模型

雨滴的形状取决于其尺寸，雨滴的直径在 10 μm～10 mm 之间，一般不大于 8 mm。大于 8 mm 的雨滴是不稳定的，将发生破裂。直径小于 1 mm 的雨滴基本为球形；直径更大的雨滴，其形状为扁椭球形，其底部有一凹槽，与其旋转轴近似垂直。为了便于计算和比较，通常使用等体积球的概念来研究雨滴。

雨滴尺寸分布是指对应于不同降雨率，不同尺寸的雨滴在空间的分布状况，也被称为雨滴谱。雨滴尺寸分布是研究降雨特性、雷达气象和无线电波传播的重要参数。最早的雨滴尺寸分布测量是由 Wiesner 于 1895 年用“吸水纸法”获得的；Laws 和 Parsons 对相同降雨率的雨滴进行了平均，得到了不同降雨率的平均雨滴尺寸分布——Laws - Parsons 分布。Laws - Parsons 雨滴尺寸分布至今仍被认为是最典型的平均雨滴尺寸分布，ITU-R 的雨衰减模型就使用了该分布。

Laws - Parsons 雨滴尺寸分布(L - P 分布)是一种离散性的雨滴尺寸分布，其形式为

$$N(D)\mathrm{d}D=\frac{10^4}{6\pi}\frac{Rm(D)\mathrm{d}D}{D^3V(D)}\quad (\mathrm{m}^{-3}) \tag{2.68}$$

式中，D 是直径，$V(D)$是直径为 D 的雨滴的末速度(m/s)，R 为降雨率(mm/h)，$m(D)$是对应每一降雨率的不同雨滴尺寸间隔的含水量占总含水量的百分数，其具体数据可查相关文献获得。

负指数分布是一种广泛使用的雨滴尺寸分布模式。Marshall 和 Palmer 在他们自己测量的数据及 Laws 和 Parsons 测量数据的基础上，提出了一种负指数分布模型，这一模型被称为 Marshall - Palmer$x$(M - P)分布：

$$N(D)=8000\mathrm{e}^{-4.1R^{-0.21}D}\quad(\mathrm{m}^{-3}\cdot\mathrm{mm}^{-1})\tag{2.69}$$

M－P 分布和 L－P 分布一样被广泛用于雨滴散射和衰减的计算。

Joss 等人利用雨滴谱仪在瑞士的 Locarno 测量了雨滴尺寸分布，发现雨滴尺寸分布随降雨类型有很大的变化。他们将降雨的类型分为毛毛雨(drizzle)、广大延雨(widespread)和雷暴雨(thunderstorm)，其形式为

毛毛雨：

$$N(D)=30\ 000\mathrm{e}^{-5.7R^{-0.21}D}\quad(\mathrm{m}^{-3}\cdot\mathrm{mm}^{-1})\tag{2.70}$$

广大延雨：

$$N(D)=7000\mathrm{e}^{-4.1R^{-0.21}D}\quad(\mathrm{m}^{-3}\cdot\mathrm{mm}^{-1})\tag{2.71}$$

雷暴雨：

$$N(D)=1400\mathrm{e}^{-3.0R^{-0.21}D}\quad(\mathrm{m}^{-3}\cdot\mathrm{mm}^{-1})\tag{2.72}$$

Joss 雨滴尺寸分布也常被用来计算各种传播常数，特别是用来研究传播常数随雨滴尺寸分布的变化。

对数正态雨滴尺寸分布模型被广泛用来描述热带雨林气候区的雨滴尺寸分布特征，其三参数的对数正态分布被表示为

$$N(D)=\frac{N_{\mathrm{T}}}{\sigma D\sqrt{2\pi}}\exp\left[-\frac{1}{2}\left(\frac{\ln D-\mu}{\sigma}\right)^{2}\right]\quad(\mathrm{m}^{-3}\cdot\mathrm{mm}^{-1})\tag{2.73}$$

其中 $N_{\mathrm{T}}=aR^{b}$，$\mu=a_2+b_2\ln R$，$\sigma^2=a_3+b_3\ln R$，系数 a、a_2、b_2、a_3、b_3 取决于不同的降雨类型。此外，还有常用的 Weibull 谱，其形式如下：

$$N(D)=N_0\ \frac{\eta}{\sigma}\left(\frac{D}{\sigma}\right)^{\eta-1}\mathrm{e}^{-\left(\frac{D}{\eta}\right)^{\eta}}\tag{2.74}$$

其中，$N_0=1000\mathrm{m}^{-3}$，$\eta=0.95R^{0.14}$，$\sigma=0.26R^{0.44}$。$N(D)(\mathrm{m}^{-3}\cdot\mathrm{mm}^{-1})$是单位间隔(直径)单位体积内的粒子数，$D$(mm)为粒子直径，$R$(mm/h)为降雨率。除了以上的雨滴尺寸分布以外，还有其他形式的雨滴尺寸分布，但是一般用得较少。

中国电波传播研究所无线电气象科研人员对我国部分地区的雨滴尺寸分布进行了测量和模式化研究。测量仪器是 GBPP－100 激光雨滴谱仪。该雨滴谱仪的测量雨滴直径范围为 0.2～12.4 mm，采样分辨率为 0.2 mm，可测量最小雨滴直径为 0.142 mm。图 2.6 给出了一组青岛地区从小雨到暴雨的雨滴谱实测结果，包括 1986 年和 1988 年两年夏季测量的 415 组数据，并与 Marshall－Palmer 分布结果进行了比较。结果表明，直径小于 0.5 mm 的小雨滴数目相当多，远高于现有的雨滴尺寸分布模式；在大雨滴部分，雨滴谱呈不连续的锯齿状。同时也看出，即便降雨率相同，雨滴尺寸分布的差异也很大。

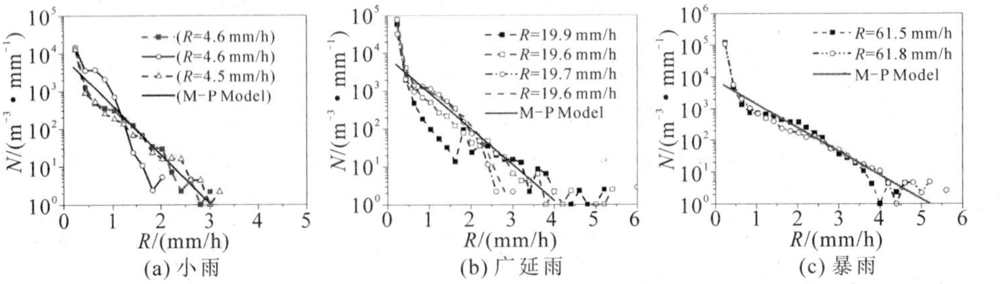

(a) 小雨　(b) 广延雨　(c) 暴雨

图 2.6　青岛雨滴尺寸分布测量实例及与 Marshall－Palmer 雨滴尺寸分布模型的比较

2. 水的介电特性

降雨传播特性的计算与水的复介电特性密切相关。液态水的复介电特性通常用相对复介电常数($\varepsilon=\varepsilon_r+i\varepsilon_i$)或折射指数($n=n_r+in_i$)表示。液态水的复介电特性在波长大于 1 mm 时，由水分子的极化特性确定；波长小于 1 mm 时，由分子的各种谐振吸收给出。水的介电常数与温度和频率有关，最早由 Debye 给出，表示为

$$\varepsilon=n^2=\varepsilon_\infty+\frac{\varepsilon_s-\varepsilon_\infty}{1-i\dfrac{\lambda_r}{\lambda}} \tag{2.75}$$

式中，ε_s 是静电场时水的相对介电常数；ε_∞ 是光学极限的相对介电常数，λ_r 为松弛波长，λ 为工作波长。式(2.75)中的参数如表 2.3 所示。

表 2.3　Debye 公式中的参数值

温度/℃	ε_s	ε_∞	λ_r
0	88	5.5	3.59
20	80	5.5	1.53
40	73	5.5	0.0859

在计算雨滴散射特性时，最常用的 Ray 经验公式是研究了许多实验结果后，得到的与实验结果相符的形式，表示为

$$\varepsilon_r=\varepsilon_\infty+\frac{(\varepsilon_s-\varepsilon_\infty)\left[1+\left(\dfrac{\lambda_s}{\lambda}\right)^{1-\alpha}\sin\left(\dfrac{\alpha\pi}{2}\right)\right]}{1+2\left(\dfrac{\lambda_s}{\lambda}\right)^{1-\alpha}\sin\left(\dfrac{\alpha\pi}{2}\right)+\left(\dfrac{\lambda_s}{\lambda}\right)^{2(1-\alpha)}} \tag{2.76}$$

$$\varepsilon_i=\frac{(\varepsilon_s-\varepsilon_\infty)\left(\dfrac{\lambda_s}{\lambda}\right)^{1-\alpha}\cos\left(\dfrac{\alpha\pi}{2}\right)}{1+2\left(\dfrac{\lambda_s}{\lambda}\right)^{1-\alpha}\sin\left(\dfrac{\alpha\pi}{2}\right)+\left(\dfrac{\lambda_s}{\lambda}\right)^{2(1-\alpha)}}+\frac{\sigma\lambda}{18.8496\times10^{10}} \tag{2.77}$$

式(2.76)和式(2.77)中的参数为

$$\varepsilon_s=78.54[1-4.579\times10^{-3}(t-25)+1.19\times10^{-5}(t-25)^2-2.8\times10^{-8}(t-25)^3]$$

$$\varepsilon_\infty=5.271\ 34+2.164\ 74\times10^{-2}t-1.311\ 98\times10^{-3}t^2$$

$$\alpha=-\frac{16.8129}{t+273}+6.092\ 65\times10^{-2}$$

$$\sigma=12.5664\times10^8$$

$$\lambda_s=3.3836\times10^{-4}\exp\left(\frac{2513.98}{t+273}\right)$$

式(2.76)和式(2.77)中，λ 为工作波长(cm)，t 为温度(℃)。这套公式的适用范围为 −20℃ 到 50℃ 的温度，当波长小于 1 mm 时，需考虑吸收带的影响。另一种常用的水的介电常数公式由双 Debye 公式给出，其公式为

$$\varepsilon_r=\frac{\varepsilon_0-\varepsilon_1}{\left[1+\left(\frac{f}{f_p}\right)^2\right]}+\frac{\varepsilon_1-\varepsilon_2}{\left[1+\left(\frac{f}{f_s}\right)^2\right]}+\varepsilon_2 \tag{2.78}$$

$$\varepsilon_i=\frac{f(\varepsilon_0-\varepsilon_1)}{f_p\left[1+\left(\frac{f}{f_p}\right)^2\right]}+\frac{f(\varepsilon_1-\varepsilon_2)}{f_s\left[1+\left(\frac{f}{f_s}\right)^2\right]} \tag{2.79}$$

其中，$\varepsilon_0=77.66+103.3(\theta-1)$，$\varepsilon_1=5.48$，$\varepsilon_2=3.51$，$f_s=590-1500(\theta-1)$，$f_p=20.09-142.4(\theta-1)+294(\theta-1)^2$，$\theta=300/T$；$T$ 为温度(K)，f 为工作频率(GHz)，其适用频率范围为 0～1000 GHz。在计算降雨传播特性时，通常使用 Ray 经验公式；在计算云雾的传播特性时，多使用双 Debye 公式。

3. 云雾的分类和雾粒子的尺寸分布特征

1）云雾的分类

地球表面经常被云层所覆盖，云层按照其形态、组成和性质等可以分为四类：直展云、低云、中云和高云。直展云包括积云(Cu)和积雨云(Cb)，其云体垂直发展旺盛，属对流性云体，云底平坦，云底高度为几百米到一二千米不等，但顶部发展较高。低云($H<2$ km)包括层云(St)、层积云(Sc)和雨层云(Ns)，其共同特点是云层的出现高度较低。中云(2 km$<H<$6 km)包括高积云(Ac)和高层云(As)，出现高度介于低云和高云之间，在温带地区常为 2～7 km，在热带高度略高，而在两极高度则明显降低，它们主要由小水滴组成，但上部常有冰晶、雪花。高云($H>$6 km)包括卷云(Ci)、卷层云(Cs)和卷积云(Cc)，其出现高度较高，几乎都由冰晶组成，特别是卷云。卷云位于上对流层，有时还会延伸到下平流层，在寒冷或高原地区可低到 2 公里以下。卷云的厚度为几百米到几千米，一般为 1.5～2 km，温度在 $-23°$至$-60°$之间甚至在$-60°$以下。卷云的分布具有全球性，无论是陆地还是海洋，也无论是一年中的哪个季节，都会有卷云的出现。卷云水平范围从几千米到上千千米，平均覆盖了地球上空的 20%～30%，强烈影响着地球和大气的辐射，从而影响着天气和气候的形成过程。直径在 100 μm 以上的云滴叫大云滴，它是云滴到雨滴的中间过渡。对积状云而言，中纬度夏季对流云中特大云滴很多，厚度在 1～2 km 的积云中大云滴可为 10^2～10^3 个/m^3。

邹进上等学者在大气物理基础著作中给出了国际分类法对云的分类情况，如表 2.4 所示。积云的含水量一般较其他云的含水量大，平均为 2 g/m^3，最大可达到 25～30 g/m^3。云滴谱随云型和所处云中高度都有很大变化，晴天积云的云滴半径为 3～33 μm，而浓积云和积雨云的云滴半径为 3～100 μm，有时超过 100 μm。

表 2.4　云的国际分类

<table>
<tr><th>类</th><th>高云</th><th>中云</th><th>低云</th><th>直展云</th></tr>
<tr><td>积状云</td><td>积云状卷积云
(Cc Cuf)</td><td>积云状高积云
(Ac Cuf)</td><td>积云(Cu)</td><td rowspan="3">浓积云(Cu cong)、
积雨云(Cu)</td></tr>
<tr><td>波状云</td><td>卷积云(Cc)
卷云(Ci)</td><td>高积云(Ac)</td><td>层积云(Sc)</td></tr>
<tr><td>层状云</td><td>卷层云(Cs)</td><td>高层云(As)</td><td>层云(St)、雨层云(Ns)</td></tr>
</table>

注：引自邹进上、刘长盛、刘文保编著的《大气物理基础》(北京：气象出版社，1982)。

表 2.5 给出了一组云滴谱特性，其中 r_{min} 为最小云滴半径；r_{50} 为中数半径，即半数云滴半径小于(或大于)此值；r_0 为众数半径，即最大频率半径；$\bar{r}$ 为云滴的加权平均半径；r_{max} 为云滴的最大半径。

表 2.5　云滴谱特性

云型	r_{min}	r_{50}	r_0	$\bar{r}$	r_{max}	N/(个/厘米³)	W/(g/m³)
陆上小块积云(澳)	2.5	6	—	—	10	420	0.40
陆上小块积云(英)		—	4	6	30	210	0.45
小块信风积云(夏威夷)	2.5	10	11	15	25	75	0.50
浓积云	3	—	6	10	50	100	1.0
积雨云	2	—	6	20	100	100	2.0
地形云(夏威夷)	5	13	—	—	35	45	0.30
层云(夏威夷)	2.5	13	—	—	45	25	0.35

为了保障地空通信系统设计的可靠性，需要得到不同时间百分数的云衰减。人们最感兴趣的是不同时间百分数的云的积分含水量的分布(面积为 1 m^2 的圆柱内沉积的液态水的总质量，单位为 kg/m^2)。ITU-R P.840-2 建议书给出了 20%、10%、5%和 1%时间百分数的全球云积分含水量的分布，并给出了经纬度步长为 1.5°的全球云积分含水量的分布的数据文件，任意地点的积分含水量可通过双线性插值得到，其他时间百分数的积分含水量可通过半对数插值求得，即对时间百分数取对数插值，对积分含水量取线性插值。图 2.7 给出了 1%时间百分数的全球云积分含水量分布。

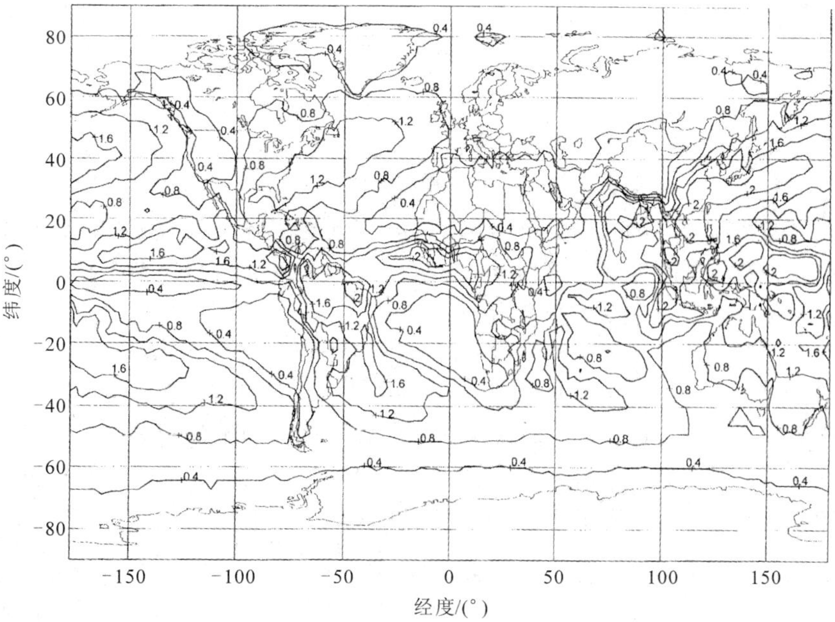

图 2.7　1%时间百分数的全球云积分含水量(kg/m^3)分布

2）雾

雾是由悬浮在近地面空气中缓慢沉降的水滴或冰晶质点组成的一种胶体系统。雾的存在使空气的能见度降低。如果水平能见度降低到 1000 m 以内，这种飘浮在近地面的水汽凝结物即称为雾。能见度低于 50 m 的为重雾，能见度低于 200 m 的为浓雾，能见度低于 500 m 的为大雾。如果有雾时还有雾滴从低空下降，这种雾称为湿雾。能见度大于 1000 m 的雾，称为轻雾或霾。当温度高于－18～－20℃时，雾多半是由水滴组成的。当温度低于－20℃时，冰晶雾占优势。观测表明，雾滴半径通常在 1～60 μm 之间。在温度为正时，大多数雾滴半径为 7～15 μm；温度为负时，雾滴半径为 2～5 μm。

雾的含水量随雾的强度不同而不同，同一强度的雾，其含水量主要取决于温度。对于中等强度的雾，当温度为－20～－15℃时，雾的含水量为 0.1～0.2 g/m^3；当温度为－15～0℃时，含水量为 0.1～0.2 g/m^3；当温度为 0～10℃时，含水量可达 0.5～1.0 g/m^3。

除用含水量来描述雾的特征外，通常还用能见度来表示雾的大小。雾的能见度和含水量的关系可以用下式表示：

$$V=C\frac{r_{\text{eff}}}{W} \tag{2.80}$$

式中，r_{eff}为雾滴的有效半径(常取均方根半径)，以 μm 为单位；W 为含水量(g/m^3)；C 为常数，其值可取 2.5；V 为能见度(m)。由此可见，对于给定的含水量，能见度与雾滴尺度成正比。比如，如果海雾与陆地的雾含水量相同，则海雾的能见度一般比陆地上雾的能见度高，这是由于海雾中的雾滴要比陆地上雾中的雾滴大而少的缘故。

根据形成雾的地域和机理，可以把雾分成两大类：平流雾和辐射雾。平流雾是暖空气移到冷的下垫面时形成的。海雾通常为平流雾。辐射雾主要是由于地面辐射冷却造成的。内陆雾通常为辐射雾。辐射雾的雾滴直径通常小于 20 μm，而平流雾的平均直径具有 20 μm 量级。在仅考虑单次散射的情况下，雾的含水量 W(g/m^3)和能见度 V(km)之间可用以下经验公式表示：

平流雾：

$$W=(18.35V)^{-1.43}=0.0156V^{-1.43}\quad (\text{g/m}^3) \tag{2.81}$$

辐射雾：

$$W=(42.0V)^{-1.54}=0.00316V^{-1.54}\quad (\text{g/m}^3) \tag{2.82}$$

由于大气的物理特性随着时间和空间变化，因此在实际大气或云层中，粒子的大小服从一定的尺寸分布。根据实测滴谱分布的不同，人们采用不同的模型来描述云雾滴谱，但使用最多的云雾滴谱分布为广义伽玛分布：

$$n(r)=ar^{\alpha}\exp(-br^{\beta}) \tag{2.83}$$

其中，r 为雾滴半径；n 为单位体积、单位半径间隔内的雾滴数，若雾滴的半径单位为米(m)，则 n 的单位为 m^{-4}，若雾滴的半径单位用微米(μm)，则 n 的单位为 m^{-3} · μm^{-1}；其他参数为确定雾滴尺寸分布形状的参数。根据式(2.83)很容易由已知的拟合参数导出一些宏观物理量，如模式半径 r_0、单位体积的粒子数 N_0 和含水量 W 分别为

$$r_0=\left(\frac{\alpha}{b\beta}\right)^{1/\beta} \tag{2.84}$$

$$N_0=\Gamma\left(\frac{\alpha+1}{\beta}\right)\frac{\alpha}{\beta c^{(\alpha+1)/\beta}} \tag{2.85}$$

$$W=\frac{4\pi}{3}\left(\frac{\alpha}{\beta}\right)^{3/\beta}r_0^3\rho N_0\frac{\Gamma\left(\frac{\alpha+4}{\beta}\right)}{\Gamma\left(\frac{\alpha+1}{\beta}\right)} \tag{2.86}$$

Ulaby 等学者在《微波遥感》一书中给出了几种标准云雾模式的广义伽玛分布参数，如表 2.6 所示。Hansen 给出了各种云型的有效半径和方差，见表 2.7。

表 2.6　几种云滴谱广义伽玛分布参数

云　型	云底高/m	云顶高/m	含水量/(g/m^3)	模式半径 $r_0/\mu m$	形状参数		构成
					α	β	
卷层云(Cs)	5000	7000	0.1	40.0	6.0	0.5	冰
低层云(St)	500	1000	0.25	10.0	6.0	1.0	水
雾	0.0	50	0.15	20.0	7.0	2.0	水
浓霾	0	1500	10^{-3}	0.05	1.0	0.5	水
晴空积云(Cu)	500	1000	0.5	10.0	6.0	0.5	水
浓积云(Cu cong)	1600	2000	0.80	5.0	5.0	0.3	水

表 2.7　不同云型的有效半径和有效方差

云　型	粒子数密度/(个/cm^3)	粒子有效半径 $r_{eff}/\mu m$	有效方差 v_{eff}
晴空积云	300	5.56	1/9
高层云	450	7.01	0.113
层云	260	11.19	0.193
球状积云	207	10.48	0.147
层积云	350	5.33	0.118
乱层云	330	10.81	0.113

被广泛采用的另一种较为简单的云雾滴谱模型为 $\alpha=2$、$\beta=1$ 时的伽马雾滴尺寸分布模型(Khragian - Mazin 分布模型)，即

$$n(r)=ar^2\exp(-br)\quad(m^{-4}) \tag{2.87}$$

这是研究云雾粒子散射中常用的一种模型。在这种模型下，云雾尺寸分布参数与宏观物理量之间的关系更为简洁。这种模型中能见度和含水量分别表示为

$$V-\frac{3.912}{\alpha_0}=\frac{3.912b^5}{2\pi a4!} \tag{2.88}$$

$$W=10^6\frac{4\pi}{3}\int_0^\infty ar^5e^{-br}dr=\frac{4\pi5!a}{3b^6}\times10^6 \tag{2.89}$$

其中系数为

$$a=\frac{9.781}{V^6W^5}\times10^{33},\quad b=\frac{1.304\times10^7}{VW} \tag{2.90}$$

由于在雾的含水量和能见度的经验关系中，能见度的单位为 km，故将式(2.90)中的

能见度换算成 km，则

$$a=\frac{9.781}{V^6W^5}\cdot 10^{15},\qquad b=\frac{1.304}{VW}\cdot 10^4 \tag{2.91}$$

根据上述雾滴谱参数，可计算雾滴浓度 N 为

$$N=\int_0^\infty n(r)\mathrm{d}r=\frac{2a}{b^3}=\frac{8.222}{V^3W^2}\cdot 10^3\quad (\mathrm{m}^{-3}) \tag{2.92}$$

与雾滴尺寸分布曲线的峰值相对应的模式半径 r_0 为

$$r_0=\frac{2}{b}=1.534\cdot 10^{-4}VW(\mathrm{m})=153.4VW(\mu\mathrm{m}) \tag{2.93}$$

以及雾滴尺寸分布的平均半径为

$$\bar{r}=\frac{1}{N}\int_0^\infty rn(r)\mathrm{d}r=\frac{3}{b}=\frac{3}{2}r_0=2.301\cdot 10^{-4}VW(\mathrm{m})=230.1VW(\mu\mathrm{m}) \tag{2.94}$$

利用平流雾含水量和能见度的经验关系式(2.81)，可得到平流雾的雾滴尺寸分布与能见度或含水量的关系为

$$\begin{aligned}n(r)&=1.059\cdot 10^7V^{1.15}r^2\exp(-0.8359V^{0.43}r)\\&=3.73\cdot 10^5W^{-0.804}r^2\exp(-0.2392W^{-0.301}r)\quad (\mathrm{m}^{-3}\cdot\mu\mathrm{m}^{-1})\end{aligned} \tag{2.95}$$

同理，由式(2.82)得到辐射雾的雾滴尺寸分布与能见度或含水量的关系为

$$\begin{aligned}n(r)&=3.104\cdot 10^{10}V^{1.7}r^2\exp(-4.122V^{0.54}r)\\&=5.400\cdot 10^7W^{-1.104}r^2\exp(-0.5477W^{-0.351}r)\quad (\mathrm{m}^{-3}\cdot\mu\mathrm{m}^{-1})\end{aligned} \tag{2.96}$$

由式(2.95)和式(2.96)可求得平流雾和辐射雾的其他雾滴谱特征(如雾滴浓度、模式半径和平均半径)，其中雾滴浓度为

平流雾：

$$N=5.080\cdot 10^7W^{0.098}=3.379\cdot 10^7V^{-0.14}(\mathrm{m}^{-3})=33.74V^{-0.14}(\mathrm{cm}^{-3}) \tag{2.97}$$

辐射雾：

$$N=6.092\cdot 10^8W^{-0.052}=8.218\cdot 10^8V^{0.08}(\mathrm{m}^{-3})=8.218\cdot 10^2V^{0.08}(\mathrm{cm}^{-3}) \tag{2.98}$$

模式半径为

平流雾：

$$r_0=8.360\cdot 10^{-6}W^{0.3}=2.392\cdot 10^{-6}V^{-0.43}(\mathrm{m})=2.392V^{-0.43}(\mu\mathrm{m}) \tag{2.99}$$

辐射雾：

$$r_0=3.652\cdot 10^{-6}W^{0.351}=4.853\cdot 10^{-7}V^{-0.54}(\mathrm{m})=0.4853V^{-0.54}(\mu\mathrm{m}) \tag{2.100}$$

平均半径也可由模式半径得出。图 2.8 和图 2.9 分别给出了雾滴浓度和模式半径与含水量的关系。

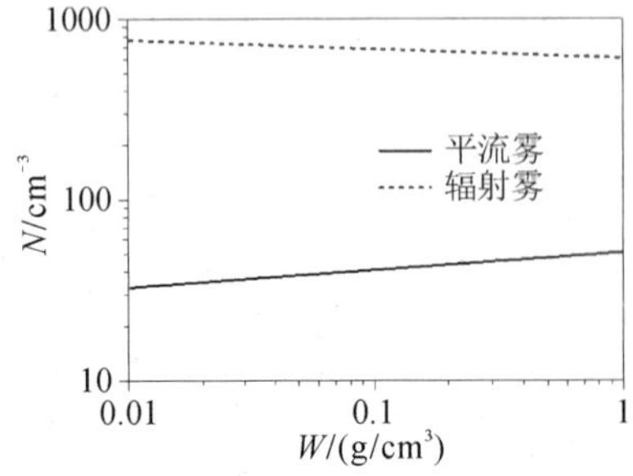

图 2.8 雾滴浓度与含水量的关系

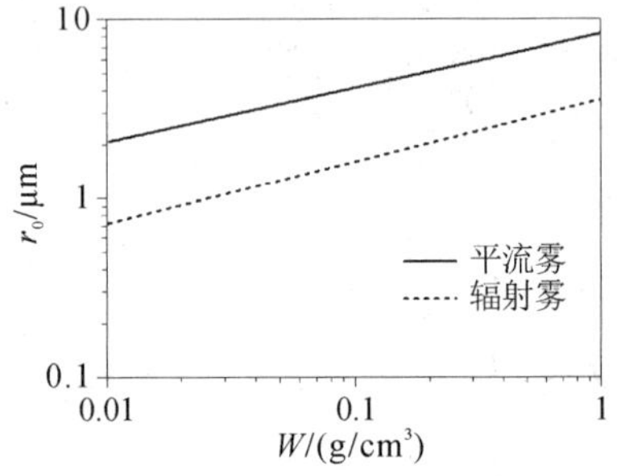

图 2.9 雾滴模式半径与含水量的关系

由图 2.8 可知：随着含水量的增加，平流雾的雾滴浓度增加，辐射雾的雾滴浓度减少；同等含水量下，辐射雾的雾滴浓度比平流雾的雾滴浓度约大一个数量级，而平流雾的模式半径比辐射雾的模式半径大得多。不论是辐射雾还是平流雾，雾滴浓度变化均不大，影响雾的含水量和能见度的主要是雾滴尺度的变化。

图 2.10 给出了雾的尺寸分布随能见度变化的曲线。随着能见度的增大，雾滴谱密度峰值向半径小的方向平移。由于辐射雾的模式半径比平流雾的模式半径小，因而同样半径下能见度出现不同的发展趋势。

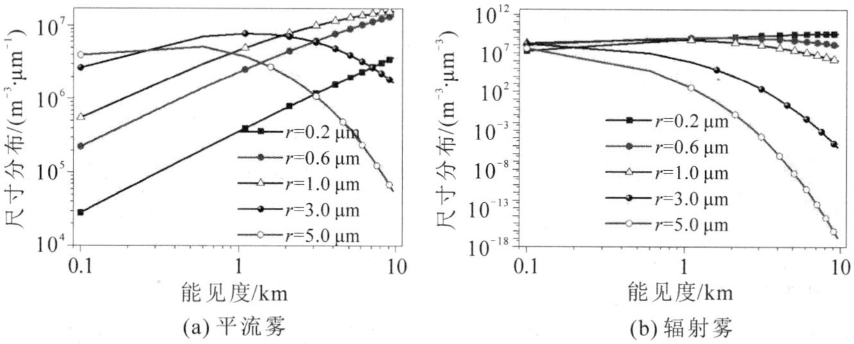

图 2.10　雾的尺寸分布随能见度变化的曲线

海雾在一年中的春夏季节和入冬季节频繁出现，赵振维等学者在青岛进行的毫米波传播特性实验研究中，根据海雾对 3 毫米波传播衰减反演的传播路径的平均含水量和传播路径上参照物的目测能见度得到的几场典型海雾的雾滴谱特征如表 2.8 所示。由表 2.8 可以看出，青岛地区海雾的含水量与能见度没有明显对应关系，这主要是由于不同海雾的雾滴尺度有变化。湿海雾的含水量可达近 2 g/m^3，其平均半径几达 40 μm。利用含水量和能见度得到的 1999 年 5 月 14 日湿海雾的雾滴尺寸分布为

$$n(r)=631.2r^2\exp(-0.0754r)\quad (m^{-3}\cdot\mu m^{-1}) \tag{2.101}$$

表 2.8　青岛地区海雾雾滴谱特征

测量时间	含水量/(g/m^3)	能见度/m	雾滴浓度/cm^{-3}	模式半径/μm	平均半径/μm
14/5/1999	1.73	100	2.75	26.54	39.81
23/5/1999	0.68	150	5.27	15.65	23.47
22/5/1999	0.63	100	20.72	9.66	14.50
4/6/1999	0.24	150	42.29	5.52	8.28

由式(2.101)计算的雾滴尺寸分布如图 2.11 所示。从图中可以看出，在湿海雾中有可能存在相当数量的半径超过 100 μm 的大雾滴，这与在湿海雾中能明显观测到雾滴的沉降及类似毛毛雨的直观现象是一致的。

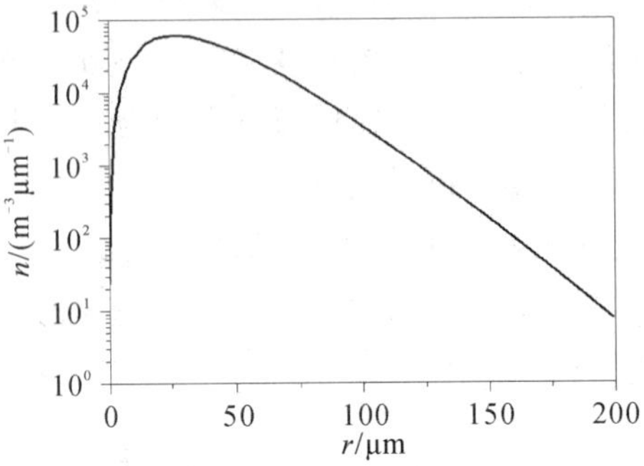

图 2.11　1999 年 5 月 14 日湿海雾的雾滴尺寸分布(W=1.73 g/m^3，V=100 m)

4. 卷云的分类和冰晶粒子的尺寸分布

卷云由冰晶组成，又称为冰云，气象学上按形态又将其分成 4 类：钩卷云、伪卷云、毛卷云和密卷云。冰晶粒子的形状多种多样，取决于温度、相对湿度，以及冰晶粒子在云中是否经历了碰撞与合并过程，主要的形状有盘状、柱状、针状、树枝状、星状以及子弹状，结合的子弹状和针状也很常见。

冰云粒子的微物理特性不能像水云那样用简单的粒径分布来表示，这是因为在冰晶云中存在着形状极其复杂的冰晶粒子。Magano - lee 把自然界的冰晶形状分为从规则的针状到不规则的微生物状等 80 余种。Wang 建议利用数学公式来表示粒子形状，如子弹状可以由如下公式表示：

$$r=[a\cos^{2b}(m\theta)+c]^d\ [\alpha\sin^{2\beta}(n\phi)+\gamma]^\delta \tag{2.102}$$

其中，(r, θ, ϕ)是球坐标系的坐标参量。a、b、c、α、β、γ、δ、d、m、n 为调节冰晶形状和尺寸的参数。当 $n=1$，$m=2$，$a=\alpha=-1$，$b=\beta=2$，$c=\gamma=1$，$d=\delta=20$ 时，可以得到一个四分支的子弹状冰晶。此冰晶可以由下式表示：

$$r=a\sin^{2b}(m\theta)\sin^{2\beta}(n\phi)+c \tag{2.103}$$

冰晶的浓度 N 随着高度的变化在 50～50 000/m^3 的范围内变化。冰水含量 $C_i=N\langle W\rangle$，这里$\langle W\rangle$是冰晶总的平均质量，其范围通常为 10^{-4}～10^{-1} g/m^3。因此，每个冰晶的平均质量在 2×10^{-3}～2×10^{-9} g 之间。由于冰晶中存在杂质和气泡，因此冰晶的密度比纯冰的密度要小(0.3～0.9)。冰晶的尺寸通常用和它们的有效半径相关的最大尺度 D 来表示。单个冰晶的 D 通常为 0.1～6 mm，而结合成雪晶后 D 为 1～15 mm。非球形粒子的有效尺度定义如下：

$$d_e(D)=\frac{3V(D)}{2A(D)} \tag{2.104}$$

其中，A 和 V 分别为非球形粒子的等效球面积和等效球体积。

按照美国科学家对云的观测数据，非球形粒子的有效尺度与观测到的最大尺度 D 直接相关。利用最小二乘法和观测数据，可以得到等效面积尺寸和等效体积尺寸分别为

$$d_A=\exp\left[\sum_{n=0}^{4}a_n(\ln D)^n\right],\ d_V=\exp\left[\sum_{n=0}^{4}b_n(\ln D)^n\right] \tag{2.105}$$

式中 a_n、b_n 的值可以在表 2.9 和表 2.10 中查到，结合最大尺度 D 可以得到等效球体积 V 和等效球面积 A 的值。

表 2.9　等效面积球的直径拟合系数

冰晶粒子的形状	a_0	a_1	a_2	a_3	a_4
六角平板	0.437 73	0.754 97	0.019 033	0.351 91E−3	−0.707 82E−4
聚合物	−0.477 37	1.0026	−0.1003E−2	0.151 66E−3	−0.784 33E−5
六棱柱	0.334 01	0.364 77	0.308 55	−0.556 31E−1	0.301 62E−2
中空六棱柱	0.334 01	0.364 77	0.308 55	−0.556 31E−1	0.301 62E−2
四瓣子弹花	0.159 09	0.843 08	0.701 61E−2	−0.110 03E−2	0.451 61E−4
六瓣子弹花	0.141 95	0.843 94	0.721 25E−2	−0.112 19E−2	0.458 19E−4

表 2.10　等效体积球的直径拟合系数

冰晶粒子的形状	b_0	b_1	b_2	b_3	b_4
六角平板	0.312 288 8	0.808 744 4	0.292 87E−2	−0.443 78E−3	0.231 09E−4
聚合物	−0.701 60	0.992 15	0.293 22E−2	−0.404 92E−3	0.188 41E−4
六棱柱	0.305 81	0.262 52	0.354 58	−0.632 02E−1	0.337 55E−2
中空六棱柱	0.245 68	0.262 02	0.354 79	−0.632 36E−1	0.337 73E−2
四瓣子弹花	−0.097 94	0.856 83	0.294 83E−2	−0.143 41E−2	0.746 27E−4
六瓣子弹花	−0.103 18	0.8629	0.706 65E−3	−0.110 55E−2	0.579 06E−4

图 2.12～图 2.14 分别给出了冰晶粒子的等效球面积、等效球体积、有效尺度随最大尺度变化的曲线。

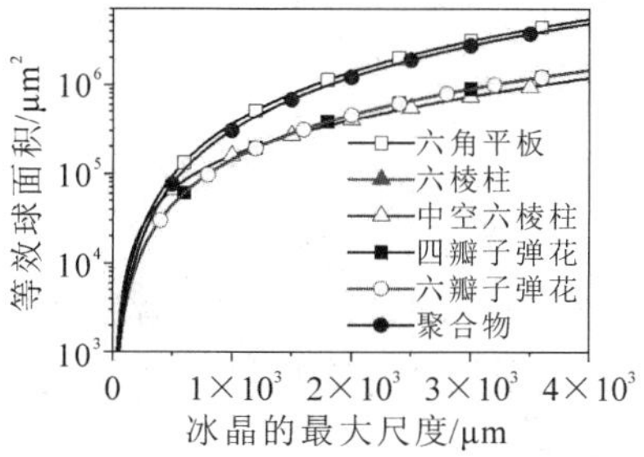

图 2.12　冰晶粒子的等效球面积随最大尺寸变化的曲线

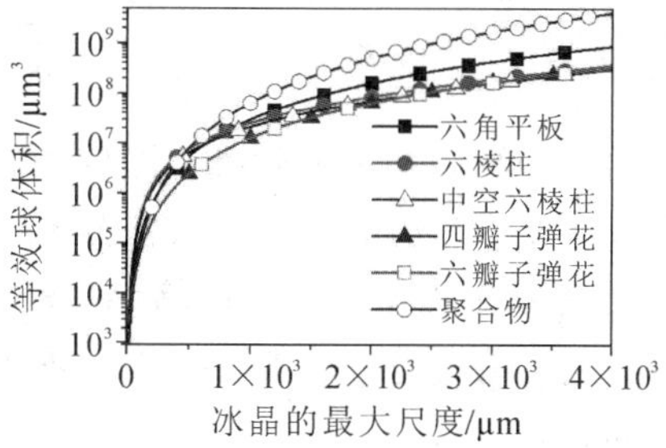

图 2.13　冰晶粒子的等效球体积随最大尺寸变化的曲线

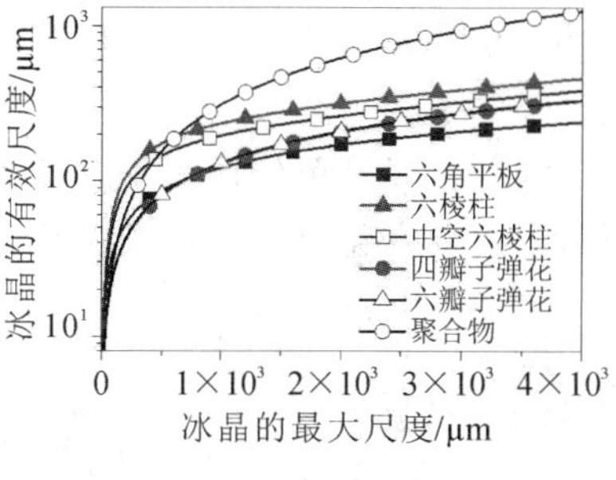

图 2.14　冰晶粒子的有效尺度随粒子最大尺寸变化的曲线

图 2.12 至图 2.14 表明：对于大尺度粒子，当最大尺度 D 一定时，各种形状粒子的等效球面积排序从大到小依次为六角平板、聚合物、四瓣子弹花、六瓣子弹花以及六棱柱。对于小尺度粒子，由于取向比(粒子的宽度与其长度之比)变化，其排序也有所不同；$D=80\ \mu$m 时，等效球面积从大到小依次为六棱柱、六角平板、聚合物、四瓣子弹花以及六瓣子弹花；$D=20\ \mu$m 时，等效球面积从大到小依次为六棱柱、六角平板、四瓣子弹花、六瓣子弹花、聚合物。

5. 沙尘暴的浓度、尺寸分布和介电特性

沙尘的浓度可以用空间单位体积中沙尘粒子的个数 N 来表示。但在沙尘暴期间，N 是很难测准的物理量。国外学者在研究沙尘暴中微波的传播特性时，通常借助于光学能见度来描述沙尘暴的浓度。能见度距离是能把离散目标与背景区别开来的距离。

光学能见度 V_{b} 与可见光的衰减系数成反比，即

$$V_{\mathrm{b}}=\frac{1}{\alpha_0}\ln\left|\frac{1}{K}\right|$$

或

$$V_{\mathrm{b}}=\frac{15}{\alpha_0} \tag{2.106}$$

其中，K 称为门限对比度，定义为置于可见度距离上的目标与参考背景(天空)亮度差的归一化值。实验确定 K 的中值为 0.031。式(2.106)中 α_0 为介质的光学衰减系数，即

$$\alpha_0 = 8.868\times 10^3 N\pi\int_0^\infty a^2 p(a)\mathrm{d}a \tag{2.107}$$

由此，可以得到单位体积中沙尘粒子的个数 N 为

$$N=\frac{15}{8.868\times 10^3\pi V_{\mathrm{b}}\int_0^\infty a^2 p(a)\mathrm{d}a} \tag{2.108}$$

关于沙尘中粒子的粒径分布问题，国内外学者做了一些测量工作，结果表明几种常见的粒径分布有指数分布、正态分布、对数正态分布、幂律分布。

1988 年国内学者在沙风洞中对沙尘暴所做的模拟实验以及另外一些学者在腾格里沙漠所做的毫米波传播实验都表明，能够很好地描述沙尘粒子尺寸分布的数学模型是对数正态分布函数，即

$$p(r)=\exp\frac{\left[-(\ln r-m)^2/2s^2\right]}{\sqrt{2\pi}\,rs} \tag{2.109}$$

式中，r 是沙尘粒子的半径(mm)，s 和 m 分别为 $\ln r$ 的标准方差和均值，即：$s=(\ln r)^{1/2}$，$m=\ln\bar{r}-s^2/2$。

发生沙尘暴期间，沙尘粒子的粒径以及单位体积的含沙量随着高度发生改变。粒子的平均半径随着高度的增加而减少，这种变化可用幂律来表示，即

$$r_{\mathrm{e}}=r_{0\mathrm{e}}\left(\frac{h}{h_0}\right),\qquad r_{0\mathrm{e}}=0.04 \tag{2.110}$$

$$r_{\mathrm{v}}=r_{0\mathrm{v}}\left(\frac{h}{h_0}\right)^{-r_{\mathrm{v}}},\qquad r_{0\mathrm{v}}=0.15 \tag{2.111}$$

式中，h_0 为地球站高度，$r_{0\mathrm{e}}$ 与 $r_{0\mathrm{v}}$ 分别是在高度 h_0 处的有效半径与平均半径，单位为 mm。

针对沙尘粒子的介电常数，1980 年 Ghobrial 利用标准谐振腔法间接测量了 $f=10$ GHz 时具有一定湿度的沙尘介质的介电常数，利用这种方法测得的是由粒子和空隙组成的混合物的介电常数。要得出材料本身呈均匀固体形态时的介电常数，可采用 Mandel 修正公式：

$$\varepsilon_{\mathrm{m}}=1+V\frac{(\varepsilon_m^*-1)[(1-A)+V(\varepsilon_m^*-1)]}{(1-A)[1+(A+V)(\varepsilon_m^*-1)]} \tag{2.112}$$

式中，ε_{m} 是混合物的介电常数；$\varepsilon_{\mathrm{m}}^*$ 是沙尘粒子的介电常数；V 是沙尘粒子的体积与总体积的比值；A 是与粒子几何形状相关的参数，对于球体粒子，$A=1/3$。表 2.11 是测量的混合物和沙尘粒子的介电常数。

表 2.11　混合物和沙尘粒子的介电常数

试样	$\varepsilon_{\mathrm{m}}'$	$\varepsilon_{\mathrm{m}}''$	$\varepsilon_{\mathrm{m}}^{*\prime}$	$\varepsilon_{\mathrm{m}}^{*\prime\prime}$
1	2.86	0.191	4.66	0.325
2	2.66	0.069	4.34	0.185
3	2.73	0.072	4.66	0.199
4	2.82	0.090	4.62	0.235
5	2.65	0.099	4.67	0.290
6	2.60	0.096	4.40	0.272

计算表 2.11 的平均值，得：$\bar{\varepsilon}=4.56-\mathrm{j}0.251$，$\tan\delta=0.055$。

另外，短路波导法、开口谐振腔法也可以用于测量不同样本在不同频率的介电常数。尽管采用这些方法测得的介电常数比较准确，但是由于沙尘介质的介电常数与频率和湿度及温度有关系，所以通过一次测量得到的是某一频率、某一湿度以及某一温度下的介电常数。一旦这些量发生变化，就需重新测量一次，这在预测沙尘暴对微波、毫米波传播的各种影响时很不方便。但通过分析测量数据，还是可以得到以下重要结论：

(1) 干燥沙尘介质的介电常数的实部和虚部大体上与频率无关。

(2) 含水量控制着虚部，虚部增加的数量同频率有复杂的关系，不过只是在 1～24 GHz 间呈增加的趋势，24 GHz 以后开始下降。

(3) 含水量也能使实部增加，增加的趋势持续到 8 GHz，并且在 8 GHz 以下实部的增加量近似为一常数(相对于干燥介质)，随后开始减少。

1985 年，Hallikainen 和 Ulaby 研究了具有一定湿度的沙尘介质的介电常数。他们把这种沙尘介质看成由四部分组成，即土壤、约束水、自由水、空气。其中约束水是指沙尘粒子周围分子极少的介质层所包含的水分子，这些水分子被高强度的压力吸附在沙尘粒子上。对于约束水和自由水，入射电磁波对二者的作用是不同的。约束水和自由水的复介电常数都是电磁波频率 f、温度 T 和含盐量 S 的函数。因此，概括起来说沙尘的介电常数主要是以下因素的函数：① 频率 f、温度 T；② 整个水所占的体积比；③ 约束水和自由水各自所占的相对体积比(与每单位体积的土壤面积有关)；④ 土壤的密度；⑤ 土壤粒子的形状；⑥ 水分子的形状；⑦ 粒子间的空隙所占的相对体积比。

把沙尘看作包含随机分布和随机取向杂质的媒质，Deloor 给出了计算一般模型的介电

常数的公式，即

$$\varepsilon_m = \varepsilon_s + \sum_{i=1}^{3} \frac{V_i}{3}(\varepsilon_i - \varepsilon_s) \sum_{j=1}^{3} \left[1 + A_j\left(\frac{\varepsilon_i}{\varepsilon^*} - 1\right)\right]^{-1} \tag{2.113}$$

其中，ε_s 和 ε_i 分别是沙尘粒子的相对介电常数和各成分(空气、约束水、自由水)的相对介电常数，ε^* 是分界面处相对等效介质介电常数，A_j 表示椭球极化因子，V_i 表示各成分相对总体积的体积比。

根据沙尘的自然模型，层状的黏土矿物成分决定着沙尘中水的分布和特性，把这种杂质假设为圆盘形，有 $A_j=(0, 0, 1)$。另外，ε^* 介于 ε_s 与 ε_m 之间，即 $\varepsilon_s \leqslant \varepsilon^* \leqslant \varepsilon_m$，假设 $\varepsilon^* = \varepsilon_m$，式(2.113)可整理为

$$\varepsilon_m = \frac{3\varepsilon_s + 2V_{fw}(\varepsilon_{fw} - \varepsilon_s) + 2V_{bw}(\varepsilon_{bw} - \varepsilon_s) + 2V_a(\varepsilon_a - \varepsilon_s)}{3 + V_{fw}\left(\frac{\varepsilon_s}{\varepsilon_{fw}} - 1\right) + V_{bw}\left(\frac{\varepsilon_s}{\varepsilon_{bw}} - 1\right) + V_a\left(\frac{\varepsilon_s}{\varepsilon_a} - 1\right)} \tag{2.114}$$

其中，下标 bw、fw、a、s 分别表示约束水、自由水、空气、干燥沙尘介质，ε_m 为具有一定湿度的沙尘介质的介电常数。对于式(2.114)中的各个变量，除 ε_{fw} 可由公式计算，ε_a 也可以假设为 1 外，其余量都必须要先经过测量，再计算得到，其中

$$\varepsilon_{fw} = \varepsilon'_{fw} + i\varepsilon''_{fw} \tag{2.115}$$

式中，$\varepsilon'_{fw} = \varepsilon_{w\infty} + \dfrac{\varepsilon_{w0} - \varepsilon_{w\infty}}{1 + (2\pi f \tau_w)^2}$，$\varepsilon''_{fw} = \dfrac{2\pi f \tau_w(\varepsilon_{w0} - \varepsilon_{w\infty})}{1 + (2\pi f \tau_w)^2} + \dfrac{\sigma_{mv}}{2\pi\varepsilon_0 f}$ 分别是水的相对介电常数的实部和虚部；$\varepsilon_{w\infty}$ 是 ε_w 在频率最高时的介电常数，ε_{w0} 是水的固定介电常数；f 是频率(Hz)；τ_w 是水的弛豫时间；σ_{mv} 是水的等效电导率($s \cdot m^{-1}$)；ε_0 是自由空间的介电常数。

2.3.2 大气水凝物和沙尘颗粒的散射

1. 雨滴的散射

在早期的降雨传播特性研究中，Mie 理论被广泛用于计算球形雨滴的散射特性。假设雨滴为球形，折射指数为 n，其周围介质为自由空间，自由空间中波长为 λ，图 2.15 给出了不同频段，球形雨滴的总衰减截面随雨滴半径的变化曲线。在同一频率下，在较小雨滴(雨滴尺寸相对于波长较小)时，总截面随着雨滴半径的增大而增大；随着雨滴半径的进一步增大，总截面出现振荡现象并逐渐地减小，最终趋于几何截面的 2 倍。

大尺寸雨滴呈非球形(如 Pruppacher－Pitter 形和扁椭球形雨滴)，尽管椭球形雨滴的电磁散射特性可根据 Mie 理论用椭球波函数严格求解，但数值计算太繁琐。几十年来，变形雨滴的散射得到了广泛的关注，发展了大量的数值计算方法，如微扰法、点匹配法、$\boldsymbol{T}$ 矩阵法和 Fredholm 积分方程法等。其中点匹配法应用最为广泛，并被大量应用于水凝体(雨、雪和冰晶等)的散射特性计算及传播特性的研究中。ITU－R 推荐的雨衰减雨预报模式中，雨衰减 A 与降雨率 R 的指数关系为 $A=kR^{\alpha}$，其参数 k 和 α 就是由点匹配法计算的雨滴消光截面和由 L－P 雨滴尺寸分布计算的衰减率拟合得到的。

设雨滴形状为扁椭球，散射几何关系如图 2.16 所示。扁椭球雨滴放在直角坐标系的原点，平面波以 α 角入射到雨滴上，诱发水滴内部极化，引起散射场。图 2.16 中 E_i 表示入射波的电场，其极化状态用单位向量 $\hat{\boldsymbol{e}}$ 表示，$\hat{\boldsymbol{k}}_i$ 为入射方向的单位向量，$\boldsymbol{E}_s$ 表示散射波的电场，$\hat{\boldsymbol{k}}_s$ 为散射方向的单位向量。

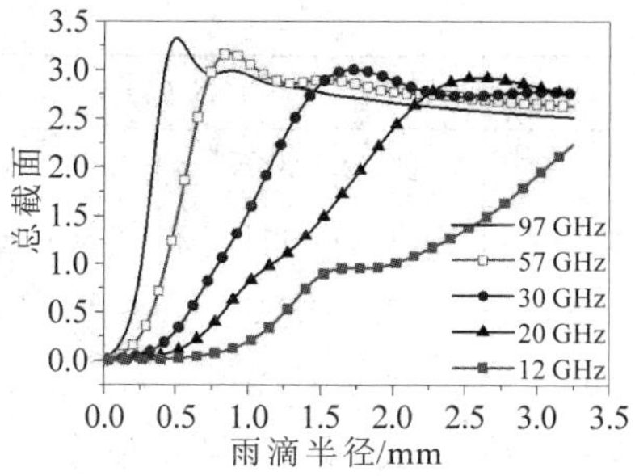

图 2.15 雨滴归一化衰减截面与雨滴半径的关系

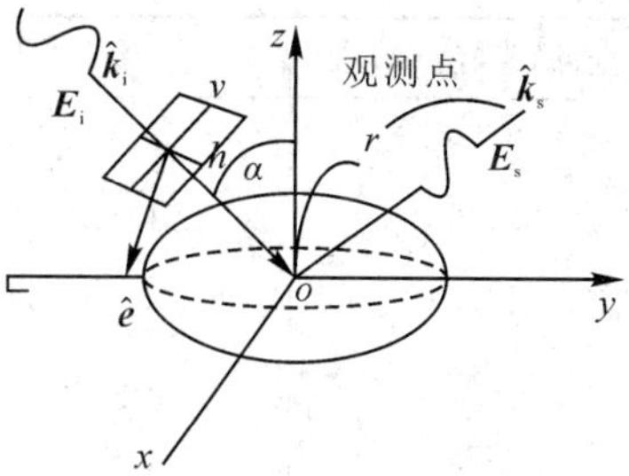

图 2.16 扁椭球雨滴散射示意图

假设入射波为单位幅度，在远场区，散射场的散射振幅矢量 $\boldsymbol{f}(\hat{\boldsymbol{k}}_i, \hat{\boldsymbol{k}}_s)$ 为散射振幅向量，表示为

$$\begin{aligned}\boldsymbol{f}(\hat{\boldsymbol{k}}_i, \hat{\boldsymbol{k}}_s) = \frac{1}{k}\sum_{m=0}^{\infty}\sum_{n=m}^{\infty}\mathrm{i}^n\Big[&\left(\mathrm{i}a_{omn}^{s}\frac{m\mathrm{P}_n^m(\cos\theta)}{\sin\theta}+b_{emn}^{s}\frac{\mathrm{dP}_n^m(\cos\theta)}{\mathrm{d}\theta}\right)\cos(m\phi)\cos(\zeta)\hat{\boldsymbol{e}}_\theta+\\&\left(-\mathrm{i}a_{omn}^{s}\frac{\mathrm{dP}_n^m(\cos\theta)}{\mathrm{d}\theta}-b_{emn}^{s}\frac{m\mathrm{P}_n^m(\cos\theta)}{\sin\theta}\right)\sin(m\phi)\cos(\zeta)\hat{\boldsymbol{e}}_\varphi+\\&\left(-\mathrm{i}a_{emn}^{s}\frac{m\mathrm{P}_n^m(\cos\theta)}{\sin\theta}+b_{omn}^{s}\frac{\mathrm{dP}_n^m(\cos\theta)}{\mathrm{d}\theta}\right)\sin(m\phi)\sin(\zeta)\hat{\boldsymbol{e}}_\theta+\\&\left((-\mathrm{i}a_{emn}^{s}\frac{\mathrm{dP}_n^m(\cos\theta)}{\mathrm{d}\theta}+b_{omn}^{s}\frac{m\mathrm{P}_n^m(\cos\theta)}{\sin\theta}\right)\cos(m\phi)\sin(\zeta)\hat{\boldsymbol{e}}_\varphi\Big]\end{aligned}\tag{2.116}$$

式中，$a_{\substack{e\\o}mn}^{s}$ 和 $b_{\substack{e\\o}mn}^{s}$ 为散射场的奇、偶模展开系数，ζ 为入射波电场单位向量 $\hat{\boldsymbol{e}}$ 与 xoz 平面的夹角，$\hat{\boldsymbol{e}}_\theta$ 和 $\hat{\boldsymbol{e}}_\phi$ 为 θ 和 ϕ 方向的单位向量，$\mathrm{P}_n^m(\cos\theta)$ 为连带 Legendre 函数。在计算中需输入以下参数：雨滴等效直径(mm)；雨滴的变形轴比采用 Oguchi 建议的形式；水的介电常数采用 Ray 经验公式，即式(2.76)和式(2.77)。根据前向散射定理求得消光截面 $Q_t = -(4\pi/k)\mathrm{Im}[\hat{\boldsymbol{e}}\cdot\boldsymbol{f}(\boldsymbol{k}_i, \boldsymbol{k}_i)]$。

在入射角为 $\alpha=90°$，即入射波沿长轴入射时，在 10 GHz 时，利用点匹配法计算了平行极化和垂直极化前向散射振幅，如表 2.12 所示。

表 2.12 用点匹配法计算的 10 GHz 前向散射幅度(入射角为 90°)

雨滴直径/mm	$S_h(0)$①	$S_v(0)$②
0.25	(3.762 09E−7 1.741 43E−5)	(3.665 60E−7 1.718 57E−5)
0.50	(3.402 66E−6 1.407 36E−4)	(3.238 14E−6 1.370 43E−4)
0.75	(1.382 46E−5 4.817 60E−4)	(1.290 63E−5 4.627 80E−4)
1.00	(4.142 07E−5 1.163 05E−3)	(3.804 50E−5 1.101 89E−3)
1.25	(1.058 95E−4 2.323 68E−3)	(9.585 72E−5 2.170 65E−3)
1.50	(2.457 23E−4 4.126 11E−3)	(2.192 06E−4 3.799 16E−3)
1.75	(5.346 67E−4 6.763 80E−3)	(4.693 82E−4 6.136 50E−3)
2.00	(1.113 25E−3 1.046 60E−2)	(9.593 32E−4 9.353 33E−3)
2.25	(2.247 38E−3 1.548 62E−2)	(1.895 10E−3 1.363 31E−2)
2.50	(4.425 40E−3 2.203 12E−2)	(3.642 69E−3 1.912 59E−2)

续表

雨滴直径/mm	$S_h(0)$[①]	$S_v(0)$[②]
2.75	(8.452 39E−3　3.002 27E−2)	(6.801 38E−3　2.580 10E−2)
3.00	(1.524 96E−2　3.856 68E−2)	(1.214 11E−2　3.311 06E−2)
3.25	(2.467 64E−2　4.564 19E−2)	(2.000 29E−2　3.961 20E−2)
3.50	(3.410 01E−2　4.994 72E−2)	(2.908 32E−2　4.357 77E−2)
3.75	(4.071 14E−2　5.371 14E−2)	(3.666 17E−2　4.522 03E−2)
4.00	(4.520 86E−2　6.039 80E−2)	(4.153 01E−2　4.709 59E−2)
4.25	(5.023 88E−2　7.114 20E−2)	(4.499 37E−2　5.123 47E−2)
4.50	(5.774 86E−2　8.511 81E−2)	(4.883 70E−2　5.778 06E−2)
4.75	(6.833 97E−2　1.010 08E−1)	(5.393 89E−2　6.588 38E−2)
5.00	(8.168 68E−2　1.180 56E−1)	(6.024 45E−2　7.478 70E−2)
5.25	(9.749 53E−2　1.363 70E−1)	(6.738 98E−2　8.433 74E−2)
5.50	(1.161 35E−1　1.563 11E−1)	(7.531 39E−2　9.478 15E−2)
5.75	(1.384 16E−1　1.778 31E−1)	(8.433 18E−2　1.062 74E−1)
6.00	(1.651 11E−1　2.003 92E−1)	(9.484 59E−2　1.186 70E−1)
6.25	(1.967 27E−1　2.231 74E−1)	(1.071 24E−1　1.316 18E−1)
6.50	(2.335 21E−1　2.452 70E−1)	(1.212 63E−1　1.447 12E−1)
6.75	(2.755 95E−1　2.657 02E−1)	(1.372 43E−1　1.575 55E−1)
7.00	(3.231 76E−1　2.838 94E−1)	(1.551 81E−1　1.701 67E−1)

注：①$S_h(0)$为平行极化前向散射振幅；②$S_v(0)$为垂直极化前向散射振幅。

图 2.17 分别给出了球形雨滴粒子和椭球形雨滴粒子归一化总截面随等效直径变化的曲线。

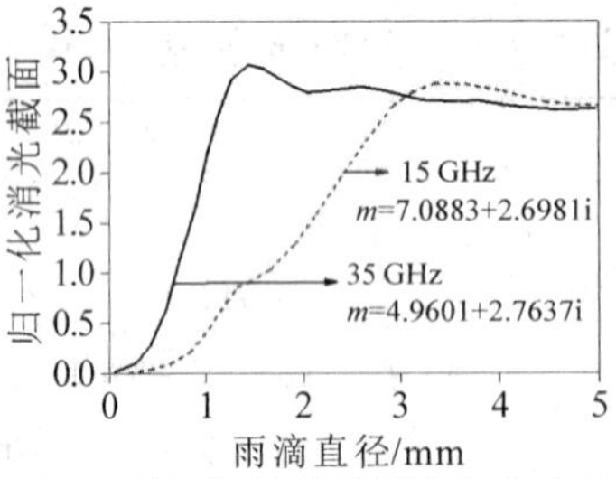

(a) 由Mie理论计算球形雨滴粒子总截面

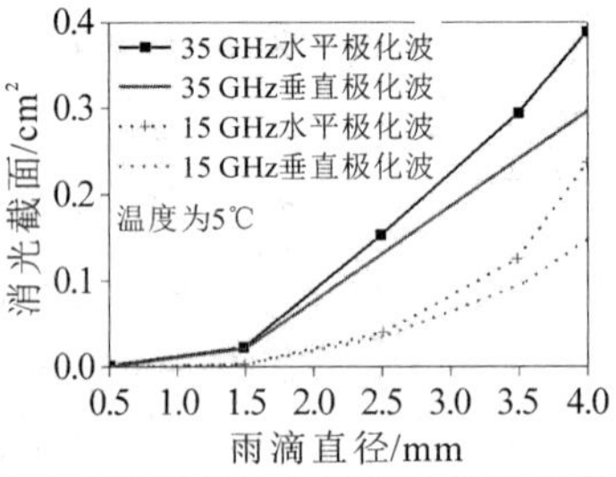

(b) 由点匹配法计算椭球雨滴粒子总截面

图 2.17　球形和椭球形粒子的总截面随等效直径变化的曲线

2. 云雾粒子的光散射特性

Hale 和 Querry 研究表明雾滴的复折射率与入射波长有关。从近紫外到红外波段，水雾粒子的复折射率，尤其是其虚部相差几个数量级，如表 2.13 所示。表 2.14 给出 1～200 μm 部分波长水的复折射指数。

表 2.13 不同激光波长对应的雾的折射率

波长/μm	0.30	0.694	0.86	1.06	1.38	1.55	3.8	10.6
实部	1.349	1.331	1.329	1.326	1.321	1.317	1.364	1.178
虚部	1.6E−8	2.93E−8	2.93E−7	2.89E−6	1.38E−4	8.55E−5	0.0034	0.071

表 2.14 1～100 μm 部分波长的水的复折射指数

波长/μm	$n=n_r+in_i$	波长/μm	$n=n_r+in_i$	波长/μm	$n=n_r+in_i$
1	$1.327, 2.89\cdot10^{-6}$	8	1.291, 0.0343	20	1.480, 0.393
2	$1.306, 1.10\cdot10^{-3}$	9	1.262, 0.0399	25	1.531, 0.356
3	1.371, 0.272	10	1.218, 0.0508	30	1.511, 0.328
4	1.351, 0.0046	12	1.111, 0.199	50	1.587, 0.514
5	1.325, 0.0124	14	1.210, 0.370	100	1.957, 0.532
6	1.265, 0.107	16	1.325, 0.422	150	2.069, 0.495
7	1.317, 0.032	18	1.423, 0.426	200	2.130, 0.504

当雾滴浓度较小，也就是能见度比较大的时候，激光信号在雾中的散射可近似为只有单次散射，多重散射可以忽略。在研究雾滴对光散射时，雾滴常被近似等效为球形粒子。由于雾滴尺寸与近紫外、可见光和近红外以及常用激光波长几乎在同一个数量级，所以可以利用第一章中的 Mie 理论计算单个粒子的总衰减系数 Q_t、散射系数 Q_s、吸收系数 Q_a、不对称因子 g 和单次反照率 ω_0 等散射特性。单个云雾粒子散射特性取决于粒子的尺寸参数和折射率。图 2.18 给出了波长为 1.06 μm 和 10.6 μm 时，球形雾滴粒子的反照率与不对称因子随雾滴半径变化的曲线。计算中雾滴在不同波长的折射率由表 2.13 中给出。

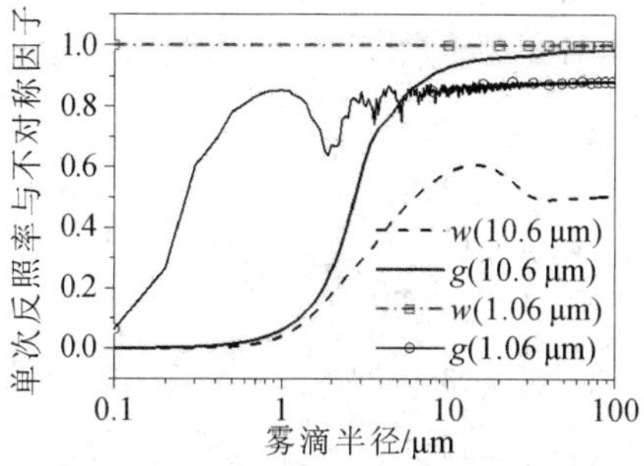

图 2.18 雾滴的单次反照率与不对称因子随雾滴半径变化的曲线

云雾粒子作为随机分布的粒子群，需要结合粒子尺寸分布分析粒子体系的平均散射特性。结合 2.3.1 节给出的两种典型的云雾的粒子谱分布，图 2.19 给出了不同激光波长下，平流雾和辐射雾的平均消光系数随能见度变化的曲线。

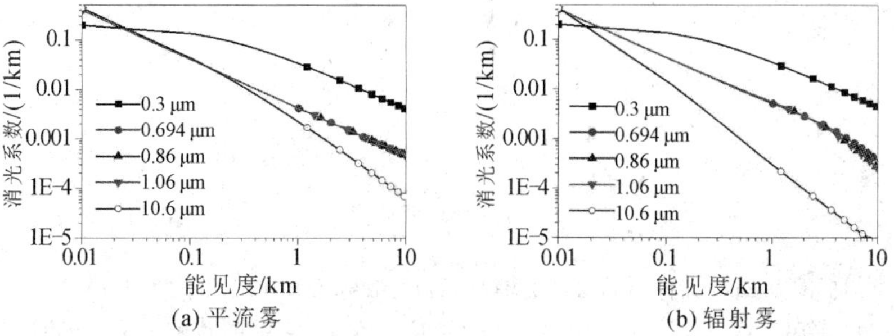

图 2.19 不同波长下平均消光系数随能见度变化的曲线

图 2.20 给出了不同波长情况下，两种典型雾的平均单次反照率随能见度变化的曲线。除 10.6 μm 波长以外，其他波长的粒子平均反照率几乎等于 1，这是由于对应的折射率虚部很小，粒子的衰减主要是散射贡献。对于 10.6 μm 波长，由于折射率虚部较大，吸收比较严重，所以其平均反照率比较小。同时，两类典型雾粒子的尺寸分布随能见度分布的不同，其平均反照率随能见度分布有明显差异。

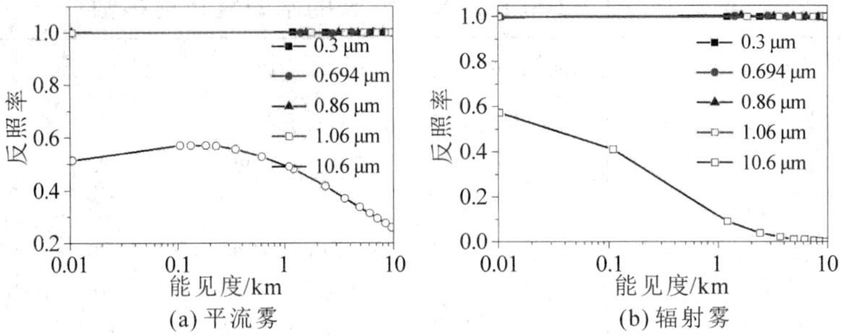

图 2.20 不同激光波长下平均反照率随能见度变化的曲线

值得注意的是，水雾粒子存在一些吸收谱线，使其消光系数、反照率均有相当大的差异。图 2.21 给出了五种典型云层水云粒子的消光系数、散射系数和平均反照率。

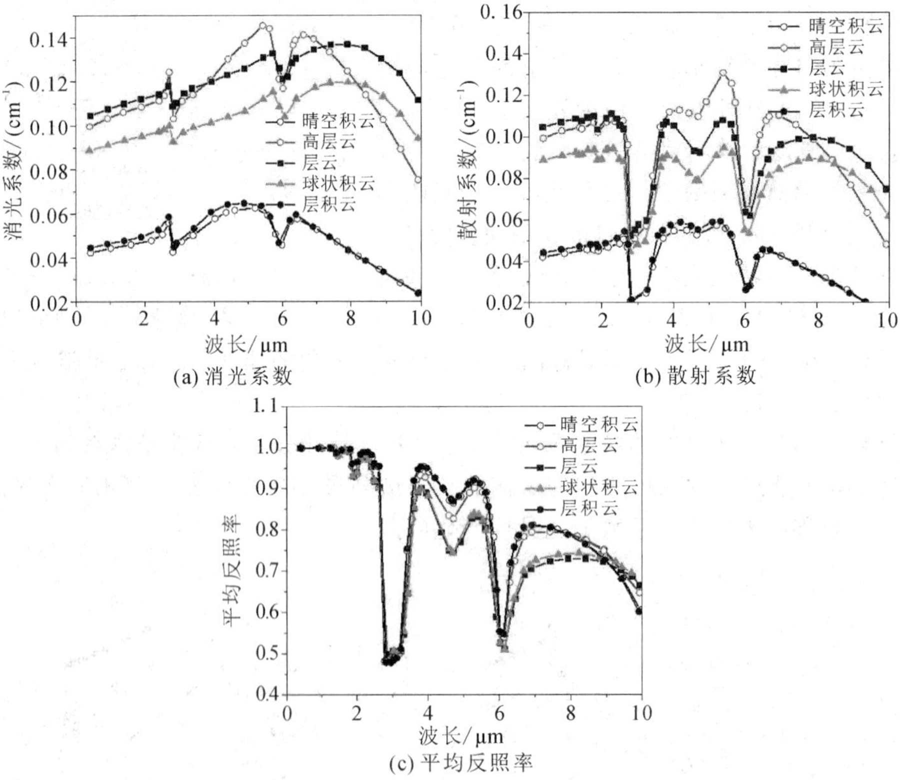

图 2.21 五种不同云型的消光系数、散射系数和反照率的谱分布

由图 2.21 可知：在 2.7 μm 和 6.3 μm 附近存在显著的吸收峰，对应的散射系数很小，消光系数基本上来自吸收系数。对应的平均反照率谱分布表明：在可见光波段几乎近似为

1，在 2.8～3.3 μm 以及 6.0 μm 附近有一个明显的极小值，当入射波长大于 8 μm 以后，由于吸收增强，单次散射反照率急剧下降，并且随着粒子平均有效尺寸的增大而下降。

将单个均质球粒子的散射相矩阵

$$\overline{\overline{\boldsymbol{P}}}=\begin{bmatrix} P_{11} & P_{12} & 0 & 0 \\ P_{12} & P_{11} & 0 & 0 \\ 0 & 0 & P_{33} & -P_{34} \\ 0 & 0 & P_{34} & P_{33} \end{bmatrix} \tag{2.117}$$

推广到具有一定分布的球形粒子系统，散射相矩阵表示粒子群在半径范围 (a_1, a_2) 内的散射强度和偏振态的无量纲物理参数，即

$$P_{11}=\frac{2\pi}{k^2\langle\sigma_s\rangle}\int_{a_1}^{a_2}[i_1(a)+i_2(a)]n(a)\mathrm{d}a \tag{2.118}$$

$$P_{12}=\frac{2\pi}{k^2\langle\sigma_s\rangle}\int_{a_1}^{a_2}[i_2(a)-i_1(a)]n(a)\mathrm{d}a \tag{2.119}$$

$$P_{33}=\frac{2\pi}{k^2\langle\sigma_s\rangle}\int_{a_1}^{a_2}[i_3(a)+i_4(a)]n(a)\mathrm{d}a \tag{2.120}$$

$$P_{34}=-\frac{2\pi\mathrm{i}}{k^2\langle\sigma_s\rangle}\int_{a_1}^{a_2}[i_4(a)+i_3(a)]n(a)\mathrm{d}a \tag{2.121}$$

其中，$i_j(j=1, 2, 3, 4)$ 是半径为 a 的粒子的散射强度函数；P_{11} 为相函数，它代表归一化散射能量的角度分布，是一个无量纲的量，即

$$\int_0^{2\pi}\int_0^{\pi}\frac{P_{11}(\cos\theta)}{4\pi}\sin\theta\mathrm{d}\theta\mathrm{d}\phi=1 \tag{2.122}$$

根据 Mie 理论计算，图 2.22 给出了入射波长为 0.65 μm 的各种云型（见表 2.4）的相函数，并与 H－G 相函数结果比较。数值计算与根据 Mie 理论计算的晴空积云的单次相函数具有一定的差别，尤其在前向（$\theta=0°$）、彩虹角（$\theta\approx138.2°$）和后向（$\theta=180°$）上差别更大。但是由于 H－G 相函数具有简单的表达式，其在云层散射研究中仍然有很大的应用价值。

相函数的一阶矩

$$g=\langle\cos\theta\rangle=\frac{1}{2}\int_{-1}^{1}P_{11}(\cos\theta)\cos\theta\mathrm{d}\cos\theta \tag{2.123}$$

称为不对称因子，是辐射传输中的一个重要参数。对各向同性散射而言，$g=0$。不对称因子位于 ±1 之间，当相函数的衍射峰变陡峭时，不对称因子变大；如果相函数峰值出现在朝后的方向（90°～180°），则不对称因子可能为负值。图 2.23 给出了各种典型云型的不对称

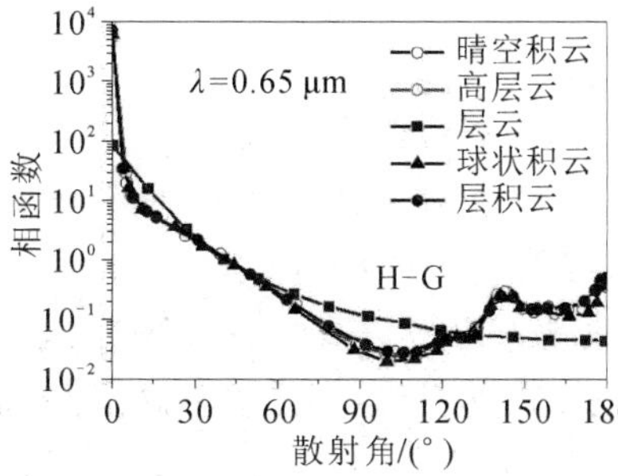

图 2.22　五种不同云型的单次散射相函数

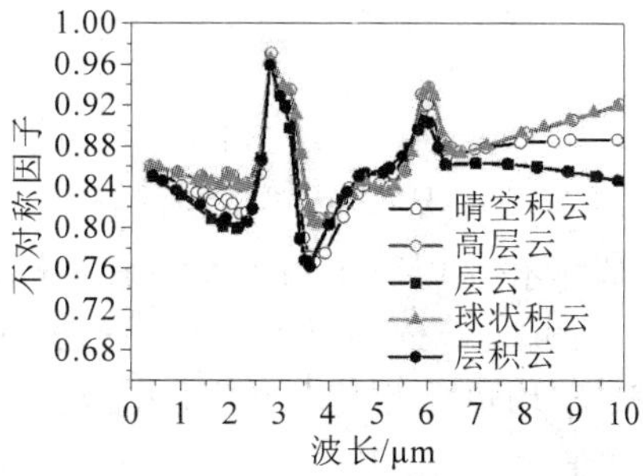

图 2.23　五种不同云型的不对称因子

因子。不同类型云的不对称因子不尽相同，尤其在短波红外和长波红外波段更是如此。在可见光波段，不对称因子在 0.85 附近变化，因此在辐射传输计算中，经常假设在可见光波段 $g=0.85$。在单次散射反照率极小的地方，不对称因子出现了极大值。

3. 卷云冰晶的平均散射

除了粒子的形状特征和分布外，冰和水滴的复折射率是影响冰晶粒子或云层光学特性的一个重要参数。此处假设冰晶粒子的折射率等于冰的复折射率。图 2.24 给出了冰和水在可见光到远红外波段的复折射率随波长变化的曲线。冰和水的折射率实部在可见光和近红外波段($\lambda=0.4\sim1\ \mu$m)随波长变化很小。从图 2.24(c)可以看出，在 1～4 μm 范围，冰折射率虚部变化了 6 个数量级，而且在远红外区域冰的折射率虚部也有明显变化，可以利用它们的这种差别来遥感云层的相态。

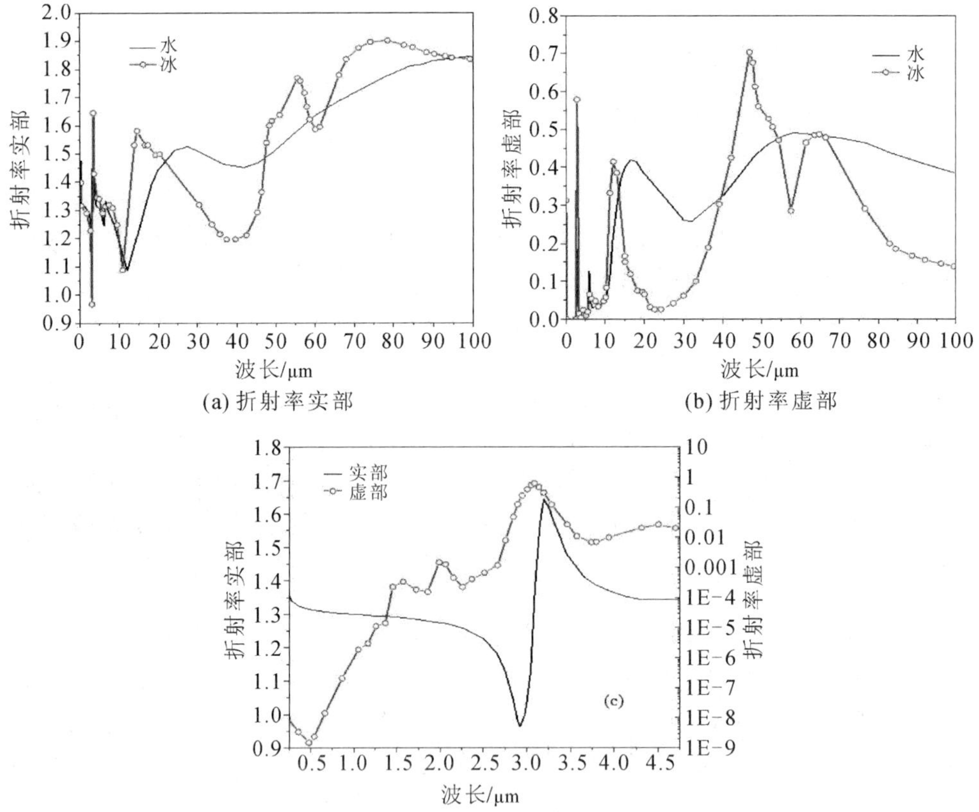

(a) 折射率实部　(b) 折射率虚部

(c) 折射率实部和虚部

图 2.24　水和冰在可见光到远红外波段的复折射率随波长变化的曲线

本节利用 P. Yang 等学者提供的数据库，结合中纬度卷云中冰晶粒子的尺寸参数范围，假定卷云中粒子谱分布符合标准的伽玛分布，得到了卷云的平均单次散射特性。图 2.25～图 2.32 分别给出了卷云和冰晶粒子的平均吸收效率因子以及卷云的平均消光效率因子、平均单次反照率、平均相函数、平均不对称因子随有效尺度、粒子不同形状和波长的变化曲线。

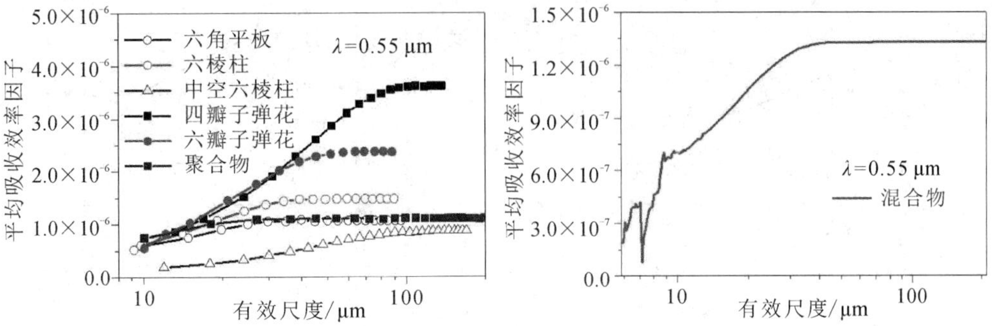

(a) 不同形状粒子的结果对比　　(b) 混合物的结果

图 2.25　卷云的平均吸收效率因子随卷云中粒子有效尺度以及不同粒子形状变化的曲线

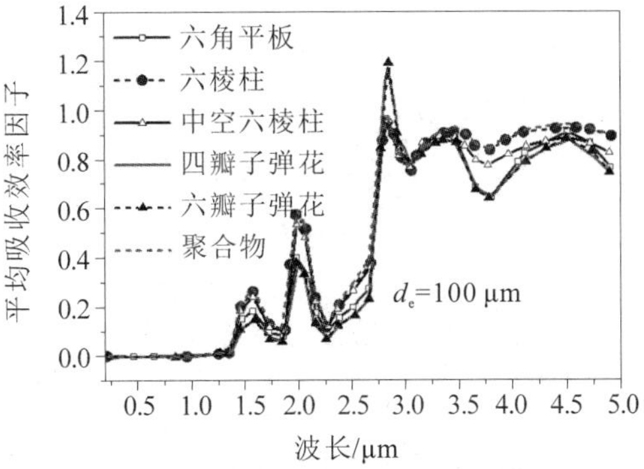

图 2.26　冰晶粒子的平均吸收效率因子随波长变化的曲线

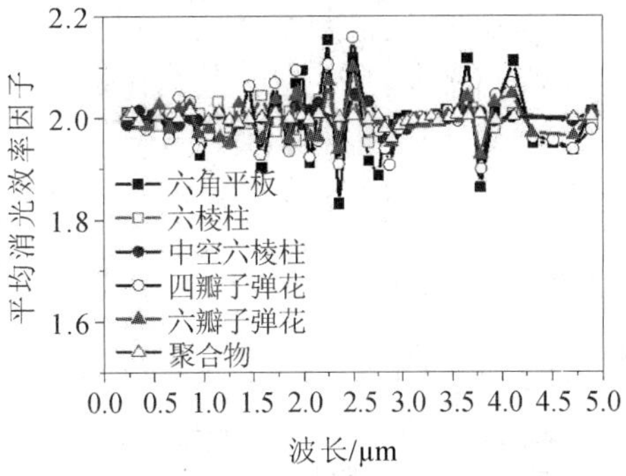

图 2.27　冰晶粒子的平均消光效率因子随波长变化的曲线

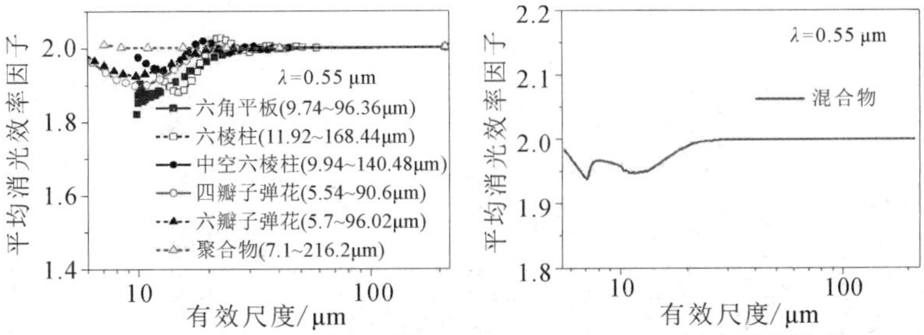

(a) 不同形状粒子的结果对比　　(b) 混合物的结果

图 2.28　卷云的平均消光效率因子随卷云中粒子有效尺度以及不同形状冰晶粒子变化的曲线

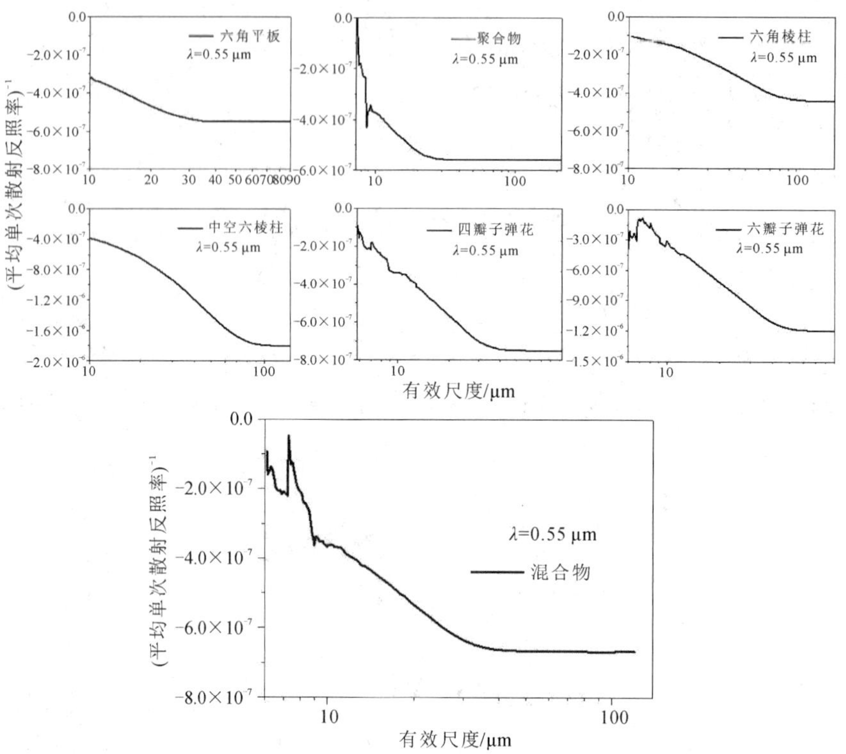

图 2.29　卷云的平均单次反照率随卷云中粒子有效尺度以及不同粒子形状变化的曲线

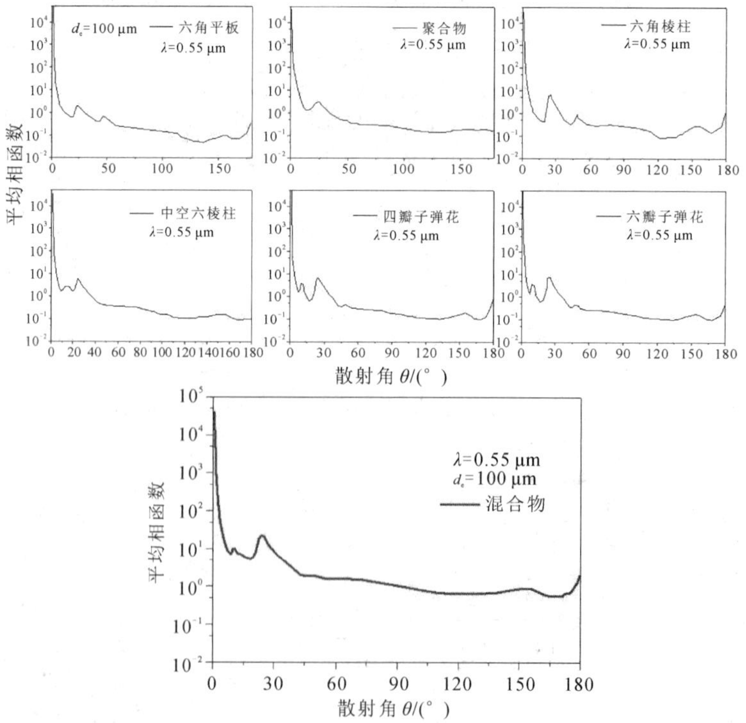

图 2.30　卷云的平均相函数随散射角以及不同粒子形状变化的曲线

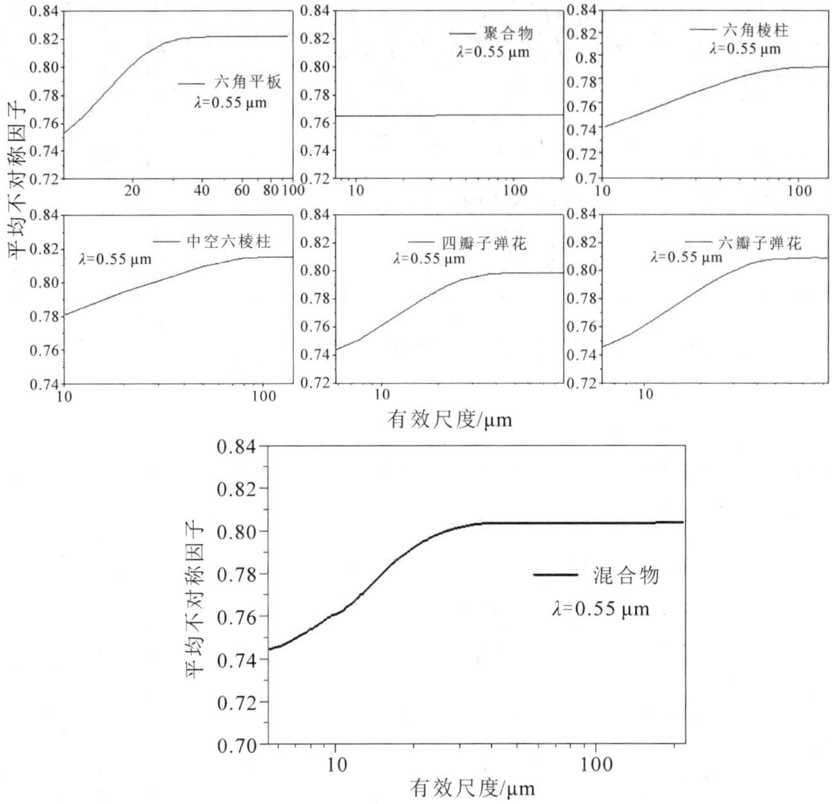

图 2.31　卷云的平均不对称因子随卷云中粒子有效尺度以及不同粒子形状变化的曲线

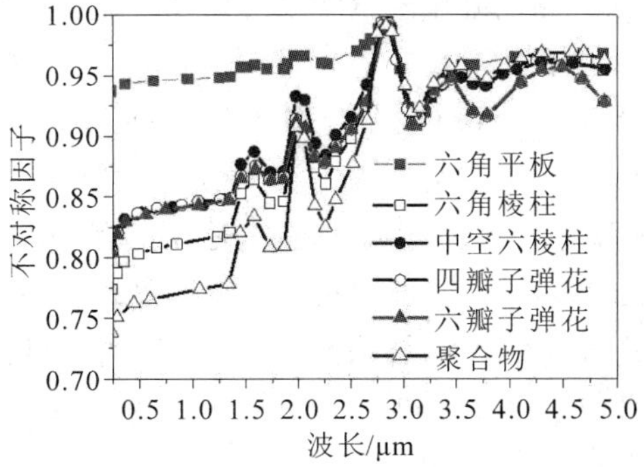

图 2.32　16 冰晶粒子的不对称因子随波长变化的曲线

国内外学者利用 AHHRR 和 Modis 卫星数据以及风云卫星数据，研究了卷云的紫外、可见光和红外光学特性，用于大气遥感、特征参数反演、低空通信以及空天目标的光学特性研究。这里不再赘述，读者可自行查阅。

2.3.3　大气水凝物和沙尘的传输衰减与工程模型

1. 降雨的特征衰减

雨衰减是影响微波和毫米波系统的重要因素，雨滴对电磁波的散射和吸收可引起微波和毫米波信号的严重衰减。假设电磁波沿 z 方向通过雨介质，如图 2.33 所示。在不考虑多重散射的情况下，波强度可用以下公式表示：

$$\frac{dI}{dz}=-\left(\sum Q_t\right)I \tag{2.124}$$

式中，$\sum Q_t$ 为空间单位体积所有雨滴的总衰减系数。

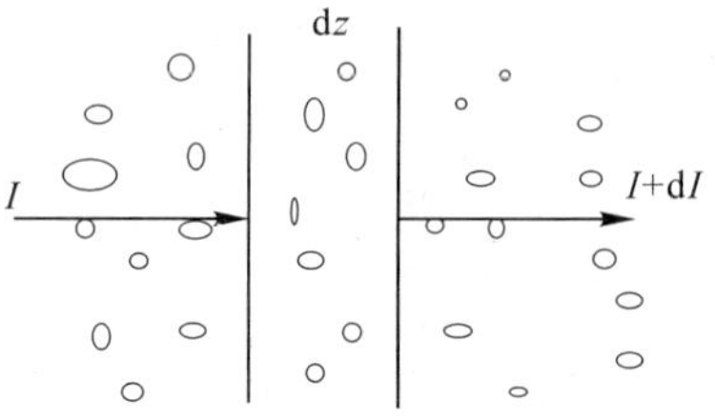

图 2.33　降雨引起的电波衰减示意图

由式(2.124)可求得单次散射近似解：

$$I=I_0 e^{-(\sum Q_t)z} \tag{2.125}$$

其中，I_0 为 $z=0$ 处入射电磁波强度。$\sum Q_t$ 可表示为

$$\sum Q_t=\int \sigma_t(D)N(D)dD \tag{2.126}$$

式中，$N(D)$为雨滴尺寸分布。由总截面可计算降雨的特征衰减率(A)，即当波通过 1 km 厚的降雨后的雨衰减率为

$$\begin{aligned} A &= 4.343\times 10^3\int \sigma_t(D)N(D)dD \\ &=-4.343\times 10^3\times\frac{4\pi}{k}\int \mathrm{Im}[f_{v,h}(0)]N(D)dD \quad (\mathrm{dB/km}) \\ &= 4.343\times 10^3\times\frac{4\pi}{k^2}\int \mathrm{Re}[S_{v,h}(0)]N(D)dD \end{aligned} \tag{2.127}$$

式中，下标 v 和 h 代表入射波为垂直和水平极化，$f_{h,v}(0)$和 $S_{h,v}(0)$分别为前向散射振幅和前向散射函数。由式(2.127)即可在理论上计算水平和垂直极化波通过雨介质的特征雨衰减。

图 2.34 给出了不同雨滴分布的降雨衰减率随降雨率变化的曲线。图中用符号 G、L－N、M－P 和 W 分别表示广州雨滴谱、对数正态雨滴谱、负指数雨滴谱和韦伯尔雨滴谱。从以上几个频率的计算结果可看出，在目前正在应用和开发的 40 GHz 以下的通信频段(即 Ku、Ka 频段)内，应用负指数分布、韦伯尔分布及广州的雨滴分布计算的结果较接近。当频率为 57 GHz 以上时，应用广州雨滴谱和 Maitra 拟合的对数正态分布谱预测的结果较接近；负指数和韦伯尔分布的预测结果较一致。当频率为 103 GHz 时，在 1～100 mm/h 降雨率范围内，韦伯尔分布和 M－P 分布的预测结果与日本东京的实验观测结果一致，但对数正态分布预测的值较大。当频率为 37 GHz 和 57 GHz，降雨率小于 30 mm/h 时，A. Maitra 拟合的对数正态分布模型预测结果与观测结果较接近。

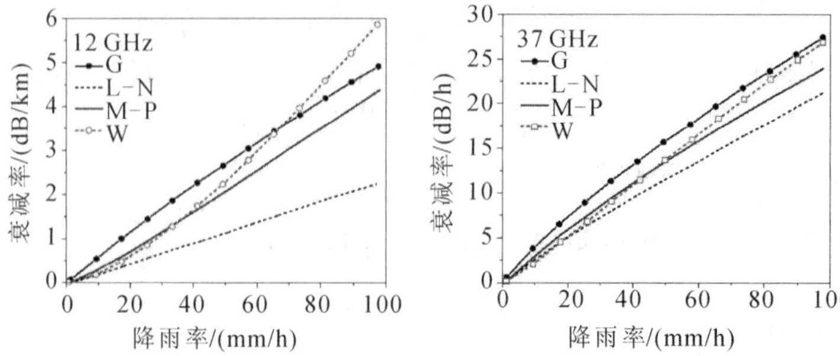

(a) f=12 GHz　　(b) f=37 GHz

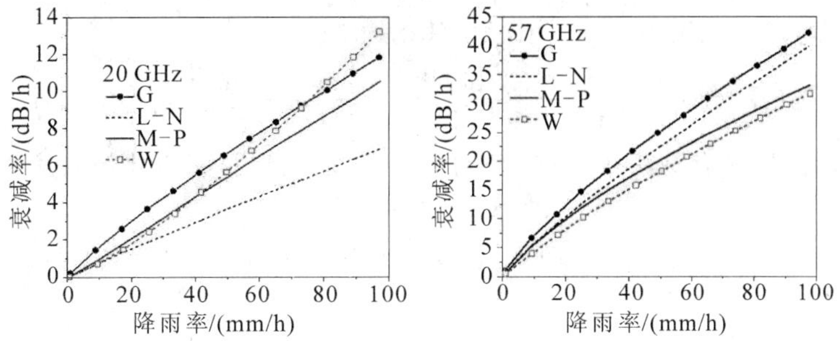

(c) f=20 GHz　　(d) f=57 GHz

图 2.34 不同频率下降雨衰减率随降雨率变化的曲线

ITU-R P.838 建议的雨衰减模式 $\gamma_R = kR^{\alpha}$ 中的 k 和 α 参数值由列表形式给出。为了计算其他频率的 k_h、k_v、α_h 和 α_v 的参数值，需使用 k 和频率 f 的对数插值及 α 的线性插值。假如 k_1 和 k_2、α_1 和 α_2 分别为频率 f_1 和 f_2 的参数值，为了求得频率 f 的参数值，需用以下插值公式进行计算：

$$k(f) = \lg^{-1}\left\{\lg\left(\frac{k_2}{k_1}\right)\times\left[\frac{\lg\left(\dfrac{f}{f_1}\right)}{\lg\left(\dfrac{f_2}{f_1}\right)}\right]+\lg(k_1)\right. \tag{2.128}$$

$$\alpha(f) = \left\{(\alpha_1-\alpha_2)\times\left[\frac{\lg\left(\dfrac{f}{f_1}\right)}{\lg\left(\dfrac{f_2}{f_1}\right)}\right]+\alpha_1\right. \tag{2.129}$$

当对多个频点进行计算时，如能用一组具有足够精度的解析公式代替列表参数值进行计算，将为雨衰减计算和系统设计提供更大的方便。

为了得到在 1～400 GHz 范围内精度更高的解析公式，中国电波传播研究所对参数值进行了重新拟合，得到了一组解析公式，并于 2000 年 6 月向 ITU-R 3J 工作组提出了对 P.838 建议的修改建议。ITU-R 3J 工作组的专家对此解析公式进行了系统检验，认为利用此解析公式代替列表参数是可行的。为了进一步减少解析拟合计算雨衰减的误差，在低频段采用迭代的方法，即在 1～20 GHz 得到 k 的解析表达式，再利用最小二乘法得到对应 k 的解析表达式的 α 参数值，并得到对应此 α 参数值的解析表达式，从而利用上述过程得到对应 α 解析表达式的 k 参数值，最终得到 k 解析表达式如下：

$$k_h = \begin{cases} 3.8794\cdot 10^{-5} f^{(2.7474-1.7941\ln f+1.1805\ln^2 f-0.2022\ln^3 f)}, & 1\leqslant f\leqslant 20\ \text{GHz} \\ \dfrac{8.2522\cdot 10^{-5} f^2}{1-0.1950\ln f+6.2033\cdot 10^{-5} f^2}, & 20< f\leqslant 400\ \text{GHz} \end{cases} \tag{2.130}$$

$$\alpha_h = \begin{cases} \dfrac{(1.0564\ln f-1.9256)^2+0.9437}{(1.1141\ln f-2.0940)^2+0.7181}, & 1\leqslant f\leqslant 20\ \text{GHz} \\ 0.6828+\dfrac{0.5018}{1+2.0946\cdot 10^{-4} f^{2.2862}}, & 20< f\leqslant 400\ \text{GHz} \end{cases} \tag{2.131}$$

$$k_v = \begin{cases} 3.5807\cdot 10^{-5} f^{(2.6034-1.6171\ln f+1.0940\ln^2 f-0.1877\ln^3 f)}, & 1\leqslant f\leqslant 20\ \text{GHz} \\ \dfrac{7.9130\cdot 10^{-5} f^2}{1-0.1865\ln f+5.9357\cdot 10^{-5} f^2}, & 20< f\leqslant 400\ \text{GHz} \end{cases} \tag{2.132}$$

$$\alpha_v=\begin{cases}\dfrac{(1.0246\ln f-1.9462)^2+0.9048}{(1.1073\ln f-2.1584)^2+0.6972}, & 1\leqslant f\leqslant 20\ \text{GHz}\\[2ex] 0.6833+\dfrac{0.4494}{1+1.8700\cdot 10^{-4}f^{2.2803}}, & 20<f\leqslant 400\ \text{GHz}\end{cases}\tag{2.134}$$

近几年上述模型又有进一步改进。对于任意线性极化和圆极化波，参数 k 和 α 可用以下公式求得：

$$k=\frac{[k_h+k_v+(k_h-k_v)\cos^2\theta\cos 2\tau]}{2}\tag{2.134}$$

$$\alpha=\frac{[k_h\alpha_h+k_v\alpha_v+(k_h\alpha_h-k_v\alpha_v)\cos^2\theta\cos 2\tau]}{2k}\tag{2.135}$$

式中，θ 为传播路径的仰角，τ 为相对于水平的波极化倾角(对于圆极化 $\tau=45°$)。

为了比较解析模式拟合列表参数的精度，图 2.35 和图 2.36 给出了解析公式计算的 k 和 α 值与列表参数值的比较及两者的相对误差，由图可以看出：

(1) 解析公式计算的参数值和列表参数值之间有很好的一致性。

(2) 在 1～400 GHz 范围内，解析公式计算的 α 参数值与列表值之间的相对误差小于 1.26%，在 8～100 GHz 范围内相对误差小于 0.53%。在 1～400 GHz 范围内，解析公式计算的 k 参数值与列表值之间的相对误差小于 7.8%，在 10～100 GHz 范围内相对误差小于 3.7%。

(3) 当 k 的误差为正时，通常 α 的误差为负；k 的误差为负时，α 的误差为正。两者相反的误差的共同作用结果可进一步减少其计算特征雨衰减的误差。

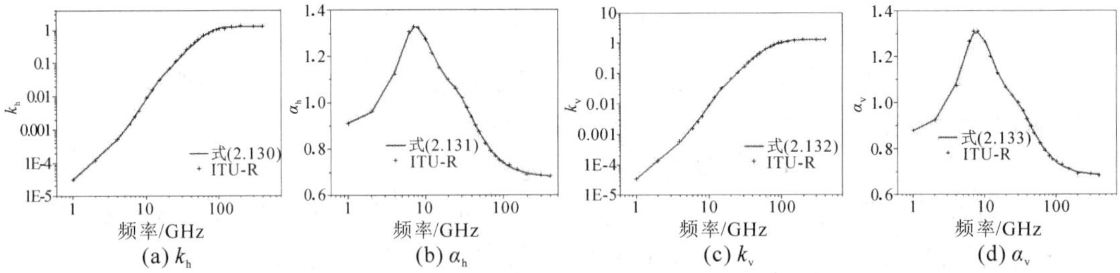

图 2.35 解析模式计算的 k_h、α_h、k_v、α_v 值与列表参数值的比较

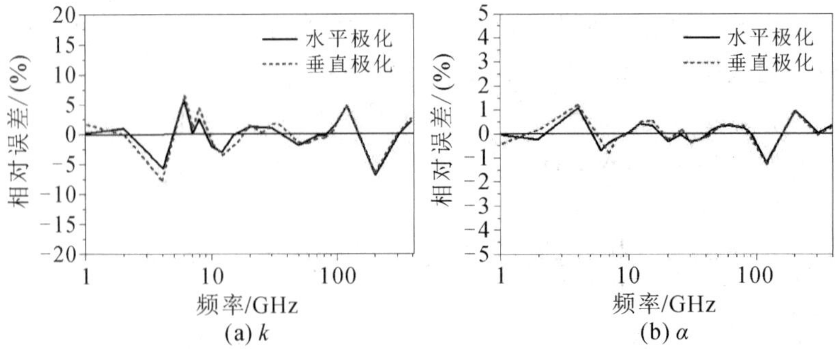

图 2.36 解析公式与列表参数的相对误差

将利用解析公式和列表参数计算的降雨率为 5、25、50、100、150 mm/h 时的雨衰减结果进行比较，发现两者的最大相对误差均发生在降雨率低的时刻和降雨率非常高的时刻。

2. 云雾传输衰减的单次散射近似

对于能见度较高的云雾介质，考虑到雾滴尺寸满足一定的分布函数，利用单次散射近似，对于某一确定波长光传输的衰减率也可使用式(2.127)的形式表示。单次散射衰减率的主要决定因素是衰减截面和粒子尺寸分布函数。对于雾滴浓度较大的情况，激光跟雾滴之间不但有单次散射，而且可能会有二次散射和多重散射，这种情况下就要用多重散射理论来解决激光在雾中的传输特性。输运理论考虑了光与粒子间的多次散射问题，将在第三章和第四章给予详细介绍。

通过 Mie 散射理论计算不同尺寸雾滴的消光截面，并结合式(2.127)计算的不同能见度雾的特征衰减与波长的关系如图 2.37 所示。

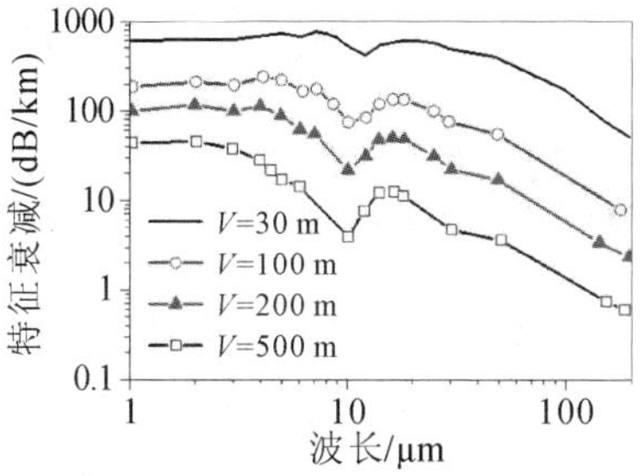

(a) 辐射雾

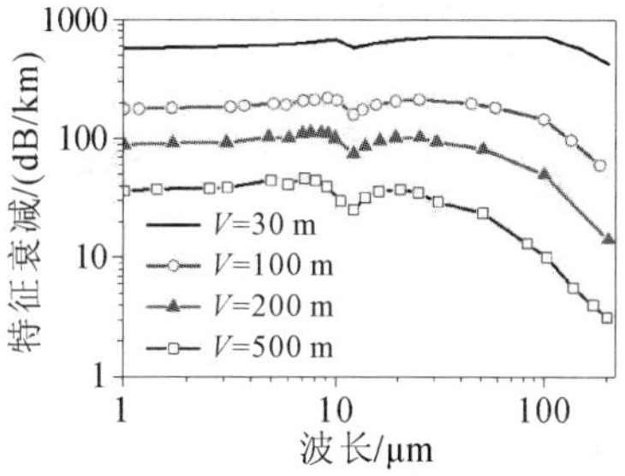

(b) 平流雾

图 2.37　不同能见度下雾的特征衰减与波长的关系

Chylek 提出的辐射雾衰减系数半经验公式为

$$\alpha=1.5\pi\frac{CW}{\lambda}\quad(1/\mathrm{m})\tag{2.136}$$

式中，λ 为波长(μm)，C 为利用 Mie 理论计算的消光截面曲线的平均斜率确定的经验常数，不同波长上的 C 值如表 2.15 所示。从图 2.37 可以看出，在长波红外波段，衰减与波长成反比，但在短波红外波段，经验公式显然不能成立。

表 2.15　若干波长上的 C 值

λ/μm	0.5	1.2	3.8	5.3	10	11	12
C	0.61	0.61	0.68	0.58	0.35	0.3	0.35

这里以雾对 10.6 μm 红外传输衰减为例，研究雾的红外传输衰减与能见度(或含水量)的关系。在 10.6 μm 红外波长，水的复折射指数为 1.178+i0.071。利用单次散射模型，云雾激光传输衰减率 A 可以拟合为下述形式：

$$A=aX^{-b}\tag{2.137}$$

其中，X 可分别取能见度 V 和含水量 W。McCoy 等人给出了 10 μm 附近不同条件下能见度与光强衰减系数的统计关系式：

$$A(10.6\ \mu\mathrm{m})=1.7V^{-1.5}\quad(\mathrm{dB/km})\tag{1.138}$$

赵振维给出的统计关系式为

辐射雾：

$$A=724.4W^{1.099}=1.295V^{-1.692}\quad(\mathrm{dB/km})$$

平流雾：

$$A = 409.3W^{0.88} = 10.517V^{-1.258} \quad (\mathrm{dB/km}) \tag{2.139}$$

编者团队也计算了 10.6 μm 激光在雾中的单次散射结果和多重散射情况下的衰减结果，并用拟合的结果与赵振维和 McCoy 的结果进行了对比，如图 2.38 所示。由图 2.38 可以看到：编者团队的单次散射拟合结果(ssfit)和赵的结果(zhaofit)比较吻合。而多重散射的结果(mcfit)在辐射雾的情况下比在平流雾的情况下与单次散射结果更接近，说明平流雾的多次散射对衰减的影响更大。McCoy 的结果仅与辐射雾的衰减吻合相对较好，说明其结果仅适合辐射雾。雾对激光的多重散射理论与算法将在后续章节中介绍。

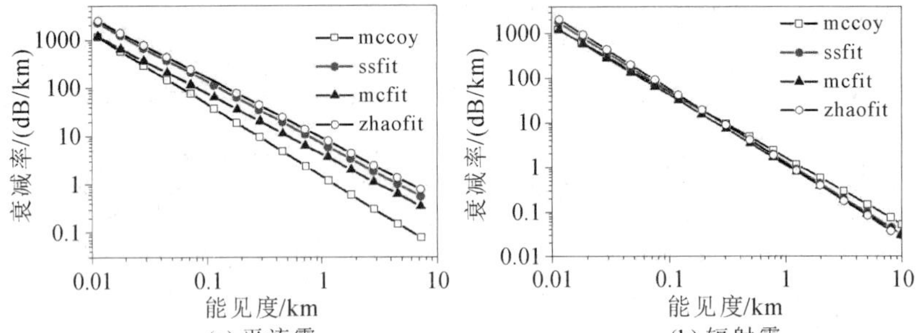

图 2.38 衰减率随能见度变化的拟合

波长为 10.6 μm 时，编者团队的单次散射激光雾衰减率随能见度变化的拟合结果如下：

平流雾：

$$A = 8.2569V^{-1.29291} \quad (\mathrm{dB/km}) \tag{2.140}$$

辐射雾：

$$A = 1.3394V^{-1.64279} \quad (\mathrm{dB/km}) \tag{2.141}$$

一般情况下，由于云雾滴的尺度较微波、毫米波的波长小得多，可以利用 Rayleigh 近似计算云雾滴的消光截面。在 Rayleigh 近似下，云雾滴的吸收截面远大于散射截面，其体消光系数近似等于体吸收系数，而体吸收系数的值为单位体积所有云雾粒子吸收截面之和，因此云雾的特征衰减可表示为

$$A = 4.343 \times 10^3 \sum_{i=1}^{N} \sigma_a(r_i) \quad (\mathrm{dB/km}) \tag{2.142}$$

式中，N 为单位体积的粒子数，$\sigma_a(r_i)$为半径为 r_i 的粒子的吸收截面。式(2.142)可重写为

$$A = 4.343 \times 10^3 \frac{8\pi^2}{3\lambda} \varepsilon_r \left| \frac{3}{\varepsilon + 2} \right|^2 \sum_{i=1}^{N} r_i^3 \tag{2.143}$$

由于含水量等于单位体积的云雾滴的总体积乘以水的密度(10^6 g/m^3)，即

$$W = 10^6 \sum_{i=1}^{N} \frac{4\pi}{3} r_i^3 \quad (\mathrm{g/m^3}) \tag{2.144}$$

最后整理得到 $A = K_1 W$ dB/km，其中 $K_1 = 0.819f/[\varepsilon''(1+\eta^2)]$ dB/(km · g^{-1} · m^{-3})，为云雾衰减系数，$\eta = (2+\varepsilon')/\varepsilon''$，$f$ 为频率(GHz)；ε' 和 ε'' 为水的复介电常数的实部和虚部，由双 Debye 公式(2.78)和公式(2.79)给出。由此可以看出，在 Rayleigh 近似下，云雾的衰减与滴谱分布无关，只与含水量有关。此外，由于水的复介电常数是温度的函数，因此温度对云雾的衰减有很大的影响。图 2.39 给出了 −8℃～20℃时，5～200 GHz 云雾特征衰减

系数与频率的关系。对于云衰减，一般取云的温度为 0℃。

随着频率的增高，当 Rayleigh 近似不再适用时，必须使用 Mie 理论计算云雾滴的消光截面 $\sigma_t(r)$，而且必须考虑云雾滴的尺寸分布。利用 Rayleigh 近似和 Mie 理论计算的雾滴消光截面及利用平流雾的雾滴尺寸分布计算的能见度为 30 m、100 m、200 m 和 500 m 时的平流雾衰减如图 2.40 所示。假设以 Rayleigh 近似和 Mie 理论计算雾衰减的相对误差为 5%作为 Rayleigh 近似被使用的频率上限，结果表明，利用平流雾雾滴尺寸分布以及上述能见度，Rayleigh 近似可分别被用到 200 GHz、380 GHz、540 GHz 和 850 GHz。而对辐射雾的计算结果表明，能见度大于 30 m，频率在 1000 GHz 以下时，利用 Rayleigh 近似计算辐射雾的衰减是可行的。

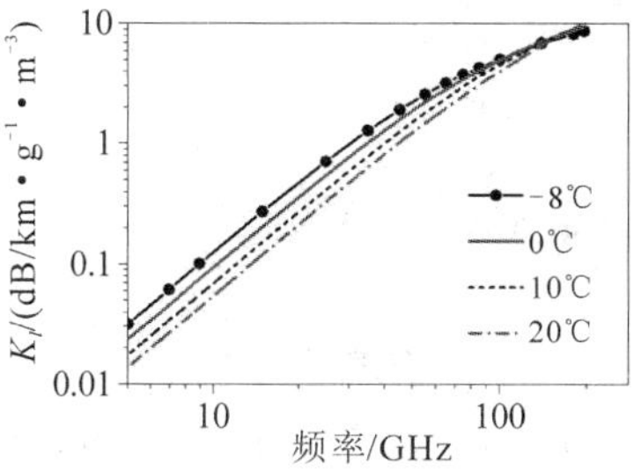

图 2.39　不同温度特征云雾衰减系数与频率的关系

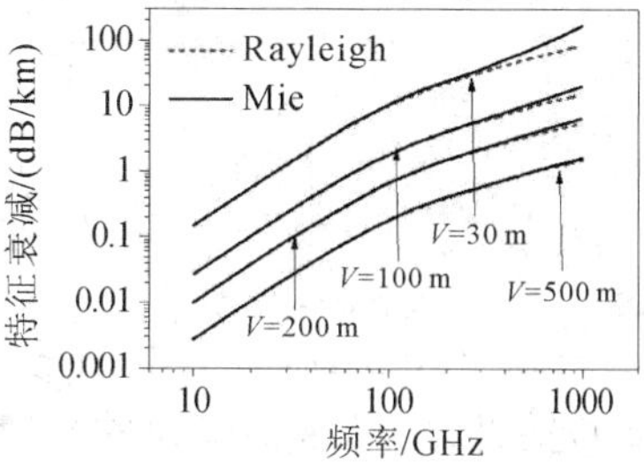

图 2.40　利用 Rayleigh 近似和 Mie 理论计算的不同能见度雾的特征衰减比较

对于含水量 $W=0.8\ g/m^3$ 和模式半径为 20 μm(对应能见度为 163 m)的层云及含水量 $W=2.08\ g/m^3$(从 33.5 GHz 实测雾衰减 1.6 dB/km)和能见度为 100 m 的湿海雾，图 2.41 给出了利用 Rayleigh 近似和 Mie 理论计算云衰减和湿海雾衰减的结果。计算结果表明，对于此种层云，Rayleigh 近似可用到 100 GHz，而对于湿海雾，Rayleigh 近似只能用到 35 GHz 左右。由此可以看出，对于具有较大粒子的层云或浓积云和湿海雾，在计算毫米波高端云雾衰减时，应使用 Mie 理论并考虑云雾滴的尺寸分布。但利用 Rayleigh 近似估算的云雾衰减可作为云雾对波传播影响的最小值。

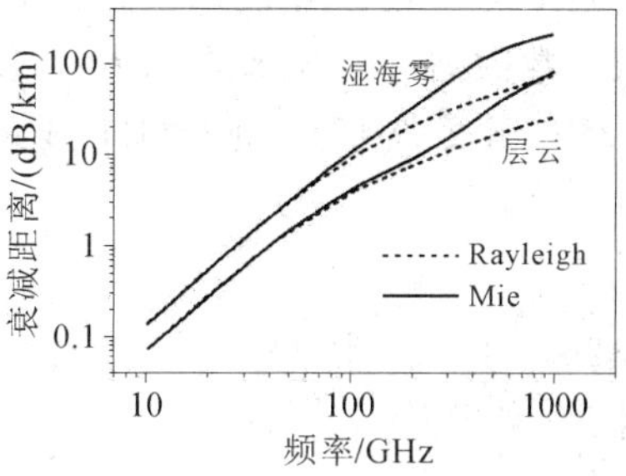

图 2.41　利用 Rayleigh 近似和 Mie 理论计算的层云和湿海雾的特征衰减

中国电波传播研究所在青岛 2.2 km 地海面路径上开展了海雾的毫米波衰减特性的实验研究，发射频率分别为 33.5 GHz 和 93.5 GHz，传播路径跨越部分海面，获取了海雾的毫米波传播数据。图 2.42 为 2000 年 7 月 15 日 20:35 开始至 7 月 18 日连续 3400 分钟的雾衰减测量结果。从图中可以看出 8 mm 和 3 mm 的衰减变化趋势具有很好的一致性；图中同时给出了在假设温度为 5℃时，首先利用 33.5 GHz 的雾衰减数据反演获得雾含水量，然后利用雾含水量计算 93.5 GHz 的雾衰减。从图中可以看出，计算结果和实测结果之间有较好的一致性。造成计算结果和实测结果存在差别的原因有：① 33.5 GHz 和 93.5 GHz 系统的波束不一致，33.5 GHz 接收天线为喇叭天线，天线方向图较宽；② 系统误差是由毫米波源器件的频率误差产生的，当接收机频带较宽时，带内增益波动为±0.5 dB；③ 校准误差，系统采用的是中频校准，忽略了前端的非线性误差；④ 温度的变化；⑤ 湿海雾时的 Rayleigh 近似计算误差。

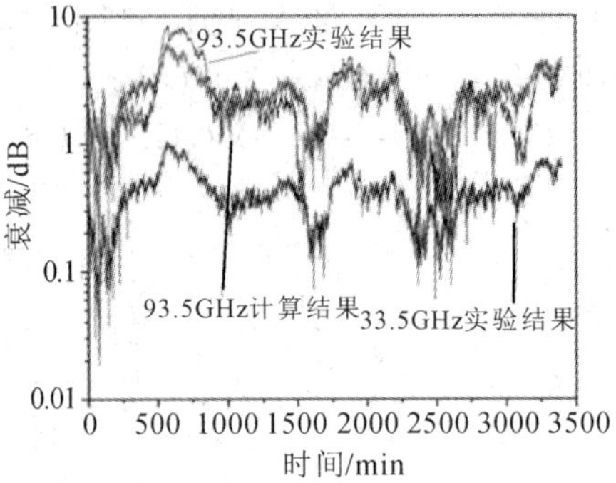

图 2.42　2000 年 7 月 15 日至 7 月 18 日海雾对 3 mm 和 8 mm 波衰减连续测量结果

实验结果表明，湿海雾对毫米波的衰减与中雨对毫米波的衰减相当，对 8 mm 和 3 mm 波可分别引起近 2 dB/km 和 7.5 dB/km 的衰减。这表明海雾可对毫米波系统产生严重的影响。

由于水的复介电常数是频率和温度的复杂函数，直接利用式(2.143)计算云雾微波与毫米波衰减不便于工程应用，在 Rayleigh 近似适用的情况下，许多研究者给出了用于计算云雾毫米波衰减的经验公式，具体内容可参阅相关文献。其中赵振维等人利用以下形式对云雾的衰减系数进行了模拟：

$$K_1=\alpha f^{\beta}\theta^{c(f)} \tag{2.145}$$

$$c(f)=d_0+d_1 f+d_2 f^2 \tag{2.146}$$

由以上两式可以看出：当 $\theta=1$，即 $T=300$ K 时，云雾衰减系数与函数 $c(f)$ 无关，此时，根据公式(2.143)计算的 $T=300$ K 的云雾衰减系数数据可得到拟合系数 α 和 β，然后由其他温度时计算的云雾衰减系数数据可得到函数 $c(f)$ 的参数。计算结果表明：取－5℃得到 $c(f)$ 参数的结果在－8～20℃温度和 10～1000 GHz 频率范围内最大误差较小。最后得到的经验公式为

当 $f\leqslant 150$ GHz 时：

$$K_1=6.0826\times10^{-4} f^{1.8963}\theta^{(7.8087-0.01565f-3.0730\times10^{-4}f^2)} \tag{2.147}$$

当 $150<f\leqslant 1000$ GHz 时：

$$K_1=0.07536 f^{0.9350}\theta^{(-0.7281-0.0018f-1.5420\times10^{-6}f^2)} \tag{2.148}$$

用上述经验公式计算云雾衰减的精度和可靠性相比用其他经验公式都有了较大改进。

3. 沙尘粒子特征衰减的单次散射近似

我国是世界上沙漠及沙漠化土地最多的国家之一，风沙天气形成的空中悬浮的沙尘粒子的吸收和散射效应将引起电磁波、光波产生明显的散射和传输衰减。在气象学中，由大风刮起的能见度在 1000 m 以下、弥散在空中的浓密的沙尘叫作沙尘暴。

沙尘暴的强度可以分为沙尘暴(能见度小于 1 km)、强沙尘暴(风速不小于 20 m/s，能

见度不大于 200 m)和特强沙尘暴(风速不小于 25 m/s，能见度小于 50 m)。

由于沙尘粒子尺寸比较小、频率不太高时满足 $ka\ll 1$ 的条件，所以可以采用 Rayleigh 公式的两项近似，并且对于沙尘粒子来说 $m=\sqrt{\varepsilon_m^*}$，则有

$$S(0)=\mathrm{i}k^3\left(\frac{\varepsilon_m^*-1}{\varepsilon_m^*+2}\right)a^3+\frac{2}{3}k^6\left(\frac{\varepsilon_m^*-1}{\varepsilon_m^*+2}\right)^2a^6 \tag{2.149}$$

沙尘暴的能见度与单位体积中沙尘粒子数 N 的关系为

$$N=\frac{15}{8.686\times 10^3\pi V_b\int_0^\infty a^2p(a)\mathrm{d}a} \tag{2.150}$$

则沙尘介质的衰减率为

$$\alpha=1.7372\times 10^4k^{-2}N\pi\int_{a_{\min}}^{a_{\max}}k^3a^3\frac{3\varepsilon''}{(\varepsilon'+2)^2+\varepsilon''^2}p(a)\mathrm{d}a+$$
$$1.7372\times 10^4k^{-2}N\pi\int_{a_{\min}}^{a_{\max}}\frac{2}{3}k^6a^6\frac{[(\varepsilon'-1)(\varepsilon'+2)+\varepsilon''^2]-9\varepsilon''^2}{[(\varepsilon'+2)^2+\varepsilon''^2]^2}p(a)\mathrm{d}a \tag{2.151}$$

式中，第一项代表介质的吸收效应，第二项代表介质的散射效应。由于吸收效应正比于 a^3/λ，而散射效应正比于 a^6/λ^4，所以第二项可以略去不计。再将式(2.150)代入式(2.151)中，可简化为

$$\alpha=30k\frac{3\varepsilon''}{V_b[(\varepsilon'+2)^2+\varepsilon''^2]}\cdot\frac{\int_{a_{\min}}^{a_{\max}}a^3p(a)\mathrm{d}a}{\int_{a_{\min}}^{a_{\max}}a^2p(a)\mathrm{d}a} \tag{2.152}$$

其中，$\varepsilon_m^*=\varepsilon'+\mathrm{i}\varepsilon''$，$a_{\min}$ 和 $a_{\max}$ 是能影响毫米波传播的空间中沙尘粒子的最小半径和最大半径。令 $a_e=\int_{a_{\min}}^{a_{\max}}a^3p(a)\mathrm{d}a/\int_{a_{\min}}^{a_{\max}}a^2p(a)\mathrm{d}a$ 为等效半径，它与粒子的粒径分布密度函数 $p(a)$ 直接相关。因而，式(2.152)可写为

$$\alpha=30ka_e\frac{3\varepsilon''}{V_b[(\varepsilon'+2)^2+\varepsilon''^2]} \tag{2.153}$$

类似的，附加相移为

$$\beta=3.6\times 10^5k_0^{-2}N\int_{a_{\min}}^{a_{\max}}k_0^3a^3\frac{(\varepsilon'-1)(\varepsilon'+2)+\varepsilon''^2}{(\varepsilon'+2)^2+\varepsilon''^2}p(a)\mathrm{d}a+$$
$$3.6\times 10^5k_0^{-2}N\int_{a_{\min}}^{a_{\max}}\frac{2}{3}k_0^6a^6\frac{6\varepsilon''[(\varepsilon'-1)(\varepsilon'+2)+\varepsilon''^2]}{[(\varepsilon'+2)^2+\varepsilon''^2]^2}p(a)\mathrm{d}a \tag{2.154}$$

同理，第二项也可以省略，得到

$$\beta=\frac{5.4\times 10^3}{8.686\pi}\frac{k_0}{V_b}\frac{(\varepsilon'-1)(\varepsilon'+2)+\varepsilon''^2}{(\varepsilon'+2)^2+\varepsilon''^2}\cdot a_e \tag{2.155}$$

将式(2.153)和式(2.155)进一步地改写为如下形式：

$$\alpha=-\frac{0.6287f}{V_b}a_e\mathrm{Im}\left(\frac{\varepsilon_m^*-1}{\varepsilon_m^*+2}\right) \tag{2.156}$$

$$\beta=\frac{4.15f}{V_b}a_e\mathrm{Re}\left(\frac{\varepsilon_m^*-1}{\varepsilon_m^*+2}\right) \tag{2.157}$$

式(2.156)和式(2.157)中 f、V_b、a_e 的单位分别取 GHz、km、mm。

假设频率 $f=37$ GHz，沙尘粒子粒径分别为对数正态分布和指数分布，粒子尺度参数取 $m=-3.08$，$\sigma=0.491$；沙尘粒子介电常数取三种情况：当干燥沙尘含水量为零时，

$\varepsilon_m^*=2.53+i0.0625$；当沙尘粒子含水量为8.8%时，$\varepsilon_m^*=3.2+i0.8$；当沙尘粒子含水量为10%时，$\varepsilon_m^*=4.0+i1.3$。图2.43和图2.44分别给出了以上条件用不上衰减率和相移率随能见度变化的曲线。图中，mv表示用百分数表示的沙尘粒子的含水量。

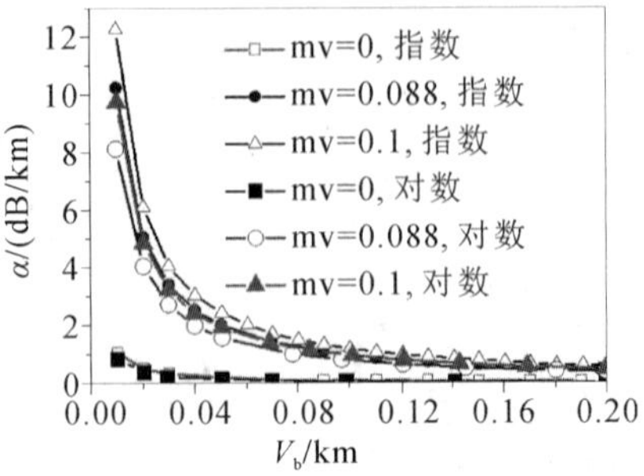

图 2.43　衰减率与能见度的关系

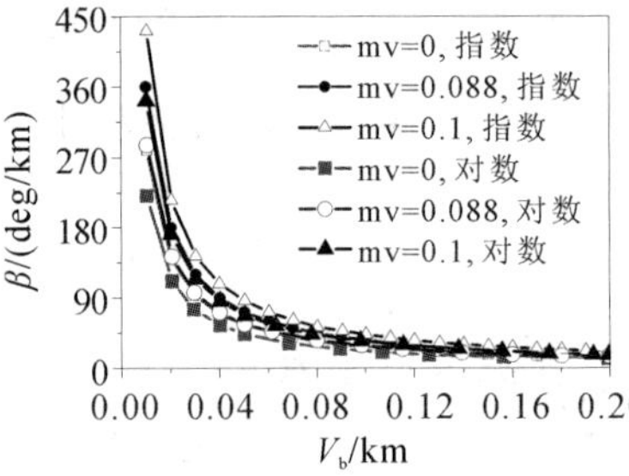

图 2.44　相移率与能见度的关系

地空路径上，沙尘粒子在不同高度上的平均半径、等效半径、能见度以及分布密度等都不同。它们随高度的变化关系为

$$a_{av}=a_{0a}\left(\frac{h}{h_0}\right)^{-\gamma_a},\ \gamma_a=0.15;\ a_e=a_{0e}\left(\frac{h}{h_0}\right)^{-\gamma_e},\ \gamma_e=0.04 \tag{2.158}$$

$$V_b=V_{b0}\exp[b(h-h_0)],\ b=1.25;\quad N=N_0\left(\frac{h}{h_0}\right)^{-\Gamma},\ \Gamma>0.29 \tag{2.159}$$

其中，h_0为地球站高度，a_{0a}、a_{0e}、V_{b0}、N_0分别是高度为h_0时的平均半径、等效半径、能见度和粒子数密度。

沿用水平路径上衰减率和相移率的表达式，联立沙尘粒子等效半径和能见度与高度的关系式(2.158)和式(2.159)，可以得到距地面1～21 m高度时，沙尘暴引起的衰减率与相移率的表达式为

$$\alpha(\mathrm{dB/km})=-\frac{0.6287f}{V_{b0}\exp[b(h-h_0)]}a_{0e}\left(\frac{h}{h_0}\right)^{-\gamma_e}\mathrm{Im}\left[\frac{\varepsilon_m^*-1}{\varepsilon_m^*+2}\right] \tag{2.160}$$

$$\beta(\mathrm{deg/km})=\frac{4.15f}{V_{b0}\exp[b(h-h_0)]}a_{0e}\left(\frac{h}{h_0}\right)^{-\gamma_e}\mathrm{Re}\left[\frac{\varepsilon_m^*-1}{\varepsilon_m^*+2}\right] \tag{2.161}$$

其中，f、V_{b0}、a_{0e}的单位分别取GHz、km、mm。

由于不同高度沙尘粒子的分布密度不同，而沙尘在天空的分布又有一定的厚度，所以距地面1～21 m这段路径上沙尘暴引起的衰减量和相移量可分别表示为

$$A_m=\int_{h_0}^{h_m}\alpha\cdot\frac{dh}{\sin\theta},\quad \Phi_m=\int_{h_0}^{h_m}\beta\cdot\frac{dh}{\sin\theta} \tag{2.162}$$

式中，h_0为地球站高度，$h_m=21$ m，θ为地球站天线仰角。

由于高度达到2 km以上时，沙尘粒子的尺寸和密度都比较小，相应的衰减量和相移量也很小，因此假设高度h_s处的衰减量和相移量趋近于零，采用求均值的方法，利用高度$h_m=21$ m处的衰减率α_m和相移率β_m，计算高度h_m到h_s的总衰减量A_s和总相移量Φ_s为

$$A_s=\frac{\alpha_m\cdot(h_s-h_m)}{2\sin\theta},\quad \Phi_s=\frac{\beta_m\cdot(h_s-h_m)}{2\sin\theta} \tag{2.163}$$

$$A=A_m+A_s,\quad \Phi=\Phi_m+\Phi_s \tag{2.164}$$

高度从h_0到h_m，利用经验模型式(2.160)、式(2.161)，计算出的衰减率与相移率分别由图2.45～图2.48所示，其中曲线表示的是粒径分布分别为指数分布和对数分布两种情

况下，衰减率和相移率与高度及能见度的变化关系。由图可知，能见度越大，沙尘暴引起的衰减率和相移率越小；沙尘粒子含水量越大，衰减率和相移率越大；高度越高，衰减率和相移率越小；粒径分布为指数分布的沙尘粒子所产生的衰减率要高于粒径分布为对数分布的沙尘粒子所产生的衰减率。

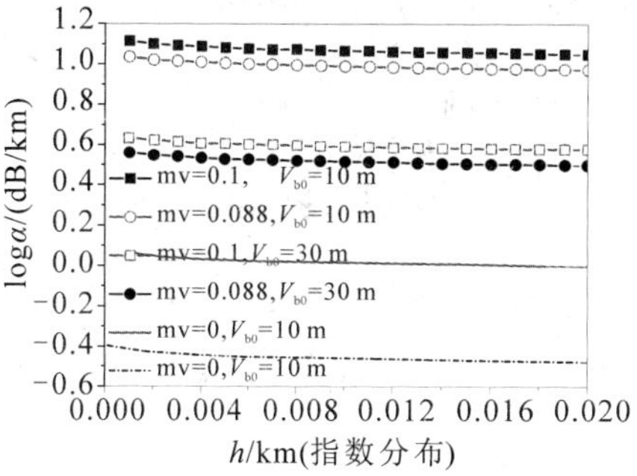

图 2.45　衰减率与高度的关系（指数分布）

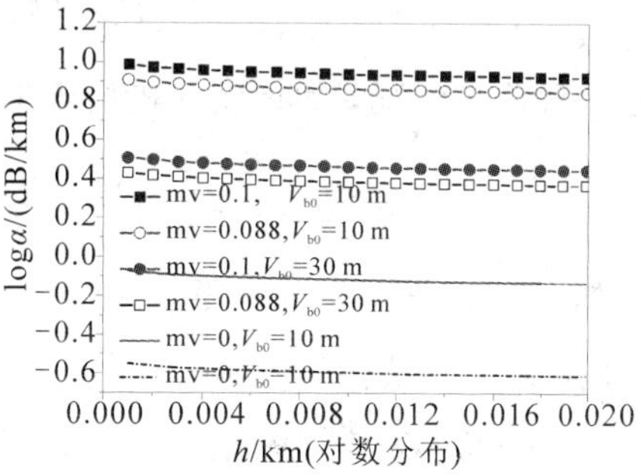

图 2.46　衰减率与高度的关系（对数分布）

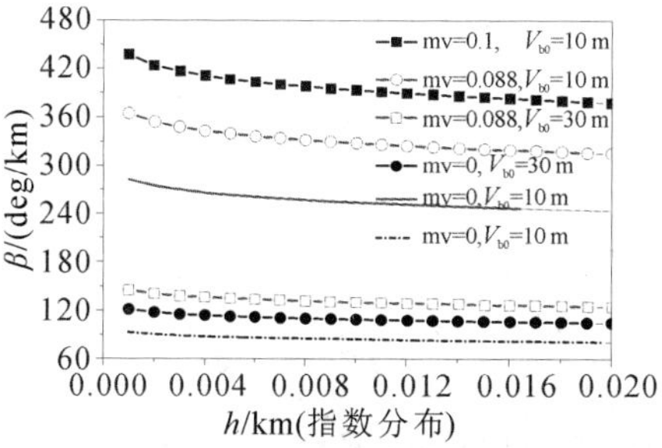

图 2.47　相移率与高度的关系（指数分布）

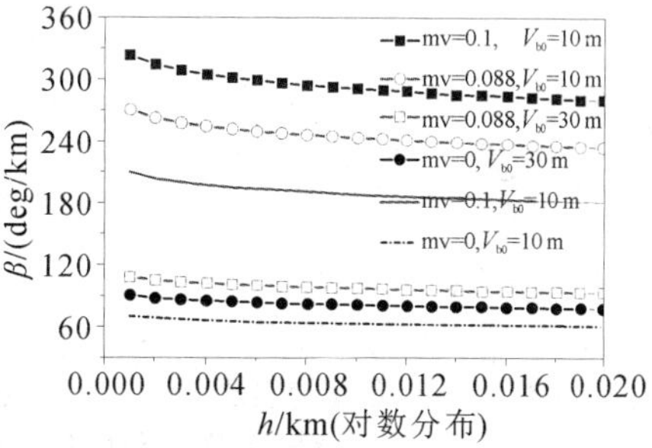

图 2.48　相移率与高度的关系（对数分布）

2.4　散射场的相关函数和脉冲波传播

2.4.1　散射场的空间相关函数

考虑发射机天线辐射电磁波照射到随机介质，两个接收机位于 $p_1(-d/2, 0, 0)$ 和 $p_2(d/2, 0, 0)$，研究同一时刻，空间两点散射场的相关特性。设随机介质中位于 (R_2, θ, ϕ) 处的散射体元 dV，如图 2.49 所示。

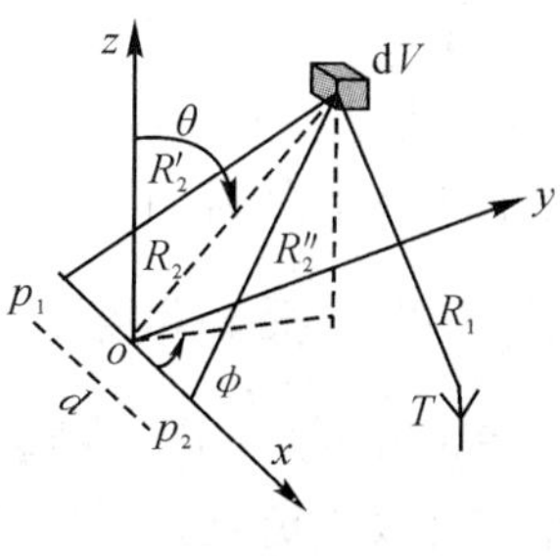

图 2.49　p_1 和 p_2 散射场的空间相关函数

p_1 和 p_2 两点的相位差为

$$\psi=k(R_2'-R_2'')\approx -kd(\hat{\boldsymbol{o}}\cdot\hat{\boldsymbol{x}})=kd\sin\theta\cos\phi \tag{2.165}$$

空间两点接收电压的互相关函数为

$$\langle V_1V_2^*\rangle = C\int \frac{\lambda^2 G_{\mathrm{i}}(\hat{\boldsymbol{i}})G_{\mathrm{r}}(\hat{\boldsymbol{o}})}{(4\pi)^3R_1^2R_2^2}\rho\sigma_{\mathrm{bi}}(\hat{\boldsymbol{o}},\hat{\boldsymbol{i}})\exp(-\gamma_1-\gamma_2+\mathrm{i}\psi)\mathrm{d}V \tag{2.166}$$

考虑一种简单情况，如果发射机位于坐标原点，且 $\hat{\boldsymbol{i}}=-\hat{\boldsymbol{o}}$，则

$$\langle V_1V_2^*\rangle = C\int \frac{\lambda^2 G_{\mathrm{i}}(\hat{\boldsymbol{i}})G_{\mathrm{r}}(-\hat{\boldsymbol{i}})}{(4\pi)^3R^4}\rho\sigma_{\mathrm{b}}\exp(-2\gamma+\mathrm{i}kd(\hat{\boldsymbol{i}}\cdot\hat{\boldsymbol{x}}))\mathrm{d}V \tag{2.167}$$

如图 2.50 所示，如果考虑 p_1 和 p_2 两点位于 xz 平面内，两点连线与 x 轴的夹角为 ξ，p_1 和 p_2 两点连线位于 x' 轴上，$\hat{\boldsymbol{x}}'=\cos\xi\hat{\boldsymbol{x}}+\sin\xi\hat{\boldsymbol{z}}$，且 $-\hat{\boldsymbol{o}}=\sin\theta\cos\phi\hat{\boldsymbol{x}}+\sin\theta\sin\phi\hat{\boldsymbol{y}}+\cos\theta\hat{\boldsymbol{z}}$，则 $\psi\approx -kd(\hat{\boldsymbol{o}}\cdot\hat{\boldsymbol{x}}')=kd(\sin\theta\cos\phi\cos\xi+\cos\theta\sin\xi)$。

设随机粒子仅仅分布于 R_0 处的薄层 Δz 内，如图 2.50 所示。

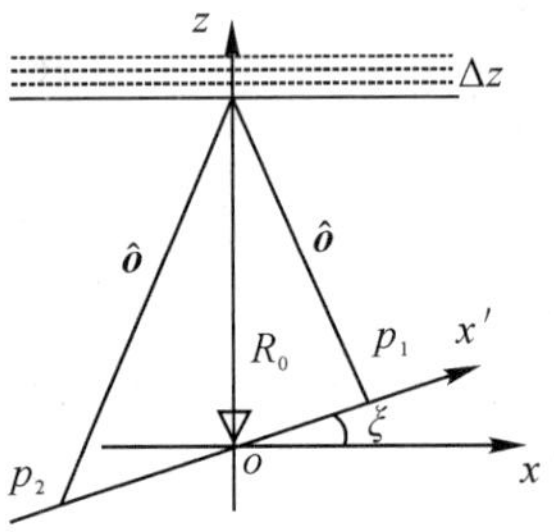

图 2.50　薄层随机粒子散射 p_1 和 p_2 的空间相关函数

位于原点的发射机和接收机的增益函数相同，为 $G_{\mathrm{t}}(\theta)=G_0\exp(-\theta^2/\theta_0^2)$。因为 $\mathrm{d}V\approx R_0^2\theta\mathrm{d}\theta\mathrm{d}\phi\mathrm{d}R$，忽略介质薄层中的衰减，$\rho$ 和 σ_{b} 为常数，以及 $\mathrm{d}R\approx\mathrm{d}z$，则接收电压的空间相关函数为

$$\langle V_1V_2^*\rangle \approx C_0\int_0^{2\pi}\mathrm{d}\phi\int_0^{\pi}\theta\exp\left[-\frac{2\theta^2}{\theta_0^2}+\mathrm{i}\psi\right]\mathrm{d}\theta \tag{2.168}$$

其中，$C_0\approx(C\lambda^2G_0^2\rho\sigma_{\mathrm{b}}/(4\pi)^3R_0^2)\Delta z$。当 $\theta\ll 1$ 时，有

$$\int_0^{2\pi}\exp(ikd\sin\theta\cos\phi\cos\xi)\mathrm{d}\phi = 2\pi\mathrm{J}_0(kd\sin\theta\cos\xi)\approx 2\pi\mathrm{J}_0(k\mathrm{d}\theta\cos\xi) \tag{2.169}$$

由此，可以近似获得

$$\langle V_1V_2^*\rangle=\frac{\pi C_0}{A}\exp\left[ikd\sin\xi-\frac{(kd\cos\xi)^2}{4A}\right] \tag{2.170}$$

其中，$A=2/\theta_0^2+ikd\sin(\xi/2)$。当 $\xi=0$ 时，$\langle V_1V_2^*\rangle$ 正比于 $\exp[-(k\mathrm{d}\theta)^2/8]$，表明随着两点距离 d 和波束宽度 θ_0 的增加，空间相关性下降。

2.4.2　脉冲波在时变随机介质中的传播与散射

考虑时变和色散的线性随机介质，例如大气中各种运动水凝物粒子的随机分布。脉冲波在这类随机介质中的传播与散射，可以应用双频互相关函数进行研究。这种方法很容易推广到连续随机介质中，用于研究脉冲波在电离层和星际等离子体中的传播与散射。

设发射机发射的脉冲波的电压为 $v_i(t)$，接收机的接收电压为 $v_0(t)$。$v_i(t)$和 $v_0(t)$均为实函数。因为加入了噪声或本身为随机信号，$v_i(t)$也可以是时变随机函数。考虑线性、时变随机介质，且考虑随机分布粒子运动速度远小于波传播速度，粒子运动的特征时间远远大于脉冲波载频对应的周期，则接收电压 $v_0(t)$为

$$v_0(t) = \int_{-\infty}^{t} v_i(t')h(t', t)\mathrm{d}t' \tag{2.171}$$

式中，$h(t', t)$是 t'时刻发射机的发射脉冲和 t 时刻接收机的接收脉冲的脉冲响应，是时间的随机函数。取 $V_i(\omega)$为 $v_i(t)$的频谱，根据傅里叶积分，两者关系为

$$v_i(t) = \int_{-\infty}^{\infty} V_i(\omega)\exp(-\mathrm{i}\omega t)\mathrm{d}\omega \tag{2.172}$$

将式(2.172)代入式(2.171)，接收脉冲电压 $v_0(t)$为

$$v_0(t) = \int_{-\infty}^{\infty} V_i(\omega)H(\omega, t)\exp(-\mathrm{i}\omega t)\mathrm{d}\omega \tag{2.173}$$

其中

$$H(\omega, t) = \int h(t, t-t')\exp(\mathrm{i}\omega t')\mathrm{d}t' \tag{2.174}$$

因为对于时变随机介质，脉冲响应与发射脉冲时间起点有关，故它是$(t, t-t')$的函数。若介质非时变，则它仅是$(t-t')$的函数。且有

$$V_i(\omega)=V_i^*(-\omega), \quad H(\omega, t)=H^*(-\omega, t) \tag{2.175}$$

为了清楚描述 $H(\omega, t)$的物理含义，以平面波为例，设 $v_i(t)=\cos(\omega_0 t)=\mathrm{Re}\{\exp(-\mathrm{i}\omega_0 t)\}$，将其代入式(2.172)和式(2.173)，则

$$V_i(\omega) = \mathrm{Re}\int_{-\infty}^{\infty} v_i(t)\exp(\mathrm{i}\omega t)\mathrm{d}t = \mathrm{Re}\int_{-\infty}^{\infty} \exp[\mathrm{i}(\omega-\omega_0)]\mathrm{d}t = \delta(\omega-\omega_0) \tag{2.176}$$

所以

$$\begin{aligned} v_0(t) &= \mathrm{Re}\int_{-\infty}^{\infty} \delta(\omega-\omega_0)H(\omega, t)\exp(-\mathrm{i}\omega t)\mathrm{d}\omega \\ &= \mathrm{Re}[H(\omega_0, t)\exp(-\mathrm{i}\omega_0 t)] \end{aligned} \tag{2.177}$$

其中，$H(\omega, t)$一般是 ω 和 t 的复随机函数，称为时变传递函数。在离散随机介质中，若输入脉冲是载频为 ω_0 的调制函数，即

$$v_i(t)=\mathrm{Re}[u_i(t)\exp(-\mathrm{i}\omega_0 t)] \tag{2.178}$$

$f_0=\omega_0/2\pi$ 是载频，复函数 $u_i(t)$是信号 v_i 的复包络，可表示为

$$u_i(t)=A_i(t)[\exp(-\mathrm{i}\phi_i(t)] \tag{2.179}$$

让

$$u_i(t) = \int_{-\infty}^{\infty} U_i(\omega)\exp(-\mathrm{i}\omega t)\mathrm{d}\omega \tag{2.180}$$

$$v_i(t) = \mathrm{Re}\int_{-\infty}^{\infty} U_i(\omega)\exp[-\mathrm{i}(\omega+\omega_0)t]\mathrm{d}\omega \tag{2.181}$$

则 $v_i(t)$的频谱 $V_i(\omega)$可表示为

$$V_i(\omega)=\frac{U_i(\omega-\omega_0)+U_i^*(-\omega-\omega_0)}{2} \tag{2.182}$$

类似于式(2.178)，随机介质的输出脉冲可表示为

$$v_0(t)=\mathrm{Re}[u_0(t)\exp(-\mathrm{i}\omega_0 t)] \tag{2.183}$$

其中：$u_0(t)=A_0(t)\exp[\mathrm{i}\phi_0(t)]$。

利用式(2.174)和式(2.175)有

$$u_0(t)=\int_{-\infty}^{\infty}U_\mathrm{i}(\omega)H(\omega_0+\omega,\ t)\exp(-\mathrm{i}\omega t)\mathrm{d}\omega \tag{2.184}$$

该式表示了输出复包络 $u_0(t)$ 与输入复包络 $u_\mathrm{i}(t)$ 的频谱 $U_\mathrm{i}(\omega)$ 之间的关系。

2.4.3 相干时间和相干带宽

输出脉冲的起伏特征通常用输出复包络的相关函数来描述，即

$$B_\mathrm{u}(t_1,\ t_2)=\langle u_0(t_1)u_0^*(t_2)\rangle=\int_{-\infty}^{\infty}\int_{-\infty}^{\infty}U_\mathrm{i}(\omega_1)U_\mathrm{i}^*(\omega_2)\Gamma\exp(-\mathrm{i}\omega_1 t_1+\mathrm{i}\omega_2 t_2)\mathrm{d}\omega_1\mathrm{d}\omega_2 \tag{2.185}$$

其中，双频互相关函数为

$$\Gamma=\Gamma(\omega_0+\omega_1,\ \omega_0+\omega_2;\ t_1,\ t_2)=\langle H(\omega_0+\omega_1,\ t_1)H^*(\omega_0+\omega_2,\ t_2)\rangle \tag{2.186}$$

输出脉冲的强度正比于 $\langle|u_0(t)|^2\rangle$，即

$$B_\mathrm{u}(t_1,\ t_2)=\int_{-\infty}^{\infty}\int_{-\infty}^{\infty}U_\mathrm{i}(\omega_1)U_\mathrm{i}^*(\omega_2)\Gamma_0\exp(-\mathrm{i}\omega_1 t_1+\mathrm{i}\omega_2 t_2)\mathrm{d}\omega_1\mathrm{d}\omega_2 \tag{2.187}$$

当 $t_1=t_2=t$ 时，$\Gamma_0=\langle H(\omega_0+\omega_1,\ t)H^*(\omega_0+\omega_2,\ t)\rangle$，输出脉冲的互相关函数为

$$B_\mathrm{v}(t_1,\ t_2)=\int_{-\infty}^{\infty}\int_{-\infty}^{\infty}V_\mathrm{i}(\omega_1')V_\mathrm{i}^*(\omega_2')\Gamma\exp(-\mathrm{i}\omega_1' t_1+\mathrm{i}\omega_2' t_2)\mathrm{d}\omega_1'\mathrm{d}\omega_2' \tag{2.188}$$

其中，双频互相关函数 $\Gamma=\langle H(\omega_1',\ t)H^*(\omega_2',\ t)\rangle$，$\omega_1'=\omega_0+\omega_1$，$\omega_2'=\omega_0+\omega_2$。由 $v_0(t)=[u_0(t)\exp(-\mathrm{i}\omega_0 t)+u_0^*(t)\exp(\mathrm{i}\omega_0 t)]/2$，得输出脉冲的互相关函数近似为

$$B_\mathrm{v}(t_1,\ t_2)\approx\frac{1}{2}\mathrm{Re}\{B_\mathrm{u}(t_1,\ t_2)\exp[-\mathrm{i}\omega_0(t_1-t_2)]\} \tag{2.189}$$

在通信中，常用相干时间和相干带宽描述波传播中随机介质的作用。频率为 ω 的波在随机介质中传播，其输出电压随时间起伏。在不同时刻 t_1 和 t_2 的输出电压的互相关函数将随 $\tau=t_1-t_2$ 的增加而减小。当互相关函数消失或下降到 e^{-1} 时对应的时间间隔 Δt 称为在频率 ω 时波的相干时间，它的倒数称为波在随机介质中的频谱展宽。另一方面，当两个不同频率(ω_1 和 ω_2)的波在随机介质中传播时，观察相同时刻 t 时波场的起伏，发现随着两个频率差值的增加，两起伏场的互相关函数减小。类似地，当双频互相关函数消失或下降到 e^{-1} 时，对应的频率间隔 $\Delta f=f_\mathrm{d}=(\omega_1-\omega_2)/2\pi$ 被称为相干带宽，其倒数为随机介质中的脉冲展宽。

2.4.4 稀薄离散随机介质中的波传播与散射的李托夫方法

接收的波场被近似认为是相干场与非相干场之和。这种近似只有在弱起伏情况下才成立，即要求非相干强度远远小于相干强度，即

$$\langle|u_\mathrm{f}(\boldsymbol{r},\ t)|^2\rangle\ll|\langle u(\boldsymbol{r},\ t)\rangle|^2 \tag{2.190}$$

本节采用被称为李托夫(Rytov)方法的复相位起伏来描述波场的起伏特征。设

$$u(\boldsymbol{r},\ t)=u_0(\boldsymbol{r},\ t)\exp[\psi(\boldsymbol{r},\ t)] \tag{2.191}$$

式中，$u_0(\boldsymbol{r},\ t)$ 一般为自由空间的场或平均场，这里选择后者，$u_0(\boldsymbol{r},\ t)=\langle u(\boldsymbol{r},\ t)\rangle$。$\psi(\boldsymbol{r},\ t)$ 为复相位，可表示为

$$\psi(\boldsymbol{r}, t)=\chi(\boldsymbol{r}, t)+\mathrm{i}S_1(\boldsymbol{r}, t) \tag{2.192}$$

如果用幅度和相位描述 $u_0(\boldsymbol{r}, t)$和 $u(\boldsymbol{r}, t)$，它们分别表示为

$$u_0(\boldsymbol{r}, t)=A_0(\boldsymbol{r}, t)\exp[\mathrm{i}S_0(\boldsymbol{r}, t)], \quad u(\boldsymbol{r}, t)=A(\boldsymbol{r}, t)\exp[\mathrm{i}S(\boldsymbol{r}, t)] \tag{2.193}$$

则函数 χ 和 S_1 为

$$\chi(\boldsymbol{r}, t)=\ln\left[\frac{A(\boldsymbol{r}, t)}{A_0(\boldsymbol{r}, t)}\right], \quad S_1(\boldsymbol{r}, t)=S(\boldsymbol{r}, t)-S_0(\boldsymbol{r}, t) \tag{2.194}$$

显然，从式(2.194)可以看出，χ 为对数振幅起伏，S_1 为相位起伏。下面简要叙述式(2.191)表示的李托夫方法比一阶多重散射近似更适合研究非均匀介质中波传播和粒子散射问题。设波场可用两种级数表示：

$$u(\boldsymbol{r}, t)=\sum_i u_i(\boldsymbol{r}, t) \quad 或 \quad u(\boldsymbol{r}, t)=u_0(\boldsymbol{r}, t)\exp\left[\sum_i \psi_i(\boldsymbol{r}, t)\right] \tag{2.195}$$

采用前者时，当起伏场远远小于平均场时，有

$$u(\boldsymbol{r}, t)=\sum_i u_i(\boldsymbol{r}, t)=\langle u\rangle\left[1+\frac{u_{\mathrm{f}}}{\langle u\rangle}+\cdots\right] \tag{2.196}$$

该式等号右边的前二项被称为波恩近似。如果采用式(2.195)的后一种形式，在指数部分中取前两项，可获得

$$u(\boldsymbol{r}, t)=u_0(\boldsymbol{r}, t)\exp[\psi_0(\boldsymbol{r}, t)+\psi_1(\boldsymbol{r}, t)]=\langle u(\boldsymbol{r}, t)\rangle\exp\left[\frac{u_{\mathrm{f}}(\boldsymbol{r}, t)}{\langle u(\boldsymbol{r}, t)\rangle}\right] \tag{2.197}$$

显然，一阶李托夫近似精度远远高于波恩近似。本节以平面波为例，研究随机介质中波传播与散射的李托夫方法。设复相位

$$\psi=\chi+\mathrm{i}S_1=\frac{u_{\mathrm{f}}(\boldsymbol{r}, t)}{\langle u(\boldsymbol{r}, t)\rangle} \tag{2.198}$$

对于平面波情况，平均场为

$$\langle u(\boldsymbol{r})\rangle=\exp\left(\mathrm{i}kL-\frac{\gamma}{2}\right) \tag{2.199}$$

当 $D\ll(\lambda L)^{1/2}$时，可近似获得

$$\langle\chi^2\rangle=\rho\sigma_{\mathrm{s}}\frac{L}{2} \tag{2.200}$$

考虑强度 $I=\langle|u|^2\rangle$，由 $u=\langle u\rangle\exp(\chi+\mathrm{i}S_1)$得强度为

$$I=|\langle u\rangle|^2\langle\exp(2\chi)\rangle \tag{2.201}$$

如果对数振幅 χ 遵循正态分布，则$\langle\exp(2\chi)\rangle=\exp(2\langle\chi^2\rangle)=\exp(\rho\sigma_{\mathrm{s}}L)$。而相干强度 $I_{\mathrm{c}}=|\langle u\rangle|^2=\exp(-\rho\sigma_{\mathrm{t}}L)$，则强度

$$I=|\langle u\rangle|^2\exp(\rho\sigma_{\mathrm{s}}L)=\exp(-\rho\sigma_{\mathrm{a}}L) \tag{2.202}$$

表示多个粒子对波的散射的非相干强度。波在随机介质中传播时，接收的总强度依赖粒子吸收截面，而相干强度的衰减是由于粒子散射与吸收的综合影响。考虑一阶多重散射近似，非相干强度可近似获得

$$I_{\mathrm{i}}=\exp(-\rho\sigma_{\mathrm{a}}L)-\exp(-\rho\sigma_{\mathrm{t}}L)=\exp(-\rho\sigma_{\mathrm{t}}L)[\exp(\rho\sigma_{\mathrm{s}}L)-1] \tag{2.203}$$

当 $\rho\sigma_{\mathrm{s}}L\ll1$ 时，将式(2.203)中的指数部分用级数展开，可得

$$I_{\mathrm{i}}=\rho\sigma_{\mathrm{s}}L\exp(-\rho\sigma_{\mathrm{t}}L) \tag{2.204}$$

显然，李托夫解优于一阶多重散射近似解。

习　题

1. 说明在稀薄分布的随机粒子的波散射问题中，单次散射近似和一阶多重散射近似的区别。

2. 假设雨滴的尺寸分布遵循 M－P 分布（Marshall－Palmer 分布），$N(R, a)=N_0\exp(-\beta a)$，其中，$N_0=8\times10^6\ \mathrm{m}^{-4}$，$\beta=8200R^{-0.2}(\mathrm{m}^{-1})$，$R$ 为降雨率(mm/h)，雨滴直径 $a<0.5$ mm。计算雨滴的平均直径。当频率低于 6 GHz($\lambda=5$ cm)时，绝大多数雨滴尺寸参数满足 $ka\leqslant0.1$，采用瑞利近似，假设$|K|^2\approx0.93$，$\mathrm{Im}(K)\approx0.0074(20℃)$，$K=(\varepsilon_r-1)/(\varepsilon_r+2)$，计算：

$$\rho\langle\sigma_s\rangle=\frac{128}{3}\frac{\pi^5}{\lambda^4}\mid K\mid^2\int_0^\infty a^6N(a)\mathrm{d}a,\ \rho\langle\sigma_a\rangle=\frac{8\pi^2}{\lambda}\mathrm{Im}(K)\int_0^\infty a^3N(a)\mathrm{d}a$$

3. 假设雨滴尺寸遵循 Weibull 分布，满足 $N(D)=N_0\dfrac{\eta}{\sigma}\left(\dfrac{D}{\sigma}\right)^{\eta-1}\mathrm{e}^{-\left(\frac{D}{\eta}\right)^\eta}$。其中 $N_0=1000\ \mathrm{m}^{-3}$，$\eta=0.95R^{0.14}$，$\sigma=0.26R^{0.44}$，$N(D)(\mathrm{m}^{-3}\cdot\mathrm{mm}^{-1})$是单位间隔(直径)内的粒子数，$D$(mm)为粒子直径，$R$(mm/h)为降雨率。基于单次散射近似，分别计算 10 GHz、35 GHz 波在不同降雨率下的衰减率。特征雨衰减与降雨率的关系为 $\gamma_R=kR^\alpha$，求与波极化有关的回归系数 k 和 α。

4. 运动随机分布粒子的速度 $V=\langle V\rangle+V_f=U+V_f$，速度起伏 V_f 遵循正态分布，证明其微分散射截面的时间频谱为

$$W_\sigma(\hat{\boldsymbol{o}},\hat{\boldsymbol{i}},\omega)=2\sigma_d(\hat{\boldsymbol{o}},\hat{\boldsymbol{i}})\left[\frac{2\pi}{k_s^2\sigma_f^2}\right]^{1/2}\exp\left[-\frac{(\omega+\boldsymbol{k}_s\cdot\boldsymbol{U})^2}{2k_s^2\sigma_f^2}\right]$$

如角频率为 ω_0 的平面波入射，入射方向与粒子平动速度方向夹角为 60°，求后向散射回波的多普勒频移和展宽。

5. 假设平流雾和辐射雾衰减率与能见度的关系分别由式(2.140)和式(2.141)给出。计算 1.06 μm 和 10.6 μm 时，平流雾和辐射雾的平均散射截面、平均衰减截面、平均反照率和平均不对称因子随能见度的变化。考虑平流雾和辐射雾的雾滴尺寸分布与能见度或含水量的关系分别为

平流雾：

$$\begin{aligned}n(r)&=1.059\cdot10^7V^{1.15}r^2\exp(-0.8359V^{0.43}r)\\&=3.73\cdot10^5W^{-0.804}r^2\exp(-0.2392W^{-0.301}r)\quad(\mathrm{m}^{-3}\cdot\mu\mathrm{m}^{-1})\end{aligned}$$

辐射雾：

$$\begin{aligned}n(r)&=3.104\cdot10^{10}V^{1.7}r^2\exp(-4.122V^{0.54}r)\\&=5.400\cdot10^7W^{-1.104}r^2\exp(-0.5477W^{-0.351}r)\quad(\mathrm{m}^{-3}\cdot\mu\mathrm{m}^{-1})\end{aligned}$$

计算两类雾的雾滴浓度与含水量的关系以及雾的尺寸分布随能见度的变化曲线。

6. 计算典型激光波长分别为 0.63、1.06、1.315、1.5、3.8、10.6 μm 时，球形雾滴的单次反照率与不对称因子随半径的变化。

7. 利用 FDTD 或 DDA 方法计算典型冰晶粒子的消光效率因子随有效尺度的变化。

8. 证明离散随机分布粒子散射强度的 N 阶矩为

$$\langle I^N\rangle=\langle I\rangle N!$$

9. 计算离散随机分布粒子对窄波束单次散射雷达方程的公共体积为

$$V_c=\frac{\pi^{3/2}}{8(\ln 2)^{3/2}}\frac{R_1^2R_2^2\theta_1\theta_2\phi_1\phi_2}{(R_1^2\phi_1^2+R_2^2\phi_2^2)^{1/2}\sin\theta_s}$$

10. 利用 Ray 公式，计算 −20℃ 到 50℃ 间，1～300 GHz 频率范围内，水的复介电参数。

11. 假设雨滴的倾角(θ, γ)与雨滴的尺寸无关，满足单一的雨滴倾角分布，θ 和 γ 均服从高斯分布。θ 的均值为 θ_0，标准方差为 σ_θ；γ 的均值为 γ_0，标准方差为 σ_γ，近似有 $\gamma_0=\varepsilon$（ε 为传播路径仰角）。k_1 和 k_2 是两个特征极化的传播常数。若具有极化倾角 τ(对于水平极化 $\tau=0$，对于垂直极化 $\tau=\pi/2$)的任意线极化波通过长度为 L 的均匀雨区，则 XPD 可近似表示为

$$\mathrm{XPD}=20\lg\left|\frac{\exp(\mathrm{i}k_1L)\cos^2(\phi-\tau)+\exp(\mathrm{i}k_2L)\sin^2(\phi-\tau)}{[(\exp(\mathrm{i}k_1L)-\exp(\mathrm{i}k_2L)]\sin(\phi-\tau)\cos(\phi-\tau)}\right|$$

计算 10 GHz 的波传播不同距离(单位取 km)时的 XPD。

12. 考虑水下光束散射。窄光束的束宽为 2°，波长 $\lambda=0.655\ \mu$m。接收器角宽为 2°，发射机和接收机到公共体积 V_c 的距离 $R_1=R_2=1$ m，散射角 $\theta_s=20°$。假设对于该波长，水下光的衰减率 $\alpha_w=0.05\ \mathrm{m}^{-1}$，水中粒子的 $\rho\langle\sigma_t\rangle$、$\rho\langle\sigma_s\rangle$、$\rho\langle\sigma_a\rangle$ 分别为 0.27、0.2、0.07 m^{-1}。由此 $G_t=G_r=(\pi/\theta_1)^2$，$\gamma_1=\gamma_2=(\alpha_w+\rho\langle\sigma_t\rangle)R_1$，而 $\rho\sigma_{bi}=4\pi\rho\sigma_d(20°)=4\pi\times0.2\times3\times10^{-2}\times25=1.885$。试计算公共体积 V_c 和归一化接收功率 P_r/P_t。如果在 1 m 处将接收机直接对准发射光束，其他参数不变，则接收的相干功率与发射功率之比 P_c/P_t 是多少？

13. 利用双层球 Mie 散射理论，计算融化层中不同融化度的融化粒子的散射截面。

14. 证明输入电压 $v_i(t)$ 的频谱 $V_i(\omega)$ 可表示为

$$V_i(\omega)=\frac{U_i(\omega-\omega_0)+U_i^*(-\omega-\omega_0)}{2}$$

15. 在稀薄离散随机介质中的波传播与散射中，比较单次散射、一阶多重散射近似和 Rytov 近似的强度公式，并说明差异的物理含义。

第三章　聚集和随机簇团粒子系的散射

研究多粒子体系的散射特性在宇宙探测、生物医学诊疗、大气环境遥感、高分子聚合物和生物粒子的电磁散射、光散射测试等领域具有广泛的应用。本章详细介绍了聚集球形粒子系电磁散射的广义多球 Mie 理论(GMM)、散射传输矩阵(**T** 矩阵)和离散偶极子近似(DDA)这三种方法，并分析了随机分布碳烟粒子的散射特性。

3.1　球矢量波(矢量球谐)函数的加法定理

在多粒子散射、各向异性粒子对非平行主光轴电磁波的散射等问题中，需要用到两个坐标系下的球矢量波函数之间的关系，而根据两坐标系是否平行，可将球矢量波函数的加法定理分成两种，即球矢量波函数的平移加法定理及旋转加法定理，它们均是求解两种坐标系下的球矢量波函数之间关系的理论。下面分别加以论述。

3.1.1　球矢量波函数的平移加法定理

第一章讨论 Mie 理论时，给出了球矢量波函数采用奇偶两分量表示的形式。为了后续研究方便，本章将采用下标(mn)形式，即：

$$\begin{aligned}\boldsymbol{L}_{mn}^{(l)}&=\boldsymbol{L}_{emn}^{(l)}+\mathrm{i}\boldsymbol{L}_{omn}^{(l)}\\&=\frac{\mathrm{d}z_n^l(kr)}{\mathrm{d}r}P_n^m(\cos\theta)\mathrm{e}^{\mathrm{i}m\phi}\hat{\boldsymbol{e}}_r+\frac{z_n^{(l)}(kr)}{r}\frac{\mathrm{dP}_n^m(\cos\theta)}{\mathrm{d}\theta}\mathrm{e}^{\mathrm{i}m\phi}\hat{\boldsymbol{e}}_\theta+\mathrm{i}m\frac{z_n^{(l)}(kr)}{r}\frac{\mathrm{P}_n^m(\cos\theta)}{\sin\theta}\mathrm{e}^{\mathrm{i}m\phi}\hat{\boldsymbol{e}}_\phi\end{aligned}\tag{3.1}$$

$$\boldsymbol{M}_{mn}^{(l)}=\boldsymbol{M}_{emn}^{(l)}+\mathrm{i}\boldsymbol{M}_{omn}^{(l)}=z_n^{(l)}(kr)\left[\mathrm{i}m\frac{\mathrm{P}_n^m(\cos\theta)}{\sin\theta}\mathrm{e}^{\mathrm{i}m\phi}\hat{\boldsymbol{e}}_\theta-\frac{\mathrm{dP}_n^m(\cos\theta)}{\mathrm{d}\theta}\mathrm{e}^{\mathrm{i}m\phi}\hat{\boldsymbol{e}}_\phi\right]\tag{3.2}$$

$$\begin{aligned}\boldsymbol{N}_{mn}^{(l)}=\boldsymbol{N}_{emn}^{(l)}+\mathrm{i}\boldsymbol{N}_{omn}^{(l)}&=n(n+1)\frac{z_n^{(l)}(kr)}{kr}\mathrm{P}_n^m(\cos\theta)\mathrm{e}^{\mathrm{i}m\phi}\hat{\boldsymbol{e}}_r+\\&\frac{1}{kr}\frac{\mathrm{d}(rz_n^{(l)}(kr))}{\mathrm{d}r}\left[\frac{\mathrm{dP}_n^m(\cos\theta)}{\mathrm{d}\theta}\hat{\boldsymbol{e}}_\theta+\mathrm{i}m\frac{\mathrm{P}_n^m(\cos\theta)}{\sin\theta}\hat{\boldsymbol{e}}_\phi\right]\boldsymbol{e}^{\mathrm{i}m\phi}\end{aligned}\tag{3.3}$$

式中，$\hat{\boldsymbol{e}}_r$、$\hat{\boldsymbol{e}}_\theta$ 和 $\hat{\boldsymbol{e}}_\phi$ 是球坐标系下的三个正交单位矢量。可以将任意矢量函数展开成球矢量波函数$\{\boldsymbol{L}_{mn}^{(l)}, \boldsymbol{M}_{mn}^{(l)}, \boldsymbol{N}_{mn}^{(l)}\}$的级数，且这些矢量波函数具有正交性。

球矢量波函数的平移加法定理用于求解两个各对应轴相互平行的直角坐标系下的球矢量波函数之间的关系，即将球矢量波函数从一个坐标系转换到另外一个坐标系中。如图 3.1 所示，(r_l, θ_l, ϕ_l)为直角坐标系 $o_lx_ly_lz_l$ 的球坐标，(r_j, θ_j, ϕ_j)为直角坐标系 $o_jx_jy_jz_j$ 的球坐标，$(r_{lj}, \theta_{lj}, \phi_{lj})$为 o_j 在坐标系 $o_l x_l y_l z_l$ 中的球坐标。

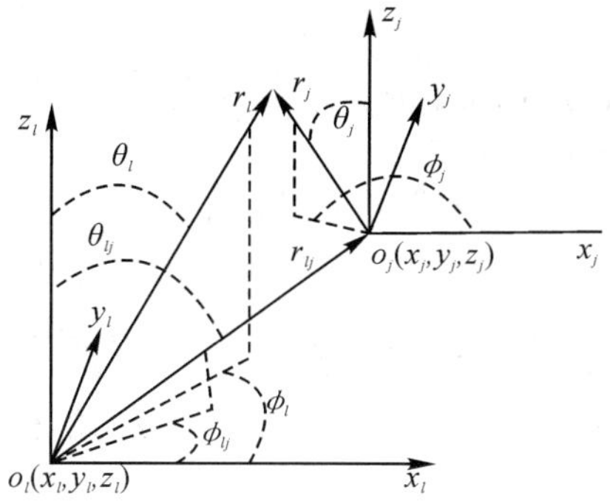

图 3.1 加法定理示意图

将球矢量波函数从坐标系 $o_l x_l y_l z_l$ 转换到坐标系 $o_j x_j y_j z_j$ 中的加法定理可表述如下：

当 $r_l \leqslant d_{lj}$，$r_j \leqslant d_{lj}$（d_{ij} 是 i 和 j 球的半径之和）时，有

$$\begin{cases} \boldsymbol{M}_{mn}^{(J)}(r_l, \theta_l, \phi_l) = \sum\limits_{\upsilon=1}^{\infty}\sum\limits_{\mu=-\upsilon}^{\upsilon}[A_{\mu\upsilon}^{mn}(l, j)\boldsymbol{M}_{\mu\upsilon}^{(1)}(r_j, \theta_j, \phi_j) + B_{\mu\upsilon}^{mn}(l, j)\boldsymbol{N}_{\mu\upsilon}^{(1)}(r_j, \theta_j, \phi_j)] \\ \boldsymbol{N}_{mn}^{(J)}(r_l, \theta_l, \phi_l) = \sum\limits_{\upsilon=1}^{\infty}\sum\limits_{\mu=-\upsilon}^{\upsilon}[A_{\mu\upsilon}^{mn}(l, j)\boldsymbol{N}_{\mu\upsilon}^{(1)}(r_j, \theta_j, \phi_j) + B_{\mu\upsilon}^{mn}(l, j)\boldsymbol{M}_{\mu\upsilon}^{(1)}(r_j, \theta_j, \phi_j)] \end{cases} \tag{3.4}$$

当 $r_l \geqslant d_{lj}$，$r_j \geqslant d_{lj}$ 时，有

$$\begin{cases} \boldsymbol{M}_{mn}^{(J)}(r_l, \theta_l, \phi_l) = \sum\limits_{\upsilon=1}^{\infty}\sum\limits_{\mu=-\upsilon}^{\upsilon}[\widetilde{A}_{\mu\upsilon}^{mn}(l, j)\boldsymbol{M}_{\mu\upsilon}^{(1)}(r_j, \theta_j, \phi_j) + \widetilde{B}_{\mu\upsilon}^{mn}(l, j)\boldsymbol{N}_{\mu\upsilon}^{(3)}(r_j, \theta_j, \phi_j)] \\ \boldsymbol{N}_{mn}^{(J)}(r_l, \theta_l, \phi_l) = \sum\limits_{\upsilon=1}^{\infty}\sum\limits_{\mu=-\upsilon}^{\upsilon}[\widetilde{A}_{\mu\upsilon}^{mn}(l, j)\boldsymbol{N}_{\mu\upsilon}^{(1)}(r_j, \theta_j, \phi_j) + \widetilde{B}_{\mu\upsilon}^{mn}(l, j)\boldsymbol{M}_{\mu\upsilon}^{(3)}(r_j, \theta_j, \phi_j)] \end{cases} \tag{3.5}$$

其中，上标 $J=1$，3，分别表示第一类或第三类球矢量波函数。式中 $A_{\mu\upsilon}^{mn}$、$B_{\mu\upsilon}^{mn}$、$\widetilde{A}_{\mu\upsilon}^{mn}$、$\widetilde{B}_{\mu\upsilon}^{mn}$ 即为加法定理系数。加法定理系数的求解历来都是研究多体散射需要考虑的重点问题之一。许多学者对加法定理系数的求解做过很多工作。1961 年，Stein 根据 Friedman 等人给出的标量波函数的球矢量波函数的加法定理，通过标量加法定理的系数导出了矢量加法定理系数求解的递推公式；1991 年，Mackowsk 根据标量加法定理对球矢量波函数的矢量加法定理的系数进行了详细求解。Stein 和 Mackowski 的公式可相互转化，其本质是一样的，但计算编程较为复杂，容易弄混。1962 年，Cruzan 继 Stein 之后，基于 Gaunt 系数导出了矢量加法定理系数的解析解，该方法的计算时间较 Stein 及 Mackowski 的方法大为缩短。

20 世纪 90 年代，Xu 为了求解群聚球形粒子的散射特性，从连带勒让德函数的定义入手，根据其递推公式，重新推导出了 Gaunt 系数的迭代求解公式，避免了 Winger 3jm 符号的求解，使得编程计算时间大大减少。Xu 给出的 Gaunt 系数最终的简化公式为

$$a_q = a(m, n, \mu, \upsilon, n+\upsilon-2q) = a_0 \widetilde{a}_q = a(m, n, \mu, \upsilon, n+\upsilon)\widetilde{a}_q \tag{3.6}$$

其中

$$\widetilde{a}_q = \frac{(n+\upsilon-2q+1/2)_{2q}}{(-n-\upsilon+m+\mu)_{2q}}\sum_{k=0}^{q}\frac{(m-n)_{2k}(\mu-\upsilon)_{2q-2k}}{k!(q-k)!(-n+1/2)_k(-\upsilon+1/2)_{q-k}} -$$

$$\sum_{j=0}^{q-1}\frac{(-n-\upsilon+q+j+1/2)_{q-j}}{(q-j)!}\tilde{a}_j \tag{3.7}$$

$$a_0=a(m,\ n,\ \mu,\ \upsilon,\ n+\upsilon)=\frac{(n+1)_n(\upsilon+1)_\upsilon(n+\upsilon-m-\mu)!}{(n+\upsilon+1)_{n+\upsilon}(n-m)!(\upsilon-\mu)!} \tag{3.8}$$

需要说明的是：

$$\begin{aligned}&q=0,\ 1,\ 2,\ \cdots,\ q_{\max}\\&q_{\max}=\min\left(n,\ \upsilon,\ \frac{n+\upsilon-|m+\mu|}{2}\right),\ n_m=n(n+1)(n+2)\cdots(n+m-1)\end{aligned} \tag{3.9}$$

另外，由上面的线性公式，可获得任意单个 Gaunt 系数的解析表达式为

$$a_q=a_0\frac{2p+1}{2}\sum_{i=0}^{q}\frac{(p+q-i+3/2)_{q+i-1}}{(q-i)!(n+\upsilon-m-\mu-2i+1)_{2i}}\sum_{j=0}^{i}\frac{(m-n)_{2j}(\mu-\upsilon)_{2i-2j}}{j!(i-j)!(-n+1/2)_j(-\upsilon+1/2)_{i-j}} \tag{3.10}$$

其中，$p=n+\upsilon-2q$。对于高阶情况，即 p 较大时，Xu 又给出了 Gaunt 系数的递推求解形式来保证其精度，即

$$c_0a_q=c_1a_{q-1}+c_2a_{q-2} \tag{3.11}$$

$$\begin{cases}c_0=(p+2)(p+3)(p_1+1)(p_1+2)A_{p+4}\alpha_{p+1}\\c_1=A_{p+2}A_{p+3}A_{p+4}+(p+1)(p+3)(p_1+2)(p_2+2)A_{p+4}\alpha_{p+2}+\\\qquad(p+2)(p+4)(p_1+3)(p_2+3)A_{p+2}\alpha_{p+3}\\c_2=-(p+2)(p+3)(p_2+3)(p_2+4)A_{p+2}\alpha_{p+4}\end{cases} \tag{3.12}$$

其中

$$p_1=p-m-\mu,\ p_2=p+m+\mu,\ \alpha_p=\frac{[(n+\upsilon+1)^2-p^2][p-(n-\upsilon)^2]}{4p^2-1} \tag{3.13}$$

$$a_q=a(m,\ n,\ \mu,\ \upsilon,\ p) \tag{3.14}$$

表 3.1 给出了编者团队利用式(3.10)的表述，以数值计算的高阶 Gaunt 系数，并将其与文献结果进行了对比。结果表明，编者团队的计算结果和 Xu 的结果前 8 位吻合得较好。$a(m,\ n,\ \mu,\ \upsilon,\ p)$中 p 的取值大小是由 n 和 υ 来决定的，υ 的最大值也是根据 n 来取的，而 n 的值是由粒子的大小来决定的，粒子越大，n 取值越大，所以 p 就可能取很大的值，使得加法定理系数的精度下降从而导致散射系数及场的结果精度下降。因此在多球散射计算中，如果要求粒子尺寸很大，就有必要对高阶 Gaunt 系数进行进一步的研究。

表 3.1　高阶 Gaunt 系数的计算结果和文献结果比较

p	Xu	编者团队编程结果
127	0.264 656 585 320 3E+18	0.264 656 585 320 3E+18
125	−0.902 060 942 268 0E+18	−0.902 060 942 267 8E+18
123	0.126 120 694 631 9E+19	0.126 120 691 671 2E+19
121	−0.908 154 187 602 9E+18	−0.908 154 142 038 1E+18
119	0.332 877 337 879 8E+18	0.332 877 323 560 7E+18

下面给出 Xu 基于 Gaunt 系数的解析公式：

$$A_{\mu\upsilon}^{mn}(l, j) = (-1)^{m+n} a_0 \frac{2n+1}{2n(n+1)} \exp[\mathrm{i}(\mu - m)\phi_{lj}] \sum_{q=0}^{q_{\max}} (-1)^q \tilde{a}_{1q} \times$$
$$[n(n+1)+\upsilon(\upsilon+1)-p(p+1)] \begin{Bmatrix} \mathrm{h}_p^{(1)}(kd_{lj}) \\ \mathrm{j}_p(kd_{lj}) \end{Bmatrix} \times \mathrm{P}_p^{\mu-m}(\cos\theta_{lj}), \quad \begin{Bmatrix} r \leqslant d_{lj} \\ r \geqslant d_{lj} \end{Bmatrix} \tag{3.15}$$

$$B_{\mu\upsilon}^{mn}(l, j) = (-1)^{m+n} \mathrm{i} a_0 b_0 \frac{2n+1}{2n(n+1)} \exp[\mathrm{i}(\mu - m)\phi_{lj}] \sum_{q=0}^{Q_{\max}} (-1)^q \tilde{a}_{1q} \times$$
$$\{2(n+1)(\upsilon-\mu)\tilde{a}_{2q} - [p(p+3)-\upsilon(\upsilon+1)-n(n+3)-2\mu(n+1)]\tilde{a}_{3q}\} \times$$
$$\begin{Bmatrix} \mathrm{h}_{p+1}^{(1)}(kd_{lj}) \\ \mathrm{j}_{p+1}(kd_{lj}) \end{Bmatrix} \times \mathrm{P}_{p+1}^{\mu-m}(\cos\theta_{lj}), \quad \begin{Bmatrix} r \leqslant d_{lj} \\ r \geqslant d_{lj} \end{Bmatrix} \tag{3.16}$$

其中

$$a_0 = a(-m, n, \mu, \upsilon, n+\upsilon) = \frac{(n+1)_n (\upsilon+1)_\upsilon (n+\upsilon+m-\mu)!}{(n+\upsilon+1)_{\upsilon+n} (n+m)!\ (\upsilon-\mu)!} \tag{3.17}$$

$$b_0 = \frac{(2n+1)(n+\upsilon+m-\mu+1)}{(2n+2\upsilon+1)(n+m+1)} \tag{3.18}$$

$$p = n+\upsilon-2q \tag{3.19}$$

$$q_{\max} = \min\left(n, \upsilon, \frac{n+\upsilon-|m-\mu|}{2}\right) \tag{3.20}$$

$$Q_{\max} = \min\left(n+1, \upsilon, \frac{n+\upsilon+1-|m-\mu|}{2}\right) \tag{3.21}$$

且 $\tilde{a}_{1q}$、$\tilde{a}_{2q}$、$\tilde{a}_{3q}$是归一化的 Gaunt 系数，定义为

$$\tilde{a}_{1q} = \frac{a(-m, n, \mu, \upsilon, n+\upsilon-2q)}{a(-m, n, \mu, \upsilon, n+\upsilon)} \tag{3.22}$$

$$\tilde{a}_{2q} = \frac{a(-m-1, n+1, \mu+1, \upsilon, n+\upsilon+1-2q)}{a(-m-1, n+1, \mu+1, \upsilon, n+\upsilon+1)} \tag{3.23}$$

$$\tilde{a}_{3q} = \frac{a(-m, n+1, \mu, \upsilon, n+\upsilon+1-2q)}{a(-m, n+1, \mu, \upsilon, n+\upsilon+1)} \tag{3.24}$$

取 $kd_{lj}=2$，$\theta_{lj}=\phi_{lj}=0.5\mathrm{rad}$，编者团队用上面的公式求得矢量加法定理系数，并与 Xu 所给出的结果进行了比较，见表 3.2。

表 3.2　加法定理系数的结果和文献结果比较

参数				Xu		编者团队编程结果	
M	n	μ	υ	Real(A)	Imag(A)	Real(A)	Imag(A)
1	2	1	2	0.409 527 64E+0	−0.376 872 46E−1	0.409 527 66E+0	−0.376 872 47E−1
1	5	2	6	0.422 465 28E+6	0.230 793 87E+6	0.422 465 30E+6	0.230 793 87E+6
−2	10	7	15	0.134 254 35E+14	0.622 582 00E+14	0.134 254 35E+14	0.622 582 02E+14
10	20	3	22	0.126 436 10E+58	0.337 535 91E+58	0.126 436 11E+58	0.337 535 92E+58

表 3.2 中列出了几组系数 A 的数据结果，B 的结果可类似得到。对比可知，两者吻合得很好。Cruzan 和 Xu 的系数 A 和 B 也可相互转化。Xu 的方法不但解决了快速计算 Gaunt 系数的问题，而且所费时间几乎是 Cruzan 的 3jm 方法的 1%。

3.1.2 球矢量波函数的旋转加法定理

在处理实际问题时，常常会涉及几个不平行的坐标系，这就要借助坐标系的旋转理论和球矢量波函数的坐标旋转定理来求解。球矢量波函数的坐标旋转定理实际上是求解两个坐标轴不平行的直角坐标系下的球矢量波函数之间的关系。

如图 3.2 所示，任意坐标系 $ox'y'z'$ 围绕原点 o 旋转欧拉角 α、β、γ 后得到实验室坐标系 $oxyz$，同样坐标系 $oxyz$ 亦可以通过相应的逆旋转得到坐标系 $ox'y'z'$。图 3.2 给出了欧拉角 α、β、γ 的旋转关系，其详尽论述由 Edmonds 提出。

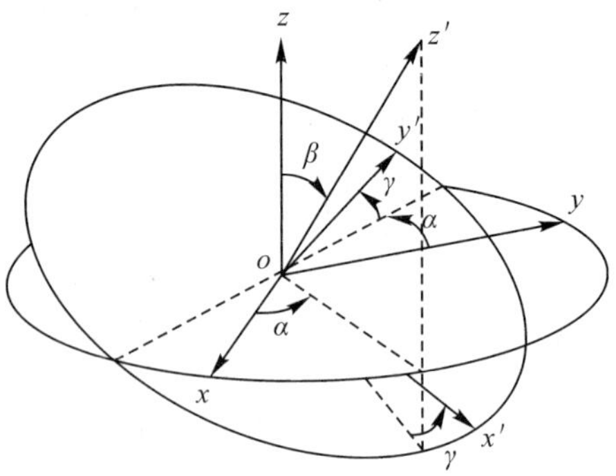

图 3.2 坐标系的欧拉角旋转关系

规定正旋转方向与旋转轴正方向成右手螺旋关系，从 $oxyz$ 到 $ox'y'z'$ 需要依次经过如下三个步骤：

(1) 围绕 z 轴把坐标系 $oxyz$ 顺时针旋转 α 角 ($0\leqslant\alpha<2\pi$)，旋转后得到的中间坐标系定义为 $ox_1y_1z_1$。

(2) 围绕 y_1 轴把坐标系 $ox_1y_1z_1$ 顺时针旋转 β 角 ($0\leqslant\beta<\pi$)，旋转后得到的中间坐标系定义为 $ox_2y_2z_2$。

(3) 围绕 z_2 轴把坐标系 $ox_2y_2z_2$ 顺时针旋转 γ 角 ($0\leqslant\gamma<\pi$)，得到坐标系 $ox'y'z'$，这里 γ 角为 0°。

上面三个步骤中的旋转均为按照正旋转方向旋转，如果按照负方向旋转，则三个欧拉角 α、β、γ 取相应的负值。在直角坐标系中，上述每一步旋转都对应了一个旋转矩阵：

$$\boldsymbol{A}_\alpha=\begin{bmatrix}\cos\alpha & \sin\alpha & 0\\ -\sin\alpha & \cos\alpha & 0\\ 0 & 0 & 1\end{bmatrix},\ \boldsymbol{A}_\beta=\begin{bmatrix}\cos\beta & 0 & -\sin\beta\\ 0 & 1 & 0\\ \sin\beta & 0 & \cos\beta\end{bmatrix},\ \boldsymbol{A}_\gamma=\begin{bmatrix}\cos\gamma & \sin\gamma & 0\\ -\sin\gamma & \cos\gamma & 0\\ 0 & 0 & 1\end{bmatrix} \tag{3.25}$$

设在坐标系 $oxyz$ 中，空间任一点的坐标为 (x, y, z)，旋转后在 $ox'y'z'$ 系中的坐标为 (x', y', z')，则两坐标之间满足如下关系：

$$(x', y', z')=\boldsymbol{A}_\gamma\boldsymbol{A}_\beta\boldsymbol{A}_\alpha(x, y, z) \tag{3.26}$$

标量波函数满足如下旋转变换关系：

$$\mathrm{P}_n^m(\cos\theta)\mathrm{e}^{\mathrm{i}m\phi}=\sum_{s=-n}^{n}\rho(m, s, n)\mathrm{P}_n^s(\cos\theta')\mathrm{e}^{\mathrm{i}s\phi'} \tag{3.27}$$

其中，$\mathrm{P}_n^s(\cos\theta)$ 表示 m 阶 n 次的连带勒让德(Legendre)函数，旋转系数 $\rho(m, s, n)$ 为

$$\rho(m, s, n)=(-1)^{s+m}\left[\frac{(n+m)!(n-s)!}{(n-m)!(n+s)!}\right]^{1/2}\mathrm{e}^{\mathrm{i}m\alpha}u_{sm}^{(n)}(\beta)\mathrm{e}^{\mathrm{i}s\gamma} \tag{3.28}$$

$$u_{sm}^{(n)}(\beta)=\left[\frac{(n+s)!(n-s)!}{(n+m)!(n-m)!}\right]^{1/2}\sum_{\sigma}\binom{n+m}{n-s-\sigma}\binom{n-m}{\sigma}(-1)^{n-s-\sigma}\left(\cos\frac{\beta}{2}\right)^{2\sigma+s+m}\left(\sin\frac{\beta}{2}\right)^{2n-2\sigma-s-m} \tag{3.29}$$

由于矢量算子∇与坐标系无关，而且坐标系 $ox'y'z'$ 和 $oxyz$ 具有共同的位置矢径 $\boldsymbol{r}$，所以在式(3.27)两边同乘以球贝塞尔函数 $z_n^{(l)}(kr)$，并应用式(3.2)和式(3.3)，不难得到两个旋转坐标系之间的球矢量波函数的变化关系为

$$(\boldsymbol{M},\ \boldsymbol{N})_{mn}^{(l)}(k,\ r,\ \theta,\ \phi)=\sum_{s=-n}^{n}\rho(m,\ s,\ n)(\boldsymbol{M},\ \boldsymbol{N})_{sn}^{(l)}(k,\ r,\ \theta',\ \phi') \tag{3.30}$$

其中，$(r,\ \theta',\ \phi')$ 和 $(r,\ \theta,\ \phi)$ 分别是坐标系 $ox'y'z'$ 和 $oxyz$ 下的球坐标。

3.2 聚集各向同性介质球对任意方向入射平面波的散射

如图 3.3 所示，考虑 L 个各向同性介质球，球半径为 $a_j(j=1,\ 2,\ \cdots,\ L)$，被一具有任意传播方向的平面波照射，其中 $oxyz$ 为全局坐标系。入射平面波的波矢量 $\boldsymbol{k}$ 可表示为

$$\boldsymbol{k}=k(\hat{\boldsymbol{e}}_x\sin\alpha\cos\beta+\hat{\boldsymbol{e}}_y\sin\alpha\sin\beta+\hat{\boldsymbol{e}}_z\cos\alpha) \tag{3.31}$$

其中，α 为入射角，即入射场的传播方向与 z 轴的夹角；β 为方位角，即入射场的传播方向在 xoy 平面上的投影与 x 轴的夹角。

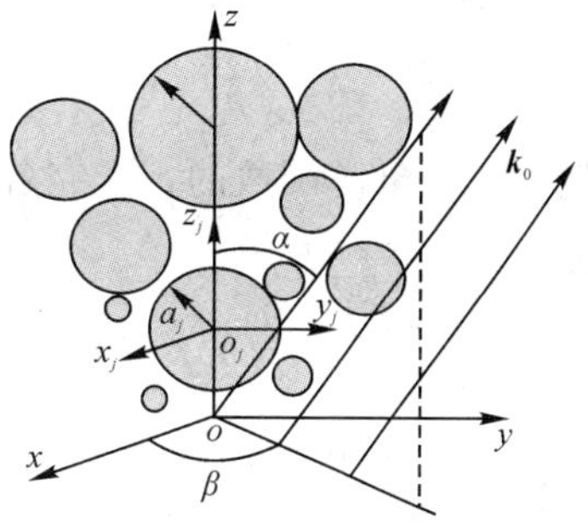

图 3.3 任意方向平面波入射到任意结构的聚集各向同性球形粒子上

对于 TM 极化的平面波，根据第一章所述的 Mie 理论，可将入射场在全局坐标系 $oxyz$ 中用球矢量波函数展开为

$$\begin{cases}\boldsymbol{E}^{\mathrm{i}}=\displaystyle\sum_{n=1}^{\infty}\sum_{m=-n}^{n}E_{mn}[a_{mn}^{\mathrm{i}}\boldsymbol{M}_{mn}^{(1)}(\boldsymbol{r},k)+b_{mn}^{\mathrm{i}}\boldsymbol{N}_{mn}^{(1)}(\boldsymbol{r},k)]\\ \boldsymbol{H}^{\mathrm{i}}=\dfrac{k}{\mathrm{i}\omega\mu_0}\displaystyle\sum_{n=1}^{\infty}\sum_{m=-n}^{n}E_{mn}[a_{mn}^{\mathrm{i}}\boldsymbol{N}_{mn}^{(1)}(\boldsymbol{r},k)+b_{mn}^{\mathrm{i}}\boldsymbol{M}_{mn}^{(1)}(\boldsymbol{r},k)]\end{cases} \tag{3.32}$$

其中，k、μ_0 和 ω 分别是自由空间中的电磁波的传播常数、磁导率和角频率，E_{mn} 为归一化因子(见第一章)。入射场的展开系数 a_{mn}^{i} 和 b_{mn}^{i} 可根据球矢量波函数的正交关系求得，这里不再重复说明。对于 TE 极化模式的平面波，也可以类似地求得其展开系数。

3.2.1 每个球坐标系下的入射场、散射场和内场的展开

为了求解多球散射问题，首先将入射场、散射场和内场在每个球的球心坐标系下进行展开，然后利用边界条件求解散射系数。

如图 3.3 所示，以任意一球的球心 o_j 建立与全局坐标系 $oxyz$ 相互平行的直角坐标系 $o_jx_jy_jz_j$，其中 $j=1,\ 2,\ \cdots,\ L$ 表示与第 j 个球相关的量(以下表述类同)。可以将任意方向入射的平面波在第 j 个球坐标系 $o_jx_jy_jz_j$ 中，根据球矢量波函数展开为

$$\begin{cases}\boldsymbol{E}_j^{\mathrm{i}}=\displaystyle\sum_{n=1}^{\infty}\sum_{m=-n}^{n}E_{mn}[a_{jmn}^{\mathrm{i}}{}'\boldsymbol{M}_{mn}^{(1)}(\boldsymbol{r}_j,\ k)+b_{jmn}^{\mathrm{i}}{}'\boldsymbol{N}_{mn}^{(1)}(\boldsymbol{r}_j,\ k)]\\ \boldsymbol{H}_j^{\mathrm{i}}=\dfrac{k}{\mathrm{i}\omega\mu_0}\displaystyle\sum_{n=1}^{\infty}\sum_{m=-n}^{n}E_{mn}[a_{jmn}^{\mathrm{i}}{}'\boldsymbol{N}_{mn}^{(1)}(\boldsymbol{r}_j,\ k)+b_{jmn}^{\mathrm{i}}{}'\boldsymbol{M}_{mn}^{(1)}(\boldsymbol{r}_j,\ k)]\end{cases} \tag{3.33}$$

设第 j 个球的球心 o_j 在全局坐标系 $oxyz$ 中的位置矢量为 $\boldsymbol{r}_j$，那么入射场在第 j 个球坐标系 $o_jx_jy_jz_j$ 中的展开系数 a_{jmn}^{i}、b_{jmn}^{i} 与在全局坐标系 $oxyz$ 中的展开系数 a_{mn}^{i}、b_{mn}^{i} 的关系为

$$a_{jmn}^{\mathrm{i}}{}'=\mathrm{e}^{\mathrm{i}\boldsymbol{k}_0\cdot\boldsymbol{r}_j}a_{mn}^{\mathrm{i}},\quad b_{jmn}^{\mathrm{i}}{}'=\mathrm{e}^{\mathrm{i}\boldsymbol{k}_0\cdot\boldsymbol{r}_j}b_{mn}^{\mathrm{i}} \tag{3.34}$$

为了后续求解散射系数方便，一般将入射场改写成如下形式：

$$\begin{cases}\boldsymbol{E}_j^{\mathrm{i}}=-\sum\limits_{n=1}^{\infty}\sum\limits_{m=-n}^{n}\mathrm{i}E_{mn}\left[a_{jmn}^{\mathrm{i}}\boldsymbol{N}_{mn}^{(1)}+b_{jmn}^{\mathrm{i}}\boldsymbol{M}_{mn}^{(1)}\right]\\ \boldsymbol{H}_j^{\mathrm{i}}=-\dfrac{k}{\omega\mu_0}\sum\limits_{n=1}^{\infty}\sum\limits_{m=-n}^{n}E_{mn}\left[b_{jmn}^{\mathrm{i}}\boldsymbol{N}_{mn}^{(1)}+a_{jmn}^{\mathrm{i}}\boldsymbol{M}_{mn}^{(1)}\right]\end{cases} \tag{3.35}$$

其中

$$a_{jmn}^{\mathrm{i}}=\mathrm{i}b_{jmn}^{\mathrm{i}}{}',\quad b_{jmn}^{\mathrm{i}}=\mathrm{i}a_{jmn}^{\mathrm{i}}{}' \tag{3.36}$$

根据球矢量波函数的正交完备性，可将散射场和内场在第 j 个球坐标系 $o_jx_jy_jz_j$ 分别展开为

$$\begin{cases}\boldsymbol{E}_j^{\mathrm{s}}=\sum\limits_{n=1}^{\infty}\sum\limits_{m=-n}^{n}\mathrm{i}E_{mn}\left[a_{jmn}^{\mathrm{s}}\boldsymbol{N}_{mn}^{(3)}+b_{jmn}^{\mathrm{s}}\boldsymbol{M}_{mn}^{(3)}\right]\\ \boldsymbol{H}_j^{\mathrm{s}}=\dfrac{k}{\omega\mu_0}\sum\limits_{n=1}^{\infty}\sum\limits_{m=-n}^{n}E_{mn}\left[b_{jmn}^{\mathrm{s}}\boldsymbol{N}_{mn}^{(3)}+a_{jmn}^{\mathrm{s}}\boldsymbol{M}_{mn}^{(3)}\right]\end{cases} \tag{3.37}$$

$$\begin{cases}\boldsymbol{E}_j^{\mathrm{I}}=-\sum\limits_{n=1}^{\infty}\sum\limits_{m=-n}^{n}\mathrm{i}E_{mn}\left[A_{jmn}^{\mathrm{I}}\boldsymbol{N}_{mn}^{(1)}+B_{jmn}^{\mathrm{I}}\boldsymbol{M}_{mn}^{(1)}\right]\\ \boldsymbol{H}_j^{\mathrm{I}}=-\dfrac{k_j}{\omega\mu_j}\sum\limits_{n=1}^{\infty}\sum\limits_{m=-n}^{n}E_{mn}\left[B_{jmn}^{\mathrm{I}}\boldsymbol{N}_{mn}^{(1)}+A_{jmn}^{\mathrm{I}}\boldsymbol{M}_{mn}^{(1)}\right]\end{cases} \tag{3.38}$$

其中，$k_j=2\pi N_j/\lambda$，μ_j 分别为第 j 个介质球的传播常数和磁导率，上标 s 和 I 分别表示与散射场和内场相关的量。

3.2.2 每个球坐标系下的总入射场

由 Mie 理论可知，只要知道每个球坐标系下总的入射场，即可以求出散射场；只要获得了总入射场的展开系数，就可以求得散射系数和内场系数（a_{mn}^{sj}，b_{mn}^{sj}，A_{mn}^{j}，B_{mn}^{j}）。入射到第 j 个球上的总入射场包括两个部分：原始入射场和其他球的散射场，可表示为

$$\boldsymbol{E}_j^{\mathrm{it}}=\boldsymbol{E}_j^{\mathrm{i}}+\sum_{(l\neq j)}^{L}\boldsymbol{E}_{l,j}^{\mathrm{s}},\quad \boldsymbol{H}_j^{\mathrm{it}}=\boldsymbol{H}_j^{\mathrm{i}}+\sum_{(l\neq j)}^{L}\boldsymbol{H}_{l,j}^{\mathrm{s}} \tag{3.39}$$

其中，l，$j=1$，2，…，L，但 $l\neq j$，$\boldsymbol{E}_j^{\mathrm{i}}$ 和 $\boldsymbol{H}_j^{\mathrm{i}}$ 为原始的入射电磁场，$\boldsymbol{E}_{l,j}^{\mathrm{s}}$ 和 $\boldsymbol{H}_{l,j}^{\mathrm{s}}$ 为将第 l 个球坐标系下的散射场转换到第 j 个球坐标系下的入射场。应用球矢量波函数的加法定理式(3.4)，可将第 l 个球坐标系下的散射场在第 j 个球坐标系下写为

$$\begin{aligned}\boldsymbol{E}_{l,j}^{\mathrm{s}}&=\sum_{n=1}^{\infty}\sum_{m=-n}^{n}\mathrm{i}E_{mn}\left[a_{lmn}^{\mathrm{s}}\boldsymbol{N}_{mn}^{(3)}(kr_l,\theta_l,\phi_l)+b_{lmn}^{\mathrm{s}}\boldsymbol{M}_{mn}^{(3)}(kr_l,\theta_l,\phi_l)\right]\\&=\sum_{n=1}^{\infty}\sum_{m=-n}^{n}\mathrm{i}E_{mn}\Big\{a_{lmn}^{\mathrm{s}}\sum_{\upsilon=1}^{\infty}\sum_{\mu=-\upsilon}^{\upsilon}\left[A_{\mu\upsilon}^{mn}(l,j)\boldsymbol{N}_{\mu\upsilon}^{(1)}(kr_j,\theta_j,\phi_j)+B_{\mu\upsilon}^{mn}(l,j)\boldsymbol{M}_{\mu\upsilon}^{(1)}(kr_j,\theta_j,\phi_j)\right]+\\&\quad b_{lmn}^{\mathrm{s}}\sum_{\upsilon=1}^{\infty}\sum_{\mu=-\upsilon}^{\upsilon}\left[A_{\mu\upsilon}^{mn}(l,j)\boldsymbol{M}_{\mu\upsilon}^{(1)}(k_0r_j,\theta_j,\phi_j)+B_{\mu\upsilon}^{mn}(l,j)\boldsymbol{N}_{\mu\upsilon}^{(1)}(k_0r_j,\theta_j,\phi_j)\right]\Big\}\end{aligned} \tag{3.40}$$

$$\begin{aligned}\boldsymbol{H}_{l,j}^{\mathrm{s}} &= \frac{k}{\omega\mu_0}\sum_{n=1}^{\infty}\sum_{m=-n}^{n}E_{mn}[b_{lmn}^{\mathrm{s}}\boldsymbol{N}_{mn}^{(3)}(kr_l,\theta_l,\phi_l)+a_{lmn}^{\mathrm{s}}\boldsymbol{M}_{mn}^{(3)}(kr_l,\theta_l,\phi_l)]\\ &= \frac{k}{\omega\mu_0}\sum_{n=1}^{\infty}\sum_{m=-n}^{n}E_{mn}\Big\{b_{lmn}^{\mathrm{s}}\sum_{\upsilon=1}^{\infty}\sum_{\mu=-\upsilon}^{\upsilon}[A_{\mu\upsilon}^{mn}(l,j)\boldsymbol{N}_{\mu\upsilon}^{(1)}(kr_j,\theta_j,\phi_j)+B_{\mu\upsilon}^{mn}(l,j)\boldsymbol{M}_{\mu\upsilon}^{(1)}(kr_j,\theta_j,\phi_j)]+\\ &\quad a_{lmn}^{\mathrm{s}}\sum_{\upsilon=1}^{\infty}\sum_{\mu=-\upsilon}^{\upsilon}[A_{\mu\upsilon}^{mn}(l,j)\boldsymbol{M}_{\mu\upsilon}^{(1)}(k_0r_j,\theta_j,\phi_j)+B_{\mu\upsilon}^{mn}(l,j)\boldsymbol{N}_{\mu\upsilon}^{(1)}(k_0r_j,\theta_j,\phi_j)]\Big\}\end{aligned} \tag{3.41}$$

将上面两式中的(m, n)和(μ, υ)进行交换，得到

$$\begin{cases}\boldsymbol{E}_{l,j}^{\mathrm{s}} = -\displaystyle\sum_{n=1}^{\infty}\sum_{m=-n}^{n}\mathrm{i}E_{mn}[a_{mn}^{\mathrm{s}}(l,j)\boldsymbol{N}_{mn}^{(1)}(kr_j,\theta_j,\phi_j)+b_{mn}^{\mathrm{s}}(l,j)\boldsymbol{M}_{mn}^{(1)}(kr_j,\theta_j,\phi_j)]\\ \boldsymbol{H}_{l,j}^{\mathrm{s}} = -\dfrac{k}{\omega\mu_0}\displaystyle\sum_{n=1}^{\infty}\sum_{m=-n}^{n}E_{mn}[b_{mn}^{\mathrm{s}}(l,j)\boldsymbol{N}_{mn}^{(1)}(kr_j,\theta_j,\phi_j)+a_{mn}^{\mathrm{s}}(l,j)\boldsymbol{M}_{mn}^{(1)}(kr_j,\theta_j,\phi_j)]\end{cases} \tag{3.42}$$

其中

$$\begin{cases}a_{mn}^{\mathrm{s}}(l,j) = -\displaystyle\sum_{\upsilon=1}^{\infty}\sum_{\mu=-\upsilon}^{\upsilon}[a_{l\mu\upsilon}^{\mathrm{s}}A_{mn}^{\mu\upsilon\prime}(l,j)+b_{l\mu\upsilon}^{\mathrm{s}}B_{mn}^{\mu\upsilon\prime}(l,j)] \quad (l\neq j)\\ b_{mn}^{\mathrm{s}}(l,j) = -\displaystyle\sum_{\upsilon=1}^{\infty}\sum_{\mu=-\upsilon}^{\upsilon}[a_{l\mu\upsilon}^{\mathrm{s}}B_{mn}^{\mu\upsilon\prime}(l,j)+b_{l\mu\upsilon}^{\mathrm{s}}A_{mn}^{\mu\upsilon\prime}(l,j)] \quad (l\neq j)\end{cases} \tag{3.43}$$

在式(3.43)中用到了$A_{mn}^{\mu\upsilon\prime}$、$B_{mn}^{\mu\upsilon\prime}$，它们与$A_{mn}^{\mu\upsilon}$、$B_{mn}^{\mu\upsilon}$有如下关系：

$$\begin{cases}A_{mn}^{\mu\upsilon\prime}=\dfrac{E_{\mu\upsilon}}{E_{mn}}A_{mn}^{\mu\upsilon}=i^{\upsilon-n}\sqrt{\dfrac{(2\upsilon+1)(\upsilon-\mu)!\,n(n+1)(n+m)!}{(2n+1)(\upsilon+\mu)!\,\upsilon(\upsilon+1)(n-m)!}}A_{mn}^{\mu\upsilon}\\ B_{mn}^{\mu\upsilon\prime}=\dfrac{E_{\mu\upsilon}}{E_{mn}}B_{mn}^{\mu\upsilon}=i^{\upsilon-n}\sqrt{\dfrac{(2\upsilon+1)(\upsilon-\mu)!\,n(n+1)(n+m)!}{(2n+1)(\upsilon+\mu)!\,\upsilon(\upsilon+1)(n-m)!}}B_{mn}^{\mu\upsilon}\end{cases} \tag{3.44}$$

应用式(3.35)、式(3.39)和式(3.42)，入射到第j个球上的总的入射场可写为

$$\begin{aligned}\boldsymbol{E}_j^{\mathrm{it}} &= \boldsymbol{E}_j^{\mathrm{i}}+\sum_{(l\neq j)}^{(1,L)}\boldsymbol{E}_{l,j}^{\mathrm{s}} = -\sum_{n=1}^{\infty}\sum_{m=-n}^{n}\mathrm{i}E_{mn}[a_{jmn}^{\mathrm{i}}\boldsymbol{N}_{mn}^{(1)}(kr_j,\theta_j,\phi_j)+b_{jmn}^{\mathrm{i}}\boldsymbol{M}_{mn}^{(1)}(kr_j,\theta_j,\phi_j)]-\\ &\quad\sum_{(l\neq j)}^{(1,L)}\sum_{n=1}^{\infty}\sum_{m=-n}^{n}[a_{mn}^{\mathrm{s}}(l,j)\boldsymbol{N}_{mn}^{(1)}(kr_j,\theta_j,\phi_j)+b_{mn}^{\mathrm{s}}(l,j)\boldsymbol{M}_{mn}^{(1)}(kr_j,\theta_j,\phi_j)]\\ &= -\sum_{n=1}^{\infty}\sum_{m=-n}^{n}\mathrm{i}E_{mn}[a_{jmn}^{\mathrm{it}}\boldsymbol{N}_{mn}^{(1)}(kr_j,\theta_j,\phi_j)+b_{jmn}^{\mathrm{it}}\boldsymbol{M}_{mn}^{(1)}(kr_j,\theta_j,\phi_j)]\end{aligned} \tag{3.45}$$

$$\begin{aligned}\boldsymbol{H}_j^{\mathrm{it}} &= \boldsymbol{H}_j^{\mathrm{i}}+\sum_{(l\neq j)}^{(1,L)}\boldsymbol{H}_{l,j}^{\mathrm{s}} = -\frac{k}{\omega\mu_0}\sum_{n=1}^{\infty}\sum_{m=-n}^{n}E_{mn}[b_{jmn}^{\mathrm{i}}\boldsymbol{N}_{mn}^{(1)}(kr_j,\theta_j,\phi_j)+a_{jmn}^{i}\boldsymbol{M}_{mn}^{(1)}(kr_j,\theta_j,\phi_j)]-\\ &\quad\frac{k}{\omega\mu_0}\sum_{(l\neq j)}^{(1,L)}\sum_{n=1}^{\infty}\sum_{m=-n}^{n}E_{mn}[b_{mn}^{\mathrm{s}}(l,j)\boldsymbol{N}_{mn}^{(1)}(kr_j,\theta_j,\phi_j)+a_{mn}^{\mathrm{s}}(l,j)\boldsymbol{M}_{mn}^{(1)}(kr_j,\theta_j,\phi_j)]\\ &= -\frac{k}{\omega\mu_0}\sum_{n=1}^{\infty}\sum_{m=-n}^{n}E_{mn}[b_{jmn}^{\mathrm{it}}\boldsymbol{N}_{mn}^{(1)}(kr_j,\theta_j,\phi_j)+a_{jmn}^{\mathrm{it}}\boldsymbol{M}_{mn}^{(1)}(kr_j,\theta_j,\phi_j)]\end{aligned} \tag{3.46}$$

其中，总的入射场展开系数为

$$\begin{cases}a_{jmn}^{\mathrm{it}} = a_{jmn}^{\mathrm{i}}+\displaystyle\sum_{(l\neq j)}^{(1,L)}a_{mn}^{\mathrm{s}}(l,j) = a_{jmn}^{\mathrm{i}}-\sum_{(l\neq j)}^{(1,L)}\sum_{\upsilon=1}^{\infty}\sum_{\mu=-\upsilon}^{\upsilon}[a_{l\mu\upsilon}^{\mathrm{s}}A_{mn}^{\mu\upsilon\prime}(l,j)+b_{l\mu\upsilon}^{\mathrm{s}}B_{mn}^{\mu\upsilon\prime}(l,j)] \quad (l\neq j)\\ b_{jmn}^{\mathrm{it}} = b_{jmn}^{\mathrm{i}}+\displaystyle\sum_{(l\neq j)}^{(1,L)}b_{mn}^{\mathrm{s}}(l,j) = b_{jmn}^{\mathrm{i}}-\sum_{(l\neq j)}^{(1,L)}\sum_{\upsilon=1}^{\infty}\sum_{\mu=-\upsilon}^{\upsilon}[a_{l\mu\upsilon}^{\mathrm{s}}B_{mn}^{\mu\upsilon\prime}(l,j)+b_{l\mu\upsilon}^{\mathrm{s}}A_{mn}^{\mu\upsilon\prime}(l,j)] \quad (l\neq j)\end{cases} \tag{3.47}$$

上述入射到每个球上的总入射场的展开系数较为复杂，还需要先求解出加法定理系数。

3.2.3 相干散射系数的求解

利用求出的单球的总入射场，应用边界条件可以得到散射系数。以第 j 个球为例，边界条件为

$$\begin{cases} E_{j\theta}^{\mathrm{i}}+E_{j\theta}^{\mathrm{s}}=E_{j\theta}^{\mathrm{I}},\ E_{j\phi}^{\mathrm{i}}+E_{j\phi}^{\mathrm{s}}=E_{j\phi}^{\mathrm{I}} \\ H_{j\theta}^{\mathrm{i}}+H_{j\theta}^{\mathrm{s}}=H_{j\theta}^{\mathrm{I}},\ H_{j\phi}^{\mathrm{i}}+H_{j\phi}^{\mathrm{s}}=H_{j\phi}^{\mathrm{I}} \end{cases}, \tag{3.48}$$

令相对折射率 $m_j=k_j/k=N_j/N_0$，尺寸参数 $x_j=ka_j=2\pi N_0 a_j/\lambda$，$a_j$ 是粒子半径，且认为粒子是非磁性的，即 $\mu_j/\mu_0=1$，可得到散射系数为

$$\begin{cases} a_{jmn}^{\mathrm{s}}=a_{jn}a_{jmn}^{\mathrm{it}}=a_n^j\left\{a_{jmn}^{\mathrm{i}}-\sum\limits_{(l\neq j)}^{(1,L)}\sum\limits_{\upsilon=1}^{\infty}\sum\limits_{\mu=-\upsilon}^{\upsilon}\left[a_{l\mu\upsilon}^{\mathrm{s}}A_{mn}^{\mu\upsilon}(l,j)+b_{l\mu\upsilon}^{\mathrm{s}}B_{mn}^{\mu\upsilon}(l,j)\right]\right\} \\ b_{jmn}^{\mathrm{s}}=b_{jn}b_{jmn}^{\mathrm{it}}=b_n^j\left\{b_{jmn}^{\mathrm{i}}-\sum\limits_{(l\neq j)}^{(1,L)}\sum\limits_{\upsilon=1}^{\infty}\sum\limits_{\mu=-\upsilon}^{\upsilon}\left[a_{l\mu\upsilon}^{\mathrm{s}}B_{mn}^{\mu\upsilon}(l,j)+b_{l\mu\upsilon}^{\mathrm{s}}A_{mn}^{\mu\upsilon}(l,j)\right]\right\} \end{cases}, \tag{3.49}$$

其中，a_{jn} 和 b_{jn} 为单个球形粒子对平面的波散射系数(具体形式见第一章)。

对于式(3.49)的散射系数，用渐进迭代方法进行数值求解，设 ${}^0a_{jmn}^{\mathrm{s}}={}^0b_{jmn}^{\mathrm{s}}=0$，则由式(3.47)有

$${}^1a_{jmn}^{\mathrm{it}}=a_{jmn}^{\mathrm{i}},\quad {}^1b_{jmn}^{\mathrm{it}}=b_{jmn}^{\mathrm{i}} \tag{3.50}$$

又由式(3.49)有

$${}^1a_{jmn}^{\mathrm{s}}=a_{jn}\cdot{}^1a_{jmn}^{\mathrm{it}},\quad {}^1b_{jmn}^{\mathrm{s}}=b_{jn}\cdot{}^1b_{jmn}^{\mathrm{it}} \tag{3.51}$$

在式(3.50)、式(3.51)中左上角的整数上标表示迭代次数。类似地，将新的散射系数值代入式(3.47)，则

$$\begin{cases} {}^ia_{jmn}^{\mathrm{it}}=a_{jmn}^{\mathrm{i}}-\sum\limits_{(l\neq j)}^{(1,L)}\sum\limits_{\upsilon=1}^{\infty}\sum\limits_{\mu=-\upsilon}^{\upsilon}\left[{}^{i-1}a_{\mu\upsilon}^{sl}A_{mn}^{\mu\upsilon\prime}(l,j)+{}^{i-1}b_{\mu\upsilon}^{sl}B_{mn}^{\mu\upsilon\prime}(l,j)\right],\quad l\neq j \\ {}^ib_{jmn}^{\mathrm{it}}=b_{jmn}^{\mathrm{i}}-\sum\limits_{(l\neq j)}^{(1,L)}\sum\limits_{\upsilon=1}^{\infty}\sum\limits_{\mu=-\upsilon}^{\upsilon}\left[{}^{i-1}a_{mn}^{sl}B_{mn}^{\mu\upsilon\prime}(l,j)+{}^{i-1}b_{\mu\upsilon}^{sl}A_{mn}^{\mu\upsilon\prime}(l,j)\right],\quad l\neq j \\ {}^ia_{\mu\upsilon}^{sl}=(1-f)\cdot{}^{i-1}a_{\mu\upsilon}^{sl}+fa_{l\upsilon}\cdot{}^ia_{jmn}^{\mathrm{it}},\ {}^ib_{\mu\upsilon}^{sl}=(1-f)\cdot{}^{i-1}b_{\mu\upsilon}^{sl}+fb_{l\upsilon}\cdot{}^ib_{jmn}^{\mathrm{it}} \end{cases} \tag{3.52}$$

用上面两式一直迭代到所有的散射系数的前后两次迭代结果都没有明显改变为止。上式中(μ,υ,l)和(m,n,j)等价。数学因子 $f(0<f\leqslant 1)$用来改进此迭代系统的收敛性，一般取 0.7 时收敛较快。

3.2.4 总散射场

要分析聚集粒子的散射特性，还需要知道聚集粒子总的散射场。为了分析方便，需要将每个粒子的散射场转换到同一个坐标系下进行矢量相加，这样得到总的散射场后才能用数值分析其散射特性。为了不失一般性，设球 1 坐标系为主坐标系，将其余坐标系下的散射场用加法定理变换到主坐标系下，则在主坐标系下，总的散射场为

$$\boldsymbol{E}^{\mathrm{st}}=\sum_{l=1}^{L}\boldsymbol{E}_l^{\mathrm{s}}=\sum_{l=1}^{L}\sum_{n=1}^{\infty}\sum_{m=-n}^{n}\mathrm{i}E_{mn}\left[a_{lmn}^{\mathrm{s}}\boldsymbol{N}_{mn}^{(3)}(kr_l,\theta_l,\phi_l)+b_{lmn}^{\mathrm{s}}\boldsymbol{M}_{mn}^{(3)}(kr_l,\theta_l,\phi_l)\right] \tag{3.54}$$

应用式(3.5)的加法定理可得

$$\boldsymbol{E}^{\mathrm{st}}=\sum_{n=1}^{\infty}\sum_{m=-n}^{n}\mathrm{i}E_{mn}\left[a_{mn}^{\mathrm{st}}\boldsymbol{N}_{mn}^{(3)}(kr_1, \theta_1, \phi_1)+b_{mn}^{\mathrm{st}}\boldsymbol{M}_{mn}^{(3)}(kr_1, \theta_1, \phi_1)\right] \tag{3.55}$$

其中

$$\begin{cases}a_{mn}^{\mathrm{st}}=a_{1mn}^{\mathrm{s}}+\sum_{l=2}^{L}\sum_{\upsilon=1}^{\infty}\sum_{\mu=-\upsilon}^{\upsilon}\left[a_{l\mu\upsilon}^{\mathrm{s}}\widetilde{A}_{mn}^{\mu\upsilon}{}'(l, 1)+b_{l\mu\upsilon}^{\mathrm{s}}\widetilde{B}_{mn}^{\mu\upsilon}{}'(l, 1)\right]\\ b_{mn}^{\mathrm{st}}=b_{1mn}^{\mathrm{s}}+\sum_{l=2}^{L}\sum_{\upsilon=1}^{\infty}\sum_{\mu=-\upsilon}^{\upsilon}\left[a_{l\mu\upsilon}^{\mathrm{s}}\widetilde{B}_{mn}^{\mu\upsilon}{}'(l, 1)+b_{l\mu\upsilon}^{\mathrm{s}}\widetilde{A}_{mn}^{\mu\upsilon}{}'(l, 1)\right]\end{cases} \tag{3.56}$$

在式(3.56)中用到了 $\widetilde{A}_{mn}^{\mu\upsilon}{}'$，$\widetilde{B}_{mn}^{\mu\upsilon}{}'$，它们和 $\widetilde{A}_{mn}^{\mu\upsilon}$，$\widetilde{B}_{mn}^{\mu\upsilon}$ 有如下关系：

$$\begin{cases}\widetilde{A}_{mn}^{\mu\upsilon}{}'=\dfrac{E_{\mu\upsilon}}{E_{mn}}\widetilde{A}_{mn}^{\mu\upsilon}=\mathrm{i}^{\upsilon-n}\sqrt{\dfrac{(2\upsilon+1)(\upsilon-\mu)!n(n+1)(n+m)!}{(2n+1)(\upsilon+\mu)!\upsilon(\upsilon+1)(n-m)!}}\widetilde{A}_{mn}^{\mu\upsilon}\\ \widetilde{B}_{mn}^{\mu\upsilon}{}'=\dfrac{E_{\mu\upsilon}}{E_{mn}}\widetilde{B}_{mn}^{\mu\upsilon}=\mathrm{i}^{\upsilon-n}\sqrt{\dfrac{(2\upsilon+1)(\upsilon-\mu)!n(n+1)(n+m)!}{(2n+1)(\upsilon+\mu)!\upsilon(\upsilon+1)(n-m)!}}\widetilde{B}_{mn}^{\mu\upsilon}\end{cases} \tag{3.57}$$

同样，总磁场公式可表述如下：

$$\boldsymbol{H}^{\mathrm{st}}=\frac{k}{\omega\mu_0}\sum_{n=1}^{\infty}\sum_{m=-n}^{n}E_{mn}\left[b_{mn}^{\mathrm{st}}\boldsymbol{N}_{mn}^{(3)}(kr_1, \theta_1, \phi_1)+a_{mn}^{\mathrm{st}}\boldsymbol{M}_{mn}^{(3)}(kr_1, \theta_1, \phi_1)\right] \tag{3.58}$$

大多数情况下，我们更关心的是远区，而在远区时，球矢量波函数有如下近似关系：

$$\begin{cases}\boldsymbol{M}_{mn}^{(3)}(kr_l, \theta_l, \phi_l)=\exp(-\mathrm{i}k\Delta_l)\boldsymbol{M}_{mn}^{(3)}(kr, \theta, \phi),\ r\to\infty\\ \boldsymbol{N}_{mn}^{(3)}(kr_l, \theta_l, \phi_l)=\exp(-\mathrm{i}k\Delta_l)\boldsymbol{N}_{mn}^{(3)}(kr, \theta, \phi),\ r\to\infty\end{cases} \tag{3.59}$$

其中

$$\Delta_l=X_l\sin\theta\cos\phi+Y_l\sin\theta\sin\phi+Z_l\cos\theta \tag{3.60}$$

式中(X_l, Y_l, Z_l)为第 $l(l=1, 2, \cdots, L)$个球的球心在主坐标系下的直角坐标。

比较式(3.5)和式(3.59)可得

$$\widetilde{A}_{\mu\upsilon}^{mn}(l, 1)=\delta_{m\mu}\delta_{n\upsilon}\exp(-\mathrm{i}k\Delta_l),\ \widetilde{B}_{\mu\upsilon}^{mn}(l, 1)=0,\ r\to\infty \tag{3.61}$$

其中

$$\Delta_l=(x_l-x_1)\sin\theta\cos\phi+(y_l-y_1)\sin\theta\sin\phi+(z_l-z_1)\cos\theta \tag{3.62}$$

将式(3.61)代入式(3.56)，可得到总的散射系数为

$$a_{mn}^{\mathrm{st}}=a_{mn}^{\mathrm{s1}}+\sum_{l=2}^{L}a_{mn}^{\mathrm{s}l}\exp(-\mathrm{i}k\Delta_l),\ b_{mn}^{\mathrm{st}}=b_{mn}^{\mathrm{s1}}+\sum_{l=2}^{L}b_{mn}^{\mathrm{s}l}\exp(-\mathrm{i}k\Delta_l) \tag{3.63}$$

将球矢量波函数的具体表达式代入总的散射场式(3.55)中，可得到远区总散射电场强度为

$$\begin{aligned}I^{\mathrm{st}}&=I^{\mathrm{s}\parallel}+I^{\mathrm{s}\perp}=\lim_{r\to\infty}k^2r^2\frac{|E_\theta^{\mathrm{st}}|^2+|E_\phi^{\mathrm{st}}|^2+|E_r^{\mathrm{st}}|^2}{|E_0|^2}\\&=\left|\sum_{n=1}^{\infty}\sum_{m=-n}^{n}(-\mathrm{i})^n\mathrm{e}^{\mathrm{i}m\phi}E_{mn}\left[a_{mn}^{\mathrm{st}}\tau_{mn}+b_{mn}^{\mathrm{st}}m\pi_{mn}\right]\right|^2+\\&\quad\left|\sum_{n=1}^{\infty}\sum_{m=-n}^{n}(-\mathrm{i})^{n-1}\mathrm{e}^{\mathrm{i}m\phi}E_{mn}\left[a_{mn}^{\mathrm{st}}m\pi_{mn}+b_{mn}^{\mathrm{st}}\tau_{mn}\right]\right|^2\end{aligned} \tag{3.64}$$

其中，$I^{\mathrm{s}\parallel}$ 和 $I^{\mathrm{s}\perp}$ 分别表示相对于散射面来说的平行和垂直散射强度。

如图 3.4 所示，分别计算了两个紧挨着的沿 z 轴排列和沿 x 轴排列的水滴对两种极化

模式的平面波散射的总散射强度的角分布，平面波的入射角 α 和方位角 β 均为 0。可以看出解析结果与相应 CST 数值仿真结果吻合得很好。

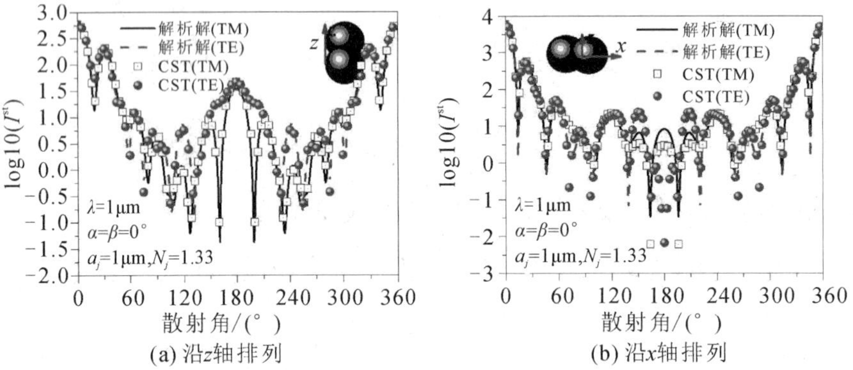

图 3.4 两个紧挨着的水滴的总散射强度的角分布

如图 3.5 所示，分别计算了由八个相同的光学玻璃 BK7 球组成的双层正方形聚集粒子对正入射及斜入射下的两种极化模式平面波散射的总散射强度的角分布。聚集粒子的每一层均是由 2×2 光学玻璃 BK7 球组成的正方形球层，顶层和底层表面均平行于 xoz 平面。由图可以看出散射强度在前向上取得了最大值。

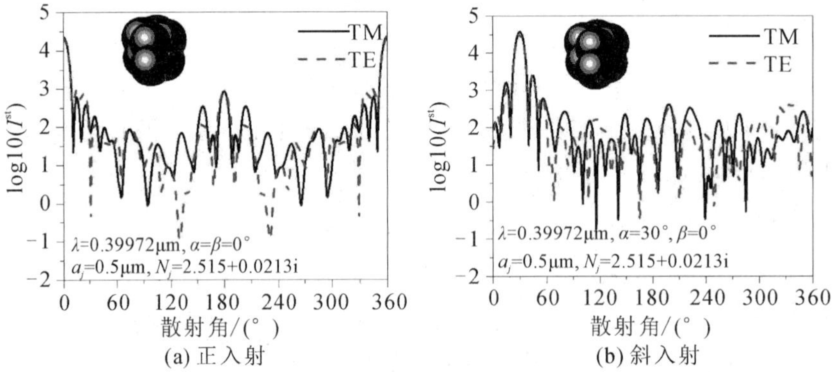

图 3.5 8 个光学玻璃 BK7 球组成的 2×2×2 阵列对平面波的总散射强度的角分布

3.3 散射传输矩阵(*T* 矩阵)方法

散射传输矩阵(***T*** 矩阵)方法最初是由 Waterman 于 1971 年利用扩展边界条件法(Extended Boundary Condition Method)提出的，主要应用于旋转对称非球形粒子的散射计算。1973 年，Peterson 和 Ström 首先提出了用 ***T*** 矩阵求解多个散射体问题，并将其应用于电磁散射领域。从此，***T*** 矩阵逐渐成为处理 Rayleigh 近似和几何光学近似所不能处理的，即粒子尺寸参数与入射波的波长可比拟的所谓共振区电磁散射问题的重要方法。***T*** 矩阵方法的特点是它只与散射体的物理、几何特性有关，如散射体的形状、折射率、组成、空间取向等，而与入射波的方位和极化状态无关。另外，由于它是 Maxwell 方程的解析近似解，其计算精确度高，因此可以作为其他方法的比较和验证的标准。该方法在大气光学、海洋学、气象学、天体物理学、微波遥感、化学、生物物理学等诸多领域有着广泛的应用。

3.3.1　散射单体的 *T* 矩阵

如图 3.6 所示为由 S 面包围的体积为 V_1 的散射体，入射波波数为 k。设 V_{in} 为内接球的内部区域，V_{out} 为外接球的外部区域。内接球为散射体内中心在原点的最大的球，外接球为包含散射体且球心在原点处的最小的球。实际上只有内接球内部及外接球外部的区域是格林函数的收敛区域。入射场源假设来自外接球之外，$\boldsymbol{r}$ 在 V_{in} 内时，S 面上的所有点都有 $r'>r$，则入射场 $\boldsymbol{E}_{inc}(\boldsymbol{r})$ 表示为

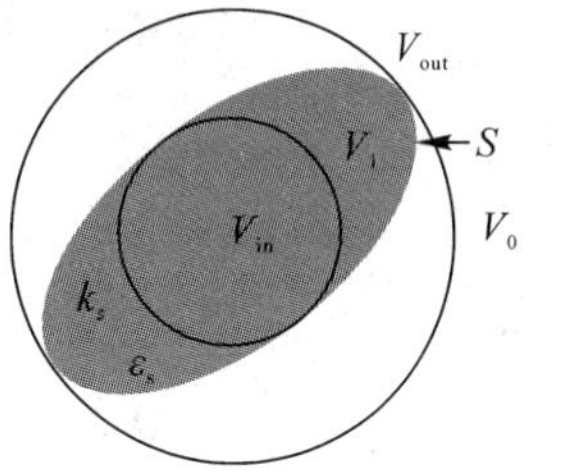

图 3.6　散射体区域示意图

$$\boldsymbol{E}_{inc}(\boldsymbol{r}) = \sum_{n,\,m}[\alpha_{mn}\boldsymbol{M}_{mn}^{(1)}(kr,\theta,\phi)+\beta_{mn}\boldsymbol{N}_{mn}^{(1)}(kr,\theta,\phi)] \tag{3.65}$$

并比较第一类波函数的系数，可以求得 α_{mn} 和 β_{mn} 的值为

$$\begin{pmatrix}\alpha_{mn}\\ \beta_{mn}\end{pmatrix} = -\mathrm{i}k(-1)^m\int_{S'}\hat{\boldsymbol{n}}\times\mathrm{i}\omega\mu\boldsymbol{H}(\boldsymbol{r}')\cdot\begin{bmatrix}\boldsymbol{M}_{-mn}^{(3)}(kr',\theta',\phi')\\ \boldsymbol{N}_{-mn}^{(3)}(kr',\theta',\phi')\end{bmatrix}\mathrm{d}S' - \mathrm{i}k^2(-1)^m\int_{S'}\hat{\boldsymbol{n}}\times\boldsymbol{E}(\boldsymbol{r}')\cdot\begin{bmatrix}\boldsymbol{N}_{-mn}^{(3)}(kr',\theta',\phi')\\ \boldsymbol{M}_{-mn}^{(3)}(kr',\theta',\phi')\end{bmatrix}\mathrm{d}S' \tag{3.66}$$

当 $\boldsymbol{r}$ 在 V_{out} 时 S 面上的所有点都有 $r'<r$，可得到 $\boldsymbol{E}_s(\boldsymbol{r})$ 为

$$\boldsymbol{E}_s(\boldsymbol{r}) = \sum_{n,\,m}[a_{mn}\boldsymbol{M}_{mn}^{(3)}(kr,\theta,\phi)+b_{mn}\boldsymbol{N}_{mn}^{(3)}(kr,\theta,\phi)] \tag{3.67}$$

式中

$$\begin{pmatrix}a_{mn}\\ b_{mn}\end{pmatrix} = \mathrm{i}k(-1)^m\int_{S'}\hat{\boldsymbol{n}}\times\mathrm{i}\omega\mu\boldsymbol{H}(\boldsymbol{r}')\cdot\begin{bmatrix}\boldsymbol{M}_{-mn}^{(1)}(kr',\theta',\phi')\\ \boldsymbol{N}_{-mn}^{(1)}(kr',\theta',\phi')\end{bmatrix}\mathrm{d}S' + \mathrm{i}k^2(-1)^m\int_{S'}\hat{\boldsymbol{n}}\times\boldsymbol{E}(\boldsymbol{r}')\cdot\begin{bmatrix}\boldsymbol{N}_{-mn}^{(1)}(kr',\theta',\phi')\\ \boldsymbol{M}_{-mn}^{(1)}(kr',\theta',\phi')\end{bmatrix}\mathrm{d}S' \tag{3.68}$$

在求解式(3.66)的两个方程时，将利用具有波数 k_s 的矢量波函数展开表面场。对 S 面上的 $\boldsymbol{r}'$ 来说，有

$$\hat{\boldsymbol{n}}\times\begin{pmatrix}\boldsymbol{E}(\boldsymbol{r}')\\ \boldsymbol{H}(\boldsymbol{r}')\end{pmatrix} = \hat{\boldsymbol{n}}\times\sum_{m'n'}\begin{pmatrix}\zeta_{m'n'}^{(M)}\\ \dfrac{k_s}{\mathrm{i}\omega\mu}\xi_{m'n'}^{(M)}\end{pmatrix}\boldsymbol{M}_{m'n'}^{(1)}(k_s r',\theta',\phi') + \hat{\boldsymbol{n}}\times\sum_{m',\,n'}\begin{pmatrix}\zeta_{m'n'}^{(N)}\\ \dfrac{k_s}{\mathrm{i}\omega\mu}\xi_{m'n'}^{(N)}\end{pmatrix}\boldsymbol{N}_{m'n'}^{(1)}(k_s r',\theta',\phi') \tag{3.69}$$

其中，$\zeta_{m'n'}$ 和 $\xi_{m'n'}$ 分别表示切向表面电场系数和切向表面磁场系数。考虑 $\overline{\overline{\boldsymbol{G}}}_1(\boldsymbol{r},\boldsymbol{r}')$ 为

$$\overline{\overline{\boldsymbol{G}}}_1(\boldsymbol{r},\boldsymbol{r}') = \left(\boldsymbol{I}+\frac{1}{k_s^2}\nabla\nabla\right)\frac{\mathrm{e}^{\mathrm{i}k_s|\boldsymbol{r}-\boldsymbol{r}'|}}{4\pi|\boldsymbol{r}-\boldsymbol{r}'|} \tag{3.70}$$

应用矢量格林函数到体积 V_1 内，相似地，通过切向表面场连续性和式(3.69)，不难得到

$$\zeta_{m'n'}^{(M)} = \xi_{m'n'}^{(N)},\qquad \zeta_{m'n'}^{(N)} = \xi_{m'n'}^{(M)} \tag{3.71}$$

将式(3.69)和式(3.71)代入式(3.66)，则

$$\begin{pmatrix}\alpha_{mn}\\ \beta_{mn}\end{pmatrix}=\sum_{m',n'}\left[\begin{pmatrix}P^{(3)}_{mnm'n'}\\ S^{(3)}_{mnm'n'}\end{pmatrix}\zeta^{(M)}_{m'n'}+\begin{pmatrix}R^{(3)}_{mnm'n'}\\ U^{(3)}_{mnm'n'}\end{pmatrix}\zeta^{(N)}_{m'n'}\right] \tag{3.72}$$

其中

$$\begin{pmatrix}P^{(3)}_{mnm'n'}\\ R^{(3)}_{mnm'n'}\\ S^{(3)}_{mnm'n'}\\ U^{(3)}_{mnm'n'}\end{pmatrix}=-\mathrm{i}kk_{\mathrm{s}}\begin{pmatrix}J^{(3)}_{21}\\ J^{(3)}_{11}\\ J^{(3)}_{22}\\ J^{(3)}_{12}\end{pmatrix}-\mathrm{i}k^2\begin{pmatrix}J^{(3)}_{12}\\ J^{(3)}_{22}\\ J^{(3)}_{11}\\ J^{(3)}_{21}\end{pmatrix} \tag{3.73}$$

$$\begin{pmatrix}J^{(3)}_{11}\\ J^{(3)}_{12}\\ J^{(3)}_{21}\\ J^{(3)}_{22}\end{pmatrix}=(-1)^m\int_{S'}\hat{\boldsymbol{n}}(r')\cdot\begin{pmatrix}\mathbf{M}^{(1)}_{m'n'}(k_{\mathrm{s}}r',\theta',\phi')\times\mathbf{M}^{(3)}_{-mn}(kr',\theta',\phi')\\ \mathbf{M}^{(1)}_{m'n'}(k_{\mathrm{s}}r',\theta',\phi')\times\mathbf{N}^{(3)}_{-mn}(kr',\theta',\phi')\\ \mathbf{N}^{(1)}_{m'n'}(k_{\mathrm{s}}r',\theta',\phi')\times\mathbf{M}^{(3)}_{-mn}(kr',\theta',\phi')\\ \mathbf{N}^{(1)}_{m'n'}(k_{\mathrm{s}}r',\theta',\phi')\times\mathbf{N}^{(3)}_{-mn}(kr',\theta',\phi')\end{pmatrix}\mathrm{d}S' \tag{3.74}$$

令 $\boldsymbol{P}^{(3)}$、$\boldsymbol{R}^{(3)}$、$\boldsymbol{S}^{(3)}$ 和 $\boldsymbol{U}^{(3)}$ 为式(3.73)中各元素组成的矩阵，且

$$\overline{\overline{\boldsymbol{Q}}}^{(3)}=\begin{bmatrix}\boldsymbol{P}^{(3)} & \boldsymbol{R}^{(3)}\\ \boldsymbol{S}^{(3)} & \boldsymbol{U}^{(3)}\end{bmatrix} \tag{3.75}$$

则式(3.72)可以写成

$$\begin{pmatrix}\boldsymbol{\alpha}\\ \boldsymbol{\beta}\end{pmatrix}=\overline{\overline{\boldsymbol{Q}}}^{(3)}\cdot\begin{pmatrix}\boldsymbol{\zeta}^{(M)}\\ \boldsymbol{\zeta}^{(N)}\end{pmatrix} \tag{3.76}$$

其中，$\boldsymbol{\alpha}$、$\boldsymbol{\beta}$、$\boldsymbol{\zeta}^{(M)}$ 和 $\boldsymbol{\zeta}^{(N)}$ 分别为其对应元素组成的列向量。将式(3.69)代入式(3.68)，得散射场系数为

$$\begin{pmatrix}\boldsymbol{a}\\ \boldsymbol{b}\end{pmatrix}=-\overline{\overline{\boldsymbol{Q}}}^{(1)}\cdot\begin{pmatrix}\boldsymbol{\zeta}^{(M)}\\ \boldsymbol{\zeta}^{(N)}\end{pmatrix} \tag{3.77}$$

其中

$$\overline{\overline{\boldsymbol{Q}}}^{(1)}=\begin{bmatrix}\boldsymbol{P}^{(1)} & \boldsymbol{R}^{(1)}\\ \boldsymbol{S}^{(1)} & \boldsymbol{U}^{(1)}\end{bmatrix} \tag{3.77}$$

$$\begin{pmatrix}P^{(1)}_{mnm'n'}\\ R^{(1)}_{mnm'n'}\\ S^{(1)}_{mnm'n'}\\ U^{(1)}_{mnm'n'}\end{pmatrix}=-\mathrm{i}kk_{\mathrm{s}}\begin{pmatrix}J^{(1)}_{21}\\ J^{(1)}_{11}\\ J^{(1)}_{22}\\ J^{(1)}_{12}\end{pmatrix}-\mathrm{i}k^2\begin{pmatrix}J^{(1)}_{12}\\ J^{(1)}_{22}\\ J^{(1)}_{11}\\ J^{(1)}_{21}\end{pmatrix} \tag{3.79}$$

$$\begin{pmatrix}J^{(1)}_{11}\\ J^{(1)}_{12}\\ J^{(1)}_{21}\\ J^{(1)}_{22}\end{pmatrix}=(-1)^m\int_{S'}\hat{\boldsymbol{n}}(r')\cdot\begin{pmatrix}\mathbf{M}^{(1)}_{m'n'}(k_{\mathrm{s}}r',\theta',\phi')\times\mathbf{M}^{(1)}_{-mn}(kr',\theta',\phi')\\ \mathbf{M}^{(1)}_{m'n'}(k_{\mathrm{s}}r',\theta',\phi')\times\mathbf{N}^{(1)}_{-mn}(kr',\theta',\phi')\\ \mathbf{N}^{(1)}_{m'n'}(k_{\mathrm{s}}r',\theta',\phi')\times\mathbf{M}^{(1)}_{-mn}(kr',\theta',\phi')\\ \mathbf{N}^{(1)}_{m'n'}(k_{\mathrm{s}}r',\theta',\phi')\times\mathbf{N}^{(1)}_{-mn}(kr',\theta',\phi')\end{pmatrix}\mathrm{d}S' \tag{3.80}$$

联立方程(3.76)和方程(3.77)可以得到

$$\begin{bmatrix}\boldsymbol{a}\\ \boldsymbol{b}\end{bmatrix}=-\overline{\overline{\boldsymbol{Q}}}^{(1)}\cdot(\overline{\overline{\boldsymbol{Q}}}^{(3)})^{-1}\cdot\begin{bmatrix}\boldsymbol{\alpha}\\ \boldsymbol{\beta}\end{bmatrix} \tag{3.81}$$

由式(3.81)不难看出，散射场的展开系数$[\boldsymbol{a}\ \boldsymbol{b}]^{\mathrm{T}}$与入射场的展开系数$[\boldsymbol{\alpha}\ \boldsymbol{\beta}]^{\mathrm{T}}$之间满足一定的线性关系，这种线性关系是由边界条件及 Maxwell 方程的线性所得到的。可以把联系入射波与散射波之间的矩阵用传输矩阵来表示，简记为符号$\boldsymbol{T}$，从而得到包括散射体具体信息在内的$\boldsymbol{T}$矩阵，定义为

$$\overline{\overline{\boldsymbol{T}}}=-\overline{\overline{\boldsymbol{Q}}}^{(1)}(\overline{\overline{\boldsymbol{Q}}}^{(3)})^{-1} \tag{3.82}$$

式(3.81)可重新写为

$$\begin{bmatrix}\boldsymbol{a}\\ \boldsymbol{b}\end{bmatrix}=\overline{\overline{\boldsymbol{T}}}\cdot\begin{bmatrix}\boldsymbol{\alpha}\\ \boldsymbol{\beta}\end{bmatrix}=\begin{bmatrix}T^{11} & T^{12}\\ T^{21} & T^{22}\end{bmatrix}\begin{bmatrix}\boldsymbol{\alpha}\\ \boldsymbol{\beta}\end{bmatrix} \tag{3.83}$$

即

$$a_{mn}=\sum_{m',n'}(T^{11}_{mnm'n'}\alpha_{m'n'}+T^{12}_{mnm'n'}\beta_{m'n'}),\ b_{mn}=\sum_{m',n'}(T^{21}_{mnm'n'}\alpha_{m'n'}+T^{22}_{mnm'n'}\beta_{m'n'}) \tag{3.84}$$

$\boldsymbol{T}$矩阵元素具有下列对称关系：

$$T^{kl}_{mnm'n'}=(-1)^{m+m'}T^{lk}_{-m'n'-mn}\quad k,l=1,2 \tag{3.85}$$

若考虑式(3.74)和式(3.80)在球坐标系中，则对于给定表面$r'=r'(\theta',\phi')$，有

$$\mathrm{d}S'\hat{\boldsymbol{n}}(\boldsymbol{r}')=r'^2\sin\theta'\boldsymbol{\sigma}(\boldsymbol{r}')\mathrm{d}\theta'\mathrm{d}\phi' \tag{3.86}$$

$$\boldsymbol{\sigma}(\boldsymbol{r}')=\hat{\boldsymbol{e}}'_r-\frac{\partial r'/\partial\theta'}{r'}\hat{\boldsymbol{e}}'_\theta-\frac{\partial r'/\partial\phi'}{r'\sin\theta'}\hat{\boldsymbol{e}}'_\phi \tag{3.87}$$

以上是基于扩展边界条件法得到$\boldsymbol{T}$矩阵的推导过程。从理论上说，利用以上各式可求解出任意介质目标的$\boldsymbol{T}$矩阵。为讨论方便，以下以旋转对称物体为例来讨论关于各个$\boldsymbol{J}^{(1)}_{ij}$，$\boldsymbol{J}^{(3)}_{ij}(i,j=1,2)$元素的求解。

3.3.2 旋转对称体散射的 T 矩阵方法

对于旋转对称目标，其表面方程与ϕ'无关，故$\partial r'/\partial\phi'=0$。将式(3.86)和式(3.87)代入式(3.74)和式(3.80)，可以得到(为了书写方便，以下公式中略去所有表示源点的撇号)

$$J^{(3)}_{11}=2\pi\delta_{mm'}(-1)^m\int_0^\pi r^2\gamma_{mn'}\gamma_{-mn}\sigma_r(r)\mathrm{j}_{n'}(k_s r)\mathrm{h}_n(kr)(-\mathrm{i}m)\cdot\left[\mathrm{P}^m_{n'}(\cos\theta)\frac{\mathrm{dP}^{-m}_n(\cos\theta)}{\mathrm{d}\theta}+\frac{\mathrm{dP}^m_{n'}(\cos\theta)}{\mathrm{d}\theta}\mathrm{P}^{-m}_n(\cos\theta)\right]\mathrm{d}\theta \tag{3.88}$$

$$J^{(3)}_{12}=2\pi\delta_{mm'}(-1)^m\int_0^\pi r^2\gamma_{mn'}\gamma_{-mn}\left\{\sigma_r(r)\mathrm{j}_{n'}(k_s r)\frac{\frac{\mathrm{d}(kr\mathrm{h}_n(kr))}{\mathrm{d}(kr)}}{kr}\cdot\left[\frac{m^2}{\sin^2\theta}\mathrm{P}^m_{n'}(\cos\theta)\mathrm{P}^{-m}_n(\cos\theta)+\frac{\mathrm{dP}^{-m}_n(\cos\theta)}{\mathrm{d}\theta}\frac{\mathrm{dP}^m_{n'}(\cos\theta)}{\mathrm{d}\theta}\right]-\sigma_\theta(r)\mathrm{j}_{n'}(k_s r)\frac{\mathrm{h}_n(kr)}{kr}n(n+1)\mathrm{P}^{-m}_n(\cos\theta)\frac{\mathrm{dP}^m_{n'}(\cos\theta)}{\mathrm{d}\theta}\right\}\cdot\sin\theta\mathrm{d}\theta \tag{3.89}$$

$$J^{(3)}_{21}=2\pi\delta_{mm'}(-1)^m\int_0^\pi r^2\gamma_{mn'}\gamma_{-mn}\left\{-\sigma_r(r)\frac{\frac{\mathrm{d}(k_s r\mathrm{j}_{n'}(k_s r))}{\mathrm{d}(k_s r)}}{k_s r}\cdot\mathrm{h}_n(k_s r)\left[\frac{\mathrm{dP}^m_{n'}(\cos\theta)}{\mathrm{d}\theta}\frac{\mathrm{dP}^{-m}_n(\cos\theta)}{\mathrm{d}\theta}+\frac{m^2}{\sin^2\theta}\mathrm{P}^m_{n'}(\cos\theta)\mathrm{P}^{-m}_n(\cos\theta)\right]+\sigma_\theta(r)\frac{\mathrm{j}_{n'}(k_s r)}{kr}\mathrm{h}_n(kr)n'(n'+1)\mathrm{P}^m_{n'}(\cos\theta)\frac{\mathrm{dP}^{-m}_n(\cos\theta)}{\mathrm{d}\theta}\right\}\cdot\sin\theta\mathrm{d}\theta \tag{3.90}$$

$$J_{22}^{(3)} = 2\pi\delta_{mm'}(-1)^m\int_0^\pi r^2\gamma_{mn'}\gamma_{-mn}\left\{\sigma_r(r)\frac{\frac{\mathrm{d}(k_s r \mathrm{j}_{n'}(k_s r))}{\mathrm{d}(k_s r)}}{k_s r}\frac{\frac{\mathrm{d}(kr\mathrm{h}_n(kr))}{\mathrm{d}(kr)}}{kr}\frac{(-\mathrm{i}m)}{\sin\theta}\cdot\right.$$

$$\left[\frac{\mathrm{dP}_{n'}^m(\cos\theta)}{\mathrm{d}\theta}\mathrm{P}_n^{-m}(\cos\theta)+\mathrm{P}_{n'}^m(\cos\theta)\cdot\frac{\mathrm{dP}_n^{-m}(\cos\theta)}{\mathrm{d}\theta}\right]+$$

$$\sigma_\theta(r)\frac{(\mathrm{i}m)}{\sin\theta}\mathrm{P}_{n'}^m(\cos\theta)\mathrm{P}_n^{-m}(\cos\theta)\cdot$$

$$\left.\left[n(n+1)\frac{\frac{\mathrm{d}(k_s r\mathrm{j}_{n'}(k_s r))}{\mathrm{d}(k_s r)}}{k_s r}\frac{\mathrm{h}_n(kr)}{kr}+n'(n'+1)\frac{\mathrm{j}_{n'}(k_s r)}{k_s r}\frac{\frac{\mathrm{d}(kr\mathrm{h}_n(kr))}{\mathrm{d}(kr)}}{kr}\right]\right\}\cdot\sin\theta\mathrm{d}\theta \tag{3.91}$$

其中

$$\delta_{mm'}=\begin{cases}1, & m=m'\\ 0, & m\neq m'\end{cases} \tag{3.92}$$

$$\sigma_r(r)=\boldsymbol{\sigma}(\boldsymbol{r})\cdot\hat{\boldsymbol{e}}_r=1,\quad \sigma_\theta(r)=\boldsymbol{\sigma}(r)\cdot\hat{\boldsymbol{e}}_\theta=-\frac{\partial r(\theta,\phi)/\partial\theta}{r} \tag{3.93}$$

以下构建几种典型目标的表面方程及其对应的 σ_θ，以得到任意具有旋转对称性物体的 $\boldsymbol{T}$ 矩阵。

1. 介质球

球的表面方程比较简单。设球半径为 a，在球坐标下，表面方程为 $r=a$，带入式(3.87)，利用分步积分的原理和 Legendre 函数的性质 $\mathrm{P}_n^m(\cos(0))=\mathrm{P}_n^m(\cos(\pi))=0$，易得

$$\sigma_r=1,\ \sigma_\theta=0,\ \sigma_\phi=0 \tag{3.94}$$

将式(3.94)代入式(3.88)～式(3.89)，积分可得

$$J_{11}^{(3)}=0,\quad J_{12}^{(3)}=a^2\delta_{mm'}\delta_{nn'}\mathrm{j}_n(k_s a)\frac{[ka\mathrm{h}_n(ka)]'}{ka} \tag{3.95}$$

$$J_{22}^{(3)}=0,\quad J_{21}^{(3)}=-a^2\delta_{mm'}\delta_{nn'}\mathrm{h}_n(ka)\frac{[k_s a\mathrm{j}_n(k_s a)]'}{k_s a} \tag{3.96}$$

将式(3.95)和式(3.96)带入 $\overline{\overline{\boldsymbol{P}}}^{(3)}$、$\overline{\overline{\boldsymbol{R}}}^{(3)}$、$\overline{\overline{\boldsymbol{S}}}^{(3)}$ 和 $\overline{\overline{\boldsymbol{U}}}^{(3)}$ 表达式(3.73)中，可求得 $\overline{\overline{\boldsymbol{R}}}^{(3)}=\overline{\overline{\boldsymbol{S}}}^{(3)}=0$，且 $\overline{\overline{\boldsymbol{P}}}^{(3)}$ 和 $\overline{\overline{\boldsymbol{U}}}^{(3)}$ 为对角阵。同样以 $\mathrm{h}_n(ka)$ 替换为 $\mathrm{j}_n(ka)$，可得相应的元素 $J_{ij}^{(1)}(i,j=1,2)$。由于 $\overline{\overline{\boldsymbol{R}}}^{(1)}=\overline{\overline{\boldsymbol{S}}}^{(1)}=0$ 且 $\overline{\overline{\boldsymbol{P}}}^{(1)}$ 和 $\overline{\overline{\boldsymbol{U}}}^{(1)}$ 为对角阵，$\boldsymbol{T}$ 矩阵的形式为

$$\overline{\overline{\boldsymbol{T}}}=-\begin{bmatrix}\boldsymbol{P}^{(1)} & \boldsymbol{R}^{(1)}\\ \boldsymbol{S}^{(1)} & \boldsymbol{U}^{(1)}\end{bmatrix}\cdot\begin{bmatrix}\boldsymbol{P}^{(3)} & \boldsymbol{R}^{(3)}\\ \boldsymbol{S}^{(3)} & \boldsymbol{U}^{(3)}\end{bmatrix}^{-1}=-\begin{bmatrix}\boldsymbol{P}^{(1)} & 0\\ 0 & \boldsymbol{U}^{(1)}\end{bmatrix}\cdot\begin{bmatrix}\boldsymbol{P}^{(3)} & 0\\ 0 & \boldsymbol{U}^{(3)}\end{bmatrix}\cdot\frac{1}{|\overline{\overline{\boldsymbol{Q}}}^{(3)}|} \tag{3.97}$$

其中，$|\overline{\overline{\boldsymbol{Q}}}^{(3)}|=\overline{\overline{\boldsymbol{P}}}^{(3)}\overline{\overline{\boldsymbol{U}}}^{(3)}-\overline{\overline{\boldsymbol{S}}}^{(3)}\overline{\overline{\boldsymbol{R}}}^{(3)}=\overline{\overline{\boldsymbol{P}}}^{(3)}\overline{\overline{\boldsymbol{U}}}^{(3)}$。此时，$\boldsymbol{T}$ 矩阵也为对角阵，并可简记为

$$\overline{\overline{\boldsymbol{T}}}=\begin{bmatrix}-\frac{\boldsymbol{P}^{(1)}}{\boldsymbol{U}^{(3)}} & 0\\ 0 & -\frac{\boldsymbol{U}^{(1)}}{\boldsymbol{P}^{(3)}}\end{bmatrix}=\begin{bmatrix}\boldsymbol{T}^{(11)} & 0\\ 0 & \boldsymbol{T}^{(22)}\end{bmatrix} \tag{3.98}$$

其对角元素为

$$T_{mnm'n'}^{(11)}=\delta_{mm'}\delta_{nn'}\overline{\overline{T}}_n^{(M)}=\frac{\mathrm{j}_n(k_s a)[ka\mathrm{j}_n(ka)]'-\mathrm{j}_n(ka)[k_s a\mathrm{j}_n(k_s a)]'}{\mathrm{j}_n(k_s a)[ka\mathrm{h}_n(ka)]'-\mathrm{h}_n(ka)[k_s a\mathrm{j}_n(k_s a)]'} \tag{3.99}$$

$$T_{mnm'n'}^{(22)}=\delta_{mm'}\delta_{nn'}\overline{\overline{T}}_n^{(N)}=-\frac{\dfrac{k_s^2}{k^2}\mathrm{j}_n(k_sa)[ka\mathrm{j}_n(ka)]'-\mathrm{j}_n(ka)[k_sa\mathrm{j}_n(k_sa)]'}{\dfrac{k_s^2}{k^2}\mathrm{j}_n(k_sa)[ka\mathrm{h}_n(ka)]'-\mathrm{h}_n(ka)[k_sa\mathrm{j}_n(k_sa)]'} \tag{3.100}$$

2. 旋转椭球

假设椭球的旋转轴为 z 轴，对应的轴长为 c，在 x、y 轴上其轴长为 a，直角坐标系下其方程为

$$\frac{x^2+y^2}{a^2}+\frac{z^2}{c^2}=1 \tag{3.101}$$

当 $a>c$ 时，为扁椭球，典型的实例为人体的红细胞；当 $a<c$ 时，为长椭球，典型的实例为受重力影响的雨滴或人头模型。其球坐标方程为

$$r=r(\theta)=\left(\frac{\sin^2\theta}{a^2}+\frac{\cos^2\theta}{c^2}\right)^{-1/2} \tag{3.102}$$

$$\sigma_r=1,\ \sigma_\theta=-r^2\sin\theta\cos\theta\left(\frac{1}{a^2}-\frac{1}{c^2}\right),\ \sigma_\phi=0 \tag{3.103}$$

由于椭球面具有关于 xoy 平面的对称性，故可将积分域分为

$$\int_0^\pi \sin\theta\mathrm{d}\theta=\int_0^{\frac{\pi}{2}}\sin\theta\mathrm{d}\theta+\int_0^{\frac{\pi}{2}}\sin\theta'\mathrm{d}\theta' \tag{3.104}$$

其中，$\theta'=\pi-\theta$。由特殊函数的性质 $\mathrm{P}_n^m[\cos(\pi-\theta)]=\mathrm{P}_n^m(\cos\theta)$ 得

$$J_{11}^{(3)}=J_{22}^{(3)}=0,\quad n+n'\text{为偶} \tag{3.105}$$

$$J_{12}^{(3)}=J_{21}^{(3)}=0,\quad n+n'\text{为奇} \tag{3.106}$$

3. 有限长圆柱

假设圆柱半径为 a，圆柱长为 $2h$，其表面方程为

$$x^2+y^2=a^2,\ |z|\leqslant h \tag{3.107}$$

有限圆柱为旋转对称物体，可考虑利用如图 3.7 所示的截面来确定 r 和角度 θ 的关系。

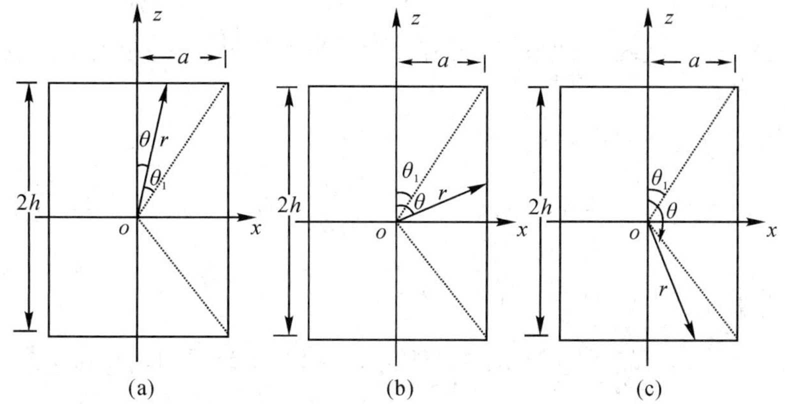

图 3.7　有限长圆柱表面方程示意图

如图 3.7(a)所示，$r=h/\cos\theta$；如图 3.7(b)所示，$r=a/\sin\theta$；如图 3.7(c)所示，$r=-h/\cos\theta$。综上所述，可以构建出有限长圆柱的表面方程和 σ_θ 为

$$r(\theta)=\begin{cases} h\sec\theta \\ a\csc\theta \\ -h\sec\theta \end{cases},\quad \sigma_\theta=\begin{cases} \dfrac{-h\sin\theta}{r\cos^2\theta}, & 0<\theta\leqslant\theta_1 \\ \dfrac{a\cos\theta}{r\sin^2\theta}, & \theta_1<\theta<\theta_2 \\ \dfrac{-h\sin\theta}{r\cos^2\theta}, & \theta_2\leqslant\theta<\pi \end{cases} \tag{3.108}$$

其中，$\theta_1=\arctan(a/h)$。利用构建出的表面方程及 σ_θ，即可按照表达式(3.88)～式(3.91)计算出有限长圆柱 $J_{ij}^{(1)}$，$J_{ij}^{(3)}(i, j=1, 2)$的各元素：

$$J_{11}^{(3)}=F_1\cdot\int_0^{2\pi}\int_0^{\pi} r^2\cdot\gamma_{m'n'}\gamma_{-mn}\mathrm{e}^{\mathrm{i}\phi(m'-m)}\mathrm{j}_{n'}(k_s r)\mathrm{h}_n(kr)\cdot \left[\frac{\mathrm{i}m'}{\sin\theta}\mathrm{P}_{n'}^{m'}(\cos\theta)\frac{\mathrm{dP}_n^{-m}(\cos\theta)}{\mathrm{d}\theta}+\frac{\mathrm{i}m}{\sin\theta}\frac{\mathrm{dP}_{n'}^{m'}(\cos\theta)}{\mathrm{d}\theta}\mathrm{P}_n^{-m}(\cos\theta)\right]\cdot\sin\theta\mathrm{d}\theta\mathrm{d}\phi \tag{3.109}$$

$$\begin{aligned}J_{12}^{(3)}=&F_2\int_0^{2\pi}\int_0^{\pi}\gamma_{m'n'}\gamma_{-mn}\mathrm{e}^{\mathrm{i}\phi(m'-m)}\mathrm{j}_{n'}(k_s r)\frac{\dfrac{\mathrm{d}(kr\mathrm{h}_n(kr))}{\mathrm{d}(kr)}}{kr}\cdot\\&\left[\frac{\mathrm{i}m'}{\sin\theta}\mathrm{P}_{n'}^{m'}(\cos\theta)\cdot\frac{\mathrm{i}m}{\sin\theta}\mathrm{P}_n^{-m}(\cos\theta)-\frac{\mathrm{dP}_n^{-m}(\cos\theta)}{\mathrm{d}\theta}\frac{\mathrm{dP}_{n'}^{m'}(\cos\theta)}{\mathrm{d}\theta}\right]\cdot r^2\sin\theta\mathrm{d}\theta\mathrm{d}\phi+\\&2F_2\int_0^{2\pi}\int_0^{\theta_1}\gamma_{m'n'}\gamma_{-mn}\mathrm{e}^{\mathrm{i}\phi(m'-m)}\mathrm{j}_{n'}(k_s r)n(n+1)\frac{\mathrm{h}_n(kr)\mathrm{P}_n^{-m}(\cos\theta)}{kr}\cdot\\&\left[\left(-\frac{\sin\theta}{\cos\theta}\right)\mathrm{j}_{n'}(k_s r)\frac{\mathrm{dP}_{n'}^{m'}(\cos\theta)}{\mathrm{d}\theta}\right]\cdot r^2\sin\theta\mathrm{d}\theta\mathrm{d}\phi+2F_2\int_0^{2\pi}\int_{\theta_1}^{\frac{\pi}{2}}r^2\sin\theta\mathrm{d}\theta\gamma_{m'n'}\gamma_{-mn}\cdot\\&\mathrm{e}^{\mathrm{i}\phi(m'-m)}\mathrm{j}_{n'}(k_s r)\cdot n(n+1)\frac{\mathrm{h}_n(kr)\mathrm{P}_n^{-m}(\cos\theta)}{kr}\left[\frac{\cos\theta}{\sin\theta}\mathrm{j}_{n'}(k_s r)\frac{\mathrm{dP}_{n'}^{m'}(\cos\theta)}{\mathrm{d}\theta}\right]\cdot r^2\sin\theta\mathrm{d}\theta\mathrm{d}\phi\end{aligned} \tag{3.110}$$

$$\begin{aligned}J_{21}^{(3)}=&F_2\int_0^{2\pi}\int_0^{\pi}\gamma_{m'n'}\gamma_{-mn}\mathrm{e}^{\mathrm{i}\phi(m'-m)}\mathrm{h}_n(kr)\frac{\dfrac{\mathrm{d}(k_s r\mathrm{j}_{n'}(k_s r))}{\mathrm{d}(k_s r)}}{k_s r}\cdot\\&\left[\frac{\mathrm{i}m'}{\sin\theta}\mathrm{P}_{n'}^{m'}(\cos\theta)\cdot\frac{\mathrm{i}m}{\sin\theta}\mathrm{P}_n^{-m}(\cos\theta)-\frac{\mathrm{dP}_n^{-m}(\cos\theta)}{\mathrm{d}\theta}\frac{\mathrm{dP}_{n'}^{m'}(\cos\theta)}{\mathrm{d}\theta}\right]\cdot r^2\sin\theta\mathrm{d}\theta\mathrm{d}\phi+\\&2F_2\int_0^{2\pi}\int_0^{\theta_1}r^2\sin\theta\mathrm{d}\theta\ \gamma_{m'n'}\gamma_{-mn}\mathrm{e}^{\mathrm{i}\phi(m'-m)}\mathrm{h}_n(kr)\cdot\\&n'(n'+1)\frac{\mathrm{j}_{n}'(k_s r)}{k_s r}\mathrm{P}_{n'}^{m'}(\cos\theta)\cdot\left[\left(-\frac{\sin\theta}{\cos\theta}\right)\mathrm{h}_n(kr)\frac{\mathrm{dP}_n^{-m}(\cos\theta)}{\mathrm{d}\theta}\right]\cdot r^2\sin\theta\mathrm{d}\theta\mathrm{d}+\\&2F_2\int_0^{2\pi}\int_{\theta_1}^{\frac{\pi}{2}}\gamma_{m'n'}\gamma_{-mn}\mathrm{e}^{\mathrm{i}\phi(m'-m)}\mathrm{j}_{n'}(k_s r)\cdot\\&n'(n'+1)\frac{\mathrm{j}_{n'}(k_s r)}{k_s r}\mathrm{P}_{n'}^{m'}(\cos\theta)\left[\frac{\cos\theta}{\sin\theta}\mathrm{h}_n(kr)\frac{\mathrm{dP}_n^{-m}(\cos\theta)}{\mathrm{d}\theta}\right]\cdot r^2\sin\theta\mathrm{d}\theta\mathrm{d}\phi\end{aligned} \tag{3.111}$$

$$J_{22}^{(3)}=F_1\int_0^{2\pi}\int_0^{\pi}\gamma_{m'n'}\gamma_{-mn}\mathrm{e}^{\mathrm{i}\phi(m'-m)}\frac{\dfrac{\mathrm{d}(k_s r\mathrm{j}_{n'}(k_s r))}{\mathrm{d}(k_s r)}}{k_s r}\frac{\dfrac{\mathrm{d}(kr\mathrm{h}_n(kr))}{\mathrm{d}(kr)}}{kr}\cdot$$

$$\left[\frac{\mathrm{dP}_{n'}^{m'}(\cos\theta)}{\mathrm{d}\theta}\frac{\mathrm{i}m}{\sin\theta}\mathrm{P}_n^{-m}(\cos\theta)+\frac{\mathrm{dP}_n^{-m}(\cos\theta)}{\mathrm{d}\theta}\cdot\frac{\mathrm{i}m'}{\sin\theta}\mathrm{P}_{n'}^{m'}(\cos\theta)\right]\cdot r^2\sin\theta\mathrm{d}\theta\mathrm{d}\phi+$$

$$2F_1\int_0^{2\pi}\int_0^{\theta_1}\gamma_{m'n'}\gamma_{-mn}\mathrm{e}^{\mathrm{i}\phi(m'-m)}\cdot$$

$$\left[-\frac{\sin\theta}{\cos\theta}\cdot\frac{\frac{\mathrm{d}(k_s r\mathrm{j}_{n'}(k_s r))}{\mathrm{d}(k_s r)}}{k_s r}\cdot\frac{\mathrm{i}m'}{\sin\theta}\mathrm{P}_{n'}^{m'}(\cos\theta)n(n+1)\frac{\mathrm{h}_n(kr)}{kr}\mathrm{P}_n^{-m}(\cos\theta)\cdot r^2\sin\theta\mathrm{d}\theta\mathrm{d}\phi+\right.$$

$$\left.n'(n'+1)\frac{\mathrm{j}_{n'}(k_s r)}{k_s r}\mathrm{P}_{n'}^{m'}(\cos\theta)\cdot\frac{\frac{\mathrm{d}(kr\mathrm{h}_n(kr))}{\mathrm{d}(kr)}}{kr}\frac{\mathrm{i}m}{\sin\theta}\mathrm{P}_n^{-m}(\cos\theta)\right]\cdot r^2\sin\theta\mathrm{d}\theta\mathrm{d}\phi+$$

$$2F_1\int_0^{2\pi}\int_{\theta_1}^{\pi/2}\gamma_{m'n'}\gamma_{-mn}\mathrm{e}^{\mathrm{i}\phi(m'-m)}\left[\frac{\cos\theta}{\sin\theta}\cdot\frac{\frac{\mathrm{d}(k_s r\mathrm{j}_{n'}(k_s r))}{\mathrm{d}(k_s r)}}{k_s r}\cdot\right.$$

$$\frac{\mathrm{i}m'}{\sin\theta}\mathrm{P}_{n'}^{m'}(\cos\theta)n(n+1)\frac{\mathrm{h}_n(kr)}{kr}\mathrm{P}_n^{-m}(\cos\theta)+n'(n'+1)\cdot$$

$$\left.\frac{\mathrm{j}_{n'}(k_s r)}{k_s r}\mathrm{P}_{n'}^{m'}(\cos\theta)\cdot\frac{\frac{\mathrm{d}(kr\mathrm{h}_n(kr))}{\mathrm{d}(kr)}}{kr}\frac{\mathrm{i}m}{\sin\theta}\mathrm{P}_n^{-m}(\cos\theta)\right]\cdot r^2\sin\theta\mathrm{d}\theta\mathrm{d}\phi \tag{3.112}$$

其中

$$F_1=-(-1)^m[1+(-1)^{m'-m}][1+(-1)^{n'+n+1}]$$

$$F_2=-(-1)^m[1+(-1)^{m'-m}][1+(-1)^{n'+n}]$$

以上各积分公式虽然相当复杂，但采用数值积分方法较容易求解。在数值计算中一般采用 Gauss - Legendre 积分方法，能够得到较高的计算精度。同理可以构建出圆台和圆锥的表面方程和 σ_θ。

4. 圆台

假设圆台的上下半径分别为 a 和 b，高为 $2h$，如图 3.8 所示，得到圆台的表面方程为

$$r(\theta)=\begin{cases}h\sec\theta, & 0<\theta<\theta_1\\ \dfrac{(a+b)h}{2h\sin\theta-(a-b)\cos\theta}, & \theta_1\leqslant\theta\leqslant\pi-\theta_2\\ -h\sec\theta, & \pi-\theta_2<\theta<\pi\end{cases} \tag{3.113}$$

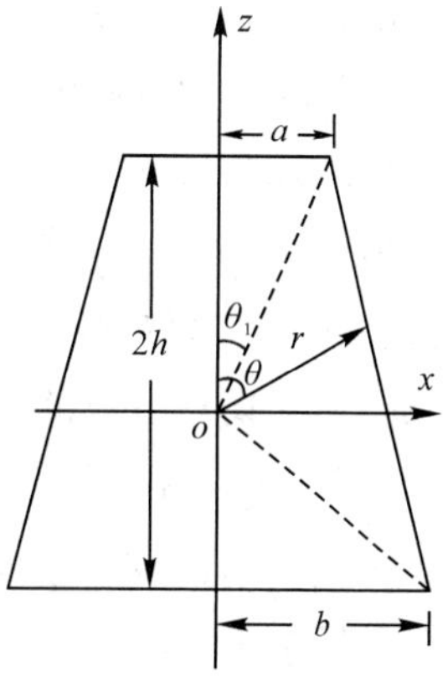

图 3.8　圆台截面

$$\sigma_\theta=\begin{cases}\dfrac{-h\sec\theta\tan\theta}{r}, & 0<\theta<\theta_1\\ \dfrac{[2h\cos\theta+(a-b)\sin\theta](a+b)h}{r[2h\sin\theta-(a-b)\cos\theta]^2}, & \theta_1\leqslant\theta\leqslant\pi-\theta_2\\ \dfrac{-h\sec\theta\tan\theta}{r}, & \pi-\theta_2<\theta<\pi\end{cases} \tag{3.114}$$

其中

$$\theta_1=\arctan\left(\frac{a}{h}\right),\ \theta_2=\arctan\left(\frac{b}{h}\right) \tag{3.115}$$

在圆台表面方程中，设 $a=b$，圆台将退化成圆柱；同样，如令 $a=0$，圆台又将退化成圆锥。因此，也很容易得到圆锥的系列方程。

5. 钝头圆锥

设钝头圆锥的底半径为 R，圆锥和柱体的高度分别为 h_1 和 $2h_2$，如图 3.9 所示，可以写出该钝头圆锥的表面方程为

$$r(\theta)=\begin{cases}(a-h_2\sin\theta)\sin\theta+h_2\sec\theta, & 0<\theta<\theta_1\\ a\csc\theta, & \theta_1\leqslant\theta\leqslant\pi-\theta_2\\ R, & \pi-\theta_2<\theta<\pi\end{cases} \tag{3.116}$$

$$\sigma_\theta=\begin{cases}-\dfrac{a\cos\theta-2h_2\sin\theta\cos\theta+h_2\sin\theta\sec^2\theta}{r}, & 0<\theta<\theta_1\\ \dfrac{a\cos\theta}{r\sin^2\theta}, & \theta_1\leqslant\theta\leqslant\pi-\theta_2\\ 0, & \pi-\theta_2<\theta<\pi\end{cases} \tag{3.117}$$

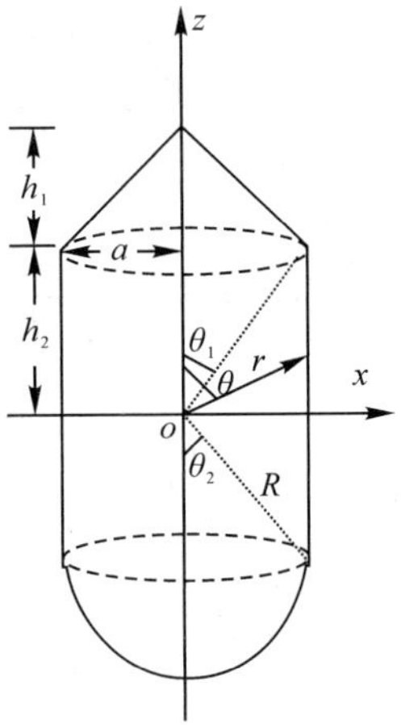

图 3.9　钝头圆锥截面

利用构建出的表面方程及 σ_θ 和 R，按照表达式(3.88)至式(3.91)可以进一步得到钝头圆锥的 $J_{ij}^{(1)}$、$J_{ij}^{(3)}$ $(i,\ j=1,\ 2)$ 的各元素。采用本章中构建处理表面方程的方法，利用扩展边界条件，$\boldsymbol{T}$ 矩阵已经不再局限于计算球、椭球等目标。通过上述分析可以看出，只要能写出散射体的表面方程，就可通过积分得到散射体的 $\boldsymbol{T}$ 矩阵，并能够最终得到任意回旋对称单体的散射特性。

图 3.10 数值计算了一个有限长介质圆柱的双站 RCS。首先将式(3.109)至式(3.112)代入式(3.79)，计算出有限长圆柱的 $P_{mnm'n'}^{(1)}$、$R_{mnm'n'}^{(1)}$、$S_{mnm'n'}^{(1)}$、$U_{mnm'n'}^{(1)}$，再根据式(3.75)和式(3.78)计算 $\overline{\overline{\boldsymbol{Q}}}^{(3)}$ 和 $\overline{\overline{\boldsymbol{Q}}}^{(1)}$；最终由式(3.82)计算散射体在粒子局域坐标系中的散射传输矩阵 $\boldsymbol{T}$。在图 3.10 的算例中，选取粒子局域坐标系与实验室坐标系对应坐标轴平行，故散射体的旋转欧拉角为 $\alpha=\beta=\gamma=0$。圆柱半径 $r=0.5$ m，高 $h=1$ m，介电常数 $\varepsilon_r=2.0$，入射波为频率 $f=300$ MHz 且沿 z 轴入射的平面电磁波，电场极化方向为 $\hat{\boldsymbol{x}}$。由图 3.10 可知：$\boldsymbol{T}$ 矩阵方法和 FDTD 的算法所得结果吻合得很好，细小差别主要是由 FDTD 计算离散过程中的台阶化误差造成的。

图 3.11 计算并比较了几个不同形状的任意回旋对称粒子的散射特性。其中设定沿 z 轴正方向入射的入射波的频率为 $f=300$ MHz，电场的极化方向为 $\hat{\boldsymbol{x}}$ 方向。每个介质的介电常数同为 $\varepsilon_r=3.0$，且各个粒子的回旋对称轴沿 z 轴放置。其中圆锥的底面半径 $r=1$ m，高 $h=2$ m，有限长圆柱的半径 $r=1$ m，高 $h=2$ m，椭球的 $a/b=1/2$，$a=1$ m，$b=2$ m。本算例中各个散射体的体积大小关系是：圆柱体积大于椭球体积，椭球体积大于圆锥体积。从散射角为零度的图线上可以明显看出，大目标的前向散射 RCS 较小目标更为明显。

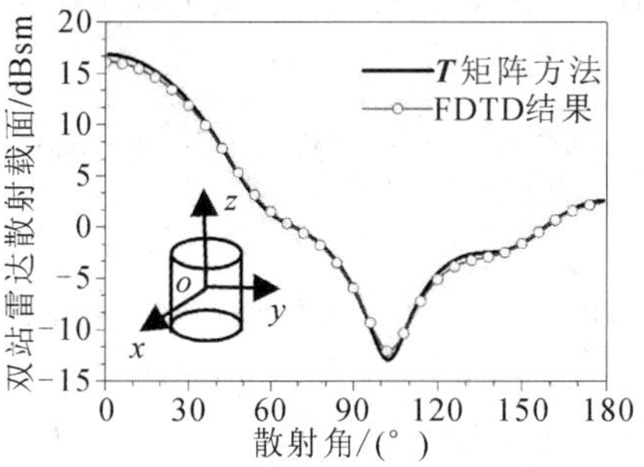

图 3.10 有限圆柱的双站 RCS

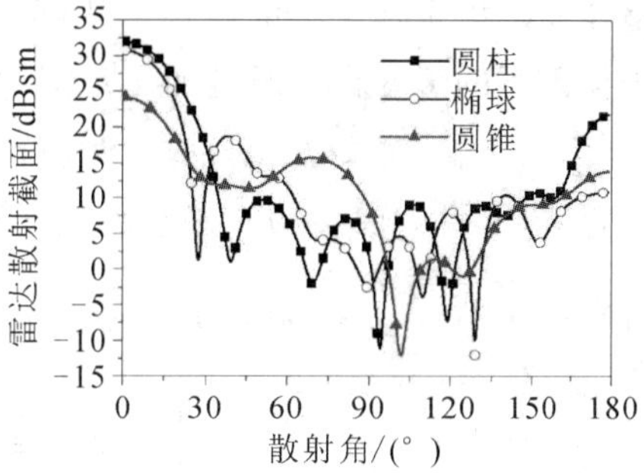

图 3.11 不同形状散射体的双站 RCS

3.3.3 广义递推集合 *T* 矩阵算法

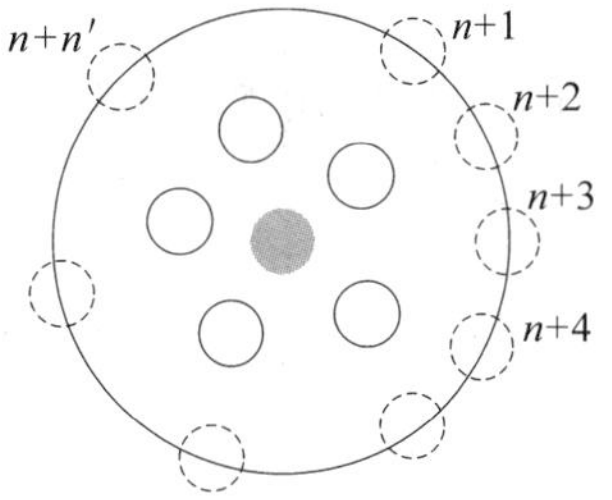

图 3.12 多目标分布示意图

在多粒子相干散射的研究中，Chew 提出了一系列的递推方法，例如：递推 ***T*** 矩阵算法（Recursive T-Matrix Algorithm），即将两散射体的散射传输矩阵扩展到已知第 n 个散射体，要求第 $n+1$ 个散射体的过程中；计算速度快、占内存小的递推综合 ***T*** 矩阵 RATMA 算法（Recursive Aggregate T-Matrix Algorithm）。但由于 ***T*** 矩阵及加法定理的限制，在计算如图 3.12 所示的一些与系统中心等距离圆上目标的散射特性时，加法定理的展开中存在奇异性，这种现象在 TE 波和三维问题中尤其明显。Chew 又对 RATMA 作了改进，提出了广义递推综合 T 矩阵算法（Generalized Recursive Aggregate T-Matrix Algorithm，GRATMA）。在 GRATMA 中，每一次递推新增加的不再是一个散射体，而是同时增加一组由若干个与系统坐标原点距离相等的散射体所组成的圆环状的散射体集团。这种方法的计算精度更高，只是由于每次计算过程中所需求逆的矩阵的维数要大于 RATMA 算法中的矩阵维数，因此其计算所需的时间较长。本节在任意形状单体的散射传输矩阵的研究基础上，结合 GRATMA 算法，成功将扩展的 ***T*** 矩阵方法应用到多个旋转对称物体散射特性的计算中，结合波函数旋转定理和加法定理，完成了对多个任意取向的旋转对称目标的散射特性计算。

假设 n 个目标的散射场可以根据集合 ***T*** 矩阵 $\bar{\bar{\boldsymbol{\tau}}}_{(n)}$ 得到，即

$$\boldsymbol{E}^{s}(\boldsymbol{r})=\bar{\bar{\boldsymbol{\psi}}}^{(3)}(\boldsymbol{r}_0,\boldsymbol{r})\cdot\bar{\bar{\boldsymbol{\tau}}}_{(n)}\cdot\boldsymbol{a} \tag{3.118}$$

那么外场可以写为

$$\boldsymbol{E}(\boldsymbol{r})=\bar{\bar{\boldsymbol{\psi}}}^{(1)}(\boldsymbol{r}_0,\boldsymbol{r})\cdot\boldsymbol{a}+\bar{\bar{\boldsymbol{\psi}}}^{(3)}(\boldsymbol{r}_0,\boldsymbol{r})\cdot\bar{\bar{\boldsymbol{\tau}}}_{(n)}\cdot\boldsymbol{a} \tag{3.119}$$

如果加入与系统坐标原点等距离的 n' 个散射体，则总场可以描述为

$$\boldsymbol{E}(\boldsymbol{r})=\bar{\bar{\boldsymbol{\psi}}}^{(1)}(\boldsymbol{r}_0,\boldsymbol{r})\cdot\boldsymbol{a}+\bar{\bar{\boldsymbol{\psi}}}^{(3)}(\boldsymbol{r}_0,\boldsymbol{r})\cdot\bar{\bar{\boldsymbol{\tau}}}_{n(n+n')}\cdot\boldsymbol{a}+\sum_{i=n+1}^{n+n'}\bar{\bar{\boldsymbol{\psi}}}^{(3)}(\boldsymbol{r}_i;\boldsymbol{r})\cdot\bar{\bar{\boldsymbol{T}}}_{i(n+n')}\cdot\bar{\bar{\boldsymbol{B}}}_{i0}\cdot\boldsymbol{a} \tag{3.120}$$

其中，第一项和最后一项可视为第 $i=1,\cdots,n$ 个散射体的入射场；$\bar{\bar{\boldsymbol{B}}}_{i0}\cdot\boldsymbol{a}$ 可看作入射波以散射体 i 为坐标系分解得到的向量；$\bar{\bar{\boldsymbol{\tau}}}_{n(n+n')}$ 表示有 $n+n'$ 个散射体时，前面 n 个散射体作

为整体在系统坐标系下的集合 $\boldsymbol{T}$ 矩阵；$\overline{\overline{\boldsymbol{T}}}_{i(n+n')}$ 表示有 $n+n'$ 个散射体时，散射体 i 在自身局部坐标系下的 $\boldsymbol{T}$ 矩阵。通过加法定理：

$$\overline{\overline{\boldsymbol{\psi}}}^{(3)}(\boldsymbol{r}_i;\boldsymbol{r})=\overline{\overline{\boldsymbol{\psi}}}^{(1)}(\boldsymbol{r}_0,\boldsymbol{r})\cdot\overline{\overline{\boldsymbol{A}}}_{0i},\qquad |\boldsymbol{r}-\boldsymbol{r}_i|<|\boldsymbol{r}_0-\boldsymbol{r}_i| \tag{3.121}$$

可以将式(3.120)改写为

$$\begin{aligned}\boldsymbol{E}(\boldsymbol{r})&=\overline{\overline{\boldsymbol{\psi}}}^{(1)}(\boldsymbol{r}_0,\boldsymbol{r})\cdot\boldsymbol{a}+\overline{\overline{\boldsymbol{\psi}}}^{(1)}(\boldsymbol{r}_0,\boldsymbol{r})\cdot\sum_{i=n+1}^{n+n'}\overline{\overline{\boldsymbol{A}}}_{0i}\cdot\overline{\overline{\boldsymbol{T}}}_{i(n+n')}\cdot\overline{\overline{\boldsymbol{B}}}_{i0}\cdot\boldsymbol{a}+\overline{\overline{\boldsymbol{\psi}}}^{(3)}(\boldsymbol{r}_0;\boldsymbol{r})\cdot\overline{\overline{\boldsymbol{\tau}}}_{n(n+n')}\cdot\boldsymbol{a}\\&=\overline{\overline{\boldsymbol{\psi}}}^{(1)}(\boldsymbol{r}_0,\boldsymbol{r})\cdot\left[\overline{\overline{\boldsymbol{I}}}+\sum_{i=n+1}^{n+n'}\overline{\overline{\boldsymbol{A}}}_{0i}\cdot\overline{\overline{\boldsymbol{T}}}_{i(n+n')}\cdot\overline{\overline{\boldsymbol{B}}}_{i0}\right]\cdot\boldsymbol{a}+\overline{\overline{\boldsymbol{\psi}}}^{(3)}(\boldsymbol{r}_0,\boldsymbol{r})\cdot\overline{\overline{\boldsymbol{\tau}}}_{n(n+n')}\cdot\boldsymbol{a}\end{aligned} \tag{3.122}$$

若将前面一部分看作是 n 个散射体的外加入射波，而后面一部分作为 n 个散射体的散射波，则有

$$\overline{\overline{\boldsymbol{\tau}}}_{n(n+n')}=\overline{\overline{\boldsymbol{\tau}}}_{(n)}\cdot\left[\overline{\overline{\boldsymbol{I}}}+\sum_{i=n+1}^{n+n'}\overline{\overline{\boldsymbol{A}}}_{0i}\cdot\overline{\overline{\boldsymbol{T}}}_{i(n+n')}\cdot\overline{\overline{\boldsymbol{B}}}_{i0}\right] \tag{3.123}$$

同样，可以利用加法定理将式(3.122)转换到新加入 $n'+1$ 个散射体的 j 坐标系下，则有

$$\begin{aligned}\boldsymbol{E}(\boldsymbol{r})=&\ \overline{\overline{\boldsymbol{\psi}}}^{(1)}(\boldsymbol{r}_j;\boldsymbol{r})\cdot\overline{\overline{\boldsymbol{B}}}_{j0}\cdot\boldsymbol{a}+\overline{\overline{\boldsymbol{\psi}}}^{(3)}(\boldsymbol{r}_j;\boldsymbol{r})\cdot\overline{\overline{\boldsymbol{A}}}_{j0}\cdot\overline{\overline{\boldsymbol{\tau}}}_{n(n+n')}\cdot\boldsymbol{a}+\\&\ \overline{\overline{\boldsymbol{\psi}}}^{(1)}(\boldsymbol{r}_j;\boldsymbol{r})\sum_{\substack{i=n+1\\i\neq j}}^{n+n'}\overline{\overline{\boldsymbol{A}}}_{ji}\cdot\overline{\overline{\boldsymbol{T}}}_{i(n+n')}\cdot\overline{\overline{\boldsymbol{B}}}_{i0}\cdot\boldsymbol{a}+\overline{\overline{\boldsymbol{\psi}}}^{(3)}(\boldsymbol{r}_j;\boldsymbol{r})\cdot\overline{\overline{\boldsymbol{T}}}_{j(n+n')}\cdot\overline{\overline{\boldsymbol{B}}}_{j0}\cdot\boldsymbol{a}\end{aligned} \tag{3.124}$$

根据单目标 $\boldsymbol{T}$ 矩阵定义，式(3.124)的前面三项可以合并看作是入射波，提取驻波分量，最后一项为散射波，即

$$\overline{\overline{\boldsymbol{T}}}_{j(n+n')}\cdot\overline{\overline{\boldsymbol{B}}}_{j0}=\overline{\overline{\boldsymbol{T}}}_{j(1)}\cdot\left(\overline{\overline{\boldsymbol{B}}}_{j0}+\overline{\overline{\boldsymbol{A}}}_{j0}\cdot\overline{\overline{\boldsymbol{\tau}}}_{n(n+n')}+\sum_{i=n+1,\ i\neq j}^{n+n'}\overline{\overline{\boldsymbol{A}}}_{ji}\cdot\overline{\overline{\boldsymbol{T}}}_{i(n+n')}\cdot\overline{\overline{\boldsymbol{B}}}_{i0}\right) \tag{3.125}$$

式中，$\overline{\overline{\boldsymbol{T}}}_{j(1)}$ 表示只有一个散射体时，散射体 j 的 $\boldsymbol{T}$ 矩阵，显然也即是散射体自身的 $\boldsymbol{T}$ 矩阵。关于如何计算任意回旋对称粒子的散射传输矩阵已经有过详细讨论，故视该矩阵为已知矩阵。将式(3.123)代入式(3.124)整理可以得到

$$\overline{\overline{\boldsymbol{T}}}_{j(n+n')}\cdot\overline{\overline{\boldsymbol{B}}}_{j0}=\overline{\overline{\boldsymbol{T}}}_{j(1)}\cdot\left[\overline{\overline{\boldsymbol{B}}}_{j0}+\overline{\overline{\boldsymbol{A}}}_{j0}\cdot\overline{\overline{\boldsymbol{\tau}}}_{n}\cdot\left(\overline{\overline{\boldsymbol{I}}}+\sum_{i=n+1}^{n+n'}\overline{\overline{\boldsymbol{A}}}_{0i}\cdot\overline{\overline{\boldsymbol{T}}}_{i(n+n')}\cdot\overline{\overline{\boldsymbol{B}}}_{i0}\right)+\sum_{\substack{i=n+1\\i\neq j}}^{n+n'}\overline{\overline{\boldsymbol{A}}}_{ji}\cdot\overline{\overline{\boldsymbol{T}}}_{i(n+n')}\cdot\overline{\overline{\boldsymbol{B}}}_{i0}\right] \tag{3.126}$$

如果将 $\overline{\overline{\boldsymbol{T}}}_{j(n+n')}\cdot\overline{\overline{\boldsymbol{B}}}_{j0}$ 作为一个“未知矩阵”，则式(3.126)可改写为

$$\sum_{i=n+1}^{n'+1}\overline{\overline{\boldsymbol{A}}}_{ji}\cdot\left(\overline{\overline{\boldsymbol{T}}}_{i(n+n')}\cdot\overline{\overline{\boldsymbol{B}}}_{i0}\right)=\overline{\overline{\boldsymbol{T}}}_{j(1)}\cdot\left(\overline{\overline{\boldsymbol{B}}}_{j0}+\overline{\overline{\boldsymbol{A}}}_{j0}\cdot\overline{\overline{\boldsymbol{\tau}}}_{n}\right) \tag{3.127}$$

其中

$$\overline{\overline{\boldsymbol{A}}}_{ji}=\begin{cases}\overline{\overline{\boldsymbol{I}}}-\overline{\overline{\boldsymbol{T}}}_{j(1)}\cdot\overline{\overline{\boldsymbol{A}}}_{j0}\cdot\overline{\overline{\boldsymbol{\tau}}}_{(n)}\cdot\overline{\overline{\boldsymbol{A}}}_{0j}, & i=j\\-\overline{\overline{\boldsymbol{T}}}_{j(1)}\cdot\left(\overline{\overline{\boldsymbol{A}}}_{j0}\cdot\overline{\overline{\boldsymbol{\tau}}}_{(n)}\cdot\overline{\overline{\boldsymbol{A}}}_{0j}+\overline{\overline{\boldsymbol{A}}}_{ij}\right), & i\neq j\end{cases} \tag{3.128}$$

因此，通过求解方程组，可以得到新加入各个散射体的 $\overline{\overline{\boldsymbol{T}}}_{i(n+n')}\cdot\overline{\overline{\boldsymbol{B}}}_{i0}$。下面来考虑任意一个不处于系统坐标系原点的散射体在系统坐标系下的 $\boldsymbol{T}$ 矩阵，以及自身局部坐标系下的 $\boldsymbol{T}$ 矩阵与系统 $\boldsymbol{T}$ 矩阵的关系。

入射波在系统坐标系下可以有

$$\boldsymbol{E}_{\mathrm{i}}(\boldsymbol{r})=\overline{\overline{\boldsymbol{\psi}}}^{(1)}(\boldsymbol{r}_{\mathrm{s}},\ \boldsymbol{r})\cdot\boldsymbol{a}_{\mathrm{s}} \tag{3.129}$$

根据加法定理，可以有

$$\boldsymbol{E}_{\mathrm{i}}(\boldsymbol{r})=\overline{\overline{\boldsymbol{\psi}}}^{(1)}(\boldsymbol{r}_{\mathrm{s}},\ \boldsymbol{r})\cdot\boldsymbol{a}_{\mathrm{s}}=\overline{\overline{\boldsymbol{\psi}}}^{(1)}(\boldsymbol{r}_{l},\ \boldsymbol{r})\cdot\overline{\overline{\boldsymbol{B}}}_{l\mathrm{s}}\cdot\boldsymbol{a}_{\mathrm{s}}=\overline{\overline{\boldsymbol{\psi}}}^{(1)}(\boldsymbol{r}_{l},\ \boldsymbol{r})\cdot(\overline{\overline{\boldsymbol{B}}}_{l\mathrm{s}}\cdot\boldsymbol{a}_{\mathrm{s}}) \tag{3.130}$$

因此，空间散射波为

$$\begin{aligned}\boldsymbol{E}_{\mathrm{s}}(\boldsymbol{r})&=\overline{\overline{\boldsymbol{\psi}}}^{(3)}(\boldsymbol{r}_{l},\ \boldsymbol{r})\cdot\overline{\overline{\boldsymbol{T}}}_{l}\cdot(\overline{\overline{\boldsymbol{B}}}_{l\mathrm{s}}\cdot\boldsymbol{a}_{\mathrm{s}})=[\overline{\overline{\boldsymbol{\psi}}}^{(3)}(\boldsymbol{r}_{\mathrm{s}},\ \boldsymbol{r})\cdot\overline{\overline{\boldsymbol{B}}}_{\mathrm{s}l}]\cdot\overline{\overline{\boldsymbol{T}}}_{l}\cdot(\overline{\overline{\boldsymbol{B}}}_{l\mathrm{s}}\cdot\boldsymbol{a}_{\mathrm{s}})\\&=\overline{\overline{\boldsymbol{\psi}}}^{(3)}(\boldsymbol{r}_{\mathrm{s}},\ \boldsymbol{r})\cdot[\overline{\overline{\boldsymbol{B}}}_{\mathrm{s}l}\cdot\overline{\overline{\boldsymbol{T}}}_{l}\cdot\overline{\overline{\boldsymbol{B}}}_{l\mathrm{s}}]\cdot\boldsymbol{a}_{s}=\overline{\overline{\boldsymbol{\psi}}}^{(3)}(\boldsymbol{r}_{\mathrm{s}},\ \boldsymbol{r})\cdot\overline{\overline{\boldsymbol{T}}}_{\mathrm{s}}\cdot\boldsymbol{a}_{\mathrm{s}}\end{aligned} \tag{3.131}$$

如果将系统坐标系定为 0，散射体坐标系定为 j，则两个坐标系下的 $\boldsymbol{T}$ 矩阵关系为

$$\overline{\overline{\boldsymbol{T}}}_{j,\ 0}=\overline{\overline{\boldsymbol{B}}}_{0j}\cdot\overline{\overline{\boldsymbol{T}}}_{j(1)}\cdot\overline{\overline{\boldsymbol{B}}}_{j0} \tag{3.132}$$

即使有多个目标时，这种关系依然成立。因此根据集合 $\boldsymbol{T}$ 矩阵的定义，将 $n+n'$ 的集合 $\boldsymbol{T}$ 矩阵写成

$$\overline{\overline{\boldsymbol{\tau}}}_{(n+n')}=\overline{\overline{\boldsymbol{\tau}}}_{n(n+n')}+\overline{\overline{\boldsymbol{\tau}}}_{n'(n+n')}=\overline{\overline{\boldsymbol{\tau}}}_{n(n+n')}+\sum_{i=n+1}^{n+n'}\overline{\overline{\boldsymbol{B}}}_{0i}\cdot\overline{\overline{\boldsymbol{T}}}_{i(n+n')}\cdot\overline{\overline{\boldsymbol{B}}}_{i0} \tag{3.133}$$

将式(3.123)代入式(3.133)，整理可以得到

$$\overline{\overline{\boldsymbol{\tau}}}_{(n+n')}=\overline{\overline{\boldsymbol{\tau}}}_{(n)}+\sum_{i=n+1}^{n+n'}(\overline{\overline{\boldsymbol{B}}}_{0i}+\overline{\overline{\boldsymbol{\tau}}}_{(n)}\cdot\overline{\overline{\boldsymbol{A}}}_{0i})\cdot\overline{\overline{\boldsymbol{T}}}_{i(n+n')}\cdot\overline{\overline{\boldsymbol{B}}}_{i0} \tag{3.134}$$

通过式(3.127)和式(3.134)的反复迭代，可以逐步加入所有的散射体，完成所有散射体总体散射特性的计算。图 3.13 表示两个不同球心距离的双椭球双站 RCS 角分布。其参数为：入射电磁波频率 $f=300$ MHz，长椭球的长、短半轴之比为 2，椭球的长半轴长度为 $\lambda/4$，相对介电常数 $\varepsilon_{\mathrm{r}}=3.0$。两椭球排列在 z 轴上，椭球中心之间的距离 d 分别为 $\lambda/2$ 和 λ。为计算方便，取椭球 1 位于实验室坐标系的坐标原点，另一椭球沿 z 轴正向排列。其中一个椭球相对实验室坐标系的欧拉角取为 $\alpha=\beta=\gamma=0$。另一椭球的旋转欧拉角为 $\alpha=\pi/6$，$\beta=\pi/4$ 和 $\gamma=\pi/3$。计算结果同时与 Tsang 给出的数值结果进行了比较，两者吻合一致。

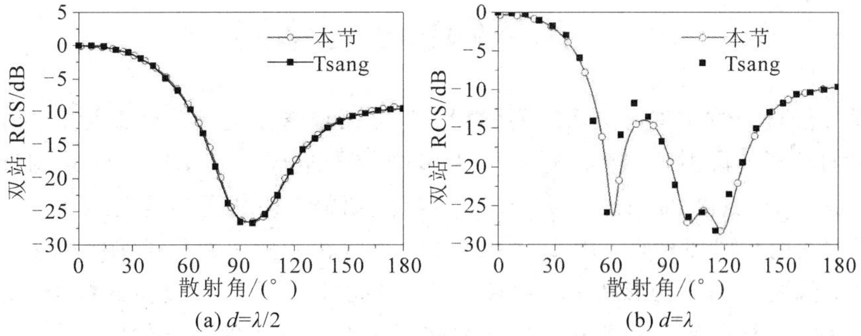

图 3.13　不同球心距离的双椭球双站 RCS 角分布

图 3.14 中，计算了在 2 m×2 m×2 m 的立方体上，均匀地分布着 343(7×7×7)个直径为 0.035 m 的介质小球，其相对介电常数 $\varepsilon_{\mathrm{r}}=3$，入射波波长 $\lambda=1$ m，接收点位于 E 面时，体系的散射截面。图 3.15 是具有回旋对称特性的散射体示意图，图中标注的各参量的单位为 mm。取入射波波长 $\lambda=3$ m。图 3.14 至图 3.16 先利用本章上一节中提出的关于任意回旋对称粒子表面方程的建模方法，对散射体进行建模；然后计算了单体及多个具有任意回旋对称特性的散射体的散射特性。

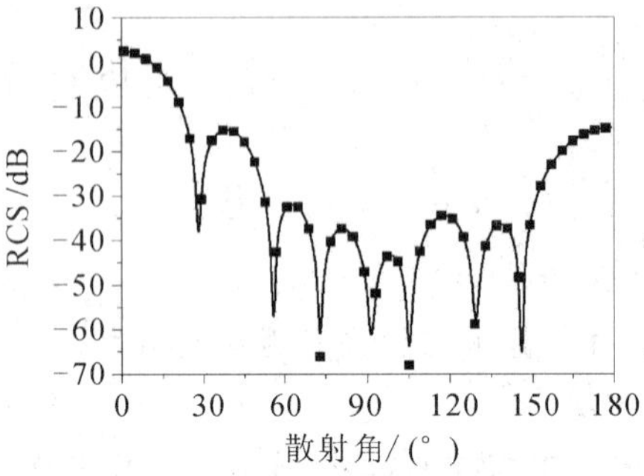

图 3.14　343 个介质小球的散射

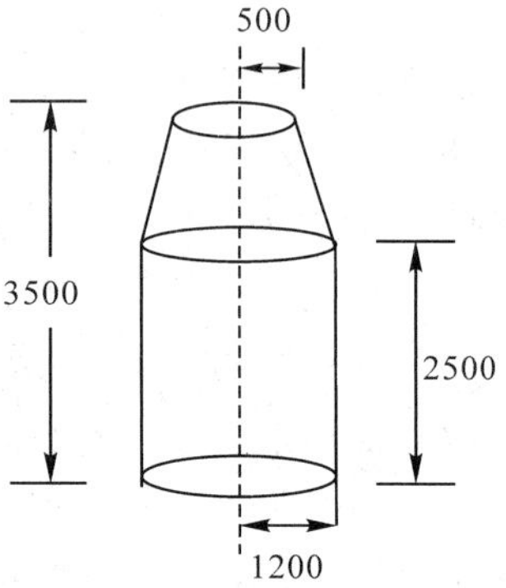

图 3.15　某回旋对称体示意图

图 3.16 计算了单体及多个具有任意回旋对称特性的散射体的散射特性。其中图(a)计算的是三个回旋对称体排列在 x 轴上的结果，图(b)计算的是对应各个粒子排列在 y 轴的结果。各个回旋对称粒子的旋转对称轴都沿 z 轴放置。多个粒子的间距 $d=3$ m。

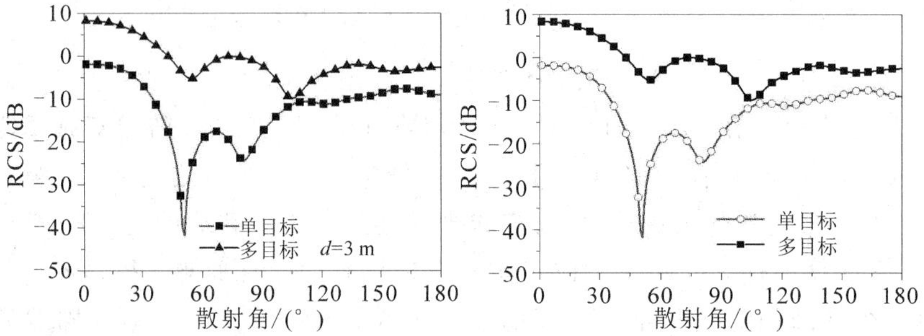

(a) 三个回旋对称体排列在x轴上　(b) 各个粒子排列在y轴上

图 3.16　多个回旋对称体的散射

3.4　离散偶极子近似方法

离散偶极子近似方法具有灵活通用的特点，可以很方便地计算任意形状的、与入射波波长相比拟的粒子的散射场，特别适用于由多个粒子组成的簇团粒子体系的散射场的计算。该方法是 Purcell 和 Pennypacker 于 1973 年提出的，并利用它研究了尘埃物质的散射和吸收。该方法的主要原理是：用 N 个离散的、相互作用的小偶极子的阵列来近似实际的粒子，这些小偶极子必须在形状上和电磁特性上足够描述它们所模拟的粒子，即两者具有相同的离散关系，从而将对实际粒子的研究转化为对这些小偶极子的研究；每一个偶极子的振荡极化都对应着入射平面波和阵列中其他偶极子激发的电场；偶极子极化度的独立解，可以通过解一系列的线性方程组得到。该方法主要适用于散射体的尺寸参数和波长相比拟或者相差不是特别大的谐振区的粒子的散射，对于大尺寸粒子的散射，该方法不再适用。

3.4.1　离散偶极子近似的散射场

离散偶极子近似(Discrete-Dipole Approximation，DDA)方法是求解电磁散射体积分方程的一种近似方法，是研究粒子散射特性的重要理论方法之一。

由第一章内容可知：目标的散射场可以用等效电流密度$\boldsymbol{J}(\boldsymbol{r})$和自由空间并矢格林函数$\overline{\overline{\boldsymbol{G}}}(\boldsymbol{r},\boldsymbol{r}')$进行表示。若所研究的散射场点在目标的内部，由于并矢格林函数的唯一性，散射场必须取特定值，因此

$$\begin{aligned}\boldsymbol{E}_{\mathrm{s}}(\boldsymbol{r}) &= p.v.\int_V \boldsymbol{J}(\boldsymbol{r}')\cdot\left[\mathrm{i}\omega\mu_0\overline{\overline{\boldsymbol{G}}}(\boldsymbol{r},\boldsymbol{r}')+\frac{\overline{\overline{\boldsymbol{I}}}\delta(\boldsymbol{r}-\boldsymbol{r}')}{3\mathrm{i}\omega\varepsilon_0}\right]\mathrm{d}V' \\ &= p.v.\int_V \boldsymbol{J}(\boldsymbol{r})\cdot\mathrm{i}\omega\mu_0\overline{\overline{\boldsymbol{G}}}(\boldsymbol{r},\boldsymbol{r}')\mathrm{d}V'+\frac{\boldsymbol{J}(\boldsymbol{r})}{3\mathrm{i}\omega\varepsilon_0}\end{aligned} \tag{3.135}$$

其中，$\overline{\overline{\boldsymbol{I}}}=\boldsymbol{xx}+\boldsymbol{yy}+\hat{z}\hat{z}$ 为单位并矢，$p.v.$ 代表主值积分。考虑电极化强度矢量 $\boldsymbol{P}$ 与电场强度矢量 $\boldsymbol{E}$ 有如下关系：

$$[\varepsilon(\boldsymbol{r})-\varepsilon_0]\boldsymbol{E}(\boldsymbol{r})=\boldsymbol{P}(\boldsymbol{r}) \tag{3.136}$$

对于时谐场，散射体外部的总场为

$$\boldsymbol{E}(\boldsymbol{r}) = \boldsymbol{E}_{\mathrm{inc}}(\boldsymbol{r})+k^2\int\overline{\overline{\boldsymbol{G}}}(\boldsymbol{r},\boldsymbol{r}')\cdot(\varepsilon_{\mathrm{r}}(\boldsymbol{r}')-1)\boldsymbol{E}(\boldsymbol{r}')\mathrm{d}\boldsymbol{r}' \tag{3.137}$$

故总场改写为

$$\boldsymbol{E}(\boldsymbol{r}) = \boldsymbol{E}_{\mathrm{inc}}(\boldsymbol{r})+p.v.k^2\int\overline{\overline{\boldsymbol{G}}}(\boldsymbol{r},\boldsymbol{r}')[\varepsilon_{\mathrm{r}}(\boldsymbol{r}')-1]\boldsymbol{E}(\boldsymbol{r}')\mathrm{d}\boldsymbol{r}'+\frac{1-\varepsilon_{\mathrm{r}}}{3}\boldsymbol{E}(\boldsymbol{r}) \tag{3.38}$$

3.4.2　离散偶极子近似方法中的极化率

1. 类 Clausius - Mossoti 极化率

考虑式(3.136)，体积分方程式(3.138)变为

$$\boldsymbol{E}(\boldsymbol{r}) = \boldsymbol{E}_{\mathrm{inc}}(\boldsymbol{r})+p.v.\frac{k^2}{\varepsilon_0}\int_{V-V_\delta}\overline{\overline{\boldsymbol{G}}}(\boldsymbol{r},\boldsymbol{r}')\cdot\boldsymbol{P}(\boldsymbol{r}')\mathrm{d}\boldsymbol{r}'+\frac{[1-\varepsilon_{\mathrm{r}}(\boldsymbol{r})]\boldsymbol{E}(\boldsymbol{r})}{3} \tag{3.139}$$

将积分区域划分为以 $\boldsymbol{r}'=\boldsymbol{r}_j$，$j=1, 2, \cdots, N$ 为中心，以 ΔV_j 为体积的单元体，这样式(3.139)变为

$$\boldsymbol{E}(\boldsymbol{r}) = \boldsymbol{E}_{\mathrm{inc}}(\boldsymbol{r})+\frac{k^2}{\varepsilon_0}\sum_{\substack{j=1\\ j\neq i}}^{N}\overline{\overline{\boldsymbol{G}}}(\boldsymbol{r}_i,\boldsymbol{r}_j)\cdot\boldsymbol{P}_j\Delta V_j+\frac{[1-\varepsilon_{\mathrm{r}}(\boldsymbol{r}_i)]\boldsymbol{E}_i(\boldsymbol{r})}{3} \tag{3.140}$$

定义 $\hat{\boldsymbol{R}}$ 为从 $\boldsymbol{r}'$ 到 $\boldsymbol{r}$ 的单位矢量，$\boldsymbol{R}=\boldsymbol{r}-\boldsymbol{r}'$，$R=|\boldsymbol{r}-\boldsymbol{r}'|$。当 $\boldsymbol{r}\neq\boldsymbol{r}'$ 时，为了区别起见，定义

$$\overline{\overline{\boldsymbol{G}}}(\boldsymbol{r},\boldsymbol{r}')=G_1(R)\overline{\overline{\boldsymbol{I}}}+G_2(R)\hat{\boldsymbol{R}}\hat{\boldsymbol{R}} \tag{3.141}$$

其中

$$G_1(R)=(-1+\mathrm{i}kR+k^2R^2)\frac{\mathrm{e}^{\mathrm{i}kR}}{4\pi k^2R^3},\quad G_2(R)=(3-3\mathrm{i}kR-k^2R^2)\frac{\mathrm{e}^{\mathrm{i}kR}}{4\pi k^2R^3} \tag{3.142}$$

令

$$\overline{\overline{\boldsymbol{A}}}(\boldsymbol{r},\boldsymbol{r}')=-\frac{k^2}{\varepsilon_0}\overline{\overline{\boldsymbol{G}}}(\boldsymbol{r},\boldsymbol{r}')=\frac{\mathrm{e}^{\mathrm{i}kR}}{4\pi\varepsilon_0R^3}\left[k^2(-R^2\overline{\overline{\boldsymbol{I}}}+\hat{\boldsymbol{R}}\hat{\boldsymbol{R}})+\frac{(1-\mathrm{i}kR)}{R^2}(R^2\overline{\overline{\boldsymbol{I}}}-3\hat{\boldsymbol{R}}\hat{\boldsymbol{R}})\right] \tag{3.143}$$

在离散偶极子近似方法中，通常用小立方体来划分散射体，也就是说用 N 个小立方体来近似所研究的散射体。散射体中第 j 个小立方体的总电偶极矩 $\boldsymbol{p}_j$ 与电极化强度矢量 $\boldsymbol{P}_j$

的关系为

$$\boldsymbol{p}_j=(\Delta V)\boldsymbol{P}_j \tag{3.144}$$

式中，$\Delta V=V/N=d^3$，d 是小立方体的边长。则

$$\boldsymbol{E}_i=\boldsymbol{E}_{i,\text{ inc}}-\sum_{\substack{j=1\\ j\neq i}}^{N}\overline{\overline{\mathbf{A}}}(\boldsymbol{r}_i,\ \boldsymbol{r}_j)\cdot\boldsymbol{P}_j+\frac{[1-\varepsilon_{\text{r}}(\boldsymbol{r}_i)]\boldsymbol{E}_i(\boldsymbol{r}_i)}{3} \tag{3.145}$$

由式(3.136)、式(3.144)得到每个立方体的总电偶极矩为

$$\boldsymbol{p}_i=d^3(\varepsilon_i-\varepsilon_0)\boldsymbol{E}_i \tag{3.146}$$

其中，ε_i 为第 i 个小立方体的复电介质系数。由式(3.145)、式(3.146)得

$$\boldsymbol{p}_i=\alpha_i\boldsymbol{E}_{i,\text{ inc}}-\alpha_i\sum_{\substack{j=1\\ j\neq i}}^{N}\overline{\overline{\mathbf{A}}}_{ij}\cdot\boldsymbol{P}_j \tag{3.147}$$

式中

$$\overline{\overline{\mathbf{A}}}_{ij}=\overline{\overline{\mathbf{A}}}(\boldsymbol{r}_i,\ \boldsymbol{r}_j),\ \alpha_i=\alpha_i^{\text{C}}=3\varepsilon_0 d^3\left(\frac{n_i^2-1}{n_i^2+2}\right)=3\varepsilon_0\Delta V\frac{\left(\dfrac{\varepsilon}{\varepsilon_0}-1\right)}{\dfrac{\varepsilon}{\varepsilon_0}+2} \tag{3.148}$$

其中，$n=\sqrt{\varepsilon_{\text{p}}/\varepsilon}$ 是复折射率，α_i^{C} 是 Clausius - Mossoti 极化率。

由式(3.143)知，$\overline{\overline{\mathbf{A}}}$ 也就是具有平移不变性的并矢格林函数，因此式 $\sum_{j=1,\ j\neq i}^{N}\overline{\overline{\mathbf{A}}}_{ij}\cdot\boldsymbol{P}_j$ 可以用快速傅里叶变换来计算。其中求和是指除第 i 个小立方体外所有小立方体的求和。这样式(3.147)就可以用共轭梯度法与快速傅里叶变换来处理。如果散射体的绝大部分 $\varepsilon_i=\varepsilon_0$，则利用式(3.146)和式(3.147)得

$$\frac{d^3(\varepsilon_i-\varepsilon_0)\boldsymbol{E}_i}{\alpha_i}=\boldsymbol{E}_{i,\text{ inc}}-\sum_{\substack{j=1\\ j\neq i}}^{N}\overline{\overline{\mathbf{A}}}_{ij}\cdot d^3(\varepsilon_j-\varepsilon_0)\boldsymbol{E}_j \tag{3.149}$$

这里的 N 仅包括那些复介电常数 $\varepsilon_j\neq\varepsilon_0$ 的小立方体。以上是用小立方体来划分目标散射体，当然还可以用小球体来划分目标散射体。类似地，可以得出用小球体来划分目标散射体时的极化率：

$$\alpha_{\text{s}}=3v_0\varepsilon_0\left(\frac{n^2-1}{n^2+2}\right) \tag{3.150}$$

其中，$n=\sqrt{\varepsilon/\varepsilon_0}$，$v_0=(4\pi/3)a^3$ 为小球形粒子的体积。Tsang 等人指出：上面所得出的极化率的值不够精确，因为在利用此极化率的值计算散射场时，只考虑了部分散射作用。为了保证计算的总散射遵守能量守恒定律，需要对式(3.149)进行修正。

2. 修正的极化率

将式(3.139)最后一项修正为

$$\boldsymbol{E}_{\text{self}}=k^2\int_{V_C-V_\delta}\overline{\overline{\boldsymbol{G}}}(\boldsymbol{r},\ \boldsymbol{r}')\cdot(\varepsilon_{\text{r}}-1)\boldsymbol{E}\text{d}\boldsymbol{r}'-\frac{\varepsilon_{\text{r}}-1}{3}\boldsymbol{E} \tag{3.151}$$

这里 V_C 是单个小立方体所包围的区域，V_δ 是观察点所包围的区域，此值趋向于无穷小。式(3.151)也可写为

$$\boldsymbol{E}_{\text{self}}=k^2\overline{\mathbf{S}}\cdot(\varepsilon_{\text{r}}-1)\boldsymbol{E} \tag{3.152}$$

其中

$$\overline{\overline{\boldsymbol{S}}}=\int_{V_C-V_\delta}\overline{\overline{\boldsymbol{G}}}(\boldsymbol{r},\ \boldsymbol{r}')\mathrm{d}\boldsymbol{r}'-\frac{\overline{\overline{\boldsymbol{I}}}}{3k^2} \tag{3.153}$$

由式(3.143)，即 $\overline{\overline{\boldsymbol{A}}}(\boldsymbol{r},\ \boldsymbol{r}')=-k^2\overline{\overline{\boldsymbol{G}}}(\boldsymbol{r},\ \boldsymbol{r}')/\varepsilon$，式(3.153)变为

$$\overline{\overline{\boldsymbol{S}}}=-\frac{\varepsilon}{k^2}\int_{V_C-V_\delta}\overline{\overline{\boldsymbol{A}}}(\boldsymbol{r},\ \boldsymbol{r}')\mathrm{d}\boldsymbol{r}'-\frac{\overline{\overline{\boldsymbol{I}}}}{3k^2} \tag{3.154}$$

于是式(3.140)修正为

$$\boldsymbol{E}_i=\boldsymbol{E}_{i,\ \mathrm{inc}}+\frac{k^2}{\varepsilon_0}\sum_{\substack{j=1\\ j\neq i}}^{N}\overline{\overline{\boldsymbol{G}}}(\boldsymbol{r}_i,\ \boldsymbol{r}_j)\cdot\boldsymbol{P}_j\Delta V_j+k^2\overline{\overline{\boldsymbol{S}}}\cdot[\varepsilon_{\mathrm{r}}(\boldsymbol{r}_i)-1]\boldsymbol{E}_i \tag{3.155}$$

由上述内容知，目标散射体可以用等体积的小球来划分。将式(3.141)代入式(3.154)，得

$$\begin{aligned}\overline{\overline{\boldsymbol{S}}}&=-\frac{\overline{\overline{\boldsymbol{I}}}}{3k^2}+\lim_{\delta\to0}\int_\delta^a r'^2\int_{4\pi}[G_1(r')\overline{\overline{\boldsymbol{I}}}+G_2(r')r'r']\mathrm{d}r'\mathrm{d}\Omega'\\&=-\frac{\overline{\overline{\boldsymbol{I}}}}{3k^2}+\lim_{\delta\to0}4\pi\int_\delta^a r'^2\left[G_1(r')+\frac{G_2(r')}{3}\right]\overline{\overline{\boldsymbol{I}}}\mathrm{d}r'\end{aligned} \tag{3.156}$$

由式(3.142)得

$$G_1(r')+\frac{G_2(r')}{3}=\frac{\mathrm{e}^{\mathrm{i}kr'}}{6\pi r'} \tag{3.157}$$

定义

$$\overline{\overline{\mathrm{S}}}=\overline{\overline{\mathrm{I}}}s \tag{3.158}$$

式中

$$\begin{aligned}s&=-\frac{1}{3k^2}+\frac{2}{3}\lim_{\delta\to0}\int_\delta^a r'\mathrm{e}^{\mathrm{i}kr'}\mathrm{d}r'=-\frac{1}{3k^2}+\frac{2}{3k^2}[-1+\mathrm{e}^{\mathrm{i}ka}(1-\mathrm{i}ka)]\\&\approx-\frac{1}{3k^2}+\frac{2}{3k^2}\left[\frac{k^2a^2}{2}+\frac{\mathrm{i}k^2a^3}{3}\right]\end{aligned} \tag{3.159}$$

将式(3.158)代入式(3.155)，于是有

$$\boldsymbol{E}_i=\frac{\boldsymbol{E}_{i,\ \mathrm{inc}}}{1-\left(\frac{\varepsilon_i}{\varepsilon_0}-1\right)sk^2}-\frac{1}{1-\left(\frac{\varepsilon_i}{\varepsilon_0}-1\right)sk^2}\sum_{\substack{j=1\\ j\neq i}}^{N}\overline{\overline{\boldsymbol{A}}}_{ij}\cdot\boldsymbol{P}_j \tag{3.160}$$

式(3.160)两边同乘以 $\Delta V(\varepsilon_i-\varepsilon_0)$，并由 $\boldsymbol{P}_i=\Delta V(\varepsilon_i-\varepsilon_0)\boldsymbol{E}_i$，得

$$\boldsymbol{P}_i=\alpha_i\boldsymbol{E}_{i,\ \mathrm{inc}}-\alpha_i\sum_{\substack{j=1\\ j\neq i}}^{N}\overline{\overline{\boldsymbol{A}}}_{ij}\cdot\boldsymbol{P}_j \tag{3.161}$$

其中

$$\alpha_i=\frac{\Delta V(\varepsilon_i-\varepsilon_0)}{1-\left(\frac{\varepsilon_i}{\varepsilon_0}-1\right)sk^2} \tag{3.162}$$

将式(3.159)代入式(3.162)，得

$$\alpha_i=\frac{3\varepsilon_0\Delta V\left(\frac{\varepsilon_i}{\varepsilon_0}-1\right)}{\frac{\varepsilon_i}{\varepsilon_0}+2-2\left(\frac{\varepsilon_i}{\varepsilon_0}-1\right)\left(\frac{k^2a^2}{2}+\mathrm{i}\frac{k^3a^3}{3}\right)}=\frac{\alpha_i^{\mathrm{C}}}{1-\frac{2}{3\varepsilon_0}\frac{\alpha_i^{\mathrm{C}}}{\Delta V}\left(\frac{k^2a^2}{2}+\frac{\mathrm{i}k^3a^3}{3}\right)} \tag{3.163}$$

将 $a=[3/(4\pi)]^{1/3}d$，$\Delta V=d^3$ 代入式(3.163)，得

$$\alpha_i=\frac{\alpha_i^{C}}{1-\frac{\alpha_i^{C}}{4\pi\varepsilon_0 d^3}\left[\left(\frac{4\pi}{3}\right)^{1/3}k^2d^2+\frac{\mathrm{i}2k^3d^3}{3}\right]} \tag{3.164}$$

以上是从体积分方程出发得到的离散偶极子近似方法中非常重要的物理量——极化率的一种表达形式。当然，极化率还有其他的表达形式。本节只给出其表达式，详细推导过程不再赘述。

3. 其他表达形式的极化率

1）“Clausius－Mossotti”极化率

假设连续介质的复介电常数为 ε，复折射率 $m=\varepsilon^{1/2}$。Jackson 研究指出，在准静态(或长波长)近似，即 $k_0d\to0$ 的情况下，偶极子极化率 α_j 为

$$\alpha_j^{\mathrm{CMR}}=\frac{3d^3}{4\pi}\left(\frac{\varepsilon_j-1}{\varepsilon_j+2}\right)=\frac{3d^3}{4\pi}\left(\frac{m_j^2-1}{m_j^2+2}\right) \tag{3.165}$$

其中，ε_j 和 m_j 分别为第 j 个小立方体的复介电常数和复折射率；α_j^{C} 为“Clausius－Mossotti”极化率。

2）CMRR 极化率

利用光学原理，Draine 提出：当 k_0d 有限时，偶极子的极化率还应该进行修正，即

$$\alpha_j=\frac{\alpha_j^{\mathrm{CMR}}}{1-\frac{2}{3}\mathrm{i}\left(\frac{\alpha_j^{\mathrm{CMR}}}{d^3}\right)(k_0d)^3} \tag{3.166}$$

3）DGF/VIFF 极化率

Hage 和 Greenberg Hage 与 Dungey 和 Bohren 等通过对式(3.147)的研究得到偶极子的极化率：

$$\alpha_j=\frac{\alpha_j^{\mathrm{CMR}}}{1+\left(\frac{\alpha_j^{\mathrm{CMR}}}{d^3}\right)\left[b_1(k_0d)^2-\frac{2}{3}\mathrm{i}(k_0d)^3\right]} \tag{3.167}$$

同时，他们还指出，无辐射状态下的极化率应该为

$$\alpha_j^{(\mathrm{nr})}=\frac{\alpha_j^{\mathrm{CMR}}}{1+\frac{\alpha_j^{\mathrm{CMR}}}{d^3}b_1(k_0d)^2} \tag{3.168}$$

其中，$b_1=-(4\pi/3)^{1/2}=-1.611\,992$。式(3.168)表明对偶极子的极化率进行了 $O[(k_0d)^2]$ 修正。但是，由式(3.167)可以看出，此式是在假设体积为 d^3 的整个目标的场不变的情况下得出的，这必然产生一定的误差。Hage 和 Greenberg 指出，利用式(3.168)可以增加离散偶极子近似方法的精确度。

4）LDR 极化率

以上只是对 $O[(k_0d)^2]$ 项进行了修正，但 Draine、Goedecke 和 O'Brien 指出，极化率的值还应该包括辐射对应修正项 $O[(k_0d)^3]$，这样，Draine 和 Goodman 对极化率的表达式进行了如下的修正，即在 $kd\ll1$ 情况下，表示为

$$\alpha_j^{\mathrm{LDR}}=\frac{\alpha_j^{\mathrm{CMR}}}{1+\left(\frac{\alpha_j^{\mathrm{CMR}}}{d^3}\right)\left[(b_1+m^2b_2+m^2b_3S)(k_0d)^2-\frac{2}{3}\mathrm{i}(k_0d)^3\right]} \tag{3.169}$$

其中，$b_1=-1.891\,531$，$b_2=0.164\,846\,9$，$b_3=-1.770\,000\,4$，$S\equiv\sum_{j=1}^{3}(\hat{\boldsymbol{a}}_j\hat{\boldsymbol{e}}_j)^2$，$\hat{\boldsymbol{a}}$，$\hat{\boldsymbol{e}}$ 分别为入射方向、极化方向的单位矢量。从式(3.169)可以看出：此式对 $O[(k_0d)^2]$的修正与前述所讨论的对 $O[(k_0d)^2]$的修正不同。Draine 和 Goodman 指出：对于研究无限大物体的散射特性，LDR 极化率的表达式是最理想的，但对于由有限个偶极子组成的物体的散射，选用 LDR 极化率也是比较理想的。

5) a_1-term 方法

虽然离散偶极子近似方法对于研究不规则的任意形状的散射体的散射特性问题非常有效，且已被证明是计算任意形状的粒子的散射、吸收及其光学特性的灵活通用的方法，但在处理实际问题时该方法却受到计算机的内存以及计算时间的限制，对于散射问题的处理只能局限于散射体目标的尺寸参数小于 10～15，即意味着目标应小于或者可与入射波波长相比拟。为了解决这一实际困难，Hajime 和 Yu-lin Xu 提出了一种用 Mie 理论系数来表示极化率的方法。他们假设所研究的凝聚粒子是由多个小球形粒子组成的，每个小球形粒子(或每一个单体)用一个偶极子来近似，每个小球形粒子的极化率 α_j 用 Mie 理论的系数来确定，并于 1985 年由 Doyle 首先得出其关系式：

$$\alpha_j=\mathrm{i}\,\frac{3}{2k_0^3}a_1 \tag{3.170}$$

其中

$$a_1=\frac{m\psi_1(mx_0)\psi_1'(x_0)-\psi_1(x_0)\psi_1'(mx_0)}{m\psi_1(mx_0)\xi_n'(x_0)-\xi_1(x_0)\psi_1'(mx_0)} \tag{3.171}$$

式中，$x_0=2\pi r_0/\lambda$，r_0 是单个球形粒子的半径，λ 是真空中的波长，m 是材料的折射率。Ricatii－Beseel 函数为

$$\psi_1(x_0)=\frac{\sin x_0}{x_0}-\cos x_0$$

$$\psi_1'(x_0)=\frac{\cos x_0}{x_0}-\frac{\sin x_0}{x_0}+\sin x_0$$

$$\xi_1(x_0)=\frac{\sin x_0}{x_0}-\cos x_0-\mathrm{i}\left(\frac{\cos x_0}{x_0}+\sin x_0\right)$$

$$\xi_1'(x_0)=\frac{\cos x_0}{x_0}-\frac{\sin x_0}{x_0}+\sin x_0+\mathrm{i}\left(\frac{\sin x_0}{x_0}+\frac{\cos x_0}{x_0^2}-\cos x_0\right)$$

已经证明由这种方法得出的极化率比较精确。这样可以求出偶极矩，进而可以获得描述散射体散射特性的量值。

3.4.3　散射体的散射特征量的离散偶极子近似方法计算

由式(3.147)或式(3.161)可以得到目标散射体中每个偶极子的总电偶极矩的表达式为

$$\boldsymbol{P}_j=\alpha_j(\boldsymbol{E}_{\mathrm{inc},\,j}-\sum_{k\neq j}A_{jk}\boldsymbol{P}_k) \tag{3.172}$$

其中

$$A_{jk}=\frac{\exp(\mathrm{i}kr_{jk})}{r_{jk}}\left[k^2(\hat{\boldsymbol{r}}_{jk}\hat{\boldsymbol{r}}_{jk}-\bar{\bar{\boldsymbol{I}}}_3)+\frac{\mathrm{i}kr_{jk}-1}{r_{jk}^2}(3\hat{\boldsymbol{r}}_{jk}\hat{\boldsymbol{r}}_{jk}-\bar{\bar{\boldsymbol{I}}}_3)\right] \tag{3.173}$$

式中，$k=\omega/c$，$r_{jk}=|\boldsymbol{r}_j-\boldsymbol{r}_k|$，$\hat{\boldsymbol{r}}_{jk}=(\boldsymbol{r}_j-\boldsymbol{r}_k)/r_{jk}$，$\bar{\bar{\boldsymbol{I}}}_3$ 是单位阵。式(3.173)也确定了当 $j\neq k$ 时，A_{jk} 的表达式。当 $j=k$ 时，有

$$A_{jj}=\alpha_j^{-1} \tag{3.174}$$

将式(3.172)两边同乘以 α_j^{-1}，经移项并由式(3.174)可得

$$\sum_{k=1}^{N}\bar{\bar{\boldsymbol{A}}}_{jk}\cdot\boldsymbol{P}_k=\boldsymbol{E}_{\mathrm{inc},\,j},\quad j=1,\,2,\,\cdots,\,N \tag{3.175}$$

式中，每个 $\boldsymbol{A}_{jk}$ 都是 3×3 矩阵，每个 $\boldsymbol{P}_k$ 和 $\boldsymbol{E}_{\mathrm{inc},\,j}$ 都包含三个分量，因而，式(3.175)实际上含有 $3N$ 个复线性方程。由式(3.175)可解出 $\boldsymbol{P}_k$(解法有矩阵求逆方法，此方法是比较直接的；另一种方法是 Flatau 等人基于复共轭梯度法的迭代法)之后，则可用以下两式计算得到总消光截面 C_{ext} 和吸收截面 C_{abs}，即

$$C_{\mathrm{ext}}=\frac{4\pi k}{|E_0|^2}\sum_{j=1}^{N}\mathrm{Im}(\boldsymbol{E}_{\mathrm{inc},\,j}^{*}\cdot\boldsymbol{P}_j) \tag{3.176}$$

$$C_{\mathrm{abs}}=\frac{4\pi k}{|E_0|^2}\sum_{j=1}^{N}\left\{\mathrm{Im}[\boldsymbol{P}_j\cdot(\alpha_j^{-1})^{*}\boldsymbol{P}_j^{*}]-\frac{2}{3}k^3|\boldsymbol{P}_j|^2\right\} \tag{3.177}$$

而散射截面可由下式计算：

$$C_{\mathrm{sca}}=C_{\mathrm{ext}}-C_{\mathrm{abs}}=\frac{k^4}{|E_{\mathrm{inc}}|^2}\int\mathrm{d}\Omega\left|\sum_{j=1}^{N}[\boldsymbol{P}_j-\hat{\boldsymbol{n}}(\hat{\boldsymbol{n}}\cdot\boldsymbol{P}_j)]\exp(-\mathrm{i}k\hat{\boldsymbol{n}}\cdot\boldsymbol{r}_j)\right|^2 \tag{3.178}$$

远场条件下，散射场 $\boldsymbol{E}_{\mathrm{sca}}$ 可由下式得到：

$$\boldsymbol{E}_{\mathrm{sca}}=\frac{k^2\exp(\mathrm{i}kr)}{r}\sum_{j=1}^{N}\exp(-\mathrm{i}k\hat{\boldsymbol{r}}\cdot\boldsymbol{r}_j)(\hat{\boldsymbol{r}}\hat{\boldsymbol{r}}-\bar{\bar{\boldsymbol{I}}}_3)\boldsymbol{P}_j \tag{3.179}$$

其中，$k=\omega/c$，$\bar{\bar{\boldsymbol{I}}}_3$ 是 3×3 单位矩阵。

除了衰减、散射截面和吸收截面，波在介质中传播和在真空中传播的相对相位的变化也需要考虑。相位延迟截面被定义为前向散射振幅的虚部，这里定义为传播一段距离 L 后的相位延迟，即 $n_{\mathrm{gr}}C_{\mathrm{pha}}L$，其中 n_{gr} 是粒子数密度。按照这种定义，得到

$$C_{\mathrm{pha}}=\frac{2\pi k}{|\boldsymbol{E}_{\mathrm{inc}}|^2}\sum_{j=1}^{N}\mathrm{Re}[\boldsymbol{E}_{\mathrm{inc}}^{*}\cdot\boldsymbol{P}_j] \tag{3.180}$$

在离散偶极子近似方法中，利用给出的单个粒子偶极距的解，可将不对称因子表示为

$$g=\langle\cos\theta\rangle=\frac{k^3}{C_{\mathrm{sca}}|\boldsymbol{E}_{\mathrm{inc}}|^2}\int\hat{\boldsymbol{n}}\cdot\boldsymbol{k}\left|\sum_{j=1}^{N}[\boldsymbol{P}_k-\hat{\boldsymbol{n}}(\hat{\boldsymbol{n}}\cdot\boldsymbol{P}_k)]\exp(-\mathrm{i}k\hat{\boldsymbol{n}}\cdot\boldsymbol{r}_k)\right|^2\mathrm{d}\Omega \tag{3.181}$$

其中 $\boldsymbol{n}$ 是散射方向的单位矢量，$\mathrm{d}\Omega$ 为立体角。

图 3.17 给出了用 Mie 理论和离散偶极子近似方法计算的球形粒子散射的极化度随散射角的变化曲线。所用的参数为：球粒子的尺寸参数为 1，相对折射率为 1.55，入射波波长为 0.62831 μm。计算结果显示这两种方法的数值结果吻合得比较理想。其中 DDA 中的偶极子数为 2176。图 3.18 计算了球形粒子散射矩阵元素 S_{11} 随散射角变化的曲线，由图可知偶极子数越大，用 DDA 法计算的结果越接近于 Mie 理论的结果，也就是说，偶极子数越大，用 DDA 法计算的结果越精确。

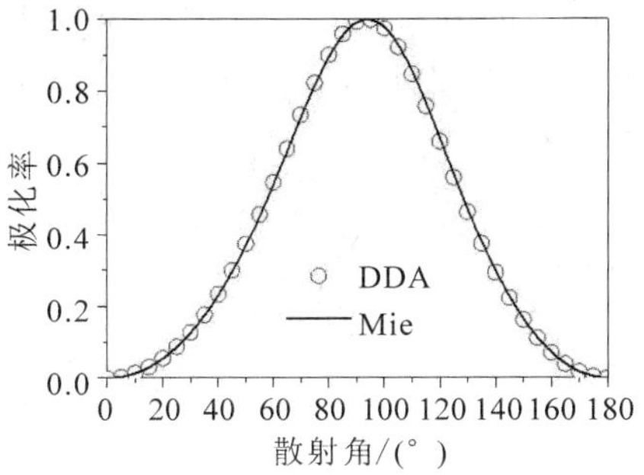

图 3.17　极化度随散射角变化的曲线

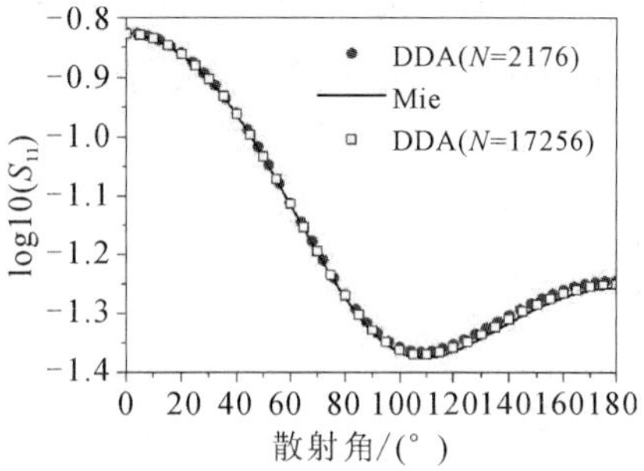

图 3.18　散射矩阵元素 S_{11} 随散射角变化的曲线

图 3.19 和图 3.20 分别给出了尺寸参数分别为 5 和 10 时球形粒子极化度的角分布，粒子的相对折射率取 1.55+i0.1，入射波的波长取 0.628 31 μm。

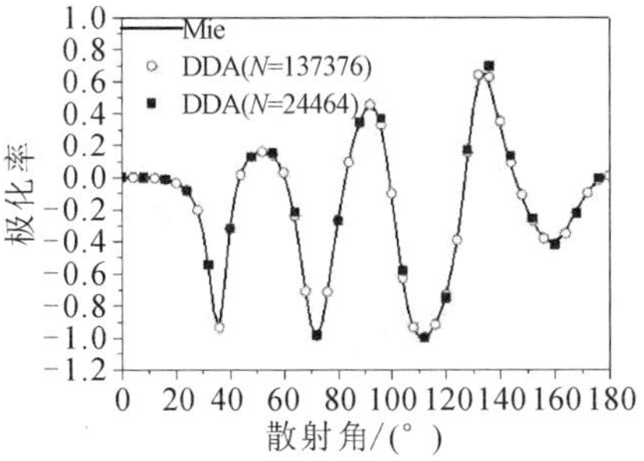

图 3.19　尺寸参数为 5 时极化度的角分布

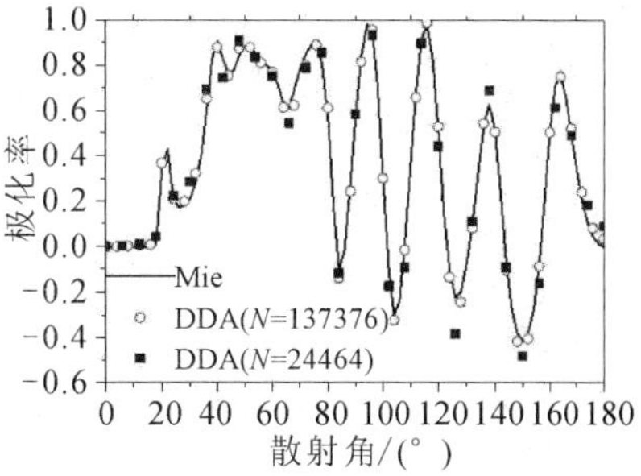

图 3.20　尺寸参数为 10 时极化度的角分布

图 3.19 和图 3.20 中用 DDA 方法计算时，对同一个球形粒子取了两种偶极子数，由图可以看出在粒子的尺寸参数 $x=5$ 时，三种数值结果吻合得非常好；当粒子的尺寸参数 $x=10$ 时，三种结果的峰值不重合。同时由图可知：在采用 DDA 方法时，偶极子数越多，数值结果与 Mie 理论的结果越吻合，这主要是由于在使用 DDA 方法时要遵循以下条件：

(1) $\rho=m|kd|<1$，其中 m 为粒子的相对折射率，k 为波数，d 为相邻两个偶极子之间的距离。

(2) $N\geqslant 1040(r|m|/\rho\lambda)^3$，其中 N 为所需要的最小偶极子数。

在实际应用中，尽管粒子的尺寸参数变大时，可以通过增加偶极子的数目来降低误差，但是随着偶极子数目的增加，计算的效率会大大降低。

3.4.4　离散偶极子近似在随机分布簇团粒子的全极化散射特性研究中的应用

随着人们越来越重视对环境的保护以及生物医学、通信、遥感、雷达目标识别技术的发展，簇团粒子散射特性的研究不断地被推向新的阶段。簇团粒子散射特性的研究将对大气环境检测、雾霾等可吸入颗粒物的粒径测量、特性分析、控制与识别污染物排放检测设备、诊疗仪器的生产和研制具有显著的指导意义。

1. 分形群聚粒子的凝聚模型

关于尘埃粒子（无论是煤烟尘还是霾）散射特性的影响，除要考虑其结构外，还需要考虑尘埃粒子的尺寸分布以及随时间的发展过程。关于尘埃粒子的尺寸分布也有很多种类型，较多使用的是由 Weingartner 和 Draine 在 2001 年提出的分布规律，也称为 WD01 模型。该分布中粒子的尺寸分布遵循对数尺寸分布，当然对于不同种类的粒子，尺寸分布会不一样。例如，对于碳粒子组成的尘埃粒子，其尺寸分布为

$$\frac{1}{n_{\mathrm{H}}}\frac{\mathrm{d}n_{\mathrm{gr}}}{\mathrm{d}a}=D(a)+\frac{C_{\mathrm{g}}}{a}\left(\frac{a}{a_{\mathrm{t,g}}}\right)F(a;\beta_{\mathrm{g}},a_{\mathrm{t,g}})\times\begin{cases}1, & 3.5\times10^{-10}<a<a_{\mathrm{t,g}}\\ \exp\left[-\left(\dfrac{a-a_{\mathrm{t,g}}}{a_{\mathrm{c,g}}}\right)^{3}\right], & a>a_{\mathrm{t,g}}\end{cases}\tag{3.182}$$

式中

$$D(a)=\sum_{i=1}^{2}\frac{B_i}{a}\exp\left\{-\frac{1}{2}\left[\frac{\ln(a/a_{0,\mathrm{t}})}{\sigma}\right]\right\},\quad a>3.5\times10^{-10}\tag{3.183}$$

$$B_i=\frac{3}{(2\pi)^{3/2}}\cdot\frac{\exp(-4.5\sigma^2)}{\rho a_{0,\mathrm{t}}^{3}\sigma}\times\frac{b_{\mathrm{c},i}m_{\mathrm{c}}}{1+\mathrm{erf}\left[\dfrac{3\sigma}{\sqrt{2}}+\dfrac{\ln\left(\dfrac{a_{0,i}}{3.5\times10^{-10}}\right)}{\sqrt{2}\sigma}\right]}\tag{3.184}$$

$$F(a;\beta_{\mathrm{g}},a_{\mathrm{t}})=\begin{cases}1+\dfrac{\beta a}{a_{\mathrm{t}}}, & \beta\geqslant0\\ \left(1+\dfrac{\beta a}{a_{\mathrm{t}}}\right)^{-1}, & \beta<0\end{cases}\tag{3.185}$$

对于由硅元素组成的尘埃粒子，其尺寸分布为

$$\frac{1}{n_{\mathrm{H}}}\frac{\mathrm{d}n_{\mathrm{gr}}}{\mathrm{d}a}=\frac{C_{\mathrm{s}}}{a}\left(\frac{a}{a_{\mathrm{t,s}}}\right)^{a_{\mathrm{s}}}F(a;\beta_{\mathrm{g}},a_{\mathrm{t,s}})\times\begin{cases}1, & 3.5\times10^{-10}<a<a_{\mathrm{t,s}}\\ \exp\left[-\left(\dfrac{a-a_{\mathrm{t,s}}}{a_{\mathrm{c,s}}}\right)^{3}\right], & a>a_{\mathrm{t,s}}\end{cases}\tag{3.186}$$

其中，n_{gr}是尺寸小于 a 的粒子数密度，n_{H} 是 H 核的数密度。

目前对簇团凝聚现象的解释模型主要有两种，即扩散限制凝聚(Diffusion Limited Aggregation，DLA)模型和动力学集团(Cluster-Cluster Aggregation，CCA)模型。以炭黑为例，根据电镜可以观察到原始微粒及其凝聚形态，如图 3.21 所示。图(a)中组成炭黑凝聚粒子的原始微粒的平均直径为 25 nm，图(b)中原始微粒的平均直径为 18 nm。采用 CCA 模型可以对由不同数量的原始微粒形成的凝聚粒子的几何结构进行模拟。

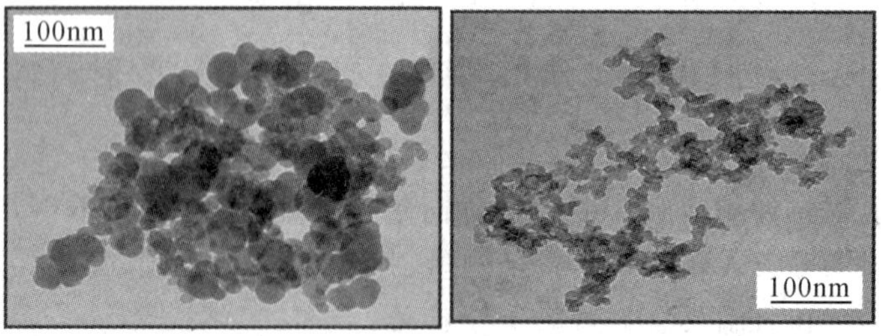

(a) (b)

图 3.21 炭黑烟尘凝聚粒子的实物图

自然界中有很多与凝聚有关的现象具有分形的性质，但不是所有多孔的任意群聚粒子

集团就一定具有分形的结构特征。研究表明，这些凝聚现象与分形密切相关。Mandelbrot于1973年提出分形概念后，1986年重新给出了分形的定义，即：分形是整体与局部具有自相似特征的集合。随后人们将分形的这种定义形式进行了推广：在形态(结构)、功能和信息等方面具有自相似性的研究对象统称为分形。这是对没有特征长度但具有一定意义下的自相似性图形和结构的总称。它具有两个基本性质：自相似性和标度不变性。自相似性是指局部是整体成比例缩小的性质，形象地说，就是当用不同倍数的照相机拍摄研究对象时，无论放大倍数如何改变，看到的照片都是相似的(统计意义)，而从相片上也无法断定所用的相机的倍数，此即为标度不变性或全息性。

分维是分形维数(fractal dimension)的简称，有时也叫分维数，是分形几何学定量描述分形集合特征和几何复杂程度的参数。由于分形集的复杂性，关于分形维数已有多种定义，最有代表性的是Hausdorff维数，它源于数学家Hausdorff在1919年提出的空间维数是可以连续变化的，空间维数既可以是整数，也可以是分数，记为D_f。它可以由下面的方法来定义：对于任何一个有确定维数的几何形体，若用与它维数相同的尺度r作为去度量，则几何形体的大小$N(r)$与单位量度r之间存在如下关系：

$$N(r)\propto r^{-D_f}\quad 或\quad D_f=\frac{\ln N(r)}{\ln(1/r)}\tag{3.187}$$

式中D_f即为Hausdorff维数。

早期Evans等学者们采用分形与等效回旋半径模型研究簇团粒子体系的散射特性，把簇团粒子体系的数目N与包围簇团粒子体系的最小球半径R之间的关系表述为

$$N=\rho\left(\frac{R}{R_0}\right)^{D_f}\tag{3.188}$$

式中，D_f就是所涉及的烟尘簇团粒子的分形维数，R也称为回旋半径R_g，表示为

$$R_g^2=\frac{1}{N}\sum_{i=1}^{N}r_i^2\tag{3.189}$$

其中，r_i是单体i的球心到体系中心的距离。通过分形的自相似性，在簇团粒子上反映出的粒子数目N与体系的回旋半径R_g间满足的关系为

$$N=k_g\left(\frac{2R_g}{d_p}\right)^{D_f}\tag{3.190}$$

式中，k_g为前向因子，d_p为基本粒子的直径。对于分形烟尘簇团粒子，其分维和前向因子的最佳取值范围是：D_f为1.6～3.9，k_g为1.23～3.47，且通常取$D_f=1.7$，$k_g=1.3$。同时体系的散射光强度$I(q)$与散射波矢量$q=\frac{4\pi}{\lambda}\cdot\frac{\sin\theta}{2}$之间满足

$$I(q)=I(0)\left(1-\frac{1}{3q^2}\langle R_g^2\rangle\right)\tag{3.191}$$

图3.22(a)是Witten通过计算机模拟的由3600个粒子凝聚形成的二维DLA模型的结果，图3.22(b)是模拟的三维凝聚集团结果。模拟中所用的前向因子取为$k_g=5.8$。作出体系回旋半径与粒子总数$\log R_g\sim\log N$的双对数曲线图，由曲线的斜率即可得到该模型的分形维数$D_f=1.75$。该结果与用其他方法得到的三维DLA模型的分维结果$D_f=1.7\sim1.8$完全一致。图3.22(c)是行星表面水蒸气凝聚形成的照片。基于CCA理论模型及模拟过

程，对不同的原始微粒形成的簇团粒子的几何结构进行模拟，结果如图 3.23 所示。图中 N 表示原始微粒的数目，每个原始微粒假定为大小均匀的球形粒子。

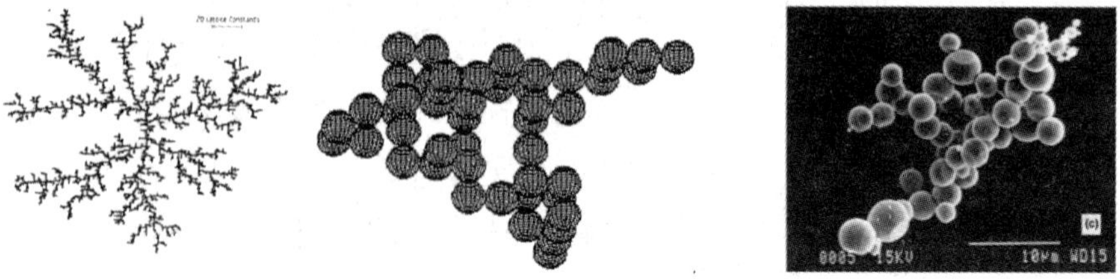

(a) 二维DLA模型　　(b) 三维凝聚集团　　(c) 行星表面水蒸气凝聚照片

图 3.22　分形群聚粒子 DLA 模型空间位置示意图

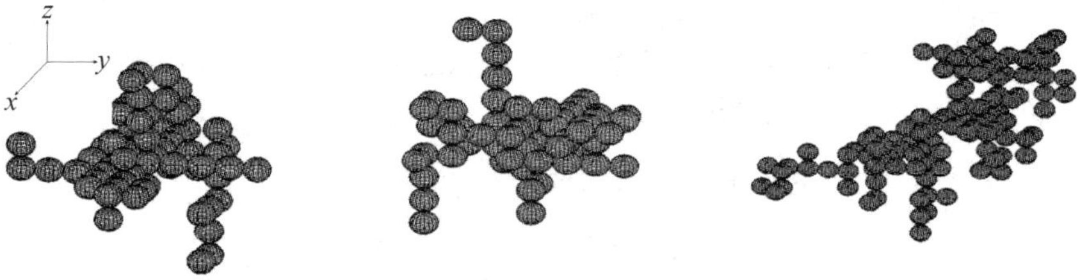

(a) N=64　　(b) N=64　　(c) N=128

图 3.23　分形簇团粒子 CCA 模型

不同于组成煤烟凝聚粒子的基本粒子，煤烟凝聚粒子的尺度分布比较广。实际上，凝聚粒子的尺度分布同其他的气溶胶一样并不是单一的，它遵从一定的分布。下面我们介绍一下其尺度分布函数。

（1）对数正态分布：

$$p(d)=\frac{1}{(2\pi)^{1/2}\sigma_0 d}\exp\left[-\frac{(\ln d-\ln d_{\mathrm{m}})^2}{2\sigma_0^2}\right] \tag{3.192}$$

其中，d_{m} 是 $p(d)$取得中间值所对应的粒子的直径；σ_0 是 $\log d$ 的标准偏差。

（2）零阶对数分布：

$$p(d)=\frac{1}{(2\pi)^{1/2}\sigma_0 d_{\mathrm{M}}}\exp\left[-\frac{(\ln d-\ln d_{\mathrm{M}})^2}{2\sigma_0^2}-\frac{\sigma_0^2}{2}\right] \tag{3.193}$$

其中，d_{M} 是常数。

（3）对数倾斜分布。实际上，以上两种分布是对数倾斜分布的特殊形式。对数倾斜分布的表达式如下：

$$p_n(a)=C_n a^n \exp\left[-\frac{(\ln a-\ln a_n)^2}{2\sigma_n^2}\right] \tag{3.194}$$

其中，C_n 是归一化因数；a_n 是中间值、平均值或常见值中的一个值；σ_n 是尺度分布宽度中某一度量标准。归一化因数 C_n 可以从下面的积分中得到：

$$C_n^{-1}=\int_0^\infty a^n \exp\left[-\frac{(\ln a-\ln a_n)^2}{2\sigma_n^2}\right]\mathrm{d}a=(2\pi)^{1/2}\sigma_n a_n^{n+1}\exp\left[\frac{(n+1)^2\sigma_n^2}{2}\right] \tag{3.195}$$

显然，当 $n=-1$ 时，式(3.195)变为对数正态分布表达式；当 $n=0$ 时，式(3.195)转化为零阶对数分布表达式。对于以上我们指出的分布函数，a_{-1} 和 a_0 分别代表粒子半径的中间值和常见值。当然，n 可以取任意值，这样对应的 a_n 可以取不同的值，由此在 σ_n 不变的情况下可以得到不同的分布函数。例如，$n=-3/2$，-2，$-5/2$，$a_n=\int_0^{\infty} a^m p_n(a)\mathrm{d}a$，其中，$m=1$，2，3。

(4) Hends 的对数正态分布：

$$P=\frac{1}{\sqrt{2\pi}\,d_{\mathrm{p}}\ln\sigma_{\mathrm{g}}}\exp\left[-\frac{(\ln d_{\mathrm{p}}-\ln d_{\mathrm{g}})^2}{2(\ln\sigma_{\mathrm{g}})^2}\right] \tag{3.196}$$

其中，d_{p} 为煤烟基本粒子的直径；d_{g} 和 σ_{g} 为煤烟基本粒子直径的几何平均值和几何标准偏差，分别定义为

$$\ln d_{\mathrm{g}}=\frac{\sum n_i\ln d_i}{N} \tag{3.197}$$

$$\ln\sigma_{\mathrm{g}}=\left[\frac{\sum n_i(\ln d_i-\ln d_{\mathrm{g}})^2}{N-1}\right]^{\frac{1}{2}} \tag{3.198}$$

其中，n_i 是具有直径为 d_i 的粒子的数目，N 是总的粒子数。一般我们取 $\ln\sigma_{\mathrm{g}}=0.34$。

一般地，较常用的尺度分布函数是对数正态分布、零阶对数分布以及 Hends 的对数正态分布。图 3.24 给出了三种粒子尺度分布函数随其直径变化的曲线。

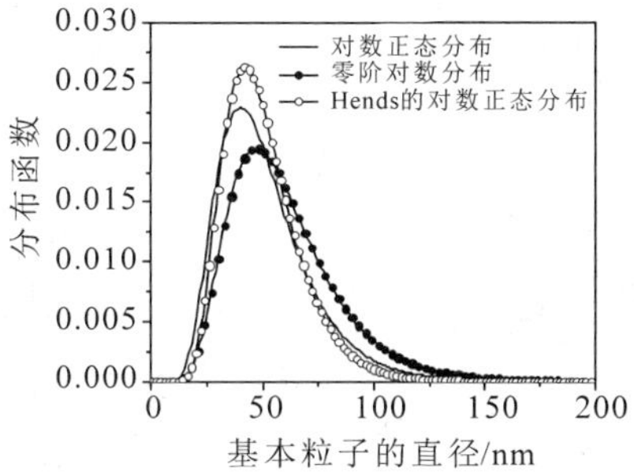

图 3.24　粒子尺度分布函数随其直径变化的曲线

2. 烟尘簇团粒子的散射特性

烟尘簇团粒子不仅具有复杂的几何结构，而且其成分也比较复杂，其折射率是入射波长的函数。表 3.3 给出的烟尘簇团粒子的部分波长折射率均是从 HITRAN 数据库中获得的。

表 3.3　烟尘簇团粒子的折射率随入射波波长变化的值

λ/μm	0.20	0.26	0.3512	0.40	0.405	0.488	0.514
η	0.78	1.04	1.36	1.50	1.45	1.58	1.58
κ	0.32	0.78	0.35	0.65	0.40	0.48	0.51
λ/μm	0.54	0.6328	0.71	1.00	2.16	3.86	6.24
η	1.63	1.71	1.61	1.65	1.83	2.10	2.33
κ	0.48	0.53	0.47	0.50	0.75	1.11	1.41

令入射波沿 z 轴入射，散射面定义为 xoz 面，散射角为散射方向与 z 轴所夹的角度。本节进一步运用 DDA 方法，研究由不同数量的粒子组成的烟尘簇团粒子的散射强度、极化度、散射截面、不对称因子，以及 Mueller 矩阵元素随簇团粒子不同空间取向的角分布变化。计算中所用到的参数：波长分别为 0.514 μm、0.6328 μm 和 1.000 μm，对应的复折射率分别为 1.58+i0.51，1.71+i0.53 和 1.65+i0.5。为方便起见，在计算过程中，选入射波沿实验室坐标系中 x 轴方向，见图 3.25，并假定簇团粒子自身的主轴 $\hat{a}_1$ 与 x 轴重合。定义 xoz 平面为散射面，散射角是散射方向与入射波入射方向的夹角。其中 I_1、I_2 分别表示平行和垂直于散射平面的散射强度。

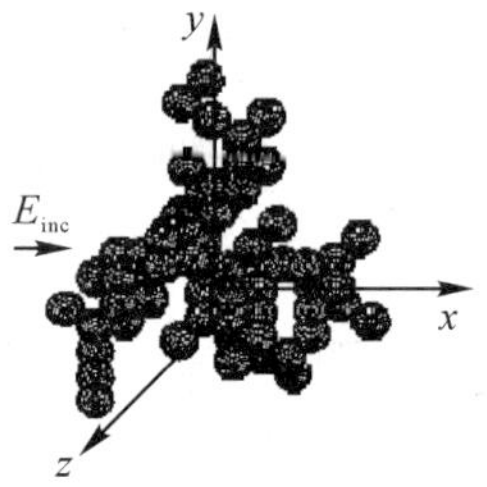

图 3.25　平面波入射示意图

图 3.26 分别给出了由 32 个、64 个基本球形粒子组成的具有分形结构的烟尘簇团粒子(见图 3.25)在入射波沿 x 轴入射情况下的极化度角分布。类似地，图 3.27 中只是簇团粒子在 $x-y$ 平面上旋转了 50°后的情形。由这两个图可以看出：极化度随散射角的变化趋势相同，但对应于给定的单个球形粒子的半径、入射波波长的不同，同一个簇团粒子的极化度的变化也不同。在散射角较小时极化度的差异不是很大，随着散射角的增大，不同波长的极化度的差异明显变大。同时，簇团粒子的空间放置的方位不同、组成簇团粒子的基本粒子的数目的不同也影响极化度分布。总体来讲，波长越小(相对的尺寸参数较大)，这种差异越明显。

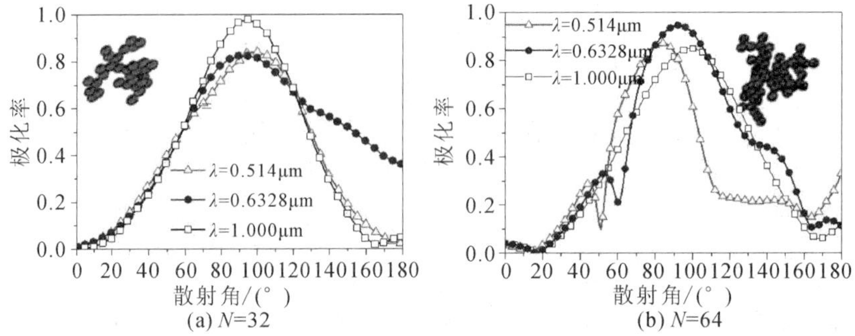

图 3.26　不同波长烟尘簇团粒子的极化度角分布

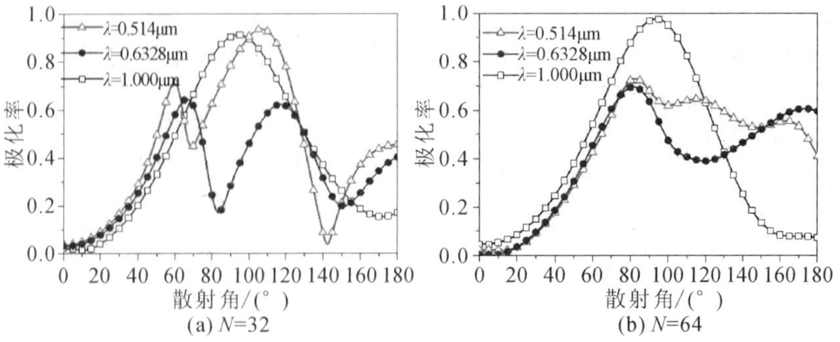

图 3.27　在 $x-y$ 平面上旋转 50°后不同波长烟尘簇团粒子的极化度角分布

3. 随机簇团粒子的全极化散射特性

散射矩阵是描述随机簇团粒子散射与极化特征的重要物理参量。对于DLA和CCA模型的烟尘簇团粒子的复杂结构，如果改变簇团粒子与入射方向的空间取向，簇团粒子的散射特性也会发生改变，这会引起Mueller矩阵元的空间分布发生变化，使得簇团粒子的散射特性更加复杂。

图3.28表示簇团粒子($N=64$)在没有旋转且沿x轴入射时，散射强度随散射角的分布(即沿图3.25所示的方向入射与取向)。图中实心符号和空心符号的曲线分别表示DDA和***T***矩阵的计算结果。由图3.28可知：对于不同波长的入射波，即使在同一方向入射，簇团粒子散射强度的角分布也不一样，这是由于不同的波长对应不同的复折射率，继而影响粒子的尺寸参数。波长越大，散射强度越小，即簇团粒子吸收能量越大。同时由图可知，两种方法的结果吻合良好。

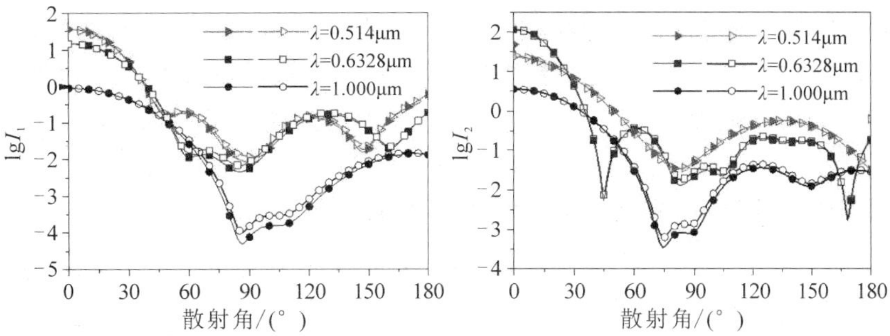

(a) 水平极化　　(b) 垂直极化

图3.28　不同波长入射波下烟尘簇团粒子的散射强度角分布(DDA与***T***矩阵)

图3.29是DDA方法与由Mie理论计算的簇团粒子的等体积球的数值结果进行的比较。图中实心符号和空心符号的曲线分别表示DDA和Mie矩阵的计算结果。图中DDA计算的是图3.25中模拟的簇团粒子在绕垂直于$x-y$平面且过其凝聚核的一固定轴旋转一周的平均散射强度角分布。由图可以看出，虽然两种方法的数值结果的变化趋势基本相同，但差别比较大，特别是在波长较大的时候。图3.29表明，对于多体散射，用分形回旋半径等效法来计算散射强度分布存在着很大的误差，主要原因是目标散射体的结构对其散射特性的影响很大。

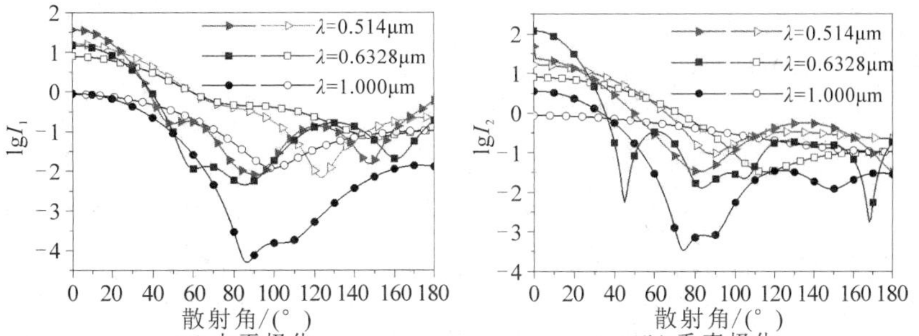

(a) 水平极化　　(b) 垂直极化

图3.29　不同波长入射波下烟尘簇团粒子的散射强度角分布(DDA与Mie理论)

图 3.30 给出了波长为 0.514 μm 的平面波沿 x 轴入射到由 64 个单体组成的簇团粒子时，Mueller 矩阵的 8 个元素随散射角变化的角分布。

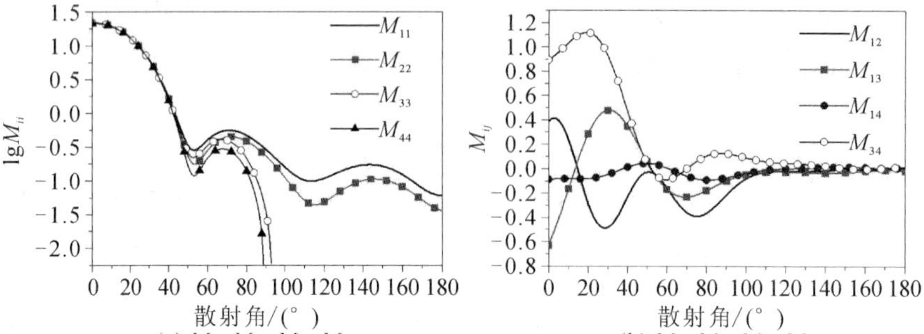

(a) $M_{11}, M_{22}, M_{33}, M_{44}$　　(b) $M_{12}, M_{13}, M_{14}, M_{34}$

图 3.30　Mueller 矩阵元素随散射角变化的角分布

对于这种随机的簇团粒子，其 Mueller 矩阵元素还会随着粒子团的不同放置方位而不同，此时可以通过对所有的方位角求其统计平均来得到 Mueller 矩阵元素的统计平均值。

图 3.31 给出了平面波在 xoy 面与 x 轴成 60°入射的散射平面内，前面所讨论的 8 个 Mueller 矩阵元素的角分布。图 3.32 给出的是 $N=64$ 的单个簇团粒子在各个不同方向的平面波入射情况下，Muller 矩阵元素平均值的角分布。

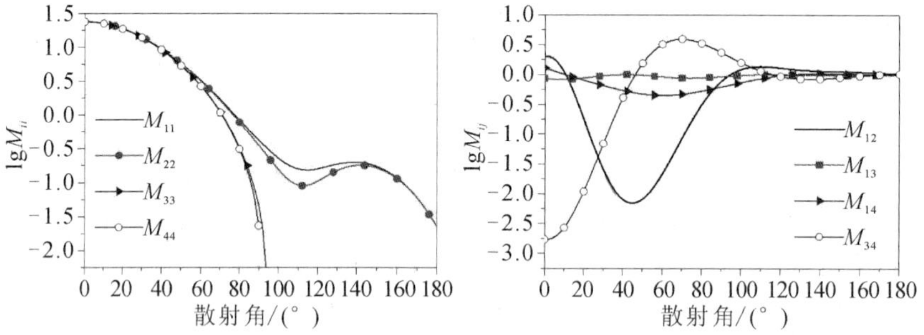

(a) $M_{11}, M_{22}, M_{33}, M_{44}$　　(b) $M_{12}, M_{13}, M_{14}, M_{34}$

图 3.31　60°入射时 Muller 矩阵元素随散射角的角分布

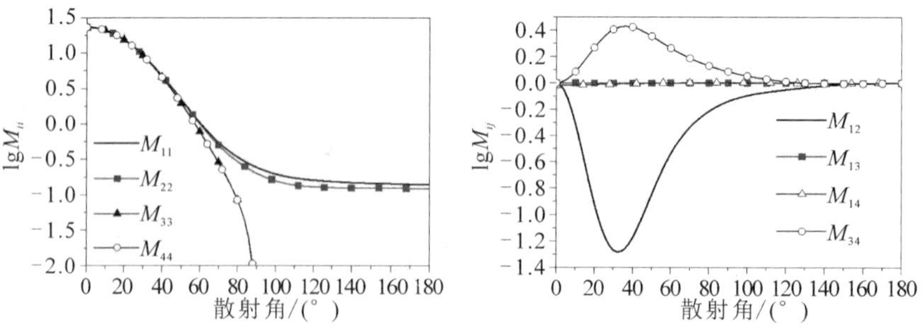

(a) $M_{11},M_{22},M_{33},M_{44}$　　(b) $M_{12},M_{13},M_{14},M_{34}$

图 3.32　Muller 矩阵元素的平均值随散射角的变化

由图 3.32 可以看出：由于簇团粒子的随机结构及其不对称性，在不同的入射方向，其 Muller 矩阵元素的角分布不同；但也可以看出其总体变化趋势还是相同的，而且对于同一个入射方向，矩阵元素 $M_{ij}(i=j)$ 在前向的变化趋势相同，$M_{ij}(i\neq j)$ 在后向的变化趋势相同。

习　题

1. 已知洛浪展开式为

$$\exp[x(t-t^{-1})/2]=\sum_{n=-\infty}^{\infty}\mathrm{J}_n(x)t^n$$

该展开式称为 $\mathrm{J}_n(x)$ 的生成函数。证明：

$$\mathrm{e}^{\mathrm{i}kr\cos\phi}=\mathrm{J}_0(kr)+2\sum_{n=1}^{\infty}\mathrm{i}^n\mathrm{J}_n(kr)\cos(n\phi)$$

$$\mathrm{J}_n(x+y)=\sum_{k=-\infty}^{\infty}\mathrm{J}_k(x)\mathrm{J}_{n-k}(y)$$

2. 见图 3.2，任意坐标系 $ox'y'z'$ 围绕原点 o 旋转 Euler 角 α、β、γ 后得到实验室坐标系 $oxyz$。根据式(3.25)，$(x',y',z')=A_\gamma A_\beta A_\alpha(x,y,z)=\overline{\overline{\boldsymbol{A}}}(x,y,z)$。求旋转变换矩阵元为

$$\begin{cases}a_{11}=\cos\gamma\cos\beta\cos\alpha-\sin\gamma\sin\alpha,\ a_{12}=\cos\gamma\cos\beta\cos\alpha+\sin\gamma\sin\alpha\\ a_{13}=-\cos\gamma\sin\beta,\ a_{21}=-\sin\gamma\cos\beta\cos\alpha-\cos\gamma\sin\alpha,\ a_{33}=\cos\beta\\ a_{22}=-\sin\gamma\cos\beta\sin\alpha+\cos\gamma\cos\alpha,\ a_{23}=\sin\gamma\sin\beta,\ a_{31}=\sin\beta\cos\alpha,\ a_{32}=\sin\beta\sin\alpha\end{cases}$$

3. 基于 $\boldsymbol{T}$ 矩阵方法，推导出介质球散射的 $\boldsymbol{T}$ 矩阵元为

$$\boldsymbol{T}^{(11)}_{mnm'n'}=-\frac{\mathrm{j}_n(k_\mathrm{s}a)[ka\mathrm{j}_n(ka)]'-\mathrm{j}_n(ka)[k_\mathrm{s}a\mathrm{j}_n(k_\mathrm{s}a)]'}{\mathrm{j}_n(k_\mathrm{s}a)[ka\mathrm{h}_n(ka)]'-\mathrm{h}_n(ka)[k_\mathrm{s}a\mathrm{j}_n(k_\mathrm{s}a)]'}$$

$$\boldsymbol{T}^{(22)}_{mnm'n'}=-\frac{(k_\mathrm{s}^2/k^2)\mathrm{j}_n(k_\mathrm{s}a)[ka\mathrm{j}_n(ka)]'-\mathrm{j}_n(ka)[k_\mathrm{s}a\mathrm{j}_n(k_\mathrm{s}a)]'}{(k_\mathrm{s}^2/k^2)\mathrm{j}_n(k_\mathrm{s}a)[ka\mathrm{h}_n(ka)]'-\mathrm{h}_n(ka)[k_\mathrm{s}a\mathrm{j}_n(k_\mathrm{s}a)]'}$$

4. 根据麦克斯韦方程，导出散射体散射总场的体积分表示式：

$$\boldsymbol{E}(\boldsymbol{r})=\boldsymbol{E}_{\mathrm{inc}}(\boldsymbol{r})+p.v.\frac{k^2}{\varepsilon_0}\int_{V-V_\delta}\overline{\overline{\boldsymbol{G}}}(\boldsymbol{r},\boldsymbol{r}')\cdot\boldsymbol{P}(\boldsymbol{r}')\mathrm{d}r'+\frac{[1-\varepsilon_\mathrm{r}(\boldsymbol{r})]\boldsymbol{E}(\boldsymbol{r})}{3}$$

5. 利用 $\boldsymbol{T}$ 矩阵方法、DDA 方法计算 100 μm 介质球对平面波的散射截面角分布，并与 Mie 理论计算结果进行比较。介质球的折射率为 2.43+i10.7，波长为 1.0 μm。

6. 从体积分方程出发，导出离散偶极子近似方法中极化率的一种表达形式：

$$\alpha_i=\frac{\alpha_i^\mathrm{C}}{1-\dfrac{\alpha_i^\mathrm{C}}{4\pi\varepsilon_0 d^3}\left[\left(\dfrac{4\pi}{3}\right)^{1/3}k^2d^2+\dfrac{\mathrm{i}2k^3d^3}{3}\right]}$$

7. 利用蒙特卡洛方法，根据 DLA(扩散限制凝聚)模型和 CCA(动力学集团)模型，抽样生成上述两类簇团粒子。

8. 运用 GMM 方法、$\boldsymbol{T}$ 矩阵方法和 DDA 方法，分别计算波沿粒子取向或垂直于粒子取向时两个紧靠在一起的水粒子(半径为 1 μm)的散射截面角分布，其中，波长为 1 μm，折射率为 1.33。

9. 描述使用 DDA 方法时要遵循的条件。分别采用 $\boldsymbol{T}$ 矩阵方法和 DDA 方法计算不同轴比情况下(0.5，1，2)长椭球体散射强度和极化度的角分布，以及 Mueller 矩阵元。计算所用参数为：复折射率为 1.5+i0.01，粒子尺寸参数 $x=2\pi r/\lambda=5$。

第四章　离散随机分布粒子中波传输的多重散射

在稀薄随机分布粒子中波的传播与散射特性可以采用单次散射、一阶多重散射或李托夫近似等方法来研究。随着粒子数密度的增加，相干强度变得等于或小于非相干强度，波的起伏特征须采用多重散射方法来研究。辐射输运理论是处理随机离散散射体(也包含随机粗糙面)多重散射的重要方法。本章首先介绍输运理论，应用输运方程研究波的强度率在离散随机介质中的多重散射；然后介绍离散随机分布粒子的多重散射的蒙特卡罗方法、分层离散坐标法、二通量和四通量理论、稠密离散随机介质中波传播的扩散近似方法；最后利用上述方法，研究离散随机分布粒子和簇团粒子中电磁波/光波的多重散射与传播特性。

4.1　辐射输运理论的基本量

4.1.1　强度率(亮度)

在随机介质中波的频率、相位、幅度一般随时间随机变化，波的能流密度的幅度和方向也随时间连续变化。在 $\boldsymbol{r}$ 处、沿给定方向 $\hat{\boldsymbol{s}}$，频率为 ν，单位频率间隔、单位立体角波的平均功率通量密度为 $I(\boldsymbol{r}, \hat{\boldsymbol{s}})$，它被定义为强度率(specific intensity，也被称为比强度或单色强度)，在辐射学中被定义为谱亮度，如图 4.1 所示，其量纲为 $\mathrm{W \cdot m^{-2} \cdot Sr^{-1} \cdot Hz^{-1}}$，是波传播输运理论中最基本的物理量。沿单位矢量 $\hat{\boldsymbol{s}}$，在频率间隔$(\nu, \nu+\mathrm{d}\nu)$，通过面元 $\mathrm{d}a$ 流入立体角 $\mathrm{d}\omega$ 内的功率 $\mathrm{d}P$ 为

$$\mathrm{d}P = I(\boldsymbol{r}, \hat{\boldsymbol{s}})\cos\theta \mathrm{d}a\mathrm{d}\omega\mathrm{d}\nu \quad (\mathrm{W}) \tag{4.1}$$

强度率(谱亮度)描述了曲面表面的辐射特征。流到面元 $\mathrm{d}a$ 的功率流为 $I_{-}\mathrm{d}a\mathrm{d}\omega\mathrm{d}\nu$，从面元沿相反方向 $\hat{\boldsymbol{s}}$ 发射出的功率流为 $I_{+}\mathrm{d}a\mathrm{d}\omega\mathrm{d}\nu$；也可以定义从曲面外流入的功率流。

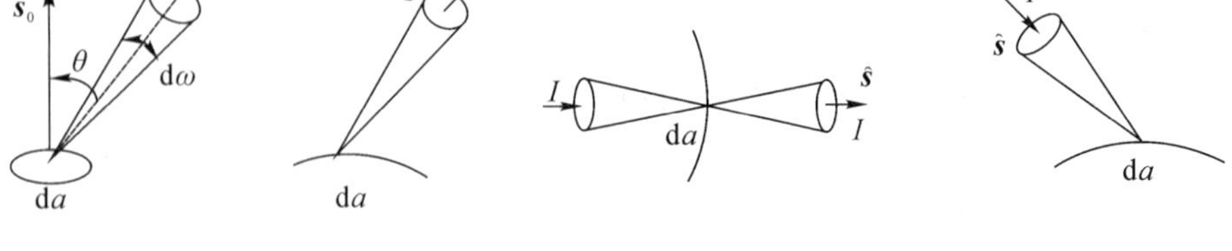

图 4.1　强度率和功率的示意图

4.1.2　谱功率通量密度(谱辐照度)

在曲面 A 上取小面元 da，面元的外法线单位矢量为 $\hat{\mathbf{s}}_0$，如图 4.2 所示。

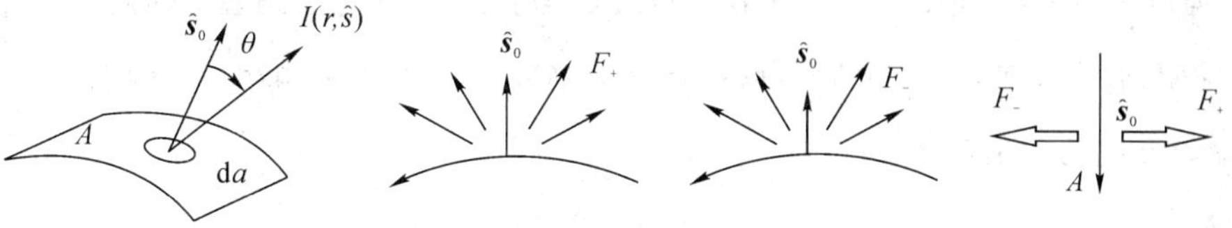

图 4.2　表面 A 上通过的面元功率以及前向与后向能流密度

沿($0\leqslant\theta\leqslant\pi/2$)前向范围的前向功率流密度为

$$F_+(\boldsymbol{r},\hat{\mathbf{s}}_0)=\int_{(2\pi)+}I(\boldsymbol{r},\hat{\mathbf{s}})\hat{\mathbf{s}}\cdot\hat{\mathbf{s}}_0\,d\omega,\quad \hat{\mathbf{s}}\cdot\hat{\mathbf{s}}_0=\cos\theta \tag{4.2}$$

单位为 $W\cdot m^{-2}\cdot Hz^{-1}$。$F_+$ 也称为谱辐射度或谱辐照度(在后续章节，为了书写方便，忽略"谱")。类似地，可以定义后向功率流密度为

$$F_-(\boldsymbol{r},\hat{\mathbf{s}}_0)=\int_{(2\pi)-}I(\boldsymbol{r},\hat{\mathbf{s}})\hat{\mathbf{s}}\cdot(-\hat{\mathbf{s}}_0)\,d\omega \tag{4.3}$$

它是沿 $-\hat{\mathbf{s}}_0$ 方向的，且具有 2π 立体角积分范围($\pi/2\leqslant\theta\leqslant\pi$)。总通量密度用总通量密度矢量 $\boldsymbol{F}$ 和 $\hat{\mathbf{s}}_0$ 表示为

$$F_+(\boldsymbol{r},\hat{\mathbf{s}}_0)-F_-(\boldsymbol{r},\hat{\mathbf{s}}_0)=\boldsymbol{F}(\boldsymbol{r})\cdot\hat{\mathbf{s}}_0,\quad \boldsymbol{F}(\boldsymbol{r})=\int_{4\pi}I(\boldsymbol{r},\hat{\mathbf{s}})\hat{\mathbf{s}}\,d\omega \tag{4.4}$$

4.1.3　能量密度和平均强度

在时间 t，沿法线方向离开小面元 da 进入立体角 $d\omega$ 的能量为 $I\,da\,d\omega\,d\nu\,dt$。能量占据的体积为 $c\,da\,dt$，其中 c 为波传播速度。则单位频率间隔的能量密度为

$$du(\boldsymbol{r})=\frac{I\,da\,d\omega\,d\nu\,dt}{c\,da\,dt\,d\nu}=\frac{I(\boldsymbol{r},\hat{\mathbf{s}})\,d\omega}{c} \tag{4.5}$$

沿所有方向辐射的能量密度为

$$u(\boldsymbol{r})=\frac{1}{c}\int_{4\pi}I(\boldsymbol{r},\hat{\mathbf{s}})\,d\omega \tag{4.6}$$

而

$$U(\boldsymbol{r})=\frac{1}{4\pi}\int_{4\pi}I(\boldsymbol{r},\hat{\mathbf{s}})\,d\omega \tag{4.7}$$

为平均强度。注意它并不表示平均功率通量，而是正比于能量密度。一般情况下，非朗伯面的强度率(亮度)是方向的函数，它与辐射通量密度 F 和辐射功率 P 的关系为

$$I(\boldsymbol{r},\hat{\mathbf{s}})=\frac{dF(\boldsymbol{r},\hat{\mathbf{s}})}{d\omega}=\frac{d^2P}{\cos\theta\,d\omega\,da} \tag{4.8}$$

如果强度率 $I(\boldsymbol{r},\hat{\mathbf{s}})$ 与方向 $\hat{\mathbf{s}}$ 无关，则表示各向同性辐射，如图 4.3 所示，考虑从面元 da 向所有方向辐射的功率：

$$dP=da\int_0^{2\pi}\int_0^{\pi/2}\sin\theta I(r)\cos\theta\,d\theta\,d\phi=da\,I\int_0^{2\pi}\int_0^{\pi/2}\sin\theta\cos\theta\,d\theta\,d\phi=I\pi\,da \tag{4.9}$$

则功率通量密度(辐射度或辐照度)$F=\mathrm{d}P/\mathrm{d}a=\pi I$。从面元 $\mathrm{d}a$ 向 $\hat{s}$ 方向辐射的功率为

$$P=(I\mathrm{d}a)\cos\theta=P_0\cos\theta \quad (\mathrm{W\cdot sr^{-1}\cdot Hz^{-1}}) \tag{4.10}$$

这种关系称为 Lambert 定理。满足式(4.10)的表面称为朗伯面或朗伯体，有时也称为均匀漫射面。强度率的重要性质是：在自由空间或均匀介质中沿传播路径，强度率(亮度)具有不变性。考虑沿 $\hat{s}$ 方向，距离 r 的两点 $\boldsymbol{r}_1$ 和 $\boldsymbol{r}_2$，各放置面元 $\mathrm{d}A_1$ 和 $\mathrm{d}A_2$，如图 4.4 所示。面元 $\mathrm{d}A_1$ 沿 $\hat{s}$ 方向的辐射功率为

$$\mathrm{d}P_1=I_1(\boldsymbol{r},\hat{s})\mathrm{d}A_1\cos\theta_1\mathrm{d}\omega_1\mathrm{d}\nu \tag{4.11}$$

接收面元 $\mathrm{d}A_2$ 的法线与 $\hat{s}$ 的夹角为 θ_2，相对 $\boldsymbol{r}_1$ 点的立体角 $\mathrm{d}\omega_1=\cos\theta_2\mathrm{d}A_2/r^2$，面元 $\mathrm{d}A_2$ 截获的功率为

$$\mathrm{d}P=I_1(\boldsymbol{r},\hat{s})\cos\theta_1\mathrm{d}A_1\cos\theta_2\mathrm{d}A_2\frac{\mathrm{d}\nu}{r^2}=I_1(\boldsymbol{r},\hat{s})\cos\theta_2\mathrm{d}A_2\mathrm{d}\omega_2\mathrm{d}\nu \tag{4.12}$$

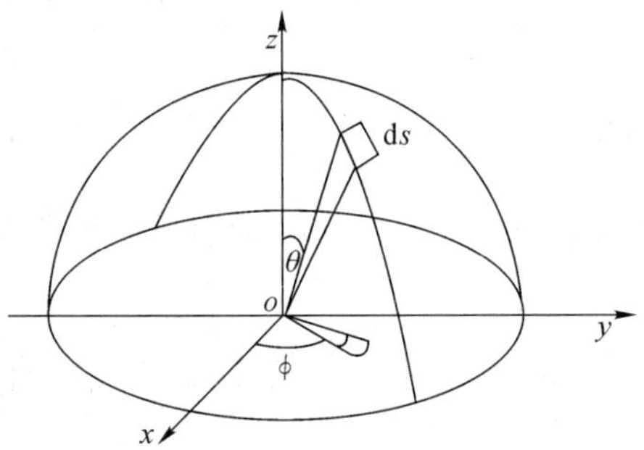

图 4.3 各向同性辐射(朗伯面)强度率与功率通量密度

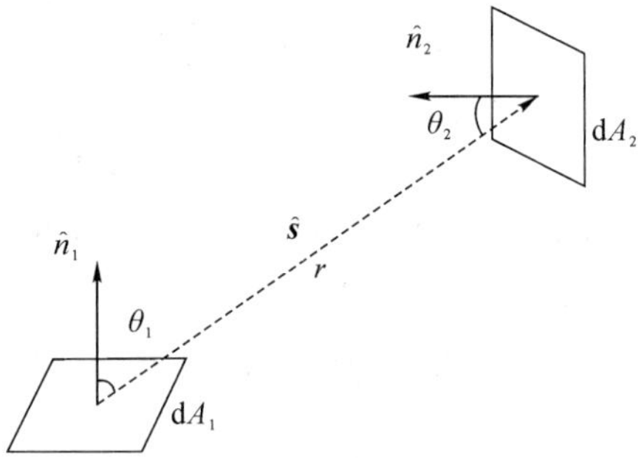

图 4.4 强度率传输的互易性

不论是发射还是接收，辐射功率可以用同样的形式表示。如果反过来，由 $\mathrm{d}A_2$ 辐射功率，则 $\mathrm{d}A_1$ 接收的功率为

$$\mathrm{d}P=I_2(\boldsymbol{r},\hat{s})\mathrm{d}A_2\cos\theta_2\mathrm{d}\omega_2\mathrm{d}\nu=I_2(\boldsymbol{r},\hat{s})\mathrm{d}A_2\cos\theta_2\mathrm{d}A_1\cos\theta_1\frac{\mathrm{d}\nu}{r^2} \tag{4.13}$$

如果接收功率相同，则强度率是相同的，表示强度率传输不变性。这个重要的基本概念是研究两个黑体面元间辐射换热角系数的基础。

随机介质或物体散射常伴有吸收与辐射，且存在于电磁波各谱段。任何物体都具有一定的温度，包含各种可能的能态的跃迁与扰动，存在各种波长的自发辐射。在热力学平衡条件下，介质可以吸收特定波长的辐射，同时也能发射同样波长的辐射，此即为基尔霍夫定律。对于黑体而言，它的吸收和发射均为最大。入射到一般物体(灰体)的辐射能，一部分被物体吸收，一部分被物体反射(含散射)，还有一部分被透射。被吸收的辐射能与入射辐射能之比，称为吸收率 α；热平衡下发射率 ε 等于吸收率。反射辐射能与入射辐射能之比，称为反射率 ρ；类似地，透过部分称为透过率 τ。根据能量守恒定律，有 $\alpha+\rho+\tau=1$。如果介质无反射边界，比如大气，就有 $\alpha+\tau=\varepsilon+\tau=1$。如果透射率为零，例如不透明介质，则 $\alpha+\rho=1$，或 $\varepsilon=1-\rho$。

在研究云层、地海遥感时可以通过其散射强度分布半空间积分获得某一温度下的发射

率。实际物体的辐射小于相同物理温度的黑体辐射，而且辐射是非均匀的，也就是说辐射亮度具有方向性，可用强度率 $I(\theta,\ \phi)$表示，或使用大多数物理类书籍中使用的符号——亮度 $B(\theta,\ \phi)$表示。显然 $B(\theta,\ \phi)$小于黑体的亮度 B_{bb}。$B_{bb}=2k_B(T/\lambda^2)\Delta f$，其中 T 为物理温度，单位为开尔文，$k_B=1.38\times10^{-23}$ J・K^{-1}为玻尔兹曼常数，Δf 是黑体辐射的窄带宽，λ 为辐射波长(单位为 m)。由此可以定义：方向发射率为 $\varepsilon(\theta,\ \phi)=B(\theta,\ \phi)/B_{bb}$，对应物体的亮温 $T_B=\varepsilon(\theta,\ \phi)T$。在热平衡条件下，粗糙界面方向$(\theta,\ \phi)$上某一极化的发射率可以通过粗糙界面的双站散射系数获得：

$$\varepsilon_p(\theta,\ \phi)=1-\frac{1}{4\pi}\int_0^{2\pi}\int_0^{\pi/2}\left[\sigma_{pp}^0(\theta,\ \phi;\ \theta_s,\ \phi_s)+\sigma_{qp}^0(\theta,\ \phi;\ \theta_s,\ \phi_s)\right]\frac{\sin\theta_s}{\cos\theta}\mathrm{d}\theta_s\mathrm{d}\phi_s \tag{4.14}$$

这部分内容将在后续章节进一步讨论。

例 4.1　考虑半径为 a 的圆盘，在其圆心法线方向上，与圆盘距离为 L 的 A 点，向各方向均匀辐射，则辐射通量密度为

$$F=\int I(\boldsymbol{r},\ \hat{\boldsymbol{s}})\hat{\boldsymbol{s}}\cdot\hat{\boldsymbol{r}}\mathrm{d}\omega=\int_0^{2\pi}\int_0^{\theta_0}I_0\cos\theta\sin\theta\mathrm{d}\theta\mathrm{d}\phi=\pi I_0\sin^2\theta_0=\pi I_0\left(\frac{a}{L}\right)^2 \tag{4.15}$$

式中，L 是圆盘边缘到 A 点的距离，$\pi a^2 I_0$ 是圆盘的辐射功率 P_0，辐射通量密度 F 与圆盘边缘到观察点距离的平方成反比。

例 4.2　如图 4.5 所示，假设半径为 a 的球表面的向外辐射与方向无关。$I(\boldsymbol{r},\ \hat{\boldsymbol{s}})=I_0$，则距离球心 r 处的功率通量密度为

$$F_r(\boldsymbol{r})=\boldsymbol{F}(\boldsymbol{r})\cdot\hat{\boldsymbol{r}}=I_0\int_0^{2\pi}\int_0^{\theta_0}\sin\theta\cos\theta\mathrm{d}\theta\mathrm{d}\phi=\pi I_0\left(\frac{a}{r}\right)^2 \tag{4.16}$$

它与距离平方成反比，但距离是从球心算起。$F_r(\boldsymbol{r})$随 r^{-2} 而减少，这是功率守恒的结果。总辐射功率 $P_t=F_r 4\pi r^2=4\pi^2 a^2 I_0$，它与距离 r 无关。在 r 处的能量密度为

$$u(\boldsymbol{r})=\frac{1}{c}I_0\int_0^{2\pi}\int_0^{\theta_0}\sin\theta\mathrm{d}\theta\mathrm{d}\phi=\frac{2\pi I_0}{c}\left[1-\sqrt{1-\left(\frac{a}{r}\right)^2}\right] \tag{4.17}$$

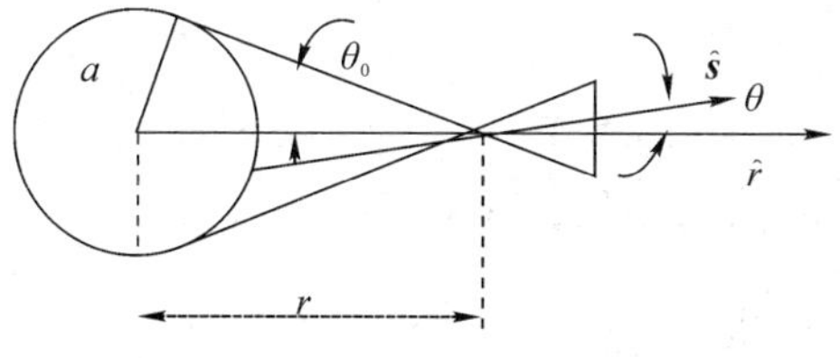

图 4.5　均匀球的辐射强度率

例 4.3　讨论两均匀介质平面边界强度率满足的条件。两均匀介质的折射率分别为 n_1 和 n_2，平面波入射到界面上，其两种极化(偏振)的反射系数和透射系数分别为

$$\begin{cases}R_{\parallel}=\dfrac{n_1\cos\theta_2-n_2\cos\theta_1}{n_1\cos\theta_2+n_2\cos\theta_1},\ T_{\parallel}=\dfrac{2n_1\cos\theta_1}{n_1\cos\theta_2+n_2\cos\theta_1}\\[2ex] R_{\perp}=\dfrac{n_1\cos\theta_1-n_2\cos\theta_2}{n_1\cos\theta_1+n_2\cos\theta_2},\ T_{\perp}=\dfrac{2n_1\cos\theta_1}{n_1\cos\theta_1+n_2\cos\theta_2}\end{cases} \tag{4.18}$$

式中，$R_{\parallel}$、$R_{\perp}$ 分别对应于电场极化平行或垂直入射面时的反射系数。反射强度率为 $I_r=|R|^2 I_i$，R 是$R_{\parallel}$ 或 $R_{\perp}$。对于非极化波，$|R|^2=(|R_{\parallel}|^2+|R_{\perp}|^2)/2$。图 4.6 表明，根据能量守恒，入射到界面面元上的功率通量等于反射与透射功率通量之和，即：$I_i\mathrm{d}a\cos\theta_1\mathrm{d}\omega_1=$

$I_r da\cos\theta_1 d\omega_1 + I_t da\cos\theta_2 d\omega_2$。注意，$d\omega_1=\sin\theta_1 d\theta_1 d\phi_1$，$d\omega_2=\sin\theta_2 d\theta_2 d\phi_2$。根据折射定律，可以得到 $n_1\cos\theta_1 d\theta_1 = n_2\cos\theta_2 d\theta_2$，以及 $d\phi_1=d\phi_2$，于是

$$\frac{I_i}{n_1^2}=\frac{I_r}{n_1^2}+\frac{I_t}{n_2^2} \tag{4.19}$$

以及透射功率和反射功率可表示为

$$T_p=\frac{n_2\cos\theta_2}{n_1\cos\theta_1}|T|^2,\quad R_p=|R|^2,\quad R_p+T_p=1 \tag{4.20}$$

所以

$$I_t=\frac{n_2^2}{n_1^2}(1-R_p)I_i=\frac{n_2^2}{n_1^2}T_pI_i=\frac{n_2^3\cos\theta_2}{n_1^3\cos\theta_1}|T|^2I_i \tag{4.21}$$

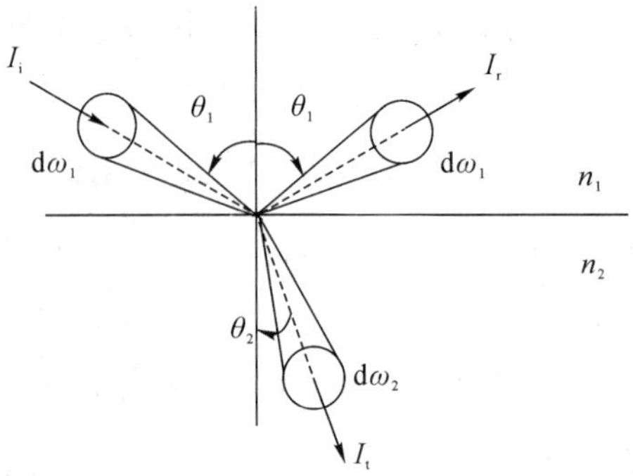

图 4.6　均匀介质边界上强度率的反射与折射

为了避免与辐射度学的物理量混淆，特将本章涉及的辐射输运理论的基本量与辐射度学的基本量及符号的对应关系在表 4.1 中给出。

表 4.1　辐射输运理论与辐射度学的基本量对应关系

辐射输运理论	辐射度学	量纲	关系式
—	谱辐射能 Q_ν	$J\cdot Hz^{-1}$	—
能量密度 U	谱辐射密度 W_ν	$J\cdot m^{-3}\cdot Hz^{-1}$	$W_\nu=dQ_\nu/dV$
总辐射功率 P_r	表面谱辐射通量密度 Φ_ν	$W\cdot J\cdot s^{-1}$	$\Phi_\nu=dQ_\nu/dt$
功率通量密度 F	谱辐照度 M_ν	$W\cdot m^{-2}\cdot Hz^{-1}$	$M_\nu=d\Phi_\nu/dA$
—	谱辐射强度 I_ν	$W\cdot Sr^{-1}\cdot Hz^{-1}$	$I_\nu=d\Phi_\nu/d\omega$
强度率 I	谱辐射亮度 L_ν	$W\cdot m^{-2}\cdot Sr^{-1}\cdot Hz^{-1}$	$L=d^2\Phi/(dA\cos\theta d\omega)$

4.2　辐射传输的微分与积分方程

4.2.1　强度率的微分方程

考虑入射波以强度率 $I(\boldsymbol{r},\hat{\boldsymbol{s}})$入射到具有单位截面积、长度为 ds 的圆柱体积元上，体

积元内粒子数为 $\rho\mathrm{d}s$，每个粒子的吸收功率和散射功率分别为 $\sigma_a I$ 和 $\sigma_s I$。体积元 $\mathrm{d}s$ 内强度率的减少为

$$\mathrm{d}I(\boldsymbol{r},\hat{\boldsymbol{s}})=-\rho\mathrm{d}s(\sigma_a+\sigma_s)I=-\rho\mathrm{d}s\sigma_t I \tag{4.22}$$

同时，还有从其他方向 $\hat{\boldsymbol{s}}'$ 入射到体积元 $\mathrm{d}s$ 的入射波，被粒子散射到 $\hat{\boldsymbol{s}}$ 方向上，将使波的强度率增加。如图 4.7 所示，设波沿 $\hat{\boldsymbol{s}}'$ 方向入射到体积元上，通过立体角 $\mathrm{d}\omega'$ 的入射功率通量密度为

$$S_i=I(\boldsymbol{r},\hat{\boldsymbol{s}}')\mathrm{d}\omega' \tag{4.23}$$

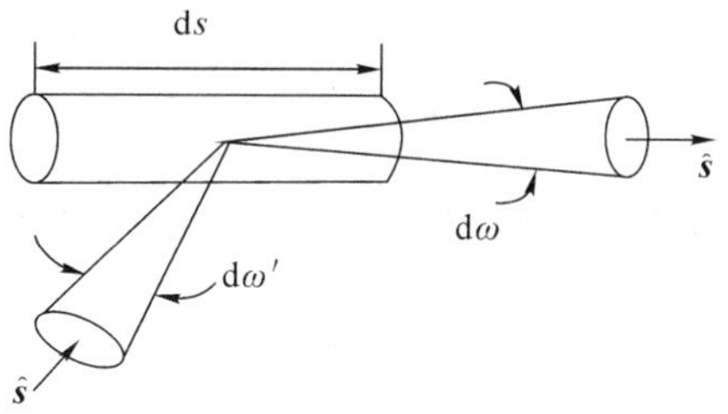

图 4.7 从 $\hat{\boldsymbol{s}}'$ 方向入射到体积元上的波散射到 $\hat{\boldsymbol{s}}$ 方向的强度率

入射波被粒子散射到 $\hat{\boldsymbol{s}}$ 方向，距离粒子 R 处的波的功率通量密度为

$$S_r=\frac{|f(\hat{\boldsymbol{s}},\hat{\boldsymbol{s}}')|^2}{r^2}S_i$$

则沿 $\hat{\boldsymbol{s}}$ 方向上的波的强度率为

$$S_r r^2=|f(\hat{\boldsymbol{s}},\hat{\boldsymbol{s}}')|^2 S_i=|f(\hat{\boldsymbol{s}},\hat{\boldsymbol{s}}')|^2 I(\boldsymbol{r},\hat{\boldsymbol{s}}')\mathrm{d}\omega' \tag{4.24}$$

所有 $\hat{\boldsymbol{s}}'$ 方向的入射通量，被体积元 $\mathrm{d}s$ 内粒子 $\rho\mathrm{d}s$ 散射到 $\hat{\boldsymbol{s}}$ 方向的强度率为

$$\int_{4\pi}|f(\hat{\boldsymbol{s}},\hat{\boldsymbol{s}}')|^2 I(\boldsymbol{r},\hat{\boldsymbol{s}}')\mathrm{d}\omega'\rho\mathrm{d}s \tag{4.25}$$

根据第一章，可以用相函数 $p(\hat{\boldsymbol{s}},\hat{\boldsymbol{s}}')$ 表示式(4.25)：

$$p(\hat{\boldsymbol{s}},\hat{\boldsymbol{s}}')=\frac{4\pi}{\sigma_t}|f(\hat{\boldsymbol{s}},\hat{\boldsymbol{s}}')|^2,\quad \frac{1}{4\pi}\int_{4\pi}p(\hat{\boldsymbol{s}},\hat{\boldsymbol{s}}')\mathrm{d}\omega=W_0=\frac{\sigma_s}{\sigma_t} \tag{4.26}$$

式中，W_0 为单个粒子的反照率。此外，体积元 $\mathrm{d}s$ 内存在辐射源时，其强度率也会增加。令单位体积、单位立体角、单位频率间隔的辐射功率为 $\varepsilon(\boldsymbol{r},\hat{\boldsymbol{s}})$，则强度率增量为 $\mathrm{d}s\varepsilon(\boldsymbol{r},\hat{\boldsymbol{s}})$。由此，可以获得强度率的输运方程为

$$\frac{\mathrm{d}I(\boldsymbol{r},\hat{\boldsymbol{s}})}{\mathrm{d}s}=-\rho\sigma_t I(\boldsymbol{r},\hat{\boldsymbol{s}})+\frac{\rho\sigma_t}{4\pi}\int_{4\pi}p(\hat{\boldsymbol{s}},\hat{\boldsymbol{s}}')I(\boldsymbol{r},\hat{\boldsymbol{s}}')\mathrm{d}\omega'+\varepsilon(\boldsymbol{r},\hat{\boldsymbol{s}}) \tag{4.27}$$

式中，$\varepsilon(\boldsymbol{r},\hat{\boldsymbol{s}})=\rho\sigma_a I_B$。其中

$$I_B=\begin{cases}\dfrac{k_B T}{\lambda^2}, & h\nu\ll k_B T\\[2ex] \dfrac{h\nu^3}{c^2}\left[\exp\left(\dfrac{h\nu}{k_B T}-1\right)\right]^{-1}, & \text{任意 }\nu\end{cases} \tag{4.28}$$

其中，k_B 为波尔兹曼常数。在微波段，$\varepsilon(\boldsymbol{r},\hat{\boldsymbol{s}})=\rho\sigma_a KT/\lambda^2$。考虑热辐射时，由式(4.27)得

$$-\rho\sigma_t I_B+\varepsilon(\boldsymbol{r},\hat{\boldsymbol{s}})+\rho\sigma_s I_B=-\rho\sigma_t I_B+\varepsilon(\boldsymbol{r},\hat{\boldsymbol{s}})+\int_{4\pi}p(\hat{\boldsymbol{s}},\hat{\boldsymbol{s}}')\mathrm{d}\omega' I_B=0 \tag{4.29}$$

让光学长度 $\tau=\int\rho\sigma_t\mathrm{d}s$，式(4.27)可改写为

$$\frac{\mathrm{d}I(\tau,\hat{\boldsymbol{s}})}{\mathrm{d}\tau}=-I(\tau,\hat{\boldsymbol{s}})+\frac{1}{4\pi}\int_{4\pi}p(\hat{\boldsymbol{s}},\hat{\boldsymbol{s}}')I(\tau,\hat{\boldsymbol{s}}')\mathrm{d}\omega'+J(\tau,\hat{\boldsymbol{s}}) \tag{4.30}$$

式中，等效源 $J(\tau, \hat{\mathbf{s}})=\varepsilon(\tau, \hat{\mathbf{s}})/(\rho\sigma_t)$。根据功率通量密度矢量的定义

$$\boldsymbol{F}(\boldsymbol{r})=\int_{4\pi} I(\boldsymbol{r}, \hat{\mathbf{s}})\hat{\mathbf{s}}\mathrm{d}\omega \tag{4.31}$$

以及

$$\frac{\mathrm{d}I(\boldsymbol{r}, \hat{\mathbf{s}})}{\mathrm{d}s}=\hat{\mathbf{s}}\cdot\nabla I(\boldsymbol{r}, \hat{\mathbf{s}})=\nabla\cdot[I(\boldsymbol{r}, \hat{\mathbf{s}})\hat{\mathbf{s}}] \tag{4.32}$$

可获得功率通量密度矢量满足的微分方程为

$$\nabla\cdot\boldsymbol{F}(\boldsymbol{r})=-\rho\sigma_t\int_{4\pi} I(\boldsymbol{r}, \hat{\mathbf{s}})\mathrm{d}\omega+\frac{\rho\sigma_t}{4\pi}\int_{4\pi}\int_{4\pi} p(\hat{\mathbf{s}}, \hat{\mathbf{s}}')I(\boldsymbol{r}, \hat{\mathbf{s}}')\mathrm{d}\omega'\mathrm{d}\omega+\int_{4\pi}\varepsilon(\boldsymbol{r}, \hat{\mathbf{s}})\mathrm{d}\omega \tag{4.33}$$

注意 $\int_{4\pi} I(\boldsymbol{r}, \hat{\mathbf{s}})\mathrm{d}\omega=\int_{4\pi} I(\boldsymbol{r}, \hat{\mathbf{s}}')\mathrm{d}\omega'$，式(4.33)可改写为

$$\nabla\cdot\boldsymbol{F}(\boldsymbol{r})=-\rho\sigma_a\int_{4\pi} I(\boldsymbol{r}, \hat{\mathbf{s}})\mathrm{d}\omega+\int_{4\pi}\varepsilon(\boldsymbol{r}, \hat{\mathbf{s}})\mathrm{d}\omega=-E_a(\boldsymbol{r})+E(\boldsymbol{r}) \tag{4.34}$$

该式满足能量守恒。

4.2.2 减缩强度率和扩散强度率

为了方便，通常将强度率分成两部分：减缩强度率(reduced incident intensity) I_{ri} 和扩散强度率(diffuse intensity) I_d，即 $I(\boldsymbol{r}, \hat{\mathbf{s}})=I_{ri}(\boldsymbol{r}, \hat{\mathbf{s}})+I_d(\boldsymbol{r}, \hat{\mathbf{s}})$。当波进入含随机分布粒子的体积 V 内时，由于粒子的吸收与散射使功率通量密度减少的部分称为减缩强度率，它满足方程：

$$\frac{\mathrm{d}I_{ri}(\boldsymbol{r}, \hat{\mathbf{s}})}{\mathrm{d}s}=-\rho\sigma_t I_{ri}(\boldsymbol{r}, \hat{\mathbf{s}}) \tag{4.35}$$

由于散射使体积内功率通量密度增加的部分称为扩散强度率，如图 4.8 所示。它满足微分方程：

$$\begin{aligned}\frac{\mathrm{d}I_d(\boldsymbol{r}, \hat{\mathbf{s}})}{\mathrm{d}s}&=-\rho\sigma_t I_d(\boldsymbol{r}, \hat{\mathbf{s}})+\frac{\rho\sigma_t}{4\pi}\int_{4\pi} p(\hat{\mathbf{s}}, \hat{\mathbf{s}}')I(\boldsymbol{r}, \hat{\mathbf{s}}')\mathrm{d}\omega'+\varepsilon(\boldsymbol{r}, \hat{\mathbf{s}})\\&=-\rho\sigma_t I_d(\boldsymbol{r}, \hat{\mathbf{s}})+\frac{\rho\sigma_t}{4\pi}\int_{4\pi} p(\hat{\mathbf{s}}, \hat{\mathbf{s}}')I_d(\boldsymbol{r}, \hat{\mathbf{s}}')\mathrm{d}\omega'+\varepsilon_{ri}(\boldsymbol{r}, \hat{\mathbf{s}})+\varepsilon(\boldsymbol{r}, \hat{\mathbf{s}})\end{aligned} \tag{4.36}$$

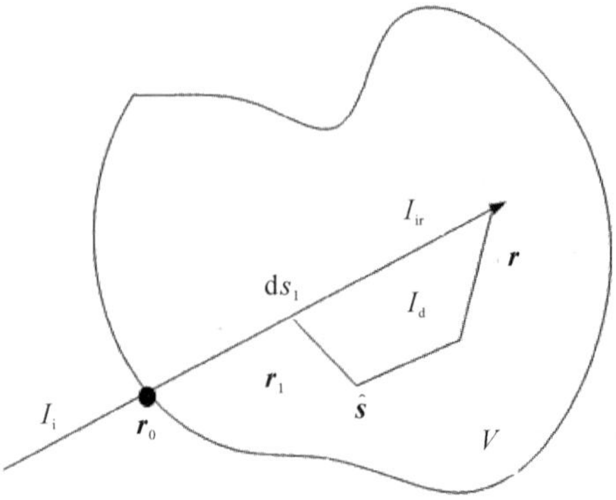

图 4.8　入射强度率、减缩强度率和扩散强度率

含随机分布粒子的体积 V 的曲面边界 S 的边界条件可从扩散强度率获得。它要求向介质内扩散的强度为零，只存在指向外部的扩散强度率，并且当介质扩展到无限远时，扩散强度率也将消失，即

$$\begin{cases} I_d(\boldsymbol{r}, \hat{\boldsymbol{s}})=0, & \text{当 } \hat{\boldsymbol{s}} \text{ 指向曲面内时} \\ I_d(\boldsymbol{r}, \hat{\boldsymbol{s}})=0, & \text{当 } s\to\infty \end{cases} \tag{4.37}$$

减缩强度率 I_{ri} 也可以是"准直"或"扩散"的。例如，激光束沿某特定 $\hat{\boldsymbol{s}}_0$ 方向准直传播或平面波传播时，我们把这种减缩强度称为准直入射强度 I_{ci}，$I_{ci}(\boldsymbol{r}, \hat{\boldsymbol{s}})=F_0\delta(\hat{\boldsymbol{\omega}}-\hat{\boldsymbol{\omega}}_0)$。$F_0$ 为通量密度（$\mathrm{W\cdot m^{-2}\cdot Hz^{-1}}$），$\delta(\hat{\boldsymbol{\omega}}-\hat{\boldsymbol{\omega}}_0)$ 为立体角 δ 函数。在球坐标系中，有

$$\delta(\hat{\boldsymbol{\omega}}-\hat{\boldsymbol{\omega}}_0)=\frac{\delta(\theta-\theta_0)\delta(\phi-\phi_0)}{\sin\theta} \tag{4.38}$$

而扩散强度是来自于各个方向的不同幅度的散射，例如云层的辐射散射。

4.2.3　强度率的积分方程

通过输运理论求解给定问题，可以直接结合边界条件求解微分方程，也可以将其转化为未知函数的积分方程。对于复杂的几何问题，更适合用积分方程近似求解。微分方程式(4.27)是关于 s 的一阶微分方程，其形式为 $\mathrm{d}y/\mathrm{d}x+Py=Q$，它的通解为

$$I(\boldsymbol{r}, \hat{\boldsymbol{s}}) = c\mathrm{e}^{-\tau} + \mathrm{e}^{-\tau}\int Q(s_1)\mathrm{e}^{\tau_1}\,\mathrm{d}s_1 \tag{4.39}$$

式中

$$\tau = \int\rho\sigma_t\mathrm{d}s, \qquad Q(s) = \frac{\rho\sigma_t}{4\pi}\int_{4\pi}p(\hat{\boldsymbol{s}}, \hat{\boldsymbol{s}}')I(\boldsymbol{r}, \hat{\boldsymbol{s}}')\mathrm{d}\omega' + \varepsilon(\boldsymbol{r}, \hat{\boldsymbol{s}}) \tag{4.40}$$

如图 4.9 所示，由边界条件：在入射点 $\boldsymbol{r}=\boldsymbol{r}_0$ 处，$I_d=0$，总强度等于入射强度 $I_i(\boldsymbol{r}_0, \hat{\boldsymbol{s}})$，得

$$\begin{cases} I(\boldsymbol{r}, \hat{\boldsymbol{s}})=I_{ri}(\boldsymbol{r}, \hat{\boldsymbol{s}})+I_d(\boldsymbol{r}, \hat{\boldsymbol{s}}) \\ I_{ri}(\boldsymbol{r}, \hat{\boldsymbol{s}})=I_i(\boldsymbol{r}_0, \hat{\boldsymbol{s}})\exp(-\tau) \end{cases} \tag{4.41}$$

$$I_d(\boldsymbol{r}, \hat{\boldsymbol{s}}) = \int_0^s \exp[-(\tau-\tau_1)]\cdot\left[\frac{\rho\sigma_t}{4\pi}\int_{4\pi}p(\hat{\boldsymbol{s}}, \hat{\boldsymbol{s}}')I(\boldsymbol{r}_1, \hat{\boldsymbol{s}}')\mathrm{d}\omega' + \varepsilon(\boldsymbol{r}_1, \hat{\boldsymbol{s}})\right]\mathrm{d}s_1 \tag{4.42}$$

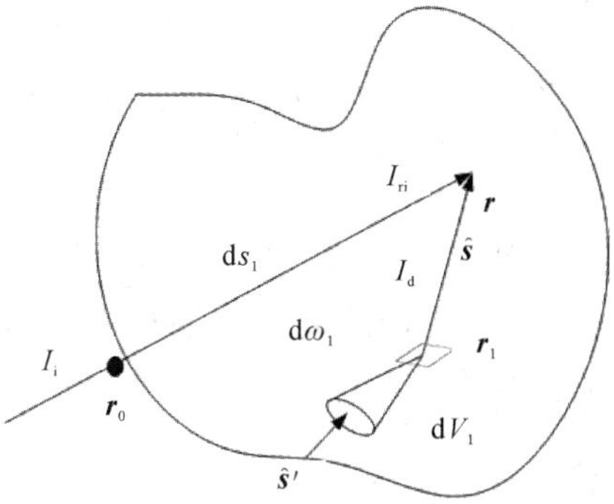

图 4.9　积分方程的物理意义

4.2.4 接收截面和接收功率

在实际测量时，必须考虑接收机的特性。其特性用接收截面 $A_r(\hat{\boldsymbol{s}}_r, \hat{\boldsymbol{s}})$来描述。当功率通量密度为 $S_i(\hat{\boldsymbol{s}})(\mathrm{Wm^{-2}})$的波沿 $\hat{\boldsymbol{s}}$ 方向入射时，接收机在$-\hat{\boldsymbol{s}}_r$ 方向接收，如图 4.10 所示。定义接收截面为接收功率与入射功率通量密度的比值：

$$A_r(\hat{\boldsymbol{s}}_r, \hat{\boldsymbol{s}}) = \frac{P_R}{S_i(\hat{\boldsymbol{s}})} \tag{4.43}$$

它依赖于入射波方向和接收机取向。对于有限接收视场，接收功率为

$$P_R = \int_\Omega A_r(\hat{\boldsymbol{s}}_r, \hat{\boldsymbol{s}}) I(\boldsymbol{r}, \hat{\boldsymbol{s}}) \mathrm{d}\omega \quad (\mathrm{W/Hz}) \tag{4.44}$$

其积分范围是 $0 \leqslant \theta \leqslant \pi/2$，如图 4.11 所示。

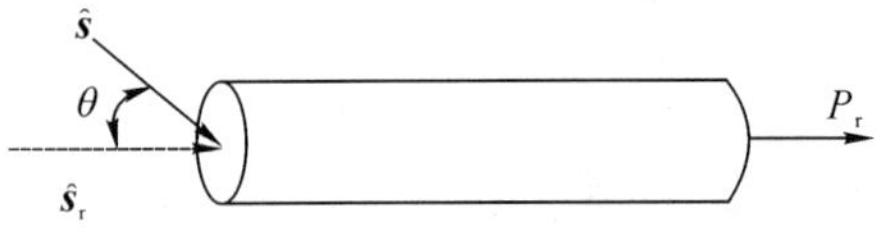

图 4.10　接收孔径和接收功率

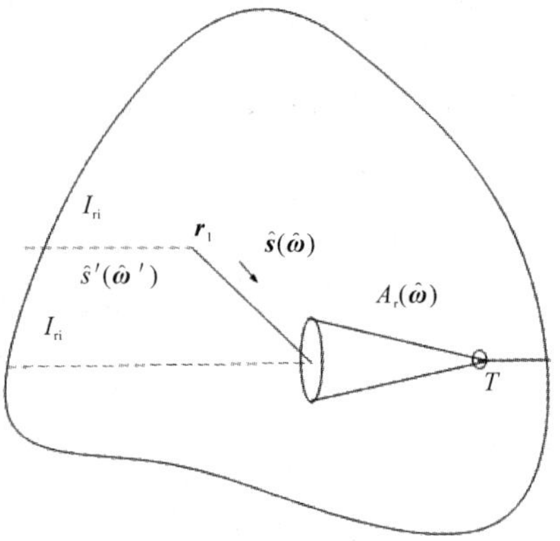

图 4.11　接收功率 P_R 的一级近似

接收截面既可以具有窄接收角，也可以具有广接收角。位于 $\boldsymbol{r}$ 点$-\hat{\boldsymbol{s}}_r$方向的接收功率 $P_R(\boldsymbol{r}, \hat{\boldsymbol{s}}_r) = P_{R,ri}(\boldsymbol{r}, \hat{\boldsymbol{s}}_r) + P_{R,d}(\boldsymbol{r}, \hat{\boldsymbol{s}}_r)$，其中 $P_{R,ri}(\boldsymbol{r}, \hat{\boldsymbol{s}}_r)$是减缩入射强度所产生的接收功率，$P_{R,d}(\boldsymbol{r}, \hat{\boldsymbol{s}}_r)$是漫射强度产生的接收功率，它们分别为

$$\begin{cases} P_{R,ri}(\boldsymbol{r}, \hat{\boldsymbol{s}}_r) = \displaystyle\int_\Omega A_r(\hat{\boldsymbol{s}}_r, \hat{\boldsymbol{s}}) I_{ri}(\boldsymbol{r}, \hat{\boldsymbol{s}}) \mathrm{d}\omega \\ P_{R,d}(\boldsymbol{r}, \hat{\boldsymbol{s}}_r) = \displaystyle\int_\Omega A_r(\hat{\boldsymbol{s}}_r, \hat{\boldsymbol{s}}) \left[\frac{\rho\sigma_t}{4\pi} \int_{4\pi} p(\hat{\boldsymbol{s}}, \hat{\boldsymbol{s}}') I(\boldsymbol{r}_1, \hat{\boldsymbol{s}}') \mathrm{d}\omega' + \varepsilon(\boldsymbol{r}_1, \hat{\boldsymbol{s}}') \right] \frac{\exp[-(\tau - \tau_1)]}{|\boldsymbol{r} - \boldsymbol{r}_1|^2} \mathrm{d}V_1 \end{cases} \tag{4.45}$$

在大多数实际应用中，接收截面 A_r 可以等于自由空间中的接收截面。随机粒子的存在，使入射到接收面上的波场起伏，进而造成平均接收方向图的束宽增加和增益下降，这种效应有时称为介质对天线的耦合损耗。

4.2.5 矢量辐射传输理论

前几节讲到的标量辐射传输方程可以推广到矢量电磁波的传播。在随机介质中所有电磁波一般均为部分极化波。即使是线极化入射电磁波，散射波也是椭圆极化波，且极化方向是随机的。在不考虑背景介质的辐射吸收时，运用第一章定义的斯托克斯(Stokes)参量

的非相干叠加性质，得出强度率的矢量辐射传输方程为

$$\frac{\mathrm{d}\boldsymbol{I}(\boldsymbol{r},\hat{\boldsymbol{s}})}{\mathrm{d}s}=-\rho\overline{\overline{\boldsymbol{\sigma}}}_{\mathrm{t}}\cdot\boldsymbol{I}(\boldsymbol{r},\hat{\boldsymbol{s}})+\int_{4\pi}\overline{\overline{\boldsymbol{P}}}(\boldsymbol{r},\hat{\boldsymbol{s}};\hat{\boldsymbol{s}}')\cdot\boldsymbol{I}(\boldsymbol{r},\hat{\boldsymbol{s}}')\mathrm{d}\omega'+\varepsilon(\boldsymbol{r},\hat{\boldsymbol{s}}) \tag{4.46}$$

其中，$\boldsymbol{I}(\boldsymbol{r},\hat{\boldsymbol{s}})$的分量对应的斯托克斯参量为($I_{\mathrm{v}}$，$I_{\mathrm{h}}$，$U$，$V$)。设入射波沿$\hat{z}$方向传播，$I_{\mathrm{v}}$和$I_{\mathrm{h}}$分别是垂直极化和水平极化电场分量的强度平均值。$\overline{\overline{\boldsymbol{P}}}(\boldsymbol{r},\hat{\boldsymbol{s}};\hat{\boldsymbol{s}}')$表示从$\hat{\boldsymbol{s}}'$方向贡献到$\hat{\boldsymbol{s}}$方向的相函数矩阵，$\overline{\overline{\boldsymbol{\sigma}}}_{\mathrm{t}}$是对应散射斯托克斯参量的衰减矩阵。一般衰减是吸收与散射之和，对于非球形粒子，衰减矩阵为非对称矩阵，辐射矢量$\varepsilon(\boldsymbol{r},\hat{\boldsymbol{s}})$的四个分量也均为非零分量。

1. 斯托克斯参量

对于随机介质，平均斯托克斯参量的一般形式为

$$\boldsymbol{I}=\begin{bmatrix}I\\Q\\U\\V\end{bmatrix}=\begin{bmatrix}\langle|E_x|^2\rangle+\langle|E_y|^2\rangle\\\langle|E_x|^2\rangle-\langle|E_y|^2\rangle\\\langle 2E_xE_y\cos\delta\rangle\\\langle 2E_xE_y\sin\delta\rangle\end{bmatrix} \tag{4.47}$$

其中，E_x、E_y是电矢量所选直角坐标系中沿x、y方向的分量，δ是两分量在瞬间的相位差，〈·〉表示〈 〉内参数对时间的平均。由此可以看出式(4.47)中I为总的光强，而Q为两个垂直光强分量的差值。这一组四维矢量可以描述任意偏振光所包含的所有信息。

对上述矢量引入方位角和椭圆角(θ，β)或振幅比角和相对相差(α，δ)，则式(4.47)变为

$$\boldsymbol{I}=\begin{bmatrix}I\\Q\\U\\V\end{bmatrix}=I\begin{bmatrix}1\\\cos 2\beta\cos 2\theta\\\cos 2\beta\sin 2\theta\\\sin 2\beta\end{bmatrix}=I\begin{bmatrix}1\\\cos 2\alpha\\\sin 2\alpha\cos\delta\\\sin 2\alpha\sin\delta\end{bmatrix} \tag{4.48}$$

对于完全偏振光有如下关系：

$$I^2=Q^2+U^2+V^2 \tag{4.49}$$

下面列出几种典型的极化状态：

- (1，0，0，0)：无极化状态。
- (1，1，0，0)：完全平行于散射平面的线性极化状态。
- (1，−1，0，0)：完全垂直于散射平面的线性极化状态。
- (1，0，1，0)：电场与散射平面的夹角为45°的完全线性极化状态。
- (1，0，−1，0)：电场与散射平面的夹角为−45°的完全线性极化状态。
- (1，0，0，1)：完全右旋圆极化状态。
- (1，0，0，−1)：完全左旋圆极化状态。

对于部分偏振光，有如下关系：

$$I^2>Q^2+U^2+V^2 \tag{4.50}$$

另一个重要的量——偏振度P用下式表示：

$$P=\frac{\sqrt{Q^2+U^2+V^2}}{I} \tag{4.51}$$

它表示的是完全偏振光在整个光强中所占的比例。

2. Mueller 矩阵

当入射光被散射介质散射后，不仅光的传播方向和振幅、相位会发生变化，而且光的偏振态也可能发生变化。在这个过程中就涉及衰减、退偏等现象。此时散射介质相当于一个算子对入射光进行变换。这个算子用一个具有 16 个分量的 Mueller 矩阵来描述。通过该矩阵可以把入射光和散射光联系起来。其关系如下

$$\bar{\boldsymbol{S}}_{\mathrm{s}}=\begin{bmatrix} I_{\mathrm{s}} \\ Q_{\mathrm{s}} \\ U_{\mathrm{s}} \\ V_{\mathrm{s}} \end{bmatrix}=\bar{\bar{\boldsymbol{M}}} * \bar{\boldsymbol{S}}_{\mathrm{i}}=\bar{\bar{\boldsymbol{M}}} * \begin{bmatrix} I_{\mathrm{i}} \\ Q_{\mathrm{i}} \\ U_{\mathrm{i}} \\ V_{\mathrm{i}} \end{bmatrix} \tag{4.52}$$

其中

$$\bar{\bar{\boldsymbol{M}}}=\begin{bmatrix} m_{11} & m_{12} & m_{13} & m_{14} \\ m_{21} & m_{22} & m_{23} & m_{24} \\ m_{31} & m_{32} & m_{33} & m_{34} \\ m_{41} & m_{42} & m_{43} & m_{44} \end{bmatrix} \tag{4.53}$$

式中，Muller 矩阵的各个元素表示的物理意义见第一章。

在求出各个 Muller 矩阵的元素后，可以计算散射强度以及极化度等量，同时可以由 Muller 矩阵元素的值来描述波的极化状态。定义 P 为

$$P=\frac{\sum_{i,j} m_{ij}^{2}}{m_{11}^{2}} \tag{4.54}$$

当 $1<P<4$ 时，散射波处于部分极化状态，属于非完全极化波；当 $P=1$ 时，波的极化状态不发生任何变化；当 $P=4$ 时，波发生完全极化，入射波为完全极化波。

3. 退偏

在直角坐标系中，x 方向线偏振态的光经过粒子散射后，散射光中有可能出现 y 方向上的分量，也就是说完全偏振光入射时，散射光会变成部分偏振光，这种现象就叫作光散射的退偏现象。对于线偏振入射来说，退偏度定义为与入射光偏振方向相垂直的方向上的散射光的强度 $I_{\perp}$ 与相平行的方向上的散射光的强度 $I_{\parallel}$ 之间的比值，即

$$\mathrm{Dep}=\frac{I_{\perp}}{I_{\parallel}}\times 100\% \tag{4.55}$$

对于粒子群的多次散射，$I_{\perp}$ 和 $I_{\parallel}$ 是大量粒子的多次散射的光强之和。由上面的定义可以看出：若 $I_{\perp}=I_{\parallel}$，则此时 $\mathrm{Dep}=1$，散射光为自然光；若 $I_{\perp}=0$，则此时 $\mathrm{Dep}=0$，散射光仍为线偏振光，没有发生退偏；若 $0<I_{\perp}<I_{\parallel}$，则 $0<\mathrm{Dep}<1$，此时散射光为部分偏振光。

对于均匀各向同性的球形粒子，由 Mie 理论可知：散射光的电矢量振动方向和入射光的电矢量振动方向保持一致，也就是说单次散射不发生退偏。对于一个非球（如群聚的碳烟粒子或冰晶粒子）或各向异性的粒子，则其散射光要变成部分偏振光，即发生退偏现象。因此在散射中对偏振度的描述包含了有关的粒子特性，如粒子的形状、介电常数、粒子的取向等。在大气的光散射中，瑞利区的大气分子的各向异性对散射带来的影响，可以通过

修正因子来修正。而在 Mie 散射区，由于粒子的各向异性引起的退偏问题比较复杂，目前没有一个解析的表达式。

另一个重要的导致退偏的原因是多重散射。球形粒子的单次散射不产生退偏，但很多的球形粒子的多重散射就可能会产生退偏现象。这是由于在多次散射的过程中，光子的路径可能处于不同的平面，因而对电矢量平面进行了变换。因此，即使所有的散射物体都是球体，最后接收到的多次散射信号仍然是部分偏振的。

在仅考虑非相干散射条件下，相函数矩阵为所有不同取向和不同尺寸分布粒子的 Muller 矩阵的平均，这样就可以简化研究单个粒子的 Muller 矩阵的工作。由第一章，考虑入射平面波：

$$\boldsymbol{E}_{\mathrm{i}}=\hat{\boldsymbol{e}}_{\mathrm{i}}E_0\mathrm{e}^{\mathrm{i}\boldsymbol{k}_{\mathrm{i}}\cdot\boldsymbol{r}}=(\hat{\boldsymbol{v}}_{\mathrm{i}}E_{\mathrm{vi}}+\hat{\boldsymbol{h}}_{\mathrm{i}}E_{\mathrm{hi}})\mathrm{e}^{\mathrm{i}\boldsymbol{k}_{\mathrm{i}}\cdot\boldsymbol{r}} \tag{4.56}$$

远场散射波是球面波，即

$$\boldsymbol{E}_{\mathrm{s}}=\hat{\boldsymbol{v}}_{\mathrm{s}}E_{\mathrm{vs}}+\hat{\boldsymbol{h}}_{\mathrm{s}}E_{\mathrm{hs}}=\frac{\mathrm{e}^{\mathrm{i}kR}}{R}E_0\overline{\overline{\boldsymbol{F}}}(\theta_{\mathrm{s}},\ \phi_{\mathrm{s}};\ \theta_{\mathrm{i}},\ \phi_{\mathrm{i}})\cdot\hat{\boldsymbol{e}}_{\mathrm{i}} \tag{4.57}$$

入射波和散射波的单位矢量分别为

$$\begin{cases}\hat{\boldsymbol{k}}_{\mathrm{i}}=\sin\theta_{\mathrm{i}}\cos\phi_{\mathrm{i}}\hat{\boldsymbol{x}}+\sin\theta_{\mathrm{i}}\sin\phi_{\mathrm{i}}\hat{\boldsymbol{y}}+\cos\theta_{\mathrm{i}}\hat{\boldsymbol{z}}\\ \hat{\boldsymbol{k}}_{\mathrm{s}}=\sin\theta_{\mathrm{s}}\cos\phi_{\mathrm{s}}\hat{\boldsymbol{x}}+\sin\theta_{\mathrm{s}}\sin\phi_{\mathrm{s}}\hat{\boldsymbol{y}}+\cos\theta_{\mathrm{s}}\hat{\boldsymbol{z}}\end{cases} \tag{4.58}$$

$$\begin{cases}\hat{\boldsymbol{v}}_{\mathrm{i}}=\cos\theta_{\mathrm{i}}\cos\phi_{\mathrm{i}}\hat{\boldsymbol{x}}+\cos\theta_{\mathrm{i}}\sin\phi_{\mathrm{i}}\hat{\boldsymbol{y}}-\sin\theta_{\mathrm{i}}\hat{\boldsymbol{z}}\\ \hat{\boldsymbol{v}}_{\mathrm{s}}=\cos\theta_{\mathrm{s}}\cos\phi_{\mathrm{s}}\hat{\boldsymbol{x}}+\cos\theta_{\mathrm{s}}\sin\phi_{\mathrm{s}}\hat{\boldsymbol{y}}-\sin\theta_{\mathrm{s}}\hat{\boldsymbol{z}}\end{cases} \tag{4.59}$$

$$\hat{\boldsymbol{h}}_{\mathrm{i}}=-\sin\phi_{\mathrm{i}}\hat{\boldsymbol{x}}+\cos\phi_{\mathrm{i}}\hat{\boldsymbol{y}},\quad \hat{\boldsymbol{h}}_{\mathrm{s}}=-\sin\phi_{\mathrm{s}}\hat{\boldsymbol{x}}+\cos\phi_{\mathrm{s}}\hat{\boldsymbol{y}} \tag{4.60}$$

以及 $\overline{\overline{\boldsymbol{F}}}(\theta_{\mathrm{s}},\ \phi_{\mathrm{s}};\ \theta_{\mathrm{i}},\ \phi_{\mathrm{i}})$为散射相函数矩阵，于是

$$\begin{bmatrix}E_{\mathrm{vs}}\\ E_{\mathrm{hs}}\end{bmatrix}=\frac{\mathrm{e}^{\mathrm{i}kR}}{R}\begin{bmatrix}f_{\mathrm{vv}}(\theta_{\mathrm{s}},\ \phi_{\mathrm{s}};\ \theta_{\mathrm{i}},\ \phi_{\mathrm{i}}) & f_{\mathrm{vh}}(\theta_{\mathrm{s}},\ \phi_{\mathrm{s}};\ \theta_{\mathrm{i}},\ \phi_{\mathrm{i}})\\ f_{\mathrm{hv}}(\theta_{\mathrm{s}},\ \phi_{\mathrm{s}};\ \theta_{\mathrm{i}},\ \phi_{\mathrm{i}}) & f_{\mathrm{hh}}(\theta_{\mathrm{s}},\ \phi_{\mathrm{s}};\ \theta_{\mathrm{i}},\ \phi_{\mathrm{i}})\end{bmatrix}\begin{bmatrix}E_{\mathrm{vi}}\\ E_{\mathrm{hi}}\end{bmatrix} \tag{4.61}$$

散射波斯托克斯参量 $\boldsymbol{I}_{\mathrm{s}}$ 与入射波斯托克斯参量 $\boldsymbol{I}_{\mathrm{i}}$ 的关系为

$$\boldsymbol{I}_{\mathrm{s}}=\frac{1}{R^2}\overline{\overline{\boldsymbol{S}}}(\theta_{\mathrm{s}},\ \phi_{\mathrm{s}};\ \theta_{\mathrm{i}},\ \phi_{\mathrm{i}})\cdot\boldsymbol{I}_{\mathrm{i}} \tag{4.62}$$

其中，$\overline{\overline{\boldsymbol{S}}}(\theta_{\mathrm{s}},\ \phi_{\mathrm{s}};\ \theta_{\mathrm{i}},\ \phi_{\mathrm{i}})$为

$$\overline{\overline{\boldsymbol{S}}}(\theta_{\mathrm{s}},\ \phi_{\mathrm{s}};\ \theta_{\mathrm{i}},\ \phi_{\mathrm{i}})=\begin{bmatrix}|f_{\mathrm{vv}}|^2 & |f_{\mathrm{vh}}|^2 & \mathrm{Re}(f_{\mathrm{vh}}^*f_{\mathrm{vv}}) & -\mathrm{Im}(f_{\mathrm{vh}}^*f_{\mathrm{vv}})\\ |f_{\mathrm{hv}}|^2 & |f_{\mathrm{hh}}|^2 & \mathrm{Re}(f_{\mathrm{hv}}f_{\mathrm{hh}}^*) & -\mathrm{Im}(f_{\mathrm{hv}}f_{\mathrm{hh}}^*)\\ 2\mathrm{Re}(f_{\mathrm{vv}}f_{\mathrm{hv}}^*) & 2\mathrm{Re}(f_{\mathrm{vh}}f_{\mathrm{hh}}^*) & \mathrm{Re}(f_{\mathrm{vv}}f_{\mathrm{hh}}^*+f_{\mathrm{vh}}f_{\mathrm{hv}}^*) & -\mathrm{Im}(f_{\mathrm{vv}}f_{\mathrm{hh}}^*-f_{\mathrm{vh}}f_{\mathrm{hv}}^*)\\ 2\mathrm{Im}(f_{\mathrm{vv}}f_{\mathrm{hv}}^*) & 2\mathrm{Im}(f_{\mathrm{vh}}f_{\mathrm{hh}}^*) & \mathrm{Im}(f_{\mathrm{vv}}f_{\mathrm{hh}}^*+f_{\mathrm{vh}}f_{\mathrm{hv}}^*) & \mathrm{Re}(f_{\mathrm{vv}}f_{\mathrm{hh}}^*-f_{\mathrm{vh}}f_{\mathrm{hv}}^*)\end{bmatrix} \tag{4.63}$$

4.2.6　稀薄分布随机粒子介质中输运理论的一阶近似解

第二章讨论了稀薄随机分布粒子的波传播与散射的一阶多重散射近似解，本节也可以利用输运理论获得多重散射的一阶近似解。这两种方法是等价的，但输运理论给出的强度率的解，在一些应用中比较方便，例如研究海洋和生物介质中的光散射。

式(4.36)表明，扩散强度率是总强度照射时粒子所有散射强度之和。一般总强度是未

知的，但在输运理论一阶近似中，假设照射粒子的总强度近似等于已知的减缩强度，由此可以获得输运方程一阶解：

$$I(\boldsymbol{r},\hat{\mathbf{s}})=I_{\mathrm{ri}}(\boldsymbol{r},\hat{\mathbf{s}})+I_{\mathrm{d}}(\boldsymbol{r},\hat{\mathbf{s}}) \tag{4.64}$$

$$I_{\mathrm{d}}(\boldsymbol{r},\hat{\mathbf{s}})\approx\int_0^s\exp[-(\tau-\tau_1)]\left[\frac{\rho\sigma_{\mathrm{t}}}{4\pi}\int_{4\pi}p(\hat{\mathbf{s}},\hat{\mathbf{s}}')I_{\mathrm{ri}}(\boldsymbol{r}_1,\hat{\mathbf{s}}')\mathrm{d}\omega'+\varepsilon(\boldsymbol{r}_1,\hat{\mathbf{s}})\right]\mathrm{d}s_1 \tag{4.65}$$

对应的接收功率为

$$P_{\mathrm{Rri}}=\int A_{\mathrm{r}}(\omega)I_{\mathrm{ri}}(\boldsymbol{r},\omega)\mathrm{d}\omega \tag{4.66}$$

$$P_{\mathrm{Rd}}=\int_V A_{\mathrm{r}}(\hat{\boldsymbol{\omega}})\frac{\exp[-(\tau-\tau')]}{|\boldsymbol{r}-\boldsymbol{r}_1|^2}\left[\frac{\rho\sigma_{\mathrm{t}}}{4\pi}\int_{4\pi}p(\hat{\mathbf{s}},\hat{\mathbf{s}}')I_{\mathrm{ri}}(\boldsymbol{r}',\hat{\mathbf{s}}')\mathrm{d}\omega'+\varepsilon(\boldsymbol{r}',\hat{\mathbf{s}})\right]\mathrm{d}V' \tag{4.67}$$

其中，接收机位于 $\boldsymbol{r}$ 点，$A_{\mathrm{r}}(\hat{\boldsymbol{\omega}})$是它的接收截面。一阶近似只能适用于散射体的密度相当低的情况；此时，与相干功率相比，非相干功率相当小。当平面波入射到离散随机介质时，如果光学距离比较小($\tau\leqslant0.4$)，则粒子的吸收较大，它的反照率 $W_0\leqslant0.5$，可以应用一阶近似。对于窄波束，即限于小角度区域的波列，当粒子的反照率 $W_0\leqslant0.9$ 时，即使光学厚度较大，一阶近似理论也是适用的。

考虑厚度为 d，含有随机分布粒子的平行平板介质，具有通量密度为 F_{i} 的平面波以 θ_{i} 角度入射，如图 4.12 所示。选择 xz 平面为入射面，在 $z<0$、$0<z<d$、$z>d$ 三个区域中，介质的折射率分别为 n_1、n_2、n_3。对于平行平板问题，比较方便的是选用沿 z 方向的光学距离 $\tau=\rho\sigma_{\mathrm{t}}z$，而不是沿传播方向的光学距离 $\rho\sigma_{\mathrm{t}}z\sec\theta$；取 $\mu=\cos\theta$，而不是 θ 自身。设减缩入射强度率为

$$I_{\mathrm{ri}}(\boldsymbol{r},\hat{\mathbf{s}})=F_0\exp\left(-\frac{\tau}{\mu_0}\right)\delta(\hat{\boldsymbol{\omega}}-\hat{\boldsymbol{\omega}}_0) \tag{4.68}$$

式中，$\tau=\rho\sigma_{\mathrm{t}}z$，$\mu_0=\cos\theta_0$，$F_0=T_{12}F_{\mathrm{i}}$。$T_{12}$是从介质 1 到介质 2 的强度率透过系数。$\delta(\hat{\boldsymbol{\omega}}-\hat{\boldsymbol{\omega}}_0)=\delta(\mu-\mu_0)\delta(\phi-\phi_0)$。应用输运理论一阶近似计算介质中的扩散强度率。显然，在 $0\leqslant\theta\leqslant\frac{\pi}{2}$ 范围，前向扩散强度率 $I_{\mathrm{d+}}$ 是来自 0 到 z 区域的减缩入射强度贡献的；在 $\frac{\pi}{2}\leqslant\theta\leqslant\pi$ 范围，后向扩散强度率 $I_{\mathrm{d-}}$ 是来自 z 到 d 区域的减缩入射强度贡献的。将式(4.66)代入式(4.65)，且令 $\varepsilon(\boldsymbol{r},\hat{\mathbf{s}})=0$，前向和后向扩散强度率分别为

$$\begin{aligned}I_{\mathrm{d+}}(\tau,\mu,\phi)&=\int_0^\tau\exp\left[-\frac{\tau-\tau_1}{\mu}-\frac{\tau_1}{\mu_0}\right]\frac{p(\mu,\phi;\mu_0,0)}{4\pi}\frac{F_0}{\mu}\mathrm{d}\tau_1\\&=\frac{p(\mu,\phi;\mu_0,0)}{4\pi}\frac{\exp\left(-\frac{\tau}{\mu_0}\right)-\exp\left(-\frac{\tau}{\mu}\right)}{\mu_0-\mu}\mu_0F_0,\quad 0<\mu\leqslant1\end{aligned} \tag{4.69}$$

$$\begin{aligned}I_{\mathrm{d-}}(\tau,\mu,\phi)&=\int_\tau^{\tau_0}\exp\left[-\frac{\tau-\tau_1}{\mu}-\frac{\tau_1}{\mu_0}\right]\frac{p(\mu,\phi;\mu_0,0)}{4\pi}\frac{F_0}{-\mu}\mathrm{d}\tau_1\\&=\frac{p(\mu,\phi;\mu_0,0)}{4\pi}\frac{\exp\left(-\frac{\tau}{\mu_0}\right)-\exp\left[-\frac{\tau_0}{\mu_0}+\frac{\tau_0-\tau}{\mu}\right]}{\mu_0-\mu}\mu_0F_0,\ -1<\mu\leqslant0\end{aligned} \tag{4.70}$$

其中，$\tau=\rho\sigma_t z$，$\tau_0=\rho\sigma_t d$，$\mu=\cos\theta$，$\mu_0=\cos\theta_0$。在 $z=0$ 处，前向扩散强度率 I_{d+} 为零，且随着 z 的增大而增大，最大值对应的 z 值为

$$\tau_m=\frac{\ln\mu-\ln\mu_0}{\dfrac{1}{\mu_0}-\dfrac{1}{\mu}} \tag{4.71}$$

当 $\theta=\theta_0$ 时，I_{d+} 为

$$I_{d+}(\tau,\ \mu_0,\ \phi)=\frac{p(\mu_0,\ \phi;\ \mu_0,\ 0)}{4\pi}\frac{\tau\exp\left(-\dfrac{\tau}{\mu_0}\right)}{\mu_0}F_0 \tag{4.72}$$

而且在 $\tau=\mu_0$ 处达到最大。根据式(4.69)，当 $z>d$ 时，$I_{d+}=T_{23}I_{d+}(d,\ \theta,\ \phi)$；根据式(4.70)，当 $z<0$ 时，$I_{d-}=T_{21}I_{d-}(0,\ \theta,\ \phi)$。下面我们进一步考虑几种特殊情况。

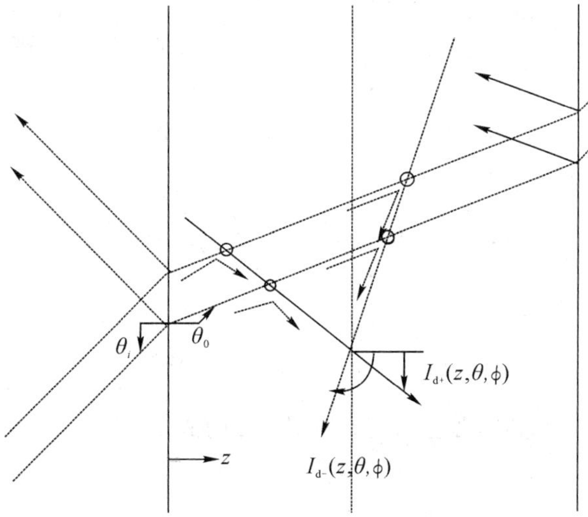

图 4.12　含随机分布粒子的平行平板介质对平面波的散射

首先考虑平面波入射到半无限大随机介质中，讨论 $z<0$ 时反射扩散强度率的角度依赖关系。这种关系式称为扩散反射定律。取 $F_0=T_{12}F_i$，$\theta_r=\pi-\theta$，$\cos\theta_r=\mu_r=-\mu$，由式(4.70)得

$$I_d=\frac{p(\mu,\ \phi;\ \mu_0,\ 0)}{4\pi}\frac{\mu_0}{\mu_0+\mu_r}T_{12}T_{21}F_i \tag{4.73}$$

如果在 $z=d$ 处放置镜反射系数为 R 的光滑的高反射表面，则在式(4.70)中必须增加下述项：

$$\frac{p(\mu,\ \phi;\ -\mu_0,\ 0)}{4\pi}\frac{\exp\left(\dfrac{\tau_0-\tau}{\mu}\right)-\exp\left(\dfrac{\tau_0-\tau}{\mu_0}\right)}{-(\mu_0+\mu)}\mu_0 RF_0\exp\left(-\frac{\tau_0}{\mu_0}\right),\ -1\leqslant\mu<0 \tag{4.74}$$

如果在 $z=d$ 处放置高漫射表面，反射强度几乎在 2π 立体角内均匀分布，则在式(4.70)中必须增加下述扩散项：

$$\frac{R_d\mu_0F_0}{\pi}\exp\left(-\frac{\tau_0}{\mu_0}+\frac{\tau_0-\tau}{\mu}\right),\ -1\leqslant\mu<0 \tag{4.75}$$

其中，R_d 是表面反照率。

下面考虑入射波为窄准直波束(如激光束)时在含粒子的液体中的传输。如图 4.13 所示，设波束垂直入射到平行平板介质上，在 $z=0$ 处，其强度为

$$I(z=0,\ \rho_1,\ \hat{s})=F_0\exp\left(-\frac{2\rho_1^2}{W_0^2}\right)\delta(\hat{\boldsymbol{\omega}}) \tag{4.76}$$

式中，W_0 为束腰宽度，F_0 为光强。准直波束的精确表达式为

$$I=\left(\frac{k^2W_0^2}{2\pi}\right)F_0\exp\left(-\frac{2\rho_1^2}{W_0^2}-\frac{k^2W_0^2\ \sin^2\theta}{2}\right) \tag{4.77}$$

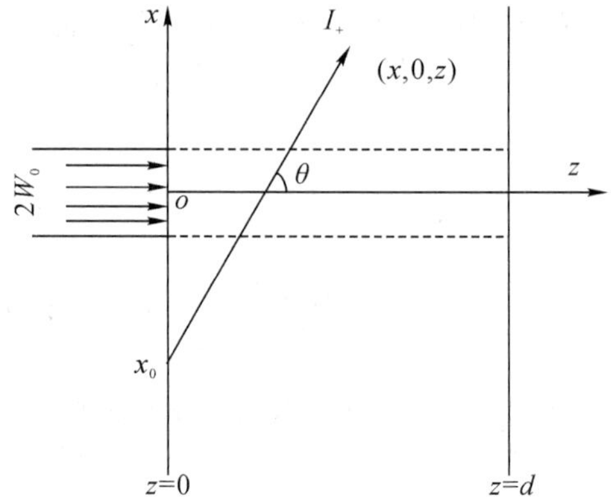

图 4.13 准直波束入射到平行平板随机介质中

式中，$\theta=\arccos(\hat{s}\cdot\hat{z})$。但是在 $z<\pi W_0^2/\lambda$ 的短距离内，式(4.76)是式(4.77)的很好近似。利用式(4.76)，获得减缩强度 I_{ri} 为

$$I_{ri}(\boldsymbol{r},\ \hat{s})=F_0\exp\left(-\frac{2\rho_1^2}{W_0^2}-\rho\sigma_t z\right)\delta(\hat{\boldsymbol{\omega}}) \tag{4.78}$$

在 $z=0$ 处总发射功率为

$$\int_{-\infty}^{\infty}\int_{-\infty}^{\infty}\int I_{ri}(\boldsymbol{r},\ \hat{s})\mathrm{d}\omega\mathrm{d}x\mathrm{d}y=\pi W_0^2\frac{F_0}{2} \tag{4.79}$$

将式(4.78)代入式(4.65)，得到漫射强度。如图 4.14 所示，在$(x,\ 0,\ z)$处，$(\theta,\ 0)$方向上的强度为

$$I_{d+}=\int_0^z\exp[-\rho\sigma_t(z-z_1)\sec\theta]\left(\frac{\rho\sigma_t}{4\pi}\right)P(\theta,\ 0;\ 0,\ 0)F_0\cdot\exp\left(-\frac{2x_1^2}{W_0^2}-\rho\sigma_t z_1\right)\sec\theta\mathrm{d}z_1 \tag{4.80}$$

其中，$x_1=x_0+z_1\tan\theta$。上述积分可用误差函数来表示。

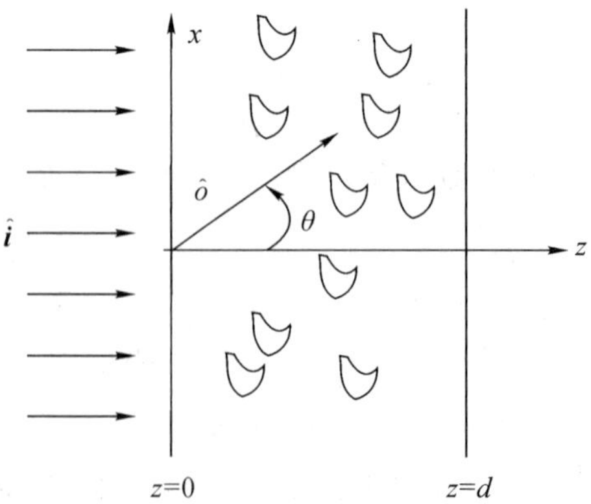

图 4.14 平行平板随机介质的波散射示意图

4.3 平行平板离散随机介质的波散射的输运方程

4.3.1 平行平板随机介质的波散射的微分方程

平行平面边界随机介质中的波传播涉及众多物理问题，已得到广泛应用。例如：太阳辐射通过行星大气层或云层以及海面的传播与散射，生物介质中的光传播与散射等。经过多年的理论研究与实验测量验证，人们获得了大量的研究成果，其中研究大气光学的分层离散坐标法已被广泛应用于大气斜程光传输、遥感等领域。本节考虑厚度为 d 的平行平板介质中随机分布介电性质相同、尺度参数不相同的球形粒子的波散射。归一化强度的非偏振平面波垂直入射，选择入射面为 xz 平面，平板介质的边界平面为 $z=0$ 和 $z=d$，且忽略边界反射，如图 4.14 所示。

由 4.2 节，平行平板离散随机分布粒子的输运方程可以重新写为

$$\cos\theta\frac{\mathrm{d}I_{\mathrm{ri}}(z,\hat{\mathbf{s}})}{\mathrm{d}z}=-\rho\sigma_{\mathrm{t}}I_{\mathrm{ri}}(z,\hat{\mathbf{s}})\tag{4.81}$$

$$\cos\theta\frac{\mathrm{d}I_{\mathrm{d}}(z,\hat{\mathbf{s}})}{\mathrm{d}z}+\rho\sigma_{\mathrm{t}}I_{\mathrm{d}}(z,\hat{\mathbf{s}})=\frac{\rho\sigma_{\mathrm{t}}}{4\pi}\int_{4\pi}p(\hat{\mathbf{s}},\hat{\mathbf{s}}')I(z,\hat{\mathbf{s}}')\mathrm{d}\omega'\tag{4.82}$$

其中，$\hat{\mathbf{s}}=(\theta,\phi)$，$\hat{\mathbf{s}}'=(\theta',\phi')$。相函数是散射角余弦 $\cos\gamma=(\hat{\mathbf{s}},\hat{\mathbf{s}}')$ 的函数。

让 $\mu=\cos\theta$，$\mu'=\cos\theta'$，相函数可以展开为

$$p(\cos\gamma)=p(\mu,\phi;\mu',\phi')=\sum_{n=0}^{\infty}W_n\mathrm{P}_n(\cos\gamma)\tag{4.83}$$

式中

$$\cos\gamma=\cos\theta\cos\theta'+\sin\theta\sin\theta'\cos(\phi-\phi')\tag{4.84}$$

基于勒让德多项式的正交性，展开系数

$$W_n=\frac{2n+1}{2}\int_{-1}^{1}p(\cos\gamma)\mathrm{P}_n(\cos\gamma)\mathrm{d}\cos\gamma\tag{4.85}$$

当 $n=0$ 时，$W_0=\sigma_{\mathrm{s}}/\sigma_{\mathrm{t}}$ 为单个粒子的反照率。当 $n=1$ 时，不对称因子 g 是散射角余弦 $\cos\gamma$ 的平均值，可用于表征粒子散射各向异性的程度，其公式为

$$g=\frac{\int_{4\pi}p(\hat{\mathbf{s}},\hat{\mathbf{s}}')\mu\mathrm{d}\omega'}{\int_{4\pi}p(\hat{\mathbf{s}},\hat{\mathbf{s}}')\mathrm{d}\omega'}=\frac{W_1}{3}=\frac{1}{2}\int_{-1}^{1}p(\cos\gamma)\cos\gamma\mathrm{d}\cos\gamma\tag{4.86}$$

勒让德多项式 P_n 可以根据加法定理进行展开：

$$\mathrm{P}_n(\cos\gamma)=\mathrm{P}_n(\mu)\mathrm{P}_n(\mu')+2\sum_{m=1}^{n}\frac{(n-m)!}{(n+m)!}\mathrm{P}_n^m(\mu)\mathrm{P}_n^m(\mu')\cos m(\phi-\phi')\tag{4.87}$$

于是，相函数式(4.83)可以写成

$$p(\mu,\phi,\mu',\phi')=\sum_{m=0}^{N}\sum_{n=m}^{N}W_n^m\mathrm{P}_n^m(\mu)\mathrm{P}_n^m(\mu')\cos m(\phi-\phi')\tag{4.88}$$

式中

$$W_n^m=(2-\delta_{0,m})W_n\frac{(n-m)!}{(n+m)!},\quad n=m,\cdots,N,\quad 0\leqslant m\leqslant N\tag{4.89}$$

$$\delta_{0,m}=\begin{cases}1, & m=0\\0, & m\neq 0\end{cases} \tag{4.90}$$

P_n^m 表示连带勒让德多项式。将式(4.88)进行关于 ϕ 和 ϕ' 的积分，得

$$p_0(\mu,\mu')=\frac{1}{2\pi}\int_0^{2\pi}\mathrm{d}\phi\frac{1}{2\pi}\int_0^{2\pi}p(\mu,\phi;\mu',\phi')\mathrm{d}\phi' \tag{4.91}$$

即可以获得

$$p_0(\mu,\mu')=\sum_{n=0}^{\infty}W_nP_n(\mu)P_n(\mu') \tag{4.92}$$

式中，W_0 是粒子的反照率，且 $p_0(\mu,\mu')=p_0(\mu',\mu)=p_0(-\mu,-\mu')=p_0(-\mu',-\mu)$。

相函数 $p(\hat{s}',\hat{s})$除与尺寸参数有关外，还与粒子的形状、取向、介质特性参数、波长以及入射与散射方向密切相关。对于尺寸参数很小的球形粒子，当其近似为各向同性辐射时，其相函数为

$$p(\mu,\phi;\mu',\phi')=p_0(\mu,\mu')=W_0=\frac{\sigma_s}{\sigma_t} \tag{4.93}$$

如粒子遵循瑞利散射，则相函数为

$$p(\mu,\phi;\mu',\phi')=\frac{3}{4}(1+\cos^2\gamma) \tag{4.94}$$

散射角 γ 是关于散射方向(μ,ϕ)与入射方向(μ',ϕ')的函数，$\cos\gamma=\cos\theta\cos\theta'+\sin\theta\sin\theta'\cdot\cos(\phi-\phi')$。

对式(4.94)关于 ϕ 和 ϕ' 积分得

$$p_0(\mu,\mu')=\frac{3}{4}\left[1+\mu^2\mu'^2+\frac{1}{2}(1-\mu^2)(1-\mu'^2)\right] \tag{4.95}$$

其中，$\mu=\cos\theta$，$\mu'=\cos\theta'$。

一般情况下，球形粒子散射遵循 Mie 理论，但经常近似采用 H-G 相函数来描述，即

$$P(\mu)=W_0(1-g^2)(1+g^2-2g\mu)^{-3/2} \tag{4.96}$$

注意：与前几个公式不同，式(4.96)中 $\mu=\cos\gamma=\hat{s}\cdot\hat{s}'$。H-G 相函数可以很好地体现 Mie 散射的前向峰值的主要特征，但它却不能正确地模拟后向散射。

为克服该缺陷，不少学者提出了改进的 H-G 相函数。Reynolds 和 McCormick 提出

$$P(\mu)=\frac{\alpha g(1-g^2)^{2\alpha}}{2\pi[(1+g^2)^{2\alpha}-(1-g^2)^{2\alpha}]}\cdot\frac{1}{[1+g^2-2g\mu]^{(\alpha+1)}},\ -1\leqslant g\leqslant 1 \tag{4.97}$$

当 $\alpha=0.5$ 时，式(4.97)退化为 H-G 相函数式(4.96)。Kattawar 使用双 H-G 相位函数来近似：

$$P(\mu,f,g_1,g_2)=(1-f)\cdot\frac{1-g_1^2}{(1+g_1^2-2g_1\mu)^{3/2}}+f\cdot\frac{1-g_2^2}{(1+g_2^2-2g_2\mu)^{3/2}} \tag{4.98}$$

其中，$g_1>0$，$g_2<0$。双 H-G 相位函数可以更好地表示后向散射峰值，但这个函数的缺点在于存在三个参数 f、g_1、g_2，确定这些参数比较困难。

当不考虑粒子尺寸分布时，$I=I_{ri}+I_d$，入射角余弦 $\mu_0=1$，则减缩强度率 I_{ri} 和扩散强度率 I_d 分别满足

$$I_{ri}(\tau,\mu)=F_0\mathrm{e}^{-\tau}\frac{\delta(\theta)\delta(\phi)}{\sin\theta}=F_0\mathrm{e}^{-\tau}\delta(\mu-1)\delta(\phi) \tag{4.99}$$

$$\mu \frac{\mathrm{d}I_{\mathrm{d}}(\tau,\mu)}{\mathrm{d}\tau} + I_{\mathrm{d}}(\tau,\mu) = \frac{1}{4\pi}\int_{-1}^{1}\mathrm{d}\mu'\int_{0}^{2\pi}p(\mu,\phi;\mu',\phi')I_{\mathrm{d}}(\tau,\mu')\mathrm{d}\phi' + \frac{p(\mu,\phi;1,0)}{4\pi}F_0\mathrm{e}^{-\tau} \tag{4.100}$$

对式(4.100)关于 ϕ' 进行 2π 积分，则有

$$\mu \frac{\mathrm{d}I_{\mathrm{d}}(\tau,\mu)}{\mathrm{d}\tau} + I_{\mathrm{d}}(\tau,\mu) = \frac{1}{2}\int_{-1}^{1}p_0(\mu,\mu')I_{\mathrm{d}}(\tau,\mu')\mathrm{d}\mu' + \frac{1}{4\pi}p_0(\mu,1)F_0\mathrm{e}^{-\tau} \tag{4.101}$$

对应的边界条件为

$$\begin{cases} I_{\mathrm{d}}(0,\ \mu)=0,\ 0\leqslant\mu\leqslant 1 \\ I_{\mathrm{d}}(\tau_0,\ \mu)=0,\ -1\leqslant\mu\leqslant 0 \end{cases} \tag{4.102}$$

式(4.101)描述了无发射源情况下，离散随机分布粒子的电磁波的多重散射，它是关于扩散强度率的微积分方程。

当离散随机介质中存在明确的辐射源，例如激光、红外辐射源、微波辐射源等时，若运用上述方程，则源函数与随机介质的散射和吸收特性相关。例如：介质中存在热辐射，其对应的发射系数可由介质中粒子单次反照率和黑体辐射亮度函数给出。当波入射角余弦为 $\mu_0=\cos\theta_0$，方位角为 ϕ_0 时，式(4.99)和式(4.100)改写并合成完整的辐射传输方程：

$$\mu \frac{\mathrm{d}I(\tau,\ \mu,\ \phi)}{\mathrm{d}\tau} + I(\tau,\ \mu,\ \phi) = \frac{1}{4\pi}\int_{-1}^{1}\int_{0}^{2\pi}p(\mu,\ \phi;\ \mu',\ \phi')I(\tau,\ \mu',\ \phi')\mathrm{d}\phi'\mathrm{d}\mu' + \frac{p(\mu,\ \phi;\ \mu_0,\ \phi_0)}{4\pi}F_0\mathrm{e}^{-\tau/\mu_0} + \rho\sigma_{\mathrm{a}}I_{\mathrm{B}} \tag{4.103}$$

求解该方程的方法较多，但用已知函数表示该方程的闭合形式解尚未获得。可以采用成熟的高斯求积公式重新表达该微分积分方程，近似分析平行平板边界随机介质中的波传播与散射。

当随机分布粒子具有一定的粒子尺寸分布时，$N(\alpha)$表示单位粒径间隔、单位体积的粒子数，$\alpha=2\pi a/\lambda$ 对应于等效半径为 a 的粒子尺寸参数，$\sigma_{\mathrm{t}}(\alpha)$和 $p(\Omega,\ \Omega';\ \alpha)$分别是尺寸参数为 α 的粒子衰减截面和相函数。平均衰减截面$\langle\sigma_{\mathrm{t}}\rangle$和平均散射截面$\langle\sigma_{\mathrm{s}}\rangle$分别为

$$\langle\sigma_{\mathrm{t}}\rangle = \frac{1}{\rho}\int_{0}^{\infty}N(\alpha)\sigma_{\mathrm{t}}\mathrm{d}\alpha,\quad \langle\sigma_{\mathrm{s}}\rangle = \frac{1}{\rho}\int_{0}^{\infty}N(\alpha)\sigma_{\mathrm{s}}\mathrm{d}\alpha \tag{4.104}$$

将其推广到具有一定分布的球形粒子系统，散射相矩阵用于表示粒子群在半径范围$(a_1,\ a_2)$内的散射强度和偏振态的无量纲物理参数。对于不同波长、具有一定尺寸分布的多粒子分散体系，平均相函数可表示为

$$\langle p(\theta)\rangle = \frac{\displaystyle\int_{\alpha_{\min}}^{\alpha_{\max}}p_{\mathrm{i}}(\alpha,\ \theta)\sigma_{\mathrm{s,\ i}}(\alpha)N(\alpha)\mathrm{d}\alpha}{\displaystyle\int_{\alpha_{\min}}^{\alpha_{\max}}\sigma_{\mathrm{s,\ i}}(\alpha)N(\alpha)\mathrm{d}\alpha} \tag{4.105}$$

其中，$p_{\mathrm{i}}(\alpha,\ \theta)$与 $\sigma_{\mathrm{s,\ i}}(\alpha)$分别是单个粒子的相函数和散射截面，$N(\alpha)$是粒子的尺寸分布函数，$\alpha_{\min}$和 $\alpha_{\max}$分别表示粒子尺寸参数的下限和上限。在具有粒子尺寸随机分布的介质中，可以定义平均不对称因子$\langle g\rangle$为

$$\langle g\rangle = \frac{1}{\rho\langle\sigma_{\mathrm{s}}\rangle}\int_{0}^{\infty}N(\alpha)\sigma_{\mathrm{s}}(\alpha)g(\alpha)\mathrm{d}\alpha \tag{4.106}$$

$$\langle p(\hat{\boldsymbol{s}},\ \hat{\boldsymbol{s}}')\rangle = \frac{1}{\rho\langle\sigma_{\mathrm{s}}\rangle}\int_{0}^{\infty}N(\alpha)\sigma_{\mathrm{s}}(\alpha)p(\alpha;\ \hat{\boldsymbol{s}},\ \hat{\boldsymbol{s}}')\mathrm{d}\alpha \tag{4.107}$$

平均相函数是$\langle\sigma_t\rangle$、$\langle\sigma_s\rangle$和$\langle g\rangle$的函数。当介质内部无源和不计及粒子间场的相互作用时，由式(4.81)和式(4.82)，减缩强度率$I_{ri}(z, \hat{\mathbf{s}})$和扩散强度率$I_d(z, \hat{\mathbf{s}})$分别满足

$$\cos\theta\frac{\mathrm{d}I_{ri}(z, \hat{\mathbf{s}})}{\mathrm{d}z}=-\rho\langle\sigma_t\rangle I_{ri}(z, \hat{\mathbf{s}}) \tag{4.108}$$

$$\cos\theta\frac{\mathrm{d}I_d(z, \Omega)}{\mathrm{d}z}+\rho\langle\sigma_t\rangle I_d(z, \hat{\mathbf{s}}) = \frac{\rho\langle\sigma_t\rangle}{4\pi}\int_{4\pi}\langle p(\hat{\mathbf{s}}, \hat{\mathbf{s}}')\rangle I(z, \hat{\mathbf{s}}')\mathrm{d}\omega' \tag{4.109}$$

式中，强度率$I(z, \hat{\mathbf{s}})=I_{ri}(z, \hat{\mathbf{s}})+I_d(z, \hat{\mathbf{s}})$。

4.3.2 平行平板离散随机介质中波散射的离散坐标法

辐射传输的离散坐标法(Discrete-Ordinate Method)是Chandrasekhar(1950)为了研究行星大气中的辐射传输特性而提出的一种方法，但是由于此方法数值求解困难，因而难以被广泛地应用于辐射传输的计算中。1988年Stamnes等人解决了离散坐标法矩阵形式中的特征值和特征矢量以及积分常数的求解问题，同时公布了离散坐标法的辐射传输软件包——DISORT，这使得离散坐标法获得广泛应用成为可能。

利用高斯求积公式，式(4.101)的积分项可表示为级数形式：

$$\frac{1}{2}\int_{-1}^{1}\mathrm{d}\mu' p_0(\mu, \mu')I_d(\tau, \mu') = \frac{1}{2}\sum_{j=-N}^{N}a_j p_0(\mu_i, \mu_j)I_d(\tau, \mu_j) \tag{4.110}$$

其中，$\mu_{-j}=-\mu_j$，在$\mu=\mu_i$，$i=\pm1, \pm2, \cdots, \pm N$时，计算式(4.101)变为

$$\mu_i\frac{\mathrm{d}I_d(\tau, \mu_i)}{\mathrm{d}\tau}+I_d(\tau, \mu_i) = \frac{1}{2}\sum_{j=-N}^{N}a_j p_0(\mu_i, \mu_j)I_d(\tau, \mu_j)+\frac{1}{4\pi}p_0(\mu_i, 1)F_0\mathrm{e}^{-\tau} \tag{4.111}$$

采用矩阵形式表示：

$$\frac{\mathrm{d}}{\mathrm{d}\tau}\boldsymbol{I}_d(\tau)+\boldsymbol{S}\boldsymbol{I}_d(\tau)=\boldsymbol{H}\mathrm{e}^{-\tau} \tag{4.112}$$

其中，$\boldsymbol{I}_d(\tau)=[I_i(\tau)]$是$2N\times1$的矩阵，$I_i(\tau)=I_d(\tau, \mu_i)$，$\boldsymbol{S}=S[S_{ij}]$是$2N\times2N$的矩阵，$\boldsymbol{H}=[H_i]$是$2N\times1$的矩阵，$H_i=\dfrac{P_0(\mu_i, 1)}{4\pi\mu_i}F_0$。当$i=j$时，$S_{ij}=\dfrac{1}{\mu_i}-\dfrac{a_jP_0(\mu_i, \mu_j)}{2\mu_i}=\dfrac{1}{\mu_i}-\dfrac{a_iP_0(\mu_i, \mu_i)}{2\mu_i}$；当$i\neq j$时，$S_{ij}=-\dfrac{a_jP_0(\mu_i, \mu_j)}{2\mu_i}$。矩阵列$i=+N, +N-1, \cdots, +1, -1\cdots, -N$和行$j=+N, +N-1, \cdots, +1, -1\cdots, -N$。由于$P_0(\mu, \mu')$的对称关系，矩阵元素有$S_{i, i}=S_{-i, -i}$，$S_{i, j}=-S_{-i, -j}$。

方程(4.112)是一个线性一阶微分方程，容易求得它的解为

$$\boldsymbol{I}_d = (\boldsymbol{S}-\boldsymbol{U})^{-1}B\mathrm{e}^{-\tau}+\sum_{k=1}^{N}C_k\beta_k\mathrm{e}^{\lambda_k\tau} \tag{4.113}$$

式中，$\boldsymbol{U}$为$2N\times2N$的单位阵，λ_k、β_k分别为矩阵$\boldsymbol{S}$的特征值和对应的特征向量，C_k为由边界条件式(4.102)决定的系数。边界条件可具体表示为

$$\begin{cases}I_d(0, \mu_i)=0, \ i=1, 2, \cdots, \dfrac{N}{2}\\ I_d(\tau_0, \mu_i)=0, \ i=\dfrac{N}{2}+1, \dfrac{N}{2}+2, \cdots, N\end{cases} \tag{4.114}$$

将式(4.113)代入式(4.114)得到一个N元线性方程组，求解得到C_k，然后将C_k代入式

(4.113)得到 $I_d(\tau, \mu_i)$，再将式(4.110)代入式(4.100)得

$$\mu \frac{dI_d(\tau, \mu)}{d\tau} + I_d(\tau, \mu) = \frac{1}{2}\sum_{i=1}^{N} p_0(\mu, \mu_i) I_d(\tau, \mu_i) + \frac{1}{4\pi} p_0(\mu, 1) F_0 e^{-\tau} \quad (4.115)$$

例如，$N=2$ 时，式(4.112)可写为

$$\frac{d}{d\tau}\begin{bmatrix} I_2(\tau) \\ I_1(\tau) \\ I_{-1}(\tau) \\ I_{-2}(\tau) \end{bmatrix} + \begin{bmatrix} S_{22} & S_{21} & -S_{-21} & -S_{-22} \\ S_{12} & S_{11} & -S_{-11} & -S_{-12} \\ S_{-12} & S_{-11} & -S_{11} & -S_{12} \\ S_{-22} & S_{-21} & -S_{21} & -S_{22} \end{bmatrix}\begin{bmatrix} I_2(\tau) \\ I_1(\tau) \\ I_{-1}(\tau) \\ I_{-2}(\tau) \end{bmatrix} = \begin{bmatrix} H_2 \\ H_1 \\ H_{-1} \\ H_{-2} \end{bmatrix} e^{-\tau} \quad (4.116)$$

式(4.112)为线性一阶微分方程，它的一般解是特解 $\boldsymbol{I}_p(\tau)$ 与通解 $I_c(\tau)$ 之和。特解为

$$\boldsymbol{I}_p(\tau) = \boldsymbol{\alpha} e^{-\tau} = (\boldsymbol{S} - \boldsymbol{U})^{-1} \boldsymbol{B} e^{-\tau} \quad (4.117)$$

这里 $\boldsymbol{\alpha} = (\boldsymbol{S} - \boldsymbol{U})^{-1}\boldsymbol{B}$ 为 $2N\times1$ 的矩阵，其常数元素为 α_i；$\boldsymbol{U}$ 为 $2N\times2N$ 的单位阵。通解为 $I_c(\tau) = \boldsymbol{c\beta} e^{\lambda\tau}$，即

$$I_c = \sum_{n=-N}^{n=N} c_n \beta_n e^{\lambda_n \tau} = \sum_{n=1}^{N} c_n \beta_n e^{\lambda_n \tau} + \sum_{n=1}^{N} c_{-n} \beta_{-n} e^{-\lambda_n \tau} \quad (4.118)$$

λ_n 为矩阵特征值，β_n 为相应的特征向量。在 $\mu = \mu_i$ 处，边界条件为

$$\begin{cases} I_d(0, \mu_i) = 0, & i = 1, 2, \cdots, N \\ I_d(\tau_0, \mu_i) = 0, & i = -1, -2, \cdots, -N \end{cases} \quad (4.119)$$

由上述内容可得

$$I_d(\tau, \mu) = \begin{cases} \dfrac{A_0}{1-\mu}(e^{-\tau} - e^{-\frac{\tau}{\mu}}) + \displaystyle\sum_{n=1}^{N} \dfrac{c_n A_n(\mu)}{1+\lambda_n \mu}(e^{\lambda_n \tau} - e^{-\frac{\tau}{\mu}}) + \\ \displaystyle\sum_{n=1}^{N} \dfrac{c_{-n} A_{-n}(\mu)}{1-\lambda_n \mu}(e^{-\lambda_n} - e^{-\frac{\tau}{\mu}}), \quad \mu > 0 \\ \dfrac{A_0(\mu)}{1-\mu}\left[e^{-\tau} - \exp\left(\dfrac{\tau_0 - \tau}{\mu} - \tau_0\right)\right] + \displaystyle\sum_{n=1}^{N} \dfrac{c_n A_n(\mu)}{1+\lambda_n \mu}\left[e^{\lambda_n \tau} - \exp\left(\dfrac{\tau_0 - \tau}{\mu} + \lambda_n \tau_0\right)\right] + \\ \displaystyle\sum_{n=1}^{N} \dfrac{c_{-n} A_{-n}(\mu)}{1-\lambda_n \mu}\left[e^{-\lambda_n \tau} - \exp\left(\dfrac{\tau_0 - \tau}{\mu} - \lambda_n \tau_0\right)\right], \quad \mu < 0 \end{cases}$$

(4.120)

式中

$$A_0(\mu) = \frac{B_0(\mu, 1)}{4\pi} F_0 + \frac{1}{2}\sum_{i=-N}^{N} a_i B_0(\mu, \mu_i) \alpha_i$$

$$A_n(\mu) = \frac{1}{2}\sum_{i=-N}^{N} a_i B_0(\mu, \mu_i) \beta_{ni}$$

$$A_{-n}(\mu) = \frac{1}{2}\sum_{i=-N}^{N} a_i B_0(\mu, \mu_i) \beta_{-ni}$$

且有 $I(\tau, \mu) = I_{ri}(\tau, \mu) + I_d(\tau, \mu)$，其中：

$$I_d(\tau, \mu) = I_p(\tau, \mu) + I_c(\tau, \mu) \quad (4.121)$$

从上述公式可以看出，本征值是成对出现的，这点在数学上是可以证明的。从大气光学的辐射传输方程角度看，离散坐标法中本征值可以解释为等效的消光系数。当它乘以垂直光学厚度时，代表每个离散流中的光学路径长度。离散坐标法可以用于守恒散射（单个

粒子反照率 $w_0=1$)、各向同性散射、各向异性散射，并成功用于非均匀大气光传输。大气光辐射传输特性计算软件 Modtran 就嵌入了离散坐标法(DISORT)。

应用上述离散坐标法，令 $N=8$，图 4.15 表示了不对称因子 $g=0.75$，单个粒子反照率分别为 $w_0=0.8$，$w_0=0.92$，$w_0=1$ 时的透过率和反射率随光学厚度的变化曲线。

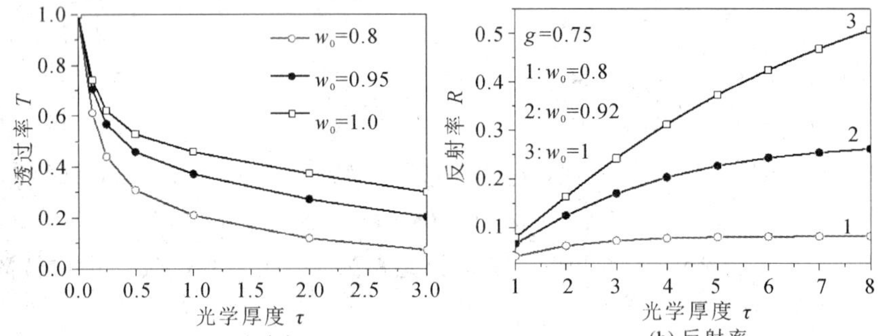

(a) 透过率　　(b) 反射率

图 4.15　不对称因子 $g=0.75$，不同反照率时的透过率和反射率

图 4.16 给出了波长 $\lambda=0.55\ \mu m$ 的单色太阳光垂直入射时，光学厚度分别为 $\tau=1$，4，16，∞，尺寸分布为伽玛分布，有效半径 $a_{ef}=6$，有效方差为 1/9 的典型晴空积云反射函数。由图中可以看出：八流比四流的计算结果更加精确；而且随着光学厚度的增大，离散坐标法的精确性也随之提高。

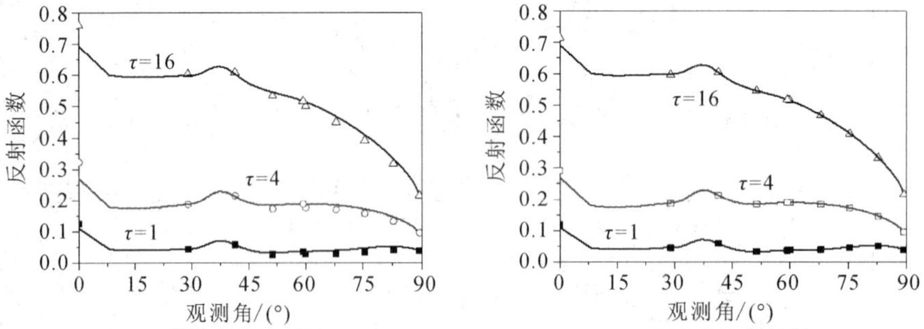

(a) 四流离散坐标法　　(b) 八流离散坐标法

图 4.16　$\lambda=0.55\ \mu m$ 的单色太阳光垂直入射时的反射函数

4.4　辐射传输方程的蒙特卡罗法

4.4.1　离散随机介质中波的多重散射与蒙特卡罗法

蒙特卡罗法又叫统计实验法，最早用于研究核反应的粒子输运过程。作为一种数值方法，蒙特卡罗法认为光子与随机分布粒子的相互作用为弹性散射。最重要的是，蒙特卡罗法要为待研究的物理问题建立数学模型，然后将数学模型转变成一个概率模型。显然，蒙特卡罗法的理论基础是概率论里的大数定理，因此要想获得很好的结果就必须抽样大量的样本，并采用合适的抽样方法和技巧。关于蒙特卡罗的抽样方法、技巧以及评估原则，读者可以自行参阅相关文献和书籍。

考虑如图 4.14 所示的平行平板随机介质中波的散射。当介质内部无源时，考虑介质中波与粒子多重散射。当散射元数 N 相当大时，散射粒子与波的相互作用可近似通过链式散射描述。在数学上，这种散射可用 Twersky 方程或近似用输运方程描述。从概率论的观点看，这种多重散射过程可以被看作光子(电磁波强度离散化处理成“波粒子”)与离散的粒子之间发生碰撞和输运的马尔可夫链。其减缩强度、扩散强度分别满足

$$I_{\text{ri}}(\tau, \mu)=\mathrm{e}^{-\tau}\delta(\mu-1)\delta\phi \tag{4.122}$$

$$\frac{\mathrm{d}I_{\mathrm{d}}(\tau, \mu)}{\mathrm{d}\tau}+I_{\mathrm{d}}(\tau, \mu)=J(\tau, \mu)=\frac{1}{2}\int_{-1}^{1}P(\mu, \mu')I_{\mathrm{d}}(\tau, \mu)\mathrm{d}\mu'+\frac{1}{4\pi}P(\mu, 1)\mathrm{e}^{-\tau} \tag{4.123}$$

式中 $\tau=\int\rho\sigma_{\mathrm{t}}\mathrm{d}s$，$\mu=\cos\theta$ 为散射角余弦。总强度 $I(\boldsymbol{r}, \hat{\mathbf{s}})=I_{\text{ri}}(\boldsymbol{r}, \hat{\mathbf{s}})+I_{\mathrm{d}}(\boldsymbol{r}, \hat{\mathbf{s}})$，在两边界上的强度对应于给定方向的透射率和反射率。式(4.122)和式(4.123)的解可以写为

$$I(\boldsymbol{r}, \hat{\mathbf{s}})=\int_{0}^{\tau_0}\exp\left[-\frac{(\bar{\tau}-\tau')}{\mu}\right]J(\tau', \mu)\frac{\mathrm{d}\tau'}{|\mu|}+I_{\text{ri}}(\bar{\tau}, \mu) \tag{4.124}$$

式中，$\mu>0$ 时，$\bar{\tau}=\tau_0$；$\mu<0$ 时，$\bar{\tau}=0$。

将波处理成光子(或波的能量被一种假想粒子携带)，它在随机介质中或被粒子散射，或被粒子吸收，或从介质中逃逸出来。每个光子遭受多重散射时，如果每一次散射只与前一次散射有关，则可把光子历史的状态序列用马尔科夫过程描述。为了方便，令 $s=(\tau, \mu, \phi)$ 为相空间点，在平板模型中对应于光子输运的历史状态，则方程(4.124)可改写为一般数学形式：

$$I(s)=I_{\text{ri}}(s)+\int I(s')K(s'\to s)\mathrm{d}s' \tag{4.125}$$

或者

$$I=I_0+KI$$

式(4.125)为积分方程。式中 K 是具有核函数为 $K(s'\to s)$ 的积分算子。显然积分算子的范数

$$\|K\|\leqslant\operatorname*{Sup}_{s}\int_{s}\mathrm{d}s'\,|K(s'\to s)|<1 \tag{4.126}$$

而且

$$\int I_{\text{ri}}(s)\mathrm{d}s=\int_{0}^{\infty}\mathrm{e}^{-\tau}\mathrm{d}\tau\iint_{4\pi}\delta(\mu-1)\delta(\phi)\mathrm{d}\mu\mathrm{d}\phi=1,\quad \frac{1}{2}\int_{-1}^{1}P(\mu, \mu')\mathrm{d}\mu'=\frac{\sigma_{\mathrm{s}}}{\sigma_{\mathrm{t}}}\leqslant 1 \tag{4.127}$$

众所周知，若式(4.126)远小于 1，式(4.125)收敛得越快，则有下列诺伊曼级数解：

$$I(s)=\sum_{m=0}^{\infty}I_m(s) \tag{4.128}$$

其中

$$\begin{cases}I_0(s)=I_{\text{ri}}(s)\\ I_1(s)=\int I_0(s_0)K(s_0\to s)\mathrm{d}s_0\\ \quad\vdots\\ I_m(s)=\int I_{m-1}(s_{m-1})K(s_{m-1}\to s)\mathrm{d}s_{m-1}\\ \qquad=\int\cdots\int I_0(s_0)K(s_0\to s_1)\cdots K(s_{m-1}\to s)\mathrm{d}s_{m-1}\cdots\mathrm{d}s_1\mathrm{d}s_0\end{cases} \tag{4.129}$$

其中积分算子 $\int K(s_{l-1}\to s_l)\mathrm{d}s_{l-1}$ 相当于光子经历一次空间输运和碰撞。通项 $I_m(s)$ 具有明确的物理意义：$I_0(s)=I_{ri}(s)$ 表示源发出的光子未遭受碰撞直接透射的光子数，即零次透射强度率；$I_1(s)$ 表示源发出的光子经过一次空间输运和一次碰撞后的光子数；同理，$I_m(s)$ 表示源发出的光子经过 m 次空间输运和碰撞后到达相空间点 s 的光子数。

将式(4.129)改写为概率模型，将光子在离散随机介质中发生空间输运和碰撞到达相空间点 $\{s_l\}$（$l=0$，1，2…）作为一个事件，它是由 m（$m=0$，1，2，…）个可能的相互排斥的事件组成的。由全概率法则可知，其概率为

$$P(s)=\sum_{m=0}^{\infty}P_m(s) \tag{4.130}$$

对应于式(4.129)中的 $I_m(s)$，式(4.130)中的 $P_m(s)$ 表示光子通过 m 次空间输运和碰撞后到达相空间点 s 的概率。光子通过 m 次空间输运和碰撞的历史状态序列为 $\{s_l\}$（$l=0$，1，2，…，m），其中任意一个事件的概率 $P_m(s)=P(s_0s_1\cdots s_{m-1}s)>0$。由于

$$P(s_0)\geqslant P(s_0s_1)\geqslant\cdots\geqslant P(s_0s_1\cdots s_{m-1}s)>0 \tag{4.131}$$

假设光子在介质中的碰撞与输运可看作马尔可夫过程，那么对于事件 $P_m(s)=P(s_0s_1\cdots s_{m-1}s)$，有

$$\begin{aligned}P(s_0s_1\cdots s_{m-1}s)&=P(s_0)P(s_1|s_0)P(s_2|s_0s_1)\cdots P(s|s_0s_1\cdots s_{m-1})\\&=P(s_0)P(s_1|s_0)P(s_2|s_1)\cdots P(s|s_{m-1})\end{aligned} \tag{4.132}$$

式中，后一等式表明光子在介质中的随机游动过程是一种马尔科夫过程。比较式(4.129)和式(4.132)不难看出，积分算子 $\int K(s_{l-1}\to s_l)\mathrm{d}s_{l-1}$ 对应于条件概率 $P(s_l|s_{l-1})$，即光子在相空间点 s_{l-1} 状态下从该点输运到相空间点 s_l 的概率。

1. 直接模拟法

在直接模拟法中，光子从相空间状态 s_l 输运到 s_{l+1}，积分算子 $\int K(s_l\to s_{l+1})\mathrm{d}s_l$ 对应于转移概率：

$$P(s_{l+1}|s_l)=\eta\left(\frac{c_s}{c_t}-\xi_l\right)\eta(h-z_l)\eta(z_l) \tag{4.133}$$

其中，$\eta\left(\frac{c_s}{c_t}-\xi_l\right)$ 为光子从相空间点 s_l 输运到相空间点 s_{l+1} 不被吸收的概率。ξ_l 为(0，1)上均匀分布的随机数，c_s、c_t 分别为单个粒子的散射截面、衰减截面与数密度的乘积。类似地，算子 $\int K(s_m\to s)\mathrm{d}s_m$ 对应于 $P(s|s_m)=\eta(z_m-h)$，于是估计函数

$$P_t=\sum_{m=0}^{\infty}\eta(z_m-h)\prod_{l=1}^{m}\eta\left(\frac{c_s}{c_t}-\xi_l\right)\eta(h-z_l)\eta(z_l) \tag{4.134}$$

是透射率的无偏估计，这里引入函数 $\eta(x)$：

$$\eta(x)=\begin{cases}1, & x>0\\0, & x\leqslant 0\end{cases} \tag{4.135}$$

事实上在式(4.134)中估计 P_t 只能取 1 或 0 值。也就是说，每个光子在输运过程中只有当每次碰撞都是散射，而最后一次穿透 $z=h$ 平面时，$P_t=1$。否则，当吸收发生和从 $z=0$ 平面逸出时，$P_t=0$。另外，当 $\xi_m\geqslant c_s/c_t$ 或 $z_m\geqslant h$ 或 $z_m\leqslant 0$ 时，P_t 中的求和号被截断。光

子随机游动的历史终止。同理

$$P_{\mathrm{r}}=\sum_{m=0}^{\infty}\eta(0-z_{m+1})\prod_{l=1}^{m}\eta\left(\frac{c_{\mathrm{s}}}{c_{\mathrm{t}}}-\xi_{l}\right)\eta(h-z_{l})\eta(z_{l}) \tag{4.136}$$

是反射率的无偏估计。我们跟踪 N 个光子，平均透射率 T 和平均反射率 R 分别为

$$T=\frac{1}{N}\sum^{N}P_{\mathrm{t}},\quad R=\frac{1}{N}\sum^{N}P_{\mathrm{r}} \tag{4.137}$$

在直接抽样中，对于跟踪的每一个光子而言，只能在透射、反射和被吸收事件中选择其一。对于单个粒子反照率较大和近似各向同性散射的情况，计算透射率和反射率的空间分布的效率较低，需要跟踪大量的光子数，否则误差较大。

2. 统计估计法

在统计估计法中，积分算子 $\int K(s_l\rightarrow s_{l+1})\mathrm{d}s_l$ 对应的条件概率为

$$P(s_{l+1}\mid s_l)=\exp\left[-c_{\mathrm{a}}\left|\frac{z_{l+1}-z_l}{\cos\theta_l}\right|\right]\eta(h-z_l)\eta(z_l) \tag{4.138}$$

其中，指数部分表示光子从第 l 次散射的相空间点 s_l 到达相空间点 s_{l+1} 不被吸收的概率。

类似地，积分算子 $\int K(s_m\rightarrow s)\mathrm{d}s_m$ 对应的转移概率为

$$P(s\mid s_m)=\exp\left[-c_{\mathrm{t}}\frac{h-z_m}{\cos\theta_m}\right]\eta(\cos\theta_m) \tag{4.139}$$

式中指数部分表示光子从第 m 次散射直接穿透界面不被吸收的概率。式(4.138)和式(4.139)中，角度 θ_i 为光子第 i 次散射方向与 z 轴的夹角。引入权函数：

$$W_{m+1}=\exp\left[-c_{\mathrm{a}}\left|\frac{z_{m+1}-z_m}{\cos\theta_m}\right|\right]\eta(\cos\theta_m) \tag{4.140}$$

显然

$$P_0=W_0\exp\left[-c_{\mathrm{t}}\frac{h-z_m}{\cos\theta_0}\right] \tag{4.141}$$

为未经散射直接透射的概率，$W_0=1$ 为光子的初始权重，θ_0 为入射光方向与 z 轴的夹角。于是估计函数

$$P_{\mathrm{t}}=\sum_{m=0}^{\infty}P_m=\sum_{m=0}^{\infty}W_m\exp\left[-c_{\mathrm{t}}\frac{h-z_m}{\cos\theta_m}\right]\eta(\cos\theta_m)\prod_{l=1}^{m}\eta(h-z_l)\eta(z_l) \tag{4.142}$$

为光子透射率的无偏估计。同理

$$P_{\mathrm{r}}=\sum_{m=1}^{\infty}P_m=\sum_{m=1}^{\infty}W_m\exp\left[-c_{\mathrm{t}}\frac{0-z_m}{\cos\theta_m}\right]\eta(-\cos\theta_m)\prod_{l=1}^{m}\eta(h-z_l)\eta(z_l) \tag{4.143}$$

为反射率的无偏估计。总共跟踪 N 个光子，平均透射率 T 和平均反射率 R 由式(4.137)给出。

4.4.2　离散随机介质中波的多重散射的蒙特卡罗法的数值模拟

光散射输运过程的蒙特卡罗法中，跟踪光子的散射方向和位置可由下述方式描述：

(1) 在 $z=0$ 平面上，模拟入射光子的初始方向和位置。对于平行光，初始方向是确定的。对于朗伯源，初始方向的抽样 $\mu_0=\cos\theta_0=\sqrt{\xi_1}$。$\xi_1$ 为(0，1)均匀分布的随机数。

(2) 光子散射路径抽样。光子与粒子发生碰撞而散射，经过距离 L 后存在的概率为

$\exp(-c_t L)$，则粒子间的碰撞距离 L 的抽样函数为

$$L=-\frac{\ln\xi_2}{c_t} \tag{4.144}$$

（3）当相函数取 H－G 公式时，归一化相函数对应的概率密度函数为

$$P(\nu)=\frac{(1-g^2)(1+g^2-2g\cos\nu)^{-3/2}}{4\pi} \tag{4.145}$$

式中，ν 为粒子局部坐标系的散射角。则光子散射方向的抽样为

$$\begin{cases}\cos\nu=\dfrac{(1+g^2)-\dfrac{(1-g^2)^2}{(1-g+2g\xi_3)^2}}{2g}, & g\neq 0\\ \cos\nu=2\xi_3-1, & g=0\end{cases} \tag{4.146}$$

$$\psi=2\pi\xi_4$$

（4）光子散射方向和位置的跟踪。

设光子由第 m 个粒子散射到第 $m+1$ 个粒子时，粒子的位置矢和光子运动方向的单位矢分别表示为 $\boldsymbol{r}_m$、$\hat{\boldsymbol{s}}_m$ 和 $\boldsymbol{r}_{m+1}$、$\hat{\boldsymbol{s}}_{m+1}$，如图 4.17 所示。选取原点固定在第 m 个粒子所在位置的坐标系为 x_1、y_1、z_1。令 z_1 的方向和 $\hat{\boldsymbol{s}}_m$ 一致。y_1 在包含 z_1 且垂直于原坐标系中 xy 平面的一个平面 p 内。则 x_1 与 p 平面垂直。$\hat{\boldsymbol{s}}_{m+1}$ 是单位矢，它在 xyz 系和 $x_1y_1z_1$ 系中的分量，亦即其方向余弦分别用 u、v、w 和 u_1、v_1、w_1 表示。在图 4.18 中已把 xyz 的原点平移到第 m 个散射粒子所在的位置。由此，这两组方向余弦之间的关系可以通过将 $x_1y_1z_1$ 系两次旋转变换到 xyz 系而求出。

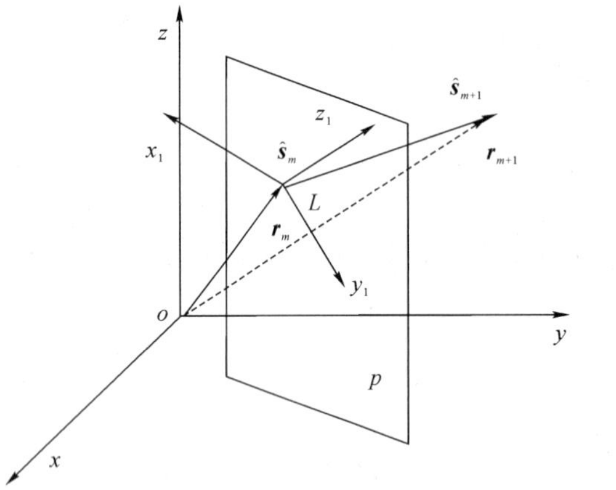

图 4.17　粒子位置和光子散射方向

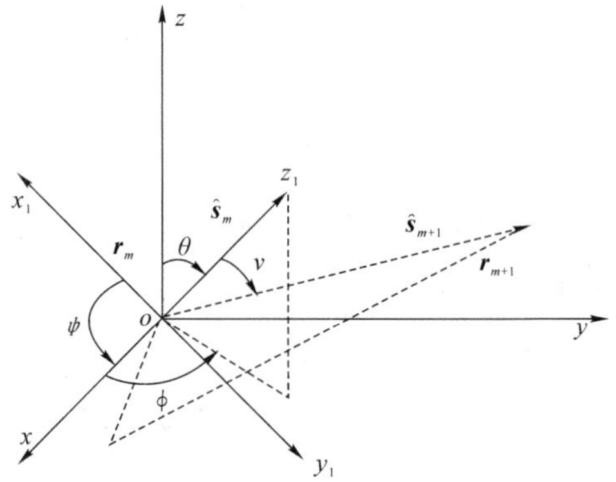

图 4.18　粒子坐标系和原坐标系散射方向的关系

设在 xyz 系中 $\boldsymbol{r}_m$ 和 $\boldsymbol{r}_{m+1}$ 的坐标分别为 (x',y',z') 和 (x,y,z)，则两次散射间的坐标关系为

$$x=x'+UL,\quad y=y'+VL,\quad z=z'+WL \tag{4.147}$$

其中 L 是从 $\boldsymbol{r}_m$ 至 $\boldsymbol{r}_{m+1}$ 的距离，由式(4.145)计算。

在原坐标系内方向余弦 (U,V,W) 满足：

$$\begin{cases}U=U_1\sin\phi'+V_1\cos\theta'+W_1\cos\phi'\sin\theta'\\ V=-U_1\cos\phi'+V_1\sin\phi'\cos\theta'+W_1\sin\phi'\sin\theta'\\ W=-V_1\sin\theta'+W_1\cos\theta'\end{cases} \tag{4.148}$$

注意 $\hat{\mathbf{s}}_{m+1}$ 在 $x_1y_1z_1$ 系中的三个方向余弦的算式为 $U_1=\sin\nu\cos\psi$，$V_1=\sin\nu\sin\psi$ 和 $W_1=\cos\nu$，如图 4.18 所示。其中角 ν、ψ 用式(4.146)计算。重复应用式(4.145)至式(4.148)，能对光子的位置和散射方向进行跟踪。

(5) 从介质中逃逸或被吸收的检验。

当光子的位置 $z>h$ 或 $z<0$ 时，表示光子从介质中逃逸出来了。若光子不被吸收的概率小于光子临界生存概率 w_c(取 $w_c=10^{-10}$)，则表示光子被吸收，上述跟踪过程结束。如果光子既没有被吸收，也没有逃逸出，则从步骤(2)重复。

图 4.19 比较了蒙特卡罗法和离散坐标法，并与文献(Van de Hurst)数据进行了对比，从中可以看出：离散坐标法和文献数据吻合得很好，而蒙特卡罗法在非守恒散射中有偏差，在守恒散射中比较接近文献数据的值。值得注意的是，从图 4.19 中可知，不论是各向同性散射还是各向异性散射，蒙特卡罗法在光学厚度很小时，都出现了很大的偏差，这是位置抽样引起了较大的误差所致。虽然抽样光子数很多，但光子的位置大于边界而逸出，导致只有极少数光子对透过率才有贡献。随着入射角的减小，蒙特卡罗法的结果趋向离散坐标法的结果。

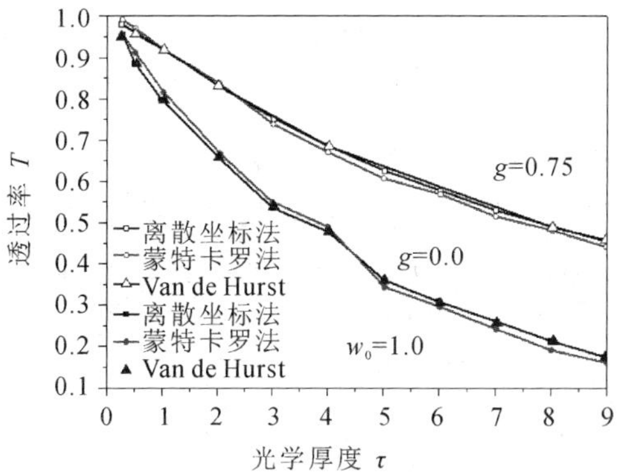

(a) 透过率

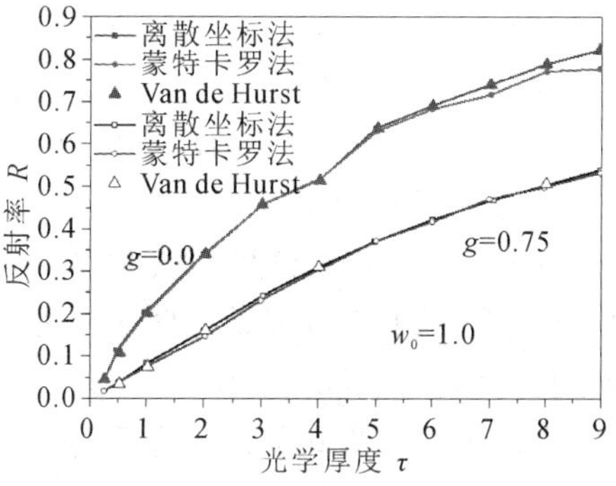

(b) 反射率

图 4.19　透过率和反射率随光学厚度的变化

将蒙特卡罗法应用到辐射输运问题中，粒子位置、光子散射方向等变量的随机抽样均会产生统计误差，其中位置变量引起的统计误差最为显著。从模拟物理过程来说，利用直接模拟法技巧是最简单，也是最基本的方法。但它只注重光子在输运过程中的最终历史状态，并且位置的随机抽样带来的统计涨落很大。鉴于上述原因，当介质层较厚时，利用直接模拟法计算的结果偏离较大。而统计估计法对光子和粒子的碰撞采用了强迫散射的加权平均方法，注重每个光子在输运过程中的每一次散射对透过率和反射率的贡献。本节利用蒙特卡罗法计算透过率和反射率时用的就是统计估计法，可以看出结果和文献数据吻合得比较好。在计算中为保证准确，必须取较大的抽样光子数，光子数越大其误差越小，但计算时间会越长。

离散坐标法、蒙特卡罗法以及稍后介绍的四通量法，这三种方法对于辐射传输守恒散射来说都很适用，并且都有一定的优越性。四通量法计算方法简便迅速，可用于研究简单的输运过程，但因仅能用于垂直入射的光束，其适用范围受到局限。离散坐标法由于准确可靠，在科学计算中应用广泛，但它有计算程序复杂、难以理解等缺点。相比之下，蒙特卡罗法更能揭示粒子的多重散射现象，适用于任意边界条件的波传播与散射问题的模拟。但由于蒙特卡罗法得到的是统计结果，其误差与统计次数(即所用光子数)的平方根成反比，所以，要得到比较精确的结果就要对大量光子进行跟踪计算统计。随着计算技术的发展和计算能力的提高，这一方法在大气辐射传输领域中的应用更加广泛。

4.4.3 离散坐标法与蒙特卡罗法在分层介质中的波传播与散射比较

与上节类似，在分层介质的波辐射传输问题中，其基本思想是把辐射能看成由独立的光束组成，把复杂的辐射传输问题分解成反射、吸收、散射和折射等几个独立过程，每一光束在系统内部的传递过程，由一系列随机数确定，跟踪一定量的光束后，记录光子被反射、透射、散射和吸收的历史，可得到较为稳定的统计结果。图 4.20 给出了利用多层蒙特卡罗法研究非均匀介质的辐射传输的示意图。

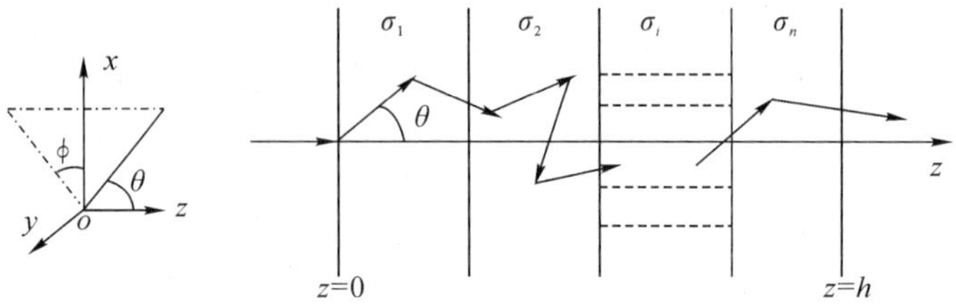

图 4.20　利用多层蒙特卡罗法研究非均匀介质的辐射传输

由于在不同分层介质中单个粒子的尺度参数不同，因此其散射截面、吸收截面都不同，当光子从一层运动到另一层时，就不能用原来一层的散射截面、吸收截面来计算。计算时，要判断光子输运中相邻两次中上一次和下一次所在的层。此节仅仅对与上节不同的步骤进行介绍。

若考虑平行平板状的散射介质与表面周围的介质不匹配，则光子在传播时将发生镜反射，如果两介质层的外表面和第一层的折射率分别为 n_1 和 n_0，下一层的折射率为 n_2，在光子垂直于介质表面入射的情况下，介质层的垂直入射菲涅耳(Fresnel)反射率分别为

$$r_1=\frac{(n_1-n_0)^2}{(n_1+n_0)^2},\qquad r_2=\frac{(n_1-n_g)^2}{(n_1+n_g)^2}\tag{4.149}$$

其中，n_g 表征介质层内的多次反射。第一层的镜反射为

$$R_{sp}=r_1+\frac{(1-r_1)^2r_2}{1+r_1r_2}$$

光子在介质表面发生镜反射后，进入散射介质层进行传播，此时其权重变为 $W=1-R_{sp}$。光子包在介质中运行时，会遇到介质的边界，此时光子或从边界逃脱，或被内反射，并重新在介质内传输。其传输步长由方程(4.144)计算，当步长足够大且碰到边界时，需要采用以下方法来进行处理。首先计算缩短的步长：

$$s_1=\begin{cases}\dfrac{z-z_0}{-\mu_z}, & \mu_z<0\\[2ex] \dfrac{z_1-z}{\mu_z}, & \mu_z>0\end{cases}\tag{4.150}$$

式中，z_0 和 z_1 分别表示 z 方向散射介质的上、下边界的坐标；步长 s_1 是光子传播方向上，

当前光子的位置和边界之间的距离。由于 μ_z 为 0 时，光子的方向与边界平行，光子不会碰到边界，故式(4.150)没有考虑 μ_z 为 0 时的情况。计算出 s_1 后将光子包移动到边界，移动过程中与介质不发生相互作用，下一步要移动的步长将更新为 $s \leftarrow s - s_1$。若发生内反射，则光子包只移动更新后的步长。

若光子包发生内反射，则需要计算发生内反射的概率。内反射与边界的入射角 θ_i 有关，垂直入射时 $\theta_i = 0$，否则 θ_i 可以由下式计算：

$$\theta_i = \arccos|\mu_z| \tag{4.151}$$

同时，根据 Snell 定律可以由散射介质及边界周围介质的折射率求出出射角：

$$\theta_t = \arcsin\frac{n_i \sin\theta_i}{n_t} \tag{4.152}$$

式中，n_i 和 n_t 分别为散射介质的折射率和边界周围介质的折射率。同时，在应用式(4.152)时，还必须考虑全反射现象，全反射角 $\theta_c = \arcsin(n_i/n_t)$。当 $\theta_i < \theta_c$ 时，应用 Snell 定律计算透射角；若 $\theta_i \geqslant \theta_c$，则光子完全返回到介质中去。

光子在界面上的反射概率用 Fresnel 反射系数描述。不考虑偏振条件下，反射系数为

$$R = \frac{1}{2}\left(\frac{n_t\mu_z - n_z\mu_t}{n_t\mu_z + n_i\mu_t}\right)^2 + \frac{1}{2}\left(\frac{n_i\mu_z - n_t\mu_t}{n_i\mu_z + n_t\mu_t}\right)^2 \tag{4.153}$$

式中，$\mu_t = \cos\theta_t$，$\mu_z = \cos\theta_i$。在全反射时 $R = 1$。

通常，通过对随机数的抽样，即利用随机数和内反射率相比较的方法来确定是否发生内反射：

$$\begin{cases} \xi \leqslant R\text{，光子发生内反射} \\ \xi > R\text{，光子逃逸} \end{cases} \tag{4.154}$$

若光子发生内反射，则光子包将停留在表面，且其方向余弦(μ_x，μ_y，μ_z)必须更新为(μ_x，μ_y，$-\mu_z$)，而且在该点还必须检查剩余的步长，以进一步判断光子包是反射还是透射。若光子包逃离介质，必须增加特定网格上的反射率和透射率，反射率 R 和透射率 T 将根据逃离光子的权重 w 来进行更新：

$$\begin{cases} R(r, \alpha_t) \leftarrow R(r, \alpha_t) + w, & z = 0 \\ T(r, \alpha_t) \leftarrow T(r, \alpha_t) + w, & z = \text{层的底部} \end{cases} \tag{4.155}$$

如果光子完全逃离介质，此光子包的轨迹则在该处结束，可以通过发射新的光子继续跟踪。

考虑到光子的步长足够大时，光子包在运行过程中的步长有可能会跨过多层介质，在介质层 1 中具有参数 C_{a1}、C_{s1} 和 n_1 的步长为 s 的光子包，步长缩短为 s_1 后碰到参数为 C_{a1}、C_{s1} 和 n_2 的介质。光子包首先运动到界面，且在此过程中不发生相互作用，剩下的光子步长在下一步运动时更新为 $s \leftarrow s - s_1$。接着由 Fresnel 公式，统计地确定光子包是被反射还是被透射。若光子包被反射，则可以按照上述方法进行处理。如果光子包被透射到介质的下一层，它将继续在介质中传播，此时要确定光子包的传播步长，必须考虑下一层的光学特性，其步长将由下式进行更新：

$$s \leftarrow s\frac{C_{t1}}{C_{t2}} \tag{4.156}$$

式中，C_{t1} 和 C_{t2} 分别为介质层 1 和介质层 2 的相互作用系数。光子包在跨越下一层时还要

检验其步长，不断重复上述过程直到步长能满足一层介质为止。

光子包如何终止呢？它永远不会为 0，但传播一个具有极小权重的光子几乎不会产生信息。因此当光子的权重小于某一个最小值时，这些光子可以忽略不计。也就是说，一旦光子的权重小于某一个指定的最小值，光子将终止。即当光子在介质中传播时，光子包在传播过程中的每一步都有一小部分$(1-a)w$被吸收，这部分将被记录下来，相应地对光子的权重进行调整。如果权重超过最小值，则剩余的光子包被散射到一个新的方向继续重复这个过程。如果权重小于最小值，则在不特别关心剩余光子传播的情况下，此光子包的传播就被认为是结束了。图 4.21 给出了用蒙特卡洛法计算程序的流程图。

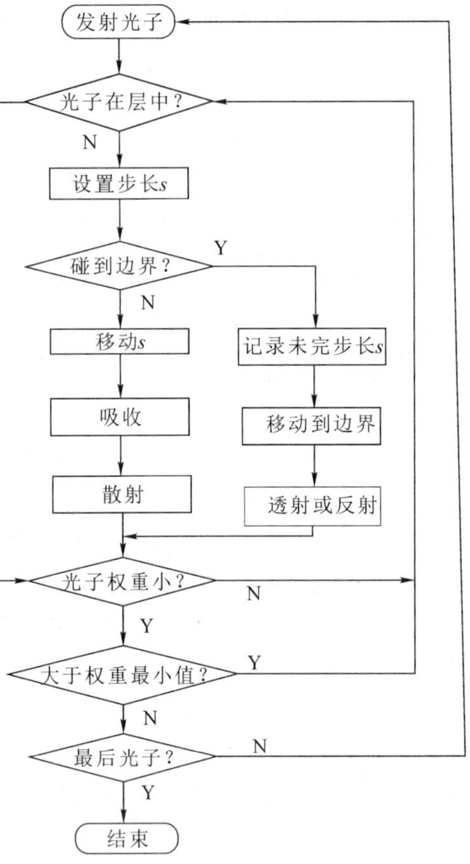

图 4.21 用 MC 法计算程序的流程图

例 4.4 采用多层蒙特卡罗法与分层离散坐标法(DISORT)计算激光传输特性并进行比较。表 4.2 给出了不同粒子的散射特性参数。采用三层模型，分别运用蒙特卡罗法和分层离散坐标法，获得反射率和透过率随入射角的分布。

三层模型：每层高度间隔取 1 km，假设每层反照率 w_0 分别为 0.948，0.936，0.936；不对称因子 g 分别为 0.851，0.857，0.865。三种情况：① 粒子数密度 $\rho_1=320\ \text{cm}^{-3}$ 时其光学厚度分别为 1.37，3.49，6.91；② 粒子数密度 $\rho_2=372\ \text{cm}^{-3}$ 时其光学厚度分别为 1.59，4.05，8.02；③ 粒子数密度 $\rho_3=400\ \text{cm}^{-3}$ 时其光学厚度分别为 1.71，4.35，8.62。对应的反射率和透过率如图 4.22 所示。图 4.22(b)中的①～③即对应上面所说的三种情况。

表 4.2　不同粒子半径时对应的散射截面、消光截面、反照率及不对称因子
$n=(1.306, 0.0011)$，$\lambda=2.0\ \mu m$

粒子半径/μm	消光截面/μm^2	散射截面/μm^2	反照率 w_0	不对称因子 g
8.0	428.43	406.37	0.948	0.851
10.0	660.98	619.63	0.936	0.857
12.0	1068.27	999.90	0.936	0.865
14.0	1233.49	1126.76	0.913	0.863

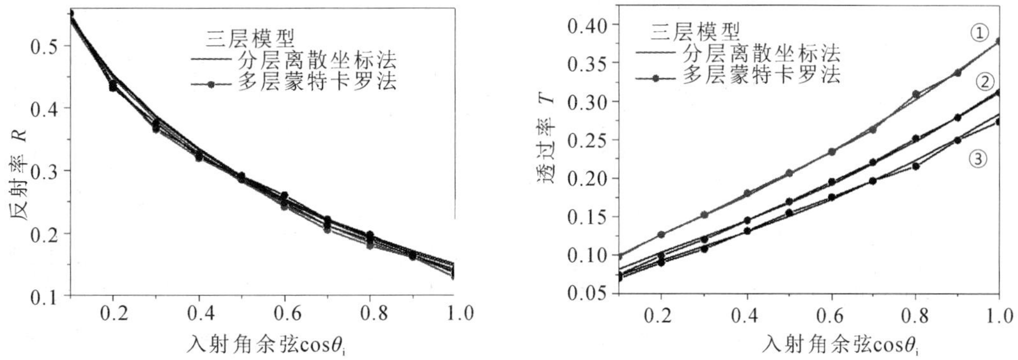

(a) 反射率 R　　(b) 透过率 T

图 4.22　离散随机分布粒子三层模型反射率和透过率随入射角余弦的变化

例 4.5　用蒙特卡罗法计算整个融化层的毫米波反射率。降雨融化层的探测主要是利用 100 GHz 以下的电磁波，因此降雨融化层中的粒子尺寸参数较小。由于融化层中粒子的特性随其厚度连续变化，所以必须确定出粒子每次碰撞后的位置坐标，确定它的相函数，获得不对称因子的垂直廓线。如图 4.23(a)所示，随着频率的增大，不对称因子也在增大，这是因为当频率较小时，粒子的尺寸参数很小，因此其散射接近于瑞利散射，即各向同性

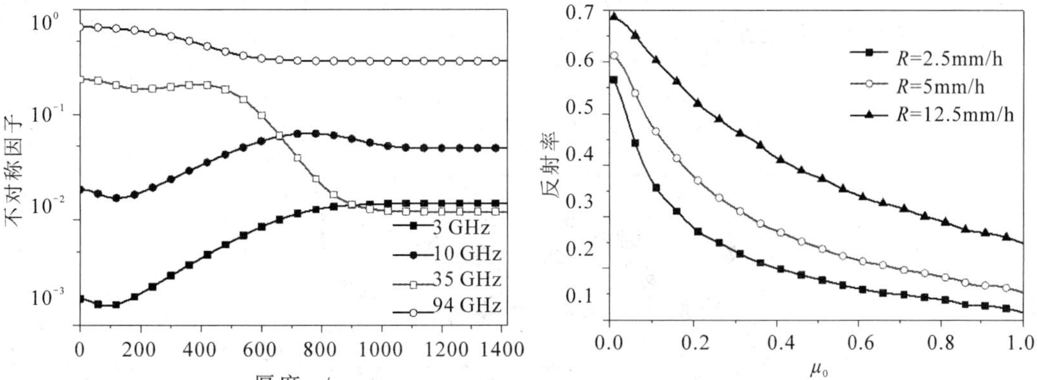

(a) 不同频率电磁波的不对称因子g的垂直廓线　　(b) 不同降雨率的融化层对 94 GHz电磁波的反射率

图 4.23　融化层粒子的不对称因子 g 和反射率

散射。利用蒙特卡罗法计算不同降雨率时融化层对 94 GHz 电磁波的反射率，如图 4.23(b)所示，其中 μ_0 表示入射角余弦。从图 4.23(b)中可以看出，降雨率越高，融化层的反射率越大。

图 4.24(a)给出了融化层对三种不同频率电磁波的反射，很显然，频率越高反射率越大，这是因为电磁波频率越高，粒子的尺寸参数越大，因此对光的后向散射越强。图 4.24(b)给出了两种不同尺寸分布的融化层的反射率。由图可知，由两种不同的尺寸分布得到的反射率有微小的差别。该计算方法为融化层的遥感提供了重要的理论依据，并且其数值结果可以用于计算融化层对太阳光的反射。

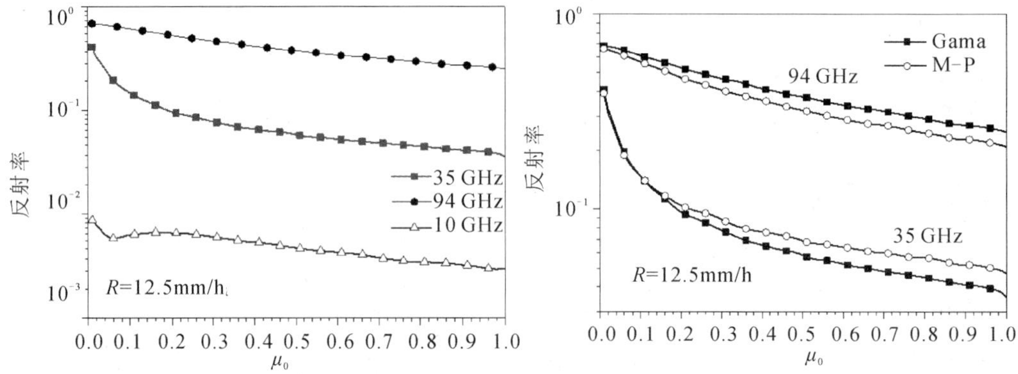

(a) 融化层对三种不同频率电磁波的反射率　　(b) 两种不同尺寸分布的融化层的反射率

图 4.24　不同参数融化层的反射率

例 4.6　离散随机取向分布旋转椭球粒子的紫外光段和可见波段辐射传输。平行平面分层介质中随机离散分布椭球气溶胶粒子如图 4.25 所示。对椭球粒子的相函数运用 ***T*** 矩阵算法(采用 Mishchenko 提供的 ***T*** 矩阵程序)计算，并采用椭球截面积 πab 归一化，建立相函数概率密度函数，如图 4.26 所示。其中 a、b 分别为椭球的半长轴和短轴，形状因子 $\varepsilon=a/b=0.5$，体积等效球的半径为 0.2 μm。波长 $\lambda=0.4$ μm 时，粒子的折射率 $m=1.385+\mathrm{i}9.9\times10^{-9}$。由此，可以建立不同形状因子、不同等效体积球半径、不同波长与对应折射率下椭球粒子散射的实际归一化相函数数据库。进一步可以完成椭球粒子的多重散射的每次散射角与方位角抽样，如图 4.27 所示。

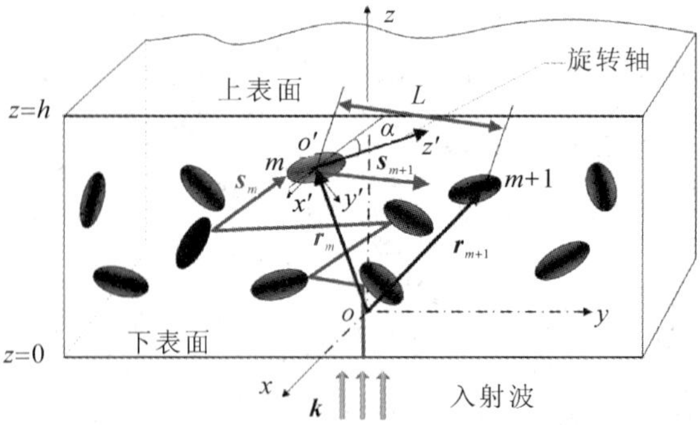

图 4.25　离散随机取向椭球粒子多重散射示意图

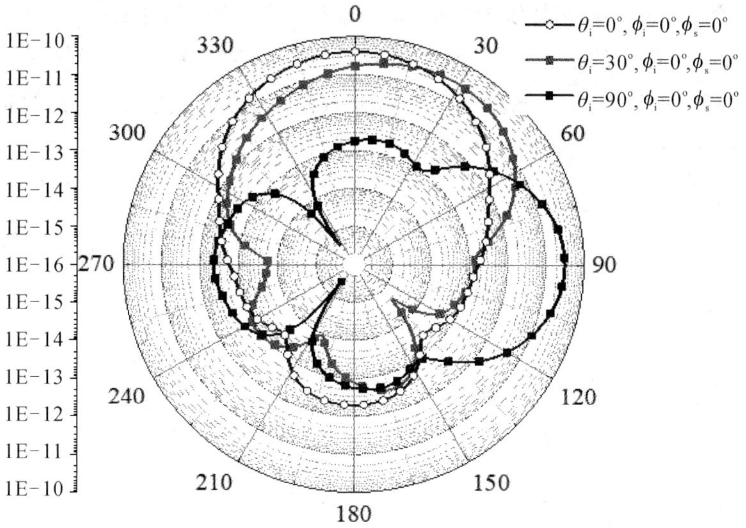

图 4.26　椭球粒子归一化相函数

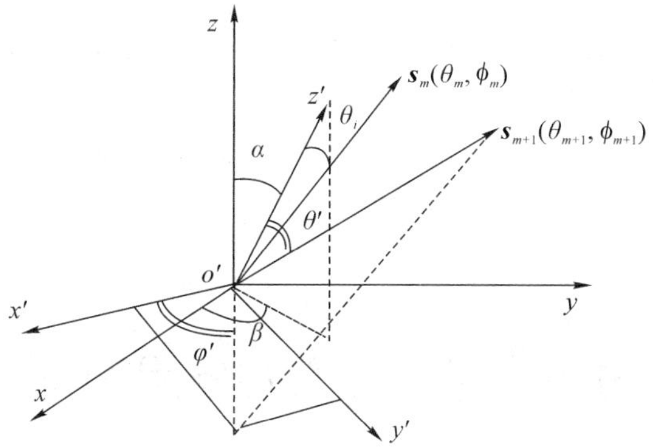

(a) 局部坐标系与实验室坐标系的关系

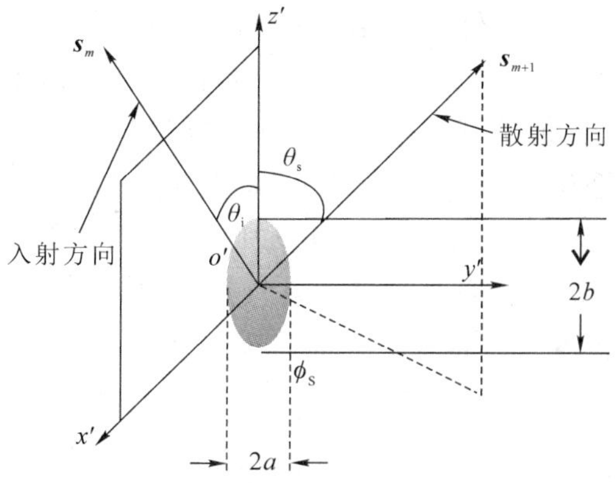

(b) 局部坐标系粒子散射方向

图 4.27　局部坐标系椭球粒子散射方向与实验室坐标系的关系

图 4.28 比较了在等效体积球 H-G 相函数抽样和实际椭球粒子相函数抽样下，不同波长的离散随机分布粒子的透过率随介质光学厚度的变化曲线。其中形状因子 $\varepsilon=a/b=0.5$；体积等效球的半径为 0.2 μm。显然等效体积球 H-G 相函数抽样透过率的计算结果明显低于实际椭球粒子相函数抽样透过率的计算结果，两者差异较大。随着光学厚度的增加，粒子的多重散射必须考虑。图 4.29 给出了不同波长情况下多重散射所占比例随光学厚度的变化曲线(椭球形状和尺寸参数与图 4.28 的一样)。由图 4.29 可知，波长越短，介质光学厚度越大，波与粒子相互作用多重散射的比例就越大。

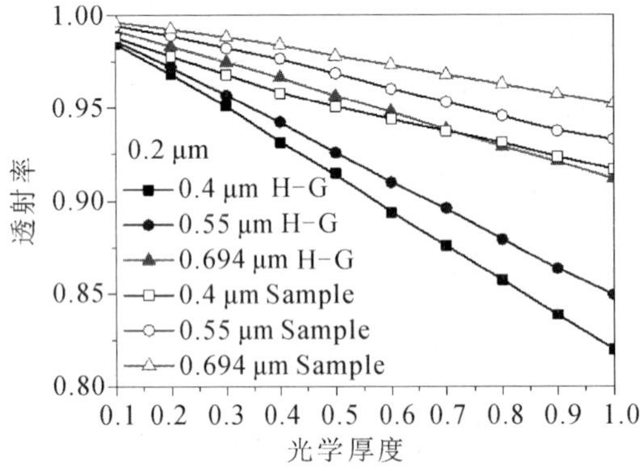

图 4.28 比较在等效体积球 $H-G$ 相函数和椭球粒子相函数抽样下透过率随介质光学厚度的变化曲线

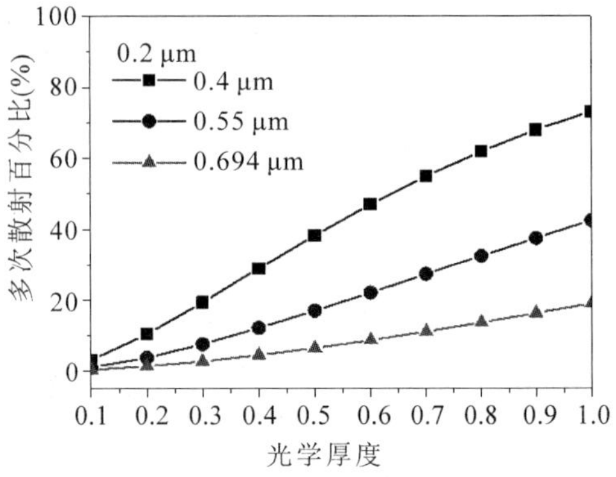

图 4.29 不同波长下所占多重散射比例随介质光学厚度的变化曲线

4.5 二通量和四通量理论

当利用强度率 $I(\boldsymbol{r}, \hat{\boldsymbol{s}})$来描述随机介质中的波传播时，它是位置坐标 $\boldsymbol{r}$ 和方向 $\hat{\boldsymbol{s}}$ 的函数。但在某些情况下，如波垂直于平面入射时，$I(\boldsymbol{r}, \theta)$为 z 和 θ 的函数 $I(z, \theta)$。即使在这种比较简单的情况下，要想利用任意的相函数来获得精确解也很困难。1931 年，Kubelka-Munk 提出一种称为二通量的理论，该理论只涉及简单的代数运算，是一种近似方法。当入射波是漫射波且介质较稠密时，波纯粹发生扩散式的散射，二通量理论的计算结果与实验数据吻合得很好。二通量近似方法直接来自于离散坐标法的二阶近似，可以对辐射亮度的空间分布和散射相函数做合理假设，用于介质内部无辐射源、漫射光在随机介质中的辐射传输。其缺点是要用经验的方法来确定某些系数，而且对于它的适用范围，其理论基础还没有很好地建立。对于准直波束入射，二通量理论不适用，必须采用四通量理论。

4.5.1 二通量理论

设扩散通量 $F_{+}(z)$与 $F_{-}(z)$分别为正、负 z 方向的传输通量，在距离 $\mathrm{d}z$ 内，随着吸收和反方向上的散射，正通量 $F_{+}(z)$沿着 z 方向减小(如图 4.30 所示)，即

$$dF_+ = -(K+S)F_+\rho\sigma_t dz = -(K+S)F_+ d\tau \tag{4.157}$$

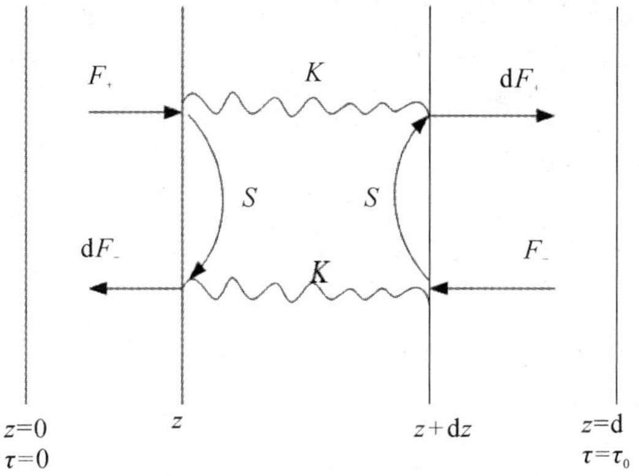

图 4.30　二通量理论示意图

通量 F_+ 按方程(4.157)随光学厚度的增加而减小，但由于返回散射的贡献，其总量增加为

$$dF_+ = SF_-\rho\sigma_t dz = SF_- d\tau \tag{4.158}$$

式中，ρ 为单位体积中的粒子数，σ_t 是单个粒子的总截面，$K\sigma_t$ 是对 F_+ 的等效吸收截面，K 是无量纲的吸收系数，它不同于第一章定义的吸收截面 σ_a。S 是散射系数，K 与 S 一般由实验确定，其解析形式取决于数学模式：

$$S = gQ_s, \quad K = 2[Q_a + (1-g)Q_s] \tag{4.159}$$

其中 g、Q_s、Q_a 分别为粒子的不对称因子、散射系数和吸收系数。类似地，对 F_- 的减小量为

$$dF_- = -(K+S)F_-\rho\sigma_t(-dz) = (K+S)F_- d\tau \tag{4.160}$$

增加量为

$$dF_- = SF_+\rho\sigma_t(-dz) = -SF_+ d\tau \tag{4.161}$$

由此可得到两个微分方程：

$$\frac{dF_+}{d\tau} = -(K+S)F_+ + SF_-, \quad \frac{dF_-}{d\tau} = (K+S)F_- - SF_+ \tag{4.162}$$

其边界条件在最简单的情况下为：在 $\tau=0$ 处，正通量 F_+ 等于给定的入射通量 F_0；在 $\tau=\tau_0$ 处，没有返回的入射于介质的通量 F_-，即

$$F_+(0) = F_0, \quad F_-(\tau_0) = 0 \tag{4.163}$$

将方程(4.162)与边界条件式(4.163)联立即可求解。假设通量 F_+ 与 F_- 的解具有指数形式 $\exp(\alpha\tau)$，则有 $d/d\tau \Rightarrow \alpha$，则式(4.162)变为

$$[\alpha + (K+S)]F_+ - SF_- = 0, \quad [\alpha - (K+S)]F_- + SF_+ = 0 \tag{4.164}$$

为了获得非零解，方程(4.164)的系数行列式必须等于零，即满足

$$\begin{vmatrix} \alpha + (K+S) & -S \\ S & \alpha - (K+S) \end{vmatrix} = 0 \tag{4.165}$$

由此可获得两个 α 值：$\alpha_{\pm}=\pm\sqrt{K(K+S)}=\pm\alpha_0$。

对每一个 α 值，F_+ 和 F_- 的比值由方程式(4.166)给出：

对 α_+，有

$$A_+=\frac{F_-}{F_+}=\frac{\alpha_++K+S}{S}=-\frac{S}{\alpha_+-(K+S)} \tag{4.166}$$

对 α_-，有

$$A_-=\frac{F_-}{F_+}=\frac{1}{A_+} \tag{4.167}$$

F_+ 和 F_- 的解是对应于 α_+ 与 α_- 两个解的线性组合：

$$\begin{cases}F_+(\tau)=c_1\exp(\alpha_+\tau)+c_2\exp(\alpha_-\tau)\\F_-(\tau)=c_1A_+\exp(\alpha_+\tau)+c_2A_-\exp(\alpha_-\tau)\end{cases} \tag{4.168}$$

将边界条件式(4.163)代入式(4.168)得

$$\begin{cases}c_1+c_2=F_0\\c_1A_+\exp(\alpha_+\tau_0)+c_2A_-\exp(\alpha_-\tau_0)=0\end{cases} \tag{4.169}$$

解之即有

$$\frac{c_1}{F_0}=\frac{A_-\exp(\alpha_-\tau_0)}{\Delta},\qquad \frac{c_2}{F_0}=-\frac{A_+\exp(\alpha_+\tau_0)}{\Delta} \tag{4.170}$$

式中，$\Delta=A_-\exp(\alpha_-\tau_0)-A_+\exp(\alpha_+\tau_0)$。

在 $\tau=0$ 处，反射系数 R 为

$$R=\frac{F_-(0)}{F_+(0)}=\frac{c_1A_++c_2A_-}{F_0}=A_-\left[\frac{1-\exp(-2\alpha_0\tau_0)}{1-A_-^2\exp(-2\alpha_0\tau_0)}\right] \tag{4.171}$$

在 $\tau=\tau_0$ 处，透射系数 T 为

$$T=\frac{F_+(\tau_0)}{F_+(0)}=\frac{c_1\exp(\alpha_0\tau_0)+c_2\exp(-\alpha_0\tau_0)}{F_0}=\frac{(1-A_-^2)\exp(-\alpha_0\tau_0)}{1-A_-^2\exp(-2\alpha_0\tau_0)} \tag{4.172}$$

式中，$A_-=s/(k+s+\alpha_0)$。

若介质是无限大的，$\tau_0\to\infty$，那么 $c_1=0$，$c_2=F_0$，则有

$$F_+(\tau)=F_0\exp(-\alpha_0\tau),\ F_-(\tau)=F_0A_-\exp(-\alpha_0\tau) \tag{4.173}$$

这一结果表明，在正 z 方向正通量 F_+ 减小，而负通量 F_- 朝 $-z$ 方向增加，净正通量为 $F_+(\tau)-F_-(\tau)$，如图 4.30 所示。

边界条件式(4.163)中，没有包括在 $\tau=0$ 与 $\tau=\tau_0$ 边界上的反射。若令 R_i 为入射波在 $\tau=0$ 处的反射系数，R_1 是 F_- 入射于 $\tau=0$ 表面处的反射系数，R_2 是入射于 $\tau=\tau_0$ 表面处的反射系数，则边界条件为

$$\begin{cases}F_+(0)=(1-R_i)F_0+R_1F_-(0),\ \tau=0\\F_-(\tau_0)=R_2F_+(\tau_0),\ \tau=\tau_0\end{cases} \tag{4.174}$$

将式(4.174)代入式(4.170)中，得

$$\frac{c_1}{(1-R_i)F_0}=\frac{(A_--R_2)\exp(\alpha_-\tau_0)}{\Delta},\qquad \frac{c_2}{(1-R_i)F_0}=\frac{-(A_+-R_2)\exp(\alpha_+\tau_0)}{\Delta} \tag{4.175}$$

式中，$\Delta=(1-R_1A_+)(A_--R_2)\exp(\alpha_-\tau_0)-(1-R_1A_-)(A_+-R_2)\exp(\alpha_+\tau_0)$。

在 $\tau=0$ 处，反射系数为 $R=R_i+(1-R_1)F_-(0)/F_0$，而在 $\tau=\tau_0$ 处，透射系数为 $T=(1-R_2)F_+(\tau_0)$。上述方程中的 Kubelka - Munk 系数 K 和 S 与单个粒子特性的关系可以通过实验来确定。对于不同模式，它们与粒子散射系数 Q_s 和吸收系数 Q_a 的关系如表 4.3 所示。系数 $K\sigma_t$ 总是两倍于吸收截面积 σ_a，而 $S\sigma_t$ 接近于 $\frac{3w_0}{4}-\frac{w_1}{4}$，$w_0=\sigma_s/\sigma_t$ 为反照率，w_1 是相函数 $p(\mu,\varphi;\mu',\phi')$ 表达式中 $n=1$ 的系数。

表 4.3 不同模式的 Kubelka - Munk 系数 K 与 S

模　式	K/Q_a	S/Q_s
Crude two－flux[$g(\theta,\phi)=1$]	2	1
Crude two－flux[$g(\theta,\phi)=1+\cos\theta$]	2	3/4
Crude two－flux[$g(\theta,\phi)=1-\cos\theta$]	2	5/4
Mudgett 和 Richards(1971)	2	$3(1-w_0/3)/4$
Brinkworth(1972)	2	$\frac{3}{4}(1-g)-Q_a/Q_s(Q_a\ll Q_s)$
Meador 和 Weaver(1979) (Delta-Eddington $N=4$)	$2-Q_a/Q_s$	$\frac{3}{4}-0.475Q_a/Q_s(Q_a\ll Q_s)$

4.5.2 四通量理论

通量模型的求解方法简单且其参数可以凭经验选取，因此在工程领域中得到了广泛应用。二通量理论只能应用于扩散强度的传播。一般情况下，在介质中波既存在相干分量(减缩分量)，也存在漫射分量。因此，Mudgett 和 Richards 给出了四通量模型的数值解。在四通量理论中，可用前向和后向传播的准直分量加上前向和后向传播的漫射分量代表强度率的传播。代表减缩强度的准直分量由于散射和吸收而减弱，并通过散射逐渐转变成漫射分量。对于漫射分量，一方面由于散射和吸收而减弱，另一方面又由于准直分量转化为漫射分量而增强，并且漫射分量不可能转化为减缩强度。

考虑由两个两边无限延伸的平面确定的平行平板模型。平板中填充了随机分布离散介质。考虑 z 轴垂直于平行平板模型，入射波沿 z 方向入射。在平面 z 和 $z+dz$，介质自身不辐射，为纯粹的散射问题。入射波由垂直照射到平面上的准直光以及半各向同性(半球内的各向同性)漫射辐射组成。这里假设入射波为单色，且不考虑其偏振态，同时暂不考虑边界面的反射问题。令 F_{c+} 和 F_{c-} 分别为前向和后向传播的准直强度，F_+ 和 F_- 分别为前向和后向的漫射强度。同时，在上一节二通量理论模型基础上，引入准直强度的吸收系数 k，以及准直强度散射转化为同向和反向漫射强度的散射系数 S_1 和 S_2。如图 4.31 所示，微分方程组如下：

$$\begin{cases} \dfrac{\mathrm{d}F_{c+}}{\mathrm{d}\tau}=-(k+S_1+S_2)F_{c+}, \quad \dfrac{\mathrm{d}F_{c-}}{\mathrm{d}\tau}=(k+S_1+S_2)F_{c-} \\ \dfrac{\mathrm{d}F_+}{\mathrm{d}\tau}=-(K+S)F_+ +SF_- +S_1F_{c+}+S_2F_{c-} \\ \dfrac{\mathrm{d}F_-}{\mathrm{d}\tau}=(K+S)F_- -SF_+ -S_1F_{c-}-S_2F_{c+} \end{cases} \tag{4.176}$$

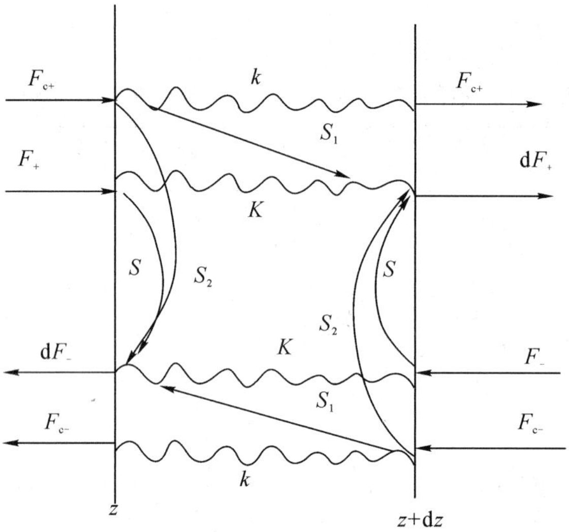

图 4.31　四通量模型

采用与上一节二通量理论相同的方法求解，其形式解如下：

$$\begin{cases} F_{c+}=C_1\exp(-\lambda\tau),\ F_{c-}=C_4\exp(\lambda\tau) \\ F_+=C_1A_1\exp(-\lambda\tau)+C_2\exp(-\alpha_0\tau)+C_3\exp(\alpha_0\tau)+C_4A_4\exp(\lambda\tau) \\ F_-=C_1B_1\exp(-\lambda\tau)+C_2A_2\exp(-\alpha_0\tau)+C_3A_3\exp(\alpha_0\tau)+C_4B_4\exp(\lambda\tau) \end{cases} \tag{4.177}$$

式中，$C_1 \sim C_4$ 为未知常数，$\lambda=k+S_1+S_2$，$\alpha_0=[K(K+2S)]^{1/2}$。

$$\begin{cases} A_1=B_4=\dfrac{SS_2+(K+S-\lambda)S_1}{\alpha_0^2-\lambda^2},\ A_2=\dfrac{1}{A_3}=\dfrac{K+2S-\alpha_0}{K+2S+\alpha_0} \\ A_4=B_1=\dfrac{SS_1+(K+S-\lambda)S_2}{\alpha_0^2-\lambda^2} \end{cases} \tag{4.178}$$

其边界条件为

$$\begin{cases} F_{c+}(0)=F_c \\ F_+(0)=F_0 \end{cases},\ \tau=0,\quad \begin{cases} F_{c-}(\tau_0)=0 \\ F_-(\tau_0)=0 \end{cases},\ \tau=\tau_0 \tag{4.179}$$

下面用上述方法计算平面波通过平行平面离散随机介质的反射率和透过率，以及它们随介质光学厚度、单次散射反照率及入射角余弦的变化，其中取 $K=0.5$，$S=0.3$。图 4.32 中采用离散坐标法和四通量法分别计算了反射率和透过率随介质光学厚度的变化。其中所取参数为：不对称因子 $g=0.75$，单次散射反照率分别为 1：$w_0=0.8$，2：$w_0=0.95$，3：$w_0=1.0$。结果表明：对于守恒散射($w_0=1$)，四通量法与离散坐标法的结果吻合得很好，而非守恒散射时，则有一定的偏差。在光学厚度很小时，两者结果比较接近；在光学厚度增大时，两者略有偏差。

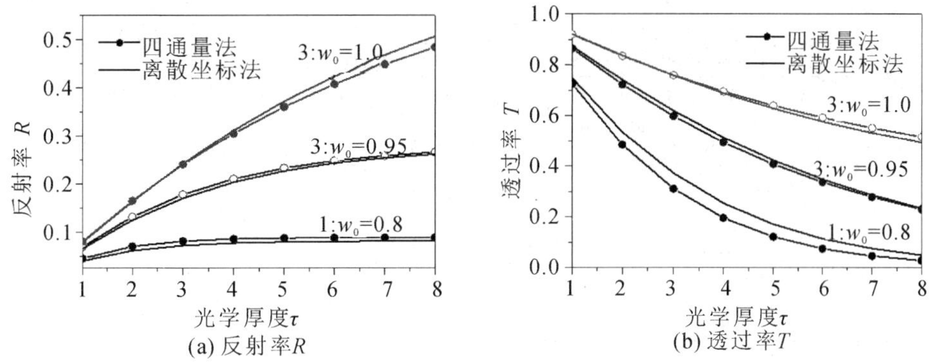

图 4.32　离散坐标法和四通量法计算反射率和透过率随光学厚度的变化

在实际研究中，即使在忽略边界反射的情况下，四通量理论的前后向准直强度和扩展强度都满足方程，但需要引入表示准直射束的吸收系数 K、纯散射系数 S、前向散射比率 ζ（后向散射比为 $1-\zeta$）以及平均等效光程系数 ε。

平行平板模型中辐射场由四个部分组成：① 往 $-z$ 方向传播的强度为 $I_c(z)$ 的准直光；② 往 z 方向传播的强度为 $J_c(z)$ 的准直光；③ 往 $-z$ 方向传播的强度为 $I_d(z)$ 的漫射光；④ 往 z 方向传播的强度为 $J_d(z)$ 的漫射光。

介质中散射体元的特性由下面几个量刻画：

(1) 吸收系数 K。垂直流入无限薄平板 dz 内的准直光由于吸收导致的能量损失就是 $K dz$。

(2) 散射系数 S，其意义同 K 相类似，只不过把吸收换成纯散射。

(3) 前向散射比 ζ，即散射到前向半球内的能量同总的散射能量的比。对于垂直于平板 dz 的准直入射，它也等于薄层散射到前向半球的内能同总的散射能量的比。而对于漫射辐射，由于入射方向的前向半球同薄层的前向半球不是相同的，这个问题就变得较为复杂。作为近似，假设漫射辐射的前向散射比也等于 ζ，同时所有的后向散射都变成 $1-\zeta$。

(4) 平均等效光程系数 ε，也就是说当漫射光经过长度为 dz 的路径时，其实际走过的平均路径长度为 εdz。

由此可以得到：① 准直辐射和漫射辐射的前向散射系数分别为 ζS 和 $\varepsilon\zeta S$；② 准直辐射和漫射辐射的后向散射系数分别为 $(1-\zeta)S$ 和 $\varepsilon(1-\zeta)S$；③ 漫射辐射的吸收系数为 εK。则有四通量微分方程如下：

$$\begin{cases} \dfrac{dJ_c}{dz}=-(K+S)J_c,\ \dfrac{dI_c}{dz}=(K+S)I_c \\ \dfrac{dJ_d}{dz}=-\varepsilon KJ_d-\varepsilon(1-\zeta)SJ_d+\varepsilon(1-\zeta)SI_d+(1-\zeta)SI_c+\zeta SJ_c \\ \dfrac{dI_d}{dz}=\varepsilon KI_d+\varepsilon(1-\zeta)SI_d-\varepsilon(1-\zeta)SJ_d-\zeta SI_c \end{cases} \tag{4.180}$$

当忽略各边界面反射时，读者不难获得如下各种透射率和反射率（见习题）：

$$
\begin{cases}
T_{cc}=\exp(-\tau)\\
T_{cd}=\exp(-\tau)\cdot\dfrac{\sqrt{A_1}A_2[\cosh(\sqrt{A_1}z)-\exp(\tau)]+(A_2A_4-A_3A_5)\sinh(\sqrt{A_1}z)}{[A_1-(K+S)^2][\sqrt{A_1}\cosh(\sqrt{A_1}z)+A_4\sinh(\sqrt{A_1}z)]}\\
R_{cd}=\dfrac{\exp(-\tau)}{A_1-(K+S)^2}\cdot\dfrac{\sqrt{A_1}A_3+\exp(\tau)[\sqrt{A_1}A_3+\cosh(\sqrt{A_1}z)+(A_3A_4-A_2A_5)\sinh\sqrt{A_1}z)]}{\sqrt{A_1}\cosh(\sqrt{A_1}z)+A_4\sinh(\sqrt{A_1}z)}\\
R_{dd}=\dfrac{A_5\sinh(\sqrt{A_1}z)}{\sqrt{A_1}\cosh(\sqrt{A_1}z)+A_4\sinh(\sqrt{A_1}z)}\\
T_{dd}=\dfrac{\sqrt{A_1}z}{\sqrt{A_1}\cosh(\sqrt{A_1}z)+A_4\sinh(\sqrt{A_4}z)}
\end{cases}
\tag{4.181}
$$

其中

$$
\begin{cases}
A_1=\varepsilon^2K[K+2(1-\zeta)S],\ A_3=S(1-\zeta)(K+S)(\varepsilon-1),\ A_4=\varepsilon[K+(1-\zeta)S]\\
A_2=S[\varepsilon K\zeta+\varepsilon S(1-\zeta)+\zeta(K+S)],\ A_5=\varepsilon(1-\zeta)S
\end{cases}
\tag{4.182}
$$

T_{cc}为准直光束照射时，不考虑粒子多重散射的准直相干透射率；T_{cd}和R_{cd}分别表示准直光束入射时，因多重散射产生的扩散透射率和扩散反射率；T_{dd}和R_{dd}分别为扩散光照射时产生的透过率和反射率。

如果离散随机介质由球形粒子组成，则可以通过 Mie 理论和粒子谱分布来得到上述各分量。四通量法中平均等效光程系数 ε 对精度的影响很大。一般认为 ε 是一个常数，在计算中可取为 2 或 $\sqrt{3}$，但实际上它并不是常数，且很难确定，所以用常数计算时会带来一定的误差。王一平、吴振森和任宽芳通过对离散坐标法与四通量法的对比研究，给出了不同粒子参数(反照率、不对称因子)下平均等效光程系数 ε 的修正。

在实验室利用通量理论研究离散随机介质中波的多重散射时，常需要考虑界面的反射与透射，如图 4.33 所示。其边界条件为

$$
\begin{cases}
\begin{cases}
F_{c+}(0)=T_1F_0+R_1F_{c-}(0)\\
F_+(0)=T_2F_0+R_2F_{c-}(0)+R_3F_-(0)
\end{cases}, & \tau=0\\
\begin{cases}
F_{c-}(\tau_0)=R_4F_{c+}(\tau_0)\\
F_-(\tau_0)=R_5F_{c+}(\tau_0)+R_6F_+(\tau_0)
\end{cases}, & \tau=\tau_0
\end{cases}
\tag{4.183}
$$

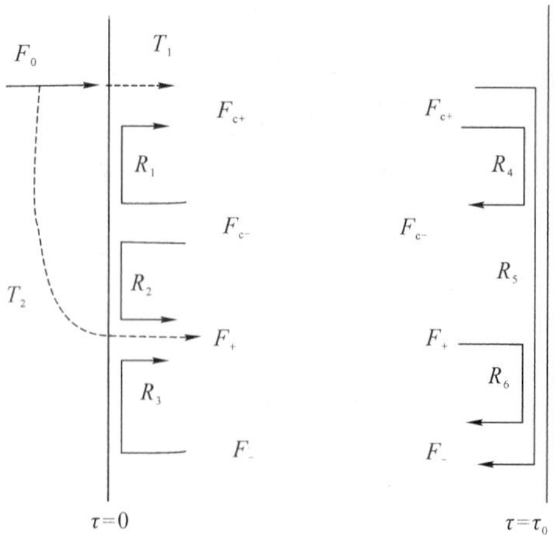

图 4.33　含界面反射的四通量模型

用式(4.183)代替式(4.180)中的四个边界条件，对于确定方程式(4.177)中的四个未知数 A_1、A_2、A_3、A_4 是充分必要的。

4.6　大气云雾和气溶胶粒子的多重散射

4.6.1　云雾中激光传输的多重散射

大气激光传输衰减通常包含大气分子的吸收和散射以及气溶胶的吸收和散射。下标 s 记为散射系数，下标 a 记为吸收系数，并以 m 和 p 分别代表分子与气溶胶粒子，则可以写出

$$\mu=\mu_{\mathrm{s,\,m}}+\mu_{\mathrm{a,\,m}}+\mu_{\mathrm{s,\,p}}+\mu_{\mathrm{a,\,p}} \tag{4.184}$$

这四种因素可能同时存在，也可能某个因素占主导地位，具体情况依赖于辐射波长、分子或粒子的成分与尺寸等参数。例如，表 4.4 给出了波长 $\lambda=1.064\ \mu\mathrm{m}$ 的激光分别在中纬度夏季晴朗和霾雾天气下，大气分子和气溶胶的吸收、散射以及总衰减系数，从中可以看出分子吸收系数很小，可忽略不计，激光能量衰减的主要原因是粒子散射。

表 4.4　$\lambda=1.064\ \mu\mathrm{m}$ 激光的大气分子和气溶胶衰减

波长和天气状况		分子吸收	分子散射	气溶胶吸收	气溶胶散射	总衰减系数
$\lambda=1.064\ \mu\mathrm{m}$	晴朗	—	0.00672	0.0227	0.0792	0.1086
	霾雾	—	0.0672	0.0682	0.2343	0.3092

以 $x=2\pi r/\lambda$ 作为尺寸参数，可把大气散射分为几个类型：当 $x<0.1$ 时，发生瑞利散射，大气分子对光的散射为瑞利散射。瑞利散射系数的经验公式为

$$\mu_{\mathrm{m}}=\frac{8\pi^3(n^2-1)}{3N_{\mathrm{g}}\lambda^4}\cdot\frac{6+3\delta}{6-7\delta}\ \mathrm{km}^{-1} \tag{4.185}$$

式中，λ 为光波长，N_{g} 为单位体积气体分子数，n 为与高度和波长有关的大气折射率，δ 为散射辐射的退偏因子，一般取值为 0.035。当 $0.1\leqslant x<50$ 时，散射为 Mie 散射。气溶胶的衰减包括气溶胶的散射和吸收。气溶胶微粒尺寸复杂，一般同时发生瑞利散射和 Mie 散射。当 Mie 散射占绝大部分比例时，一般可以只考虑 Mie 散射作用。通常粒子散射系数 μ_{p} 与波长能见度之间存在下列经验关系式：

$$\mu_{\mathrm{p}}=\frac{3.912}{V}\left(\frac{0.55}{\lambda}\right)^q \tag{4.186}$$

式中，V(km)为能见度，λ(μm)为波长。对于高能见度情况，因子：

$$q=\begin{cases}0.585V^{1/3}, & V\leqslant 6\ \mathrm{km}\\ 1.3, & V\leqslant 12\ \mathrm{km}\\ 1.6, & V>23\ \mathrm{km}\end{cases} \tag{4.187}$$

Nabouls 给出了在低能见度下，计算 q 值的公式：

$$q=\begin{cases}0.16V+0.34, & 1\ \text{km}<V<6\ \text{km}\\ V-0.5, & 0.5\ \text{km}<V<1\ \text{km}\\ 0, & V<0.5\ \text{km}\end{cases} \tag{4.188}$$

理论与实验证明，影响 1.06 μm 激光传输的主要因素为气溶胶散射。表 4.5 给出了典型天气现象的综合衰减系数和能见度表。从表中可以看出：当天气晴朗时，能见度较大，只考虑气溶胶引起的衰减，衰减系数的范围是 0.03～1.03 dB/km，计算出的结果恰好落在此范围内，因此表中数据具有一定的参考价值。

表 4.5　典型天气时的综合衰减系数和能见度表

天气条件	能见度	衰减系数/(dB/km)
重雾	40～70 m	392～220
浓雾	70～250 m	220～58
中雾	250～500 m	58～28.2
轻雾	500～1000 m	28.2～13.4
薄雾	1～2 km	13.4～6.3
雾或霾	2～4 km	6.2～2.9
轻霾	4～10 km	2.9～1.03
晴	10～20 km	1.03～0.45
晴朗	20～50 km	0.45～0.144
非常晴朗	50～150 km	0.144～0.03

但是，对于能见度低于 2 km 的情况，上述公式和表中给出的数据太模糊，缺乏低能见度情况下，激光在云雾中传输衰减较为准确的数据或随能见度、距离变化的规律。对于低能见度情况，需要用多重散射理论来解决激光在雾中的传输问题。本节在第二章和本章多重散射理论基础上讨论激光在云雾中的传输特性。

随着能见度的降低，云雾的粒子数密度增大，激光在云雾中传输除了产生严重的衰减、散射外，其后向散射效应会增大。激光在云雾中的传输杂波对目标探测和制导、激光通信会产生严重影响。根据不同能见度云雾的雾滴分布，首先获得雾滴平均消光截面、平均散射截面、平均相函数、平均粒子反照率和平均不对称因子，进而运用蒙特卡罗法用数值分析激光在云雾中的传输特性。

图 4.34 给出了传输距离为 1000 m 时，不同能见度下，波长为 0.86 μm 的激光在两类雾中传输时，前向与后向散射特性随散射角的分布曲线。由图可以看出：无论是平流雾还是辐射雾，能见度越低，其相同散射角对应的前向散射强度就越小，后向散射强度越大。同时，相同能见度下，相同散射角内平流雾的后向散射强度要小于辐射雾，前向散射强度要大于辐射雾。

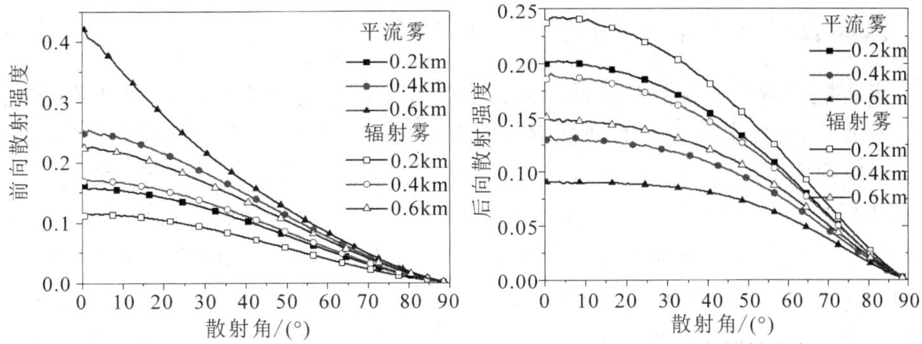

(a) 前向散射强度　　(b) 后向散射强度

图 4.34　不同能见度下 0.86 μm 激光散射特性的角分布曲线

图 4.35 为能见度在 0.4 km 时，不同波长的激光在云雾中的衰减与反射随传输距离的变化曲线。显然，在近紫外到近红外波段云雾中的光传输特性很接近。

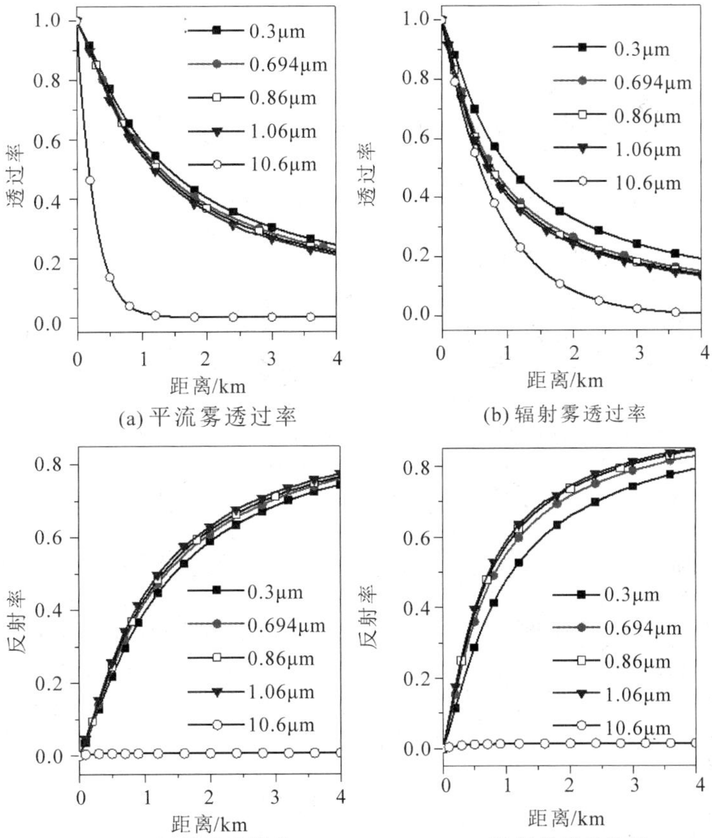

(a) 平流雾透过率　　(b) 辐射雾透过率

(c) 平流雾反射率　　(d) 辐射雾反射率

图 4.35　不同波长激光在云雾中的传输特性随距离的变化曲线

偏振光在散射介质中的传输已经被很多的大气光学和海洋光学研究组织进行了专门的研究，现在仍然是研究热点之一。大气中偏振光传输特性的研究必须采用 4.2.5 小节中矢量辐射输运方程和 4.4 节蒙特卡罗数值模拟方法，具体过程此处不再详述。

4.6.2 冰晶云和冰水混合云的多重散射特性

本节考虑随机取向、旋转对称的六角冰盘粒子，根据射线光学理论计算其单次散射相函数，并与 Mie 理论计算的等效球散射特性进行比较。L 代表六角冰盘状粒子的棱长，a 代表半径。根据实测结果(Pruppacher 和 Klett)，两者的关系为 $L=2.4883a^{0.474}$。

根据球形粒子与六角冰盘粒子两者体积相等这个条件，可以得到冰盘的棱长和半径。冰晶的尺度用修正的伽玛分布表示。图 4.36 是几种不同波长的太阳光入射时，具有修正伽玛分布的六角冰晶与具有相同体积的球形粒子的相函数。由图可知，当 $\lambda<2.8\ \mu m$ 时，球体的相函数在约 140°的彩虹角处有极大值；而基于六边形冰晶的相函数，则呈现出 22°和 46°晕峰值。很显然两种相函数有显著的不同。但是，当 $\lambda>2.8\ \mu m$ 时，由于强吸收，两种相函数的差别很小，彩虹和晕现象都消失了。

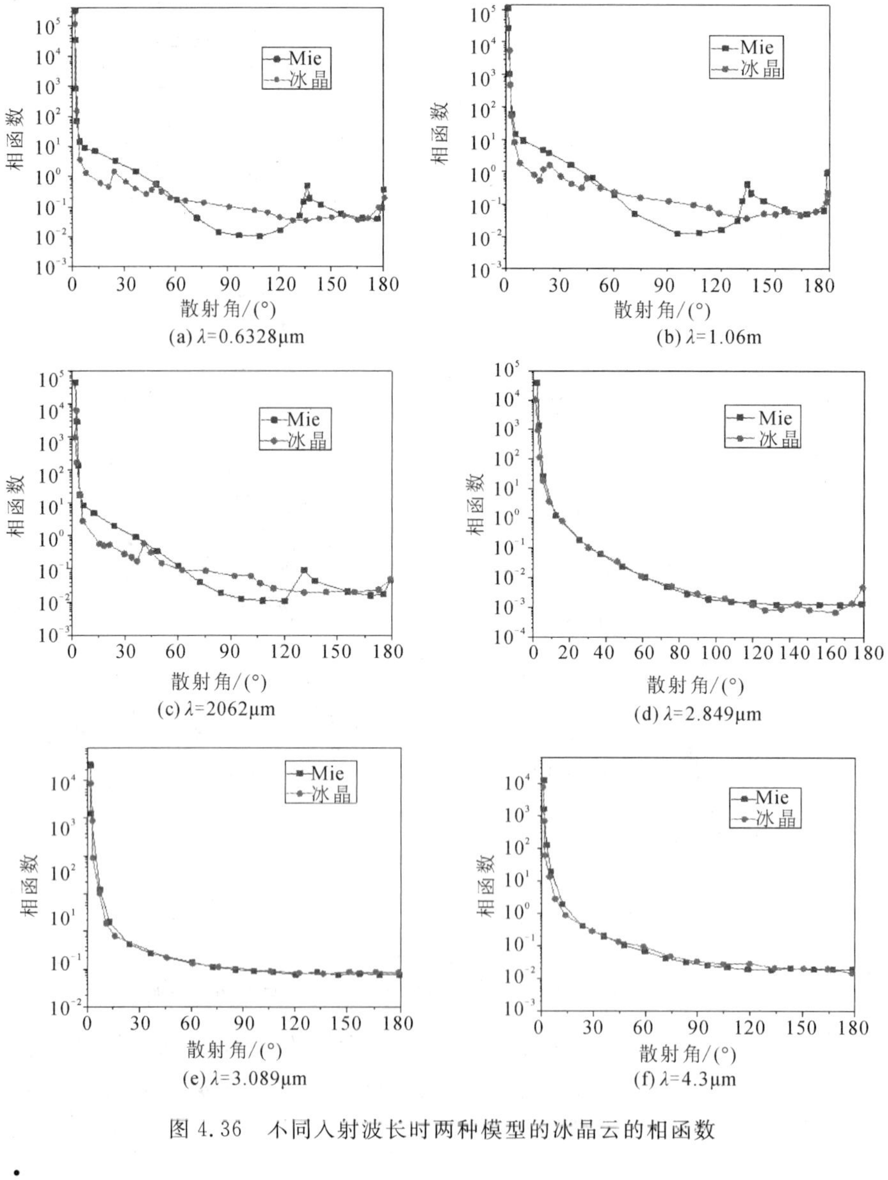

图 4.36 不同入射波长时两种模型的冰晶云的相函数

图 4.37 给出了半无限长冰晶云对六种波长的光波的平面反照率。

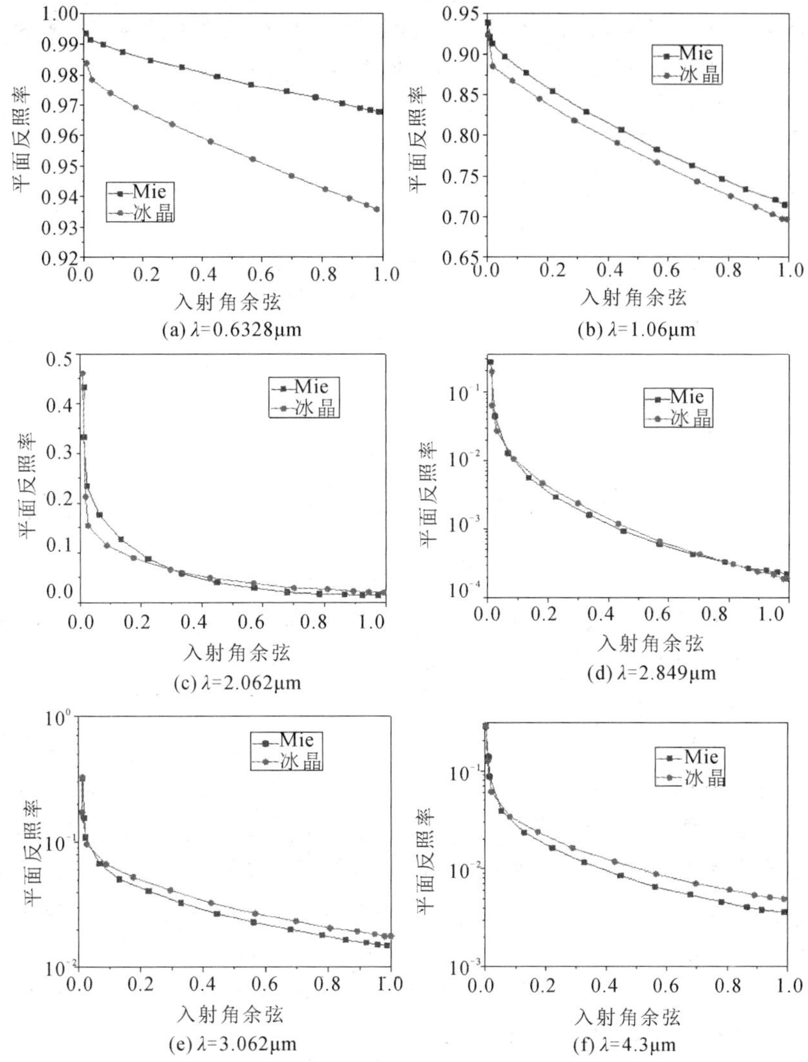

图 4.37　不同入射波长时两种模型的冰晶云的平面反照率

由图 4.37 中可以看出，当 $\lambda=2.849\ \mu m$ 时，六角冰晶粒子和球形粒子的平面反照率的差别最小；当 $\lambda<2.0\ \mu m$ 时，即在可见光和近红外波段时，两者的差别较大。原因是在这些波长上冰的吸收较少，两种模型的相函数差别很大，这种差异在多次散射中起到了重要的作用。而当 $\lambda=2.849\ \mu m$ 时，吸收占据了主导地位，导致两者的相函数非常接近，而且散射的次数大大减少。因此在 $\lambda<2.0\ \mu m$ 的波段，用等效球 Mie 理论来计算云层的反射将有较大的误差。但是，太阳辐射能的 95%以上集中在 $\lambda<2.0\ \mu m$ 波段，所以在该波段冰云光学特性的较大误差必然导致冰云辐射特性的较大误差，此时等效球 Mie 理论是不适用的。

图 4.38 给出了三种不同构成的半无限长云层对 $\lambda=0.7\ \mu m$ 和 $1.6\ \mu m$ 的太阳光的平面反照率。云层中的粒子分别为纯水、纯冰和冰水球形粒子，且有效半径均取为 $a_{eff}=6\ \mu m$。冰水

球形粒子为同心球，内层为冰球，半径为 a，外层为水，半径为 b，$c=a/b$ 为内半径相对于整个球半径的比率。图 4.38 中 $c=0.833$。从图中可以看出：当入射波长为 1.6 μm 时，冰云和冰水混合云的平面反照率都要小于水云的结果；当入射波长为 0.7 μm 时，情况正好相反。在可见光谱段，冰云与冰水云的平面反照率比较接近。

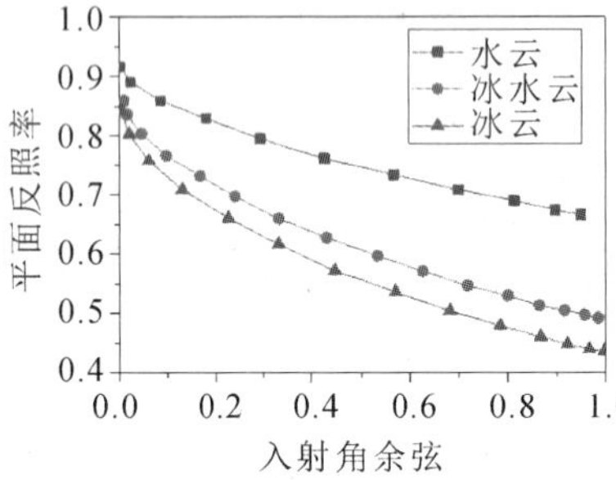

(a) 入射波长为1.6μm

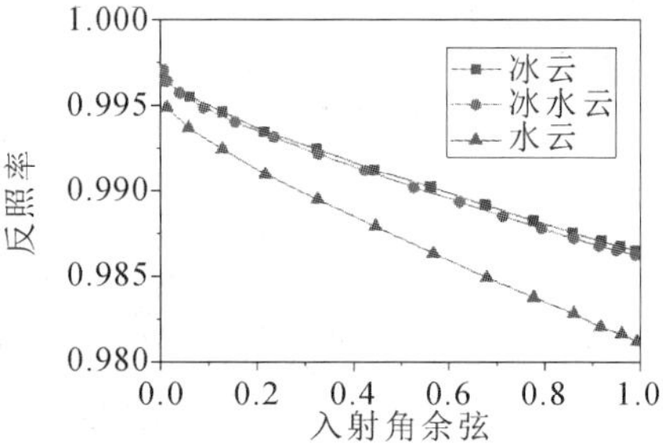

(b) 入射波长为0.7μm

图 4.38　三种不同构成的半无限长云层对太阳光的平面反照率

4.6.3　沙尘和沙尘暴中激光的传输特性

在第二章所讲的离散随机分布粒子的单次散射基础上，本节研究 1.6 μm 激光在沙尘暴中多重散射引起的衰减特性与后向散射特性。为简单起见，本节采用的干沙的折射系数 $m=1.55+i0.005$，观测站的高度为 5 m。

首先在不同能见度下，激光沿着水平路径传播时，分别用 Mie 理论计算单次散射和用四通量法及蒙特卡罗法计算多重散射的衰减率。图 4.39 和图 4.40 分别表示激光在 5 m 与 100 m 高度沿着水平路径传播时衰减率随能见度变化的曲线。由这两个图可以看出，激光经过沙尘暴考虑多重散射时，衰减率较大，能见度较低。特别是当能见度小于 0.5 km 时，用单次散射计算会带来很大的误差。随着能见度的增大，两种方法计算的结果差别越来越小，当能见度接近 1 km 时，用单次散射计算的误差已很小。能见度较低时，运用四通量法和蒙特卡罗法计算沙尘对激光多重散射所得的结果相当吻合。这说明四通量法和蒙特卡罗法对于多重散射的计算是有一定优越性的。

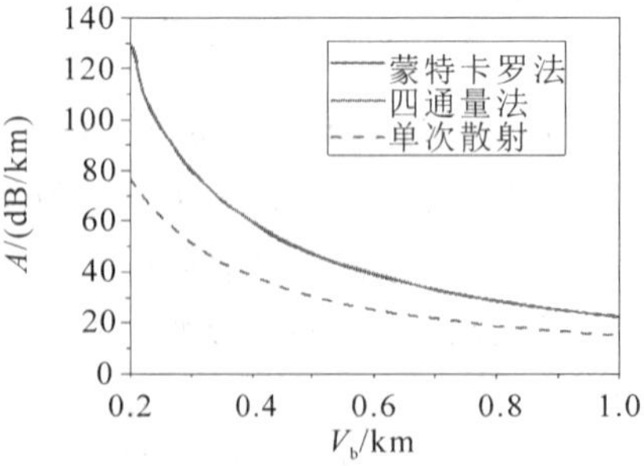

图 4.39　5 m 处的衰减率随能见度变化的曲线

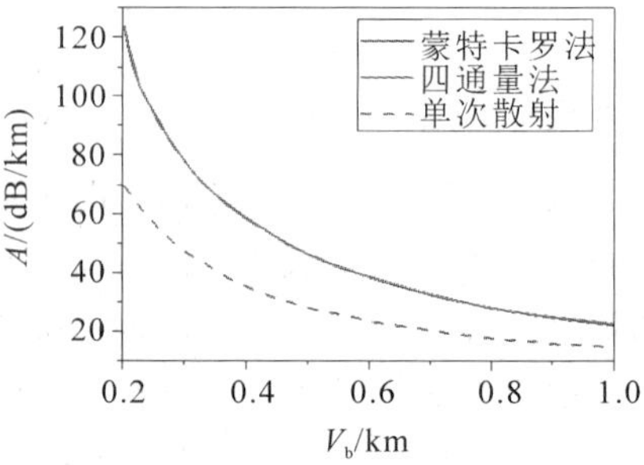

图 4.40　100 m 处的衰减率随能见度变化的曲线

四通量法计算方法简单迅速，可用于研究简单的输运过程，但因它仅适用于垂直入射的光束，适用范围受到局限。相比之下，蒙特卡罗法更能揭示粒子的多重散射，但由于蒙特卡罗法的计算结果是统计结果，所以要得到有效的结果就要对大量光子进行跟踪计算统计。

有关粒子尺寸分布问题，国内外学者曾做了大量的研究，在第二章已有详细描述。本节选用沙尘粒子做介绍，它遵循对数正态分布：

$$p(r)=\frac{\exp\{-[\ln(r)-m]^2/2s^2\}}{\sqrt{2\pi}rs} \tag{4.189}$$

式中，r 是沙尘粒子的半径(mm)，s 和 m 分别为 $\ln r$ 的标准方差和均值，即

$$s=(\ln 2)^{1/2},\quad m=\ln\bar{r}-\frac{s^2}{2} \tag{4.190}$$

式中，$\bar{r}$ 为半径的平均值，单位是 mm。沙尘暴期间，沙尘粒子的粒径以及单位体积的含沙量随着高度发生改变。粒子的平均半径随着高度的增加而减少，这种变化可用幂律来表示，即

$$r_e=r_{0e}\frac{h}{h_0},\quad r_{0e}=0.04 \tag{4.191}$$

$$r_v=r_{0v}\left(\frac{h}{h_0}\right)^{-r_v},\quad r_{0v}=0.15 \tag{4.192}$$

式中，h_0 为地球站高度，r_{0e}与 r_{0v}分别是在高度 h_0 处的有效半径与平均半径，单位为 mm。另外，空间沙尘的粒子含量 M 也是随着高度的变化而变化的。Yaalon 和 Canor 测量了两次沙尘暴期间不同高度的 M(单位：kg)随 h(单位：km)的变化规律，发现它们近似服从负指数关系，即

$$M=M_0\exp(-ah)\quad a\approx 1.35 \tag{4.193}$$

其中 M_0 是地面附近空间的单位体积中沙尘粒子含量，而能见度 V_b(单位：km)与 M 之间有一定的关系：

$$V_b=\left(\frac{C_0}{M}\right)^{\frac{1}{r}},\ C_0=2.3\times 10^{-5},\ \gamma=1.09 \tag{4.194}$$

由式(4.193)和式(4.194)便可知 V_b 随 h 的关系：$V_b=V_{b0}\times\exp(bh)$，其中：$b\approx 1.25$，V_{b0}是地面附近的水平能见度，以 km 为单位。

不同的高度，沙尘大气的各个参量不同，所以计算沙尘大气时，将沙尘大气分为不同的层来考虑。由式(4.191)和式(4.192)可以得出，由地面向高空，随着高度的增加，沙尘的粒子半径越来越小，对应的其他参量(衰减截面、不对称因子、单次反照率)也是越来越小，所以对于整个沙尘大气层来说，要提高计算的精确度，除了增加分层的数量外，更应注意：越靠近地面，分层厚度应当越小。

图 4.41 和图 4.42 分别表示地面附近能见度为 0.5 km 与 1 km 时，激光在分层沙尘大气中(总高度共分 20 层)垂直于地面传播的总衰减。图 4.43 和图 4.44 分别表示地面附近能

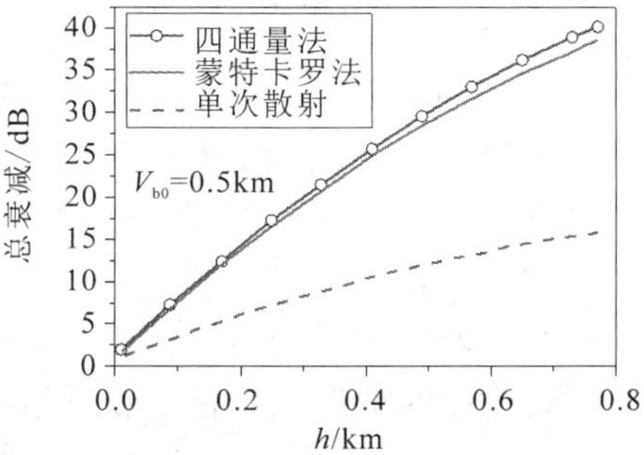

图 4.41　垂直路径总衰减随离地高度的变化

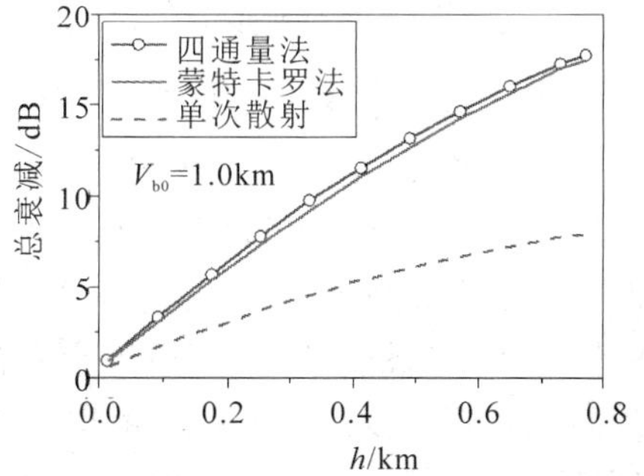

图 4.42　垂直路径总衰减随离地高度的变化

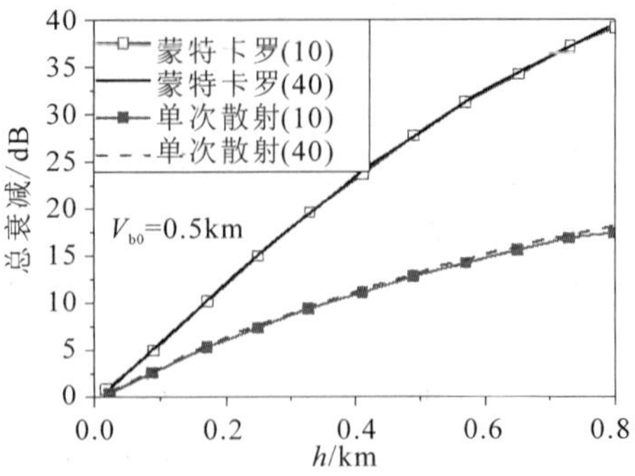

图 4.43　斜程总衰减随离地高度的变化

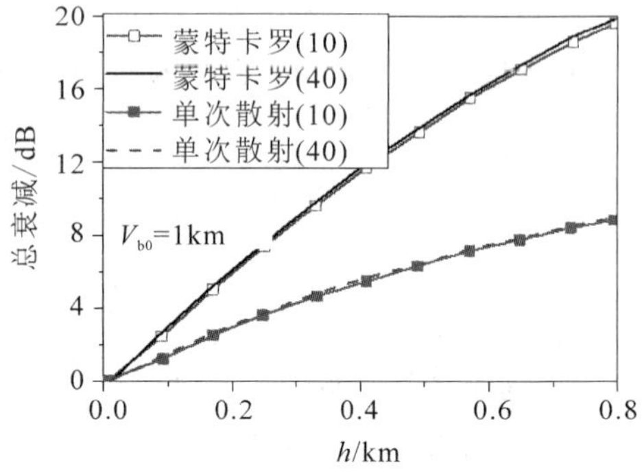

图 4.44　斜程总衰减随离地高度的变化

见度为 0.5 km 与 1 km 时，激光沿着 30°的天顶角在分层沙尘大气(总高度分别分 10 层与 40 层)中传播的总衰减。很显然，随着高度的增加，用单次散射和多重散射计算所得的总衰减的差距增大但又趋于稳定。这是因为随着高度的增加，粒子数密度减小，用单次散射计算时引起的误差在减小。

图 4.45 和图 4.46 分别表示激光沿着不同的角度经过由地面附近到离地 200 m 高度的分层沙尘大气(分别分 10 层与 40 层)的衰减率，地面附近的能见度分别为 1 km 与 2 km。随着入射角的减小，激光经过相同厚度沙尘的衰减率减小，用单次散射计算所得的误差大体上呈减小趋势。所以在计算激光在沙尘大气中的斜程传输衰减时，一般入射角度越小，多重散射效应越不能忽略。研究沙尘暴环境下目标的单站激光散射特性时，必须考虑激光的后向散射问题。

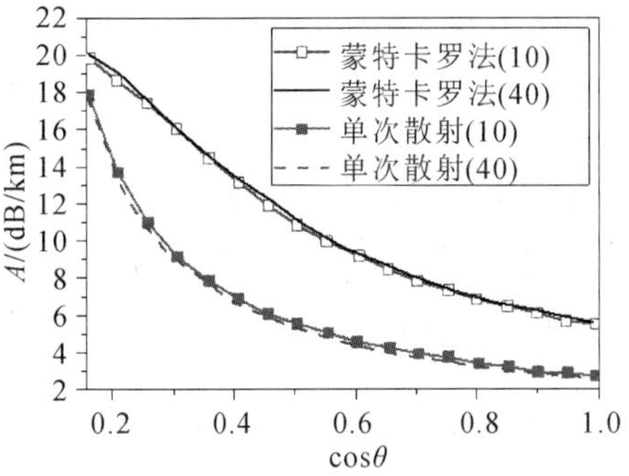

图 4.45　衰减率随入射角的余弦变化的曲线(V_{b0} = 1 km)

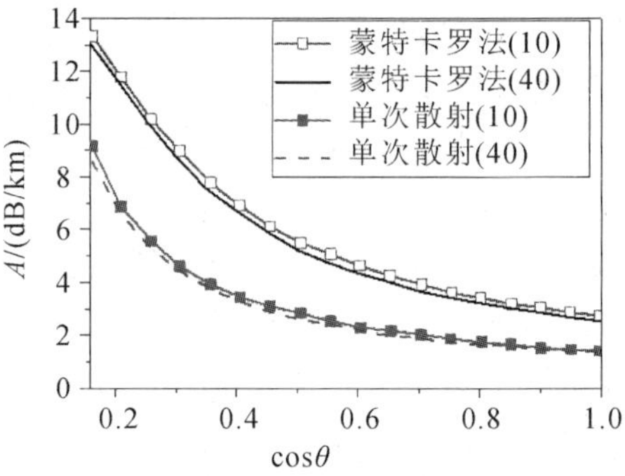

图 4.46　衰减率随入射角的余弦变化的曲线(V_{b0} = 2 km)

从图 4.47 可以看出，粒子尺寸较小时，衰减系数与后向散射系数都会上下波动，随着粒子尺寸的增大，它们都趋于定值：衰减系数趋于 2，后向散射系数趋于 0.05，后向散射系数与衰减系数的比值大约为 2.5%。由于激光的波长比沙尘粒子的平均半径要小得多，所以激光在沙尘暴中传播时，以前向散射为主，后向散射比较小。

图 4.48 和图 4.49 为用蒙特卡罗法计算的激光在沙尘暴中传播的后向散射率。由图可以看出，能见度越小，后向散射一般越强。在相同能见度的情况下，后向散射随离地高度的增大而增大，随入射角余弦的增大而减小。激光在沙尘暴中传播的后向散射显然很小。

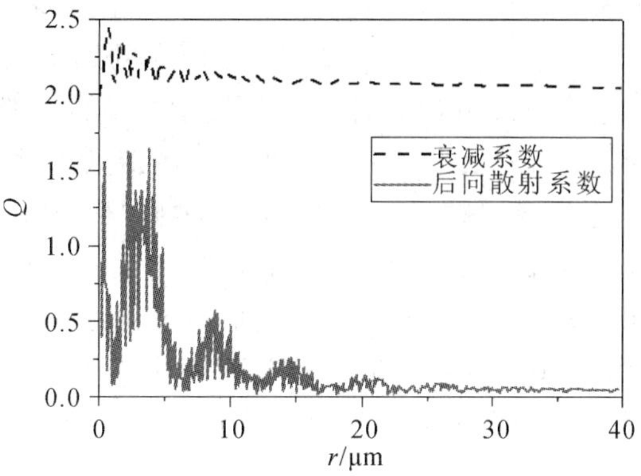

图 4.47　衰减系数与后向散射系数对比

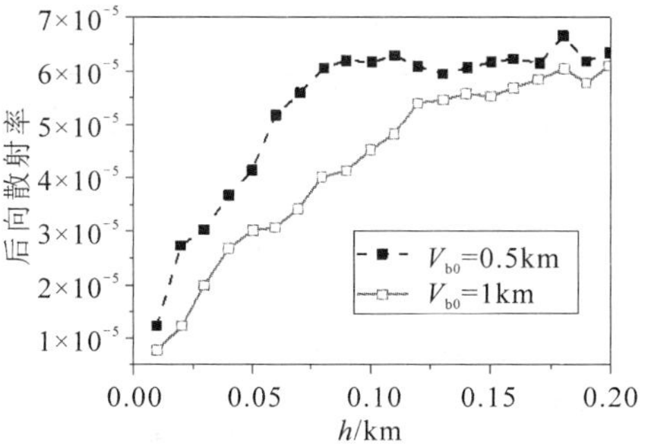

图 4.48　后向散射率随离地高度变化的曲线

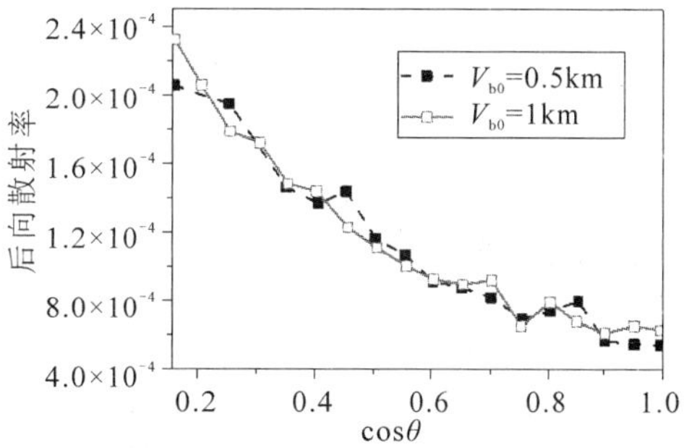

图 4.49　后向散射率随入射角余弦变化的曲线

当能见度较小时，无论是在水平路径还是在地空路径的衰减计算中，都必须考虑多重散射效应引起的损耗。在实际中，沙尘暴的参数是随高度变化的，因此，在地空传播时，必须对沙尘大气按高度进行分层处理，通过合理分层才能使计算结果更为准确。

4.6.4　烟尘和雾霾中激光的传输特性

烟尘和霾作为一类簇团粒子，其主要形态和粒子尺寸分布在第三章中已介绍过。假设在一薄层内密集均匀分布着烟尘簇团粒子，粒子浓度为 10 个/μm^3。因为粒子浓度很大，烟尘的衰减很严重，取粒子层的厚度为 200 μm。假定烟尘基本粒子的数目都为 32。单个簇团的散射特性数值结果已在第三章中给出。单体半径为 20 nm，等效球的回旋半径为 0.078 78 nm，用 GMM 方法所计算的簇团粒子的不对称因子、散射截面和消光截面的平均值分别为 0.0984，$\sigma_s=0.1329\times10^{-3}$ μm^2，$\sigma_t=0.4027\times10^{-2}$ μm^2。求出等效球的 r_e，利用 Mie 理论计算的等效介质球的不对称因子、散射截面和消光截面分别为 $g=0.040\ 34$，$\sigma_s=0.1487\times10^{-3}$ μm^2，$\sigma_t=0.378\times10^{-2}$ μm^2。入射激光波长为 1.06 μm，相应的烟尘簇团的折射率为 $m=1.75+i0.44$。

一阶多重散射仅适用于低反照率、大的不对称因子以及小光学厚度的情况。但当光学厚度足够大时，对于低的反照率和大的不对称因子的情况，一阶多重散射将不再适用。这里给出用蒙特卡罗法对单层烟尘介质中激光的传输特性的计算结果，一般分成三种情况：第一种，假设烟尘粒子都是离散的球形粒子，各个粒子随机地分布在介质层中，相互之间没有凝结成簇团粒子；第二种，假设这些单个烟尘粒子由于自身的随机游走而发生碰撞，形成一个一个的簇团粒子，并近似认为这些簇团粒子所含的烟尘粒子数目基本相同或不同但符合某种分布规律，利用GMM方法来计算这些簇团粒子的一些体现自身性质的参量，例如消光截面、散射截面、不对称因子等；第三种，采用等效方法来对第二种方法中的烟尘簇团粒子进行处理，将这些簇团粒子用一个等体积的单个球形粒子来等效，进而利用Mie理论来计算所要得到的参量。由于实际所遇到的烟尘大多是由多个基本微粒形成的簇团粒子，故第一种情况几乎没有应用价值，下面我们主要讨论后面两种情况。

由图4.50看出，采用GMM和等效介质的方法在计算激光的透过率时，两种方法的结果几乎一致，而在反射率上两者有差异：等效介质的计算结果要大于GMM的计算结果，这主要是因为用等效介质方法与用GMM方法求解单个簇团结果有差异。另外也是由于烟尘粒子的浓度比较大，在一定传播距离上的光学厚度要比稀薄介质大得多，光子在介质层中的散射次数也要多得多。

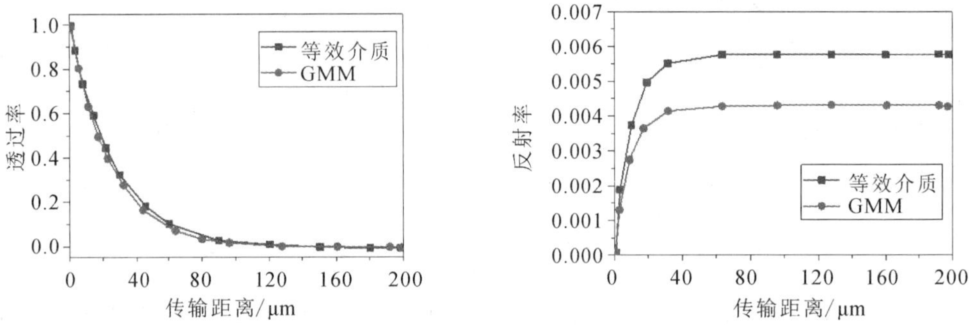

(a) 透过率　　(b) 反射率

图4.50　激光在烟尘介质中的透过与反射

假设烟尘簇团颗粒如第三章所述都是由32个单体构成的，用GMM方法获得了烟尘颗粒的散射特性。假定探测器距发射器的距离是10 cm，下面计算不同烟尘浓度对激光衰减的影响。图4.51所示为烟尘浓度对激光传输的透过率和衰减的影响。由图4.51(b)可见，激光在烟尘介质中的衰减与烟尘浓度成正比。在实际应用中如果已知烟尘分布一定，那么根据激光的衰减情况也可以大致地获得烟尘颗粒的浓度，这对于环境监测具有一定的实用价值。

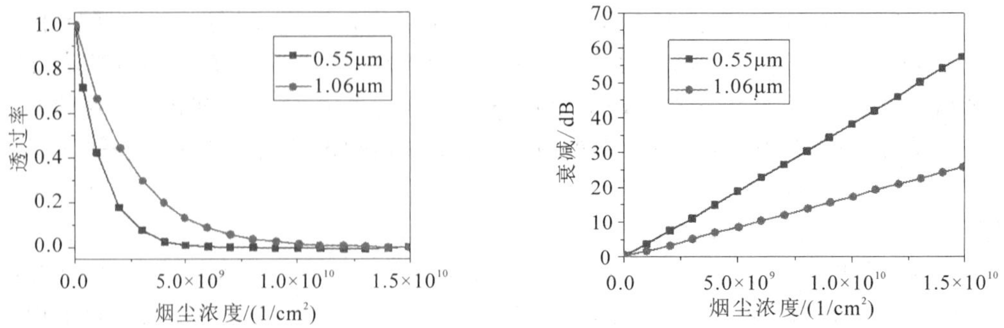

(a) 透过率　　(b) 衰减

图4.51　烟尘浓度对激光传输的透过率和衰减的影响

习　题

1. 证明朗伯面的功率通量密度与强度率之间满足：$F=\pi I$。

2. 两均匀介质的折射率分别为 n_1 和 n_2，平面波入射到界面上，请推导出透射强度率：

$$I_t=\frac{n_2^2}{n_1^2}(1-R_p)I_i=\frac{n_2^2}{n_1^2}T_p I_i=\frac{n_2^3\cos\theta_2}{n_1^3\cos\theta_1}|T|^2 I_i$$

3. 两个面积元之间的辐射热交换如图 4.52 所示。设 L 为微面元 dA_1 和 dA_2 之间的距离，θ_1 和 θ_2 分别为两面元中心连线与法线的夹角，Ω_i 为某一面元 i 所对应的立体角。

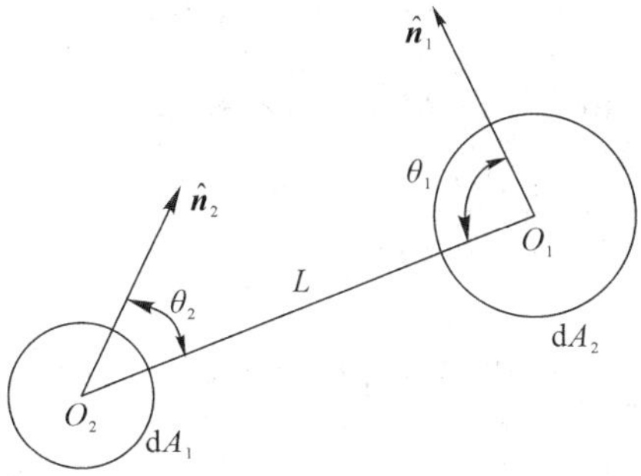

图 4.52　面元间热辐射

面元 dA_1 辐射的功率为

$$dP_1=\varepsilon_1 L_b(\lambda,\ T_1)dA_1 d\Omega_1\cos\theta_1$$

其中 $L_b(\lambda,\ T_1)$ 是波长为 λ、温度为 T_1 时的黑体辐射亮度；ε_1 为面元 dA_1 的发射率。类似地，面元 dA_2 辐射的功率为

$$dP_2=\varepsilon_2 L_b(\lambda,\ T_2)dA_1 dA_2\ \frac{\cos\theta_1\cos\theta_2}{l^2}$$

证明两个面元的辐射功率之差为

$$dP=dP_{1-2}-dP_{2-1}=dA_1 dA_2\cos\theta_1\cos\theta_2\ \frac{\varepsilon_1\alpha_2 L_b(\lambda,\ T_1)-\varepsilon_2\alpha_1 L_b(\lambda,\ T_2)}{l^2}$$

4. 具有通量密度为 F_i 的平面波以 θ_i 角度入射厚度为 d、含有随机分布粒子的平行平板介质，证明前向和后向扩散强度率分别为

$$I_{d+}(\tau,\ \mu,\ \phi)=\int_0^{\tau}\exp\left(-\frac{\tau-\tau_1}{\mu}-\frac{\tau_1}{\mu_0}\right)\frac{P(\mu,\ \phi;\ \mu_0,\ 0)}{4\pi}\ \frac{F_0}{\mu}d\tau_1$$

$$=\frac{P(\mu,\ \phi;\ \mu_0,\ 0)}{4\pi}\ \frac{\exp\left(-\frac{\tau_1}{\mu_0}\right)}{\mu-\mu_0}\mu_0 F_0,\quad 0<\mu\leqslant 1$$

$$I_{d-}(\tau,\ \mu,\ \phi)=\int_{\tau}^{\tau_0}\exp\left(-\frac{\tau-\tau_1}{\mu}-\frac{\tau_1}{\mu_0}\right)\frac{P(\mu,\ \phi;\ \mu_0,\ 0)}{4\pi}\ \frac{F_0}{(-\mu)}d\tau_1$$

$$=\frac{P(\mu,\ \phi;\ \mu_0,\ 0)}{4\pi}\ \frac{\exp\left(-\frac{\tau}{\mu_0}\right)-\exp\left(-\frac{\tau}{\mu_0}+\frac{\tau_0-\tau}{\mu}\right)}{\mu_0-\mu}\mu_0 F,\quad 0<\mu\leqslant 1$$

5. 证明：如果在 $z=d$ 处放置高漫射表面，则反射强度几乎在 2π 立体角内均匀分布，

而且在第 4 题第二式中必须增加下述扩散项：

$$I'_{\mathrm{d}}=\frac{R_{\mathrm{d}}\mu_0 F_0}{\pi}\exp\left(-\frac{\tau_0}{\mu_0}+\frac{\tau_0-\tau}{\mu}\right),\quad -1\leqslant\mu<0$$

其中 R_{d} 是表面反照率。

6. 证明式

$$I(\boldsymbol{r},\hat{\boldsymbol{s}})\exp(\mathrm{i}K_{\mathrm{r}}\hat{\boldsymbol{s}}\cdot\boldsymbol{r}_{\mathrm{d}})=I_{\mathrm{c}}(\boldsymbol{r},\hat{\boldsymbol{s}})\exp(\mathrm{i}K_{\mathrm{r}}\hat{\boldsymbol{s}}\cdot\boldsymbol{r}_{\mathrm{d}})+\exp(\mathrm{i}K_{\mathrm{r}}\hat{\boldsymbol{s}}\cdot\boldsymbol{r}_{\mathrm{d}})\int_{r_0}^{r}\rho\exp(-\rho\sigma_{\mathrm{t}}|\boldsymbol{r}-\boldsymbol{r}_{\mathrm{s}}|)\mathrm{d}s\cdot\int|f(\hat{\boldsymbol{s}},\hat{\boldsymbol{s}}')|^2 I(\boldsymbol{r},\hat{\boldsymbol{s}}')\mathrm{d}\omega'$$

中强度 $I(\boldsymbol{r},\hat{\boldsymbol{s}}')$ 满足输运方程

$$\frac{\mathrm{d}}{\mathrm{d}s}I(\boldsymbol{r},\hat{\boldsymbol{s}})=-\rho\sigma_{\mathrm{t}}I(\boldsymbol{r},\hat{\boldsymbol{s}})+\frac{\rho\sigma_{\mathrm{t}}}{4\pi}\int P(\hat{\boldsymbol{s}},\hat{\boldsymbol{s}}')I(\hat{\boldsymbol{s}},\hat{\boldsymbol{s}}')\mathrm{d}\omega'$$

7. 雾滴尺寸分布模型(Khragian - Mazin 分布模型)为

$$n(r)=ar^2\exp(-br)$$

其中：

对于平流雾：

$$n(r)=1.059\cdot 10^7 V^{1.15}r^2\exp(-0.8359V^{0.43}r)\quad(\mathrm{m}^{-3}\mu\mathrm{m}^{-1})$$

对于辐射雾：

$$n(r)=3.104\cdot 10^{10}V^{1.7}r^2\exp(-4.122V^{0.54}r)\quad(\mathrm{m}^{-3}\mu\mathrm{m}^{-1})$$

能见度 V 的单位为 km。计算两类雾粒子数密度与能见度的关系以及雾粒子的平均半径。对于不同波长(1.06 μm、3.8 μm 和 10.6 μm)的波，雾粒子的折射率分别为(1.326，2.89×10^{-6})、(1.364，0.0034)、(1.178，0.071)。假设雾滴为球形粒子，根据 Mie 理论计算其平均半径的衰减截面、吸收截面、散射截面和不对称因子等参数。试用单次散射和多重散射计算能见度为 5 km 和 1 km 时，雾的透过率。

8. 求二通量近似中，通量密度的形式解。在平面平行介质中，当平面波垂直于平面入射时，采用离散坐标法与四通量数值计算比较反射率和透射率随光学厚度的变化。其中，不对称因子 $g=0.75$，单次散射反照率分别为 1：$w_0=0.8$，2：$w_0=0.95$，3：$w_0=1.0$。

9. 在忽略边界反射的情况下，证明四通量理论的前后向准直强度和扩展强度满足如下方程：

$$\begin{cases}\dfrac{\mathrm{d}I_{\mathrm{c}}}{\mathrm{d}z}=-(K+S)I_{\mathrm{c}},\ \dfrac{\mathrm{d}J_{\mathrm{c}}}{\mathrm{d}z}=-(K+S)J_{\mathrm{c}}\\[2ex]\dfrac{\mathrm{d}I_{\mathrm{d}}}{\mathrm{d}z}=\varepsilon KI_{\mathrm{d}}+\varepsilon(1-\zeta)SI_{\mathrm{d}}-\varepsilon(1-z)SJ_{\mathrm{d}}-\zeta SI_{\mathrm{c}}\\[2ex]\dfrac{\mathrm{d}J_{\mathrm{d}}}{\mathrm{d}z}=-\varepsilon KJ_{\mathrm{d}}-\varepsilon(1-\zeta)SJ_{\mathrm{d}}+\varepsilon(1-\zeta)SI_{\mathrm{d}}+(1-\zeta)SI_{\mathrm{c}}+\zeta SJ_{\mathrm{c}}\end{cases}$$

其中，K 表示准直射束的吸收系数，而 S 表示纯散射系数，ζ 为前向散射比(后向散射比为 $1-z$)，ε 为平均等效光程系数。

当忽略各边界面反射时，各种透射率和反射率如下：

$T_{\mathrm{cc}}=\exp(-t)$

$$T_{cd}=\exp(-t)\cdot\frac{\sqrt{A_1}A_2[\cosh(\sqrt{A_1}z)-\exp(t)]+(A_2A_4-A_3A_5)\sinh(\sqrt{A_1}z)}{[A_1-(K+S)^2][\sqrt{A_1}\cosh(\sqrt{A_1}z)+A_4\sinh(\sqrt{A_1}z)]}$$

$$R_{cd}=\frac{\exp(-t)}{[A_1-(K+S)^2]}\cdot\frac{\sqrt{A_1}A_3+\exp(t)[\sqrt{A_1}A_3+\cosh(\sqrt{A_1}z)+(A_3A_4-A_2A_5)\sinh(\sqrt{A_1}z)]}{[\sqrt{A_1}\cosh(\sqrt{A_1}z)+A_4\sinh(\sqrt{A_1}z)]}$$

$$R_{dd}=\frac{A_5\sinh(\sqrt{A_1}z)}{\sqrt{A_1}\cosh(\sqrt{A_1}z)+A_4\sinh(\sqrt{A_1}z)}$$

$$T_{dd}=\frac{\sqrt{A_1}z}{\sqrt{A_1}\cosh(\sqrt{A_1}z)+A_4\sinh(\sqrt{A_1}z)}$$

$A_1=\varepsilon^2K[K+2(1-\zeta)S]$，$A_2=S[\varepsilon Kz+\varepsilon S(1-\zeta)+\varepsilon(K+S)]$

$A_3=S(1-\zeta)(K+S)(\varepsilon-1)$，$A_4=\varepsilon[K+(1-\zeta)S]$，$A_5=\varepsilon(1-\zeta)S$

其中，T_{cc}为准直光束照射下不考虑粒子多重散射时的准直相干透射率，T_{cd}和R_{cd}分别表示准直光束入射时因多重散射产生的扩散透射率和扩散反射率，T_{dd}和R_{dd}分别为扩散光照射时产生的透过率和反射率。

10. 考虑球形粒子散射，近似用 H－G 相函数 $P(\nu)=(1-g^2)(1+g^2-2g\cos\nu)^{-3/2}$表示其角分布。设$\mu=\cos\nu$，证明其分布函数为

$$F(\mu)=\int_{-1}^{\mu}p(\mu)\mathrm{d}\mu=\int_{-1}^{\mu}\frac{1-g^2}{2(1+g^2-2g\mu)^{3/2}}\mathrm{d}\mu$$
$$=\frac{\dfrac{1-g^2}{(1+g^2-2g\mu)^{1/2}}-(1-g)}{2g}$$

散射角余弦的抽样为

$$\begin{cases}\mu=\cos\nu=\dfrac{(1+g^2)-\dfrac{(1-g^2)^2}{(1-g+2g\xi_3)^2}}{2g}, & g\neq 0\\ \mu=2\xi_3-1, & g=0\end{cases}$$

11. 已知霾粒子的分布函数为$n(r_c)=Ar_c^{\alpha}\exp(-\alpha/\gamma)$，其中 A、α 和 γ 是正的常数，r_c 是众数半径。各种典型分布类型霾的粒径分布参数如表 4.6 所示。

表 4.6 各种典型分布类型霾的粒径分布参数

分布类型	N/cm^3	A	$r_c/\mu\mathrm{m}$	α	γ	b	$n(r_c)/(\mathrm{cm}^{-3}\mu\mathrm{m}^{-1})$
霾 M	100	5.33×10^4	0.05	1	0.5	8.9443	360.9
霾 L	100	4.98×10^6	0.07	2	0.5	15.1186	446.6
霾 H	100	4.00×10^5	0.10	2	1	20.0000	541.4

用蒙特卡罗法对霾粒子的尺寸进行抽样，验证抽样结果满足其分布函数。

12. 利用大气传输软件 Modtran 计算西安地区 1 月 15 日和 7 月 15 日中午地方时 12 时太阳光可见光谱的传输衰减，取探测高度分别为 0 km、10 km、30 km 和 100 km。

第五章　连续随机介质中平面波和球面波的传播

连续随机介质的介电常数 $\varepsilon(\boldsymbol{r}, t)$是位置和时间的连续随机函数。大气、海洋、生物介质以及星际空间等离子体参数的随机变化与扰动，在一定条件下形成了介质的湍流运动。电磁波/光波在这类湍流运动中传输时，波的强度、波前会随机起伏，引起波束强度起伏(闪烁)，波束扩展、漂移和像点抖动等一系列波传输的湍流效应。本章主要内容包括连续随机介质中波传播的基本性质，连续随机介质中波传输的 Born 近似、Rytov 方法、路积分解，以及弱/强起伏湍流介质中平面波和球面波的传播特性。

5.1　连续随机介质中波传播的基本性质

5.1.1　单次散射近似和接收功率

在连续随机介质中取体积 V，其介电常数为

$$\varepsilon(\boldsymbol{r}, t)=\langle\varepsilon(\boldsymbol{r}, t)\rangle[1+\varepsilon_1(\boldsymbol{r}, t)] \tag{5.1}$$

式中，$\langle\varepsilon(\boldsymbol{r}, t)\rangle$为介电常数的空间与时间的平均值，$\varepsilon_1(\boldsymbol{r}, t)$为相应的起伏变化，且$\langle\varepsilon_1(\boldsymbol{r}, t)\rangle=0$。相对折射率为

$$n(\boldsymbol{r}, t)=\sqrt{\frac{\varepsilon(\boldsymbol{r}, t)}{\varepsilon_0}}=\langle n(\boldsymbol{r}, t)\rangle[1+n_1(\boldsymbol{r}, t)] \tag{5.2}$$

对于弱起伏随机介质，介电常数的起伏与折射率的起伏近似满足 $\varepsilon_1(\boldsymbol{r}, t)=2n_1(\boldsymbol{r}, t)$。如果随机介质随时间缓变，可近似假设在观察时间内，介质的折射率起伏仅是空间位置的函数，与时间变化无关。例如，对流层中大气折射率平均值可近似为$\langle n(\boldsymbol{r}, t)\rangle\approx 1$，即相对折射率为 $n(\boldsymbol{r})=1+n_1(\boldsymbol{r})$。

若入射波作用于随机介质中的体积元 $\delta V=\delta\boldsymbol{r}$，在弱起伏情况下，$\delta\boldsymbol{r}$ 上的波场近似等于入射波场。对于体积元 δV，雷达方程为

$$\frac{P_{\mathrm{r}}}{P_{\mathrm{t}}}=\frac{\lambda^2 G_{\mathrm{t}}(\hat{\boldsymbol{i}})G_{\mathrm{r}}(\hat{\boldsymbol{o}})}{(4\pi)^2 R_1^2 R_2^2}\sigma(\hat{\boldsymbol{o}}, \hat{\boldsymbol{i}})\delta\boldsymbol{r} \tag{5.3}$$

式中，$\sigma(\hat{\boldsymbol{o}}, \hat{\boldsymbol{i}})$称为单位体积微分散射截面。它代替了第一章中双站雷达方程中的 $\rho\sigma_{\mathrm{bi}}(\hat{\boldsymbol{o}}, \hat{\boldsymbol{i}})=4\pi\rho|\boldsymbol{f}(\hat{\boldsymbol{o}}, \hat{\boldsymbol{i}})|^2$。考虑 δV 足够小，以便入射平面波以常振幅通过体积元；同时体积元 δV 也足够大，以便所研究的体积 V 的线度 $D(\delta V\sim D^3)$远远大于介质的相关长度。如图 5.1 所示，在这种情况下，假设来自不同体积元 δV 和 $\delta V'$ 的散射场不相关，则总的接收功率为不同体积元的散射功率叠加，即

$$\frac{P_{\mathrm{r}}}{P_{\mathrm{t}}}=\int\frac{\lambda^2 G_{\mathrm{t}}(\hat{\boldsymbol{i}})G_{\mathrm{r}}(\hat{\boldsymbol{o}})}{(4\pi)^2 R_1^2 R_2^2}\sigma(\hat{\boldsymbol{o}}, \hat{\boldsymbol{i}})\mathrm{d}\boldsymbol{r} \tag{5.4}$$

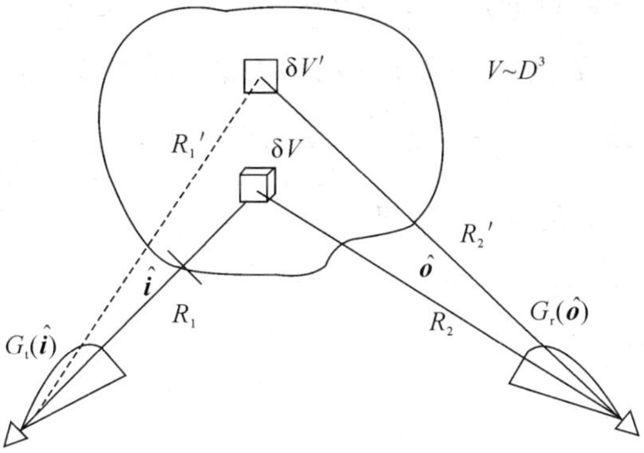

图 5.1 连续随机介质波散射示意图

在一些实际情况中，上述弱起伏假设可能不再成立，需要考虑介质的多重散射作用。强起伏理论将在本章稍后讨论。这里仅考虑多重散射的一阶近似，即考虑由于介质的随机性而产生的入射波场的衰减。式(5.4)需修改为

$$\frac{P_r}{P_t}=\int\frac{\lambda^2 G_t(\hat{\boldsymbol{i}})G_r(\hat{\boldsymbol{o}})}{(4\pi)^2R_1^2R_2^2}\sigma(\hat{\boldsymbol{o}},\ \hat{\boldsymbol{i}})\exp(-\tau_1-\tau_2)\mathrm{d}\boldsymbol{r} \tag{5.5}$$

式中，τ_1 和 τ_2 分别表示沿路径 dV 到发射机和接收机的总衰减，即

$$\tau_1=\int_0^{R_1}\alpha(R')\mathrm{d}R',\quad \tau_2=\int_0^{R_2}\alpha(R')\mathrm{d}R' \tag{5.6}$$

衰减常数 $\alpha(R')=\alpha_\varepsilon+\alpha_r$。$\alpha_\varepsilon$ 和 α_r 分别是由损耗和介质的随机性产生的。如复介电常数 $\varepsilon=\varepsilon_r+\mathrm{i}\varepsilon_i$，$\varepsilon_i\ll\varepsilon_r$，则

$$\alpha_\varepsilon=\frac{1}{2}k\varepsilon_i\varepsilon_r^{-1/2} \tag{5.7}$$

衰减常数 α_r 可通过在 4π 立体角上对 $\sigma(\hat{\boldsymbol{o}},\ \hat{\boldsymbol{i}})$ 积分来获得，即

$$\alpha_r=\int_{4\pi}\sigma(\hat{\boldsymbol{o}},\ \hat{\boldsymbol{i}})\mathrm{d}\Omega \tag{5.8}$$

5.1.2 单位体积微分散射截面 $\sigma(\hat{\boldsymbol{o}},\ \hat{\boldsymbol{i}})$

设单位幅度的单色平面电磁波入射到随机介质的体积元 δV，如图 5.2 所示。在 $\hat{\boldsymbol{o}}$ 方向、距离参考点 R 处的散射电场强度 $\boldsymbol{E}_s$ 为

$$\boldsymbol{E}_s=\frac{\exp(\mathrm{i}kR)}{R}\boldsymbol{f}(\hat{\boldsymbol{o}},\ \hat{\boldsymbol{i}})=\frac{k^2\exp(\mathrm{i}kR)}{4\pi R}\int_{\delta V}\{-\hat{\boldsymbol{o}}\times[\hat{\boldsymbol{o}}\times\boldsymbol{E}(\boldsymbol{r}')]\}\varepsilon_1(\boldsymbol{r}')\exp(-\mathrm{i}k\boldsymbol{r}\cdot\hat{\boldsymbol{o}})\mathrm{d}\boldsymbol{r}' \tag{5.9}$$

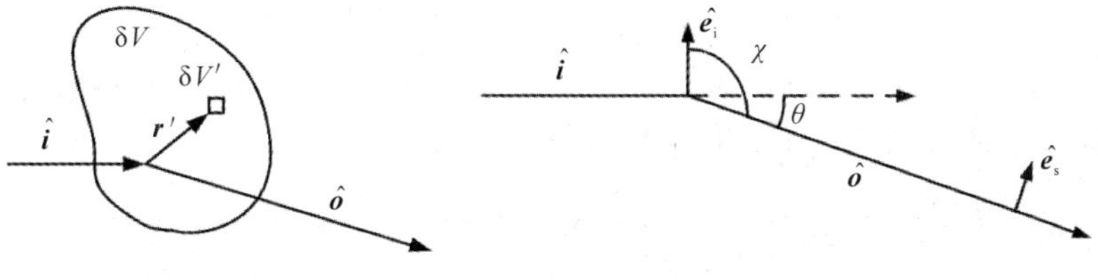

图 5.2 单位体积微分散射截面示意图

对于弱起伏，当介电常数的起伏 ε_1 较小时，采用波恩近似，式(5.9)积分中的总场 $\boldsymbol{E}(\boldsymbol{r}')=\hat{\boldsymbol{e}}_i\exp(\mathrm{i}k\hat{\boldsymbol{i}}\cdot\boldsymbol{r}')$，$\hat{\boldsymbol{e}}_i$ 为电场的单位极化矢量，则散射振幅为

$$f(\hat{\boldsymbol{o}},\hat{\boldsymbol{i}})=\hat{\boldsymbol{e}}_s\sin\chi\frac{k^2}{4\pi}\int_{\delta V}\varepsilon_1(\boldsymbol{r}')\exp(\mathrm{i}\boldsymbol{k}_s\cdot\boldsymbol{r}')\mathrm{d}\boldsymbol{r}' \tag{5.10}$$

其中 $\hat{\boldsymbol{e}}_s\sin\chi=-\hat{\boldsymbol{o}}\times(\hat{\boldsymbol{o}}\times\hat{\boldsymbol{e}}_i)$，角度 χ 是入射电场的极化矢量 $\hat{\boldsymbol{e}}_i$ 与散射方向 $\hat{\boldsymbol{o}}$ 的夹角，矢量 $\boldsymbol{k}_s=k(\hat{\boldsymbol{i}}-\hat{\boldsymbol{o}})$，$k_s=2k\sin(\theta/2)$，如图 5.2 所示。与第一章中式(1.109)不同，由于 ε_1 是随机函数，单位体积微分散射截面定义为

$$\sigma(\hat{\boldsymbol{o}},\hat{\boldsymbol{i}})=\frac{1}{\delta V}\langle f(\hat{\boldsymbol{o}},\hat{\boldsymbol{i}})f^*(\hat{\boldsymbol{o}},\hat{\boldsymbol{i}})\rangle \tag{5.11}$$

将式(5.10)代入式(5.11)，可得

$$\sigma(\hat{\boldsymbol{o}},\hat{\boldsymbol{i}})=\frac{k^4\sin^2\chi}{(4\pi)^2\delta V}\int_{\delta V}\int_{\delta V}\langle\varepsilon_1(\boldsymbol{r}_1)\varepsilon_1(\boldsymbol{r}_2)\rangle\exp[\mathrm{i}\boldsymbol{k}_s\cdot(\boldsymbol{r}_1-\boldsymbol{r}_2)]\mathrm{d}\boldsymbol{r}_1\mathrm{d}\boldsymbol{r}_2 \tag{5.12}$$

式中，$\mathrm{d}r_1'$ 和 $\mathrm{d}\boldsymbol{r}_2'$ 分别是位置矢量 $\boldsymbol{r}_1'$ 和 r_2' 处的体积元。如果介质是统计局部均匀且各向同性的，则协方差 $\langle\varepsilon_1(\boldsymbol{r}_1')\varepsilon_1(\boldsymbol{r}_2')\rangle$ 仅是位置矢量差幅度 $r_d=|\boldsymbol{r}_1'-\boldsymbol{r}_2'|$ 的函数，即

$$\langle\varepsilon_1(\boldsymbol{r}_1')\varepsilon_1(\boldsymbol{r}_2')\rangle=B_\varepsilon(r_d)=4B_n(r_d),\quad \langle n_1(\boldsymbol{r}_1')n_1(\boldsymbol{r}_2')\rangle=B_n(r_d) \tag{5.13}$$

进行坐标变换 $\boldsymbol{r}_d=\boldsymbol{r}_1'-\boldsymbol{r}_2'$，$\boldsymbol{r}_c=(\boldsymbol{r}_1'+\boldsymbol{r}_2')/2$。当 r_d 远远大于折射率起伏的相关长度时，式(5.12)中的积分近似为

$$\int_{\delta V}\int_{\delta V}B_n(r_d)\exp(\mathrm{i}\boldsymbol{k}_s\cdot\boldsymbol{r}_d)\mathrm{d}\boldsymbol{r}_1'\mathrm{d}\boldsymbol{r}_2'\approx\int_{\delta V}\int_{\infty}B_n(r_d)\exp(\mathrm{i}\boldsymbol{k}_s\cdot\boldsymbol{r}_d)\mathrm{d}\boldsymbol{r}_d\mathrm{d}\boldsymbol{r}_c \tag{5.14}$$

按照 Wiener - Khinchin 定理，$B_n(\boldsymbol{r}_d)$ 的傅里叶变换，也就是折射率起伏谱密度 $\Phi_n(\boldsymbol{k}_s)$ 为

$$\Phi_n(\boldsymbol{k}_s)=\frac{1}{(2\pi)^3}\int_{\infty}B_n(\boldsymbol{r}_d)\exp(\mathrm{i}\boldsymbol{k}_s\cdot\boldsymbol{r}_d)\mathrm{d}\boldsymbol{r}_d \tag{5.15}$$

由此得

$$\sigma(\hat{\boldsymbol{o}},\hat{\boldsymbol{i}})=2\pi k^4\sin^2\chi\Phi_n(\boldsymbol{k}_s) \tag{5.16}$$

式(5.16)是随机介质的单位体积散射截面的基本表达式。当电磁波照射随机介质时，由于折射率起伏，在介质中 $\delta\boldsymbol{r}$ 产生缓变的位移电流，形成等效的偶极子源。同时 $\sigma(\hat{\boldsymbol{o}},\hat{\boldsymbol{i}})$ 正比于宗量为 $k_s=2k\sin(\theta/2)$ 的折射率起伏谱密度函数。对于各向同性介质，将式(5.16)代入式(5.8)，并注意到 $\mathrm{d}\Omega=\sin\theta\mathrm{d}\theta\mathrm{d}\phi=(k_s\mathrm{d}k_s\mathrm{d}\phi)/k^2$，得到衰减常数为

$$\alpha_r=4\pi^2k^2\int_0^{2k}\left[1-\frac{k_s^2}{2k^2}+\frac{1}{8}\left(\frac{k_s}{k}\right)^4\right]\Phi_n(k_s)k_s\mathrm{d}k_s \tag{5.17}$$

5.1.3 谱密度函数与结构函数

由式(5.15)获得折射率起伏三维谱密度函数的一般形式为

$$\Phi_n(\boldsymbol{\kappa})=\frac{1}{(2\pi)^3}\int B_n(\boldsymbol{r})\exp(\mathrm{i}\boldsymbol{\kappa}\cdot\boldsymbol{r})\mathrm{d}\boldsymbol{r} \tag{5.18}$$

式中，$\boldsymbol{\kappa}=(\kappa_x,\kappa_y,\kappa_z)$ 是矢量空间波数(rad/m)，$\kappa=|\boldsymbol{\kappa}|$。对于统计均匀和各向同性的折射率起伏随机场，在球坐标系统中，上述傅里叶变换为

$$\begin{aligned}\Phi_n(\kappa)&=\frac{1}{(2\pi)^3}\int_0^\infty\int_0^{2\pi}\int_0^\pi B_n(r)\exp(\mathrm{i}\kappa r\cos\alpha)r_d^2\sin\alpha\mathrm{d}\alpha\mathrm{d}\phi\mathrm{d}r\\&=\frac{1}{2\pi^2\kappa}\int_0^\infty B_n(r)\sin(\kappa r)r\mathrm{d}r\end{aligned} \tag{5.19}$$

$\Phi_n(\kappa)$的逆傅里叶变换是折射率起伏的相关函数，即

$$B_n(r)=\frac{4\pi}{R}\int_0^\infty \Phi_n(\kappa)\sin(\kappa r)\kappa \mathrm{d}\kappa \tag{5.20}$$

同理，可以获得一维折射率起伏的谱密度函数和相关函数的关系：

$$V(\kappa)=\frac{1}{\pi}\int_0^\infty B_n(x)\cos(\kappa x)\mathrm{d}x \tag{5.21}$$

$$\frac{\mathrm{d}V(\kappa)}{\mathrm{d}\kappa}=-\frac{1}{\pi}\int_0^\infty B_n(x)x\sin(\kappa x)\mathrm{d}x \tag{5.22}$$

比较式(5.19)和式(5.22)，对于各向同性随机介质，通过一维谱密度获得的三维谱密度函数为

$$\Phi_n(\kappa)=-\frac{1}{2\pi\kappa}\frac{\mathrm{d}V(\kappa)}{\mathrm{d}\kappa} \tag{5.23}$$

例如，取折射率起伏的相关函数为 Booker - Gordon 公式 $B_n(r_{\mathrm{d}})=\langle n_1^2\rangle\exp(-r_{\mathrm{d}}/l)$，式中，$\langle n_1^2\rangle$为折射率起伏方差，$l$ 为相关长度。当 $r_{\mathrm{d}}=l$ 时，相关函数下降为 $r_{\mathrm{d}}=0$ 时的值 e^{-1}。l 也称为湍流尺度，将其代入式(5.15)，获得

$$\Phi_n(k_{\mathrm{s}})=\frac{\langle n_1^2\rangle l^3}{[1+(k_{\mathrm{s}}l)^2]^2}\left(\frac{1}{\pi^2}\right) \tag{5.24}$$

则单位体积微分散射截面由下式给出：

$$\sigma(\theta)=\frac{2k^4l^3\ \sin^2\chi\langle n_1^2\rangle}{\pi\left[1+4k^2l^2\sin^2\left(\dfrac{\theta}{2}\right)\right]^2} \tag{5.25}$$

在很多情况下，随机介质的折射率起伏的相关函数近似为高斯相关函数：

$$B_n(r_{\mathrm{d}})=\langle n_1^2\rangle\exp(-r_{\mathrm{d}}^2/l^2)$$

很容易获得

$$\Phi_n(k_{\mathrm{s}})=\frac{\langle n_1^2\rangle l^3}{8\pi\sqrt{\pi}}\exp\left[-\frac{(k_{\mathrm{s}}l)^2}{4}\right] \tag{5.26}$$

$$\sigma(\theta)=\frac{k^4l^3\sin^2\chi\langle n_1^2\rangle}{4\sqrt{\pi}}\exp\left[-\frac{(k_{\mathrm{s}}l)^2}{4}\right] \tag{5.27}$$

在实际中很多随机过程或随机场能近似处理为平稳或均匀的，但这种近似仅在有限的时间或空间范围内成立。在较长的时间间隔或空间范围内，其过程不再是平稳或均匀的。例如，在湍流的不同区域，风速的平均值不是常数，其速度场是非均匀的。但是，考虑任意两点速度差，在相当宽的空间距离内，这种差值基本上是均匀的。考虑非均匀随机函数 $f(\boldsymbol{r})$，如果其增量函数 $f(\boldsymbol{r}+\boldsymbol{r}_{\mathrm{d}})-f(\boldsymbol{r})$是均匀的，那么这种随机函数在时间上被称为平稳增量随机过程，在空间上被称为局部均匀随机函数。定义结构函数：

$$D_{\mathrm{f}}(\boldsymbol{r})=\langle|f(\boldsymbol{r}_2)-f(\boldsymbol{r}_1)|^2\rangle,\quad \boldsymbol{r}=\boldsymbol{r}_2-\boldsymbol{r}_1 \tag{5.28}$$

根据相关函数 $B_{\mathrm{f}}(\boldsymbol{r}_1,\boldsymbol{r}_2)=\langle f(\boldsymbol{r}_1)f^*(\boldsymbol{r}_2)\rangle$，由式(5.28)，以及 $B_{\mathrm{f}}(\infty)\to 0$，可得

$$D_{\mathrm{f}}(\boldsymbol{r})=2B_{\mathrm{f}}(0)-B_{\mathrm{f}}(\boldsymbol{r})-B_{\mathrm{f}}^*(\boldsymbol{r}),\quad \mathrm{Re}B_{\mathrm{f}}(\boldsymbol{r})=\frac{D_{\mathrm{f}}(\boldsymbol{r})-D_{\mathrm{f}}(\infty)}{2} \tag{5.29}$$

如果介质是各向同性，则

$$D_{\mathrm{f}}(r)=2B_{\mathrm{f}}(0)-B_{\mathrm{f}}(r)-B_{\mathrm{f}}^*(r) \tag{5.30}$$

如果随机介质中折射率的起伏是局部均匀和各向同性的，利用式(5.20)和式(5.23)，写成一般形式(让 $k_s \to \kappa$)，它的结构函数和折射率起伏的三维谱函数关系如下：

$$D_n(r) = 8\pi\int_0^{\infty}\left(1-\frac{\sin\kappa r}{\kappa r}\right)\Phi_n(\kappa)\kappa^2\,\mathrm{d}\kappa \tag{5.31}$$

5.1.4 大气折射率结构常数

大气折射率结构常数 C_n^2 在光波传播问题中扮演着十分重要的角色，是大气光学中的基本参数之一。研究者对 C_n^2 的特性具有极大的兴趣，发展了多种测试手段，并试图从理论上对其特性给予解释。鉴于大气本身的复杂性，且近地面层的湍流强烈地受到地表情况的影响，因此，很难提出一种通用模型来阐明 C_n^2 的特性。这里介绍几种典型大气折射率结构函数模型，并对其进行比较。

由于折射率结构常数 C_n^2 的值与局部大气条件和湍流离地面的高度有关，一般情况下为了分析问题更简便，常采用负幂指数模型，或根据一些典型高度下大气结构常数的值，采用B样条插值法构造湍流大气结构常数模型。Hufnagel 等人较早开展了大气结构常数 C_n^2 的研究，得到 C_n^2 随高度变化的曲线，建立了 Hufnagel 模型。由于季节、气象、地理位置的不同，还出现了多种描述折射率结构常数的模型，下面对它们加以说明和比较。

1. Gurvich 模型

正如大多数实验得出的结论一样，$C_n^2(h)$与高度 h 之间存在这样一个关系：$C_n^2(h)\propto h^{-q}$，其中 q 取值为 4/3、2/3、0，分别对应非平稳、中性和平稳大气条件。基于 $h=2.5$ m 处的测量值，该模型分为 4 种情况：

(1) 对于$C_n^2|_{2.5\,\mathrm{m}}>10^{-13}\ \mathrm{m}^{-2/3}$(强湍流)：

$$C_n^2(h)=\begin{cases} C_n^2|_{2.5\,\mathrm{m}}\left(\dfrac{h}{2.5}\right)^{-4/3}, & 2.5\ \mathrm{m}\leqslant h\leqslant 1000\ \mathrm{m} \\ C_n^2|_{1000\,\mathrm{m}}\exp\left(-\dfrac{h-1000}{9000}\right), & h>1000\ \mathrm{m} \end{cases} \tag{5.32}$$

(2) 对于 $10^{-13}\ \mathrm{m}^{-2/3}\geqslant C_n^2|_{2.5\,\mathrm{m}}\geqslant 6.5\times10^{-15}\ \mathrm{m}^{-2/3}$：

$$C_n^2(h)=\begin{cases} C_n^2|_{2.5\,\mathrm{m}}\left(\dfrac{h}{2.5}\right)^{-4/3}, & 2.5\ \mathrm{m}\leqslant h\leqslant 50\ \mathrm{m} \\ C_n^2|_{50\,\mathrm{m}}\left(\dfrac{h}{50}\right)^{-4/3}, & 50\ \mathrm{m}\leqslant h\leqslant 1000\ \mathrm{m} \\ C_n^2|_{1000\,\mathrm{m}}\exp\left(-\dfrac{h-1000}{9000}\right), & h>1000\ \mathrm{m} \end{cases} \tag{5.33}$$

(3) 对于 $6.5\times10^{-15}\ \mathrm{m}^{-2/3}\geqslant C_n^2|_{2.5\,\mathrm{m}}\geqslant 4.3\times10^{-16}\ \mathrm{m}^{-2/3}$：

$$C_n^2(h)=\begin{cases} C_n^2|_{2.5\,\mathrm{m}}\left(\dfrac{h}{2.5}\right)^{-2/3}, & 2.5\ \mathrm{m}\leqslant h\leqslant 1000\ \mathrm{m} \\ C_n^2|_{1000\,\mathrm{m}}\exp\left(-\dfrac{h-1000}{9000}\right), & h>1000\ \mathrm{m} \end{cases} \tag{5.34}$$

(4) 对于 $4.3\times10^{-16}\ \mathrm{m}^{-2/3}\geqslant C_n^2|_{2.5\,\mathrm{m}}$(弱湍流)：

$$C_n^2(h)=\begin{cases}C_n^2\big|_{2.5\ \mathrm{m}}, & 2.5\ \mathrm{m}\leqslant h\leqslant 1000\ \mathrm{m}\\ C_n^2\big|_{1000\ \mathrm{m}}\exp\left(-\dfrac{h-1000}{9000}\right), & h>1000\ \mathrm{m}\end{cases}\tag{5.35}$$

Gracheva 和 Gurvich 通过大量的实验测量后，又提出了所谓的“简单”模型，即最好的大气条件(弱湍流)模型：

$$\begin{aligned}&\lg[C_{n\min}^2(h)-5.19\times10^{-16}\times10^{-0.00086h}]\\&=-18.34+2.9\times10^{-4}h-2.84\times10^{-8}h^2+7.43\times10^{-13}h^3\end{aligned}\tag{5.36}$$

最差的大气条件(弱湍流)模型：

$$\begin{aligned}&\lg[C_{n\max}^2(h)-5.19\times10^{-16}\times10^{-0.00086h}]\\&=-14.39+1.7\times10^{-4}h-3.48\times10^{-8}h^2+9.59\times10^{-13}h^3\end{aligned}\tag{5.37}$$

以及平均大气条件(前两种模型的平均)模型：

$$\lg[C_{nav}^2(h)]=\frac{1}{2}\{\lg[C_{n\max}^2(h)]+\lg[C_{n\min}^2(h)]\}\tag{5.38}$$

图 5.3 和图 5.4 分别给出了 Gurvich 模型和“简单”模型描述的大气折射率结构常数随高度变化的曲线。

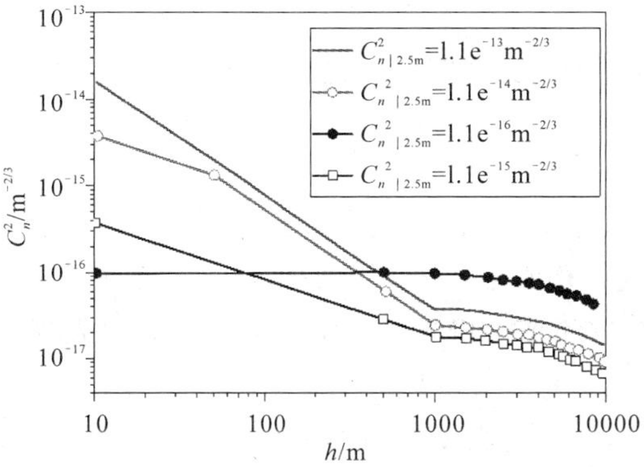

图 5.3　Gurvich 模型描述的大气折射率结构常数随高度变化的曲线

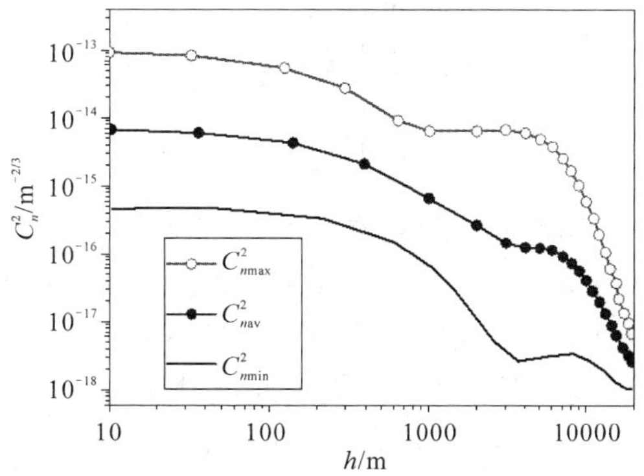

图 5.4　“简单”模型描述的大气折射率结构常数随高度变化的曲线

2. SLC-DAY 模型

该模型主要用于描述内陆地区白天的湍流：

$$C_n^2(h)=\begin{cases}0, & 0\ \mathrm{m}<h<19\ \mathrm{m}\\ 4.008\times10^{-13}h^{-0.154}, & 19\ \mathrm{m}<h<230\ \mathrm{m}\\ 1.300\times10^{-15}, & 230\ \mathrm{m}<h<850\ \mathrm{m}\\ 6.352\times10^{-7}h^{-2.966}, & 850\ \mathrm{m}<h<7000\ \mathrm{m}\\ 6.209\times10^{-16}h^{-0.6229}, & 7000\ \mathrm{m}<h<20\ 000\ \mathrm{m}\end{cases}\tag{5.39}$$

3. Hufnagel-Valley(H-V)模型(ITU-R 模型)

H-V 模型是最常用的模型之一，主要适用于内陆白天的情况，与风速和地面湍流强度有关，即

$$C_n^2(h)=8.148\times10^{-56}v^2h^{10}\mathrm{e}^{-\frac{h}{1000}}+2.7\times10^{-16}\mathrm{e}^{-\frac{h}{1500}}+A\mathrm{e}^{-\frac{h}{100}}\tag{5.40}$$

式中，A 是近地面大气折射率结构常数经验值，一般 $A=1.7\times10^{-14}\,m^{-2/3}$，高度 h 的单位是 m，近地面均方根风速 $v=21$ m/s。由于 H－V 模型的最后一项指数项在 1 km 左右衰减较慢，Andrews 等改进了 H－V 模型，根据实验结果引入 HAP 模型，即

$$C_n^2(h)=8.148\times10^{-56}v^2h^{10}e^{-\frac{h}{1000}}+2.7\times10^{-16}e^{-\frac{h}{1500}}+C_n^2(h_0)\left(\frac{h_0}{h}\right)^{4/3} \tag{5.41}$$

其中 h_0 是探测器所在高度，$C_n^2(h_0)$是在高度 h_0 处测得的大气折射率结构常数。

4. HV－Night 模型(ITU－R 模型)

通过实验测量，对 H－V 模型进行改进得到了 HV－Night 模型。同时，ITU－R(国际电信联盟 R 组)2001 年在 H－V 模型基础上，根据大量闪烁实验数据提出了随高度变化的大气结构常数模型：

$$C_n^2(h)=8.148\times10^{-56}v_{\mathrm{RMS}}^2h^{10}e^{-\frac{h}{1000}}+2.7\times10^{-16}e^{-\frac{h}{1500}}+C_0e^{-\frac{h}{100}} \tag{5.42}$$

其中，$v_{\mathrm{RMS}}^2=v_g^2+30.69v_g+348.91$ 是垂直路径均方根风速，v_g 是近地面风速，当地面风速未知时，v_g 可近似取为 2.8 m/s，此时可得到 $v_{\mathrm{RMS}}=21$ m/s。h 是地面以上的高度，C_0 是地平面附近的大气结构常数，其典型值为 $1.7\times10^{-14}\ m^{-2/3}$。

5. Greenwood 模型

另一个夜间湍流模型 Greenwood 是基于山顶环境的天文图像得到的，其大气结构常数为

$$C_n^2(h)=[2.2\times10^{-13}(h+10)^{-1.3}+4.3\times10^{-17}]\exp\left(-\frac{h}{4000}\right) \tag{5.43}$$

由图 5.5 可以看出在 10 km 以上的高度，风速 v_{RMS}对 C_n^2 的影响很明显并产生峰值。这是由于该模型考虑了大气的吸收、近地面大气结构常数以及风速的影响，比负幂指数模型更接近于实际湍流模型且又不失一般性。从目前看来，ITU－R 模型可以很好地表现高度大于 3 km 的自由大气的折射率结构常数。

图 5.6 表明大气结构常数 C_n^2 在近地面时最大，随着高度的增加很快减小，在约 10 km 以上高度，C_n^2 有稍微的增加后快速衰落。在低高度上，C_n^2 很大地依赖于 C_0。在 1～4 km 高度之间由于大气的吸收，大气结构常数基本上不受近地面大气结构常数和风速的影响，在 10 km 以上的高度，风速 v_{RMS}对 C_n^2 的影响很明显。另外，白天对大气结构常数的影响要大于夜晚的影响。

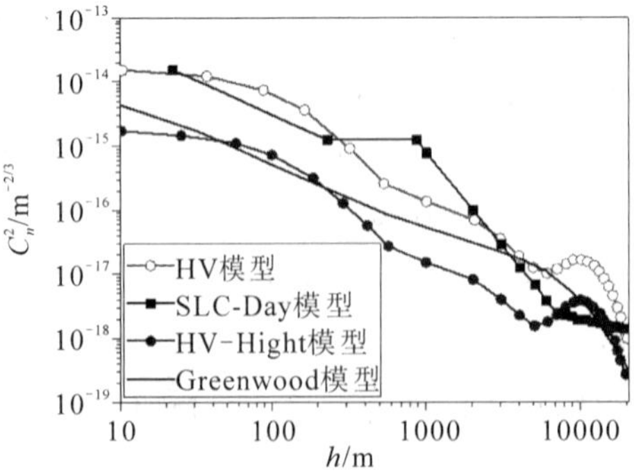

图 5.5　几种 C_n^2 模型比较

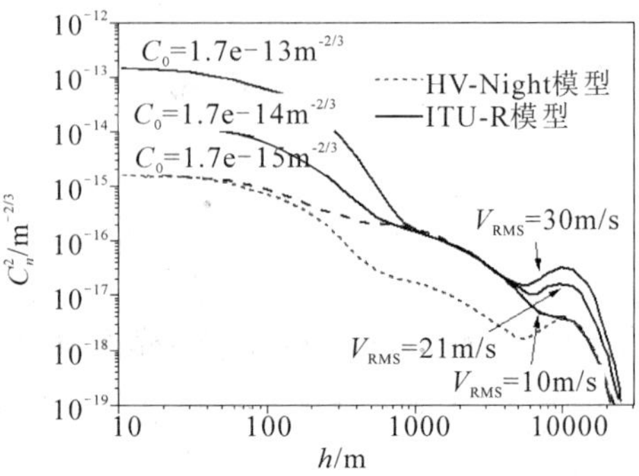

图 5.6　ITU－R 模型大气结构常数随高度 h 的分布

5.2 折射率起伏谱密度函数与结构函数

黏性流体有层流和湍流两种不同状态。例如，如果流体以速度 v 流过一个直径为 $2R$ 的管子，我们可以用彩色的染料对它进行观察。在流体速度低的时候，流线光滑面清晰，流体处于层流状态；不断增加流体速度，当流速达到一定值时，流线就不再光滑，整个流体开始作不规则的随机运动，这种运动状态叫做湍流。

在大气和海洋湍流中，上一节描述的指数谱和高斯谱模型并不能完全解释实际的波传播和散射现象。柯尔莫哥洛夫基于湍流的物理特征与发展过程，提出了 Kolmogorov 谱。本节主要对 Kolmogorov 谱作简单介绍。

考虑不可压缩黏滞流体，其运动方程为

$$\frac{\partial \mathbf{V}}{\partial t}+(\mathbf{V}\cdot\nabla)\mathbf{V}=-\frac{1}{\rho}\nabla P+\frac{\mu}{\rho}\Delta\mathbf{V},\quad \nabla\cdot\mathbf{V}=0 \tag{5.44}$$

其中$(\mathbf{V}\cdot\nabla)\mathbf{V}$ 称为运流项(湍流项)，$\mu\Delta\mathbf{V}/\rho=\nu\Delta\mathbf{V}$ 称为扩散项(耗散项)。系数 μ 为黏滞系数(kg/m·s)，ν 为运动黏滞系数(m^2/s)。对于定常运动，有

$$(\mathbf{V}\cdot\nabla)\mathbf{V}=-\frac{1}{\rho}\nabla P+\frac{\mu}{\rho}\Delta\mathbf{V},\quad \nabla\cdot\mathbf{V}=0 \tag{5.45}$$

5.2.1 雷诺(Reynolds)数

1883 年 Reynolds 首先对湍流进行了系统的研究。他利用相似性原理论证并引入了雷诺数(Re)作为湍流能和耗散能的比。以方程(5.45)定义雷诺数：

$$Re=\frac{|(\mathbf{V}\cdot\nabla)\mathbf{V}|}{|\nu\Delta\mathbf{V}|}\sim\frac{lV}{\nu} \tag{5.46}$$

其中，l 为整个流体的特征尺度。当 Re 充分大时，有序的流动消失，出现混乱交叉、迅速变化的带有强烈扰动的流动，即由原来的层流运动变成湍流运动，运动方程中可略去 $\nu\Delta\mathbf{V}$ 项；而当 Re 很小时，流动为层流，对于任意量级的流速，扰动都是稳定的，式中略去$(\mathbf{V}\cdot\nabla)\mathbf{V}$ 项。不过值得注意的是，对于远距离传输，由于湍流的速度分布的各向异性，即使 Re 小时，略去$(\mathbf{V}\cdot\nabla)\mathbf{V}$ 项也是不合理的。

给定系统一个小扰动 $\mathbf{V}_1$，$\mathbf{V}=\mathbf{V}_0+\mathbf{V}_1$。$\mathbf{V}_1$ 满足方程：

$$\frac{\partial \mathbf{V}_1}{\partial t}+(\mathbf{V}_0\cdot\nabla)\mathbf{V}_1+(\mathbf{V}_1\cdot\nabla)\mathbf{V}_0=-\frac{1}{\rho}\nabla P+\nu\Delta\mathbf{V}_1,\quad \nabla\cdot\mathbf{V}_1=0 \tag{5.47}$$

式中忽略了二阶小量$(\mathbf{V}_1\cdot\nabla)\mathbf{V}_1$ 和∇P_1。方程的特解对时间的依赖关系为 $\exp(-\mathrm{i}\omega t)$，$\omega$ 为复频，$\omega=\omega_r+\mathrm{i}\omega_i$。当 Re 充分小时，解是稳定的。当 Re 增加到某一定值时(这个值被称为临界值 Re_c)，运动开始由无限小扰动变为不稳定。所以，当 $Re>Re_c$ 时，将会产生湍流，即

$$Re=Re_c,\ \omega_i=0;\ Re<Re_c,\ \omega_i<0;\ Re>Re_c,\ \omega_i>0 \tag{5.48}$$

雷诺数对湍流的判断也表征在惯性力和摩擦力之间的相互关系上。惯性力具有量级 $\rho V^2/l$，摩擦力量级为 $\rho\nu V/l^2$，所以

$$\frac{\dfrac{\rho V^2}{l}}{\dfrac{\rho\nu V}{l^2}}=\frac{\rho V^2}{\nu}\sim Re \tag{5.49}$$

当摩擦力超过惯性力时，雷诺数 Re 小，出现的扰动“熄灭”在层流中。当 Re 大时，惯性力的影响超过摩擦力，运动形式是杂乱无章的，形成湍流。这时，在大尺度运动中不会发生明显的能量耗散，或者说，流体黏滞性仅在微小尺度($Re \sim l$)的脉动中才显得重要。关于湍流运动中能量耗散问题，可以给出定性的概念，即能量自较大尺度的脉动转移到较小尺度的脉动中时，不会产生耗散。令 ε 为单位时间、单位质量耗散的平均能量，W_k 是单位时间、单位质量的平均动能，有

$$\varepsilon \sim \frac{\nu}{2}\left(\frac{\partial V_i}{\partial x_j}+\frac{\partial V_j}{\partial x_i}\right)^2 \sim \nu\left(\frac{V}{l}\right)^2,\ W_k \sim \frac{V^2}{2\tau} \sim \frac{V^3}{l} \tag{5.50}$$

式中，τ 是和湍流有关的特征时间，$\tau \sim l/V$。能量 E 随时间变化，可用方程表示为

$$\frac{\mathrm{d}E}{\mathrm{d}t}=W_k-\varepsilon \tag{5.51}$$

它代表湍流能量的平衡方程。当 $W_k=\varepsilon$ 时，能量 E 为常数，形成稳定状态的湍流；当 $W_k>\varepsilon$ 时，$\mathrm{d}E/\mathrm{d}t>0$，扰动能量增加，运动将不稳定；当 $W_k<\varepsilon$ 时，$\mathrm{d}E/\mathrm{d}t<0$，扰动将衰减，运动不会形成湍流。

5.2.2 湍流的外尺度和内尺度

对于边界层的湍流，雷诺数是非常大的，其范围为 $10^6 \sim 10^7$。当雷诺数接近临界值时，湍流的特征仍与初始条件有关。

当 $Re \gg Re_c$ 时，初始条件的影响消失，流体的运动几乎是完全随机的。当流体的特征尺度 $l>L_0$ 时，湍流为各向异性。因为 Re 很大，$W_k \gg \varepsilon$，几乎所有的动能都由大尺度湍流传给小尺度湍流。令湍流的不同尺度为 L_i，有 $L_0>L_1>L_2>\cdots>L_n$，所对应的速率 V_i 有 $V_0>V_1>V_2>\cdots>V_n$。考虑动能 $W_k=V_0^3/L_0=V_1^3/L_1=\cdots=V_n^3/L_n$，随着 L_i 的减小，能量的耗散 $\varepsilon \sim \nu V_i^2/L_i^2=(\nu V_i^3/L_i)/(V_i L_i)$ 增大。所以，湍流的外尺度 L_0 是平均场将能量传输给湍流的尺度。

湍流的内尺度 l_0 是决定湍流中最小涡流的尺度，即 $W_k=\varepsilon$ 时对应的尺度。图 5.7 给出了湍流内外尺度的示意图。由于黏滞性，湍流中的动能全部转化为热能耗散掉，因此得

$$\frac{V_l^3}{l_0}=\nu\frac{V_L^2}{l_0^2}=\varepsilon \tag{5.52}$$

图 5.7 湍流内外尺度示意图

对于大气和海洋湍流情况，即指数模式和 Gaussian 模式，不能完全解释实际散射现象的详细特征。Kolmogorov 根据对湍流的物理考虑，提出了完全发展的湍流的谱模式。概括

而言，湍流可以用两个尺度来表征，一是湍流外尺度 L_0，二是湍流内尺度 l_0（也叫微尺度）。按照尺度的大小，可将湍流分为三个区域：

(1) 输入区，湍流尺度 $r>L_0$。在这个区域，由于风切变和温度梯度影响，能量输入给湍流。一般而言，在这个区域内湍流是各向异性的。这个区域的谱与特定情形下湍流的产生方式有关，因此还没有一种普通的公式来描述这个区域的湍流特征。其中的随机介质的特征物理量一般是非均匀、非各向同性的。

(2) 惯性区，湍流尺度满足 $l_0 \ll r \ll L_0$。在这个区域，湍涡的动能超过黏性耗散，因而运动不稳定，形成湍流。湍流本质上是各向同性的，运动速率 $V\sim(\varepsilon r)^{1/3}$，谱正比于 $\kappa^{-11/3}$，其中 $\kappa=2\pi/$湍涡尺度。

(3) 耗散区，湍流尺度 $r<l_0$。在该区域黏滞性引起的能量耗散明显增大，能量的黏滞性耗散超过动能，因此谱是极其小的。

在大气中一般外尺度 L_0 约为几百米到几千米，内尺度 l_0 约为毫米到厘米量级。

5.2.3　湍流的折射率起伏谱密度函数

由于湍流是一个随机过程，必须用统计量来描述，因此须对其进行完备的统计分析。Kolmogorov 研究了空间相距位移 $\boldsymbol{r}$ 的两点速度差随时间的变化，在相当大的空间运动尺度范围内可以用一个普遍形式描述均方根速度差，并称之为结构张量 $\boldsymbol{D}_{i,j}(\boldsymbol{r})$，即

$$\boldsymbol{D}_{i,j}(\boldsymbol{r},\boldsymbol{r}_1)=\langle[V_i(\boldsymbol{r}_1-\boldsymbol{r})-V_i(\boldsymbol{r}_1)]\times[V_j(\boldsymbol{r}_1-\boldsymbol{r})-V_j(\boldsymbol{r}_1)]\rangle \tag{5.53}$$

式中 V_i、V_j 是速度的不同分量。式(5.53)不是一个能以实际速度简单计算的方程，但是若对大气作两个假设，则可大大简化式(5.53)。假设大气是局部均匀的，即速度差的分布函数不因为点 $\boldsymbol{r}_1-\boldsymbol{r}$ 和 $\boldsymbol{r}_1$ 的平移而改变，而仅与位移矢量 $\boldsymbol{r}$ 统计相关；再假设大气是局部各向同性的，即速度差的分布函数不随矢量 $\boldsymbol{r}$ 的转动或镜反射而变化，仅与位移矢量的大小有关。由上述两个假设，$\boldsymbol{D}_{i,j}(\boldsymbol{r}_1,\boldsymbol{r})$ 简化为

$$\boldsymbol{D}_{i,j}=[D_{\mathrm{rr}}(r)-D_{\mathrm{tt}}(r)]\hat{\boldsymbol{r}}_i\hat{\boldsymbol{r}}_j+D_{\mathrm{tt}}(r)\delta_{i,j} \tag{5.54}$$

其中，当 $i=j$ 时 $\delta_{i,j}=1$；当 $i\neq j$ 时 $\delta_{i,j}=0$；$\hat{\boldsymbol{r}}_i$ 是沿 $\boldsymbol{r}$ 方向的单位矢量，量 D_{rr} 和 D_{tt} 分别是风速分量平行和垂直于位移矢量 $\boldsymbol{r}$ 的结构函数。进一步假设湍流场不可压缩，即 $\nabla\cdot\boldsymbol{V}=0$，则可以用 D_{rr} 表示 D_{tt}，于是有

$$D_{\mathrm{tt}}=\frac{1}{2r}\frac{\mathrm{d}}{\mathrm{d}r}(r^2D_{\mathrm{rr}}) \tag{5.55}$$

从式(5.54)和式(5.55)得到的重要结果是，湍流的统计结构函数可以用单个结构函数 D_{rr} 表示。对于 Kolmogorov 谱，纵向风速结构函数满足 2/3 定律，即

$$D_{\mathrm{rr}}=\langle[V_{\mathrm{r}}(r_1-r)-V_{\mathrm{r}}(r)]^2\rangle=C_{\mathrm{b}}^2r^{2/3},\quad l_0\ll r\ll L_0 \tag{5.56}$$

对于式(5.56)，只要两点间距 r 在所谓湍流惯性子区间内，D_{rr} 就有普遍形式。即在惯性区，对于 Kolmogorov 谱，由式(5.28)，其结构函数为

$$D_n(r)=\begin{cases}C_n^2r^{2/3}, & L_0\gg r\gg l_0\\ C_n^2l_0^{2/3}\left(\dfrac{r}{l_0}\right)^2, & r\ll l_0\end{cases} \tag{5.57}$$

这是著名的 2/3 定律，C_n^2 为折射率起伏结构常数。如果取结构函数 $D_n(r)=C_n^2r^p$，$(0<p<2)$，考虑一维折射率起伏谱密度函数 $V(\kappa)$ 和相关函数 $B_n(x)$ 的关系式(5.21)，获得的一维结构函数为

$$D_n(x)=4\int_0^{\infty}(1-\cos\kappa x)V(\kappa)\mathrm{d}\kappa \tag{5.58}$$

$$\frac{\mathrm{d}D_n(x)}{\mathrm{d}x}=4\int_0^{\infty}\kappa\sin\kappa x V(\kappa)\mathrm{d}\kappa \tag{5.59}$$

则一维折射率起伏谱密度函数为

$$V(\kappa)=\frac{1}{2\pi\kappa}\int_0^{\infty}\sin\kappa x\frac{\mathrm{d}D_n(x)}{\mathrm{d}x}\mathrm{d}x \tag{5.60}$$

将结构函数表达式代入式(5.60)，获得一维谱密度函数为

$$V_n(\kappa)=\left[\frac{\Gamma(p+1)}{2\pi}\sin\frac{\pi p}{2}\right]C_n^2\kappa^{-(p+1)} \tag{5.61}$$

与式(5.20)和式(5.22)比较，折射率起伏三维谱密度函数与一维谱密度函数关系为

$$\Phi_n(\kappa)=-\frac{1}{2\pi\kappa}\frac{\mathrm{d}V_n(\kappa)}{\mathrm{d}\kappa}=\frac{\Gamma(p+2)}{4\pi^2}\sin\frac{\pi p}{2}C_n^2\kappa^{-(p+3)} \tag{5.62}$$

在光学波段，忽略大气的湿度项，大气湍流的折射率起伏对温度和压强起伏很敏感。大气湍流的折射率为

$$n(\boldsymbol{r})=1+77.6\times10^{-6}\times(1+7.52\times10^{-3}\lambda^{-2})\frac{P(\boldsymbol{r})}{T(\boldsymbol{r})}\approx1+79\times10^{-6}\frac{P(\boldsymbol{r})}{T(\boldsymbol{r})} \tag{5.63}$$

对应于式(5.57)，温度起伏的结构函数为

$$D_T(r)=\langle(T_1-T_2)^2\rangle\begin{cases}C_T^2r^{2/3}, & L_0\gg r\gg l_0\\ C_T^2l_0^{2/3}\left(\dfrac{r}{l_0}\right)^2, & r\ll l_0\end{cases} \tag{5.64}$$

式中，T_1 和 T_2 表示距离为 r 的两点的温度，C_T^2 为温度结构函数(单位：$\mathrm{deg}^2/\mathrm{m}^{2/3}$)。在光学波段，大气折射率起伏对于小尺度温度起伏极为敏感。由式(5.64)和式(5.63)，可以获得

$$C_n^2=\frac{79\times10^{-6}P}{T^2}C_T^2 \tag{5.65}$$

$\kappa<2\pi/L_0$(很大尺度)的区域就是输入区。在这个区域内谱的形式取决于特定的湍流是如何发生的，而且通常是各向异性的。在这个区域内理论不能预测 $\Phi_n(\kappa)$的数学形式。

当 κ 大于某一临界波数 κ_0 时，$\Phi_n(\kappa)$的性质由制约着大湍流旋涡破碎为小旋涡的物理定律来决定。当 κ 大于 κ_0($\kappa_0\approx2\pi/L_0$)时，就进入了谱的惯性子区间。这里 Φ_n 的形式可以由已确立的制约湍流的物理定律来描述。由 Kolmogorov 湍流理论，当 $p=2/3$ 时，可以获得折射率起伏的惯性区的 Kolmogorov 谱：

$$\Phi_n(\kappa)=0.033C_n^2\kappa^{-11/3},\quad \frac{2\pi}{L_0}\ll\kappa\ll\frac{2\pi}{l_0} \tag{5.66}$$

当 κ 达到另一个临界值 κ_m 时，Φ_n 的形式再次改变，该区域叫作耗散区。在该区域能量的耗散超过了动能，因此能量很小。所以当 $\kappa>\kappa_m$ 时，Φ_n 很快下降。这里 $\kappa_m\approx2\pi/l_0$。

Tatarskii 在 Kolmogorov 谱的基础上提出了如下模型：

$$\Phi_n(\kappa)=0.033C_n^2\kappa^{-11/3}\exp\left(-\frac{\kappa^2}{\kappa_m^2}\right),\quad \kappa\gg\frac{1}{L_0} \tag{5.67}$$

若选取 $\kappa_m=5.92/l_0$，并且 $\kappa>\kappa_0$，那么式(5.67)是一个合理的近似。当 $\kappa\gg2\pi/l_0$ 时，$\Phi_n(\kappa)\to0$。

为了方便，将三个区域用统一谱表示，即为 Von Karman 谱：

$$\Phi_n(\kappa)=0.033C_n^2\left(\kappa^2+\frac{1}{L_0^2}\right)^{-11/6}\exp\left(-\frac{\kappa^2}{\kappa_m^2}\right) \tag{5.68}$$

式中，结构常数 $C_n^2=1.91\langle n_1^2\rangle L_0^{-2/3}$。对于强湍流，大气折射指数起伏结构常数约为 $10^{-7}\mathrm{m}^{-1/3}$ 量级，对于弱湍流约为 $10^{-9}\mathrm{m}^{-1/3}$ 量级。Kolmogorov 谱密度函数如图 5.8 所示。需要说明的是：即使用式(5.68)描述整个谱，在输入区的数值也只能看作是近似的，因为这个区域的湍流一般来说是各向异性的，与能量被引入到湍流的方式有关。还应该强调的是，Kolmogorov 谱理论的基础是局部均匀介质，而不是所说的均匀介质。

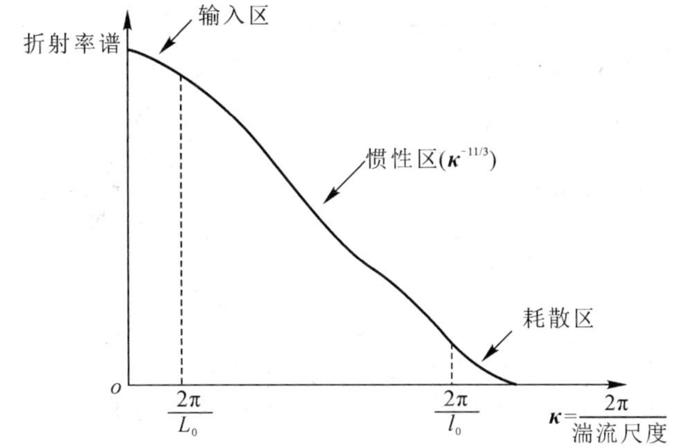

图 5.8 Kolmogorov 谱密度函数

由式(5.57)或者式(5.31)，对于 Tatarskii 谱函数式(5.67)，可以获得结构函数：

$$\begin{aligned} D_n(r) &= 8\pi\int_0^\infty \left(1-\frac{\sin\kappa r}{\kappa r}\right)\Phi_n(\kappa)\kappa^2\,\mathrm{d}\kappa \\ &= 8\pi\int_0^\infty \kappa^2\Phi_n(\kappa)\,\mathrm{d}\kappa-\frac{8\pi}{r}\int_0^\infty \kappa\sin\kappa r\Phi_n(\kappa)\,\mathrm{d}\kappa \\ &= 1.685C_n^2\kappa_m^{-2/3}\left[{}_1F_1\left(-\frac{1}{3};\ \frac{3}{2};\ -\frac{\kappa_m^2r^2}{4}\right]\right],\quad r\ll L_0 \end{aligned} \tag{5.69}$$

式中，${}_1F_1(a;\ c;\ x)$为超几何流函数。在实际中，当距离 $l_0\ll r\ll L_0$ 时，用大宗量近似，有：${}_1F_1(a;\ c;\ -x)\approx\Gamma(c)x^{-a}/\Gamma(c-a)$，$x\gg1$。其中，$\Gamma(x)$为伽马函数，式(5.69)近似为著名的 2/3 定律：$D_n(r)=C_n^2r^{2/3}$，$l_0\ll r\ll L_0$。当 $r\ll l_0$ 时，用小宗量近似，有：${}_1F_1(a;\ c;\ -x)\approx1-ax/c$，$x\ll1$，则结构函数为 $D_n(r)\approx0.0936C_n^2\kappa_m^{4/3}r^2$，$r\ll l_0$。

5.2.4 折射率起伏的谱密度函数的其他形式

虽然式(5.66)和式(5.67)是在理论上普遍被采用的折射率功率谱，但是它们都没有包含显著影响光传输的高波数区突变因素，不能真实地反映谱的实际特性。Hill 提出了一种精确的数值模型：

$$\Phi_n(\kappa)=0.033C_n^2\kappa^{-11/3}\{\exp(-1.2\kappa^2l_0^2)+1.45\exp[-0.97(\ln\kappa l_0-0.452)^2]\} \tag{5.70}$$

该模型是在实验结果的基础上提出来的，被认为比较精确。但其形式比较复杂。为了理论研究的方便，Andrews 对 Hill 谱模型进行了修正，提出了修正 Hill 谱：

$$\Phi_n(\kappa)=0.033C_n^2\left[1+a_1\left(\frac{\kappa}{\kappa_l}\right)-a_2\left(\frac{\kappa}{\kappa_l}\right)^{7/6}\right]\frac{\exp(-\kappa^2/\kappa_l^2)}{(\kappa_0^2+\kappa^2)^{11/6}} \tag{5.71}$$

式中，$a_1=1.802$，$a_2=0.254$，$\kappa_l=3.3/l_0$，$0\leqslant\kappa<\infty$。从式(5.71)可以看出，在令 $a_1=a_2=0$ 和取 $\kappa_l=\kappa_m$ 代换后，修正 Hill 谱模型可以简化为 Von Karman 谱模型；当 $\kappa_0=l_0=0$ 时，

修正 Hill 谱模型可以退化为 Kolmogorov 谱模型。为了方便比较，在忽略了外尺度效应($\kappa_0=0$)后，图 5.9 给出了不同谱之间的比较。

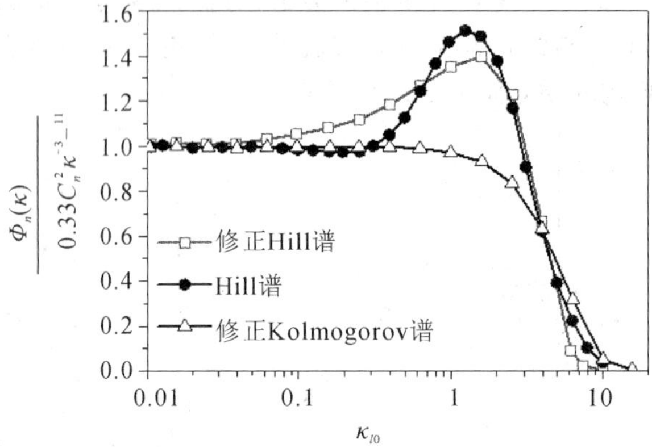

图 5.9　归一化 Hill 谱、修正 Hill 和修正 Kolmogorov 谱

由图 5.9 可知：修正 Kolmogorov 谱随着内尺度的增大而单调减小，而 Hill 谱和修正 Hill 谱在 $0.1<\kappa l_0<10$ 区间有突起，Hill 谱、修正 Hill 谱和修正 Kolmogorov 谱在此区间差别较大。当 $\kappa l_0 \ll 1$ 时，用 Kolmogorov 谱归一化的折射率起伏功率谱约为 1，此时折射率功率谱在惯性区，所以其特性可以用 Kolmogorov 谱来描述；而当 $\kappa l_0 \gg 1$ 时，折射率功率谱在耗散区，它随波数的增大迅速下降；对 Hill 谱或修正 Hill 谱来说，在靠近惯性区的耗散区部分谱有突起，Hill 谱和修正 Hill 谱在 $\kappa l_0=1.26$，$\kappa l_0=1.60$ 时分别达到最大值。

Grayshan 等学者提出了海洋上方大气湍流中传输的功率谱，由式(5.72)给出：

$$\Phi_n(\kappa)=0.033C_n^2\left[1-0.061\left(\frac{\kappa}{\kappa_l}\right)+2.836\left(\frac{\kappa}{\kappa_l}\right)^{\frac{7}{6}}\right]\frac{\exp(-\kappa^2/\kappa_l^2)}{(\kappa^2+\kappa_0^2)^{11/6}} \tag{5.72}$$

其中，$\kappa_l=3.3/l_0$，$\kappa_0=2\pi/L_0$。

图 5.10 表示了不同的 Kolmogorov 功率谱。由图可知，内尺度越大，不同谱的差距越大；内尺度很小时，不同功率谱的变化基本相同。在 κ 比较小时，Kolmogorov 谱与其他拓展大气谱差距较大，在 $\kappa=0$ 时，函数会出现奇异性，因此一般不使用 Kolmogorov 谱。外尺度对谱值大小影响较大，外尺度越大，谱值越大。内尺度和外尺度的比值越大，不同谱的差距越明显。

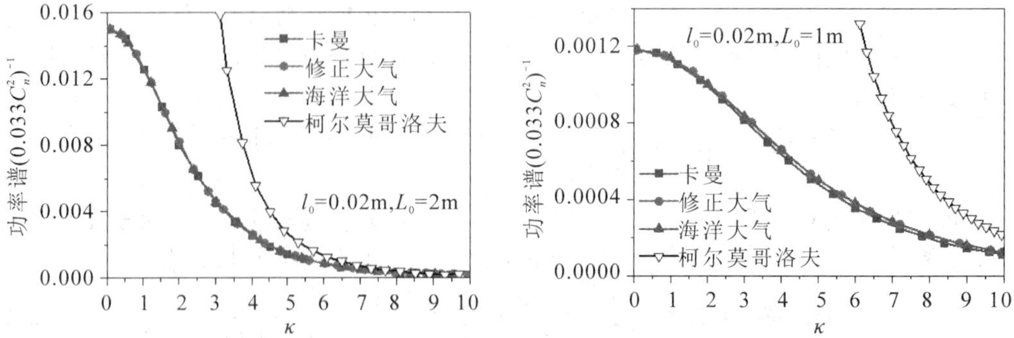

(a) l_0=0.02, L_0=2　　(b) l_0=0.02, L_0=1

图 5.10　不同的 Kolmogorov 功率谱

非 Kolmogorov 谱一般可以表示为

$$\Phi(\kappa, z)=\frac{1}{4\pi^2}\Gamma(\alpha-1)\cos\left(\frac{\alpha\pi}{2}\right)\widetilde{C}_n^2\frac{\exp\left(-\frac{\kappa^2}{\kappa_x^2}\right)}{(\kappa^2+\kappa_0^2)^{\alpha/2}}, \quad 3<\alpha<4 \tag{5.73}$$

其中，κ_x 满足

$$\kappa_x l_0=\left[\frac{1}{6\pi}\Gamma(\alpha-1)\Gamma\left(\frac{5-\alpha}{2}\right)\cos\left(\frac{\alpha\pi}{2}\right)\right]^{1/(\alpha-5)} \tag{5.74}$$

当 $\alpha=11/3$ 时，非 Kolmogorov 谱可以退化成 Karman 谱。

图 5.11 是非 Kolmogorov 谱的值随 κ 的变化曲线。不同内尺度的谱值随 κ 的变化趋势相同。谱的值在 $\kappa=0$ 点最大，并且随着 κ 的增大而减小，当 κ 增大到一定程度后，功率谱的值趋于 0。内尺度和外尺度的比值越大，不同谱指数的谱值差距越大。

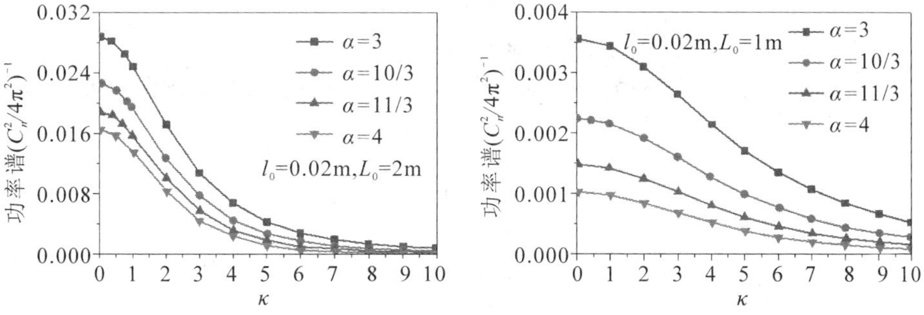

(a) L_0=2m　　(b) L_0=1m

图 5.11　非 Kolmogorov 谱随 κ 的变化曲线

图 5.12 是非 Kolmogorov 谱的值随谱系数的变化曲线。在 $\kappa=0$ 点，不同内尺度湍流的谱值随谱系数的曲线相差不大，但是谱值随谱系数的曲线受外尺度影响严重。

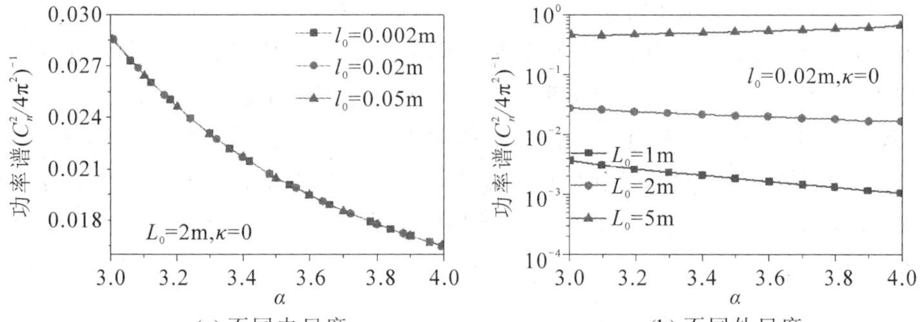

(a) 不同内尺度　　(b) 不同外尺度

图 5.12　非 Kolmogorov 谱随谱系数的变化曲线

5.2.5　各向异性随机介质

当随机介质中折射率起伏 $n_1(\boldsymbol{r}, t)$ 的空间相关函数 $B_n(\boldsymbol{r}_1, \boldsymbol{r}_2)$ 仅依赖于 $\boldsymbol{r}_1-\boldsymbol{r}_2$，即

$$B_n(\boldsymbol{r}_1, \boldsymbol{r}_2)=B_n(\boldsymbol{r}_1-\boldsymbol{r}_2)=B_n(\boldsymbol{r}_d) \tag{5.75}$$

时，介质为局部均匀各向异性。在远距离传播或斜程传播时，对流层各组分的数密度和温度、压力、湿度，以及电离层的电子密度等特征参量随高度变化较大。大气中垂直方向上

介质各特征参数的相关距离远小于水平方向上的。令折射率起伏的空间相关函数为

$$B_n(\boldsymbol{r}_\mathrm{d})=\langle n_1^2\rangle\exp\left[-\left(\frac{x}{l_1}\right)^2-\left(\frac{y}{l_2}\right)^2-\left(\frac{z}{l_3}\right)^2\right] \tag{5.76}$$

代入式(5.15)，有

$$\Phi_n(\boldsymbol{k}_\mathrm{s})=\frac{1}{(2\pi)^3}\int_\infty B_n(\boldsymbol{r}_\mathrm{d})\exp(\mathrm{i}\boldsymbol{k}_\mathrm{s}\cdot\boldsymbol{r}_\mathrm{d})\mathrm{d}V_\mathrm{d}=\langle n_1^2\rangle\frac{l_1l_2l_3}{8\pi\sqrt{\pi}}\exp\left[-\frac{(k_{\mathrm{s}1}^2l_1^2+k_{\mathrm{s}2}^2l_2^2+k_{\mathrm{s}3}^2l_3^2)}{4}\right] \tag{5.77}$$

式中，$\boldsymbol{k}_\mathrm{s}=k(\hat{\boldsymbol{i}}-\hat{\boldsymbol{o}})$。

$$\begin{cases}\boldsymbol{k}_\mathrm{s}=k(\hat{\boldsymbol{i}}-\hat{\boldsymbol{o}})=k_{\mathrm{s}1}\hat{\boldsymbol{x}}+k_{\mathrm{s}2}\hat{\boldsymbol{y}}+k_{\mathrm{s}3}\hat{\boldsymbol{z}}\\ k_{\mathrm{s}1}=k(\sin\theta_\mathrm{i}\cos\phi_\mathrm{i}-\sin\theta_\mathrm{s}\cos\phi_\mathrm{s})\\ k_{\mathrm{s}2}=k(\sin\theta_\mathrm{i}\sin\phi_\mathrm{i}-\sin\theta_\mathrm{s}\sin\phi_\mathrm{s})\\ k_{\mathrm{s}3}=k(\cos\theta_\mathrm{i}-\cos\theta_\mathrm{s})\end{cases} \tag{5.78}$$

图5.13给出了具有不同相关距离的三个方向与入射波、散射波方向的关系。

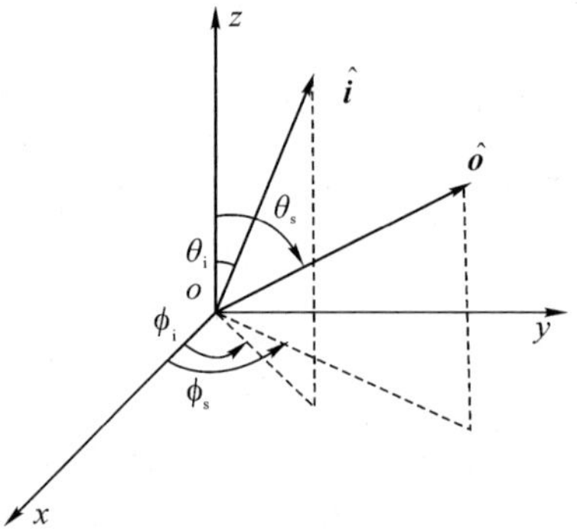

图5.13　具有不同相关距离的三个方向与入射波、散射波方向的关系

在大多数视距传播问题中，可近似认为在水平传播方向折射率起伏为 δ 相关，主要讨论横向二维谱特性。但对于地空通信和传播，必须考虑折射率起伏随高度的变化以及结构常数 C_n^2 随高度的变化。水平面上的相关距离比垂直方向上的相关距离大得多，因此，式(5.77)可用于描述各向异性的影响。虽然 Kolmogorov 谱只适用于各向同性惯性区充分发展的湍流，但由此可以很方便地写出各向异性湍流的 Kolmogorov 谱。下述近似公式可用来表达各向异性的影响：

$$\Phi_n(\boldsymbol{k}_\mathrm{s})=0.033C_n^2[k_{\mathrm{s}1}^2l_1^2+k_{\mathrm{s}2}^2l_2^2+k_{\mathrm{s}3}^2l_3^2+1]^{-11/6}(l_1l_2l_3)^{11/3} \tag{5.79}$$

式中，l_1、l_2、l_3 可以分别看成是 x、y、z 方向上湍流的内尺度。

5.2.6　时变随机介质

在对流层和电离层观测中，大气密度或电子密度的涨落是时—空随机场，接收信号既有 Doppler 频率漂移也存在谱展宽，它们分别由不规则体的漂移和时间变化引起。为了简单起见，假设折射率为

$$n(\boldsymbol{r},t)=1+n_1(\boldsymbol{r},t) \tag{5.80}$$

它是时间的慢变函数，在载频的一个周期内可近似为常数。当介质在空间上局部均匀、时

间上为平稳过程时，折射率起伏的相关函数为

$$B_n(\boldsymbol{r},\ \tau)=\langle n_1(\boldsymbol{r}+\boldsymbol{r}_1,\ t+\tau)n_1(\boldsymbol{r}_1,\ t)\rangle=\iint U(\boldsymbol{\kappa},\ \omega)\exp(-\mathrm{i}\boldsymbol{\kappa}\cdot\boldsymbol{r}+\mathrm{i}\omega\tau)\mathrm{d}\kappa\mathrm{d}\omega \tag{5.81}$$

其中，$U(\boldsymbol{\kappa},\ \omega)$为四维谱密度函数。式(5.81)也可以写成

$$B_n(\boldsymbol{r},\ \tau)=\int\Phi_n(\boldsymbol{\kappa},\ \tau)\exp(-\mathrm{i}\boldsymbol{\kappa}\cdot\boldsymbol{r})\mathrm{d}\kappa=\int W_n(\boldsymbol{r},\ \omega)\exp(\mathrm{i}\omega\tau)\mathrm{d}\omega \tag{5.82}$$

式中，$\Phi_n(\boldsymbol{\kappa},\ \tau)$称为时变空间谱密度，$W_n(\boldsymbol{r},\ \omega)$为空间变化的频谱。

在波场的相关时间内，如果随机介质运动速度 $\boldsymbol{V}$ 为常数，那么折射率起伏可以写成

$$n_1(\boldsymbol{r},\ t+\tau)=n_1(\boldsymbol{r}-\boldsymbol{V}\tau,\ t) \tag{5.83}$$

如果在观测的相关时间内 τ 很小，则式(5.83)成立，称之为冻结条件。利用该条件，得到

$$\langle n_1(\boldsymbol{r}_1,\ t_1)n_1(\boldsymbol{r}_2,\ t_2)\rangle=\langle n_1(\boldsymbol{r}_1-\boldsymbol{V}t_1)n_1(\boldsymbol{r}_2-\boldsymbol{V}t_2)\rangle=B_n(\boldsymbol{r}-\boldsymbol{V}\tau) \tag{5.84}$$

式中，$\boldsymbol{r}=\boldsymbol{r}_1-\boldsymbol{r}_2$，$\tau=t_1-t_2$。让

$$B_n(\boldsymbol{r}-\boldsymbol{V}\tau)=\int\Phi_n(\boldsymbol{\kappa})\exp[-\mathrm{i}\boldsymbol{\kappa}\cdot(\boldsymbol{r}-\boldsymbol{V}\tau)]\mathrm{d}\boldsymbol{\kappa} \tag{5.85}$$

比较式(5.82)和式(5.85)，可以获得

$$\Phi_n(\boldsymbol{\kappa},\ \tau)=\Phi_n(\boldsymbol{\kappa})\exp(\mathrm{i}\boldsymbol{\kappa}\cdot\boldsymbol{V}\tau) \tag{5.86}$$

式(5.86)在速度 $\boldsymbol{V}$ 为常数时成立。如果随机介质运动的平均速度为 $\boldsymbol{U}$，速度的起伏为 $\boldsymbol{V}_{\mathrm{f}}$，则式(5.86)改写为

$$\Phi_n(\boldsymbol{\kappa},\ \tau)=\Phi_n(\boldsymbol{\kappa})\exp(\mathrm{i}\boldsymbol{\kappa}\cdot\boldsymbol{U}\tau)\chi(\boldsymbol{\kappa}\tau) \tag{5.87}$$

与第二章类似，特征函数 $\chi(\boldsymbol{\kappa}\tau)$为

$$\chi(\boldsymbol{\kappa}\tau)=\langle\exp(\mathrm{i}\boldsymbol{\kappa}\cdot\boldsymbol{V}_{\mathrm{f}}\tau)\rangle \tag{5.88}$$

若速度起伏遵从高斯分布，其概率密度函数为

$$p(\boldsymbol{V}_{\mathrm{f}})=\left(\frac{1}{2\pi\sigma_V^2}\right)^{3/2}\exp\left(-\frac{|\boldsymbol{V}_{\mathrm{f}}|^2}{2\sigma_V^2}\right) \tag{5.89}$$

则式(5.88)可以写为

$$\chi(\boldsymbol{\kappa}\tau)=\exp[-(\kappa^2\sigma_V^2\tau^2)] \tag{5.90}$$

5.3 随机介质中波传播的波恩近似和李托夫近似

目前处理光波在随机介质中传播的理论解析方法大致有以下三类：

(1) 对辐射场以及随机介质的介电常数采用某种微扰近似，求解随机介质中的波动方程以取得辐射场的分布，如几何光学法、平缓微扰法等。这类方法的近似条件表明只能用来处理弱起伏条件下的传播问题。

(2) 根据随机介质中介电常数的统计特性作某种假定，建立起辐射场的统计矩方程，直接求解这些统计矩，如 Markov 近似方法等。这些方法考虑了多次散射效应，但都假定只存在前向散射，所以只适用于大尺度不均匀的随机介质。然而当随机介质的不均匀尺度与波长相比拟时，多次散射就变得举足轻重，此时抛物型方程不再适用。

(3) 考虑多次散射，建立起严格的波传播方程并求得辐射场的形式解。从波传播的物理过程来看，多次散射可认为等同于无穷多不同级次的微扰作用产生的总体效果。对于这种无穷多微扰的系列作用，采用量子力学中常用的 Feynman 图求解特别方便，由此方法获得的解是准确的，可以检验各种近似方法的可靠性，但实际求解却十分困难。在量子力学中广泛使用的路径积分法也可以用来直接求解抛物型方程来获得波场的分布，这是因为抛物型方程与量子力学中的薛定谔方程具有相同的数学形式。路径积分法认为波在介质中以一定的概率分布沿所有的可能路径传播，湍流的随机变化引起概率分布的随机变化，从而导致波场的随机分布。同样我们也可以使用路径积分法分析统计矩方程，进行数值计算。湍流介质中光传播的几种主要的处理方法及其一些主要的特性列于表 5.1 中。

表 5.1　湍流大气中光传播的几种主要处理方法

处理方法	几何光学法	平缓微扰法	马尔科夫近似 修正 Rytov 方法
出发点	射线方程	抛物型方程	抛物型方程
处理方法	几何光学近似	设波场复相位平缓变化	视波场为 Markov 过程
适用范围	弱起伏短传播距离	弱起伏前向小角散射	强起伏前向小角散射、 弱起伏-强起伏
求解量	波场分布	波场分布	波场的各阶矩
主要应用	到达角起伏、射线漂移	振幅起伏相位起伏	波强起伏、空间分布 角起伏、漂移、展宽

在湍流介质中，相对介电常数 ε_r 是空间位置和时间的随机函数，即

$$\varepsilon_r=\varepsilon_r(\boldsymbol{r},\ t)=n^2(\boldsymbol{r},\ t) \tag{5.91}$$

假设 ε_r 仅是空间位置的函数，与时间无关，且所有场量的时间因子为 $\exp(-\mathrm{i}\omega t)$，由麦克斯韦方程可以获得波动方程如下

$$\nabla\times\nabla\times\boldsymbol{E}(\boldsymbol{r})-\omega^2\mu_0\varepsilon_0\varepsilon_r(\boldsymbol{r})E(\boldsymbol{r})=0 \tag{5.92}$$

注意，$\nabla\times\nabla\times\boldsymbol{E}(\boldsymbol{r})=-\nabla^2\boldsymbol{E}(\boldsymbol{r})+\nabla(\nabla\cdot\boldsymbol{E}(\boldsymbol{r}))$，$\nabla\cdot[\varepsilon_r(\boldsymbol{r})\boldsymbol{E}(\boldsymbol{r})]=0$，则有

$$\nabla^2\boldsymbol{E}(\boldsymbol{r})+\omega^2\mu_0\varepsilon_0\varepsilon_r(\boldsymbol{r})\boldsymbol{E}(\boldsymbol{r})+\nabla\left[\left(\frac{\nabla\varepsilon_r(\boldsymbol{r})}{\varepsilon_r(\boldsymbol{r})}\right)\cdot\boldsymbol{E}(\boldsymbol{r})\right]=0 \tag{5.93}$$

采用折射率 $n(\boldsymbol{r})$，式(5.93)改写为

$$\nabla^2\boldsymbol{E}(\boldsymbol{r})+k^2n^2(\boldsymbol{r})\boldsymbol{E}(\boldsymbol{r})+2\ \nabla[\nabla\ln n(\boldsymbol{r})\cdot\boldsymbol{E}(\boldsymbol{r})]=0 \tag{5.94}$$

为了比较式(5.94)的左边第二项与第三项，假设随机介质存在时，$\boldsymbol{E}=E_y\hat{\boldsymbol{y}}$，波沿 $\hat{\boldsymbol{x}}$ 方向传播，折射率 $n^2\approx1+2n_1$，n_1 为折射率起伏，l 为折射率起伏的相关距离。因此第二项的 $\hat{\boldsymbol{y}}$ 分量有 $k^2E_y+k^2 2n_1E_y\sim(2n_1/\lambda^2)E_y$，第三项为$(2\partial^2n_1/\partial y^2)E_y\sim(2n_1/l^2)E_y$ 量级。当 $\lambda\ll l$(几何光学)时，可以忽略第三项，即忽略偏振效应(或称交叉极化)。如果第三项不能忽略，设电场强度 $\boldsymbol{E}=\boldsymbol{E}_0+\boldsymbol{E}_1$。其中 $\boldsymbol{E}_0=A_0\mathrm{e}^{ikx}\hat{\boldsymbol{y}}$，$\boldsymbol{E}_1=E_{1y}\hat{\boldsymbol{y}}+E_{1z}\hat{\boldsymbol{z}}$ 为由折射率不均匀起伏造成的波场的起伏部分。式(5.94)可以写成

$$\begin{cases}(\nabla^2+k^2n^2)\boldsymbol{E}_0=0\\(\nabla^2+k^2n^2)\boldsymbol{E}_1+2\ \nabla(\nabla n_1\cdot\boldsymbol{E}_0)=0\end{cases} \tag{5.95}$$

其中考虑了$|\boldsymbol{E}_0|\gg|\boldsymbol{E}_1|$。则电场强度 z 分量满足于

$$(\nabla^2+k^2n^2)E_{1z}=-2A_0\mathrm{e}^{\mathrm{i}kx}\frac{\partial^2 n_1}{\partial y\partial z} \tag{5.96}$$

其解为

$$E_{1z}=\frac{A_0}{2\pi}\int\frac{\partial^2 n_1}{\partial y\partial z}\frac{\exp(\mathrm{i}k\,|\,\boldsymbol{r}-\boldsymbol{r}'\,|)}{|\,\boldsymbol{r}-\boldsymbol{r}'\,|}\mathrm{d}\boldsymbol{r}' \tag{5.97}$$

表明折射率非均匀起伏，将产生交叉极化效应。

在忽略式(5.94)中的第三项时，任一场分量可以近似满足波动方程：

$$(\nabla^2+k^2n^2)U(\boldsymbol{r})=[\nabla^2+k^2(1+n_1)^2]U(\boldsymbol{r})=0 \tag{5.98}$$

对于弱起伏情况，可以采用 Born 近似和 Rytov 近似来获得方程的解。

5.3.1　波恩(Born)近似

令 $U(\boldsymbol{r})=U_0(\boldsymbol{r})+U_1(\boldsymbol{r})+\cdots$，方程(5.98)可写成

$$(\nabla^2+k^2)U(\boldsymbol{r})=-k^2\delta nU(\boldsymbol{r}),\ \delta n=2n_1+n_1^2 \tag{5.99}$$

未扰动解 U_0 和扰动解 U_1 分别满足：

$$(\nabla^2+k^2)U_0(\boldsymbol{r})=0,\quad (\nabla^2+k^2)U_1(\boldsymbol{r})+k^2\delta n[U_0(\boldsymbol{r})+U_1(\boldsymbol{r})]=0 \tag{5.100}$$

当$|U_1/U_0|\leqslant n_1$ 时，忽略 n_1U_1 项，并有 $\delta n\approx 2n_1$，则扰动项 U_1 近似满足：

$$(\nabla^2+k^2)U_1(\boldsymbol{r})=-2k^2n_1U_0(\boldsymbol{r}) \tag{5.101}$$

所以

$$U_1(\boldsymbol{r})=2k^2\int_{v'}G(\boldsymbol{r}-\boldsymbol{r}')n_1(\boldsymbol{r}')U_0(\boldsymbol{r}')\mathrm{d}\boldsymbol{r}' \tag{5.102}$$

式中，积分核的总场采用入射场代替，通常称该方法为 Born 近似。重复这种迭代，可以获得 U 的级数表达式。式中 $G(\boldsymbol{r}-\boldsymbol{r}')$是格林函数。则总场 U 为

$$U(\boldsymbol{r})=U_0(\boldsymbol{r})+U_1(\boldsymbol{r})=U_0(\boldsymbol{r})+2k^2\int_{v'}\frac{\exp(\mathrm{i}k\,|\,\boldsymbol{r}-\boldsymbol{r}'\,|)}{4\pi\,|\,\boldsymbol{r}-\boldsymbol{r}'\,|}n_1(\boldsymbol{r}')U_0(\boldsymbol{r}')\mathrm{d}\boldsymbol{r}' \tag{5.103}$$

类似于式(5.101)，Born 近似第二阶解满足：

$$(\nabla^2+k^2)U_2(\boldsymbol{r})=-2k^2n_1U_1(\boldsymbol{r}) \tag{5.104}$$

式(5.104)的解为

$$U_2(\boldsymbol{r})=2k^2\int_{v'}\frac{\exp(\mathrm{i}k\,|\,\boldsymbol{r}-\boldsymbol{r}'\,|)}{4\pi\,|\,\boldsymbol{r}-\boldsymbol{r}'\,|}n_1(\boldsymbol{r}')U_1(\boldsymbol{r}')\mathrm{d}\boldsymbol{r}' \tag{5.105}$$

值得注意的是，与第一阶解不同，$\langle U_2(\boldsymbol{r})\rangle\neq 0$。以此类推，可以获得 m 阶的 Born 近似解：

$$U_m(\boldsymbol{r})=2k^2\int_{v'}\frac{\exp(\mathrm{i}k\,|\,\boldsymbol{r}-\boldsymbol{r}'\,|)}{4\pi\,|\,\boldsymbol{r}-\boldsymbol{r}'\,|}n_1(\boldsymbol{r}')U_{m-1}(\boldsymbol{r}')\mathrm{d}\boldsymbol{r}' \tag{5.106}$$

考虑一列平面波从 $x=0$ 处入射到湍流介质上，观测点为 $\boldsymbol{r}=(L,\ y,\ z)$。当忽略后向散射和去极化效应后，上述方程沿传播方向的积分限制在 $x=0\rightarrow L$ 之间。如果$\lambda<l$(l 为湍流中不均匀体尺度)，对 $U_1(\boldsymbol{r})$的主要贡献就是 $y'\sim y$，$z'\sim z$ 区域，且$|y-y'|$，$|z-z'|\ll|x-x'|$，所以波受尺度为 l 的不均匀体的散射局限在量级为 $\theta\sim\lambda/l$ 的前向散射锥角范围内，即 $U_1(\boldsymbol{r})$仅受在锥角为 $\theta\sim\lambda/l$ 的圆锥体中的不均匀体元散射的影响显著。因此，可以得到格林函数

的抛物近似形式，则式(5.103)中

$$U_1(L,\boldsymbol{\rho})=\frac{k^2}{2\pi}\int_0^L \mathrm{d}x\int_{-\infty}^{\infty}\exp\left[\mathrm{i}k(L-x')+\frac{\mathrm{i}k\,|\,\boldsymbol{\rho}-\boldsymbol{\rho}'\,|)}{2(L-x')}\right]\frac{n_1(x',\boldsymbol{\rho}')}{L-x'}U_0(x',\boldsymbol{\rho}')\mathrm{d}\boldsymbol{\rho}' \tag{5.107}$$

因为$\langle n_1(\boldsymbol{r})\rangle=0$，显然一阶抛物近似$\langle U_1(\boldsymbol{r})\rangle=0$，需要考虑高阶扰动项。其第二阶项和第 m 阶近似解分别为

$$U_2(L,\boldsymbol{\rho})=\frac{k^2}{2\pi}\int_0^L \mathrm{d}x\int_{-\infty}^{\infty}\exp\left[\mathrm{i}k(L-x')+\frac{\mathrm{i}k\,|\,\boldsymbol{\rho}-\boldsymbol{\rho}'\,|)}{2(L-x')}\right]\frac{n_1(x',\boldsymbol{\rho}')}{L-x'}U_1(x',\boldsymbol{\rho}')\mathrm{d}\boldsymbol{\rho}' \tag{5.108}$$

$$U_m(L,\boldsymbol{\rho})=\frac{k^2}{2\pi}\int_0^L \mathrm{d}x\int_{-\infty}^{\infty}\exp\left[\mathrm{i}k(L-x')+\frac{\mathrm{i}k\,|\,\boldsymbol{\rho}-\boldsymbol{\rho}'\,|)}{2(L-x')}\right]\frac{n_1(x',\boldsymbol{\rho}')}{L-x'}U_{m-1}(x',\boldsymbol{\rho}')\mathrm{d}\boldsymbol{\rho}' \tag{5.109}$$

5.3.2 李托夫(Rytov)近似

令 $U(\boldsymbol{r})=\mathrm{e}^{\psi(\boldsymbol{r})}$，显然 $U_0(\boldsymbol{r})=\mathrm{e}^{\psi_0(\boldsymbol{r})}$。利用

$$\nabla^2 U=\nabla\cdot\nabla U=\nabla\cdot(U\nabla\psi)=U(\nabla\psi\cdot\nabla\psi+\nabla^2\psi) \tag{5.110}$$

式(5.100)可写为

$$\nabla^2\psi+(\nabla\psi)^2+k^2(1+\delta n)=0 \tag{5.111}$$

令 $\psi=\psi_0+\psi_1+\cdots$。当起伏不存在时，$\delta n=0$。$\psi_0$ 满足$\nabla^2\psi_0+(\nabla\psi_0)^2+k^2=0$，将其代入式(5.111)，$\psi_1$ 满足

$$\nabla^2\psi_1+2\nabla\psi_0\cdot\nabla\psi_1=-(\nabla\psi_1\cdot\nabla\psi_1+k^2\delta n) \tag{5.112}$$

考虑恒等式：

$$\nabla^2(U_0\psi_1)=(\nabla^2 U_0)\psi_1+2U_0\nabla\psi_0\cdot\nabla\psi_1+U_0\nabla^2\psi_1 \tag{5.113}$$

将式(5.112)代入式(5.113)，得

$$(\nabla^2+k^2)(U_0\psi_1)=-(\nabla\psi_1\cdot\nabla\psi_1+k^2\delta n)U_0 \tag{5.114}$$

式(5.114)的格林函数解为

$$\psi_1(\boldsymbol{r})=\frac{1}{U_0(\boldsymbol{r})}\int_{v'}\frac{\exp(\mathrm{i}k\,|\,\boldsymbol{r}-\boldsymbol{r}'\,|)}{4\pi\,|\,\boldsymbol{r}-\boldsymbol{r}'\,|}[(\nabla\psi_1\cdot\nabla\psi_1+k^2\delta n)U_0(\boldsymbol{r}')]\mathrm{d}\boldsymbol{r}' \tag{5.115}$$

当条件$|\nabla\psi_1|\ll|\nabla\psi_0|$满足时，由于$|\nabla\psi_0|\sim k=2\pi/\lambda$，因此 $\lambda|\psi_1|\ll 2\pi$，表示在一个波长量级的传播距离内，ψ_1 的变化为小量，但这并不意味着 U_1 本身是可忽略的小量。式(5.115)中忽略$\nabla\psi_1$ 项，则可改写为

$$\psi_{10}(\boldsymbol{r})=\frac{k^2}{U_0(\boldsymbol{r})}\int_{v'}\frac{\exp(\mathrm{i}k\,|\,\boldsymbol{r}-\boldsymbol{r}'\,|)}{4\pi\,|\,\boldsymbol{r}-\boldsymbol{r}'\,|}\delta n(\boldsymbol{r}')U_0(\boldsymbol{r}')\mathrm{d}\boldsymbol{r}' \tag{5.116}$$

$U(\boldsymbol{r})=\exp(\psi_0+\psi_{10})=U_0(\boldsymbol{r})\exp[\psi_{10}(\boldsymbol{r})]$称为一阶 Rytov 解。将指数部分展开为级数，前两项 $U_0(\boldsymbol{r})[1+\psi_{10}(\boldsymbol{r})]$为一级 Born 近似解。显然 Rytov 近似比 Born 近似的精度高。如果保留 n_1^2 项并考虑二阶近似，则 Born 二级近似解为

$$U_2(\boldsymbol{r})=-2k^2\int_{v'}G(\boldsymbol{r}-\boldsymbol{r}')n_1(\boldsymbol{r}')U_1(\boldsymbol{r}')\mathrm{d}\boldsymbol{r}'-k^2\int_{v'}G(\boldsymbol{r}-\boldsymbol{r}')n_1^2(\boldsymbol{r}')U_0(\boldsymbol{r}')\mathrm{d}\boldsymbol{r}' \tag{5.117}$$

而 Rytov 二阶解为

$$\psi_2(\boldsymbol{r})=\frac{U_2(\boldsymbol{r})}{U_0(\boldsymbol{r})}-\frac{1}{2}\left[\frac{U_1(\boldsymbol{r})}{U_0(\boldsymbol{r})}\right]^2 \tag{5.118}$$

为了方便，引入归一化 Born 近似解 $\phi_m(\boldsymbol{r})=U_m(\boldsymbol{r})/U_0(\boldsymbol{r})$，$m=1, 2, 3, \cdots$，让第一阶 Rytov 近似解和第一阶 Born 近似解相等，则有 $\exp[\psi_1(\boldsymbol{r})]=[1+\phi_1(\boldsymbol{r})]$，不难获得

$$\psi_1(\boldsymbol{r})=\ln[1+\phi_1(\boldsymbol{r})]\approx\phi_1(\boldsymbol{r}),\qquad |\phi_1(\boldsymbol{r})|\ll 1 \tag{5.119}$$

类似地，让 Rytov 近似和 Born 近似的第二阶解相等，两边取自然对数，可获得

$$\begin{aligned}\psi_1(\boldsymbol{r})+\psi_2(\boldsymbol{r})&=\ln[1+\phi_1(\boldsymbol{r})+\phi_2(\boldsymbol{r})]\\&\approx\phi_1(\boldsymbol{r})+\phi_2(\boldsymbol{r})-\frac{\phi_1^2(\boldsymbol{r})}{2},\ |\phi_1(\boldsymbol{r})|\ll 1,\ |\phi_2(\boldsymbol{r})|\ll 1\end{aligned} \tag{5.120}$$

从式(5.119)和式(5.120)获得 $\psi_2(\boldsymbol{r})=\phi_2(\boldsymbol{r})-\phi_1^2(\boldsymbol{r})/2$，即为式(5.118)。类似地采用格林函数抛物近似，则式(5.119)可近似为

$$\phi_1(L, \boldsymbol{\rho}) = \frac{k^2}{2\pi}\int_0^L \mathrm{d}x\int_{-\infty}^{\infty}\exp\left[\mathrm{i}k(L-x')+\frac{\mathrm{i}k\,|\boldsymbol{\rho}-\boldsymbol{\rho}'\,|)}{2(L-x')}\right]\frac{n_1(x', \boldsymbol{\rho}')}{L-x'}\frac{U_0(x', \boldsymbol{\rho}')}{U_0(L, \boldsymbol{\rho})}\mathrm{d}\boldsymbol{\rho}' \tag{5.121}$$

由式(5.118)可以获得 Rytov 第二阶解。其中

$$\begin{aligned}\phi_2(L, \boldsymbol{\rho}) = \frac{k^2}{2\pi}\int_0^L \mathrm{d}x\int_{-\infty}^{\infty}\exp\left[\mathrm{i}k(L-x')+\frac{\mathrm{i}k\,|\boldsymbol{\rho}-\boldsymbol{\rho}'\,|)}{2(L-x')}\right]\cdot\\ \frac{\phi_1(x', \boldsymbol{\rho}')n_1(x', \boldsymbol{\rho}')}{L-x'}\frac{U_0(x', \boldsymbol{\rho}')}{U_0(L, \boldsymbol{\rho})}\mathrm{d}\boldsymbol{\rho}'\end{aligned} \tag{5.122}$$

5.3.3 Rytov 解的统计矩

弱湍流介质中，Rytov 近似的一阶解式(5.116)可写成下述形式：

$$\psi_{10}(\boldsymbol{r}) = \frac{2k^2}{U_0(\boldsymbol{r})}\int_{v'}G(\boldsymbol{r}, \boldsymbol{r}')n_1(\boldsymbol{r}')U_0(\boldsymbol{r}')\mathrm{d}\boldsymbol{r}' = \int_{v'}h(\boldsymbol{r}-\boldsymbol{r}')n_1(\boldsymbol{r}')\mathrm{d}\boldsymbol{r}' \tag{5.123}$$

函数 $h(\boldsymbol{r}-\boldsymbol{r}')=2k^2G(\boldsymbol{r}-\boldsymbol{r}')U_0(\boldsymbol{r})/U_0(\boldsymbol{r}')$ 作为一种响应，给出了场量 $\psi_{10}(\boldsymbol{r})$ 与折射率起伏 $n_1(\boldsymbol{r})$ 之间的关系。如果让 $U(\boldsymbol{r})=A(\boldsymbol{r})\mathrm{e}^{\mathrm{i}S(\boldsymbol{r})}$，$U_0(\boldsymbol{r})=A_0(\boldsymbol{r})\mathrm{e}^{\mathrm{i}S_0(\boldsymbol{r})}$，可以得到

$$\psi_{10}(\boldsymbol{r})=\chi(\boldsymbol{r})+\mathrm{i}S_1(\boldsymbol{r})=\ln\left(\frac{A}{A_0}\right)+\mathrm{i}(S-S_0) \tag{5.124}$$

式(5.124)的实部 χ 称为对数振幅起伏(实际上应称为振幅的对数起伏)，S_1 称为相位起伏。

如果保留二阶项，由式(5.118)和式(5.119)得，$\psi(\boldsymbol{r})=\psi_1(\boldsymbol{r})+\psi_2(\boldsymbol{r})=\chi(\boldsymbol{r})+\mathrm{i}S(\boldsymbol{r})$。其中，$\chi(\boldsymbol{r})=\chi_1(\boldsymbol{r})+\chi_2(\boldsymbol{r})$，$S(\boldsymbol{r})=S_1(\boldsymbol{r})+S_2(\boldsymbol{r})$，则传播一定距离的场的强度为

$$I=|U_0|^2\exp(\psi+\psi^*)=(A^2\mathrm{e}^{2\chi_1})\mathrm{e}^{2\chi_2} \tag{5.125}$$

其中，$A=|U_0|$ 为没有扰动场的幅度，$\mathrm{e}^{2\chi_2}$ 的作用是对一阶强度 $I=A_0^2\mathrm{e}^{2\chi_1}$ 进行调制。一阶 Rytov 近似，强度遵循对数正态分布 $\chi_1=\ln(I/A^2)/2$，则强度起伏的概率密度函数遵从正态分布：

$$P(I)=\frac{1}{2\sqrt{2\pi}\,I\sigma_\chi}\exp\left[\left(\ln\frac{I}{A_0^2}-\frac{2\langle\chi\rangle}{8\sigma_\chi^2}\right)^2\right],\qquad I>0 \tag{5.126}$$

其中，$\sigma_\chi^2=\langle\chi_1^2\rangle-\langle\chi_1\rangle^2$ 是对数振幅方差。但二阶项 χ_2 不是高斯分布，式(5.125)表示的强度也不真正满足正态分布。基于式(5.126)，得到归一化强度的高阶矩为

$$\frac{\langle I^n \rangle}{\langle I \rangle^n} = \mu^{n(n-1)/2}, \quad n=1, 2, 3, \cdots \tag{5.127}$$

式中，$\mu=\langle I^2\rangle/\langle I\rangle^2$ 为归一化强度二阶矩。则归一化强度方差(或称闪烁指数)与对数振幅方差的关系为

$$\sigma_I^2 = \frac{\langle I^2 \rangle}{\langle I \rangle^2} - 1 = \exp(4\sigma_\chi^2) - 1 \tag{5.128}$$

对于经典 Rytov 解，观测点为 $\boldsymbol{r}=(L, y, z)=(L, \boldsymbol{\rho})$ 的波场为

$$U(L, \boldsymbol{\rho}) = U_0(L, \boldsymbol{\rho})\exp[\psi(L, \boldsymbol{\rho})] = U_0(L, \boldsymbol{\rho})\exp[\psi_1(L, \boldsymbol{\rho}) + \psi_2(L, \boldsymbol{\rho}) + \cdots] \tag{5.129}$$

式中，ψ_1 和 ψ_2 分别为湍流介质中波传播的一阶和二阶复相位起伏。显然，波场复相位起伏的一阶、二阶和四阶统计矩为

$$\langle \exp[\psi(L, \boldsymbol{\rho})] \rangle = \langle \exp[\psi_1(L, \boldsymbol{\rho}) + \psi_2(L, \boldsymbol{\rho})] \rangle \tag{5.130}$$

$$\langle \exp[\psi(L, \boldsymbol{\rho}_1) + \psi^*(L, \boldsymbol{\rho}_2)] \rangle = \langle \exp[\psi_1(L, \boldsymbol{\rho}_1) + \psi_2(L, \boldsymbol{\rho}_1) + \psi_1^*(L, \boldsymbol{\rho}_2) + \psi_2^*(L, \boldsymbol{\rho}_2)] \rangle \tag{5.131}$$

$$\begin{aligned} &\langle \exp[\psi(L, \boldsymbol{\rho}_1) + \psi^*(L, \boldsymbol{\rho}_2) + \psi(L, \boldsymbol{\rho}_3) + \psi^*(L, \boldsymbol{\rho}_4)] \rangle \\ &= \langle \exp[\psi_1(L, \boldsymbol{\rho}_1) + \psi_2(L, \boldsymbol{\rho}_1) + \psi_1^*(L, \boldsymbol{\rho}_2) + \psi_2^*(L, \boldsymbol{\rho}_2) + \\ &\quad \psi_1(L, \boldsymbol{\rho}_3) + \psi_2(L, \boldsymbol{\rho}_3) + \psi_1^*(L, \boldsymbol{\rho}_4) + \psi_2^*(L, \boldsymbol{\rho}_4)] \rangle \end{aligned} \tag{5.132}$$

上述随机函数的统计矩可以依据下面的概率公式计算：

$$\langle \exp(\psi) \rangle = \lim_{t \to -\mathrm{i}} \langle \exp(\mathrm{i}t\psi) \rangle = \exp\left(K_1 + \frac{1}{2}K_2 + \frac{1}{6}K_3 + \frac{1}{24}K_4 + \cdots\right) \tag{5.133}$$

其中

$$\begin{cases} K_1 = \langle \psi \rangle \\ K_2 = \langle \psi^2 \rangle - \langle \psi \rangle^2 \\ K_3 = \langle \psi^3 \rangle - 3\langle \psi \rangle \langle \psi^2 \rangle + 2\langle \psi \rangle^3 \\ K_4 = \langle \psi^4 \rangle - 4\langle \psi \rangle \langle \psi^3 \rangle - 3\langle \psi^2 \rangle^2 + 12\langle \psi^2 \rangle \langle \psi \rangle^2 - 6\langle \psi \rangle^4 \end{cases} \tag{5.134}$$

取式(5.133)的前两项，Andrews 给出的 Rytov 近似的波场一阶、二阶和四阶矩分别为

$$\langle \exp[\psi(L, \boldsymbol{\rho})] \rangle = \exp[E_1(0, 0)] \tag{5.135}$$

$$\langle \exp[\psi(L, \boldsymbol{\rho}_1) + \psi^*(L, \boldsymbol{\rho}_2)] \rangle = \exp[2E_1(0, 0) + E_2(\boldsymbol{\rho}_1, \boldsymbol{\rho}_2)] \tag{5.136}$$

$$\begin{aligned} &\langle \exp[\psi(L, \boldsymbol{\rho}_1) + \psi^*(L, \boldsymbol{\rho}_2) + \psi(L, \boldsymbol{\rho}_3) + \psi^*(L, \boldsymbol{\rho}_4)] \rangle \\ &= \exp[4E_1(0, 0) + E_2(\boldsymbol{\rho}_1, \boldsymbol{\rho}_2) + E_2(\boldsymbol{\rho}_1, \boldsymbol{\rho}_4) + \\ &\quad E_2(\boldsymbol{\rho}_3, \boldsymbol{\rho}_2) + E_2(\boldsymbol{\rho}_3, \boldsymbol{\rho}_4) + E_3(\boldsymbol{\rho}_1, \boldsymbol{\rho}_3) + E_3^*(\boldsymbol{\rho}_2, \boldsymbol{\rho}_4)] \end{aligned} \tag{5.137}$$

式(5.135)至式(5.137)中波场的一阶矩取 Rytov 近似的二阶解，其二阶矩和四阶矩仅取 Rytov 近似的一阶解。对于湍流介质中平面波的传播，$E_1(0, 0)$、$E_2(\boldsymbol{\rho}_1, \boldsymbol{\rho}_2)$ 和 $E_3(\boldsymbol{\rho}_1, \boldsymbol{\rho}_3)$ 的积分形式由式(5.135)和式(5.136)可以获得

$$E_1(0, 0) = \langle \psi_2(L, \boldsymbol{\rho}) \rangle + \frac{1}{2}\langle \psi_1^2(L, \boldsymbol{\rho}) \rangle = -2\pi^2 k^2 \int_0^L \int_0^\infty \kappa \Phi_n(\eta, \kappa) \mathrm{d}\kappa \mathrm{d}\eta \tag{5.138}$$

$$E_2(\boldsymbol{\rho}_1, \boldsymbol{\rho}_2) = \langle \psi_1(L, \boldsymbol{\rho}_1) \psi_1^*(L, \boldsymbol{\rho}_2) \rangle = 4\pi^2 k^2 \int_0^L \int_0^\infty \kappa \Phi_n(\eta, \kappa) J_0(\kappa |\boldsymbol{\rho}_1 - \boldsymbol{\rho}_2|) \mathrm{d}\kappa \mathrm{d}\eta \tag{5.139}$$

$$E_3(\boldsymbol{\rho}_1,\boldsymbol{\rho}_3)=\langle\psi_1(L,\boldsymbol{\rho}_1)\psi_1(L,\boldsymbol{\rho}_2)\rangle$$
$$=-4\pi^2k^2\int_0^L\int_0^\infty\kappa\Phi_n(\eta,\kappa)\mathrm{J}_0(\kappa\mid\boldsymbol{\rho}_1-\boldsymbol{\rho}_2\mid)\exp\left[-\frac{\mathrm{i}\kappa^2}{k}(L-\eta)\right]\mathrm{d}\kappa\mathrm{d}\eta \tag{5.140}$$

式中，κ 为二维空间波数。注意，$E_1(0,0)$中包含Rytov近似的对数振幅起伏与相位起伏的二阶解均值，其第二项中除包含一阶解的对数振幅起伏方差、相位起伏方差外，还存在两者混合乘积的均值；$E_2(\boldsymbol{\rho}_1,\boldsymbol{\rho}_2)$中除包含对数振幅起伏相关函数与相位起伏相关函数外，还存在$\langle\chi(L,\boldsymbol{\rho}_1)S_1^*(L,\boldsymbol{\rho}_2)\rangle$和$\langle\chi^*(L,\boldsymbol{\rho}_2)S_1(L,\boldsymbol{\rho}_1)\rangle$项。在弱起伏情况下，可以直接研究湍流介质中波场对数振幅起伏和相位起伏统计特征。

5.4　平面波入射时的对数振幅和相位起伏

对于平面波，$U_0(\boldsymbol{r})=\exp(\mathrm{i}kx)$，则式(5.116)变为

$$\psi_{10}(\boldsymbol{r})\approx\frac{k^2}{2\pi}\int_{v'}\frac{n_1(\boldsymbol{r}')}{x-x'}\exp\left[\mathrm{i}k\,\frac{(y-y')^2+(z-z')^2}{2(x-x')}\right]\mathrm{d}\boldsymbol{r}' \tag{5.141}$$

不难证明，式(5.141)是抛物型方程

$$\frac{\partial^2\psi_{10}}{\partial y^2}+\frac{\partial^2\psi_{10}}{\partial z^2}+2\mathrm{i}k\,\frac{\partial\psi_{10}}{\partial x}+2k^2n_1(\boldsymbol{r})=0 \tag{5.142}$$

的精确解。该抛物型方程是将 ψ_{10} 满足的方程 $\nabla^2\psi_{10}+2\nabla\psi_0\cdot\nabla\psi_{10}+2k^2n_1(\boldsymbol{r})=0$ 中略去传播方向的二阶导数 $\dfrac{\partial^2\psi_{10}}{\partial x^2}$ 项得到的。在展开式中 $k|\boldsymbol{r}-\boldsymbol{r}'|=k(x-x')+\dfrac{k\rho^2}{2(x-x')}+\dfrac{k\rho^4}{8(x-x')^3}+\cdots$，保留前两项，式(5.141)中相位误差量级是 $O\left\{\dfrac{k\rho^4}{8(x-x')^3}\right\}$。在积分的主要区域 $\rho\sim\theta L\sim\lambda L/l$，当 $L\ll l^4/\lambda^3$ 时，式(5.142)的抛物近似的误差很小。由于 $\lambda\ll l$，则 l^4/λ^3 远比几何光学应用界限的临界距离 $L_c=l^2/\lambda$ 要大，所以Rytov方法应用范围比几何光学要广泛。

5.4.1　对数振幅和相位起伏谱

当折射率起伏 n_1 是局部均匀、各向同性的随机函数时，可以预计波场 $\psi_{10}(r)$只在垂直于传播方向的二维平面内是均匀、各向同性的。其二维相关特征极大地依赖于 n_1 对应的二维相关特征，而与传播方向上的相关距离关系不大。假设折射率起伏 n_1 的二维谱以及波场对应的二维谱分别为

$$n_1(x,\boldsymbol{\rho})=\int\mathrm{e}^{\mathrm{i}\boldsymbol{\kappa}\cdot\boldsymbol{\rho}}\mathrm{d}\nu(x,\boldsymbol{\kappa}),\ \psi_{10}(x,\boldsymbol{\rho})=\int\mathrm{e}^{\mathrm{i}\boldsymbol{\kappa}\cdot\boldsymbol{\rho}}\mathrm{d}\phi(x,\boldsymbol{\kappa}) \tag{5.143}$$

式中，$\mathrm{d}\nu(x,\boldsymbol{\kappa})$和 $\mathrm{d}\phi(x,\boldsymbol{\kappa})$分别为 n_1 和 $\psi_{10}(r)$的谱振幅。由式(5.123)和式(5.141)得到

$$\psi_{10}(x,\boldsymbol{\rho})=\int_0^x\int_{-\infty}^\infty\int_{-\infty}^\infty h(x-x',y-y',z-z')n_1(x',y',z')\mathrm{d}x'\mathrm{d}y'\mathrm{d}z'$$
$$=\int_0^x\int H(x-x',\boldsymbol{\kappa})\mathrm{e}^{\mathrm{i}\boldsymbol{\kappa}\cdot\boldsymbol{\rho}}\mathrm{d}\nu(x',\boldsymbol{\kappa})\mathrm{d}x' \tag{5.144}$$

其中

$$H(x-x',\boldsymbol{\kappa})=\int h(x-x',\boldsymbol{\rho}-\boldsymbol{\rho}')\exp[-\mathrm{i}\boldsymbol{\kappa}\cdot(\boldsymbol{\rho}-\boldsymbol{\rho}')]\mathrm{d}\boldsymbol{\rho}'$$
$$=\frac{k^2}{2\pi(x-x')}\int_0^{2\pi}\int_0^{\infty}\rho\exp\left[\mathrm{i}\frac{k\rho^2}{2(x-x')}+\mathrm{i}\kappa\rho\cos\phi\right]\mathrm{d}\rho\mathrm{d}\phi$$
$$=\frac{k^2}{x-x'}\int_0^{\infty}\rho\exp\left[-\frac{k\rho^2}{\mathrm{i}2(x-x')}\right]\mathrm{J}_0(\kappa\rho)\mathrm{d}\rho=\mathrm{i}k\exp\left[-\frac{\mathrm{i}(x-x')}{2k}\kappa^2\right]\tag{5.145}$$

根据傅里叶变换的卷积定理以及式(5.145)，显然有

$$\mathrm{d}\phi(x,\kappa)=\int_0^x H(x-x',\boldsymbol{\kappa})\mathrm{d}\nu(x',\boldsymbol{\kappa})\mathrm{d}x'=\mathrm{i}k\int_0^x\exp\left[-\frac{\mathrm{i}(x-x')\kappa^2}{2k}\right]\mathrm{d}\nu(x',\boldsymbol{\kappa})\mathrm{d}x'\tag{5.146}$$

将随机介质作为网络，折射率起伏谱振幅 $\mathrm{d}\nu(x,\boldsymbol{\kappa})$ 作为输入，代表从 x' 到 x 的单位路径长度对波传播的影响。令 $\mathrm{d}\phi(x,\boldsymbol{\kappa})=\mathrm{d}a(x,\boldsymbol{\kappa})+\mathrm{i}\mathrm{d}\sigma(x,\boldsymbol{\kappa})$，其实部和虚部分别对应对数振幅起伏 $\chi(x,\boldsymbol{\rho})$ 和相位起伏 $S_1(x,\boldsymbol{\rho})$ 的谱振幅。由式(5.146)得到

$$\begin{cases}\mathrm{d}a(x,\boldsymbol{\kappa})=k\displaystyle\int_0^x\sin\left(\frac{x-x'}{2k}\kappa^2\right)\mathrm{d}\nu(x',\boldsymbol{\kappa})\mathrm{d}x'\\ \mathrm{d}\sigma(x,\boldsymbol{\kappa})=k\displaystyle\int_0^x\cos\left(\frac{x-x'}{2k}\kappa^2\right)\mathrm{d}\nu(x',\boldsymbol{\kappa})\mathrm{d}x'\end{cases}\tag{5.147}$$

式(5.147)的物理含义表明，由波数 κ 表征的波动场起伏，是由同样波数 κ 表征的折射率起伏不均匀元散射相叠加而构成的。但距离观测点 x 为 $x-x'$ 处的尺度为 l 的不均匀元的贡献需经过 $\sin(\pi\Lambda^2/l^2)$ 或 $\cos(\pi\Lambda^2/l^2)$ 加权。这里 $\Lambda^2=\lambda(x-x')$ 为第一菲涅耳带半径平均值平方。即这种加权依赖于折射率起伏本身尺度和菲涅耳带半径。由此获得

$$\begin{cases}\chi(x,\rho)=\displaystyle\int_0^x\mathrm{d}x'\int_{-\infty}^{\infty}\mathrm{e}^{\mathrm{i}\boldsymbol{\kappa}\cdot\boldsymbol{\rho}}H_{\mathrm{r}}(x-x',\boldsymbol{\kappa})\mathrm{d}\nu(x',\boldsymbol{\kappa})\\ S_1(x,\rho)=\displaystyle\int_0^x\mathrm{d}x'\int_{-\infty}^{\infty}\mathrm{e}^{\mathrm{i}\boldsymbol{\kappa}\cdot\boldsymbol{\rho}}H_{\mathrm{i}}(x-x',\boldsymbol{\kappa})\mathrm{d}\nu(x',\boldsymbol{\kappa})\end{cases}\tag{5.148}$$

其中

$$H_{\mathrm{r}}(x-x',\boldsymbol{\kappa})=k\sin\left(\frac{x-x'}{2k}\kappa^2\right),\quad H_{\mathrm{i}}(x-x',\boldsymbol{\kappa})=k\cos\left(\frac{x-x'}{2k}\kappa^2\right)\tag{5.149}$$

5.4.2 对数振幅和相位起伏的相关函数与结构函数

考虑随机振幅 $\mathrm{d}\nu(x,\boldsymbol{\kappa})$ 满足

$$\begin{cases}\langle\mathrm{d}\nu(x',\boldsymbol{\kappa})\rangle=0\\ \langle\mathrm{d}\nu(x',\boldsymbol{\kappa})\mathrm{d}\nu(x'',\boldsymbol{\kappa}')\rangle=F_n(|x'-x''|,\boldsymbol{\kappa})\delta(\boldsymbol{\kappa}-\boldsymbol{\kappa}')\mathrm{d}\boldsymbol{\kappa}\mathrm{d}\boldsymbol{\kappa}'\end{cases}\tag{5.150}$$

在 $x=L$ 平面上，对数振幅的相关函数定义为

$$B_{\chi}(L;\boldsymbol{\rho}_1,\boldsymbol{\rho}_2)=\langle\chi(L,\boldsymbol{\rho}_1)\chi^*(L,\boldsymbol{\rho}_2)\rangle$$
$$=\int_0^L\mathrm{d}x'\int_0^L\mathrm{d}x''\int_{-\infty}^{\infty}\mathrm{e}^{\mathrm{i}\boldsymbol{\kappa}\cdot\boldsymbol{\rho}}H_{\mathrm{r}}(L-x',\boldsymbol{\kappa})H_{\mathrm{r}}^*(L-x'',\boldsymbol{\kappa})F_n(|x'-x''|,\boldsymbol{\kappa})\mathrm{d}\boldsymbol{\kappa},$$
$$\boldsymbol{\rho}=\boldsymbol{\rho}_1-\boldsymbol{\rho}_2\tag{5.151}$$

令 $\eta=(x'+x'')/2$，$x_{\mathrm{d}}=x'-x''$，将 x'，x''的积分变换为

$$\int_0^L\mathrm{d}x'\int_0^L\mathrm{d}x''=\int_0^L\mathrm{d}\eta\int_{\xi_1(\eta)}^{\xi_2(\eta)}\mathrm{d}x_{\mathrm{d}}$$

如图 5.14 所示，由于折射率谱 $F_n(|x_d|,\boldsymbol{\kappa})$仅在折射率起伏相关距离内($x_d\kappa\leqslant 1$)有重要贡献，而当 $x_d>l$ 以及 $l\ll L$ 时，函数的相关函数趋于零，所以可以将对 x_d 的积分延拓到无穷大，即 $\int_0^L \mathrm{d}x'\int_0^L \mathrm{d}x''\approx\int_0^L \mathrm{d}\eta\int_{-\infty}^{\infty}\mathrm{d}x_d$。

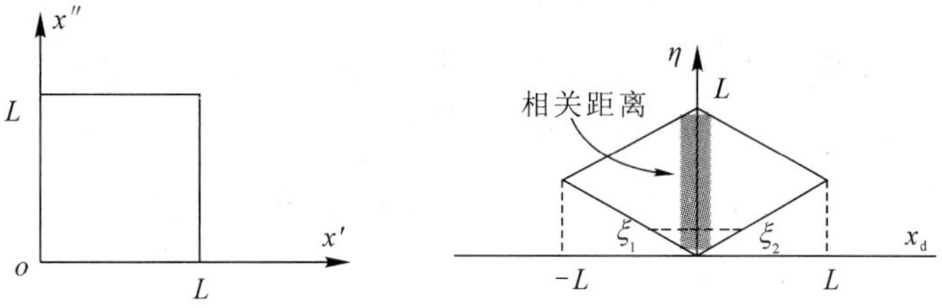

图 5.14　积分变量变换前后的积分区域

谱滤波函数 H_r 是 x'的缓变函数，近似有 $H_r(L-x',\boldsymbol{\kappa})=H_r(L-\eta,\boldsymbol{\kappa})$。考虑

$$\int_{-\infty}^{\infty}F_n(|x_d|,\boldsymbol{\kappa})\mathrm{d}x_d=2\pi\Phi_n(\boldsymbol{\kappa},0)\tag{5.152}$$

其中，$\boldsymbol{\kappa}=(\kappa_y,\kappa_z)$，$\kappa_x=0$。根据上述近似处理，式(5.151)可写为

$$B_\chi(L,\boldsymbol{\rho})=2\pi\int_0^L\mathrm{d}\eta\int_{-\infty}^{\infty}\mathrm{e}^{\mathrm{i}\boldsymbol{\kappa}\cdot\boldsymbol{\rho}}H_r^2(L-\eta,\boldsymbol{\kappa})\Phi_n(\boldsymbol{\kappa})\mathrm{d}\boldsymbol{\kappa}\tag{5.153}$$

在柱坐标系中，$\kappa_y=\kappa\cos\phi$，$\kappa_z=\kappa\sin\phi$，$y_d=\rho\cos\phi'$，$z_d=\rho\sin\phi'$，有

$$\int_0^{\infty}\int_0^{2\pi}\exp[\mathrm{i}\kappa\rho\cos(\phi-\phi')]\kappa\mathrm{d}\phi\mathrm{d}\kappa=2\pi\int_0^{\infty}\mathrm{J}_0(\kappa\rho)\kappa\mathrm{d}\kappa$$

则式(5.153)改写为

$$B_\chi(L,\boldsymbol{\rho})=(2\pi)^2\int_0^L\int_0^{\infty}\mathrm{J}_0(\kappa\rho)H_r^2(L-\eta,\boldsymbol{\kappa})\Phi_n(\boldsymbol{\kappa})\kappa\mathrm{d}\kappa\mathrm{d}\eta\tag{5.154}$$

通过类似处理，可以获得相位起伏相关函数为

$$\begin{aligned}B_s(L,\boldsymbol{\rho})&=B_s(L;\boldsymbol{\rho}_1,\boldsymbol{\rho}_2)=\langle S_1(L,\boldsymbol{\rho}_1)S_1^*(L,\boldsymbol{\rho}_2)\rangle\\&=(2\pi)^2\int_0^L\int_0^{\infty}\mathrm{J}_0(\kappa\rho)H_i^2(L-\eta,\boldsymbol{\kappa})\Phi_n(\boldsymbol{\kappa})\kappa\mathrm{d}\kappa\mathrm{d}\eta\end{aligned}\tag{5.155}$$

根据结构函数定义式(5.28)，以及它和相关函数的关系式(5.29)，对于均匀、各向同性随机介质，对数振幅和相位的结构函数为

$$\begin{aligned}D_\chi(L,\boldsymbol{\rho})&=\langle[\chi(L,\boldsymbol{\rho}_1)-\chi(L,\boldsymbol{\rho}_2)]^2\rangle\\&=8\pi^2\int_0^L\int_0^{\infty}[1-\mathrm{J}_0(\kappa\rho)]H_r^2(L-\eta,\boldsymbol{\kappa})\Phi_n(\boldsymbol{\kappa})\kappa\mathrm{d}\kappa\mathrm{d}\eta\end{aligned}\tag{5.156}$$

$$\begin{aligned}D_s(L,\boldsymbol{\rho})&=\langle[S_1(L,\boldsymbol{\rho}_1)-S_1(L,\boldsymbol{\rho}_2)]^2\rangle\\&=8\pi^2\int_0^L\int_0^{\infty}[1-\mathrm{J}_0(\kappa\rho)]H_i^2(L-\eta,\boldsymbol{\kappa})\Phi_n(\boldsymbol{\kappa})\kappa\mathrm{d}\kappa\mathrm{d}\eta\end{aligned}\tag{5.157}$$

以下考虑相关函数和结构函数的收敛性。对于小的 κ，当 $\kappa\to 0$ 时，$\mathrm{J}_0(\kappa\rho)\to 1$；$H_r\to(L-x')\kappa^2/2$，$H_i\to k$，即 $H_r^2\to\kappa^4$，$H_i^2\to k^2$(常数)；$\Phi_n(\kappa)\to\kappa^p$。在积分式(5.154)至式(5.157)中，当 $p>-6$ 时，B_χ 收敛；当 $p>-8$ 时，D_χ 收敛；当 $p>-2$ 时，B_s 收敛；当 $p>-4$ 时，D_s 和 $B_{\chi,s}$均收敛。对于 Kolmogorov 谱，若 $p=-11/3$，则相位相关函数不收敛，但相位结构函数收敛。这也是在研究湍流介质中波传播规律时常使用结构函数的原因之一。

5.4.3 谱和空间滤波函数

相关函数积分式(5.154)和式(5.155)具有如下普遍形式：

$$B(L,\boldsymbol{\rho}) = 2\pi\int_0^L\int_0^\infty F(\eta,\rho;\kappa)\Phi_n(\eta,\boldsymbol{\kappa})\kappa\mathrm{d}\kappa\mathrm{d}\eta \tag{5.158}$$

式(5.158)忽略了 Φ_n 在横向方面的变化。只要谱在距离 $\sqrt{\lambda L}$ 上的横向变化可以忽略，式(5.158)就是允许的。当 Φ_n 与位置 η 无关且各向同性时，式(5.158)可以简化成

$$B(L,\rho) = 2\pi^2 k^2 L\int_0^\infty \mathrm{J}_0(\kappa\rho)f(\kappa)\Phi_n(\kappa)\kappa\mathrm{d}\kappa \tag{5.159}$$

结构函数可以类似地写为

$$D(L,\rho) = 4\pi^2 k^2 L\int_0^\infty [1-\mathrm{J}_0(\kappa\rho)]f(\kappa)\Phi_n(\kappa)\kappa\mathrm{d}\kappa \tag{5.160}$$

式中，函数 $f(\kappa)$ 称为滤波函数。对数振幅起伏和相位起伏滤波函数分别为

$$f_\chi = 1-\frac{\sin\left(\dfrac{\kappa^2 L}{k}\right)}{\dfrac{\kappa^2 L}{k}} \tag{5.161}$$

$$f_s = 1+\frac{\sin\left(\dfrac{\kappa^2 L}{k}\right)}{\dfrac{\kappa^2 L}{k}} \tag{5.162}$$

它们对折射率起伏谱的某些特定部分起滤波作用。由积分式

$$B(L,\rho) = 2\pi\int_0^\infty \mathrm{J}_0(\kappa\rho)F(L,\kappa)\kappa\mathrm{d}\kappa \tag{5.163}$$

可知相关函数对应的二维谱密度函数是滤波函数与折射率起伏三维谱密度的乘积，即

$$F_\chi(L,\kappa)=\pi k^2 L\left[1-\frac{k}{\kappa^2 L}\sin\left(\frac{\kappa^2 L}{k}\right)\right]\Phi_n(\kappa,0) \tag{5.164}$$

$$F_s(L,\kappa)=\pi k^2 L\left[1+\frac{k}{\kappa^2 L}\sin\left(\frac{\kappa^2 L}{k}\right)\right]\Phi_n(\kappa,0) \tag{5.165}$$

由此，可以把 $x=L$ 的平面上波振幅和相位起伏的二维谱密度和折射率相关函数的三维谱密度函数 Φ_n 联系一起。对于 Φ_n 单调下降而言，显然相位起伏要比对数振幅起伏要大。现在，考察滤波函数随空间波数的变化特征。当空间波数 $\kappa\to 0$ 时，有

$$f_{\chi,s} = 1\mp\frac{\sin\left(\dfrac{\kappa^2 L}{k}\right)}{\dfrac{\kappa^2 L}{k}}\to\begin{cases}\dfrac{\kappa^4 L^2}{6k^2}\\ 2\end{cases} \tag{5.166}$$

所以，当 Φ_n 以不快于 κ^{-4} 的速度趋于无限大时，有 $F_\chi(0)\to 0$，意味着振幅起伏相关函数存在，对应谱密度函数有限。

当 $\kappa=\sqrt{\pi k/L}=\sqrt{2\pi^2/\lambda L}$ 时，$f_{\chi,s}(\kappa)=1$。当 κ 很大时，$f_{\chi,s}(\kappa)\to 1$，呈现越来越小的振荡。这里定义空间特征波数，它对应于第一菲涅耳带尺度，即 $\kappa_0=2\pi/\sqrt{\lambda L}$。由图 5.15 可知，对 f_χ 有主要贡献的部分位于 $\kappa\geqslant\sqrt{2}\pi/\sqrt{\lambda L}$ 谱区，表明对数振幅起伏几乎只受尺度为 $\sqrt{\lambda L}$ 或更小的湍流的影响。$f_s(\kappa)$ 主要受 $\kappa\leqslant\sqrt{2}\pi/\sqrt{\lambda L}$ 谱区的影响，但相位起伏受到各种

尺度湍流的影响，特别是受到$\sqrt{\lambda L}$或更大尺度湍流的影响。

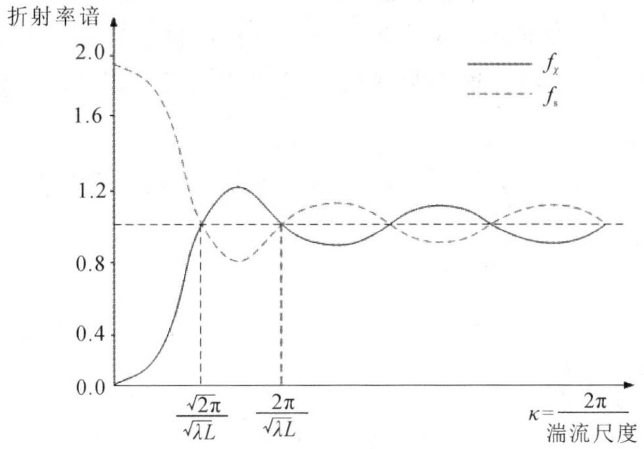

图 5.15　对数振幅起伏和相位起伏滤波函数

5.5　均匀各向同性随机介质中对数振幅起伏和相位起伏的统计特征

上节内容表明，滤波函数 $f_{\chi,s}(\kappa)$和谱密度函数 Φ_n 依赖于空间波数 κ。当 κ_0 与 $2\pi/l_0$、$2\pi/L_0$ 的相对位置不同时，波场的起伏特征是非常不同的。也就是说，它取决于相关距离 l 是否小于或大于第一菲涅耳带尺度$\sqrt{\lambda L}$。

5.5.1　几何光学区($L\ll l_0^2/\lambda$)

在几何光学区域，滤波函数 $f_{\chi,s}(\kappa)$和谱密度函数 Φ_n 如图 5.16(a)所示。显然，对于所有的 $\kappa\gg 2\pi/l_0$，$\Phi_n(\kappa)$可以忽略，在 $\kappa\approx 2\pi/l_0$ 以上区域，f_χ 和 f_s 的细节对振幅起伏与相位起伏的谱没有影响。在几何光学区，式(5.166)为

$$f_{\chi,s}=1\mp\frac{\sin\left(\dfrac{\kappa^2L}{k}\right)}{\dfrac{\kappa^2L}{k}}\rightarrow\begin{cases}\dfrac{\kappa^4L^2}{6k^2}\\ 2\end{cases}$$

对应的二维总谱密度函数为

$$F_\chi(\kappa,L)=\frac{\pi L^3\kappa^4}{6}\Phi_n(\kappa),\ F_s(\kappa,L)=2\pi k^2L\Phi_n(\kappa)\tag{5.167}$$

由此，相关函数分别为

$$B_\chi(L,\rho)=\frac{\pi^2L^3}{3}\int_0^\infty\kappa^5J_0(\kappa\rho)\Phi_n(\kappa)d\kappa\tag{5.168}$$

$$B_s(L,\rho)=4\pi^2k^2L\int_0^\infty\kappa J_0(\kappa\rho)\Phi_n(\kappa)d\kappa\tag{5.169}$$

式(5.168)表明，B_χ 与波的频率无关，与传输距离 L 的三次方成正比；在 $\kappa\ll 2\pi/l_0$ 区域，由于κ^5、$\Phi_n(\kappa)$对 B_χ 影响不大，当$\kappa<2\pi/l_0$ 时，$f_\chi\Phi_n(\kappa)$出现峰值，B_χ 的相关距离应比

折射率起伏的相关距离小，即尺度为 l_0 量级的折射率不均匀元对振幅起伏有最大的影响。式(5.169)表明，B_s 与频率的平方及距离 L 成正比；同时，B_s 与折射率起伏谱 $\Phi_n(\kappa)$ 的全部区域有关，且 $\kappa<2\pi/l_0$ 区域的折射率不均匀元对相位起伏有大的影响，其相关距离与折射率起伏的相关距离相同。将折射率起伏谱公式(5.67)代入式(5.168)，可得到对数振幅相关函数：

$$B_\chi(L,\ \rho)=0.0504C_n^2L^3\kappa_m^{7/3}{}_1F_1\left(\frac{7}{6},\ 1;\ -\frac{\kappa_m^2\rho^2}{4}\right) \tag{5.170}$$

对数振幅起伏方差为

$$\sigma_\chi^2=B_\chi(L,\ 0)=0.1086C_n^2L^3L_0^{-7/3}\psi\left(3,\ \frac{13}{6};\ \frac{1}{L_0^2\kappa_m^2}\right) \tag{5.171}$$

对于小 κ，计算相位起伏方差，只能采用 Von Karman 谱，即

$$\begin{aligned}\sigma_s^2 &= B_s(L,\ 0) = 0.033C_n^2 4\pi^2k^2L\int_0^\infty\left(\kappa^2+\frac{1}{L_0^2}\right)^{-11/6}\exp\left(-\frac{\kappa^2}{\kappa_m^2}\right)\kappa\,\mathrm{d}\kappa \\ &= 0.6514C_n^2k^2LL_0^{5/3}\psi\left(1,\ \frac{1}{6};\ \frac{1}{L_0^2\kappa_m^2}\right)\end{aligned} \tag{5.172}$$

式中，$\psi(a,\ b;\ z)$是合流超几何函数。上述公式中应用了积分：

$$\int_0^\infty \mathrm{e}^{-zt}t^{a-1}(1+t)^{b-a-1}\mathrm{d}t = \Gamma(a)\psi(a,\ b;\ z),\quad \mathrm{Re}(a,\ b)>0 \tag{5.173}$$

如果已知折射率起伏的相关函数 $B_n(r_\mathrm{d})$，可以获得相位起伏相关函数的另一种形式。将式(5.19)，即

$$\Phi_n(\kappa) = \frac{1}{2\pi^2\kappa}\int_0^\infty B_n(r_\mathrm{d})\sin(\kappa r_\mathrm{d})r_\mathrm{d}\mathrm{d}r_\mathrm{d} \tag{5.174}$$

代入式(5.169)，利用下式

$$\int_0^\infty \mathrm{J}_0(\kappa\rho)\sin(\kappa r_\mathrm{d})\mathrm{d}\kappa = \begin{cases}0, & \rho>r_\mathrm{d} \\ (r_\mathrm{d}^2-\rho^2)^{-1/2}, & \rho<r_\mathrm{d}\end{cases} \tag{5.175}$$

可得到

$$B_s(L,\ \rho) = 4k^2L\int_0^\infty B_n(\sqrt{\rho^2+x^2})\mathrm{d}x \tag{5.176}$$

因而相位起伏的均方差为

$$B_s(L,\ 0)=\langle S_1^2\rangle=2k^2L\langle n_1^2\rangle L_n \tag{5.177}$$

式中，$L_n = \dfrac{1}{B_n(0)}\displaystyle\int_0^\infty B_n(x)\mathrm{d}x = \dfrac{1}{\langle n_1^2\rangle}\displaystyle\int_0^\infty B_n(x)\mathrm{d}x$。$L_n$ 称为积分尺度，也被认为是相关距离的一种定义。

5.5.2 绕射区($l_0^2/\lambda\ll L\ll L_0^2/\lambda$)

在绕射区，内外尺度对于波的起伏均有影响。对于这种情况，滤波函数 $f_{\chi,s}(\kappa)$的谱密度函数 Φ_n 如图 5.16(b)所示。当 $\kappa<2\pi/L_0$ 时，滤波函数 $f_\chi\sim\kappa^2$，Φ_n 的形式对于振幅起伏的影响小，可以忽略。Φ_n 和 $f_\chi(\kappa)$之积构成的总谱在 $2\pi/\sqrt{\lambda L}$ 附近有最大值，在 $\kappa>2\pi/l_0$ 区域趋于零。所以，振幅起伏相关函数的谱集中在 $\kappa_0=2\pi/\sqrt{\lambda L}$ 附近，即尺度量级是第一菲涅耳半径 $\sqrt{\lambda L}$ 的折射率不均匀元的散射对波振幅起伏具有最大的贡献。由此，在 $x=L$

平面上，对数振幅起伏相关函数具有$\sqrt{\lambda L}$量级的特征尺度(相关距离)。当$L\gg l_0^2/\lambda$时，在整个κ区域，谱密度函数Φ_n可采用式(5.66)表示为

$$\Phi_n(\kappa)=0.033C_n^2\kappa^{-11/3} \tag{5.178}$$

则对数振幅起伏方差为

$$\begin{aligned}\sigma_\chi^2 &= 2\pi^2k^2L\int_0^\infty \kappa f_\chi(\kappa)\Phi_n(\kappa)\mathrm{d}\kappa \\ &= 0.033C_n^2\pi^2k^{7/6}L^{11/6}\left[-\Gamma\left(-\frac{5}{6}\right)\right]\left(\frac{6}{11}\right)\cos\left(\frac{5\pi}{12}\right) \\ &= 0.307C_n^2k^{7/6}L^{11/6}\end{aligned} \tag{5.179}$$

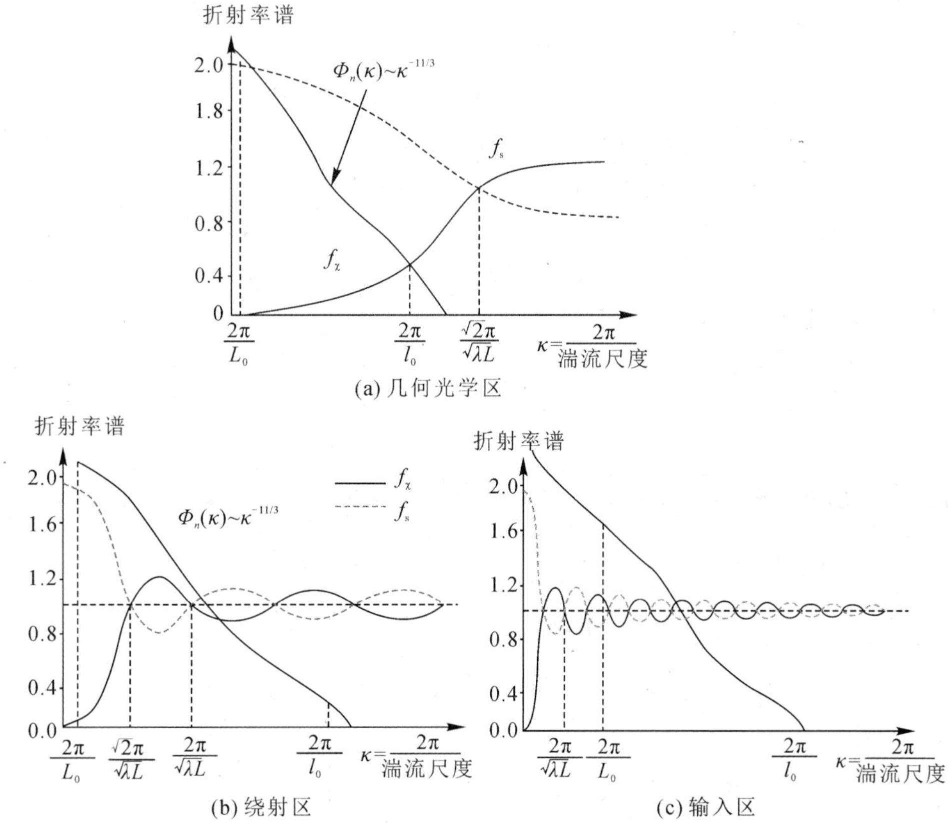

图 5.16 滤波函数和折射率起伏谱密度函数

这种弱起伏对数振幅起伏方差由 Tatarskii 在 1961 年导出，它往往作为一种量度，用于湍流大气中波传播强度起伏及闪烁指数的研究。如果采用 Von Karman 谱，可以研究内尺度的影响，即若采用式(5.67)，则式(5.179)改为

$$\sigma_\chi^2=0.033C_n^2\pi^2k^{7/6}L^{11/6}\left[-\Gamma\left(-\frac{5}{6}\right)\right]\times\left\{-\kappa_m^{-5/3}+\frac{6}{11}\frac{k}{L}\mathrm{Im}\left[\exp\left(\frac{\mathrm{i}\pi}{12}\right)\left(\frac{L}{k}+\frac{\mathrm{i}}{\kappa_m^2}\right)^{11/6}\right]\right\} \tag{5.180}$$

相应的相关函数为

$$B_\chi(L,\rho)=\sigma_\chi^2b_\chi(L,\rho),\quad b_\chi(L,\rho)=\frac{B_1-B_2}{1-B_3} \tag{5.181}$$

其中

$$\begin{cases} B_1 = {}_1F_1\left(-\dfrac{5}{6},\ 1;\ -\dfrac{\kappa_m^2\rho^2}{4}\right) \\ B_2 = \dfrac{6}{11}\left(\dfrac{L\kappa_m^2}{k}\right)^{5/6}\mathrm{Im}\left[\exp\left(\dfrac{\mathrm{i}\pi}{12}\right)z^{11/6}\,{}_1F_1\left(-\dfrac{11}{6},\ 1;\ -\mathrm{i}\dfrac{\rho^2 k}{4L}z^{-1}\right)\right] \\ B_3 = \dfrac{6}{11}\left(\dfrac{L\kappa_m^2}{k}\right)^{5/6}\mathrm{Im}\left[\exp\left(\dfrac{\mathrm{i}\pi}{12}\right)z^{11/6}\right],\ z=\left(1+\dfrac{\mathrm{i}k}{L\kappa_m^2}\right) \end{cases} \tag{5.182}$$

其数值表明，相关距离量级为 $\sqrt{\lambda L}$，只稍与内尺度 l_0 有关。

5.5.3 输入区($\sqrt{\lambda L}\gg L_0$)

当 κ 位于输入区内($\kappa<2\pi/L_0$)时，相位滤波函数 $f_s(\kappa)\to 2$，尺度为 L_0 或大于 L_0 的湍流对相位相关函数有影响。在这个区域内，湍流一般是各向异性的，折射率起伏谱的类型取决于湍流的成因，故难以给出相关函数的普遍表达式。同样，对振幅起伏相关函数有主要贡献的是位于(L_0，$\sqrt{\lambda L}$)之间的大尺度不均匀元的散射。

折射率起伏的结构函数依赖于两观测点坐标或两时刻。由于各向异性，折射率起伏谱一般要用三维矢量谱表示。在 $\rho\leqslant L_0$ 的情况下，对于大的 ρ，结构函数 $D_\chi(\rho)$ 和 $D_s(\rho)$ 不仅依赖于两观测点间距 ρ，也依赖于 $x=L$ 平面上这些点的位置。

当 $\rho\geqslant L_0$ 时，结构函数 D_χ 和 D_s 实质上依赖于湍流大尺度分量特征，它们是非均匀、各向异性的，但振幅起伏的均方差仍是有限的，不依赖尺度比 $\sqrt{\lambda L}$ 大的折射率起伏不均匀元。

当 $\kappa>2\pi/L_0$ 时，$f_\chi(\kappa)=f_s(\kappa)\to 1$，有 $F_\chi(L,\ \kappa)=F_s(L,\ \kappa)=\pi k^2 L\Phi_n(\kappa)$，则

$$D_\chi(L,\ \rho) = D_s(L,\ \rho) \sim 4\pi^2 k^2 L\int_0^\infty [1-\mathrm{J}_0(\kappa\rho)]\Phi_n(\kappa)\kappa\mathrm{d}\kappa \tag{5.183}$$

$$B_\chi(L,\ \rho) = B_s(L,\ \rho) = 2\pi^2 k^2 L\int_0^\infty \mathrm{J}_0(\kappa\rho)\Phi_n(\kappa)\kappa\mathrm{d}\kappa \tag{5.184}$$

这正好是几何光学情况下相位相关函数的一半。若采用与获得式(5.176)时相同的方法，则有

$$B_\chi(L,\ \rho) = B_s(L,\ \rho) = k^2 L\int_0^\infty B_n(\sqrt{\rho^2+x^2})\mathrm{d}x \tag{5.185}$$

$$\sigma_\chi^2 = \sigma_s^2 = k^2 L\int_0^\infty B_n(x)\mathrm{d}x = \langle n_1^2\rangle k^2 L L_n \tag{5.186}$$

由此可知，当 $\sqrt{\lambda L}\gg L_0$ 时，波的振幅和相位起伏强度由湍流的两个参数，即折射率起伏的均方差的大小和湍流的积分尺度决定。

本章所用的 Rytov 一级迭代解的适用范围是对数振幅的方差小于 1，而且要求 σ_χ^2 小于 0.2～0.5 之间的某个值，这一要求对于对数振幅起伏是合理的，但对于相位起伏，弱起伏理论的使用范围超过该式所规定的范围。

5.5.4 随机介质中球面波的传播

当发射机孔径的直径为 D，且介于发射机和接收机之间的随机介质大部分处于发射机

的远场时($R \gg D^2/\lambda$)，可用球面波对辐射场作较好的近似。正如5.3.3小节所述的一阶Rytov迭代解式(5.123)那样，当$\lambda \ll l_0$(内尺度)时，对该积分式有明显贡献的积分区域包含在圆锥角$\theta \sim \lambda/l_0 \ll 1$的圆锥中，圆锥定点在观测点，轴从波源指向观测点。采用傍轴近似，波源发出的球面波为

$$U_0(\boldsymbol{r}) = \frac{1}{4\pi r}\exp(\mathrm{i}kr) \approx \frac{1}{4\pi x}\exp\left[\mathrm{i}k\left(x + \frac{\rho^2}{2x}\right)\right] \tag{5.187}$$

利用格林函数近似代入式(5.123)，则

$$h(\boldsymbol{r}, \boldsymbol{r}') \approx \frac{k^2}{2\pi\gamma(x-x')}\exp\left[\mathrm{i}\,\frac{k}{2}\,\frac{|\boldsymbol{\rho}' - \gamma\boldsymbol{\rho}|^2}{\gamma(x-x')}\right] \tag{5.188}$$

其中，$\gamma = x'/x$。如果$\gamma = 1$，上式退化到平面波方程的Rytov一阶解。式(5.188)可由平面波解式(5.141)中$\boldsymbol{\rho} \to \gamma\boldsymbol{\rho}$，$(x-x') \to \gamma(x-x')$得出。其相关函数分别为

$$B_\chi(L;\boldsymbol{\rho}) = \langle \chi(L, \boldsymbol{\rho}_1)\chi(L, \boldsymbol{\rho}_2)\rangle = (2\pi)^2\int_0^L\int_0^\infty \mathrm{J}_0(\kappa\gamma\rho)\,|H_\mathrm{r}|^2\Phi_n(\boldsymbol{\kappa})\kappa\mathrm{d}\kappa\mathrm{d}\eta \tag{5.189}$$

$$B_\mathrm{s}(L;\boldsymbol{\rho}) = \langle S_1(L, \boldsymbol{\rho}_1)S_1(L, \boldsymbol{\rho}_2)\rangle = (2\pi)^2\int_0^L\int_0^\infty \mathrm{J}_0(\kappa\gamma\rho)\,|H_\mathrm{i}|^2\Phi_n(\boldsymbol{\kappa})\kappa\mathrm{d}\kappa\mathrm{d}\eta \tag{5.190}$$

其中

$$H_\mathrm{r} = k\sin\left[\frac{\gamma(L-\eta)}{2k}\kappa^2\right], \quad H_\mathrm{i} = k\cos\left[\frac{\gamma(L-\eta)}{2k}\kappa^2\right] \tag{5.191}$$

对数振幅和相位的结构函数分别为

$$\begin{aligned} D_\chi(L, \boldsymbol{\rho}) &= \langle[\chi(L, \boldsymbol{\rho}_1) - \chi(L, \boldsymbol{\rho}_2)]^2\rangle \\ &= 8\pi^2\int_0^L\int_0^\infty[1 - \mathrm{J}_0(\kappa\gamma\rho)]H_\mathrm{r}^2(L-\eta, \boldsymbol{\kappa})\Phi_n(\boldsymbol{\kappa})\kappa\mathrm{d}\kappa\mathrm{d}\eta \end{aligned} \tag{5.192}$$

$$\begin{aligned} D_\mathrm{s}(L, \boldsymbol{\rho}) &= \langle[S_1(L, \boldsymbol{\rho}_1) - S_1(L, \boldsymbol{\rho}_2)]^2\rangle \\ &= 8\pi^2\int_0^L\int_0^\infty[1 - \mathrm{J}_0(\kappa\gamma\rho)]H_\mathrm{i}^2(L-\eta, \boldsymbol{\kappa})\Phi_n(\boldsymbol{\kappa})\kappa\mathrm{d}\kappa\mathrm{d}\eta \end{aligned} \tag{5.193}$$

式(5.191)表明：由波数$\kappa = 2\pi/l$表征的波场的不均匀性并不像平面波那样，由同样几何尺度($2\pi/\kappa$)的折射率不均匀元散射产生，而是来自于几何尺度为$l' = l\eta/L = \gamma l$的不均匀元的散射。其第一菲涅耳带半径的平方为$\Lambda^2 = \lambda\eta(L-\eta)/L$，它对不均匀散射元的贡献进行加权。因子$\gamma = x'/x = \rho'/\rho$的作用是，在$(x, \rho)$处的球面波场起伏相当于平面波在$(x', \rho')$处的情况，正好显示了球面波的发散波束照射不均匀元引起的像放大效应。而(x', ρ')处对平面波场起伏的贡献是同尺度的，所以在(x, ρ)处的球面波起伏比平面波起伏要小。下面以几何光学区和绕射区为例，比较平面波和球面波的对数振幅起伏方差。

当$l_0 \gg \sqrt{\lambda L}$，即$\kappa^2 L/k \ll 1$时，对于平面波，$f_\chi(\kappa) \approx (\kappa^2 L/k)^2/6$，有

$$\sigma_{\chi,\mathrm{p}}^2 = \frac{1}{3}\pi^2 L^3\int_0^\infty \kappa^5\Phi_n(\kappa)\mathrm{d}\kappa \tag{5.194}$$

而对于球面波，$|H_\mathrm{r}|^2 \approx \kappa^4(1-\eta/L)^2\eta^2/4$，$\int_0^L \eta^2(1-\eta/L)^2\mathrm{d}\eta = L^3/30$，所以

$$\sigma_{\chi,\mathrm{s}}^2 = \frac{1}{30}\pi^2 L^3\int_0^\infty \kappa^5\Phi_n(\kappa)\mathrm{d}\kappa \tag{5.195}$$

因此平面波的对数振幅起伏方差正好是球面波的 10 倍。

在绕射区($l_0 \ll \sqrt{\lambda L} \ll L_0$)，取 Kolmogorov 谱密度函数，对于平面波，有式(5.179)：

$$\sigma_{\chi,\mathrm{p}}^2 = 2\pi^2 k^2 L \int_0^\infty \kappa f_\chi(\kappa) \Phi_n(\kappa) \mathrm{d}\kappa = 0.307 C_n^2 k^{7/6} L^{11/6} \tag{5.196}$$

对于球面波，有

$$\sigma_{\chi,\mathrm{s}}^2 = 0.563 k^{7/6} \int_0^L C_n^2 \left[\frac{\eta(L-\eta)}{L}\right]^{5/6} \mathrm{d}\eta = 0.124 C_n^2 k^{7/6} L^{11/6} \tag{5.197}$$

平面波的对数振幅起伏方差是球面波的 2.47 倍。采用 Kolmogorov 谱密度函数，球面波的振幅起伏相关函数为

$$B_\chi(L, \eta) = 2.1755 C_n^2 k^{7/6} L^{5/6} \int_0^L \mathrm{Re}\left[D^{5/6}\, {}_1F_1\left(-\frac{5}{6}, 1; -\frac{k(\gamma\rho)^2}{4LD}\right)\right] \mathrm{d}\eta \tag{5.198}$$

注意，当 $\rho \gg \sqrt{\lambda L}$ 时，上式中被积函数为 $1.063[k\gamma^2\rho/(4L)]^{5/3}$。相应的结构函数为

$$\left.\begin{matrix} D_\chi \\ D_\mathrm{s} \end{matrix}\right\} = 2.1755 C_n^2 k^{7/6} L^{5/6} \int_0^L \left\{0.6697 \left(\frac{k}{L}\right)^{5/6} (\gamma\rho)^{5/3} \pm 2D^{5/6}\left[1 - {}_1F_1\left(-\frac{5}{6}, 1; -\frac{k(\gamma\rho)^2}{4LD}\right)\right]\right\} \mathrm{d}\eta \tag{5.199}$$

式中，$D = \mathrm{i}\gamma(1-\eta/L)$。当 $\rho \gg \sqrt{\lambda L}$ 时，$D_\mathrm{s}(L, \rho) = 1.0924 k^2 L C_n^2 \rho^{5/3}$。

5.6 弱起伏湍流介质中平面波和球面波场的统计特征

5.6.1 考虑内尺度影响的对数振幅方差和强度方差

从平面波和球面波的相关函数可知：在弱起伏情况下第一菲涅耳长度大小的湍涡对波传输影响最大。当第一菲涅耳长度比湍流的内尺度小很多的时候，内尺度对相关距离的影响较小；当第一菲涅耳长度大于内尺度时，内尺度对相关距离影响较大，且第一菲涅耳长度越大，相关距离越大。大气湍流谱中的内尺度改变了平面波和球面波通过湍流大气后的起伏统计特性。在弱起伏情况下对于修正 Kolmogorov 谱和给定的第一菲涅耳长度，内尺度越大，平面波和球面波入射的对数振幅方差和强度方差越小；而对于 Hill 谱模型和修正 Hill 谱模型，在 $0.1 < \kappa l_0 < 10$ 区域会产生突起，使得平面波和球面波的归一化对数振幅方差和归一化强度方差在 $1 < (\lambda L)^{1/2}/l_0 < 100$ 区域产生突起。采用含有内尺度的谱模型可以较好地分析从弱起伏到中等起伏区的湍流大气中的波传播问题。该方法同样适用于强起伏区。

对于局部均匀各向同性的湍流大气，平面波的对数振幅方差可由式(5.163)获得

$$\sigma_{x,\mathrm{p}}^2 = \langle \chi^2 \rangle = 4\pi^2 k^2 \int_0^L \mathrm{d}\eta \int_0^\infty \sin^2\left[\frac{\kappa^2(L-\eta)}{2k}\right] \Phi_n(\kappa) \kappa \mathrm{d}\kappa \tag{5.200}$$

其中，$\Phi_n(\kappa)$是折射率起伏的功率谱。采用式(5.71)的修正 Hill 谱模型($\kappa_0 = 0$)，并令 $P = L\kappa_l^2/k = 1.733\lambda L/l_0^2$，式(5.200)可写成

$$\sigma_{x,\mathrm{p}}^2 = 0.307 C_n^2 k^{7/6} L^{11/6} \sigma_{0,\mathrm{p}}^2 \left[\frac{(\lambda L)^{1/2}}{l_0}\right] \tag{5.201}$$

式中，$\sigma_{0,\mathrm{p}}^2[(\lambda L)^{1/2}/l_0]$是 $\kappa_0 = 0$，平面波入射时的 Kolmogorov 谱归一化对数振幅方差，其

公式为

$$\sigma_{0,\mathrm{p}}^2\left[\frac{(\lambda L)^{1/2}}{l_0}\right]=-13.53P^{-5/6}+3.864\left(1+\frac{1}{P^2}\right)^{11/12}\times$$
$$\left\{\sin\left(11\arctan\frac{P}{6}\right)+1.507(1+P^2)^{-1/4}\sin\left(4\arctan\frac{P}{3}\right)-\right.$$
$$\left.0.273(1+P^2)^{-7/24}\sin\left(5\arctan\frac{P}{4}\right)\right\} \tag{5.202}$$

式(5.202)中忽略了外尺度的影响。

同理，对于局部均匀各向同性的湍流大气，球面波入射时，对数振幅方差可表示为

$$\sigma_{x,\mathrm{s}}^2=4\pi^2k^2\int_0^L\mathrm{d}\eta\int_0^\infty\sin^2\left[\frac{\kappa^2\eta(L-\eta)}{2kL}\right]\Phi_n(\kappa)\kappa\mathrm{d}\kappa \tag{5.203}$$

采用式(5.70)谱模型，可得

$$\sigma_{x,\mathrm{s}}^2=0.124C_n^2k^{7/6}L^{11/6}\sigma_{0,\mathrm{s}}^2\left[\frac{(\lambda L)^{1/2}}{l_0}\right] \tag{5.204}$$

其中，$\sigma_{0,\mathrm{s}}^2[(\lambda L)^{1/2}/l_0]$是球面波入射时的 Kolmogorov 谱归一化对数振幅方差，可表示为

$$\sigma_{0,\mathrm{s}}^2\left[\frac{(\lambda L)^{1/2}}{l_0}\right]=-10.552S^{-5/6}+\mathrm{Re}\left\{5.526\left(\mathrm{i}+\frac{1}{S}\right)^{5/6}{}_2F_1\left(-\frac{5}{6},\frac{1}{2};\frac{3}{2};\frac{\mathrm{i}S}{1+\mathrm{i}S}\right)+\right.$$
$$1.0960(1+\mathrm{i}S)^{-1/2}{}_2F_1\left(-\frac{1}{3},\frac{1}{2};\frac{3}{2};\frac{\mathrm{i}S}{1+\mathrm{i}S}\right)-$$
$$\left.0.186(1+\mathrm{i}S)^{-7/12}{}_2F_1\left(-\frac{1}{4},\frac{1}{2};\frac{3}{2};\frac{\mathrm{i}S}{1+\mathrm{i}S}\right)\right\} \tag{5.204}$$

式中，$S=P/4=L\kappa_l^2/4k$，${}_2F_1(a,b;c;x)$是超几何函数。如果忽略采用级数近似引起的很小的误差，$\sigma_0^2[(\lambda L)^{1/2}/l_0]$可以得到更为简单的表达式：

$$\sigma_{0,\mathrm{s}}^2\left[\frac{(\lambda L)^{1/2}}{l_0}\right]\approx5.526\left(1+\frac{1}{S^2}\right)^{5/12}\left[\cos\left(\frac{5}{6}\arctan S\right)-\frac{5}{18}\left(\frac{S^2}{1+S^2}\right)^{1/2}\sin\left(\frac{1}{6}\arctan S\right)\right]+$$
$$1.096(1+S^2)^{-1/4}\left[\cos\left(\frac{1}{3}\arctan S\right)-\frac{1}{9}\left(\frac{S^2}{1+S^2}\right)^{1/2}\sin\left(\frac{2}{3}\arctan S\right)\right]-$$
$$0.186(1+S^2)^{-7/24}\left[\cos\left(\frac{1}{4}\arctan S\right)-\frac{1}{12}\left(\frac{S^2}{1+S^2}\right)^{1/2}\sin\left(\frac{3}{4}\arctan S\right)\right]-10.552S^{-5/6} \tag{5.206}$$

图 5.17 给出了 Hill 谱、修正 Hill 谱和修正 Kolmogorov 谱的平面波和球面波归一化对数振幅方差。由图 5.17 可知：对于确定的第一菲涅耳长度，当$(\lambda L)^{1/2}/l_0<1$时，对数振幅方差接近零，即当传播距离很短时，大气湍流的影响很小，几乎可以忽略不计；当$1<(\lambda L)^{1/2}/l_0<100$时，修正 Kolmogorov 谱中的内尺度越大，归一化对数振幅方差就越小。Hill 谱和修正 Hill 谱的归一化对数振幅方差产生突起，是由于谱中内尺度引起的突起造成的。平面波和球面波的对数振幅方差的最大值分别在$(\lambda L)^{1/2}/l_0\approx5$和$(\lambda L)^{1/2}/l_0\approx7.94$处。当$(\lambda L)^{1/2}/l_0>100$，即第一菲涅耳长度远远大于内尺度时，意味着$l_0\to0$，那么$\sigma_0^2[(\lambda L)^{1/2}/l_0]\to1$，Hill 谱、修正 Hill 谱和修正 Kolmogorov 谱的平面波和球面波入射时的对数振幅方差都可以分别退化为 Kolmogorv 谱的平面波结果$\sigma_{x,\mathrm{p}}^2=0.307C_n^2k^{7/6}L^{11/6}$和球面波结果$\sigma_{x,\mathrm{s}}^2=0.124C_n^2k^{7/6}L^{11/6}$。

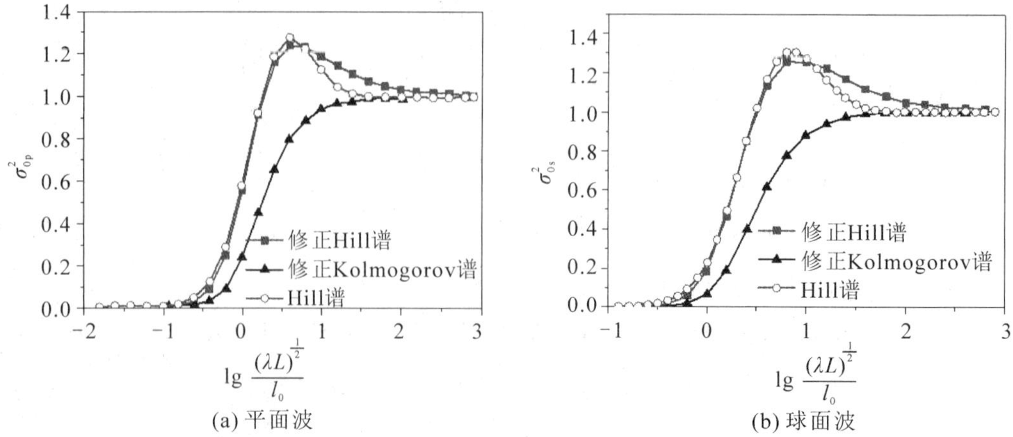

图 5.17 不同折射率起伏谱密度函数下的归一化对数振幅方差

假设强度起伏服从正态分布，那么平面波和球面波入射时归一化强度方差与对数振幅方差的关系分别为

$$\sigma_{I,\,\mathrm{p}}^2=\frac{\sigma_I^2}{I^2}=\exp(4\sigma_{x,\,\mathrm{p}}^2)-1 \tag{5.207}$$

$$\sigma_{I,\,\mathrm{s}}^2=\frac{\sigma_I^2}{I^2}=\exp(4\sigma_{x,\,\mathrm{s}}^2)-1 \tag{5.208}$$

采用 Kolmogorov 谱模型，当 $C_n^2k^{7/6}L^{11/6}$ 很小时，利用 $\exp(\alpha)\approx1+\alpha$，平面波和球面波入射时，其归一化强度方差可分别近似表示为

$$\sigma_1^2\approx1.23C_n^2k^{7/6}L^{11/6},\quad \beta_0^2\approx0.50C_n^2k^{7/6}L^{11/6} \tag{5.209}$$

将 Hill 谱或修正 Hill 谱模型下平面波和球面波入射时的强度方差用 Kolmogorov 谱模型的相应结果进行归一，得到

$$\frac{\sigma_{I,\,\mathrm{p}}^2}{\sigma_1^2}=\frac{\exp\left(\sigma_1^2\sigma_0^2\left[\frac{(\lambda L)^{1/2}}{l_0}\right]\right)-1}{\sigma_1^2} \tag{5.210}$$

$$\frac{\sigma_{I,\,\mathrm{s}}^2}{\beta_0^2}=\frac{\exp\left(\beta_0^2\sigma_0^2\left[\frac{(\lambda L)^{1/2}}{l_0}\right]\right)-1}{\beta_0^2} \tag{5.211}$$

在弱起伏区，由式(5.210)和式(5.211)得到的平面波和球面波结果与图 5.17 类似。

5.6.2 平均场和场的互相关函数

对于均匀、各向同性湍流介质，Andrews 给出了 Rytov 近似的波场一阶矩、二阶矩和四阶矩式(5.135)～式(5.137)，则平均场为

$$\langle U(L,\,\boldsymbol{\rho})\rangle=U_0(L,\,\boldsymbol{\rho})\langle\exp[\psi(L,\,\boldsymbol{\rho})]\rangle=U_0(L,\,\boldsymbol{\rho})\exp[E_1(0,\,0)] \tag{5.212}$$

选取 Von Karman 折射率起伏谱密度函数，由式(5.138)有

$$\begin{aligned}E_1(0,\,0)&=-0.033\pi^2C_n^2k^2L\kappa_0^{-5/3}{}_1F_1\left(1,\,\frac{1}{6};\,\frac{\kappa_0^2}{\kappa_m^2}\right)\\&\approx-0.39C_n^2k^2L\kappa_0^{-5/3},\quad \kappa_0^2/\kappa_m^2\ll1\end{aligned} \tag{5.213}$$

式中，$\kappa_0\sim1/L_0$，$\kappa_m=5.92/l_0$，${}_1F_1(a,\,b;\,x)$是合流超几何函数，它有渐近式${}_1F_1(a,\,b;\,x)\sim$

$\Gamma(1-c)/\Gamma(1+a-c)$，$0<c<1$，$x\to 0^+$。

根据上述结果，平均场式(5.212)变为

$$\langle U(L,\boldsymbol{\rho})\rangle = U_0(L,\boldsymbol{\rho})\exp(-0.39C_n^2k^2L\kappa_0^{-5/3}) \tag{5.214}$$

场的互相关函数定义为

$$\begin{aligned}\Gamma_2(L,\boldsymbol{\rho}_1,\boldsymbol{\rho}_2) &= \langle U(L,\boldsymbol{\rho}_1)U^*(L,\boldsymbol{\rho}_2)\rangle \\ &= U_0(L,\boldsymbol{\rho}_1)U_0^*(L,\boldsymbol{\rho}_2)\langle\exp[\psi(L,\boldsymbol{\rho}_1)+\psi^*(L,\boldsymbol{\rho}_2)]\rangle \\ &= \Gamma_2^0(L,\boldsymbol{\rho}_1,\boldsymbol{\rho}_2)\exp[2E_1(0,0)+E_2(\boldsymbol{\rho}_1,\boldsymbol{\rho}_2)]\end{aligned} \tag{5.215}$$

对于平面波，由上式可以获得波场的互相关函数为

$$\Gamma_2(L,\boldsymbol{\rho}) = \exp\left\{-4\pi^2k^2L\int_0^\infty \kappa\Phi_n(\kappa)[1-\mathrm{J}_0(\kappa\rho)]\mathrm{d}\kappa\right\} \tag{5.216}$$

选取 Kolmogorov 谱函数，平面波的互相关函数为

$$\Gamma_2(L,\boldsymbol{\rho}) = \exp(-1.46C_n^2k^2L\rho^{5/3}),\quad l_0\ll\rho\ll L_0 \tag{5.217}$$

同理，球面波场的互相关函数为

$$\begin{aligned}\Gamma_2(L,\boldsymbol{p},\boldsymbol{\rho}) &= \frac{1}{(4\pi L)^2}\exp\left\{\frac{\mathrm{i}k}{L}\boldsymbol{p}\cdot\boldsymbol{\rho}-4\pi^2k^2L\int_0^1\mathrm{d}\xi\int_0^\infty\kappa\Phi_n(\kappa)[1-\mathrm{J}_0(\kappa\xi\rho)]\mathrm{d}\kappa\right\} \\ &= \frac{1}{(4\pi L)^2}\exp\left(\frac{\mathrm{i}k}{L}\boldsymbol{p}\cdot\boldsymbol{\rho}-0.55C_n^2k^2L\rho^{5/3}\right),\quad l_0\ll\rho\ll L_0\end{aligned} \tag{5.218}$$

式中，$\boldsymbol{p}=(\boldsymbol{\rho}_1+\boldsymbol{\rho}_2)/2$，$\boldsymbol{\rho}=\boldsymbol{\rho}_1-\boldsymbol{\rho}_2$。由互相关函数，不难获得场的结构函数。

可以证明场的结构函数是对数振幅起伏结构函数与相位起伏结构函数之和，即

$$D(L,\boldsymbol{\rho}_1,\boldsymbol{\rho}_2) = D_\chi(L,\boldsymbol{\rho}_1,\boldsymbol{\rho}_2)+D_s(L,\boldsymbol{\rho}_1,\boldsymbol{\rho}_2) \tag{5.219}$$

式中，Rytov 近似下对数振幅起伏结构函数和相位起伏结构函数见式(5.156)和式(5.157)。

平面波的结构函数为

$$D_{\mathrm{pl}}(L,\boldsymbol{\rho}) = 8\pi^2k^2L\int_0^\infty\kappa\Phi_n(\kappa)[1-\mathrm{J}_0(\kappa\rho)]\mathrm{d}\kappa \tag{5.220}$$

采用 Von Karman 谱，将式(5.220)中零阶 Bessel 函数进行级数展开，可以获得

$$\begin{aligned}D_{\mathrm{pl}}(L,\boldsymbol{\rho}) &= 1.303C_n^2k^2L\left\{\Gamma\left(-\frac{5}{6}\right)\kappa_m^{-5/3}\left[1-{}_1F_1\left(-\frac{5}{6},1;-\frac{\kappa_m^2\rho^2}{4}\right)\right]-\frac{9}{5}\kappa_0^{1/3}\rho^2\right\} \\ &= 3.28C_n^2k^2Ll_0^{-1/3}\rho^2\left[\left(1+\frac{2.03\rho^2}{l_0^2}\right)^{-1/6}-0.72(\kappa_0l_0)^{1/3}\right] \\ &= \begin{cases}3.28C_n^2k^2Ll_0^{-1/3}\rho^2[1-0.72(\kappa_0l_0)^{1/3}], & \rho\ll l_0 \\ 2.91C_n^2k^2L\rho^{5/3}[1-0.81(\kappa_0l_0)^{1/3}], & \rho\gg l_0\end{cases}\end{aligned} \tag{5.221}$$

根据式(5.221)，对于外尺度 $L_0=\infty$的情况(对应 $\kappa_0=0$)，获得的平面波的空间相关半径为

$$\rho_0\equiv\rho_{\mathrm{pl}} = \begin{cases}(1.64C_n^2k^2Ll_0^{-1/3})^{-1/2}, & \rho_{\mathrm{pl}}\ll l_0 \\ (1.46C_n^2k^2L)^{-3/5}, & l_0\ll\rho_{\mathrm{pl}}\ll L_0\end{cases} \tag{5.222}$$

由式(5.156)和式(5.157)，重新写出对数振幅和相位结构函数为

$$D_{\chi,\mathrm{s}}(L,\boldsymbol{\rho}) = 4\pi^2k^2L\int_0^1\int_0^\infty[1-\mathrm{J}_0(\kappa\rho)]\left[1\mp\cos\left(\frac{\kappa^2\eta L}{k}\right)\right]\Phi_n(\boldsymbol{\kappa})\kappa\mathrm{d}\kappa\mathrm{d}\eta \tag{5.223}$$

不同区域相位起伏结构函数可以近似为

$$D_s(L,\boldsymbol{\rho})=\begin{cases}1.64C_n^2k^2Ll_0^{-1/3}\left[1+0.64\left(\dfrac{\kappa_0 l_0^2}{L_0}\right)^{1/6}\right]\rho^2,\ \rho\ll l_0\\ 1.46C_n^2k^2L\rho^{5/3},\ l_0\ll\rho\ll\sqrt{L/k}\\ 2.91C_n^2k^2L\rho^{5/3},\ \sqrt{L/k}\ll\rho\ll L_0\end{cases}\tag{5.224}$$

值得注意的是，当两点间距大于第一菲涅耳半径，但远小于外尺度时，相位起伏结构函数与平面波场结构函数相同，即在几何光学近似下，$L\kappa^2/k\ll1$，$\cos(\kappa^2\eta L/k)\approx1$。所以，$D_\chi(L,\boldsymbol{\rho})\approx0$，$D_s(L,\boldsymbol{\rho})\approx D_{pl}(L,\boldsymbol{\rho})$。

球面波的结构函数为

$$D_{sp}(L,\boldsymbol{\rho})=8\pi^2k^2L\int_0^1\int_0^\infty\kappa\Phi_n(\kappa)[1-J_0(\kappa\eta\rho)]d\kappa d\eta\tag{5.225}$$

仍然采用 Von Karman 谱，由式(5.225)获得

$$\begin{aligned}D_{sp}(L,\boldsymbol{\rho})&=1.303C_n^2k^2L\left\{\Gamma\left(-\frac{5}{6}\right)\kappa_m^{-\frac{5}{3}}\left[1-{}_2F_2\left(-\frac{5}{6},\frac{1}{2};1,\frac{3}{2};-\frac{\kappa_m^2\rho^2}{4}\right)\right]-\frac{3}{5}\kappa_0^{\frac{1}{3}}\rho^2\right\}\\&=1.09C_n^2k^2Ll_0^{-\frac{1}{3}}\rho^2\left[\left(1+\frac{\rho^2}{l_0^2}\right)^{-\frac{1}{6}}-0.72(\kappa_0l_0)^{\frac{1}{3}}\right]\\&=\begin{cases}1.09C_n^2k^2Ll_0^{-\frac{1}{3}}\rho^2[1-0.72(\kappa_0l_0)^{\frac{1}{3}}],&\rho\ll l_0\\1.09C_n^2k^2L\rho^{\frac{5}{3}}[1-0.72(\kappa_0l_0)^{\frac{1}{3}}],&\rho\gg l_0\end{cases}\end{aligned}\tag{5.226}$$

类似地，对于外尺度 $L_0=\infty$的情况(对应 $\kappa_0=0$)，获得球面波的空间相关半径为

$$\rho_0\equiv\rho_{sp}=\begin{cases}(0.55C_n^2k^2Ll_0^{-\frac{1}{3}})^{-\frac{1}{2}},&\rho_{sp}\ll l_0\\(0.55C_n^2k^2L)^{-\frac{3}{5}},&l_0\ll\rho_{sp}\ll L_0\end{cases}\tag{5.227}$$

球面波的对数振幅和相位的结构函数为

$$D_{\chi,s}(L,\boldsymbol{\rho})=4\pi^2k^2L\int_0^1\int_0^\infty[1-J_0(\kappa\eta\rho)]\left[1\mp\cos\left(\frac{\kappa^2L\eta(1-\eta)}{k}\right)\right]\Phi_n(\boldsymbol{\kappa})\kappa d\kappa d\eta\tag{5.228}$$

5.6.3 四阶矩、闪烁指数与相位起伏

强度相关函数或称强度协方差定义为

$$B_I(L,\rho_1,\rho_2)=\langle[I(L,\rho_1)-\langle I\rangle][I(L,\rho_2)-\langle I\rangle]\rangle\tag{5.229}$$

一般而言，在弱起伏理论中讨论的是对数振幅相关函数，而实际中能测量的是强度相关函数，它们之间存在一定的关系。若强度起伏服从正态分布，那么有

$$B_I(L,\rho)=I_0^2\{\exp[4B_\chi(L,\rho)-1\}\tag{5.230}$$

定义归一化对数振幅相关系数和归一化强度相关函数：

$$b_\chi(L,\rho)=\frac{B_\chi(L,\rho)}{B_\chi(0)},\ b_I(L,\rho)=\frac{\exp[4B_\chi(L,\rho)]-1}{\exp[4B_\chi(L,0)]-1}\tag{5.231}$$

在弱起伏情况下，$B_I(L,0)=\sigma_I^2\ll1$，式(5.231)可进一步简化为

$$b_I(L,\rho)=b_\chi(L,\rho)\tag{5.232}$$

图 5.18 和图 5.19 分别给出了采用修正 Kolmogorov 谱、修正 Hill 谱时，平面波和球面波的归一化相关系数随垂直于传播方向的横向距离 ρ 与第一菲涅耳长度 $\sqrt{\lambda L}$ 之比的变化曲线。

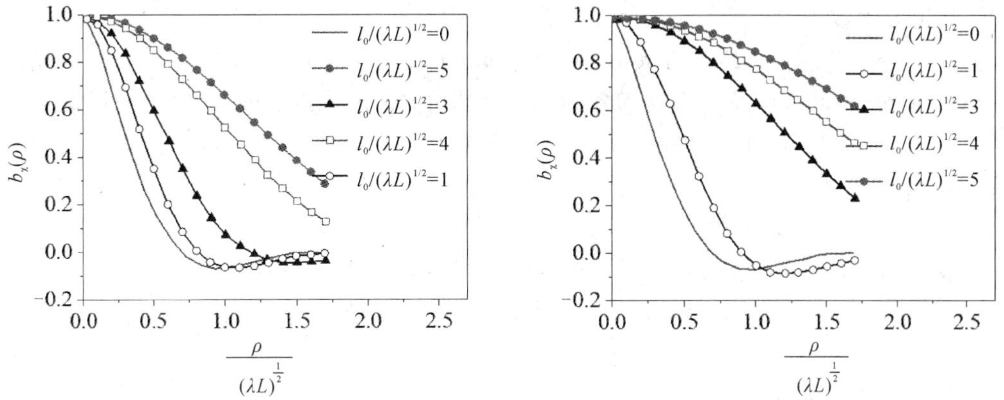

(a) 修正Kolmogorov谱　　(b) 修正Hill谱

图 5.18　平面波相关系数随 $\rho/\sqrt{\lambda L}$ 的变化曲线

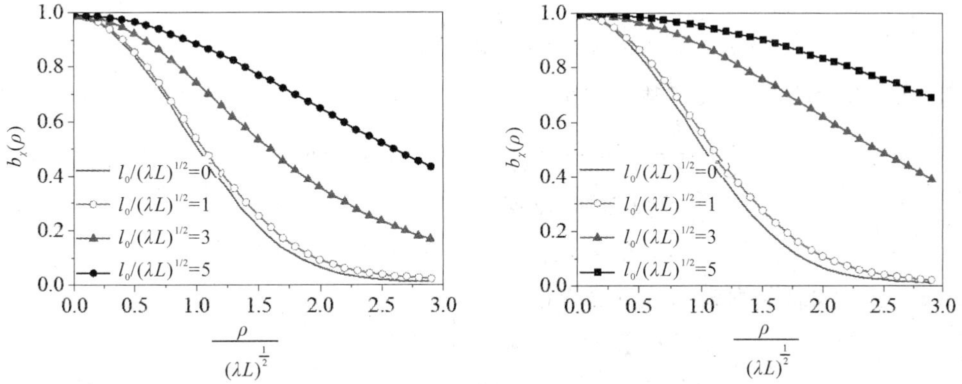

(a) 修正Kolmogorov谱　　(b) 修正Hill谱

图 5.19　球面波相关系数 $\rho/\sqrt{\lambda L}$ 的变化

由图 5.18 和图 5.19 可知：Kolmogorov 谱(修正 Kolmogorov 谱和修正 Hill 谱中 $l_0=0$ mm 时)下，平面波和球面波振幅起伏的相关距离在量级上与第一菲涅耳长度 $\sqrt{\lambda L}$ 一致。从物理上看，弱起伏情况下，第一菲涅耳长度大小的湍涡是对波传输影响最大的湍涡。对于修正 Hill 谱和修正 Kolmogorov 谱，当湍流的内尺度比第一菲涅耳长度小很多时，内尺度对相关距离的影响不大，此时在惯性区，修正 Kolmogorov 谱和修正 Hill 谱可以近似用 Kolmogorov 谱代替。

考虑随机介质中波场的四阶矩：

$$\Gamma_4(\boldsymbol{\rho}_1, \boldsymbol{\rho}_2, \boldsymbol{\rho}_3, \boldsymbol{\rho}_4, L)=\langle U(\boldsymbol{\rho}_1, L)U^*(\boldsymbol{\rho}_2, L)U(\boldsymbol{\rho}_3, L)U^*(\boldsymbol{\rho}_4, L)\rangle \tag{5.233}$$

在 Rytov 近似下，其四阶矩为

$$\begin{aligned}\Gamma_4(\boldsymbol{\rho}_1, \boldsymbol{\rho}_2, \boldsymbol{\rho}_3, \boldsymbol{\rho}_4, L)&=U_0(\boldsymbol{\rho}_1, L)U_0^*(\boldsymbol{\rho}_2, L)U_0(\boldsymbol{\rho}_3, L)U_0^*(\boldsymbol{\rho}_4, L)\times\\&\quad\langle\exp[\psi(\boldsymbol{\rho}_1, L)+\psi^*(\boldsymbol{\rho}_2, L)+\psi(\boldsymbol{\rho}_3, L)+\psi^*(\boldsymbol{\rho}_4, L)]\rangle\\&=\Gamma_2(\boldsymbol{\rho}_1, \boldsymbol{\rho}_2, L)\Gamma_2(\boldsymbol{\rho}_3, \boldsymbol{\rho}_4, L)\times\\&\quad\exp[E_2(\boldsymbol{\rho}_1, \boldsymbol{\rho}_4)+E_2(\boldsymbol{\rho}_3, \boldsymbol{\rho}_2)+E_3(\boldsymbol{\rho}_1, \boldsymbol{\rho}_2)+E_3^*(\boldsymbol{\rho}_2, \boldsymbol{\rho}_4)]\end{aligned} \tag{5.234}$$

其中，互相关函数为

$$\Gamma_2(\boldsymbol{\rho}_1, \boldsymbol{\rho}_2, L)=\langle U(\boldsymbol{\rho}_1, L)U^*(\boldsymbol{\rho}_2, L)\rangle \tag{5.235}$$

对于 Kolmogorov 谱，以及局部均匀各向同性随机介质，$\rho=|\boldsymbol{\rho}_1-\boldsymbol{\rho}_2|$，对于平面波：

$$\Gamma_2(\rho, L)=\Gamma_2(0, L)\exp[-1.46C_n^2k^2L\rho^{5/3}],\ l_0<\rho<L_0 \tag{5.236}$$

对于球面波：

$$\Gamma_2(\rho, L)=\Gamma_2(0, L)\exp[-0.55C_n^2k^2L\rho^{5/3}],\ l_0<\rho<L_0 \tag{5.237}$$

当 $\boldsymbol{\rho}_1=\boldsymbol{\rho}_2=\boldsymbol{\rho}_3=\boldsymbol{\rho}_4=\boldsymbol{\rho}$ 时，由四阶矩式(5.234)，可以获得强度二阶矩：

$$\langle I^2(\boldsymbol{\rho}, L)\rangle=\Gamma_4(\boldsymbol{\rho}, \boldsymbol{\rho}, \boldsymbol{\rho}, \boldsymbol{\rho}, L)=\langle I(\boldsymbol{\rho}, L)\rangle^2\exp\{2\mathrm{Re}[E_2(\boldsymbol{\rho}, \boldsymbol{\rho})+E_3(\boldsymbol{\rho}, \boldsymbol{\rho})]\} \tag{5.238}$$

相应的强度协方差为

$$B_I(\boldsymbol{\rho}_1, \boldsymbol{\rho}_2, L)=\frac{\Gamma_4(\boldsymbol{\rho}_1, \boldsymbol{\rho}_1, \boldsymbol{\rho}_2, \boldsymbol{\rho}_2, L)}{\Gamma_2(\boldsymbol{\rho}_1, \boldsymbol{\rho}_1, L)\Gamma_2(\boldsymbol{\rho}_2, \boldsymbol{\rho}_2, L)}-1 \tag{5.239}$$

当 $\boldsymbol{\rho}_1=\boldsymbol{\rho}_2=\boldsymbol{\rho}$ 时，式(5.239)退化为闪烁指数：

$$\sigma_I^2(\boldsymbol{\rho}, L)=\frac{\langle I^2(\boldsymbol{\rho}, L)\rangle}{\langle I(\boldsymbol{\rho}, L)\rangle^2}-1 \tag{5.240}$$

闪烁指数也可以由相关函数的四阶矩和二阶矩表示，即

$$\sigma_I^2=\frac{\langle I^2(\boldsymbol{\rho}, L)\rangle}{\langle I(\boldsymbol{\rho}, L)\rangle^2}-1=\exp\{2\mathrm{Re}[E_2(\boldsymbol{\rho}, \boldsymbol{\rho})+E_3(\boldsymbol{\rho}, \boldsymbol{\rho})]\}-1 \tag{5.241}$$

在弱起伏情况下，一般闪烁指数都很小，可以近似为

$$\sigma_I^2(\boldsymbol{\rho}, L)\approx 2\mathrm{Re}[E_2(\boldsymbol{\rho}, \boldsymbol{\rho})+E_3(\boldsymbol{\rho}, \boldsymbol{\rho})] \tag{5.242}$$

考虑 Rytov 近似，对数振幅方差为

$$\begin{aligned}\sigma_\chi^2(\boldsymbol{\rho}, L)&=\langle\chi^2(\boldsymbol{\rho}, L)\rangle-\langle\chi(\boldsymbol{\rho}, L)\rangle^2\\&=\frac{1}{2}\mathrm{Re}[\langle\psi_1(\boldsymbol{\rho}, L)\psi_1^*(\boldsymbol{\rho}, L)\rangle+\langle\psi_1(\boldsymbol{\rho}, L)\psi_1(\boldsymbol{\rho}, L)\rangle]\\&=\frac{1}{2}\mathrm{Re}[E_2(\boldsymbol{\rho}, \boldsymbol{\rho})+E_3(\boldsymbol{\rho}, \boldsymbol{\rho})]\end{aligned} \tag{5.243}$$

在弱起伏情况下，对数振幅起伏方差充分小，即 $\sigma_\chi^2\ll 1$，闪烁指数式(5.240)近似为

$$\sigma_I^2(\boldsymbol{\rho}, L)=\exp[4\sigma_\chi^2(\boldsymbol{\rho}, L)]-1\approx 4\sigma_\chi^2(\boldsymbol{\rho}, L) \tag{5.244}$$

考虑均匀各向同性湍流，让 $\rho_{\mathrm{d}}=|\boldsymbol{\rho}_1-\boldsymbol{\rho}_2|$，平面波的强度相关函数为

$$B_I(L, \rho_{\mathrm{d}})=8\pi^2k^2L\int_0^1\int_0^\infty\kappa\Phi_n(\kappa)\mathrm{J}_0(\kappa\rho_{\mathrm{d}})\left(1-\cos\frac{L\kappa^2\eta}{k}\right)\mathrm{d}\kappa\mathrm{d}\eta \tag{5.245}$$

当 $\boldsymbol{\rho}_1=\boldsymbol{\rho}_2=\boldsymbol{\rho}$ 时，对于 Kolmogorov 谱，式(5.245)退化为闪烁指数：

$$\sigma_I^2(L)=8\pi^2k^2L\int_0^1\int_0^\infty\kappa\Phi_n(\kappa)\left(1-\cos\frac{L\kappa^2\eta}{k}\right)\mathrm{d}\kappa\mathrm{d}\eta=\sigma_1^2=1.23C_n^2k^{7/6}L^{11/6} \tag{5.246}$$

其中，σ_1^2 称为平面波的 Rytov 方差，并通常作为闪烁强度的量度。同理，对于球面波，有

$$B_I(L, \rho_{\mathrm{d}})=8\pi^2k^2L\int_0^1\int_0^\infty\kappa\Phi_n(\kappa)\mathrm{J}_0(\kappa\eta\rho_{\mathrm{d}})\left[1-\cos\left(L\kappa^2\eta\frac{1-\eta}{k}\right)\right]\mathrm{d}\kappa\mathrm{d}\eta \tag{5.247}$$

$$\begin{aligned}\sigma_I^2(L)&=8\pi^2k^2L\int_0^1\int_0^\infty\kappa\Phi_n(\kappa)\left[1-\cos\left(L\kappa^2\eta\frac{(1-\eta)}{k}\right)\right]\mathrm{d}\kappa\mathrm{d}\eta\\&=0.4\sigma_1^2=0.5C_n^2k^{7/6}L^{11/6}\end{aligned} \tag{5.248}$$

如果采用 Von Karman 谱，平面波的闪烁指数为

$$\sigma_{I,\,\mathrm{pl}}^2(L) = 2.61C_n^2k^2L\mathrm{Re}\int_0^1\int_0^\infty \frac{\kappa}{(\kappa^2+\kappa_0^2)^{11/6}}\left\{\exp\left(-\frac{\kappa^2}{\kappa_m^2}\right)-\exp\left[-\frac{\kappa^2(1+\mathrm{i}Q_m\eta)}{\kappa_m^2}\right]\right\}\mathrm{d}\kappa\mathrm{d}\eta$$

$$= 1.30C_n^2k^2L\mathrm{Re}\int_0^1\kappa_0^{5/3}\left[U\left(1;\ \frac{1}{6};\ \frac{\kappa_0^2}{\kappa_m^2}\right)-U\left(1;\ \frac{1}{6};\ \frac{\kappa_0^2(1+\mathrm{i}Q_m\eta)}{\kappa_m^2}\right)\right]\mathrm{d}\eta \qquad (5.249)$$

其中，$Q_m=35.05L/(kl_0^2)$，$U(a;\ c;\ x)$为第二类合流超几何函数。当$\kappa_0^2/\kappa_m^2\sim l_0^2/L_0^2\ll1$时，式(5.249)简化为

$$\sigma_{I,\,\mathrm{pl}}^2(L) = 8.7C_n^2k^2L\kappa_m^{-5/3}\mathrm{Re}\int_0^1[(1+\mathrm{i}Q_m\eta)^{5/6}-1]\mathrm{d}\eta$$

$$= 3.86\sigma_1^2\left[(1+Q_m^2)^{11/12}\sin\left(\frac{11}{6}\arctan Q_m\right)-\frac{11}{6}Q^{-5/6}\right] \qquad (5.250)$$

当不考虑内尺度，即$Q_m=35.05L/(kl_0^2)\to\infty$时，式(5.250)退化为 Rytov 方差$\sigma_1^2$。

除了闪烁指数以外，另一个重要的四阶矩参数是相位起伏，其定义如下：

$$\sigma_s^2(\boldsymbol{\rho},\ L)=\langle S_1^2(\boldsymbol{\rho},\ L)\rangle=\frac{1}{2}\mathrm{Re}[\langle\psi_1(\boldsymbol{\rho},\ L)\psi_1^*(\boldsymbol{\rho},\ L)\rangle-\langle\psi_1(\boldsymbol{\rho},\ L)\psi_1(\boldsymbol{\rho},\ L)\rangle]$$

$$=\frac{1}{2}\mathrm{Re}[E_2(\boldsymbol{\rho},\ \boldsymbol{\rho})-E_3(\boldsymbol{\rho},\ \boldsymbol{\rho})] \qquad (5.251)$$

5.7　强起伏连续随机介质中波传播的抛物型方程

5.7.1　广义 Huygens - Fresnel 原理

式(5.1)表示随机介质的相对介电常数为$\varepsilon_r(\boldsymbol{r})=\langle\varepsilon_r\rangle[1+\varepsilon_1(\boldsymbol{r})]$，波传播的平均波数$k^2=\omega^2\mu_0\varepsilon_0\langle\varepsilon_r\rangle=k_0^2\langle\varepsilon_r\rangle$，其标量场$u(\boldsymbol{r})$的波动方程为

$$[\nabla^2+k^2(1+\varepsilon_1(\boldsymbol{r}))]u(\boldsymbol{r})=0 \qquad (5.252)$$

设波沿x方向传播，相位呈$\mathrm{i}kx$变化，可以把标量场u记为$u(\boldsymbol{r})=U(\boldsymbol{r})\exp(\mathrm{i}kx)$，式中$U(\boldsymbol{r})$是$x$的缓变函数。$U(\boldsymbol{r})$满足的抛物型方程为

$$2\mathrm{i}k\frac{\partial U(\boldsymbol{r})}{\partial x}+\nabla^2U(\boldsymbol{r})+k^2\varepsilon_1(\boldsymbol{r})U(\boldsymbol{r})=0 \qquad (5.253)$$

因为$U(\boldsymbol{r})$只在随机介质尺度为l的距离上才发生变化，只要$l\gg\lambda$，就有$2k|\partial U/\partial x|\gg|\partial^2U/\partial x^2|$。该不等式表示前向散射近似。条件$l\gg\lambda$是必要的，但却是非充分的。由此得到的抛物型方程为

$$2\mathrm{i}k\frac{\partial U(\boldsymbol{r})}{\partial x}+\nabla_{\mathrm{T}}^2U(\boldsymbol{r})+k^2\varepsilon_1(\boldsymbol{r})U(\boldsymbol{r})=0 \qquad (5.254)$$

其中，横向 Laplace 算子$\nabla_{\mathrm{T}}^2=\partial^2/\partial y^2+\partial^2/\partial z^2$，其解有下述形式：

$$U(x,\ \boldsymbol{\rho}) = \frac{k}{2\pi\mathrm{i}x}\int U_0(\boldsymbol{\rho}')\exp\left[\frac{\mathrm{i}k}{2x}(\boldsymbol{\rho}-\boldsymbol{\rho}')^2+\psi(\boldsymbol{\rho},\ \boldsymbol{\rho}')\right]\mathrm{d}\boldsymbol{\rho}' \qquad (5.255)$$

式(5.254)称为抛物方程或准光学近似关系，其解式(5.255)是推广惠更斯-菲涅耳原理解。式(5.255)中的ψ项是由随机介质起伏引起的附加复相位，而$\exp[ik(\rho-\rho')^2/(2x)]$为球面波从$(0,\ \boldsymbol{\rho}')$到$(x,\ \boldsymbol{\rho})$时，介质无随机起伏时引起的相移。

5.7.2　马尔可夫(Markov)近似

在分析强起伏时，采用以下三个重要的假定：

• 式(5.254)所示的抛物型方程成立。

• 起伏 $\varepsilon_1(\boldsymbol{r})$是零均值的 Gaussian 随机变量场，其特征量完全用相关函数来表达。折射率起伏相关函数为

$$B_n(\boldsymbol{r}_1-\boldsymbol{r}_2)=\langle n_1(\boldsymbol{r}_1)n_1(\boldsymbol{r}_2)\rangle \tag{5.256}$$

• $n_1(\boldsymbol{r})$在传播方向(即 x 方向)具有 δ 相关，即

$$\langle n_1(x_1,\boldsymbol{\rho}_1)n_1(x_2,\boldsymbol{\rho}_2)\rangle=\delta(x_1-x_2)A(\boldsymbol{\rho}_1-\boldsymbol{\rho}_2) \tag{5.257}$$

式(5.257)所表示的假定称为 Markov 近似(从标量波动方程$\nabla^2U+k^2n^2U=0$ 出发，假设光波传播过程可以看成一个 Markov 过程，由此推导出各阶矩方程。这一理论称为 Markov 近似)，表示相距为 ρ 的两点的相位差的起伏主要由横向尺度为 ρ'的不均匀体元的散射产生。若起伏 $\varepsilon_1(\boldsymbol{r})$是各向同性或略各向异性的，则纵向明显不均匀性的尺度也具有 ρ 量级。当传播距离远大于介电常数起伏纵向相关距离时，在纵向可以忽略 ρ/x 量级的介电常数起伏，即可仅仅考虑起伏的纵向 δ 相关函数。同样对幅度起伏产生主要贡献的非均匀尺度量级为 $\sqrt{\lambda x}$。在介电常数起伏的纵向相关中忽略 $\sqrt{\lambda x}/x$ 量级，也就是说，波场的纵向相关距离远大于 $n_1(\boldsymbol{r})$纵向相关距离，$n_1(\boldsymbol{r})$在传播方向上的相关性对波场起伏的影响较小，而 $n_1(\boldsymbol{r})$的横向相关性直接影响到波场的横向相关性。

因为折射率起伏相关函数与三维功率谱密度互为傅里叶变换，所以有

$$B_n(\boldsymbol{r}_1-\boldsymbol{r}_2)=\int\Phi_n(\boldsymbol{\kappa})\exp[\mathrm{i}\boldsymbol{\kappa}\cdot(\boldsymbol{r}-\boldsymbol{r}')]\mathrm{d}\boldsymbol{\kappa} \tag{5.258}$$

式中，$\mathrm{d}\boldsymbol{\kappa}=\mathrm{d}\kappa_x\mathrm{d}\kappa_y\mathrm{d}\kappa_z=\mathrm{d}\kappa_x\mathrm{d}\boldsymbol{\kappa}_\perp$。利用式(5.257)，有 $\kappa_x=0$，折射率起伏的三维谱密度函数 $\Phi_n(\boldsymbol{\kappa})=\Phi_n(0,\kappa_y,\kappa_z)=\Phi_n(0,\boldsymbol{\kappa}_\perp)\approx\Phi_n(\boldsymbol{\kappa})$。为了书写方便，让 $x=x_1-x_2$，$\boldsymbol{\rho}=\boldsymbol{\rho}_1-\boldsymbol{\rho}_2$，则

$$\begin{aligned}B_n(x,\boldsymbol{\rho})&=\delta(x)A(\boldsymbol{\rho})=\int_{-\infty}^{\infty}\Phi_n(\boldsymbol{\kappa})\exp(\mathrm{i}\boldsymbol{\kappa}_\perp\cdot\boldsymbol{\rho})\mathrm{d}\kappa\int_{-\infty}^{\infty}\exp(\mathrm{i}\kappa_x x)\mathrm{d}\kappa_x\\&=2\pi\delta(x)\int_{-\infty}^{\infty}\Phi_n(\boldsymbol{\kappa})\exp(\mathrm{i}\boldsymbol{\kappa}\cdot\boldsymbol{\rho})\mathrm{d}\kappa\end{aligned} \tag{5.259}$$

所以

$$A(\rho)=2\pi\int_{-\infty}^{\infty}\Phi_n(\boldsymbol{\kappa})\exp(\mathrm{i}\boldsymbol{\kappa}\cdot\boldsymbol{\rho})\mathrm{d}\boldsymbol{\kappa} \tag{5.260}$$

当折射率起伏为各向同性，且统计均匀时，式(5.260)进一步退化为

$$A(\rho)=2\pi\int_{-\infty}^{\infty}\Phi_n(\kappa)\exp(\mathrm{i}\boldsymbol{\kappa}\cdot\boldsymbol{\rho})\mathrm{d}\boldsymbol{\kappa}=4\pi^2\int_0^{\infty}\kappa\mathrm{J}_0(\kappa\rho)\Phi_n(\kappa)\mathrm{d}\kappa \tag{5.261}$$

逆变换为

$$\Phi_n(\kappa)=\frac{1}{(2\pi)^2}\int A(\rho)\exp[-\mathrm{i}\boldsymbol{\kappa}\cdot\boldsymbol{\rho}]\mathrm{d}\boldsymbol{\rho} \tag{5.262}$$

所以函数 $A(\rho)$与谱 $\Phi_n(\kappa)$是二维傅里叶变换对，则有

$$A(0)=4\pi^2\int_0^{\infty}\kappa\Phi_n(\kappa)\mathrm{d}\kappa \tag{5.263}$$

Ishimaru 指出折射率起伏造成波场起伏的特征可由参量 Φ 和 Λ 描述，即

$$\Phi^2=k^2\langle(\int_0^x n_1(x',\rho)\mathrm{d}x')^2\rangle\approx k^2x\int_{-\infty}^{\infty}B_n(|x|,0)\mathrm{d}x' \tag{5.264}$$

它是波场起伏强度的量度，表示在几何光学近似下，接收点处波函数的均方差相位起伏。另一参数 Λ 为绕射参数，$\Lambda\propto(R_\mathrm{F}/l)^2$，表示折射率起伏相关特征尺度 l 与第一菲涅耳

半径R_F比的平方。小的Λ值对应小的绕射，即可采用几何光学近似，而当Λ较大时，绕射是重要的。当$R_F \ll L$(L为传播距离)时，有

$$R_F^2 = \frac{\lambda x(L-x)}{L} \tag{5.265}$$

其中，λ为波长。连接源到接收点对$(R_F/l)^2$求平均，则有

$$\Lambda = \frac{1}{L}\int_0^L \frac{1}{2\pi}\left[\frac{R_F(x)}{l}\right]^2 dx' = \frac{L}{6l^2 k} \tag{5.266}$$

当以l作为单一尺度描述随机介质中的波场起伏时，参数Φ和Λ的变化在随机介质中的传播状态分为三种，即弱起伏、强起伏的部分饱和状态和完全饱和状态，如图5.20所示。

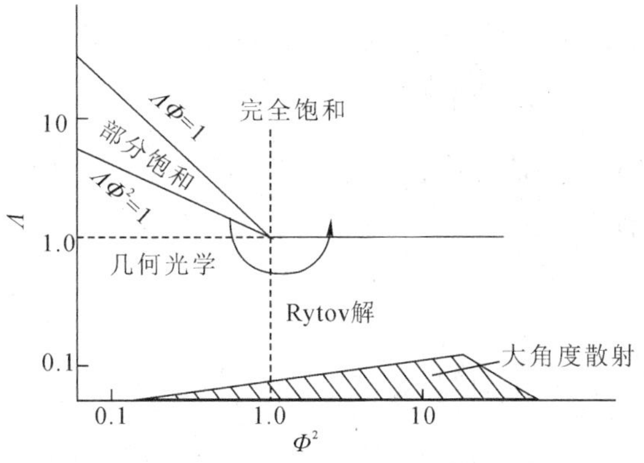

图5.20　Λ-Φ空间

所谓饱和状态，是指折射率起伏很大，或在随机介质中传播距离较远，使$\Phi \gg 1$且$\Phi/\Lambda > 1$时，波的起伏方差增大，从而使闪烁指数趋于定值1的现象。

5.8　基于抛物方程的连续随机介质中波场的统计矩

5.8.1　平均场和相干强度

对方程(5.254)中的U求系综平均可得到：

$$2ik\frac{\partial\langle U(\boldsymbol{r})\rangle}{\partial x} + \nabla_T^2\langle U(\boldsymbol{r})\rangle + k^2\langle\varepsilon_1(\boldsymbol{r})U(\boldsymbol{r})\rangle = 0 \tag{5.267}$$

考虑式(5.263)，式(5.267)中

$$\begin{aligned}\langle\varepsilon_1(\boldsymbol{r})U(\boldsymbol{r})\rangle &= \int A(\boldsymbol{\rho}-\boldsymbol{\rho}')\left\langle\frac{\delta U(x,\boldsymbol{\rho})}{\delta\varepsilon_1(x',\boldsymbol{\rho}')}\right\rangle d\rho' \\ &= \frac{ik}{4}\int A(\boldsymbol{\rho}-\boldsymbol{\rho}')\delta(\boldsymbol{\rho}-\boldsymbol{\rho}')\langle U(x,\boldsymbol{\rho}')\rangle d\rho' \\ &= \frac{ik}{4}A(0)\langle U(x,\boldsymbol{\rho})\rangle\end{aligned} \tag{5.268}$$

该式为泛函微分，利用Furutsu-Novikov公式以及Markov近似式(5.257)，即介电常数(或折射率)起伏在传播方向上具有δ相关，式(5.267)可以写成

$$2ik\frac{\partial\langle U(\boldsymbol{\rho},z)\rangle}{\partial x} + \nabla_T^2\langle U(x,\boldsymbol{\rho})\rangle + \frac{ik^3}{4}A(0)\langle U(\boldsymbol{\rho},z)\rangle = 0 \tag{5.269}$$

同时，考虑到 $x=0$ 处的边界条件 $\langle U(0,\boldsymbol{\rho})\rangle=U_0(\boldsymbol{\rho})$，可以确定相干场 $\langle U\rangle$，其解为

$$\langle U(x,\boldsymbol{\rho})\rangle=\int_0^x\int_{-\infty}^{\infty}G(x,\boldsymbol{\rho};x',\boldsymbol{\rho}')\left[-\frac{k^2}{8}A(0)\right]\langle U(x',\boldsymbol{\rho}')\rangle\mathrm{d}\rho'\mathrm{d}x' \tag{5.270}$$

其中，格林函数 $G(x,\boldsymbol{\rho};x',\boldsymbol{\rho}')$ 遵从抛物型方程

$$\frac{\partial G(x,\boldsymbol{\rho};x',\boldsymbol{\rho}')}{\partial x}+\frac{1}{2\mathrm{i}k}\nabla_{\mathrm{T}}^2G(x,\boldsymbol{\rho};x',\boldsymbol{\rho}')=\delta(x-x')\delta(\boldsymbol{\rho}-\boldsymbol{\rho}') \tag{5.271}$$

$$G(x,\boldsymbol{\rho};x',\boldsymbol{\rho}')=\begin{cases}\dfrac{k}{2\pi\mathrm{i}(x-x')}\exp\left[-\mathrm{i}\dfrac{k(\boldsymbol{\rho}-\boldsymbol{\rho}')^2}{2(x-x')}\right], & x>x'\\ 0, & x<x'\end{cases} \tag{5.272}$$

且

$$G(x'\rightarrow x;\boldsymbol{\rho},\boldsymbol{\rho}')=\delta(\boldsymbol{\rho}-\boldsymbol{\rho}'),\ x'\rightarrow x \tag{5.273}$$

将式(5.272)和式(5.273)代入式(5.270)，可得

$$\langle U(x,\boldsymbol{\rho})\rangle=\int_0^x\left(-\frac{k^2A(0)}{8}\right)\langle U(x',\boldsymbol{\rho})\rangle\mathrm{d}x' \tag{5.274}$$

考虑 $x=0$ 边界条件，则

$$\langle U(x,\boldsymbol{\rho})\rangle=U_0(x,\boldsymbol{\rho})\exp(-\alpha_0x) \tag{5.275}$$

其中

$$\alpha_0=\frac{k^2}{8}A(0)=\pi^2k^2\int_0^{\infty}\Phi_n(\boldsymbol{\kappa})\kappa\mathrm{d}\kappa=k^2\int_0^{\infty}B_n(x,0)\mathrm{d}x=k^2\langle n_1^2\rangle L_n \tag{5.276}$$

式(5.276)中后面两个等式应用了式(5.259)。L_n 为湍流的积分尺度。式(5.276)与式(5.264)比较，$\Phi^2\propto\alpha_0x$，说明 Φ^2 能作为表征波场相位起伏方差的量度。

综上，以抛物型方程法获得的平均场式(5.275)与以 Rytov 方法获得的结果一样。

首先讨论波场的一阶矩，即平均场。利用广义 Huygens - Fresnel 原理，通过式(5.255)也可以获得传播距离 L 处的平均场：

$$\langle U(L,\boldsymbol{\rho})\rangle=\frac{k}{2\pi\mathrm{i}L}\exp(\mathrm{i}kL)\int U_0(0,\boldsymbol{\rho}')\exp\left[\frac{\mathrm{i}k}{2L}(\boldsymbol{\rho}-\boldsymbol{\rho}')^2\right]\langle\exp[\psi(\boldsymbol{\rho},\boldsymbol{\rho}')]\rangle\mathrm{d}\rho' \tag{5.277}$$

对于均匀、各向同性湍流介质，式(5.277)中

$$\langle\exp[\psi(\boldsymbol{\rho},\boldsymbol{\rho}')]\rangle=\exp[E_1(0,0)]=\exp\left(-2\pi^2k^2L\int_0^{\infty}\Phi_n(\boldsymbol{\kappa})\kappa\mathrm{d}\kappa\right) \tag{5.278}$$

式(5.277)中的积分部分是自由空间抛物型方程解，即 $U_0(L,\boldsymbol{\rho})$。由此获得与式(5.275)相同的结果。相干强度为

$$|\langle U(x,\boldsymbol{\rho})\rangle|^2=|U_0(x,\boldsymbol{\rho})|^2\exp(-2\alpha_0x) \tag{5.279}$$

式中，$2\alpha_0=4\pi^2k^2\int_0^{\infty}\Phi_n(\kappa)\kappa\mathrm{d}\kappa=\int\sigma(\hat{\boldsymbol{o}},\hat{\boldsymbol{i}})\mathrm{d}\Omega$ 为湍流单位体积的总散射截面。对于 Von Karman 谱，由式(5.276)可以得到

$$\alpha_0=0.391C_n^2k^2L_0^{5/3}\psi\left[1,\frac{1}{6};(\kappa_mL_0)^2\right] \tag{5.280}$$

对于平面波，式(5.275)可以变为

$$\langle U(x,\boldsymbol{\rho})\rangle=U_0(\boldsymbol{\rho})\exp\left\{-0.391C_n^2k^2L_0^{5/3}x\psi\left[1,\frac{1}{6},(\kappa_mL_0)^{-2}\right]\right\} \tag{5.281}$$

考虑 $\kappa_m L_0 = 5.92 L_0/l_0$，$(\kappa_m L_0)^{-2} \ll 1$，得 $\alpha_0 = 0.391 C_n^2 k^2 L_0^{5/3}$。抛物近似和马尔可夫近似成立的条件是

$$kl_0 \gg 1 \text{ 和 } kC_n^2 L_0^{5/3} \ll 1 \tag{5.282}$$

其中，第一个不等式要求忽略后向散射；第二个不等式要求消光很小，这个关系可写为 $\alpha_e \lambda \ll 1$，α_e 即为消光系数。把地球大气中的 C_n^2、L_0、l_0 代入 $kC_n^2 L_0^{5/3} \ll 1$，对于水平光传输而言，马尔可夫近似理论比仅在 1 km 范围内成立的 Rytov 近似理论有了极大改进，适用于传输距离为 $10^2 \sim 10^3$ km 范围的情况。

5.8.2 随机介质中波传播的二阶矩

根据场的互相关函数定义，在式(5.254)中代入 $u(\boldsymbol{r}) = U(x, \boldsymbol{\rho}_1)$，用 $U^*(x, \boldsymbol{\rho}_2)$乘式(5.254)得

$$2\mathrm{i}k \frac{\partial U(x, \boldsymbol{\rho}_1)}{\partial x} U^*(x, \boldsymbol{\rho}_2) + \nabla_{\mathrm{T}_1}^2 U(x, \boldsymbol{\rho}_1) U^*(x, \boldsymbol{\rho}_2) + k^2 \varepsilon_1(x, \boldsymbol{\rho}_1) U(x, \boldsymbol{\rho}_1) U^*(x, \boldsymbol{\rho}_2) = 0 \tag{5.283}$$

同样取式(5.254)的复共轭并作变换 $\boldsymbol{\rho} = \boldsymbol{\rho}_2$。用 $U(x, \boldsymbol{\rho}_1)$乘此式得

$$-2\mathrm{i}k \frac{\partial U^*(x, \boldsymbol{\rho}_2)}{\partial x} U(x, \boldsymbol{\rho}_1) + \nabla_{\mathrm{T}_2}^2 U^*(x, \boldsymbol{\rho}_2) U(x, \boldsymbol{\rho}_1) + k^2 \varepsilon_1(x, \boldsymbol{\rho}_2) U^*(x, \boldsymbol{\rho}_2) U(x, \boldsymbol{\rho}_1) = 0 \tag{5.284}$$

从式(5.283)中减去式(5.284)，合并同类项并取平均，得到

$$\begin{aligned} & 2\mathrm{i}k \frac{\partial \Gamma_2(x, \boldsymbol{\rho}_1, \boldsymbol{\rho}_2)}{\partial x} + (\nabla_{\mathrm{T}_1}^2 - \nabla_{\mathrm{T}_2}^2) \Gamma_2(x, \boldsymbol{\rho}_1, \boldsymbol{\rho}_2) + \\ & k^2 \langle [\varepsilon_1(x, \boldsymbol{\rho}_1) - \varepsilon_1(x, \boldsymbol{\rho}_2)] U(x, \boldsymbol{\rho}_1) U^*(x, \boldsymbol{\rho}_2) \rangle = 0 \end{aligned} \tag{5.285}$$

应用式(5.268)，利用

$$\begin{aligned} \langle \varepsilon_1(x, \boldsymbol{\rho}_1) U(x, \boldsymbol{\rho}_1) U^*(x, \boldsymbol{\rho}_2) \rangle &= \langle \varepsilon_1(x, \boldsymbol{\rho}_1) Z(x, \boldsymbol{\rho}_1, \boldsymbol{\rho}_2) \rangle \\ &= \int A(\boldsymbol{\rho}_1 - \boldsymbol{\rho}_1') \left\langle \frac{\delta Z(x, \boldsymbol{\rho}_1, \boldsymbol{\rho}_2)}{\delta \varepsilon_1(x, \boldsymbol{\rho}_1')} \right\rangle \mathrm{d}\boldsymbol{\rho}_1' \end{aligned} \tag{5.286}$$

$$\begin{aligned} \frac{\delta Z(x, \boldsymbol{\rho}_1, \boldsymbol{\rho}_2)}{\delta \varepsilon_1(x, \boldsymbol{\rho}_1')} &= \frac{\delta U(x, \boldsymbol{\rho}_1)}{\delta \varepsilon_1(x, \boldsymbol{\rho}_1')} U^*(x, \boldsymbol{\rho}_2) + U(x, \boldsymbol{\rho}_1) \frac{\delta U^*(x, \boldsymbol{\rho}_2)}{\delta \varepsilon_1(x, \boldsymbol{\rho}_1')} \\ &= \frac{\mathrm{i}k}{4} [\delta(\boldsymbol{\rho}_1 - \boldsymbol{\rho}') U(x, \boldsymbol{\rho}') U^*(x, \boldsymbol{\rho}_2) - \delta(\boldsymbol{\rho}_2 - \boldsymbol{\rho}') U(x, \boldsymbol{\rho}_1) U^*(x, \boldsymbol{\rho}')] \end{aligned} \tag{5.287}$$

将式(5.287)代入式(5.286)，得到

$$\langle \varepsilon_1(x, \boldsymbol{\rho}_1) Z(x, \boldsymbol{\rho}_1, \boldsymbol{\rho}_2) \rangle = \frac{\mathrm{i}k}{4} [A(0) - A(\boldsymbol{\rho}_1 - \boldsymbol{\rho}_2)] \Gamma_2(x, \boldsymbol{\rho}_1, \boldsymbol{\rho}_2) \tag{5.288}$$

同理

$$\langle \varepsilon_1(x, \boldsymbol{\rho}_1) Z^*(x, \boldsymbol{\rho}_1, \boldsymbol{\rho}_2) \rangle = -\frac{\mathrm{i}k}{4} [A(0) - A(\boldsymbol{\rho}_1 - \boldsymbol{\rho}_2)] \Gamma_2(x, \boldsymbol{\rho}_1, \boldsymbol{\rho}_2) \tag{5.289}$$

最后得到互相关函数的微分方程：

$$\left\{ 2\mathrm{i}k \frac{\partial}{\partial x} + (\nabla_{\mathrm{T}_1}^2 - \nabla_{\mathrm{T}_2}^2) + \frac{\mathrm{i}k^3}{2} [A(0) - A(\boldsymbol{\rho}_1 - \boldsymbol{\rho}_2)] \right\} \Gamma_2(x, \boldsymbol{\rho}_1, \boldsymbol{\rho}_2) = 0 \tag{5.290}$$

考察式(5.290)的通解，满足在 $x=0$ 处的边界条件为 $\Gamma_{20}(0,\boldsymbol{\rho}_1,\boldsymbol{\rho}_2)=\Gamma_0(\boldsymbol{\rho}_1,\boldsymbol{\rho}_2)$，令 $\boldsymbol{\rho}_d=\boldsymbol{\rho}_1-\boldsymbol{\rho}_2$，$\boldsymbol{\rho}_c=(\boldsymbol{\rho}_1+\boldsymbol{\rho}_2)/2$，式(5.290)中横向 Laplace 算子为

$$(\nabla_{T_1}^2-\nabla_{T_2}^2)=2\left[\frac{\partial^2}{\partial y_c\partial y_d}+\frac{\partial^2}{\partial z_c\partial z_d}\right] \tag{5.291}$$

方程(5.290)可改写为如下形式：

$$\left\{2ik\frac{\partial}{\partial x}+2\left(\frac{\partial^2}{\partial y_c\partial y_d}+\frac{\partial^2}{\partial z_c\partial z_d}\right)+\frac{ik^3}{2}[A(0)-A(\boldsymbol{\rho}_d)]\right\}\Gamma_2(x,\boldsymbol{\rho}_c,\boldsymbol{\rho}_d)=0 \tag{5.291}$$

利用双重傅里叶变换：

$$M(x,\boldsymbol{\kappa}_d,\boldsymbol{\kappa}_c)=\frac{1}{(2\pi)^4}\iint\Gamma_2(x,\boldsymbol{\rho}_c,\boldsymbol{\rho}_d)\exp(-i\boldsymbol{\kappa}_d\cdot\boldsymbol{\rho}_c-i\boldsymbol{\kappa}_c\cdot\boldsymbol{\rho}_d)d\boldsymbol{\rho}_c d\boldsymbol{\rho}_d \tag{5.293}$$

$$\Gamma(x,\boldsymbol{\rho}_c,\boldsymbol{\rho}_d)=\iint M(x,\boldsymbol{\kappa}_d,\boldsymbol{\kappa}_c)\exp(i\boldsymbol{\kappa}_d\cdot\boldsymbol{\rho}_c+i\boldsymbol{\kappa}_c\cdot\boldsymbol{\rho}_d)d\boldsymbol{\kappa}_d d\boldsymbol{\kappa}_c \tag{5.294}$$

对式(5.292)作双重傅里叶变换，得

$$2ik\frac{\partial M(x,\boldsymbol{\kappa}_d,\boldsymbol{\kappa}_c)}{\partial x}+2\boldsymbol{\kappa}_d\cdot\boldsymbol{\kappa}_c M(x,\boldsymbol{\kappa}_d,\boldsymbol{\kappa}_c)+\frac{ik^3}{2}\int F_A(\boldsymbol{\kappa}_c-\boldsymbol{\kappa}_c')M(x,\boldsymbol{\kappa}_d,\boldsymbol{\kappa}_c')d\boldsymbol{\kappa}_c'=0 \tag{5.295}$$

式中

$$F_A(\boldsymbol{\kappa}_c)=\frac{1}{(2\pi)^2}\int[A(0)-A(\boldsymbol{\rho}_d)]\exp(-i\boldsymbol{\kappa}_c\cdot\boldsymbol{\rho}_d)d\boldsymbol{\rho}_d=\delta(\boldsymbol{\kappa}_c)A(0)-2\pi\Phi_\varepsilon(\boldsymbol{\kappa}_c) \tag{5.296}$$

设 $M(x,\boldsymbol{\kappa}_d,\boldsymbol{\kappa}_c)=M_0(x,\boldsymbol{\kappa}_d,\boldsymbol{\kappa}_c)\exp[-i(\boldsymbol{\kappa}_d\cdot\boldsymbol{\kappa}_c/k)x]$，代入式(5.295)，可以获得关于 M_0 的较为简单的微分方程：

$$2ik\frac{\partial M_0(x,\boldsymbol{\kappa}_d,\boldsymbol{\kappa}_c)}{\partial x}+\frac{ik^3}{2}\int F_A(\boldsymbol{\kappa}_c-\boldsymbol{\kappa}_c')\exp\left[i\frac{\boldsymbol{\kappa}_d\cdot(\boldsymbol{\kappa}_c-\boldsymbol{\kappa}_c')}{k}x\right]M_0(x,\boldsymbol{\kappa}_d,\boldsymbol{\kappa}_c')d\boldsymbol{\kappa}_c'=0 \tag{5.297}$$

式(5.297)对 $\boldsymbol{\kappa}_c$ 作逆傅里叶变换：

$$2ik\frac{\partial\Gamma_{20}(x,\boldsymbol{\kappa}_d,\boldsymbol{\rho}_d)}{\partial x}+\frac{ik^3}{2}\left[A(0)-A\left(\boldsymbol{\rho}_d+\frac{\boldsymbol{\kappa}_d x}{k}\right)\right]\Gamma_{20}(x,\boldsymbol{\kappa}_d,\boldsymbol{\rho}_d)=0 \tag{5.298}$$

该方程求解得

$$\Gamma_{20}(x,\boldsymbol{\kappa}_d,\boldsymbol{\rho}_d)=\Gamma_0(0,\boldsymbol{\kappa}_d,\boldsymbol{\rho}_d)\exp\left\{-\int_0^x\frac{k^2}{4}\left[A(0)-A\left(\boldsymbol{\rho}_d+\frac{\boldsymbol{\kappa}_d x'}{k}\right)\right]dx'\right\} \tag{5.299}$$

至此，由 $\Gamma_{20}(x,\boldsymbol{\kappa}_d,\boldsymbol{\rho}_d)\to M_0(x,\boldsymbol{\kappa}_d,\boldsymbol{\rho}_c)\to M(x,\boldsymbol{\kappa}_d,\boldsymbol{\kappa}_c)\to\Gamma_2(x,\boldsymbol{\rho}_c,\boldsymbol{\rho}_d)$，最后可得

$$\Gamma_2(x,\boldsymbol{\rho}_c,\boldsymbol{\rho}_d)=\int\Gamma_{20}\left(x,\boldsymbol{\kappa}_d,\boldsymbol{\rho}_d-\frac{\boldsymbol{\kappa}_d x}{k}\right)\exp(i\boldsymbol{\kappa}_d\cdot\boldsymbol{\rho}_c)d\boldsymbol{\kappa}_d=\int\Gamma_{20}\left(0,\boldsymbol{\kappa}_d,\boldsymbol{\rho}_d-\frac{\boldsymbol{\kappa}_d x}{k}\right)\cdot$$
$$\exp\left\{i\boldsymbol{\kappa}_d\cdot\boldsymbol{\rho}_c-\int_0^x\frac{k^2}{4}\left[A(0)-A\left(\boldsymbol{\rho}_d-\frac{\boldsymbol{\kappa}_d}{k}(x-x')\right)\right]dx'\right\}d\boldsymbol{\kappa}_d \tag{5.300}$$

式中，$\Gamma_0(0,\boldsymbol{\kappa}_d,\boldsymbol{\rho}_d)$ 由 $x=0$ 处的 Γ 值确定：

$$\Gamma_0(0,\boldsymbol{\kappa}_d,\boldsymbol{\rho}_d)=\frac{1}{(2\pi)^2}\int\Gamma_0(0,\boldsymbol{\rho}_c,\boldsymbol{\rho}_d)\exp(-i\boldsymbol{\kappa}_d\cdot\boldsymbol{\rho}_c)d\boldsymbol{\rho}_c \tag{5.301}$$

式(5.300)和式(5.301)是互相关函数的普遍解。如果取 $x=L$，用 $\boldsymbol{\rho}_d'=\boldsymbol{\rho}_d-\boldsymbol{\kappa}_d x/k$ 代替 $\boldsymbol{\kappa}_d$，则式(5.300)可以表示成如下形式：

$$\Gamma_2(x, \boldsymbol{\rho}_c, \boldsymbol{\rho}_d) = \left(\frac{k}{2\pi L}\right)^2 \iint \Gamma_0(0, \boldsymbol{\rho}'_c, \boldsymbol{\rho}'_d)\exp\left\{\mathrm{i}\,\frac{k}{L}(\boldsymbol{\rho}_d - \boldsymbol{\rho}'_d)(\boldsymbol{\rho}_c - \boldsymbol{\rho}'_c) - H\right\}\mathrm{d}\boldsymbol{\rho}'_d\mathrm{d}\boldsymbol{\rho}'_c \tag{5.302}$$

其中

$$\begin{aligned} H &= \int_0^x \frac{k^2}{4}\left[A(0) - A\left(\boldsymbol{\rho}'_d + \frac{(\boldsymbol{\rho}_d - \boldsymbol{\rho}'_d)x'}{L}\right)\right]\mathrm{d}x' \\ &= 4\pi^2 k^2 L\int_0^\infty [1 - \mathrm{J}_0(\kappa\rho)]\Phi_n(\kappa)\kappa\mathrm{d}\kappa \end{aligned} \tag{5.303}$$

注意，$\rho = |\boldsymbol{\rho}'_d + (\boldsymbol{\rho}_d - \boldsymbol{\rho}'_d)x'/L|$，$\Gamma_{20}(0, \boldsymbol{\rho}_c, \boldsymbol{\rho}_d)$是 $x=0$ 处 $\boldsymbol{\rho}'_1 = \boldsymbol{\rho}'_c + \boldsymbol{\rho}'_d/2$，$\boldsymbol{\rho}'_2 = \boldsymbol{\rho}'_c - \boldsymbol{\rho}'_d/2$ 两点之间的互相关函数。$\Gamma_2(L, \boldsymbol{\rho}_c, \boldsymbol{\rho}_d)$是在 $x=L$ 处 $\boldsymbol{\rho}_1 = \boldsymbol{\rho}_c + \boldsymbol{\rho}_d/2$，$\boldsymbol{\rho}_2 = \boldsymbol{\rho}_c - \boldsymbol{\rho}_d/2$ 两点的互相关函数。如图 5.21 所示，$\exp[ik(\boldsymbol{\rho}_d - \boldsymbol{\rho}'_d)(\boldsymbol{\rho}_c - \boldsymbol{\rho}'_c)/L]$是 $\exp[\mathrm{i}k(r_1 - r_2)]$的抛物方程近似，$H$ 与球面波结构函数有关。对于平面波，$\Gamma_2(L, \boldsymbol{\rho}_1, \boldsymbol{\rho}_2)$是 L 和 $\rho_d = |\boldsymbol{\rho}_1 - \boldsymbol{\rho}_2|$ 的函数，如果在 $L=0$ 处波是完全相干的，则有

$$\Gamma_{20}(0, \boldsymbol{\rho}_1 - \boldsymbol{\rho}_2) = \Gamma_{20}(0, \boldsymbol{\rho}_d) = 1 \tag{5.304}$$

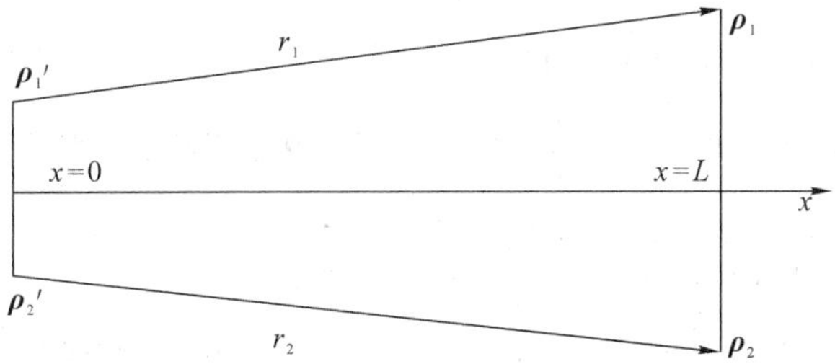

图 5.21　互相干函数的抛物近似

因此，由式(5.301)，$\Gamma_0(0, \boldsymbol{\kappa}_d, \boldsymbol{\rho}_d) = \delta(\boldsymbol{\kappa}_d)$，所以，从式(5.300)可以获得

$$\begin{aligned} \Gamma_2(L, \boldsymbol{\rho}_1, \boldsymbol{\rho}_2) = \Gamma_2(L, \boldsymbol{\rho}_c, \boldsymbol{\rho}_d) &= \exp\left\{-\frac{k^2}{4}\int_0^L [A(0) - A(\boldsymbol{\rho}_d)]\mathrm{d}x'\right\} \\ &= \exp\left\{-\frac{k^2}{4}[A(0) - A(\boldsymbol{\rho}_1 - \boldsymbol{\rho}_2)]L\right\} \\ &= \exp\left\{-k^2 L\int_{-\infty}^\infty [B_n(\eta, 0) - B_n(\eta, \rho)]\mathrm{d}\eta\right\} \end{aligned} \tag{5.305}$$

$$\begin{aligned} A(\boldsymbol{\rho} - \boldsymbol{\rho}') &= 2\pi\int \Phi_\varepsilon(\boldsymbol{\kappa})\exp[\mathrm{i}\boldsymbol{\kappa}\cdot(\boldsymbol{\rho} - \boldsymbol{\rho}')]\mathrm{d}\boldsymbol{\kappa} \\ &= (2\pi)^2\int_0^\infty \mathrm{J}_0(\kappa\,|\,\boldsymbol{\rho} - \boldsymbol{\rho}'\,|)\Phi_\varepsilon(\kappa)\kappa\mathrm{d}\kappa \\ &= (4\pi)^2\int_0^\infty \mathrm{J}_0(\kappa\,|\,\boldsymbol{\rho} - \boldsymbol{\rho}'\,|)\Phi_n(\kappa)\kappa\mathrm{d}\kappa \end{aligned} \tag{5.306}$$

根据式(5.261)，式(5.306)可表示成如下形式：

$$\Gamma_2(L, \boldsymbol{\rho}) = \exp\left[-\frac{D(L, \boldsymbol{\rho})}{2}\right] \tag{5.307}$$

$$D(L, \rho) = 8\pi^2 k^2 L\int_0^\infty [1 - \mathrm{J}_0(\kappa\rho)]\Phi_n(\kappa)\kappa\mathrm{d}\kappa \tag{5.308}$$

注意到 Rytov 近似下对数振幅起伏和相位起伏结构函数表达式，可以得到式(5.308)中的 $D(L, \rho)$与 $D_\chi(L, \rho)$和 $D_s(L, \rho)$的关系为

$$D(L,\rho)=D_\chi(L,\rho)+D_s(L,\rho) \tag{5.309}$$

同理，可以得到球面波的互相关函数。考虑球面波 $u_0(\boldsymbol{r})=\mathrm{e}^{ikr}/r$ 的抛物型近似为

$$u_0(\boldsymbol{r})=U_0(L,\boldsymbol{\rho})\exp(\mathrm{i}kL)=\frac{1}{L}\exp\left(\mathrm{i}\frac{k\rho^2}{2L}\right)\exp(\mathrm{i}kL) \tag{5.310}$$

在 $x=0$ 处球面波的互相关函数可用 δ 函数表示：

$$\Gamma(0,\boldsymbol{\rho}_c',\boldsymbol{\rho}_d')=\left(\frac{2\pi}{k}\right)^2\delta(\boldsymbol{\rho}_c')\delta(\boldsymbol{\rho}_d') \tag{5.311}$$

自由空间中，式(5.303)中 $H=0$，将式(5.311)代入式(5.302)，获得球面波的互相关函数为

$$\Gamma_2(L,\boldsymbol{\rho}_c,\boldsymbol{\rho}_d)=\frac{1}{L^2}\exp\left[\mathrm{i}\frac{k}{L}\boldsymbol{\rho}_c\cdot\boldsymbol{\rho}_d-H\right] \tag{5.312}$$

$$H=\frac{k^2}{4}\int_0^L\left[A(0)-A\left(\frac{\boldsymbol{\rho}_d x'}{L}\right)\right]\mathrm{d}x'=4\pi^2k^2\int_0^L\mathrm{d}x'\int_0^\infty\left[1-\mathrm{J}_0\left(\frac{\kappa\rho_d x'}{L}\right)\right]\Phi_n(\kappa)\kappa\mathrm{d}\kappa \tag{5.313}$$

对于非相干波源，在 $x=0$ 处波源完全不相干，$\Gamma_{20}(0,\boldsymbol{\rho}_c',\boldsymbol{\rho}_d')=\left(\frac{2\pi}{k}\right)^2 I(\boldsymbol{\rho}_c')\delta(\boldsymbol{\rho}_d')$。

以类似方法可以获得互相关函数：

$$\begin{cases}\Gamma_2(L,\boldsymbol{\rho}_c',\boldsymbol{\rho}_d')=\dfrac{1}{L^2}\displaystyle\int I(\boldsymbol{\rho}_c')\exp\left[\mathrm{i}\frac{k}{L}\boldsymbol{\rho}_d\cdot(\boldsymbol{\rho}_c-\boldsymbol{\rho}_c')-H\right]\mathrm{d}\boldsymbol{\rho}_c'\\ H=\dfrac{k^2}{4}\displaystyle\int_0^L\left[A(0)-A\left(\frac{\boldsymbol{\rho}_d x'}{L}\right)\right]\mathrm{d}x'\end{cases} \tag{5.314}$$

上述推导有些繁琐，也可以直接采用 Andrews 的方法得出，此处不再详述。

5.8.3 随机介质中波传播的四阶矩

定义场的四阶矩 $\Gamma_4=\langle U(x,\boldsymbol{\rho}_1)U(x,\boldsymbol{\rho}_2)U^*(x,\boldsymbol{\rho}_1)U^*(x,\boldsymbol{\rho}_2)\rangle$。与上一节类似，可以获得四阶矩满足的微分方程：

$$\frac{\partial\Gamma_4}{\partial x}-\frac{\mathrm{i}}{2k}(\nabla_1^2+\nabla_2^2-\nabla_1'^2-\nabla_2'^2)\Gamma_4+Q\Gamma_4=0 \tag{5.315}$$

其中

$$\begin{aligned}Q=\frac{\pi k^2}{4}[&H(x,\boldsymbol{\rho}_1-\boldsymbol{\rho}_1')+H(x,\boldsymbol{\rho}_2-\boldsymbol{\rho}_2')+H(x,\boldsymbol{\rho}_1-\boldsymbol{\rho}_2')+\\&H(x,\boldsymbol{\rho}_2-\boldsymbol{\rho}_1')-H(x,\boldsymbol{\rho}_2-\boldsymbol{\rho}_1)-H(x,\boldsymbol{\rho}_2'-\boldsymbol{\rho}_1')]\end{aligned} \tag{5.316}$$

初始条件为 $\Gamma_4(0,\boldsymbol{\rho}_1,\boldsymbol{\rho}_2,\boldsymbol{\rho}_1',\boldsymbol{\rho}_2')=U_0(\boldsymbol{\rho}_1)U_0(\boldsymbol{\rho}_2)U_0^*(\boldsymbol{\rho}_1')U_0^*(\boldsymbol{\rho}_2')$。引入变量代换，即

$$\begin{cases}\boldsymbol{R}=\dfrac{\boldsymbol{\rho}_1+\boldsymbol{\rho}_2+\boldsymbol{\rho}_1'+\boldsymbol{\rho}_2'}{4}\\ \boldsymbol{r}_1=\dfrac{\boldsymbol{\rho}_1-\boldsymbol{\rho}_2+\boldsymbol{\rho}_1'-\boldsymbol{\rho}_2'}{2}\\ \boldsymbol{r}_2=\dfrac{\boldsymbol{\rho}_1-\boldsymbol{\rho}_2-\boldsymbol{\rho}_1'+\boldsymbol{\rho}_2'}{2}\\ \boldsymbol{\rho}=\boldsymbol{\rho}_1+\boldsymbol{\rho}_2-\boldsymbol{\rho}_1'-\boldsymbol{\rho}_2'\end{cases}\qquad\begin{cases}\boldsymbol{\rho}_1=\boldsymbol{R}+\dfrac{\boldsymbol{r}_1+\boldsymbol{r}_2}{2}+\dfrac{\boldsymbol{\rho}}{4}\\ \boldsymbol{\rho}_2=\boldsymbol{R}-\dfrac{\boldsymbol{r}_1+\boldsymbol{r}_2}{2}+\dfrac{\boldsymbol{\rho}}{4}\\ \boldsymbol{\rho}_1'=\boldsymbol{R}+\dfrac{\boldsymbol{r}_1-\boldsymbol{r}_2}{2}-\dfrac{\boldsymbol{\rho}}{4}\\ \boldsymbol{\rho}_2'=\boldsymbol{R}-\dfrac{\boldsymbol{r}_1-\boldsymbol{r}_2}{2}-\dfrac{\boldsymbol{\rho}}{4}\end{cases} \tag{5.317}$$

$$\nabla_1^2+\nabla_2^2-\nabla_1'^2-\nabla_2'^2=2(\nabla_R\cdot\nabla_\rho+\nabla_{r_1}\cdot\nabla_{r_2}) \tag{5.318}$$

如图 5.22 所示。

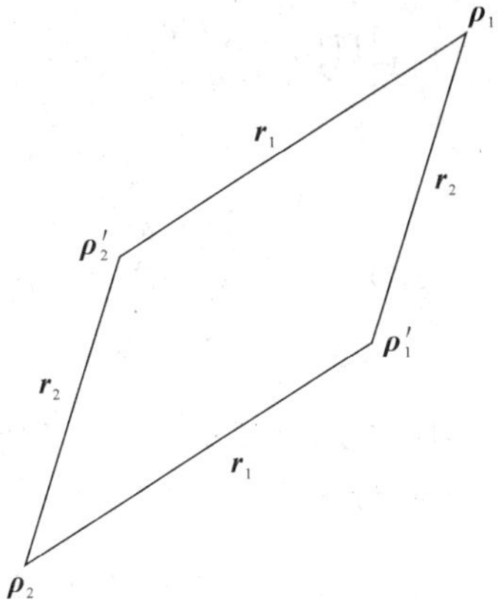

图 5.22 四阶矩的变量变换

则四阶矩方程可改写为

$$\frac{\partial \Gamma_4}{\partial x}-\frac{\mathrm{i}}{k}(\nabla_R \cdot \nabla_\rho+\nabla_{r_1} \cdot \nabla_{r_2})\Gamma_4+Q\Gamma_4=0 \tag{5.319}$$

$$Q=\frac{\pi k^2}{4}\left[H\left(x,\ \boldsymbol{r}_1+\frac{\boldsymbol{\rho}}{2}\right)+H\left(x,\ \boldsymbol{r}_1-\frac{\boldsymbol{\rho}}{2}\right)+H\left(x,\ \boldsymbol{r}_2+\frac{\boldsymbol{\rho}}{2}\right)+H\left(x,\ \boldsymbol{r}_2-\frac{\boldsymbol{\rho}}{2}\right)-H(x,\ \boldsymbol{r}_1+\boldsymbol{r}_2)-H(x,\ \boldsymbol{r}_1-\boldsymbol{r}_2)\right] \tag{5.320}$$

$$H(\boldsymbol{\rho})=\frac{A(0)-A(\boldsymbol{\rho})}{\pi} \tag{5.321}$$

$$A(\rho)=\int_{-\infty}^{\infty}B_n(|\boldsymbol{\rho}|)\mathrm{d}x=(2\pi)^2\int_0^{\infty}\mathrm{J}_0(\kappa\rho)\Phi_n(\kappa)\kappa\mathrm{d}\kappa \tag{5.322}$$

Ishimaru 指出，平面波在随机介质传播时，方程(5.319)应与中心坐标 $\boldsymbol{R}$ 无关，因此 $\nabla_R\Gamma_4=0$。同时方程中将不包含算子∇_ρ，$\boldsymbol{\rho}$ 只是一个参量，可令其为零。在这种情况下，$\boldsymbol{\rho}_1$、$\boldsymbol{\rho}_2$、$\boldsymbol{\rho}_1'$、$\boldsymbol{\rho}_2'$ 即一个平行四边形的四个顶点，则式(5.319)可改写为

$$\frac{\partial \Gamma_4}{\partial x}-\frac{\mathrm{i}}{k}\nabla_{r_1} \cdot \nabla_{r_2}\Gamma_4+Q(x,\ \boldsymbol{r}_1,\ \boldsymbol{r}_2)\Gamma_4=0 \tag{5.323}$$

其中

$$\begin{aligned}Q(x,\ \boldsymbol{r}_1,\ \boldsymbol{r}_2,\ 0)&=\frac{\pi k^2}{4}[2H(x,\ \boldsymbol{r}_1)+2H(x,\ \boldsymbol{r}_2)-H(x,\ \boldsymbol{r}_1+\boldsymbol{r}_2)-H(x,\ \boldsymbol{r}_1-\boldsymbol{r}_2)]\\&=D'(\boldsymbol{r}_1)+D'(\boldsymbol{r}_2)-\frac{D'(\boldsymbol{r}_1+\boldsymbol{r}_2)}{2}-\frac{D'(\boldsymbol{r}_1-\boldsymbol{r}_2)}{2}\end{aligned} \tag{5.324}$$

函数 $D'(\boldsymbol{r})$是式(5.308)所给出的波结构函数对 x 的微商，即

$$D'(\boldsymbol{\rho})=\frac{\partial D(\boldsymbol{\rho})}{\partial x}=8\pi^2k^2\int_0^{\infty}[1-\mathrm{J}_0(\kappa\rho)]\Phi_n(\kappa)\kappa d\kappa=2.92C_n^2k^2\rho^{5/3} \tag{5.325}$$

$$\Gamma_4(x,\ \boldsymbol{r}_1,\ \boldsymbol{r}_2)=\left\langle U\left(x,\ \boldsymbol{R}+\frac{\boldsymbol{r}_1+\boldsymbol{r}_2}{2}\right)U\left(x,\ \boldsymbol{R}-\frac{\boldsymbol{r}_1+\boldsymbol{r}_2}{2}\right)\cdot U^*\left(x,\ \boldsymbol{R}+\frac{\boldsymbol{r}_1-\boldsymbol{r}_2}{2}\right)U^*\left(x,\ \boldsymbol{R}-\frac{\boldsymbol{r}_1-\boldsymbol{r}_2}{2}\right)\right\rangle \tag{5.326}$$

其中 $\boldsymbol{\rho}_1-\boldsymbol{\rho}_1'=\boldsymbol{\rho}_2'-\boldsymbol{\rho}_2=\boldsymbol{r}_2$，$\boldsymbol{\rho}_1-\boldsymbol{\rho}_2'=\boldsymbol{\rho}_1'-\boldsymbol{\rho}_2=\boldsymbol{r}_1$。显然，$Q(x,\ \boldsymbol{r}_1,\ \boldsymbol{r}_2)=Q(x,\ \boldsymbol{r}_2,\ \boldsymbol{r}_1)$，所以

$\Gamma_4(x, \boldsymbol{r}_1, \boldsymbol{r}_2)=\Gamma_4(x, \boldsymbol{r}_2, \boldsymbol{r}_1)$为偶函数。令$\boldsymbol{\rho}_1=\boldsymbol{\rho}_1'$，$\boldsymbol{\rho}_2'=\boldsymbol{\rho}_2$，则$\boldsymbol{r}_2=0$，由式(5.326)得

$$\Gamma_4(x, \boldsymbol{r}_1, 0)=\left\langle \left|U\left(x, \boldsymbol{R}+\frac{\boldsymbol{r}_1}{2}\right)\right|^2 \left|U\left(x, \boldsymbol{R}-\frac{\boldsymbol{r}_1}{2}\right)\right|^2 \right\rangle=\left\langle I\left(x, \boldsymbol{R}+\frac{\boldsymbol{r}_1}{2}\right) I\left(x, \boldsymbol{R}-\frac{\boldsymbol{r}_1}{2}\right)\right\rangle \tag{5.327}$$

考虑

$$\Gamma_2(x, \boldsymbol{R}, \boldsymbol{\rho})=\left\langle U\left(x, \boldsymbol{R}+\frac{\rho}{2}\right)U^*\left(x, \boldsymbol{R}-\frac{\boldsymbol{\rho}}{2}\right)\right\rangle, \ \Gamma_2(x, \boldsymbol{R}, 0)=\langle I(x, \boldsymbol{R})\rangle \tag{5.328}$$

以平面波为例，在$x=0$点入射的平面波，方程(5.327)的边界条件为$\Gamma_4(x=0)=1$。Γ_2是独立于$\boldsymbol{R}$的，由此获得的强度相关函数为

$$\begin{aligned} B_I(x, \boldsymbol{r}) &= \left\langle I\left(x, \boldsymbol{R}+\frac{\boldsymbol{r}}{2}\right) I\left(x, \boldsymbol{R}-\frac{\boldsymbol{r}}{2}\right)\right\rangle - \left\langle I\left(x, \boldsymbol{R}+\frac{\boldsymbol{r}}{2}\right)\right\rangle \left\langle I\left(x, \boldsymbol{R}-\frac{\boldsymbol{r}}{2}\right)\right\rangle \\ &= \Gamma_4(x, r, 0)-\Gamma_2^2(x, 0, 0) \end{aligned} \tag{5.329}$$

当$|\boldsymbol{r}_2|\to\infty$时，$(\boldsymbol{\rho}_1, \boldsymbol{\rho}_2')$两点与$(\boldsymbol{\rho}_1', \boldsymbol{\rho}_2)$两点的距离变得无穷大，因而这两组点的相关性消失。在$|\boldsymbol{r}_2|\to\infty$极限下，有

$$\begin{aligned} \lim_{|\boldsymbol{r}_2|\to\infty}\Gamma_4 &= \langle U(x, \boldsymbol{\rho}_1)U^*(x, \boldsymbol{\rho}_2')\rangle\langle U(x, \boldsymbol{\rho}_2')U^*(x, \boldsymbol{\rho}_1')\rangle \\ &= \Gamma_2(x, \boldsymbol{r}_1, 0)\Gamma_2(x, -\boldsymbol{r}_1, 0)=|\Gamma_2(x, \boldsymbol{r}_1, 0)|^2 \end{aligned} \tag{5.330}$$

考虑函数$\Gamma_4(x, \boldsymbol{r}_1, \boldsymbol{r}_2)-\Gamma_2^2(x, \boldsymbol{r}_1, 0)$，对于平面波，有

$$\frac{\partial\Gamma_2(x, \boldsymbol{r}_1, 0)}{\partial x}=-\frac{\pi k^2}{4}H(x, \boldsymbol{r}_1)\Gamma_2(x, \boldsymbol{r}_1, 0) \tag{5.331}$$

式中，$H(x, \boldsymbol{r}_1)$对于$\boldsymbol{r}_1$为偶函数，所以$\Gamma_2(x, \boldsymbol{r}_1, 0)=\Gamma_2(x, -\boldsymbol{r}_1, 0)=\Gamma_2^*(x, \boldsymbol{r}_1, 0)$。用$2\Gamma_2^*(x, \boldsymbol{r}_1, 0)$乘以式(5.331)，得

$$\frac{\partial|\Gamma_2(x, \boldsymbol{r}_1, 0)|^2}{\partial x}=-\frac{\pi k^2}{2}H(x, \boldsymbol{r}_1)|\Gamma_2(x, \boldsymbol{r}_1, 0)|^2 \tag{5.332}$$

将式(5.332)与式(5.323)合并，得

$$\begin{aligned} \frac{\partial}{\partial x}[\Gamma_4(x, \boldsymbol{r}_1, \boldsymbol{r}_2)-|\Gamma_2(x, \boldsymbol{r}_1, 0)|^2] &= \frac{\mathrm{i}}{k}\nabla_{r_1}\cdot\nabla_{r_2}[\Gamma_4(x, \boldsymbol{r}_1, \boldsymbol{r}_2)-|\Gamma_2(x, \boldsymbol{r}_1, 0)|^2]- \\ &\quad \frac{\pi k^2}{4}Q(x, \boldsymbol{r}_1, \boldsymbol{r}_2)[\Gamma_4(x, \boldsymbol{r}_1, \boldsymbol{r}_2)-|\Gamma_2(x, \boldsymbol{r}_1, 0)|^2]- \\ &\quad \frac{\pi k^2}{4}|\Gamma_2^2(x, \boldsymbol{r}, 0)|[Q(x, \boldsymbol{r}_1, \boldsymbol{r}_2)-2H(x, \boldsymbol{r}_1)] \end{aligned} \tag{5.333}$$

将式(5.333)对于$\boldsymbol{r}_2$在无穷远区域积分，应用格林定理，有

$$\int_{-\infty}^{\infty}\nabla_{r_1}\cdot\nabla_{r_2}[\Gamma_4(x, \boldsymbol{r}_1, \boldsymbol{r}_2)-|\Gamma_2(x, \boldsymbol{r}_1, 0)|^2]\mathrm{d}\boldsymbol{r}_2=0 \tag{5.334}$$

$$\begin{aligned} &\frac{\partial}{\partial x}\int_{-\infty}^{\infty}[\Gamma_4(x, \boldsymbol{r}_1, \boldsymbol{r}_2)-|\Gamma_2(x, \boldsymbol{r}_1, 0)|^2]\mathrm{d}\boldsymbol{r}_2 \\ &= -\frac{\pi k^2}{4}\int_{-\infty}^{\infty}Q(x, \boldsymbol{r}_1, \boldsymbol{r}_2)[\Gamma_4(x, \boldsymbol{r}_1, \boldsymbol{r}_2)-|\Gamma_2(x, \boldsymbol{r}_1, 0)|^2]\mathrm{d}\boldsymbol{r}_2- \\ &\quad \frac{\pi k^2}{4}|\Gamma_2^2(x, \boldsymbol{r}_1, 0)|\int_{-\infty}^{\infty}[Q(x, \boldsymbol{r}_1, \boldsymbol{r}_2)-2H(x, \boldsymbol{r}_1)]\mathrm{d}\boldsymbol{r}_2 \end{aligned} \tag{5.335}$$

考虑式(5.331)和式(5.324)，让 $\boldsymbol{r}_1=0$，式(5.335)中 $Q(x,0,\boldsymbol{r}_2)=0$，$H(x,0)=0$，所以

$$\frac{\mathrm{d}}{\mathrm{d}x}\int_{-\infty}^{\infty}[\Gamma_4(x,0,\boldsymbol{r}_2)-|\Gamma_2(x,0,0)|^2]\mathrm{d}\boldsymbol{r}_2=0 \tag{5.336}$$

即

$$\frac{\mathrm{d}}{\mathrm{d}x}\int_{-\infty}^{\infty}B_I(x,\boldsymbol{r})\mathrm{d}\boldsymbol{r}=0 \tag{5.337}$$

当 $x=0$ 时，场 $U(0,\boldsymbol{r})$ 没有起伏，$B_I(0,\boldsymbol{r})=0$，所以

$$\int_{-\infty}^{\infty}B_I(x,\boldsymbol{r})\mathrm{d}\boldsymbol{r}=0 \tag{5.338}$$

式(5.338)表示对于平面波情况能量守恒。现在回到式(5.319)，设

$$\Gamma_4(x,\boldsymbol{R},\boldsymbol{r}_1,\boldsymbol{r}_2,\boldsymbol{\rho})=\int_{-\infty}^{\infty}\exp(\mathrm{i}\boldsymbol{p}\cdot\boldsymbol{R})\tilde{\Gamma}_4(x,\boldsymbol{p},\boldsymbol{r}_1,\boldsymbol{r}_2,\boldsymbol{\rho})\mathrm{d}\boldsymbol{p} \tag{5.339}$$

代入式(5.323)，获得

$$\left\{\frac{\partial}{\partial x}+\frac{\boldsymbol{p}}{k}\cdot\nabla_\rho-\left[\frac{\mathrm{i}}{k}\nabla_{r_1}\cdot\nabla_{r_2}-Q(x,\boldsymbol{r}_1,\boldsymbol{r}_2,\boldsymbol{\rho})\right]\right\}\tilde{\Gamma}_4(x,\boldsymbol{p},\boldsymbol{r}_1,\boldsymbol{r}_2,\boldsymbol{\rho})=0 \tag{5.340}$$

进一步将

$$\begin{cases}\tilde{\Gamma}_4(x,\boldsymbol{p},\boldsymbol{r}_1,\boldsymbol{r}_2,\boldsymbol{\rho})=M\left(x,\boldsymbol{p},\boldsymbol{r}_1,\boldsymbol{r}_2,\boldsymbol{\rho}-\dfrac{\boldsymbol{p}x}{k}\right)\\ M(x,\boldsymbol{p},\boldsymbol{r}_1,\boldsymbol{r}_2,\boldsymbol{\rho})=\tilde{\Gamma}_4\left(x,\boldsymbol{p},\boldsymbol{r}_1,\boldsymbol{r}_2,\boldsymbol{\rho}+\dfrac{\boldsymbol{p}x}{k}\right)\end{cases} \tag{5.341}$$

代入式(5.340)，得

$$\frac{\partial M(x,\boldsymbol{p},\boldsymbol{r}_1,\boldsymbol{r}_2,\boldsymbol{\rho})}{\partial x}=\left[\frac{\mathrm{i}}{k}\nabla_{r_1}\cdot\nabla_{r_2}-Q(x,\boldsymbol{r}_1,\boldsymbol{r}_2,\boldsymbol{\rho})\right]M(x,\boldsymbol{p},\boldsymbol{r}_1,\boldsymbol{r}_2,\boldsymbol{\rho}) \tag{5.342}$$

对于平面波，式(5.342)与式(5.323)是一致的。方程的初始条件为

$$\begin{aligned}M(0,\boldsymbol{p},\boldsymbol{r}_1,\boldsymbol{r}_2,\boldsymbol{\rho})=&\frac{1}{4\pi^2}\int_{-\infty}^{\infty}\exp(\mathrm{i}\boldsymbol{p}\cdot\boldsymbol{R})U_0\left(R+\frac{\boldsymbol{r}_1+\boldsymbol{r}_2}{2}+\frac{\boldsymbol{\rho}}{4}\right)\cdot\\&U_0\left(R-\frac{\boldsymbol{r}_1+\boldsymbol{r}_2}{2}+\frac{\boldsymbol{\rho}}{4}\right)U_0^*\left(R+\frac{\boldsymbol{r}_1-\boldsymbol{r}_2}{2}-\frac{\boldsymbol{\rho}}{4}\right)U_0^*\left(R-\frac{\boldsymbol{r}_1-\boldsymbol{r}_2}{2}-\frac{\boldsymbol{\rho}}{4}\right)\mathrm{d}\boldsymbol{R}\end{aligned} \tag{5.343}$$

在平面波情况下，Γ_4 和 M 对于 $\boldsymbol{r}_1$、$\boldsymbol{r}_2$ 是对称的，在上述方程中让 $\boldsymbol{r}_1$、$\boldsymbol{r}_2$ 互换，有

$$\Gamma_4(x,\boldsymbol{R},\boldsymbol{r}_1,\boldsymbol{r}_2,\boldsymbol{\rho})=\Gamma_4(x,\boldsymbol{R},\boldsymbol{r}_2,\boldsymbol{r}_1,\boldsymbol{\rho}) \tag{5.344}$$

采用傅里叶积分求解式(5.342)，让

$$M(x,\boldsymbol{p},\boldsymbol{r}_1,\boldsymbol{r}_2,\boldsymbol{\rho})=\int_{-\infty}^{\infty}\phi(x,\boldsymbol{p},\boldsymbol{r}_1,\boldsymbol{\kappa},\boldsymbol{\rho})\exp(\mathrm{i}\boldsymbol{\kappa}\cdot\boldsymbol{r}_2)\mathrm{d}\boldsymbol{\kappa} \tag{5.345}$$

则

$$\begin{aligned}&\frac{\partial\phi(x,\boldsymbol{p},\boldsymbol{r}_1,\boldsymbol{\kappa},\boldsymbol{\rho})}{\partial x}+\left\{\frac{\boldsymbol{\kappa}}{k}\cdot\nabla_{r_1}+\frac{\pi k^2}{4}\left[H\left(x,\boldsymbol{r}_1+\frac{\boldsymbol{\rho}}{2}\right)+H\left(x,\boldsymbol{r}_1-\frac{\boldsymbol{\rho}}{2}\right)\right]\right\}\phi(x,\boldsymbol{p},\boldsymbol{r}_1,\boldsymbol{\kappa},\boldsymbol{\rho})\\&=4\pi k^2\int_{-\infty}^{\infty}\Phi_n(x,\boldsymbol{\kappa})\left[\cos\left(\boldsymbol{\kappa}'\cdot\frac{\boldsymbol{\rho}}{2}\right)-\cos(\boldsymbol{\kappa}'\cdot\boldsymbol{r}_1)\right]\phi(x,\boldsymbol{p},\boldsymbol{r}_1,\boldsymbol{\kappa}-\boldsymbol{\kappa}',\boldsymbol{\rho})\mathrm{d}\boldsymbol{\kappa}\end{aligned} \tag{5.346}$$

由式(5.343)，可以获得式(5.346)的初始条件：

$$\phi(0,\ \boldsymbol{p},\ \boldsymbol{r}_1,\ \boldsymbol{\kappa},\ \boldsymbol{\rho})=\frac{1}{4\pi^4}\int_{-\infty}^{\infty}\int_{-\infty}^{\infty}\exp(-\mathrm{i}\boldsymbol{p}\cdot\boldsymbol{R}-\mathrm{i}\boldsymbol{\kappa}\cdot\boldsymbol{r}_2)U_0\left(R+\frac{\boldsymbol{r}_1+\boldsymbol{r}_2}{2}+\frac{\rho}{4}\right)\cdot$$
$$U_0\left(R-\frac{\boldsymbol{r}_1+\boldsymbol{r}_2}{2}+\frac{\rho}{4}\right)U_0^*\left(R+\frac{\boldsymbol{r}_1-\boldsymbol{r}_2}{2}-\frac{\rho}{4}\right)U_0^*\left(R-\frac{\boldsymbol{r}_1-\boldsymbol{r}_2}{2}-\frac{\rho}{4}\right)\mathrm{d}\boldsymbol{r}_2\,\mathrm{d}\boldsymbol{R}\tag{5.347}$$

注意，方程(5.346)对所有空间波数 $\boldsymbol{\kappa}$ 的积分并不表示辐射强度，角谱 $4\pi k^2\Phi_n(x,\ \boldsymbol{\kappa})[\cos(\boldsymbol{\kappa}'\cdot\boldsymbol{\rho}/2)-\cos(\boldsymbol{\kappa}'\cdot\boldsymbol{r}_1)]$ 和衰减系数 $(\pi k^2/4)[H(x,\ \boldsymbol{r}_1+\boldsymbol{\rho}/2)+H(x,\ \boldsymbol{r}_1-\boldsymbol{\rho}/2)]$ 依赖于 $\boldsymbol{r}_1$。要准确地解析求解方程(5.346)不可能。考虑平面入射波，当 $U_0(\boldsymbol{\rho})=U_0=\text{const}$，于是

$$\phi(0,\ \boldsymbol{p},\ \boldsymbol{r}_1,\ \boldsymbol{\kappa},\ \boldsymbol{\rho})=|U_0|^4\delta(\boldsymbol{\kappa})\delta(\boldsymbol{\rho})\tag{5.348}$$

将式(5.346)的解写为下述形式：

$$\phi(x,\ \boldsymbol{p},\ \boldsymbol{r}_1,\ \boldsymbol{\kappa},\ \boldsymbol{\rho})=\tilde{\phi}(x,\ \boldsymbol{r}_1,\ \boldsymbol{\kappa},\ \boldsymbol{\rho})\delta(\boldsymbol{p})\tag{5.349}$$

代入式(5.346)，获得

$$\frac{\partial\tilde{\phi}(x,\ \boldsymbol{r}_1,\ \boldsymbol{\kappa},\ \boldsymbol{\rho})}{\partial x}+\left\{\frac{\boldsymbol{\kappa}}{k}\cdot\nabla_{r_1}+\frac{\pi k^2}{4}\left[H\left(x,\ \boldsymbol{r}_1+\frac{\boldsymbol{\rho}}{2}\right)+H\left(x,\ \boldsymbol{r}_1-\frac{\boldsymbol{\rho}}{2}\right)\right]\right\}\tilde{\phi}(x,\ \boldsymbol{r}_1,\ \boldsymbol{\kappa},\ \boldsymbol{\rho})$$
$$=4\pi k^2\int_{-\infty}^{\infty}\Phi_n(x,\ \boldsymbol{\kappa})\left[\cos\left(\boldsymbol{\kappa}'\cdot\frac{\boldsymbol{\rho}}{2}\right)-\cos(\boldsymbol{\kappa}'\cdot\boldsymbol{r}_1)\right]\phi(x,\ \boldsymbol{r}_1,\ \boldsymbol{\kappa}-\boldsymbol{\kappa}',\ \boldsymbol{\rho})\mathrm{d}\boldsymbol{\kappa}'\tag{5.350}$$

以及

$$\tilde{\phi}(0,\ \boldsymbol{r}_1,\ \boldsymbol{\kappa},\ \boldsymbol{\rho})=|U_0|^4\delta(\boldsymbol{\kappa})\tag{5.351}$$

应用式(5.351)和式(5.339)，可以用 $\tilde{\phi}$ 表示 $\Gamma_4(x,\ \boldsymbol{R},\ \boldsymbol{r}_1,\ \boldsymbol{r}_2,\ \boldsymbol{\rho})$，即

$$\Gamma_4(x,\ \boldsymbol{R},\ \boldsymbol{r}_1,\ \boldsymbol{r}_2,\ \boldsymbol{\rho})=\int_{-\infty}^{\infty}\tilde{\phi}(x,\ \boldsymbol{r}_1,\ \boldsymbol{\kappa},\ \boldsymbol{\rho})\exp(\mathrm{i}\boldsymbol{\kappa}\cdot\boldsymbol{r}_2)\mathrm{d}\boldsymbol{\kappa}\tag{5.352}$$

实际上，我们感兴趣的是 $\boldsymbol{\rho}=0$ 时的 $\Gamma_4(x,\ \boldsymbol{R},\ \boldsymbol{r}_1,\ \boldsymbol{r}_2,\ \boldsymbol{\rho})$。在式(5.350)中取 $\boldsymbol{\rho}=0$，有

$$\begin{aligned}&\frac{\partial\tilde{\phi}(x,\ \boldsymbol{r}_1,\ \boldsymbol{\kappa})}{\partial x}+\left[\frac{\boldsymbol{\kappa}}{k}\cdot\nabla_{r_1}+\frac{\pi k^2}{2}H(x,\ \boldsymbol{r}_1)\right]\tilde{\phi}(x,\ \boldsymbol{r}_1,\ \boldsymbol{\kappa})\\&=G(x,\ \boldsymbol{r}_1,\ \boldsymbol{\kappa})\\&=4\pi k^2\int_{-\infty}^{\infty}\Phi_n(x,\ \boldsymbol{\kappa})[1-\cos(\boldsymbol{\kappa}'\cdot\boldsymbol{r}_1)]\phi(x,\ \boldsymbol{r}_1,\ \boldsymbol{\kappa}-\boldsymbol{\kappa}')\mathrm{d}\boldsymbol{\kappa}'\end{aligned}\tag{5.353}$$

$$\tilde{\phi}(0,\ \boldsymbol{r}_1,\ \boldsymbol{\kappa})=|U_0|^4\delta(\boldsymbol{\kappa})\tag{5.354}$$

$$\Gamma_4(x,\ \boldsymbol{R},\ \boldsymbol{r}_1,\ \boldsymbol{r}_2,\ 0)=\int_{-\infty}^{\infty}\tilde{\phi}(x,\ \boldsymbol{r}_1,\ \boldsymbol{\kappa},\ 0)\exp(\mathrm{i}\boldsymbol{\kappa}\cdot\boldsymbol{r}_2)\mathrm{d}\boldsymbol{\kappa}\tag{5.355}$$

由式(5.353)和式(5.354)，函数 $\tilde{\phi}$ 是实数，$\tilde{\phi}^*=\tilde{\phi}$。方程(5.354)也可直接由式(5.323)获得。现在讨论四阶矩方程的近似解。注意

$$\frac{\partial\tilde{\phi}}{\partial x}+\frac{\boldsymbol{\kappa}}{k}\nabla_r\tilde{\phi}=\exp\left(-\frac{\boldsymbol{\kappa}x}{k}\nabla_r\right)\frac{\partial}{\partial x}\left[\exp\left(\frac{\boldsymbol{\kappa}x}{k}\nabla_r\right)\cdot\tilde{\phi}\right]\tag{5.356}$$

为了书写简单，将 $\boldsymbol{r}_1$ 用 $\boldsymbol{r}$ 表示，方程(5.353)可以改写为

$$\frac{\partial}{\partial x}\left[\exp\left(\frac{\boldsymbol{\kappa}x}{k}\nabla_r\right)\cdot\tilde{\phi}(x,\ \boldsymbol{r},\ \boldsymbol{\kappa})\right]+\exp\left(\frac{\boldsymbol{\kappa}x}{k}\nabla_r\right)\frac{\pi k^2}{2}H(x,\ \boldsymbol{r})\tilde{\phi}(x,\ \boldsymbol{r},\ \boldsymbol{\kappa})=\exp\left(\frac{\boldsymbol{\kappa}x}{k}\nabla_r\right)G(x,\ \boldsymbol{r},\ \boldsymbol{\kappa})\tag{5.357}$$

其中

$$G(x,\ \boldsymbol{r},\ \boldsymbol{\kappa})=4\pi k^2\int_{-\infty}^{\infty}\Phi_n(x,\ \boldsymbol{\kappa})[1-\cos(\boldsymbol{\kappa}'\cdot\boldsymbol{r})]\phi(x,\ \boldsymbol{r},\ \boldsymbol{\kappa}-\boldsymbol{\kappa}')\mathrm{d}\boldsymbol{\kappa}'\tag{5.358}$$

以及初值

$$\tilde{\phi}(0, \boldsymbol{r}, \boldsymbol{\kappa}) = |U_0|^4 \delta(\boldsymbol{\kappa}) \tag{5.359}$$

对于常矢量 $\boldsymbol{a}$，如果$\nabla_r \cdot \boldsymbol{a} = 0$，则有

$$\exp(\boldsymbol{a} \cdot \nabla_r) f(\boldsymbol{r}) = f(\boldsymbol{r} + \boldsymbol{a}) \tag{5.360}$$

式(5.360)是算子形式的泰勒级数公式。令 $\nu(x, \boldsymbol{r}, \boldsymbol{\kappa}) = \tilde{\phi}(x, \boldsymbol{r} + \boldsymbol{\kappa}/k, \boldsymbol{\kappa})$，式(5.357)可写为

$$\frac{\partial}{\partial x}\nu(x, \boldsymbol{r}, \boldsymbol{\kappa}) + \frac{\pi k^2}{2} H\left(x, \boldsymbol{r} + \frac{\boldsymbol{\kappa} x}{k}\right)\tilde{\phi}(x, \boldsymbol{r}, \boldsymbol{\kappa}) = G\left(x, \boldsymbol{r} + \frac{\boldsymbol{\kappa} x}{k}, \boldsymbol{\kappa}\right) \tag{5.361}$$

其解具有下述形式：

$$\begin{aligned} \nu(x, \boldsymbol{r}, \boldsymbol{\kappa}) = {} & \nu(0, \boldsymbol{r}, \boldsymbol{\kappa})\exp\left[-0.5\pi k^2 \int_0^x H\left(\xi, \boldsymbol{r} + \frac{\boldsymbol{\kappa}\xi}{k}\right)\mathrm{d}\xi\right] + \\ & \int_0^x \exp\left[-0.5\pi k^2 \int_0^x H\left(\xi, \boldsymbol{r} + \frac{\boldsymbol{\kappa}\xi}{k}\right)\mathrm{d}\xi\right] G\left(x', \boldsymbol{r} + \frac{\boldsymbol{\kappa} x'}{k}, \boldsymbol{\kappa}\right)\mathrm{d}x' \end{aligned} \tag{5.362}$$

考虑 $\nu(0, \boldsymbol{r}, \boldsymbol{\kappa}) = \tilde{\phi}(0, \boldsymbol{r}, \boldsymbol{\kappa})$，$\tilde{\phi}(x, \boldsymbol{r}, \boldsymbol{\kappa}) = \nu(x, \boldsymbol{r} - \boldsymbol{\kappa} x/k, \boldsymbol{\kappa})$，式(5.350)的解为

$$\begin{aligned} \tilde{\phi}(x, \boldsymbol{r}, \boldsymbol{\kappa}) = {} & \tilde{\phi}\left(0, \boldsymbol{r} - \frac{\boldsymbol{\kappa} x}{k}, \boldsymbol{\kappa}\right)\exp\left[-0.5\pi k^2 \int_0^x H\left(\xi, \boldsymbol{r} - \frac{\boldsymbol{\kappa}(x-\xi)}{k}\right)\mathrm{d}\xi\right] + \\ & \int_0^x \exp\left[-0.5\pi k^2 \int_0^x H\left(\xi, \boldsymbol{r} - \frac{\boldsymbol{\kappa}(x-\xi)}{k}\right)\mathrm{d}\xi\right] G\left(x', \boldsymbol{r} + \frac{\boldsymbol{\kappa}(x'-\xi)}{k}, \boldsymbol{\kappa}\right)\mathrm{d}x' \end{aligned} \tag{5.363}$$

将式(5.358)和式(5.359)代入式(5.363)，由此获得 $\tilde{\phi}(x, \boldsymbol{r}, \boldsymbol{\kappa})$的积分方程。如果将初值式(5.359)代替式(5.358)的积分核中的 $\tilde{\phi}(x, \boldsymbol{r}, \boldsymbol{\kappa})$，作为一阶近似，可获得式(5.363)的单次散射解。

$$G_1(x, \boldsymbol{r}, \boldsymbol{\kappa}) = 4\pi k^2 |U_0|^4 \Phi_n(x, \boldsymbol{\kappa})[1 - \cos(\boldsymbol{\kappa} \cdot \boldsymbol{r})] \tag{5.364}$$

$$\begin{aligned} \tilde{\phi}(x, \boldsymbol{r}, \boldsymbol{\kappa}) = {} & |U_0|^4 \delta(\boldsymbol{\kappa})\exp\left(-\frac{\pi k^2}{2}\int_0^x H(\xi, \boldsymbol{r})\mathrm{d}\xi\right) + \\ & 4\pi k^2 |U_0|^4 \int_0^x \exp\left[-\frac{\pi k^2}{2}\int_{x'}^x H\left(\xi, \boldsymbol{r} - \frac{\boldsymbol{\kappa}(x-\xi)}{k}\right)\mathrm{d}\xi\right] \times \\ & \Phi_n(x', \boldsymbol{\kappa})\left[1 - \cos\boldsymbol{\kappa} \cdot \left(\boldsymbol{r} + \frac{\boldsymbol{\kappa}(x-x')}{k}\right)\right]\mathrm{d}x' \end{aligned} \tag{5.365}$$

这种近似解仅在对数强度起伏方差 $\sigma_{\ln I}^2 = 1.23 C_n^2 k^{7/6} x^{11/6} \ll 1$ 时有效。将式(5.365)对于 $\boldsymbol{\kappa}$ 进行傅里叶变换，可以获得 $\Gamma_4(x, R, \boldsymbol{r}_1, \boldsymbol{r}_2, 0)$的一阶近似。用这种方法获得 Γ_4 表达式不再是关于 $\boldsymbol{r}_1$、$\boldsymbol{r}_2$ 对称，因为式(5.364)仅仅是 $\boldsymbol{r}_1$ 的函数，这是这种近似的主要缺点。强度相关函数 $B_I(x, \boldsymbol{r})$既可以用 $\Gamma_4(x, \boldsymbol{R}, 0, \boldsymbol{r}_2, 0)$也可以用 $\Gamma_4(x, \boldsymbol{R}, \boldsymbol{r}_1, 0, 0)$获得。

由于 Γ_4 关于 $\boldsymbol{r}_1$、$\boldsymbol{r}_2$ 对称，故选择两种形式的哪一种并不重要。但是，关于 $\boldsymbol{r}_1$、$\boldsymbol{r}_2$ 对称性的破坏，两种方式的近似将会给出不同的结果。这里选择用 $\Gamma_4(x, \boldsymbol{R}, 0, \boldsymbol{r}_2, 0)$获得 $B_I(x, \boldsymbol{r})$，基于能够保证最终结果相对简单而且定量结论与实验不相矛盾。让 $\boldsymbol{r}_1 = 0$，式(5.355)中 $\tilde{\phi}_1(x, 0, \boldsymbol{\kappa})$是四阶矩 $\Gamma_4(x, \boldsymbol{R}, 0, \boldsymbol{r}_2, 0)$的谱密度函数，且 $\Gamma_4(x, \boldsymbol{R}, 0, \boldsymbol{r}_2, 0) = B_I(x, \boldsymbol{r}_2) + \langle I \rangle^2$。考虑 $H(\xi, 0) = 0$ 以及 $H(\xi, \boldsymbol{\rho})$是 $\boldsymbol{\rho}$ 的偶函数，可得

$$\begin{aligned} \tilde{\phi}(x, 0, \boldsymbol{\kappa}) = {} & |U_0|^4 \delta(\boldsymbol{\kappa}) + 4\pi k^2 |U_0|^4 \int_0^x \Phi_n(x', \boldsymbol{\kappa})\left[1 - \cos\frac{\kappa^2(x-x')}{k}\right] \times \\ & \exp\left[-\frac{\pi k^2}{2}\int_{x'}^x H\left(\xi, \frac{\boldsymbol{\kappa}(x-\xi)}{k}\right)\mathrm{d}\xi\right]\mathrm{d}x' \end{aligned} \tag{5.366}$$

其中，第一项为$\langle I\rangle^2$的谱密度函数，第二项是强度相关函数的谱密度函数，即

$$B_I(x, \boldsymbol{r}) = \int_{-\infty}^{\infty} F_I(x, \boldsymbol{\kappa})\exp(\mathrm{i}\boldsymbol{\kappa}\cdot\boldsymbol{r})\mathrm{d}\boldsymbol{\kappa} \tag{5.367}$$

式中

$$F_I(x, \boldsymbol{\kappa}) = 4\pi k^2\langle I\rangle^2\int_0^x \Phi_n(x', \boldsymbol{\kappa})\left[1-\cos\frac{\kappa^2(x-x')}{k}\right]\cdot \exp\left[-0.5\pi k^2\int_{x'}^x H\left(\xi, \frac{\boldsymbol{\kappa}(x-\xi)}{k}\right)\mathrm{d}\xi\right]\mathrm{d}x' \tag{5.368}$$

由此可以获得归一化强度方差(或闪烁指数)：

$$m^2 = \frac{\langle(I-\langle I\rangle)^2\rangle}{\langle I\rangle^2} = 4\pi k^2\int_0^x\int_{-\infty}^{\infty}\Phi_n(x', \boldsymbol{\kappa})\left[1-\cos\left(\frac{\kappa^2(x-x')}{k}\right)\right]\cdot \exp\left[-0.5\pi k^2\int_{x'}^x H\left(\xi, \frac{\boldsymbol{\kappa}(x-\xi)}{k}\right)\mathrm{d}\xi\right]\mathrm{d}\kappa\mathrm{d}x' \tag{5.369}$$

如果折射率起伏结构常数与传输距离x无关，即Φ_n独立于x，式(5.369)中让$(x-\xi)\to\xi$，$(x-x')\to x'$，则

$$m^2 = 4\pi k^2\int_0^x\int_{-\infty}^{\infty}\Phi_n(\boldsymbol{\kappa})\left[1-\cos\left(\frac{\kappa^2 x'}{k}\right)\right]\exp\left[-0.5\pi k^2\int_0^x H\left(\frac{\boldsymbol{\kappa}\xi}{k}\right)\mathrm{d}\xi\right]\mathrm{d}\kappa\mathrm{d}x' \tag{5.370}$$

从上述讨论可以看到，湍流介质中波场的四阶矩相当复杂，不同近似的解也不完全一致。Andrews 根据广义 Huygens-Fresnel 原理，利用 Rytov 近似的复相位的统计矩给出了场的四阶矩以及其他统计量的一般形式，概述如下：

$$\begin{aligned}\Gamma_4 &= \langle U(x, \boldsymbol{\rho}_1)U(x, \boldsymbol{\rho}_2)U^*(x, \boldsymbol{\rho}_3)U^*(x, \boldsymbol{\rho}_4)\rangle \\ &= \left(\frac{k}{2\pi x}\right)^4\iiiint_{-\infty}^{\infty} U_0(0, \boldsymbol{\rho}_1')U_0(0, \boldsymbol{\rho}_2')U^*(0, \boldsymbol{\rho}_3')U^*(0, \boldsymbol{\rho}_4')\cdot \\ &\quad \exp\left[\frac{\mathrm{i}k(\boldsymbol{\rho}_1-\boldsymbol{\rho}_1')^2}{2x}-\frac{\mathrm{i}k(\boldsymbol{\rho}_2-\boldsymbol{\rho}_2')^2}{2x}+\frac{\mathrm{i}k(\boldsymbol{\rho}_3-\boldsymbol{\rho}_3')^2}{2x}-\frac{\mathrm{i}k(\boldsymbol{\rho}_4-\boldsymbol{\rho}_4')^2}{2x}\right]\cdot \\ &\quad \langle\exp[\psi(\boldsymbol{\rho}_1, \boldsymbol{\rho}_1')+\psi^*(\boldsymbol{\rho}_2, \boldsymbol{\rho}_2')+\psi(\boldsymbol{\rho}_3, \boldsymbol{\rho}_3')+\psi^*(\boldsymbol{\rho}_4, \boldsymbol{\rho}_4')]\rangle\mathrm{d}\boldsymbol{\rho}_1'\mathrm{d}\boldsymbol{\rho}_2'\mathrm{d}\boldsymbol{\rho}_3'\mathrm{d}\boldsymbol{\rho}_4'\end{aligned} \tag{5.371}$$

其中

$$\begin{aligned}&\langle\exp[\psi(\boldsymbol{\rho}_1, \boldsymbol{\rho}_1')+\psi^*(\boldsymbol{\rho}_2, \boldsymbol{\rho}_2')+\psi(\boldsymbol{\rho}_3, \boldsymbol{\rho}_3')+\psi^*(\boldsymbol{\rho}_4, \boldsymbol{\rho}_4')]\rangle \\ &=\exp[4E_1(0, 0; 0, 0)+E_2(\boldsymbol{\rho}_1, \boldsymbol{\rho}_2; \boldsymbol{\rho}_1', \boldsymbol{\rho}_2')+E_2(\boldsymbol{\rho}_1, \boldsymbol{\rho}_4; \boldsymbol{\rho}_1', \boldsymbol{\rho}_4')+E_2(\boldsymbol{\rho}_3, \boldsymbol{\rho}_2; \boldsymbol{\rho}_3', \boldsymbol{\rho}_2')+ \\ &\quad E_2(\boldsymbol{\rho}_3, \boldsymbol{\rho}_4; \boldsymbol{\rho}_3', \boldsymbol{\rho}_4')+E_3(\boldsymbol{\rho}_1, \boldsymbol{\rho}_3; \boldsymbol{\rho}_1', \boldsymbol{\rho}_3')+E_3^*(\boldsymbol{\rho}_2, \boldsymbol{\rho}_4; \boldsymbol{\rho}_2', \boldsymbol{\rho}_4')]\end{aligned} \tag{5.372}$$

总之，最重要的一些统计量都可以表示为三个基本矩E_1、E_2和E_3的线性组合，即

$$\langle I(L, \boldsymbol{\rho})\rangle=\Gamma_2(L, \boldsymbol{\rho}, \boldsymbol{\rho})\exp[2E_1(0, 0)+E_2(\boldsymbol{\rho}, \boldsymbol{\rho})] \tag{5.373}$$

$$\langle I^2(L, \boldsymbol{\rho})\rangle=\langle I(L, \boldsymbol{\rho})\rangle^2\exp\{2\mathrm{Re}[E_2(\boldsymbol{\rho}, \boldsymbol{\rho})+E_3(\boldsymbol{\rho}, \boldsymbol{\rho})]\} \tag{5.374}$$

$$\sigma_I^2(L, \boldsymbol{\rho})\approx\sigma_{\ln I}^2(L, \boldsymbol{\rho})=2\mathrm{Re}[E_2(\boldsymbol{\rho}, \boldsymbol{\rho})+E_3(\boldsymbol{\rho}, \boldsymbol{\rho})] \tag{5.375}$$

$$B_{\chi, \mathrm{s}}(L, \boldsymbol{\rho}_1, \boldsymbol{\rho}_2)=\frac{1}{2}\mathrm{Re}[E_2(\boldsymbol{\rho}_1, \boldsymbol{\rho}_2)\pm E_3(\boldsymbol{\rho}_1, \boldsymbol{\rho}_2)] \tag{5.376}$$

$$\sigma_{\mathrm{s}}^2(L, \boldsymbol{\rho})=\frac{1}{2}\mathrm{Re}[E_2(\boldsymbol{\rho}, \boldsymbol{\rho})-E_3(\boldsymbol{\rho}, \boldsymbol{\rho})] \tag{5.377}$$

$$D(L, \boldsymbol{\rho}_1, \boldsymbol{\rho}_2)=\mathrm{Re}[E_2(\boldsymbol{\rho}_1, \boldsymbol{\rho}_1)+E_2(\boldsymbol{\rho}_2, \boldsymbol{\rho}_2)-2E_2(\boldsymbol{\rho}_1, \boldsymbol{\rho}_2)] \tag{5.378}$$

方程(5.373)和方程(5.374)是平均场强和场强的二阶矩，式(5.375)代表了归一化场

强方差和对数场强方差。式(5.376)和式(5.377)分别定义了对数振幅和相位的协方差函数。方程(5.378)是波结构函数。由于对强起伏下湍流介质中波场的四阶矩以及更为关注的闪烁指数难以给出一般通用公式形式，Andrews 提出了修正 Rytov 方法，该方法可以简化波场四阶矩的研究。

5.9　修正 Rytov 理论

5.9.1　修正 Rytov 理论概述

对于弱起伏区，闪烁指数一般小于 1，并与 Rytov 方差 σ_1^2 成正比。目前，用经典的 Rytov 解还无法解决中等强度以上湍流大气中的光波强度起伏问题，而 Andrews 提出的修正 Rytov 解可以用于研究从弱起伏区到强起伏区的强度起伏即闪烁问题。

修正 Rytov 理论假设如下：

(1) 大气湍流是统计非均匀的；

(2) 接收处的光波闪烁是因为小尺度湍流起伏(衍射效应)受大尺度湍流起伏(折射效应)的调制，即光波闪烁是小尺度湍流起伏乘以大尺度湍流起伏；

(3) 小尺度湍流和大尺度湍流对强度的贡献是相互统计独立的，即 $I=xy$(x，y 分别对应湍流大、小尺度对强度的影响因子)；

(4) Rytov 方法在引入空间频率滤波的条件后可以用于光波在强起伏区的闪烁研究，光波在此区域相关性较弱；

(5) 几何光学近似可以用于大尺度湍流闪烁。

根据以上假设，强度方差可以写为

$$\langle I^2\rangle=\langle x^2\rangle\langle y^2\rangle=(1+\sigma_x^2)(1+\sigma_y^2) \tag{5.379}$$

其中，σ_x^2 和 σ_y^2 分别为 x、y 的归一化方差。为方便起见，取 $\langle I\rangle=1$，则闪烁指数为

$$\sigma_I^2=(1+\sigma_x^2)(1+\sigma_y^2)-1=\sigma_x^2+\sigma_y^2+\sigma_x^2\sigma_y^2 \tag{5.380}$$

在弱起伏区通常采用 Rytov 理论，传播距离为 L 处的场可以表示为

$$U(\boldsymbol{\rho},L)=U_0(\boldsymbol{\rho},L)\exp[\psi(\boldsymbol{\rho},L)] \tag{5.381}$$

其中，$(\boldsymbol{\rho},L)$为观察点在观察平面上的位置，$U_0(\boldsymbol{\rho},L)$为无湍流存在时的散射场，而 $\psi(\boldsymbol{\rho},L)$ 为光波在传播路径上由于湍流非均匀性而造成的复随机相位扰动。式(5.381)所对应的 Rytov 解主要适用于单次散射区域，并未考虑在多重散射区域，入射波空间相关长度减小的影响，即半径小于相关长度的湍流和半径大于散射半径的湍流对闪烁的影响。为此我们对多重散射区的 Rytov 近似加以修正，假设式(5.381)可以表示为

$$U(\boldsymbol{\rho},L)=U_0(\boldsymbol{\rho},L)\exp[\psi_x(\boldsymbol{\rho},L)+\psi_y(\boldsymbol{\rho},L)] \tag{5.382}$$

式中，$\psi_x(\boldsymbol{\rho},L)$和 $\psi_y(\boldsymbol{\rho},L)$是独立且统计不相关的复随机相位，分别对应于大、小尺度的湍流影响。值得注意的是，式(5.382)中指数项中的宗量相加可等价地看成是小尺度湍流起伏对大尺度湍流起伏的一个调制，因此，可将大气湍流看作一个空间滤波函数，该函数考虑了光波传播过程中的空间相干性损耗，并通过应用大气折射率谱模型被引入。大气折射率谱为

$$\Phi_{nG}(\boldsymbol{\kappa})=\Phi_n(\boldsymbol{\kappa})G(\boldsymbol{\kappa},l_0)=0.033C_n^2\boldsymbol{\kappa}^{-\frac{11}{3}}G(\boldsymbol{\kappa},l_0) \tag{5.383}$$

其中，$G(\kappa, l_0)$为空间滤波函数，表示为

$$G(\kappa, l_0)=G_x(\kappa, l_0)+G_y(\kappa)=f(\kappa l_0)\exp\left(-\frac{\kappa^2}{\kappa_x^2}\right)+\frac{\kappa^{11/3}}{(\kappa^2+\kappa_y^2)^{11/6}} \tag{5.384}$$

这里κ_x、κ_y分别为大、小尺度湍流的空间频率，它们分别对应于湍流的内、外尺度参数。式(5.383)中$G(\kappa, l_0)$这一滤波函数实际上是一个低通滤波函数$G_x(\kappa, l_0)$(空间频率$\kappa<\kappa_x$)和高通滤波函数$G_y(\kappa)$(空间频率$\kappa>\kappa_y$)的组合，如式(5.384)所示。其中，$f(\kappa l_0)$可以表示为

$$f(\kappa l_0)=\exp\left(-\frac{\kappa^2}{\kappa_l^2}\right)\left[1+1.802\left(\frac{\kappa}{\kappa_l}\right)-0.254\left(\frac{\kappa}{\kappa_l}\right)^{7/6}\right],\ \kappa_l=\frac{3.3}{l_0} \tag{5.385}$$

在不存在内、外尺度湍流的作用下，光波的闪烁主要受以下三个量影响：

$$l_1\sim\rho_0,\ l_2\sim\sqrt{\frac{L}{k}},\ l_3\sim\frac{L}{k\rho_0} \tag{5.386}$$

它们分别对应于光波空间相干半径、Fresnel 半径和散射区域半径，其空间波数分别为

$$\kappa_1\sim1/\rho_0,\ \kappa_2\sim\sqrt{\frac{k}{L}},\ \kappa_3\sim\frac{k\rho_0}{L} \tag{5.387}$$

对平面波而言，无论在强起伏区还是在弱起伏区，$\rho_0=(1.46C_n^2k^2L)^{-3/5}$。在弱起伏区，$l_2\sim l_3$；而在强起伏区开始部分，$l_1\sim l_2\sim l_3$，随着湍流强度的增加，$l_1<l_2<l_3$。

5.9.2 不考虑内尺度影响的修正 Rytov 方法

对于式(5.384)的低通和高通滤波函数，存在的截断波数κ_x、κ_y直接与波在湍流介质中的传播散射区域和相关尺度有关。假设传播距离为L，有效散射区域为L/kl_x，相关尺度为l_y，对应的截断波数遵从

$$\frac{L}{kl_x}=\frac{1}{\kappa_x}\sim\begin{cases}\sqrt{\dfrac{L}{k}}, & \sigma_1^2\ll1\\ \dfrac{L}{k\rho_0}, & \sigma_1^2\gg1\end{cases} \tag{5.388}$$

$$l_y=\frac{1}{\kappa_y}\sim\begin{cases}\sqrt{\dfrac{L}{k}}, & \sigma_1^2\ll1\\ \rho_0, & \sigma_1^2\gg1\end{cases} \tag{5.389}$$

在弱起伏理论中的 Rytov 近似，闪烁指数可以表示为$\sigma_I^2=\exp(\sigma_{\ln I}^2)-1\approx\sigma_{\ln I}^2$，$\sigma_1^2\ll1$，其中$\sigma_{\ln I}^2$为 Rytov 近似下大气结构常数$C_n^2$为常数时的对数强度起伏方差。如果考虑 Rytov 理论中的大、小尺度湍流起伏对闪烁的影响，则有

$$\sigma_x^2=\exp(\sigma_{\ln x}^2)-1,\ \sigma_y^2=\exp(\sigma_{\ln y}^2)-1 \tag{5.390}$$

其中$\sigma_{\ln x}^2$和$\sigma_{\ln y}^2$分别为大、小尺度湍流的对数幅度起伏方差。闪烁指数表示为

$$\sigma_I^2=\exp(\sigma_{\ln x}^2+\sigma_{\ln y}^2)-1 \tag{5.391}$$

在弱起伏区域可简化，即当$\sigma_1^2\ll1$时，可简化为

$$\sigma_I^2\approx\sigma_{\ln x}^2+\sigma_{\ln y}^2 \tag{5.392}$$

这里$\sigma_{\ln x}^2$和$\sigma_{\ln y}^2$基本上分别与σ_x^2和σ_y^2相同。当$\sigma_1^2>1$时，Rytov 方差可作为光波湍流强度的一个度量量。在饱和区，小尺度起伏方差接近于$\sigma_{\ln y}^2=\ln2$，与光波的类型无关，稍后将较详细讨论。方程式(5.391)可表示为

$$\sigma_I^2=\exp(\sigma_{\ln x}^2+\sigma_{\ln y}^2)-1=\exp(\sigma_{\ln x}^2+\ln2)-1=2\exp(\sigma_{\ln x}^2)-1 \tag{5.393}$$

即 $\sigma_I^2=2\sigma_{\ln x}^2-1$，$\sigma_1^2\gg 1$。

1. 平面波情况

首先考虑平面波在水平路径长度为 L 的大气湍流中传播的水平路径闪烁指数。在修正 Rytov 方法情况下，闪烁指数可根据式(5.391)表示为

$$\sigma_{\ln I,\mathrm{p}}^2=8\pi^2k^2\int_0^L\int_0^\infty \kappa\Phi_n(\kappa)G(\kappa)\left[1-\cos\left(\frac{\kappa^2x}{k}\right)\right]\mathrm{d}\kappa\mathrm{d}x \tag{5.394}$$

当式(5.384)中对应的大尺度频率分量 $G_x(\kappa,l_0)$ 中的 $f(\kappa l_0)=1$ 时，内尺度 $l_0=0$，因此，在不考虑内尺度效应条件下，只考虑大尺度湍流的低通滤波作用，其几何光学是适用的(即对于小宗量 α，有 $1-\cos\alpha\approx\alpha^2/2$)。令 $\eta=L\kappa^2/k$，$\eta_x=L\kappa_x^2/k$。对于平面波入射，η_x 和 η_y 可以分别表示为

$$\eta_x=\frac{3}{1+\dfrac{L}{k\rho_0^2}}\sim\begin{cases}3, & \dfrac{L}{k\rho_0^2}\ll 1\\ \dfrac{3k\rho_0^2}{L}, & \dfrac{L}{k\rho_0^2}\gg 1\end{cases} \tag{5.395}$$

$$\eta_y=3+1.7\times\frac{L}{k\rho_0^2}\sim\begin{cases}3, & \dfrac{L}{k\rho_0^2}\ll 1\\ 1.7\times\dfrac{L}{k\rho_0^2}, & \dfrac{L}{k\rho_0^2}\gg 1\end{cases} \tag{5.396}$$

则 $\sigma_{\ln x}^2$ 可以写成

$$\begin{aligned}\sigma_{\ln x}^2&=0.264\pi^2C_n^2k^2\int_0^L\int_0^\infty \kappa^{-8/3}\exp\left(-\frac{\kappa^2}{\kappa_x^2}\right)\left[1-\cos\left(\frac{\kappa^2x}{k}\right)\right]\mathrm{d}\kappa\mathrm{d}x\\ &\approx 1.06\sigma_1^2\left(\frac{L}{k}\right)^{7/6}\int_0^1\xi^2\int_0^\infty\kappa^{4/3}\exp\left(-\frac{\kappa^2}{\kappa_x^2}\right)\mathrm{d}\kappa\mathrm{d}\xi\\ &=0.16\sigma_1^2\eta_x^{7/6}\end{aligned} \tag{5.397}$$

在弱起伏和强起伏情况下，式(5.397)可以近似为

$$\sigma_{\ln x}^2=\frac{0.54\sigma_1^2}{(1+1.22\sigma_1^{12/5})^{7/6}}\sim\begin{cases}0.49\sigma_1^2, & \sigma_1^2\ll 1\\ \dfrac{0.43}{\sigma_1^{4/5}}, & \sigma_1^2\gg 1\end{cases} \tag{5.398}$$

同理，在小尺度湍流的高通滤波作用下，对于大宗量 γ，令 $1-\cos\gamma\approx 1$，$\eta=L\kappa^2/k$，$\eta_y=L\kappa_y^2/k$，那么 $\sigma_{\ln y}^2$ 可以表示为

$$\begin{aligned}\sigma_{\ln y}^2&=8\pi^2k^2\int_0^L\int_0^\infty\kappa\Phi_n(\kappa)G_y(\kappa)\left[1-\cos\left(\frac{\kappa^2x}{k}\right)\right]\mathrm{d}\kappa\mathrm{d}x\\ &=0.264\pi^2C_n^2k^2\int_0^L\int_0^\infty(\kappa^2+\kappa_y^2)^{-11/6}\left[1-\cos\left(\frac{\kappa^2x}{k}\right)\right]\mathrm{d}\kappa\mathrm{d}x\\ &=1.06\sigma_1^2\int_0^1\int_0^\infty(\eta+\eta_y)^{-11/6}(1-\cos\eta\,\xi)\mathrm{d}\eta\mathrm{d}\xi\\ &\approx 1.272\sigma_1^2\eta_y^{-5/6}\end{aligned} \tag{5.399}$$

式中，$\eta_y=L\kappa_y^2/k=3+1.7L/(k\rho_0)=3(1+0.69\sigma_1^{12/5})$，则

$$\sigma_{\ln y}^2=\frac{0.51\sigma_1^2}{(1+0.69\sigma_1^{12/5})^{5/6}}\sim\begin{cases}0.509\sigma_1^2, & \sigma_1^2\ll 1\\ \ln 2, & \sigma_1^2\gg 1\end{cases} \tag{5.400}$$

因此，在不考虑内尺度影响下，平面波入射时的闪烁指数为

$$\sigma_I^2=\exp\left[\frac{0.54\sigma_1^2}{(1+1.22\sigma_1^{12/5})^{7/6}}+\frac{0.509\sigma_1^2}{(1+0.69\sigma_1^{12/5})^{5/6}}\right]-1,\ 0\leqslant\sigma_1^2<\infty \tag{5.401}$$

在饱和区，平面波闪烁指数的渐近解为

$$\sigma_I^2\approx1+\frac{0.86}{\sigma_1^{4/5}}=1+0.919\left(\frac{k\rho_0^2}{L}\right)^{1/3},\quad \sigma_1^2\gg1 \tag{5.402}$$

在弱起伏情况下($\sigma_1^2\ll1$)，式(5.402)退化为

$$\sigma_I^2(L)\approx\sigma_{\ln I}^2(L)=\sigma_1^2=0.847\left(\frac{L}{k\rho_0^2}\right)^{5/6},\quad \sigma_1^2\ll1 \tag{5.403}$$

2. 球面波情况

对于球面波入射，类似于平面波中考虑大、小尺度湍流起伏对闪烁指数的影响，在低通和高通滤波条件下，对于小宗量 α 和大宗量 γ，令 $1-\cos\alpha\approx\alpha^2/2$，$1-\cos\gamma\approx1$，$\eta=L\kappa^2/k$，$\eta_x=L\kappa_x^2/k$，$\eta_y=L\kappa_y^2/k$。对于球面波，有

$$\eta_x=\frac{8}{1+\dfrac{0.137L}{k\rho_0^2}}\sim\begin{cases}8, & \dfrac{L}{k\rho_0^2}\ll1\\ 58.4\times\dfrac{k\rho_0^2}{L}, & \dfrac{L}{k\rho_0^2}\gg1\end{cases} \tag{5.404}$$

$$\eta_y=8+\frac{1.7L}{k\rho_0^2}\sim\begin{cases}8, & \dfrac{L}{k\rho_0^2}\ll1\\ 1.7\times\dfrac{L}{k\rho_0^2}, & \dfrac{L}{k\rho_0^2}\gg1\end{cases} \tag{5.405}$$

球面波的对数振幅起伏方差可以表示为

$$\begin{aligned}\sigma_{\ln x}^2&=8\pi^2k^2\int_0^L\int_0^\infty\kappa\Phi_n(\kappa)G_x(\kappa)\left\{1-\cos\left[\frac{\kappa^2x\left(1-\dfrac{x}{L}\right)}{k}\right]\right\}\mathrm{d}\kappa\mathrm{d}x\\&=0.264\pi^2C_n^2k^2\int_0^L\int_0^\infty\kappa^{-8/3}\exp\left(-\frac{\kappa^2}{\kappa_x^2}\right)\left\{1-\cos\left[\frac{\kappa^2x\left(1-\dfrac{x}{L}\right)}{k}\right]\right\}\mathrm{d}\kappa\mathrm{d}x\\&=1.06\sigma_1^2\int_0^1\int_0^\infty\eta^{-11/6}\exp\left(-\frac{\eta}{\eta_x}\right)\{1-\cos[\eta\xi(1-\xi)]\}\mathrm{d}\eta\mathrm{d}\xi\\&\approx0.016\sigma_1^2\eta_x^{7/6}\end{aligned} \tag{5.406}$$

$$\begin{aligned}\sigma_{\ln y}^2&=8\pi^2k^2\int_0^L\int_0^\infty\kappa\Phi_n(\kappa)G_y(\kappa)\left\{1-\cos\left[\frac{\kappa^2x\left(1-\dfrac{x}{L}\right)}{k}\right]\right\}\mathrm{d}\kappa\mathrm{d}x\\&=0.264\pi^2C_n^2k^2\int_0^L\int_0^\infty(\kappa^2+\kappa_y^2)^{-11/6}\left\{1-\cos\left[\frac{\kappa^2x\left(1-\dfrac{x}{L}\right)}{k}\right]\right\}\mathrm{d}\kappa\mathrm{d}x\\&=1.06\sigma_1^2\int_0^1\int_0^\infty(\eta+\eta_y)^{-11/6}\{1-\cos[\eta\xi(1-\xi)]\}\mathrm{d}\eta\mathrm{d}\xi\\&\approx1.272\sigma_1^2\eta_y^{-5/6}\end{aligned} \tag{5.407}$$

对于弱起伏和强起伏饱和情况，式(5.406)和式(5.407)可分别退化为

$$\sigma_{\ln x}^2=\frac{0.17\sigma_1^2}{(1+0.167\sigma_1^{12/5})^{7/6}}\sim\begin{cases}0.17\sigma_1^2, & \sigma_1^2\ll1\\ 1.37\sigma_1^{4/5}, & \sigma_1^2\gg1\end{cases} \tag{5.408}$$

$$\sigma_{\ln y}^2=\frac{0.22\sigma_1^2}{(1+0.23\sigma_1^{12/5})^{5/6}}\sim\begin{cases}0.20\sigma_1^2, & \sigma_1^2\ll 1\\ \ln 2, & \sigma_1^2\gg 1\end{cases} \tag{5.409}$$

在不考虑内尺度效应假设下，球面波入射时的闪烁指数可以表示为

$$\sigma_I^2=\exp\left[\frac{0.17\sigma_1^2}{(1+0.167\sigma_1^{12/5})^{7/6}}+\frac{0.225\sigma_1^2}{(1+0.259\sigma_1^{12/5})^{5/6}}\right]-1,\ 0\leqslant\sigma_1^2<\infty \tag{5.410}$$

图 5.23 中给出了平面波和球面波入射时，闪烁指数随 Rytov 方差平方根 σ_1 的变化曲线，同时给出了采用经典方法计算的在强起伏区的渐近解，以及球面波入射时，小尺度湍流分量式(5.390)中的 $\sigma_{\ln y}^2=0$，即小尺度湍流的贡献为零时的闪烁指数对闪烁的贡献。从图 5.23 中可以看出，在 $\sigma_1\sim3.2$ 和 $\sigma_1\sim4.3$ 时，平面波和球面波入射时的闪烁指数达到最大值。

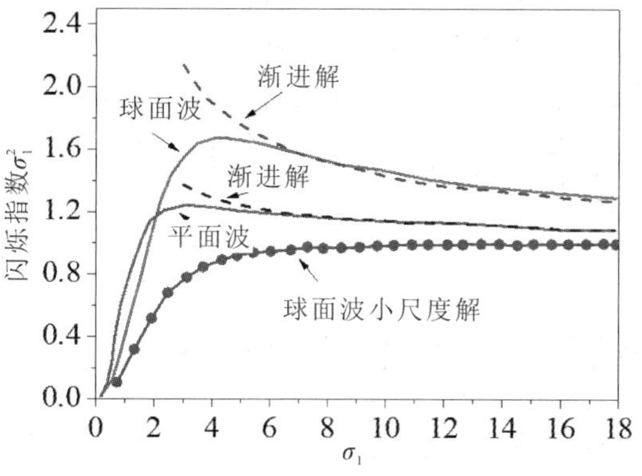

图 5.23　不考虑内尺度影响时平面波和球面波入射下闪烁指数随 Rytov 方差的平方根 σ_1 的变化曲线

5.9.3　考虑内外尺度影响的修正 Rytov 方法

对于二阶矩，各种强起伏理论都是等价的。对于各向同性的随机介质，在弱起伏情况下，不考虑内尺度(即功率谱为 Kolmogorov 谱)时，平面波和球面波的对数振幅方差可分别表示为

$$\sigma_{\chi,\mathrm{p}}^2=0.307C_n^2k^{7/6}L^{11/6}C_n^2,\quad \sigma_{\chi,\mathrm{s}}^2=0.124C_n^2k^{7/6}L^{11/6}C_n^2,\quad L\gg l_0^2/\lambda \tag{5.411}$$

其中，l_0 是湍流内尺度，$k=2\pi/\lambda$，λ 是波长。当 $\sigma_{\chi,\mathrm{p}}^2$ 超过 0.3 时，饱和效应就会出现。随着湍流强度 C_n^2 的增强和传播距离 L 的增大，$\sigma_{\chi,\mathrm{p}}^2$ 相应地先增大后减小，最后饱和趋于某一常数。

当考虑到内尺度 l_0 对闪烁指数的影响时，闪烁指数依赖于修正 Hill 谱，但对式(5.411)需要修正。在 $\sigma_1^2<1$ 时，平面波和球面波入射下，它们分别表示为

$$\sigma_{I,\mathrm{p}}^2(L)=3.86\sigma_1^2\left\{\left(1+\frac{1}{Q_l^2}\right)^{11/12}\left[\sin\left(\frac{11}{6}\arctan Q_l\right)+\frac{1.507}{(1+Q_l^2)^{1/4}}\sin\left(\frac{4}{3}\arctan Q_l\right)-\frac{0.273}{(1+Q_l^2)^{7/24}}\sin\left(\frac{5}{4}\arctan Q_l\right)\right]-3.5Q_l^{-5/6}\right\},\quad \sigma_1^2<1 \tag{5.412}$$

$$\sigma_{I,\mathrm{s}}^2(L)=3.86\sigma_1^2\left\{0.4\left(1+\frac{9}{Q_l^2}\right)^{11/12}\left[\sin\left(\frac{11}{6}\arctan\frac{Q_l}{3}\right)+\frac{2.610}{(9+Q_l^2)^{1/4}}\sin\left(\frac{4}{3}\arctan\frac{Q_l}{3}\right)-\frac{0.518}{(9+Q_l^2)^{7/24}}\sin\left(\frac{5}{4}\arctan\frac{Q_l}{3}\right)\right]-3.5Q_l^{-5/6}\right\},\quad \sigma_1^2\ll 1 \tag{5.413}$$

其中，$Q_l=10.89L/(kl_0^2)$。在强起伏饱和区，平面波和球面波的闪烁指数分别退化成

$$\sigma_{I,\,p}^2=1+\frac{2.39}{(\sigma_1^2 Q_l^{7/6})^{1/6}},\quad \sigma_1^2 Q_l^{7/6}\gg 100 \tag{5.414}$$

$$\sigma_{I,\,s}^2=1+\frac{7.65}{(\sigma_1^2 Q_l^{7/6})^{1/6}},\quad \sigma_1^2 Q_l^{7/6}\gg 100 \tag{5.415}$$

在传播距离较小的弱起伏情况下，内尺度和 Fresnel 半径 $\sqrt{L/k}$ 尺寸相当，此时，小于内尺度的湍流涡旋对小尺寸湍流的闪烁贡献很小。随着湍流强度的增加，内尺度逐渐小于 Fresnel 半径，它对小尺寸湍流的闪烁贡献逐渐减小，而大尺寸湍流的闪烁却与涡旋尺度大于 $L/(kl_0)$ 的湍流有关，即与湍流的内尺度有关。随着湍流强度的进一步增加并逐渐到达饱和区，空间相关半径 ρ_0 逐渐减小并小于湍流内尺度，此时尺寸小于或接近于内尺度的湍流对大尺寸湍流闪烁的贡献也逐渐变小，而对闪烁贡献较大的是半径大于 $L/(k\rho_0)$ 的湍流。

令 $\eta=L\kappa^2/k$，$\eta_x=L\kappa_x^2/k$，平面波入射下大尺度湍流的对数强度起伏方差为

$$\begin{aligned}\sigma_{\ln x}^2(l_0) &= 8\pi^2 k^2\int_0^L\int_0^\infty \kappa\Phi_n(\kappa)G_x(\kappa)\left[1-\cos\left(\frac{\kappa^2 x}{k}\right)\right]\mathrm{d}\kappa\mathrm{d}x\\ &= 0.264\pi^2 C_n^2 k^2\int_0^L\int_0^\infty \kappa^{-8/3}f(\kappa l_0)\exp\left(-\frac{\kappa^2}{\kappa_x^2}\right)\left[1-\cos\left(\frac{\kappa^2 x}{k}\right)\right]\mathrm{d}\kappa\mathrm{d}x\\ &= 1.06\sigma_1^2\int_0^1\int_0^\infty \eta^{-11/6}\exp\left(-\frac{\eta}{Q_L}-\frac{\eta}{\eta_x}\right)\times\\ &\quad\left[1+1.802\left(\frac{\eta}{Q_l}\right)^{1/2}-0.254\left(\frac{\eta}{Q_l}\right)^{7/12}\right](1-\cos\eta\,\xi)\mathrm{d}\eta\mathrm{d}\xi\\ &\approx 0.15\sigma_1^2\eta_x^{7/6}(l_0)\end{aligned} \tag{5.416}$$

其中

$$\eta_x(l_0)=\left(\frac{\eta_{x,\,p}Q_l}{\eta_{x,\,p}+Q_l}\right)\left[1+1.753\left(\frac{\eta_{x,\,p}}{\eta_{x,\,p}+Q_l}\right)^{1/2}-0.252\left(\frac{\eta_{x,\,p}}{\eta_{x,\,p}+Q_l}\right)^{7/12}\right]^{6/7} \tag{5.417}$$

式中，$Q_l=10.89L/kl_0^2$，$\eta_{x,\,p}$可以表示为

$$\eta_{x,\,p}=\frac{3}{1+\dfrac{0.49L}{k\rho_0^2}}=\frac{3}{1+0.5\sigma_1^2 Q_l^{1/6}} \tag{5.418}$$

当 $l_0\to 0$ 时，$\eta_x(l_0)\to\eta_{x,\,p}$。当考虑外尺度效应时，有

$$g(\kappa L_0)=1-\exp\left(-\frac{\kappa^2}{\kappa_0^2}\right) \tag{5.419}$$

将式(5.416)中 $l_0\to L_0$，$Q_l\to Q_0=L\kappa_0^2/k=64\pi^2 L/(kL_0^2)$，式(5.417)中 $\eta_{x,\,p}$改为 $\eta_{x,\,0}$，即

$$\eta_{x,\,0}=\frac{\eta_{x0,\,p}Q_0}{\eta_{x0,\,p}+Q_0}=\frac{2.61Q_0}{2.61+Q_0+0.45\sigma_1^2 Q_0 Q_l^{1/6}} \tag{5.420}$$

$$\sigma_{\ln x}^2(L_0)=\left(\frac{\eta_{x0,\,p}Q_0}{\eta_{x0,\,p}+Q_0}\right)\left[1+1.753\left(\frac{\eta_{x0,\,p}}{\eta_{x0,\,p}+Q_0}\right)^{1/2}-0.252\left(\frac{\eta_{x0,\,p}}{\eta_{x0,\,p}+Q_0}\right)^{7/12}\right]^{6/7} \tag{5.421}$$

对于小尺度，对数强度闪烁与不考虑内尺度时情况相同，所以

$$\sigma_{\ln y}^2(l_0)\approx 1.27\sigma_1^2\eta_y^{-5/6} \tag{5.422}$$

对于弱起伏，$\eta_y\sim 3(\sigma_1^2/\sigma_{I,\,p}^2)^{6/5}$；对于强起伏，$\eta_y\sim 2.07\sigma_1^{12/5}$，$\sigma_1^2\gg 1$。所以

$$\sigma_{\ln y}^2(l_0)=\frac{0.51\sigma_{I,\,p}^2}{(1+0.69\sigma_{I,\,p}^{12/5})^{5/6}} \tag{5.423}$$

式中，$\sigma_{I,\,p}^2$由式(5.412)给出。则考虑湍流内尺度时 L 处平面波的闪烁指数为

$$\sigma_{I,\ \mathrm{pl}}^2(L)=\exp\left[\sigma_{\ln x}^2(l_0)-\sigma_{\ln x}^2(L_0)+\frac{0.51\sigma_{I,\ \mathrm{p}}^2}{(1+0.69\sigma_{I,\ \mathrm{p}}^{12/5})^{5/6}}\right]-1 \tag{5.424}$$

考虑湍流内外尺度时，弱起伏时球面波闪烁指数由式(5.413)给出。如果采用球面波 Rytov 方差 β_0^2 量度，则式(5.413)可重新表示为

$$\sigma_{I,\ \mathrm{s}}^2(L)=9.65\beta_0^2\left\{0.4\left(1+\frac{9}{Q_l^2}\right)^{11/12}\left[\sin\left(\frac{11}{6}\arctan\frac{Q_l}{3}\right)+\frac{2.610}{(9+Q_l^2)^{1/4}}\sin\left(\frac{4}{3}\arctan\frac{Q_l}{3}\right)-\right.\right.$$
$$\left.\left.\frac{0.518}{(9+Q_l^2)^{7/24}}\sin\left(\frac{5}{4}\arctan\frac{Q_l}{3}\right)\right]-3.5Q_l^{-5/6}\right\},\quad \beta_0^2\ll 1 \tag{5.425}$$

式中，$Q_l=10.89L/(kl_0^2)$。用类似方法可以获得大尺度湍流的球面波的对数振幅起伏：

$$\sigma_{\ln x,\ \mathrm{s}}^2(l_0)=0.04\beta_0^2(Q_l^{-1}+\eta_{x,\ \mathrm{s}}^{-1})^{-7/6}[1+1.75Q_l^{1/2}(Q_l^{-1}+\eta_{x,\ \mathrm{s}}^{-1})^{-1/2}-0.25Q_l^{7/12}(Q_l^{-1}+\eta_{x,\ \mathrm{s}}^{-1})^{-7/12}] \tag{5.426}$$

其中，$\sigma_1^2=2.5\beta_0^2$。$\eta_{x,\ \mathrm{s}}$可以表示为

$$\eta_{x,\ \mathrm{s}}=\frac{8.56}{1+\dfrac{0.08L}{k\rho_0^2}}=\frac{8.56}{1+0.20\beta_0^2Q_l^{1/6}} \tag{5.427}$$

其中，$L/(k\rho_0^2)=2.5\beta_0^2Q_l^{1/6}$。类似地，在湍流外尺度影响下，大尺度对数强度方差为

$$\sigma_{\ln x,\ \mathrm{s}}^2(L_0)=0.04\beta_0^2(Q_l^{-1}+Q_0^{-1}+\eta_{n,\ \mathrm{s}}^{-1})^{-7/6}\times$$
$$[1+1.75Q_l^{1/2}\ (Q_l^{-1}+Q_0^{-1}+\eta_{x,\ \mathrm{s}}^{-1})^{-1/2}-0.25Q_l^{7/12}\ (Q_l^{-1}+Q_0^{-1}+\eta_{x,\ \mathrm{s}}^{-1})^{-7/12}] \tag{5.428}$$

而小尺度湍流的球面波的对数强度起伏方差与式(4.423)形式一样，即

$$\sigma_{\ln y}^2(l_0)=\frac{0.51\sigma_{I,\ \mathrm{sp}}^2}{(1+0.69\sigma_{I,\ \mathrm{sp}}^{12/5})^{5/6}} \tag{5.429}$$

$\sigma_{I,\ \mathrm{sp}}^2$由式(5.413)给出。因此，在考虑内外尺度影响的条件下，球面波入射时的闪烁指数为

$$\sigma_{I,\ \mathrm{s}}^2(L)=\exp\left[\sigma_{\ln x,\ \mathrm{s}}^2(l_0)-\sigma_{\ln x,\ \mathrm{s}}^2(L_0)+\frac{0.51\sigma_{\mathrm{sp}}^2}{(1+0.69\sigma_{\mathrm{sp}}^{12/5})^{5/6}}\right]-1 \tag{5.430}$$

图 5.24 和图 5.25 中分别给出了不同内尺度下，平面波和球面波入射时闪烁指数 σ_I^2 随 Rytov 方差均方根的变化曲线。平面波入射时，Rytov 方差为 σ_1^2；而球面波入射时，Rytov 方差为 β_0^2（$\beta_0^2=0.5C_n^2k^{7/6}L^{11/6}$）。图 5.24 和图 5.25 中取入射波长 $\lambda=0.488\ \mu$m，$C_n^2=5\times10^{-13}\ \mathrm{m}^{-2/3}$。

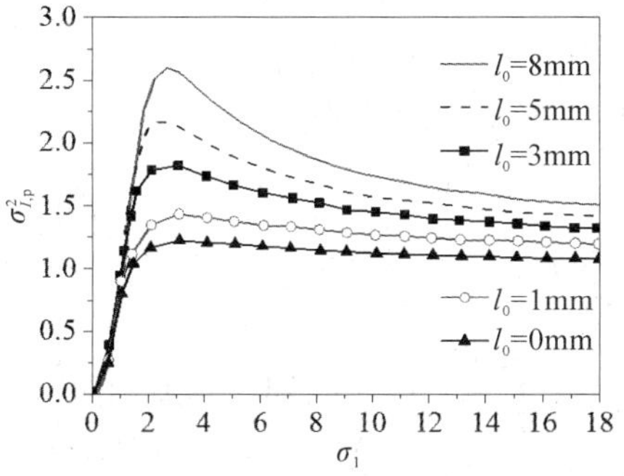

图 5.24 考虑内尺度影响时，平面波入射下的闪烁指数随 Rytov 方差平方根的变化曲线

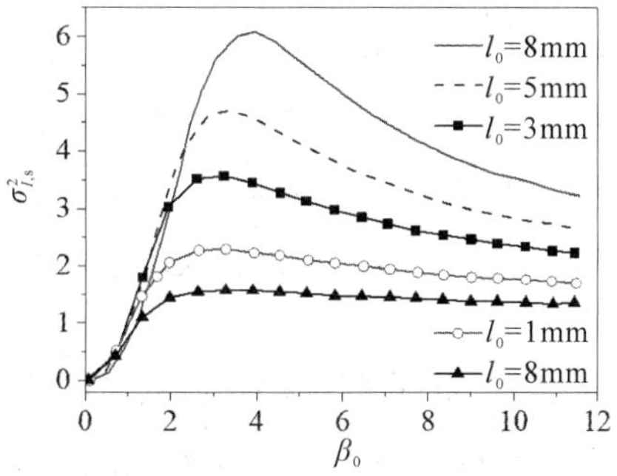

图 5.25 考虑内尺度影响时，球面波入射下的闪烁指数随 Rytov 方差平方根的变化曲线

当 $\sigma_1<1$ 和 $\beta_0<1$ 时，在弱起伏情况下，在小尺度湍流模型中内尺度效应可以忽略，此时在大尺度湍流模型中内尺度效应在 $l_0\leqslant 5$ mm 的情况下对闪烁指数的影响也不是很大，该结果对应于式(5.412)和式(5.413)的结果。

图 5.26 和图 5.27 给出了大气结构常数和内尺度对闪烁指数的影响，从图中可以看出随着湍流强度的进一步增大，内尺度效应对闪烁指数的影响也增大；内尺度越大，闪烁指数越大，这一结论尤其在中等强度湍流区更加明显。由图 5.27 中可知，内尺度较小($l_0=1$ mm)时，C_n^2 的变化对 σ_I^2 的影响不是很大，但在内尺度较大($l_0=9$ mm)时，C_n^2 的变化对 σ_I^2 的影响较为明显，且 C_n^2 越大，闪烁指数也越大。

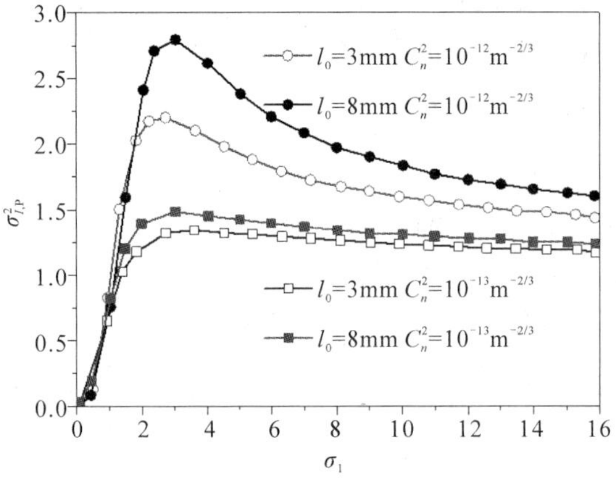

图 5.26 平面波入射下内尺度和大气结构常数对闪烁指数的影响

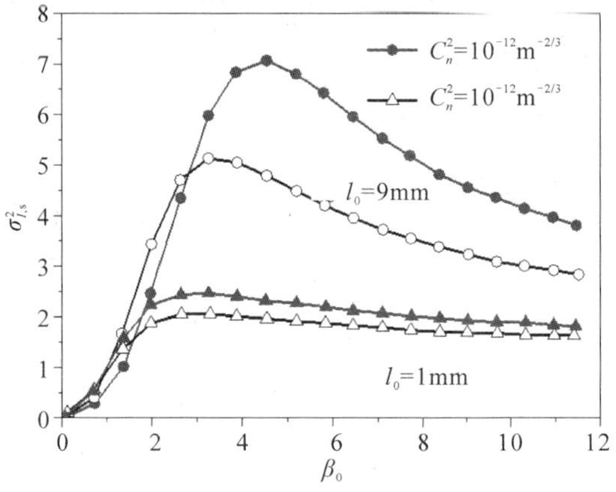

图 5.27 球面波入射下内尺度和大气结构常数对闪烁指数的影响

5.10 随机介质中波传播的强度起伏

5.10.1 相位屏理论

假设随机介质的强度可足以引起波的强起伏，同时可以把随机介质等效为在自由空间中的一个薄层，导致这种起伏主要来自于薄屏的相位调制。设四阶矩 $\Gamma_4=\exp(\psi)$，代入式(5.323)，得

$$\frac{\partial\psi}{\partial x}-\frac{\mathrm{i}}{k}[\nabla_{r_2}\psi\cdot\nabla_{r_1}\psi+\nabla_{r_2}\cdot\nabla_{r_1}\psi]+Q(x,\boldsymbol{r}_1,\boldsymbol{r}_2)=0 \tag{5.431}$$

对此方程积分，得

$$\psi=-Qx+\frac{\mathrm{i}}{k}\int_0^x \mathrm{d}x'[\nabla_{r_2}\psi\cdot\nabla_{r_1}\psi+\nabla_{r_2}\cdot\nabla_{r_1}\psi] \tag{5.432}$$

对于厚度为 Δx 的薄屏，将 ψ 展开成 Taylor 级数 $\psi=\sum_{n=1}^{\infty}a_n(\Delta x)^n$。式(5.432)中的第二项为 $(\Delta x)^2$ 的量级或更高的量级，因此，对于薄层有

$$\psi=-Q\Delta x \tag{5.433}$$

在出射面($x=0$)上的四阶矩为

$$\Gamma_0 = \exp(\psi) = \exp\left[-\frac{1}{2}\sum_{i,\ j=1}^{4} B_{i,\ j}\right] \tag{5.434}$$

在式(5.434)中，假设相位起伏为零均值的高斯随机分布，即

$$\begin{aligned}\psi &= -\frac{1}{2}\sum_{i,\ j=1}^{4} B_{i,\ j}\\ &= -[2B_s(0) + B_s(\boldsymbol{\rho}_1 - \boldsymbol{\rho}_2) - B_s(\boldsymbol{\rho}_1 - \boldsymbol{\rho}_1') - B_s(\boldsymbol{\rho}_1 - \boldsymbol{\rho}_2') -\\ &\quad B_s(\boldsymbol{\rho}_2 - \boldsymbol{\rho}_1') - B_s(\boldsymbol{\rho}_2 - \boldsymbol{\rho}_2') + B_s(\boldsymbol{\rho}_1' - \boldsymbol{\rho}_2')]\\ &= -[D(\boldsymbol{r}_1) + D(\boldsymbol{r}_2) - D(\boldsymbol{r}_1 + \boldsymbol{r}_2)/2 - D(\boldsymbol{r}_1 - \boldsymbol{r}_2)/2]\end{aligned} \tag{5.435}$$

式中，$D(\boldsymbol{r}) = 2.92C_n^2 k^2 r^{5/3}\Delta x$。

考虑四阶矩在自由空间从 $x=0$ 到 $x=L$ 的传播，式(5.323)变为

$$\left[\frac{\partial}{\partial x} - \frac{\mathrm{i}}{k}\nabla_{r_1}\cdot\nabla_{r_2}\right]\Gamma_4 = 0 \tag{5.436}$$

对 $\boldsymbol{r}_1$ 和 $\boldsymbol{r}_2$ 进行傅里叶变换，有

$$M(x,\ \boldsymbol{\kappa}_1,\ \boldsymbol{\kappa}_2) = \frac{1}{(2\pi)^4}\int_{-\infty}^{\infty}\int \Gamma_4 \exp(-\mathrm{i}\boldsymbol{\kappa}_1\cdot\boldsymbol{r}_1 - \mathrm{i}\boldsymbol{\kappa}_2\cdot\boldsymbol{r}_2)\mathrm{d}\boldsymbol{r}_1\mathrm{d}\boldsymbol{r}_2 \tag{5.437}$$

得到四阶矩的谱方程：

$$\left[\frac{\partial}{\partial x} + \frac{\mathrm{i}}{k}\boldsymbol{\kappa}_1\cdot\boldsymbol{\kappa}_2\right]M(x,\ \boldsymbol{\kappa}_1,\ \boldsymbol{\kappa}_2) = 0 \tag{5.438}$$

方程的解为

$$M(x,\ \boldsymbol{\kappa}_1,\ \boldsymbol{\kappa}_2) = M(0,\ \boldsymbol{\kappa}_1,\ \boldsymbol{\kappa}_2)\exp\left[-\frac{\mathrm{i}}{k}\boldsymbol{\kappa}_1\cdot\boldsymbol{\kappa}_2 L\right] \tag{5.439}$$

式中 $M(0,\ \boldsymbol{\kappa}_1,\ \boldsymbol{\kappa}_2)$是 $x=0$ 处的 Γ_4 的傅里叶变换，即

$$M(0,\ \boldsymbol{\kappa}_1,\ \boldsymbol{\kappa}_2) = \frac{1}{(2\pi)^4}\int_{-\infty}^{\infty}\int \exp(\psi)\exp(-\mathrm{i}\boldsymbol{\kappa}_1\cdot\boldsymbol{r}_1 - \mathrm{i}\boldsymbol{\kappa}_2\cdot\boldsymbol{r}_2)\mathrm{d}\boldsymbol{r}_1\mathrm{d}\boldsymbol{r}_2 \tag{5.440}$$

取式(5.439)对 $\boldsymbol{\kappa}_1 = \boldsymbol{\kappa}$ 和 $\boldsymbol{r}_2'$ 积分，于是得到

$$\begin{cases}\Gamma_4(L,\ \boldsymbol{r}_1,\ \boldsymbol{r}_2) = \displaystyle\int \exp(\mathrm{i}\boldsymbol{\kappa}\cdot\boldsymbol{r}_1)S(L,\ \boldsymbol{\kappa},\ \boldsymbol{r}_2)\mathrm{d}\boldsymbol{\kappa}\\ S(L,\ \boldsymbol{\kappa},\ \boldsymbol{r}_2) = \dfrac{1}{(2\pi)^2}\displaystyle\int \exp\left[-\mathrm{i}\boldsymbol{\kappa}\cdot\boldsymbol{r}_1' + \psi\left(\boldsymbol{r}_1',\ \boldsymbol{r}_2' - \frac{\boldsymbol{\kappa}L}{k}\right)\right]\mathrm{d}\boldsymbol{r}_1'\end{cases} \tag{5.441}$$

式中，ψ 由式(5.435)给出。强度相关函数由式(5.327)或式(5.329)给出，对应于式(5.441)中 $\Gamma_4(L,\ \boldsymbol{r}_1,\ 0)$。因此，函数 $S(L,\ \boldsymbol{\kappa},\ 0)$是强度起伏的谱密度函数，它也代表来自不同方向的强度的角分布。所以，$S(L,\ \boldsymbol{\kappa},\ 0)$也称为强度起伏的角谱。

令 $\kappa_0 = (2.92C_n^2 k^2\Delta x)^{3/5}$，$D(\boldsymbol{r}) = (\kappa_0 r)^{5/3} = t^{5/3}$，归一化波数矢量 $\boldsymbol{\kappa}_n$，由式(5.441)得

$$\begin{cases}S(L,\ \boldsymbol{\kappa}_n,\ 0) = \dfrac{1}{(2\pi\kappa_0)^2}\displaystyle\int \exp[-\mathrm{i}\boldsymbol{\kappa}_n\cdot\boldsymbol{t} + \psi]\mathrm{d}\boldsymbol{t}\\ \psi = -\left[t^{5/3} + (\alpha\kappa_n)^{5/3} - \dfrac{|\boldsymbol{t} + \alpha\boldsymbol{\kappa}_n|^{5/3}}{2} - \dfrac{|\boldsymbol{t} - \alpha\boldsymbol{\kappa}_n|^{5/3}}{2}\right]\end{cases} \tag{5.442}$$

式中，$\alpha = (\kappa_0^2 L)/k$，$\int \mathrm{d}\boldsymbol{t} = \int_0^{\infty} t\mathrm{d}t\int_0^{2\pi}\mathrm{d}\varphi$，$\boldsymbol{\kappa}_n\cdot\boldsymbol{t} = \kappa_n t\cos\phi$，$|\boldsymbol{t}\pm\alpha\boldsymbol{\kappa}_n| = |t^2 + \alpha^2\kappa_n^2 \pm 2\alpha\kappa_n\cos\phi|$。

首先讨论 α 的意义。根据 Rytov 解，对数振幅方差为

$$\sigma_\chi^2 = 0.563k^{7/6}\int_0^L C_n^2(\eta)\ (L-\eta)^{5/6}\mathrm{d}\eta \tag{5.443}$$

对于薄屏，$C_n^2(\eta)=C_n^2(\Delta x)\delta(\eta)$，$\sigma_\chi^2=0.563k^{7/6}C_n^2(\Delta x)L^{5/6}$，可验证 α 与 σ_χ^2 的关系为 $\alpha=(5.2\sigma_\chi^2)^{5/6}$。回到式(5.441)，讨论两种极端情况下薄屏的四阶矩。

(1) $|\boldsymbol{\kappa}|\gg(k/l)^{1/2}$，即绕射区($l\ll\sqrt{\lambda L}$)，对应于$|\alpha\boldsymbol{\kappa}_n|\gg t$，有$|\boldsymbol{r}_1|\ll|\boldsymbol{r}_2|$，$D(\boldsymbol{r}_2)\approx D(\boldsymbol{r}_1+\boldsymbol{r}_2)\approx D(\boldsymbol{r}_1-\boldsymbol{r}_2)$，所以 $\psi(\boldsymbol{r}_1,-\kappa L/k)\approx -D(\boldsymbol{r}_1)$。

$$S(L,\boldsymbol{\kappa},0)=\frac{1}{(2\pi)^2}\int\exp[-\mathrm{i}\boldsymbol{\kappa}\cdot\boldsymbol{r}_1'-D(\boldsymbol{r}_1')]\mathrm{d}\boldsymbol{r}_1' \tag{5.444}$$

(2) $|\boldsymbol{\kappa}|\ll(k/l)^{1/2}$，即为几何光学区($l\gg\sqrt{\lambda L}$)，对应于$|\alpha\boldsymbol{\kappa}_n|\ll t$，有$|\boldsymbol{r}_1|\gg|\boldsymbol{r}_2|$，$\boldsymbol{r}_2=\boldsymbol{\kappa}L/k\to0$。将 ψ 用 Tylor 级数展开，$\psi=-[D(\boldsymbol{r}_2)-(\boldsymbol{r}_2\cdot\nabla_{r_1})^2D(\boldsymbol{r}_1)/2+\cdots]$。所以

$$\exp(\psi)=\exp[-D(\boldsymbol{r}_2)]\left[1+\frac{(\boldsymbol{r}_2\cdot\nabla_{r_1})^2D(\boldsymbol{r}_1)}{2}+\cdots\right] \tag{5.445}$$

$$D(\boldsymbol{r}_1)=4\pi k^2(\Delta x)\int[1-\exp(\mathrm{i}\boldsymbol{\kappa}\cdot\boldsymbol{r}_1)]\Phi_n(\boldsymbol{\kappa})\mathrm{d}\boldsymbol{\kappa} \tag{5.446}$$

$$(\boldsymbol{r}_2\cdot\nabla_{r_1})^2D(\boldsymbol{r}_1)=4\pi k^2(\Delta x)\int(\boldsymbol{r}_2\cdot\boldsymbol{\kappa})^2\exp(\mathrm{i}\boldsymbol{\kappa}\cdot\boldsymbol{r}_1)\Phi_n(\boldsymbol{\kappa})\mathrm{d}\boldsymbol{\kappa} \tag{5.447}$$

将式(5.446)和式(5.447)代入式(5.441)，且 $\boldsymbol{r}_2=0$，则

$$S(L,\boldsymbol{\kappa},0)=\delta(\boldsymbol{\kappa})+\kappa^4 2\pi L^2(\Delta x)\Phi_n(\kappa)\exp\left[-D\left(-\frac{\boldsymbol{\kappa}L}{k}\right)\right] \tag{5.448}$$

(3) 强起伏情况，$\alpha\gg1$，对于 κ_n 的大部分区域，式(5.444)是适用的。κ_n 很小时，采用式(5.448)式。当 $\kappa_n=0$ 时，对式(5.448)积分：$\int S(L,\boldsymbol{\kappa},0)\mathrm{d}\kappa=\int\delta(\boldsymbol{r}_1)\exp[-D(\boldsymbol{r}_1)]\mathrm{d}\boldsymbol{r}_1=1$。因此，$\sigma_\chi^2\to\infty$，闪烁指数 $m^2\to1$。

5.10.2 对数幅度方差和协方差

对于各向同性的随机介质，在弱起伏情况下，不考虑内尺度(即功率谱为 Kolmogorov 谱)时，平面波的对数幅度方差本章已有介绍。而球面波的对数振幅方差与大气结构常数 C_n^2 和传播距离 L 也成正比，表示为

$$\sigma_s^2=0.124k^{7/6}L^{11/6}C_n^2,\quad L\gg l_0{}^2/\lambda \tag{5.449}$$

其中，l_0 是湍流内尺度，$k=2\pi/\lambda$，λ 是波长。当 σ_s^2 超过 0.3 时，饱和效应就会出现。随着湍流强度 C_n^2 的增强和传播距离 L 的增大，σ_s^2 相应地增大，随着 C_n^2 的进一步增加，最终 σ_s^2 减小，饱和于某一常数。

Clifford 给出了在强起伏饱和区球面波的归一化对数振幅协方差：

$$C_\chi(\rho_n,\sigma_s^2)=2.95\sigma_s^2\int_0^1[u(1-u)]^{5/6}\int_0^\infty y^{-11/6}\sin^2 y\cdot$$
$$\exp\{-\sigma_s^2[u(1-u)]^{5/6}f(y)\}\mathrm{J}_0\left[\left(\frac{4\pi yu}{1-u}\right)^{1/2}\rho_n\right]\mathrm{d}y\mathrm{d}u \tag{5.450}$$

其中 $\rho_n=\rho/\sqrt{\lambda L}$，$f(y)$可以用下式给出：

$$f(y)=7.02y^{5/6}\int_{0.7y}^\infty\xi^{-8/3}[1-\mathrm{J}_0(\xi)]\mathrm{d}\xi \tag{5.451}$$

式(5.450)是强湍流在 $\sigma_s^2>0.3$ 情况下的对数振幅协方差函数。对于 $\sigma_s^2\leqslant0.3$ 的情况，令 $y=L\kappa^2\eta(1-\eta)/(2k)$，式(5.450)积分中因子 $\exp\{-\sigma_s^2[\eta(1-\eta)]^{5/6}f(y)\}\approx1$，该式可以退化到一阶弱起伏理论结果：

$$C_\chi(\rho_n) = 4\pi^2 k^2 L\int_0^\infty 0.033C_n^2\kappa^{-8/3}\int_0^1 [\eta(1-\eta)]^{5/6}\sin^2\left[\frac{\kappa^2 L\eta(1-\eta)}{2k}\right]J_0(\kappa\eta\sqrt{\lambda L}\rho_n)\mathrm{d}\eta\mathrm{d}\kappa \tag{5.452}$$

从图 5.28 可以看出：在强湍流中，对闪烁有贡献的湍流元的尺度结构比弱湍流中更多。在弱起伏中，对闪烁起主要贡献的尺度是第一菲涅耳长度 $\sqrt{\lambda L}$ 大小的湍流元。在强湍流中，第一菲涅耳长度 $\sqrt{\lambda L}$ 大小的湍流尺度产生的闪烁作用没有在弱起伏情况下那么大，即更小的湍流元对闪烁有更大的贡献，也就是说多重散射起主要作用。

令(5.450)中的 $\rho=0$，则得到了强起伏下球面波的对数振幅方差：

$$\sigma_{\chi,s}^2 = 2.95\sigma_s^2\int_0^1 [u(1-u)]^{5/6}\int_0^\infty y^{-1/6}\sin^2 y\cdot\exp\{-\sigma_s^2[u(1-u)]^{5/6}f(y)\}\mathrm{d}y\mathrm{d}u \tag{5.453}$$

将式(5.453)中对 y 的积分写成

$$\sigma_{\chi,s}^2 = 2.95\int_0^1 \sigma_s^2[u(1-u)]^{5/6}[I_1 + I_2]\mathrm{d}u \tag{5.454}$$

式中

$$I_1 = \int_0^1 y^{-11/6}\sin^2 y\cdot\exp\{-\sigma_s^2[u(1-u)]^{5/6}f(y)\}\mathrm{d}y \tag{5.455}$$

$$I_2 = \int_1^\infty y^{-11/6}\sin^2 y\cdot\exp\{-\sigma_s^2[u(1-u)]^{5/6}f(y)\}\mathrm{d}y \tag{5.456}$$

对于 $y\leqslant 1$，有 $f(y)\approx 7.9y^{5/6}$ 以及 $\sin^2 y\approx y^2$，那么

$$I_1 = \int_0^1 y^{1/6}\exp\{-7.9\sigma_s^2[u(1-u)]^{5/6}y^{5/6}\}\mathrm{d}y \tag{5.457}$$

对于 I_2，由于 $y\geqslant 1$，令 $\sin^2 y\approx 1/2$ 以及

$$f(y)\approx 7.02y^{5/6}\int_{0.7y}^\infty \xi^{-8/3}\mathrm{d}\xi = 4.2\times 0.7^{-5/3}y^{-5/6} \tag{5.458}$$

可以得到

$$I_2 \approx 0.5\int_1^\infty y^{-11/6}\exp\left[-\frac{\mu}{y^{5/6}}\right]\mathrm{d}y \tag{5.459}$$

式中 $\mu=4.2\sigma_t^2[u(1-u)]^{5/6}/0.7^{5/3}$。

将式(5.457)和式(5.459)代入式(5.454)可以看到，随着 σ_s^2 的增加，$\sigma_{\chi,s}^2$ 最终饱和于 $\pi^2/24$。从图 5.29 中可以看出，当 $\sigma_s^2<0.3$ 时，对数振幅方差可以退化到一阶扰动理论结果；当 $\sigma_s^2>0.3$ 时，对数振幅方差达到一个最大值后逐步趋于饱和。

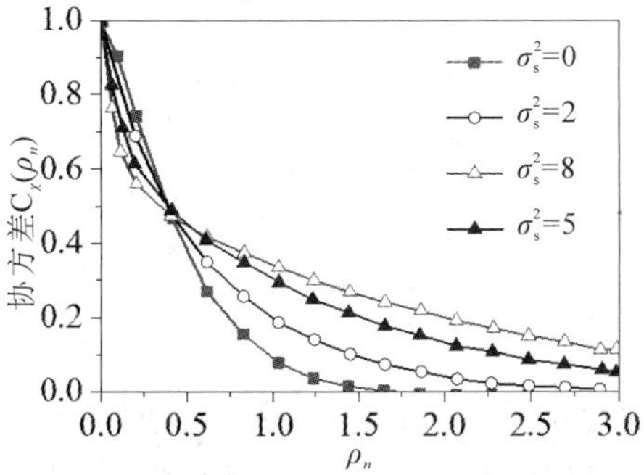

图 5.28 球面波的对数振幅协方差函数

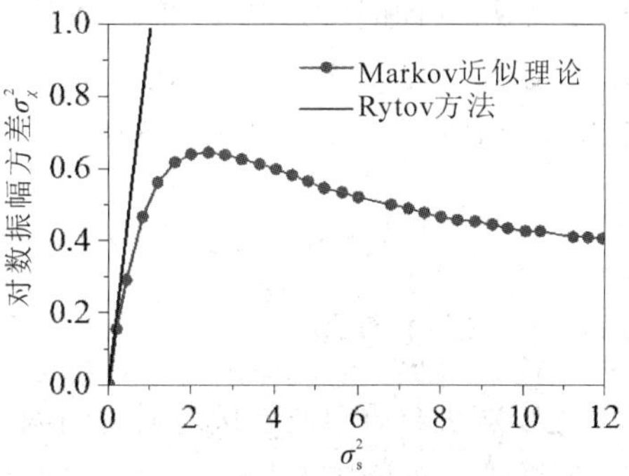

图 5.29 球面波的对数振幅方差

四阶矩微分方程(5.323)的形式解可用 N 层相屏模型通过求 $N\to\infty$得出。即把湍流层 $(0, L)$分成 N 层相屏，每个相屏厚度为 L/N。在强起伏区，这无限重积分将包含大参数 $(\sqrt{\lambda L}/\rho_0)$，这个参数有明确的物理含义：当 $\rho_0\ll\sqrt{\lambda L}$时，仅由不均匀散射体中间距小于 ρ_0 的散射体散射的场以相干方式叠加。所以，在 $\rho_0\ll\sqrt{\lambda L}$时，相干半径 ρ_0 的作用等同于 $\rho_0\gg\sqrt{\lambda L}$时第一菲涅耳长度的作用。

对于平面波传播情况，四阶矩微分方程(5.323)的形式解为

$$\Gamma_4(\boldsymbol{\rho}_1, \boldsymbol{\rho}_2, L)\approx|\Gamma(\boldsymbol{\rho}_1, L)|^2+|\Gamma(\boldsymbol{\rho}_2, L)|^2+\gamma(\boldsymbol{\rho}_1, \boldsymbol{\rho}_2)+\gamma(\boldsymbol{\rho}_2, \boldsymbol{\rho}_1) \tag{5.460}$$

对于一般广延介质来说，前两项是主要的，后两项是修正项，$\Gamma(\boldsymbol{\rho}_1, L)$和 $\Gamma(\boldsymbol{\rho}_2, L)$是平面波的互相关函数。假设随机介质统计均匀，则

$$\Gamma(L, \boldsymbol{\rho})=\exp\left[-\frac{\pi k^2 LH(\boldsymbol{\rho})}{4}\right] \tag{5.461}$$

其中

$$H(\boldsymbol{\rho}) = 16\pi\int_0^\infty[1-\mathrm{J}_0(\kappa\rho)]\left[1-\frac{\sin\left(\frac{\kappa^2 L}{k}\right)}{\frac{\kappa^2 L}{k}}\right]\Phi_n(\kappa)\kappa\mathrm{d}\kappa \tag{5.462}$$

$$D(x, \rho) = 8\pi^2 k^2 x\int_0^\infty[1-\mathrm{J}_0(\kappa\rho)]\Phi_n(\kappa)\kappa\mathrm{d}\kappa \tag{5.463}$$

如果随机介质的折射率起伏采用修正 Kolmogorov 谱，那么有

$$H(\boldsymbol{\rho})=1.88C_n^2[(\boldsymbol{\rho}^2+l_0^2)^{5/6}-l_0^{5/3}] \tag{5.464}$$

在表达式(5.460)中的另一个函数 $\gamma(\boldsymbol{\rho}_1, \boldsymbol{\rho}_2)$可以表示为

$$\gamma(\boldsymbol{\rho}_1, \boldsymbol{\rho}_2) = 8\pi^2 L\int_0^1\int_{-\infty}^\infty \sin^2\left[\frac{1}{2}\left(\boldsymbol{\kappa}\cdot\boldsymbol{\rho}_1-\frac{\boldsymbol{\kappa}^2 L\tau}{k}\right)\right]\Phi_n(\kappa)\cdot$$
$$\exp\left[-\frac{\pi k^2}{2}L\int_0^\tau H\left(\boldsymbol{\rho}_1-\frac{\boldsymbol{\kappa}L}{k}\alpha\right)\mathrm{d}\alpha-\frac{\pi k^2}{2}L(1-\tau)H\left(\boldsymbol{\rho}_1-\frac{\boldsymbol{\kappa}L\tau}{k}\right)+\mathrm{i}\boldsymbol{\kappa}\cdot\boldsymbol{\rho}_2\right]\mathrm{d}\kappa\mathrm{d}\tau \tag{5.465}$$

为了方便讨论内尺度对闪烁指数的影响，定义：

$$\beta=\frac{\lambda L}{l_0^2} \tag{5.466}$$

当 $\beta>1$ 时，这一区域是几何光学区；当 $\beta<1$ 时，这一区域是绕射区。当 $\beta\gg1$ 时，式(5.461)成立(即闪烁达到饱和)的条件是

$$\sigma_1^2=1.23k^{7/6}C_n^2L^{11/6}\gg1 \tag{5.467}$$

当 $\beta\ll1$ 时，式(5.461)成立的条件是

$$\sigma_0^2=6.94\sigma_1^2\beta^{7/6}=\left(\frac{2\pi}{l_0}\right)^{7/3}C_n^2L^3\gg1 \tag{5.468}$$

5.10.3 强度方差

连续随机介质中波起伏的强弱用闪烁指数(强度起伏方差)来度量。在弱起伏(即 $\sigma_I^2<1$)下，闪烁指数正比于 Rytov 方差 σ_1^2。典型的光波湍流可根据 Rytov 方差分为：$\sigma_1^2\ll1$ 的弱起伏湍流区，$\sigma_1^2\approx1$ 的中度区及 $\sigma_1^2\gg1$ 的强湍流区(即饱和区)。

$\langle I^2\rangle$与Γ_4直接相关，对于单位平面波，归一化的强度方差可简化为

$$\sigma_{I,\mathrm{p}}^2=\langle(I-\langle I\rangle)^2\rangle=\Gamma_4(0,0,L)-1 \tag{5.469}$$

对于$\sigma_1^2\gg 1$的强湍流区，Fante由渐进理论得到平面波的σ_I^2：

$$\sigma_{I,\mathrm{p}}^2=1+\frac{1.84\sigma_1^2}{\beta^{5/6}}\int_0^1\int_0^\infty s^{-8/3}\sin^2(\pi\beta s^2\tau)\cdot$$
$$\exp\{-s^2-11.06\sigma_1^2\beta^{-5/6}\int_0^\tau \mathrm{d}\xi([(\xi\beta s)^2+1]^{5/6}-1)-$$
$$11.06(1-\tau)\sigma_1^2\beta^{-5/6}[(\beta^2s^2\tau^2+1)^{5/6}-1]\}\mathrm{d}s\mathrm{d}\tau \tag{5.470}$$

其中，$\beta=\lambda z/l_0$。当$\beta\to\infty$时，σ_I^2只依赖于σ_1^2；当$\beta\to 0$时，σ_I^2仅依赖于$\sigma_1^2\beta^{7/6}=10.5C_n^2L^3l_0^{-7/3}=0.144\sigma_0^2$。其中$\sigma_0^2=(2\pi/l_0)^{7/3}C_n^2x^3$，由式(5.470)得到

$$\sigma_{I,\mathrm{p}}^2=1+1.21\sigma_0^2\int_0^1\frac{\tau^2}{\left[1+1.33\sigma_0^2\tau^2\left(1-\frac{2}{3}\tau\right)\right]^{7/6}}\mathrm{d}\tau \tag{5.471}$$

在相反的条件下，即在$\beta\to\infty(l_0\to 0)$时，式(5.470)可以近似为

$$\sigma_{I,\mathrm{p}}^2(\beta\to\infty)=1+\frac{0.86}{(\sigma_1^2)^{2/5}},\quad \sigma_1^2\gg 1 \tag{5.472}$$

对于任意的β，式(5.470)可以用数值方法求解。当$\beta\ll 1$时，根据式(5.471)计算的结果如图5.30所示；当$\beta\leqslant 1$时，用式(5.471)得到的结果和$\beta\to\infty$时式(5.472)计算的结果以及用式(5.470)的数值积分得到的结果表明：以上分析$\sigma_{I,\mathrm{p}}^2$的变化趋势是正确的，如图5.31所示。

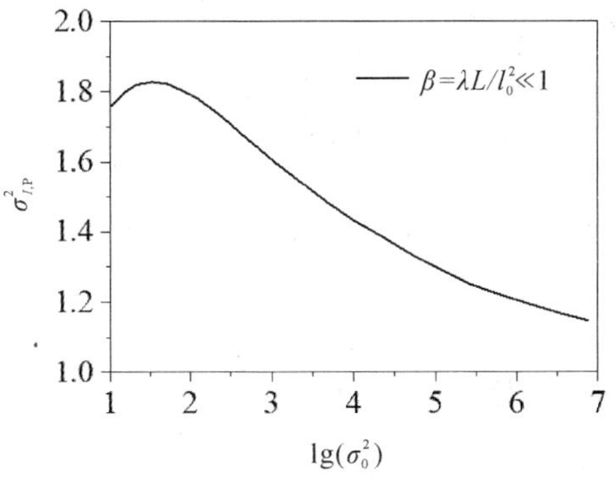

图5.30　当$\beta=\lambda L/l_0^2\ll 1$时平面波归一化强度起伏方差

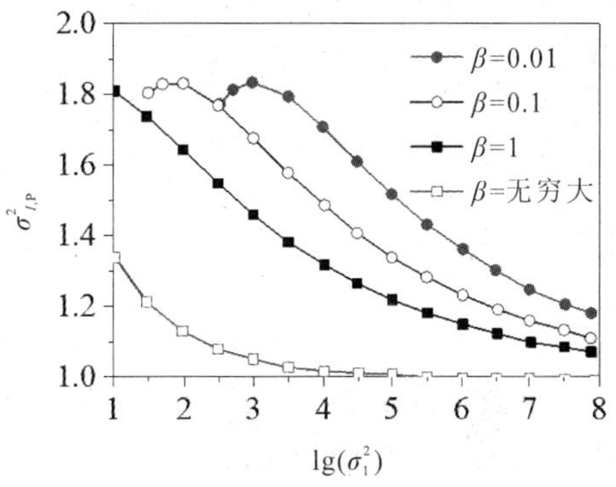

图5.31　平面波归一化强度起伏方差

对于球面波，强度起伏方差可近似为$\sigma_{I,\mathrm{s}}^2=1+2.8(\sigma_1^2)^{-2/5}$。显然，在强起伏区，球面波闪烁大于平面波闪烁，实验结果证实了这一点。Andrews给出了在饱和区不考虑内尺度影响和考虑内尺度影响时的近似表达式分别为

$$\sigma_{I,\mathrm{s}}^2=1+2.73(\sigma_1^2)^{-2/5} \tag{5.473}$$

$$\sigma_{I,\mathrm{s}}^2=1+6.87(\sigma_1^2\beta^{7/6})^{-1/6} \tag{5.474}$$

图5.32中给出了考虑外尺度$L_0=0.5$ m，不同内尺度时，修正Rytov解与Consortini实验数据的比较，图中$H=100$ m，$\lambda=0.488$ μm。实验测量数据的内尺度范围为3～7 mm。

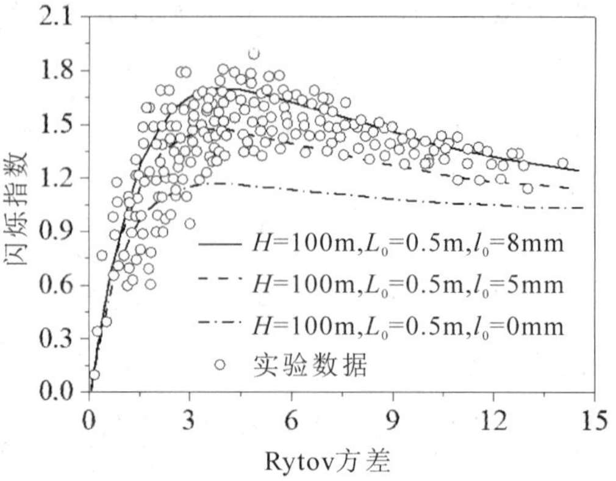

图 5.32　考虑内、外尺度效应时，不同内尺度下修正 Rytov 解与实验数据的比较

从图 5.32 中不难发现：不考虑内尺度影响($l_0=0$ mm)时的闪烁指数值比实验结果要小；考虑内尺度效应比不考虑内尺度效应更接近实验结果。本章的实验结果说明，从弱起伏区一直到饱和区，理论结果与测量数据都符合得很好。值得注意的是：若不考虑外尺度效应或虽考虑了外尺度效应但仅考虑了水平传输问题时，理论计算结果在饱和区与有关实验测量结果存在较大偏差。

5.11　随机介质中波传播的路积分解

5.11.1　随机介质中波传播的路积分解

回到随机介质中波的抛物型方程(5.253)，取 $\varepsilon_1(\boldsymbol{r})=2n_1(\boldsymbol{r})$，则式(5.253)改写如下：

$$\frac{\mathrm{i}}{k}\frac{\partial U(\boldsymbol{r})}{\partial x}+\left(\frac{1}{2k^2}\nabla_{\mathrm{T}}^2+n_1(\boldsymbol{r})\right)U(\boldsymbol{r})=0 \tag{5.475}$$

进行变量代换：$\hbar\to 1/k$，$m\to 1$，$t\to x$，$V\to -n_1$，式(5.475)可以写成薛定谔方程：

$$-\frac{\hbar}{\mathrm{i}}\frac{\partial\psi}{\partial t}+\left[\frac{\hbar^2}{2m}\nabla_{\mathrm{T}}^2-V\right]\psi=0 \tag{5.476}$$

从数学角度看，上述两方程具有相同的形式，显然它们的解在数学形式上应该相同。本节采用费曼路积分表达形式，研究随机介质中波传播的统计特性。在量子力学分析中，考虑 H 为与时间无关的厄米算子，方程

$$\frac{\partial\psi}{\partial t}+H\psi=0 \tag{5.477}$$

的解可表示为

$$\psi(t,\ \boldsymbol{r})=\int G_1(t;\ \boldsymbol{r},\ \boldsymbol{r}')\psi(0,\ \boldsymbol{r}')\mathrm{d}\boldsymbol{r}' \tag{5.478}$$

式中，G_1 是一种非严格意义的格林函数，它也是式(6.477)的解，即

$$\frac{\partial G_1}{\partial t}+HG_1=0,\quad t\geqslant 0 \tag{5.479}$$

其中，G_1 是点源，即 $\psi(0,\ \boldsymbol{r})=\delta(\boldsymbol{r}-\boldsymbol{r}_0)$，波函数为

$$\psi(t,\ \boldsymbol{r})=G_1(t;\ \boldsymbol{r},\ \boldsymbol{r}_0),\quad t\geqslant 0 \tag{5.480}$$

当 t 的起始点不取 0 而取为 t_0 时，式(5.478)改为

$$\psi(t, \boldsymbol{r}) = \int G_1(t, t_0; \boldsymbol{r}, \boldsymbol{r}')\psi(t_0, \boldsymbol{r}')\mathrm{d}\boldsymbol{r}' \tag{5.481}$$

函数 G_1 具有下列性质：

$$G_1(t_2, t_0; \boldsymbol{r}, \boldsymbol{r}'') = \int G_1(t_2, t_1; \boldsymbol{r}, \boldsymbol{r}')G_1(t_1, t_0; \boldsymbol{r}', \boldsymbol{r}'')\mathrm{d}\boldsymbol{r}' \tag{5.482}$$

这种传递性使 G_1 被称为传播函数。类似地，抛物型方程(5.475)的一般解为

$$U(x, \boldsymbol{\rho}) = \int K(x, 0; \boldsymbol{\rho}, \boldsymbol{\rho}')U(0, \boldsymbol{\rho}')\mathrm{d}\boldsymbol{\rho}' \tag{5.483}$$

传播函数与方程(5.475)的解形式相同，其费曼路积分解为

$$K(x, 0; \boldsymbol{\rho}, \boldsymbol{\rho}') = \int \exp\left\{\mathrm{i}k\int_0^x \left[\frac{(\mathrm{d}\boldsymbol{\rho}_{\mathrm{p}}/\mathrm{d}x')^2}{2} + n_1(x', \boldsymbol{\rho}_{\mathrm{p}})\right]\mathrm{d}x'\right\}\mathrm{d}\boldsymbol{\rho}_{\mathrm{p}} \tag{5.484}$$

式中，下标 p 表示连接$(0, \boldsymbol{\rho}')$和$(x, \boldsymbol{\rho})$两点间所有可能的路径。实际上，路积分算式完全可以不涉及量子力学而从数学上独立导出。以路积分解为基础，不仅可以导出弱起伏时波场的 Born 近似解和 Rytov 近似解，而且还可以获得强起伏情况下一阶矩、二阶矩解。这证明它与 Huygens－Fresnel 积分解、Markov 近似解是等价的。本节还将进一步利用路积分计算波函数的四阶矩，讨论完全饱和与部分饱和状态时，强度的相关函数与闪烁指数。

根据路积分观点，对于随机介质的弱起伏问题，即未饱和状态，在折射率起伏相关尺度 l 内，射线偏离未扰动射线很小，所以最好的射线近似就是未扰动射线本身，可采用微扰展开，即 Rytov 近似。但是对于饱和状态，需考虑多重散射。折射率起伏使源和接收点之间的任一条射线路径都可以分裂为多个路径，在这些多重微路径中，路径之间的干涉作用会产生附加起伏。值得注意的是，这些所有的路径并不完全是实际波传播的射线路径，而表示从源到接收点的所有单值函数。它可以被认为是 Huygens 原理的重复应用。在强起伏的完全饱和状态下，每个未扰动射线分裂为一些微路径，其中大部分路径之间的横向分离距离大于折射率起伏的相关尺度 l，可以认为彼此不相关。而在部分饱和状态下，它的分离距离一般小于折射率起伏的相关尺度，即彼此相关。

在弱起伏情况下，$\int_0^x n_1 \mathrm{d}x'$ 很小，指数因子可以展开为

$$\exp\left\{\mathrm{i}k\int_0^x n_1(x', \boldsymbol{\rho})\mathrm{d}x'\right\} = 1 + \mathrm{i}k\int_0^x n_1(x', \boldsymbol{\rho})\mathrm{d}x' - \frac{k^2}{2}\left(\int_0^x n_1(x', \boldsymbol{\rho})\mathrm{d}x'\right)^2 + \cdots \tag{5.485}$$

于是，传播函数为

$$K(x, 0; \boldsymbol{\rho}, \boldsymbol{\rho}') = K_0 + K_1 + K_2 + \cdots \tag{5.486}$$

其中

$$\begin{cases} K_0 = \int \exp\left[\frac{\mathrm{i}k}{2}\int_0^x \left(\frac{\mathrm{d}\boldsymbol{\rho}_{\mathrm{p}}}{\mathrm{d}x'}\right)^2 \mathrm{d}x'\right]\mathrm{d}\boldsymbol{\rho}_{\mathrm{p}} \\ K_1 = \mathrm{i}k\int\int_0^x n_1(x', \boldsymbol{\rho})\exp\left[\frac{\mathrm{i}k}{2}\int_0^x \left(\frac{\mathrm{d}\boldsymbol{\rho}_{\mathrm{p}}}{\mathrm{d}x'}\right)^2 \mathrm{d}x'\right]\mathrm{d}x'\mathrm{d}\boldsymbol{\rho}_{\mathrm{p}} \\ K_2 = -\frac{k^2}{2}\int\left[\int_0^x n_1(x', \boldsymbol{\rho})\mathrm{d}x'\right]^2 \exp\left[\frac{\mathrm{i}k}{2}\int_0^x \left(\frac{\mathrm{d}\boldsymbol{\rho}_{\mathrm{p}}}{\mathrm{d}x'}\right)^2 \mathrm{d}x'\right]\mathrm{d}\boldsymbol{\rho}_{\mathrm{p}} \\ \cdots \end{cases} \tag{5.487}$$

当源点 $x=0$ 和接收点为 x 时，K_0 表示介质无随机起伏的自由空间传播函数，K_1 和 K_2 分别表示随机介质中的一次和二次散射的结果。利用量子力学中自由粒子的路积分算式，将物理量作相应变换，得

$$K_0=\int\exp\left[\frac{\mathrm{i}k}{2}\int_0^x\left(\frac{\mathrm{d}\boldsymbol{\rho}_\mathrm{p}}{\mathrm{d}x'}\right)^2\mathrm{d}x'\right]\mathrm{d}\boldsymbol{\rho}_\mathrm{p}=\frac{k}{\mathrm{i}2\pi x}\exp\left[\mathrm{i}k\frac{(\boldsymbol{\rho}-\boldsymbol{\rho}')^2}{2x}\right]\tag{5.488}$$

并且可以证明：

$$\lim_{x\to 0}\frac{k}{\mathrm{i}2\pi x}\exp\left[\mathrm{i}k\frac{(\boldsymbol{\rho}-\boldsymbol{\rho}')^2}{2x}\right]=\delta(\boldsymbol{\rho}-\boldsymbol{\rho}')\tag{5.489}$$

也可以直接求解式(5.475)，该式的格林函数 K_0 定解问题是

$$\frac{\partial K_0}{\partial x}-a^2\nabla_\mathrm{T}^2K_0=0,\quad K_0(x\to 0)=\delta(\boldsymbol{\rho}-\boldsymbol{\rho}')\tag{5.490}$$

式中，$a^2=(-2\mathrm{i}k)^{-1}$。由此获得在自由空间输运问题的格林函数为 $K_0(x,0;\boldsymbol{\rho},\boldsymbol{\rho}')=(k/\mathrm{i}2\pi x)\cdot\exp[\mathrm{i}k(\boldsymbol{\rho}-\boldsymbol{\rho}')^2/(2x)]$，这恰是式(5.488)。上述定解问题也可采用傅里叶积分法获得。这表明，对于随机介质中波传播解(零阶矩)，路积分方法与 Markov 近似、抛物型方程法以及推广 Huygens - Fresnel 原理是完全等价的。

1. Born 近似解

如果只计及一次散射，式(5.486)中取前二项，考虑式(5.489)，有

$$\begin{aligned}U(x,\boldsymbol{\rho})&=U_0(x,\boldsymbol{\rho})+U_1(x,\boldsymbol{\rho})\\&=\int K_0(x,0;\boldsymbol{\rho},\boldsymbol{\rho}')U(0,\boldsymbol{\rho}')\mathrm{d}\boldsymbol{\rho}'+\int K_1(x,0;\boldsymbol{\rho},\boldsymbol{\rho}')U(0,\boldsymbol{\rho}')\mathrm{d}\boldsymbol{\rho}'\end{aligned}\tag{5.491}$$

其中

$$\begin{cases}U_0(x,\boldsymbol{\rho})=\int K_0(x,0;\boldsymbol{\rho},\boldsymbol{\rho}')U(0,\boldsymbol{\rho}')\mathrm{d}\boldsymbol{\rho}'\\U_1(x,\boldsymbol{\rho})=\mathrm{i}k\int U(0,\rho')\left\{\int_0^x n_1(x',\boldsymbol{\rho}')\int\exp\left[\frac{\mathrm{i}k}{2}\int_0^x\left(\frac{\mathrm{d}\boldsymbol{\rho}_\mathrm{p}}{\mathrm{d}x'}\right)^2\mathrm{d}x'\right]\mathrm{d}\boldsymbol{\rho}_\mathrm{p}\mathrm{d}x'\right\}\mathrm{d}\boldsymbol{\rho}'\\\qquad\qquad=\mathrm{i}k\int_0^x\int n_1(x',\boldsymbol{\rho}')U(0,\boldsymbol{\rho}')K_0(x,0;\boldsymbol{\rho},\boldsymbol{\rho}')\mathrm{d}\boldsymbol{\rho}'\mathrm{d}x'\end{cases}\tag{5.492}$$

式中，$U_0(x,\boldsymbol{\rho})$是无折射率起伏的自由空间的波函数，K_0 恰对应普通抛物型方程积分解的格林函数。$U_1(x,\boldsymbol{\rho})$是 Born 近似的一级解，也是以 K_0 为格林函数的积分解。

2. Rytov 解

令 $U(x,\boldsymbol{\rho})=\exp[\psi(x,\boldsymbol{\rho})]$，$\psi=\psi_0+\psi_1$，$U_0(x,\boldsymbol{\rho})=\exp[\psi_0(x,\boldsymbol{\rho})]$，显然

$$\frac{\mathrm{i}}{k}\frac{\partial U_0}{\partial x}+\frac{1}{2k^2}\nabla_\mathrm{T}^2U_0=0\tag{5.493}$$

以及

$$\frac{\mathrm{i}}{k}\frac{\partial\psi_1}{\partial x}+\frac{1}{2k^2}[\nabla_\mathrm{T}^2\psi_1+2\nabla_\mathrm{T}\psi_0\cdot\nabla_\mathrm{T}\psi_1+(\nabla_\mathrm{T}\psi_1)^2]+n_1(x,\boldsymbol{\rho})=0\tag{5.494}$$

$$\nabla_\mathrm{T}^2(U_0\psi_1)=(\nabla_\mathrm{T}^2U_0)\psi_1+2U_0\nabla_\mathrm{T}\psi_0\cdot\nabla_\mathrm{T}\psi_1+U_0\nabla_\mathrm{T}^2\psi_1\tag{5.495}$$

由此可以获得 $U_0\psi_1$ 所满足的方程为

$$\frac{2k}{\mathrm{i}}\frac{\partial}{\partial x}(U_0\psi_1)-\nabla_\mathrm{T}^2(U_0\psi_1)=2k^2\left[n_1(x,\boldsymbol{\rho})+\frac{1}{2k^2}(\nabla_\mathrm{T}\psi_1)^2\right]U_0\tag{5.496}$$

根据路积分解的类似方法可得

$$\psi_1 = \frac{\mathrm{i}k}{U_0(x, \boldsymbol{\rho})}\iint_0^x K_0(o, x; \boldsymbol{\rho}', \boldsymbol{\rho})\left[n_1(x', \boldsymbol{\rho}') + \frac{1}{2k^2}(\nabla_{\mathrm{T}}\psi_1)^2\right]U_0(x', \boldsymbol{\rho}')\mathrm{d}x'\mathrm{d}\boldsymbol{\rho}' \tag{5.497}$$

式中，K_0 由式(5.488)给出。该式为 Rytov 方法求解 ψ_1 的积分方程。其一阶解为

$$\psi_{10} = \frac{\mathrm{i}k}{U_0(x, \boldsymbol{\rho})}\iint_0^x K_0(o, x; \boldsymbol{\rho}', \boldsymbol{\rho})n_1(x', \boldsymbol{\rho}')U_0(x', \boldsymbol{\rho}')\mathrm{d}x'\mathrm{d}\boldsymbol{\rho}' \tag{5.498}$$

于是，一级近似 Rytov 解可简记为

$$\begin{aligned} U(x, \boldsymbol{\rho}) &= \exp(\psi_0 + \psi_{01}) = U_0(x, \boldsymbol{\rho})\exp\left[\frac{U_1(x, \boldsymbol{\rho})}{U_0(x, \boldsymbol{\rho})}\right] \\ &\approx U_0(x, \boldsymbol{\rho})\left[1 + \frac{U_1(x, \boldsymbol{\rho})}{U_0(x, \boldsymbol{\rho})} + \cdots\right] \end{aligned} \tag{5.499}$$

取前两项为 Born 近似解。与一般的结论一样，Rytov 的一级解比 Born 近似的精度要高。

5.11.2 随机介质中波传播的平均场

假设折射率起伏 $n_1(x, \boldsymbol{\rho})$ 为高斯随机场，根据 n 维零均值正态分布随机变量的定理：

$$\langle\exp\left[\mathrm{i}\sum_{j=1}^{n}\xi_j k\int_0^L n_1(x_j, \boldsymbol{\rho}_j)\mathrm{d}x\right]\rangle = \exp\left\{-\frac{k^2}{2}\sum_{j,\, i=1}^{n}\xi_j\xi_i\langle\int_0^L\int_0^L n_1(x_j, \boldsymbol{\rho}_j)n_1(x_i', \boldsymbol{\rho}_i')\mathrm{d}x\mathrm{d}x'\rangle\right\} \tag{5.500}$$

令 j，$i=1$，ξ_j，$\xi_i=-1$，对于各向同性局部均匀随机介质，式(5.500)中，

$$\begin{aligned} \langle\int_0^L\int_0^L n_1(x, \boldsymbol{\rho})n_1(x', \boldsymbol{\rho}')\mathrm{d}x\mathrm{d}x'\rangle &= \int_0^L\int_0^L\langle n_1(x, \boldsymbol{\rho})n_1(x', \boldsymbol{\rho}')\rangle\mathrm{d}x\mathrm{d}x' \\ &= \int_0^L\int_0^L B_n(\sqrt{(x-x')^2 + [\boldsymbol{\rho}(x) - \boldsymbol{\rho}(x')]^2})\mathrm{d}x\mathrm{d}x' \end{aligned} \tag{5.501}$$

作变量变换 $x_{\mathrm{d}} = x - x'$，$\eta = (x + x')/2$，当 $x = L \gg l$ 时，有 Markov 近似：

$$\begin{aligned} &\int_0^L\int_0^L B_n(\sqrt{(x-x')^2 + [\boldsymbol{\rho}(x) - \boldsymbol{\rho}(x')]^2})\mathrm{d}x\mathrm{d}x' \\ &= \int_0^L\int_0^L \delta(x - x')A_n(|\boldsymbol{\rho}(x) - \boldsymbol{\rho}(x')|)\mathrm{d}x\mathrm{d}x' \approx \int_0^L\int_{-\infty}^{\infty}\delta(x_{\mathrm{d}})A_n(0)\mathrm{d}x_{\mathrm{d}}\mathrm{d}\eta = \int_0^L A_n(0)\mathrm{d}\eta \end{aligned} \tag{5.502}$$

注意，与式(5.257)相比较，$A(\rho) = 4A_n(\rho)$，且

$$\begin{aligned} \langle\exp[\mathrm{i}k\int_0^L n_1(x, \boldsymbol{\rho})\mathrm{d}x]\rangle &= \exp\left[-\frac{k^2}{2}\langle\int_0^L\int_0^L n_1(x, \boldsymbol{\rho})n_1(x', \boldsymbol{\rho}')\mathrm{d}x\mathrm{d}x'\rangle\right] \\ &\approx \exp\left[-\frac{1}{2}k^2 L\int_{-\infty}^{\infty}B_n(|x|, 0)dx\right] = \exp\left(-\frac{\Phi^2}{2}\right) \end{aligned} \tag{5.503}$$

其中 Φ 由式(5.264)给出，其主要作用是接近于未扰动的路径，故传播函数的平均值为

$$\begin{aligned} \langle K(L, 0; \boldsymbol{\rho}, \boldsymbol{\rho}')\rangle &= \langle\int\exp\left\{\mathrm{i}k\int_0^L\left[\frac{1}{2}\left(\frac{\mathrm{d}\boldsymbol{\rho}_{\mathrm{p}}}{\mathrm{d}x'}\right)^2 + n_1(x', \boldsymbol{\rho}_{\mathrm{p}})\right]\mathrm{d}x'\right\}\mathrm{d}\boldsymbol{\rho}_{\mathrm{p}}\rangle \\ &= \int\exp\left\{\mathrm{i}k\int_0^L\left[\frac{1}{2}\left(\frac{\mathrm{d}\boldsymbol{\rho}_{\mathrm{p}}}{\mathrm{d}x'}\right)^2\right]\langle\exp(\mathrm{i}k\int_0^L n_1(x', \boldsymbol{\rho})\mathrm{d}x')\rangle\mathrm{d}x'\right\}\mathrm{d}\boldsymbol{\rho}_{\mathrm{p}} \end{aligned} \tag{5.504}$$

考虑式(5.488)和式(5.503)，式(5.504)为

$$\langle K(L,0;\boldsymbol{\rho},\boldsymbol{\rho}')\rangle = K_0\exp\left(-\frac{\Phi^2}{2}\right) \tag{5.505}$$

于是，由式(5.483)得

$$\langle U(x,\boldsymbol{\rho})\rangle = \int\langle K(x,0;\boldsymbol{\rho},\boldsymbol{\rho}')\rangle U(0,\boldsymbol{\rho}')\mathrm{d}\boldsymbol{\rho}' = U_0(x,\boldsymbol{\rho})\exp\left(-\frac{\Phi^2}{2}\right) \tag{5.506}$$

该式为平均场的一般表达式，它与式(5.275)相同。

5.11.3 随机介质中波传播的平均场和二阶矩的路积分解

在研究相关函数时，为了书写方便，我们用 $K(2)$ 和 $K(1)$ 分别代替 $K(L,0;\boldsymbol{\rho}_2,\boldsymbol{\rho}'_2)$ 和 $K(L,0;\boldsymbol{\rho}_1,\boldsymbol{\rho}'_1)$，于是

$$\begin{aligned}K^*(2)K(1) &= K^*(L,0;\boldsymbol{\rho}_2,\boldsymbol{\rho}'_2)K(L,0;\boldsymbol{\rho}_1,\boldsymbol{\rho}'_1)\\ &= \iint\exp\left\{\frac{\mathrm{i}k}{2}\int_0^L\left[\left(\frac{\mathrm{d}\boldsymbol{\rho}_{\mathrm{p}_1}}{\mathrm{d}x'}\right)^2-\left(\frac{\mathrm{d}\boldsymbol{\rho}_{\mathrm{p}_2}}{\mathrm{d}x'}\right)^2\right]\mathrm{d}x'\right\}\cdot\\ &\quad\exp\left[\mathrm{i}k\int_0^L n_1(x',\boldsymbol{\rho}_{\mathrm{p}_1})\mathrm{d}x'-\mathrm{i}k\int_0^L n_1(x',\boldsymbol{\rho}_{\mathrm{p}_2})\mathrm{d}x'\right]\mathrm{d}\boldsymbol{\rho}_{\mathrm{p}_2}\mathrm{d}\boldsymbol{\rho}_{\mathrm{p}_1}\end{aligned} \tag{5.507}$$

采用与求平均场时相同的近似，考虑式(5.488)，则式(5.507)的系综平均为

$$\langle K^*(2)K(1)\rangle = K_0^*(2)K_0(1)\left\langle\exp\left[\mathrm{i}k\int_0^L n_1(x',\boldsymbol{\rho}_{\mathrm{p}_1})\mathrm{d}x'-\mathrm{i}k\int_0^L n_1(x',\boldsymbol{\rho}_{\mathrm{p}_2})\mathrm{d}x'\right]\right\rangle \tag{5.508}$$

式(5.508)中指数项的平均值 $\langle\cdots\rangle=\exp(-V)$，于是 K 的相关函数可以写为

$$\langle K^*(2)K(1)\rangle = K_0^*(2)K_0(1)\exp(-V) \tag{5.509}$$

其中

$$\begin{aligned}V = -\frac{k^2}{2}\Big[&\int_0^L\int_0^L\langle n_1(x,\boldsymbol{\rho}_1)n_1(x',\boldsymbol{\rho}'_1)\rangle\mathrm{d}x\mathrm{d}x'+\int_0^L\int_0^L\langle n_1(x,\boldsymbol{\rho}_2)n_1(x',\boldsymbol{\rho}'_2)\rangle\mathrm{d}x\mathrm{d}x'-\\ &\int_0^L\int_0^L\langle n_1(x,\boldsymbol{\rho}_1)n_1(x',\boldsymbol{\rho}'_2)\rangle\mathrm{d}x\mathrm{d}x'-\int_0^L\int_0^L\langle n_1(x,\boldsymbol{\rho}_2)n_1(x',\boldsymbol{\rho}'_1)\rangle\mathrm{d}x\mathrm{d}x'\Big]\end{aligned} \tag{5.510}$$

与式(5.502)类似，考虑：

$$\begin{aligned}&\int_0^L\int_0^L B_n\left(\sqrt{(x-x')^2+[\boldsymbol{\rho}_1(x)-\boldsymbol{\rho}_2(x')]^2}\right)\mathrm{d}x\mathrm{d}x'\\ &\approx\int_0^L\int_{-\infty}^{\infty}\delta(x_\mathrm{d})A_n[\boldsymbol{\rho}_1(\eta)-\boldsymbol{\rho}_2(\eta)]\mathrm{d}x_\mathrm{d}\mathrm{d}\eta = \int_0^L A_n(|\boldsymbol{\rho}_1(x)-\boldsymbol{\rho}_2(x)|)\mathrm{d}x\end{aligned} \tag{5.511}$$

令

$$V_0 = \int_0^L H(|\boldsymbol{\rho}_1-\boldsymbol{\rho}_2|)\mathrm{d}x = k^2\int_0^L[A_n(0)-A_n(|\boldsymbol{\rho}_1-\boldsymbol{\rho}_2|)]\mathrm{d}x \tag{5.512}$$

从式(5.510)到式(5.512)是以沿几何光学近似的路径代替了实际的路径和采用了 Markov 近似的结果。将 $\exp(-V)$ 相对于 V_0 展开：

$$\exp(-V) = \exp(-V_0)\sum_{m=0}^{\infty}\frac{(V_0-V)^m}{m!} \tag{5.513}$$

式(5.509)的零级近似为

$$\langle K^*(2)K(1)\rangle = K_0^*(2)K_0(1)\exp(-V_0) \tag{5.514}$$

因而，路积分解式(5.509)应含有更多的信息，而只有其零级近似才与其他方法获得的结

果一致。这一点，通过下列变量变换可以进一步看出。令

$$\begin{cases}\boldsymbol{u}(x)=\dfrac{\boldsymbol{\rho}_1(x)+\boldsymbol{\rho}_2(x)}{2}-\dfrac{\boldsymbol{\rho}_{1L}(L)+\boldsymbol{\rho}_{2L}(L)x}{2L}-[\boldsymbol{\rho}_{10}(0)+\boldsymbol{\rho}_{20}(0)]\dfrac{1-\dfrac{x}{L}}{2}\\ \boldsymbol{v}(x)=\boldsymbol{\rho}_1(x)-\boldsymbol{\rho}_2(x)\end{cases}\tag{5.515}$$

这一对变换应满足的条件为 $\boldsymbol{u}(0)=\boldsymbol{u}(L)=0$，$\boldsymbol{v}(0)=\boldsymbol{\rho}_{10}-\boldsymbol{\rho}_{20}$，$\boldsymbol{v}(L)=\boldsymbol{\rho}_{1L}-\boldsymbol{\rho}_{2L}$。变换式(5.514)为

$$\langle K^*(2)K(1)\rangle=\iint\exp\left\{\mathrm{i}k\int_0^L\boldsymbol{u}\boldsymbol{v}''\mathrm{d}x+\frac{\mathrm{i}k}{2L}\int_0^L[(\boldsymbol{\rho}_{1L}-\boldsymbol{\rho}_{10})+(\boldsymbol{\rho}_{2L}-\boldsymbol{\rho}_{20})]v'\mathrm{d}x-V_0\right\}\mathrm{d}\boldsymbol{u}_\mathrm{p}\mathrm{d}\boldsymbol{v}_\mathrm{p}\tag{5.516}$$

差积分要求 $\boldsymbol{v}''=0$，由此结合上述边界条件得出：

$$\boldsymbol{v}(x)=\frac{(\boldsymbol{\rho}_{1L}-\boldsymbol{\rho}_{2L})x}{L}+(\boldsymbol{\rho}_{10}-\boldsymbol{\rho}_{20})\left(1-\frac{x}{L}\right)\tag{5.517}$$

于是

$$\exp\left\{\frac{\mathrm{i}k}{2L}\int_0^L[(\boldsymbol{\rho}_{1L}-\boldsymbol{\rho}_{10})+(\boldsymbol{\rho}_{2L}-\boldsymbol{\rho}_{20})]v'\mathrm{d}x\right\}=\exp\left\{\frac{\mathrm{i}k}{2L}[(\boldsymbol{\rho}_{1L}-\boldsymbol{\rho}_{10})^2-(\boldsymbol{\rho}_{2L}-\boldsymbol{\rho}_{20})^2]\right\}\tag{5.518}$$

对式(5.516)进行积分，考虑式(5.511)，则式(5.514)为

$$\langle K^*(2)K(1)\rangle=K_0^*(2)K_0(1)\exp\left[-\frac{D(1,2)}{2}\right]\tag{5.519}$$

式中，$D(1, 2)$是结构函数。令 $\boldsymbol{\rho}_L=\boldsymbol{\rho}_{1L}-\boldsymbol{\rho}_{2L}$，$\boldsymbol{\rho}_0=\boldsymbol{\rho}_{10}-\boldsymbol{\rho}_{20}$，则式(5.512)中函数为

$$A_n(|\boldsymbol{\rho}_1(x)-\boldsymbol{\rho}_2(x)|)=A_n(|\boldsymbol{v}|)=A_n\left(\left|\frac{\boldsymbol{\rho}_Lx}{L}+\boldsymbol{\rho}_0\left(1-\frac{x}{L}\right)\right|\right)\tag{5.520}$$

于是结构函数表示为

$$D(1,2)=2\int_0^L H\left(\left|\frac{\boldsymbol{\rho}_Lx}{L}+\boldsymbol{\rho}_0\left(1-\frac{x}{L}\right)\right|\right)\mathrm{d}x\tag{5.521}$$

而

$$H=k^2\left[A_n(0)-A_n\left(\left|\frac{\rho_Lx}{L}+\rho_0\left(1-\frac{x}{L}\right)\right|\right)\right]\tag{5.222}$$

由此，传播函数相应的波函数的相关函数为

$$\langle U^*(2)U(1)\rangle=\iint U_0(\boldsymbol{\rho}_{10})U_0(\boldsymbol{\rho}_{20})\langle K^*(2)K(1)\rangle\mathrm{d}\boldsymbol{\rho}_{20}\mathrm{d}\boldsymbol{\rho}_{10}=U_0^*(2)U_0(1)\exp\left[-\frac{D(1,2)}{2}\right]\tag{5.523}$$

其中

$$U_0(1)=\int K_0(1)U_0(\boldsymbol{\rho}_{10})\mathrm{d}\boldsymbol{\rho}_{10},\ U_0(2)=\int K_0(2)U_0(\boldsymbol{\rho}_{20})\mathrm{d}\boldsymbol{\rho}_{20}\tag{5.524}$$

此结果与用其他方法在 Markov 近似下所得结果一致。无论波场处于饱和状态还是非饱和状态，式(5.519)和式(5.523)均成立。式(5.522)中函数 H 是一般形式，对于平面波、球面波，可以分别导出它们对应的结构函数。

5.11.4　强度相关与闪烁

由抛物型方程获得波函数 $u(\boldsymbol{r})=U(\boldsymbol{r})\exp(\mathrm{i}kx)$ 的复振幅的四阶矩方程 Γ_4，重新表述为

$$\left[\frac{\partial}{\partial x}+\frac{\mathrm{i}}{2k}(\nabla_{t_1}^2-\nabla_{t_2}^2+\nabla_{t_3}^2-\nabla_{t_4}^2)+k^2F\right]\Gamma_4=0 \tag{5.525}$$

其中

$$F=2A_n(0)+A_n(1,3)+A_n(2,4)-A_n(1,2)-A_n(2,3)-A_n(1,4)-A_n(3,4) \tag{5.526}$$

$$A_n(i,j)=\int_{-\infty}^{\infty}B_n(|\boldsymbol{r}_i-\boldsymbol{r}_j|)\mathrm{d}x \tag{5.527}$$

方程的初值为

$$\Gamma_{40}=U_0(1)U_0^*(2)U_0(3)U_0^*(4) \tag{5.528}$$

利用费曼路积分方法，可以获得波函数的四阶矩为

$$\Gamma_4=\int_{-\infty}^{\infty}\cdots\int\Gamma_{40}\langle K(1)K^*(2)K(3)K^*(4)\rangle\mathrm{d}\boldsymbol{\rho}_{10}\mathrm{d}\boldsymbol{\rho}_{20}\mathrm{d}\boldsymbol{\rho}_{30}\mathrm{d}\boldsymbol{\rho}_{40} \tag{5.529}$$

其中，传播函数的四阶矩$\langle K(1)K^*(2)K(3)K^*(4)\rangle$为

$$\langle K(1)K^*(2)K(3)K^*(4)\rangle=\int_{-\infty}^{\infty}\cdots\int\exp\left[-\frac{\mathrm{i}k}{2}\sum_{j=1}^{4}(-1)^j\int_0^L\left(\frac{\mathrm{d}\boldsymbol{\rho}_{j\mathrm{p}}}{\mathrm{d}x}\right)^2\mathrm{d}x-M\right](\mathrm{d}\boldsymbol{\rho}_1\mathrm{d}\boldsymbol{\rho}_2\mathrm{d}\boldsymbol{\rho}_3\mathrm{d}\boldsymbol{\rho}_4)_{\mathrm{p}} \tag{5.530}$$

式中

$$\begin{cases}M=-\dfrac{1}{2}\sum\limits_{j,l}^{4}(-1)^{j+l}\displaystyle\int_0^L H(|\boldsymbol{\rho}_j(x)-\boldsymbol{\rho}_l(x)|)\mathrm{d}x,\\ H(|\boldsymbol{\rho}_j(x)-\boldsymbol{\rho}_l(x)|)=k^2[A_n(0)-A(\boldsymbol{\rho}_j-\boldsymbol{\rho}_l)]\end{cases} \tag{5.531}$$

式(5.530)中的积分表示对连接始末端点的所有可能的路径积分。在积分路径空间中存在两个区域，每个区域有共轭配对的两对路径对四阶矩有明显贡献。在每个区域中，共轭配对的路径间距的量级为l/Φ，而两对路径之间的分离距离具有$\Lambda\Phi^{2/p}$量级($p\leqslant 2$)。随着起伏强度的增大，$\Lambda\Phi^{2/p}$增大，导致每个区域中这两对路径的平均分离距离增大。对于完全饱和状态的极限情况，路径对之间的分离距离远远大于相关尺度l，可以认为它们彼此不相关。于是每个区域中四重积分可以分成两个二重积分，即

$$\langle K(1)K^*(2)K(3)K^*(4)\rangle=\langle K(1)K^*(2)\rangle\langle K(3)K^*(4)\rangle+\langle K(1)K^*(4)\rangle\langle K^*(2)K(3)\rangle \tag{5.532}$$

如取$\Gamma_{40}=U_0(1)U_0^*(2)U_0(3)U_0^*(4)=U_0(\boldsymbol{\rho})U_0^*(\boldsymbol{\rho})U_0(\boldsymbol{\rho}')U_0^*(\boldsymbol{\rho}')$，则强度相关函数为

$$\langle I(\boldsymbol{\rho})I(\boldsymbol{\rho}')\rangle=\langle I\rangle^2\{1+\exp[-D(1,2)]\},\ D(1,2)=2k^2\int_0^L[A_n(0)-A(1,2)]\mathrm{d}x \tag{5.533}$$

或者

$$\langle I^2\rangle=2\langle I\rangle^2 \tag{5.534}$$

强度的n阶矩，有$\langle I^n\rangle=n!\langle I\rangle^n$。这是瑞利统计的理论结果。显然闪烁指数为

$$m^2=\frac{\langle I^2\rangle-\langle I\rangle^2}{\langle I\rangle^2}\to 1 \tag{5.535}$$

上述完全饱和状态的极限解基于饱和路径是成对的且微路径之间彼此不相关的假设，这对应于 Rytov 近似解的强度方差$\sigma_1^2=1.23C_n^2k^{7/6}L^{11/6}\to\infty$时的结果。

折射率起伏相关函数的谱函数具有κ^{-2-p}形式。当$p<2$时，存在多重稳定相位路径，对应于多个饱和状态。如果$\Lambda\Phi^{2/p}<1$，大量的稳定相位路径位于相关尺度l内，它们分别对应于完全饱和状态和部分饱和状态。如果在部分饱和状态中，小尺度起伏产生二维随机

游走，决定了式(5.531)中函数 M 的主要行为，这种情况和完全饱和状态等效。如果部分饱和状态中所有微路径通过大的起伏，它们的分离距离小于相关尺度 l，则微路径彼此相关，必须对式(5.533)进行修正。

改变式(5.530)的积分变量，与式(5.317)类似($\boldsymbol{\rho}_1\to\boldsymbol{\rho}_1$，$\boldsymbol{\rho}_1'\to\boldsymbol{\rho}_2$，$\boldsymbol{\rho}_2\to\boldsymbol{\rho}_3$，$\boldsymbol{\rho}_2'\to\boldsymbol{\rho}_4$)，即

$$\begin{cases}\boldsymbol{R}=\dfrac{(\boldsymbol{\rho}_1+\boldsymbol{\rho}_2+\boldsymbol{\rho}_3+\boldsymbol{\rho}_4)}{4},\ \boldsymbol{\rho}=\boldsymbol{\rho}_1-\boldsymbol{\rho}_2+\boldsymbol{\rho}_3-\boldsymbol{\rho}_4\\ \boldsymbol{r}_1=\dfrac{(\boldsymbol{\rho}_1+\boldsymbol{\rho}_2-\boldsymbol{\rho}_3-\boldsymbol{\rho}_4)}{2},\ \boldsymbol{r}_2=\dfrac{(\boldsymbol{\rho}_1-\boldsymbol{\rho}_2-\boldsymbol{\rho}_3+\boldsymbol{\rho}_4)}{2}\end{cases}\tag{5.536}$$

于是式(5.531)可以改写为

$$M=\int_0^L\left[H\left(\left|\boldsymbol{r}_1+\frac{\boldsymbol{\rho}}{2}\right|\right)+H\left(\left|\boldsymbol{r}_2+\frac{\boldsymbol{\rho}}{2}\right|\right)-H(|\boldsymbol{r}_1+\boldsymbol{r}_2|)+H\left(\left|\boldsymbol{r}_2-\frac{\boldsymbol{\rho}}{2}\right|\right)+H\left(\left|\boldsymbol{r}_1-\frac{\boldsymbol{\rho}}{2}\right|\right)-H(|\boldsymbol{r}_1-\boldsymbol{r}_2|)\right]\mathrm{d}x\tag{5.537}$$

以及式(5.530)中

$$\sum_{j=1}^{4}(-1)^j\int_0^L\left(\frac{\mathrm{d}\boldsymbol{\rho}_{j\mathrm{p}}}{\mathrm{d}x}\right)^2\mathrm{d}x=\mathrm{i}k\int_0^L\left(\frac{\mathrm{d}\boldsymbol{R}}{\mathrm{d}x}\cdot\frac{\mathrm{d}\boldsymbol{\rho}}{\mathrm{d}x}+\frac{\mathrm{d}\boldsymbol{r}_1}{\mathrm{d}x}\cdot\frac{\mathrm{d}\boldsymbol{r}_2}{\mathrm{d}x}\right)\mathrm{d}x\tag{5.538}$$

由于式(5.530)中各因子不含有 $\boldsymbol{R}$，将式(5.538)中二重积分进行分部积分后，可得

$$\iint\exp\left[\mathrm{i}k\int_0^L\frac{\mathrm{d}\boldsymbol{R}}{\mathrm{d}x}\cdot\frac{\mathrm{d}\boldsymbol{\rho}}{\mathrm{d}x}\mathrm{d}x\right](\mathrm{d}\boldsymbol{R}\mathrm{d}\boldsymbol{\rho})_\mathrm{p}=\iint\exp\left[\mathrm{i}k\int_0^L\boldsymbol{R}\frac{\mathrm{d}^2\boldsymbol{\rho}}{\mathrm{d}x^2}\mathrm{d}x\right](\mathrm{d}\boldsymbol{R}\mathrm{d}\boldsymbol{\rho})_\mathrm{p}\tag{5.539}$$

这使得路积分的被积函数重以 $\mathrm{d}^2\boldsymbol{\rho}/\mathrm{d}x^2=0$ 代入。考虑端点条件 $\boldsymbol{\rho}(0)=\boldsymbol{\rho}(L)=0$，则有唯一解，$\boldsymbol{\rho}=0$。由此，式(5.530)可简化为二重路积分。首先对 $\langle I^2\rangle$ 进行修正：

$$\langle I^2\rangle=\langle I\rangle\int_{-\infty}^{\infty}\int U(\boldsymbol{r}_{10})U(\boldsymbol{r}_{20})\mathrm{d}\boldsymbol{r}_{10}\mathrm{d}\boldsymbol{r}_{20}\iint\exp\left[\mathrm{i}k\int_0^L\frac{\mathrm{d}\boldsymbol{r}_1}{\mathrm{d}x}\cdot\frac{\mathrm{d}\boldsymbol{r}_2}{\mathrm{d}x}\mathrm{d}x-M\right](\mathrm{d}\boldsymbol{r}_1\mathrm{d}\boldsymbol{r}_2)_\mathrm{p}\tag{5.540}$$

式(5.537)中 M 可分成两部分之和：

$$M=\int_0^L[2H(|\boldsymbol{r}_1|)+2H(|\boldsymbol{r}_2|)-H(|\boldsymbol{r}_1+\boldsymbol{r}_2|)-H(|\boldsymbol{r}_1-\boldsymbol{r}_2|)]\mathrm{d}x\tag{5.541}$$

在(a)和(b)两区域中取

$$M_0^{(a)}=\int_0^L 2H(|\boldsymbol{r}_2|)\mathrm{d}x,\quad M_0^{(b)}=\int_0^L 2H(|\boldsymbol{r}_1|)\mathrm{d}x\tag{5.542}$$

$$\begin{aligned}&\iint\exp\left[\mathrm{i}k\int_0^L\frac{\mathrm{d}\boldsymbol{r}_1}{\mathrm{d}x}\cdot\frac{\mathrm{d}\boldsymbol{r}_2}{\mathrm{d}x}\mathrm{d}x-M\right](\mathrm{d}\boldsymbol{r}_1\mathrm{d}\boldsymbol{r}_2)_\mathrm{p}\\ \approx&\sum_{j=0}^{\infty}\iint\exp\left[\mathrm{i}k\int_0^L\frac{\mathrm{d}\boldsymbol{r}_1}{\mathrm{d}x}\cdot\frac{\mathrm{d}\boldsymbol{r}_2}{\mathrm{d}x}\mathrm{d}x-M_0^{(a)}\right]\frac{[M_0^{(a)}-M]^j}{j!}(\mathrm{d}\boldsymbol{r}_1\mathrm{d}\boldsymbol{r}_2)_\mathrm{p}+\\ &\sum_{j=0}^{\infty}\iint\exp\left[\mathrm{i}k\int_0^L\frac{\mathrm{d}\boldsymbol{r}_1}{\mathrm{d}x}\cdot\frac{\mathrm{d}\boldsymbol{r}_2}{\mathrm{d}x}\mathrm{d}x-M_0^{(b)}\right]\frac{[M_0^{(b)}-M]^j}{j!}(\mathrm{d}\boldsymbol{r}_1\mathrm{d}\boldsymbol{r}_2)_\mathrm{p}\end{aligned}\tag{5.543}$$

当 $j=0$ 时，$\boldsymbol{\rho}_1=\boldsymbol{\rho}_2$，$\boldsymbol{\rho}_1'=\boldsymbol{\rho}_2'$，获得式(5.534)。所以，抛物型方程的 Markov 近似解对应于路积分中幂级数取首项获得的结果，即瑞利统计。对瑞利统计作一级修正，$j=1$，由式(5.322)，得

$$A_n(\boldsymbol{\rho})=\int_{-\infty}^{\infty}B_n(|\boldsymbol{\rho}|)\mathrm{d}x=2\pi\int_{-\infty}^{\infty}\Phi_n(\kappa)\exp(\mathrm{i}\boldsymbol{\kappa}\cdot\boldsymbol{\rho})\mathrm{d}\boldsymbol{\kappa}\tag{5.544}$$

在区域(a)中：

$$M_0^{(a)}-M=4\pi k^2\int_0^L\iint e^{i\boldsymbol{\kappa}\cdot\boldsymbol{r}_2}[1-\cos(\boldsymbol{\kappa}\cdot\boldsymbol{r}_1)]\iint\exp\left(ik\int_0^L\frac{d\boldsymbol{r}_1}{dx}\cdot\frac{d\boldsymbol{r}_2}{dx}dx-M_0^{(a)}\right)(M_0^{(a)}-M)(d\boldsymbol{r}_1 d\boldsymbol{r}_2)_p d\boldsymbol{\kappa}dx$$

$$=4\pi k^2\int_0^L\int\Phi_n(\boldsymbol{\kappa})[1-\cos(\boldsymbol{\kappa}\cdot\boldsymbol{r}_1(x'))]\iint\exp\left\{-ik\int_0^L\boldsymbol{r}_2(x)\left[\frac{d^2\boldsymbol{r}_1}{dx^2}-\frac{\kappa}{k}\delta(x-x')\right]dx-M_0^{(a)}\right\}(d\boldsymbol{r}_1 d\boldsymbol{r}_2)_p d\boldsymbol{\kappa}dx'$$

$$=2\pi k^2 K_0(1)K_0^*(2)\int_0^L\int\Phi_n(\boldsymbol{\kappa})Q(x',|\boldsymbol{\kappa}|)d\boldsymbol{\kappa}dx' \tag{5.545}$$

其中

$$Q(x,|\boldsymbol{\kappa}|)=2\left[1-\cos\left(\kappa^2\frac{g(x,x)}{k}\right)\right]\exp\left[-2\int_0^L H\left(|\boldsymbol{\kappa}|\frac{g(x,x)}{k}\right)dx\right] \tag{5.546}$$

式中 $\boldsymbol{r}_1(x)=\boldsymbol{\kappa}g(x,x)/k$ 是方程

$$\frac{d^2\boldsymbol{r}_1}{dx^2}-\frac{\boldsymbol{\kappa}}{k}\delta(x-x')=0,\ \boldsymbol{r}_1(0)=\boldsymbol{r}_1(L)=0 \tag{5.547}$$

的解。其中格林函数 $g(x,x')$满足：

$$g(x,x')=\begin{cases}x'\left(1-\dfrac{x}{L}\right), & x'\in(0,x)\\ x\left(1-\dfrac{x'}{L}\right), & x'\in(x,L)\end{cases} \tag{5.548}$$

以及 $g(x,x)=x(1-x/L)$。

区域(b)含有$[M_0^{(b)}-M]$的二重积分，可类似地导出。由此，可以获得对瑞利统计的一级修正：

$$\gamma=\frac{\langle I^2\rangle-2\langle I\rangle^2}{\langle I\rangle^2}=4\pi k^2\int_0^L\int\Phi_n(\boldsymbol{\kappa})Q(x,|\boldsymbol{\kappa}|)d\boldsymbol{\kappa}dx \tag{5.549}$$

其中

$$Q(x,|\boldsymbol{\kappa}|)=2\left[1-\cos\left(\kappa^2\frac{g(x,x)}{k}\right)\right]\exp\left[-2\int_0^L H\left(|\boldsymbol{\kappa}|\frac{g(x,x)}{k}\right)dx\right] \tag{5.550}$$

对于强度相关函数$\langle I(1)I(2)\rangle$的修正，处理方法与$\langle I^2\rangle$的修正方法相同。强度相关函数的一级修正表达式为

$$\langle I(1)I(2)\rangle=\langle I\rangle^2[1+e^{-D(1,2)}+\gamma_{12}] \tag{5.551}$$

一级修正量为

$$\gamma_{12}=2\pi k^2\int_0^L\int\Phi_n(\boldsymbol{\kappa})Q(x,|\boldsymbol{\kappa}|)\exp\left[i\boldsymbol{\kappa}\cdot(\boldsymbol{\rho}_1-\boldsymbol{\rho}_2)x'+\frac{i(L-x')}{L}\boldsymbol{\kappa}\cdot(\boldsymbol{\rho}_{10}-\boldsymbol{\rho}_{20})d\boldsymbol{\kappa}dx'\right]d\boldsymbol{\kappa}dx'$$

在完全饱和状态下，对于柯尔莫哥洛夫谱，$p=5/3$，由式(5.544)有

$$A_n(\boldsymbol{\rho})=A_n(0)\left[1-\frac{\left|\dfrac{\rho}{l}\right|^{5/3}}{2}\right] \tag{5.552}$$

波的结构函数为

$$D(1,2)=2k^2\int_0^L[A_n(0)-A_n(|\boldsymbol{\rho}|)]dx=k^2\int_0^L A_n(0)\left|\frac{\boldsymbol{\rho}}{l}\right|^{5/3}dx \tag{5.553}$$

与 Tataskii 给出的结构函数比较，显然，对于平面波：

$$A_n(0)l^{-5/3}=2.92C_n^2 \tag{5.554}$$

同理，对于球面波：

$$A_n(0)l^{-5/3}=\frac{3}{8}\times 2.92C_n^2 \tag{5.555}$$

首先考虑式(5.546)中指数部分的积分：

$$\int_0^L H\left(|\boldsymbol{\kappa}|\frac{g(x,x)}{k}\right)\mathrm{d}x = k^2A_n(0)\int_0^L \frac{1}{2}\left|-\frac{\boldsymbol{\kappa}}{lk}g(x,x')\right|^{5/3}\mathrm{d}x \tag{5.556}$$

其中积分

$$\begin{aligned}\int_0^L[g(x,x')]^{5/3}\mathrm{d}x' &= \int_0^x\left[x'\left(1-\frac{x}{L}\right)\right]^{5/3}\mathrm{d}x'+\int_x^L\left[x\left(1-\frac{x'}{L}\right)\right]^{5/3}\mathrm{d}x' \\ &= \frac{3}{8}L[g(x,x)]^{5/3}\end{aligned} \tag{5.557}$$

于是

$$\exp\left[-2\int_0^L H\left(|\boldsymbol{\kappa}|\frac{g(x,x)}{k}\right)\mathrm{d}x\right]=\exp\left[-\frac{3}{8}A_n(0)\left|-\frac{\boldsymbol{\kappa}}{lk}g(x,x)\right|^{5/3}\right] \tag{5.558}$$

以及

$$2\left[1-\cos\left(\kappa^2\frac{g(x,x)}{k}\right)\right]\approx\left(\kappa^2\frac{g(x,x)}{k}\right)^2 \tag{5.559}$$

式(5.559)的近似是由于在饱和状态下相位起伏强度 Φ 很大，在路径空间对积分有重要贡献的路径上，对应的$|\boldsymbol{\kappa}g(x,x)/k|$很小，否则指数项对积分贡献很小。由此，修正项：

$$\begin{aligned}\gamma &= 4\pi k^2\int_0^L\int\Phi_n(\boldsymbol{\kappa})\left(\kappa^2\frac{g(x,x)}{k}\right)^2\exp\left[-\frac{3}{8}A_n(0)\left|-\frac{\boldsymbol{\kappa}}{lk}g(x,x)\right|^{5/3}\right]\mathrm{d}\boldsymbol{\kappa}\mathrm{d}x \\ &= 4\pi\int_0^L[g(x,x)]^2f(x)\mathrm{d}x\end{aligned} \tag{5.560}$$

如令

$$X=\frac{3}{8}A_n(0)\left|-\frac{\boldsymbol{\kappa}}{lk}g(x,x)\right|^{5/3} \tag{5.561}$$

则式(5.560)的积分

$$\begin{aligned}f(x) &= \int\Phi_n(\boldsymbol{\kappa})\kappa^4\exp\left[-\frac{3}{8}A_n(0)\left|-\frac{\boldsymbol{\kappa}}{lk}g(x,x)\right|^{5/3}\right]\mathrm{d}\boldsymbol{\kappa} \\ &= 2\pi\int_0^\infty 0.033C_n^2\kappa^{4/3}\exp(xk^{5/3})\mathrm{d}\kappa = 2\pi\times 0.6\times 0.033C_n^2\Gamma\left(\frac{7}{5}\right)x^{-7/5}\end{aligned} \tag{5.562}$$

将其代入式(5.560)，不难获得

$$\gamma=AC_n^2[A_n(0)l^{-5/3}]^{-7/5}(k^{7/6}L^{11/6})^{-2/5} \tag{5.563}$$

式中，常数

$$A=8\pi^2\times 0.6\times 0.033\times\left(\frac{3}{8}\right)^{-7/5}\Gamma\left(\frac{7}{5}\right)\frac{\left[\Gamma\left(\frac{2}{3}\right)\right]^2}{\Gamma\left(\frac{4}{3}\right)} \tag{5.564}$$

将 Rytov 近似解的强度方差 $\sigma_1^2=1.23C_n^2k^{7/6}L^{11/6}$ 代入式(5.563)，并分别考虑式(5.554)和式(5.555)，则获得平面波和球面波的闪烁指数分别为

$$m_{\mathrm{p}}^2=1+2.725\sigma_1^{-4/5},\quad m_{\mathrm{s}}^2=1+10.75\sigma_1^{-4/5} \tag{5.565}$$

在部分饱和状态下，路积分的所有微路径对路积分都有贡献，而主要贡献来自于大的

$|\boldsymbol{\kappa}|$区域。折射率起伏谱函数由下式给出：

$$\Phi_n(\kappa)=\frac{A(0)2^p\left[\Gamma\left(1+\frac{p}{2}\right)\right]^2\sin\left(\pi\frac{p}{2}\right)}{4\pi^2 l^p|\boldsymbol{\kappa}|^{p+2}} \tag{5.566}$$

取 $p=5/3$，将式(5.566)代入式(5.560)，类似地可计算获得

$$m_{\mathrm{p}}^2=1+2.725\sigma_1^{-4/5},\quad m_{\mathrm{s}}^2=1+4.03\sigma_1^{-4/5} \tag{5.567}$$

图5.33和图5.34分别给出了平面波和球面波的归一化强度方差的计算结果和实验结果的对比。

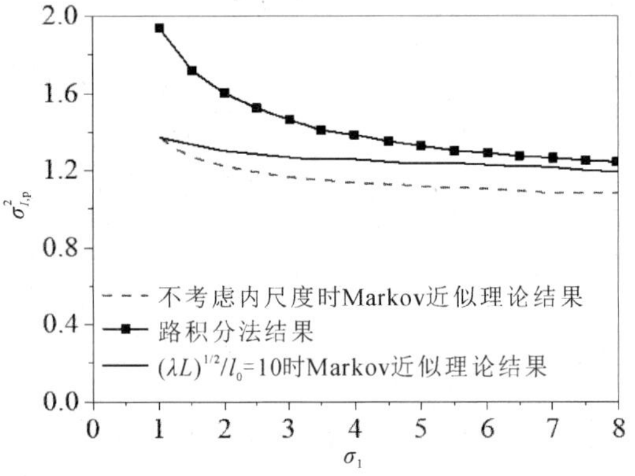

图5.33 平面波强度方差的计算与实验结果比较

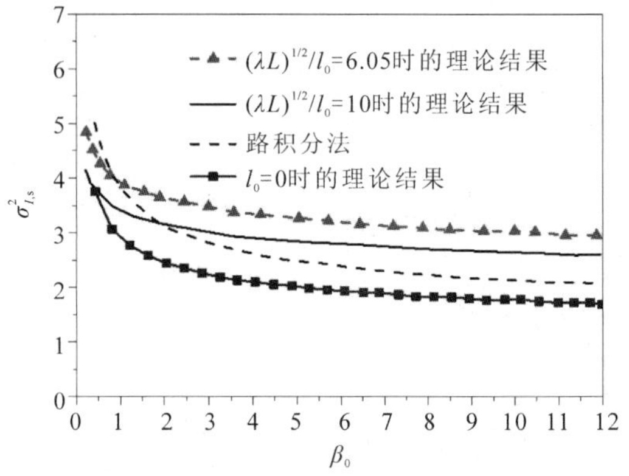

图5.34 球面波强度方差的计算结果与实验结果比较

5.12 斜程湍流大气中光波的传播

在湍流大气中，地空路径通信、目标探测均涉及非均匀大气湍流结构常数的非均匀分布。无论是白天还是夜间，湍流折射率结构常数的不同，导致上行和下行波的强度起伏、闪烁，以及波束的漂移和展宽效应也不同。此节仅介绍斜程湍流大气中平面波的闪烁指数，为了符合习惯，选取斜程传输沿 z 方向，当天顶角为0°时，表示波垂直地面向上或向下传播。

5.12.1 不考虑内尺度影响时斜程平面波传输的闪烁指数

在本章5.9节中讨论了视距传输的修正Rytov方法。而斜程湍流大气中波传播的强度起伏和闪烁指数很大程度上依赖于湍流大气结构常数的高度分布。在修正Rytov方法情况下，平面波在地空路径长度为 L 的大气湍流中传播的斜程路径闪烁指数表示为

$$\sigma_{\ln I}^2=\sigma_{\ln x}^2+\sigma_{\ln y}^2=8\pi^2k^2\int_0^L\int_0^\infty\kappa\Phi_{n0}(\kappa)G(\kappa)\left[1-\cos\left(\frac{z\kappa^2}{k}\right)\right]\mathrm{d}\kappa\mathrm{d}z \tag{5.568}$$

其中，Φ_{n0} 为Kolmogorov谱。$G(\kappa)$ 由式(5.384)给出，即

$$G(\kappa,l_0)=G_x(\kappa,l_0)+G_y(\kappa)=f(\kappa l_0)\exp\left(-\frac{\kappa^2}{\kappa_x^2}\right)+\frac{\kappa^{11/3}}{(\kappa^2+\kappa_y^2)^{11/6}} \tag{5.569}$$

在不考虑内尺度效应时，滤波函数式中取 $f(\kappa l_0)=1$。根据上面讨论的修正Rytov理论，大气湍流引起波的强度闪烁指数可表示为大尺度湍流闪烁对小尺度闪烁的调制，则湍

流大尺度引起的对数强度闪烁方差由式(5.568)变为

$$\sigma_{\ln x}^2 = 8\pi^2 k^2 \int_0^L \int_0^\infty \kappa \Phi_{n0}(\kappa) G_x(\kappa) \left[1 - \cos\left(\frac{z\kappa^2}{k}\right)\right] \mathrm{d}\kappa \mathrm{d}z \tag{5.570}$$

其中，$G_x(\kappa)=\exp(-\kappa^2/\kappa_x^2)$。式(5.570)可写为

$$\sigma_{\ln x}^2 = 2.605k^2 \int_0^L C_n^2[z\cos(\phi)] \int_0^\infty \kappa^{-8/3} \exp\left(-\frac{\kappa^2}{\kappa_x^2}\right) \left[1 - \cos\left(\frac{z\kappa^2}{k}\right)\right] \mathrm{d}\kappa \mathrm{d}z \tag{5.571}$$

其中，ϕ 为路径天顶角。根据近似 $1-\cos\alpha\approx\alpha^2/2$，式(5.571)变为

$$\sigma_{\ln x}^2 \approx 1.303 \int_0^L z^2 C_n^2[z\cos(\phi)] \int_0^\infty \kappa^{4/3} \exp\left(-\frac{\kappa^2}{\kappa_x^2}\right) \mathrm{d}\kappa \mathrm{d}z \tag{5.572}$$

令 $\xi=z/L$，$z=\xi L$，$\eta_x=L\kappa_x^2/k$，则对式(5.572)进行积分得到

$$\sigma_{\ln x}^2 \approx 0.49\sigma_1^2 \eta_x^{7/6} \int_0^1 \frac{\xi^2 C_n^2(\xi H)}{C_{n0}^2} \mathrm{d}\xi \tag{5.573}$$

其中，$\sigma_1^2=1.23C_{n0}^2 k^{7/6} L^{11/6}$ 为 Rytov 方差，k 为波数，L 为在湍流中传播距离，C_{n0}^2 为地面附近湍流大气折射率结构常数。

湍流小尺度引起的对数强度闪烁方差表示为

$$\sigma_{\ln y}^2 = 8\pi^2 k^2 \int_0^L \int_0^\infty \kappa \Phi_{n0}(\kappa) G_y(\kappa) \left[1 - \cos\left(\frac{z\kappa^2}{k}\right)\right] \mathrm{d}\kappa \mathrm{d}z \tag{5.574}$$

其中，$\Phi_{n0}(\kappa)$为 Kolmogorov 谱，小尺度滤波函数 $G_y(\kappa)=\dfrac{\kappa^{11/3}}{(\kappa^2+\kappa_y^2)^{11/6}}$，则

$$\sigma_{\ln y}^2 = 2.605k^2 \int_0^L C_n^2[z\cos(\phi)] \int_0^\infty \kappa(\kappa^2+\kappa_y^2)^{-11/6} \left[1 - \cos\left(\frac{z\kappa^2}{k}\right)\right] \mathrm{d}\kappa \mathrm{d}z \tag{5.575}$$

令 $\xi=z/L$，$z=\xi L$，则得到

$$\sigma_{\ln y}^2 = 2.605k^2 L \int_0^1 C_n^2(\xi H) \int_0^\infty \kappa(\kappa^2+\kappa_y^2)^{-11/6} \left[1 - \cos\left(\frac{\kappa^2 \xi L}{k}\right)\right] \mathrm{d}\kappa \mathrm{d}\xi \tag{5.576}$$

对于小尺度湍流引起的闪烁，有近似 $1-\cos\alpha\approx1$，令 $\eta_y=L\kappa_y^2/k$，则得到

$$\sigma_{\ln y}^2 \approx 1.27\sigma_1^2 \eta_y^{-5/6} \int_0^1 \frac{\xi^2 C_n^2(\xi H)}{C_{n0}^2} \mathrm{d}\xi \tag{5.577}$$

根据大气湍流波视距传播闪烁理论，一般起伏条件下，平面波的参数 η_x 和 η_y 分别为

$$\eta_x = \frac{3}{1+\dfrac{L}{k\rho_0^2}} \sim \begin{cases} 3, & \dfrac{L}{k\rho_0^2} \ll 1 \\ \dfrac{3k\rho_0^2}{L}, & \dfrac{L}{k\rho_0^2} \gg 1 \end{cases} \tag{5.578}$$

$$\eta_y = 3+1.7\frac{L}{k\rho_0^2} \sim \begin{cases} 3, & \dfrac{L}{k\rho_0^2} \ll 1 \\ 1.7\dfrac{L}{k\rho_0^2}, & \dfrac{L}{k\rho_0^2} \gg 1 \end{cases} \tag{5.579}$$

其中，$q=L/(k\rho_0^2)=1.22(\sigma_1^2)^{6/5}$。当波沿地空斜程路径传播时，$\rho_0^2$ 为斜程路径的表示式，即

$$\rho_0^2 = \left[1.45k^2 L \int_0^1 \frac{C_n^2(\xi H)}{C_{n0}^2}\right]^{-6/5} \mathrm{d}\xi \tag{5.580}$$

则

$$q(h) = \frac{L}{k\rho_0^2} = 1.22\left[\sigma_1^2\int_0^1 \frac{C_n^2(\xi H)}{C_{n0}^2}\right]^{6/5}\mathrm{d}\xi \tag{5.581}$$

由此可得到大气湍流大、小漩涡引起的闪烁对波闪烁指数的贡献分别为

$$\sigma_{\ln x}^2 = \frac{1.765\sigma_1^2\int_0^1 \frac{\xi^2 C_n^2(\xi H)}{C_{n0}^2}\mathrm{d}\xi}{\left[1+1.22\left(\sigma_1^2\int_0^1 \frac{C_n^2(\xi H)}{C_{n0}^2}\right)^{6/5}\right]^{7/6}\mathrm{d}\xi} \tag{5.582}$$

$$\sigma_{\ln y}^2 = \frac{0.508\sigma_1^2\int_0^1 \frac{C_n^2(\xi H)}{C_{n0}^2}\mathrm{d}\xi}{\left[1+0.69\left(\sigma_1^2\int_0^1 \frac{C_n^2(\xi H)}{C_{n0}^2}\right)^{6/5}\right]^{7/6}\mathrm{d}\xi} \tag{5.583}$$

为了方便起见，应用参数表示大气湍流结构常数的相对变化的积分表达式，即令

$$\mu_0 = \int_0^H \frac{C_n^2(h)}{C_{n0}^2}\mathrm{d}\left(\frac{h}{H}\right) = \int_0^1 \frac{C_n^2(\xi H)}{C_{n0}^2}\mathrm{d}\xi \tag{5.584}$$

$$\mu_1 = \int_0^H \left(\frac{h}{H}\right)^2 \frac{C_n^2(h)}{C_{n0}^2}\mathrm{d}\left(\frac{h}{H}\right) = \int_0^1 \frac{\xi^2 C_n^2(\xi H)}{C_{n0}^2}\mathrm{d}\xi \tag{5.585}$$

则式(5.582)和式(5.583)可表示为

$$\sigma_{\ln x}^2 = \frac{1.765\sigma_1^2\mu_1}{[1+1.22(\sigma_1^2\mu_0)^{6/5}]^{7/6}} = \frac{1.765\sigma_1^2\mu_1}{[1+1.22(\sigma_{10}^2)^{6/5}]^{7/6}} \tag{5.586}$$

$$\sigma_{\ln y}^2 = \frac{0.508\sigma_1^2\mu_0}{[1+0.69(\sigma_1^2\mu_0)^{6/5}]^{5/6}} = \frac{0.508\sigma_{10}^2\mu_0}{[1+0.69(\sigma_{10}^2)^{6/5}]^{5/6}} \tag{5.587}$$

对于地空路径传播的平面波，在不考虑湍流内尺度情况下，其闪烁指数模型为

$$\sigma_I^2 = \exp\left[\frac{1.765\sigma_1^2\mu_1}{[1+1.22(\sigma_{10}^2)^{6/5}]^{7/6}} + \frac{0.508\sigma_{10}^2\mu_0}{[1+0.69(\sigma_{10}^2)^{6/5}]^{5/6}}\right] - 1,\quad 0 \leqslant \sigma_1^2 < \infty \tag{5.588}$$

5.12.2 不考虑内尺度影响时斜程球面波传输的闪烁指数

在修正 Rytov 方法情况下，球面波在地空路径长度为 L 的大气湍流中传播的斜程路径闪烁指数，可根据式(5.392)表示为

$$\sigma_I^2 = \sigma_{\ln x}^2 + \sigma_{\ln y}^2 = 8\pi^2 k^2 \int_0^L\int_0^\infty \kappa\Phi_{n0}(\kappa)G(\kappa)\left[1-\cos\left(z\kappa^2\frac{1-\frac{z}{L}}{k}\right)\right]\mathrm{d}\kappa\mathrm{d}z \tag{5.589}$$

其中，$\Phi_{n0}(\kappa)$为 Kolmogorov 谱，$G(\kappa)$由式(5.569)给出。类似地，在不考虑内尺度效应时，湍流大尺度引起的球面波的对数强度闪烁方差由式(5.589)变为

$$\sigma_{\ln x}^2 = 8\pi^2 k^2 \int_0^L\int_0^\infty \kappa\Phi_{n0}(\kappa)G_x(\kappa)\left[1-\cos\left(z\kappa^2\frac{1-\frac{z}{L}}{k}\right)\right]\mathrm{d}\kappa\mathrm{d}z \tag{5.590}$$

其中，湍流大尺度 $G_x(\kappa)=\exp(-\kappa^2/\kappa_x^2)$，代入式(5.590)，得

$$\sigma_{\ln x}^2 = 2.605k^2\int_0^L C_n^2(h)\int_0^\infty \kappa^{-8/3}\exp\left(-\frac{\kappa^2}{\kappa_x^2}\right)\left[1-\cos\left(z\kappa^2\frac{1-\frac{z}{L}}{k}\right)\right]\mathrm{d}\kappa\mathrm{d}z \tag{5.591}$$

其中，$h=z\cos(\phi)$，z 为斜程路径，ϕ 为路径天顶角。根据近似 $1-\cos\alpha\approx\alpha^2/2$，式(5.591)变为

$$\sigma_{\ln x}^2 \approx 1.303\int_0^L C_n^2[z\cos(\phi)]z^2\left(1-\frac{z}{L}\right)^2\int_0^\infty \kappa^{4/3}\exp\left(-\frac{\kappa^2}{\kappa_x^2}\right)\mathrm{d}\kappa\,\mathrm{d}z \tag{5.592}$$

令 $\xi=z/L$，$z=\xi L$，$\eta_x=L\kappa_x^2/k$，则对式(5.592)进行积分，得到

$$\sigma_{\ln x}^2 \approx 0.45\sigma_1^2\eta_x^{7/6}\int_0^1 C_n^2(\xi H)\xi^2\frac{(1-\xi)^2}{C_{n0}^2}\mathrm{d}\xi \tag{5.593}$$

湍流小尺度引起的球面波对数强度闪烁方差表示为

$$\sigma_{\ln y}^2 = 8\pi^2k^2\int_0^L\int_0^\infty \kappa\Phi_{n0}(\kappa)G_y(\kappa)\left[1-\cos\left(z\kappa^2\frac{1-\frac{z}{L}}{k}\right)\right]\mathrm{d}\kappa\mathrm{d}z \tag{5.594}$$

其中，小尺度滤波函数 $G_y(\kappa)=\kappa^{11/3}/(\kappa^2+\kappa_y^2)^{11/6}$，以及 $\xi=z/L$，$z=\xi L$，代入式(5.594)中则有

$$\sigma_{\ln y}^2 = 2.605k^2L\int_0^1 C_n^2(\xi H)\int_0^\infty \kappa(\kappa^2+\kappa_y^2)^{-11/6}\left\{1-\cos\left[\kappa^2\xi L\frac{(1-\xi)^2}{k}\right]\right\}\mathrm{d}\kappa\,\mathrm{d}\xi \tag{5.595}$$

对于小尺度湍流引起的闪烁，有近似 $1-\cos\alpha\approx 1$，令 $\eta_y=L\kappa_y^2/k$，则球面波在一般起伏条件下，参数 η_x 和 η_y 分别为

$$\eta_x=\frac{8}{1+0.137\times\frac{L}{k\rho_0^2}}\sim\begin{cases}8, & \frac{L}{k\rho_0^2}\ll 1\\ 58.4\times\frac{k\rho_0^2}{L}, & \frac{L}{k\rho_0^2}\gg 1\end{cases} \tag{5.596}$$

$$\eta_y=8+1.7\times\frac{L}{k\rho_0^2}\sim\begin{cases}8, & \frac{L}{k\rho_0^2}\ll 1\\ 1.7\times\frac{L}{k\rho_0^2}, & \frac{L}{k\rho_0^2}\gg 1\end{cases} \tag{5.597}$$

式中，定标常数的选择是根据 $L/k\rho_0^2\ll 1$ 时，球面波的闪烁指数近似为 $0.4\sigma_1^2$，而 $q=L/(k\rho_0^2)=1.22(\sigma_1^2)^{6/5}$。

因为在此讨论的是球面波地空斜程路径的传播，所以 ρ_0^2 应使用斜程路径的表示式，即式(5.580)，由此可得大气湍流大、小漩涡引起的闪烁对球面波闪烁指数的贡献分别为

$$\sigma_{\ln x}^2 = \frac{5.1\sigma_1^2\int_0^1\frac{C_n^2(\xi H)}{C_{n0}^2}\xi^2(1-\xi)^2\mathrm{d}\xi}{\left\{1+0.167\left[\sigma_1^2\int_0^1\frac{C_n^2(\xi H)}{C_{n0}^2}\mathrm{d}\xi\right]^{6/5}\right\}^{7/6}} \tag{5.598}$$

$$\sigma_{\ln y}^2 = \frac{0.225\sigma_1^2\int_0^1\frac{C_n^2(\xi H)}{C_{n0}^2}\mathrm{d}\xi}{\left\{1+0.259\left[\sigma_1^2\int_0^1\frac{C_n^2(\xi H)}{C_{n0}^2}\mathrm{d}\xi\right]^{6/5}\right\}^{5/6}} \tag{5.599}$$

为了方便起见，应用参数表示大气湍流结构常数的相对变化的积分表达式，即令

$$\mu_2 = \int_0^H C_n^2(h)\left(\frac{h}{H}\right)^2\frac{\left(1-\frac{h}{H}\right)^2}{C_{n0}^2}\mathrm{d}\left(\frac{h}{H}\right)=\int_0^1 C_n^2(\xi H)\xi^2\frac{(1-\xi)^2}{C_{n0}^2}\mathrm{d}\xi \tag{5.600}$$

式(5.598)和式(5.599)可分别表示为

$$\sigma_{\ln x}^2=\frac{5.1\sigma_1^2\mu_2}{[1+0.167(\sigma_1^2\mu_0)^{6/5}]^{7/6}}=\frac{5.1\sigma_1^2\mu_2}{[1+1.22(\sigma_{10}^2)^{6/5}]^{7/6}} \tag{5.601}$$

$$\sigma_{\ln y}^2=\frac{0.225\sigma_1^2\mu_0}{[1+0.259(\sigma_1^2\mu_0)^{6/5}]^{5/6}}=\frac{0.225\sigma_{10}^2\mu_0}{[1+0.259(\sigma_{10}^2)^{6/5}]^{5/6}} \tag{5.602}$$

则对于地空路径传播的球面波，在不考虑内尺度情况下，其闪烁指数模型为

$$\sigma_I^2=\exp\left[\frac{5.1\sigma_1^2\mu_2}{[1+0.167(\sigma_{10}^2)^{6/5}]^{7/6}}+\frac{0.225\sigma_{10}^2\mu_0}{[1+0.259(\sigma_{10}^2)^{6/5}]^{5/6}}\right]-1,\quad 0\leqslant\sigma_1^2<\infty \tag{5.603}$$

5.12.3 平面波和球面波的地空传播闪烁指数

假设平面波和球面波的地空路径传播的闪烁指数表达式(5.588)和式(5.603)中的大气湍流结构常数 C_n^2 为常数，即假设为均匀湍流情况时，地空路径传播的闪烁指数模型可退化为水平路径传播的均匀湍流下的平面波和球面波闪烁模型：

$$\sigma_{I,\mathrm{p}}^2=\exp\left[\frac{0.54\sigma_1^2}{[1+1.22(\sigma_1^2)^{6/5}]^{7/6}}+\frac{0.509\sigma_1^2}{[1+0.69(\sigma_1^2)^{6/5}]^{5/6}}\right]-1,\quad 0\leqslant\sigma_1^2<\infty \tag{5.604}$$

$$\sigma_{I,\mathrm{s}}^2=\exp\left[\frac{0.17\sigma_1^2}{[1+0.167(\sigma_1^2)^{6/5}]^{7/6}}+\frac{0.225\sigma_1^2}{[1+0.259(\sigma_1^2)^{6/5}]^{5/6}}\right]-1,\quad 0\leqslant\sigma_1^2<\infty \tag{5.605}$$

从前面的分析推导可以看出，闪烁指数很大程度上依赖于湍流大气结构常数随高度的分布。一般情况下，为了分析问题简便，采用负幂指数模型，或给出一些典型高度的 C_n^2 值后，采用B样条等插值法构造湍流大气结构常数模型。ITU－R 在 2001 年已提供了在光波波段计算斜程路径上湍流结构常数 C_n^2 随高度变化的模型公式，其表示形式为

$$C_n^2(h)=8.148\times10^{-56}v_{\mathrm{rms}}^2h^{10}\exp\left(-\frac{h}{1000}\right)+$$
$$2.7\times10^{-16}\exp\left(-\frac{h}{1500}\right)+C_0\exp\left(-\frac{h}{100}\right)\quad(\mathrm{m}^{-2/3}) \tag{5.606}$$

其中，h 是从地面算起的高度，C_0 是在地面处的标称值(典型值为 $1.7\times10^{-14}\ \mathrm{m}^{-2/3}$)。$v_{\mathrm{rms}}$ 为沿垂直路径的均方根风速，即

$$v_{\mathrm{rms}}=\sqrt{v_{\mathrm{g}}^2+30.69v_{\mathrm{g}}+348.91}\quad(\mathrm{m/s}) \tag{5.607}$$

其中，v_{g} 为地面的风速，它可近似取为 2.8 m/s，可得到 $v_{\mathrm{rms}}=21$ m/s。

图 5.35 显示出 C_n^2 在地表面取最大值，且随着高度的增加很快地减小。大约在地面上 10 km 处，C_n^2 值有稍微的增加而后急剧下降。在较低的高度，大约 1 km 以下时，C_n^2 值强烈地依赖于 C_0。当高度大于 1 km 时，C_n^2 值受到风速强烈的影响。图 5.36 中分别给出了

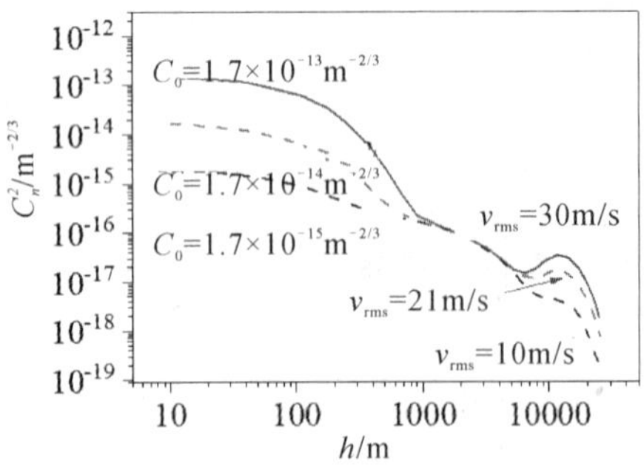

图 5.35　光波大气湍流结构常数 C_n^2 随 h 的变化

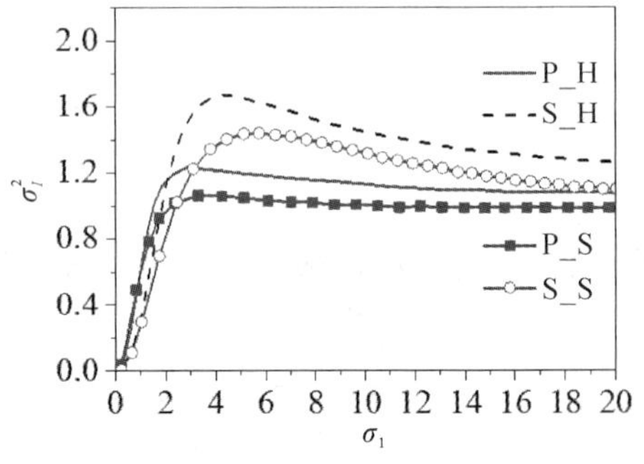

图 5.36　平、球面波闪烁指数随 σ_1 的变化关系

在均匀湍流大气中平面波(用 P 表示)和球面波(用 S 表示)的水平路径(后面用 H 表示)闪

烁指数预测结果及地空斜程路径(后面用字母 S 表示)传播时的平面波和球面波的闪烁指数预测结果随湍流强度参数 σ_1^2 的变化关系。计算时，地面附近的大气结构常数 C_{n0}^2 取值分别为 1.7×10^{-14} 和 1.7×10^{-13}，波长为 0.488 μm。

由图 5.36 可知，在地空斜程路径情况下，由于大气湍流结构常数随高度减小，因此，无论是平面波还是球面波，在适度和强湍流下，其预测闪烁指数值较同路径长度取地面附近的大气结构常数的均匀湍流引起的闪烁指数要小。

图 5.37 给出了以大气湍流结构常数为参数的闪烁指数与湍流强度参数 σ_1^2 之间的变化关系。无论对于平面波还是球面波，当湍流大气结构参数较小，即湍流较弱时，斜径传播闪烁指数一般小于 1；当湍流大气结构参数较大，即大于 10^{-13} 时，闪烁指数存在大于 1 的情况，且球面波的闪烁指数大于平面波的闪烁指数。

图 5.38 给出了以路径天顶角为参数时，闪烁指数随湍流强度参数 σ_1^2 变化的曲线。无论对于平面波还是球面波，当路径天顶角增大(仰角减小)时，闪烁指数增大。球面波的闪烁指数随天顶角变化的范围较平面波的大。当天顶角小于 60°时，球面波闪烁指数小于平面波的闪烁指数；而在中度和强湍流区，当天顶角大于 60°时，球面波的闪烁指数要大于平面波的闪烁指数。

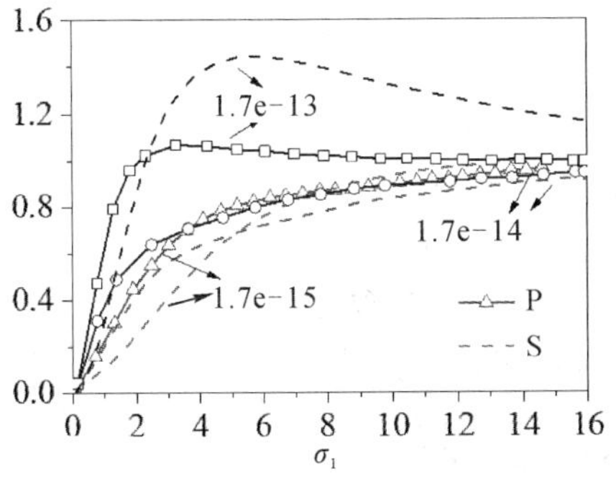

图 5.37 C_n^2 为参数时平、球面波闪烁指数的变化

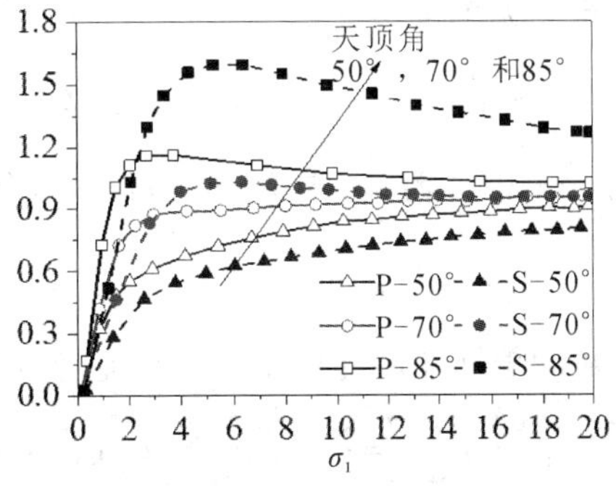

图 5.38 天顶角为参数时平、球面波闪烁指数的变化

5.12.4 内尺度对平面波和球面波斜程传输的闪烁指数的影响

平面波斜程传输的大尺度对数振幅方差可以表示为

$$\sigma_{\ln x,\,p}^2 = 8\pi^2k^2\int_0^L\int_0^\infty \kappa\Phi_n(\kappa)G_x(\kappa)\left[1-\cos\left(\frac{\kappa^2 z}{k}\right)\right]\mathrm{d}\kappa\mathrm{d}z$$
$$= 2.605k^2\int_0^L C_n^2(z\cos(\phi))\int_0^\infty \kappa^{-8/3}\exp\left(-\frac{\kappa^2}{\kappa_x^2}\right)\left[1-\cos\left(\frac{\kappa^2 z}{k}\right)\right]\mathrm{d}\kappa\mathrm{d}z \tag{5.608}$$

其中，ϕ 为路径天顶角。根据近似 $1-\cos\alpha\approx\alpha^2/2$，式(5.608)变为

$$\sigma_{\ln x,\,p}^2 = 1.303k^2\int_0^L C_n^2[z\cos(\phi)]z^2\int_0^\infty \kappa^{4/3}\exp\left(-\frac{\kappa^2}{\kappa_x^2}\right)\mathrm{d}\kappa\mathrm{d}z \tag{5.609}$$

令 $\xi=z/L$，$\eta_x(l_0)=L\kappa_x^2/k$，则对式(5.609)进行积分得

$$\sigma_{\ln x,\,p}^2 \approx 0.49\sigma_1^2\eta_x^{7/6}(l_0)\int_0^1 \xi^2\,\frac{C_n^2(\xi H)}{C_{n0}^2}\mathrm{d}\xi \tag{5.610}$$

其中

$$\eta_x(l_0) = A_{\eta Q}Q_l[1+1.753A_{\eta Q}^{1/2}-0.525A_{\eta Q}^{7/12}]^{6/7} \tag{5.611}$$

式中，$Q_l=10.89L/(kl_0^2)$，$A_{\eta Q}=\eta_x/(\eta_x+Q_l)$。当球面波入射时，斜程传输时大尺度对数振

幅方差为

$$\sigma_{\ln x,\text{ s}}^2 = 8\pi^2 k^2 \int_0^L \int_0^\infty \kappa \Phi_n(\kappa) G_x(\kappa) \left[1 - \cos\left(\kappa^2 z \frac{1 - \frac{z}{L}}{k}\right)\right] \mathrm{d}\kappa \mathrm{d}z$$

$$\approx 0.49\sigma_1^2 \eta_x^{7/6}(l_0) \int_0^1 \xi^2 (1-\xi)^2 \frac{C_n^2(\xi H)}{C_{n0}^2} \mathrm{d}\xi \tag{5.612}$$

当平面波和球面波入射时，有

$$\eta_{x,\text{ p}} = \frac{3}{1 + 0.49 \times \dfrac{L}{kl_0^2}}, \quad \eta_{x,\text{ s}} = \frac{8}{1 + 0.068 \times \dfrac{L}{kl_0^2}} \tag{5.613}$$

其中，对于斜程传输采用传统的定义，入射平面波的空间相关长度 ρ_0 满足

$$\rho_0^2 = 1.64 k^2 L l_0^{-1/3} \int_0^1 \frac{C_n^2(\xi H)}{C_{n0}^2} \mathrm{d}\xi \tag{5.614}$$

则有

$$\frac{L}{k\rho_0^2} = 1.02\sigma_1^2 Q_l^{1/6} \int_0^1 \frac{C_n^2(\xi H)}{C_{n0}^2} \mathrm{d}\xi \tag{5.615}$$

定义无单位参量：

$$\bar{C}_n^2 = \int_0^1 \frac{C_n^2(\xi H)}{C_{n0}^2} \mathrm{d}\xi \tag{5.616}$$

因此，将式(5.615)、式(5.616)代入式(5.613)，得

$$\eta_{x,\text{ p}} = \frac{3}{1 + 0.49\sigma_1^2 Q_l^{1/6} \bar{C}_n^2}, \quad \eta_{x,\text{ s}} = \frac{8}{1 + 0.069\sigma_1^2 Q_l^{1/6} \bar{C}_n^2} \tag{5.617}$$

平面波和球面波斜程传输的小尺度对数振幅方差形式上可以表示为

$$\sigma_{\ln y,\text{ p}}^2 = 8\pi^2 k^2 \int_0^L \int_0^\infty \kappa \Phi_n(\kappa) G_y(\kappa) \left[1 - \cos\left(\kappa^2 \frac{z}{k}\right)\right] \mathrm{d}\kappa \mathrm{d}z$$

$$= 1.06\sigma_1^2 \int_0^L \frac{C_n^2(\xi H)}{C_{n0}^2} \int_0^\infty (\eta + \eta_y)^{-11/6} [1 - \cos(\eta\xi)] \mathrm{d}\eta \mathrm{d}\xi$$

$$\approx 1.272\sigma_1^2 \eta_y^{-5/6} \bar{C}_n^2 \tag{5.618}$$

$$\sigma_{\ln y,\text{ s}}^2 = 8\pi^2 k^2 \int_0^L \int_0^\infty \kappa \Phi_{n0}(\kappa) G_y(\kappa) \left[1 - \cos\left(z\kappa^2 \frac{1 - \frac{z}{L}}{k}\right)\right] \mathrm{d}\kappa \mathrm{d}z$$

$$= 1.06\sigma_1^2 \int_0^L \frac{C_n^2(\xi H)}{C_{n0}^2} \int_0^\infty (\eta + \eta_y)^{-11/6} \{1 - \cos[\eta\xi(1-\xi)]\} \mathrm{d}\eta \mathrm{d}\xi \tag{5.619}$$

利用式(5.608)至式(5.617)，平面波和球面波的大尺度对数振幅方差可以重写为

$$\begin{pmatrix} \sigma_{\ln x,\text{ p}}^2 \\ \sigma_{\ln x,\text{ s}}^2 \end{pmatrix} = 0.45\sigma_1^2 [B_{\eta,\text{ p/s}} Q_l]^{7/6} \{1 + 1.753 B_{\eta,\text{ p/s}}^{1/2} - 0.252 B_{\eta,\text{ p/s}}^{7/12}\} \int_0^1 \frac{C_n^2(\xi H)}{C_{n0}^2} \begin{pmatrix} \xi^2 \\ \xi^2(1-\xi)^2 \end{pmatrix} \mathrm{d}\xi \tag{5.620}$$

其中，$B_{\eta,\text{ p/s}} = \eta_{x,\text{ p/s}} / (\eta_{x,\text{ p/s}} + Q_l)$。将式(5.618)、式(5.619)、式(5.620)代回到式(6.152)，可以得到平面波和球面波入射时斜程传输的闪烁指数分别为

$$\sigma_{I,\text{ p}}^2 = \exp\left[\sigma_{\ln x,\text{ p}}^2(l_0) + \frac{0.509\sigma_1^2 \bar{C}_n^2}{[1 + 0.69(\sigma_1^2 \bar{C}_n^2)^{6/5}]^{5/6}}\right] - 1 \tag{5.621}$$

$$\sigma_{I,\mathrm{s}}^2=\exp\left[\sigma_{\ln x,\mathrm{s}}^2(l_0)+\frac{0.225\sigma_1^2\bar{C}_n^2}{[1+0.259(\sigma_1^2\bar{C}_n^2)^{6/5}]^{5/6}}\right]-1 \tag{5.622}$$

若 $C_n^2(\xi H)=C_{n0}^2$，即传播路径上大气结构常数是均匀的，则式(5.621)和式(5.622)可以退化到水平传输下的修正 Rytov 结果。我们采用图 5.35 所示的 ITU－R 大气结构常数模型，利用式(5.621)和式(5.622)计算了考虑内尺度效应时平面波和球面波的闪烁指数，给出了在不同内尺度条件下，平面波和球面波闪烁指数随 Rytov 方差均方根的变化情况和随天顶角变化的情况，分别如图 5.39 和图 5.40 所示。

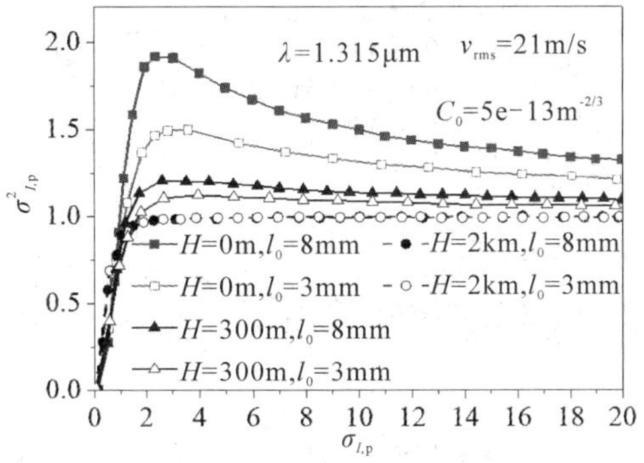

图 5.39　不同高度和内尺度下平面波闪烁指数随斜程 Rytov 方差 $\sigma_{1,\mathrm{p}}^2$ 均方根的变化曲线

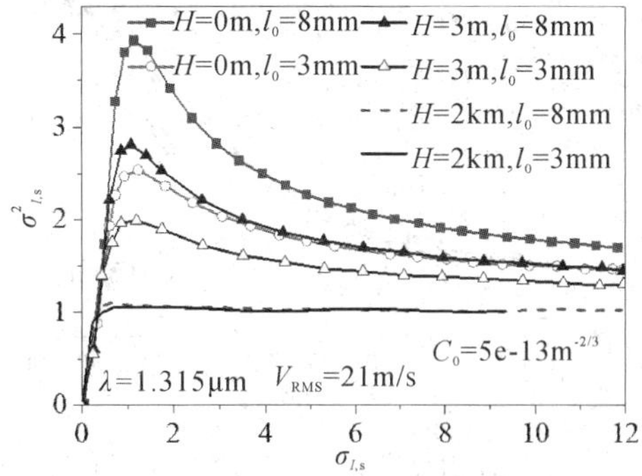

图 5.40　不同高度和内尺度下球面波闪烁指数随斜程 Rytov 方差 $\sigma_{1,\mathrm{s}}^2$ 均方根的变化曲线

图 5.39 和图 5.40 表明，随着斜程 Rytov 方差 σ_0^2 的增大，平面波和球面波的闪烁指数逐渐增大，最后达到最大值，然后不断衰减，最终饱和于一常数，这与水平传输时修正 Rytov 方法分析得到的结果是一致的；在给定高度的条件下，内尺度越大，闪烁指数越大，随着传输高度的增大，内尺度的影响越来越小。由于风速的影响，在 1 km 以上高度时大气结构常数发生了突变，图中所示 $H=10$ km 时的闪烁指数最大值比 $H=1$ km 时的闪烁指数最大值稍有增大，但当 $H>10$ km 时，大气结构常数急剧降为很小的值，闪烁指数曲线也基本不随高度的变化而变化。高度 $H=0$ m 时退化到了水平传输的修正 Rytov 方法的结果。

图 5.41 和图 5.42 分别给出了给定内尺度时，不同近地面大气结构 C_0 下平面波闪烁指数和球面波闪烁指数随天顶角 ϕ 的变化曲线。图 5.41 和图 5.42 中参数为：传播高度 $H=500$ m，波长 $\lambda=1.315$ μm，内尺度 $l_0=3$ mm，近地面风速 $v_{\mathrm{rms}}=21$ m/s。

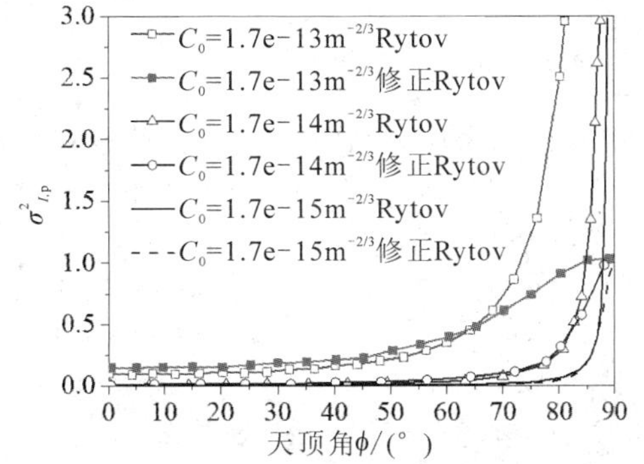

图 5.41　给定内尺度时，不同近地面大气结构 C_0 下平面波闪烁指数随天顶角 ϕ 的变化曲线

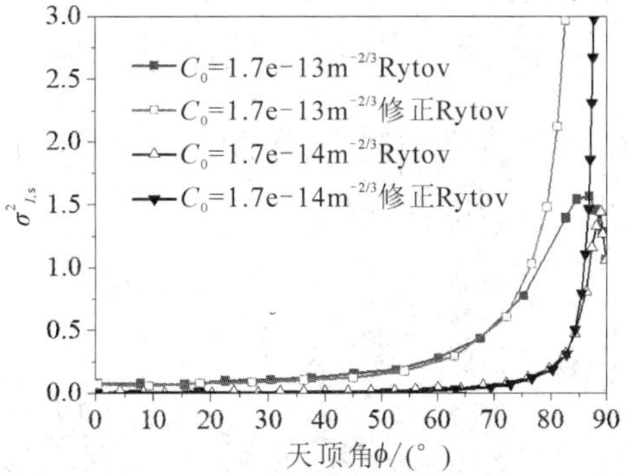

图 5.42　给定内尺度时，不同近地面大气结构 C_0 下球面波闪烁指数随天顶角 ϕ 的变化曲线

图 5.43 和图 5.44 分别给出了不同近地面风速和不同波长情况下，平面波和球面波的闪烁指数随天顶角 ϕ 的变化曲线。所使用的参数为：$H=20$ km，内尺度 $l_0=3$ mm，近地面大气结构常数 $C_0=1.7\times10^{-14}\ \mathrm{m}^{-2/3}$。从图 5.43 和图 5.44 可以发现，在给定内尺度时，近地面大气结构常数越大，平面波和球面波的闪烁越大，在大于 10 km 的高度以上时，风速越大，闪烁指数越大；不同波长下，平面波和球面波的闪烁指数随天顶角的变化而变化，而且波长越长，湍流对闪烁的影响越小。

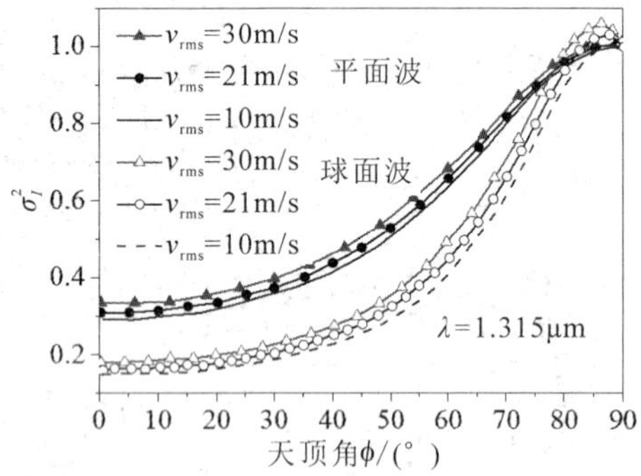

图 5.43　给定内尺度时不同近地面风速平面波和球面波闪烁指数随天顶角 ϕ 的变化

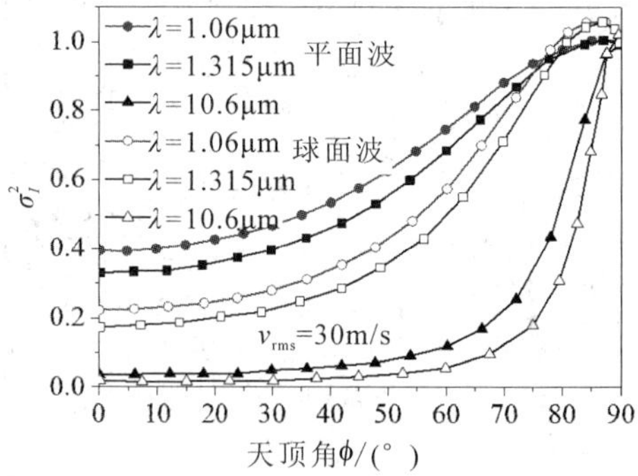

图 5.44　给定近地面大气结构不同波长下平面波和球面波闪烁指数随天顶角 ϕ 的变化

习　　题

1. 假设局部均匀各向同性随机场的相关函数为 $B_x(R)=\exp(-R/R_0)$，$R\geqslant0$，证明：功率谱密度函数为

$$\Phi_x(\kappa)=\frac{R_0^3}{\pi^2(1+R_0^2\kappa^2)^2}$$

2. 局部均匀各向同性随机场 $x(R)$ 的功率谱密度函数为

$$\Phi_x(\kappa)=\frac{R_0^3\exp\left(-\dfrac{R_0^2\kappa^2}{4}\right)}{8\pi^{3/2}}$$

其中 R_0 是常数。证明：对应的结构函数为

$$D_x(R)=2\left[1-\exp\left(\frac{R^2}{R_0^2}\right)\right],\quad R\geqslant0$$

3. 对于各向同性随机介质，证明：折射率起伏一维谱密度函数 $V(K)$ 与三维谱密度函数 $\Phi_n(K)$ 间的关系为

$$\Phi_n(K)=-\left(\frac{1}{2\pi K}\right)\frac{\mathrm{d}V(K)}{\mathrm{d}K}$$

若折射率起伏一维谱为

$$V_n(K)=\frac{\Gamma(p+1)}{2\pi}\sin\left(\frac{\pi p}{2}\right)C_n^2K^{-(p+1)}$$

求三维谱密度函数 $\Phi_n(K)$。

4. 如折射率起伏相关函数满足高斯分布 $B_n(r_\mathrm{d})=\langle n_1^2\rangle\exp(-r_\mathrm{d}^2/l^2)$，验证谱密度函数

和单位体积微分散射截面分别为

$$\Phi_n(k_s)=\frac{\langle n_1^2\rangle l^3}{8\pi\sqrt{\pi}}\exp\left[-\frac{(k_s l)^2}{4}\right],\quad \sigma(\theta)=\frac{k^4 l^3\sin^2\chi\langle n_1^2\rangle}{4\sqrt{\pi}}\exp\left[-\frac{(k_s l)^2}{4}\right]$$

5．用 Von Karman 谱导出用内尺度和外尺度表示的折射率起伏结构函数：

$$D_n(r)=1.685C_n^2\kappa_m^{-2/3}\left[{}_1F_1\left(-\frac{1}{3};\ \frac{3}{2};\ -\frac{\kappa_m^2 r^2}{4}\right)-1\right]+$$

$$1.05C_n^2\kappa_0^{-2/3}\left[1-{}_0F_1\left(-\frac{1}{3};\ \frac{3}{2};\ -\frac{\kappa_0^2 r^2}{4}\right)\right],\quad \kappa_0\ll\kappa_m$$

6．在非均匀介质中折射率为 $n(\boldsymbol{r})$，若波动方程为

$$\nabla^2\boldsymbol{E}(\boldsymbol{r})+k^2n^2(\boldsymbol{r})\boldsymbol{E}(\boldsymbol{r})+2\nabla[\nabla\ln n(\boldsymbol{r})\cdot\boldsymbol{E}(\boldsymbol{r})]=0$$

且入射场 $\boldsymbol{E}_0=A_0e^{ikx}\hat{\boldsymbol{y}}$，在随机介质中电场 $\boldsymbol{E}=\boldsymbol{E}_0+\boldsymbol{E}_1$，波场起伏为 $\boldsymbol{E}_1=\boldsymbol{E}_{1y}\hat{\boldsymbol{y}}+\boldsymbol{E}_{1z}\hat{\boldsymbol{z}}$，求交叉极化项 E_{1z}。

7．证明：随机介质中波传播的 Born 二级近似解为

$$U_2(\boldsymbol{r})=-2k^2\int_{v'}G(\boldsymbol{r}-\boldsymbol{r}')n_1(\boldsymbol{r}')U_1(\boldsymbol{r}')dv'-k^2\int_{v'}G(\boldsymbol{r}-\boldsymbol{r}')n_1^2(\boldsymbol{r}')U_0(\boldsymbol{r}')dv'$$

Rytov 二级解为

$$\psi_2(\boldsymbol{r})=\frac{U_2(\boldsymbol{r})}{U_0(\boldsymbol{r})}-\frac{1}{2}\left[\frac{U_1(\boldsymbol{r})}{U_0(\boldsymbol{r})}\right]^2$$

8．Rytov 一级解满足抛物型方程

$$\frac{\partial^2\psi_{10}}{\partial y^2}+\frac{\partial^2\psi_{10}}{\partial z^2}+2ik\frac{\partial\psi_{10}}{\partial x}+2k^2n_1(\boldsymbol{r})=0$$

求其解为

$$\psi_{10}(\boldsymbol{r})\approx\frac{k^2}{2\pi}\int_{v'}\frac{n_1(\boldsymbol{r}')}{x-x'}\exp\left[ik\frac{(y-y')^2+(z-z')^2}{2(x-x')}\right]dv'$$

（提示：参阅《数学物理方程》（梁昆飙著）抛物型方程的格林函数解这一节。），同时验证此解满足抛物型方程。

提示：

$$\delta(\boldsymbol{\rho}-\boldsymbol{\rho}')=\lim_{x\to x'}\frac{\exp ik\dfrac{(\boldsymbol{\rho}-\boldsymbol{\rho}')^2}{2(x-x')}}{2\pi ik(x-x')}$$

9．利用 Rytov 解 ψ_{10} 满足的微分方程证明随机谱振幅 $d\phi$ 与 $d\nu$ 满足微分方程

$$2ik-\frac{\partial(d\phi(x,\ \boldsymbol{\kappa}))}{\partial x}-\kappa^2d\phi(x,\ \boldsymbol{\kappa})+2k^2d\nu(x,\ \boldsymbol{\kappa})=0$$

在 $x=0$ 处折射率起伏消失，则谱振幅与 $d\nu$ 之间满足

$$d\phi(x,\ \boldsymbol{\kappa})=\int_0^x H(x-x',\ \boldsymbol{\kappa})dv(x',\ \boldsymbol{\kappa})dx'$$

其中

$$H(x-x',\ \boldsymbol{\kappa})=\int h(x-x',\ \boldsymbol{\rho}-\boldsymbol{\rho}')\exp[-i\boldsymbol{\kappa}\cdot(\boldsymbol{\rho}-\boldsymbol{\rho}')]d\boldsymbol{\rho}'=ik\exp\left[-\frac{i(x-x')}{2k}\kappa^2\right]$$

10．在局部均匀各向同性随机介质中，折射率起伏谱密度函数为 $\Phi_n(\kappa)=0.033C_n^2\kappa^{-11/3}$，试分析对数振幅起伏和相位起伏的相关函数、结构函数的收敛性。

11. 当折射率起伏相关函数为 $B_n(r)=\langle n_1^2\rangle\exp(-r^2/l^2)$时，求振幅和相位起伏的二维谱密度 F_γ 和 F_s，以及它们的方差 σ_γ^2 与 σ_s^2。

12. 在湍流大气中，考虑柯尔莫哥洛夫(Kolmogorov)谱，计算在 $\sqrt{\lambda L}\ll l_0$，$l_0\ll\sqrt{\lambda L}\ll L_0$ 时平面波的对数振幅起伏方差 σ_γ^2。

13. 计算随机介质中球面波传播的 Rytov 解，并在 $\sqrt{\lambda L}\ll l_0$、$l_0\ll\sqrt{\lambda L}\ll L_0$ 区域，计算球面波的对数振幅起伏方差 σ_γ^2。

14. 采用式(5.71)的修正 Hill 谱模型($\kappa_0=0$)，证明平面波入射时对应的对数振幅方差为

$$\sigma_{x,\,p}^2=0.307C_n^2k^{7/6}L^{11/6}\sigma_{0,\,p}^2\left[\frac{(\lambda L)^{1/2}}{l_0}\right]$$

式中 $\sigma_{0,\,p}^2[(\lambda L)^{1/2}/l_0]$是平面波入射时的 Kolmogorov 谱归一化对数振幅方差，即

$$\sigma_{0,\,p}^2\left[\frac{(\lambda L)^{\frac{1}{2}}}{l_0}\right]=-13.53P^{-5/6}+3.864\left(1+\frac{1}{P^2}\right)^{11/12}\times$$
$$\left\{\sin\left(11\arctan\frac{P}{6}\right)+1.507(1+P^2)^{-1/4}\sin\left[4\arctan\left(\frac{P}{3}\right)\right]-\right.$$
$$\left.0.273(1+P^2)^{-7/24}\sin\left[5\arctan\left(\frac{P}{4}\right)\right]\right\}$$

15. 采用式(5.71)的修正 Hill 谱模型($\kappa_0=0$)，证明：球面波入射时，对数振幅方差表示为

$$\sigma_{x,\,s}^2=0.124C_n^2k^{7/6}L^{11/6}\sigma_{0,\,s}^2\left[\frac{(\lambda L)^{1/2}}{l_0}\right]$$

其中，$\sigma_{0,\,s}^2\left[\frac{(\lambda L)^{1/2}}{l_0}\right]$是球面波入射时的 Kolmogorov 谱归一化对数振幅方差，它可以表示为

$$\sigma_{0,\,s}^2\left[\frac{(\lambda L)^{1/2}}{l_0}\right]=-10.552S^{-5/6}+\mathrm{Re}\left\{5.526\left(\mathrm{i}+\frac{1}{S}\right)^{5/6}{}_2F_1\left(-\frac{5}{6},\frac{1}{2};\frac{3}{2};\frac{\mathrm{i}S}{1+\mathrm{i}S}\right)+\right.$$
$$1.0960(1+\mathrm{i}S)^{-1/2}{}_2F_1\left(-\frac{1}{3},\frac{1}{2};\frac{3}{2};\frac{\mathrm{i}S}{1+\mathrm{i}S}\right)-$$
$$\left.0.186(1+\mathrm{i}S)^{-7/12}{}_2F_1\left(-\frac{1}{4},\frac{1}{2};\frac{3}{2};\frac{\mathrm{i}S}{1+\mathrm{i}S}\right)\right\}$$

式中，$S=P/4=L\kappa_l^2/4k$，${}_2F_1(a,b;c;x)$是超几何流函数。

16. 利用对数振幅起伏 $\chi(L,\boldsymbol{\rho})=\dfrac{\psi(L,\boldsymbol{\rho})+\psi^*(L,\boldsymbol{\rho})}{2}$，证明：

$$\langle\chi(L,\boldsymbol{\rho})\chi(L,\boldsymbol{\rho}_2)=\frac{\mathrm{Re}[E_2(L,\boldsymbol{\rho})+E_3(L,\boldsymbol{\rho})]}{2}$$

利用相位起伏：

$$S(L,\boldsymbol{\rho})=\frac{\psi(L,\boldsymbol{\rho})-\psi^*(L,\boldsymbol{\rho})}{2\mathrm{i}}$$

证明：

$$\langle S(L,\boldsymbol{\rho}))S(L,\boldsymbol{\rho}_2)=\frac{\mathrm{Re}[E_2(L,\boldsymbol{\rho})-E_3(L,\boldsymbol{\rho})]}{2}$$

17. 证明：抛物型方程

$$2\mathrm{i}k\frac{\partial U(\boldsymbol{r})}{\partial x}+\nabla_{\mathrm{T}}^2U(\boldsymbol{r})+k^2\varepsilon_1(\boldsymbol{r})U(\boldsymbol{r})=0$$

的解为

$$U(x,\ \boldsymbol{\rho}) = \frac{k}{2\pi \mathrm{i} x}\int U_0(\boldsymbol{\rho}')\exp\left[\frac{\mathrm{i}k}{2x}(\boldsymbol{\rho}-\boldsymbol{\rho}')^2+\psi(\boldsymbol{\rho},\ \boldsymbol{\rho}')\right]\mathrm{d}\boldsymbol{\rho}'$$

18. 在马尔可夫近似下，湍流介质波传播平均场满足抛物方程

$$2\mathrm{i}k\frac{\partial\langle U(\boldsymbol{\rho},\ z)\rangle}{\partial x}+\nabla_{\mathrm{T}}^2\langle U(x,\ \boldsymbol{\rho})\rangle+\frac{\mathrm{i}k^3}{4}A(0)\langle U(\boldsymbol{\rho},\ z)\rangle=0$$

其中，$A(\boldsymbol{\rho}-\boldsymbol{\rho}') = 2\pi\int\Phi_\varepsilon(\boldsymbol{\kappa})\exp[\mathrm{i}\boldsymbol{\kappa}\cdot(\boldsymbol{\rho}-\boldsymbol{\rho}')]\mathrm{d}\boldsymbol{\kappa} = (4\pi)^2\int_0^\infty \mathrm{J}_0(\kappa|\boldsymbol{\rho}-\boldsymbol{\rho}'|)\Phi_n(\kappa)\kappa\mathrm{d}\kappa$，利用抛物型方程格林函数解，证明：平均场满足积分方程

$$\langle U(x,\ \boldsymbol{\rho})\rangle = \int_0^x\left(-\frac{k^2A(0)}{8}\right)\langle U(x',\ \boldsymbol{\rho})\rangle\mathrm{d}x'$$

考虑到 $x=0$ 处的边界条件$\langle U(0,\ \boldsymbol{\rho})\rangle=U_0(\boldsymbol{\rho})$，证明：

$$\langle U(x,\ \boldsymbol{\rho})\rangle=U_0(x,\ \boldsymbol{\rho})\exp(-\alpha_0 x)$$

其中

$$\alpha_0 = \frac{k^2}{8}A(0) = \frac{\pi^2k^2}{2}\int_0^\infty\Phi_{\mathrm{s}}(\kappa)\kappa\mathrm{d}\kappa = 2\pi^2k^2\int_0^\infty\Phi_n(\kappa)\kappa\mathrm{d}\kappa$$

19. 对于 Von Karman 谱

$$\Phi_n(\kappa)=0.033C_n^2(\kappa^2+\kappa_0^2)^{-11/6}\exp\left(-\frac{\kappa^2}{\kappa_m^2}\right)$$

计算平面波的平均场$\langle U(x,\ \boldsymbol{\rho})\rangle=U_0(x,\ \boldsymbol{\rho})\exp(-\alpha_0 x)$，其中 $\alpha_0=0.391C_n^2k^2L_0^{5/3}\psi[1,\ 1/6;\ (\kappa_m L_0)^2]$，并计算$|\langle U(x,\ \boldsymbol{\rho})\rangle|^2=|U_0(x,\ \boldsymbol{\rho})|^2\exp(-2\alpha_0 x)$。

20. 采用 Kolmogorov 谱，比较不同波长的平面波的空间相干半径、Fresnel 区尺寸和有效散射区域大小。其中 $L=1$ km，$C_n^2=1.7\times10^{-13}\ \mathrm{m}^{-2/3}$。波长分别为 $\lambda=0.5$，1.0，1.5 和 3.8 μm。

21. 湍流介质中场互相关函数的微分方程为

$$\left\{2\mathrm{i}k\frac{\partial}{\partial x}+(\nabla_{\mathrm{T}_1}^2-\nabla_{\mathrm{T}_2}^2)+\frac{\mathrm{i}k^3}{2}[A(0)-A(\boldsymbol{\rho}_1-\boldsymbol{\rho}_2)]\right\}\Gamma(x,\ \boldsymbol{\rho},\ \boldsymbol{\rho}_2)=0$$

满足在 $x=0$ 处的边界条件为 $\Gamma(0,\ \boldsymbol{\rho},\ \boldsymbol{\rho}_2)=\Gamma_0(\boldsymbol{\rho}_1,\ \boldsymbol{\rho}_2)$。证明其解可表示为

$$\Gamma(x,\ \boldsymbol{\rho}_{\mathrm{c}},\ \boldsymbol{\rho}_{\mathrm{d}}) = \left(\frac{k}{2\pi x}\right)^2\iint\Gamma_0(0,\ \boldsymbol{\rho}_{\mathrm{c}},\ \boldsymbol{\rho}_{\mathrm{d}}')\exp\left[\mathrm{i}\,\frac{k}{x}(\boldsymbol{\rho}_{\mathrm{d}}-\boldsymbol{\rho}_{\mathrm{d}}')(\boldsymbol{\rho}_{\mathrm{c}}-\boldsymbol{\rho}_{\mathrm{c}}')-H\right]\mathrm{d}\boldsymbol{\rho}_{\mathrm{d}}\mathrm{d}\boldsymbol{\rho}_{\mathrm{c}}$$

其中

$$\begin{aligned}H &= \int_0^x\frac{k^2}{4}\left[A(0)-A\left(\boldsymbol{\rho}_{\mathrm{d}}'+(\boldsymbol{\rho}_{\mathrm{d}}-\boldsymbol{\rho}_{\mathrm{d}}')\frac{x'}{x}\right)\right]\mathrm{d}x' \\ &= 4\pi^2k^2\int_0^x\int_0^\infty[1-\mathrm{J}_0(\kappa\rho)]\Phi_n(\kappa)\mathrm{d}\kappa\mathrm{d}x'\end{aligned}$$

$$\rho=\left|\boldsymbol{\rho}_{\mathrm{d}}'+(\boldsymbol{\rho}_{\mathrm{d}}-\boldsymbol{\rho}_{\mathrm{d}}')\frac{x'}{x}\right|,\ \rho_{\mathrm{c}}=\frac{\rho_1+\rho_2}{2},\ \rho_{\mathrm{d}}=\rho_1-\rho_2$$

对于平面波，$\Gamma(x,\ \rho_1,\ \rho_2)$是 x 和 $\rho=|\boldsymbol{\rho}-\boldsymbol{\rho}_2|$ 的函数，如果在 $x=0$ 时波是完全相干的，则有 $\Gamma(0,\ \boldsymbol{\rho}-\boldsymbol{\rho}_2)=\Gamma(0,\ \boldsymbol{\rho}_{\mathrm{d}})=1$。平面波的互相关函数为

$$\begin{aligned}\Gamma(x,\ \boldsymbol{\rho}_1,\ \boldsymbol{\rho}_2) = \Gamma(x,\ \boldsymbol{\rho}_{\mathrm{c}},\ \boldsymbol{\rho}_{\mathrm{d}}) &= \exp\left\{-\frac{k^2}{4}\int_0^x[A(0)-A(\boldsymbol{\rho}_{\mathrm{d}})]\mathrm{d}x'\right\} \\ &= \exp\left\{-\frac{k^2}{4}[A(0)-A(\boldsymbol{\rho}-\boldsymbol{\rho}_2)]x\right\}\end{aligned}$$

22. 考虑球面波 $u_0(\boldsymbol{r})=\mathrm{e}^{\mathrm{i}/l}/r$ 的抛物型近似为

$$u_0(\boldsymbol{r})=U_0(x,\boldsymbol{\rho})\exp(\mathrm{i}kx)=\exp\left(\frac{\mathrm{i}k\rho^2}{2x}\right)\cdot\frac{\exp(\mathrm{i}kx)}{x}$$

在 $x=0$ 处球面波的互相关函数可用 δ 函数表示为

$$\Gamma(0,\boldsymbol{\rho}_c',\boldsymbol{\rho}_d')=\left(\frac{2\pi}{k}\right)^2\delta(\boldsymbol{\rho}_c')\delta(\boldsymbol{\rho}_d')$$

推导出球面波的互相关函数为

$$H=\frac{k^2}{4}\int_0^x\left[A(0)-A\left(\rho_d\frac{x'}{x}\right)\right]\mathrm{d}x'=4\pi^2k^2\int_0^x\int_0^\infty\left[1-\mathrm{J}_0\left(\kappa\rho_d\frac{x'}{x}\right)\right]\Phi_n(\kappa)\kappa\mathrm{d}\kappa\mathrm{d}x'$$

23. 在修正 Rytov 近似下，弱起伏时，平面波的闪烁指数近似为对数强度起伏方差

$$\sigma_{\ln I,\mathrm{p}}^2=8\pi^2k^2\int_0^L\int_0^\infty\kappa\,\Phi_n(\kappa)G(\kappa)\left[1-\cos\left(\frac{\kappa^2z}{k}\right)\right]\mathrm{d}\kappa\mathrm{d}z$$

不考虑内尺度效应条件下，推导出大尺度和小尺度湍流对数强度起伏方差分别为

$$\sigma_{\ln x}^2=8\pi^2k^2\int_0^L\int_0^\infty\kappa\Phi_n(\kappa)G_x(\kappa)\left[1-\cos\left(\frac{\kappa^2z}{k}\right)\right]\mathrm{d}\kappa\mathrm{d}z=0.15\sigma_1^2\eta_x^{7/6}$$

$$\sigma_{my}^2=8\pi^2k^2\int_0^L\int_0^\infty\kappa\Phi_n(\kappa)G_y(\kappa)\left[1-\cos\left(\frac{\kappa^2z}{k}\right)\right]\mathrm{d}\kappa\mathrm{d}z\approx1.272\sigma_1^2\eta_y^{-5/6}$$

其中平面波入射时，η_x 和 η_y 可以分别表示为

$$\eta_x=\frac{3}{1+\dfrac{L}{k\rho_0^2}}\approx\begin{cases}3, & \dfrac{L}{k\rho_0^2}\ll1\\ \dfrac{3k\rho_0^2}{L}, & \dfrac{L}{k\rho_0^2}\gg1\end{cases}$$

$$\eta_y=3+1.7\times\frac{L}{k\rho_0^2}\approx\begin{cases}3, & \dfrac{L}{k\rho_0^2}\ll1\\ 1.7\times\dfrac{L}{k\rho_0^2}, & \dfrac{L}{k\rho_{02}}\gg1\end{cases}$$

24. 证明：

$$\lim_{x\to0}\left[\frac{k}{\mathrm{i}2\pi x}\right]\exp\left[\frac{\mathrm{i}k(\rho-\rho')^2}{2x}\right]=\delta(\rho-\rho')$$

的格林函数 K_0 的定解问题是

$$\frac{\partial K_0}{\partial x}-a^2\nabla_{\mathrm{T}}^2K_0=0,\ K_0(x\to0)=\delta(\rho-\rho')$$

式中 $a^2=(-2\mathrm{i}k)^{-1}$。

25. 证明：在路积分解中传播函数对应的波函数的相关函数为

$$\begin{aligned}\langle U^*(2)U(1)\rangle&=\iint U_0(\rho_0)U_0(\rho_{20})K^*(2)K(1)\mathrm{d}\rho_{20}\mathrm{d}\rho_{10}\\&=U_0^*(2)U_0(1)\exp\left[-\frac{D(1,2)}{2}\right]\end{aligned}$$

结果与用其他方法在马尔可夫近似下所得结果一致。

26. 在不考虑内尺度效应条件下，利用修正 Rytov 方法，证明：大、小尺度湍流引起的对数幅度起伏方差分别为

$$\sigma_{\text{thx}}^2 = 8\pi^2 k^2 \int_0^L \int_0^\infty \kappa \Phi_n(\kappa) G_x(\kappa) \left[1 - \cos\left(\frac{\kappa^2 x}{k}\right)\right] \mathrm{d}\kappa \mathrm{d}x \approx 0.15\sigma_1^2 \eta_x^{7/6}$$

$$\sigma_{\text{my}}^2 = 8\pi^2 k^2 \int_0^L \int_0^\infty \kappa \Phi_n(\kappa) G_y(\kappa) \left[1 - \cos\left(\frac{\kappa^2 x}{k}\right)\right] \mathrm{d}\kappa \mathrm{d}x \approx 1.272\sigma_1^2 \eta_y^{-5/6}$$

其中，$\eta_x = L\kappa_x^2/k$，$\eta_y = L\kappa_y^2/k$。当平面波入射时，η_x 和 η_y 可以分别表示为

$$\eta_x = \frac{3}{1+\dfrac{L}{k\rho_0^2}} \approx \begin{cases} 3, & \dfrac{L}{k\rho_0^2} \ll 1 \\ 3 \times \dfrac{k\rho_0^2}{L}, & \dfrac{L}{k\rho_0^2} \gg 1 \end{cases}$$

$$\eta_y = 3 + 1.7 \times \frac{L}{k\rho_0^2} \approx \begin{cases} 3, & \dfrac{L}{k\rho_0^2} \ll 1 \\ 1.7 \times \dfrac{L}{k\rho_0^2}, & \dfrac{L}{k\rho_0^2} \gg 1 \end{cases}$$

平面波入射时，闪烁指数为

$$\sigma_I^2 = \exp\left[\frac{0.54\sigma_1^2}{(1+1.22\sigma_1^{12/5})^{7/6}} + \frac{0.509\sigma_1^2}{(1+0.69\sigma_1^{12/5})^{5/6}}\right] - 1, \quad 0 \leqslant \sigma_1^2 < \infty$$

27. 与上题类似，证明：球面波的对数振幅起伏方差可以表示为

$$\sigma_{\ln x}^2 = 8\pi^2 k^2 \int_0^L \int_0^\infty \kappa \Phi_n(\kappa) G_x(\kappa) \left\{1 - \cos\left[\frac{\kappa^2 z\left(1 - \dfrac{z}{L}\right)}{k}\right]\right\} \mathrm{d}\kappa \mathrm{d}z \approx 0.015\sigma_1^2 \eta_x^{7/6}$$

$$\sigma_{\ln y}^2 = 8\pi^2 k^2 \int_0^L \int_0^\infty \kappa \Phi_n(\kappa) G_y(\kappa) \left\{1 - \cos\left[\frac{\kappa^2 z\left(1 - \dfrac{z}{L}\right)}{k}\right]\right\} \mathrm{d}\kappa \mathrm{d}z \approx 1.272\sigma_1^2 \eta_y^{-5/6}$$

在不考虑内尺度效应假设下，球面波入射时的闪烁指数可以表示为

$$\sigma_I^2 = \exp\left[\frac{0.17\sigma_1^2}{(1+0.167\sigma_1^{12/5})^{7/6}} + \frac{0.225\sigma_1^2}{(1+0.259\sigma_1^{12/5})^{5/6}}\right] - 1, \quad 0 \leqslant \sigma_1^2 < \infty$$

28. 证明：考虑内尺度影响时，由式(5.391)可得平面波和球面波入射时的闪烁指数分别为

$$\sigma_{I,\mathrm{s}}^2 = \exp\left[\sigma_{\ln x,\mathrm{s}}^2(l_0) + \frac{0.225\sigma_1^2}{(1+0.259\sigma_1^{12/5})^{5/6}}\right] - 1$$

$$\sigma_{I,\mathrm{p}}^2 = \exp\left[\sigma_{\ln x,\mathrm{p}}^2(l_0) + \frac{0.509\sigma_1^2}{(1+0.69\sigma_1^{1/5})^{5/6}}\right] - 1$$

29. Clifford 给出了在强起伏饱和区球面波的归一化对数振幅协方差为

$$C_z(\rho_n, \sigma_s^2) = 2.95\sigma_s^2 \int_0^1 [u(1-u)]^{5/6} \int_0^\infty \frac{\sin^2 y}{y^{11/6}} \cdot \exp\left\{-\sigma_s^2 [u(1-u)]^{-5/6} f(y) \mathrm{J}_0\left[\left(\frac{4\pi y u}{1-u}\right)^{1/2} \rho_n\right]\right\} \mathrm{d}y \mathrm{d}u$$

其中 $\rho_n = \rho/\sqrt{\lambda L}$，$f(y)$ 可以用下式给出：

$$f(y) = 7.02 y^{5/6} \int_{0.7y}^\infty \xi^{-8/3} [1 - \mathrm{J}_0(\xi)] \mathrm{d}\xi$$

数值计算协方差。证明：$\sigma_s^2 \leqslant 0.30$，且 $y = L\kappa^2 \eta(1-\eta)/(2k)$，$\exp\{-\sigma_s^2[\eta(1-\eta)]^{5/6} f(y)\} \approx 1$ 时，上式退化到一阶弱起伏理论结果：

$$C_\chi(\rho_n) = 4\pi^2 k^2 L\int_0^\infty 0.033C_n^2\kappa^{-8/3}\int_0^1[\eta(1-\eta)]^{5/6}\times\sin^2\left[\frac{\kappa^2 L\eta(1-\eta)}{2\kappa}\right]J_0(\kappa\eta\sqrt{\lambda L}\rho_n)\mathrm{d}\eta\mathrm{d}\kappa$$

30. 根据修正 Rytov 近似，不考虑湍流内尺度影响时，斜程湍流大气平面波和球面波传播的对数振幅闪烁公式为

$$\sigma_{\ln x,\mathrm{p}}^2 \approx 1.303\int_0^L z^2 C_n^2(z\cos\phi)\int_0^\infty \kappa^{4/3}\exp\left(-\frac{\kappa^2}{\kappa_x^2}\right)\mathrm{d}\kappa\mathrm{d}z$$

$$\sigma_{\ln y,\mathrm{p}}^2 \approx 2.605k^2\int_0^L C_n^2(z\cos\phi)\int_0^\infty \kappa(\kappa^2+\kappa_y^2)^{-1/6}\left[1-\cos\left(\frac{z\kappa^2}{k}\right)\right]\mathrm{d}\kappa\mathrm{d}z$$

$$\sigma_{\ln x,\mathrm{s}}^2 \approx 1.303\int_0^L C_n^2(z\cos\phi)z^2\left(1-\frac{z}{L}\right)^2\int_0^\infty \kappa^{4/3}\exp\left(-\frac{\kappa^2}{\kappa_x^2}\right)\mathrm{d}\kappa\mathrm{d}z$$

$$\sigma_{\ln y,\mathrm{s}}^2 \approx 2.605k^2 L\int_0^1 C_n^2(\xi H)\int_0^\infty \kappa(\kappa^2+\kappa_y^2)^{-1/6}\left\{1-\cos\left[\kappa^2\xi\frac{L(1-\xi)^2}{k}\right]\right\}\mathrm{d}\kappa\mathrm{d}\xi$$

比较其闪烁指数随湍流强度参数 σ_1^2 的变化情况。

第六章　湍流大气中波束的传播

光束在湍流大气中传播(传输)时，存在强度起伏、光束扩展和像点抖动等一系列光传播的大气湍流效应。本章介绍典型有形波束的电磁场表述，重点讨论高斯波束和部分相干波束在湍流大气中传播特性的研究方法及相关结果分析。

6.1　典型有形波束的波场表述

6.1.1　自由空间中波束传播的傍轴近似方程

假设高斯波束在自由空间中传输时满足 Helmholtz 方程：

$$\nabla^2 U_0 + k^2 U_0 = 0 \tag{6.1}$$

其中，$k=2\pi/\lambda$ 是空间波数，λ 是波长，U_0 是波的复振幅。建立坐标系 $oxyz$，假设波沿 x 方向传播，在发射平面 $x=0$ 处，低阶高斯波束 TEM_{00} 模的波场为

$$U_0(0,\boldsymbol{\rho}) = \exp\left[-\left(\frac{\rho^2}{W_0^2} + \frac{ik\rho^2}{2R_0}\right)\right] = \exp\left[-\frac{(k\alpha)\rho^2}{2}\right] \tag{6.2}$$

式中，$\rho=\sqrt{y^2+z^2}$，W_0 是发射平面的波束的束宽半径，R_0 是发射平面处的波前曲率半径，$\alpha=\alpha_r+i\alpha_i=[\lambda/(\pi W_0^2)]+i(1/R_0)$。$R_0>0$、$R_0=\infty$和 $R_0<0$ 分别表示汇聚波束、准直波束和发散波束。定义 $\Omega_f=2R_0/(kW_0^2)$为波束聚焦参数，在任意点(x,ρ)，束状波为

$$U_0(x,\boldsymbol{\rho}) = \frac{1}{1+i\alpha x}\exp\left[ikx - \frac{k\alpha}{2}\frac{\rho^2}{(1+i\alpha x)}\right] \tag{6.3}$$

式(6.3)的使用范围是 $x \ll \pi^3 W_0^4/\lambda^3$。

假定波束从 $x=0$ 处传播，且方向沿 x 轴的正方向。在柱坐标系中方程(6.1)表示为

$$\frac{1}{\rho}\frac{\partial}{\partial\rho}\left(\rho\frac{\partial U_0}{\partial\rho}\right) + \frac{\partial^2 U_0}{\partial x^2} + k^2 U_0 = 0 \tag{6.4}$$

设 $U_0(x,\rho)=V(x,\rho)\exp(ikx)$，代入式(6.4)可得

$$\frac{1}{\rho}\frac{\partial}{\partial\rho}\left(\rho\frac{\partial V}{\partial\rho}\right) + \frac{\partial^2 V}{\partial x^2} + 2ikV = 0 \tag{6.5}$$

当光波沿 x 轴传播时，假定传播距离远远大于波束的横向扩展，设 $\boldsymbol{r}=(L,\boldsymbol{\rho})$和 $\boldsymbol{r}'=(x',\boldsymbol{\rho}')$分别表示离传播轴距离为 $\boldsymbol{\rho}$、$\boldsymbol{\rho}'$的两点。运用傍轴近似可知

$$|\boldsymbol{r}-\boldsymbol{r}'| = |L-x'| + \frac{|\boldsymbol{\rho}-\boldsymbol{\rho}'|^2}{2(L-x')} + \cdots,\quad |\boldsymbol{\rho}-\boldsymbol{\rho}'| \ll |L-x| \tag{6.6}$$

由傍轴近似假设，利用式(6.6)就可得出下列近似关系式：

$$\left|\frac{\partial^2 V}{\partial x^2}\right| \ll \left|2k\frac{\partial V}{\partial x}\right|,\quad \left|\frac{\partial^2 V}{\partial x^2}\right| \ll \left|\frac{1}{\rho}\frac{\partial}{\partial\rho}\left(\frac{\partial V}{\partial x}\right)\right| \tag{6.7}$$

不等式(6.7)表示有限尺寸波束的波场 $V(x,\rho)$ 的衍射影响相对于传播距离和横向距离的改变是非常缓慢的，则方程(6.5)中的二阶微分 $\partial^2 V/\partial x^2$ 可忽略，方程(6.5)进一步简化为傍轴波动方程：

$$\frac{1}{\rho}\frac{\partial}{\partial\rho}\left(\rho\frac{\partial V}{\partial\rho}\right)+2\mathrm{i}kV=0 \tag{6.8}$$

根据初始条件：

$$V(0,\boldsymbol{\rho})=U_0(0,\boldsymbol{\rho})=\exp\left[-\left(\frac{1}{W_0^2}+\frac{\mathrm{i}k}{2R_0}\right)\rho^2\right]=\exp\left[-\frac{(k\alpha)\rho^2}{2}\right] \tag{6.9}$$

方程(6.8)应有

$$V(x,\boldsymbol{\rho})=\frac{1}{1+\mathrm{i}\alpha x}\exp\left[\mathrm{i}kx-\frac{k\alpha}{2}\frac{\rho^2}{(1+\mathrm{i}\alpha x)}\right] \tag{6.10}$$

也可以由式(6.4)直接获得从发射源平面 $x=0$ 到传播距离 x 处的复振幅的一般表达式：

$$U_0(x,\boldsymbol{\rho})=-2\mathrm{i}k\iint_{-\infty}^{\infty}G(\boldsymbol{\rho},\boldsymbol{\rho}';x)U_0(0,\boldsymbol{\rho}')\mathrm{d}\boldsymbol{\rho}' \tag{6.11}$$

式(6.11)称为 Huygens - Fresnel 积分。这里 $U_0(0,\boldsymbol{\rho})$ 是在 $x=0$ 处的光波场，$G(\boldsymbol{\rho},\boldsymbol{\rho}';x)$ 是格林函数。在傍轴近似下：

$$G(\boldsymbol{\rho},\boldsymbol{\rho}';x)=\frac{1}{4\pi x}\exp\left[\mathrm{i}kx+\frac{\mathrm{i}k}{2x}|\boldsymbol{\rho}-\boldsymbol{\rho}'|^2\right] \tag{6.12}$$

将式(6.12)、式(6.9)代入式(6.11)，则

$$U_0(x,\boldsymbol{\rho})=-\frac{\mathrm{i}k}{2\pi x}\exp\left(\mathrm{i}kx+\frac{\mathrm{i}k\rho^2}{2x}\right)\int_0^{\infty}\int_0^{2\pi}\exp\left(-\frac{\mathrm{i}k}{x}\rho\rho'\cos\phi\right)\cdot\exp\left[\frac{\mathrm{i}k}{2x}(1+\mathrm{i}\alpha x)\rho'^2\right]\rho'\mathrm{d}\phi\mathrm{d}\rho' \tag{6.13}$$

由积分公式 $\int_0^{2\pi}\exp\left(-\frac{\mathrm{i}k\rho\rho'\cos\phi}{x}\right)\mathrm{d}\phi=2\pi\mathrm{J}_0\left(\frac{k\rho\rho'}{x}\right)$（其中 $\mathrm{J}_0(x)$ 是第一类零阶 Bessel 函数）得到任意点 $(x,\boldsymbol{\rho})$ 的束状波为

$$\begin{aligned}U_0(x,\boldsymbol{\rho})&=-\frac{\mathrm{i}k}{x}\exp\left(\mathrm{i}kx+\frac{\mathrm{i}k}{2x}\rho^2\right)\int_0^{\infty}\rho'\mathrm{J}_0\left(\frac{k\rho\rho'}{x}\right)\exp\left[\frac{\mathrm{i}k}{2x}(1+\mathrm{i}\alpha x)\rho'^2\right]d\rho'\\&=\frac{1}{1+\mathrm{i}\alpha x}\exp\left[\mathrm{i}kx-\frac{k\alpha}{2}\frac{\rho^2}{(1+\mathrm{i}\alpha x)}\right]\end{aligned} \tag{6.14}$$

式(6.14)的使用范围是 $x\ll\pi^3W_0^4/\lambda^3$。

6.1.2 湍流大气中的波束参数

Andrews 将传播参数 $p(x)=1+\mathrm{i}\alpha x=\Theta_0+\mathrm{i}\Lambda_0$ 的实部和虚部定义为波束无量纲参数，$\Theta_0=1-x/R_0$，$\Lambda_0=2x/(kW_0^2)$。Θ_0 是曲率参数，$\Theta_0=1$、$\Theta_0<1$ 和 $\Theta_0>1$ 分别对应准直波束、汇集波束和发散波束。Λ_0 是输入平面的 Fresnel 半径。高斯波束离开束腰传播时将被展宽。定义波束宽度是束腰宽度 $\sqrt{2}$ 时的传播距离为瑞利距离(Rayleigh range)。对于准直波束，瑞利区用 $0\leqslant\Lambda_0\leqslant1$ 表征，对应相位改变 $\pi/4$。当 $\Lambda_0=1$ 时，对应瑞利距离 $x_R=0.5kW_0^2$。传播距离小于 x_R 为近场区(Fresnel 区)，大于 x_R 为远场区(Fraunhofer 区)。显然：

$$\frac{\mathrm{i}\alpha x}{(1+\mathrm{i}\alpha x)}=1-\frac{1}{\Theta_0+\mathrm{i}\Lambda_0}=\frac{\Theta_0(\Theta_0-1)+\Lambda_0^2}{\Theta_0^2+\Lambda_0^2}+\mathrm{i}\frac{\Lambda_0}{\Theta_0^2+\Lambda_0^2}=1-(\Theta-\mathrm{i}\Lambda)=\overline{\Theta}+\mathrm{i}\Lambda \tag{6.15}$$

式(6.14)可以写成

$$U_0(\boldsymbol{\rho}, x)=\frac{1}{1+\mathrm{i}\alpha x}\exp\left[\mathrm{i}kx-\frac{k\alpha}{2}\frac{\rho^2}{(1+\mathrm{i}\alpha x)}\right]=\frac{1}{(\Theta_0^2+\Lambda_0^2)^{1/2}}\exp\left(\mathrm{i}kx-\mathrm{i}\phi-\frac{\rho^2}{W^2}-\mathrm{i}\frac{k\rho^2}{2R}\right)$$
$$=\frac{W_0}{W}\exp\left(\mathrm{i}kx-\mathrm{i}\phi-\frac{\rho^2}{W^2}-\mathrm{i}\frac{k\rho^2}{2R}\right) \tag{6.16}$$

式中，ϕ、W、R 分别是沿传播路径上位置 x 处的相移、束宽半径和波前曲率半径，即

$$\phi=\arctan\left(\frac{\Lambda_0}{\Theta_0}\right),\ W=W_0(\Lambda_0^2+\Theta_0^2)^{1/2},\ R=\frac{R_0(\Lambda_0^2+\Theta_0^2)(\Theta_0-1)}{(\Lambda_0^2+\Theta_0^2-\Theta_0)} \tag{6.17}$$

或者，如果使用折射参数 Θ 和绕射参数 Λ，则式(6.16)中的参数可以表示为

$$\sqrt{\Theta^2+\Lambda^2}=\frac{1}{\sqrt{\Theta_0^2+\Lambda_0^2}},\ \frac{1}{W^2}=\frac{k\Lambda}{2x},\ \frac{1}{R}=-\frac{\overline{\Theta}}{x} \tag{6.18}$$

由式(6.16)可知，传播路径上 x 处高斯波束的强度为

$$I_0(x, \boldsymbol{\rho})=|U_0(x, \boldsymbol{\rho})|^2=I_0(x, 0)\exp\left(-\frac{2\rho^2}{W^2}\right) \tag{6.19}$$

式中，波束轴上的强度 $I_0(x, 0)=(W_0/W)^2$。在自由空间中波束传播的功率守恒，即

$$P=\iint_{-\infty}^{\infty}I_0(0, \boldsymbol{\rho})\mathrm{d}\boldsymbol{\rho}=\iint_{-\infty}^{\infty}I_0(x, \boldsymbol{\rho})\mathrm{d}\boldsymbol{\rho}=\frac{\pi W_0^2}{2} \tag{6.20}$$

6.1.3 高阶相干波束与部分相干波束

随机介质中波束的传播大多针对的是最低阶高斯波束(TEM_{00})，但激光器件的非线性或系统元件会存在高阶高斯波束。此外随着激光通信的需要和发展，涡旋波束，如厄米-高斯波束、拉盖尔-高斯波束、无衍射的高阶贝塞尔-高斯波束和艾里波束等的传输特性也引起大量学者的关注。通常，任意波束的傍轴场可以表示为高阶厄米-高斯波束和高阶拉盖尔-高斯涡旋波束这些正交完备集的线性叠加。

1. 高阶厄米-高斯(Hermite - Gaussian)波束

在直角坐标系中，傍轴波动方程表示为

$$\frac{\partial^2\psi}{\partial y^2}+\frac{\partial^2\psi}{\partial z^2}+2\mathrm{i}k\frac{\partial\psi}{\partial x}=0 \tag{6.21}$$

方程(6.21)的解表示为

$$\psi=g\left(\frac{y}{W(x)}\right)h\left(\frac{z}{W(x)}\right)\exp\left[\mathrm{i}\left(px+\frac{k\rho^2}{2q}\right)\right] \tag{6.22}$$

式中，g 和 h 是 y 和 z 的函数，$\rho^2=y^2+z^2$。对于实数 g 和 h，这种假设模式波束的强度分布与高斯波束呈 $2W(x)$关系。g 和 h 满足的微分方程形式如下：

$$\frac{\mathrm{d}^2\mathrm{H}_m}{\mathrm{d}x^2}-2x\frac{\mathrm{dH}_m}{\mathrm{d}x}+2m\mathrm{H}_m=0 \tag{6.23}$$

这是 m 阶厄米多项式 $\mathrm{H}_m(x)$的微分方程，要满足式(6.21)，必须要求：

$$g\cdot h=\mathrm{H}_m\left(\frac{\sqrt{2}y}{W}\right)\mathrm{H}_m\left(\frac{\sqrt{2}z}{W}\right) \tag{6.24}$$

其中，m 和 n 分别是沿 y 和 z 方向的模数。厄米多项式的表达式为

$$\mathrm{H}_m(z)=\sum_{k=0}^{m/2}\frac{(-1)^m m!}{k!(m-2k)!}(2z)m-2k \tag{6.25}$$

因此，高阶波束模式的横截面强度分布可以用高斯函数与厄米多项式的乘积表示。波

前曲率半径对于所有模阶数都相同，相移是模阶数的函数，表示为

$$\phi(m,\ n;\ x)=(m+n+1)\arctan\left(\frac{x-x_0}{x_R}\right) \tag{6.26}$$

可见，高阶厄米-高斯波束的相速度随着模阶数的增大而增大，在谐振器中会引起不同振荡模式下的不同谐振频率。通常情形下，类似于基模高斯波束求解，高阶厄米-高斯波束表示为

$$\mathrm{H}_{\mathrm{HG}}^{mn}(x,\ y,\ z)=A_{mn}\frac{W_0}{W(x)}\mathrm{H}_m\left(\frac{\sqrt{2}\,y}{W(x)}\right)\mathrm{H}_n\left(\frac{\sqrt{2}\,z}{W(x)}\right)\exp\left[-\frac{y^2+z^2}{W(x)}\right]\times$$
$$\exp\left\{\mathrm{i}\left[kx+\frac{k(y^2+z^2)}{2R(x)}-(m+n+1)\phi\right]\right\} \tag{6.27}$$

式中，W_0 和 $W(x)$分别是 $x=0$ 束腰处和 x 处 TEM_{00} 基模的波束半径，$R(x)$为对应波前曲率半径。将 $\mathrm{H}_{\mathrm{HG}}^{mn}$进行归一化，可以得到

$$A_{mn}=W_0^{-1}\ (\pi^{2m+n+1}m!n!)^{-1/2} \tag{6.28}$$

当 $m=n=0$ 时，$\mathrm{H}_{\mathrm{HG}}^{mn}$退化为基模高斯波束。

2. 拉盖尔-高斯(Laguerre - Gaussian)波束

傍轴波动方程在圆柱坐标系下的近似解为拉盖尔多项式与高斯函数的乘积，故称它为高阶拉盖尔-高斯涡旋波束。圆柱坐标系$(x,\ \rho,\ \phi)$中，傍轴波动方程为

$$\frac{1}{\rho}\frac{\partial}{\partial\rho}\left(\rho\frac{\partial U}{\partial\rho}\right)+\frac{1}{\rho^2}\frac{\partial^2 U}{\partial\phi^2}+2\mathrm{i}k\frac{\partial U}{\partial x}=0 \tag{6.29}$$

设方程的解为

$$U=g\left(\frac{\rho}{W(x)}\right)\exp\left[\mathrm{i}\left(px+\frac{k\rho^2}{2q}+l\phi\right)\right] \tag{6.30}$$

其中，方位角 $\phi=\arctan(z/y)$，将式(6.30)代入式(6.29)，利用分离变量法，假设：

$$g=M(\xi)Z(x) \tag{6.31}$$

式中，$\xi=\sqrt{2}\rho/W(x)$，可以得到方程组：

$$M(\xi)=L_p^l(\xi) \tag{6.32}$$

$$Z(x)=\exp\left[-\mathrm{i}(2p+l)\arctan\left(\frac{x-x_0}{x_R}\right)\right] \tag{6.33}$$

其中，L_p^l 是缔合拉盖尔多项式，将式(6.32)和式(6.33)代入式(6.31)，对比式(6.30)得到高阶拉盖尔-高斯涡旋波束为

$$U_{\mathrm{LG}}^{pl}(x,\ \rho,\ \phi)=A_{pl}\frac{W_0}{W(x)}\left[\frac{\sqrt{2}\rho}{W(x)}\right]L_p^l\left(\frac{2\rho^2}{W^2(x)}\right)\exp\left(-\frac{\rho^2}{W^2(x)}\right)\times$$
$$\exp\left[\mathrm{i}kx+\frac{\mathrm{i}k\rho^2}{2R(x)}-(2p+l+1)\phi\right]\exp(\mathrm{i}l\phi) \tag{6.34}$$

进行归一化可得到：

$$A_{pl}=\frac{2}{W_0\sqrt{(1+\delta_{0l})}}\sqrt{\frac{p!}{\pi(p+l)!}} \tag{6.35}$$

当 $p=l=0$ 时，U_{LG}^{pl}退化为基模高斯波束。

3. 贝塞尔-高斯波束

类似地，根据波动方程也可以获得轴对称贝塞尔-高斯波束。忽略相位因子，在任意 $x=0$

空间，贝塞尔波束场为

$$U_0(0,\ \rho)=A_0 J_0(\alpha\rho)\exp\left(-\frac{\rho^2}{W_0^2}\right) \tag{6.36}$$

其中，$\rho^2=y^2+z^2$，α 为横向波数，J_0 是第一类贝塞尔函数。忽略时间因子，可以得到 n 阶贝塞尔-高斯波束为

$$U(\rho,\ \phi,\ z)=A_0 J_n(k_\rho\rho)\exp(-\mathrm{i}k_x x)\exp(\pm \mathrm{i}n\phi) \tag{6.37}$$

4. 部分相干波束

在激光发射孔径处放置一漫反射板(毛玻璃、全息或者液晶板)，漫反射板上的窄缝隙可以随机调整入射光的波前相位以实现部分相干光，例如谢尔-高斯波束。假设出射场为

$$U(\boldsymbol{r})=U_0(\boldsymbol{r})\exp[\mathrm{i}\phi(\boldsymbol{r})] \tag{6.38}$$

其中 $U_0(\boldsymbol{r})=\exp[-\rho^2/W_0^2-\mathrm{i}k\rho^2/(2R_0)]$，$W_0$ 为初始光源的束腰宽度，R_0 为相位波前曲率半径，$\exp[\mathrm{i}\varphi(r)]$代表随机相位扰动。假设由漫反射板引起的随机相位遵从高斯分布，那么在发射机处，场的互相干函数可写为

$$\Gamma(\boldsymbol{\rho}_1,\ \boldsymbol{\rho}_2,\ 0)=\langle u(\boldsymbol{\rho}_1,\ 0)u^*(\boldsymbol{\rho}_2,\ 0)\rangle=u_0(\boldsymbol{\rho}_1,\ 0)u_0^*(\boldsymbol{\rho}_2,\ 0)\exp\left[-\frac{(\boldsymbol{\rho}_1-\boldsymbol{\rho}_2)^2}{2\sigma_\mu^2}\right] \tag{6.39}$$

其中，σ_μ 表示源平面空间相干宽度。在实际中，$|\boldsymbol{\rho}_1-\boldsymbol{\rho}_2|\ll\sigma_\mu$ 表示两点完全相干，$|\boldsymbol{\rho}_1-\boldsymbol{\rho}_2|\gg\sigma_\mu$ 表示两点非相干，$0<|\boldsymbol{\rho}_1-\boldsymbol{\rho}_2|<\sigma_\mu$ 表示两点部分相干。部分相干光一般由交叉谱密度函数(CSDF)表示，即 $F_0(\boldsymbol{\rho}_1,\ \boldsymbol{\rho}_2,\ \omega)=\langle u(\boldsymbol{\rho}_1,\ \omega)u^*(\boldsymbol{\rho}_2,\ \omega)\rangle$，它反映了在相同频率下，两个场的起伏相关。

高斯-谢尔光束在 $L=0$ 处平面内的交叉谱密度函数 F_0 表示为

$$F_0(\boldsymbol{\rho}_1,\ \boldsymbol{\rho}_2,\ \omega)=\exp\left[-\frac{\rho_1^2+\rho_2^2}{W_0^2}\right]\exp\left(\frac{|\boldsymbol{\rho}_1-\boldsymbol{\rho}_2|^2}{2\sigma_\mu^2}\right) \tag{6.40}$$

假定 $\sigma_\mu\to\infty$，当 $W_0\to 0$ 时，GSM 源简化为点源；当 $W_0\to\infty$ 时，GSM 源简化为平面波。所以用 GSM 源模型可以分析实际工程中的各种场。

6.2　高斯波束在湍流介质中的传播

6.2.1　随机介质中波束传输的 Rytov 解

假设自由空间中波束的振幅分布为 Gaussian 型，在发射平面 $x=0$ 处，波场表示为式(6.2)，在任意点$(x,\ \boldsymbol{\rho})$，束状波表示为式(6.3)。弱湍流介质中，第五章给出 Rytov 近似的一阶解形式为

$$\psi_1(\boldsymbol{r})=\frac{2k^2}{U_0(\boldsymbol{r})}\int_{v'}G(\boldsymbol{r},\ \boldsymbol{r}')n_1(\boldsymbol{r}')U_0(\boldsymbol{r}')\mathrm{d}\boldsymbol{r}'=\int_{v'}h(\boldsymbol{r}-\boldsymbol{r}')n_1(\boldsymbol{r}')\mathrm{d}\boldsymbol{r}' \tag{6.41}$$

式中，函数 $h(\boldsymbol{r}-\boldsymbol{r}')=2k^2G(\boldsymbol{r}-\boldsymbol{r}')U_0(\boldsymbol{r})/U_0(\boldsymbol{r}')$作为一种响应，给出了场量 $\psi_{10}(\boldsymbol{r})$与折射率起伏 $n_1(\boldsymbol{r})$之间的关系。在随机媒质(如大气湍流)中波传播时，场的振幅和相位都会因很小的折射率指数起伏而产生随机波动。将格林函数做傍轴近似，把式(6.14)代入式(6.41)中，考虑：

$$\frac{U_0(x',\boldsymbol{\rho}')}{U_0(x,\boldsymbol{\rho})}=\frac{p(x)}{p(x')}\exp[-\mathrm{i}k(x-x')]\exp\left[-\frac{\alpha k\rho'^2}{2p(x')}\right]\exp\left[-\frac{\alpha k\rho^2}{2p(x)}\right] \tag{6.42}$$

式中，$p(x)=1+\mathrm{i}\alpha x$，$\alpha=2/kW_0^2+\mathrm{i}/R_0$。指数部分：

$$\exp\left[-\frac{\alpha k\rho'^2}{2(1+\mathrm{i}\alpha x')}\right]\exp\left[\frac{\mathrm{i}k\rho'^2}{2(x-x')}\right]=\exp\left[\frac{\mathrm{i}k\rho'^2}{2\gamma(x-x')}\right] \tag{6.43}$$

$$\exp\left[-\frac{\alpha k\rho^2}{2(1+\mathrm{i}\alpha x)}\right]\exp\left[\frac{\mathrm{i}k\rho^2}{2(x-x')}\right]=\exp\left[\frac{\mathrm{i}k\gamma\rho^2}{2(x-x')}\right] \tag{6.44}$$

其中，$\gamma=p(x')/p(x)=(1+\mathrm{i}\alpha x')/(1+\mathrm{i}\alpha x)$。式(6.41)为

$$\psi_1(\boldsymbol{r})=\int_{v'}h(\boldsymbol{r},\boldsymbol{r}')n_1(\boldsymbol{r}')\mathrm{d}\boldsymbol{r}'=\int_{v'}\frac{k^2n_1(\boldsymbol{r}')}{2\pi\gamma(x-x')}\exp\left[\mathrm{i}\,\frac{k}{2}\,\frac{|\boldsymbol{\rho}'-\gamma\boldsymbol{\rho}|^2}{\gamma(x-x')}\right]\mathrm{d}\boldsymbol{r}' \tag{6.45}$$

如果考虑二阶 Rytov 近似扰动和二阶 Born 微扰项相等，即

$$U(\boldsymbol{\rho},L)=U_0(\boldsymbol{\rho},L)\exp[\psi_1(\boldsymbol{\rho},L)+\psi_2(\boldsymbol{\rho},L)]=U_0(\boldsymbol{\rho},L)[1+\phi_1(\boldsymbol{\rho},L)+\phi_2(\boldsymbol{\rho},L)] \tag{6.46}$$

由式(6.46)得

$$\psi_1(\boldsymbol{\rho},L)+\psi_2(\boldsymbol{\rho},L)=\ln[1+\phi_1(\boldsymbol{\rho},L)+\phi_2(\boldsymbol{\rho},L)]\approx\phi_1(\boldsymbol{\rho},L)+\phi_2(\boldsymbol{\rho},L)-\frac{\phi_1^2(\boldsymbol{\rho},L)}{2} \tag{6.47}$$

其中，$|\phi_1(\boldsymbol{\rho},L)|\ll1$，$|\phi_2(\boldsymbol{\rho},L)|\ll1$。由此可将二阶 Rytov 相位微扰表示为

$$\psi_2(\boldsymbol{r})=\frac{U_2(\boldsymbol{r})}{U_0(\boldsymbol{r})}-\frac{1}{2}\left[\frac{U_1(\boldsymbol{r})}{U_0(\boldsymbol{r})}\right]^2=\phi_2(\boldsymbol{r})-\frac{\phi_1^2(\boldsymbol{r})}{2} \tag{6.48}$$

式中$U_1(\boldsymbol{r})$、$U_2(\boldsymbol{r})$分别为 Born 近似的一阶解和二阶解，这在第五章中已经讨论过。式(6.48)为 Rytov 二阶解。归一化的 Born 近似解 $\phi_m(r)=U_m(r)/U_0(r)$，$m=1,2,3,\cdots$。

二阶归一化 Born 扰动可以表示为

$$\phi_2(\boldsymbol{\rho},L)=\frac{k^2}{2\pi}\int_0^L\int_{-\infty}^{\infty}\exp\left[\mathrm{i}k(L-x')+\frac{\mathrm{i}k|\boldsymbol{\rho}-\boldsymbol{\rho}'|^2}{2(L-x')}\right]\frac{U_0(x',\boldsymbol{\rho}')}{U_0(\boldsymbol{\rho},L)}\,\frac{\phi_1(x',\boldsymbol{\rho}')n_1(x',\boldsymbol{\rho}')}{L-x'}\mathrm{d}\boldsymbol{\rho}\mathrm{d}x \tag{6.49}$$

当$\gamma=1$时，上述结果退化为平面波入射情况；当$\gamma=x'/x$时，上述结果退化为球面波入射情况。

6.2.2 随机介质中波束传输的 Rytov 解的统计矩

考虑湍流的长时间统计特性，Rytov 解的统计平均值与二阶 Rytov 相位的关系为

$$\exp\langle\psi\rangle=\exp\left(\langle\psi\rangle+\frac{\langle\psi^2\rangle-\langle\psi\rangle^2}{2}\right) \tag{6.50}$$

由式(6.50)，可以得到 Rytov 解的一阶、二阶和四阶矩(见第五章式(5.130)至式(5.132))。Rytov 一阶近似的均值为零，而二阶近似的均值不为零。让 $x=L$，可以表示 Andrews 定义的三个相关的统计矩(见第五章式(5.135)至式(5.137))。假设在传播方向上横向平面的随机媒质可以看作是均匀各向同性的，$x'=\eta$。通过坐标变换 $\boldsymbol{\kappa}\cdot\boldsymbol{\rho}=\kappa\rho\cos\phi$，$\mathrm{d}^2\kappa=\kappa\mathrm{d}\kappa\mathrm{d}\phi$，可得到如下表达式：

$$E_1(\boldsymbol{\rho},\boldsymbol{\rho})=E_1(0,0)=-2\pi^2k^2\int_0^L\int_0^{\infty}\kappa\Phi_n(\kappa,\eta)\mathrm{d}\kappa\mathrm{d}\eta \tag{6.51}$$

$$E_2(\boldsymbol{\rho}_1, \boldsymbol{\rho}_2) = 4\pi^2 k^2 \int_0^L \int_0^\infty \kappa \Phi_n(\kappa, x) \mathrm{J}_0(\kappa \mid \gamma \boldsymbol{\rho}_1 - \gamma^* \boldsymbol{\rho}_2 \mid) \exp\left[-\left(\frac{\mathrm{i}\kappa^2}{2k}\right)(\gamma - \gamma^*)(L - x)\right] \mathrm{d}\kappa \mathrm{d}x \tag{6.52}$$

$$E_3(\boldsymbol{\rho}_1, \boldsymbol{\rho}_2) = -4\pi^2 k^2 \int_0^L \int_0^\infty \kappa \Phi_n(\kappa, x) \mathrm{J}_0(\gamma\kappa \mid \boldsymbol{\rho}_1 - \boldsymbol{\rho}_2 \mid) \exp\left(-\frac{\mathrm{i}\kappa^2 \gamma (L - x)}{k}\right) \mathrm{d}\kappa \mathrm{d}x \tag{6.53}$$

让 $\boldsymbol{\rho}_c = (\boldsymbol{\rho}_1 + \boldsymbol{\rho}_2)/2$，$\boldsymbol{\rho}_d = \boldsymbol{\rho}_1 - \boldsymbol{\rho}_2$，$\gamma = p_d(x)/p_d(L) = 1 - (\overline{\Theta} + \mathrm{i}\Lambda)\left(1 - \dfrac{x}{L}\right)$，则

$$E_2(\boldsymbol{\rho}_1, \boldsymbol{\rho}_2) = 4\pi^2 k^2 \int_0^L \int_0^\infty \kappa \Phi_n(\kappa, x) \mathrm{J}_0\left(\kappa \left| \left[1 - \overline{\Theta}\left(1 - \frac{x}{L}\right)\right] \boldsymbol{\rho}_d - 2\mathrm{i}\Lambda \left(1 - \frac{x}{L}\right) \boldsymbol{\rho}_c \right| \right) \times$$

$$\exp\left[-\Lambda L \kappa^2 \left(1 - \frac{x}{L}\right)^2 / k\right] \mathrm{d}\kappa \mathrm{d}x \tag{6.54}$$

令 $\xi = 1 - x/L$，式(6.54)可改写为

$$E_2(\boldsymbol{\rho}_1, \boldsymbol{\rho}_2) = 4\pi^2 k^2 \int_0^1 \int_0^\infty \kappa \Phi_n(\kappa) \mathrm{J}_0(\kappa \mid (1 - \overline{\Theta}\xi) \boldsymbol{\rho}_d - 2\mathrm{i}\Lambda \xi \boldsymbol{\rho}_c \mid) \exp\left(-\frac{\Lambda L \kappa^2 \xi^2}{k}\right) \mathrm{d}\kappa \mathrm{d}\xi \tag{6.55}$$

由式(6.53)得

$$E_3(\boldsymbol{\rho}_1, \boldsymbol{\rho}_2) = -4\pi^2 k^2 \int_0^1 \int_0^\infty \kappa \Phi_n(\kappa) \mathrm{J}_0(\kappa \rho_d [1 - (\overline{\Theta} + \mathrm{i}\Lambda)\xi]) \times$$

$$\exp\left(-\frac{\Lambda L k^2 \xi^2}{k}\right) \exp\left[-\frac{\mathrm{i}L\kappa^2}{k} \xi (1 - \overline{\Theta}\xi)\right] \mathrm{d}\kappa \mathrm{d}\xi \tag{6.56}$$

6.2.3　对数振幅和相位起伏的相关函数、方差和结构函数

在弱起伏情况下，根据第五章中对数振幅和相位起伏相关函数的定义，可以获得

$$\left.\begin{array}{l} B_\chi(L, \boldsymbol{\rho}_1, \boldsymbol{\rho}_2) \\ B_s(L, \boldsymbol{\rho}_1, \boldsymbol{\rho}_2) \end{array}\right\} = \mathrm{Re}\left\{4\pi^2 \int_0^L \int_0^\infty \kappa \frac{1}{2} [\mathrm{J}_0(\kappa P) \mid H \mid^2 \pm \mathrm{J}_0(\kappa Q) H^2] \Phi_n(\kappa)\right\} \mathrm{d}\kappa \mathrm{d}\eta \tag{6.57}$$

$$\left.\begin{array}{l} \sigma_\chi^2(L, \boldsymbol{\rho}) \\ \sigma_s^2(L, \boldsymbol{\rho}) \end{array}\right\} = 2\pi^2 \int_0^L \int_0^\infty \kappa [I_0(2\gamma_i \kappa \rho) \mid H \mid^2 \pm \mathrm{Re}(H^2)] \Phi_n(\kappa) \mathrm{d}\kappa \mathrm{d}\eta \tag{6.58}$$

其中

$$\mid H \mid^2 = k^2 \exp\left[-\frac{\gamma_i \kappa^2 (L - z)}{k}\right],\quad H^2 = -k^2 \exp\left[-\frac{\gamma \kappa^2 (L - z)}{k}\right] \tag{6.59}$$

$$\left.\begin{array}{l} D_\chi(L, \boldsymbol{\rho}_1, \boldsymbol{\rho}_2) \\ D_s(L, \boldsymbol{\rho}_1, \boldsymbol{\rho}_2) \end{array}\right\} = 4\pi^2 \int_0^L \int_0^\infty \kappa \Phi_n(\kappa) \mathrm{d}\kappa \mathrm{d}\eta \times$$

$$\mathrm{Re}\left\{\left[\frac{I_0(2\gamma_i \kappa \rho_1)}{2} + \frac{I_0(2\gamma_i \kappa \rho_2)}{2} - \mathrm{J}_0(\kappa P)\right] \mid H \mid^2 \pm [1 - \mathrm{J}_0(\kappa Q)] H^2\right\} \tag{6.60}$$

其中

$$P = [(\gamma y_1 - \gamma^* y_2)^2 + (\gamma z_1 - \gamma^* z_2)^2]^{1/2}$$

$$Q = \gamma [(y_1 - y_2)^2 + (z_1 - z_2)^2]^{1/2}$$

$$\gamma = \frac{p(x')}{p(x)} = \frac{1 + \mathrm{i}\alpha x'}{1 + \mathrm{i}\alpha x} = \gamma_r - \mathrm{i}\gamma_i$$

当 $l_0 < \sqrt{\lambda L} < L_0$ 时，取 Kolmogorov 密度函数，对数振幅起伏方差为

$$\sigma_\chi^2(L, \rho) = 2.176 C_n^2 k^{7/6} L^{11/6} \{\mathrm{Re}[g_1(\alpha L) - g_2(\alpha L, \rho)]\} \tag{6.61}$$

其中

$$\begin{cases} g_1(\alpha L) = \left(\dfrac{6}{11}\right) \mathrm{i}^{5/6} {}_1F_1\left(-\dfrac{5}{6}, \dfrac{11}{6}; \dfrac{17}{6}, \dfrac{\mathrm{i}\alpha L}{(1+\mathrm{i}\alpha L)}\right) \\ g_2(\alpha L, \rho) = \dfrac{3}{8}\left[\dfrac{\alpha_r L}{(\alpha_r L)^2 + (1-\alpha_i L)^2}\right]^{5/6} {}_1F_1\left(-\dfrac{5}{6}, 1; \dfrac{2\rho^2}{W^2}\right) \end{cases} \tag{6.62}$$

当 $\alpha_r L \to 0$，$\alpha_i L \to 0$ 时，式(6.61)退化为平面波情况，$\sigma_{\chi,\mathrm{p}}^2 = 0.307 C_n^2 k^{7/6} L^{11/6}$；当 $\alpha_r L \to \infty$，$\alpha_i L \to 0$ 时，式(6.61)退化为球面波情况，$\sigma_{\chi,\mathrm{s}}^2 = 0.124 C_n^2 k^{7/6} L^{11/6}$。

当 $\rho \leqslant W$ 时，有

$$\sigma_\chi^2(L, \rho) \approx \sigma_\chi^2(L, 0) + \frac{f\rho^2}{W^2} \tag{6.63}$$

式中

$$f = 1.36 C_n^2 k^{7/6} L^{11/6} \left[\frac{\alpha_r L}{(\alpha_r L)^2 + (1-\alpha_i L)^2}\right]^{5/6} \tag{6.64}$$

束状波的对数振幅方差可进一步表述为纵向(轴向)分量 $\sigma_{\chi,1}^2(L)$ 和横向(径向)分量 $\sigma_{\chi,\mathrm{r}}^2(L, \rho)$ 之和的形式，即

$$\sigma_\chi^2(L, \rho) = \sigma_{\chi,1}^2(L) + \sigma_{\chi,\mathrm{r}}^2(L, \rho) \tag{6.65}$$

径向分量在轴向上为零，但随着偏移轴距离的增大，径向分量急剧增大。这两个分量定义为

$$\sigma_{\chi,1}^2(L) = 4\pi^2 k^2 L \int_0^1 \int_0^\infty \sin^2\left[\frac{L\kappa^2}{2k}(1-\overline{\Theta}\xi)\xi\right] \exp\left(-\frac{\Lambda L \xi^2 \kappa^2}{k}\right) \Phi_n(\kappa) \kappa \mathrm{d}\kappa \mathrm{d}\xi \tag{6.66}$$

$$\sigma_{\chi,\mathrm{r}}^2(L, \rho) = 2\pi^2 k^2 L \int_0^1 \int_0^\infty [I_0(2\Lambda\rho\xi\kappa) - 1] \exp\left[-\frac{\Lambda L \xi^2 \kappa^2}{k}\right] \Phi_n(\kappa) \kappa \mathrm{d}\kappa \mathrm{d}\xi \tag{6.67}$$

从式(6.67)可以看出，由于虚宗量 Bessel 函数 $\mathrm{I}_0(0) = 1$，在轴向上($\rho = 0$)横向分量为零。横向分量也仅直接与在接收处 Λ 的 Fresnel 比(ρ/W)有关，而纵向分量与 Λ 和 Θ(或 $\overline{\Theta}$)均有关。如果传播路径的湍流大气是均匀的，且 $l_0 \ll \sqrt{\lambda L}$，则采用 Kolmogorov 谱，径向分量为

$$\sigma_{\chi,\mathrm{r}}^2(L, \rho) = 0.066 C_n^2 \pi^2 k^2 L \int_0^1 \int_0^\infty [\mathrm{I}_0(2\Lambda\rho\xi\kappa) - 1] \exp\left(-\frac{\Lambda L \xi^2 \kappa^2}{k}\right) \kappa^{-8/3} \mathrm{d}\kappa \mathrm{d}\xi \tag{6.68}$$

令 $a = 2\Lambda\rho\xi$，$b = \Lambda L \xi^2 / k$，式(6.68)可化简为

$$\begin{aligned} \sigma_{\chi,\mathrm{r}}^2(L, \rho) = {} & 0.066 C_n^2 \pi^2 k^2 L \int_0^1 \int_0^\infty \mathrm{I}_0(a\kappa) \exp(-b\kappa^2) \kappa^{-8/3} \mathrm{d}\kappa \mathrm{d}\xi - \\ & 0.066 C_n^2 \pi^2 k^2 L \int_0^1 \int_0^\infty \exp(-b\kappa^2) \kappa^{-8/3} \mathrm{d}\kappa \mathrm{d}\xi \end{aligned} \tag{6.69}$$

积分

$$\begin{aligned} \int_0^\infty \mathrm{I}_0(a\kappa) \exp(-b\kappa^2) \kappa^{-8/3} \mathrm{d}\kappa & = \frac{1}{2} \Gamma(-5/6) b^{5/6} {}_1F_1\left(-\frac{5}{6}; 1; \frac{a^2}{4b}\right) \\ & = \frac{1}{2} k^{-5/6} L^{5/6} \Lambda^{5/6} \xi^{5/3} \Gamma\left(-\frac{5}{6}\right) {}_1F_1\left(-\frac{5}{6}; 1; \frac{2\rho^2}{W^2}\right) \end{aligned} \tag{6.70}$$

第二项中令 $x = \kappa^2$，则 $2\mathrm{d}\kappa = x^{\ 1/2} \mathrm{d}x$，积分化简为

$$\int_0^{\infty}\exp(-b\kappa^2)\kappa^{-8/3}\mathrm{d}\kappa=\frac{1}{2}\int_0^{\infty}\exp(-bx)x^{-11/6}\mathrm{d}x=\frac{1}{2}\Gamma\left(-\frac{5}{6}\right)k^{-5/6}L^{5/6}\Lambda^{5/6}\xi^{5/3} \tag{6.71}$$

把式(6.70)和式(6.71)代入式(6.69)并化简为

$$\begin{aligned}\sigma_{\chi,\,\mathrm{r}}^2(L,\rho)&=1.77\sigma_1^2\Lambda^{5/6}\left[1-{}_1F_1\left(-\frac{5}{6};\,1;\,\frac{2\rho^2}{W^2}\right)\right]\int_0^1\xi^{5/3}\mathrm{d}\eta\\&=0.66\sigma_1^2\Lambda^{5/6}\left[1-{}_1F_1\left(-\frac{5}{6};\,1;\,\frac{2\rho^2}{W^2}\right)\right]\\&\approx1.11\sigma_1^2\Lambda^{5/6}\frac{\rho^2}{W^2},\quad\rho<W\end{aligned} \tag{6.72}$$

式中，$\sigma_1^2=1.23C_n^2k^{7/6}L^{11/6}$是 Rytov 方差，${}_1F_1(a;\,c;\,x)$是合流超几何函数。对于$\rho\leqslant W$，横向分量式(6.72)的${}_1F_1$可以用一些级数项来近似，而${}_1F_1$对大宗量的近似可以采用大宗量$\rho/W$的值来表示。则

$$\sigma_{\chi,\,r}^2(L,\rho)\approx\begin{cases}1.1\sigma_1^2\Lambda^{5/6}\left(\dfrac{\rho}{W}\right)^2\left[1+0.083\left(\dfrac{\rho}{W}\right)^2\right], & \rho\leqslant W\\[2ex]0.027\sigma_1^2\Lambda^{5/6}\left(\dfrac{\rho}{W}\right)^{11/3}\exp\left(\dfrac{2\rho^2}{W^2}\right), & \rho\gg W\end{cases} \tag{6.73}$$

因此，$\rho<W$时，径向分量式(6.73)近似随着接收机处从波束中心到衍射波束半径的距离平方的增加而增加。若忽略多重因子$(1+0.083(\rho/W)^2)$的小贡献，它与式(6.63)相同。当$\rho\gg W$时，根据${}_1F_1$函数的指数性，预测横向分量随着ρ的增加而急剧增加。

纵向分量：

$$\sigma_{\chi,\,1}^2(L)=0.066\pi^2C_n^2k^2L\int_0^1\times$$
$$\int_0^{\infty}\left\{1-\cos\left[(1-\overline{\Theta}\xi)L\kappa^2\frac{\xi}{k}\right]\right\}\exp\left(-\Lambda L\eta^2\frac{\kappa^2}{k}\right)\kappa^{-8/3}\mathrm{d}\kappa\mathrm{d}\xi \tag{6.74}$$

令$a=L(1-\overline{\Theta}\xi)\xi/k$，$b=\Lambda L\xi^2/k$，$x=\kappa^2$，则$2\mathrm{d}\kappa=x^{-1/2}\mathrm{d}x$，式(6.74)化简为

$$\sigma_{\chi,\,1}^2(L)=0.033C_n^2\pi^2k^2L\int_0^1\int_0^{\infty}[1-\cos(ax)]\exp(-bx)x^{-11/6}\mathrm{d}x\mathrm{d}\xi \tag{6.75}$$

即得

$$\begin{aligned}\sigma_{\chi,\,1}^2(L)&=1.77\sigma_1^2\int_0^1\left\{[\Lambda^2\eta^4+(1-\overline{\Theta}\xi)^2\xi^2]^{5/12}\cos\left[\frac{5}{6}\arctan\left(\frac{1-\overline{\Theta}\xi}{\Lambda\xi}\right)\right]-\Lambda^{5/6}\xi^{5/3}\right\}\mathrm{d}\xi\\&=0.66\sigma_1^2[f(\overline{\Theta},\Lambda)-\Lambda^{5/6})]\end{aligned} \tag{6.76}$$

这里$f(\overline{\Theta},\Lambda)=\mathrm{Re}\left[\left(\dfrac{16}{11}\right)\mathrm{i}^{5/6}\cdot{}_2F_1\left(-\dfrac{5}{6},\dfrac{11}{6},\dfrac{17}{6};\,\overline{\Theta}+\mathrm{i}\Lambda\right)\right]$，${}_2F_1(a,\,b,\,c;\,\chi)$是超几何流函数。则对数振幅方差表示为

$$\sigma_x^2(L,\rho)=0.66\sigma_1^2\left[f(\overline{\Theta},\Lambda)-\Lambda^{5/6}{}_1F_1\left(-\frac{5}{6};\,1;\,\frac{2\rho^2}{W^2}\right)\right] \tag{6.77}$$

这与 Ishimaru 给出的结果是等价的。当$\Theta_0\geqslant0.5$时，有$|\overline{\Theta}+\mathrm{i}\Lambda|\leqslant1$，它包含了所有的发散和准直波束以及部分会聚波束情况。在这种条件下，式(6.77)中超几何函数级数展开后，表示为

$$f(\overline{\Theta},\Lambda)=\frac{11}{16}\sum_{n=0}^{\infty}\frac{(-5/6)_n(11/6)_n}{(17/6)_n n!}(\overline{\Theta}^2+\Lambda^2)^{n/2}\cos\left[n\arctan\left(\frac{\Lambda}{\overline{\Theta}}\right)+\frac{5\pi}{12}\right],\ |\hat{\Theta}+\mathrm{i}\Lambda|\leqslant1 \tag{6.78}$$

而$(a)_n=\Gamma(a+n)/\Gamma(a)$，$n=0$，1，2，3，…。

同理，当$\Theta_0<0.5$时，有$|\overline{\Theta}+\mathrm{i}\Lambda|>1$，利用超几何函数的级数展开式

$$ {}_2F_1(a,\ b,\ c;\ -x)=\frac{\Gamma(c)\Gamma(b-a)}{\Gamma(b)\Gamma(c-a)}x^{-a}{}_2F_1\left(a,\ 1+a-c,\ 1+a-b;\ -\frac{1}{x}\right)+ \frac{\Gamma(c)\Gamma(a-b)}{\Gamma(a)\Gamma(c-b)}x^{-b}{}_2F_1\left(b,\ 1+b-c,\ 1+b-a;\ -\frac{1}{x}\right) \tag{6.79} $$

可得到

$$ f(\overline{\Theta},\ \Lambda)=0.338(\overline{\Theta}^2+\Lambda^2)^{-11/12}\cos\left[\frac{11}{6}\arctan\left(\frac{\Lambda}{\hat{\Theta}}\right)-\frac{\pi}{4}\right]+(\overline{\Theta}^2+\Lambda^2)^{5/12}\times \sum_{n=0}^{\infty}\frac{(-5/6)_n(11/6)_n}{(17/6)_n n!}(\overline{\Theta}^2+\Lambda^2)^{-n/2}\cos\left[\left(n-\frac{5}{6}\right)\arctan\left(\frac{\Lambda}{\overline{\Theta}}\right)+\frac{5\pi}{12}\right],\ |\overline{\Theta}+\mathrm{i}\Lambda|>1 \tag{6.80} $$

上述内容中涉及以下三种波束类型。

1. 准直波束

对于准直波束，由于$\Theta_0=1$，参数Λ和Θ完全由Λ_0决定，同时由于$|\overline{\Theta}+\mathrm{i}\Lambda|\leqslant 1$，将式(6.78)代入式(6.77)，把$\Theta_0$和$\Lambda$写成$\Lambda_0$的形式，得

$$ \frac{\sigma_{x,1}^2(L)}{\sigma_1^2}=0.96\sum_{n=0}^{\infty}\frac{\left(-\frac{5}{6}\right)_n\left(\frac{11}{6}\right)_n}{\left(\frac{17}{6}\right)_n n!}\left(\frac{\Lambda_0^2}{1+\Lambda_0^2}\right)^{n/2}\cos\left[n\arctan\left(\frac{1}{\Lambda_0}\right)+\frac{5\pi}{12}\right]-0.66\left(\frac{\Lambda_0}{1+\Lambda_0^2}\right)^{5/6} \tag{6.81} $$

对$f(\overline{\Theta},\Lambda)$中的超几何流函数进行级数展开，得到

$$ \frac{\sigma_{x,1}^2(L)}{\sigma_1^2}=0.39\left(\frac{1+\Lambda_0^2}{\Lambda_0^2}\right)^{11/12}\sin\left(\frac{11}{6}\arctan\Lambda_0\right)-0.66\left(\frac{\Lambda_0}{1+\Lambda_0^2}\right)^{5/6}+ 0.96\Lambda_0^{-11/6}\sum_{n=0}^{\infty}\frac{\left(-\frac{5}{6}\right)_n\left(\frac{11}{6}\right)_n}{\left(\frac{17}{6}\right)_n n!}(1+\Lambda_0^2)^{-n/2}\sin(n\arctan\Lambda_0) \tag{6.82} $$

除了大宗量的Λ_0外，式(6.81)中的级数比式(6.82)收敛得快。方程(6.81)和方程(6.82)在$\Lambda_0=0$时，可退化为经典的平面波表达式$\sigma_{x,\mathrm{p}}^2=0.307C_n^2k^{7/6}L^{11/6}$；在$\Lambda_0=\infty$时，可退化为经典的球面波表达式$\sigma_{x,\mathrm{s}}^2=0.124C_n^2k^{7/6}L^{11/6}$。

2. 发散波束

发散波束的特征可以用$\Theta_0>1$或$|\overline{\Theta}+\mathrm{i}\Lambda|\leqslant 1$来描述，其对数振幅方差为

$$ \frac{\sigma_{x,1}^2(L)}{\sigma_1^2}=0.96\sum_{n=0}^{\infty}\frac{\left(-\frac{5}{6}\right)_n\left(\frac{11}{6}\right)_n}{\left(\frac{17}{6}\right)_n n!}(\overline{\Theta}^2+\Lambda^2)^{n/2}\cos\left[n\arctan\left(\frac{\Lambda}{\overline{\Theta}}\right)+\frac{5\pi}{12}\right]-0.66\Lambda^{5/6} \tag{6.83} $$

图6.1和图6.2分别给出了准直波束和发散波束的对数振幅方差随Λ_0变化的曲线。

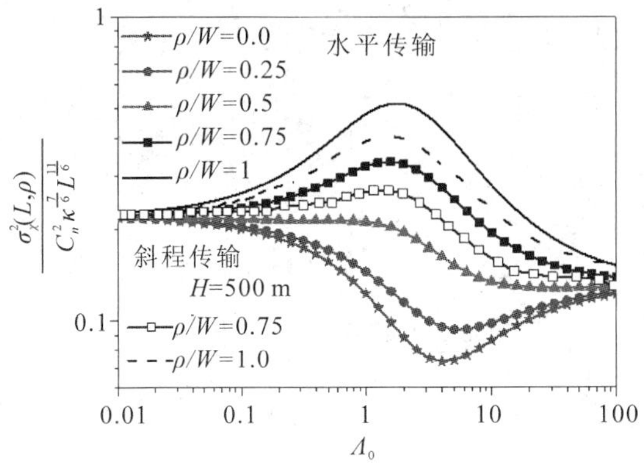

图 6.1　准直波束的对数振幅方差随 Λ_0 变化的曲线

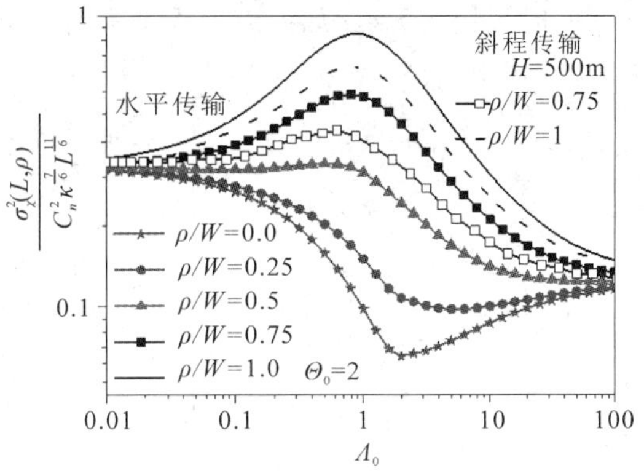

图 6.2　发散波束的对数振幅方差随 Λ_0 变化的曲线

图 6.2 中的结果($\Theta_0=2$)与图 6.1 的结果非常相似，差别在于径向分量的最大值出现在 $\Lambda_0=\Theta_0=2$ 处，而不是出现在 $\Lambda_0=\Theta_0=1$ 处。发散波束的对数振幅起伏方差与准直波束相似，即随着波束半径尺寸的减小而趋于球面波。

3. 会聚波束

当波束是会聚波束时，$\Theta_0<1$。与其他的波束类型相比，在 Θ_0 接近于 0，Λ 和 Θ 的值比较大时，会聚波束有些极其突出的现象。对于会聚波束，当 $0.5\leqslant\Theta_0<1$ 时，对数振幅方差的纵向项的解析表达式与式(6.83)给出的发散波束的形式相同。然而，当 $\Theta_0<0.5$ 时，将式(6.80)代入式(6.76)，得到 $\sigma_{\chi,1}^2$，然后代入式(6.83)，得到

$$\frac{\sigma_{\chi,1}^2(L)}{\sigma_1^2}=0.22(\overline{\Theta}^2+\Lambda^2)\cos\left[\frac{11}{6}\arctan\left(\frac{\Lambda}{\overline{\Theta}}\right)-\frac{\pi}{4}\right]-0.66\Lambda^{5/6}+0.66(\overline{\Theta}^2+\Lambda^2)^{5/12}\times$$
$$\sum_{n=0}^{\infty}\frac{\left(-\frac{5}{6}\right)_n\left(-\frac{8}{3}\right)_n}{\left(-\frac{5}{3}\right)_n n!}(\overline{\Theta}^2+\Lambda^2)^{-n/2}\cos\left[\left(n-\frac{5}{6}\right)\arctan\left(\frac{\Lambda}{\overline{\Theta}}\right)+\frac{5\pi}{12}\right],\ |\overline{\Theta}+\mathrm{j}\Lambda|>1 \tag{6.84}$$

对于理想会聚波束($\Theta_0=0$)，式(6.84)可以改写为

$$\frac{\sigma_{\chi,1}^2(L)}{\sigma_1^2}=0.22\left(\frac{\Lambda_0^2}{1+\Lambda_0^2}\right)^{11/12}\cos\left[\frac{11}{6}\arctan\left(\frac{1}{\Theta\Lambda_0}\right)-\frac{\pi}{4}\right]-0.66\Lambda^{5/6}+$$
$$0.66\left(\frac{1+\Lambda_0^2}{\Lambda_0^2}\right)^{5/12}\sum_{n=0}^{\infty}\frac{\left(-\frac{5}{6}\right)_n\left(-\frac{5}{6}\right)_n}{\left(-\frac{5}{3}\right)_n n!}\left(\frac{\Lambda_0^2}{1+\Lambda_0^2}\right)^{n/2}\cos\left[\left(n-\frac{5}{6}\right)\arctan\left(\frac{1}{\Lambda_0}\right)+\frac{5\pi}{12}\right] \tag{6.85}$$

式(6.84)和式(6.85)要求无穷项中保留 4 或 5 项，以便得到合理的精度，因此它们不能得到像准直波束和发散波束那样的近似表达式。从图 6.3 看出：理想会聚波束尺度化的对数振幅方差对于不同的 Fresnel 比是 Λ_0 的函数。与其他的波束形式一致的是：当 $\Lambda_0\to\infty$ 时，径向分量接近 0，纵向分量接近球面波结果；然而当 $\Lambda_0\to 0$ 时，纵向分量为零，而横向分量变得无穷大。相反，当 $|\Lambda_0|$ 很小但不为零时，在 $\Lambda_0=|\Theta_0|$ 区域，横向分量变得很大，当 $\Lambda_0\to 0$ 或 $\Lambda_0\to\infty$ 时，横向分量为零。类似地，纵向分量在接近 $\Lambda_0=\Theta_0$ 时有最小值，在

$\Lambda_0 \to 0$ 时很快增大(比如波束尺寸增大)，最终接近一个非零的有限值。

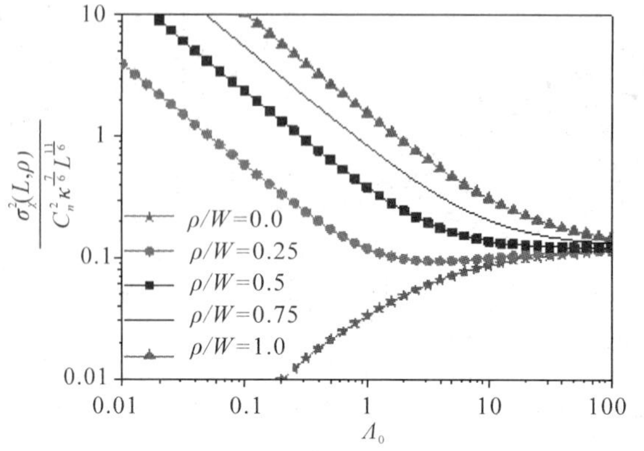

图 6.3　会聚波束尺度化的对数振幅方差与 Λ_0 的关系

当 $|\Theta_0| \neq 0$ 时，纵向分量的这种现象在图 6.4($\Theta_0>0$)和图 6.5($\Theta_0<0$)中给出。

由图 6.4 和图 6.5 可知，$\Theta_0>0$ 时会聚误差导致轴上方差的最小值比 $\Theta_0<0$ 时大。值得注意的是，在 $\Theta_0=0$ 的情况下，即使焦点略微调整，预测的轴向闪烁减小都不会出现。

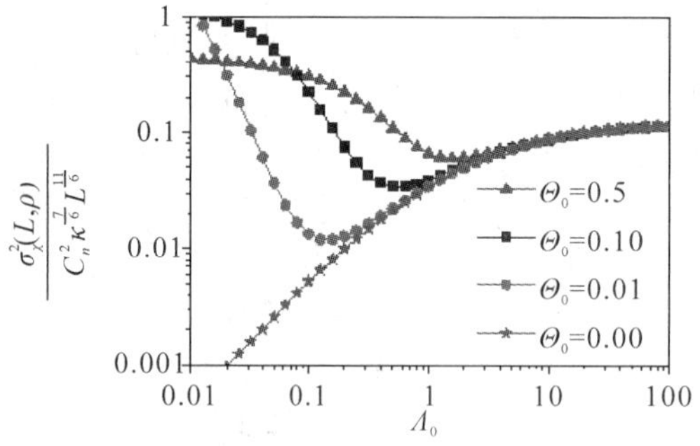

图 6.4　会聚波束的对数振幅方差随 Λ_0 变化的曲线($\Theta>0$)

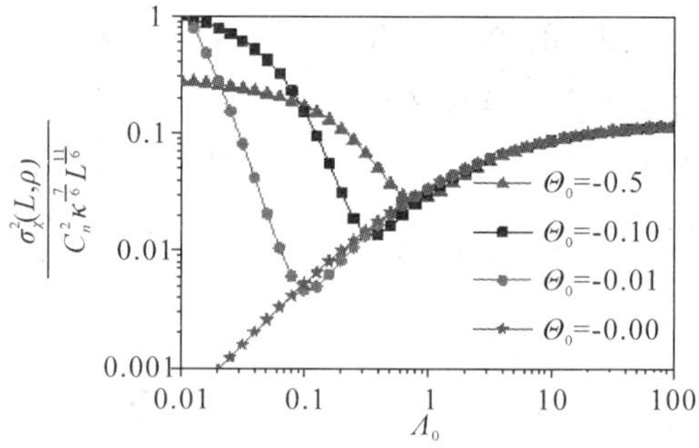

图 6.5　会聚波束的对数振幅方差随 Λ_0 变化的曲线($\Theta<0$)

6.2.4　高斯波束的相关函数和对数振幅方差

根据 Rytov 解，波场的二阶矩为

$$\begin{aligned}\Gamma_2(\boldsymbol{\rho}_1, \boldsymbol{\rho}_2, L) &= U_0(\boldsymbol{\rho}_1, L)U_2^*(\boldsymbol{\rho}_2, L)\langle \exp[\psi(\boldsymbol{\rho}_1, L)+\psi^*(\boldsymbol{\rho}_2, L)]\rangle \\ &= \Gamma_2^0(\boldsymbol{\rho}_1, \boldsymbol{\rho}_2, L)\exp[2E_1(0, 0)+E_2(\boldsymbol{\rho}_1, \boldsymbol{\rho}_2)]\end{aligned} \tag{6.86}$$

代入 $E_1(0, 0)$ 和 $E_2(\boldsymbol{\rho}_1, \boldsymbol{\rho}_2)$ 的具体形式，则

$$\Gamma_2(\boldsymbol{\rho}_1, \boldsymbol{\rho}_2, L) = \Gamma_2^0(\boldsymbol{\rho}_1, \boldsymbol{\rho}_2, L)\exp\left[\left[-4\pi^2 k^2 L\int_0^1\int_0^\infty \kappa\Phi_n(\kappa)\times \left\{1-\exp\left(-\frac{\Lambda L\kappa^2\xi^2}{k}\right)\mathrm{J}_0\left[\,|(1-\overline{\Theta}\xi)\boldsymbol{\rho}_\mathrm{d}-2\mathrm{i}\Lambda\xi\boldsymbol{\rho}_\mathrm{c}|\kappa\right]\right\}\mathrm{d}\kappa\mathrm{d}\xi\right]\right] \tag{6.87}$$

其中

$$\Gamma_2^0(\boldsymbol{\rho}_1, \boldsymbol{\rho}_2, L) = U_0(\boldsymbol{\rho}_1, L)U_0^*(\boldsymbol{\rho}_2, L) = \frac{W_0^2}{W^2}\exp\left[-\frac{2\rho_\mathrm{c}^2}{W^2}-\frac{2\rho_\mathrm{d}^2}{W^2}-\mathrm{i}\,\frac{k}{R}\boldsymbol{\rho}_\mathrm{c}\cdot\boldsymbol{\rho}_\mathrm{d}\right] \tag{6.88}$$

式(6.87)可以进一步表示为如下较为方便的表达式：

$$\Gamma_2(\boldsymbol{\rho}_1, \boldsymbol{\rho}_2, L)=\Gamma_2^0(\boldsymbol{\rho}_1, \boldsymbol{\rho}_2, L)\exp[\sigma_r^2(\boldsymbol{\rho}_1, L)+\sigma_r^2(\boldsymbol{\rho}_2, L)-T]\exp\left[-\frac{1}{2}\Delta(\boldsymbol{\rho}_1, \boldsymbol{\rho}_2, L)\right] \tag{6.89}$$

式中，对数振幅方差横向分量 $\sigma_r^2(\boldsymbol{\rho}, L)$ 描述了湍流大气中垂直传播路径平均强度的横向变化；T 不依赖于 $\boldsymbol{\rho}$，表示在传播轴线上接受平面平均强度的变化。最后一项指数函数为复相干度，$\mathrm{Re}[\Delta(L, \boldsymbol{\rho}_1, \boldsymbol{\rho}_2)]=D(L, \boldsymbol{\rho}_1, \boldsymbol{\rho}_2)$ 是高斯波束的结构函数。则

$$\begin{aligned}\sigma_r^2(\boldsymbol{\rho}, L) &= \frac{1}{2}[E_2(\boldsymbol{\rho}, \boldsymbol{\rho})-E_2(0, 0)] \\ &= 2\pi^2k^2L\int_0^1\int_0^\infty \kappa\Phi_n(\kappa)\exp\left(-\frac{\Lambda L\kappa^2\xi^2}{k}\right)[I_0(2\Lambda r\xi\kappa)-1]\mathrm{d}\kappa\mathrm{d}\xi\end{aligned} \tag{6.90}$$

$$T=-2E_1(0, 0)-E_2(0, 0)=4\pi^2k^2L\int_0^1\int_0^\infty \kappa\Phi_n(\kappa)\left[1-\exp\left(-\frac{\Lambda L\kappa^2\xi^2}{k}\right)\right]\mathrm{d}\kappa\mathrm{d}\xi \tag{6.91}$$

$$\begin{aligned}\Delta(\boldsymbol{\rho}_1, \boldsymbol{\rho}_2, L) &= E_2(\boldsymbol{\rho}_1, \boldsymbol{\rho}_1)+E_2(\boldsymbol{\rho}_2, \boldsymbol{\rho}_2)-2E_2(\boldsymbol{\rho}_1, \boldsymbol{\rho}_2) \\ &= 4\pi^2k^2L\int_0^1\int_0^\infty \kappa\Phi_n(\kappa)\exp\left(-\frac{\Lambda L\kappa^2\xi^2}{k}\right)\times \\ &\quad \{\mathrm{I}_0(2\Lambda\rho_1\xi\kappa)+\mathrm{I}_0(2\Lambda\rho_2\xi\kappa)-2\mathrm{J}_0[|(1-\overline{\Theta}\xi)\boldsymbol{\rho}_d-2\mathrm{i}\Lambda\xi\boldsymbol{\rho}_c|\kappa]\}\mathrm{d}\kappa\mathrm{d}\xi\end{aligned} \tag{6.92}$$

式中，$\mathrm{I}_0(x)=\mathrm{J}_0(\mathrm{i}x)$ 是修正的 Bessel 函数。

对式(6.90)考虑

$$\mathrm{I}_0(2\Lambda\rho\kappa\xi)-1=\sum_{n=1}^{\infty}\frac{(\Lambda\rho)^{2n}}{(n!)^2}k^{2n}\xi^{2n} \tag{6.93}$$

则式(6.90)可表示为

$$\begin{aligned}\sigma_r^2(\boldsymbol{\rho}, L) &= 2\pi^2k^2L\int_0^1\int_0^\infty \kappa\Phi_n(\kappa)\exp\left(-\frac{\Lambda L\kappa^2\xi^2}{k}\right)[\mathrm{I}_0(2\Lambda\rho\xi\kappa)-1]\mathrm{d}\kappa\mathrm{d}\xi \\ &= 0.651C_n^2k^2L\sum_{n=1}^{\infty}\frac{(\Lambda\rho)^{2n}}{(n!)^2}\int_0^1\xi^{2n}\int_0^\infty \kappa^{2n-8/3}\exp\left(-\frac{\Lambda L\kappa^2\xi^2}{k}\right)\mathrm{d}\kappa\mathrm{d}\xi\end{aligned} \tag{6.94}$$

如果采用 Kolmogorov 谱，并利用积分公式

$$\int_0^\infty \kappa^{2n-8/3}\exp(-a^2\kappa^2)\mathrm{d}\kappa=\frac{1}{2}\Gamma\left(n-\frac{5}{6}\right)a^{\frac{5}{3}-2n} \tag{6.95}$$

则有

$$\begin{aligned}\sigma_r^2(\boldsymbol{\rho}, L) &= 2.173C_n^2k^{7/6}L^{11/6}\Lambda^{5/6}\int_0^1\xi^{5/3}\left[1-{}_1F_1\left(-\frac{5}{6}; 1; \frac{2\rho^2}{W^2}\right)\right]\mathrm{d}\xi \\ &\approx 1.36C_n^2k^{7/6}L^{11/6}\Lambda^{5/6}\frac{\rho^2}{W^2}=1.105\sigma_1^2\Lambda^{5/6}\frac{\rho^2}{W^2}, \quad \rho<W\end{aligned} \tag{6.96}$$

类似有

$$T=1.33\sigma_1^2\Lambda^{5/6} \tag{6.97}$$

如果采用 Von Karman 谱，可以表示为

$$\Phi_n(\kappa)=0.033C_n^2(\kappa^2+\kappa_0^2)^{-11/6}\exp\left(-\frac{\kappa^2}{\kappa_m^2}\right) \tag{6.98}$$

其中，$\kappa_m=5.92/l_0$，$\kappa_0=1/L_0$，L_0 为大气湍流的外尺度。以类似方法可以获得

$$\sigma_r^2(\boldsymbol{\rho},L)=0.651C_n^2k^2L\sum_{n=0}^{\infty}\frac{(\Lambda\rho)^{2n}}{(n!)^2}\int_0^1\xi^{2n}\int_0^{\infty}\kappa^{2n+1}(\kappa^2+\kappa_0^2)^{-11/6}\exp\left(-\frac{\Lambda L\xi^2\kappa^2}{k}\right)\mathrm{d}\kappa\mathrm{d}\xi-$$
$$0.651C_n^2k^2L\int_0^1\int_0^{\infty}\kappa(\kappa^2+\kappa_0^2)^{-11/6}\exp\left(-\frac{\Lambda L\xi^2\kappa^2}{k}\right)\mathrm{d}\kappa\mathrm{d}\xi \tag{6.99}$$

式(6.99)中等式右边第一项和第二项分别为

$$C_1=0.3255C_n^2k^2L_0^{5/3}L\sum_{n=0}^{\infty}\frac{(\Lambda\rho)^{2n}}{(n!)^2}\int_0^1\xi^{2n}\kappa_0^{2n}\Gamma(n+1)U\left(n+1;\ n+\frac{1}{6};\ \frac{\kappa_0^2\Lambda L\xi^2}{k}\right)\mathrm{d}\xi$$

$$C_2=-0.132\pi^2C_n^2k^2L_0^{5/3}L\int_0^1U\left(1;\ \frac{1}{6};\ \frac{\kappa_0^2\Lambda L\xi^2}{k}\right)\mathrm{d}\xi$$

其中，$U(a;c;x)$是第二类合流超几何函数。它与第一类合流超几何函数的关系为

$$U(a;c;x)=\frac{\Gamma(1-c)}{\Gamma(1+a-c)}{}_1F_1(a;c;x)+\frac{\Gamma(c-1)}{\Gamma(a)}x^{1-c}{}_1F_1(1+a-c;2-c;x) \tag{6.100}$$

对于上述表达式，在弱起伏区域，可认为$\kappa_0^2\Lambda L\xi^2/k\ll1$，利用第二类合流超几何函数的近似形式，式(6.100)重写为

$$U(a;c;x)\approx\frac{\Gamma(1-c)}{\Gamma(1+a-c)}+\frac{\Gamma(c-1)}{\Gamma(a)}x^{1-c},\quad |x|\ll1 \tag{6.101}$$

将式(6.101)代入式(6.99)的积分中，经过较复杂计算，可获得

$$\begin{aligned}\sigma_r^2(\rho,L)=&\frac{0.3255}{\Gamma\left(\frac{11}{6}\right)}\cdot\frac{2\pi}{\Gamma\left(\frac{1}{6}\right)}C_n^2k^2L_0^{5/3}L\int_0^1\left[{}_1F_1\left(1;\ \frac{1}{6};\ \Lambda^2\rho^2\kappa_0^2\xi^2\right)-1\right]\mathrm{d}\xi+\\&0.3255\Gamma\left(-\frac{5}{6}\right)C_n^2k^{7/6}L^{11/6}\Lambda^{5/6}\int_0^1\xi^{5/3}\left[{}_1F_2\left(-\frac{5}{6};\ \frac{11}{6};\ \frac{2\rho^2}{W^2}\right)-1\right]\mathrm{d}\xi-\\&0.132\pi^2C_n^2k^2L_0^{5/3}L\int_0^1U\left(1;\ \frac{1}{6};\ \frac{\kappa_0^2\Lambda L\xi^2}{k}\right)\mathrm{d}\xi\\=&4.42\sigma_1^2\Lambda^{5/6}\left[1-1.15\left(\frac{\Lambda L}{kL_0^2}\right)^{1/6}\right]\frac{\rho^2}{W^2}\end{aligned} \tag{6.102}$$

以类似方法可以获得

$$T=4\pi^2k^2L\int_0^1\int_0^{\infty}\kappa\Phi_n(\kappa)\left[1-\exp\left(-\frac{\Lambda L\kappa^2\xi^2}{k}\right)\right]\mathrm{d}\kappa\mathrm{d}\xi=1.33\sigma_1^2\Lambda^{5/6} \tag{6.103}$$

在相关函数式(6.89)中，考虑一种特殊的情况，即在局部均匀各向同性湍流中，取观察的两点关于波束传播轴中心对称，即$\boldsymbol{\rho}_1=-\boldsymbol{\rho}_2$，则式(6.92)变为

$$\begin{aligned}\Delta(\boldsymbol{\rho}_1,\boldsymbol{\rho}_2,L)=&4\pi^2k^2L\int_0^1\int_0^{\infty}\kappa\Phi_n(\kappa)\exp\left(-\frac{\Lambda L\kappa^2\xi^2}{k}\right)\times\\&\{\mathrm{I}_0(2\Lambda\rho_1\xi\kappa)+\mathrm{I}_0(2\Lambda\rho_2\xi\kappa)-2\mathrm{J}_0[|(1-\overline{\Theta}\xi)\boldsymbol{\rho}_d-2\mathrm{i}\Lambda\xi\boldsymbol{\rho}_c|\kappa]\}\mathrm{d}\kappa\mathrm{d}\xi\\=&8\pi^2k^2L\int_0^1\int_0^{\infty}\kappa\Phi_n(\kappa)\exp\left(-\frac{\Lambda L\kappa^2\xi^2}{k}\right)\{1-\mathrm{J}_0[(1-\overline{\Theta}\xi)\kappa\rho]\}\mathrm{d}\kappa\mathrm{d}\xi=d(\rho,L)\end{aligned} \tag{6.104}$$

在弱起伏情况下，如采用 Kolmogorov 谱，$d(\rho,L)$为

$$d(\rho,L)=\frac{3}{4}\chi\left(1.22(\sigma_1^2)^{6/5}\frac{k\rho^2}{L}\right)^{5/6} \tag{6.105}$$

$$\chi=\frac{1-\Theta^{8/3}}{1-\Theta}\quad(\Theta\geqslant 0);\quad \frac{1+|\Theta|^{8/3}}{1-\Theta}\quad(\Theta<0) \tag{6.106}$$

当采用 Von Karman 谱时，有

$$d(\rho, L)=0.132\pi^2 C_n^2 k^2 L_0^{\frac{5}{3}} L\int_0^1 U\left(1;\ \frac{1}{6};\ \frac{\kappa_0^2 \Lambda L\xi^2}{k}\right)\mathrm{d}\xi-$$
$$\frac{0.264\pi^3}{\Gamma\left(\frac{11}{6}\right)\cdot\Gamma\left(\frac{1}{6}\right)}C_n^2 k^2 L_0^{5/3} L\int_0^1 {}_1F_1\left[1;\ \frac{1}{6};\ -(1-\overline{\Theta}\xi)^2\rho^2\kappa_0^2\right]\mathrm{d}\xi-$$
$$0.132\Gamma\left(-\frac{5}{6}\right)\pi^2 C_n^2 k^{7/6}\Lambda^{5/6} L^{11/6}\int_0^1 \xi^{5/3}\,{}_1F_1\left[-\frac{5}{6};\ \frac{11}{6};\ -\frac{2(1-\overline{\Theta}\xi)^2\rho^2}{\Lambda^2\xi^2 W^2}\right]\mathrm{d}\xi \tag{6.107}$$

利用超几何合流函数的近似关系，可得到

$$d(\rho, L)=1.093C_n^2 k^{7/6} L^{11/6}\left[\chi\left(\frac{k\rho^2}{L}\right)^{5/6}+0.618\Lambda^{11/6}\left(\frac{k\rho^2}{L}\right)-\right.$$
$$\left.0.715(1+\Theta+\Theta^2+\Lambda^2)(\kappa_0\rho)^{1/3}\left(\frac{k\rho^2}{L}\right)^{5/6}\right] \tag{6.108}$$

其中，$\kappa_0=1/L_0$。

6.2.5 高斯波束的平均强度

根据高斯波束的相关函数，当横向观测点 $\boldsymbol{\rho}_1=\boldsymbol{\rho}_2=\boldsymbol{\rho}$ 时，根据 Rytov 方法，由式(6.89)可以导出平均强度：

$$\langle I(\boldsymbol{\rho}, L)\rangle=\Gamma_2(\boldsymbol{\rho}, \boldsymbol{\rho}, L)=\frac{W_0^2}{W^2}\exp\left(-\frac{2\rho^2}{W^2}\right)\exp[2\sigma_r^2(\boldsymbol{\rho}, L)-T] \tag{6.109}$$

式中，针对 Kolmogorov 谱和 Von Karman 谱，对数振幅方差径向分量 $\sigma_r^2(\boldsymbol{\rho}, L)$和 T 分别由式(6.96)、式(6.97)和式(6.102)、式(103)给出。如果采用 Kolmogorov 谱，将式(6.96)和式(6.97)代入式(6.109)，并利用式(6.90)，平均强度可以简化为

$$\langle I(\boldsymbol{\rho}, L)\rangle=\frac{W_0^2}{W_e^2}\exp\left(-\frac{2\rho^2}{W_e^2}\right) \tag{6.110}$$

其中，W_e 为有效波束宽度，其计算公式为

$$W_e=W(1+T)^{1/2}=W\sqrt{1+1.336\ 25\sigma_1^2\Lambda^{5/6}} \tag{6.111}$$

进一步，采用广义惠更斯-菲涅尔原理给出高斯波束在湍流中传输的平均强度，并和 Rytov 方法对比，分析两种方法的结果精度以及适用范围。波束在湍流介质中传播一定距离后，场强为

$$U(\boldsymbol{\rho}, L)=-\frac{\mathrm{i}k}{2\pi L}\exp(\mathrm{i}kL)\int_{-\infty}^{\infty}U_0(\boldsymbol{\rho}', 0)\exp\left[\frac{\mathrm{i}k\,|\boldsymbol{\rho}-\boldsymbol{\rho}'|^2}{2L}+\psi(\boldsymbol{\rho}, \boldsymbol{\rho}')\right]\mathrm{d}\boldsymbol{\rho}' \tag{6.112}$$

其中，$\psi(\boldsymbol{\rho}, \boldsymbol{\rho}')$是由湍流引起的球面波的复相位起伏。波束的平均强度可以通过波在湍流中的相干函数获得。根据第五章介绍有

$$\langle I(\boldsymbol{\rho}, L)\rangle=\Gamma_2(\boldsymbol{\rho}_1, \boldsymbol{\rho}_2, L)=\langle U(\boldsymbol{\rho}_1, L)U^*(\boldsymbol{\rho}_2, L)\rangle,\quad \boldsymbol{\rho}_1=\boldsymbol{\rho}_2=\boldsymbol{\rho} \tag{6.113}$$

设在波源处高斯波束的场可以表示为

$$U_{s\phi}(\rho,\ \phi)=\exp\left(-\frac{\boldsymbol{\rho}^2}{W_0^2}\right) \tag{6.114}$$

根据广义惠更斯-菲涅尔原理，高斯波束传播到 L 处的平均强度可以写为

$$\begin{aligned}\langle I(\boldsymbol{\rho},\ L)\rangle &= \langle U(\boldsymbol{\rho},\ L)U^*(\boldsymbol{\rho},\ L)\rangle \\ &= \left(\frac{k}{2\pi L}\right)^2\iint_{-\infty}^{\infty}U_0(\boldsymbol{\rho}_1,\ 0)U_0^*(\boldsymbol{\rho}_2,\ 0)\exp\left(\mathrm{i}k\,\frac{|\boldsymbol{\rho}_1-\boldsymbol{\rho}|^2}{2L}\right)\times \\ &\quad \exp\left(\mathrm{i}k\,\frac{|\boldsymbol{\rho}_2-\boldsymbol{\rho}|^2}{2L}\right)\langle\exp[\psi(\boldsymbol{\rho},\ \boldsymbol{\rho}_1)+\psi^*(\boldsymbol{\rho},\ \boldsymbol{\rho}_2)]\rangle\mathrm{d}\boldsymbol{\rho}_1\mathrm{d}\boldsymbol{\rho}_2\end{aligned} \tag{6.115}$$

经变量转换，令 $\boldsymbol{\rho}_c=(\boldsymbol{\rho}_1+\boldsymbol{\rho}_2)/2$，$\boldsymbol{\rho}_d=(\boldsymbol{\rho}_1-\boldsymbol{\rho}_2)$，波的平均强度可表示为

$$\begin{aligned}\langle I(\rho,\ L)\rangle &= \left(\frac{k}{2\pi L}\right)^2\iint_{-\infty}^{\infty}\exp\left(-\frac{2\rho_c^2}{W_0^2}-\frac{\rho_d^2}{2W_0^2}\right)\times \\ &\quad \exp\left[\mathrm{i}k(\boldsymbol{\rho}_c-\boldsymbol{\rho})\cdot\frac{\boldsymbol{\rho}_d}{L}\right]\exp\left[-\frac{D_{sp}(\rho_d)}{2}\right]\mathrm{d}\boldsymbol{\rho}_c\mathrm{d}\boldsymbol{\rho}_d\end{aligned} \tag{6.116}$$

其中，球面波的结构函数为

$$D_{sp}(\rho_d,\ L) = 8\pi^2k^2L\int_0^1\int_0^{\infty}\kappa\Phi_n[1-\mathrm{J}_0(\kappa\xi\rho_d)]\mathrm{d}\kappa\mathrm{d}\xi \tag{6.117}$$

对式(6.116)积分，可得

$$\langle I_{GB}(\rho,\ L)\rangle = \frac{k^2W_0^2}{4L^2}\int_0^{\infty}\rho_d\mathrm{J}_0\left(\frac{kr\rho_d}{L}\right)\exp\left[-\frac{k\rho_d^2}{4\Lambda L}\right]\exp\left[-\frac{D_{sp}(\rho_d)}{2}\right]\mathrm{d}\rho_d \tag{6.118}$$

其中，$\Lambda=2L[kW_0^2+4L^2/(kW_0^2)]^{-1}$。

高斯波束形式较为简单，其平均强度可以不使用球面波结构函数的二阶近似来计算，而是直接积分来获得。

根据式(6.118)，高斯波束的平均强度为

$$\langle I_{GB}(\rho,\ L)\rangle=\exp\frac{\left[-\dfrac{2\rho^2}{AW_0^2}\right]}{A} \tag{6.119}$$

式中，$A=1+2/(\rho_0^2b^2W_0^2)+1/(b^2W_0^4)$，$b=k/(2L)$。

由上述分析可知：由广义惠更斯-菲涅尔原理计算高斯波束的平均强度时，必须使用二阶近似，但该近似不适合计算波束在小内尺度湍流中的传输。采用广义惠更斯-菲涅尔原理和 Rytov 方法研究高斯波束在湍流中传输的平均强度的结果对比如图 6.6 所示。

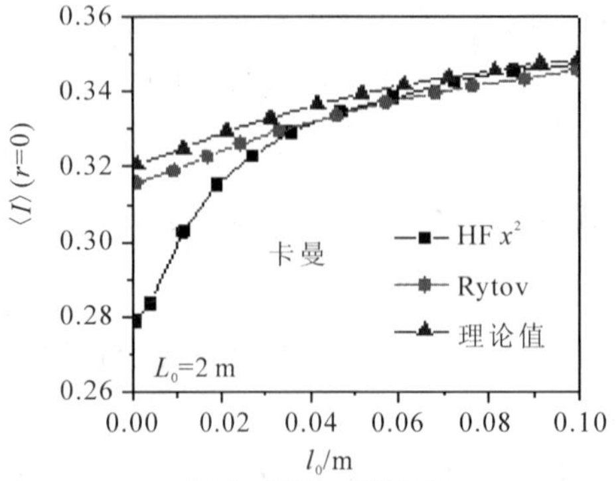

(a) L=1000 m, W=0.02 m

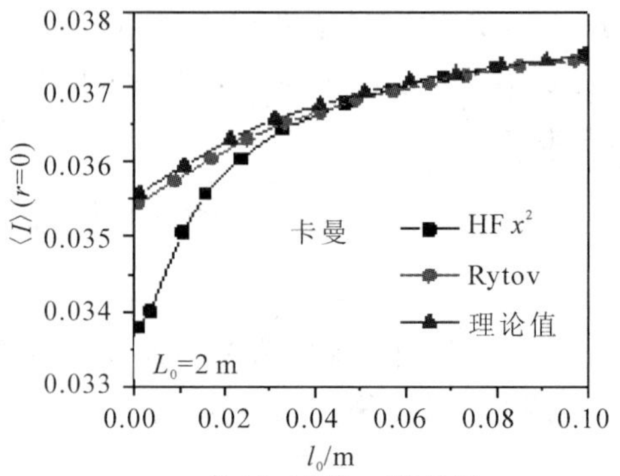

(b) L=1000 m, W=0.01m

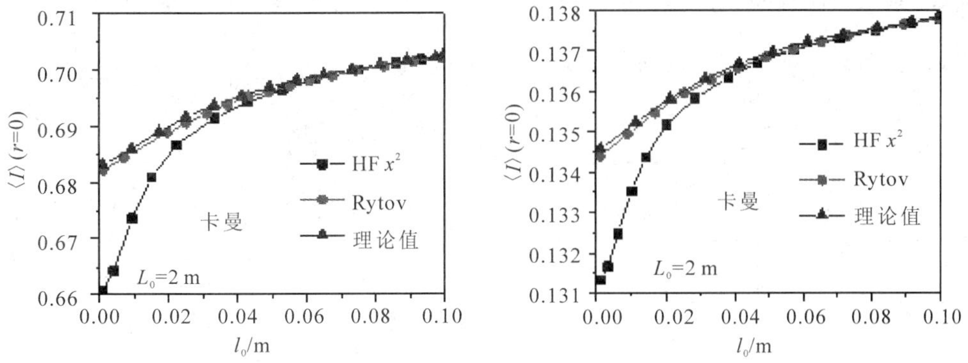

(c) L=500 m, W=0.02 m　　　(d) L=500 m, W=0.01 m

图 6.6　用不同近似方法计算高斯波束在湍流中的平均强度

图 6.6 中 HF x^2 表示使用广义惠更斯-菲涅尔原理计算的平均强度，并使用了二次近似，由式(6.119)给出；Rytov 表示使用 Rytov 方法计算的平均强度；理论值表示使用广义惠更斯-菲涅尔原理直接积分计算的结果，由式(6.118)给出。使用二阶近似的结果在湍流内尺度比较小的时候误差比较大；在湍流内尺度比较大的时候，三种方法计算的结果大小相近。由于二阶近似忽略了式(6.117)中的贝塞尔函数泰勒展开式中的高阶项，因此平均强度在湍流内尺度比较小时精度差。

6.2.6　波束的展宽和漂移

湍流大气传输中激光束的漂移和展宽也是两个重要的湍流效应，而且对激光工程应用都有着重要的影响。图 6.7 给出了 2 km 激光波束在大气中的实验探测图像。这两种湍流效应会在一定程度上对其产生影响：光束漂移可能会导致光斑脱离靶面，光束展宽可能会导致光束平均强度下降。这些都会降低图像质量和雷达的探测能力。

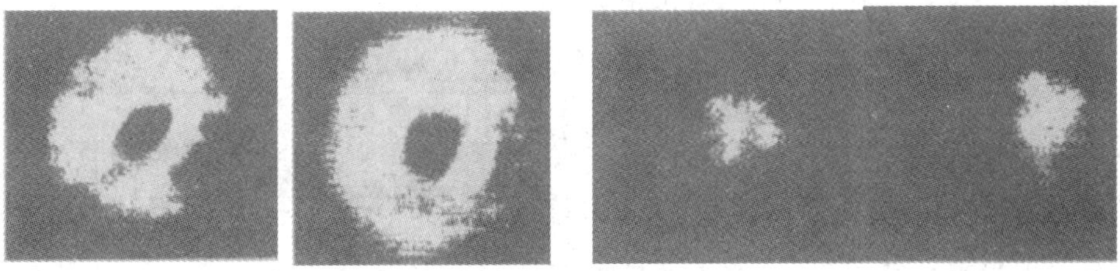

(a) 光束的漂移　　　(b) 光束的展宽

图 6.7　2 km 激光波束在大气中的实验探测图像

1. 到达角的起伏

激光在均匀介质中传输时具有均匀波前；而在湍流大气中传输时，由于光束截面内不同部分的大气折射率有起伏，因此光束波前的不同部位具有不同的相移，这些相移导致等相位面随机起伏，见图 6.8，即这种相位形变导致光束波前的到达角起伏。在接收孔径平面上光波的到达角起伏，将引起焦平面上像点抖动。下面从几何光学的角度对到达角起伏规律进行简单的介绍。设一束曲率半径为 R、发射光束直径为 $2\alpha_0$、波长为 λ 的均匀光束通过大气传播，传播距离为 x，把沿 x 轴的任一空气薄层 $\mathrm{d}x$ 看作一个薄棱镜，见图 6.9。

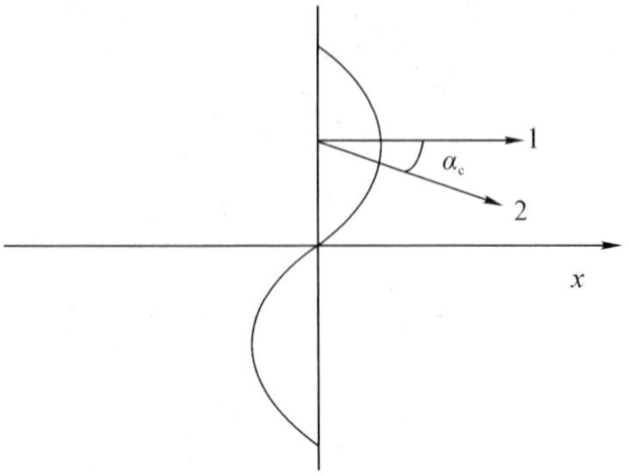

1—均匀相前法线；2—等相位法。

图 6.8　局地到达角示意图

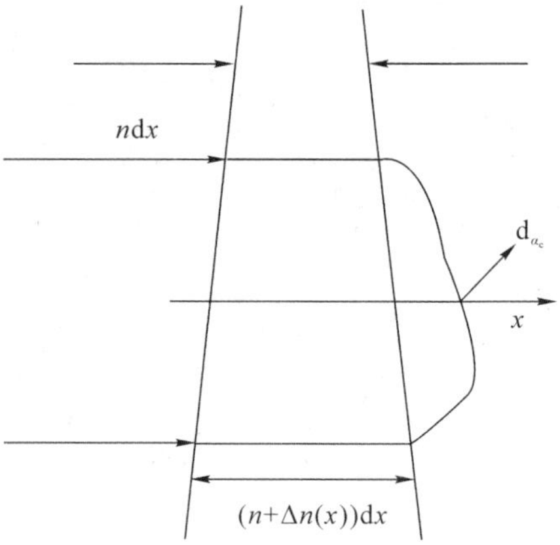

图 6.9　到达角起伏棱镜等效图

每个棱镜在接收面处产生的波面倾角 $\mathrm{d}\alpha_c$ 为

$$\mathrm{d}\alpha_c=\frac{\Delta n(x)}{W(x)}\mathrm{d}x \tag{6.120}$$

其中，n 为薄棱镜的折射率。光波到达角由光路上各大气薄层产生的 $\mathrm{d}\alpha_c$ 之和求得，即

$$\alpha_c=\int_0^x\frac{\Delta n(x)}{W(x)}\mathrm{d}x \tag{6.121}$$

到达角起伏方差为

$$\langle\alpha_c^2\rangle=\int_0^x\int_0^x\frac{\langle\Delta n(x_1)\Delta n(x_2)\rangle}{W(x_1)W(x_2)}\mathrm{d}x_1\mathrm{d}x_2 \tag{6.122}$$

在几何光学近似下，束腰半径表示为

$$W(x)=D\left|1-\frac{x}{R}\right| \tag{6.123}$$

把式(6.123)代入式(6.122)，可以得到

$$\langle\alpha_c^2\rangle=\int_0^x\int_0^x\frac{\langle\Delta n(x_1)\Delta n(x_2)\rangle}{D\left|1-\frac{x_1}{R}\right|D\left|1-\frac{x_2}{R}\right|}\mathrm{d}x_1\mathrm{d}x_2 \tag{6.124}$$

注意：当接收孔径 $2\rho\geqslant2\alpha_0\left|1-\frac{x}{R}\right|$ 时，$D=2\alpha_0$；而当 $2r\leqslant2\alpha_0\left|1-\frac{x}{R}\right|$ 时，$D=2\rho$。这里，α_0 是发射光束半径，用慢变光束的束径近似，则到达角起伏方差为

$$\langle\alpha_c^2\rangle=C_n^2D^{-4/3}\left(1-\frac{x}{R}\right)^{-2}\int_0^x\int_0^z\left|1-\frac{x_1}{R}\right|^{2/3}\times$$
$$\left\{\left[1+\frac{(x_2+x_1)^2}{(D\mid1-x_1/R\mid)^2}\right]^{1/3}-\left[\frac{\mid x_2-x_1\mid}{D\mid1-x_1/R\mid}\right]^{2/3}\right\}\mathrm{d}x_2\mathrm{d}x_1 \tag{6.125}$$

由于对积分的主要贡献在 $x_2\to x_1$ 附近，故积分可延拓到 $-\infty\to+\infty$，则式(6.125)变为

$$\langle\alpha_c^2\rangle=2.92C_n^2xD^{-1/3}\frac{3R}{8x}\frac{1-\left(1-\frac{x}{R}\right)\left|1-\frac{x}{R}\right|^{5/3}}{\left(1-\frac{x}{R}\right)^2} \tag{6.126}$$

对于准直光束 $R\to\infty$，式(6.126)可简化为熟知的平面波结果：

$$\langle\alpha_c^2\rangle=2.92C_n^2xD^{-1/3} \tag{6.127}$$

这里 D 是 2ρ 与 $2\alpha_0$ 中较小者。对于强发散光束：

$$\langle\alpha_c^2\rangle=\frac{3}{8}[2.92C_n^2x\ (2\rho)^{-\frac{1}{3}}] \tag{6.128}$$

实际上，到达角起伏可以用相位结构函数表示。在几何光学近似下，假设到达角很小，到达角起伏方差为

$$\langle\alpha_c^2\rangle=\frac{D_s(D,\ L)}{(kD)^2} \tag{6.129}$$

对于平面波，采用 Kolmogorov 谱，式(6.129)即退化为式(6.127)，可重新表示为

$$\langle\alpha_c^2\rangle=2.92C_n^2xD^{-1/3},\quad \left(\frac{L}{k}\right)^{1/2}\ll D \tag{6.130}$$

对于球面波情况，有

$$\langle\alpha_c^2\rangle=1.093C_n^2xD^{-1/3},\quad \left(\frac{L}{k}\right)^{1/2}\ll D \tag{6.131}$$

上述结论表明，只要菲涅尔区与接收孔径相比充分小，则到达角起伏方差与波长无关。上述表达式对于强起伏区也成立。高斯波束的到达角起伏方差(式(6.126))可以用上述平面波或球面波的结果表示。图 6.10 给出了准直激光波束和强发散激光波束的到达角起伏方差随传输距离的变化，由图可知，随着传输距离的增加，准直激光波束和强发散激光波束的到达角起伏方差都不断增加，在传输距离相同的情况下，强发散激光波束的到达角起伏方差要比准直激光波束的结果小。

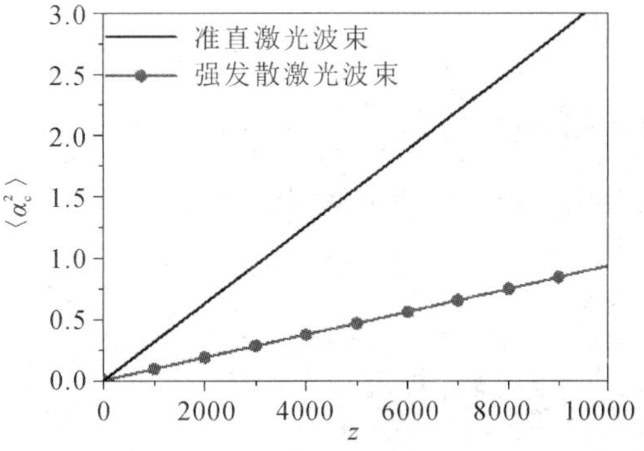

图 6.10　到达角起伏方差随传输距离的变化

2. 光束展宽

有限束宽激光在湍流大气中传输时，光束会出现展宽和漂移。当观察时间很短时，这两种效应基本上是独立的。当观察时间较长时，展宽了的光束实际上包括了漂移的影响，称为长期展宽。所以在讨论湍流大气中传输光束展宽时，需要区分短期和长期光束展宽。理论上长期展宽由下式定义：

$$\langle\rho_L^2\rangle=\frac{\iint_{-\infty}\rho^2\Gamma_2(x,\ \rho_c,\ \rho_d)\mathrm{d}\rho_c\mathrm{d}\rho_d}{\iint_{-\infty}\Gamma_2(x,\ \rho_c,\ \rho_d)\mathrm{d}\rho_c\mathrm{d}\rho_d} \tag{6.132}$$

式中，$\langle\rho_L^2\rangle$ 取决于场的二阶矩。式(6.132)中的二阶矩 $\Gamma_2(x,\ \rho_c,\ \rho_d)$ 为互相关函数。有关二阶矩在第五章中给予了详细介绍，这里我们直接采用 Clifford 和 Yura 的结果：

$$\Gamma_2(x,\ \rho_c,\ \rho_d)=\left(\frac{k}{2\pi x}\right)^2\iint_{-\infty}U_0(\rho_c')U_0^*(\rho_d')\cdot\exp\left\{\mathrm{i}\,\frac{k}{2x}[(\rho_c-\rho_c')^2-(\rho_d-\rho_d')^2]\right\}\mathrm{d}\rho_d'\mathrm{d}\rho_c'-\frac{\pi k^2}{4}\int_0^x H\left[x',\ \frac{x'(\rho_c-\rho_d)}{x}+(\rho_c'-\rho_d')\left(1-\frac{x'}{x}\right)\right]\mathrm{d}x' \tag{6.133}$$

其中，U_0 是波束初始场分布，dx'为沿 x 方向上的一小段微元，$H(x, \xi)$为

$$H(x, \xi) = 8\iint_{-\infty}(1-\cos\kappa \cdot \xi)\Phi_n(x, \kappa_x = 0, \kappa_y, \kappa_z)\mathrm{d}\kappa_y\mathrm{d}\kappa_z \tag{6.134}$$

其中，Φ_n 是湍流谱。

如果采用修正 Von Karman 谱，则式(6.134)可以写为

$$H(x, \xi)\approx 1.88C_n^2|\xi|^{5/3}\left[1-0.805\left(\frac{|\xi|}{L_0}\right)^{1/3}\right] \tag{6.135}$$

当湍流强度较强时，由于光束破碎成多个子光束，光束抖动不再严重。这时接收到的光斑的短曝光图像不再是单个光斑，而是在接收面内随机定位的多个斑点。因此，长曝光像将是模糊了的短曝光像，它们的总直径近似相等。

假设激光束波场初始分布为

$$U(0, \rho)=\exp\left[-\frac{\rho^2}{W_0^2}-\frac{\mathrm{i}k\rho^2}{2R_0}\right] \tag{6.136}$$

其中，W_0 为初始波束半宽，R_0 为波前曲率半径，ρ 为 $x=0$ 平面上的坐标。通过求解式(6.133)，把式(6.133)代入式(6.132)，得到光束的长期展宽满足下述近似规律：

$$\langle\rho_{\mathrm{L}}^2\rangle\approx\frac{4z^2}{k^2D^2}+\frac{D^2}{4}\left(1-\frac{x}{R_0}\right)^2+\frac{4x^2}{k^2\rho_0^2} \tag{6.137}$$

其中，$\rho_0 = [1.46k^2x\int_0^1(1-\xi)^{5/3}C_n^2]^{-3/5}\mathrm{d}\xi$ 是大气湍流相干长度，D 是初始波束的直径，x 是传输距离，R_0 是曲率半径。

在局部均匀湍流大气和观测点关于波束光轴对称时，Andrew 给出了互相关函数：

$$\Gamma_2(\rho, L)=\frac{W_0^2}{W^2}\exp\left[-T-\frac{1}{4}\Lambda\left(\frac{k\rho^2}{L}\right)-\frac{1}{2}d(\rho, L)\right] \tag{6.138}$$

其中

$$T = 4\pi^2k^2L\int_0^1\int_0^\infty\kappa\Phi_n(\kappa)\left[1-\exp\left(-\frac{\Lambda L\kappa^2\xi}{k}\right)\right]\mathrm{d}\kappa\mathrm{d}\xi \tag{6.139}$$

$$d(\rho, L) = 8\pi^2k^2L\int_0^1\int_0^\infty\kappa\Phi_n(\kappa)\exp\left(-\frac{\Lambda L\kappa^2\xi}{k}\right)\{1-\mathrm{J}_0[(1-\theta\xi)\kappa\rho]\}\mathrm{d}\kappa\mathrm{d}\xi \tag{6.140}$$

在轴上互相关函数 $\Gamma_2(0, L)=W_0^2/W^2\cdot\exp(-T)$，则

$$\frac{\Gamma_2(\rho, L)}{\Gamma_2(0, L)}=\exp\left[-\frac{1}{4}\Lambda\left(\frac{k\rho^2}{L}\right)-\frac{3}{8}a\left(\frac{qk\rho^2}{L}\right)^{5/6}\right],\quad l_0\ll\rho\ll L_0 \tag{6.141}$$

其中，$q=1.22(\sigma_1^2)^{\frac{6}{5}}$，$\sigma_1^2=1.23C_n^2k^{\frac{7}{6}}L^{\frac{11}{6}}$，以及

$$a=\begin{cases}\dfrac{1-\theta^{\frac{8}{3}}}{1-\theta}, & \theta\geqslant 0\\[2ex] \dfrac{1-|\theta|^{\frac{8}{3}}}{1-\theta}, & \theta<0\end{cases} \tag{6.142}$$

对于束射波，由互相关函数获得平均强度：

$$\langle I(\rho, L)\rangle=\frac{W_0^2}{W^2}\exp\left(-\frac{2\rho^2}{W^2}\right)\exp[2\sigma_{\mathrm{r}}^2(\rho, L)-T] \tag{6.143}$$

其中，对数振幅方差横向分量 $\sigma_{\mathrm{r}}^2(\rho, L)$由式(6.96)获得：

$$\sigma_{\mathrm{r}}^2(\rho, L)=0.663\sigma_1^2\Lambda^{5/6}\left[1-{}_1F_1\left(-\frac{5}{6}; 1; \frac{2\rho^2}{W^2}\right)\right]=\frac{1.105\sigma_1^2\Lambda^{\frac{5}{6}}\rho^2}{W^2} \tag{6.144}$$

利用式(6.19)，高斯波束的平均强度可以写成

$$\langle I(\boldsymbol{\rho}, L)\rangle=\frac{W_0^2}{W_e^2}\exp\left(-\frac{2\rho^2}{W_e^2}\right) \tag{6.145}$$

其中，有效波束半径满足 $W_e=W(1+T)^{1/2}=W\sqrt{1+1.336\ 25\sigma_1^2\Lambda^{5/6}}$，它也描述了高斯波束的长期波束展宽。

如果取 Kolmogorov 谱，应用式(6.137)可计算波束随着传播距离的增加而发生的展宽。图 6.11 中分别给出了准直(实线)和聚焦(虚线，短线焦距为 1 km，点线聚焦为 10 km)波束在自由空间和湍流中传输的结果。结果表明，在传播距离较大且存在湍流的情况下，聚焦波束的展宽与准直波束的展宽结果非常接近。

对于短期光束展宽，通过分析互相关函数得

$$\langle\rho_S^2\rangle\approx\frac{4x^2}{k^2D^2}+\frac{D^2}{4}\left(1-\frac{x}{R_0}\right)^2+\frac{4x^2}{k^2\rho_0^2}\left[1-0.62\left(\frac{\rho_0}{D}\right)^{1/3}\right]^{6/5} \tag{6.146}$$

式中前两项表示真空展宽，最后一项表示湍流展宽。如果 $\rho_0\sim D$ 且 $x\leqslant kL^2$，则不能获得 $\langle\rho_s^2\rangle$ 的单一表达式。令

$$\beta^2=\left(\frac{kD^2}{4x}\right)^2\left(1-\frac{x}{R_0}\right)^2 \tag{6.147}$$

定义 $\mu=(\langle\rho_s^2\rangle/\langle\rho_L^2\rangle)^{1/2}$ 的平方表示短期光束展宽与长期光束展宽的比值。Fant 根据四阶矩，获得短期波束展宽，其短期展宽半径为

$$W_e^2=W_{ST}^2+\langle\rho_S^2\rangle \tag{6.148}$$

其中，$\langle\rho_S^2\rangle=2.87C_n^2L^3W_0^{-1/3}$，$W_{ST}=W(1+1.33\sigma_1^2\Lambda^{5/6}-1.04\sigma_1^2\Lambda\Lambda_0^{1/6})^{1/2}$。

图 6.12 给出了 μ 随 ρ_0/D 的变化关系。由图可知，随着 ρ_0/D 的不断增大，短期光束展宽与长期光束展宽的比值先减小、后增大，最终趋于一定值。一般情况下，湍流造成的光束展宽可比光束自身的衍射极限大 2 到 3 个数量级，因而使通过大气传输的激光光强降低。

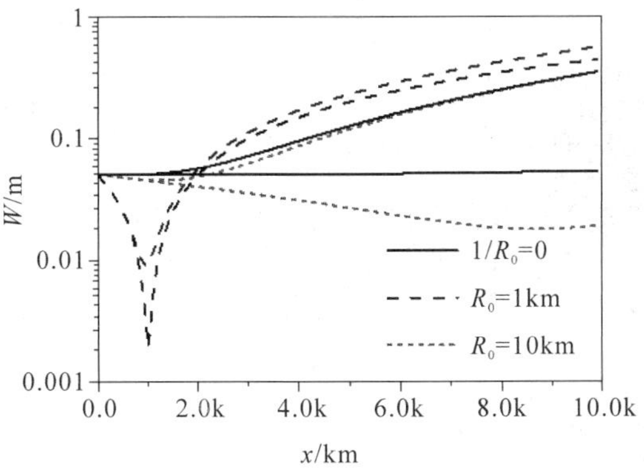

图 6.11 波束随传播距离的展宽效应

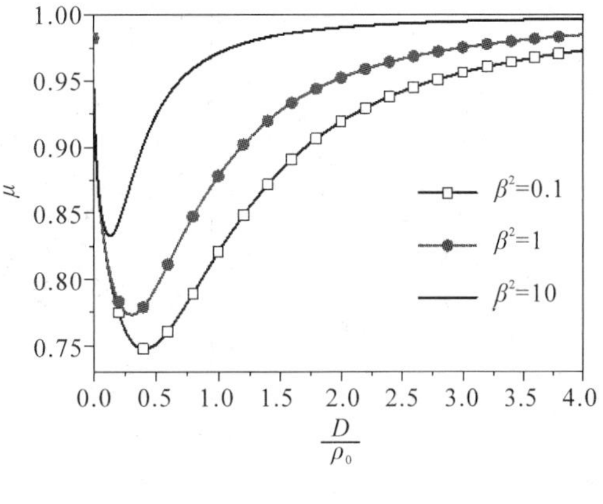

图 6.12 μ 随 $\frac{\rho_0}{D}$ 的变化

3. 光束漂移

由于大气湍流的干扰，当一束光在大气中传输一段距离后，在垂直于其传输方向的平面内，光束的中心位置将作随机变化。这种光束的漂移效应可用光束位移(整体或某一轴上分量)的统计方差表示。光束漂移主要是由大尺度涡旋的折射作用引起的。如果在接收

平面上取一个足够短的观察时间，可以看到一个直径为 ρ_S 的被加宽了的光斑被折射而偏离了一个距离 ρ_c，见图 6.13(a)。如果观察时间足够长，则由于光斑的随机游动，将观察到一个均方直径为 $\langle\rho_L^2\rangle$ 的大光斑，见图 6.13(b)。称 $\langle\rho_S^2\rangle$ 为短期平均光斑半径，$\langle\rho_L\rangle$ 为长期平均光斑半径，$\langle\rho_c\rangle$ 为平均光束漂移量，三者的关系表示为

$$\langle\rho_L^2\rangle=\langle\rho_S^2\rangle+\langle\rho_c^2\rangle \tag{6.149}$$

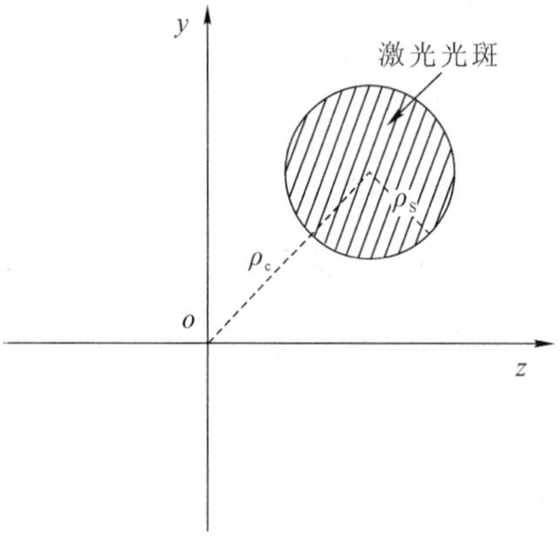

(a) 接收平面上短期观察的图像

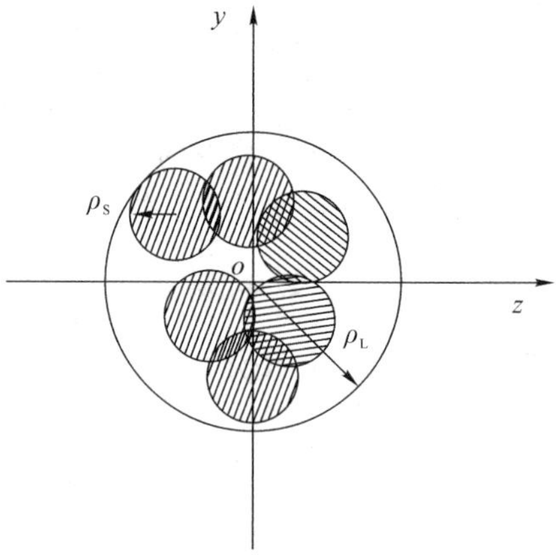

(b) 接收平面上长期观察的图像

图 6.13　接收平面上观察的图像

“短期”和“长期”的时间判据是 $\Delta t=D/v$。D 是光的直径，v 是横向风速。当观察时间远小于 Δt 时，则得短期观察效果；而当观察时间远大于 Δt 时，则得长期观察效果。Δt 的量级在 0.05 s 左右。图 6.14 给出 1.06 μm 激光在晴空湍流大气中不同时间段的漂移测量结果，该结果明显表示了短期和长期的漂移。

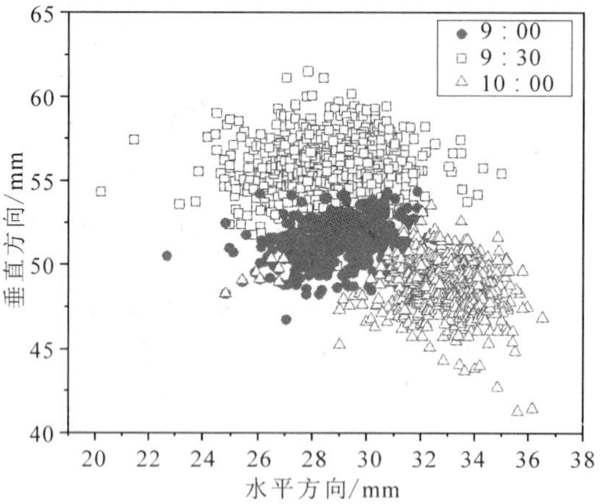

图 6.14　晴空湍流大气中激光束的短期和长期漂移

当不考虑内外尺度情况时，大气湍流的作用导致波前相位畸变。当发射孔径 D/ρ_T 较小时，波前畸变主要由波前倾斜产生，光束的漂移主要是波前倾斜的作用结果。假设衍射作用可以被忽略，漂移方差表示为

$$\sigma_w^2=6.28(32\pi D^{-2})\int_0^L\int C_n^2\kappa\Phi_n(\kappa)F(\kappa,x)\mathrm{d}\kappa\mathrm{d}x \tag{6.150}$$

式中，x 的积分路径是从发射点到接收点；$F(\kappa)$是滤波函数；如果忽略内外尺度的影响，这时谱函数 $\Phi_n(\kappa)$采用 Kolmogorov 湍流谱。$F(\kappa, x)$是倾斜滤波函数：

$$F(\kappa, x)=\left[\frac{4\mathrm{J}_2\left(\dfrac{\gamma\kappa D}{2}\right)}{\dfrac{\gamma\kappa D}{2}}\right]^2 \tag{6.151}$$

把式(6.151)代入式(6.150)，得到

$$\sigma_{\mathrm{w}}^2=0.2073\left(\frac{32\pi}{D^2}\right)\int_0^L\int\kappa^{-8/3}C_n^2\left[\frac{4\mathrm{J}_2\left(\dfrac{\gamma\kappa D}{2}\right)}{\dfrac{\gamma\kappa D}{2}}\right]^2\mathrm{d}\kappa\mathrm{d}x \tag{6.152}$$

由于被积函数在 κ 空间不依赖于角度，作变量代换 $x=\gamma\kappa D/2$，则式(6.152)可简化为

$$\sigma_{\mathrm{w}}^2=\frac{105.1}{D^{1/3}}\int_0^L C_n^2(x)\gamma^{5/3}\int\xi^{-\frac{14}{3}}\mathrm{J}_2^2(\xi)\,\mathrm{d}\xi\mathrm{d}x \tag{6.153}$$

对 $\mathrm{J}_2^2(\cdot)$应用 Mellin 变换，则漂移方差可以表示为

$$\begin{aligned}\sigma_{\mathrm{w}}^2&=\frac{105.1}{2\sqrt{\pi}D^{1/3}}\int_0^L C_n^2(x)\gamma^{5/3}\Gamma\left[\frac{s}{2}+2, -\frac{s}{2}+\frac{1}{2}, -\frac{s}{2}+3, -\frac{s}{2}+1\right]\mathrm{d}x\\&=\frac{105.1}{2\sqrt{\pi}D^{1/3}}\int_0^L C_n^2(x)\gamma^{5/3}\Gamma\left[\frac{1}{6}, \frac{7}{3}, \frac{29}{6}, \frac{17}{6}\right]\mathrm{d}x\end{aligned} \tag{6.154}$$

如果取 $s=-11/3$，$\Gamma[a, b, c, d]=\Gamma(a)\Gamma(b)/[\Gamma(c)\Gamma(d)]$，$\Gamma(x)$为 Γ 函数，并假设 $\gamma=0.095\ 83$，传输路径上大气湍流结构函数是均匀的，则式(6.154)可以退化到视距传输下大气折射率的随机起伏引起的光束位置的漂移方差 $\sigma_{\mathrm{w}}^2=1.709C_n^2LD^{-1/3}$。

考虑外尺度的影响，采用变形 Von Karman 谱：

$$\Phi_n(\kappa)=0.033C_n^2(\kappa^2+\kappa_0^2)^{-11/6} \tag{6.155}$$

式中，$\kappa_0=2\pi/L_0$，L_0 为湍流外尺度。湍流中考虑外尺度效应时漂移方差的表达式为

$$\sigma_{\mathrm{w}}^2=\frac{20.83}{D^2}\int_0^L C_n^2\int\kappa(\kappa^2+\kappa_0^2)^{-11/6}\left[\frac{4\mathrm{J}_2(\kappa D/2)}{\kappa D/2}\right]^2\mathrm{d}\kappa\mathrm{d}x \tag{6.156}$$

假设湍流的外尺度不依赖于传输距离的变化，在式(6.156)的积分中作变量代换 $\xi=\gamma\kappa D/2$，D 为激光波束的初始直径，则式(6.156)简化为

$$\sigma_{\mathrm{w}}^2=\frac{1334\kappa_0^{-11/3}}{D^4}\int_0^L C_n^2(x)\mathrm{d}x\int_0^\infty\xi^{-1}\mathrm{J}_2^2(\xi)\left[\left(\frac{2\xi}{\kappa_0 D}\right)^2+1\right]^{-11/6}\mathrm{d}\xi \tag{6.157}$$

令 $\mu_0=\int_0^L C_n^2(x)\mathrm{d}x$，则式(6.157)可进一步简化为

$$\sigma_{\mathrm{w}}^2=\frac{1334\mu_0\kappa_0^{-11/3}}{D^4}\int_0^\infty\xi^{-1}\mathrm{J}_2^2(\xi)\left[\left(\frac{2\xi}{\kappa_0 D}\right)^2+1\right]^{-11/6}\mathrm{d}\xi \tag{6.158}$$

使用 Mellin 自卷积，式(6.158)可以转化为一个复平面内的积分，即

$$\sigma_{\mathrm{w}}^2=\frac{400\mu_0\kappa_0^{-11/3}}{D^4}\frac{1}{2\pi\mathrm{i}}\int_C\left(\frac{\kappa_0 D}{2}\right)^{-2s}\Gamma\begin{bmatrix}s+2, -s+\dfrac{1}{2}, s+\dfrac{11}{6}\\ -s+3, -s+1\end{bmatrix}\mathrm{d}s \tag{6.159}$$

该积分路径不是一个独立的 Γ 函数的任意极点。对式(6.159)的计算选择一个恰当的方向和一封闭的积分路径，则式(6.159)表示为

$$\sigma_{\mathrm{w}}^{2}=\frac{6.08\mu_{0}\kappa_{0}^{-11/3}}{D^{\frac{1}{3}}}\left\{{}_{2}F_{3}\left[\frac{11}{6},\ \frac{7}{3};\ \frac{5}{6},\ \frac{29}{6},\ \frac{17}{6};\ \left(\frac{\pi D}{L_{0}}\right)^{2}\right]-\right.$$
$$\left.1.4234\left[\frac{D}{L_{0}}\right]^{1/3}{}_{2}F_{3}\left[2,\ \frac{5}{2};\ \frac{7}{6},\ 5,\ 3;\ \left(\frac{\pi D}{L_{0}}\right)^{2}\right]\right\} \tag{6.160}$$

其中，${}_{2}F_{3}[x,\ y;\ z,\ m,\ n;\ l]$是广义超几何流函数。式(6.160)近似展开为

$$\sigma_{\mathrm{w}}^{2}\approx\frac{6.08\mu_{0}}{D^{1/3}}\left\{1-1.42\left(\frac{D}{L_{0}}\right)^{1/3}+3.70\left(\frac{D}{L_{0}}\right)^{2}-\right.$$
$$\left.4.01\left(\frac{D}{L_{0}}\right)^{7/3}+4.21\left(\frac{D}{L_{0}}\right)^{4}-4.00\left(\frac{D}{L_{0}}\right)^{13/3}\right\} \tag{6.161}$$

6.2.7 湍流大气中激光波束传输的相位屏方法

第五章介绍了波在湍流介质中传输的相位屏原理。根据广义惠更斯-菲涅尔原理，对于一个处于湍流中的傍轴系统，接收平面上的场可以利用源平面上的场来表示，即

$$U(\boldsymbol{\rho},\ L)=\frac{k}{\mathrm{i}2\pi L}\iint_{-\infty}^{\infty}U_{0}(\boldsymbol{\rho}',\ 0)\exp\left[\mathrm{i}k\frac{|\boldsymbol{\rho}-\boldsymbol{\rho}'|^{2}}{(2L)}+\psi(\boldsymbol{\rho}',\ \boldsymbol{\rho})\right]\mathrm{d}\boldsymbol{\rho}' \tag{6.162}$$

其中，$\exp[\mathrm{i}k|\boldsymbol{\rho}-\boldsymbol{\rho}'|^{2}/(2L)]$是源于$(\boldsymbol{\rho}',\ 0)$点的球面波传输到$(\boldsymbol{\rho},\ L)$点处的相位因子(忽略了固定的相位因子$\exp(\mathrm{i}kL)$)，$\psi(\boldsymbol{\rho}',\ \boldsymbol{\rho})$是球面波在湍流中的复相位扰动。

如果源和接收器之间的湍流介质所引起的光强起伏不大，则可以忽略湍流引起的强度起伏，即$\psi(\boldsymbol{\rho}',\ \boldsymbol{\rho})=\mathrm{i}S(\boldsymbol{\rho}',\ \boldsymbol{\rho})$，$S(\boldsymbol{\rho}',\ \boldsymbol{\rho})$是湍流介质中光场的相位起伏。当湍流足够弱时，可以近似地把光场的相位起伏等效为相位屏$S(\boldsymbol{\rho}')$，则式(6.162)可以看成是将湍流引起的光波起伏等效到一个薄相位屏上，则

$$U(\boldsymbol{\rho},\ L)=\frac{k}{\mathrm{i}2\pi L}\iint_{-\infty}^{\infty}U_{0}(\boldsymbol{\rho}')\exp\left[\mathrm{i}k\frac{|\boldsymbol{\rho}-\boldsymbol{\rho}'|^{2}}{2L}+\mathrm{i}S(\boldsymbol{\rho}')\right]\mathrm{d}\boldsymbol{\rho}' \tag{6.163}$$

初始场通过相位屏后，形成的场为$U_{\mathrm{s}}(\boldsymbol{\rho}')=U_{0}(\boldsymbol{\rho}')\exp[\mathrm{i}S(\boldsymbol{\rho}')]$，根据角谱理论，可以将其展开为一系列平面波的叠加，即

$$U_{\mathrm{s}}(\boldsymbol{\rho}')=\frac{1}{(2\pi)^{2}}\iint_{-\infty}^{\infty}F(\boldsymbol{\kappa})\exp[\mathrm{i}\boldsymbol{\kappa}\cdot\boldsymbol{\rho}']\mathrm{d}\boldsymbol{\kappa} \tag{6.164}$$

其中，$\boldsymbol{\kappa}=(\kappa_{y},\ \kappa_{z})$，$F(\boldsymbol{\kappa})=\iint_{-\infty}^{\infty}U_{\mathrm{s}}(\boldsymbol{\rho}')\exp[-\mathrm{i}\boldsymbol{\kappa}\cdot\boldsymbol{\rho}']\mathrm{d}\boldsymbol{\rho}'$。令$E_{0}(\boldsymbol{\rho}',\ \boldsymbol{\kappa})=F(\boldsymbol{\kappa})\exp[\mathrm{i}\boldsymbol{\kappa}\cdot\boldsymbol{\rho}']$，则$E_{0}(\boldsymbol{\rho}',\ \boldsymbol{\kappa})$描述了振幅为$F(\boldsymbol{\kappa})$、波矢量为$\boldsymbol{\kappa}=(\kappa_{y},\ \kappa_{z})$的平面波。把式(6.164)代入式(6.163)，得到：

$$U(\boldsymbol{\rho},\ L)=\frac{k}{\mathrm{i}2\pi L}\iint_{-\infty}^{\infty}\iint_{-\infty}^{\infty}E_{0}(\boldsymbol{\rho}',\ \boldsymbol{\kappa})\exp\left[\mathrm{i}k\frac{|\boldsymbol{\rho}-\boldsymbol{\rho}'|^{2}}{2L}\right]\mathrm{d}\boldsymbol{\rho}'\mathrm{d}\boldsymbol{\kappa} \tag{6.165}$$

令

$$E(\boldsymbol{\rho},\ \boldsymbol{\kappa})=\iint_{-\infty}^{\infty}E_{0}(\boldsymbol{\rho}',\ \boldsymbol{\kappa})\exp\left[\mathrm{i}k\frac{|\boldsymbol{\rho}-\boldsymbol{\rho}'|^{2}}{2L}\right]\mathrm{d}\boldsymbol{\rho}' \tag{6.166}$$

$E(\boldsymbol{\rho},\ \boldsymbol{\kappa})$是平面波$E_{0}(\boldsymbol{\rho},\ \boldsymbol{\kappa})$在接收面上的场，式(6.166)的结果为

$$E(\boldsymbol{\rho},\ \boldsymbol{\kappa}_{0})=F(\boldsymbol{\kappa}_{0})\exp(\mathrm{i}\kappa_{x}L)\exp[\mathrm{i}\boldsymbol{\kappa}_{0}\cdot\boldsymbol{\rho}] \tag{6.167}$$

其中，$\kappa_{x}=\sqrt{\kappa^{2}-\kappa_{y}^{2}-\kappa_{z}^{2}}$。接收面上的场表示为

$$U(\boldsymbol{\rho},\ L)=\frac{k}{\mathrm{i}2\pi L}\iint_{-\infty}^{\infty}F(\boldsymbol{\kappa})\exp(\mathrm{i}\kappa_{x}L)\exp[\mathrm{i}\boldsymbol{\kappa}\cdot\boldsymbol{\rho}]\mathrm{d}\boldsymbol{\kappa} \tag{6.168}$$

整个过程可以表示为

$$U(\boldsymbol{\rho},\ L)=F_2^{-1}\{\exp(\mathrm{i}\kappa_x L)F_2[U(\boldsymbol{\rho}_0)\exp[\mathrm{i}S(\boldsymbol{\rho}_0)]]\} \tag{6.169}$$

其中，$F_2(\cdot)$为二维傅里叶变换，$F_2^{-1}(\cdot)$为二维逆傅里叶变换，$U(\boldsymbol{\rho}_0)$、$S(\boldsymbol{\rho}_0)$分别为波源处的幅度和相位。

当传播路径很长时，发射器到接收器之间的起伏很强，单个相位屏近似会引起很大误差，这时可以把整个路径划分为多个间隔，每个间隔满足单屏近似，应用式(6.169)有

$$U(\boldsymbol{\rho},\ x_{i+1})=F_2^{-1}\{\exp(\mathrm{i}\Delta x\kappa_x)F_2[U(\boldsymbol{\rho}',\ x_i)\exp[\mathrm{i}S_i(\boldsymbol{\rho}')]]\} \tag{6.170}$$

这样，由第 i 屏的场可以得到第 $i+1$ 屏的场，循环使用式(6.170)，就可以由源场最终得到接收面上的场。

目前有多种方法可以生成模拟湍流效应的随机相位屏，这些方法主要分为两类：一类用正交的基函数来表示相位，并根据大气湍流的相位协方差得到各基函数的系数，通常采用 Zernike 多项式作为正交基函数，因此也被称为“Zernike 多项式展开法”。这类方法的优点是生成的相位屏有较好的低频特性，但是如果想得到足够多的细节，就需要增大多项式展开的阶数，而高阶多项式的构建比较复杂，造成相位屏生成速度变慢。另一类是利用湍流大气的折射率起伏功率谱密度函数对高斯白噪声进行滤波，称为“功率谱反演法”。该类方法简单、方便、计算速度快，并且可以利用快速傅里叶变换使得运算速度更快，其缺点是相位屏大小的限制容易导致低频分量不足，且由傅里叶变换生成的相位屏具有周期性，因此场在相位屏边缘处会产生较大误差。

图 6.15(a)所示是在增加了边界吸收层后，利用分步傅里叶算法模拟一个准直高斯波束在真空中传输 4000 m 后形成的光斑样本。模拟得到的光斑为内强外弱的同心圆状，且比较平滑，与理论上的光斑比较接近。图 6.15(b)显示了球面波在接收面上沿 z 轴上的光强分布。在使用了吸收边界层且不加滤波函数的情况下，球面波在相位屏之间传输的过程中仍然会形成较强的反射，所以光强出现了大量幅度较大的高频起伏；在使用了滤波函数后，虽然光强仍存在一些高频的随机起伏，但其幅度减小了很多。另外，没有经过滤波的光强的平均值要大于理论值，而滤波后的光强的平均值则与理论值相吻合。

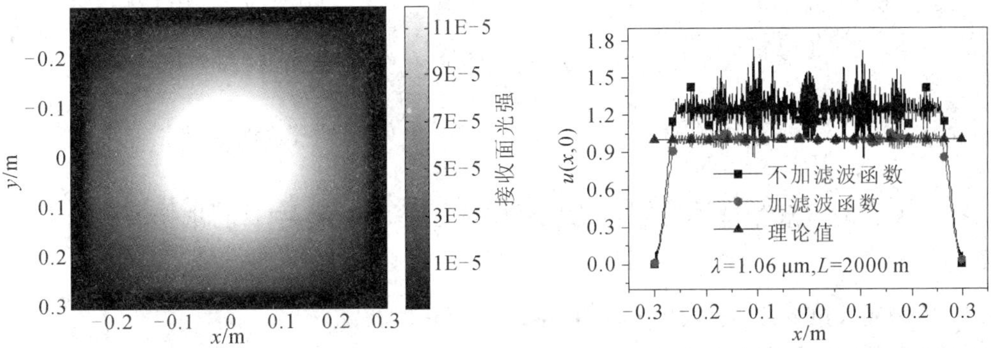

(a) 准直高斯波束的光斑，W_0=0.5cm　　(b) 球面波在接收面上沿z轴的光强分布

图 6.15　在真空中利用分步傅里叶算法模拟一个准直高斯波束在真空中传输 4000 m 后形成的光斑和光强分布

这里利用分步傅里叶算法模拟了波束半径分别为 3 cm 和 1 cm 的准直高斯波束的传输，主要参数为 $\lambda=1.06\ \mu\mathrm{m}$，$C_n^2=1.81\times10^{-15}\ \mathrm{m}^{-2/3}$，相位屏宽度 $D=0.6$ m，网格宽度

$\Delta z=1.2$ mm，网格数 $N=512$，屏间距 $\Delta x=50$ m。图 6.16(a)为在接收面上沿 z 轴的光强分布，同时也给出了利用惠更斯积分计算得到的光强理论值。由于波束在接收面上的光斑半径远小于相位屏半宽，所以模拟过程中没有使用吸收边界和滤波，模拟值和理论值吻合得较好，只在靠近边界处有非常微小的误差，不会对整体结果造成影响。图 6.16(b)分别模拟上述两种准直高斯激光束在湍流中传输的光斑样本。模拟环境中的 Rytov 方差为 $\sigma_0^2=0.2$，处于弱起伏区。接收面上的光斑发生了不规则形变，$W_0=1$ cm 时波束的光斑扩散得更厉害，这与理论预期相同。

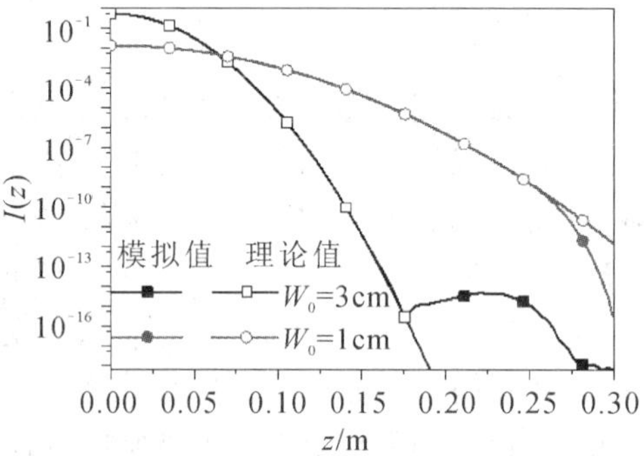

(a) 接收面上沿x轴的光强分布

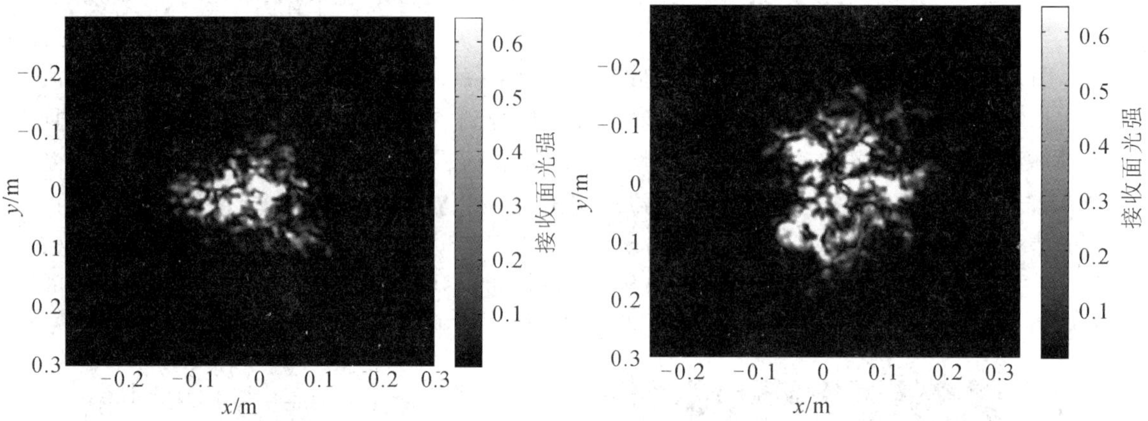

(b) 湍流中准直光束传输2000 m后的光斑(W_0分别为3 cm和1 cm)

图 6.16　准直激光波束传输 2000 m 后的光强和光斑分布

6.3　湍流大气中波束的强度相关与闪烁指数

6.3.1　零内尺度条件下闪烁指数的修正 Rytov 方法

上一章利用修正 Rytov 方法获得了平面波和球面波的闪烁指数。利用类似的方法，本节讨论强起伏下高斯波束的闪烁指数的修正 Rytov 方法。

激光束在近地面水平传输时，经不太远距离后 $\sigma_{\ln I}^2$ 可达到 1 以上。实验表明，$\sigma_{\ln I}^2$ 在达到 1 - 2 后将不再随湍流强度的增大和传输距离变长而增大，反而有可能减小，这种现象称为闪烁饱和效应。

在广义惠更斯-菲涅尔原理的基础上，有限直径的光波波束通过大尺度非均匀媒质时，将会产生波束弯曲扩展。短期的时间内，波束束宽半径的中心轴在接收面内随机摆动；长期的时间内，将会显示出一个大的波束束宽，这也称为长期波束束宽半径。短期波束束宽半径本质上由自由空间的参数 Λ 的特征表述，这主要是由小尺度所引起的。长期波束束宽半径主要由大尺度引起，用有效波束参数 Λ_e 表示。上述附加的衍射和折射将确定一个有效的波束束宽半径和一个有效的波相前曲率半径。采用 Tatarskii 谱时，令 $q=0.737\sigma_1^2(L\kappa_m^2/k)^{1/6}$，有效波束参数表示为

$$W_e=W\left(1+\frac{4q\Lambda}{3}\right)^{1/2} \tag{6.171}$$

$$R_e=-\frac{L\left(1+\frac{4q\Lambda}{3}\right)}{\overline{\Theta}+2q\Lambda} \tag{6.172}$$

$$\Theta_e=\frac{\Theta-\frac{2q\Lambda}{3}}{1+\frac{4q\Lambda}{3}}=1+\frac{L}{R_e} \tag{6.173}$$

$$\Lambda_e=\frac{\Lambda}{1+\frac{4q\Lambda}{3}}=\frac{2L}{kW_e^2} \tag{6.174}$$

使用有效波束参数后，可以把在弱起伏条件下的空间相干半径扩展到强起伏区域。式(6.173)和式(6.174)为相关的衍射波参数的修正，表示波束在强湍流范围内传播时，会产生额外的衍射效应。可以观察到：对于 $\sigma_1\to\infty$，极限数值 $\Theta_e=-1/2$，以及 $\Lambda_e=0$。逐渐消失的 Λ_e 表示波束最后变为无边界，很大程度上类似于球面波。可以注意到：在弱起伏区域 $\sigma_1^2\ll 1$，有效波束参数式(6.173)、式(6.174)可简化为接收面处的波束参数 Θ 和 Λ。

在弱起伏条件下，利用 Kolmogorov 功率谱函数，由式(6.96)，可将对数强度方差的横向分量近似为

$$\sigma_{I,r}^2(\boldsymbol{\rho},L)\approx\sigma_{\ln I,r}^2(\boldsymbol{\rho},L)\approx 4.42\sigma_1^2\Lambda^{5/6}\frac{\rho^2}{W^2},\quad \rho<W \tag{6.175}$$

式中，W 是自由空间在接收处的波束束宽半径。在强起伏条件下，期望横向部分在离光轴距离 $r\gg W$ 处的对数强度起伏方差随着波束的传输进入饱和区域后，最终变为零。这样，波束在远处更像是球面波的传输。按照 Miller 等人的研究结果，式(6.175)可改写为

$$\sigma_{I,r}^2(\boldsymbol{\rho},L)\approx 4.42\sigma_1^2\Lambda_e^{5/6}\frac{\rho^2}{W_e},\quad \rho<W_e \tag{6.176}$$

对数强度方差的纵向分量是

$$\sigma_{I,l}^2(L)=3.86\sigma_1^2\left\{0.40\left[(1+2\Theta)^2+4\Lambda^2\right]^{5/12}\cos\left[\frac{5}{6}\arctan\left(\frac{1+2\Theta}{2\Lambda}\right)-\frac{1}{16}\Lambda^{5/6}\right]\right\},\quad \rho<W \tag{6.177}$$

在强起伏条件下，式(6.176)将达到零。当考虑内尺度的影响时，它会增大闪烁指数，但这种影响不是很强，因此，内尺度的影响常常忽略不计。另一方面，外尺度的影响将很强，但它一般只是降低横向部分的离轴闪烁指数的值。在中等和强起伏区域，采用修正的 Rytov 理论，沿 L 方向的闪烁指数部分可表示为

$$\sigma_I^2(0,L)=\exp\left[\sigma_{\ln I,l}^2(L)\right]-1=\exp\left[\sigma_{\ln x}^2+\sigma_{\ln y}^2\right]-1 \tag{6.178}$$

式中，$\sigma_{\ln x}^2$、$\sigma_{\ln y}^2$分别是大尺度和小尺度的对数强度起伏方差。可以获得沿 L 方向的对数强度起伏方差的近似形式：

$$\sigma_I^2(0, L)=\exp\left[\frac{0.49\sigma_B^2}{(1+0.56\sigma_B^{12/5})^{7/6}}+\frac{0.51\sigma_B^2}{(1+0.69\sigma_B^{12/5})^{5/6}}\right]-1 \tag{6.179}$$

式中，高斯波束 Rytov 方差近似为

$$\sigma_B^2\approx 3.86\sigma_1^2\left\{0.40[(1+2\Theta)^2+4\Lambda^2]^{5/12}\cos\left[\frac{5}{6}\arctan\left(\frac{1+2\Theta}{2\Lambda}\right)\right]-\frac{11}{16}\Lambda^{5/6}\right\} \tag{6.180}$$

由波束轴向的闪烁指数式(6.179)和横向的闪烁指数式(6.176)，闪烁指数为

$$\sigma_I^2(\rho, L)=4.42\sigma_1^2\Lambda_e^{5/6}\frac{\rho^2}{W_e^2}+\exp\left[\frac{0.49\sigma_B^2}{(1+0.56\sigma_B^{12/5})^{7/6}}+\frac{0.51\sigma_B^2}{(1+0.69\sigma_B^{12/5})^{5/6}}\right]-1 \tag{6.181}$$

根据式(6.179)，图 6.17 给出了高斯波束、球面波以及平面波入射下，闪烁指数随 Rytov 方差的变化曲线。其中 $W_0=1$ cm，$C_n^2=5\times10^{-13}$ $\mathrm{m}^{-2/3}$，波长分别为 1.315 μm 和 0.488 μm。由图 6.17 可知，高斯波束入射下，闪烁指数的变化规律与平面波和球面波的变化基本相似：在弱起伏区，闪烁指数随 Rytov 方差的增加而迅速增大并很快到达某一峰值；随着湍流强度起伏的进一步增大，在中等强度和强起伏区，闪烁指数逐渐减小并趋于某一定值。

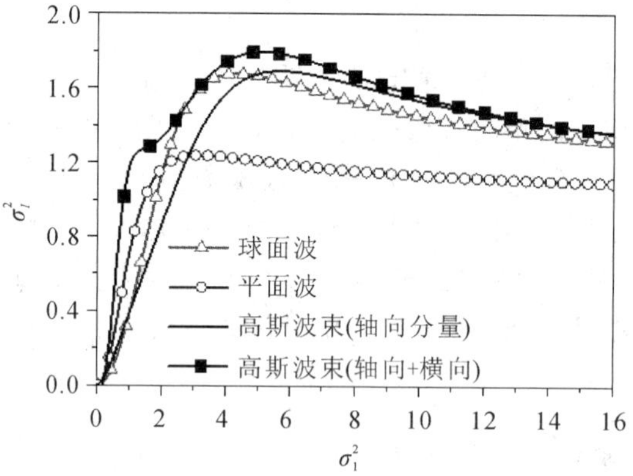

图 6.17　零内尺度条件下平面波、球面波、高斯波入射时闪烁指数的比较

6.3.2　非零内尺度条件下的闪烁指数

当考虑内尺度效应时，根据修正 Rytov 理论和高斯波束光闪烁理论，得到小尺度湍流情况下，高斯波束的对数振幅起伏方差表示为

$$\sigma_{\ln y}^2=8\pi^2k^2L\int_0^1\int_0^\infty\kappa\Phi_n(\kappa)G_y(\kappa)\exp\left(-\frac{\Lambda_e L\kappa^2\xi^2}{k}\right)\left\{1-\cos\left[\frac{L\kappa^2}{k}\xi(1-\overline{\Theta}\xi)\right]\right\}\mathrm{d}\kappa\mathrm{d}\xi \tag{6.182}$$

将大气折射率谱函数 $\Phi_n(\kappa)$和式(5.384)中的小尺度湍流滤波函数 $G_y(\kappa)$代入式(6.182)，并对小尺度湍流引起的闪烁作近似 $1-\cos\alpha\approx1$，得到

$$\sigma_{\ln y}^2\approx 2.605C_n^2k^2L\int_0^1\int_0^\infty\frac{\kappa}{(\kappa^2+\kappa_y^2)^{11/6}}\exp\left(-\frac{\Lambda L\kappa^2\xi^2}{k}\right)\mathrm{d}\kappa\mathrm{d}\xi \tag{6.183}$$

对式(6.183)进行积分，令 $\eta-L\kappa^2/k$，$\eta_y=L\kappa_y^2/k$，得到小尺度湍流引起的闪烁指数为

$$\sigma_{\ln y}^2 = 1.303k^2LC_n^2\int_0^1\int_0^\infty\left(\frac{L}{k}\right)^{5/6}(\eta+\eta_y)^{-11/6}\exp(-\Lambda\eta\xi^2)\mathrm{d}\eta\mathrm{d}\xi \tag{6.184}$$

当$\Lambda\eta\xi^2\leqslant1$时，$\exp(-\Lambda\eta\xi^2)\approx1$，化简式(6.184)得到小尺度湍流引起的波束的强度闪烁指数分量表示式为

$$\sigma_{\ln y}^2\approx1.27\sigma_G^2\eta_y^{-5/6} \tag{6.185}$$

其中，η_y是滤波函数的无量纲截止频率，考虑内尺度效应时可表示为

$$\eta_y=3+2.07\sigma_G^{12/5} \tag{6.186}$$

σ_G^2是弱起伏条件下高斯波束对数振幅起伏方差，表示为

$$\sigma_G^2 = 8\pi^2k^2L\int_0^1\int_0^\infty\kappa\Phi_n(\kappa)f(\kappa,l_0)\exp\left(-\frac{\Lambda L\kappa^2\xi^2}{k}\right)\times\left\{1-\cos\left[\frac{L\kappa^2}{k}\xi(1-\overline{\Theta}\xi)\right]\right\}\mathrm{d}\kappa\mathrm{d}\xi \tag{6.187}$$

令$a=\dfrac{1}{\kappa_l^2}+\dfrac{\Lambda L\xi^2}{k}$，$b=\dfrac{L\xi(1-\overline{\Theta}\xi)}{k}$，$\xi=\dfrac{x}{L}$，以及$\cos(\alpha)=\dfrac{(\mathrm{e}^{\mathrm{i}\alpha}+\mathrm{e}^{-\mathrm{i}\alpha})}{2}$，式(6.187)改写为

$$\begin{aligned}\sigma_G^2 &= 1.302k^2L\int_0^1C_n^2(\xi H)\int_0^\infty\kappa^{-11/3}\mathrm{e}^{-a\kappa^2}\left(1-\frac{1}{2}\mathrm{e}^{ib\kappa^2}+\frac{1}{2}\mathrm{e}^{-ib\kappa^2}\right)\cdot\\&\quad\left[1+1.802\frac{\kappa}{\kappa_l}-0.254\left(\frac{\kappa}{\kappa_l}\right)^{7/6}\right]\mathrm{d}\xi\mathrm{d}\kappa\end{aligned} \tag{6.188}$$

由于式(6.188)内积分中的每一项积分都能被表示为Γ函数，通过取实部，可表示为

$$\begin{aligned}\sigma_G^2=3.86\sigma_1^2\Bigg\{&0.4\frac{\left[(1+2\overline{\Theta})^2+\left(2\Lambda+\dfrac{3}{Q_l}\right)^2\right]^{11/12}}{\left[(1+2\overline{\Theta})^2+4\Lambda^2\right]^{1/2}}\left[\frac{2.610\sin\left(\dfrac{4\phi_2}{3}+\phi_1\right)}{\left[(1+2\Theta)^2+(3+2\Lambda Q_l)^2\right]^{1/4}}-\right.\\&\left.\frac{0.518\sin\left(\dfrac{5\phi_2}{4}+\phi_1\right)}{\left[(1+2\Theta)^2+(3+2\Lambda Q_l)^2\right]^{7/24}}+\sin\left(\frac{11}{6}\phi_2+\phi_1\right)\right]-\\&\frac{13.401\Lambda}{Q_l^{11/6}\left[(1+2\Theta)^2+4\Lambda^2\right]}-\frac{11}{6}\left[\left(\frac{1+0.31\Lambda Q_l}{Q_l}\right)^{5/6}+\right.\\&\left.\frac{1.096(1+0.27\Lambda Q_l)^{1/3}}{Q_l^{5/6}}-\frac{0.186(1+0.24\Lambda Q_l)^{1/4}}{Q_l^{5/6}}\right]\Bigg\}\end{aligned} \tag{6.189}$$

其中，$Q_l=\dfrac{10.89L}{kl_0^2}$，$\phi_1=\arctan\left[\dfrac{2\Lambda}{1+2\Theta}\right]$，$\phi_2=\arctan\left[\dfrac{(1+2\Theta)Q_l}{3+2\Lambda Q_l}\right]$。考虑内尺度效应时的小尺度闪烁方差的表示式为

$$\sigma_{\ln y}^2(l_0)=\frac{0.51\sigma_G^2}{(1+0.69\sigma_G^{12/5})^{5/6}} \tag{6.190}$$

对于轴向大尺度部分，类似于平面波对数振幅起伏方差的推导，得到

$$\sigma_{\ln x}^2(l_0)=0.49\sigma_1^2\left(\frac{1}{3}-\frac{1}{2}\overline{\Theta}+\frac{1}{5}\overline{\Theta}^2\right)\left(\frac{\eta_xQ_l}{\eta_x+Q_l}\right)\times\left[1+1.75\left(\frac{\eta_x}{\eta_x+Q_l}\right)^{1/2}-0.25\left(\frac{\eta_xQ_l}{\eta_x+Q_l}\right)\right] \tag{6.191}$$

与上一章中平面波的$\eta_{x,p}$不同：

$$\frac{1}{\eta_x}=\frac{0.38}{1-3.2\overline{\Theta}+5.29\overline{\Theta}^2}+0.47\sigma_1^2Q_l^{1/6}\left(\frac{1/3-0.5\overline{\Theta}+0.25\overline{\Theta}^2}{1+2.2\overline{\Theta}}\right)^{6/7} \tag{6.192}$$

因为内尺度的影响对横向部分的闪烁指数不是很明显，因此综合式(6.175)、式(6.190)

和式(6.191)，考虑内尺度情况下的高斯波束水平传输的闪烁指数表示为

$$\sigma_I^2(\rho, L)=4.42\sigma_1^2\Lambda^{5/6}\frac{\rho^2}{W^2}+\exp\left[\sigma_{\ln x}^2(l_0)+\frac{0.51\sigma_G^2}{(1+0.69\sigma_G^{12/5})^{5/6}}\right]-1 \tag{6.193}$$

根据式(6.193)，在取 $\rho=0$ 和 $\rho=W$ 的情况下，假定 $C_n^2=5\times10^{-13}\ \mathrm{m}^{-2/3}$，$W_0=1$ cm，$\lambda=0.488\ \mu$m，图 6.18 对内尺度 $l_0=5$ mm 和 $l_0=0$ 时的数值结果进行了比较。从图中可以看出，在饱和区域考虑内尺度(非零内尺度)情况的闪烁指数明显比不考虑内尺度(零内尺度)情况的闪烁指数大得多，而在弱起伏区域，两者差别不很明显。图 6.19 是不同内尺度情况下的轴向部分的闪烁数值结果比较。由图可知，考虑内尺度情况下的闪烁指数在饱和区域随内尺度的增大而增大，但在弱起伏区域的数值结果基本相近，受小尺度的影响比较明显。

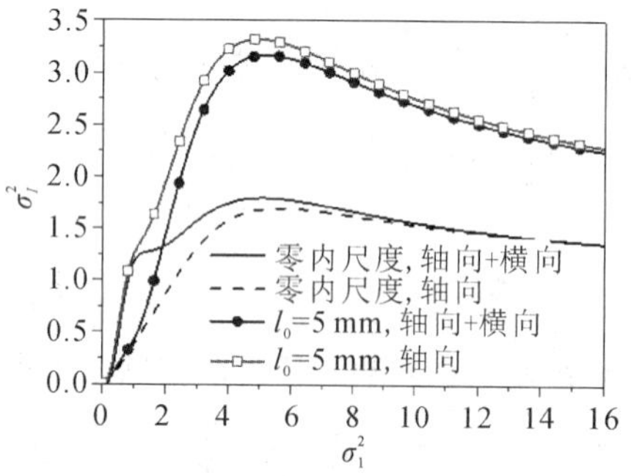

图 6.18　考虑内尺度和不考虑内尺度下的闪烁指数比较

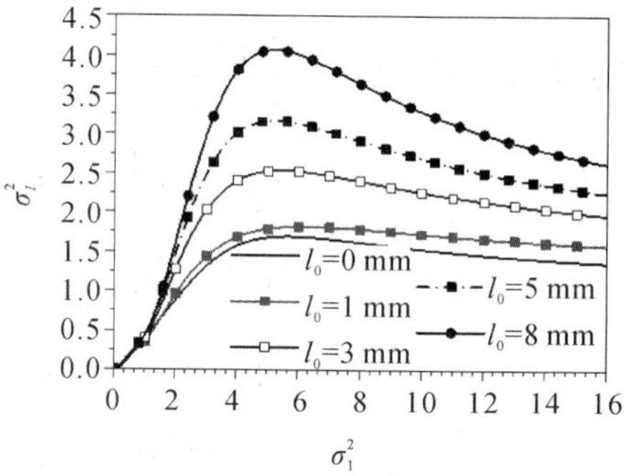

图 6.19　不同内尺度下轴向闪烁指数的比较

大尺度的闪烁可表示为

$$\sigma_{\ln x}^2(l_0, L_0)=\sigma_{\ln x}^2(l_0)-\sigma_{\ln x}^2(L_0)$$

其中，$\sigma_{\ln x}^2(l_0)$由式(6.191)给出。通过对比，可以得到

$$\sigma_{\ln x}^2(L_0)=0.49\sigma_1^2\left(\frac{1}{3}-0.5\bar{\Theta}+0.2\bar{\Theta}^2\right)(Q_\eta Q_l)^{7/6}\left[1+1.75(Q_\eta Q_l)^{1/2}-0.25Q_\eta^{7/12}\right] \tag{6.194}$$

式中，$Q_\eta=\dfrac{\eta_{x0}}{\eta_{x0}+Q_l}$，$\eta_{x0}=\dfrac{L\kappa_{x0}^2}{\kappa}=\dfrac{\eta_x Q_0}{\eta_x+Q_0}$，$Q_0=\dfrac{64\pi^2 L}{kL_0^2}$。考虑外尺度的影响时，横向部分的闪烁指数可近似为

$$\sigma_I^2(\rho, L)=4.42\sigma_1^2\Lambda^2\left[1-1.15\left(\frac{\Lambda L}{kL_0^2}\right)^{1/6}\right]\frac{\rho^2}{W^2} \tag{6.195}$$

闪烁指数的总表达式可以写为

$$\sigma_I^2(r, L)=4.42\sigma_1^2\Lambda^{5/6}\left[1-1.15\left(\frac{\Lambda L}{kL_0^2}\right)^{1/6}\right]\frac{r^2}{W^2}+\exp\left[\sigma_{\ln x}^2(l_0)-\sigma_{\ln x}^2(L_0)+\frac{0.51\sigma_G^2}{(1+0.69\sigma_G^{12/5})^{5/6}}\right]-1 \tag{6.196}$$

图 6.20 根据式(6.196)给出了高斯波束轴向部分闪烁指数在有限内尺度下，不考虑和考虑外尺度情况时的闪烁指数比较。由图可知，对于相同的内尺度，考虑有限外尺度情况比不考虑外尺度情况($L_0=\infty$)的闪烁指数在弱起伏区基本一致，而在中等强度起伏区和饱和区，对于相同的 Rytov 方差，考虑外尺度情况下的闪烁指数比不考虑外尺度情况下的闪烁指数要小，且在饱和区两者的差别更为明显。

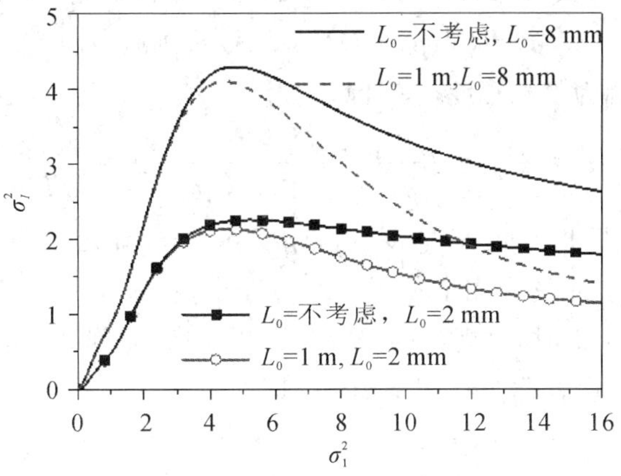

图 6.20　有限内尺度下不考虑外尺度和考虑外尺度情况时的闪烁指数比较

6.4　斜程湍流大气中部分相干 GSM 波束的传输特性

6.4.1　部分相干光传播的基本理论

在激光发射孔径处放置一漫反射板(毛玻璃、全息或者液晶板)，漫反射板上的窄缝隙随机调整入射光的波前相位，可以实现部分相干光。部分相干光源是在完全相干光场上叠加一随时间变化的随机振幅和相位分布而产生的。通常把该随机的振幅和相位分布视为一个可用随机函数来描述的薄随机相位屏。假设初始完全相干光源光场的分布为 $U_0(y, z)$，随时间变化的振幅和相位分布的函数为 $t_A(y, z; t)=\exp[i\psi(y, z; t)]$，则发射机处部分相干光的光场可写为

$$U(y, z, 0; t)=U_0(y, z, 0)t_A(y, z; t) \tag{6.197}$$

其中，$\psi(y, z; t)$是零均值的随机复相位，用于表征光场的部分相干性。暂不考虑波场随时间变化和传播相位因子，部分相干波场表述为

$$U(0, \boldsymbol{\rho})=U_0(\boldsymbol{\rho})\exp[i\phi_d(\boldsymbol{r})] \tag{6.198}$$

式中，$U_0(\boldsymbol{\rho})=\exp\left[-\frac{\rho^2}{W_0^2}-\frac{ik\rho^2}{2R_0}\right]$是自由空间高斯波束基模 TEM_{00} 的描述，在 6.1 节已经介绍过。

1. 空间—时间域

在空间—时间域中，互相关函数 $\Gamma(\boldsymbol{r}_1, \boldsymbol{r}_2, \tau)$描述部分相干光场的相干性，其定义为

$$\Gamma(\boldsymbol{r}_1, \boldsymbol{r}_2, \tau)=\langle U(\boldsymbol{r}_1, t+\tau)U^*(\boldsymbol{r}_2, t)\rangle \tag{6.199}$$

式中，$U(\boldsymbol{r}_1, t+\tau)$和 $U^*(\boldsymbol{r}_2, t)$分别为光场在空间点 $\boldsymbol{r}_1$、时间点 $t+\tau$ 和在空间点 $\boldsymbol{r}_2$、时间点 t 的复振幅，$\langle\cdot\rangle$表示系综平均，$\boldsymbol{r}=(x, y, z)$是空间位置矢量，波束沿 x 轴传播。当 x 为一常数时，设辐射场是各态历经的，于是用对时间 T 的平均来代替系综的平均，即

$$\langle U(\boldsymbol{r}_1, t+\tau)U^*(\boldsymbol{r}_2, t)\rangle=\lim \frac{1}{2T}\int_{-T}^{T}U(\boldsymbol{r}_1, t+\tau)U^*(\boldsymbol{r}_2, t)dt \tag{6.200}$$

式中，T 为测量时间。令式(6.199)中 $\boldsymbol{r}_1=\boldsymbol{r}_2=\boldsymbol{r}$，$\tau=0$，得到点 $\boldsymbol{r}=(x, \boldsymbol{\rho})$处的平均光强：

$$I(\boldsymbol{\rho})=\langle U(\boldsymbol{\rho}, t)U^*(\boldsymbol{\rho}, t)\rangle=\Gamma(\boldsymbol{\rho}, \boldsymbol{\rho}, 0) \tag{6.201}$$

归一化的互相关函数称为复相干度，其计算式为

$$\gamma(\boldsymbol{\rho}_1, \boldsymbol{\rho}_2, \tau)=\frac{\Gamma(\boldsymbol{\rho}_1, \boldsymbol{\rho}_2, \tau)}{\sqrt{\Gamma(\boldsymbol{\rho}_1, \boldsymbol{\rho}_1, 0)}\sqrt{\Gamma(\boldsymbol{\rho}_2, \boldsymbol{\rho}_2, 0)}}=\frac{\Gamma(\boldsymbol{\rho}_1, \boldsymbol{\rho}_2, \tau)}{\sqrt{I(\boldsymbol{\rho}_1)}\sqrt{I(\boldsymbol{\rho}_2)}} \tag{6.202}$$

光场的相干性用复相干度来量度，$|\gamma(\boldsymbol{\rho}_1, \boldsymbol{\rho}_2, \tau)|$确定了散斑条纹的可见度。当$|\gamma(\boldsymbol{\rho}_1, \boldsymbol{\rho}_2, \tau)|=1$ 时，光场为完全相干；当$|\gamma(\boldsymbol{\rho}_1, \boldsymbol{\rho}_2, \tau)|=0$ 时，光场为完全非相干；当 $0<|\gamma(\boldsymbol{\rho}_1, \boldsymbol{\rho}_2, \tau)|<1$ 时，光场为部分相干。空间和时间相干性分别用 $\gamma(\boldsymbol{\rho}_1, \boldsymbol{\rho}_2, 0)$ 和 $\gamma(\boldsymbol{\rho}, \boldsymbol{\rho}, \tau)$来描述，后者称为自相干函数，即

$$\Gamma(\tau)=\Gamma(\boldsymbol{\rho}, \boldsymbol{\rho}, \tau)=\langle U(\boldsymbol{\rho}, t+\tau)U^*(\boldsymbol{\rho}, t)\rangle \tag{6.203}$$

平均光强 $I(\boldsymbol{\rho})$可用自相干函数表示为

$$I(\rho)=\Gamma(\boldsymbol{\rho}, \boldsymbol{\rho}, 0)=\Gamma(0) \tag{6.204}$$

归一化的自相干函数 $\gamma(\tau)=\Gamma(\tau)/\Gamma(0)$为复自相干度，且 $\gamma(0)=1$，$0\leqslant\gamma(\tau)\leqslant1$。在准单色场近似下，可以用互强度 $J(\boldsymbol{\rho}_1, \boldsymbol{\rho}_2)$来代替互相关函数 $\Gamma(\boldsymbol{\rho}_1, \boldsymbol{\rho}_2, 0)$，因此当 $\boldsymbol{\rho}_1=\boldsymbol{\rho}_2=\boldsymbol{\rho}$ 时，平均光强为

$$I(\boldsymbol{\rho})=\langle U(\boldsymbol{\rho}, t)U^*(\boldsymbol{\rho}, t)\rangle=\Gamma(\boldsymbol{\rho}, \boldsymbol{\rho}, 0)=J(\boldsymbol{\rho}, \boldsymbol{\rho}) \tag{6.205}$$

归一化的互强度称为复相干系数 $\gamma(\boldsymbol{\rho}_1, \boldsymbol{\rho}_2)$，即

$$\gamma(\boldsymbol{\rho}_1, \boldsymbol{\rho}_2)=\frac{J(\boldsymbol{\rho}_1, \boldsymbol{\rho}_2)}{\sqrt{J(\boldsymbol{\rho}_1, \boldsymbol{\rho}_1)}\sqrt{J(\boldsymbol{\rho}_2, \boldsymbol{\rho}_2)}}=\frac{J(\boldsymbol{\rho}_1, \boldsymbol{\rho}_2)}{\sqrt{I(\boldsymbol{\rho}_1)}\sqrt{I(\boldsymbol{\rho}_2)}} \tag{6.206}$$

且有 $0\leqslant|\gamma(\boldsymbol{\rho}_1, \boldsymbol{\rho}_2)|\leqslant1$。

2. 空间—频率域

在空间—频率域中，描述部分相干光场相干性的基本物理量是交叉谱密度函数 $F(\boldsymbol{\rho}_1, \boldsymbol{\rho}_2, \omega)$，定义为

$$F(\boldsymbol{\rho}_1, \boldsymbol{\rho}_2, \omega)=\langle\hat{U}(\boldsymbol{\rho}_1, \omega)\hat{U}^*(\boldsymbol{\rho}_2, \omega)\rangle \tag{6.207}$$

式中，$\hat{U}(\boldsymbol{\rho}, \omega)$为场函数 $U(\boldsymbol{\rho}, t)$的傅里叶变换，即

$$\hat{U}(\boldsymbol{\rho}, \omega)=\int U(\boldsymbol{\rho}, t)\exp(\mathrm{i}\omega t)\mathrm{d}t \tag{6.208}$$

因此，$F(\boldsymbol{\rho}_1, \boldsymbol{\rho}_2, \omega)$与 $\Gamma(\boldsymbol{\rho}_1, \boldsymbol{\rho}_2, \tau)$是傅里叶变换关系，即

$$F(\boldsymbol{\rho}_1, \boldsymbol{\rho}_2, \omega)=\int\Gamma(\boldsymbol{\rho}_1, \boldsymbol{\rho}_2, \tau)\exp(\mathrm{i}\omega t)\mathrm{d}t$$

$$\Gamma(\boldsymbol{\rho}_1, \boldsymbol{\rho}_2, \tau)=\frac{1}{2\pi}\cdot\int F(\boldsymbol{\rho}_1, \boldsymbol{\rho}_2, \omega)\exp(-\mathrm{i}\omega t)\mathrm{d}t$$

令 $\boldsymbol{\rho}_1=\boldsymbol{\rho}_2=\boldsymbol{\rho}$，得到空间点 $\boldsymbol{\rho}$ 处的平均光强为

$$I(\boldsymbol{\rho}, \omega)=W(\boldsymbol{\rho}, \boldsymbol{\rho}, \omega) \tag{6.209}$$

归一化的 CSDF 称为复空间相干度，其公式为

$$\mu(\boldsymbol{\rho}_1, \boldsymbol{\rho}_2, \omega)=\frac{F(\boldsymbol{\rho}_1, \boldsymbol{\rho}_2, \omega)}{\sqrt{F(\boldsymbol{\rho}_1, \boldsymbol{\rho}_1, \omega)}\sqrt{F(\boldsymbol{\rho}_2, \boldsymbol{\rho}_2, \omega)}}=\frac{F(\boldsymbol{\rho}_1, \boldsymbol{\rho}_2, \omega)}{\sqrt{I(\boldsymbol{\rho}_1, \omega)}\sqrt{I(\boldsymbol{\rho}_2, \omega)}} \tag{6.210}$$

与空间—时间域中情况类似，有 $0\leqslant|\mu(\boldsymbol{\rho}_1,\boldsymbol{\rho}_2,\omega)|\leqslant 1$

对于准单色场 $\hat{U}(\boldsymbol{\rho},\omega)=U(\boldsymbol{\rho})\exp(\mathrm{i}\omega t)$，对应的 CSDF 为

$$F(\boldsymbol{\rho}_1,\boldsymbol{\rho}_2)=\langle\hat{U}(\boldsymbol{\rho}_1,\omega)\hat{U}^*(\boldsymbol{\rho}_2,\omega)\rangle=\langle\hat{U}(\boldsymbol{\rho}_1)\hat{U}^*(\boldsymbol{\rho}_2)\rangle \tag{6.211}$$

此时，交叉谱密度函数 $F(\boldsymbol{\rho}_1,\boldsymbol{\rho}_2)$ 与互强度 $J(\boldsymbol{\rho}_1,\boldsymbol{\rho}_2)$ 在描述光场空间相干性时是等效的，但它们的物理意义不同。在空间—频率域中，用谱强度函数 $S(\omega)$ 描述时间相干性，表示为 $S(\omega)=W(\boldsymbol{\rho},\boldsymbol{\rho},\omega)$，自相关函数 $\Gamma(\tau)$ 与谱强度函数有傅里叶变换关系。部分相干光即使在自由空间中传输时，$S(\omega)$ 也会变化，即会产生 Wolf 效应。

考虑 $F(\boldsymbol{\rho}_1,\boldsymbol{\rho}_2;\omega=\omega_0)$ 的变化，ω_0 是单色高斯波束的中心频率。由广义 Huygens - Fresnel 原理得到接收面上的 CSDF：

$$F(\boldsymbol{\rho}_1,\boldsymbol{\rho}_2;x)=\langle U(\boldsymbol{\rho}_1;x)U^*(\boldsymbol{\rho}_2,x)\rangle=\frac{1}{(\lambda x)^2}\cdot\iint F_0(\boldsymbol{\rho}_1',\boldsymbol{\rho}_2')\langle\exp[\psi(\boldsymbol{\rho}_1',\boldsymbol{\rho}_1)+\psi^*(\boldsymbol{\rho}_2',\boldsymbol{\rho}_2)]\rangle\cdot$$
$$\exp\left\{\frac{\mathrm{i}k}{2z}[(\boldsymbol{\rho}_1-\boldsymbol{\rho}_1')^2-(\boldsymbol{\rho}_2-\boldsymbol{\rho}_2')^2]\right\}\mathrm{d}\boldsymbol{\rho}_1'\mathrm{d}\boldsymbol{\rho}_2' \tag{6.212}$$

其中，$F_0(\boldsymbol{\rho}_1',\boldsymbol{\rho}_2')$ 是发射机处的 CSDF。对于部分相干波束，在激光发射机孔径处放置一个相位散射器，发射光场修正为

$$\widetilde{U}(\boldsymbol{\rho},0)=U(\boldsymbol{\rho},0)\exp[\mathrm{i}\phi_{\mathrm{d}}(\boldsymbol{\rho})] \tag{6.213}$$

其中，$U(\boldsymbol{\rho},0)$ 由式(6.198)给出，$\exp[\mathrm{i}\phi_{\mathrm{d}}(\boldsymbol{\rho})]$ 是相位扩散引起的小随机微扰项。

假设由扩散引起的一部分独立随机相位的整体平均值是高斯型的，且仅依赖于光束各自的传输距离而不是实际扩散路径，则发射机的 CSDF 可以表示为 GSM 波束形式，即

$$\begin{aligned}F_0(\boldsymbol{\rho}_1,\boldsymbol{\rho}_2)&=\langle\widetilde{U}(\boldsymbol{\rho}_1,0)\widetilde{U}^*(\boldsymbol{\rho}_2,0)\rangle\\&=U(\boldsymbol{\rho}_1,0)U^*(\boldsymbol{\rho}_2,0)\times\langle\exp[\mathrm{i}\phi_{\mathrm{d1}}(\boldsymbol{\rho}_1)]\exp[-\mathrm{i}\phi_{\mathrm{d2}}(\boldsymbol{\rho}_2)]\rangle\\&=U(\boldsymbol{\rho}_1,0)U^*(\boldsymbol{\rho}_2,0)\exp\left[-\frac{(\boldsymbol{\rho}_1-\boldsymbol{\rho}_2)^2}{2\sigma_\mu^2}\right]\end{aligned} \tag{6.214}$$

其中，σ_μ 是部分相干长度，用于描述发射源的部分相干特性。假定 $\sigma_\mu\to\infty$，当 $W_0\to 0$ 时，GSM 源简化为点源；当 $W_0\to\infty$ 时，GSM 简化为平面波。

球面波复相位的互相关函数表示为 $\langle\exp[\psi(\boldsymbol{\rho}_1,\boldsymbol{\rho}_1')+\psi^*(\boldsymbol{\rho}_2,\boldsymbol{\rho}_2')]\rangle=\exp[-D_\psi/2]$，其中 D_ψ 是球面波相位结构函数，表示为

$$D_\psi(\boldsymbol{\rho}_{\mathrm{d}},\boldsymbol{\rho}_{\mathrm{d}})\approx 8\pi^2k^2L\int_0^1\int_0^\infty\kappa\Phi_n(\kappa,L_0,l_0)[1-\mathrm{J}_0(|(1-\xi)(\boldsymbol{\rho}_1'-\boldsymbol{\rho}_2')+\xi(\boldsymbol{\rho}_1-\boldsymbol{\rho}_2)|\kappa)]\mathrm{d}\kappa\mathrm{d}\xi \tag{6.215}$$

其中，$\Phi_n(\kappa,L_0,l_0)$ 是折射率湍流谱模型。在 Kolmogorov 折射率谱模型下结构常数为

$$\begin{aligned}D_\psi&=2.92k^2x\int_0^1 C_n^2(tx)\,|(\boldsymbol{\rho}_1'-\boldsymbol{\rho}_2')t+(1-t)(\boldsymbol{\rho}_1-\boldsymbol{\rho}_2)|^{5/3}\mathrm{d}t\\&\approx 2\,\frac{(\boldsymbol{\rho}_1'-\boldsymbol{\rho}')^2+(\boldsymbol{\rho}_1'-\boldsymbol{\rho}_2')(\boldsymbol{\rho}_1-\boldsymbol{\rho}_2)+(\boldsymbol{\rho}_1-\boldsymbol{\rho}_2)^2}{\rho_{\mathrm{T}}^2}\end{aligned} \tag{6.216}$$

由球面波复相位的互相关函数表述和式(6.216)得

$$\langle \exp[\psi(\boldsymbol{\rho}_1, \boldsymbol{\rho}_1') + \psi^*(\boldsymbol{\rho}_2, \boldsymbol{\rho}')] \rangle \approx \exp - \frac{(\boldsymbol{\rho}_1' - \boldsymbol{\rho}_2')^2 + (\boldsymbol{\rho}_1' - \boldsymbol{\rho}_2')(\boldsymbol{\rho}_1 - \boldsymbol{\rho}_2) + (\boldsymbol{\rho}_1 - \boldsymbol{\rho}_2)^2}{\rho_T^2} \tag{6.217}$$

其中，$\rho_T = \left[1.46k^2 x \int_0^1 C_n^2(\xi x)(1-\xi)^{5/3} d\xi\right]^{-3/5}$ 为斜程湍流大气中球面波的相干长度，C_n^2 在第五章已给出。则接收面处的 CSDF 可写为

$$\begin{aligned} F(\boldsymbol{\rho}_1, \boldsymbol{\rho}_2; x) &= \langle U(\boldsymbol{\rho}_1; x) U^*(\boldsymbol{\rho}_2, x) \rangle \\ &= \frac{1}{(\lambda x)^2} \iint F_0(\boldsymbol{\rho}', \boldsymbol{\rho}_2') \exp\left\{ \frac{ik}{2x} [(\boldsymbol{\rho}_1 - \boldsymbol{\rho}_1')^2 - (\boldsymbol{\rho}_2 - \boldsymbol{\rho}_2')^2] \right\} \cdot \\ &\quad \exp\left[- \frac{(\boldsymbol{\rho}_1' - \boldsymbol{\rho}_2')^2 + (\boldsymbol{\rho}_1' - \boldsymbol{\rho}_2')(\boldsymbol{\rho}_1 - \boldsymbol{\rho}_2) + (\boldsymbol{\rho}_1 - \boldsymbol{\rho}_2)^2}{\rho_T^2} \right] d\boldsymbol{\rho}_1' d\boldsymbol{\rho}_2' \end{aligned} \tag{6.218}$$

此式即为部分相干波束在斜程湍流大气中传输后，到达接收面处的 CSDF。对于接收面处不同类型的部分相干波束的 CSDF 依赖于发射机处的 $W_0(\boldsymbol{r}_1, \boldsymbol{r}_2)$。

3. 湍流大气中的平均强度

根据广义惠更斯—菲涅尔原理，得出高斯—谢尔光束在真空 L 处的平均强度为

$$\langle I(\boldsymbol{\rho}, L) \rangle = \frac{1}{(\lambda L)^2} \iint \langle u(\boldsymbol{\rho}_1', 0) u^*(\boldsymbol{\rho}_2', 0) \rangle \exp\left[ik \frac{(\boldsymbol{\rho} - \boldsymbol{\rho}_1')^2 - (\boldsymbol{\rho} - \boldsymbol{\rho}_2')^2}{2L} \right] d\boldsymbol{\rho}_1' d\boldsymbol{\rho}_2' \tag{6.219}$$

其中，$\langle u(\boldsymbol{\rho}_1', 0) u^*(\boldsymbol{\rho}_2', 0) \rangle = F_0(\boldsymbol{\rho}_1', \boldsymbol{\rho}_2', 0)$。利用质心、差分坐标变换有

$$\boldsymbol{\rho}_c' = \frac{\boldsymbol{\rho}_1' + \boldsymbol{\rho}_2'}{2}, \quad \boldsymbol{\rho}_d' = \boldsymbol{\rho}_1' - \boldsymbol{\rho}_2', \quad \boldsymbol{\rho}_c = \frac{\boldsymbol{\rho}_1 + \boldsymbol{\rho}_2}{2}, \quad \boldsymbol{\rho}_d = \boldsymbol{\rho}_1 - \boldsymbol{\rho}_2 \tag{6.220}$$

发射机处 GSM 波束的 CSDF 为

$$\begin{aligned} F_0(\boldsymbol{\rho}_1', \boldsymbol{\rho}_2') &= U(\boldsymbol{\rho}_1', 0) U^*(\boldsymbol{\rho}_2', 0) \exp\left[- \frac{(\boldsymbol{\rho}_1' - \boldsymbol{\rho}_2')^2}{2\sigma_\mu^2} \right] \\ &= \exp\left\{ - \frac{1}{W_0^2} \left[\frac{1}{2} (\rho_d'^2 + 4\rho_c'^2) \right] - \frac{ik}{2R_0} (2\boldsymbol{\rho}_d' \cdot \boldsymbol{\rho}_c') - \frac{\rho_d'^2}{2\sigma_\mu^2} \right\} \end{aligned} \tag{6.221}$$

利用交叉谱密度函数可以得出湍流大气中 GSM 光束在 L 处任意点的平均强度为

$$\begin{aligned} \langle I(\boldsymbol{\rho}, L) \rangle = F(\boldsymbol{\rho}, \boldsymbol{\rho}, L) &= \frac{1}{(\lambda L)^2} \iint \langle U(\boldsymbol{\rho}_1', 0) U^*(\boldsymbol{\rho}_2', 0) \rangle \cdot \\ &\quad \exp\left[ik \frac{(\boldsymbol{\rho} - \boldsymbol{\rho}_1')^2 - (\boldsymbol{\rho} - \boldsymbol{\rho}_2')^2}{2L} \right] \langle \exp[\psi(\boldsymbol{\rho}, \boldsymbol{\rho}_1', L) + \psi^*(\boldsymbol{\rho}, \boldsymbol{\rho}_2', L)] \rangle d\boldsymbol{\rho}_2' d\boldsymbol{\rho}_1' \end{aligned} \tag{6.222}$$

其中 ψ 是相位函数取决于介质的特性，由式(6.217)，湍流介质的集平均〈 〉为

$$\langle \exp[\psi(\boldsymbol{\rho}, \boldsymbol{\rho}_1', L) + \psi^*(\boldsymbol{\rho}, \boldsymbol{\rho}_2', L)] \rangle = \exp\left[- \frac{(\boldsymbol{\rho}_1' - \boldsymbol{\rho}_2')^{5/3}}{\rho_T^2} \right] \approx \exp\left[- \frac{(\boldsymbol{\rho}_1' - \boldsymbol{\rho}_2')^2}{\rho_T^2} \right] \tag{6.223}$$

式中，$\rho_T \approx [1.46k^2 L \int_0^1 (1-\xi)^{5/3} C_n^2(\xi L) d\xi]^{-3/5}$ 为球面波的空间相干长度，由 Kolmogorov 谱得出。式(6.223)采用了 Rytov 相位结构函数二次近似，适合于强弱湍流。将式(6.201)、

式(6.223)代入式(6.222)，化简得到

$$\langle I(\boldsymbol{\rho}, L)\rangle = \frac{1}{(\lambda L)^2}\iint \exp\left(-\frac{2\rho_c'^2}{W_0^2}-\frac{\rho_d'^2}{2\delta_0^2}\right)\exp\left[\mathrm{i}\frac{k}{L}(\boldsymbol{\rho}_c'-\boldsymbol{\rho})\cdot\boldsymbol{\rho}_d'\right]\exp\left(-\frac{\rho_d'^2}{\rho_T^2}\right)\mathrm{d}\boldsymbol{\rho}_c'\mathrm{d}\boldsymbol{\rho}_d' \tag{6.224}$$

其中，$\delta_0^{-2}=W_0^{-2}+\sigma_\mu^{-2}$。对式(6.224)利用高斯函数的傅里叶积分变换公式得

$$\langle I(\boldsymbol{\rho}, L)\rangle=\frac{1}{\Delta^2(L)}\exp\left[-\frac{2\rho^2}{W_0^2\Delta^2(L)}\right]=\frac{W_0^2}{W_f^2}\exp\left(-\frac{2\rho^2}{W_f^2}\right) \tag{6.225}$$

式中，$\Delta(L)$为光束扩展系数。高斯—谢尔光束在自由空间的展宽为$W_f=W_0\Delta(L)$，其中

$$\Delta^2(L)=1+\frac{4}{W_0^2\delta_0^2k^2}L^2+\frac{4m}{W_0^2},\quad m=2\times(0.545C_n^2)^{6/5}k^{2/5}L^{16/5} \tag{6.226}$$

当$L=0$时，式(6.225)退化为GSM波束束腰处的强度，即

$$I(\boldsymbol{\rho}, 0)=A\exp\left(-\frac{2\rho^2}{W_0^2}\right) \tag{6.227}$$

轴上完全相干高斯光束在真空中的光强为

$$I(0, L)\big|_{\sigma_\mu\to\infty}=A\left[1+\frac{(2L)^2}{(kW_0^2)^2}\right]^{-1} \tag{6.228}$$

对GSM波束归一化，则

$$I^N(\boldsymbol{\rho}, L)=\frac{I(\boldsymbol{\rho}, L)}{I(0, L)\big|_{\sigma_\mu=\infty}}=\frac{\left[1+\left(\frac{2L}{kW_0^2}\right)^2\right]\exp\left[-\frac{2\rho^2}{W_0^2\Delta^2(L)}\right]}{\Delta^2(L)} \tag{6.229}$$

$$\Delta^2(L)=1+\frac{4}{W_0^2\delta_0^2k^2}L^2+\frac{8\times(0.545C_n^2)^{6/5}k^{2/5}L^{16/5}}{W_0^2} \tag{6.230}$$

式(6.229)表明，湍流强度、束腰半径、传播距离及光源的相干性等影响接收处的平均强度。设参数为：$W_0=0.01$ m，$\lambda=1.06\times10^{-6}$ m，$L=5000$ m，$C_n^2=10^{-14}$ m$^{-2/3}$，$\sigma_\mu=0.002$ m，完全相干高斯(GB)光束和部分相干高斯-谢尔(GSM)光束在湍流和真空中的归一化光强如图6.21所示。部分相干光束的光强分布不集中，比完全相干光束引起的扩展现象严重。部分相干光束在湍流中的光束扩展和峰值相对于在自由空间中的传播几乎没有变化；而完全相干光束在湍流中的光强峰值远远小于在自由空间中的峰值。这说明部分相干光束受湍流的影响小于完全相干光束。

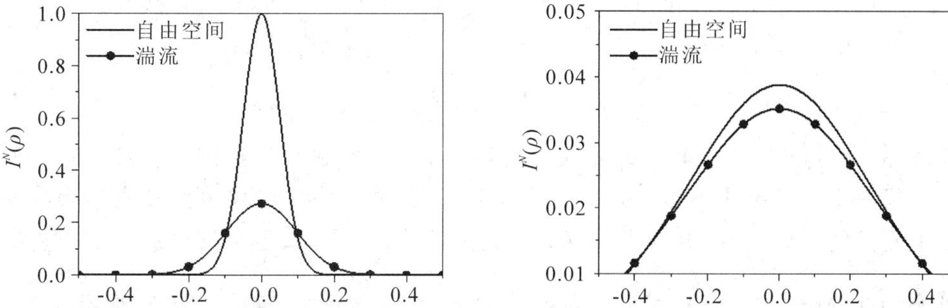

(a) 完全相干高斯光束　　(b) 部分相干高斯-谢尔光束

图 6.21 完全相干光束和部分相干光束的归一化光强分布

图 6.22 表示在不同湍流强度下，光强随传播距离的变化情况。参数设置为：$\lambda=1.06\times10^{-6}$ m，$\rho=0.5$ m，$\sigma_g=0.002$ m，$W_0=0.01$ m。从图 6.22 中得出：随着传播距离的增加，湍流中的光强与自由空间中的光强差别变大，并趋于一定值，并且光强随湍流强度的增加而变小，湍流越弱，光强受湍流的影响越小。

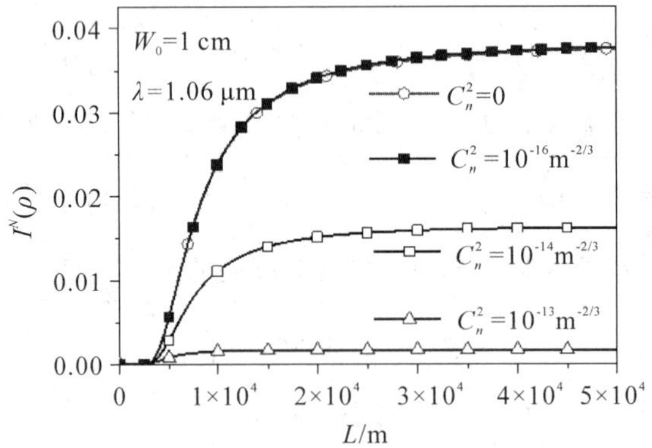

图 6.22　不同湍流强度高斯-谢尔光束归一化光强随距离的变化

图 6.23(a)中实线代表湍流 $C_n^2=10^{-16}$ m$^{-2/3}$，符号线代表自由空间。由图可以看出光源的空间相干宽度越小，光强受湍流的影响越小。当 $\sigma_\mu=0.01$ m 时，光强在湍流和自由空间中没有什么差别；但当 $\sigma_\mu=0.08$ m 时，差别十分明显。图 6.23(b)中符号线代表自由空间，实线代表湍流($C_n^2=10^{-14}$ m$^{-2/3}$)。当湍流增强时，光强受到影响，表明光源相干性和湍流强度对光束的传输起相同作用。如果源的相干性比较小，湍流对光束传输几乎没有什么影响，也就是说若 σ_μ 足够小，则 GSM 光束有很强的反湍流能力。

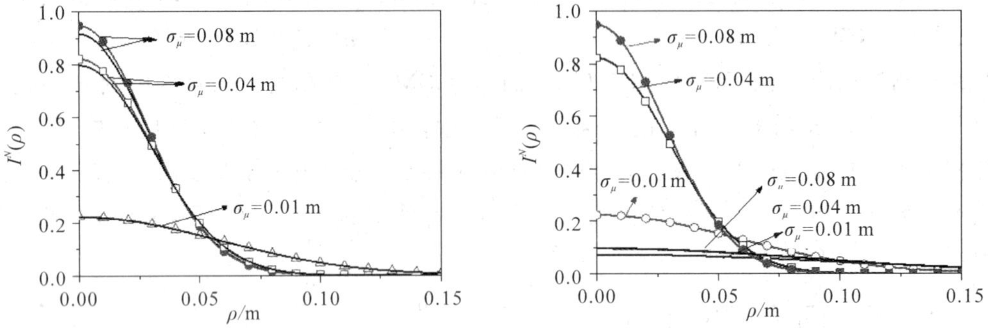

(a) 湍流C_n^2=10^{-16}m$^{-2/3}$和自由空间结果对比　　(b) 湍流C_n^2=10^{-14}m$^{-2/3}$和自由空间结果对比

图 6.23　高斯—谢尔光束随横向距离的变化

在实际传输过程中，激光束或多或少受到光学系统元件尺寸的限制，因此需要考虑有限发射孔径对上述结果的影响。在 $L=0$ 处，发射孔径的尺寸为 D，利用复高斯函数叠加的形式模拟光阑的窗口函数，用半径为 W_R 的光阑 $T(\boldsymbol{r})$表示窗口函数展开成有限项复高斯函数线性叠加 $T(\boldsymbol{r})=\sum\limits_{i=1}^{N}c_i\exp(-b_ir^2/W_R^2)$。式中，$N$ 为展开式项数，c_i 和 b_i 是展开系数。可由计算机优化系数，使得复高斯函数展开孔径函数的误差方差最小。一般当 $N=10$ 时可以满足此条件，如表 6.1 所示。

表 6.1　复高斯函数展开系数

i	c_i	b_i
1	11.4280+0.9517i	4.0697+0.2273i
2	0.0600−0.0801i	1.1531−20.9330i
3	−4.2743−8.5562i	4.4608+5.1268i
4	1.6576+2.7015i	4.3521+14.9970i
5	−5.0418+3.2488i	4.5443+10.0030i
6	1.1227−0.6885i	3.8478+20.0780i
7	−1.0102−0.2696i	2.5280−10.3100i
8	−2.5974+3.2202i	3.3197−4.8008i
9	−0.1484−0.3119i	1.9002−15.8200i
10	−0.2085−0.2385i	2.6340+25.0090i

平均强度表示为

$$\langle I(\boldsymbol{\rho})\rangle = \left(\frac{k}{2\pi L}\right)^2 \iint T(\boldsymbol{\rho}_1')T^*(\boldsymbol{\rho}_2')\exp\left(-\frac{\boldsymbol{\rho}_1'^2+\boldsymbol{\rho}_2'^2}{W_0^2}\right)\exp\left(\frac{|\boldsymbol{\rho}_1'-\boldsymbol{\rho}_2'|^2}{2\sigma_\mu^2}\right)\cdot$$
$$\exp\left\{\frac{\mathrm{i}k}{2L}[(\boldsymbol{\rho}-\boldsymbol{\rho}_1')^2-(\boldsymbol{\rho}-\boldsymbol{\rho}_2')^2]\right\}\langle\exp[\psi(\boldsymbol{\rho},\boldsymbol{\rho}_1',L)+\psi^*(\boldsymbol{\rho},\boldsymbol{\rho}_2',L)]\rangle \mathrm{d}\boldsymbol{\rho}_1'\mathrm{d}\boldsymbol{\rho}_2' \tag{6.231}$$

类似地，不难获得上述积分：

$$\langle I(\boldsymbol{\rho})\rangle = \frac{k^2}{L^2}\frac{1}{(4RX-B^2)}\exp\left[-\frac{k^2R^2\rho^2}{L^2(4RX-B^2)}\right] \tag{6.232}$$

其中

$$R=\frac{b_i+b_j^*}{W_R^2}+\frac{2}{W_0^2},\ B=\frac{b_i-b_j^*}{W_R^2}-\frac{\mathrm{i}k}{L},\ X=\frac{b_i+b_j^*}{4W_R^2}+\frac{1}{2\sigma_\mu^2}+\frac{1}{\rho_\mathrm{T}^2}+\frac{1}{2W_0^2}$$

式(6.232)表明，受光阑限制的平均强度与截断参数、波源空间相干长度、湍流强度等因素有关。数值计算式(6.232)，如图 6.24 所示，其中 $\delta=W_R/W_0$ 表示光束的截断参数。由图可知：随着横向距离和截断参数的增加，湍流对光束平均强度的影响越来越强，湍流与真空之间的平均强度差别越来越明显，这说明受光阑限制的 GSM 光束在湍流中的影响小于不受光阑限制的 GSM 光束在湍流中的影响。

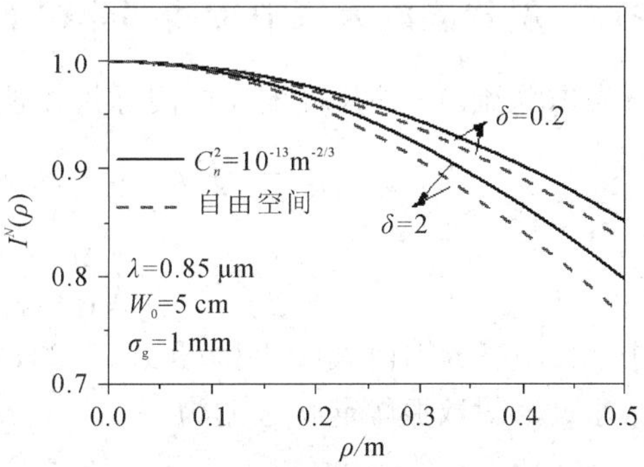

图 6.24　平均强度随横向距离变化

6.4.2 斜程路径的修正 Rytov 理论

在激光发射器孔径处放置一个相位扩散器，它扩散引起的一部分空间独立随机相位的整体平均呈高斯分布，发射出来的光束可以表示为部分相干 GSM 光束形式。采用 Dunphy 和 Andrew 的有效波束参数 Θ_e 和 Λ_e 来描述接收机处 GSM 光束的扩散特性，有

$$\Theta_e = 1 + \frac{x}{R_e} = \frac{\Theta_0}{\Theta_0^2 + \Lambda_0^2 \zeta_S}, \quad \overline{\Theta}_e = 1 - \Theta_e \tag{6.233}$$

$$\Lambda_e = \frac{\Lambda_0 \zeta_S}{\Theta_0^2 + \Lambda_0^2 \zeta_S} \tag{6.234}$$

其中，$\zeta_S = 1 + 4q_c/\Lambda_0 = 1 + W_0^2/\sigma_\mu^2$ 为发射机处波束的源相干参数，$q_c = x/2k\sigma_\mu^2$。湍流大气和扩散附加衍射导致的有效光斑半径由以下参数描述：

$$\Lambda_{rec} = \frac{2x}{kW_{rec}^2} = \frac{\Lambda_1}{1 + 4\Lambda_1 q_c + 1.63\sigma_1^{12/5}\Lambda_1} \tag{6.235}$$

$$W_{rec} = W_1 \ (1 + 4q_c\Lambda_1 + 1.63\sigma_1^2\Lambda_1^{5/6})^{1/2} \tag{6.236}$$

其中，$\Lambda_1 = \Lambda_0/(\Theta_0^2 + \Lambda_0^2)$ 是波束在自由空间中传输 x 距离后到达接收机处高斯波束的有效参数，且有 $W_1 = W_0(\Theta_0^2 + \zeta_S \Lambda_0^2)^{1/2}$。

基于修正 Rytov 理论，假设小尺度起伏由大尺度起伏调制。此理论可应用于从弱到强起伏区域的整个湍流强度中。传播距离 $x = L$ 时，有

$$\sigma_I^2(\rho, L) = \sigma_{I,r}^2(r, L) + \sigma_{I,l}^2(0, L) \tag{6.237}$$

其中，ρ 是波束的离轴距离。闪烁指数的径向分量可近似为径向对数方差，即

$$\sigma_{I,r}^2(\rho, L) \approx \sigma_{\ln I,r}^2(r, L) \approx 4.42\sigma_0^2 \Lambda_{rec}^{5/6} \frac{\rho^2}{W_{rec}^2}, \quad \rho \leqslant W_{rec} \tag{6.238}$$

其中，$\sigma_1^2 = 1.23C_0^2 k^{7/6} L^{11/6}$ 为 Rytov 方差；C_0 是垂直高度为零（$h=0$）时的大气结构常数；Λ_{rec}、W_{rec} 分别由式(6.235)和式(6.236)给出；ρ/W_{rec} 是 Fresnel 比，表示波束的会聚特性。

考虑湍流内、外尺度效应和大、小尺度起伏时，闪烁指数的轴向分量表示为

$$\sigma_{I,l}^2(\rho, L) = \exp(\sigma_{\ln x, l_0}^2 - \sigma_{\ln x, L_0}^2 + \sigma_{\ln y}^2) - 1 \tag{6.239}$$

其中，$\sigma_{\ln x, l_0}^2$、$\sigma_{\ln x, L_0}^2$ 分别是考虑湍流内、外尺度效应时的大尺度对数强度起伏方差，$\sigma_{\ln y}^2$ 是小尺度对数强度起伏方差。

6.4.3 斜程湍流大气中传播部分相干 GSM 的闪烁

考虑湍流内、外尺度效应的闪烁指数轴向分量表示为

$$\sigma_{\ln x, l_0, L_0}^2 = 8\pi^2 k^2 L \int_0^1 \int_0^\infty \kappa \Phi_n(\kappa) G_x(\kappa, l_0, L_0) \cdot \exp\left[-\left(\frac{\Lambda_e L \xi^2}{k}\right)\right]\left\{1 - \cos\left[(1 - \overline{\Theta}_e \xi)\frac{L\kappa^2 \xi}{k}\right]\right\} d\kappa d\xi \tag{6.240}$$

其中，Λ_e、$\overline{\Theta}_e$ 分别由式(6.233)和式(6.234)给出。

小尺度对数振幅起伏方差为

$$\sigma_{\ln y}^2(l_0, L) = \frac{0.509\sigma_G^2}{[1 + 0.69(\sigma_G^2)^{6/5}]^{5/6}} \tag{6.241}$$

其中，σ_{G}^2 是弱起伏对数振幅起伏方差，其表达式为

$$\sigma_{\mathrm{G}}^2 = 1.302k^{7/6}L^{11/6}\int_0^1 C_n^2(\xi H)\left\{\Gamma\left(-\frac{5}{6}\right)\left[a_1^{5/6} - (a_1^2+b_1^2)^{5/12}\cos\left(\frac{5}{6}\phi_1\right)\right]+\right.$$
$$\frac{1.802}{Q_l^{1/2}}\Gamma\left(-\frac{1}{3}\right)\left[a_1^{1/3} - (a_1^2+b_1^2)^{1/6}\cos\left(\frac{\phi_1}{3}\right)\right]-$$
$$\left.\frac{0.254}{Q_l^{7/12}}\Gamma\left(-\frac{1}{4}\right)\left[a_1^{1/4} - (a_1^2+b_1^2)^{1/8}\cos\left(\frac{\phi_1}{4}\right)\right]\mathrm{d}\xi\right\} \tag{6.242}$$

其中，$Q_l=10.89L/kl_0^2$，$a_1=1/Q_l+\Lambda_{\mathrm{e}}\xi^2$，$b_1=\xi(1-\overline{\Theta}_{\mathrm{e}}\xi)$，$\phi_1=\arctan(b_1/a_1)$。

当修正 Hill 谱简化为 Von Karman 谱时，σ_{G}^2 简化为

$$\sigma_{\mathrm{GV}}^2 = 1.302k^{7/6}x^{11/6}\int_0^1 C_n^2(\xi H)\Gamma\left(-\frac{5}{6}\right)\left[a_m^{5/6} - (a_m^2+b_m^2)^{5/12}\cos\left(\frac{5}{6}\phi_m\right)\right]\mathrm{d}\xi \tag{6.243}$$

其中，$Q_m=35.05x/kl_0^2$，$a_m=1/Q_m+\Lambda_{\mathrm{e}}\xi^2$，$b_m=\xi(1-\overline{\Theta}_{\mathrm{e}}\xi)$，$\phi_m=\arctan(b_m/a_m)$。在 Von Karman 谱下，小尺度对数振幅起伏方差和式(6.241)的表达形式相同。采用修正 Hill 谱，考虑湍流内尺度效应的大尺度对数振幅起伏方差为

$$\sigma_{\ln x,\, l_0}^2 = 8\pi^2k^2L\int_0^1\int_0^\infty \kappa\Phi_n(\kappa)G_x(\kappa,\, l_0)\exp\left[-\left(\frac{\Lambda_{\mathrm{e}}L\xi^2}{k}\right)\right]\left\{1-\cos\left[(1-\overline{\Theta}_{\mathrm{e}}\xi)\,\frac{L\kappa^2\xi}{k}\right]\right\}\mathrm{d}\kappa\mathrm{d}\xi \tag{6.244}$$

将 $G_x(\kappa,\, l_0)=f(\kappa,\, l_0)\exp(-\kappa^2/\kappa_x^2)$代入式(6.244)中得

$$\sigma_{\ln x,\, l_0}^2 = 0.652k^{7/6}L^{11/6}\int_0^1 C_n^2\xi^2(1-\overline{\Theta}_{\mathrm{e}}\xi)^2\int_0^\infty \eta^{1/6}\exp\left[-\left(\frac{\eta}{Q_l}+\frac{\eta}{\eta_x}\right)\right]\times$$
$$\left[1+1.802\left(\frac{\eta}{Q_l}\right)^{1/2} - 0.254\left(\frac{\eta}{Q_l}\right)^{7/12}\right]\mathrm{d}\eta\mathrm{d}\xi$$
$$\approx 0.697k^{7/6}L^{11/6}\eta_x^{7/6}\int_0^1 C_n^2\xi^2\,(1-\overline{\Theta}_{\mathrm{e}}\xi)^2\mathrm{d}\xi,\quad Q_l\sigma_0^2\gg 100 \tag{6.245}$$

式中，参数 η_x 有如下形式：

$$\frac{1}{\eta_x}=\frac{0.38}{1-3.21\overline{\Theta}_{\mathrm{e}}+5.29\overline{\Theta}_{\mathrm{e}}^2}+0.629Q_l^{1/6}\left(\frac{\sigma_{1,\,\mathrm{B}}^{1/3}\sigma_2^2}{1+2.20\overline{\Theta}_{\mathrm{e}}}\right)^{6/7} \tag{6.246}$$

其中

$$Q_l=\frac{10.89L}{kl_0^2}$$
$$\sigma_{1,\,\mathrm{B}}^2 = 1.83\sigma_0^2\int_0^1\frac{C_n^2(\xi H)}{C_{n0}^2}\xi^{5/6}(1-\overline{\Theta}_{\mathrm{e}}\xi)^{5/6}\mathrm{d}\xi$$
$$\sigma_2^2 = k^{7/6}L^{11/6}\int_0^1 C_n^2\xi^2\,(1-\overline{\Theta}_{\mathrm{e}}\xi)^2\mathrm{d}\xi$$

考虑湍流外尺度效应的大尺度对数振幅起伏方差为

$$\sigma_{\ln x,\, L_0}^2 = 8\pi^2k^2L\int_0^1\int_0^\infty \kappa\Phi_n(\kappa)G_x(\kappa,\, L_0)\,\cdot$$
$$\exp\left[-\left(\frac{\Lambda_{\mathrm{e}}L\xi^2}{k}\right)\right]\left\{1-\cos\left[(1-\overline{\Theta}_{\mathrm{e}}\xi)\,\frac{L\kappa^2\xi}{k}\right]\right\}\mathrm{d}\kappa\mathrm{d}\xi \tag{6.247}$$

将 $G_x(\kappa,\, L_0)=f(\kappa,\, l_0)\exp(-\kappa^2/\kappa_x^2)\exp(-\kappa^2/\kappa_0^2)$代入式(6.247)中得

$$\sigma_{\ln x,\, L_0}^2 = 0.697k^{7/6}L^{11/6}\eta_{x0}^{7/6}\int_0^1 C_n^2\xi^2(1-\overline{\Theta}_{\mathrm{e}}\xi)^2\mathrm{d}\xi \tag{6.248}$$

其中，$\eta_{x0}=z\kappa_{x0}^2/k=\eta_xQ_0/(\eta_x+Q_0)$，$Q_0=64\pi^2x/(kL_0^2)$，$\eta_x$ 由式(6.246)给出。

在 Von Karman 谱下，考虑有限内尺度效应的大尺度空间滤波函数为

$$G_{Vx}(\kappa, l_0) = f_V(\kappa, l_0)\exp\left(-\frac{\kappa^2}{\kappa_x^2}\right) = \exp[-(\kappa_m^{-2} + \kappa_x^{-2})\kappa^2] \tag{6.249}$$

将式(6.249)代入式(6.247)得有限内尺度效应的大尺度对数强度方差为

$$\begin{aligned}\sigma_{V\ln x, l_0}^2 &= 0.652k^{7/6}L^{11/6}\int_0^1 C_n^2\xi^2(1-\overline{\Theta}_e\xi)^2\int_0^\infty \eta^{1/6}\exp\left[-\left(\frac{\eta}{Q_m}+\frac{\eta}{\eta_x}\right)\right]d\eta d\xi \\ &= 0.652k^{7/6}L^{11/6}\Gamma\left(\frac{7}{6}\right)(Q_m^{-1}+\eta_x^{-1})^{-7/6}\int_0^1 C_n^2\xi^2(1-\overline{\Theta}_e\xi)^2 d\xi\end{aligned} \tag{6.250}$$

将外尺度效应的大尺度空间滤波函数表示为

$$G_{Vx}(\kappa, L_0) = f_V(\kappa, l_0)\exp\left(-\frac{\kappa^2}{\kappa_x^2}\right)\exp\left(-\frac{\kappa^2}{\kappa_0^2}\right) = \exp[-(\kappa_m^{-2}+\kappa_0^{-2}+\kappa_x^{-2})\kappa^2] \tag{6.251}$$

将式(6.251)代入式(6.250)得考虑外尺度效应的大尺度对数振幅起伏方差为

$$\begin{aligned}\sigma_{V\ln x, L_0}^2 &= 0.652k^{7/6}L^{11/6}\int_0^1 C_n^2\xi^2(1-\overline{\Theta}_e\xi)^2\int_0^\infty \eta^{1/6}\exp[-(Q_m^{-1}+Q_0^{-1}+\eta_x^{-1})\eta]d\eta d\xi \\ &= 0.652k^{7/6}L^{11/6}\Gamma\left(\frac{7}{6}\right)(Q_m^{-1}+Q_0^{-1}+\eta_x^{-1})^{-7/6}\int_0^1 C_n^2\xi^2(1-\overline{\Theta}_e\xi)^2 d\xi\end{aligned} \tag{6.252}$$

其中，$Q_m = 35.05x/(kl_0^2)$，$Q_0 = 64\pi^2 x/(kL_0^2)$，η_x 由式(6.246)给出。

考虑湍流内、外尺度效应时，闪烁指数的横向分量为

$$\sigma_{I, r}^2(\rho, l_0, L_0) \approx \sigma_{\ln I, r}^2(\rho, x) = 4.42\sigma_{1, B}^2\Lambda_{rec}^{5/6}\left[1-1.15\left(\frac{\Lambda_{rec}L}{kL_0^2}\right)^{1/6}\right]\frac{\rho^2}{W_{rec}^2}, \quad \rho \leqslant W \tag{6.253}$$

由式(6.241)、式(6.245)和式(6.248)得修正 Hill 谱下，部分相干 GSM 波束的总闪烁指数为

$$\sigma_I^2(r, x) = \sigma_{\ln I, r}^2 + \exp\left[\sigma_{\ln x, l_0}^2 - \sigma_{\ln x, L_0}^2 + \frac{0.509\sigma_G^2}{[1+0.69(\sigma_G^2)^{6/5}]^{5/6}}\right] - 1 \tag{6.254}$$

由式(6.243)、式(6.250)和式(6.252)得 Von Karman 谱下，部分相干 GSM 波束的总闪烁指数同式(6.254)形式相同。若 $\zeta_S = 1$(完全相干光)，则式(6.254)中部分相干 GSM 波束的闪烁指数模型便退化为完全相干高斯波束模型。

算例取值：$C_0 = 1.7\times10^{-14}$，$\sigma_\mu = 1$ mm，$H = 500$ m，$\Theta_0 = 1$(会聚波束)，内尺度 $l_0 = 1$，10 mm，外尺度 $L_0 = 1$，10 m。基于式(6.254)，计算不同波长 $\lambda = 1.06$ μm，1.315 μm，3.8 μm，10.6 μm 时，部分相干 GSM 波束的闪烁指数。闪烁指数随湍流强度参数 Rytov 方差 $\sigma_0 = (1.23C_n^2k^{7/6}x^{11/6})^{1/2}$ 的变化如图 6.25 所示。

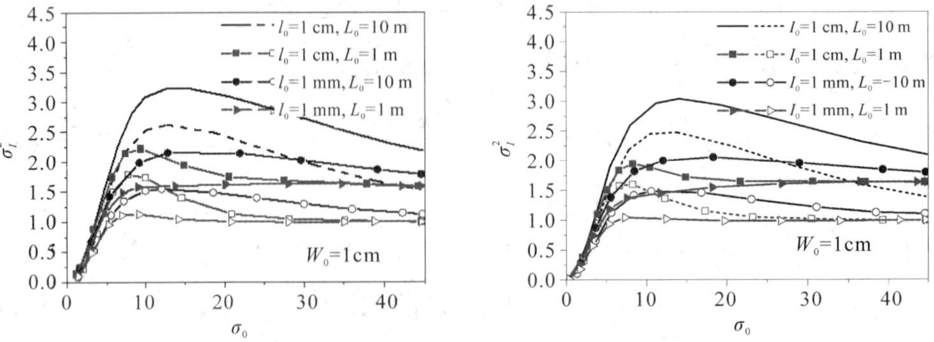

(a) λ=1.06 μm　　(b) λ=1.315 μm

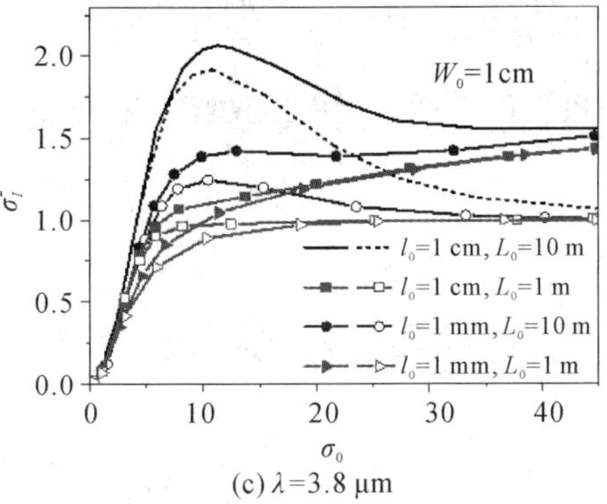

(c) λ=3.8 μm

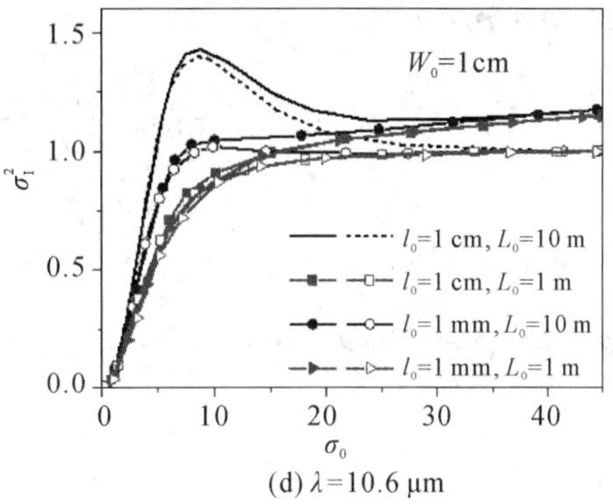

(d) λ=10.6 μm

图 6.25 修正 Hill 谱下，不同波长部分相干 GSM 和完全相干高斯波束的闪烁指数随 Rytov 方差的变化

图 6.25 中，当波长为 1.06 μm 和 1.315 μm 时，在中等湍流区，内尺度效应对闪烁指数的影响大于外尺度效应；而在强湍流区内，外尺度效应对闪烁指数的影响较大。当波长为 3.8 μm 和 10.6 μm 时，在整个湍流强度区域内，外尺度效应对闪烁指数的影响大于内尺度效应。因此，波束在湍流大气中传输时，应考虑湍流内、外尺度对闪烁指数的影响。图 6.25 的数值结果表明：部分相干波束的闪烁指数小于完全相干波束的闪烁指数。这是由于部分相干光是一个相位快速随机变化的波源，因此在接收平面上光强的闪烁由两部分组成：一部分是由波源的随机变化引起的快速闪烁，另一部分是由湍流随机起伏引起的慢速闪烁。利用慢速探测器会对快速闪烁形成一个时间的平均，而对慢速闪烁形成类似孔径平滑的效应，从而降低闪烁。

6.4.4 湍流大气中波束的半径

湍流大气对波束传输的影响会导致波束的半径发生扩展、角扩散、到达角起伏及漂移等效应，对激光大气信道传输系统造成严重影响。下面将讨论湍流大气对部分相干波束的半径、强度等湍流参数的影响。由广义 Huygens - Fresnel 原理得到的部分相干 GSM 光束通过湍流大气到达接收面处的 CSDF 为

$$F(\boldsymbol{\rho}_1, \boldsymbol{\rho}_2; x) = \frac{1}{(\lambda x)^2}\iint F_0(\boldsymbol{\rho}_1', \boldsymbol{\rho}_2')\langle \exp[\psi(\boldsymbol{\rho}_1, \boldsymbol{\rho}_1') + \psi^*(\boldsymbol{\rho}_2, \boldsymbol{\rho}_2')]\rangle \cdot \exp\left\{\frac{ik}{2x}[(\boldsymbol{\rho}_1 - \boldsymbol{\rho}_1')^2 - (\boldsymbol{\rho}_2 - \boldsymbol{\rho}_2')^2]\right\} d\boldsymbol{\rho}_1' d\boldsymbol{\rho}_2' \tag{6.255}$$

$$\langle \exp[\psi(\boldsymbol{\rho}_1, \boldsymbol{\rho}_1') + \psi^*(\boldsymbol{\rho}_2, \boldsymbol{\rho}_2')]\rangle \approx \exp\left[-\frac{(\boldsymbol{\rho}_1' - \boldsymbol{\rho}_2')^2 + (\boldsymbol{\rho}_1' - \boldsymbol{\rho}_2')(\boldsymbol{\rho}_1 - \boldsymbol{\rho}_2) + (\boldsymbol{\rho}_1 - \boldsymbol{\rho}_2)^2}{\rho_T^2}\right] \tag{6.256}$$

其中 $\rho_0 = (0.545 C_n^2 k^2 L)^{-3/5}$ 为湍流大气中球面波的相干长度。利用质心、差分坐标变换有

$$\begin{cases} \boldsymbol{\rho}_c' = (\boldsymbol{\rho}_1' + \boldsymbol{\rho}_2')/2, \ \boldsymbol{\rho}_d' = \boldsymbol{\rho}_1' - \boldsymbol{\rho}_2' \\ \boldsymbol{\rho}_c = (\boldsymbol{\rho}_1 + \boldsymbol{\rho}_2)/2, \ \boldsymbol{\rho}_d = \boldsymbol{\rho}_1 - \boldsymbol{\rho}_2 \end{cases} \tag{6.257}$$

$$\langle \exp[\psi(\boldsymbol{\rho}_1, \boldsymbol{\rho}_1') + \psi^*(\boldsymbol{\rho}_2, \boldsymbol{\rho}_2')]\rangle \approx \exp\left(-\frac{\rho_d'^2 + \boldsymbol{\rho}_d' \cdot \boldsymbol{\rho}_d + \rho_d^2}{\rho_T^2}\right) \tag{6.258}$$

则湍流大气中部分相干 GSM 波束到达接收面处的 CSDF 表达式(6.255)可改写为

$$W(\boldsymbol{\rho}_c, \boldsymbol{\rho}_d, x) = \frac{1}{(\lambda z)^2}\iint \exp\left(\frac{-2\rho'^2_c}{W_0^2}\right)\exp\left[\frac{-ik\boldsymbol{\rho}'_c \cdot \boldsymbol{\rho}'_d}{R_0} + \frac{ik\boldsymbol{\rho}'_c \cdot (\boldsymbol{\rho}'_d - \boldsymbol{\rho}_d)}{x}\right]\cdot$$
$$\exp\left[-\frac{\rho'^2_d}{2W_0^2} - \frac{\rho'^2_d}{2\sigma_\mu^2} - \frac{\rho'^2_d + \boldsymbol{\rho}'_d \cdot \boldsymbol{\rho}_d + \rho_d^2}{\rho_0^2} - \frac{ik\boldsymbol{\rho}_c \cdot (\boldsymbol{\rho}'_d - \boldsymbol{\rho}_d)}{x}\right]d\boldsymbol{\rho}'_c d\boldsymbol{\rho}'_d \tag{6.259}$$

通过积分得

$$F(\boldsymbol{\rho}_c, \boldsymbol{\rho}_d; x) = \langle I(\boldsymbol{\rho}_c, \boldsymbol{\rho}_d; x)\rangle = \frac{W_0^2}{W_\zeta^2(x)}\exp\left[-\rho_d^2\left(\frac{1}{\rho_0^2} + \frac{1}{2W_0^2\Lambda_0^2}\right) - \frac{4\rho_c^2 - \phi^2\rho_d^2}{2W_\zeta^2(x)} - \frac{ik\boldsymbol{\rho}_c \cdot \boldsymbol{\rho}_d}{R_\zeta^2(x)}\right] \tag{6.260}$$

式中，$\phi \equiv \Theta_0/\Lambda_0 - \Lambda_0 W_0^2/\rho_0^2$，$W_\zeta(x)$、$R_\zeta(x)$分别为湍流大气中 GSM 波束的有效波束半径和相位波前曲率半径，具体表达式如下：

$$W_\zeta(x) = W_0(\Theta_0^2 + \zeta\Lambda_0^2)^{1/2}, \quad \zeta = \zeta_S + \frac{2W_0^2}{\rho_T^2} \tag{6.261}$$

$$R_\zeta(x) = \frac{x(\Theta_0^2 + \zeta\Lambda_0^2)}{\phi\Lambda_0 - \zeta\Lambda_0^2 - \Theta_0^2}, \quad \phi = \frac{\Theta_0}{\Lambda_0} - \Lambda_0\frac{W_0^2}{\rho_T^2} \tag{6.262}$$

其中，Θ_0、Λ_0 是发射机处高斯波束的有效参数。当 $\Theta_0 = 1$ 时，波束是准直的；当 $\Theta_0 < 1$ 时，波束是会聚的；当 $\Theta_0 > 1$ 时，波束是发散的。$\zeta = \zeta_S + 2W_0^2/\rho_0^2$ 表示全局相干参数，$\zeta_S = 1 + W_0^2/\sigma_\mu^2$ 为发射机处波束的源相干参数。若 $\zeta_S = 1$，则波束是完全相干光；若 $\zeta_S > 1$，则波束是部分相干光。

当 $\boldsymbol{\rho}_1 = \boldsymbol{\rho}_2 = \boldsymbol{\rho}$ 时，由公式(6.260)得到单位振幅部分相干 GSM 波束的平均强度$\langle I(\boldsymbol{\rho}, x)\rangle$：

$$\langle I(\boldsymbol{\rho}, x)\rangle = \frac{W_0^2}{W_\zeta^2(x)}\exp\left[\frac{-2\rho^2}{W_\zeta^2(x)}\right] \tag{6.263}$$

接收平面上任意一点处的完全相干高斯波束的平均强度表达式为

$$\langle I(\boldsymbol{\rho}, x)\rangle_{\text{Gauss}} = \frac{W_0^2}{2W^2(x)}\exp\left(-\frac{\rho^2}{W^2(x)}\right) \tag{6.264}$$

其中，$W(x)$是斜程湍流大气中高斯波束的有效半径。部分相干 GSM 光束通过湍流大气到达接收端处的波束有效参数为

$$\Theta_{\text{rec}}(x) = \frac{R_\zeta(x) + x}{R_\zeta(x)}, \ \Lambda_{\text{rec}}(x) = \frac{2x}{kW_\zeta^2(x)} \tag{6.265}$$

由公式(6.261)得接收机处部分相干 GSM 波束的有效半径为

$$W_\zeta(x) = W_0(\Theta_0^2 + \zeta\Lambda_0^2)^{1/2} \tag{6.266}$$

而斜程湍流大气中完全相干高斯波束的有效半径为

$$W(x) = W_0\left[1 + \frac{x^2(\theta_D^2 + \theta_T^2)}{W_0^2}\right]^{1/2} \tag{6.267}$$

其中，$\theta_D = \lambda/(\pi W_0)$和 $\theta_T = \lambda/(\pi\rho_T)$分别是衍射和大气湍流效应引起的波束扩展角。

如图 6.26 所示，波束的半径与传输距离成正比，且湍流中波束的半径大于自由空间中的情况。随着光束相干性的下降，波束的半径增大，但相对自由空间，由湍流引起的光束扩展越来越小，即湍流对相干性越差的光束的半径扩展影响越小。接收高度 H 越大，部分相干 GSM 和完全相干高斯光束在湍流大气中斜程传输时的光束半径越小；在相同条件下，部分相干 GSM 波束在湍流中传输时的光束半径虽大于完全相干高斯波束，但传输高度对部分相干 GSM 光束的半径扩展的影响小于完全相干高斯光束的影响，如图 6.27 所示。

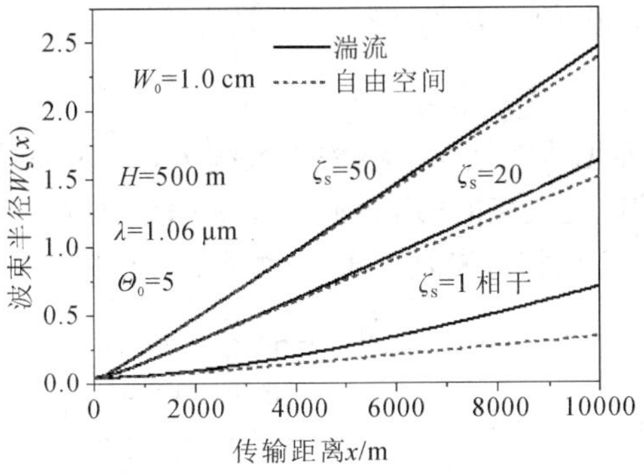

图 6.26 同源相干参数下，传输距离对发散 GSM 波束的有效半径的影响

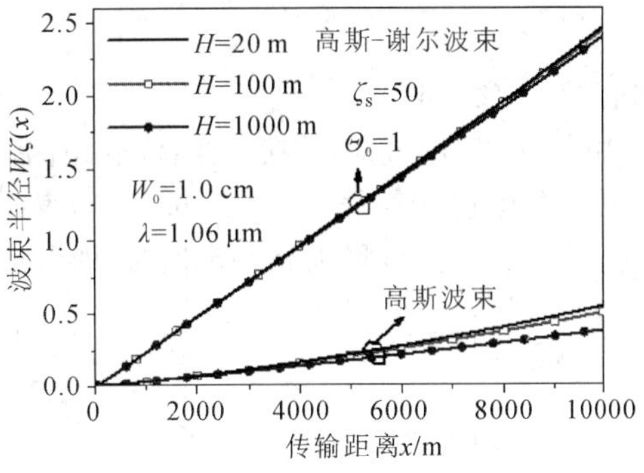

图 6.27 不同接收高度下，传输距离对准直 GSM 波束和完全相干高斯波束的波束半径的影响

6.4.5 湍流大气中波束的角扩展效应

由公式(6.261)得到斜程湍流大气中会聚的部分相干 GSM 波束的扩展角表达式为

$$\theta_{sp}(x)=\frac{W_{\zeta}(x)}{x}\bigg|_{L\to\infty}=\sqrt{\frac{Q_3}{k^2}+8\left[1.46k^{1/3}\int_0^1 C_n^2(\xi x)(1-\xi)^{5/3}\mathrm{d}\xi\right]^{6/5}x^{6/5}} \tag{6.268}$$

其中，$Q_3=4\zeta_S/W_0^2$。而斜程湍流大气中完全相干高斯波束的扩展角表达式为

$$\theta_{sp}=\theta_D+\theta_T=\frac{\lambda}{\pi}\left(\frac{1}{W_0}+\frac{1}{\rho_T}\right) \tag{6.269}$$

图 6.28 和图 6.29 分别分析了扩展角随传输距离和束腰半径变化的情况。

图 6.28 将部分相干 GSM 波束和完全相干高斯波束的结果做了比较。部分相干 GSM 和完全相干高斯光束的扩展角随传输距离的增大而增大，完全相干高斯波束的扩展角小于部分相干波束的情况，但接收高度对部分相干 GSM 光束扩展角的影响小于完全相干高斯波束的情况。

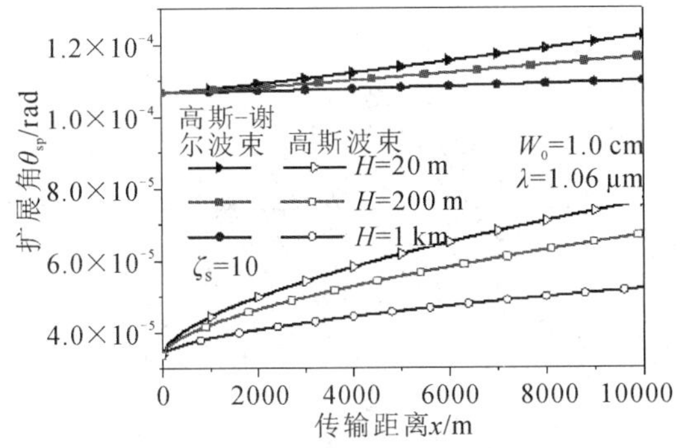

图 6.28 不同接收高度下，部分相干 GSM 和完全相干高斯波束扩展角随传输距离变化的关系

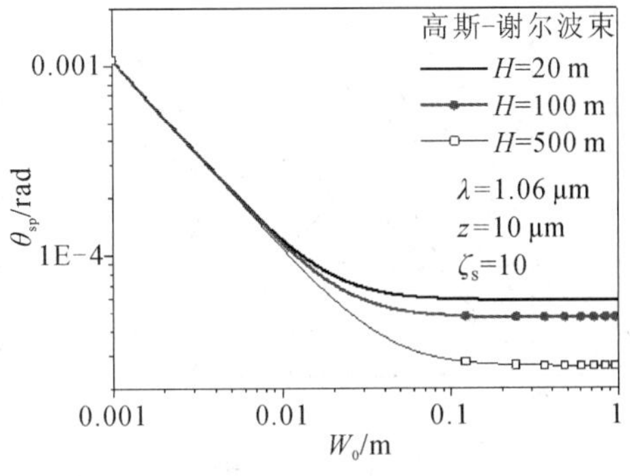

图 6.29 不同接收高度下，部分相干 GSM 波束扩展角随束腰半径变化的情况

图 6.29 表明：当束腰半径 $W_0\leqslant 10$ cm 时，部分相干 GSM 波束的扩展角随束腰半径的增大而减小，且变化较明显；当束腰半径大于 10 cm 时，角扩散现象很不明显。由式(6.268)可得会聚的部分相干 GSM 波束在湍流大气中水平路径传输的扩展角为

$$\theta_{sp}(x)=\frac{W_{\xi}(x)}{x}\bigg|_{L\to\infty}=\sqrt{\frac{Q_3}{k^2}+8(0.545C_n^2k^{1/3})^{6/5}x^{6/5}} \tag{6.270}$$

其中，$Q_3=4\zeta_S/W_0^2$。

由图 6.30(a)可知，扩展角随传输距离的增大而增大，且大气结构常数越大，扩展角越大，扩展角效应比斜程明显。图 6.30(b)表明，角扩散随波束的相干长度的增大(相干性越好)而减小，当相干长度增大到一定值时(即波束接近于完全相干光时)，角扩散现象已不明显。

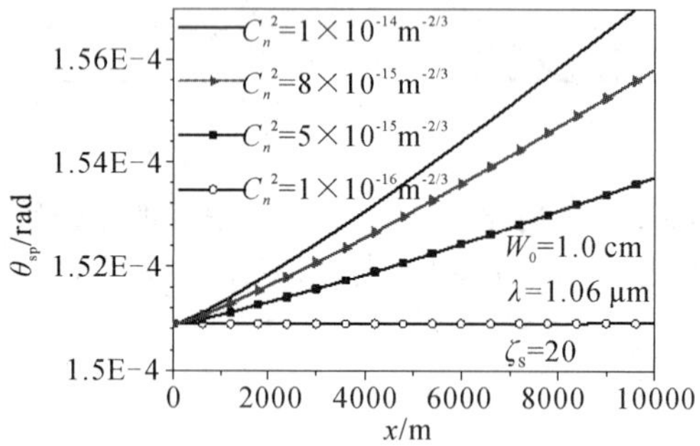

(a) 传输距离

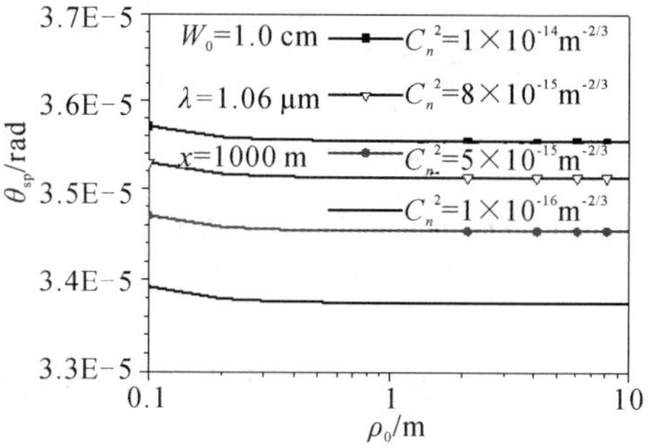

(b) 相干长度

图 6.30 不同大气结构常数下，波束扩展角随传输距离和相干长度变化的情况

6.4.6 湍流大气中波束的扩展效应

湍流大气中波(光)束的传输以扩展和漂移效应最为显著。由于光斑会扩展和漂移，在用靶标测距或跟踪目标时，光斑可能会脱离靶子。同时，扩展了的光束其平均强度会减弱，有可能降到检测阈值之下，从而导致接收机检测不到光斑。如图 6.31 所示，观察接收平面上的光斑，可以看到较短时间内光斑的形状没有多大变化，但是光斑在做随机运动——漂移。若曝光时间比漂移的特征时间($\Delta t\approx W/v_\perp$，其中 W 为光束有效半径，$v_\perp$ 为大气的横截风速)短，则记录的光斑尺寸几乎没变化，这时光斑的半径记为 ρ_S，称为短期光束扩展半径；若曝光时间比 Δt 大很多，则记录到的光斑尺寸包括了光斑重心 ρ_C 的漂移在内。

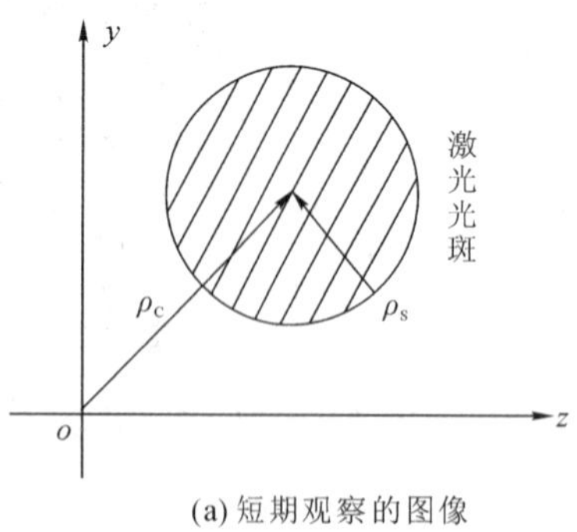

(a) 短期观察的图像

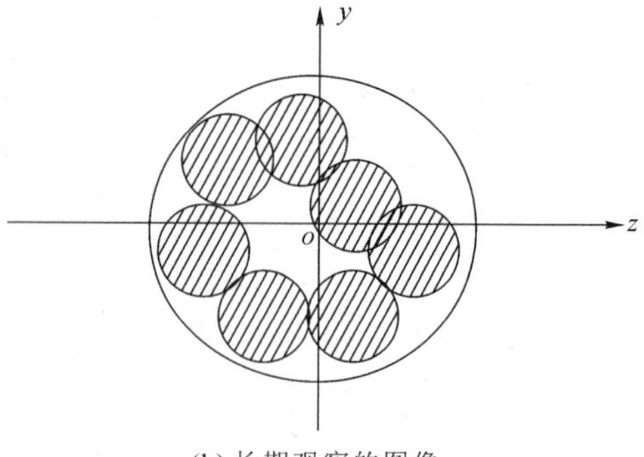

(b) 长期观察的图像

图 6.31 接收平面上的图像

光斑半径 ρ_L 称为长期光束扩展半径，长期扩展定义为

$$\langle\rho_L^2\rangle=\frac{\iint_{-\infty}^{\infty}\rho^2\Gamma_2(\boldsymbol{\rho},\boldsymbol{\rho},x)\mathrm{d}^2\boldsymbol{\rho}}{\iint_{-\infty}^{\infty}\Gamma_2(\boldsymbol{\rho},\boldsymbol{\rho},x)\mathrm{d}^2\boldsymbol{\rho}} \tag{6.271}$$

$$\langle \rho_L^2 \rangle = \langle \rho_S^2 \rangle + \langle \rho_C^2 \rangle \tag{6.272}$$

光斑重心漂移的均方差为

$$\langle \rho_C^2 \rangle = \frac{\iint_{-\infty}^{\infty} \boldsymbol{\rho}_1 \cdot \boldsymbol{\rho}_2 \Gamma_4(\boldsymbol{\rho}_1, \boldsymbol{\rho}_1, \boldsymbol{\rho}_2, \boldsymbol{\rho}_2, x) \mathrm{d}\boldsymbol{\rho}_2 \mathrm{d}\boldsymbol{\rho}_1}{\left[\iint_{-\infty}^{\infty} \Gamma_2(\boldsymbol{\rho}_1, \boldsymbol{\rho}_1, x) \mathrm{d}\boldsymbol{\rho}_1\right]^2} \tag{6.273}$$

$\langle \rho_L^2 \rangle$和$\langle \rho_C^2 \rangle$的解取决于场的二阶矩和四阶矩。但众所周知，只有二阶矩存在严格解，而四阶矩仅存在近似解。计算公式(6.273)的困难在于对四阶矩$\Gamma_4(\boldsymbol{\rho}_1, \boldsymbol{\rho}_1, \boldsymbol{\rho}_2, \boldsymbol{\rho}_2, x) = \langle I(\boldsymbol{\rho}_1, x) \cdot I(\boldsymbol{\rho}_2, x) \rangle$的处理。如果场的复振幅在整个起伏区域内均服从正态分布，则场的四阶矩可以简化为

$$\langle I(\boldsymbol{\rho}_1) I(\boldsymbol{\rho}_2) \rangle = \lim_{\substack{\boldsymbol{\rho}_1', \boldsymbol{\rho}_2' = \boldsymbol{\rho}_1 \\ \boldsymbol{\rho}_3', \boldsymbol{\rho}_4' = \boldsymbol{\rho}_2}} \Gamma_4(\boldsymbol{\rho}_1', \boldsymbol{\rho}_2', \boldsymbol{\rho}_3', \boldsymbol{\rho}_4') = \langle I(\boldsymbol{\rho}_1) \rangle \langle I(\boldsymbol{\rho}_2) \rangle + |\Gamma_2(\boldsymbol{\rho}_1, \boldsymbol{\rho}_2)|^2 \tag{6.274}$$

公式(6.274)中不再含有场的四阶矩，这时可以合理地引用平方近似，则

$$\Gamma_4(\boldsymbol{\rho}_1, \boldsymbol{\rho}_1, \boldsymbol{\rho}_2, \boldsymbol{\rho}_2, x) = \langle I(\boldsymbol{\rho}_1, x) \rangle \langle I(\boldsymbol{\rho}_2, x) \rangle + |\Gamma_2(\boldsymbol{\rho}_1, \boldsymbol{\rho}_2, x)|^2 \tag{6.275}$$

对于窄带光源，光束的互相干函数(MCF)可近似由交叉谱密度$F(\boldsymbol{\rho}_1, \boldsymbol{\rho}_2, x)$代替，即

$$\Gamma_2(\boldsymbol{\rho}_1, \boldsymbol{\rho}_2, x) = \langle U(\boldsymbol{\rho}_1, x) U^*(\boldsymbol{\rho}_2, x) \rangle \approx F(\boldsymbol{\rho}_1, \boldsymbol{\rho}_2, x) \tag{6.276}$$

由公式(6.260)得

$$\begin{aligned}\Gamma_2(\boldsymbol{\rho}_1, \boldsymbol{\rho}_2, x) &= F(\boldsymbol{\rho}_1, \boldsymbol{\rho}_2; x) \\ &= \frac{W_0^2}{W_\zeta^2(x)} \exp\left\{-\left(\frac{1}{\rho_T^2} + \frac{1}{2W_0^2 \Lambda_0^2} - \frac{\varphi^2}{2W_\zeta^2(x)}\right)(\boldsymbol{\rho}_1 - \boldsymbol{\rho}_2)^2 - \frac{(\boldsymbol{\rho}_1 + \boldsymbol{\rho}_2)^2}{2W_\zeta^2(x)} - \frac{\mathrm{i}k(\rho_1^2 - \rho_2^2)}{2R_\zeta^2(x)}\right.\end{aligned} \tag{6.277}$$

式中，$W_\zeta(x)$和$R_\zeta(x)$分别为湍流大气中GSM波束的有效波束半径和相位波前曲率半径。由式(6.275)和式(6.277)得

$$\langle \rho_C^2 \rangle = \frac{W_\zeta^2(x)}{8\pi} + \frac{4\gamma}{W_\zeta^2(x)(4\alpha\beta - \gamma^2)^{3/2}} \tag{6.278}$$

其中

$$\alpha = \frac{2}{\rho_T^2} + \frac{1}{W_0^2 \Lambda_0^2} + \frac{1 - \phi^2}{W_\zeta^2(x)} + \mathrm{i}\frac{k}{R_\zeta^2(x)}$$

$$\beta = \frac{2}{\rho_T^2} + \frac{1}{W_0^2 \Lambda_0^2} + \frac{1 - \phi^2}{W_\zeta^2(x)} - \mathrm{i}\frac{k}{R_\zeta^2(x)}$$

$$\gamma = \frac{4}{\rho_T^2} + \frac{2}{W_0^2 \Lambda_0^2} - \frac{2}{W_\zeta^2(x)}(1 + \phi^2)$$

式(6.271)中的二阶矩$\Gamma_2(\rho, \rho, z)$为平均强度$\langle I(\rho, z) \rangle$，由式(6.263)给出。则长期波束扩展为

$$\begin{aligned}\langle \rho_L^2 \rangle &= \frac{\iint_{-\infty}^{\infty} \rho^2 \exp\left[-\frac{2\rho^2}{W_\zeta^2(x)}\right] \mathrm{d}^2\rho}{\iint_{-\infty}^{\infty} \exp\left[-\frac{2\rho^2}{W_\zeta^2(x)}\right] \mathrm{d}^2\rho} = \frac{\int_0^{\infty} \rho^2 \exp\left[-\frac{2\rho^2}{W_\zeta^2(x)}\right] \mathrm{d}\rho \int_0^{\infty} \exp\left[-\frac{2\rho^2}{W_\zeta^2(x)}\right] \mathrm{d}\rho}{\left\{\int_0^{\infty} \exp\left[-\frac{2\rho^2}{W_\zeta^2(x)}\right] \mathrm{d}\rho\right\}^2} \\ &= \frac{\int_0^{\infty} \rho^2 \exp\left[-\frac{2\rho^2}{W_\zeta^2(x)}\right] \mathrm{d}\rho}{\int_0^{\infty} \exp\left[-\frac{2\rho^2}{W_\zeta^2(x)}\right] \mathrm{d}\rho} = \frac{1}{2} W_\zeta^2(x)\end{aligned} \tag{6.279}$$

1. 波束的短期展宽

利用广义惠更斯-菲涅尔原理，可以得到湍流场任意点 L 处的平均强度为

$$\langle I(\boldsymbol{\rho}, L)\rangle = \frac{1}{(\lambda L)^2}\iint \langle u(\boldsymbol{\rho}_1, 0)u^*(\boldsymbol{\rho}_2, 0)\rangle \exp\left[\mathrm{i}k\frac{(\boldsymbol{\rho}-\boldsymbol{\rho}_1)^2-(\boldsymbol{\rho}-\boldsymbol{\rho}_2)^2}{2L}\right] M_S(\boldsymbol{\rho}_1, \boldsymbol{\rho}_2, L)\,\mathrm{d}\boldsymbol{\rho}_1\,\mathrm{d}\boldsymbol{\rho}_2 \tag{6.280}$$

式中，球面波短期 MCF 为

$$M_S(\rho, x) = \exp\left\{-\left(\frac{\rho}{\rho_T}\right)^{5/3}\left[1-0.628\delta\left(\frac{\rho}{D}\right)^{1/3}\right]\right\} \tag{6.281}$$

$\rho_T \approx \left[1.46k^2 L\int_0^1 (1-\xi)^{5/3} C_n^2(\xi L)\,\mathrm{d}\xi\right]^{-3/5}$ 是球面波的长期相干长度，$C_n^2(\xi L)$ 为湍流大气结构常数。若 $r \gg (\lambda L)^{1/2}$，$\delta=1$；若 $r \ll (\lambda L)^{1/2}$，$\delta=1/2$，$D=2w_0$。

短期光束扩展时，对于 GSM 波束，偏离光中心能量的距离 $W_s=\sqrt{\langle \rho_S^2\rangle}$ 为

$$W_s^2 = W_\zeta^2 + W_t^2 \tag{6.282}$$

其中，$W_\zeta = W_0\Delta(L)$ 是自由空间引起的衍射效应，$\Delta(L)$ 由式(6.226)给出。W_t 指由湍流引起的光束展宽。如果 $0.37(\rho_T/D)^{1/3} \ll 1$，则

$$W_t \approx W_t^l\left[1-0.37\left(\frac{\rho_T}{D}\right)^{1/3}\right], \quad W_t^l = \frac{2L}{k\rho_T} \tag{6.283}$$

把式(6.225)、式(6.283)代入式(6.281)，可以计算得到高斯-谢尔光束在湍流大气传输中引起的短期展宽：

$$W_S = \sqrt{\langle \rho_S^2\rangle} = \sqrt{W_0^2\left(1+\frac{4L^2}{(\delta_0^2 k^2)}\right) + \frac{4L^2\left[1-0.37(\rho_T/D)^{1/3}\right]^2}{(k^2\rho_T^2)}} \tag{6.284}$$

从式(6.284)可以看出短期光束展宽与光束束腰半径、传播距离、光源相干性和湍流强度有关。当 $\sigma_\mu \to \infty$ 时，式(6.284)简化为高斯光束在湍流大气中的短期光束展宽，且与 M. Tavis 和 H. Yura 的结果一致。

根据公式(6.284)数值模拟了湍流大气中光束短期展宽与真空中光束衍射展宽的比值，如图 6.32 所示。由图可以看出，随着传播距离的增加，光束的展宽越明显。图 6.32(a)考虑不同入射波长下，光束的相对展宽情况，结果表明在其他参数恒定的情况下，波长越大，光束展宽越小。图 6.32(b)给出了不同波源相干性对光束展宽的影响，随着波源相干性变差，光束展宽越小，而且高斯光束比部分相干光束所受湍流的影响大。

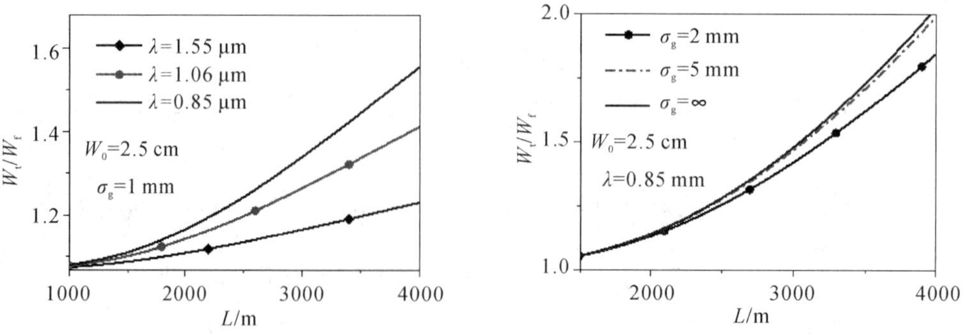

(a) 不同的入射波长　　(b) 波源不同的相干长度

图 6.32　短期光束相对宽度随传播距离的变化

2. 波束的长期展宽

光束的长期展宽的归一化均方根宽度(有效光束半径)由式(6.271)定义：

$$W(L)=\sqrt{\langle\rho_{\mathrm{L}}^{2}\rangle}=\sqrt{\frac{W_{0}^{2}}{2}+\frac{2L^{2}}{k^{2}}\left(\frac{1}{W_{0}^{2}}+\frac{1}{\sigma_{\mu}^{2}}\right)+4\times(0.545C_{n}^{2})^{6/5}k^{2/5}L^{16/5}} \tag{6.285}$$

式(6.285)中根号内的前两项表明自由空间的扩展随源空间相干性的降低而增加，第三项属于湍流效应引起的光束扩展。图 6.33 给出了有效光束半径随传播距离变化的情况。计算的传输参数为：$\lambda=1.06\times10^{-6}$ m，$\sigma_{\mu}=0.005$ m，$W_0=0.01$ m。

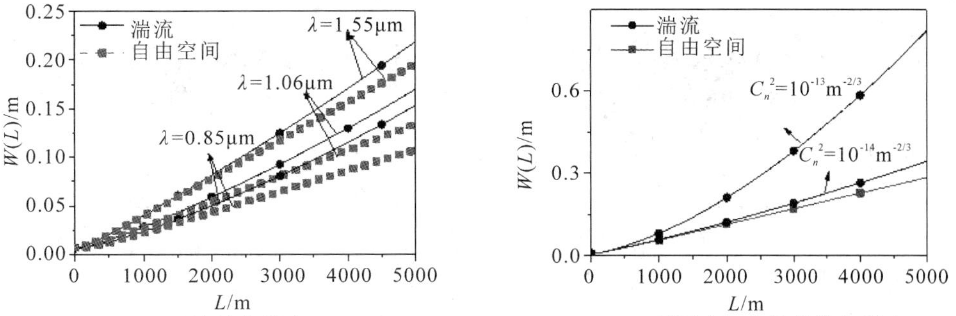

(a) 不同波长的影响　　　　(b) 不同大气结构常数的影响

图 6.33　有效光束半径随传播距离变化的情况

图 6.33(a)表明：其他条件一定时，波长越大，湍流与自由空间的结果差别就越小，这说明湍流对长波长影响较小。图 6.33(b)表明湍流越强，光束扩展现象越明显，在较高位置发射，可以减小湍流影响。同时，由图还可以看出传播距离越长，受湍流的影响越明显，短距离传输时扩展现象不明显。

6.4.7　湍流大气中光束的漂移

大气湍流对波束传输的干扰，使得光束中心位置在垂直于其传输方向的平面内作随机变化。采用不同的方法(几何光学近似、微扰法、马尔可夫近似)研究光束漂移时，各有特点，但大多数仅涉及弱起伏区。

实验表明：在强湍流时，角将出现饱和的趋势，因此完整地研究包括弱起伏区在内的漂移特征是颇有意义的。Mironov 和 Nosov 在马尔柯夫近似的基础上应用广义的 Huygens - Fresnel 原理和渐近展开法首先讨论了强起伏区和弱起伏区的漂移问题，导出了与实验资料基本符合的表达式。但由于他们所给出的公式不统一，因此这些公式不能同时适用于整个起伏区，使用时不够方便。

漂移起伏方差的定义已由式(6.273)确定，应用艾伦菲斯特定理和马尔柯夫近似，可得到漂移起伏方差的普遍公式：

$$\sigma_{\theta}^{2}\equiv\frac{\langle\rho_{\mathrm{C}}^{2}\rangle}{x^{2}} \tag{6.286}$$

通常以光斑质心位置的变化来描述光斑漂移情况。光斑质心定义为

$$y_{\mathrm{c}}=\frac{\iint yI(y,z)\mathrm{d}y\mathrm{d}z}{\iint I(y,z)\mathrm{d}y\mathrm{d}z},\quad z_{\mathrm{c}}=\frac{\iint zI(y,z)\mathrm{d}y\mathrm{d}z}{\iint I(y,z)\mathrm{d}y\mathrm{d}z} \tag{6.287}$$

通过式(6.263)数值模拟出部分相干 GSM 波束的光斑质心的分布情况，见图 6.34。由图 6.34 可见：波束质心位置变化的数量级为 10^{-3}，是一个小量。将图 6.34(b)与(c)相比较可知：相干性差的波束漂移效应更显著一些，但在 $10^{-1}\sim10^{0}$ 这个数量级上，源相干参数 ζ_S(表征波束的部分相干特性)对波束漂移的影响微乎其微，甚至几乎观察不到波束的漂移现象。图 6.34 还表明：波长越大，光束漂移效应越明显；远距离传输时波束的漂移效应大于近距离传输时波束的漂移效应。

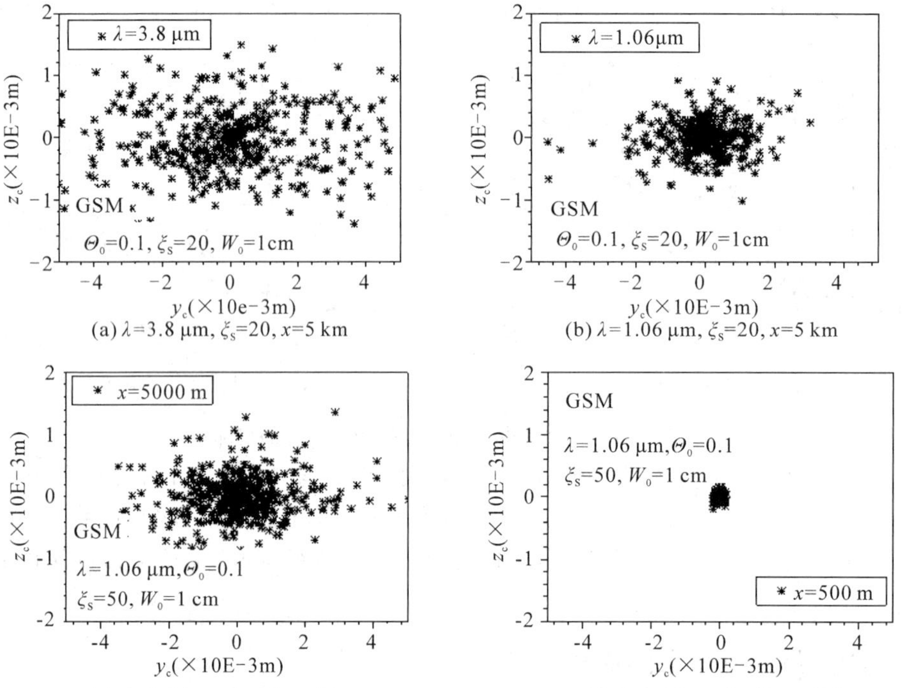

(a) λ=3.8 μm, ξ_S=20, x=5 km　(b) λ=1.06 μm, ξ_S=20, x=5 km

(c) λ=1.06 μm, ξ_S=50, x=5 km　(d) λ=1.06 μm, ξ_S=50, x=500 m

图 6.34　部分相干 GSM 波束光斑质心的分布

如图 6.35 所示，接收高度(天顶角)对漂移角起伏均方根值的影响较大。随着湍流强度的增大，漂移会出现饱和趋势，增长率逐渐减慢，在强起伏时，饱和趋势很明显。此外，源

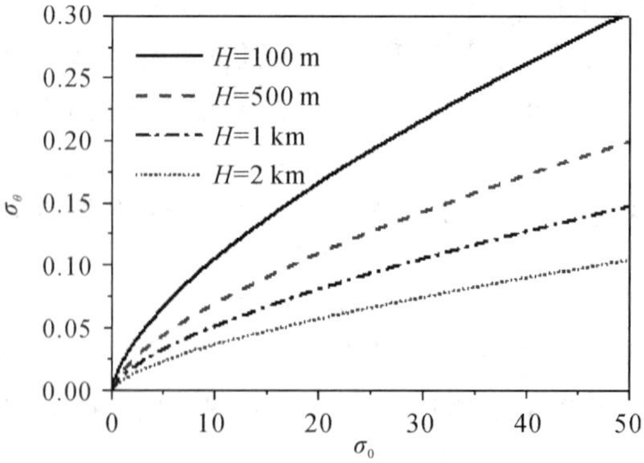

图 6.35　漂移角起伏均方根值 σ_θ 与闪烁方差均方根值 σ_0 $(=(1.23C_0^2k^{7/6}x^{11/6})^{1/2})$ 的关系

(λ=1.06 μm, W_0=5 mm, ζ_S=20, Θ_0=1, C_0=1.7×10^{-13})

相干参数 ζ_S、波束束腰半径及聚焦参数 Θ_0 的变化对漂移的影响很小。激光在湍流大气中传播时，将发生波前到达角起伏，从而使接收器接收到的光束出现像点抖动。

对于窄带光源而言，MCF 与波结构函数间的关系为

$$\exp\left[-\frac{1}{2}D(\boldsymbol{\rho}_1, \boldsymbol{\rho}_2, x)\right]=\frac{|\Gamma(\boldsymbol{\rho}_1, \boldsymbol{\rho}_2, x)|}{[\Gamma(\boldsymbol{\rho}_1, \boldsymbol{\rho}_1, x)\Gamma(\boldsymbol{\rho}_2, \boldsymbol{\rho}_2, x)]^{1/2}} \tag{6.288}$$

将公式(6.276)代入公式(6.288)得斜程湍流大气中部分相干 GSM 波束的波结构函数为

$$D(\boldsymbol{\rho}_1, \boldsymbol{\rho}_2, x)=2\rho^2\left\{\left(\frac{1}{\rho_T^2}+\frac{1}{2W_0^2\Lambda_0^2}\right)-\frac{2x^2}{W_\zeta^2(x)\rho_T^4}-\frac{W_0^2}{W_\zeta^2(x)}\left[\frac{k\Theta_0^2}{2x\Lambda_0}-\frac{\Theta_0}{\rho_T^2}\right]\right\} \tag{6.289}$$

波结构函数 $D=D_\chi+D_s$ 可作近似处理 $D\approx D_s$，这是由于相位结构函数 D_s 起主导作用，因而可以忽略对数振幅结构函数 D_χ 的影响。由到达角起伏方差的定义式(6.289)，可以得到 $x=L$ 处部分相干 GSM 光束经过湍流大气后在接收面处的到达角起伏方差：

$$\langle\alpha^2\rangle=\frac{D(\boldsymbol{\rho}_1, \boldsymbol{\rho}_2, L)}{[kW_\zeta(L)]^2}=\frac{2}{k^2}\left[\left(\frac{1}{\rho_T^2}+\frac{1}{2W_0^2\Lambda_0^2}\right)-\frac{\varphi^2}{2W_\zeta^2(L)}\right] \tag{6.290}$$

如图 6.36 所示，完全相干光($\zeta_S=1$)的到达角起伏方差随传输距离的变化不明显，即完全相干光的到达角起伏受湍流的影响很小，而部分相干 GSM 波束的到达角起伏方差随传输距离的增大而减小，与完全相干光的到达角起伏方差越来越接近。当传输到距离大约为 1 km 后，不同源相干参数的光束到达角起伏方差达到最小值，基本不再随传输距离的变化而变化；另外，光束相干性越差，光束的到达角起伏方差就越大。

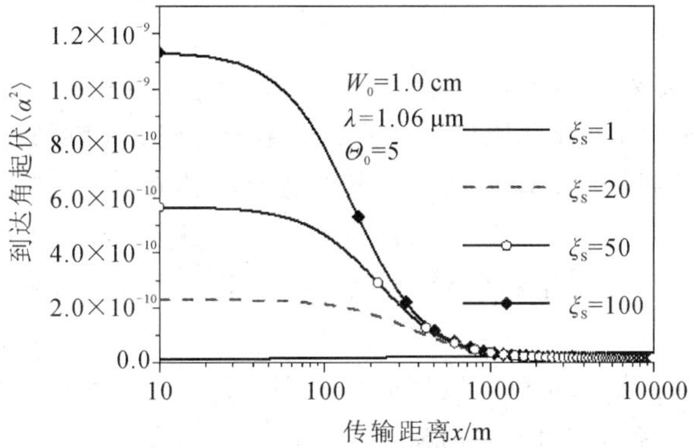

图 6.36 不同源相干参数下，发散部分相干 GSM 波束到达角起伏随传输距离的变化情况

图 6.37 和图 6.38 给出了波束沿水平路径传输时，传输距离、部分相干长度及束腰半径对到达角起伏方差的影响。如图 6.37(a)所示，到达角起伏方差随传输距离的增加而减小，在传输距离为 100 m 以内时，相干性越差的光束的到达角起伏方差越大；当传输距离大于 100 m 时，不同源相干参数的光束到达角起伏方差基本相同，随传输距离的变化不明显(即源相干参数对到达角起伏的影响很小)。此结果和图 6.36 的变化趋势相同，只是斜程传输的波束相干性对到达角起伏的影响不明显时所对应的传输距离更远一些。图 6.37(b)显示出不同源相干参数的光束的到达角起伏方差在某一束腰半径处达到最大值，当束腰半径 $W_0>1$ cm 时，到达角起伏方差随束腰半径的变化较明显，且部分相干性越差的光束这一变化越明显；而 1 cm 束腰半径范围内的光束，源相干参数和束腰半径的大小对到达角起伏的影响很微弱。

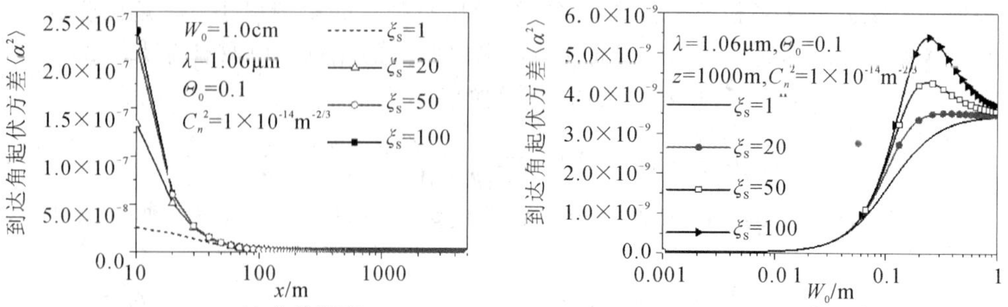

(a) 传输距离　　　　(b) 束腰半径

图 6.37　不同源相干参数下，到达角起伏方差的变化

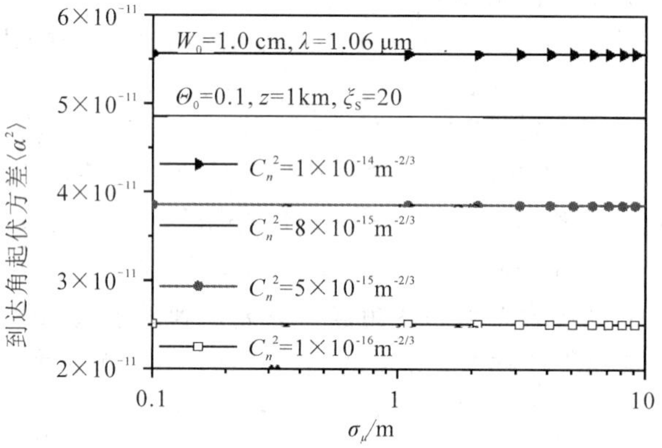

图 6.38　不同大气折射率结构常数下，到达角起伏方差随部分相干长度的变化情况

基于广义 Huygens－Fresnel 原理，通过部分相干 GSM 波束的 CSDF，可以分析湍流对波束的有效半径、扩展角、平均强度、波束扩展及漂移效应的影响。通过分析数值结果并与完全相干高斯波束做比较，可以显示部分相干波束的优势：

(1) 相对自由空间而言，湍流和传输高度对部分相干光束的半径扩展的影响要小于完全相干高斯波束。

(2) 传输高度对部分相干光束扩展角的影响小于完全相干高斯波束，且部分相干 GSM 波束的扩展角随束腰半径 W_0 的增大而减小。

(3) 部分相干波束在湍流大气中短距离传输时，平均强度大于完全相干高斯光束。

(4) 短期扩展与长期扩展的比值可用于描述波束扩展效应。波束在湍流大气中传输时，随着传输距离或湍流强度的增加，波束逐渐由会聚变为准直，再到发散，在一定的传输距离条件范围内(波束的聚焦参数 $\Theta_0<10$)，接收高度和天顶角对部分相干光的比值影响较小。

(5) 部分相干波束的短期扩展与长期扩展比值随归一化长度的变化较平缓，波束扩展现象较完全相干波束要稳定。

(6) 源相干参数 ζ_S、波束束腰半径及聚焦参数 Θ_0 的变化对漂移角起伏的影响很小。

理论结果表明：在一定条件下，湍流对部分相干波束传输特性的影响要小于完全相干波束。通过比较斜程路径与水平路径传输结果，可知波束在斜程路径下可实现远距离传输。在实际应用中，应充分考虑波束波长、束腰半径、传输距离、高度及相干长度等因素对波束传输特性的影响，选择合适的参量，尽可能减小湍流大气对波束传输特性的影响，使波束传输性能达到最佳状态。

6.4.8　斜程湍流大气中部分相干波束的偏振特性

1. 偏振波束在湍流大气中传输的交叉谱密度函数

湍流大气中光束的传播特性研究在跟踪、遥感和空间光通信等领域中得到了广泛的应用。除了完全相干高斯光束外，标量部分相干 GSM 光束在湍流大气中的传输统计特性已被广泛研究。本节对矢量部分相干 GSM 光束在 Kolmogorov 湍流谱下的传输进行讨论。

假设湍流大气中的场从源平面 $z=0$ 传输到平面 $z>0$，为了描述部分相干光束的二阶相干统计特性，引入了一个 2×2 的 CSDM：

$$F(\boldsymbol{\rho}_1, \boldsymbol{\rho}_2; x) \equiv F_{ij}(\boldsymbol{\rho}_1, \boldsymbol{\rho}_2; x) = \langle U_i(\boldsymbol{\rho}_1; x) U_j^*(\boldsymbol{\rho}_2, x)\rangle \tag{6.291}$$

其中，下标 $i, j=y, z$，$\langle \cdot \rangle$表示介质统计的整体平均，$*$ 表示复共轭。U_i 和 U_j 是垂直于传播方向(x 轴)平面上的两相互正交场，它们用广义 Huygens - Fresnel 原理表示为

$$U(\boldsymbol{\rho}, x) = \frac{-\mathrm{i}k}{2\pi x}\exp(\mathrm{i}kx)\int U_0(\boldsymbol{\rho}', 0)\exp\left[\frac{\mathrm{i}k}{2x}|\boldsymbol{\rho}-\boldsymbol{\rho}'|^2 + \psi(\boldsymbol{\rho}', \boldsymbol{\rho})\right]\mathrm{d}\boldsymbol{\rho}' \tag{6.292}$$

其中，$U(\boldsymbol{\rho}, x)$和 $U_0(\boldsymbol{\rho}', 0)$分别是接收面$(\boldsymbol{\rho}, x)$和源平面$(\boldsymbol{\rho}', 0)$处的场分布。$\psi(\boldsymbol{\rho}', \boldsymbol{\rho})$表示的是相位扰动，由介质特性决定。

使用式(6.291)和式(6.292)，湍流大气中部分相干光束的 CSDM 可表示为

$$F_{ij}(\boldsymbol{\rho}_1, \boldsymbol{\rho}_2; x) = \frac{1}{(\lambda x)^2}\iint F_{ij}^{(0)}(\boldsymbol{\rho}_1', \boldsymbol{\rho}_2')\langle\exp[\psi(\boldsymbol{\rho}_1', \boldsymbol{\rho}_1) + \psi^*(\boldsymbol{\rho}_2', \boldsymbol{\rho}_2)]\rangle_m \cdot \exp\left\{\frac{\mathrm{i}k}{2x}[(\boldsymbol{\rho}_1-\boldsymbol{\rho}_1')^2 - (\boldsymbol{\rho}_2-\boldsymbol{\rho}_2')^2]\right\}\mathrm{d}\boldsymbol{\rho}_1'\mathrm{d}\boldsymbol{\rho}_2' \tag{6.293}$$

式中，$k=2\pi/\lambda$ 是自由空间的光波数，$F_{ij}^{(0)}(\boldsymbol{\rho}_1', \boldsymbol{\rho}_2')$表示的是源平面 $x=0$ 处的 CSDM，$\langle\ \rangle_m$ 是湍流介质的整体平均。有

$$\langle\exp[\psi(\boldsymbol{\rho}_1', \boldsymbol{\rho}_1)+\psi^*(\boldsymbol{\rho}_2', \boldsymbol{\rho}_2)]\rangle_m = \exp\left[-\frac{(\rho_{\mathrm{d}}'^2+\boldsymbol{\rho}_{\mathrm{d}}'\cdot\boldsymbol{\rho}_{\mathrm{d}}+\rho_{\mathrm{d}}^2)}{\rho_{\mathrm{T}}^2}\right] \tag{6.294}$$

其中，$\boldsymbol{\rho}_{\mathrm{d}}'=\boldsymbol{\rho}_1'-\boldsymbol{\rho}_2'$；$\boldsymbol{\rho}_{\mathrm{d}}=\boldsymbol{\rho}_1-\boldsymbol{\rho}_2$。令 $\boldsymbol{\rho}_1=\boldsymbol{\rho}_2=\boldsymbol{\rho}$，式(6.294)表示为

$$\langle\exp[\psi(\boldsymbol{\rho}_1', \boldsymbol{\rho})+\psi^*(\boldsymbol{\rho}_2', \boldsymbol{\rho})]\rangle_m \approx \exp\left[-\frac{\rho_{\mathrm{d}}'^2}{\rho_{\mathrm{T}}^2}\right] \tag{6.295}$$

对于 GSM 波束，源平面 $x=0$ 处的 CSDM 为

$$F_{ij}^{(0)}(\boldsymbol{\rho}_1', \boldsymbol{\rho}_2') = A_i A_j B_{ij}\exp\left[-\left(\frac{\rho_1'^2}{4W_i^2}+\frac{\rho_2'^2}{4W_j^2}\right)\right]\exp\left[-\frac{(\rho_2'-\rho_1')^2}{2\delta_{ij}}\right] \tag{6.296}$$

其中，A_i、A_j、B_{ij} 为系数，W_i^2 和 W_j^2 分别是 y 和 z 方向上的波束束腰半径，δ_{ij} 是波束在平面 $x=0$ 处的相干长度。参数 A_i、B_{ij}、$W_{i,j}$、δ_{ij} 都与位置无关，并满足以下关系：

$$B_{ij}=1\quad(i=j),\qquad |B_{ij}|\leqslant 1\quad(i\neq j),\qquad B_{ij}=B_{ji}^*,\qquad \delta_{ij}=\delta_{ji} \tag{6.297}$$

其中，$B_{yz}=B_{zy}^*=a\exp(\mathrm{i}\phi)$，$a$ 是振幅，ϕ 是 z 相对于 y 方向上电矢量的相位延迟。则

$$F_{ij}(\boldsymbol{\rho}_1, \boldsymbol{\rho}_2; x) = \frac{A_i A_j B_{ij}}{(\lambda x)^2}\iint\exp\left[-\left(\frac{\rho_1'^2}{4W_i^2}+\frac{\rho_2'^2}{4W_j^2}\right)\right]\exp\left[-\frac{(\rho_2'-\rho_1')^2}{2\delta_{ij}}\right]\cdot \langle\exp[\psi(\boldsymbol{\rho}_1', \boldsymbol{\rho}_1)+\psi^*(\boldsymbol{\rho}_2', \boldsymbol{\rho}_2)]\rangle_m \exp\left\{\frac{\mathrm{i}k}{2x}[(\rho-\rho_1')^2-(\rho-\rho_2')^2]\right\}\mathrm{d}\boldsymbol{\rho}_1'\mathrm{d}\boldsymbol{\rho}_2' \tag{6.298}$$

经过坐标 $\boldsymbol{\rho}'_c=(\boldsymbol{\rho}'_1+\boldsymbol{\rho}'_2)/2$ 变换得

$$F_{ij}(\boldsymbol{\rho}'_1,\boldsymbol{\rho}'_2;x)=\frac{A_iA_jB_{ij}}{(\lambda x)^2}\iint\exp\left[-\left(\frac{1}{4W_i^2}+\frac{1}{4W_j^2}\right)\left(\rho'^2_c+\boldsymbol{\rho}'_d\cdot\boldsymbol{\rho}'_c+\frac{1}{4}\rho'^2_d\right)\right]\cdot$$
$$\exp\left[-\frac{\rho'^2_d}{2\delta_{ij}}\right]\exp\left[-\frac{\rho'^2_d}{\rho_T^2}\right]\exp\left[\frac{ik}{x}(\boldsymbol{\rho}-\boldsymbol{\rho}'_c)\cdot\boldsymbol{\rho}'_d\right]d\boldsymbol{\rho}'_d d\boldsymbol{\rho}'_c \tag{6.299}$$

通过积分式(6.299)，让 $x=L$，则

$$F_{ij}(\boldsymbol{\rho},\boldsymbol{\rho};L)=\frac{A_iA_jB_{ij}}{(\lambda L)^2}\cdot\frac{\pi}{\sqrt{\alpha_{ij}\chi_{ij}}}\exp\left[-\frac{\rho^2}{\Delta_{ij}^2}\right] \tag{6.300}$$

其中

$$\begin{cases}\alpha_{ij}=\dfrac{1}{16W_i^2}+\dfrac{1}{16W_j^2}+\dfrac{1}{2\delta_{ij}}+\dfrac{1}{\rho_T^2},\ \chi_{ij}=\left(\dfrac{1}{4W_i^2}+\dfrac{1}{4W_j^2}-\dfrac{\beta_{ij}^2}{\alpha_{ij}}+\dfrac{k^2}{4\alpha_{ij}L^2}\right)+i\dfrac{\beta_{ij}k}{\alpha_{ij}L}\\ \beta_{ij}=\dfrac{1}{8}\left(\dfrac{1}{W_i^2}-\dfrac{1}{W_j^2}\right),\ \Delta_{ij}=\dfrac{2}{k}\sqrt{\left(L^2-\dfrac{k^2}{4\alpha_{ij}\chi_{ij}}+\dfrac{L^2}{\alpha_{ij}\chi_{ij}}\right)-i\dfrac{kL}{\alpha_{ij}\chi_{ij}}}\end{cases} \tag{6.301}$$

斜程湍流大气中部分相干 GSM 波束的偏振矩阵表示为如下形式：

$$F_{ij}=\begin{bmatrix}F_{yy} & F_{yz}\\ F_{zy} & F_{zz}\end{bmatrix} \tag{6.302}$$

其中，矩阵中的各元素 F_{yy}、F_{zz}、F_{yz}、F_{zy} 由式(6.300)给出。若对角元素 F_{yy} 和 F_{zz} 是实数，非对角元素 F_{yz} 和 F_{zy} 是复数，且彼此是共轭时，波束为椭圆或圆偏振光。若 F_{yz} 和 F_{zy} 也为实数量(即 $F_{yz}=F_{zy}$)，则光束退化为线偏振光。

2. 部分相干波束的偏振特性

Stokes 参数包含了偏振度(DoP)的信息，可使用 CSDM 的各元素表示为

$$\begin{cases}s'_0=F_{yy}(\boldsymbol{\rho},\boldsymbol{\rho},x)+F_{zz}(\boldsymbol{\rho},\boldsymbol{\rho},x),\ s'_1=F_{yy}(\boldsymbol{\rho},\boldsymbol{\rho},x)-F_{zz}(\boldsymbol{\rho},\boldsymbol{\rho},x)\\ s'_2=F_{yz}(\boldsymbol{\rho},\boldsymbol{\rho},x)+F_{zy}(\boldsymbol{\rho},\boldsymbol{\rho},x),\ s'_3=i[F_{yz}(\boldsymbol{\rho},\boldsymbol{\rho},x)-F_{zy}(\boldsymbol{\rho},\boldsymbol{\rho},x)]\end{cases} \tag{6.303}$$

根据式(6.296)和式(6.303)，源平面 $z=0$ 处 Stokes 参数和 DoP 表示为

$$\begin{cases}s_0=A_y^2\exp\left(-\dfrac{\rho^2}{2W_y^2}\right)+A_z^2\exp\left(-\dfrac{\rho^2}{2W_z^2}\right),\ s_1=A_y^2\exp\left(-\dfrac{\rho^2}{2W_y^2}\right)-A_z^2\exp\left(-\dfrac{\rho^2}{2W_z^2}\right)\\ s_2=2A_yA_z\cdot\mathrm{Re}[B_{yz}]\exp\left[-\dfrac{\rho^2}{4}\left(\dfrac{1}{W_y^2}+\dfrac{1}{W_z^2}\right)\right],\ s_3=2A_yA_z\cdot\mathrm{Im}[B_{yz}]\exp\left[-\dfrac{\rho^2}{4}\left(\dfrac{1}{W_y^2}+\dfrac{1}{W_z^2}\right)\right]\end{cases} \tag{6.304}$$

$$P_0(\boldsymbol{\rho})=\frac{\sqrt{s_1^2+s_2^2+s_3^2}}{s_0} \tag{6.305}$$

根据式(6.300)和式(6.303)，得平面 $x>0$ 处的 Stokes 参数和 DoP 为

$$\begin{cases}s'_0=\dfrac{A_y^2}{\sqrt{\alpha_{yy}\chi_{yy}}}\exp\left(-\dfrac{\rho^2}{\Delta_{yy}^2}\right)+\dfrac{A_z^2}{\sqrt{\alpha_{zz}\chi_{zz}}}\exp\left(-\dfrac{\rho^2}{\Delta_{zz}^2}\right)\\ s'_1=\dfrac{A_y^2}{\sqrt{\alpha_{yy}\chi_{yy}}}\exp\left(-\dfrac{\rho^2}{\Delta_{yy}^2}\right)-\dfrac{A_z^2}{\sqrt{\alpha_{zz}\chi_{zz}}}\exp\left(-\dfrac{\rho^2}{\Delta_{zz}^2}\right)\\ s'_2=\dfrac{A_yA_zB_{yz}}{\sqrt{\alpha_{yz}\chi_{yz}}}\exp\left(-\dfrac{\rho^2}{\Delta_{yz}^2}\right)+\dfrac{A_yA_zB_{zy}}{\sqrt{\alpha_{zy}\chi_{zy}}}\exp\left(-\dfrac{\rho^2}{\Delta_{zy}^2}\right)\\ s'_3=i\left[\dfrac{A_yA_zB_{yz}}{\sqrt{\alpha_{yz}\chi_{yz}}}\exp\left(-\dfrac{\rho^2}{\Delta_{yz}^2}\right)-\dfrac{A_yA_zB_{zy}}{\sqrt{\alpha_{zy}\chi_{zy}}}\exp\left(-\dfrac{\rho^2}{\Delta_{zy}^2}\right)\right]\end{cases} \tag{6.306}$$

$$P(\boldsymbol{\rho},\ x)=\frac{\sqrt{s_1'^2+s_2'^2+s_3'^2}}{s_0'} \tag{6.307}$$

光斑尺寸、波长和接收高度对 DoP 的影响分析如图 6.39 至图 6.42 所示。采用的参数为：$B_{yz}=0.5\exp(i\pi/3)$，$\delta_{yz}=\delta_{zy}=4$ mm，$\delta_{yy}=1$ mm，$\delta_{zz}=2$ mm，$I_y/I_z=A_y^2/A_z^2$。

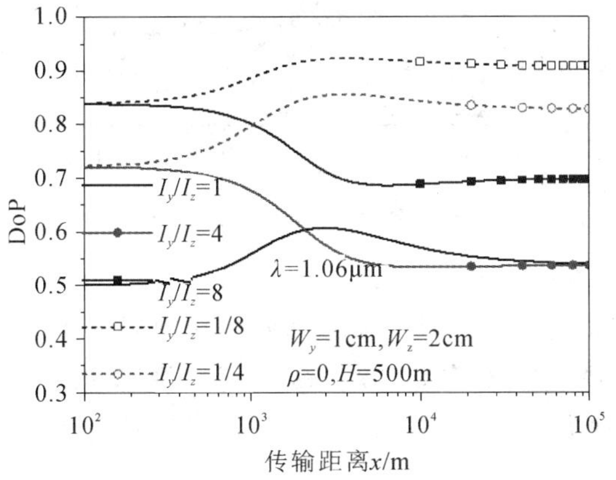

图 6.39　不同源偏振光强比下，DoP 随传输距离 x 的变化

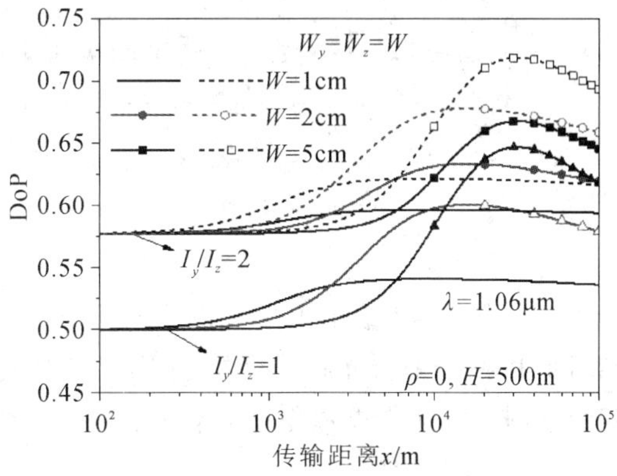

图 6.40　不同光斑尺寸下，DoP 随传输距离 x 的变化

图 6.39 表明：当 $x>100$ m 时，随着传输距离的增大，$I_y/I_z\leqslant1$ 的波束 DoP 变化趋势不同于 $I_y/I_z>1$ 的情况。对于 $I_y/I_z>1$，比值越大，DoP 越大；而对于 $I_y/I_z<1$，结果相反。$I_y/I_z=1$(圆偏振)的波束 DoP 的变化趋势和 $I_y/I_z<1$ 的情况相似。在 1～10 km 传输距离范围内，DoP 的变化很明显。在短距离传输范围内，湍流强度可忽略，因此，源偏振光强比为 4、1/4 或 8、1/8 的波束 DoP 在 200 m 处几乎相同。而在传输距离 1～10 km 范围内，不同偏振源光强比的 DoP 相差很大。

图 6.40 表明：在一定的传输距离范围(约 10～30 km)内，DoP 达到最大值。$I_y/I_z=1/2$ 波束的 DoP 大于 $I_y/I_z=2$ 的情况。当 $I_y/I_z>1$ 时，此比值越大，DoP 越大。当传输距离大于 10 km 时，DoP 随光斑尺寸的增大而增大。在传输距离 100～500 m 范围内，光斑尺寸对 DoP 的影响很小。若光斑尺寸小于或等于 1 cm，且传输距离大于 2 km，波束 DoP 随 x 的变化不明显；而当光斑尺寸大于 1 cm 时，DoP 的变化很明显。

图 6.41(a)说明：DoP 随着波长的增大而增大。在传输距离 1～10 km 范围内，DoP 随传输距离的变化最明显，且在此范围某一距离处达到最大值。这是因为该区域内折射率引起的随机起伏较显著；而在较近和较远距离处，由折射率引起的随机起伏可忽略，因而远距离处的 DoP 值又变回到接近于初始值。图 6.41(b)说明：$I_y/I_z=1/2$ 的波束 DoP 随传输距离的变化是先增大后减小，而 $I_y/I_z=2$ 波束 DoP 的变化几乎呈单调减小趋势，且 $I_y/I_z=1/2$ 的波束 DoP 大于 $I_y/I_z=2$ 的 DoP。这是由于所取参数为 $\delta_{xx}<\delta_{yy}$，$\delta_{xy}=\delta_{yx}$，即 y 方向上的相干长度大(相干性差)。同时，$I_y/I_z<1$ 时，y 方向上的源光强度大；而 $I_y/I_z>1$ 时，y 方向上的源光强度小，所以，$I_y/I_z=1/2$ 比 $I_y/I_z=2$ 的波束 DoP 大。由于偏振度和源光强有关，所以在湍流大气中传输时 DoP 的变化趋势同光强分布有关。

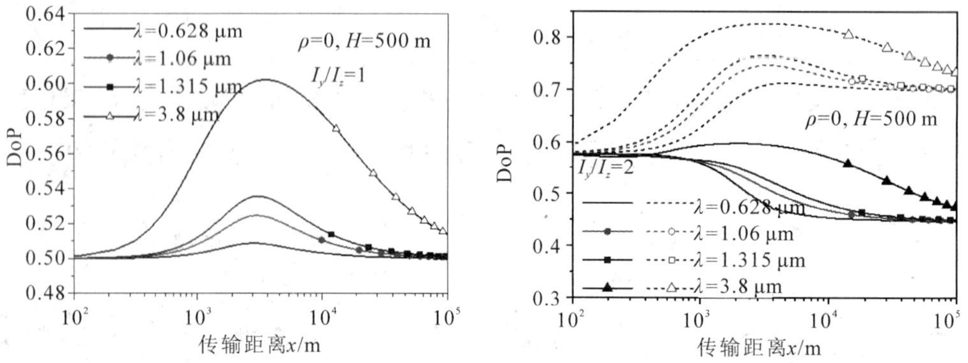

(a) $W_z=W_y=2$cm (b) $W_y=1$ cm, $W_z=2$ cm

图 6.41 不同波长下，DoP 随传输距离 x 的变化

图 6.42 给出了接收高度对 DoP 的影响。由图 6.42 可见，随着传输距离的增大，光斑形状和源偏振光强比会影响 DoP 的变化；接收高度越大，DoP 越大。当传输距离较短和较长时，湍流强度可忽略，对 DoP 的变化影响较小。

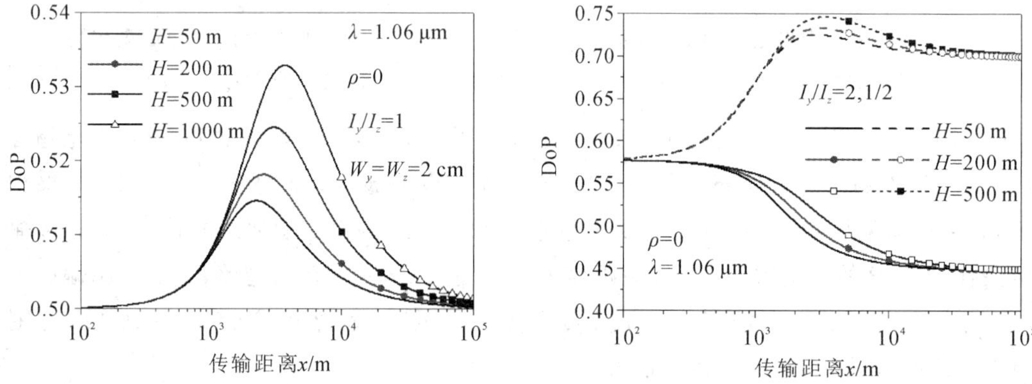

(a) $W_z=W_y=2$ cm (b) $W_y=1$ cm, $W_z=2$ cm

图 6.42 不同接收高度下，DoP 随传输距离 x 的变化

图 6.42(a)表明：$W_y=W_z=2$ cm(圆形光斑)时，在 3.5 km 传输距离处，DoP 达到最大值，长距离下的 DoP 趋近于短距离下的 DoP。图 6.42(b)中 $W_y=1$ cm，$W_z=2$ cm(椭圆形光斑)；当 $I_y/I_z>1$ 时，长距离下的 DoP 要稍大于短距离下的 DoP；当 $I_y/I_z<1$ 时，结果相反。图 6.42(b)中 DoP 的变化趋势和图 6.41(b)相似。

偏振方向角 θ_0 是指椭圆偏振主轴和光振动方向 z 的夹角，两相互正交的光束振动方向(y 和 z 轴)相对于光传播正方向(x 轴)逆时针旋转，方向角由以下公式给出：

$$\theta_0(\boldsymbol{\rho}, x)=\frac{1}{2}\arctan\left(\frac{2\mathrm{Re}[F_{yz}(\boldsymbol{\rho}, x)]}{W_{yy}(\boldsymbol{\rho}, x)-W_{zz}(\boldsymbol{\rho}, x)}\right) \tag{6.308}$$

将式(6.300)代入到式(6.308)中得

$$\theta_0(\boldsymbol{\rho}, x)=\frac{1}{2}\arctan\left\{\frac{2\mathrm{Re}\left[\frac{A_y A_z B_{yz}}{\sqrt{\alpha_{yz}\chi_{yz}}}\exp\left(-\frac{\rho^2}{\Delta_{yz}^2}\right)\right]}{\frac{A_y^2}{\sqrt{\alpha_{yy}\chi_{yy}}}\exp\left(-\frac{\rho^2}{\Delta_{yy}^2}\right)-\frac{A_z^2}{\sqrt{\alpha_{zz}\chi_{zz}}}\exp\left(-\frac{\rho^2}{\Delta_{zz}^2}\right)}\right\} \tag{6.309}$$

如图 6.43 所示，在传输距离 100 m～1 km 范围内，无论光斑为椭圆形还是圆形，在横向离轴距离 $\rho=1$ cm 处，方向角都趋近于零。在传输距离 1～10 km 范围内，方向角随传输距离的变化很明显，且方向角达到最大值；离轴距离 $\rho>0$（考虑波束有扩展现象）处的方向角小于 $\rho=0$ 处的情况；由于波束扩展，$\rho>0$ 处的方向角随传输距离的变化比 $\rho=0$ 处的迅速。当传输距离大于 15 km 时，离轴距离 ρ 对偏振方向角的影响很弱，且方向角不再随传输距离的变化而变化。在传输距离 3～10 km 范围内，如图 6.44 所示，方向角随传输距离的变化很明显。在其他传输距离范围内，方向角的变化不明显。在传输距离大约为 10 km 处，方向角达到最大值；传输距离小于 10 km 时，方向角随着接收高度的增大而减小。

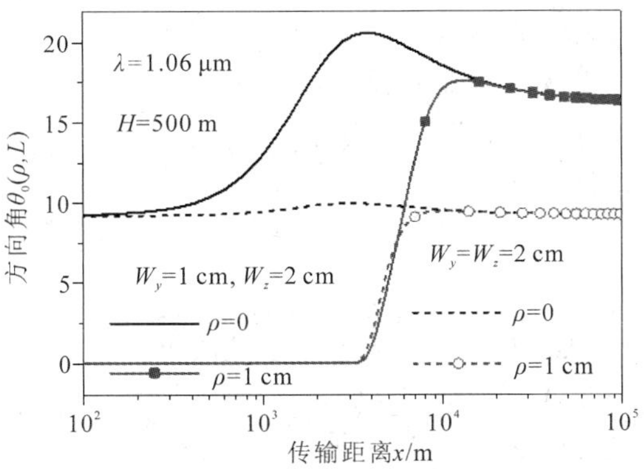

图 6.43 不同光斑尺寸和横向离轴距离下方向角的变化（$A_y=2$，$A_z=1$）

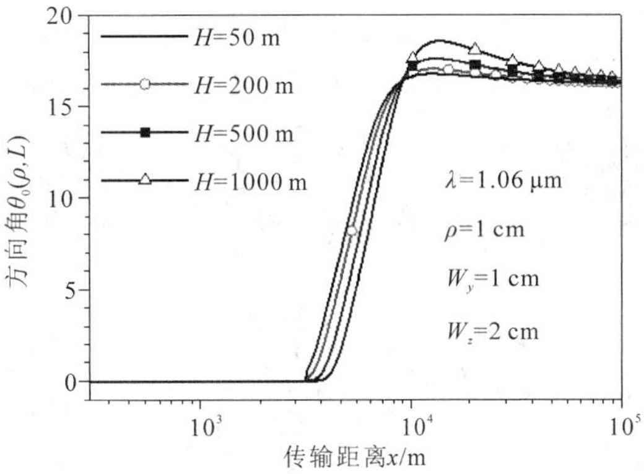

图 6.44 不同接收高度下方向角的变化

主轴方向上的场为

$$U(\theta)=U_y\cos\theta_0+U_z\sin\theta_0 \tag{6.310}$$

因此，主轴方向上的偏振光强度为

$$\begin{aligned}I(\theta)&=\langle U(\theta)U^*(\theta)\rangle=\langle (U_y\cos\theta_0+U_z\sin\theta_0)\cdot(U_y^*\cos\theta_0+U_z^*\sin\theta_0)\rangle\\&=F_{yy}\cos^2\theta_0+F_{zz}\sin^2\theta_0+F_{yz}\cos\theta_0\sin\theta_0+F_{zy}\sin\theta_0\cos\theta_0\\&=F_{yy}\cos^2\theta_0+F_{zz}\sin^2\theta_0+2\sin\theta_0\cos\theta_0\mathrm{Re}(F_{yz})\\&=\frac{\pi}{(\lambda L)^2}\left\{\frac{A_y^2}{\sqrt{\alpha_{yy}\chi_{yy}}}\exp\left(-\frac{\rho^2}{\Delta_{yy}^2}\right)+\frac{A_z^2}{\sqrt{\alpha_{zz}\chi_{zz}}}\exp\left(-\frac{\rho^2}{\Delta_{zz}^2}\right)+\right.\\&\qquad\left.2\sin\theta_0\cos\theta_0\mathrm{Re}\left[\frac{A_yA_zB_{yz}}{\sqrt{\alpha_{yz}\chi_{yz}}}\exp\left(-\frac{\rho^2}{\Delta_{yz}^2}\right)\right]\right\}\end{aligned} \tag{6.311}$$

其中，Re 表示取实部运算。

由图 6.45 可知：在传输距离 10～100 km 范围内，偏振强度的变化很明显，且在距离 26.5 km 处达到最大值；关于 45°或 135°（0°和 90°，15°和 75°，或 105°和 165°）对称的任意两方向角上的偏振强度相等，且关于 45°（在 0°～90°范围）对称的任意两方向角上的偏振强度大于关于 135°（在 90°～180°范围）对称的任意两方向角上的强度。

波束场椭圆偏振的形状特性由椭偏率描述为

$$\varepsilon=\frac{A_{\mathrm{minor}}}{A_{\mathrm{major}}} \tag{6.312}$$

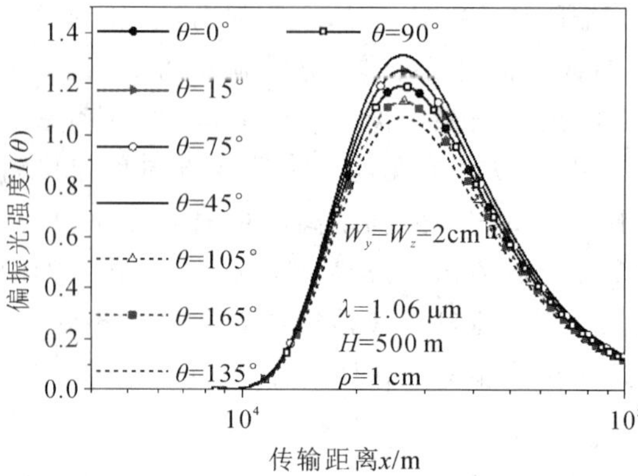

图 6.45　不同方向角下，偏振强度随传输距离的变化($A_x=2$，$A_y=1$)

采用 Gori 的定义，椭圆偏振光主半轴和副半轴振幅平方的表达式分别为

$$
\begin{aligned}
A_{\text{major}}^2(\rho,\ x)=&\left(\sqrt{(F_{yy}-F_{zz})^2+4|F_{yz}|^2}+\sqrt{(F_{yy}-F_{zz})^2+4[\mathrm{Re}F_{yz}]^2}\right)/2\\
=&\frac{\pi}{2(\lambda x)^2}\left\{\left[\frac{A_y^2}{\sqrt{\alpha_{yy}\chi_{yy}}}\exp\left(-\frac{\rho^2}{\Delta_{yy}^2}\right)+\frac{A_z^2}{\sqrt{\alpha_{zz}\chi_{zz}}}\exp\left(-\frac{\rho^2}{\Delta_{zz}^2}\right)\right]^2+\right.\\
&\left.4\frac{A_y^2A_z^2|B_{yz}|^2}{\alpha_{yz}\chi_{yz}}\exp\left(-\frac{2\rho^2}{\Delta_{yz}^2}\right)\right\}^{1/2}+\frac{\pi}{2(\lambda x)^2}\cdot\left\{\left[\frac{A_y^2}{\sqrt{\alpha_{yy}\chi_{yy}}}\exp\left(-\frac{\rho^2}{\Delta_{yy}^2}\right)+\right.\right.\\
&\left.\left.\frac{A_z^2}{\sqrt{\alpha_{zz}\chi_{zz}}}\exp\left(-\frac{\rho^2}{\Delta_{zz}^2}\right)\right]^2+4\left[\mathrm{Re}\left(\frac{A_yA_zB_{yz}}{\sqrt{\alpha_{yz}\chi_{yz}}}\exp\left(-\frac{\rho^2}{\Delta_{yz}^2}\right)\right)\right]^2\right\}^{1/2}
\end{aligned}
\tag{6.313}
$$

$$
\begin{aligned}
A_{\text{minor}}^2(\rho,\ x)=&\left(\sqrt{(F_{yy}-F_{zz})^2+4|F_{yz}|^2}-\sqrt{(F_{yy}-F_{zz})^2+4[\mathrm{Re}F_{yz}]^2}\right)/2\\
=&\frac{\pi}{2(\lambda x)^2}\left\{\left[\frac{A_y^2}{\sqrt{\alpha_{yy}\chi_{yy}}}\exp\left(-\frac{\rho^2}{\Delta_{yy}^2}\right)+\frac{A_z^2}{\sqrt{\alpha_{zz}\chi_{zz}}}\exp\left(-\frac{\rho^2}{\Delta_{zz}^2}\right)\right]^2+\right.\\
&\left.4\frac{A_y^2A_z^2|B_{yz}|^2}{\alpha_{yz}\chi_{yz}}\exp\left(-\frac{2\rho^2}{\Delta_{yz}^2}\right)\right\}^{1/2}-\frac{\pi}{2(\lambda x)^2}\cdot\left\{\left[\frac{A_y^2}{\sqrt{\alpha_{yy}\chi_{yy}}}\exp\left(-\frac{\rho^2}{\Delta_{yy}^2}\right)+\right.\right.\\
&\left.\left.\frac{A_z^2}{\sqrt{\alpha_{zz}\chi_{zz}}}\exp\left(-\frac{\rho^2}{\Delta_{zz}^2}\right)\right]^2+4\left[\mathrm{Re}\left(\frac{A_yA_zB_{yz}}{\sqrt{\alpha_{yz}\chi_{yz}}}\exp\left(-\frac{\rho^2}{\Delta_{yz}^2}\right)\right)\right]^2\right\}^{1/2}
\end{aligned}
\tag{6.314}
$$

选取 $B_{yz}=0.5\exp(\mathrm{i}\pi/3)$，$\delta_{zy}=\delta_{yz}=4$ mm，$\delta_{yy}=1$ mm，$\delta_{zz}=2$ mm。图 6.46 给出了不同源光强比下，椭偏率随传输距离 x 的变化。

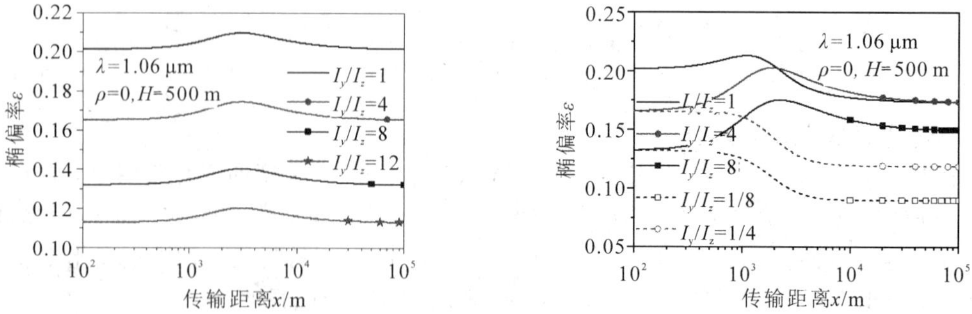

(a) $W_y=W_z=2$cm　　(b) $W_y=1$ cm, $W_z=2$ cm

图 6.46　不同源光强比下，椭偏率随传输距离 x 的变化

如图 6.46(a)所示，在传输距离 1～10 km 范围内，椭偏率的变化很明显。在距离大约 3 km 处，椭偏率达到最大值。源偏振光强比越大，椭偏率越小。在图 6.46(b)中，$I_y/I_z>1$ 时波束的椭偏率变化趋势和 $I_y/I_z\leqslant 1$ 时的不同：$I_y/I_z>1$ 时，椭偏率先增大后减小；而 $I_y/I_z\leqslant 1$ 时，椭偏率一直呈减小趋势，只是两者都是在 1～10 km 传输距离内变化最明显。若 $I_y/I_z>1$，则比率越大，椭偏率越小；若 $I_y/I_z\leqslant 1$，则结果相反。

如图 6.47 所示，$I_y/I_z>1$ 时波束椭偏率的变化趋势和 $I_y/I_z<1$ 时的不同。在距离约 2 km 处，椭偏率达到最大值，且接收高度越大，椭偏率越大。无论是 DoP 还是椭偏率，只要源偏振光强比 $I_y/I_z>1$，则其值都是随着传输距离的增大先增大，到某一距离处达到最大值后，再随着距离的增大而减小；而当 $I_y/I_z<1$ 时，其值几乎都是随传输距离的增大呈单调下降趋势，只是在较小和较远传输距离处的变化不明显。

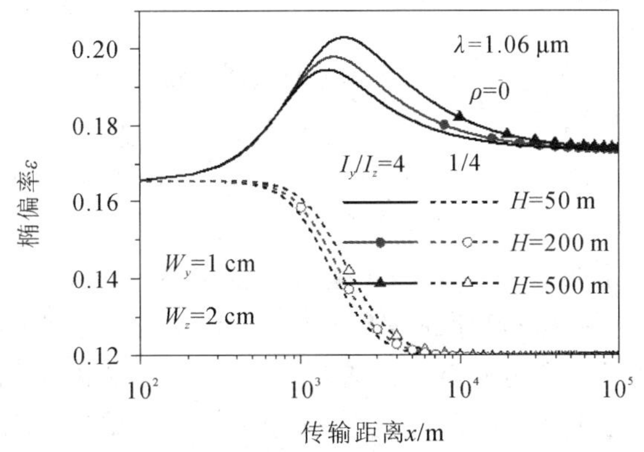

图 6.47　不同接收高度下椭偏率随传输距离 x 的变化

3. 湍流大气中偏振波束传输的退偏特性

入射波束在湍流大气中传输的偏振特性可通过 Mueller 矩阵 $\overline{\overline{\boldsymbol{M}}}$ 来描述，此矩阵和入射斯托克斯矢量 $\overline{\overline{\boldsymbol{S}}}_{\text{inc}}$、出射斯托克斯矢量 $\overline{\overline{\boldsymbol{S}}}_{\text{out}}$ 有关。按 Chipman 的定义，它们的关系如下：

$$\overline{\overline{\boldsymbol{S}}}_{\text{out}}=\overline{\overline{\boldsymbol{M}}}\cdot\overline{\overline{\boldsymbol{S}}}_{\text{inc}}=\begin{bmatrix}M_{00} & M_{01} & M_{02} & M_{03}\\ M_{10} & M_{11} & M_{12} & M_{13}\\ M_{20} & M_{21} & M_{22} & M_{23}\\ M_{30} & M_{31} & M_{32} & M_{33}\end{bmatrix}\cdot\begin{bmatrix}S_0\\ S_1\\ S_2\\ S_3\end{bmatrix}=\begin{bmatrix}S'_0\\ S'_1\\ S'_2\\ S'_3\end{bmatrix}\tag{6.315}$$

Mueller 矩阵包含 16 个自由度(DOF)，其中 7 个 DOF 是非退偏因子，是由波束的衰减、滞流和与偏振无关的吸收损失引起的，其余的 9 个 DOF 是描述波束偏振态退化的退偏因子。湍流大气中波束的退偏现象是指出射波束的 DoP 小于入射波束的 Dop。DoP 可能在 0%(无退偏)到 100%(完全退偏)整个范围内发生退偏现象。

利用式(6.304)、式(6.306)和式(6.315)，斜程湍流大气中椭圆偏振的 Mueller 矩阵为

$$\overline{\overline{\boldsymbol{M}}}=\begin{bmatrix}1 & a & 0 & 0\\ b & c & 0 & 0\\ 0 & 0 & d & e\\ 0 & 0 & f & g\end{bmatrix}\tag{6.316}$$

令 $\rho=0$，计算得 Mueller 矩阵中的各参数为

$$\begin{cases} a=c=\dfrac{1}{2}\left(\dfrac{1}{\sqrt{\alpha_{yy}\chi_{yy}}}-\dfrac{1}{\sqrt{\alpha_{zz}\chi_{zz}}}\right), \quad b=\dfrac{1}{2}\left(\dfrac{1}{\sqrt{\alpha_{yy}\chi_{yy}}}+\dfrac{1}{\sqrt{\alpha_{zz}\chi_{zz}}}\right) \\ d=g=\dfrac{1}{2}\left(\dfrac{1}{\sqrt{\alpha_{yz}\chi_{yz}}}+\dfrac{1}{\sqrt{\alpha_{zy}\chi_{zy}}}\right), \quad e=-f=\dfrac{\mathrm{i}}{2}\left(\dfrac{1}{\sqrt{\alpha_{yz}\chi_{yz}}}-\dfrac{1}{\sqrt{\alpha_{zy}\chi_{zy}}}\right) \end{cases} \tag{6.317}$$

公式(6.317)表明：出射波束的退偏态会随着入射波束偏振态的变化而变化。

退偏指数作为一个单数度量，用来描述 Muller 矩阵的退偏特性，Gil 将其定义为

$$\mathrm{DI}[\overline{\overline{\boldsymbol{M}}}]=\frac{\left(\sum\limits_{i,\,j=0}^{3}M_{i,\,j}^{2}-M_{00}^{2}\right)^{1/2}}{\sqrt{3}M_{00}} \tag{6.318}$$

DI=1 指波束完全退偏，而 DI=0 指没有发生退偏现象。利用式(6.316)和式(6.318)，得 DI 表示为

$$\mathrm{DI}[\overline{\overline{\boldsymbol{M}}}]=\frac{(2a^{2}+b^{2}+2d^{2}+2e^{2})^{1/2}}{\sqrt{3}M_{00}} \tag{6.319}$$

DI 大于 1 或小于 0，表示一个无物理意义的 Mueller 矩阵。实际上，无物理意义的 Mueller 矩阵是偶尔由测量误差、校准误差和噪声引起的。

由图 6.48(a)可知，接收高度越大，DI 越大，且 DI 的峰值所对应的斜程传输距离就越大。图 6.48(b)中，DI 随着光斑尺寸的增大而增大，且光斑尺寸对 DI 的影响较大；随着光斑尺寸的增大，DI 峰值对应的传输距离就越大。由图 6.48(a)和(b)比较可知，光斑尺寸对 DI 的影响要大于接收高度对 DI 的影响。在传输距离 1～10 km 范围内，DI 的变化很明显，当传输距离较短和较长时，DI 值接近于零，此时湍流强度可忽略，湍流对 DI 变化的影响很小，即在这两个湍流区域内，退偏现象很不明显。

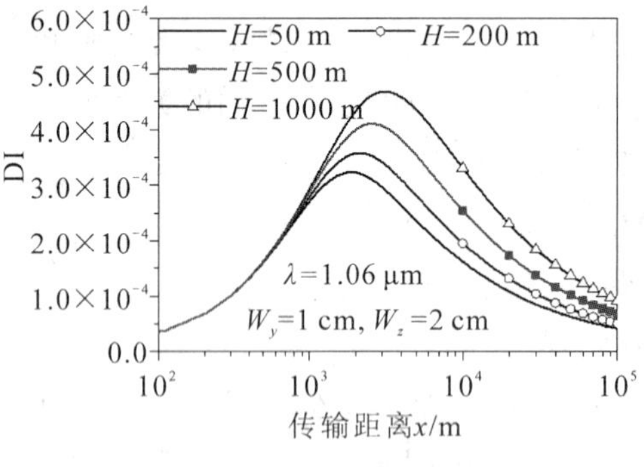

(a) 不同接收高度

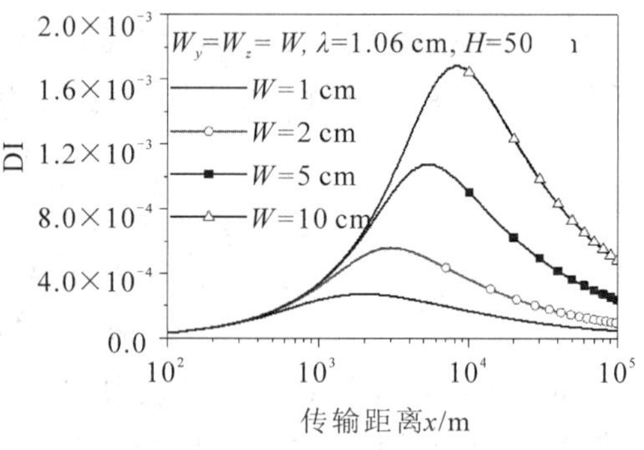

(b) 不同光斑尺寸下

图 6.48　DI 随传输距离 x 的变化

当部分相干 GSM 波束沿水平路径传输时，图 6.49 至图 6.53 数值分析了水平路径下部分相干 GSM 波束的 DoP、椭偏率及 DI 随各参量的变化规律。参数取值如下：$B_{yz}=0.5\exp(\mathrm{i}\pi/3)$，$\delta_{zy}=\delta_{yz}=4$ mm 及 $\delta_{zz}=1$ mm，$\delta_{yy}=2$ mm。

如图 6.49 所示，$I_y/I_z\leqslant 1$ 的波束 DoP 和 $I_y/I_z>1$ 的波束 DoP 的变化趋势不同。当 $I_y/I_z>1$ 时，比值越大，DoP 越大；而当 $I_y/I_z\leqslant 1$ 时，比值越大，DoP 越小。DoP 在 1～

2 km 传输距离范围内变化最明显；当 $x>2$ km 时，不同源偏振光强比的波束 DoP 随传输距离的变化变得不明显。

由图 6.50 可见，短距离传输范围内光斑尺寸对 DoP 的影响较大，且光斑尺寸对 $I_y/I_z<1$ 的波束 DoP 的影响大于对 $I_y/I_z>1$ 的波束 Dop 的影响。DoP 在大约 1～3 km 处达到最大值。光斑尺寸相同条件下，$I_y/I_z=1/2$ 的波束 DoP 值大于 $I_y/I_z=2$ 的波束 DoP 值。在传输距离 $x<2$ km 范围内，DoP 随着光斑尺寸的减小而增大。与斜程路径下的 DoP 随传输距离的变化相比较，DoP 大约是在 10～30 km 的距离处达到最大值，即波束沿斜程路径传输时，探测器可以接收更远距离处的波束传输信息。

如图 6.51 所示，在 1～3 km 传输范围内，DoP 的变化最显著，它随着波长的增大而增大。图 6.51(a)说明：$I_y/I_z=1$(圆偏振)的波束 DoP 在传输距离 2.5 km 处达到一个峰值；图 6.51(b)说明：$I_y/I_z=2$ 和 $I_y/I_z=1/2$ 的波束 DoP 的变化趋势不同，和斜程传输相似。

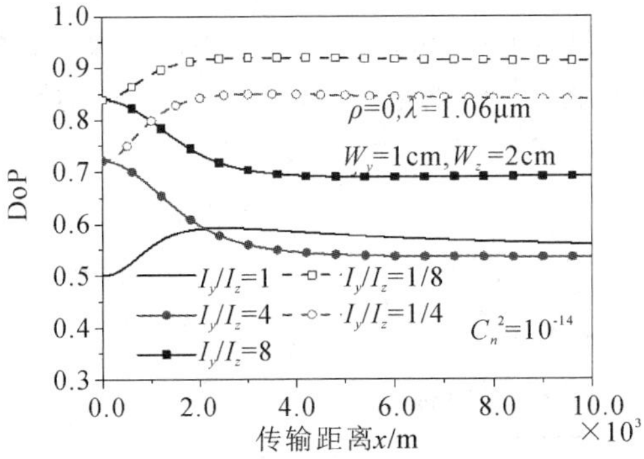

图 6.49 不同源偏振光强比下 DoP 随 x 的变化

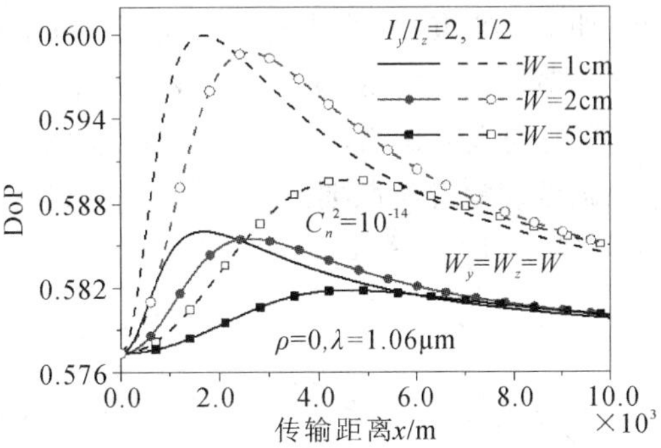

图 6.50 不同光斑尺寸下 DoP 随 x 的变化

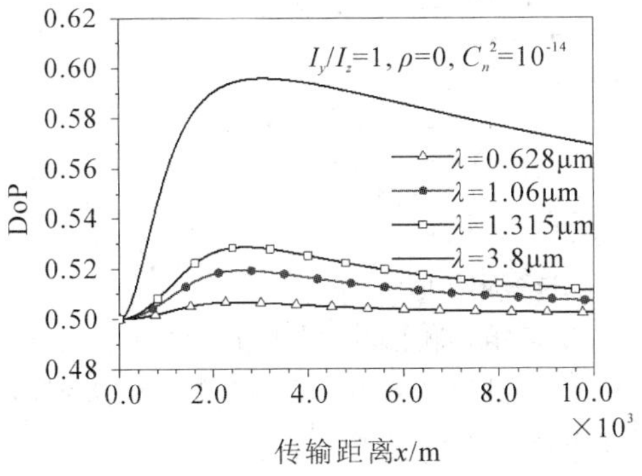

(a) 不同波长下($W_z=W_y$=2cm)

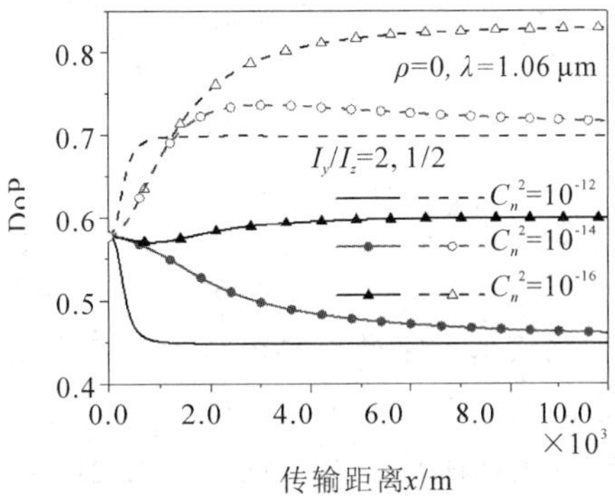

(b) 不同束腰半径下(W_x=1cm, W_z=2cm)

图 6.51 在不同波长和束腰半径下传输距离对 DoP 的影响

如图 6.52 所示，椭偏率在传输距离内变化最显著。当 $W_y=W_z$ 时，椭偏率变化较平缓；当 $x>2$ km 时，$W_y\neq W_z$ 时的波束椭偏率比 $W_y=W_z$ 时的波束椭偏率要小。在短距离传输范围内，$W_y<W_z$ 时的波束椭偏率大于 $W_y>W_z$ 时的波束椭偏率；而当 $x>2$ km 时，结果则相反。光斑尺寸对椭偏率的影响在 y 方向上要大于 z 方向。

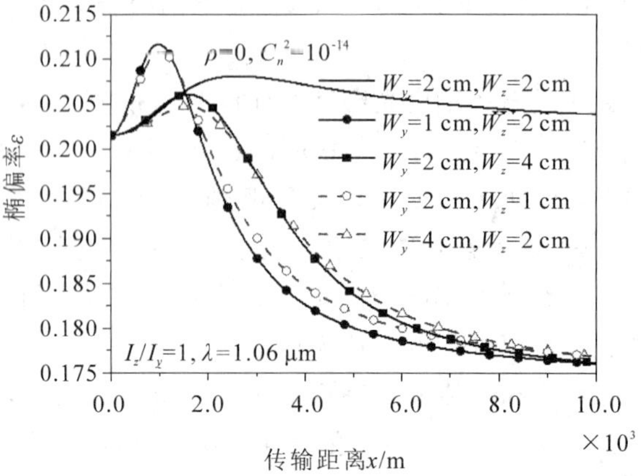

图 6.52　不同光斑尺寸下传输距离对椭偏率的影响

如图 6.53 所示，DI 值随着光斑尺寸的增大而增大，即光斑尺寸越大，波束的退偏现象越明显。波束 DI 的峰值随着光斑尺寸的增大所对应的传输距离也越大。由图可见，短距离传输范围内，DI 值较小，即波束的退偏现象不明显；传输到某一距离处，DI 值可达到最大值，退偏现象最明显；当在较远传输距离范围内，DI 值随传输距离的增大开始减小(波束的退偏现象开始减弱)。

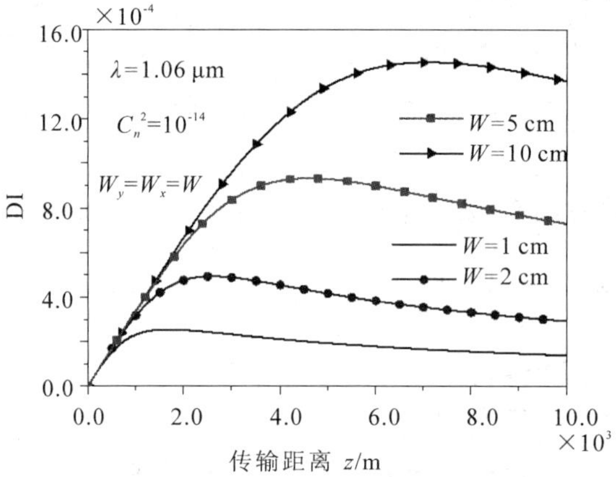

图 6.53　在不同光斑尺寸下 DI 随传输距离的变化

比较水平路径与斜程路径的波束偏振态(DoP、方向角、椭偏率、DI)的结果可知：在较短距离处水平路径下波束的偏振态即可达到最大值；而斜程路径下，波束偏振态达到最大值时的传输距离相对要远，斜程湍流大气中波束的传输可实现远距离探测。

习　题

1. 假设发射的单位幅度高斯波束的参数为 $W_0=0.03$ m，$R_0=500$ m，$\lambda=0.633$ μm。在距离 $L=1200$ m 处，在自由空间沿传播路径，计算接收处的波束半径、波前曲率半径、在波束轴上的平均强度、束腰半径和 Rayleigh 区。

2. 假设激光器出射孔径的准直波束的高阶模为

$$U_{mn}(0, y, z)=\mathrm{H}_m\left(\frac{\sqrt{2}y}{W_0}\right)\mathrm{H}_m\left(\frac{\sqrt{2}z}{W_0}\right)\exp\left(-\frac{\rho^2}{W_0^2}\right)$$

用下述 Huygens - Fresnel 积分

$$U_{mn}(x, y, z)=-\frac{\mathrm{i}k}{2\pi x}\exp(\mathrm{i}kx)\iint_{-\infty}^{\infty}U_{mn}(0, y, z)\exp\left[\mathrm{i}k\frac{(\xi-y)^2+(\eta-z)^2}{2x}\right]\mathrm{d}\xi\mathrm{d}\eta$$

证明距离发射点为 x 处的场幅度为

$$U_{mn}(x, y, z)=(\Theta-\mathrm{i}\Lambda)\left(\frac{\Theta-\mathrm{i}\Lambda}{\Theta+\mathrm{i}\Lambda}\right)^{(m+n)/2}\exp(\mathrm{i}kx)\cdot$$

$$\mathrm{H}_m\left(\frac{\sqrt{2}y}{W}\right)\mathrm{H}_m\left(\frac{\sqrt{2}z}{W}\right)\exp\left(-\frac{\mathrm{i}k}{2x}(\bar{\Theta}+\mathrm{i}\Lambda)\rho^2\right)$$

其中，$W=W_0(1+\Lambda_0^2)^{1/2}=W_0(\Theta^2+\Lambda_0^2)^{-1/2}$。提示：所用积分公式为

$$\int_{-\infty}^{\infty}\mathrm{H}_n(ax)\mathrm{e}^{-(x+z)^2}\mathrm{d}x=\sqrt{\pi}(1-a^2)^{n/2}\mathrm{H}_n\left(\frac{az}{\sqrt{1-a^2}}\right)\frac{n!}{r!(n-r)!}$$

3. 利用积分公式 $\int_0^{\infty}\kappa^{2n-8/3}\exp(-a^2\kappa^2)\mathrm{d}\kappa=0.5\Gamma(n-5/6)a^{5/3-2n}$ 证明：

$$\begin{aligned}\sigma_r^2(\rho, L)&=2\pi^2k^2L\int_0^1\int_0^{\infty}\kappa\Phi_n(\kappa)\exp\left(-\frac{\Lambda L\kappa^2\xi^2}{k}\right)[\mathrm{I}_0(2\Lambda\rho\xi\kappa)-1]\mathrm{d}\kappa\mathrm{d}\xi\\&=0.651k^2L\sum_{n=1}^{\infty}\frac{(\Lambda\rho)^{2n}}{(n!)^2}\int_0^1\xi^{2n}\int_0^{\infty}\kappa^{2n-8/3}\Phi_n(\kappa)\exp\left(-\frac{\Lambda L\kappa^2\xi^2}{k}\right)\mathrm{d}\kappa\mathrm{d}\xi\\&=0.816C_n^2k^{7/6}L^{11/6}\Lambda^{5/6}\left[1-{}_1F_1\left(-\frac{5}{6}; 1; \frac{2\rho^2}{W^2}\right)\right]\end{aligned}$$

4. 由对数振幅起伏 $\chi(L, \boldsymbol{\rho})=0.5[\psi(L, \boldsymbol{\rho})+\psi^*(L, \boldsymbol{\rho})]$，证明：

$$\langle\chi(L, \boldsymbol{\rho}_1)\chi(L, \boldsymbol{\rho}_2)\rangle=0.5\mathrm{Re}[E_2(\boldsymbol{\rho}_1, \boldsymbol{\rho}_2)+E_3(\boldsymbol{\rho}_1, \boldsymbol{\rho}_2)]$$

对于平面波情况，上式退化为

$$\langle\chi(L, \boldsymbol{\rho}_1)\chi(L, \boldsymbol{\rho}_2)\rangle=2\pi^2k^2L\int_0^1\int_0^{\infty}\kappa\Phi_n(\kappa, \eta)\mathrm{J}_0(\kappa\rho)\left[1-\cos\left(\frac{L\kappa^2\xi}{k}\right)\right]\mathrm{d}\kappa\mathrm{d}\xi$$

对数振幅结构函数为

$$D_\chi(L, \boldsymbol{\rho}_1, \boldsymbol{\rho}_2)=4\pi^2k^2L\int_0^1\int_0^{\infty}\kappa\Phi_n(\kappa, \eta)[1-\mathrm{J}_0(\kappa\rho)]\left[1-\cos\left(\frac{L\kappa^2\xi}{k}\right)\right]\mathrm{d}\kappa\mathrm{d}\xi$$

以及相位结构函数为

$$D_s(L, \boldsymbol{\rho}_1, \boldsymbol{\rho}_2)=4\pi^2k^2L\int_0^1\int_0^{\infty}\kappa\Phi_n(\kappa, \eta)[1-\mathrm{J}_0(\kappa\rho)]\left[1+\cos\left(\frac{L\kappa^2\xi}{k}\right)\right]\mathrm{d}\kappa\mathrm{d}\xi$$

5. 令波束参数 $\gamma=(1+\mathrm{i}\alpha x)/(1+\mathrm{i}\alpha L)$，证明下式成立：

$$\exp\left[-\frac{\alpha k\rho^2}{2(1+\mathrm{i}\alpha x)}\right]\exp\left[\frac{\mathrm{i}k\rho^2}{2(L-x)}\right]=\exp\left[\frac{\mathrm{i}k\rho^2}{2\gamma(L-x)}\right]$$

6. 若对数振幅 χ 的密度函数为高斯概率密度函数：

$$p(\chi)=\exp\left[-\frac{(\chi-\langle\chi\rangle)^2}{(2\sigma_\chi^2)}\right]/\sqrt{2\pi}\sigma_\chi$$

证明：强度 $I=A^2\mathrm{e}^{2\chi}$ 的概率密度函数为对数正态分布

$$p(I)=\frac{1}{2\sqrt{2\pi}I\sigma_\chi}\exp\left[-\frac{\left(\ln\left(\frac{I}{A^2}\right)-2\langle\chi\rangle\right)^2}{8\sigma_\chi^2}\right]$$

式中 $\sigma_\chi^2=\langle\chi^2\rangle-\langle\chi\rangle^2$ 为对数振幅方差。

7. 若强度的概率密度函数满足上题的对数正态分布，计算强度高阶统计矩：

$$\langle I^n\rangle = A^{2n}\int_{-\infty}^{\infty}\mathrm{e}^{2n\chi}p(\chi)\mathrm{d}\chi,\quad n=1,2,3,\cdots$$

并证明归一化强度高阶矩

$$\langle I^n\rangle/\langle I\rangle^n=\mu^{n(n-1)/2},\quad n=1,2,3,\cdots$$

其中 $\mu=\langle I^2\rangle/\langle I\rangle^2$ 为归一化强度二阶矩。由此获得闪烁指数 $\sigma_I^2=\langle I^2\rangle/\langle I\rangle^2-1=\exp(4\sigma_\chi^2)-1$。

8. 第二类合流超几何函数定义为

$$U(a;c;x)=\frac{1}{\Gamma(a)}\int_0^{\infty}\mathrm{e}^{-xt}t^{a-1}(1+t)^{c-a-1}\mathrm{d}t,\quad a>0,x>0$$

证明：

$$\int_0^{\infty}\kappa^{2\mu}(\kappa_0^2+\kappa^2)^{-11/6}\exp\left(-\frac{\kappa^2}{\kappa_m^2}\right)\mathrm{d}\kappa$$
$$=0.5\kappa_0^{2\mu-8/3}\Gamma\left(\mu+\frac{1}{2}\right)U\left(\mu+\frac{1}{2};\mu-\frac{1}{3};\frac{\kappa_0^2}{\kappa_m^2}\right)$$

对于 Von Karman 谱，由上式证明

$$E_1(0,0)=-0.033\pi^2C_n^2k^2LL_0U\left(1;\frac{1}{6};\frac{\kappa_0^2}{\kappa_m^2}\right)$$

利用下列的近似关系

$$U(a;c;x)\approx\frac{\Gamma(1-c)}{\Gamma(1+a-c)}+\frac{\Gamma(c-1)}{\Gamma(a)}x^{1-c},\quad |x|\ll 1$$

可以获得 $E_1(0,0)=-0.391\pi^2C_n^2k^2LL_0^{5/3}$，$\kappa_0^2/\kappa_m^2\ll 1$。

9. 随机介质中有束状波传播，如果 $l_0<\sqrt{\lambda l}<L_0$，取柯尔莫哥洛夫谱密度函数，证明对数振幅起伏方差为 $\sigma_\chi^2(L,\rho)=2.176C_n^2k^{7/6}L^{11/6}\{\mathrm{Re}[g_1(\alpha L)-g_2(\alpha L,\rho)]\}$，其中

$$\begin{cases}g_1(\alpha L)=\left(\dfrac{6}{11}\right)\mathrm{i}^{5/6}\,{}_1F_1\left(-\dfrac{5}{6};\dfrac{11}{6};\dfrac{17}{6};\dfrac{\mathrm{i}\alpha L}{1+\mathrm{i}\alpha L}\right)\\ g_1(\alpha L,\rho)=\dfrac{3}{8}\left[\dfrac{\alpha_\mathrm{r}L}{(\alpha_\mathrm{r}L)^2+(1-\alpha_\mathrm{i}L)^2}\right]^{5/6}{}_1F_1(-5/6,1;2\rho^2/W^2)\end{cases}$$

10. 证明在弱起伏情况下，高斯波束的闪烁指数为

$$\sigma_I^2(\rho,L)=4.42\sigma_1^2\Lambda^{5/6}\frac{\rho^2}{W^2}+3.86\sigma_1^2\left\{0.40[(1+2\Theta^2)+4\Lambda^2]^{5/12}\cdot\right.$$
$$\left.\cos\left[\frac{5}{6}\arctan\left(\frac{1+2\Theta}{2\Lambda}\right)\right]-\frac{11}{16}\Lambda^{5/6}\right\},\quad \rho\ll W$$

第七章　随机粗糙面的电磁散射

自然界中许多表面均有不同程度的粗糙性，这种粗糙性影响了电磁波的散射特性，如海上的无线通信受到海面粗糙性的影响。但粗糙面散射理论也能被人们利用，例如：在无线电海洋学中，通过雷达接收到的波来探测海浪特性；水下声学通过接收到的声波对海底形貌和物质特性进行探测；在星空探测中，通过接收来自天体表面的散射波推测其表面特性等。此外，对人体组织的超声波散射、粗糙金属表面的光学散射等均需用到粗糙面散射理论；在无源遥感中，粗糙表面的波散射与辐射被用于研究陆地或海洋的特征。因此，粗糙面的散射理论在雷达目标成像、固体物理、遥感、辐射定标、天文学等领域都有广泛的应用。

随机粗糙面的散射理论大致可以分为两大类，分别为解析方法和数值方法，它们各有优势和适用范围。本章主要介绍粗糙面散射的各种研究方法，包括微扰法(SPM)、基尔霍夫近似法(KA)、小斜率法(SSA)、相位微扰法(PPA)、积分方程法(IEM)和矢量辐射传输方程，及其各自的适用条件。

7.1　随机粗糙面的电磁散射的基础知识

7.1.1　随机粗糙面的统计特性

1. 随机粗糙面的高度起伏概率分布

设随机粗糙面的高度起伏为 $z=\zeta(x, y)$，其概率密度函数为 $P(\zeta)$，$P(\zeta)\mathrm{d}\zeta$ 为相对于平均平面、高度为 $z\to z+\mathrm{d}z$ 的概率。如果高度起伏遵循高斯分布，其概率密度函数为

$$P(\zeta)=\frac{1}{\delta\sqrt{2\pi}}\exp\left(-\frac{\zeta^2}{2\delta^2}\right) \tag{7.1}$$

其中，高度起伏的均方根 $\delta=\sqrt{\langle\zeta^2\rangle}$，且 $\langle z\rangle=\langle\zeta(x, y)\rangle=0$。图 7.1 为利用表面轮廓仪获取的粗糙金属表面在某一方向的高度起伏变化曲线。

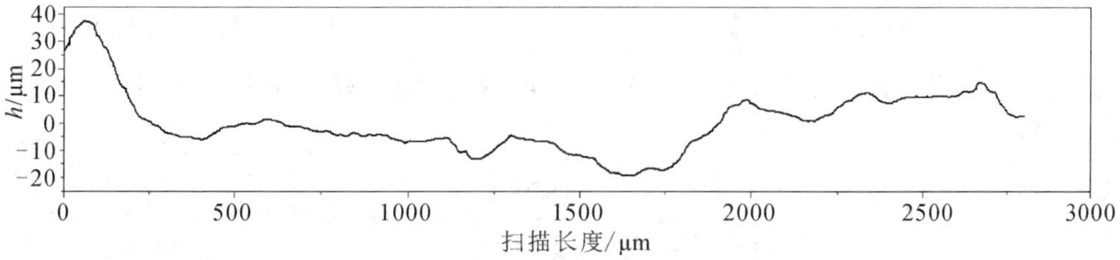

图 7.1　粗糙面高度起伏的轮廓曲线

2. 随机粗糙面的高度起伏均方根

均方根高度是反映粗糙面粗糙程度的一个基本参量，在粗糙面的几何建模以及电磁散射的精确计算中具有重要作用。对于二维随机粗糙面，其均方根高度 δ 可以表示为

$$\delta = \left[\int_{-\infty}^{\infty} z^2 P(z)\mathrm{d}z - \int_{-\infty}^{\infty} zP(z)\mathrm{d}z\right]^{1/2} \tag{7.2}$$

其中，$P(z)$为高度起伏的概率密度函数。若有限大小的随机粗糙面的中心位于原点，x 和 y 方向上的长度分别为 L_x 和 L_y，则粗糙面的平均高度$\langle z\rangle$和高度的二阶矩$\langle z^2\rangle$分别表示为

$$\langle z\rangle = \frac{1}{L_xL_y}\int_{-L_x/2}^{L_x/2}\int_{-L_y/2}^{L_y/2} z(x, y)\mathrm{d}x\mathrm{d}y, \quad \langle z^2\rangle = \frac{1}{L_xL_y}\int_{-L_x/2}^{L_x/2}\int_{-L_y/2}^{L_y/2} z^2(x, y)\mathrm{d}x\mathrm{d}y \tag{7.3}$$

粗糙面以适当间隔被离散为 N 点，其中采样间隔分别为 Δx、Δy(例如，$\Delta x\leqslant 0.1\lambda$，$\Delta y\leqslant 0.1\lambda$，$\lambda$ 为入射波波长)，对离散点 $z(x, y)$进行数值计算，则均方根高度可以写为

$$\delta = \sqrt{\frac{1}{N}\left(\sum_{i=1}^{N} z_i^2 - N\cdot \bar{z}\right)} \tag{7.4}$$

其中，均值 $\bar{z} = \sum_{i=1}^{N} z_i/N$。

3. 随机粗糙面的相关性

对于某类型分布的随机粗糙面，单一的均方根 δ 并不能唯一地描述粗糙面的特性，还需要描述它的自相关函数。定义归一化自相关函数为

$$C(\boldsymbol{R}) = \frac{\langle \zeta(\boldsymbol{r})\zeta(\boldsymbol{r}+\boldsymbol{R})\rangle}{\delta^2} \tag{7.5}$$

一般地，若二维随机粗糙面上两点距离 R 增加，则自相关函数值减小。相关函数的形状取决于表面类型，减小的快慢取决于表面两点的不相关距离。但对于非随机粗糙面，上述情况不成立。例如，正弦粗糙面的相关函数具有余弦函数形式，能反映出表面的周期性质。图 7.2 和图 7.3 分别为对应于图 7.1 的高度起伏分布函数和自相关函数。

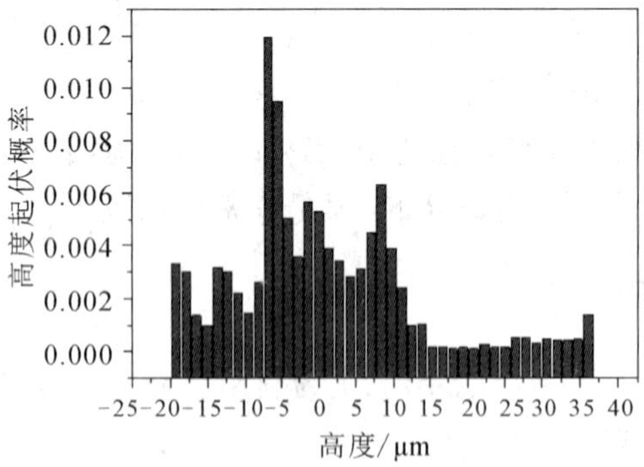

图 7.2　高度起伏分布函数

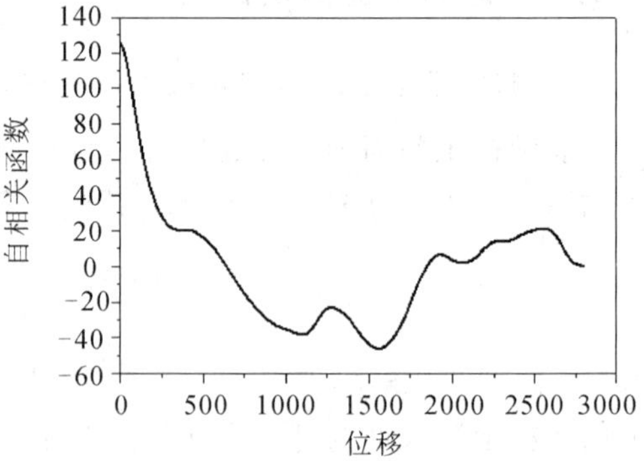

图 7.3　高度起伏自相关函数

对于一维粗糙面离散数据，相距为 $\xi=(j-1)\Delta x$(j 为整数且大于 1)的归一化相关函数可进一步简化为

$$C(\xi) = \frac{\sum_{i=1}^{N+1-j} z_i z_{j+i}}{\sum_{i=1}^{N} z_i^2} \tag{7.6}$$

一般定义当相关函数 $C(0)$ 下降到零或下降到 e^{-1} 时，两点距离 R 为相关长度 l。当二维随机粗糙面的归一化相关函数具有高斯分布，即

$$C(R)=\exp\left(-\frac{R^2}{l^2}\right) \tag{7.7}$$

且相关函数与 $\boldsymbol{R}$ 的方向无关时，粗糙面为各向同性的。其中，$\boldsymbol{R}=\boldsymbol{r}_1-\boldsymbol{r}_2$，$R=|\boldsymbol{R}|$。

类似地，指数分布归一化相关函数为

$$C(R)=\exp\left(-\frac{R}{l}\right) \tag{7.8}$$

高斯分布的相关函数适用于较粗糙地表，而指数分布的相关函数适用于较平滑地表。对于典型地表，如裸土、水泥路面、沥青路面等，常采用指数相关函数对其表面进行模拟，其粗糙面的谱密度的高频衰减较慢，可以更好地体现粗糙地表的非相干散射特性。指数形式的相关函数，对于处理表面的高阶性质(表面高度起伏的梯度和高阶导数)比较困难，因为在原点，指数函数的导数不连续。因此，可以引入修正指数形式相关函数：

$$C(R)=\exp\left\{-\frac{R}{l_1}\left[1-\exp\left(\frac{R}{l_2}\right)\right]\right\} \tag{7.9}$$

复杂的粗糙地表，其归一化自相关函数常常介于高斯相关函数和指数相关函数之间。例如，Fung 给出了 x -指数相关函数和 x -幂相关函数，其具体形式如下。

x -指数相关函数：

$$C(R)=\exp\left[-\left(\frac{R}{l}\right)^x\right] \tag{7.10}$$

x -幂相关函数：

$$C(R)=\exp\left[1-\left(\frac{R}{l}\right)^2\right]^{-x} \tag{7.11}$$

此外，Staras 函数形式相关函数为

$$C(R)=\frac{l^4}{(l^2+R^2)^2} \tag{7.12}$$

当 $R\gg l$ 时，$C(R)\sim R^{-4}$。在一定条件下，x -指数相关函数和 x -幂相关函数的理论结果与地表实测数据吻合良好。图 7.4 给出了不同自相关函数下，自相关系数随两点间距离的变化关系。由图可以看出，1.5 -指数相关函数和 1.5 -幂相关函数位于高斯相关函数与指数分布函数之间；而 0.5 -幂相关函数随两点间距离的增大，相关系数下降得最为缓慢。

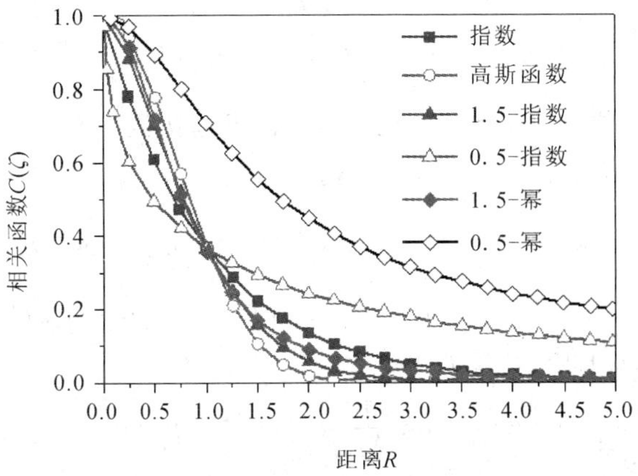

图 7.4 各类自相关系数随距离的变化关系

4. 随机粗糙面的高度起伏特征函数和功率谱

粗糙面相关性的另一表述形式为功率谱密度函数。将非归一化的粗糙面自相关函数进行傅里叶变换，即可得到其高度起伏的功率谱密度函数：

$$W(\boldsymbol{K}) = \frac{\delta^2}{(2\pi)^2}\int_{-\infty}^{\infty} C(\boldsymbol{R})\exp(\mathrm{i}\boldsymbol{K}\cdot\boldsymbol{R})\mathrm{d}\boldsymbol{R} \tag{7.13}$$

式中，$\boldsymbol{R}=(x_1-x_2)\hat{\boldsymbol{x}}+(y_1-y_2)\hat{\boldsymbol{y}}$，$\boldsymbol{K}=p\hat{\boldsymbol{x}}+q\hat{\boldsymbol{y}}$。图 7.5 为图 7.1 中一维粗糙面所对应的功率谱。

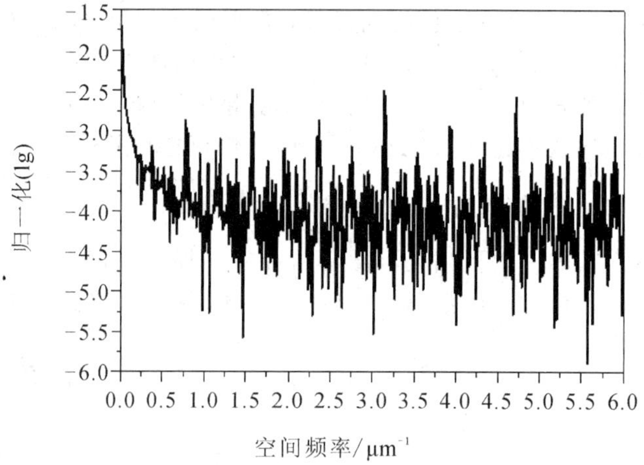

图 7.5　高度起伏功率谱函数

当某一类粗糙面(例如具有分形布朗运动的粗糙面和 Weirsterass 函数形式的粗糙面)可用分形函数描述时，理论上其高度起伏的导数不连续，方差发散。对于这种情况常常选用结构函数描述，其定义如下：

$$D(\boldsymbol{R})=\langle[\zeta(\boldsymbol{r})-\zeta(\boldsymbol{r}+\boldsymbol{R})]^2\rangle \tag{7.14}$$

对于局部均匀粗糙面，结构函数与归一化自相关函数满足：

$$D(\boldsymbol{R})=2\delta^2[1-C(\boldsymbol{R})] \tag{7.15}$$

随机粗糙面的高度起伏特征函数为

$$\chi(s) = \int_{-\infty}^{\infty} P(\zeta)\exp(\mathrm{i}s\zeta)\mathrm{d}\zeta \tag{7.16}$$

它提供了粗糙面对波相位调制的测度，也包含了高度起伏概率密度的信息。其中，s 为斜率均方根。对于二维随机粗糙面，其联合特征函数为

$$\chi(s_1, s_2, \boldsymbol{R}) = \iint_{-\infty}^{\infty} P(\zeta_1, \zeta_2, \boldsymbol{R})\exp[\mathrm{i}(s_1\zeta_1 + s_2\zeta_2)]\mathrm{d}\zeta_1\mathrm{d}\zeta_2 \tag{7.17}$$

式中，$\zeta_1=\zeta(x_1, y_1)$，$\zeta_2=\zeta(x_2, y_2)$，s_1、s_2 分别为 ζ_1、ζ_2 方向对应的斜率均方根。当粗糙面有限时，取 A 为粗糙面面积，相关函数为

$$C(\boldsymbol{R}) = \lim_{A\to\infty}\frac{1}{A\delta^2}\int_{-\infty}^{\infty}\zeta(\boldsymbol{r})\zeta(\boldsymbol{r}+\boldsymbol{R})\mathrm{d}\boldsymbol{r} \tag{7.18}$$

代入式(7.13)得

$$W(\boldsymbol{K})=\lim_{A\to\infty}\frac{1}{A(2\pi)^2}\left|\int_{-\infty}^{\infty}\zeta(\boldsymbol{r})\exp(\mathrm{i}\boldsymbol{K}\cdot\boldsymbol{r})\mathrm{d}\boldsymbol{r}\right|^2 \tag{7.19}$$

因为高度起伏方差 $\delta^2=\int_{-\infty}^{\infty}W(\boldsymbol{K})\mathrm{d}\boldsymbol{K}$，所以

$$\int_{-\infty}^{\infty}W(\boldsymbol{K})\mathrm{d}\boldsymbol{K}=\frac{\delta^2}{(2\pi)^2}\int_{-\infty}^{\infty}\int_{-\infty}^{\infty}C(\boldsymbol{R})\exp(\mathrm{i}\boldsymbol{K}\cdot\boldsymbol{R})\mathrm{d}\boldsymbol{K}\mathrm{d}\boldsymbol{R}=\delta^2\int_{-\infty}^{\infty}C(\boldsymbol{R})\delta(\boldsymbol{R})\mathrm{d}\boldsymbol{R}=\delta^2 \tag{7.20}$$

$W(\boldsymbol{K})\mathrm{d}\boldsymbol{K}$ 是 $\boldsymbol{K}\to\boldsymbol{K}+\mathrm{d}\boldsymbol{K}$ 内粗糙面空间波数对高度起伏均方差的贡献。一维粗糙面空间波数的高阶矩为

$$\int_{-\infty}^{\infty}W(\boldsymbol{K})\boldsymbol{K}^{2n}\mathrm{d}\boldsymbol{K}=\left\langle\left(\frac{\partial^n\zeta}{\partial x^n}\right)^2\right\rangle \tag{7.21}$$

各向异性高斯相关函数的功率谱为

$$\begin{aligned}W(p,q)&=\frac{\delta^2}{(2\pi)^2}\iint_{-\infty}^{\infty}\exp\left[-\left(\frac{x^2}{l_1^2}+\frac{y^2}{l_2^2}\right)\right]\exp[\mathrm{i}(px+qy)]\mathrm{d}x\mathrm{d}y\\&=\frac{\delta^2 l_1 l_2}{4\pi}\exp\left[-\frac{p^2l_1^2+q^2l_2^2}{4}\right]\end{aligned} \tag{7.22}$$

其中，$x=(x_1-x_2)$，$y=(y_1-y_2)$。类似地，各向异性指数相关函数的功率谱为

$$\begin{aligned}W(p,q)&=\frac{\delta^2}{(2\pi)^2}\iint_{-\infty}^{\infty}\exp\left[-\left(\frac{|x|}{l_1}+\frac{|y|}{l_2}\right)\right]\exp[\mathrm{i}(px+qy)]\mathrm{d}x\mathrm{d}y\\&=\frac{\delta^2}{l_1l_2\pi^2}\frac{1}{\frac{1}{l_1^2}+p^2}\cdot\frac{1}{\frac{1}{l_2^2}+q^2}\end{aligned} \tag{7.23}$$

5. 随机粗糙面的高阶表面特征和斜率均方根

随机粗糙面的高阶相关函数定义为

$$\left\langle\frac{\partial^{m+n}\zeta(\boldsymbol{r}_0)}{\partial x^m\partial y^n}\frac{\partial^{p+q}\zeta(\boldsymbol{r})}{\partial x^p\partial y^q}\right\rangle=(-1)^{p+q}\delta^2\frac{\partial^{m+n+p+q}C(\boldsymbol{r}_0-\boldsymbol{r})}{\partial x^{m+p}\partial y^{n+q}}\bigg|_{\boldsymbol{r}_0=\boldsymbol{r}} \tag{7.24}$$

例如，一维粗糙面的高度起伏导数的均方差为

$$\left\langle\left(\frac{\partial^m\zeta(\boldsymbol{r})}{\partial x^m}\right)^2\right\rangle=(-1)^m\delta^2\frac{\partial^{2m}C(\boldsymbol{r}_0-\boldsymbol{r})}{\partial x^{2m}}\bigg|_{\boldsymbol{r}_0=\boldsymbol{r}} \tag{7.25}$$

图 7.6 为图 7.1 中粗糙面对应的高度起伏斜率变化，图 7.7 为相应的高度起伏斜率分布。

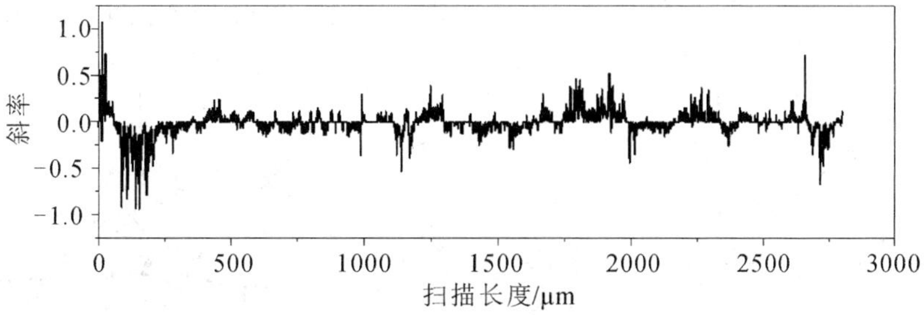

图 7.6 高度起伏的斜率变化

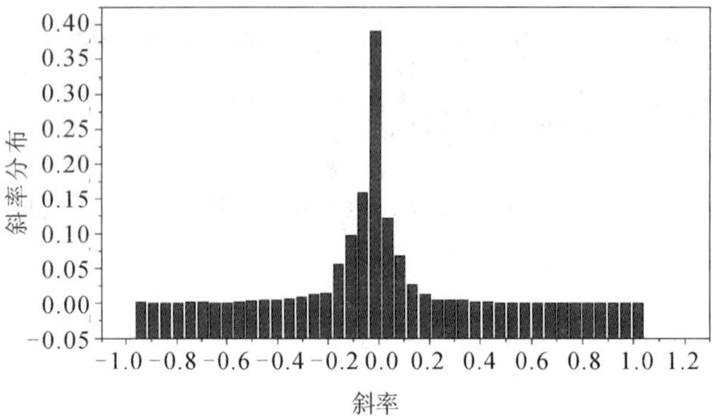

图 7.7 高度起伏的斜率分布

在 $\boldsymbol{R}=0$ 时，相关函数 $C(\boldsymbol{R})$ 的导数存在的重要性在于，存在粗糙面的高阶导数的平均值。例如，对于具有高斯分布的一维粗糙面，由高度起伏导数方差公式不难证明：

$$s^2=\left\langle\left(\frac{\partial\zeta}{\partial x}\right)^2\right\rangle=-\delta^2\frac{\partial^2 C(x)}{\partial x^2}\bigg|_{x=0}=2\frac{\delta^2}{l^2} \tag{7.26}$$

相关函数为

$$C(x)=\exp\left(-\frac{x^2}{l^2}\right) \tag{7.27}$$

所以斜率均方根 $s=\sqrt{2}\delta/l$。对于指数粗糙面，其斜率均方根一般不存在，但为了计算需要，可近似写为 $s=\delta/l$。对于 x -指数相关函数，其均方根斜率为 $s=\sqrt{2x}\delta/l$。类似地，对于 x -幂相关函数，其斜率均方根 $s=\sqrt{4/x}\delta/l$。粗糙面波散射中另一有用的参数是粗糙面的曲率半径。对于一维情况，有

$$r_c=-\left[1+\left(\frac{\partial\zeta}{\partial x}\right)^2\right]^{3/2}\left(\frac{\partial^2\zeta}{\partial x^2}\right)^{-1} \tag{7.28}$$

近似有

$$r_c^{\min}=\frac{l^2}{2\sqrt{3}\delta}\left(1+\frac{\delta^2}{l^2}\right)^{3/2} \tag{7.29}$$

7.1.2 粗糙面散射的瑞利判据

粗糙面的定性解释如图 7.8 所示。在镜面情况下，反射波的反射方向性图是 δ 函数，镜向方向就是它的中心线，如图 7.8(a)所示。在粗糙表面情况下，在辐射方向性图中，既包含了反射分量，也包含了散射分量，如图 7.8(b)所示。在镜向方向上仍存在反射分量，

(a) 光滑表面镜面反射 (b) 粗糙表面散射

图 7.8 表面粗糙度与表面散射之间的关系

但其功率却比光滑表面时要小。可见当表面变得粗糙时，镜向分量(相干散射分量)的功率减小，非相干散射分量的功率增大。

但是同一表面，对于光波来说可能很粗糙，而对于微波来说却可能很光滑，这是因为随机粗糙面的粗糙度是相对于波长而言的。

1877 年，瑞利提出了瑞利判据，这是一个决定粗糙面粗糙程度的量，它的物理含义如下：假设平面单色波以角度 θ_i 入射到粗糙面上，被粗糙面上的点反射后，以角度 θ_s 出射，如图 7.9 所示，则照射在不同两点上的两条光线的相位差为

$$\Delta\phi=\boldsymbol{k}_i[(h_1-h_2)(\cos\theta_i+\cos\theta_s)+(x_1+x_2)(\sin\theta_i+\sin\theta_s)] \tag{7.30}$$

其中，$\boldsymbol{k}_i$ 是入射波矢量，(x_1, h_1)，(x_2, h_2)分别是粗糙面上两点在直角坐标系内的坐标。对于镜向反射($\theta_i=\theta_s=\theta$)，相位差变为

$$\Delta\phi=2\boldsymbol{k}_i\Delta h\cos\theta \tag{7.31}$$

其中，$\Delta h=h_1-h_2$。此时，如果这两束光线几乎是相同的，将会产生干涉增强，而当 $\Delta\phi\sim\pi$ 时，两条光线将会干涉相消。瑞利用相位差 $\Delta\phi$ 是大于 $\pi/2$ 还是小于 $\pi/2$ 作为判断粗糙面的依据。瑞利判据即是：当 $\Delta\phi<\pi/2$ 时，反射面可以看成是光滑的，否则就是粗糙的，即：$h\geqslant\lambda/(8\cos\theta_i)$时，表面被认为是粗糙的。对于整个粗糙面的平均瑞利判据，Δh 用高度起伏均方根代替即可。通常描述粗糙面粗糙度的基本参量有均方根高度 δ、相关长度 l 和均方根斜率。这些量可从对粗糙面的直接测量中得到。更严格的判据——弗兰霍弗判据为 $\sigma<\lambda/(32\cos\theta_i)$。

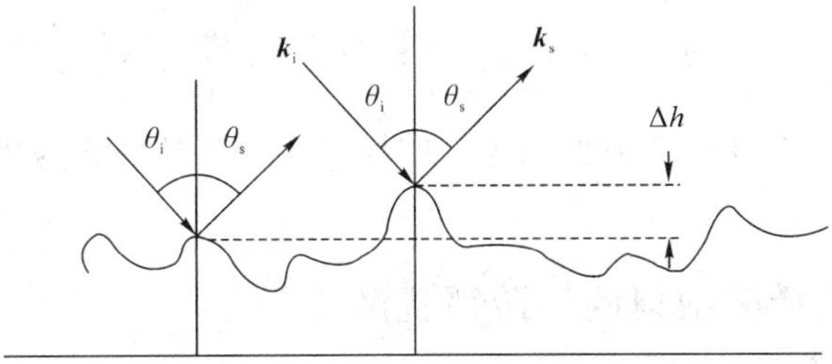

图 7.9 瑞利判据示意图

与前几章类似，粗糙面散射的雷达方程可表示为

$$\mathrm{d}P_r=\frac{P_tG_tG_r^2\lambda^2\sigma^0}{(4\pi)^3R_1^2R_2^2}\mathrm{d}s \tag{7.32}$$

式中，σ^0 为单位面积平均散射截面，或称散射系数。它一般是频率、极化、观察角以及目标参数(粗糙度、介电常数等)的函数。粗糙面的散射功率存在两个分量：相干分量(镜向分量)，也称为反射功率分量；非相干分量(漫射分量)。相干散射(反射)功率为

$$\frac{P_{rcoh}}{P_t}=\frac{\lambda^2}{(4\pi)^2}\frac{G_tG_r}{(R_1+R_2)^2}R_f^2\mid\chi\mid^2, \quad \mid\chi\mid^2\leqslant 1 \tag{7.33}$$

式中，R_f^2 为光滑平面功率反射系数(反射率)，$|\chi|^2$ 为粗糙面高度起伏特征函数模的平方，用于表示粗糙度的影响。不同极化状态下接收的非相干散射功率 P_{pq} 为

$$\frac{P_{pq}}{P_t}=\int_{A_0}\frac{G_tG_r\lambda^2}{(4\pi)^3R_1^2R_2^2}\sigma_{pq}(\hat{\boldsymbol{o}}, \hat{\boldsymbol{i}})\mathrm{d}s \tag{7.34}$$

下标 p 为接收机的极化状态，q 为发射机的极化状态。σ_{pq} 为粗糙面单位面积散射截面，或称散射系数，表示为

$$\sigma=\sigma_{pq}(\hat{\boldsymbol{o}}, \hat{\boldsymbol{i}})=\lim_{R\to\infty}\frac{4\pi R^2\langle|\boldsymbol{E}_s|^2\rangle}{A|\boldsymbol{E}_i|^2} \tag{7.35}$$

研究粗糙面散射的最成熟的方法有基尔霍夫方法和微扰法。基尔霍夫方法是一种切平面近似，要求粗糙面的曲率半径比入射波长要大得多，斜率均方根远小于 1。散射系数积分是表面斜率的函数，故可在零斜率处利用斜率项将积分展开，且忽略边缘效应。在高频范围内，可利用稳定相位法获得几何光学解。几何光学解与频率无关，散射系数正比于将入射场反射或传输到观察点处的那些斜率出现的概率。微扰法要求高度起伏均方根小于波长，在此条件下可以计算直到二阶的散射场。零阶解是表面反射和传输场，一阶解给出了最低阶不相关的反射和传输强度。在后向散射方向上，一阶解不能给出去极化效应，二阶解能够给出最低阶相关反射和传输系数，还能给出后向散射方向上的去极化效应。本章后几节将讨论这两种方法。

7.2 微扰法(SPM)

20 世纪 60 年代，Rice 提出了一种处理粗糙面散射的经典方法——微扰法(SPM)。该方法认为散射场可以用沿远离边界传播的未知振幅的平面波谱叠加表示，其散射振幅关于小高度参数(在波长量级)的扰动展开。未知幅值通过要求每阶微扰满足边界条件及微分关系获得。简单地说，该方法适用于表面高度起伏小于入射波波长以及均方根斜率远小于 1 的情况。在数学上：

$$|k\zeta\cos\theta_i|\ll 1,\quad \left|\frac{\partial\zeta}{\partial x}\right|\ll 1,\quad \left|\frac{\partial\zeta}{\partial y}\right|\ll 1 \tag{7.36}$$

上述假设使得在表面处用散射振幅表示的场代入边界条件成为可能，并且相应地简化了扰动阶数的定义。

7.2.1 理想导体粗糙面散射的一阶微扰解

为了简单起见，如图 7.10 所示，设单位幅度水平极化平面波位于 xz 平面，入射到理想导体粗糙面，忽略时间因子 $\exp(-i\omega t)$。如果表面为光滑平面，则入射波与反射波分别为

$$E_{y,i}=\exp(i\beta x-i\gamma z),\ E_{y,r}=-\exp(i\beta x+i\gamma z) \tag{7.37}$$

但对于粗糙面而言，散射场存在各个分量。电场强度的 y 分量可表示为

$$E_y=E_{y,i}+E_{y,r}+E_{y,s} \tag{7.38}$$

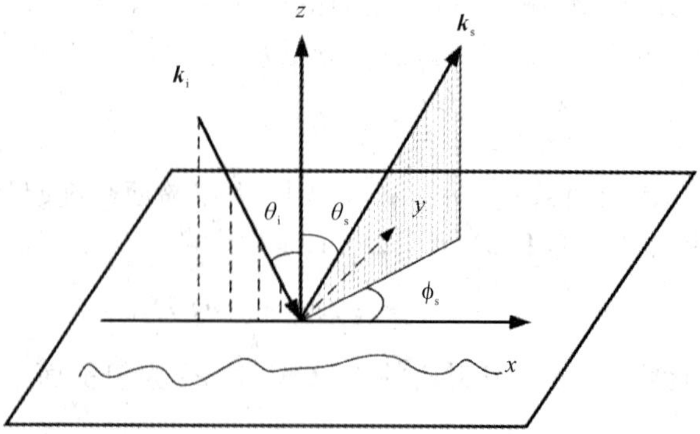

图 7.10 粗糙面上电磁波入射示意图

散射场不仅存在 y 分量，也存在其他分量。散射场采用二维粗糙面角谱(p, q)展开为

$$\begin{pmatrix} E_{x,\mathrm{s}} \\ E_{y,\mathrm{s}} \\ E_{z,\mathrm{s}} \end{pmatrix} = \frac{1}{2\pi}\iint \begin{pmatrix} A_{p,q} \\ B_{p,q} \\ C_{p,q} \end{pmatrix} \exp[\mathrm{i}(\beta+p)x+\mathrm{i}qy+\mathrm{i}b(\beta+p, q)z]\mathrm{d}p\mathrm{d}q \tag{7.39}$$

式中，$\beta=k\sin\theta_\mathrm{i}$，$\gamma=k\cos\theta_\mathrm{i}$。因为 E_y 满足波动方程，传播常数应遵循

$$(\beta+p)^2+q^2+[b(\beta+p, q)]^2=k^2 \tag{7.40}$$

式(7.39)中各分量系数不是独立的，由$\nabla\cdot\boldsymbol{E}=0$，得

$$(\beta+p)A(p, q)+qB(p, q)+b(\beta+p, q)C(p, q)=0 \tag{7.41}$$

考虑边界条件：电场强度切向连续，切向电场强度为 $\boldsymbol{E}_\mathrm{t}=\boldsymbol{E}-\hat{\mathbf{N}}(\boldsymbol{E}\cdot\hat{\mathbf{N}})$，$\hat{\mathbf{N}}$ 是粗糙面法向单位矢量。对于理想导体，切向电场强度为零，有

$$E_x-N_x(\boldsymbol{E}\cdot\hat{\mathbf{N}})=0,\ E_y-N_y(\boldsymbol{E}\cdot\hat{\mathbf{N}})=0 \tag{7.42}$$

单位法向矢量与表面高度斜率的关系为

$$\frac{\partial\zeta}{\partial x}=-\frac{N_x}{N_z},\quad \frac{\partial\zeta}{\partial y}=-\frac{N_y}{N_z} \tag{7.43}$$

则单位法向矢量为

$$\hat{\mathbf{N}}=\left[-\frac{\partial\zeta}{\partial x}\hat{\boldsymbol{x}}-\frac{\partial\zeta}{\partial y}\hat{\boldsymbol{y}}+\hat{\boldsymbol{z}}\right]\left[1+\left(\frac{\partial\zeta}{\partial x}\right)^2+\left(\frac{\partial\zeta}{\partial y}\right)^2\right]^{-1/2} \tag{7.44}$$

当$|\partial\zeta/\partial x|\ll1$，$|\partial\zeta/\partial y|\ll1$ 时，式(7.44)近似为

$$\hat{\mathbf{N}}=-\frac{\partial\zeta}{\partial x}\hat{\boldsymbol{x}}-\frac{\partial\zeta}{\partial y}\hat{\boldsymbol{y}}+\hat{\boldsymbol{z}} \tag{7.45}$$

边界条件式(7.42)近似为

$$E_x+\frac{\partial\zeta}{\partial x}E_z=0,\quad E_y+\frac{\partial\zeta}{\partial y}E_z=0 \tag{7.46}$$

令式(7.39)中

$$\exp[\mathrm{i}(\beta+p)x+\mathrm{i}qy+\mathrm{i}b(\beta+p, q)z]=E(\beta+p, q, z) \tag{7.47}$$

在 $z=\zeta(x, y)$面上将 $E(\beta+p, q, z)$展开为

$$E(\beta+p, q, z)=E(\beta+p, q, 0)(1+\mathrm{i}b\zeta+\cdots) \tag{7.48}$$

各个场分量的系数也展开，则

$$E_x=\frac{1}{2\pi}\iint[A_{pq}^{(1)}+A_{pq}^{(2)}+\cdots]E(\beta+p, q, 0)(1+\mathrm{i}b\zeta+\cdots)\mathrm{d}p\mathrm{d}q \tag{7.49}$$

$$E_y=\frac{1}{2\pi}\iint[B_{pq}^{(1)}+B_{pq}^{(2)}+\cdots]E(\beta+p, q, 0)(1+\mathrm{i}b\zeta+\cdots)\mathrm{d}p\mathrm{d}q+2\mathrm{i}(\gamma\zeta+\cdots)\exp(\mathrm{i}\beta x) \tag{7.50}$$

$$E_z=\frac{1}{2\pi}\iint[C_{pq}^{(1)}+C_{pq}^{(2)}+\cdots]E(\beta+p, q, 0)(1+\mathrm{i}b\zeta+\cdots)\mathrm{d}p\mathrm{d}q \tag{7.51}$$

其中，$E(\beta+p, q, 0)=\exp[\mathrm{i}(\beta+p)x+\mathrm{i}qy]$。代入边界条件式(7.46)可得

$$\frac{1}{2\pi}\iint A_{pq}^{(1)}E(\beta+p, q, 0)\mathrm{d}p\mathrm{d}q=0 \tag{7.52}$$

$$\frac{1}{2\pi}\iint B_{pq}^{(1)}E(\beta+p,\ q,\ 0)\mathrm{d}p\mathrm{d}q+2\mathrm{i}\gamma\zeta\exp(\mathrm{i}\beta x)=0 \tag{7.53}$$

对于粗糙面的任意角谱展开，式(7.52)成立，必须有 $A_{pq}^{(1)}=0$。

考虑粗糙面高度起伏 $z=\zeta(x,\ y)$的二维傅里叶变换：

$$\zeta(x,\ y)=\frac{1}{2\pi}\iint F(p,\ q)\exp(\mathrm{i}px+\mathrm{i}qy)\mathrm{d}p\mathrm{d}q \tag{7.54}$$

$$F(p,\ q)=\frac{1}{2\pi}\iint \zeta(x,\ y)\exp(-\mathrm{i}px-\mathrm{i}qy)\mathrm{d}x\mathrm{d}y \tag{7.55}$$

代入式(7.53)，由此得到一阶近似结果 $B_{pq}^{(1)}=-2\mathrm{i}\gamma F(p,\ q)$。结合散射场的散度$\nabla\cdot\boldsymbol{E}=0$，则

$$C_{pq}^{(1)}=\frac{2\mathrm{i}\gamma q}{b}F(p,\ q) \tag{7.56}$$

粗糙面散射的一阶近似解的电场强度的各分量为

$$\begin{cases}E_x=E_{x,\,\mathrm{s}}=0\\ E_y=2\mathrm{i}\sin(\gamma z)\exp(\mathrm{i}\beta x)+E_{y,\,\mathrm{s}}\\ \quad\ =2\mathrm{i}\sin(\gamma z)\exp(\mathrm{i}\beta x)-\dfrac{1}{2\pi}\displaystyle\iint 2\mathrm{i}\gamma F(p,\ q)E(\beta+p,\ q,\ 0)\mathrm{d}p\mathrm{d}q\\ E_z=E_{z,\,\mathrm{s}}=\dfrac{1}{2\pi}\displaystyle\iint\dfrac{2\mathrm{i}\gamma q}{b}F(p,\ q)E(\beta+p,\ q,\ 0)\mathrm{d}p\mathrm{d}q\end{cases} \tag{7.57}$$

根据麦克斯韦方程，可以获得对应的磁场强度分量为

$$\eta_0(H_{\mathrm{i}x}+H_{\mathrm{r}x})=-\frac{2\gamma}{k}\cos\gamma z\exp(\mathrm{i}\beta x),\ \eta_0(H_{\mathrm{i}z}+H_{\mathrm{r}z})=\frac{2\beta}{k}\sin\gamma z\exp(\mathrm{i}\beta x) \tag{7.58}$$

$$\begin{cases}\eta_0 H_{\mathrm{s}x}=\dfrac{1}{2\pi}\displaystyle\iint D_{pq}^{(1)}E(\beta+p,\ q,\ z)\mathrm{d}p\mathrm{d}q\\ \eta_0 H_{\mathrm{s}y}=\dfrac{1}{2\pi}\displaystyle\iint E_{pq}^{(1)}E(\beta+p,\ q,\ z)\mathrm{d}p\mathrm{d}q\\ \eta_0 H_{\mathrm{s}z}=\dfrac{1}{2\pi}\displaystyle\iint F_{pq}^{(1)}E(\beta+p,\ q,\ z)\mathrm{d}p\mathrm{d}q\end{cases} \tag{7.59}$$

其中，$\eta_0=\sqrt{\mu_0/\varepsilon_0}=120\pi$。式(7.59)中的展开系数为

$$\begin{cases}D_{pq}^{(1)}=\left(\dfrac{2\mathrm{i}\gamma}{bk}\right)(q^2+b^2)F(p,\ q)\\ E_{pq}^{(1)}=\left(-\dfrac{2\mathrm{i}\gamma}{bk}\right)q(\beta+p)F(p,\ q)\\ F_{pq}^{(1)}=-\left(\dfrac{2\mathrm{i}\gamma}{k}\right)(\beta+p)F(p,\ q)\end{cases} \tag{7.60}$$

当入射波为垂直极化平面波时，利用相同的分析方法，得

$$\begin{cases}E_{\mathrm{i}x}+E_{\mathrm{r}x}=-2\mathrm{i}\cos\theta_{\mathrm{i}}\sin\gamma z\exp(\mathrm{i}\beta x)\\ E_{\mathrm{i}z}+E_{\mathrm{r}z}=2\sin\theta_{\mathrm{i}}\cos\gamma z\exp(\mathrm{i}\beta x),\ \eta_0(H_{\mathrm{i}y}+H_{\mathrm{r}y})=-2\cos\gamma z\end{cases} \tag{7.61}$$

电场强度与磁场强度的展开系数分别为

$$\begin{cases}A_{pq}^{(1)}=2\mathrm{i}(k\cos^2\theta_\mathrm{i}-p\sin\theta_\mathrm{i})F(p, q)\\ B_{pq}^{(1)}=-2\mathrm{i}q\sin\theta_\mathrm{i}F(p, q)\\ C_{pq}^{(1)}=-\dfrac{(\beta+p)A_{pq}^{(1)}+qB_{pq}^{(1)}}{b}\\ D_{pq}^{(1)}=\dfrac{qC_{pq}^{(1)}-bB_{pq}^{(1)}}{k}\\ E_{pq}^{(1)}=\dfrac{bA_{pq}^{(1)}-qC_{pq}^{(1)}}{k}\\ F_{pq}^{(1)}=\dfrac{pB_{pq}^{(1)}-qA_{pq}^{(1)}}{k}\end{cases}\tag{7.62}$$

7.2.2　理想导体粗糙面的一阶散射系数

就微扰法而言，根据源上 $\boldsymbol{r}'$ 处场引起的空间 $\boldsymbol{r}$ 处的场的普遍关系式，可求出空间任意一点 $\boldsymbol{r}=(R, \theta_\mathrm{i}, \phi_\mathrm{s})$ 的非相干场：

$$\boldsymbol{E}(\boldsymbol{r}) = \nabla\times\int_s[\hat{\boldsymbol{N}}\times E(\boldsymbol{r}')]G(\boldsymbol{r}, \boldsymbol{r}')\mathrm{d}s' + \frac{\mathrm{i}}{\omega\varepsilon_0}\nabla\times\nabla\times\int_s[\hat{\boldsymbol{N}}\times\boldsymbol{H}(\boldsymbol{r}')]G(\boldsymbol{r}, \boldsymbol{r}')\mathrm{d}s'\tag{7.63}$$

$$\boldsymbol{H}(\boldsymbol{r}) = \nabla\times\int_s[\hat{\boldsymbol{N}}\times\boldsymbol{H}(\boldsymbol{r}')]G(\boldsymbol{r}, \boldsymbol{r}')\mathrm{d}s' - \frac{\mathrm{i}}{\omega\mu_0}\nabla\times\nabla\times\int_s[\hat{\boldsymbol{N}}\times\boldsymbol{E}(\boldsymbol{r}')]G(\boldsymbol{r}, \boldsymbol{r}')\mathrm{d}s'\tag{7.64}$$

式中 $G(\boldsymbol{r}, \boldsymbol{r}')$ 为格林函数。

为了方便起见，设入射波矢量位于 xz 平面，入射方位角 $\phi_\mathrm{i}=0$。在观测点 $\boldsymbol{r}=(R, \theta_\mathrm{i}, \phi_\mathrm{s})$ 处的非相干场可具体表示如下：

$$E_\theta=\frac{\mathrm{i}k}{4\pi R}\mathrm{e}^{\mathrm{i}kR}I_\theta,\ E_\phi=\frac{\mathrm{i}k}{4\pi R}\mathrm{e}^{\mathrm{i}kR}I_\phi\tag{7.65}$$

其中

$$\begin{cases}I_\theta = \iint_s[-E_x\cos\phi_\mathrm{s} - E_y\sin\phi_\mathrm{s} + \eta_0(H_x\sin\phi_\mathrm{s} - H_y\cos\phi_\mathrm{s})]\exp(-\mathrm{i}k\boldsymbol{r}'\cdot\hat{\boldsymbol{r}}_\mathrm{s})\mathrm{d}x'\mathrm{d}y'\\ I_\phi = \iint_s[(E_x\sin\phi_\mathrm{s} - E_y\cos\phi_\mathrm{s})\cos\theta_\mathrm{s} + \eta_0(H_x\cos\phi_\mathrm{s} + H_y\sin\phi_\mathrm{s})]\exp(-\mathrm{i}k\boldsymbol{r}'\cdot\hat{\boldsymbol{r}}_\mathrm{s})\mathrm{d}x'\mathrm{d}y'\\ \boldsymbol{r}'\cdot\hat{\boldsymbol{r}}_\mathrm{s} = x'\sin\theta_\mathrm{s}\cos\phi_\mathrm{s} + y'\sin\theta_\mathrm{s}\sin\phi_\mathrm{s}\\ \eta_0 = \left(\dfrac{\mu_0}{\varepsilon_0}\right)^{1/2}\end{cases}\tag{7.66}$$

根据电磁场强度的谱展开式，式(7.66)中 I_θ、I_ϕ 也可以用频谱展开：

$$\begin{Bmatrix}I_\theta\\ I_\phi\end{Bmatrix}=\iint_{\Delta s}\mathrm{d}x'\mathrm{d}y'\left[\frac{1}{2\pi}\iint\begin{Bmatrix}f_\theta(p, q)\\ f_\phi(p, q)\end{Bmatrix}F(p, q)\exp(\mathrm{i}p'x'+\mathrm{i}q'y')\mathrm{d}p\mathrm{d}q\right]\tag{7.67}$$

其中

$$p'=(\beta+p)-k\sin\theta_\mathrm{s}\cos\phi_\mathrm{s},\ q'=q-k\sin\theta_\mathrm{s}\sin\phi_\mathrm{s}\tag{7.68}$$

$$\begin{cases}f_\theta=-[e_x\cos\phi_\mathrm{s}+e_y\sin\phi_\mathrm{s}]+[h_x\sin\phi_\mathrm{s}-h_y\cos\phi_\mathrm{s}]\cos\theta_\mathrm{s}\\ f_\phi=[e_x\sin\phi-e_y\cos\phi_\mathrm{s}]\cos\theta_\mathrm{s}+[h_x\cos\phi_\mathrm{s}+h_y\sin\phi_\mathrm{s}]\end{cases}\tag{7.69}$$

以及 $e_x=A_{pq}^{(1)}/F(p,q)$，$e_y=B_{pq}^{(1)}/F(p,q)$，$h_x=D_{pq}^{(1)}/F(p,q)$，$h_y=E_{pq}^{(1)}/F(p,q)$。

当平面波入射到面积为 L^2 的粗糙面上时，由式(7.55)，令 $p=2\pi m/L$，$q=2\pi n/L$，随机变量 $F(p,q)$遵循：① $\langle F(p,q)\rangle=\langle F(2\pi m/L,2\pi n/L)\rangle=0$，② 对所有不同的空间波数，$P(p,q)$是非相关的。即

$$\langle F(p',q')F^*(p'',q'')\rangle=\frac{1}{(2\pi)^2}\iiiint\langle\zeta(x',y')\zeta^*(x'',y'')\rangle\cdot \exp[-\mathrm{i}(p'x'+q'y'-p''x''-q''y'')]\mathrm{d}x'\mathrm{d}x''\mathrm{d}y'\mathrm{d}y'' \tag{7.70}$$

当 $p''\neq p'$，$q''\neq q'$ 时，

$$\langle F(p',q')F^*(p'',q'')\rangle=0$$

当 $p''=p'=p$，$q''=q'=q$ 时，

$$\langle F(p,q)F^*(p,q)\rangle=\frac{1}{(2\pi)^2}\iiiint\langle\zeta(x',y')\zeta^*(x'',y'')\rangle\cdot \exp[-\mathrm{i}p(x'-x'')-\mathrm{i}q(y'-y'')]\mathrm{d}x'\mathrm{d}x''\mathrm{d}y'\mathrm{d}y''$$

令 $x_c=(x'+x'')/2$，$y_c=(y'+y'')/2$，$x_d=x'-x''$，$y_d=y'-y''$，则 $\iint\mathrm{d}x'\mathrm{d}x''=\iint\mathrm{d}x_d\mathrm{d}x_c$，且

$$\langle F(p,q)F^*(p,q)\rangle=\frac{1}{(2\pi)^2}\iiiint\langle\zeta(x',y')\zeta^*(x'',y'')\rangle\exp(-\mathrm{i}px_d-\mathrm{i}qy_d)\mathrm{d}x_c\mathrm{d}x_d\mathrm{d}y_c\mathrm{d}y_d \tag{7.71}$$

根据粗糙面相关函数与功率谱之间的傅里叶对关系，式(7.71)可改写为

$$\langle F(p,q)F^*(p,q)\rangle=\iint\delta^2W(p,q)\mathrm{d}x_c\mathrm{d}y_c=A\delta^2W(p,q),\ p''=p'=p,\ q''=q'=q \tag{7.72}$$

其中，$A=L^2$，δ 为粗糙面高度起伏均方根。在远场情况下，水平同极化单位照射面积的非相干散射截面为

$$\sigma_{\mathrm{hh}}=\frac{k^2\langle I_\phi I_\phi^*\rangle}{4\pi L^2} \tag{7.73}$$

$$\langle I_\phi I_\phi^*\rangle=\iiiint\langle F(p,q)F^*(p,q)\rangle\exp(\mathrm{i}p'x_d+\mathrm{i}q'y_d)\mathrm{d}x'\mathrm{d}y'\mathrm{d}x''\mathrm{d}y''\cdot\left[\iint|f_\phi(p,q)|^2\mathrm{d}p\mathrm{d}q\right] \tag{7.74}$$

考虑式(7.71)，由此获得

$$\langle I_\phi I_\phi^*\rangle=2\pi L^2\iint\delta^2W(p',q')|f_\phi(p',q')|^2\delta(p')\delta(q')\mathrm{d}q'\mathrm{d}p' \tag{7.75}$$

其中，$p'=p+\beta-k\sin\theta_s\cos\phi_s$，$q'=q-k\sin\theta_s\sin\phi_s$。对于水平极化，有

$$f_\phi=(e_x\sin\phi_s-e_y\cos\phi_s)\cos\theta_s+h_x\cos\phi_s+h_y\sin\phi_s \tag{7.76}$$

由前面获得的展开系数 $A_{pq}^{(1)}=0$，$C_{pq}^{(1)}=2\mathrm{i}\gamma qP(p,q)/b$ 和式(7.60)，可以获得

$$e_x=0,\ e_y=-2\mathrm{i}\gamma,\ h_x=2\mathrm{i}\gamma\frac{q^2+b^2}{bk},\ h_y=-2\mathrm{i}\gamma q\frac{p+\beta}{bk} \tag{7.77}$$

其中，$\gamma=k\cos\theta_i$，$\beta=k\sin\theta_i$，$p+\beta=k\sin\theta_s\cos\phi_s$，$q=k\sin\theta_s\sin\phi_s$，$b=k\cos\theta_s$。将式(7.77)代入式(7.76)，则

$$f_\phi=4\mathrm{i}k\cos\theta_i\cos\theta_s\cos\phi_s \tag{7.78}$$

$$\langle I_\phi I_\phi^* \rangle = 2\pi L^2 \delta^2 (4k\cos\theta_i \cos\theta_s \cos\phi_s)^2 W(p,\ q) \tag{7.79}$$

由式(7.73)可获得单位面积散射截面(散射系数)：

$$\begin{cases} \sigma_{hh} = 8k^4 \delta^2 \cos^2\theta_i \cos^2\theta_s \cos^2\phi_s W(p,\ q) \\ \text{同理：} \\ \sigma_{vh} = 8k^4 \delta^2 \cos^2\theta_i \sin^2\phi_s W(p,\ q) \\ \sigma_{hv} = 8k^4 \delta^2 \cos^2\theta_s \sin^2\phi_s W(p,\ q) \\ \sigma_{vv} = 8k^4 \delta^2 (\sin\theta_i \sin\theta_s - \cos\phi_s)^2 W(p,\ q) \end{cases} \tag{7.80}$$

对于后向散射($\theta_s=\theta_i$，$\phi_s=\pi$)有

$$\begin{cases} \sigma_{hh} = 8k^4 \cos^4\theta_i W(-2k\sin\theta_i,\ 0), & \sigma_{vh}=0 \\ \sigma_{vv} = 8k^4 (1+\sin^2\theta_i)^2 W(-2k\sin\theta_i,\ 0), & \sigma_{hv}=0 \end{cases} \tag{7.81}$$

7.2.3　介质粗糙面的一阶散射场

如果粗糙面是非理想导体，Ulaby 详细地给出了介质粗糙面电磁散射的一阶近似解。假设介质 1 的复介电常数和磁导率分别为 ε_1 和 μ_1，介质 2 的复介电常数和磁导率分别为 ε_2 和 μ_2，如图 7.11 所示。

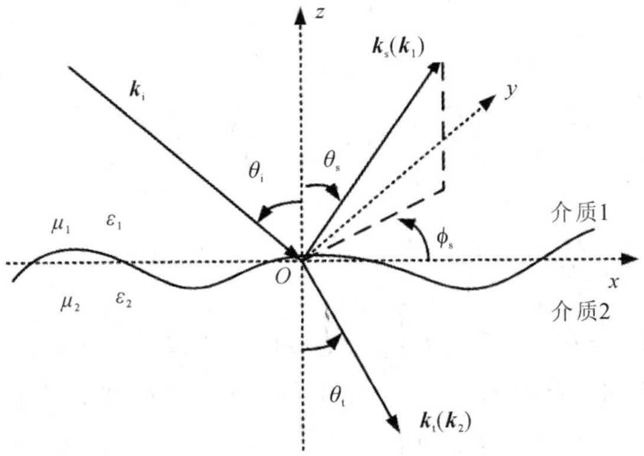

图 7.11　介质粗糙面散射示意图

粗糙面高度起伏 $z=\zeta(x,\ y)$的傅里叶变换为

$$\zeta(x,\ y) = \frac{1}{2\pi}\iint_{-\infty}^{\infty} F(k_x,\ k_y)\exp(\mathrm{i}k_x x + \mathrm{i}k_y y)\mathrm{d}k_x \mathrm{d}k_y \tag{7.82}$$

$$F(k_x,\ k_y) = \frac{1}{2\pi}\iint_{-\infty}^{\infty} \zeta(k_x,\ k_y)\exp(-\mathrm{i}k_x x - \mathrm{i}k_y y)\mathrm{d}x\mathrm{d}y \tag{7.83}$$

粗糙面上半空间中的水平极化散射场可用多个振幅未知的平面波叠加来表示，即

$$E_x = \frac{1}{2\pi}\iint_{-\infty}^{\infty} U_x(k_x,\ k_y) f \mathrm{d}k_x \mathrm{d}k_y \tag{7.84}$$

$$E_y = \frac{1}{2\pi}\iint_{-\infty}^{\infty} U_y(k_x,\ k_y) f \mathrm{d}k_x \mathrm{d}k_y + \exp(\mathrm{i}kx\sin\theta_i)[\exp(-\mathrm{i}kz\cos\theta_i) + R_{hh}\exp(\mathrm{i}kz\cos\theta_i)] \tag{7.85}$$

$$E_z = \frac{1}{2\pi}\iint_{-\infty}^{\infty} U_z(k_x,\ k_y) f \mathrm{d}k_x \mathrm{d}k_y \tag{7.86}$$

其中，$f=\exp(\mathrm{i}k_x x+\mathrm{i}k_y y+\mathrm{i}k_z z)$，$k_z^2=k^2-k_x^2-k_y^2$。取 $\boldsymbol{k}=\boldsymbol{k}_1$，在介质 2 中取波矢为 $\boldsymbol{k}_2$，$k_2=k_1\sqrt{\mu_r\varepsilon_r}$，$k_1=\omega\sqrt{\mu_1\varepsilon_1}$，$\varepsilon_r$、$\mu_r$ 分别是介质 2 相对于介质 1 的介电常数和磁导率。R_{hh} 为水

平极化的菲涅尔反射系数。

类似地，在介质 2 中，相干透射场与非相干散射场可表示为

$$E_x = \frac{1}{2\pi}\iint_{-\infty}^{\infty} D_x(k_x, k_y) g \mathrm{d}k_x \mathrm{d}k_y \tag{7.87}$$

$$E_y = \frac{1}{2\pi}\iint_{-\infty}^{\infty} D_y(k_x, k_y) g \mathrm{d}k_x \mathrm{d}k_y + T_{\mathrm{hh}} \exp(\mathrm{i}k_2 z\cos\theta_{\mathrm{t}} - ik_2 x\sin\theta_{\mathrm{t}}) \tag{7.88}$$

$$E_z = \frac{1}{2\pi}\iint_{-\infty}^{\infty} D_z(k_x, k_y) g \mathrm{d}k_x \mathrm{d}k_y \tag{7.89}$$

其中，$g=\exp(\mathrm{i}k_x x+\mathrm{i}k_y y+\mathrm{i}k_{2z}z)$，$T_{\mathrm{hh}}=1+R_{\mathrm{hh}}=2\mu_{\mathrm{r}}k\cos\theta/[\mu_{\mathrm{r}}\cos\theta+(\mu_{\mathrm{r}}\varepsilon_{\mathrm{r}}-\sin^2\theta)^{1/2}]$。

在这里暂不讨论修正菲涅尔系数，式(7.84)至式(7.89)提供了求解散射问题的一般公式，场强的幅值是待求量。

1. 边界条件和场强幅度的确定

在介质粗糙面上，电场和磁场的边界条件分别表示为

$$\hat{\boldsymbol{n}}\times(\boldsymbol{E}-\boldsymbol{E}')=\hat{\boldsymbol{n}}\times\Delta\boldsymbol{E}=0,\ \hat{\boldsymbol{n}}\times(\boldsymbol{H}-\boldsymbol{H}')=\hat{\boldsymbol{n}}\times\Delta\boldsymbol{H}=0 \tag{7.90}$$

或

$$\Delta E_y+\frac{\partial z}{\partial y}\Delta E_z=0,\qquad \Delta E_x+\frac{\partial z}{\partial x}\Delta E_z=0 \tag{7.91}$$

以及

$$\frac{\partial\Delta E'_x}{\partial z}-\frac{\partial\Delta E'_z}{\partial x}+\frac{\partial z}{\partial y}\left(\frac{\partial\Delta E'_y}{\partial x}-\frac{\partial\Delta E'_x}{\partial y}\right)=0,\quad \frac{\partial\Delta E'_z}{\partial y}-\frac{\partial\Delta E'_y}{\partial z}+\frac{\partial z}{\partial x}\left(\frac{\partial\Delta E'_y}{\partial x}-\frac{\partial\Delta E'_x}{\partial y}\right)=0 \tag{7.92}$$

式(7.92)中，$\Delta E'_x=E_x-E'_x/\mu_{\mathrm{r}}$，$\Delta E'_y=E_y-E'_y/\mu_{\mathrm{r}}$，$E_z=E_z-E'_z/\mu_{\mathrm{r}}$。把场方程代入$\nabla\cdot\boldsymbol{E}=0$中，得

$$k_{1z}U_z=k_{1x}U_x+k_{1y}U_y,\qquad k_{2z}D_z=-(k_{2x}D_x+k_{2y}D_y) \tag{7.93}$$

由式(7.90)至式(7.93)能解出六个未知量 D_x、D_y、D_z 和 U_x、U_y、U_z。为了引用边界条件，场强计算应该在 $z=z(x, y)$上进行。假设 kz 是小量，所有包含 kz 的指数项均可展开成泰勒级数。此外，将场强幅度展开成扰动级数，例如 $U_x=U_{x1}+U_{x2}+U_{x3}+\cdots$，采用二阶近似可以得到分界面处的场分别为

$$E_x = \frac{1}{2\pi}\iint_{-\infty}^{\infty}(U_{x1}+U_{x2}+\cdots)(1+\mathrm{i}k_{1z}z-\cdots)\exp(-\mathrm{i}k_{1x}x-\mathrm{i}k_{1y}y)\mathrm{d}k_{1x}\mathrm{d}k_{1y} \tag{7.94}$$

$$E'_x = \frac{1}{2\pi}\iint_{-\infty}^{\infty}(D_{x1}+D_{x2}+\cdots)(1+\mathrm{i}k_{2z}z-\cdots)\exp(-\mathrm{i}k_{1x}x-\mathrm{i}k_{1y}y)\mathrm{d}k_{1x}\mathrm{d}k_{1y} \tag{7.95}$$

因此

$$\begin{cases}\Delta E_x = \dfrac{1}{2\pi}\displaystyle\iint_{-\infty}^{\infty}[U_{x1}-D_{x1}+U_{x2}-D_{x2}+\mathrm{i}z(k_{1z}U_{x1}+k_{2z}D_{x1})+\cdots]\exp(-\mathrm{i}k_{1x}x-\mathrm{i}k_{1y}y)\mathrm{d}k_{1x}\mathrm{d}k_{1y}\\ \Delta E_y = \dfrac{1}{2\pi}\displaystyle\iint_{-\infty}^{\infty}[U_{y1}-D_{y1}+U_{y2}-D_{y2}+\mathrm{i}z(k_{1z}U_{y1}+k_{2z}D_{y1})+\cdots]\cdot\\ \qquad\exp(-\mathrm{i}k_{1x}x-\mathrm{i}k_{1y}y)\mathrm{d}k_{1x}\mathrm{d}k_{1y}+\Delta S\\ \Delta E_z = \dfrac{1}{2\pi}\displaystyle\iint_{-\infty}^{\infty}[U_{z1}-D_{z1}+U_{z2}-D_{z2}+\mathrm{i}z(k_{1z}U_{z1}+k_{2z}D_{z1})+\cdots]\cdot\\ \qquad\exp(-\mathrm{i}k_{1x}x-ik_{1y}y)\mathrm{d}k_{1x}\mathrm{d}k_{1y}\end{cases} \tag{7.96}$$

式中

$$\Delta S=[-\mathrm{i}k_{2z}z\cos\theta_{\mathrm{t}}\left(\frac{1}{\mu_{\mathrm{r}}}-1\right)T_{\mathrm{hh}}+\left(T_{\mathrm{hh}}\frac{z^2}{2}\right)(k_2^2-k_1^2)]\exp(\mathrm{i}k_1x\sin\theta_{\mathrm{i}})$$

由式(7.96)可以获得电场强度的一阶偏导。利用微商关系和边界条件，可以得到

$$\begin{cases}U_{x1}=D_{x1}\text{，}U_{y1}=D_{y1}-\alpha\text{，}k_{1x}\left(U_{z1}-\dfrac{D_{z1}}{\mu_{\mathrm{r}}}\right)+k_{1z}U_{x1}+k_{2z}\dfrac{D_{x1}}{\mu_{\mathrm{r}}}+\beta_1=0\\ k_{1y}\left(U_{z1}-\dfrac{D_{z1}}{\mu_{\mathrm{r}}}\right)+k_{1z}U_{y1}+k_{2z}\dfrac{D_{y1}}{\mu_{\mathrm{r}}}+\beta_2=0\\ k_{1z}U_{z1}=k_{1x}U_{x1}+k_{1y}U_{y1}\text{，}k_{2z}D_{z1}=-(k_{1x}D_{x1}+k_{1y}D_{y1})\end{cases}\tag{7.97}$$

式中

$$\begin{cases}\alpha=-\mathrm{i}k_2\cos\theta_{\mathrm{t}}\left(\dfrac{1}{\mu_{\mathrm{r}}}-1\right)T_{\mathrm{hh}}F\\ \beta_1=-\mathrm{i}k_1k_{1y}\sin\theta_{\mathrm{i}}\left(\dfrac{1}{\mu_{\mathrm{r}}}-1\right)T_{\mathrm{hh}}F\\ \beta_2=-\mathrm{i}T_{\mathrm{hh}}\left[k_2^2\cos^2\dfrac{\theta_{\mathrm{t}}}{\mu_{\mathrm{r}}}-k_1^2\cos^2\theta_{\mathrm{i}}-(k_{1x}+k_1\sin\theta_{\mathrm{i}})k_1\sin\theta_{\mathrm{i}}\left(\dfrac{1}{\mu_{\mathrm{r}}}-1\right)\right]F\end{cases}\tag{7.98}$$

以及 $F=F(k_{1x}+k_1\sin\theta_{\mathrm{i}}, k_{1y})$。最后得到上述方程组的解为

$$\begin{cases}DU_{x1}=k_{1x}k_{1y}(ak_{2z}-k_{1z})\alpha-\mu_{\mathrm{r}}(k_{1z}k_{2z}+ak_{1y}^2)\beta_1+a\mu_{\mathrm{r}}k_{1x}k_{1y}\beta_2\\ DU_{y1}=-(ak_{1z}^2k_{2z}+k_{1z}k_{2z}^2+k_{1y}^2k_{1z})\alpha+a\mu_{\mathrm{r}}k_{1x}k_{1y}\beta_1-\mu_{\mathrm{r}}(k_{1z}k_{2z}+ak_{1x}^2)\beta_2\end{cases}\tag{7.99}$$

式中

$$\begin{cases}D=(k_{1x}^2+k_{1y}^2)(k_{1z}+\mu_{\mathrm{r}}k_{2z})+k_{1z}k_{2z}(\mu_{\mathrm{r}}k_{1z}+k_{2z})\\ a=\dfrac{k_{1z}+\mu_{\mathrm{r}}k_{2z}}{\mu_{\mathrm{r}}k_{1z}+k_{2z}}\end{cases}\tag{7.100}$$

式(7.98)和式(7.99)中，k_2 为介质 2 中的波数，参见图 7.11，T_{hh}为水平极化透射系数。只要求出 U_{x1} 和 U_{y1}，其他场的幅值就可以求出。

2. 极化系数的确定

为了求出散射场的场强幅度，将垂直极化和水平极化散射波的单位极化矢量分别选定为标准球坐标系的单位坐标矢量 $\hat{\boldsymbol{\theta}}_{\mathrm{s}}$ 和 $\hat{\boldsymbol{\phi}}_{\mathrm{s}}$，即

$$\hat{\boldsymbol{\theta}}_{\mathrm{s}}=\hat{\boldsymbol{x}}\cos\theta_{\mathrm{s}}\cos\phi_{\mathrm{s}}+\hat{\boldsymbol{y}}\cos\theta_{\mathrm{s}}\sin\phi_{\mathrm{s}}-\hat{\boldsymbol{z}}\sin\theta_{\mathrm{s}}\text{，}\hat{\boldsymbol{\phi}}_{\mathrm{s}}=-\hat{\boldsymbol{x}}\sin\phi_{\mathrm{s}}+\hat{\boldsymbol{y}}\cos\phi_{\mathrm{s}}\tag{7.101}$$

这样，介质 1 中的水平极化散射场为

$$E_{\mathrm{hh}}^{\mathrm{s}}=\hat{\boldsymbol{\phi}}_{\mathrm{s}}\cdot\boldsymbol{E}_{\mathrm{s}}=\frac{1}{2\pi}\iint_{-\infty}^{\infty}[U_{y1}\cos\phi_{\mathrm{s}}-U_{x1}\sin\phi_{\mathrm{s}}]f\mathrm{d}k_{1x}\mathrm{d}k_{1y}\tag{7.102}$$

式中，$k_{1x}=-k_1\sin\theta_{\mathrm{s}}\cos\phi_{\mathrm{s}}$，$k_{1y}=-k_1\sin\theta_{\mathrm{s}}\sin\phi_{\mathrm{s}}$。则式(7.102)中的被积分式可以化简为

$$U_{y1}\cos\phi_{\mathrm{s}}-U_{x1}\sin\phi_{\mathrm{s}}=(-k_1k_{2z}\cos\phi_{\mathrm{s}}\alpha+\mu_{\mathrm{r}}\sin\phi_{\mathrm{s}}\beta_1-\cos\phi_{\mathrm{s}}\beta_2)\cdot\frac{\mu_{\mathrm{r}}k_1^2(k_{2z}+\varepsilon_{\mathrm{r}}\cos\phi_{\mathrm{s}})}{(\mu_{\mathrm{r}}\cos\phi_{\mathrm{s}}+k_{2z})D}\tag{7.103}$$

其中

$$\begin{cases}\alpha=-\mathrm{i}k_2\cos\theta_t\left(\dfrac{1}{\mu_r}-1\right)T_{hh}F \\ \beta_1=\mathrm{i}k_1^2\sin\theta_i\sin\theta_s\sin\phi_s\left(\dfrac{1}{\mu_r}-1\right)T_{hh}F \\ \beta_2=-\mathrm{i}k_1^2T_{hh}\left[(\varepsilon_r-1)+\left(1-\dfrac{1}{\mu_r}\right)\sin\theta_i\sin\theta_s\cos\phi_s\right]F \\ D=k_1^3\mu_r(k_{2z}+\varepsilon_r\cos\theta_s) \\ k_{2z}=(\mu_r\varepsilon_r-\sin^2\theta_s)^{1/2} \\ k_2\cos\theta_t=k_2(\mu_r\varepsilon_r-\sin^2\theta_i)^{1/2} \\ T_{hh}=\dfrac{2\mu_r\cos\theta_i}{\mu_r\cos\theta_i(\mu_r\varepsilon_r-\sin^2\theta_i)^{1/2}}\end{cases} \tag{7.104}$$

令

$$U_{y1}\cos\phi_s-U_{x1}\sin\phi_s=-\mathrm{i}2k_1\cos\theta_i\alpha_{hh}F \tag{7.105}$$

其中

$$\alpha_{hh}=\{[k_{2z}(\mu_r\varepsilon_r-\sin^2\theta_i)^{1/2}\cos\phi_s-\mu_r\sin\theta_i\sin\theta_s](\mu_r-1)-\mu_r^2(\varepsilon_r-1)\cdot \cos\phi_s\}(k_{2z}+\mu_r\cos\theta_s)^{-1}[\mu_r\cos\theta_i+(\mu_r\varepsilon_r-\sin^2\theta_i)^{1/2}]^{-1} \tag{7.106}$$

α_{hh}定义为水平-水平极化幅度系数，则交叉极化幅度系数可写成类似形式。由

$$E_{vh}=\hat{\boldsymbol{\theta}}_s\cdot\boldsymbol{E}_s=\frac{1}{2\pi}\iint_{-\infty}^{\infty}[U_{x1}\cos\theta_s\cos\phi_s+U_{y1}\cos\theta_s\sin\phi_s-U_{z1}\sin\theta_s]f\mathrm{d}k_x\mathrm{d}k_y$$
$$=\frac{1}{2\pi}\iint_{-\infty}^{\infty}\frac{U_{x1}\cos\phi_s+U_{y1}\sin\phi_s}{\cos\theta_s}f\mathrm{d}k_x\mathrm{d}k_y \tag{7.107}$$

式中

$$\frac{U_{x1}\cos\phi_s+U_{y1}\sin\phi_s}{\cos\theta_s}=-\frac{k_1^2\mu_r[k_1\varepsilon_r\alpha\sin\phi_s+k_2(\beta_1\cos\phi_s+\beta_2\sin\phi_s)]}{D}=-\mathrm{i}2k_1\cos\theta\alpha_{vh}F \tag{7.108}$$

其中

$$\alpha_{vh}=[(\mu_r-1)\varepsilon_r(\mu_r\varepsilon_r-\sin^2\theta_i)^{1/2}-\mu_r(\varepsilon_r-1)k_{2z}](k_{2z}+\varepsilon_r\cos\theta_s)^{-1}\cdot[\mu_r\cos\theta_i+(\mu_r\varepsilon_r-\sin^2\theta_i)^{1/2}]^{-1}\sin\phi_s \tag{7.109}$$

并考虑电磁场的对偶性，垂直极化幅度系数可由 μ_r 和 ε_r 互换方法求出，即

$$\alpha_{hv}=[(\varepsilon_r-1)\mu_r(\mu_r\varepsilon_r-\sin^2\theta_i)^{1/2}-\varepsilon_r(\mu_r-1)k_{2z}](k_{2z}+\mu_r\cos\theta_s)^{-1}\cdot[\varepsilon_r\cos\theta_i+(\mu_r\varepsilon_r-\sin^2\theta_i)^{1/2}]^{-1}\sin\phi_s \tag{7.110}$$

$$\alpha_{vv}=\{[k_{2z}(\mu_r\varepsilon_r-\sin^2\theta_i)^{1/2}\cos\phi_s-\varepsilon_r\sin\theta_i\sin\theta_s](\varepsilon_r-1)-\varepsilon_r^2(\mu_r-1)\cdot \cos\phi_s\}(k_{2z}+\varepsilon_r\cos\theta_s)^{-1}[\varepsilon_r\cos\theta_i+(\mu_r\varepsilon_r-\sin^2\theta_i)^{1/2}]^{-1} \tag{7.111}$$

对于介质 2，习惯上由负 z 轴起始来度量极化角。水平极化下的单位极化矢量与式(7.101)相同，但 $\hat{\boldsymbol{\theta}}_s$ 变为

$$\hat{\boldsymbol{\theta}}_s=-(\hat{\boldsymbol{x}}\cos\theta_s\cos\phi_s+\hat{\boldsymbol{y}}\cos\theta_s\sin\phi_s+\hat{\boldsymbol{z}}\sin\theta_s) \tag{7.112}$$

透射场的极化幅度的各量之间存在如下关系：

$$\begin{cases} D_{x1}=U_{x1}, \ D_{y1}=U_{y1}+\alpha, \ D_{z1}=-\dfrac{k_{1x}D_{x1}+k_{1y}D_{y1}}{k_{2z}} \\ k_{1x}=-k_2\sin\theta_s\cos\phi_s, \ k_{1y}=-k_2\sin\theta_s\sin\phi_s, \ k_{2z}=k_2\cos\theta_s, \ k_{1z}=(k_1^2-k_2^2\sin^2\theta_s)^{1/2} \end{cases} \tag{7.113}$$

在介质2中水平极化场强度为

$$E'_{hh}=\hat{\boldsymbol{\phi}}_s\cdot\boldsymbol{E}_s=\frac{1}{2\pi}\iint_{-\infty}^{\infty}[D_{y1}\cos\phi_s-D_{x1}\sin\phi_s]g\mathrm{d}k_{1x}\mathrm{d}k_{1y} \tag{7.114}$$

幅度项可进一步化简为

$$\begin{aligned} &D_{y1}\cos\phi_s-D_{x1}\sin\phi_s \\ =&U_{y1}\cos\phi_s-U_{x1}\sin\phi_s+\alpha\cos\phi_s \\ =&\left(\alpha k_{1z}\cos\phi_s+\frac{\beta_1\sin\phi_s-\beta_2\cos\phi_s}{k_1}\right)\left(k_{1z}+\frac{\eta_1\cos\theta_s}{\eta_2}\right)=-\mathrm{i}2k_1\alpha'_{hh}\cos\theta F \end{aligned} \tag{7.115}$$

式中

$$\begin{aligned} \alpha'_{hh}=&-\{(\mu_r-1)[k_{1z}\cos\phi_s(\mu_r\varepsilon_r-\sin^2\theta)^{1/2}+(\mu_r\varepsilon_r)^{1/2}\sin\theta\sin\theta_s]+ \\ &\mu_r(\varepsilon_r-1)\cos\phi_s\}\left(k_{1z}+\frac{\cos\theta_s}{\eta_r}\right)^{-1}[\mu_r\cos\theta+(\mu_r\varepsilon_r-\sin^2\theta)^{1/2}]^{-1} \end{aligned} \tag{7.116}$$

其中

$$\begin{cases} k_{1z}=(1-\mu_r\varepsilon_r\sin^2\theta_s)^{1/2} \\ \eta_r=\left(\dfrac{\mu_r}{\varepsilon_r}\right)^{1/2} \\ \alpha=\mathrm{i}k_1\left(1-\dfrac{1}{\mu_r}\right)T_{hh}(\mu_r\varepsilon_r-\sin^2\theta)^{1/2}F \\ \beta_1=\mathrm{i}k_1^2\left(1-\dfrac{1}{\mu_r}\right)T_{hh}\eta_r\sin\theta\sin\theta_s\sin\phi_sF \\ \beta_2=-\mathrm{i}k_1^2T_{hh}\left[\varepsilon_r-1+\left(1-\dfrac{1}{\mu_r}\right)\eta_r\sin\theta\sin\theta_s\sin\phi_s\right]F \end{cases} \tag{7.117}$$

同理，得到

$$\begin{aligned} \alpha'_{vh}=&[(\mu_r-1)(\mu_r\varepsilon_r-\sin^2\theta)^{1/2}+\mu_r(\varepsilon_r-1)k_{1z}]\sin\phi_s\cdot \\ &\eta_r(k_{1z}+\eta_r\cos\theta_s)^{-1}[\mu_r\cos\theta+(\mu_r\varepsilon_r-\sin^2\theta)^{1/2}]^{-1} \end{aligned} \tag{7.118}$$

$$\begin{aligned} \alpha'_{hv}=&[(\varepsilon_r-1)(\mu_r\varepsilon_r-\sin^2\theta)^{1/2}+\varepsilon_r(\mu_r-1)k_{1z}]\sin\phi_s\cdot \\ &\eta_r^{-1}\left(k_{1z}+\frac{\cos\theta_s}{\eta_r}\right)^{-1}[\varepsilon_r\cos\theta+(\mu_r\varepsilon_r-\sin^2\theta)^{1/2}]^{-1} \end{aligned} \tag{7.119}$$

$$\begin{aligned} \alpha'_{vv}=&-\{(\varepsilon_r-1)[k_{1z}\cos\phi_s(\mu_r\varepsilon_r-\sin^2\theta)^{1/2}+(\mu_r\varepsilon_r)^{1/2}\sin\theta\sin\theta_s]+ \\ &\varepsilon_r(\mu_r-1)\cos\phi_s\}(k_{1z}+\eta_r\cos\theta_s)^{-1}[\varepsilon_r\cos\theta+(\mu_r\varepsilon_r-\sin^2\theta)^{1/2}]^{-1} \end{aligned} \tag{7.120}$$

详细推导请参阅 Ulaby 所著的《微波遥感》第二卷第12章。

7.2.4　介质粗糙面的一阶散射系数

由上一节可知，介质粗糙面的散射场可表示为

$$E_{pq}=\frac{1}{2\pi}\iint_{-\infty}^{\infty}[-\mathrm{i}2k_1\cos\theta_i\alpha_{pq}F]f\mathrm{d}k_{1x}\mathrm{d}k_{1y} \tag{7.121}$$

式中，$F=F(k_{1x}+k_1\sin\theta_i, k_{1y})$，于是有

$$\langle E_{pq}E_{pq}^{*}\rangle=\left(\frac{1}{2\pi}\right)^2\iiiint_{-\infty}^{\infty}|2k_1\cos\theta_i\alpha_{pq}|^2\langle FF^*\rangle ff^*\mathrm{d}k_{1x}\mathrm{d}k_{1y}\mathrm{d}k_{2x}\mathrm{d}k_{2y} \tag{7.122}$$

$$\langle FF^*\rangle=\frac{1}{(2\pi)^2}\iiiint_{-\infty}^{\infty}\langle z(x',y')z(x,y)\rangle\cdot\exp[-\mathrm{i}(k_{2x}-k_{1x})x'-\mathrm{i}(k_{2y}-k_{1y})y'+\mathrm{i}k_{1x}(x-x')+\mathrm{i}k_{1y}(y-y')]\mathrm{d}x\mathrm{d}y\mathrm{d}x'\mathrm{d}y' \tag{7.123}$$

做与7.2.2节类似处理，可以求出

$$\langle FF^*\rangle=2\pi\delta^2W(k_{1x},k_{1y})\Lambda(k_{2x}-k_{1x})\Lambda(k_{2y}-k_{1y}) \tag{7.124}$$

将式(7.124)代入式(7.122)，并对 k_{2x} 和 k_{2y} 积分得到

$$\langle E_{pq}E_{pq}^*\rangle=\frac{1}{2\pi}|2k_1\delta\cos\theta_i\alpha_{pq}|^2\iint_{-\infty}^{\infty}W(k_{1x}+k_1\cos\theta_i,k_{1y})\mathrm{d}k_{1x}\mathrm{d}k_{1y} \tag{7.125}$$

散射场强度平均可以表示为

$$\langle E_{pq}E_{pq}^*\rangle=\iint_{-\infty}^{\infty}f(k_{1x},k_{1y})\mathrm{d}k_{1x}\mathrm{d}k_{1y} \tag{7.126}$$

比较式(7.125)和式(7.126)，可得

$$f(k_{1x},k_{1y})=|2k_1\delta\cos\theta_i\alpha_{pq}|^2\frac{W(k_{1x}+k_1\sin\theta_i,k_{1y})}{2\pi} \tag{7.127}$$

根据散射系数定义，有

$$\sigma_{pq}=4\pi k_1^2\cos^2\theta_s f(k_{1x},k_{1y})=8|k_1^2\delta\cos\theta_i\cos\theta_s\alpha_{pq}|^2W(k_{1x}+k_1\sin\theta_i,k_{1y}) \tag{7.128}$$

当 $\mu_r=1$ 时，式(7.128)中的极化系数可退化为

$$\begin{cases}\alpha_{hh}=-\dfrac{(\varepsilon_r-1)\cos\phi_s}{[\cos\theta_i+(\varepsilon_r-\sin^2\theta_i)^{1/2}][\cos\theta_s+(\varepsilon_r-\sin^2\theta_s)^{1/2}]}\\ \alpha_{hv}=\dfrac{(\varepsilon_r-1)(\varepsilon_r-\sin^2\theta_i)^{1/2}\sin\phi_s}{[\varepsilon_r\cos\theta_i+(\varepsilon_r-\sin^2\theta_i)^{1/2}][\cos\theta_s+(\varepsilon_r-\sin^2\theta_s)^{1/2}]}\\ \alpha_{vh}=\dfrac{-(\varepsilon_r-1)(\varepsilon_r-\sin^2\theta_i)^{1/2}\sin\phi_s}{[\cos\theta_i+(\varepsilon_r-\sin^2\theta_i)^{1/2}][\varepsilon_r\cos\theta_s+(\varepsilon_r-\sin^2\theta_s)^{1/2}]}\\ \alpha_{vv}=\dfrac{(\varepsilon_r-1)[\varepsilon_r\sin\theta_i\sin\theta_s-\cos\phi_s(\varepsilon_r-\sin^2\theta_i)^{1/2}(\varepsilon_r-\sin^2\theta_s)^{1/2}]}{[\varepsilon_r\cos\theta_s+(\varepsilon_r-\sin^2\theta_s)^{1/2}][\varepsilon_r\cos\theta_s+(\varepsilon_r-\sin^2\theta_s)^{1/2}]}\end{cases} \tag{7.129}$$

在后向散射情况下，$\theta_i=\theta_s$，$\phi_s=\pi$，$\phi_i=0$，因此式(7.128)退化为

$$\sigma_{pq}=8k_1^4\delta^2\cos^4\theta_i|\alpha_{pq}|^2W(2k_1\sin\theta_i) \tag{7.130}$$

其后向散射对应的极化系数 α_{pq} 可以表示为

$$\alpha_{hh}=\frac{-(\varepsilon_r-1)}{[\cos\theta_i+(\varepsilon_r-\sin^2\theta_i)^{1/2}]^2},\ \alpha_{vv}=\frac{(\varepsilon_r-1)[(\varepsilon_r-1)\sin^2\theta_i+\varepsilon_r]}{[\cos\theta_i+(\varepsilon_r-\sin^2\theta_i)^{1/2}]^2},\ \alpha_{hv}=\alpha_{vh}=0 \tag{7.131}$$

假设表面的相关函数是高斯型，其相应的各向同性粗糙面高斯谱为

$$W(2k_1\sin\theta_i)=\frac{1}{2}l^2\exp[-(k_1l\sin\theta_i)^2] \tag{7.132}$$

将式(7.132)代入式(7.130)中即可得到高斯粗糙面的后向散射系数。

微扰法可以由许多不同的方法推导获得。图7.12给出了二维介质粗糙面电磁后向散射系数的角分布。

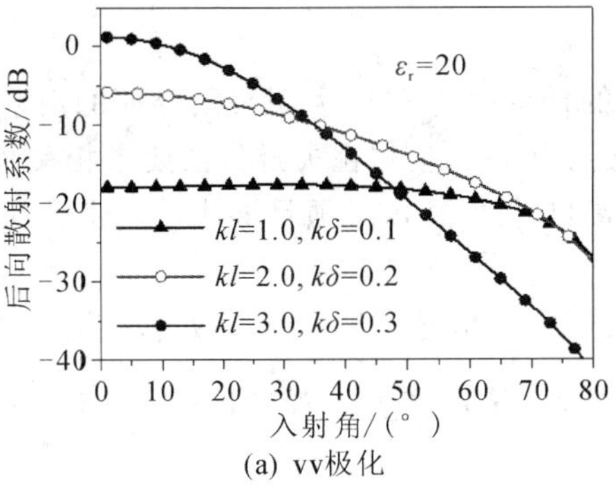

(a) vv极化

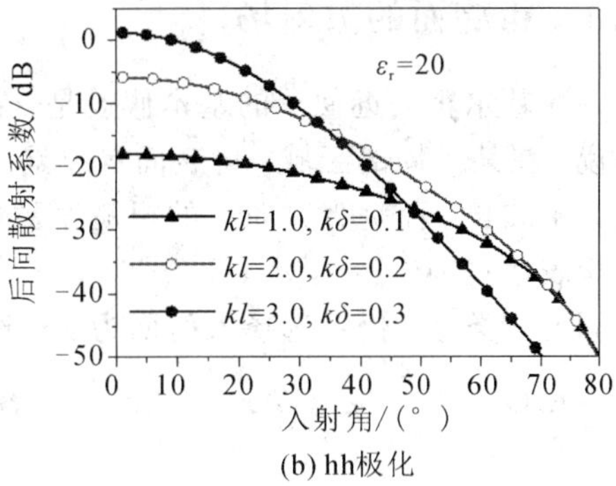

(b) hh极化

图 7.12　二维介质粗糙面电磁后向散射系数的角分布

7.3　基尔霍夫近似法

Kirchhoff 近似法(*KA*)与微扰法(SPM)都是早期和常用的方法。KA 的物理光学形式(PO)也称为高频 Kirchhoff 近似(KA-HF)，它与 SPM 具有完全不同的散射机制，适用于大曲率半径或局部光滑表面。

如图 7.13 所示，当平面波入射到物体表面上，如果表面是光滑的，则散射波与来自镜向点的发射波相同，只是反射系数要加以考虑；如果表面是非光滑的，则反射波会被衰减，被减弱的那部分功率向各方向散射出去(反射功率部分被称为镜反射分量，而散射功率部分被称为漫射分量)；如果表面变得非常粗糙，则镜反射(相干)分量几乎消失，而漫射(非相干)分量占优势，所以粗糙物体的散射截面由相干部分和非相干部分构成，即

$$\langle\sigma^{pq}\rangle=\langle\sigma^{pq}\rangle_c+\langle\sigma^{pq}\rangle_i \tag{7.133}$$

式中，上标 p、q 分别表示散射波和入射波的极化状态。对相干分量而言，当平面波以 θ_i 入射到随机粗糙平面时，在镜向方向存在平均相干反射。

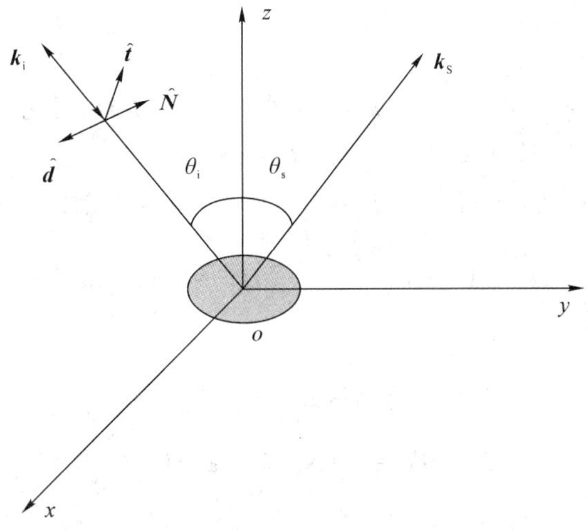

图 7.13　粗糙面电磁散射中的几何关系

7.3.1 粗糙面的散射场

一般基尔霍夫近似法的基本假设是：在表面的任何一点都产生切平面界面的反射。也就是说，在某一局部区域，将表面看成是一个斜面。因此，基尔霍夫近似法要求相关长度 l 必须大于波长，而垂直方向上的粗糙度要求表面高度均方根 h 必须足够小。上述限制要求的数学表达式为 $kl>6$，$l^2>2.76h\lambda$。

同上节类似，仍然选择入射面为 xz 平面。根据矢量格林第二定理，散射场为

$$\boldsymbol{E}_s(\boldsymbol{r})=\int_{s'}\{\mathrm{i}\omega\mu_0\boldsymbol{G}(\boldsymbol{r},\boldsymbol{r}')\cdot[\hat{\boldsymbol{N}}\times\boldsymbol{H}(\boldsymbol{r}')]+\nabla\times\boldsymbol{G}(\boldsymbol{r},\boldsymbol{r}')\cdot[\hat{\boldsymbol{N}}\times\boldsymbol{E}_s(\boldsymbol{r}')]\}\mathrm{d}s' \tag{7.134}$$

其中，$\boldsymbol{G}(\boldsymbol{r},\boldsymbol{r}')$为并矢格林函数，其表达式见第一章，将其代入式(7.134)有

$$\boldsymbol{E}_s(\boldsymbol{r})=\frac{\mathrm{i}k\exp(\mathrm{i}kr)}{4\pi r}(\boldsymbol{I}-\hat{\boldsymbol{k}}_s\hat{\boldsymbol{k}}_s)\cdot\int_{s'}\{\hat{\boldsymbol{k}}_s\times[\hat{\boldsymbol{N}}\times\boldsymbol{E}(\boldsymbol{r}')]+\eta_1[\hat{\boldsymbol{N}}\times\boldsymbol{H}(\boldsymbol{r}')]\}\exp(-\mathrm{i}\boldsymbol{k}_s\cdot\boldsymbol{r}')\mathrm{d}s' \tag{7.135}$$

图 7.14 给出了粗糙面上 $\hat{\boldsymbol{N}}\times\boldsymbol{E}$ 和 $\hat{\boldsymbol{N}}\times\boldsymbol{H}$ 的表示。

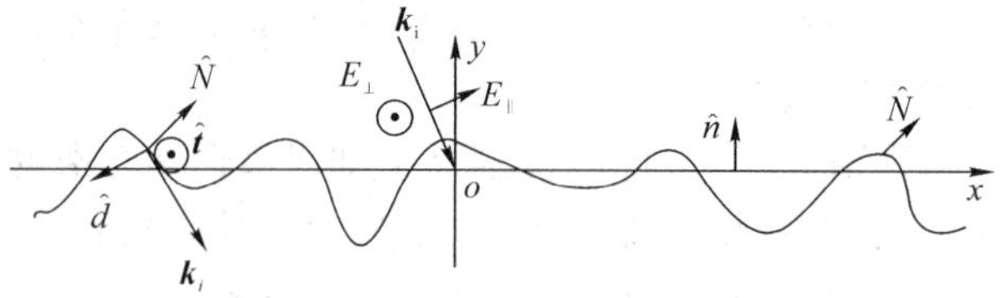

图 7.14 粗糙面上 $\hat{\boldsymbol{N}}\times\boldsymbol{E}$ 和 $\hat{\boldsymbol{N}}\times\boldsymbol{H}$ 的确定

利用公式

$$(\boldsymbol{I}-\hat{\boldsymbol{k}}_s\hat{\boldsymbol{k}}_s)\cdot(\hat{\boldsymbol{N}}\times\boldsymbol{H})=-\hat{\boldsymbol{k}}_s\times\hat{\boldsymbol{k}}_s\times(\hat{\boldsymbol{N}}\times\boldsymbol{H}) \tag{7.136}$$

散射场可进一步改写为

$$\boldsymbol{E}_s(\boldsymbol{r})=\frac{\mathrm{i}k\exp(\mathrm{i}kr)}{4\pi r}\hat{\boldsymbol{k}}_s\times\int_{s'}[(\hat{\boldsymbol{N}}\times\boldsymbol{E}(\boldsymbol{r}'))-\eta_1\hat{\boldsymbol{k}}_s\times(\hat{\boldsymbol{N}}\times\boldsymbol{H}(\boldsymbol{r}'))]\exp(-\mathrm{i}\boldsymbol{k}_s\cdot\boldsymbol{r}')\mathrm{d}s' \tag{7.137}$$

让 $\hat{\boldsymbol{t}}=\hat{\boldsymbol{k}}_i\times\hat{\boldsymbol{N}}/|\hat{\boldsymbol{k}}_i\times\hat{\boldsymbol{N}}|$，$\hat{\boldsymbol{d}}=\hat{\boldsymbol{k}}_i\times\hat{\boldsymbol{t}}$，$\hat{\boldsymbol{k}}_i=\hat{\boldsymbol{t}}\times\hat{\boldsymbol{d}}$，设入射场 $\boldsymbol{E}_i=\hat{\boldsymbol{e}}_iE_0\exp(\mathrm{i}\boldsymbol{k}_i\cdot\boldsymbol{r})$分成垂直极化 $\boldsymbol{E}_\perp$ 和水平极化 $\boldsymbol{E}_\parallel$，暂忽略因子 $\exp(\mathrm{i}\boldsymbol{k}_i\cdot\boldsymbol{r})$，则

$$\begin{cases}\boldsymbol{E}_\perp^i=(\hat{\boldsymbol{e}}_i\cdot\hat{\boldsymbol{t}})\hat{\boldsymbol{t}}E_0\\ \boldsymbol{H}_\perp^i=(\hat{\boldsymbol{e}}_i\cdot\hat{\boldsymbol{t}})\dfrac{\hat{\boldsymbol{d}}E_0}{\eta_1}\end{cases},\quad\begin{cases}\boldsymbol{E}_\parallel^i=(\hat{\boldsymbol{e}}_i\cdot\hat{\boldsymbol{d}})\hat{\boldsymbol{d}}E_0\\ \boldsymbol{H}_\parallel^i=-(\hat{\boldsymbol{e}}_i\cdot\hat{\boldsymbol{d}})\dfrac{\hat{\boldsymbol{t}}E_0}{\eta_1}\end{cases} \tag{7.138}$$

电磁场的切向分量分别为

$$\begin{cases}\hat{\boldsymbol{N}}\times\boldsymbol{E}_\perp=\hat{\boldsymbol{N}}\times\boldsymbol{E}_\perp^i(1+R_\perp)\\ \hat{\boldsymbol{N}}\times\boldsymbol{H}_\perp=-(\hat{\boldsymbol{N}}\cdot\hat{\boldsymbol{k}}_i)(1-R_\perp)\dfrac{\boldsymbol{E}_\perp^i}{\eta_1}\\ \hat{\boldsymbol{N}}\times\boldsymbol{H}_\parallel=\hat{\boldsymbol{N}}\times\boldsymbol{H}_\parallel^i(1+R_\parallel)\\ \hat{\boldsymbol{N}}\times\boldsymbol{E}_\parallel=\eta_1(\hat{\boldsymbol{N}}\cdot\hat{\boldsymbol{k}}_i)\boldsymbol{H}_\parallel^i(1-R_\parallel)\end{cases} \tag{7.139}$$

于是

$$\begin{cases}\hat{\boldsymbol{N}}\times\boldsymbol{E}=[(1+R_{\perp})\hat{\boldsymbol{e}}_{\mathrm{i}}\cdot\hat{\boldsymbol{t}})(\hat{\boldsymbol{N}}\times\hat{\boldsymbol{t}})-(1-R_{\parallel})(\hat{\boldsymbol{N}}\cdot\hat{\boldsymbol{k}}_{\mathrm{i}})(\hat{\boldsymbol{e}}_{\mathrm{i}}\cdot\hat{\boldsymbol{d}})\hat{\boldsymbol{t}}]E_0\\ \eta_1(\hat{\boldsymbol{N}}\times\boldsymbol{H})=-[(1-R_{\perp})(\hat{\boldsymbol{N}}\cdot\hat{\boldsymbol{k}}_i)(\hat{\boldsymbol{e}}_{\mathrm{i}}\cdot\hat{\boldsymbol{t}})\hat{\boldsymbol{t}}+(1+R_{\parallel})(\hat{\boldsymbol{e}}_{\mathrm{i}}\cdot\hat{\boldsymbol{d}})(\hat{\boldsymbol{N}}\times\hat{\boldsymbol{t}})]E_0\end{cases}\tag{7.140}$$

设入射波矢量 $\hat{\boldsymbol{k}}_{\mathrm{i}}=\sin\theta\cos\phi\hat{\boldsymbol{x}}+\sin\theta\sin\phi\hat{\boldsymbol{y}}-\cos\theta\hat{\boldsymbol{z}}$，且高度起伏的斜率 $|\zeta_x|\ll1$，$|\zeta_y|\ll1$，$\hat{\boldsymbol{N}}=-\zeta_x\hat{\boldsymbol{x}}-\zeta_y\hat{\boldsymbol{y}}+\hat{\boldsymbol{z}}$，以及

$$\begin{cases}\hat{\boldsymbol{t}}=(\hat{\boldsymbol{k}}_{\mathrm{i}}\times\hat{\boldsymbol{N}})/|\hat{\boldsymbol{k}}_{\mathrm{i}}\times\hat{\boldsymbol{N}}|\approx\sin\phi\hat{\boldsymbol{x}}-\cos\phi\hat{\boldsymbol{y}}\\ \hat{\boldsymbol{d}}=\hat{\boldsymbol{k}}_{\mathrm{i}}\times\hat{\boldsymbol{t}}\approx-(\cos\theta\cos\phi\hat{\boldsymbol{x}}+\cos\theta\sin\phi\hat{\boldsymbol{y}}+\sin\theta\hat{\boldsymbol{z}})\end{cases}\tag{7.141}$$

在水平极化情况下，$\hat{\boldsymbol{e}}_{\mathrm{i}}\cdot\hat{\boldsymbol{t}}=-1$，$\hat{\boldsymbol{e}}_{\mathrm{i}}\cdot\hat{\boldsymbol{d}}=0$，

$$\begin{cases}\hat{\boldsymbol{N}}\times\hat{\boldsymbol{t}}=\cos\phi\hat{\boldsymbol{x}}+\sin\phi\hat{\boldsymbol{y}}+(\zeta_x\cos\phi+\zeta_y\sin\phi)\hat{\boldsymbol{z}}\\ \hat{\boldsymbol{N}}\cdot\hat{\boldsymbol{k}}_{\mathrm{i}}=-[\cos\theta+\sin\theta(\zeta_x\cos\phi+\zeta_y\sin\phi)]\end{cases}\tag{7.142}$$

水平极化时，菲涅尔反射系数用表面斜率展开：

$$\begin{cases}R_{\perp}=R_{\perp0}+R_{\perp1}(\zeta_x\cos\phi+\zeta_y\sin\phi)\\ R_{\perp0}=\dfrac{\eta_2\cos\theta-\eta_1\cos\theta_{\mathrm{t}}}{\eta_2\cos\theta+\eta_1\cos\theta_{\mathrm{t}}},\ R_{\perp1}=-R_{\perp0}\dfrac{\eta_2\sin\theta-\eta_1\sin\theta_{\mathrm{t}}}{\eta_2\cos\theta+\eta_1\cos\theta_{\mathrm{t}}}\end{cases}\tag{7.143}$$

类似地，垂直极化时，菲涅尔反射系数近似为

$$\begin{cases}R_{\parallel}=R_{\parallel0}+R_{\parallel1}(\zeta_x\cos\phi+\zeta_y\sin\phi),\ R_{\parallel0}=\dfrac{\eta_1\cos\theta-\eta_2\cos\theta_{\mathrm{t}}}{\eta_1\cos\theta+\eta_2\cos\theta_{\mathrm{t}}}\\ R_{\parallel1}=-\dfrac{[\eta_1\sin\theta-\eta_2\sin\theta_t-R_{\parallel0}(\eta_1\sin\theta-\eta_2\sin\theta_{\mathrm{t}})}{\eta_1\cos\theta+\eta_2\cos\theta_{\mathrm{t}}}\end{cases}\tag{7.144}$$

上述基尔霍夫近似的应用范围是均方根斜率应小于 0.25，总的切向场为

$$\begin{cases}\hat{\boldsymbol{N}}\times\boldsymbol{E}=-(1+R_{\perp0})[\hat{\boldsymbol{x}}\cos\phi+\hat{\boldsymbol{y}}\sin\phi+\hat{\boldsymbol{z}}(\zeta_x\cos\phi+\zeta_y\sin\phi)]E_0-\\ \qquad R_{\parallel1}(\hat{\boldsymbol{x}}\cos\phi+\hat{\boldsymbol{y}}\sin\phi)(\zeta_x\cos\phi+\zeta_y\sin\phi)]E_0\\ \eta_1(\hat{\boldsymbol{N}}\times\boldsymbol{H})=\{-(1-R_{\perp0})\cos\theta+[R_{\perp1}\cos\theta-(1-R_{\perp0})\sin\theta]\cdot\\ \qquad(\zeta_x\cos\phi+\zeta_y\sin\phi)\}(\hat{\boldsymbol{x}}\sin\phi-\hat{\boldsymbol{y}}\cos\phi)E_0\end{cases}\tag{7.145}$$

式(7.145)中将 $\eta_1H\to-E$，$E\to\eta_1H$，可以获得垂直极化情况下的总切向场。

基尔霍夫近似法基于如下两点假设：① 在本地坐标系单位矢量($\hat{\boldsymbol{t}}$, $\hat{\boldsymbol{d}}$)中的斜率项均可忽略；② 本地表面的单位法矢 $\hat{\boldsymbol{n}}=-\hat{\boldsymbol{x}}z_x-\hat{\boldsymbol{y}}z_y+\hat{\boldsymbol{z}}$，其中，$z_x$、$z_y$ 表示 x 与 y 方向的表面斜率。

令 $K=\mathrm{i}k\exp(\mathrm{i}kr)/(4\pi r)$，散射场为

$$\boldsymbol{E}_{\mathrm{s}}(\boldsymbol{r})=\boldsymbol{E}_{pq}^{\mathrm{s}}=KE_0\int_s\boldsymbol{U}_{pq}\exp(\mathrm{i}\boldsymbol{V}\cdot\boldsymbol{r}')\mathrm{d}s'\tag{7.146}$$

式中，$\boldsymbol{V}=\boldsymbol{k}_{\mathrm{i}}-\boldsymbol{k}_{\mathrm{s}}$，对于水平极化波，有

$$\begin{aligned}\boldsymbol{U}_{\mathrm{pq}}&=\hat{\boldsymbol{k}}_{\mathrm{s}}\times[(\hat{\boldsymbol{N}}\times\boldsymbol{E})-\eta_1\hat{\boldsymbol{k}}_{\mathrm{s}}\times(\hat{\boldsymbol{N}}\times\boldsymbol{H})]\\ &=\hat{\boldsymbol{k}}_{\mathrm{s}}\times(\hat{\boldsymbol{N}}\times\boldsymbol{E})+\eta_1(\hat{\boldsymbol{N}}\times\boldsymbol{H})-[\hat{\boldsymbol{k}}_{\mathrm{s}}\cdot(\eta_1\hat{\boldsymbol{N}}\times\boldsymbol{H})]\hat{\boldsymbol{k}}_{\mathrm{s}}\end{aligned}\tag{7.147}$$

将式(7.147)与电磁场强度极化矢量点积，式(7.147)中最后一项将消失，即

$$\begin{cases}\hat{\boldsymbol{h}}_s\cdot\boldsymbol{U}_{pq}=\hat{\boldsymbol{v}}_s\cdot(\hat{\boldsymbol{N}}\times\boldsymbol{E})+\hat{\boldsymbol{h}}_s\cdot(\eta_1\hat{\boldsymbol{N}}\times\boldsymbol{H})\\ \hat{\boldsymbol{v}}_s\cdot\boldsymbol{U}_{pq}=\hat{\boldsymbol{v}}_s\cdot(\eta_1\hat{\boldsymbol{N}}\times\boldsymbol{H})-\hat{\boldsymbol{h}}_s\cdot(\hat{\boldsymbol{N}}\times\boldsymbol{E})\end{cases}\tag{7.148}$$

取 p，q=h，v，由式(7.148)中第一式可以获得 $\boldsymbol{U}_{hh}$、$\boldsymbol{U}_{hv}$，由第二式可以获得 $\boldsymbol{U}_{vv}$、$\boldsymbol{U}_{vh}$。定义散射电磁场强度的极化单位矢量为

$$\begin{cases}\hat{\boldsymbol{v}}_s=\hat{\boldsymbol{x}}\cos\theta_s\cos\phi_s+\hat{\boldsymbol{y}}\cos\theta_s\sin\phi_s-\hat{\boldsymbol{z}}\sin\theta_s=\hat{\boldsymbol{\theta}}\\ \hat{\boldsymbol{h}}_s=\hat{\boldsymbol{y}}\cos\phi_s-\hat{\boldsymbol{x}}\sin\phi_s=\hat{\boldsymbol{\phi}},\quad \hat{\boldsymbol{v}}_s=\hat{\boldsymbol{h}}_s\times\hat{\boldsymbol{k}}_s\end{cases}\tag{7.149}$$

同理，入射波的极化因子的单位矢量为

$$\begin{cases}\hat{\boldsymbol{v}}=-(\hat{\boldsymbol{x}}\cos\theta\cos\phi+\hat{\boldsymbol{y}}\cos\theta\sin\phi+\hat{\boldsymbol{z}}\sin\theta)\\ \hat{\boldsymbol{h}}=\hat{\boldsymbol{y}}\cos\phi-\hat{\boldsymbol{x}}\sin\phi,\quad \hat{\boldsymbol{v}}=\hat{\boldsymbol{h}}\times\hat{\boldsymbol{k}}_i\end{cases}\tag{7.150}$$

极化因子表示如下：

$$\begin{aligned}\begin{pmatrix}U_{hh}\\U_{vv}\end{pmatrix}=&-\begin{pmatrix}R_{\perp 0}\\R_{\parallel 0}\end{pmatrix}(\cos\theta+\cos\theta_s)\cos(\phi_s-\phi)+(\zeta_x\cos\phi+\zeta_y\sin\phi)\cdot\\ &\left\{\begin{pmatrix}R_{\perp 0}\\R_{\parallel 0}\end{pmatrix}(\sin\theta_s-\sin\theta\cos(\phi_s-\phi))+\begin{pmatrix}-R_{\perp 1}\\R_{\parallel 1}\end{pmatrix}(\cos\theta+\cos\theta_s)\cos(\phi_s-\phi)\right\}\end{aligned}\tag{7.151}$$

$$\begin{aligned}\begin{pmatrix}U_{vh}\\U_{hv}\end{pmatrix}=&\begin{pmatrix}-R_{\perp 0}\\+R_{\parallel 0}\end{pmatrix}(1+\cos\theta\cos\theta_s)\sin(\phi_s-\phi)+(\zeta_x\cos\phi+\zeta_y\sin\phi)\cdot\\ &\left\{\begin{pmatrix}R_{\perp 0}\\R_{\parallel 0}\end{pmatrix}(\sin\theta_s\sin\theta)+\begin{pmatrix}R_{\perp 1}\\R_{\parallel 1}\end{pmatrix}(1+\cos\theta\cos\theta_s)\right\}\sin(\phi_s-\phi)\end{aligned}\tag{7.152}$$

7.3.2 相干和非相干散射系数

设随机粗糙面为局部均匀且具有高斯分布，其概率密度函数为

$$P(z)=(2\pi\delta^2)^{-1/2}\exp\left(-\frac{z^2}{2\delta^2}\right)\tag{7.153}$$

表面任意两点 $\boldsymbol{r}'$和 $\boldsymbol{r}''$的联合概率密度函数为

$$P(z_1,z_2)=\frac{1}{2\pi\delta\sqrt{1-C^2}}\exp\left[\frac{z_1^2-2Cz_1z_2+z_2^2}{2\delta^2(1-C^2)}\right]\tag{7.154}$$

对于局部均匀各向同性粗糙面，相关函数仅是两点位置差 $\rho=|\boldsymbol{r}_1-\boldsymbol{r}_2|_{z=0}$ 的函数。设粗糙面的相关函数为

$$C(\rho)=\delta^2\exp\left(-\frac{\rho^2}{l^2}\right)\tag{7.155}$$

$z=\zeta(x,y)$的特征函数为

$$\begin{aligned}\chi(V_z)=\langle\exp(\mathrm{i}V_z\zeta)\rangle&=\exp\left(-\frac{\delta^2V_z^2}{2}\right)\quad(\text{双站散射})\\ &=\exp(-2k^2\delta^2\cos^2\theta)\quad(\text{后向或镜向散射})\end{aligned}\tag{7.156}$$

它们的联合特征函数为

$$\chi_2(V_1,V_2)=\iint P(\zeta_1,\zeta_2)\exp(\mathrm{i}V_1\zeta_1+\mathrm{i}V_2\zeta_2)\mathrm{d}\zeta_2\mathrm{d}\zeta_1\tag{7.157}$$

$$\chi_2(V_z, -V_z) = \exp[-V_z^2\delta^2(1-C(\rho))] \tag{7.158}$$

$$\chi_2(V_z, -V_z) - |\chi(V_z)|^2 = \exp[-V_z^2\delta^2(1-C(\rho))] - \exp(-V_z^2\delta^2) \tag{7.159}$$

粗糙面的散射场由(7.146)给出：

$$\boldsymbol{E}_s(\boldsymbol{r}) = \boldsymbol{E}_{pq}^s = KE_0\int_s \boldsymbol{U}_{pq}\exp(\mathrm{i}\mathbf{V}\cdot\boldsymbol{r}')\mathrm{d}s' \tag{7.160}$$

它的相干场(平均场)为

$$\langle\boldsymbol{E}_s(\boldsymbol{r})\rangle = KE_0\int_s \langle\boldsymbol{U}_{pq}\rangle\exp(\mathrm{i}V_x x' + \mathrm{i}V_y y')\langle\exp(\mathrm{i}V_z\zeta)\rangle\mathrm{d}x'\mathrm{d}y' \tag{7.161}$$

令 $U_{pq} = a_0 + a_1\zeta_x + a_2\zeta_y$，考虑 $\langle\zeta_x\rangle = \langle\zeta_y\rangle = 0$，$\chi(V_z) = \langle\exp(\mathrm{i}V_z\zeta)\rangle$，极化因子中 a_0、a_1、a_2 由式(7.151)和式(7.152)相应给出，所以相干场表示为

$$\begin{aligned}\langle E_s(\boldsymbol{r})\rangle &= KE_0 a_0\chi(V_z)\iint_{-L}^{L}\exp(\mathrm{i}V_x x' + \mathrm{i}V_y y')\mathrm{d}x'\mathrm{d}y' \\ &= 4L^2(KE_0)a_0\chi(V_z)\mathrm{sinc}(LV_x)\mathrm{sinc}(LV_y)\end{aligned} \tag{7.162}$$

注意函数

$$\lim_{L\to\infty}\frac{L^2}{\pi^2}[\mathrm{sinc}(LV_x)\mathrm{sinc}(LV_y)]^2 = \delta(V_x)\delta(V_y) \tag{7.163}$$

所以相干强度可表示为

$$\langle I_c\rangle = (4\pi L)^2\left(\frac{k}{4\pi r}\right)^2 E_0^2|a_0|^2\exp(-V_z^2\delta^2)\delta(V_x)\delta(V_y) \tag{7.164}$$

1. 相干散射系数

相干散射系数为

$$\gamma_c = \lim_{r\to\infty}4\pi r^2\frac{\langle I_c\rangle}{A|E_0|^2} = \pi k^2|a_0|^2\exp(-V_z^2\delta^2)\delta(V_x)\delta(V_y) \tag{7.165}$$

其中

$$\mathbf{V} = k[(\sin\theta_i - \sin\theta_s\cos\phi_s)\hat{\boldsymbol{x}} - \sin\theta_s\sin\phi_s\hat{\boldsymbol{y}} - (\cos\theta_i + \cos\theta_s)\hat{\boldsymbol{z}}] = V_x\hat{\boldsymbol{x}} + V_y\hat{\boldsymbol{y}} + V_z\hat{\boldsymbol{z}} \tag{7.166}$$

即

$$\sigma_c = 4\pi k^2\cos^2\theta_i|R_0|^2\exp(-4k^2\delta^2\cos^2\theta_i)\delta(V_x)\delta(V_y) \tag{7.167}$$

不存在交叉极化分量，菲涅尔反射系数 $R_0 = R_{\perp 0}$ 或 $R_{\parallel 0}$。

2. 非相干散射强度和非相干散射系数

让 $I_1 = \int_s U_{pq}\exp(\mathrm{i}\mathbf{V}\cdot\boldsymbol{r}')\mathrm{d}s'$，则

$$\begin{aligned}\langle I_1^2\rangle &= \iint\langle U_{pq}U_{pq}^*\exp[\mathrm{i}\mathbf{V}\cdot(\boldsymbol{r}' - \boldsymbol{r}'')]\rangle\mathrm{d}s'\mathrm{d}s'' \\ &= \iiiint\exp[\mathrm{i}V_x(x' - x'') + \mathrm{i}V_y(y' - y'')]\langle U_{pq}U_{pq}^*\rangle\times \\ &\quad\langle\exp[\mathrm{i}V_z(\zeta(x' - y') - \zeta(x'' - y''))]\rangle\mathrm{d}x'\mathrm{d}y'\mathrm{d}x''\mathrm{d}y''\end{aligned} \tag{7.168}$$

在零斜率近似时 $\langle U_{pq}U_{pq}^*\rangle \approx |a_0|^2$，并考虑式(7.168)中的积分，则有

$$\iint_{-L}^{L}\exp[\mathrm{i}V_x(x' - x'')]f(\rho)\mathrm{d}x'\mathrm{d}x'' = 2L\int_{-L}^{L}\exp(\mathrm{i}V_x u)f(\rho)\mathrm{d}u \tag{7.169}$$

所以

$$\langle I_1^2\rangle=|a_0|^2\iiiint_{-L}^{L}\exp\{-V_z^2\delta^2[1-C(\rho)]\}\exp[\mathrm{i}V_x(x'-x'')+\mathrm{i}V_y(y'-y'')]\mathrm{d}x'\mathrm{d}y'\mathrm{d}x''\mathrm{d}y''$$

$$=|a_0|^2A\exp(-V_z^2\delta^2)\iint_{-2L}^{2L}\exp[V_z^2\delta^2C(\rho)]\exp(\mathrm{i}V_xu_x+\mathrm{i}V_yu_y)\mathrm{d}u_x\mathrm{d}u_y \tag{7.170}$$

其中，$\rho=\sqrt{(x'-x'')^2+(y'-y'')^2}$。考虑 $V_z\delta\ll 1$ 时，有

$$\exp(V_z^2\delta^2C)=\sum_{n=0}^{\infty}\frac{(V_z^2\delta^2C)^n}{n!} \tag{7.171}$$

式中，$n=0$，对应相干强度部分；$n\neq 0$，对应非相干强度部分。又考虑到 u_x、u_y 被限制在粗糙面相关长度之内，$\rho\gg l$，$C(\rho)\to 0$，可以将积分延拓为$-\infty$到∞，则零斜率近似的非相干强度中，有

$$|a_0|^2A\iint_{-\infty}^{\infty}\{\exp[-V_z^2\delta^2(1-C(\rho))]-\exp(-V_z^2\delta^2)\}\exp(\mathrm{i}V_xu_x+\mathrm{i}V_yu_y)\mathrm{d}u_x\mathrm{d}u_y$$

$$=|a_0|^2A\exp(-V_z^2\delta^2)\sum_{n=1}^{\infty}\frac{(V_z^2\delta^2)^n}{n!}\iint_{-\infty}^{\infty}C^n\exp(\mathrm{i}V_xu_x+\mathrm{i}V_yu_y)\mathrm{d}u_x\mathrm{d}u_y \tag{7.172}$$

当归一化相关函数为高斯分布时，$C(\rho)=\exp\left(-\frac{\rho^2}{l^2}\right)$，积分为

$$\iint_{-\infty}^{\infty}\exp\left(-\frac{n\rho^2}{l^2}\right)\exp(\mathrm{i}V_xu_x+\mathrm{i}V_yu_y)\mathrm{d}u_x\mathrm{d}u_y=\frac{\pi l^2}{n}\exp\left(-\frac{V_\perp^2\ l^2}{4n}\right) \tag{7.173}$$

式中，$V_\perp^2=V_x^2+V_y^2$。由此获得零斜率非相干系数：

$$\sigma_{i,n}=\left(\frac{|a_0|kl}{2}\right)^2\exp(-V_z^2\delta^2)\sum_{n=1}^{\infty}\frac{(V_z^2\delta^2)^n}{nn!}\exp\left(-\frac{V_\perp^2\ l^2}{4n}\right) \tag{7.174}$$

考虑斜率不为零的贡献时，采用类似方法，由式(7.169)的部分积分：

$$\iint\langle a_0a_1^*\zeta_x'+a_0^*a_1\zeta_x)\exp[\mathrm{i}V_x\cdot(x'-x'')]\rangle\mathrm{d}s'\mathrm{d}s''$$

$$=-2\pi AV_z\delta^2\mathrm{Re}\{a_0a_1^*\}V_xl^2\exp(-V_z^2\delta^2)\sum_{n=1}^{\infty}\frac{(V_z^2\delta^2)^n}{nn!}\exp\left[-\frac{V_\perp^2\ l^2}{4n}\right] \tag{7.175}$$

得非零斜率的非相干散射系数为

$$\sigma_{i,s}=-(k\delta l)^2\left(\frac{V_z}{2}\right)\mathrm{Re}\{a_0(V_xa_1^*+V_ya_2^*)\}\exp(-V_z^2\delta^2)\sum_{n=1}^{\infty}\frac{(V_z^2\delta^2)^{n-1}}{nn!}\exp\left(-\frac{V_\perp^2\ l^2}{4n}\right) \tag{7.176}$$

总的双站散射系数可以表示为

$$\sigma_{pq}=\sigma_{pqc}+\sigma_{pqi}+\sigma_{pqs} \tag{7.177}$$

式中，不同极化状态下的极化系数的具体表达式为

hh 场：

$$\begin{cases}a_0=-R_{\mathrm{hh}}(\cos\theta_{\mathrm{i}}+\cos\theta_{\mathrm{s}})\cos(\phi_{\mathrm{s}}-\phi_{\mathrm{i}}),\ a_1=a\cos\phi_{\mathrm{i}},\ a_2=a\sin\phi_{\mathrm{i}}\\ a=R_{\mathrm{hh}}[\sin\theta_{\mathrm{s}}-\sin\theta_{\mathrm{i}}\cos(\phi_{\mathrm{s}}-\phi_{\mathrm{i}})]-R_{\mathrm{hh1}}(\cos\theta_{\mathrm{s}}+\cos\theta_{\mathrm{i}})\cos(\phi_{\mathrm{s}}-\phi_{\mathrm{i}})\end{cases} \tag{7.178}$$

vv 场：

$$\begin{cases}a_0=R_{\mathrm{vv}}(\cos\theta_{\mathrm{i}}+\cos\theta_{\mathrm{s}})\cos(\phi_{\mathrm{s}}-\phi_{\mathrm{i}}),\ a_1=a\cos\phi_{\mathrm{i}},\ a_2=a\sin\phi_{\mathrm{i}}\\ a=R_{\mathrm{vv1}}(\cos\theta_{\mathrm{i}}+\cos\theta_{\mathrm{s}})\cos(\phi_{\mathrm{s}}-\phi_{\mathrm{i}})-R_{\mathrm{vv}}[\sin\theta_{\mathrm{s}}-\sin\theta_{\mathrm{i}}\cos(\phi_{\mathrm{s}}-\phi_{\mathrm{i}})]\end{cases} \tag{7.179}$$

vh 场：

$$\begin{cases} a_0 = -R_{hh}(1+\cos\theta_i\cos\theta_s)\sin(\phi_s-\phi_i),\ a_1 = a\cos\phi_i,\ a_2 = a\sin\phi_i \\ a = [-R_{hh}\sin\theta_i\cos\theta_s - R_{hh1}(1+\cos\theta_i\cos\theta_s)]\sin(\phi_s-\phi_i) \end{cases} \tag{7.180}$$

hv 场的系数与 vh 场的系数相同，只需将式中的 R_{hh} 和 R_{hh1} 分别用 R_{vv} 和 R_{vv1} 来代替即可，其中 R_{hh1} 和 R_{vv1} 分别为

$$R_{hh1} = -R_{hh}\frac{2\sin\theta_i}{\cos\theta_i + \sqrt{\varepsilon_r - \sin^2\theta_i}} \tag{7.181}$$

$$R_{vv1} = \frac{R_{vv}(\varepsilon_r\sin\theta_i + \sin\theta_i) + \sin\theta_i - \varepsilon_r\sin\theta_i}{\varepsilon_r\cos\theta_i + \sqrt{\varepsilon_r - \sin^2\theta_i}} \tag{7.182}$$

概括而言，基尔霍夫近似法的基本假设是在表面每一点产生平面边界的反射，即将表面边界的局部区域看成入射平面，考虑表面统计特性。该近似方法要求其水平相关长度要远大于波长，而在垂直方向上，高度起伏斜率均方根必须足够小，以便平均曲率半径远大于波长，对应近似条件为 $kl>6$，$l^2>2.76\delta\lambda$。其中标量近似还要求 $s<0.25$，而大粗糙度粗糙面可用基尔霍夫的稳定相位法，它还要求 $V_z^2\delta^2>10$，这在下一小节讨论。

图 7.15 和图 7.16 分别给出了不同表面均方根斜度和不同粗糙度下粗糙面后向散射系数的比较。

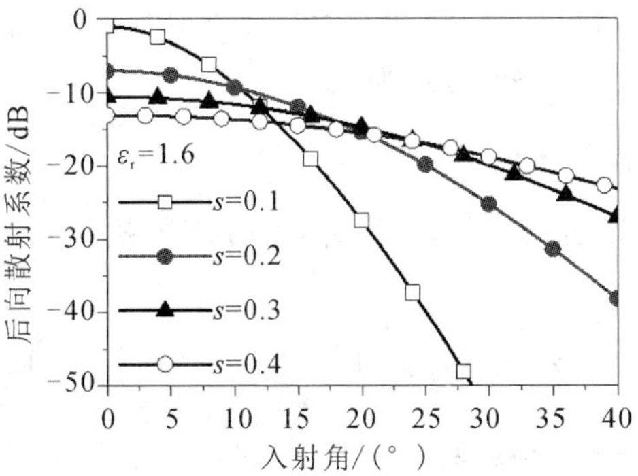

图 7.15　不同表面均方根斜度下的后向散射系数

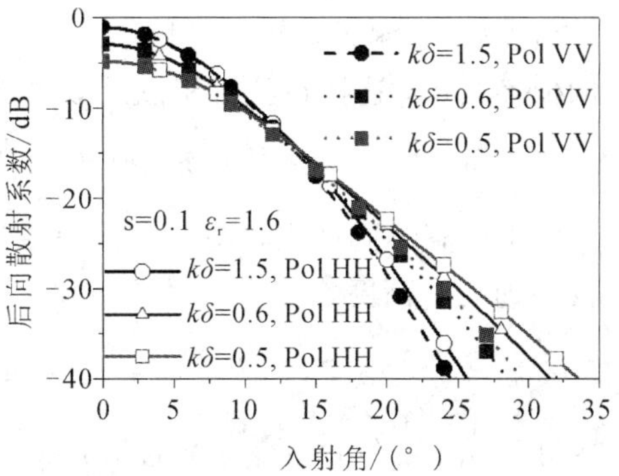

图 7.16　不同粗糙度下的后向散射系数

图 7.17 给出了粗糙面双站散射结果，其中介质 1 为空气，介质 2 的介质常数为 $\varepsilon_2=20+i0.3$，入射波长为 0.1 m。图 7.18 给出了相关长度 $l=0.1$ m，高度均方根 $\delta=0.01$ m，入射角为 30°时 vv 极化和 hh 极化的高斯粗糙面双站散射截面角分布。

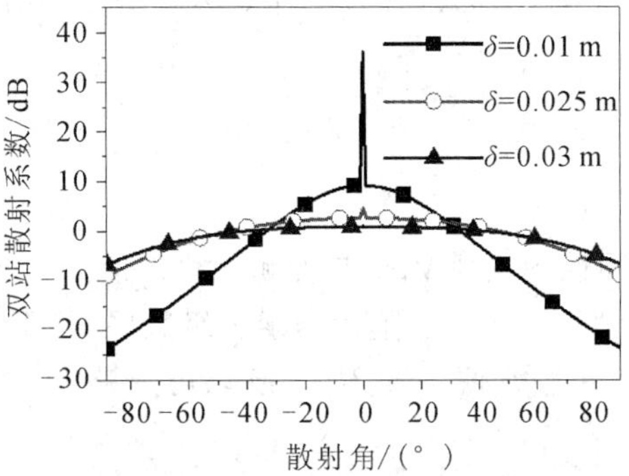

图 7.17　同极化下双站散射角分布

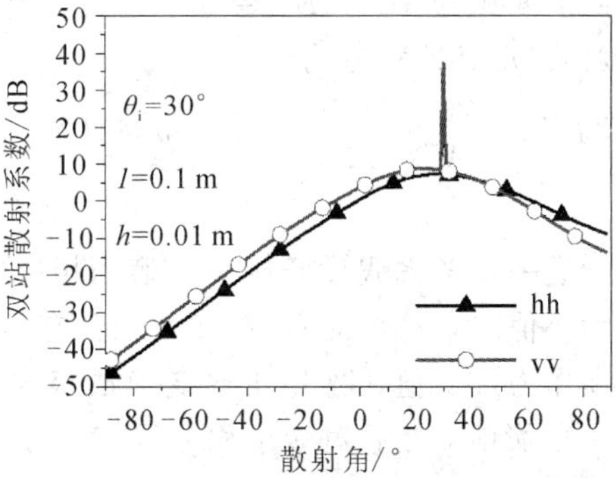

图 7.18　高斯粗糙面双站散射角分布

7.3.3 驻留相位近似

重新考虑基尔霍夫近似下散射场表示式(7.146)以及式(7.147)，即

$$\boldsymbol{E}_s(\boldsymbol{r}) = KE_0\int_s \boldsymbol{U}_{pq}\exp(\mathrm{i}\boldsymbol{V}\cdot\boldsymbol{r}')\mathrm{d}s' \tag{7.183}$$

$$\boldsymbol{U}_{pq}=\hat{\boldsymbol{k}}_s\times[(\hat{\boldsymbol{N}}\times\boldsymbol{E})-\eta_1\hat{\boldsymbol{k}}_s\times(\hat{\boldsymbol{N}}\times\boldsymbol{H})] \tag{7.184}$$

驻留相位近似法意味着只能沿着在表面上存在有镜面点的那些方向发生散射而排除了在这里的绕射效应。考虑式(7.183)的相位因子为

$$Q=\boldsymbol{V}\cdot\boldsymbol{r}'=(\boldsymbol{k}_i-\boldsymbol{k}_s)\cdot\boldsymbol{r}'=V_xx'+V_yy'+V_zz' \tag{7.185}$$

其中，$V_x=k(\sin\theta_s\cos\phi_s-\sin\theta\cos\phi)$，$V_y=k(\sin\theta_s\cos\phi_s-\sin\theta\sin\phi)$，$V_z=k(\cos\theta_s+\cos\theta)$。

如果某点的变化率为0，那么该点的相位 Q 被认为是稳态的，即

$$\frac{\partial Q}{\partial x'}=0=V_x-V_z\frac{\partial z'}{\partial x'},\quad \frac{\partial Q}{\partial y'}=0=V_y-V_z\frac{\partial z'}{\partial y'} \tag{7.186}$$

因此，表面斜度的偏导数可以用相位分量来表示，即

$$\frac{\partial z'}{\partial x'}=\frac{V_x}{V_z},\quad \frac{\partial z'}{\partial y'}=\frac{V_y}{V_z} \tag{7.187}$$

由于 $\hat{\boldsymbol{n}}\times\boldsymbol{E}$ 和 $\hat{\boldsymbol{n}}\times\boldsymbol{H}$ 都是粗糙面导数的函数，所以用式(7.187)表示后消除了它们对积分的依赖关系，这样在驻留相位近似法条件下式(7.183)可表示为

$$\boldsymbol{E}_s(\boldsymbol{r}) = KE_0\boldsymbol{U}_{pq}\int_s \exp(\mathrm{i}\boldsymbol{V}\cdot\boldsymbol{r}')\mathrm{d}s' \tag{7.188}$$

为了计算不同极化状态下的散射系数，必须算出 $\langle|I|^2\rangle$。对于高斯分布随机粗糙面，δ^2 为表面均方高度，有

$$\langle|I|^2\rangle = \iint\langle\exp[\mathrm{i}(\boldsymbol{k}_i-\boldsymbol{k}_s)\cdot(\boldsymbol{r}'-\boldsymbol{r}'')\rangle\mathrm{d}s'\mathrm{d}s'' \tag{7.189}$$

由于 $\mathrm{d}s'=\mathrm{d}x'\mathrm{d}y'/(\hat{\boldsymbol{N}}\cdot\hat{\boldsymbol{z}})=V\mathrm{d}x'\mathrm{d}y'/|V_z|$，所以式(7.189)写为

$$\langle|I|^2\rangle = \frac{V^2}{V_z^2}\iiiint\exp[\mathrm{i}V_x(x'-x'')+\mathrm{i}V_y(y'-y'')]\cdot \langle\exp[V_z(z(x',y')-z(x''-y''))]\rangle\mathrm{d}x'\mathrm{d}y'\mathrm{d}x''\mathrm{d}y'' \tag{7.190}$$

式中⟨…⟩中为 $z(x',y')$ 和 $z(x'',y'')$ 的联合特征函数。对于高斯分布随机表面，由式(7.157)可知，联合特征函数为 $\langle\cdots\rangle=\exp[-V_z^2\delta^2(1-C(\rho))]$，其中 $C(\rho)$ 为相关系数。假设照射面积为 $2L\times2L$，令 $u_x=x'-x''$ 和 $u_y=y'-y''$，代入式(7.190)中，然后交换积分次序对式(7.190)积分为

$$\langle|I|^2\rangle = \frac{V^2}{V_z^2}\int_{-2L}^{2L}\int_{-2L}^{2L}(2L-|u_x|)(2L-|u_y|)\mathrm{e}^{\mathrm{i}(V_xu_x+V_yu_y)}\times\exp[-V_z^2\delta^2(1-C(\rho))]\mathrm{d}u_x\mathrm{d}u_y \tag{7.191}$$

进一步考虑假设条件：① 表面粗糙度是各向同性的；② $V_z^2\delta^2$ 应足够大，以使 u_x 和 u_y 都为小值时，$V_z^2\delta^2$ 对式(7.190)积分有显著贡献。利用 ρ 在原点附近的泰勒级数展开，取前两项作为近似值，把 u 和 v 变换成极坐标 r 和 ϕ 更为方便，与 $2L$ 相比，可忽略 $|u_x|$ 和 $|u_y|$ 的影响，然后对 ϕ 求积分得

$$\langle|I|^2\rangle = \frac{2\pi V^2}{V_z^2}(2L)^2\int_0^{2L}\mathrm{J}_0[r(V_x^2+V_y^2)^{1/2}]\times\exp\left[V_z^2\delta^2\,|\rho''(0)|\,\frac{r^2}{2}\right]r\mathrm{d}r \tag{7.192}$$

其中 J_0 是零阶贝赛尔函数，$\rho''(0)$是原点处 ρ 的二阶微商，$\delta^2|\rho''(0)|$代表了均方表面斜度。由于在 r 为大值的情况下式(7.192)的被积函数可以忽略不计，因此将积分延伸到无穷也不会产生明显误差，可得式(7.192)的积分结果为

$$\langle |I|^2\rangle=\frac{2\pi A_0V^2}{V_z^4\delta^2|\rho''(0)|}\exp\left[-\frac{V_x^2+V_y^2}{2V_z^2\delta^2|\rho''(0)|}\right] \tag{7.193}$$

将式(7.193)代入介质的散射场表达式中，可得双站反射系数为

$$\sigma_{pq}^r=\frac{(kV|U_{pq}|)^2}{2V_z^4\delta^2|\rho''(0)|}\exp\left[-\frac{V_x^2+V_y^2}{2V_z^2\delta^2|\rho''(0)|}\right] \tag{7.194}$$

在上面的推导过程中，忽略了阴影和多路径散射效应。对于后向散射系数，$\theta=\theta_s$，$\phi_s=\pi$ 和 $\phi_s=0$，因此可得到后向散射系数为

$$\sigma_{pp}^r(\theta)=\frac{|R_{pp}^2(0)|^2\exp\left[-\dfrac{\tan^2\theta}{2\delta^2|\rho''(0)|}\right]}{2\delta^2|\rho''(0)|\cos^4\theta},\quad \sigma_{pq}^r(\theta)=0 \tag{7.195}$$

式(7.195)中，$R_{pp}(0)$是垂直入射时的菲涅耳反射系数，由于忽略了多路径散射，因此退极化散射系数为零。上面的散射系数计算公式只有在标准离差值大的表面才有效，这是因为上面的推导过程都是基于 $V_z^2\delta^2$ 比较大这个假设的。图 7.19 给出了高斯粗糙面 vv 极化后向散射系数角分布随粗糙面高度起伏斜率均方根 s 的变化曲线。

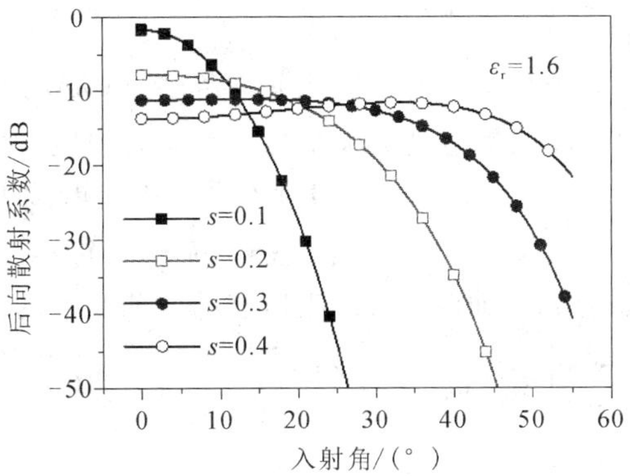

图 7.19　基尔霍夫驻留相位近似法 vv 极化后向散射系数角分布随 s 的变化曲线

7.4　小斜率近似方法

小斜率近似(SSA)理论从散射振幅的结构出发，形式上类似于一个被积函数乘以一个未知修正的 KA 积分。在满足 Rayleigh 假设的前提下，首先得到了散射振幅的函数幂级数的渐近展开，然后从坐标变换不变性的几何变换角度出发，构造出了满足互易性的函数幂级数展开形式。由于每一阶展开项都与各点处粗糙面的斜率成正比，这种近似方法也由此得名。小斜率近似方法不但适用于小起伏粗糙面的电磁散射问题，而且也适用于起伏较大的粗糙面电磁散射。本节将小斜率近似方法用于粗糙面的电磁散射研究，给出小斜率近似下满足高斯谱分布的一维和二维粗糙面一阶、二阶和三阶双站散射截面计算公式及数值计算结果，并把所得结果与实际测量结果和考虑遮蔽效应的基尔霍夫近似结果做了比较，表明小斜率近似是一种处理粗糙面掠入射散射问题的较好方法。

7.4.1 散射振幅矩阵的互易性和幺正性

考虑点源入射，任意位置 $\boldsymbol{R}_0$ 处的点源 Helmholz 方程为

$$(\nabla^2+K^2)\Psi_{\mathrm{i}}=\delta(\boldsymbol{R}-\boldsymbol{R}_0) \tag{7.196}$$

对式(7.196)两边做傅里叶变换，得到

$$G(\boldsymbol{R}) = (2\pi)^{-3}\int(K^2-k^2)^{-1}\exp(\mathrm{i}\boldsymbol{k}\cdot\boldsymbol{R})\mathrm{d}\boldsymbol{k} \tag{7.197}$$

在点$(k_x, k_y, k_z)=\boldsymbol{k}$ 处对式(7.197)中的 k_z 做积分，应用留数定理求解，得

$$G_0(\boldsymbol{R}) =-\frac{\mathrm{i}}{8\pi^2}\int\exp(\mathrm{i}\boldsymbol{k}\cdot\boldsymbol{r}+\mathrm{i}q_k|z|)\frac{1}{q_k}\mathrm{d}\boldsymbol{k} \tag{7.198}$$

其中，$q_k=\sqrt{K^2-k^2}$，$|\boldsymbol{k}|<K$ 时，$q_k>0$，$|\boldsymbol{k}|>K$ 时，取 $q_k=\mathrm{i}|K^2-k^2|^{1/2}$，即 $\mathrm{Im}\{q_k\}>0$。式(7.198)称为 Weyl 表述。显然$|\boldsymbol{k}|<K$ 时，格林函数可以表示为沿 $z>0$ 方向和 $z<0$ 方向传播的平面波 $\Psi=\Psi_0\exp[\mathrm{i}\boldsymbol{k}\cdot\boldsymbol{r}\pm\mathrm{i}q_kz]$的叠加。因此，对于粗糙面的电磁散射问题，在这里仅需要研究平面波入射即可。取 $\Psi_0=q_k^{-1/2}$，使得波的能流沿 z 轴为常数且独立于 $\boldsymbol{k}$。本节取入射波和散射波的形式分别为

$$\Psi_{\mathrm{i}}=q_0^{-1/2}\exp(\mathrm{i}\boldsymbol{k}_0\cdot\boldsymbol{r}+\mathrm{i}q_0z) \tag{7.199}$$

$$\Psi_{\mathrm{s}} = \int b(\boldsymbol{k})q_k^{-1/2}\exp[\mathrm{i}\boldsymbol{k}\cdot\boldsymbol{r}-\mathrm{i}q_kz]\mathrm{d}\boldsymbol{k} \tag{7.200}$$

其中，$q_0=\sqrt{K^2-k_0^2}$，q_k 如上定义。显然，散射波的振幅 $b(\boldsymbol{k})$依赖于入射波 Ψ_{i}。定义 $S(\boldsymbol{k}, \boldsymbol{k}_0)$是波矢量为 $\boldsymbol{k}_0$ 的平面波散射到波矢量方向为 $\boldsymbol{k}$ 时的散射振幅。下面考虑极化波入射情况。设两种极化类型$(\alpha=1, 2)$可以在介质中传播，则入射波表示为

$$\Psi_{\mathrm{i},\alpha}(\boldsymbol{R})=\boldsymbol{A}_{\mathrm{i},\alpha}(\boldsymbol{k})q_\alpha^{-1/2}\exp(\mathrm{i}\boldsymbol{k}\cdot\boldsymbol{r}+\mathrm{i}q_\alpha z) \tag{7.201}$$

当任意$(\alpha_{\mathrm{i}}, \boldsymbol{k}_0)$的波照射到界面时，将产生所有的 α 和 $\boldsymbol{k}$ 值的散射波。散射场表示为

$$\Psi_{\mathrm{s},\alpha}(\boldsymbol{R}) = \sum_{\alpha=1}^{2}\int S_{\alpha,\alpha_i}(\boldsymbol{k}, \boldsymbol{k}_0)A_{\mathrm{i},\alpha_0}(\boldsymbol{k})q_\alpha^{-1/2}\exp(\mathrm{i}\boldsymbol{k}\cdot\boldsymbol{r}-\mathrm{i}q_\alpha z)\mathrm{d}\boldsymbol{k} \tag{7.202}$$

散射振幅变为散射矩阵：

$$\boldsymbol{S}=\begin{bmatrix} S_{11} & S_{12} \\ S_{21} & S_{22}\end{bmatrix} \tag{7.203}$$

式(7.202)和式(7.203)给出了从界面任意一侧以任意极化入射的波所产生的全部散射波和透射波的散射振幅。

设 ψ_1、ψ_2 为 Helmholz 方程的两个不同的解，即

$$(\nabla^2+K^2)\psi_1=0 \tag{7.204}$$

$$(\nabla^2+K^2)\psi_2=0 \tag{7.205}$$

将式(7.204)乘以 ψ_2，式(7.205)乘以 ψ_1，然后相减得到

$$\nabla\cdot(\psi_2\nabla\psi_1-\psi_1\nabla\psi_2)=0 \tag{7.206}$$

对式(7.206)在界面 Σ 与曲面 $s=s_0$ 之间的空间上积分，应用高斯定理，有

$$\int_{s=s_0}\left(\psi_2\frac{\partial\psi_1}{\partial z}-\psi_1\frac{\partial\psi_2}{\partial z}\right)\mathrm{d}\boldsymbol{r} = \int\left(\psi_2\frac{\partial\psi_1}{\partial\hat{\boldsymbol{n}}}-\psi_1\frac{\partial\psi_2}{\partial\hat{\boldsymbol{n}}}\right)\mathrm{d}\Sigma \tag{7.207}$$

其中，$\hat{\boldsymbol{n}}$ 为界面的外法线单位矢。当界面 Σ 的边界条件为 Neumann 和 Dirichlet 边界条件

时，显然方程(7.207)右侧为0，即

$$\int_{s=s_0}\left(\psi_2\frac{\partial\psi_1}{\partial z}-\psi_1\frac{\partial\psi_2}{\partial z}\right)\mathrm{d}\boldsymbol{r}=0 \tag{7.208}$$

取 ψ_1、ψ_2 的解为

$$\psi_1=q_1^{-1/2}\exp(\mathrm{i}\boldsymbol{k}_1\cdot\boldsymbol{r}+\mathrm{i}q_1 z)+\int q_k^{-1/2}\exp(\mathrm{i}\boldsymbol{k}\cdot\boldsymbol{r}-\mathrm{i}qz)S(\boldsymbol{k},\boldsymbol{k}_1)\mathrm{d}\boldsymbol{k} \tag{7.209}$$

$$\psi_2=q_2^{-1/2}\exp(\mathrm{i}\boldsymbol{k}_2\cdot\boldsymbol{r}+\mathrm{i}q_2 z)+\int q_k^{-1/2}\exp(\mathrm{i}\boldsymbol{k}\cdot\boldsymbol{r}-\mathrm{i}qz)S(\boldsymbol{k},\boldsymbol{k}_2)\mathrm{d}\boldsymbol{k} \tag{7.210}$$

将式(7.209)和式(7.210)代入式(7.208)得到

$$S(-\boldsymbol{k}_1,\boldsymbol{k}_2)=S(-\boldsymbol{k}_2,\boldsymbol{k}_1) \tag{7.211}$$

由于 $\boldsymbol{k}_1$，$\boldsymbol{k}_2$ 具有任意性，式(7.211)也可写为

$$S(\boldsymbol{k}_1,\boldsymbol{k}_2)=S(-\boldsymbol{k}_2,-\boldsymbol{k}_1) \tag{7.212}$$

式(7.211)和式(7.212)即为散射振幅的互易性表达式，它意味着散射振幅的时间翻转不变性。

现在讨论散射振幅的幺正性，幺正性体现了能量守恒。假定介质无耗，即 $\mathrm{Im}\{K\}=0$。由于 ψ_2^* 依然是 Helmholz 方程的解，用 ψ_2^* 替换式(7.208)中的 ψ_2 有

$$\int_{s=s_0}\left(\psi_2^*\frac{\partial\psi_1}{\partial z}-\psi_1\frac{\partial\psi_2^*}{\partial z}\right)\mathrm{d}\boldsymbol{r}=0 \tag{7.213}$$

将式(7.209)、式(7.210)代入式(7.213)可得到散射振幅的幺正关系。

当 $|\boldsymbol{k}_1|<K$，$|\boldsymbol{k}_2|<K$ 时，

$$\int_{|\boldsymbol{k}'|<K}S(\boldsymbol{k}',\boldsymbol{k}_1)S(\boldsymbol{k}',\boldsymbol{k}_2)\mathrm{d}\boldsymbol{k}'=\delta(\boldsymbol{k}_1-\boldsymbol{k}_2) \tag{7.214}$$

当 $|\boldsymbol{k}_1|<K$，$|\boldsymbol{k}_2|>K$ 时，

$$\int_{|\boldsymbol{k}'|<K}S(\boldsymbol{k}',\boldsymbol{k}_1)S^*(\boldsymbol{k}',\boldsymbol{k}_2)\mathrm{d}\boldsymbol{k}'=-\mathrm{i}S(\boldsymbol{k}_2,\boldsymbol{k}_1) \tag{7.215}$$

当 $|\boldsymbol{k}_1|>K$，$|\boldsymbol{k}_2|>K$ 时，

$$\int_{|\boldsymbol{k}'|<k_2}S(\boldsymbol{k}',\boldsymbol{k}_1)S^*(\boldsymbol{k}',\boldsymbol{k}_2)\mathrm{d}\boldsymbol{k}'=-\mathrm{i}S(\boldsymbol{k}_2,\boldsymbol{k}_1)+\mathrm{i}S^*(\boldsymbol{k}_1,\boldsymbol{k}_2) \tag{7.216}$$

7.4.2 一维粗糙面散射的小斜率近似

本节首先讨论一维随机粗糙面散射的小斜率近似方法。考虑一单位平面电磁波 $\exp(\mathrm{i}\boldsymbol{k}_\mathrm{i}\cdot\boldsymbol{r})$ 入射到某一维随机粗糙面 $z=f(x)$ 上，如图 7.20 所示。其中 $\boldsymbol{r}=(\boldsymbol{x},\boldsymbol{z})$，$\boldsymbol{k}_\mathrm{i}=(k_{\mathrm{i}x},k_{\mathrm{i}z})$，$\boldsymbol{k}_\mathrm{s}=(k_{\mathrm{s}x},k_{\mathrm{s}z})$，$k_{\mathrm{i}z}^2=(k_\mathrm{i}^2-k_{\mathrm{i}x}^2)>0$，$k_\mathrm{i}=\omega/c$ 是入射波数。图中入射角为 $\theta_\mathrm{i}(0°<\theta_\mathrm{i}<90°)$，散射角为 $\theta_\mathrm{s}(-90°<\theta_\mathrm{s}<90°)$。

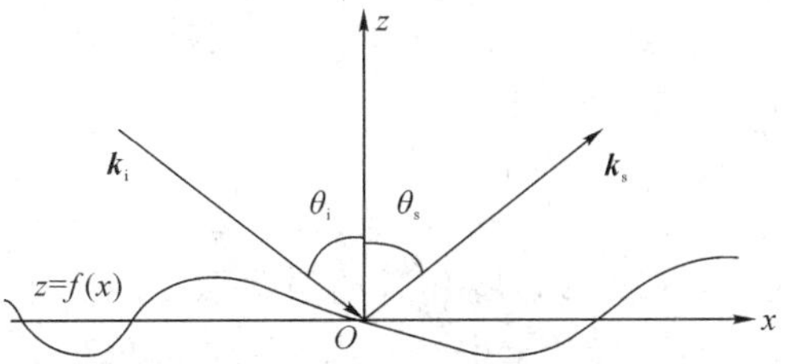

图 7.20 一维粗糙面电磁散射示意图

设 ψ_i 是入射场，散射场 ψ_s 可用传播矩阵 T 表示(对于一维各向同性随机粗糙面，可以采用标量形式)为

$$\psi_s(\boldsymbol{r},\ k_{ix}) = \int \exp(\mathrm{i}\boldsymbol{k}_s \cdot \boldsymbol{r}) T(k_{sx},\ k_{ix}) \mathrm{d}k_{sx} \tag{7.217}$$

$$T(k_{sx},\ k_{ix}) = -\frac{\mathrm{i}}{4\pi k_{sz}} \int \exp(\mathrm{i}\boldsymbol{k}_s \cdot \boldsymbol{r}') \frac{\partial \psi_i(\boldsymbol{r}',\ k_{ix})}{\partial n} \Big|_{z=f(x)} \mathrm{d}s' \tag{7.218}$$

其中，$k_{ix}=k\sin\theta_i$，$k_{sz}=(k^2-k_{sx}^2)^{1/2}$，$\frac{\partial}{\partial n}=\hat{\boldsymbol{n}}\cdot\nabla'$，粗糙面单位法向数由 $\hat{\boldsymbol{n}}=-\frac{f'(x)\hat{\boldsymbol{x}}+\hat{\boldsymbol{z}}}{(1+[f'(x)]^2)^{1/2}}$ 来决定。传播矩阵 T 满足如下互易条件：

$$k_{sz}T(k_{sx},\ k_{ix}) = k_{iz}T(-k_{ix},\ -k_{sx}) \tag{7.219}$$

式中，传播矩阵 T 与散射振幅 $S(k_{sx},\ k_{ix})$ 的关系是

$$T(k_{sx},\ k_{ix}) = \sqrt{\frac{k_{iz}}{k_{sz}}} S(k_{sx},\ k_{ix}) \tag{7.220}$$

考虑随机粗糙面函数 $f(x)$ 对电磁散射的影响，T 传播矩阵可以表示为

$$T(k_{sx},\ k_{ix}) = A(k_{sx},\ k_{ix}) \int \exp[\mathrm{i}(\boldsymbol{k}_i - \boldsymbol{k}_s) \cdot \boldsymbol{r}] \big|_{z=f(x)} \Phi(k_{sx},\ k_{ix},\ x) \mathrm{d}x \tag{7.221}$$

其中，Φ 也是互易的，即

$$\Phi(k_{sx},\ k_{ix},\ x) = \Phi(-k_{ix},\ -k_{sx},\ x) \tag{7.222}$$

利用式(7.220)和式(7.222)的互易性，T 传播矩阵可以写成下面的形式：

$$T(k_{sx},\ k_{ix}) = \frac{1}{4\pi k_{sz} V_z} \int \frac{\partial \psi_i(\boldsymbol{r},\ -k_{ix})}{\partial n} \frac{\partial \psi_i(\boldsymbol{r},\ -k_{sx})}{\partial n} \Bigg|_{z=f(x)} \mathrm{d}x \tag{7.223}$$

其中，$\mathbf{V}=\boldsymbol{k}_i-\boldsymbol{k}_s$，$V_x=k_{ix}-k_{sx}$，$V_z=k_{iz}+k_{sz}$。虽然积分方程(7.223)与积分方程(7.218)有不同的对称形式，但式(7.223)给出的 T 传播矩阵等同于方程(7.218)，而且这两个积分方程都满足互易条件。当表面高度均方根为 δ 时，对于斜率较小的表面，积分方程中

$$\frac{\partial \psi_i(\boldsymbol{r},\ k_{ix})}{\partial n} \frac{\partial \psi_i(\boldsymbol{r},\ -k_{sx})}{\partial n} \Bigg|_{z=f(x)} = -4k_{iz}k_{sz} \exp[\mathrm{i}V_x x - \mathrm{i}V_z f(x)] \Phi(k_{sx},\ k_{ix},\ x) \tag{7.224}$$

对于光滑表面，当 $\Phi=1$ 时，把式(7.224)代入式(7.223)可以得到

$$T(k_{sx},\ k_{ix}) = -\frac{2k_{iz}}{V_z} \frac{1}{2\pi} \int \exp(\mathrm{i}\mathbf{V} \cdot \boldsymbol{r}) \big|_{z=f(x)} \Phi(k_{sx},\ k_{ix},\ x) \mathrm{d}x \tag{7.225}$$

这就是式(7.221)中的 T 传播矩阵，它可以表示为

$$\Phi = -\frac{V_z \Phi_n}{2\sqrt{k_{iz}k_{sz}}} \tag{7.226}$$

其中，Φ_n 为 $\Phi_1(k_{sx},\ k_{ix},\ K_1,\ x)$，$\Phi_2(k_{sx},\ k_{ix},\ K_1,\ K_2,\ x)$，$\cdots(n=1,\ 2,\ 3,\ \cdots)$，它是与表面函数 $f(x)$ 无关的函数。函数 $\Phi(k_{sx},\ k_{ix},\ x)$ 取决于粗糙面函数 $f(x)$，小斜率近似方法取决于 $f(x)$ 的傅里叶变换的 $F(K)$：

$$F(K) = \frac{1}{2\pi} \int \exp(-\mathrm{i}Kx) f(x) \mathrm{d}x \tag{7.227}$$

当表面斜率比较小时，式(7.223)展开后的级数收敛。为了便于求解，在式(7.225)中我们用 $\Phi(k_{sx},\ k_{ix},\ x,\ [F])$ 来代替 $\Phi(k_{sx},\ k_{ix},\ x)$。将 $\Phi(k_{sx},\ k_{ix},\ x,\ [F])$ 用泰勒级数展开，注意到 $F_0(k)=0$(这里的 $F_0(k)=0$ 是光滑表面函数 $f(x)=0$ 的傅里叶变换)，把

$\Phi(k_{sx}, k_{ix}, x, [F])$用级数形式展开后可以得到

$$\Phi(k_{sx}, k_{ix}, x, [F]) = \Phi_0(k_{sx}, k_{ix}, x) + \int\Phi_1(k_{sx}, k_{ix}, K_1, x)F(K_1)\mathrm{d}k_1 + \iint\Phi_2(k_{sx}, k_{ix}, K_1, K_2, x)F(K_1)F(K_2)\mathrm{d}k_2\mathrm{d}k_1 + \cdots \quad (7.228)$$

Φ 函数取决于表面函数 $f(x)$的傅里叶变换 $F(K)$，而式(7.228)中的 Φ_n 与表面函数 $f(x)$无关。同样，因为 Φ 是互易的，所以 Φ_n 也具有互易的性质。在研究式(7.228)之前，Φ_n 所具有的三个性质必须考虑。这三个性质是：

(1) Φ_2 包含了对称和反对称两方面。Φ_2 是关于 K_1 和 K_2 对称，反对称项积分后的值为零。因为 $F(K_1)F(K_2)$是对称的，因此可以选择 K_1 和 K_2 作为 Φ_2 的对称因子。依此类推，所有的高阶项 Φ_n 都是关于 $K_j(j=1, 2, 3, \cdots n)$因子对称的。

(2) Φ_n 的第二个性质取决于粗糙面的坐标 x 的变化。如果粗糙面高度起伏函数 $f(x)$中的 x 被∇x 替代，那么

$$f(x)\to f_1(x)=f(x-\Delta x) \quad (7.229)$$

相应地，T 传播矩阵变成下面的形式：

$$T(k_{sx}, k_{ix})\to T^{(1)}(k_{sx}, k_{ix})=T(k_{sx}, k_{ix})\exp(\mathrm{i}V_x\Delta x) \quad (7.230)$$

方程(7.230)可以从式(7.223)得到。当 $f(x)$被 $f_1(x)$代替时，得到总场 ψ_1，把 $f(x)$变成 $f_1(x)$等效于只改变了入射场的相位条件，即

$$\psi_1(\boldsymbol{r}, k_{ix})=\exp(\mathrm{i}k_{ix}\Delta x)\psi_i(\boldsymbol{r}, k_{ix}) \quad (7.231)$$

表明式(7.223)中的 ψ_i 仅增加了 $\exp(\mathrm{i}k_{ix}\Delta x)$因子。若 $f(x)$被替代成 $f(x)+\Delta h$，即

$$f(x)\to f(x)+\Delta h \quad (7.232)$$

这种替代等效于入射场相位改变 $\exp(-\mathrm{i}k_{iz}\Delta h)$，再考虑式(7.223)，则传播矩阵可以替代成

$$T(k_{sx}, k_{ix})\to T^{(2)}(k_{sx}, k_{ix})=\mathrm{e}^{-\mathrm{i}v_z\Delta h}T(k_{sx}, k_{ix}) \quad (7.233)$$

由于式(7.229)和式(7.232)的条件变化，$x\to x+\Delta x$，也使得 $\Phi(x, [f])$变成 $\Phi(x, [f_1])$，进一步变成 $\Phi(x+\Delta x, [f])$。考虑把 $f(x)$用式(7.229)替代后，我们可以看到式(7.227)变为

$$F(K_1)\to F_1(K_1)=F(K)\exp(-\mathrm{i}K_1\Delta x) \quad (7.234)$$

相应地，$\Phi_1(k, x+\Delta x)$可以用 $\Phi_1(k_1, x)\exp(\mathrm{i}K_1\Delta x)$代替。从这个结果也可以得到 Φ_1 与变量 x 的关系为

$$\Phi_1(K_1, x)=\Phi_1(K_1)\mathrm{e}^{\mathrm{i}K_1x} \quad (7.235)$$

这里定义一个新的变量 $\Phi_1(K)$独立于变量 x。式(7.235)中包含 Φ_1 的一阶微分方程。用同样的方法处理式(7.228)中的高阶次项，可得

$$\Phi(x, [F]) = \Phi_0 + \int\mathrm{e}^{\mathrm{i}K_1x}\Phi_1(K_1)F(K_1)\mathrm{d}K_1 + \iint\mathrm{e}^{\mathrm{i}(K_1+K_2)x}\Phi_2(K_1, K_2)F(K_1)F(K_2)\mathrm{d}K_2\mathrm{d}K_1 + \cdots \quad (7.236)$$

式中，Φ_n 也独立于 x。

(3) Φ_n 的第三个性质：

$$\Phi_n(K_1, K_2, \cdots, K_n)=0 \quad (7.237)$$

其中，$K_j(j=1, 2, 3\cdots)=0$。为了说明这种性质的正确性，先考虑粗糙面垂直方向上的微小变化 Δh，方程(7.234)利用式(7.232)的变换条件得到：

$$F(K)\to F_2(K)=F(K)+\Delta h\delta(K) \tag{7.238}$$

式(7.236)中包含的 Φ_1 要加上一项 $\Delta h\Phi_1(0)$。假设垂直方向上的微小变化并不改变计算结果的值，则 $\Delta h\Phi_1(0)=0$。运用同样的方法则有 $\Phi_2(0, 0)=0$ 和下式：

$$\int e^{iK_1x}\Phi_2(K_1, 0)F(K_1)dK_1=0 \tag{7.239}$$

这里已经用到 Φ_2 的对称性质。一般来说，由于 $F(K_1)$是非零的，式(7.239)的傅里叶反变换有 $\Phi_2(K_1, 0)=0$。利用对称与反对称的性质有

$$F_j(K)=a_j\delta(K-K_{j0})+a_j^*\delta(K+K_{j0}) \tag{7.240}$$

可以得到 $\Phi_2(K_1, 0)=0$，用同样的方法得到更高阶 $\Phi_3(0, 0, 0)=\Phi_3(K_1, 0, 0)=0$。从而有

$$\iint e^{i(K_1+K_2)x}\Phi_3(K_1, K_2, 0)F(K_1)F(K_2)dK_2dK_1=0 \tag{7.241}$$

利用 Φ_3 的对称性质，有 $\Phi_3(K_1, K_2, 0)=0$，对于更高阶项，利用相同的性质就能得到式(7.237)的结论。式(7.237)还可以写成下面的形式，当 $n\geqslant 1$ 时有

$$\Phi_n(K_1, K_2, \cdots, K_n)=K_1\cdots K_n\overline{\Phi}_n(K_1, \cdots, K_n) \tag{7.242}$$

如果 $K_j(j=1, 2, \cdots, n)=0$，那么 Φ_n 是非奇函数。式(7.236)并没有直接给出 Φ 函数和表面斜率之间的关系，但是把式(7.227)进行反变换，并求导，就可以得到 Φ 函数与斜率级数的关系：

$$\frac{df(x)}{dx}=i\int e^{iKx}KF(K)dK \tag{7.243}$$

可以看到 Φ 函数是关于 $F(K)$的函数，而 $F(K)$是与斜率有关的函数，所以 Φ 函数是与斜率有关的。小斜率近似方法的一个重要步骤就是求出 Φ_n 的具体表达式。

传播矩阵写成小斜率近似级数形式：$T=T_0+T_1+T_2+T_3+\cdots$。T_0 可以表示为

$$T_0(k_{sx}, k_{ix})=-\frac{2k_{iz}}{V_z}\frac{1}{2\pi}\int\left[\exp(i\boldsymbol{V}\cdot\boldsymbol{r}')\Big|_{z=f(x)}\right]\Phi_0 dx' \tag{7.224}$$

式(7.244)为关于表面斜率一阶近似的 T 传播矩阵。将指数部分 $\exp[-iV_zf(x)]$中的 $f(x)$ 用分步积分法得到：

$$T_0(k_{sx}, k_{ix})=-\frac{2k_{iz}}{V_z}\Phi_0\left[\delta(k_{ix}-k_{sx})-iV_zF(k_{sx}-k_{ix})-\left(\frac{V_z^2}{2}\right)\int F(K_1)F(k_{sx}-k_{ix}-K)dK_1+\cdots\right] \tag{7.245}$$

式(7.245)用到公式：

$$\frac{1}{2\pi}\int\exp(iv_xx)f^2(x)dx=\int F(K_1)F(k_{sx}-k_{ix}-K_1)dK_1 \tag{7.246}$$

其中，$\boldsymbol{V}=\boldsymbol{k}_i-\boldsymbol{k}_s=(V_x\hat{\boldsymbol{x}}-V_z\hat{\boldsymbol{z}})$，$V_x=k_{ix}-k_{sx}$，$V_z=k_{iz}+k_{sz}$，$F(K)$为粗糙表面轮廓 $f(x)$ 的傅里叶变换。从式(7.225)和式(7.236)可以得到小斜率近似 $\boldsymbol{T}$ 传播矩阵的二阶表达式为

$$T_1(k_{sx}, k_{ix})=-\frac{2k_{iz}}{V_z}\frac{1}{2\pi}\int\exp(i\boldsymbol{V}\cdot\boldsymbol{r})\big|_{z=f(x)}dx'\int\exp(iK_1x')F(K_1)\Phi_1(K_1)dK_1 \tag{7.247}$$

将式(7.247)展开，可以获得

$$T_1(k_{sx}, k_{ix}) = -\frac{2k_{iz}}{V_z}[F(k_{sx}-k_{ix})\Phi_1(k_{sx}-k_{ix}) - \mathrm{i}V_z\int F(K_1)F(k_{sx}-k_{ix}-K_1)\Phi_1(K_1)\mathrm{d}K_1 + \cdots] \tag{7.248}$$

式(7.248)中包含式(7.245)中的 T_0，它是通过令 $K_1=k_{sx}-k_{ix}$ 消去 Φ_1 而得到的。用同样的方法求更高阶的展开式，如 T_2 传播矩阵用级数展开方法可以得到：

$$T_2(k_{sx}, k_{ix}) = -\frac{2k_{iz}}{V_z}\int F(K_1)F(k_{sx}-k_{ix}-K_1)\Phi_2(K_2, k_{sx}-k_{ix}-K_1)\mathrm{d}K_1 + \cdots \tag{7.249}$$

上述各式中的 T_0 可以认为是一阶斜率函数，T_1 是二阶斜率函数，T_2 是三阶斜率函数，以此类推。为了简化，我们把 T_n 认为是 $n+1$ 阶斜率函数。

这里根据小扰动级数展开来求小斜率近似的级数的展开求 Φ_n。式(7.245)、式(7.248)和式(7.249)中当 $K_n=k_{sx}-k_{ix}-K_1-K_2-\cdots-K_{n-1}$ 时 $\Phi_n=0$。小斜率近似级数展开的一阶项为 $-\delta(k_{ix}-k_{sx})\Phi_0$，二阶项为 $2\mathrm{i}k_{iz}F(k_{sx}-k_{ix})\Phi_0$；相应的小扰动级数展开后的 T 传播矩阵一阶项结果为 $-\delta(k_{ix}-k_{sx})$，二阶项为 $2\mathrm{i}k_{iz}F(k_{sx}-k_{ix})$。令小斜率近似与小扰动近似的零阶项相同，那么可以得到 $\Phi_0=1$。由此可以得到

$$\int F(K_1)F(k_{sx}-k_{ix}-K_1)\Phi_1(K_1)\mathrm{d}K_1 = -\mathrm{i}\int F(K_1)F(k_{sx}-k_{ix}-K_1)[k\beta_{1+i}-0.5V_z]\mathrm{d}K_1 \tag{7.250}$$

其中，$k\beta_{1+i}=[k^2-(K+k_{ix})^2]^{1/2}$，$\mathrm{Im}[\beta_{1+i}]>0$。当变量 $K_1\to k_{sx}-k_{ix}-K_1$ 时，关于 K_1 的积分函数不变，$F(K_1)F(k_{sx}-k_{ix}-K_1)$ 的积分也不变，这样可以把 $\Phi_1(K_1)$ 写成对称函数和反对称函数之和，即

$$\Phi_1(K_1)=\Phi_{1s}(K_1)+\Phi_{1A}(K_1) \tag{7.251}$$

式中，Φ_{1s} 具有对称性，Φ_{1A} 具有反对称性。由于 Φ_{1A} 是反对称函数，所以 Φ_{1A} 积分结果为零。因此只要确定式(7.251)中的 Φ_{1s} 就能求出 Φ。注意到式(7.250)中右边的 K_1 变化为 $k_{sx}-k_{ix}-K_1$ 时值的结果不变，但是 β_{1+i} 变为 β_{s-1}，得到 Φ_{1s} 的表达式为

$$\Phi_{1s}(K_1)=-\left(\frac{\mathrm{i}}{2}\right)(k\beta_{1+i}+k\beta_{s-1}-V_z) \tag{7.252}$$

式中，$k\beta_{s-1}=[k^2-(k_{sx}-K)^2]^{1/2}$，$\mathrm{Im}[\beta_{s-1}]>0$。式(7.252)是互易的，而且具有 $\Phi_{1s}(0)=0$ 的性质。利用互易性质把式(7.251)中的 Φ_1 可以写成

$$\Phi_1(K_1)=\Phi_{1s}(K_1)+A_1\left(K_1-\frac{(k_{sx}-k_{ix})}{2}\right) \tag{7.253}$$

其中，Φ_{1s} 由式(7.252)给出，A_1 具有下面的性质：

$$A_1(K)=-A_1(-K),\quad A_1\left[\frac{(k_{sx}-k_{ix})}{2}\right]=0 \tag{7.254}$$

反对称函数 Φ_{1A} 积分为零。小斜率近似级数展开与小扰动近似级数展开比较，可以得到小斜率近似下的 Φ_1 函数为

$$\Phi_1(K_1)=-\left(\frac{\mathrm{i}}{2}\right)(k\beta_{1+i}+k\beta_{s-1}-V_z) \tag{7.255}$$

用式(7.255)可以证明 $\Phi_1(k_{sx}-k_{ix})=0$。所以

$$T_1(k_{sx}, k_{ix}) = \frac{ik_{iz}}{V_z}\frac{1}{2\pi}\int[\exp(i\boldsymbol{V}\cdot\boldsymbol{r}')|_{z=f(x)}\int\exp(iKx')F(K)(k\beta_{1+i}+k\beta_{s-1}-V_z)dK]dx' \tag{7.256}$$

式中，$k\beta_1=(k^2-K_1^2)^{1/2}$，虚部 $\mathrm{Im}[\beta_1]>0$。类似地，小斜率近似级数的三阶项为

$$k_{iz}V_z\Phi_0\int F(K_1)F(k_{sx}-k_{ix}-K_1)dK_1+2ik_{iz}\int F(K_1)F(k_{sx}-k_{ix}-K_1)\Phi_1(K_1)dK_1$$

而小扰动级数展开的三阶结果为

$$2k_{iz}\int k\beta_1 F(k_{sx}-K_1)F(K_1-k_{ix})dK_1$$

令小斜率近似与小扰动近似的三阶项表达式相同，可以获得小斜率近似级数的三阶 $T_2(k_{sx},k_{ix})$。

为了简化，把 T_n 认为是 $n+1$ 阶斜率函数。1991 年 Berman 给出了一维双站散射截面的 T 传播矩阵表示，Thorsos 和 Jackson 对其进行了完善，如下式所示：

$$\sigma\delta(k_{ix}-k'_{ix})=\frac{k_{sz}^2}{k}-[\langle T(k_{sx}, k_{ix})T(k_{sx}, k'_{ix})^*\rangle-\langle T(k_{sx}, k_{ix})\rangle\langle T(k_{sx}, k'_{ix})\rangle^*] \tag{7.257}$$

其中，〈·〉代表集平均，而“*”表示复共轭。式(7.257)的左边是正比于 $\delta(k_{ix}-k'_{ix})$ 的部分。若采用 T 矩阵级数展开形式，粗糙面的散射截面可写为如下形式：

$$\sigma=\sigma_{00}+\sigma_{01}+\sigma_{11}+\cdots \tag{7.258}$$

其中

$$\sigma_{00}\delta(k_{ix}-k'_{ix})=\frac{k'_{iz}}{k}[\langle T_0(k_{sx}, k_{ix})T_0(k_{sx}, k'_{ix})^*\rangle-\langle T_0(k_{sx}, k_{ix})\rangle\langle T_0(k_{sx}, k'_{ix})\rangle^*] \tag{7.259}$$

$$\sigma_{01}\delta(k_{ix}-k'_{ix})=\frac{k_{sz}^2}{k}2\mathrm{Re}[\langle T_0(k_{sx}, k_{ix})T_1(k_{sx}, k'_{ix})^*\rangle-\langle T_0(k_{sx}, k_{ix})\rangle\langle T_1(k_{sx}, k'_{ix})\rangle^*] \tag{7.260}$$

$$\sigma_{11}\delta(k_{ix}-k'_{ix})=\frac{k_{sz}^2}{k}[\langle T_1(k_{sx}, k_{ix})T_1(k_{sx}, k'_{ix})^*\rangle-\langle T_1(k_{sx}, k_{ix})\rangle\langle T_1(k_{sx}, k'_{ix})\rangle^*] \tag{7.261}$$

通常可以把小斜率近似下粗糙面散射的一阶、二阶和三阶散射截面写成如下形式：

$$\sigma^{(1)}=\sigma_{00},\quad \sigma^{(2)}=\sigma^{(1)}+\sigma_{01},\quad \sigma^{(3)}=\sigma^{(2)}+\sigma_{11} \tag{7.262}$$

其中，$\sigma^{(1)}$ 是一阶散射截面，$\sigma^{(2)}$ 是二阶散射截面，$\sigma^{(3)}$ 是三阶散射截面。注意式(7.262)并没有完全给出三阶散射截面的所有部分，因为缺少 σ_{02} 部分，它是与 T_0 和 T_2 有关的一个多重积分。σ_{02} 的计算非常复杂，对实际计算结果贡献很小，所以可以忽略。σ_{00} 只涉及一重积分，σ_{01} 和 σ_{11} 只涉及双重积分。

$f(x)$存在于指数函数 $\exp[i\boldsymbol{V}\cdot\boldsymbol{r}]_{z=f(x)}$ 中，下面给出 T_0 和 T_1 的均值表达式：

$$\langle T_0(k_{sx}, k_{ix})\rangle=-\frac{2k_{iz}}{V_z}\frac{1}{2\pi}\int\exp(iV_x x)\langle\exp[-iV_z f(x)]\rangle dx=-\exp\left(-\frac{\chi^2}{2}\right)\delta(k_{sx}-k_{ix}) \tag{7.263}$$

$$\begin{aligned}\langle T_1(k_{sx}, k_{ix})\rangle &= \frac{ik_{iz}}{V_z}\frac{1}{(2\pi)^2}\int\exp(iV_x x)dx\int\exp(iK_1x)(k\beta_{1+i}+k\beta_{s-1}-V_z)dK_1\cdot\\ &\quad\int\exp(-iK_1x')\langle\exp[-iV_z f(x)]f(x')\rangle dx'\\ &= k_{iz}\exp\left(-\frac{\chi^2}{2}\right)\delta(k_{sx}-k_{ix})\int W(K_1)g(K_1)dK_1\end{aligned} \tag{7.264}$$

其中，$\chi=V_z\delta$，δ 是粗糙面高度起伏均方根；$g(K_1)=k\beta_{1+i}+k\beta_{s-1}-v_z$；$W(K_1)$是表面谱函数，它是粗糙面相关函数的傅里叶变换，表示为

$$W(K_1)=\frac{1}{2\pi}\int\exp(-\mathrm{i}K_1x)\langle f(x_0)f(x+x_0)\rangle\mathrm{d}x \tag{7.265}$$

当 $W(K_1)$满足高斯谱分布的形式时，式(7.265)可看成是一高斯随机变量。利用零均值高斯随机变量一阶矩平均和二阶矩平均的有关数学性质，考虑$\langle\exp(\mathrm{i}\alpha_1X_1)X_2\rangle$，其中 X_1 和 X_2 是零均值高斯随机变量，它们满足：

$$\langle e^{\mathrm{i}\alpha_1X_1}X_2\rangle=-\mathrm{i}\frac{\partial\langle e^{\mathrm{i}\alpha_1X_1}e^{\mathrm{i}\alpha_2X_2}\rangle}{\partial\alpha_2}\bigg|_{\alpha_2=0} \tag{7.266}$$

式(7.266)中的分子部分用下式表示：

$$\langle e^{\mathrm{i}\alpha_1X_1}e^{\mathrm{i}\alpha_2X_2}\rangle=\exp\left[-\frac{1}{2}(\alpha_1^2\langle X_1^2\rangle+2\alpha_1\alpha_2\langle X_1X_2\rangle+\alpha_2^2\langle X_2^2\rangle)\right] \tag{7.267}$$

式(7.259)至式(7.261)中的$\langle T_0T_1^*\rangle$和$\langle T_1T_1^*\rangle$包括了形式$\langle e^{\mathrm{i}\alpha_1X_1}e^{\mathrm{i}\alpha_2X_2}X_3\rangle$和$\langle e^{\mathrm{i}\alpha_1X_1}e^{\mathrm{i}\alpha_2X_2}X_3X_4\rangle$，这里的 X_1、X_2、X_3、X_4 都是零均值高斯随机变量。考虑：

$$\langle e^{\mathrm{i}\alpha_1X_1}e^{\mathrm{i}\alpha_2X_2}X_3X_4\rangle=-\frac{\partial^2\langle e^{\mathrm{i}\alpha_1X_1}e^{\mathrm{i}\alpha_2X_2}e^{\mathrm{i}\alpha_3X_3}e^{\mathrm{i}\alpha_4X_4}\rangle}{\partial\alpha_3\partial\alpha_4}\bigg|_{\alpha_3=\alpha_4=0} \tag{7.268}$$

它的偏微分表示为

$$\langle e^{\mathrm{i}\alpha_1X_1}e^{\mathrm{i}\alpha_2X_2}e^{\mathrm{i}\alpha_3X_3}e^{\mathrm{i}\alpha_4X_4}\rangle=\exp\left[-\frac{1}{2}\sum_j\sum_k\alpha_j\alpha_kK_{jk}\right] \tag{7.269}$$

其中，$K_{jk}=\langle X_jX_k\rangle$。注意到式(7.259)至式(7.261)左边部分均包含了因子 $\delta(k_{ix}-k'_{ix})$，通过整理后便可以得到小斜率近似下的一阶、二阶和三阶散射截面计算公式：

$$\sigma_{00}=\frac{2k_{sz}^2k_{iz}^2}{\pi kV_z}\exp(-\chi^2)\int\exp(\mathrm{i}V_xx)B_C(x)\mathrm{d}x \tag{7.270}$$

$$\begin{aligned}\sigma_{01}(k_{sx},k_{ix})=&\frac{2k_{sz}^2k_{iz}^2}{\pi kV_z}\exp(-\chi^2)\mathrm{Re}\Big[-J^*\int\exp(iV_xx)B_C(x)\mathrm{d}x+\\&\int I(x)\int\exp(\mathrm{i}Kx)W(K)g^*(K)\Big]\mathrm{d}K\mathrm{d}x\end{aligned} \tag{7.271}$$

$$\begin{aligned}\sigma_{11}(k_{sx},k_{ix})=&\frac{k_{sz}^2k_{iz}^2}{2\pi k}\exp[-\chi^2]\Big\{|J|^2\int\exp(\mathrm{i}V_xx)B_C(x)\mathrm{d}x+\int I(x)\int\exp(\mathrm{i}Kx)W(K)\cdot\\&\Big[\frac{1}{V_z^2}|g(K)|^2-2\mathrm{Re}[Jg^*(K)]+g(K)\int\exp(\mathrm{i}K'x)W(K')g^*(K')\mathrm{d}K'\Big]\mathrm{d}K\mathrm{d}x\Big\}\end{aligned} \tag{7.272}$$

其中，$B_C=\exp[\chi^2C(x)]-1$，$C(x)$为归一化自相关函数，$J=\int W(K)g(K)\mathrm{d}K$，$I(x)=\exp(\mathrm{i}V_xx)\exp[\chi^2C(x)]$，$g=(k_{iz}V_z-k_{ix}V_x)/(2k_{sz}k)$。

由于 V 和 $g(K)$都是互易的，使得式(7.270)至式(7.272)给出的 σ_{00}、σ_{01}、σ_{11} 都满足互易条件，因此，用 k_{ix}、k_{sx} 分别替换 $-k_{sx}$、$-k_{ix}$ 能得到相同的数值结果。

为验证粗糙面小斜率近似计算的准确性，首先利用小斜率近似方法对满足高斯谱分布的导体粗糙面散射系数角分布进行了三阶小斜率近似数值计算并与有关实验测量结果，以及考虑和不考虑遮蔽效应的基尔霍夫近似计算结果作了比较。入射波长取 3 mm，入射角 $\theta_i=40°$，实验测量局限在散射角 θ_s 小于 80°范围内。图 7.21(a)中测量和计算参数为 $k\delta=\pi$，$kl=4\pi$，图 7.21(b)的测量和计算参数为 $k\delta=2\pi$，$kl=8\pi$。

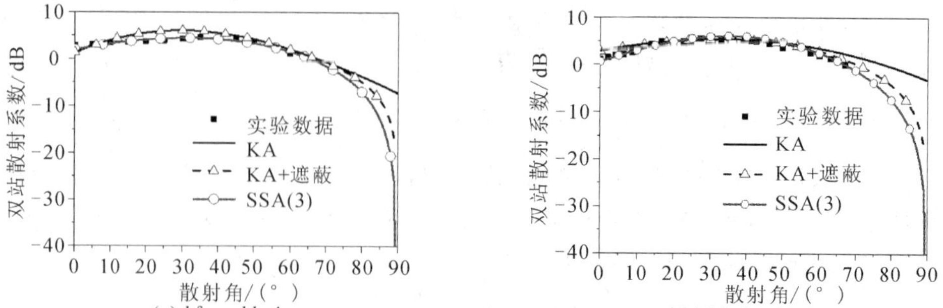

(a) $k\delta=\pi$, $kl=4\pi$　　(b) $k\delta=2\pi$, $kl=8\pi$

图 7.21　粗糙面散射小斜率近似和基尔霍夫近似计算结果与实验测量数据的比较

从图 7.21(a)和图 7.21(b)可以看出，考虑遮蔽效应的基尔霍夫近似下的双站散射系数角分布数值结果与小斜率近似的结果比较接近。但随着散射角的增大，特别是在散射角 $\theta_s>58°$以后，基尔霍夫近似结果(尤其是不考虑遮蔽效应的结果)与实验测量结果出现了较大差别，而三阶小斜率近似结果与测量结果有较好的吻合。此结果表明对于满足高斯谱分布的粗糙面电磁散射的计算，小斜率近似结果比经典的基尔霍夫近似结果更精确，且无需计算遮蔽函数。该方法尤其适用于散射角较大时散射系数的计算。随着入射角的增大，三阶小斜率近似结果和考虑遮蔽效应的基尔霍夫近似结果会在更小的散射角处出现差别，如入射角 $\theta_i=75°$时，经计算发现在散射角 $\theta_s>42°$以后，考虑遮蔽效应的基尔霍夫近似结果与 SSA 结果出现了较大差别。因此与经典的考虑遮蔽效应的基尔霍夫近似相比，小斜率近似方法对入射角较大条件下散射截面的计算有明显改进。

图 7.22 分别根据式(7.259)至式(7.261)给出了确定均方根斜率 $s=0.141$ 下，入射角 $\theta_i=40°$时不同阶次小斜率近似下高斯导体粗糙面的双站散射系数角分布情况比较，其中图 7.22(a)中的 $k\delta=0.4$，$kl=4.0$。由图可知，小斜率近似在 $-20°<\theta_s<90°$的范围内不同阶次下的散射截面角分布几乎相同，但是在 $-90°<\theta_s<-20°$的近后向散射范围内，可以看到对于确定的散射角，二阶、三阶散射系数与一阶结果相比幅值稍大。当表面均方根高度和相关长度相对较小时，需进行三阶小斜率近似计算才能保证计算的准确性。图 7.22(b)中则给出了 $k\delta=1.2$，$kl=12.0$ 下不同阶次时的散射系数角分布比较。由图可以看出在 $-90°<\theta_s<90°$范围内，一阶、二阶和三阶双站散射系数角分布几乎相同。

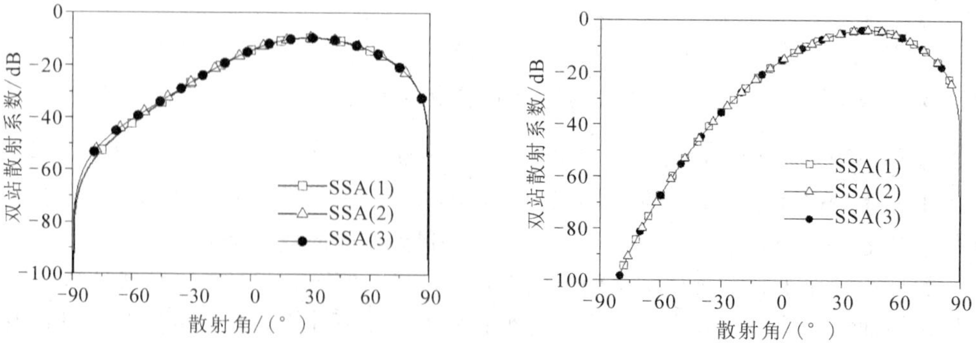

(a) $k\delta=0.4$, $kl=4.0$　　(b) $k\delta=1.2$, $kl=12.0$

图 7.22　不同阶次小斜率近似下粗糙面的双站散射系数

7.4.3　二维粗糙面散射的小斜率近似

设边界 $z=h(\boldsymbol{r})$，$\boldsymbol{r}=(x, y)$两侧为各向同性介质空间，介质 1 和介质 2 的介电常数分别为 ε_1 和 ε_2。考虑平面波由介质 1 入射，在 $\min h(\boldsymbol{r})<z<\max h(\boldsymbol{r})$区域外，总场可以表示为

$$\boldsymbol{E}=\boldsymbol{E}_{\text{in}}+\boldsymbol{E}_{\text{sc}}, \ \boldsymbol{H}=\boldsymbol{H}_{\text{in}}+\boldsymbol{H}_{\text{sc}} \tag{7.273}$$

入射场和散射场分别为

$$\begin{cases}\boldsymbol{E}_{\text{in}}=\boldsymbol{E}_{\text{in}}^{(1)}=\hat{\boldsymbol{e}}_{\alpha_0}^{+}(\boldsymbol{k})(q_0^{(1)})^{-1/2}\exp(\mathrm{i}\boldsymbol{k}_0\cdot\boldsymbol{r}+\mathrm{i}q_0^{(1)}z)\\ \boldsymbol{H}_{\text{in}}=\boldsymbol{H}_{\text{in}}^{(1)}=\hat{\boldsymbol{h}}_{\alpha 0}^{+}(\boldsymbol{k})(q_k^{(1)})^{-1/2}\exp(\mathrm{i}\boldsymbol{k}_0\cdot\boldsymbol{r}+\mathrm{i}q_0^{(1)}z)\end{cases} \tag{7.274}$$

$$\begin{cases}\boldsymbol{E}_{\text{sc}}^{(1)}=\sum\limits_{\alpha}\int\hat{\boldsymbol{e}}_{\alpha}^{-(1)}(\boldsymbol{k})(q_k^{(1)})^{-1/2}\exp(\mathrm{i}\boldsymbol{k}\cdot\boldsymbol{r}-\mathrm{i}q_k^{(1)}z)S_{\alpha\alpha_0}^{11}(\boldsymbol{k}, \boldsymbol{k}_0)\mathrm{d}\boldsymbol{k}\\ \varepsilon_1^{-1/2}\boldsymbol{H}_{\text{sc}}^{(1)}=\sum\limits_{\alpha}\int\hat{\boldsymbol{h}}_{\alpha}^{-(1)}(\boldsymbol{k})(q_k^{(1)})^{-1/2}\exp(\mathrm{i}\boldsymbol{k}\cdot\boldsymbol{r}-\mathrm{i}q_k^{(1)}z)S_{\alpha\alpha_0}^{11}(\boldsymbol{k}, \boldsymbol{k}_0)\mathrm{d}\boldsymbol{k}\end{cases} \tag{7.275}$$

$$\begin{cases}\boldsymbol{E}_{\text{sc}}^{(2)}=\sum\limits_{\alpha}\int\hat{\boldsymbol{e}}_{\alpha}^{+(2)}(\boldsymbol{k})(q_k^{(2)})^{-1/2}\exp(\mathrm{i}\boldsymbol{k}\cdot\boldsymbol{r}-\mathrm{i}q_k^{(2)}z)S_{\alpha\alpha_0}^{21}(\boldsymbol{k}, \boldsymbol{k}_0)\mathrm{d}\boldsymbol{k}\\ \varepsilon_2^{-1/2}\boldsymbol{H}_{\text{sc}}^{(2)}=\sum\limits_{\alpha}\int\hat{\boldsymbol{h}}_{\alpha}^{+(2)}(\boldsymbol{k})(q_k^{(2)})^{-1/2}\exp(\mathrm{i}\boldsymbol{k}\cdot\boldsymbol{r}-\mathrm{i}q_k^{(2)}z)S_{\alpha\alpha_0}^{21}(\boldsymbol{k}, \boldsymbol{k}_0)\mathrm{d}\boldsymbol{k}\end{cases} \tag{7.276}$$

其中，上标(1)、(2)分别表示介质 1 和介质 2；$S_{\alpha\alpha_0}^{NN_0}(\boldsymbol{k}, \boldsymbol{k}_0)$表示介质 N_0 中极化为 α_0、波矢量为 $\boldsymbol{k}_0$ 的入射波在介质 N 中产生的极化为 α、波矢量为 $\boldsymbol{k}$ 的散射波的散射振幅；$\hat{\boldsymbol{e}}_{\alpha}^{+}(\boldsymbol{k})$、$\hat{\boldsymbol{h}}_{\alpha}^{+}(\boldsymbol{k})$为单位极化波矢量，$\alpha=1$，2 分别表示水平极化和垂直极化，上标“+”“−”分别表示向粗糙面传播的波和远离粗糙面传播的波，其中

$$\hat{\boldsymbol{e}}_1^{+}(\boldsymbol{k})=\frac{k^2\hat{\mathbf{z}}-q_k\boldsymbol{k}}{Kk}, \ \hat{\boldsymbol{h}}_1^{+}(\boldsymbol{k})=-\hat{\mathbf{z}}\times\frac{\boldsymbol{k}}{k} \tag{7.277}$$

$$\hat{\boldsymbol{e}}_2^{+}(\boldsymbol{k})=\hat{\mathbf{z}}\times\frac{\boldsymbol{k}}{k}, \ \hat{\boldsymbol{h}}_2^{+}(\boldsymbol{k})=\frac{k^2\hat{\mathbf{z}}-q_k\boldsymbol{k}}{Kk} \tag{7.278}$$

$$\hat{\boldsymbol{e}}_1^{-}(\boldsymbol{k})=\frac{k^2\hat{\mathbf{z}}+q_k\boldsymbol{k}}{Kk}, \ \hat{\boldsymbol{h}}_1^{-}(\boldsymbol{k})=-\hat{\mathbf{z}}\times\frac{\boldsymbol{k}}{k} \tag{7.279}$$

$$\hat{\boldsymbol{e}}_2^{-}(\boldsymbol{k})=\hat{\mathbf{z}}\times\frac{\boldsymbol{k}}{k}, \ \hat{\boldsymbol{h}}_2^{-}(\boldsymbol{k})=\frac{k^2\hat{\mathbf{z}}+q_k\boldsymbol{k}}{Kk} \tag{7.280}$$

显然，对于任意的散射振幅 $S_{\alpha\alpha_0}^{NN_0}(\boldsymbol{k}, \boldsymbol{k}_0)$，式(7.274)至式(7.276)都可以表示满足辐射边界条件的散射场的麦克斯韦方程的解。散射振幅 $S_{\alpha\alpha_0}^{NN_0}(\boldsymbol{k}, \boldsymbol{k}_0)$满足边界条件：

$$\boldsymbol{n}\times\boldsymbol{E}^{(1)}=\boldsymbol{n}\times\boldsymbol{E}^{(2)}, \ z=h(\boldsymbol{r}); \ \boldsymbol{n}\times\boldsymbol{H}^{(1)}=\boldsymbol{n}\times\boldsymbol{H}^{(2)}, \ z=h(\boldsymbol{r}) \tag{7.281}$$

$$\boldsymbol{n}=\hat{\mathbf{z}}-\nabla h \tag{7.282}$$

其中，$\nabla=(\partial x, \partial y)$为横向梯度，$\boldsymbol{n}$ 是垂直于边界 $z=h(\boldsymbol{r})$的矢量(不是单位矢量)。16 个 $S_{\alpha\alpha_0}^{NN_0}(\boldsymbol{k}, \boldsymbol{k}_0)$量($N=1$，2，$N_0=1$，2，$\alpha=1$，2，$\alpha_0=1$，2)可以用 4×4 的矩阵表示：

$$\boldsymbol{S}(\boldsymbol{k}, \boldsymbol{k}_0)=\begin{bmatrix}\boldsymbol{S}^{11} & \boldsymbol{S}^{12}\\ \boldsymbol{S}^{21} & \boldsymbol{S}^{22}\end{bmatrix}(\boldsymbol{k}, \boldsymbol{k}_0) \tag{7.283}$$

$$\boldsymbol{S}^{NN_0}(\boldsymbol{k}, \boldsymbol{k}_0)=\begin{bmatrix}S_{11}^{NN_0} & S_{12}^{NN_0}\\ S_{21}^{NN_0} & S_{22}^{NN_0}\end{bmatrix}(\boldsymbol{k}, \boldsymbol{k}_0) \tag{7.284}$$

式中，$\boldsymbol{S}(\boldsymbol{k},\boldsymbol{k}_0)$矩阵应该满足如下两个条件(与边界条件的形式无关)：① 对于任意的复数ε满足互易性；② 对于实数ε满足幺正性。

设$(\boldsymbol{E}_1,\boldsymbol{H}_1)$、$(\boldsymbol{E}_2,\boldsymbol{H}_2)$为麦克斯韦方程在介质1中的任意两个解。在边界$z=h(\boldsymbol{r})$和某一平面$z=z_1$，$z_1<\min h(\boldsymbol{r})$之间的闭合区域，对矢量$(\boldsymbol{E}_1\times\boldsymbol{H}_2-\boldsymbol{E}_2\times\boldsymbol{H}_1)$应用高斯定理，得

$$\begin{aligned}&\int_{z=h(\boldsymbol{r})}\boldsymbol{n}\cdot(\boldsymbol{E}_1\times\boldsymbol{H}_2-\boldsymbol{E}_2\times\boldsymbol{H}_1)\mathrm{d}\boldsymbol{r}-\int_{z=z_1<h(\boldsymbol{r})}\hat{\boldsymbol{z}}\cdot(\boldsymbol{E}_1\times\boldsymbol{H}_2-\boldsymbol{E}_2\times\boldsymbol{H}_1)\mathrm{d}\boldsymbol{r}\\&=\iint\nabla\cdot(\boldsymbol{E}_1\times\boldsymbol{H}_2-\boldsymbol{E}_2\times\boldsymbol{H}_1)\mathrm{d}\boldsymbol{r}\mathrm{d}z\end{aligned}\tag{7.285}$$

利用矢量关系$\nabla\cdot(\boldsymbol{E}\times\boldsymbol{H})=\boldsymbol{H}\,\nabla\times\boldsymbol{E}-\boldsymbol{E}\,\nabla\times\boldsymbol{H}$和麦克斯韦方程可以证明，式(7.285)右边为零，故

$$\int_{z=h(\boldsymbol{r})}\boldsymbol{n}\cdot(\boldsymbol{E}_1\times\boldsymbol{H}_2-\boldsymbol{E}_2\times\boldsymbol{H}_1)\mathrm{d}\boldsymbol{r}=\int_{z=z_1<h(\boldsymbol{r})}\hat{\boldsymbol{z}}\cdot(\boldsymbol{E}_1\times\boldsymbol{H}_2-\boldsymbol{E}_2\times\boldsymbol{H}_1)\mathrm{d}\boldsymbol{r}\tag{7.286}$$

式(7.286)对于介质2同样满足，考虑到边界场的切向连续性，可以得到

$$\int_{z=z_1<h(\boldsymbol{r})}\hat{\boldsymbol{z}}\cdot(\boldsymbol{E}_1^{(1)}\times\boldsymbol{H}_2^{(1)}-\boldsymbol{E}_2^{(1)}\times\boldsymbol{H}_1^{(1)})\mathrm{d}\boldsymbol{r}=\int_{z=z_2>h(\boldsymbol{r})}\hat{\boldsymbol{z}}\cdot(\boldsymbol{E}_1^{(2)}\times\boldsymbol{H}_2^{(2)}-\boldsymbol{E}_2^{(2)}\times\boldsymbol{H}_1^{(2)})\mathrm{d}\boldsymbol{r}\tag{7.287}$$

将式(7.273)中$\boldsymbol{k}_0$分别等于$\boldsymbol{k}_1$和$\boldsymbol{k}_2$的解，以及入射波从介质2入射的场的表达式代入式(7.287)中，得到下面的结果：

$$\begin{cases}\sigma_3\boldsymbol{S}^{11}(\boldsymbol{k}_1,\boldsymbol{k}_2)=\boldsymbol{S}^{11\mathrm{T}}(-\boldsymbol{k}_2,-\boldsymbol{k}_1)\sigma_3\\\sigma_3\boldsymbol{S}^{22}(\boldsymbol{k}_1,\boldsymbol{k}_2)=S^{22\mathrm{T}}(-\boldsymbol{k}_2,-\boldsymbol{k}_1)\sigma_3\\\sigma_3\boldsymbol{S}^{12}(\boldsymbol{k}_1,\boldsymbol{k}_2)=\boldsymbol{S}^{21\mathrm{T}}(-\boldsymbol{k}_2,-\boldsymbol{k}_1)\sigma_3\end{cases}\tag{7.288}$$

其中，σ_3是Pauli矩阵之一。

$$\boldsymbol{\sigma}_0=\begin{bmatrix}1&0\\0&1\end{bmatrix},\ \boldsymbol{\sigma}_1=\begin{bmatrix}0&1\\1&0\end{bmatrix},\ \boldsymbol{\sigma}_2=\begin{bmatrix}0&-\mathrm{i}\\i&0\end{bmatrix},\ \boldsymbol{\sigma}_3=\begin{bmatrix}1&0\\0&-1\end{bmatrix}\tag{7.289}$$

对于任意的N和M，方程(7.288)也可以写为

$$\begin{cases}S_{11}^{NM}(\boldsymbol{k}_1,\boldsymbol{k}_2)=S_{11}^{MN}(-\boldsymbol{k}_2,-\boldsymbol{k}_1)\\S_{12}^{NM}(\boldsymbol{k}_1,\boldsymbol{k}_2)=-S_{21}^{MN}(-\boldsymbol{k}_2,-\boldsymbol{k}_1)\\S_{22}^{NM}(\boldsymbol{k}_1,\boldsymbol{k}_2)=S_{22}^{MN}(-\boldsymbol{k}_2,-\boldsymbol{k}_1)\end{cases}\tag{7.290}$$

$$\begin{bmatrix}\boldsymbol{\sigma}_3&0\\0&\boldsymbol{\sigma}_3\end{bmatrix}\boldsymbol{S}(\boldsymbol{k}_1,\boldsymbol{k}_2)=\boldsymbol{S}^{\mathrm{T}}(-\boldsymbol{k}_2,-\boldsymbol{k}_1)\begin{bmatrix}\boldsymbol{\sigma}_3&0\\0&\boldsymbol{\sigma}_3\end{bmatrix}\tag{7.291}$$

式(7.291)即为$\boldsymbol{S}$矩阵的互易性的表达式。

由介电常数ε为实数的介质中的麦克斯韦方程和边界条件式(7.281)可以得出：如果$(\boldsymbol{E}_2,\boldsymbol{H}_2)$是给定的边界问题的解，那么$(\boldsymbol{E}_2^*,-\boldsymbol{H}_2^*)$也是其一个解，因此，可以得到关系：

$$\int_{z=z_1<h(\boldsymbol{r})}\hat{\boldsymbol{z}}\cdot(\boldsymbol{E}_1^{(1)}\times\boldsymbol{H}_2^{(1)*}+\boldsymbol{E}_2^{(1)*}\times\boldsymbol{H}_1^{(1)})\mathrm{d}\boldsymbol{r}=\int_{z=z_2>h(\boldsymbol{r})}\hat{\boldsymbol{z}}\cdot(\boldsymbol{E}_1^{(2)}\times\boldsymbol{H}_2^{(2)*}+\boldsymbol{E}_2^{(2)*}\times\boldsymbol{H}_1^{(2)})\mathrm{d}\boldsymbol{r}\tag{7.292}$$

显然可以得到矩阵$\boldsymbol{S}$的幺正性关系：

$$\int\hat{\boldsymbol{S}}^{+}(\boldsymbol{k}',\boldsymbol{k}_1)\cdot\hat{\boldsymbol{S}}(\boldsymbol{k}',\boldsymbol{k}_2)\mathrm{d}\boldsymbol{k}'=\delta(\boldsymbol{k}_1-\boldsymbol{k}_2)\tag{7.293}$$

其中，$\boldsymbol{k}'$、$\boldsymbol{k}_1$、$\boldsymbol{k}_2$ 均为均匀平面波矢。式(7.293)还同样可以用 2×2 矩阵的形式表示。

当 $k_1<K_1$，$k_2<K_2$ 时，

$$\int_{k'<K_1}\boldsymbol{S}^{11+}(\boldsymbol{k}',\boldsymbol{k}_1)\cdot\boldsymbol{S}^{11}(\boldsymbol{k}',\boldsymbol{k}_2)\mathrm{d}\boldsymbol{k}'+\int_{k'<K_2}\boldsymbol{S}^{21+}(\boldsymbol{k}',\boldsymbol{k}_1)\cdot\boldsymbol{S}^{21}(\boldsymbol{k}',\boldsymbol{k}_2)\mathrm{d}\boldsymbol{k}'=\delta(\boldsymbol{k}_1-\boldsymbol{k}_2) \tag{7.294}$$

$$\int_{k'<K_1}\boldsymbol{S}^{11+}(\boldsymbol{k}',\boldsymbol{k}_1)\cdot\boldsymbol{S}^{12}(\boldsymbol{k}',\boldsymbol{k}_2)\mathrm{d}\boldsymbol{k}'+\int_{k'<K_2}\boldsymbol{S}^{21+}(\boldsymbol{k}',\boldsymbol{k}_1)\cdot\boldsymbol{S}^{22}(\boldsymbol{k}',\boldsymbol{k}_2)\mathrm{d}\boldsymbol{k}'=0 \tag{7.295}$$

利用上述性质，$\boldsymbol{S}$ 矩阵元的幂级数展开形式为

$$\begin{aligned}\boldsymbol{S}_{\alpha\alpha_0}^{NN_0}(\boldsymbol{k},\boldsymbol{k}_0)=&V_{\alpha\alpha_0}^{NN_0}(\boldsymbol{k},\boldsymbol{k}_0)\delta(\boldsymbol{k}-\boldsymbol{k}_0)+2\mathrm{i}\sqrt{q_k^{(N)}q_0^{(N_0)}}B_{\alpha\alpha_0}^{NN_0}(\boldsymbol{k},\boldsymbol{k}_0)h(\boldsymbol{k}-\boldsymbol{k}_0)+\\&\sqrt{q_k^{(N)}q_0^{(N_0)}}\sum_{m=1}^{\infty}(\boldsymbol{B}_{m+1})_{\alpha\alpha_0}^{NN_0}(\boldsymbol{k},\boldsymbol{k}_0;\boldsymbol{\xi}_1,\cdots,\boldsymbol{\xi}_m)F(\boldsymbol{k}-\boldsymbol{\xi}_1)\cdots F(\boldsymbol{\xi}_m-\boldsymbol{k}_0)\mathrm{d}\boldsymbol{\xi}_1\cdots\mathrm{d}\boldsymbol{\xi}_m\end{aligned} \tag{7.296}$$

其中，$F(\boldsymbol{\xi}_m-\boldsymbol{k}_0)$为粗糙面高度起伏的傅里叶变换。式(7.296)中第一项描述了与入射波具有相同波矢量的水平分量的镜反射波，矩阵 $\mathbf{V}$ 由 Fresnel 反射系数组成。矩阵 $\boldsymbol{B}$，$\boldsymbol{B}_2$，$\boldsymbol{B}_3$，… 为展开系数，无量纲，其值与粗糙面起伏无关，仅是波矢量水平分量和介质介电常数的函数。

可以通过一种简洁的方法求解系数矩阵 $\boldsymbol{B}$，$\boldsymbol{B}_2$，$\boldsymbol{B}_3$，…，即在 Rayleigh 假设有效的条件下，将区域 $\min h(\boldsymbol{r})<z<\max h(\boldsymbol{r})$外的场的表达式(7.274)至式(7.276)直接代入边界条件式(7.281)中，将含有$h(\boldsymbol{r})$的所有的指数项用幂级数展开代替，直接求解。将场表达式代入边界条件式后所得方程如下：

$$\begin{cases}(\hat{\boldsymbol{z}}-\nabla h)\times\hat{\boldsymbol{e}}_{\alpha_0}^{+(1)}(\boldsymbol{k}_0)(q_0^{(1)})^{-1/2}\exp[\mathrm{i}\boldsymbol{k}_0\cdot\boldsymbol{r}+\mathrm{i}q_0^{(1)}h(\boldsymbol{r})]+\sum\limits_{\alpha}\int\exp(\mathrm{i}\boldsymbol{k}\cdot\boldsymbol{r})(\hat{\boldsymbol{z}}-\nabla h)\times\\\{\hat{\boldsymbol{e}}_{\alpha}^{-(1)}(\boldsymbol{k})(q_k^{(1)})^{-1/2}\exp[-\mathrm{i}q_k^{(1)}h(\boldsymbol{r})]S_{\alpha\alpha_0}^{11}(\boldsymbol{k},\boldsymbol{k}_0)-\\\hat{\boldsymbol{e}}_{\alpha}^{+(2)}(\boldsymbol{k})(q_k^{(2)})^{-1/2}\exp[\mathrm{i}q_k^{(2)}h(\boldsymbol{r})]S_{\alpha\alpha_0}^{21}(\boldsymbol{k},\boldsymbol{k}_0)\}\mathrm{d}\boldsymbol{k}=0\\K_1(\hat{\boldsymbol{z}}-\nabla h)\times\hat{\boldsymbol{h}}_{\alpha_0}^{+(1)}(\boldsymbol{k}_0)(q_0^{(1)})^{-1/2}\exp(\mathrm{i}\boldsymbol{k}_0\cdot\boldsymbol{r}+\mathrm{i}q_0^{(1)}h(\boldsymbol{r}))+\sum\limits_{\alpha}\int\exp(\mathrm{i}\boldsymbol{k}\cdot\boldsymbol{r})(\hat{\boldsymbol{z}}-\nabla h)\times\\\{K_1\hat{\boldsymbol{h}}_{\alpha}^{-(1)}(\boldsymbol{k})(q_k^{(1)})^{-1/2}\exp[-\mathrm{i}q_k^{(1)}h(\boldsymbol{r})]S_{\alpha\alpha_0}^{11}(\boldsymbol{k},\boldsymbol{k}_0)-\\K_2\hat{\boldsymbol{h}}_{\alpha}^{+(2)}(\boldsymbol{k})(q_k^{(2)})^{-1/2}\exp[\mathrm{i}q_k^{(2)}h(\boldsymbol{r})]S_{\alpha\alpha_0}^{21}(\boldsymbol{k},\boldsymbol{k}_0)\}\mathrm{d}\boldsymbol{k}=0\end{cases} \tag{7.297}$$

首先求解零阶项，它对应于起伏为零时的散射情况，即 $h(\boldsymbol{r})=0$，此时

$$\overline{\boldsymbol{S}}=\mathbf{V}\delta(\boldsymbol{k}-\boldsymbol{k}_0) \tag{7.298}$$

其中，矩阵 $\mathbf{V}$ 为 4×4 矩阵。代入式(7.297)，有

$$\begin{cases}\hat{\boldsymbol{z}}\times\left[\hat{\boldsymbol{e}}_{\alpha_0}^{+(1)}(\boldsymbol{k}_0)(q_0^{(1)})^{-1/2}+\sum\limits_{\alpha}\hat{\boldsymbol{e}}_{\alpha}^{-(1)}(\boldsymbol{k}_0)(q_0^{(1)})^{-1/2}V_{\alpha\alpha_0}^{11}\right]=\hat{\boldsymbol{z}}\times\sum\limits_{\alpha}\hat{\boldsymbol{e}}_{\alpha}^{+(2)}(\boldsymbol{k}_0)(q_0^{(2)})^{-1/2}V_{\alpha\alpha_0}^{21}\\\varepsilon_1^{1/2}\hat{\boldsymbol{z}}\times\left[\hat{\boldsymbol{h}}_{\alpha_0}^{+(1)}(\boldsymbol{k}_0)(q_0^{(1)^{-1/2}})+\sum\limits_{\alpha}\hat{\boldsymbol{h}}_{\alpha}^{-(1)}(\boldsymbol{k}_0)(q_0^{(1)})^{-1/2}V_{\alpha\alpha_0}^{11}\right]=\varepsilon_2^{1/2}\hat{\boldsymbol{z}}\times\sum\limits_{\alpha}\hat{\boldsymbol{h}}_{\alpha}^{+(2)}(\boldsymbol{k}_0)(q_0^{(2)})^{-1/2}V_{\alpha\alpha_0}^{21}\end{cases} \tag{7.299}$$

当入射波为水平极化($\alpha_0=1$)时，方程(7.299)变为

$$\begin{cases}(q_0^{(1)})^{1/2}K_1^{-1}(1-V_{11}^{11})=(q_0^{(2)})^{1/2}K_2^{-1}V_{11}^{21}\\(q_0^{(1)})^{-1/2}V_{21}^{11}=(q_0^{(2)})^{-1/2}V_{21}^{21}\end{cases},\quad\begin{cases}(q_0^{(1)})^{1/2}V_{21}^{11}=-(q_0^{(2)})^{-1/2}V_{21}^{21}\\\varepsilon_1^{1/2}(q_0^{(1)})^{-1/2}(1+V_{11}^{11})=\varepsilon_2^{1/2}(q_0^{(2)})^{-1/2}V_{11}^{21}\end{cases}\tag{7.300}$$

求解方程(7.300)得到

$$\begin{cases}V_{11}^{11}=a=\dfrac{\varepsilon_2 q^{(1)}-\varepsilon_1 q^{(2)}}{\varepsilon_2 q^{(1)}+\varepsilon_1 q^{(2)}}\\[2ex]V_{11}^{21}=c=\dfrac{2(\varepsilon_1\varepsilon_2 q^{(1)}q^{(2)})^{1/2}}{\varepsilon_2 q^{(1)}+\varepsilon_1 q^{(2)}},\quad V_{21}^{11}=V_{21}^{21}=0\end{cases}\tag{7.301}$$

同样，入射波为垂直极化($\alpha_0=2$)时，重复上述过程，可以得到

$$V_{22}^{11}=b=\frac{q^{(1)}-q^{(2)}}{q^{(1)}+q^{(2)}},\ V_{22}^{21}=d=\frac{2\,(q^{(1)}q^{(2)})^{1/2}}{q^{(1)}+q^{(2)}},\ V_{12}^{11}=V_{12}^{21}=0\tag{7.302}$$

根据式(7.301)、式(7.302)可以得到矩阵 $\mathbf{V}$ 为

$$\mathbf{V}=\begin{pmatrix}a&0&c&0\\0&b&0&d\\c&0&-a&0\\0&d&0&-b\end{pmatrix}\tag{7.303}$$

显然，$a^2+b^2+c^2+d^2=1$，且 $\mathbf{V}(\boldsymbol{k})=\mathbf{V}^{\mathrm{T}}(\boldsymbol{k})=\mathbf{V}(-\boldsymbol{k})$，故矩阵 $\mathbf{V}$ 具有互易性和幺正性。

使用 SSA 展开 $\boldsymbol{S}$ 矩阵必须满足如下的小起伏条件：

$$q_k h\ll 1\tag{7.304}$$

且对于入射波数 k_0 和所有的散射波数 k 都必须满足该条件。式(7.304)说明表面的非周期斜率必须足够小，至少要小于入射波和散射波的擦地角正切。散射振幅可表示为

$$\boldsymbol{S}^{NN_0}(\boldsymbol{k},\boldsymbol{k}_0)=\frac{1}{(2\pi)^2}\int\boldsymbol{\Phi}^{NN_0}(\boldsymbol{k},\boldsymbol{k}_0;\boldsymbol{r};[h])\cdot\\ \exp[-\mathrm{i}(\boldsymbol{k}-\boldsymbol{k}_0)\cdot\boldsymbol{r}-\mathrm{i}[(-1)^N q_k^{(N)}+(-1)^{N_0}q_{k_0}^{(N_0)}]h(\boldsymbol{r})]\mathrm{d}\boldsymbol{r}\tag{7.305}$$

其中

$$\boldsymbol{\Phi}^{NN_0}(\boldsymbol{k},\boldsymbol{k}_0;\boldsymbol{r};[h])=\boldsymbol{\Phi}_0^{NN_0}(\boldsymbol{k},\boldsymbol{k}_0)+\int\boldsymbol{\Phi}_1^{NN_0}(\boldsymbol{k},\boldsymbol{k}_0;\boldsymbol{\xi})F(\boldsymbol{\xi})\exp(\mathrm{i}\boldsymbol{\xi}\cdot\boldsymbol{r})\mathrm{d}\boldsymbol{\xi}+\\ \int\boldsymbol{\Phi}_2^{NN_0}(\boldsymbol{k},\boldsymbol{k}_0;\boldsymbol{\xi}_1,\boldsymbol{\xi}_2)F(\boldsymbol{\xi}_1)F(\boldsymbol{\xi}_2)\exp[\mathrm{i}(\boldsymbol{\xi}_1+\boldsymbol{\xi}_2)\cdot\boldsymbol{r}]\mathrm{d}\boldsymbol{\xi}_1\mathrm{d}\boldsymbol{\xi}_2+\cdots\tag{7.306}$$

$$F(\boldsymbol{\xi})=\frac{1}{(2\pi)^2}\int h(\boldsymbol{r})\exp(-\mathrm{i}\boldsymbol{k}\cdot\boldsymbol{r})\mathrm{d}\boldsymbol{r}\tag{7.307}$$

其中，$\boldsymbol{\Phi}$ 为用功率积分形式展开的高度泛函。函数 $\boldsymbol{\Phi}_1$，$\boldsymbol{\Phi}_2$，…关于变量 $\boldsymbol{\xi}_1$，$\boldsymbol{\xi}_2$，…对称。若粗糙面具有水平方向上的平移不变性，则

$$h(\boldsymbol{r})\rightarrow h(\boldsymbol{r}-\boldsymbol{d}),\ \boldsymbol{S}(\boldsymbol{k},\boldsymbol{k}_0)\rightarrow\boldsymbol{S}(\boldsymbol{k},\boldsymbol{k}_0)\cdot\exp[-\mathrm{i}(\boldsymbol{k}-\boldsymbol{k}_0)\cdot\mathrm{d}]\tag{7.308}$$

应用此特性可得式(7.305)中的高度起伏相关指数因子与散射振幅关系，即若 $h(\boldsymbol{r})\rightarrow h(\boldsymbol{r})+H$，其中 H 为常数，则

$$\boldsymbol{S}^{NN_0}(\boldsymbol{k},\boldsymbol{k}_0)\rightarrow\boldsymbol{S}^{NN_0}(\boldsymbol{k},\boldsymbol{k}_0)\exp[-\mathrm{i}Q_{kk_0}^{NN_0}h(\boldsymbol{r})]\tag{7.309}$$

此处引入一个与垂直方向波数和相关的特性参数 $Q_{kk_0}^{NN_0}=(-1)^N q_k^{(N)}+(-1)^{N_0}q_{k_0}^{(N_0)}$。因此，

泛函 $\boldsymbol{\Phi}$ 具有如下的变换特性：

$$F(\boldsymbol{\xi})\to F(\boldsymbol{\xi})+H\delta(\boldsymbol{\xi})$$

为得到式(7.305)的具体形式，可将小斜率近似的 $\boldsymbol{S}$ 矩阵写为如下的级数展开形式：

$$\boldsymbol{S}^{NN_0}(\boldsymbol{k},\boldsymbol{k}_0)=\boldsymbol{V}^{NN_0}(\boldsymbol{k},\boldsymbol{k}_0)\cdot\delta(\boldsymbol{k}-\boldsymbol{k}_0)+2\mathrm{i}(q_k^{(N)}q_{k_0}^{(N_0)})^{1/2}\boldsymbol{B}_{\alpha\alpha_0}^{NN_0}(\boldsymbol{k},\boldsymbol{k}_0)F(\boldsymbol{k}-\boldsymbol{k}_0)+$$
$$(q_k^{(N)}q_{k_0}^{(N_0)})^{1/2}\sum_{m=1}^{\infty}\int(\boldsymbol{B}_{m+1})_{\alpha\alpha_0}^{NN_0}(\boldsymbol{k},\boldsymbol{k}_0;\boldsymbol{\xi}_1,\cdots,\boldsymbol{\xi}_m)\times F(\boldsymbol{k}-\boldsymbol{\xi}_1)\cdots F(\boldsymbol{\xi}_m-\boldsymbol{k}_0)\mathrm{d}\boldsymbol{\xi}_1\cdots\mathrm{d}\boldsymbol{\xi}_m \tag{7.310}$$

采用与微扰法类似的过程，利用边界条件确定展开系数 $\boldsymbol{B}_{\alpha\alpha_0}^{NN_0}$。当不考虑式(7.310)的求和号中的各项时，得到一阶小斜率近似(SSA1)下的散射矩阵表达式：

$$\boldsymbol{S}^{NN_0}(\boldsymbol{k},\boldsymbol{k}_0)=-\frac{2\sqrt{q_k^{(N)}q_{k_0}^{(N_0)}}\boldsymbol{B}^{NN_0}(\boldsymbol{k},\boldsymbol{k}_0)}{Q_{kk_0}^{NN_0}}\int\frac{1}{(2\pi)^2}\exp[-\mathrm{i}(\boldsymbol{k}-\boldsymbol{k}_0)\cdot\boldsymbol{r}-\mathrm{i}Q_{kk_0}^{NN_0}h(\boldsymbol{r})]\mathrm{d}\boldsymbol{r} \tag{7.311}$$

式(7.311)可以改写为

$$\boldsymbol{S}^{NN_0}(\boldsymbol{k},\boldsymbol{k}_0)=\boldsymbol{V}^{NN_0}(\boldsymbol{k},\boldsymbol{k}_0)\delta(\boldsymbol{k}-\boldsymbol{k}_0)-\frac{2\sqrt{q_k^{(N)}q_{k_0}^{(N_0)}}\boldsymbol{B}^{NN_0}(\boldsymbol{k},\boldsymbol{k}_0)}{Q_{kk_0}^{NN_0}}\cdot$$
$$\int\frac{1}{(2\pi)^2}\exp[-\mathrm{i}(\boldsymbol{k}-\boldsymbol{k}_0)\cdot\boldsymbol{r}][\exp(-\mathrm{i}Q_{kk_0}^{NN_0}h(\boldsymbol{r}))-1]\mathrm{d}\boldsymbol{r} \tag{7.312}$$

对单纯介质粗糙面，相对介电常数为 ε，粗糙面上方为自由空间，$\boldsymbol{B}^{NN_0}(\boldsymbol{k},\boldsymbol{k}_0)$ 为

$$B_{11}^{11}(\boldsymbol{k},\boldsymbol{k}_0)=\frac{\varepsilon-1}{(\varepsilon q_k^{(1)}+q_k^{(2)})(\varepsilon q_{k_0}^{(1)}+q_{k_0}^{(2)})}\left(q_k^{(2)}q_{k_0}^{(2)}\frac{\boldsymbol{k}\cdot\boldsymbol{k}_0}{kk_0}-\varepsilon kk_0\right) \tag{7.313}$$

$$B_{12}^{11}(\boldsymbol{k},\boldsymbol{k}_0)=\frac{\varepsilon-1}{(\varepsilon q_k^{(1)}+q_k^{(2)})(q_{k_0}^{(1)}+q_{k_0}^{(2)})}\frac{\omega}{c_0}q_k^{(2)}\left(\frac{\boldsymbol{N}\cdot\boldsymbol{k}\times\boldsymbol{k}_0}{kk_0}\right) \tag{7.314}$$

$$B_{21}^{11}(\boldsymbol{k},\boldsymbol{k}_0)=\frac{\varepsilon-1}{(q_k^{(1)}+q_k^{(2)})(\varepsilon q_{k_0}^{(1)}+q_{k_0}^{(2)})}\frac{\omega}{c_0}q_{k_0}^{(2)}\left(\frac{\boldsymbol{N}\cdot\boldsymbol{k}\times\boldsymbol{k}_0}{kk_0}\right) \tag{7.315}$$

$$B_{22}^{11}(\boldsymbol{k},\boldsymbol{k}_0)=-\frac{\varepsilon-1}{(q_k^{(1)}+q_k^{(2)})(q_{k_0}^{(1)}+q_{k_0}^{(2)})}\left(\frac{\omega}{c_0}\right)^2\frac{\boldsymbol{k}\cdot\boldsymbol{k}_0}{kk_0} \tag{7.316}$$

考虑式(7.310)求和号中的第一项时，可得二阶近似下的散射振幅：

$$\boldsymbol{S}^{NN_0}(\boldsymbol{k},\boldsymbol{k}_0)=-\frac{2(q_k^{(N)}q_{k_0}^{(N_0)})^{1/2}}{Q_{kk_0}^{NN_0}}\int\frac{1}{(2\pi)^2}\exp[-\mathrm{i}(\boldsymbol{k}-\boldsymbol{k}_0)\cdot\boldsymbol{r}-\mathrm{i}Q_{kk_0}^{NN_0}h(\boldsymbol{r})]\cdot$$
$$\left[\boldsymbol{B}^{NN_0}(\boldsymbol{k},\boldsymbol{k}_0)-\frac{\mathrm{i}}{4}\int\boldsymbol{M}^{NN_0}(\boldsymbol{k},\boldsymbol{k}_0;\boldsymbol{\xi})F(\boldsymbol{\xi})\exp(\mathrm{i}\boldsymbol{\xi}\cdot\boldsymbol{r})\mathrm{d}\boldsymbol{\xi}\right]\mathrm{d}\boldsymbol{r} \tag{7.317}$$

其中

$$\boldsymbol{M}^{NN_0}(\boldsymbol{k},\boldsymbol{k}_0;\boldsymbol{\xi})=\boldsymbol{B}_2^{NN_0}(\boldsymbol{k},\boldsymbol{k}_0;\boldsymbol{k}-\boldsymbol{\xi})+\boldsymbol{B}_2^{NN_0}(\boldsymbol{k},\boldsymbol{k}_0;\boldsymbol{k}+\boldsymbol{\xi})-2Q_{kk_0}^{NN_0}\boldsymbol{B}(\boldsymbol{k},\boldsymbol{k}_0) \tag{7.318}$$

$$(B_2)_{11}^{11}(\boldsymbol{k},\boldsymbol{k}_0;\boldsymbol{\xi})=\frac{\varepsilon-1}{(\varepsilon q_k^{(1)}+q_k^{(2)})(\varepsilon q_0^{(1)}+q_0^{(2)})}\cdot\left\{-2\frac{\varepsilon-1}{\varepsilon q_\xi^{(1)}+q_\xi^{(2)}}\left(q_k^{(2)}q_0^{(2)}\frac{\boldsymbol{k}\cdot\boldsymbol{\xi}}{k}\frac{\boldsymbol{\xi}\cdot\boldsymbol{k}_0}{k_0}+\varepsilon kk_0\xi^2\right)+\right.$$
$$2\varepsilon\frac{q_\xi^{(1)}+q_\xi^{(2)}}{\varepsilon q_\xi^{(1)}+q_\xi^{(2)}}\left(k_0q_k^{(2)}\frac{\boldsymbol{k}\cdot\boldsymbol{\xi}}{k}+kq_0^{(2)}\frac{\boldsymbol{\xi}\cdot\boldsymbol{k}_0}{k_0}\right)-$$
$$\left.\left[\varepsilon\left(\frac{\omega}{c_0}\right)^2(q_k^{(2)}+q_0^{(2)})+2q_k^{(2)}q_0^{(2)}(q_\xi^{(1)}-q_\xi^{(2)})\right]\frac{\boldsymbol{k}\cdot\boldsymbol{k}_0}{kk_0}\right\} \tag{7.319}$$

$$(B_2)_{12}^{11}(\boldsymbol{k},\boldsymbol{k}_0;\boldsymbol{\xi})=\frac{(\varepsilon-1)\left(\dfrac{\omega}{c_0}\right)}{(\varepsilon q_k^{(1)}+q_k^{(2)})(q_0^{(1)}+q_0^{(2)})}\left\{-2\frac{\varepsilon-1}{\varepsilon q_\xi^{(1)}+q_\xi^{(2)}}q_k^{(2)}\frac{\boldsymbol{k}\cdot\boldsymbol{\xi}}{k}\frac{\boldsymbol{N}\cdot\boldsymbol{\xi}\times\boldsymbol{k}_0}{k_0}+\right.$$
$$\left.2\varepsilon\frac{q_\xi^{(1)}+q_\xi^{(2)}}{\varepsilon q_\xi^{(1)}+q_\xi^{(2)}}k\frac{\boldsymbol{N}\cdot\boldsymbol{\xi}\times\boldsymbol{k}_0}{k_0}-\left[\varepsilon\left(\frac{\omega}{c_0}\right)^2+q_k^{(2)}q_0^{(2)}+2q_k^{(2)}(q_\xi^{(1)}-q_\xi^{(2)})\right]\frac{\boldsymbol{N}\cdot\boldsymbol{k}\times\boldsymbol{k}_0}{kk_0}\right\}\tag{7.320}$$

$$(B_2)_{21}^{11}(\boldsymbol{k},\boldsymbol{k}_0;\boldsymbol{\xi})=-(B_2)_{12}^{11}(\boldsymbol{k},\boldsymbol{k}_0;\boldsymbol{\xi})=\frac{(\varepsilon-1)\left(\dfrac{\omega}{c_0}\right)}{(\varepsilon q_0^{(1)}+q_0^{(2)})(q_k^{(1)}+q_k^{(2)})}\cdot$$
$$\left\{2\frac{\varepsilon-1}{\varepsilon q_\xi^{(1)}+q_\xi^{(2)}}q_0^{(2)}\frac{\boldsymbol{k}_0\cdot\boldsymbol{\xi}}{k_0}\frac{\boldsymbol{N}\cdot\boldsymbol{\xi}\times\boldsymbol{k}}{k}-2\varepsilon\frac{q_\xi^{(1)}+q_\xi^{(2)}}{\varepsilon q_\xi^{(1)}+q_\xi^{(2)}}k_0\frac{\boldsymbol{N}\cdot\boldsymbol{\xi}\times\boldsymbol{k}}{k}+\right.$$
$$\left.\left[\varepsilon\left(\frac{\omega}{c_0}\right)^2+q_k^{(2)}q_0^{(2)}+2q_0^{(2)}(q_\xi^{(1)}-q_\xi^{(2)})\right]\frac{\boldsymbol{N}\cdot\boldsymbol{k}\times\boldsymbol{k}_0}{kk_0}\right\}\tag{7.321}$$

$$(B_2)_{22}^{11}(\boldsymbol{k},\boldsymbol{k}_0;\boldsymbol{\xi})=\frac{(\varepsilon-1)\left(\dfrac{\omega}{c_0}\right)^2}{(q_k^{(1)}+q_k^{(2)})(q_0^{(1)}+q_0^{(2)})}\cdot$$
$$\left\{-2\frac{\varepsilon-1}{\varepsilon q_\xi^{(1)}+q_\xi^{(2)}}\left(\frac{\boldsymbol{k}\cdot\boldsymbol{\xi}}{k}\frac{\boldsymbol{\xi}\cdot\boldsymbol{k}_0}{k_0}-\xi^2\frac{\boldsymbol{k}\cdot\boldsymbol{k}_0}{kk_0}\right)+\left[q_k^{(2)}+q_0^{(2)}+2(q_\xi^{(1)}-q_\xi^{(2)})\right]\frac{\boldsymbol{k}\cdot\boldsymbol{k}_0}{kk_0}\right\}\tag{7.322}$$

$\boldsymbol{M}^{NN_0}$ 具有如下性质：

$$\boldsymbol{M}^{NN_0}(\boldsymbol{k},\boldsymbol{k}_0;0)=\boldsymbol{M}^{NN_0}(\boldsymbol{k},\boldsymbol{k}_0;\boldsymbol{k}-\boldsymbol{k}_0)=0\tag{7.323}$$

可以看出在 $\xi=0$ 和 $\boldsymbol{\xi}=\boldsymbol{k}-\boldsymbol{k}_0$ 处式(7.310)内层积分中 $F(\boldsymbol{\xi})$ 的系数为 0，即式(7.311)中括号中的第二项为与 ∇h 相关的二阶修正。显然，对于研究单纯介质粗糙面散射问题，$N=N_0=1$，故以上各式中的

$$Q_{kk_0}^{NN_0}=-(q_k+q_{k_0})\tag{7.324}$$

式(7.311)和式(7.317)分别对应一阶和二阶小斜率近似下的散射振幅，其与式(7.305)所述散射振幅的误差分别为 $O(h)$ 和 $O(h^2)$。二阶小斜率相较于一阶小斜率具有更高的精度，常被用于计算大入射角下的后向散射特性。虽然二阶小斜率计算量更大，但是注意到式(7.317)中的内层积分可借助二维傅里叶变换实现，因此可以极大地提高二阶小斜率的计算效率。由于本章的仿真结果涵盖从近垂直入射到掠入射，计算中均采用二阶小斜率近似。

随机粗糙面的散射可以认为是一个随机过程，因此，可以用统计方法来描述随机粗糙面的特性，其散射场也将是一个由统计参数刻画的随机函数。随机粗糙面的散射系数可以根据平均散射强度来定义为

$$\boldsymbol{\sigma}(\boldsymbol{k},\boldsymbol{k}_0)=4\pi R^2\langle|\boldsymbol{S}(\boldsymbol{k},\boldsymbol{k}_0)|^2\rangle\tag{7.325}$$

为了简单起见，考虑一种极化状态下(如 hh 极化，vv 极化等)电磁波入射到单一介质粗糙面上的散射，本节将散射矩阵等矩阵量退化到单一矩阵元素量来考虑。

散射系数可以表示为相干分量 σ_{C} 和非相干分量 σ_{I} 之和，即

$$\sigma(\boldsymbol{k},\boldsymbol{k}_0)=\sigma_{\mathrm{C}}(\boldsymbol{k},\boldsymbol{k}_0)+\sigma_{\mathrm{I}}(\boldsymbol{k},\boldsymbol{k}_0)\tag{7.326}$$

其中，σ_{C}，σ_{I} 分别定义为

$$\sigma_{\mathrm{C}}(\boldsymbol{k},\ \boldsymbol{k}_0)=4\pi R^2\left|\langle S(\boldsymbol{k},\ \boldsymbol{k}_0)\rangle\right|^2,\ \sigma_{\mathrm{I}}(\boldsymbol{k},\ \boldsymbol{k}_0)=4\pi R^2(\langle\left|S(\boldsymbol{k},\ \boldsymbol{k}_0)\right|^2\rangle-\left|\langle S(\boldsymbol{k},\ \boldsymbol{k}_0)\rangle\right|^2) \tag{7.327}$$

在光学应用方面，双向反射分布函数、微分反射系数与散射系数有如下关系：

$$\begin{cases}\sigma(\boldsymbol{k},\ \boldsymbol{k}_0)=4\pi A\cos(\theta_{\mathrm{s}})\cos(\theta_{\mathrm{i}})\mathrm{BRDF}(\boldsymbol{k},\ \boldsymbol{k}_0)\\ \mathrm{DRC}(\boldsymbol{k},\ \boldsymbol{k}_0)=\mathrm{BRDF}(\boldsymbol{k},\ \boldsymbol{k}_0)\cos(\theta_{\mathrm{s}})\end{cases} \tag{7.328}$$

直接对式(7.317)做集平均得到

$$\langle S(\boldsymbol{k},\ \boldsymbol{k}_0)\rangle=\frac{2\sqrt{q_k q_0}}{Q_{kk_0}}\chi_1(Q_{kk_0})\int\frac{1}{(2\pi)^2}[B(\boldsymbol{k},\ \boldsymbol{k}_0)+F(\boldsymbol{k},\ \boldsymbol{k}_0;\ 0)]\exp[-\mathrm{i}(\boldsymbol{k}-\boldsymbol{k}_0)\cdot\boldsymbol{r}]\mathrm{d}\boldsymbol{r} \tag{7.329}$$

其中

$$F(\boldsymbol{k},\ \boldsymbol{k}_0;\ \boldsymbol{r})=\frac{Q_{kk_0}}{4}\int M(\boldsymbol{k},\ \boldsymbol{k}_0;\ \boldsymbol{\xi})F(\boldsymbol{\xi})\mathrm{e}^{\mathrm{i}\boldsymbol{\xi}\cdot\boldsymbol{r}}\mathrm{d}\boldsymbol{\xi} \tag{7.330}$$

S、χ_1 分别为随机粗糙面的功率谱密度函数和特征函数。$F(\boldsymbol{\xi})$的傅里叶变换为粗糙面的相关函数，用 $C(\boldsymbol{\rho})$表示。特征函数是概率密度函数的傅里叶变换。考虑高度起伏的概率密度为高斯函数的随机粗糙面情况，因此，特征函数 $\chi_1(Q)$为

$$\chi_1(Q)=\exp\left[-\frac{Q^2C(0)}{2}\right] \tag{7.331}$$

利用式(7.329)可直接得到二阶小斜率近似的相干散射系数为

$$\sigma_{\mathrm{C}}(\boldsymbol{k},\ \boldsymbol{k}_0)=\frac{4q_k q_0}{\pi Q^2}\chi_1^2(Q)\left|B(\boldsymbol{k},\ \boldsymbol{k}_0)-F(\boldsymbol{k},\ \boldsymbol{k}_0;\ 0)\right|^2\iint\mathrm{e}^{-\mathrm{i}(\boldsymbol{k}-\boldsymbol{k}_0)\cdot(\boldsymbol{r}-\boldsymbol{r}')}\mathrm{d}\boldsymbol{r}\mathrm{d}\boldsymbol{r}' \tag{7.332}$$

在直角坐标下计算式(7.332)中的二重积分：

$$\begin{aligned}I&=\int_{\boldsymbol{r}}\int_{\boldsymbol{r}'}\mathrm{e}^{-\mathrm{i}(\boldsymbol{k}-\boldsymbol{k}_0)\cdot(\boldsymbol{r}-\boldsymbol{r}')}\mathrm{d}\boldsymbol{r}\mathrm{d}\boldsymbol{r}'\\&=\int_x\int_y\int_{x'}\int_{y'}\exp[-\mathrm{i}(k_x-k_{0x})(x-x')-\mathrm{i}(k_y-k_{0y})(y-y')]\mathrm{d}x\mathrm{d}x'\mathrm{d}y\mathrm{d}y'\end{aligned} \tag{7.333}$$

积分区域为入射波的照射面积。将 $x\in[-L_x/2,\ L_x/2]$，$y\in[-L_y/2,\ L_y/2]$代入式(7.333)，得

$$I=\int_{-L_x}^{L_x}\int_{-L_y}^{L_y}(L_x-|x|)(L_y-|y|)\exp[-\mathrm{i}(k_x-k_{0x})x-\mathrm{i}(k_y-k_{0y})y]\mathrm{d}x\mathrm{d}y \tag{7.334}$$

积分得到

$$I=(L_xL_y)^2\mathrm{sinc}^2\left[(k_x-k_{0x})\frac{L_x}{2}\right]\mathrm{sinc}^2\left[(k_y-k_{0y})\frac{L_y}{2}\right] \tag{7.335}$$

将式(7.335)代入式(7.332)得到相干散射系数的表达式为

$$\sigma_{\mathrm{C}}(\boldsymbol{k},\ \boldsymbol{k}_0)=\frac{4q_k q_0}{\pi Q^2}\chi_1^2(Q)\left|B(\boldsymbol{k},\ \boldsymbol{k}_0)-F(\boldsymbol{k},\ \boldsymbol{k}_0;\ 0)\right|^2\frac{I}{(L_xL_y)^2} \tag{7.336}$$

将散射系数定义式(7.325)代入小斜率近似下散射振幅的二阶展开式(7.329)，得到

$$\begin{aligned}\sigma(\boldsymbol{k},\ \boldsymbol{k}_0)=&\frac{4q_k q_0}{\pi Q^2}\iint\chi_2(Q,\ -Q,\ \boldsymbol{r}-\boldsymbol{r}')\exp[-\mathrm{i}(\boldsymbol{k}-\boldsymbol{k}_0)\cdot(\boldsymbol{r}-\boldsymbol{r}')]\cdot\\&(\left|B(\boldsymbol{k},\ \boldsymbol{k}_0)+F(\boldsymbol{k},\ \boldsymbol{k}_0;\ \boldsymbol{r}-\boldsymbol{r}')\right|^2+G(\boldsymbol{k},\ \boldsymbol{k}_0;\ \boldsymbol{r}-\boldsymbol{r}'))\mathrm{d}\boldsymbol{r}\mathrm{d}\boldsymbol{r}'\end{aligned} \tag{7.337}$$

非相干散射系数为

$$\sigma_{\mathrm{I}}(\boldsymbol{k},\ \boldsymbol{k}_0) = \frac{4q_k q_0}{\pi Q^2}\iint R(\boldsymbol{k},\ \boldsymbol{k}_0;\ \boldsymbol{r},\ \boldsymbol{r}')\mathrm{e}^{\mathrm{i}(\boldsymbol{k}-\boldsymbol{k}_0)\cdot(\boldsymbol{r}-\boldsymbol{r}')}\mathrm{d}\boldsymbol{r}\mathrm{d}\boldsymbol{r}' \tag{7.338}$$

其中

$$R(\boldsymbol{k},\ \boldsymbol{k}_0;\ \boldsymbol{r},\ \boldsymbol{r}')=\chi_2(Q,\ -Q,\ \boldsymbol{r}-\boldsymbol{r}')[\,|B(\boldsymbol{k},\ \boldsymbol{k}_0)+F(\boldsymbol{k},\ \boldsymbol{k}_0;\ \boldsymbol{r},\ \boldsymbol{r}')-F(\boldsymbol{k},\ \boldsymbol{k}'_0;\ 0)|^2+ G(\boldsymbol{k},\ \boldsymbol{k}_0;\ \boldsymbol{r},\ \boldsymbol{r}')]-\chi_1^2(Q)\,|B(\boldsymbol{k},\ \boldsymbol{k}'_0)-F(\boldsymbol{k},\ \boldsymbol{k}_0;\ 0)|^2 \tag{7.339}$$

$$G(\boldsymbol{k},\ \boldsymbol{k}_0;\ \boldsymbol{r},\ \boldsymbol{r}') = \frac{1}{16}\int |M_{\alpha\alpha_0}^{NN_0}(\boldsymbol{k},\ \boldsymbol{k}_0;\ \boldsymbol{\xi})|^2 S(\boldsymbol{\xi})\mathrm{e}^{\mathrm{i}\boldsymbol{\xi}\cdot\boldsymbol{r}}\mathrm{d}\boldsymbol{\xi} \tag{7.340}$$

其中，$\boldsymbol{M}_{\alpha\alpha_0}^{NN_0}(\boldsymbol{k},\ \boldsymbol{k}_0;\ \boldsymbol{\xi})$和$F(\boldsymbol{k},\ \boldsymbol{k}_0;\ \boldsymbol{r},\ \boldsymbol{r}')$分别由式(7.318)和式(7.330)定义。由式(7.330)可知，函数$F(\boldsymbol{k},\ \boldsymbol{k}_0;\ \boldsymbol{r},\ \boldsymbol{r}')$正比于$\langle(\nabla h)^2\rangle$，是$B(\boldsymbol{k},\ \boldsymbol{k}_0)$的一个修正函数。

$\chi_2(Q,\ -Q,\ \boldsymbol{\rho})$是粗糙面的二维特征函数，对于高斯起伏粗糙面，其特征函数为

$$\chi_2(Q,\ -Q,\ \boldsymbol{\rho})=\exp[-Q^2(C(0)-C(\boldsymbol{\rho}))] \tag{7.341}$$

式(7.338)在矩形区域$x\in\left[-\frac{L_x}{2},\ \frac{L_x}{2}\right]$，$y\in\left[-\frac{L_y}{2},\ \frac{L_y}{2}\right]$的积分形式为

$$\sigma_{\mathrm{I}}(\boldsymbol{k},\ \boldsymbol{k}_0) = \frac{4q_k q_0}{\pi Q^2}\int_{-L_x}^{L_x}\int_{-L_y}^{L_y}(L_x-|x|)(L_y-|y|)R(\boldsymbol{k},\ \boldsymbol{k}_0;\ \boldsymbol{r},\ \boldsymbol{r}')\mathrm{e}^{-\mathrm{i}[(k_x-k_{0x})x+(k_y-k_{0y})y]}\mathrm{d}x\mathrm{d}y \tag{7.342}$$

为了便于理解，本节给出了上述方法。实际上利用上节给出的方法，同样可以获得式(7.336)、式(7.342)的结果。现在讨论小斜率近似下的能量守恒关系。将散射矩阵表示为平均矩阵与起伏矩阵之和，即

$$\boldsymbol{S}_{\alpha\alpha_0}^{NN_0}(\boldsymbol{k},\ \boldsymbol{k}_0)=\overline{V}(\boldsymbol{k})\delta(\boldsymbol{k},\ \boldsymbol{k}_0)+\Delta S_{\alpha\alpha_0}^{NN_0}(\boldsymbol{k},\ \boldsymbol{k}_0) \tag{7.343}$$

将(7.343)代入幺正性关系式(7.293)，得到

$$\sum_{N',\ \alpha'=1,\ 2}\int_{k'<K_{N'}} S_{\alpha\alpha'}^{NN'}\left(\boldsymbol{k}-\frac{1}{2}\boldsymbol{d},\ \boldsymbol{k}'\right)(S^*)_{\alpha\alpha'}^{NN'}\left(\boldsymbol{k}+\frac{1}{2}\boldsymbol{d},\ \boldsymbol{k}'\right)\mathrm{d}\boldsymbol{k}' = \delta(\boldsymbol{d}) \tag{7.344}$$

对式(7.344)取平均，并结合式(7.293)可得到如下关系：

$$\sum_{N',\ \alpha'=1,\ 2}\left(|\overline{V}_{\alpha\alpha_0}^{NN_0}(\boldsymbol{k})|^2+\int_{k'<K_{N'}}\sigma_{\alpha\alpha_0}^{NN_0}(\boldsymbol{k},\ \boldsymbol{k}')\mathrm{d}\boldsymbol{k}'\right)=1 \tag{7.345}$$

式(7.345)描述了相干和非相干散射分量在介质无损耗的情况下满足能量守恒的特性。

从高频近似下二阶小斜率近似的散射振幅(式(7.317))出发，当$\boldsymbol{k}$，$\boldsymbol{k}_0\to\infty$时，$\xi\ll k$，$k_0$。对于小起伏粗糙面，可以对式(7.318)取线性近似：

$$\widehat{\boldsymbol{M}}^{NN_0}(\boldsymbol{k},\ \boldsymbol{k}_0;\ \boldsymbol{\xi})\approx\frac{\widehat{\boldsymbol{M}}^{NN_0}(\boldsymbol{k},\ \boldsymbol{k}_0;\ 0)}{\mathrm{d}\boldsymbol{\xi}}\cdot\boldsymbol{\xi} \tag{7.346}$$

在此近似下，式(7.317)中矩阵$\boldsymbol{M}^{NN_0}(\boldsymbol{k},\ \boldsymbol{k}_0;\ \boldsymbol{\xi})$的积分项变为了$\widehat{\boldsymbol{M}}^{NN_0}(\boldsymbol{k},\ \boldsymbol{k}_0;\ \boldsymbol{\xi})\nabla h$，进一步通过分步积分合并到零阶展开项中，可获得

$$\widehat{\boldsymbol{S}}^{NN_0}(\boldsymbol{k},\ \boldsymbol{k}_0) = -\frac{2(q_k^{(N)}q_0^{(N_0)})^{1/2}}{Q_{kk_0}^{NN_0}}\left[\widehat{\boldsymbol{B}}^{NN_0}(\boldsymbol{k},\ \boldsymbol{k}_0)+\frac{1}{4}\frac{\boldsymbol{k}-\boldsymbol{k}_0}{Q_{kk_0}^{NN_0}}\frac{\widehat{\boldsymbol{M}}^{NN_0}(\boldsymbol{k},\ \boldsymbol{k}_0;\ 0)}{\mathrm{d}\boldsymbol{\xi}}\right]\times \int\frac{1}{(2\pi)^2}\exp[-\mathrm{i}(\boldsymbol{k}-\boldsymbol{k}_0)\cdot\boldsymbol{r}-\mathrm{i}Q_{kk_0}^{NN_0}h(\boldsymbol{r})]\mathrm{d}\boldsymbol{r} \tag{7.347}$$

式(7.347)与基尔霍夫近似下的散射矩阵式有着同样的结构：

$$\widehat{S}^{NN_0}_{(KA)}(\boldsymbol{k},\boldsymbol{k}_0)=-\frac{2(q_k^{(N)}q_0^{(N_0)})^{1/2}}{Q_{kk_0}^{NN_0}}\widehat{B}^{NN_0}_{(KA)}(\boldsymbol{k},\boldsymbol{k}_0)\times\int\frac{1}{(2\pi)^2}\exp[-\mathrm{i}(\boldsymbol{k}-\boldsymbol{k}_0)\cdot\boldsymbol{r}-\mathrm{i}Q_{kk_0}^{NN_0}h(\boldsymbol{r})]\mathrm{d}\boldsymbol{r} \tag{7.348}$$

当 $\boldsymbol{k}\neq\boldsymbol{k}'$ 时，通常情况下，$\widehat{B}^{NN_0}_{(KA)}(\boldsymbol{k},\boldsymbol{k}_0)$ 既不同于 $\widehat{B}^{NN_0}(\boldsymbol{k},\boldsymbol{k}_0)$，也不同于式(7.348)中方括号中的因子。两个不一致核函数导致了在基尔霍夫近似区域，两种方法计算结果的不一致。

下面分析二阶小斜率近似与一阶小斜率近似的关系。在 $F(\boldsymbol{k},\boldsymbol{k}_0;\boldsymbol{r},\boldsymbol{r}')$ 函数可以忽略的情况下，式(7.339)可以简化为

$$R(\boldsymbol{k},\boldsymbol{k}_0;\boldsymbol{r},\boldsymbol{r})=|B(\boldsymbol{k},\boldsymbol{k}_0)|^2[\mathrm{e}^{-Q^2\sigma^2}(\mathrm{e}^{W(\boldsymbol{r}-\boldsymbol{r}')}-1)] \tag{7.349}$$

非相干散射截面式(7.338)退化到一阶小斜率近似：

$$\sigma_{\mathrm{I}}(\boldsymbol{k},\boldsymbol{k}_0)=\frac{4q_kq_0}{\pi Q^2}|B(\boldsymbol{k},\boldsymbol{k}_0)|^2\iint\mathrm{e}^{-\mathrm{i}(\boldsymbol{k}-\boldsymbol{k}_0)\cdot(\boldsymbol{r}-\boldsymbol{r}')}\mathrm{e}^{-Q^2\sigma^2}(\mathrm{e}^{W(\boldsymbol{r})}-1)\mathrm{d}\boldsymbol{r}\mathrm{d}\boldsymbol{r}' \tag{7.350}$$

其中，$W(\boldsymbol{r})=\int S(\boldsymbol{\xi})\exp(\mathrm{i}\boldsymbol{\xi}\cdot\boldsymbol{r})\mathrm{d}\boldsymbol{\xi}$。

也可以从另一个角度来解释，将二阶小斜率近似的散射矩阵式(7.317)中的被积函数的非指数项做如下近似：

$$\begin{aligned}&B_{\alpha\alpha_0}(\boldsymbol{k},\boldsymbol{k}_0)-\frac{\mathrm{i}}{4}\int M_{\alpha\alpha_0}(\boldsymbol{k},\boldsymbol{k}_0;\boldsymbol{\xi})h(\boldsymbol{\xi})\exp(\mathrm{i}\boldsymbol{\xi}\cdot\boldsymbol{r})\mathrm{d}\boldsymbol{\xi}\\&\approx B_{\alpha\alpha_0}(\boldsymbol{k},\boldsymbol{k}_0)\exp\left[-\frac{\mathrm{i}}{4B_{\alpha\alpha_0}(\boldsymbol{k},\boldsymbol{k}_0)}\int M_{\alpha\alpha_0}(\boldsymbol{k},\boldsymbol{k}_0;\boldsymbol{\xi})h(\boldsymbol{\xi})\exp(\mathrm{i}\boldsymbol{\xi}\cdot\boldsymbol{r})\mathrm{d}\boldsymbol{\xi}\right]\end{aligned} \tag{7.351}$$

式(7.351)中等号右边的指数项可以认为是对一阶展开的修正，将其代入式(7.317)，并将其中的 $h(\boldsymbol{r})$ 用谱的傅里叶变换代替，然后合并指数项，可以得到修正的起伏函数：

$$h_{\mathrm{M}}(\boldsymbol{r})=\int\left(1-\frac{M_{\alpha\alpha_0}(\boldsymbol{k},\boldsymbol{k}_0;\boldsymbol{\xi})}{4(q_k+q_0)B_{\alpha\alpha_0}(\boldsymbol{k},\boldsymbol{k}_0)}\right)h(\boldsymbol{\xi})\exp(\mathrm{i}\boldsymbol{\xi}\cdot\boldsymbol{r})\mathrm{d}\boldsymbol{\xi} \tag{7.352}$$

由式(7.352)可知，修正后的起伏函数 $h_{\mathrm{M}}(\boldsymbol{r})$ 依赖于入射波与散射波矢量的水平分量，而且由于它含有 $B_{\alpha\alpha_0}(\boldsymbol{k},\boldsymbol{k}_0)$ 函数，因此通常情况下还是一个复数。对于高度起伏 $h(\boldsymbol{r})$ 满足高斯分布的粗糙面，修正后的起伏 $h_{\mathrm{M}}(\boldsymbol{r})$ 也依然满足高斯分布，于是

$$\langle\exp[\mathrm{i}Q(h_{\mathrm{M}}(\boldsymbol{r}_1)-h_{\mathrm{M}}^*(\boldsymbol{r}_2))]\rangle=\exp\left[-\frac{Q^2}{2}(\langle h_{\mathrm{M}}^2\rangle+\langle h_{\mathrm{M}}^2\rangle^*-2W_{\mathrm{M}}(\boldsymbol{r}_1-\boldsymbol{r}_2))\right] \tag{7.353}$$

其中

$$W_{\mathrm{M}}(\boldsymbol{r})=\langle h_{\mathrm{M}}(\boldsymbol{\rho}+\boldsymbol{r})h_{\mathrm{M}}^*(\boldsymbol{\rho})\rangle=\int\left|1-\frac{M_{\alpha\alpha_0}(\boldsymbol{k},\boldsymbol{k}_0;\boldsymbol{\xi})}{4(q_k+q_0)B_{\alpha\alpha_0}(\boldsymbol{k},\boldsymbol{k}_0)}\right|^2S(\boldsymbol{\xi})\exp(\mathrm{i}\boldsymbol{\xi}\cdot\boldsymbol{r})\mathrm{d}\boldsymbol{\xi} \tag{7.354}$$

式中，$S(\boldsymbol{\xi})$ 为功率谱函数，$\langle h_{\mathrm{M}}^2\rangle+\langle h_{\mathrm{M}}^2\rangle^*\approx2W_{\mathrm{M}}(0)$。

根据式(7.354)可以获得修正的功率谱函数 $S_{\mathrm{M}}(\boldsymbol{\xi})$：

$$S_{\mathrm{M}}(\boldsymbol{\xi})=\left|1-\frac{M_{\alpha\alpha_0}(\boldsymbol{k},\boldsymbol{k}_0;\boldsymbol{\xi})}{4(q_k+q_0)B_{\alpha\alpha_0}(\boldsymbol{k},\boldsymbol{k}_0)}\right|^2S(\boldsymbol{\xi}) \tag{7.355}$$

式(7.355)也可以表示为

$$\begin{aligned}S_{\mathrm{M}}(\boldsymbol{\xi})=S(\boldsymbol{\xi})+S(\boldsymbol{\xi})\Bigg[&\left|\frac{M_{\alpha\alpha_0}(\boldsymbol{k},\boldsymbol{k}_0;\boldsymbol{\xi})}{4(q_k+q_0)B_{\alpha\alpha_0}(k,k_0)}\right|^2-\\&\frac{M_{\alpha\alpha_0}(\boldsymbol{k},\boldsymbol{k}_0;\boldsymbol{\xi})}{4(q_k+q_0)B_{\alpha\alpha_0}(\boldsymbol{k},\boldsymbol{k}_0)}-\left(\frac{M_{\alpha\alpha_0}(\boldsymbol{k},\boldsymbol{k}_0;\boldsymbol{\xi})}{4(q_k+q_0)B_{\alpha\alpha_0}(\boldsymbol{k},\boldsymbol{k}_0)}\right)^*\Bigg]\end{aligned} \tag{7.356}$$

需要注意的是，通常情况下，$S_M(\boldsymbol{\xi})$并不是$\boldsymbol{\xi}$的偶函数。由此，可以在一阶小斜率近似的散射系数(式(7.350))的基础上，代入修正的相干函数(式(7.354))得到二阶近似的散射系数。

为了体现小斜率近似方法适用范围广的优点，将小斜率近似、基尔霍夫近似和小扰动近似在各自的适用范围内的双站散射截面角分布进行了数值计算和比较。图 7.23 给出了入射角为 30°时高斯分布随机粗糙面双站散射系数的三阶 SSA 和 KA 方法比较。

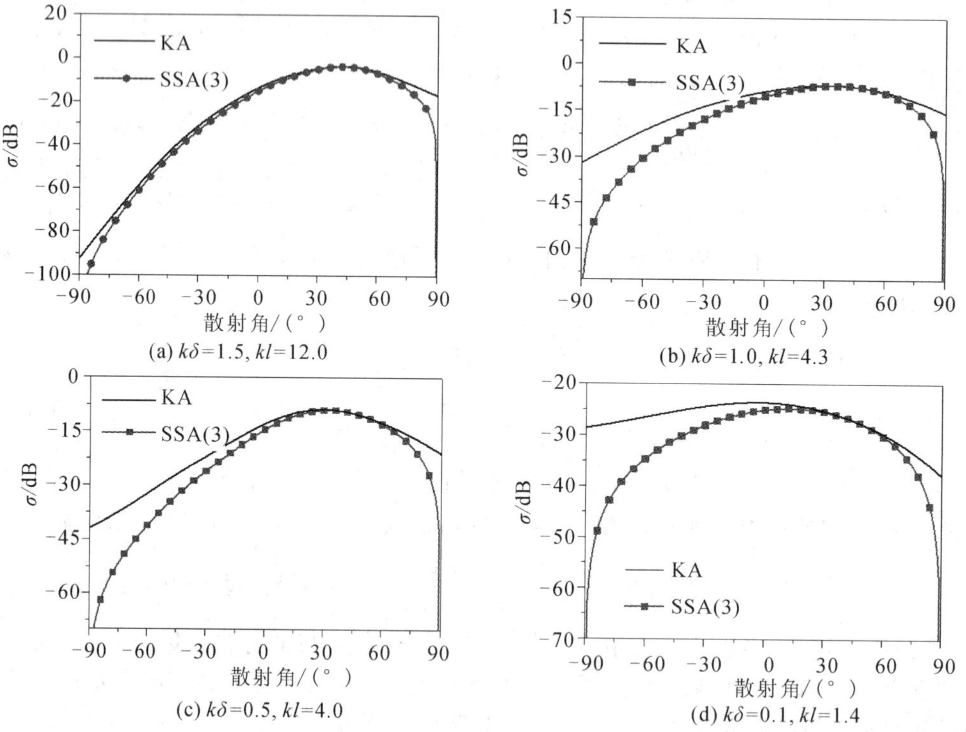

(a) $k\delta=1.5$, $kl=12.0$　(b) $k\delta=1.0$, $kl=4.3$　(c) $k\delta=0.5$, $kl=4.0$　(d) $k\delta=0.1$, $kl=1.4$

图 7.23　高斯粗糙面双站散射系数的小斜率近似与基尔霍夫近似结果的比较

图 7.23(a)中当频率较高时，小斜率近似结果与基尔霍夫近似结果吻合得比较好，随着频率的降低，小斜率近似结果与基尔霍夫近似结果的差别越来越大。图 7.23(d)的频率最低，小斜率近似结果与基尔霍夫近似的差别最大。

在小起伏情况下，不论是小角度入射还是掠入射，小斜率近似都有非常好的计算结果，是一种非常优秀的统一解析近似方法。

7.5 相位微扰法

相位微扰法是由 Winebrenner 和 Ishimaru 在 1985 年提出的，它基于入射场在表面上感应出的面元密度的复相位函数的扰动展开。相位扰动级数展开包含了传统扰动展开的高阶项，高阶项的存在对近似结果将产生很大的影响。这就是相位微扰法较传统微扰法的优点。已知相位微扰的双站和后向散射系数，在一定的近似范围内可以推出传统微扰法或基尔霍夫近似法的结果，并且在传统的微扰法和基尔霍夫近似法都不适用的情况下，由相位微扰法仍然可以得到正确的结果。

7.5.1 相位微扰法理论

设一平面波入射到随机粗糙表面，入射波矢为 $\boldsymbol{k}_1$，平行于 $x-z$ 平面，散射波矢为 $\boldsymbol{k}_2$，粗糙面上任意一点的位置矢量 $\boldsymbol{r}=[x, y, f(\boldsymbol{p})]$。由衰减定理的赫姆霍兹积分公式可得到空间任意一点的散射场为

$$\Psi_s(\boldsymbol{r}') = -\int \exp(\mathrm{i}k_{2x}R' + \mathrm{i}k_{2z}z')T(\boldsymbol{k}_2', \boldsymbol{k}_1')\mathrm{d}\boldsymbol{k}_2' \tag{7.357}$$

式中，$\boldsymbol{r}'$是观察点，$\boldsymbol{R}'=x'\cdot\hat{\boldsymbol{x}}+y'\cdot\hat{\boldsymbol{y}}$，而

$$T(\boldsymbol{k}_2, \boldsymbol{k}_1) = \frac{1}{2\mathrm{i}(2\pi)^2 k_{2z}}\int \exp[-\mathrm{i}\boldsymbol{k}_2\cdot\boldsymbol{p} - \mathrm{i}k_{2z}f(\theta)]\frac{\partial\Psi_s(\boldsymbol{r})}{\partial\boldsymbol{n}}\mathrm{d}\boldsymbol{p} \tag{7.358}$$

称为 T 矩阵或传播矩阵。$[\boldsymbol{\rho}, f(\boldsymbol{\rho})]$是表面上任意一点，$\partial\Psi(\boldsymbol{r}_s)/\partial\boldsymbol{n}$ 是表面源密度。在粗糙面 $\boldsymbol{p}$ 点的单位入射场为

$$\Psi_1 = \exp(\mathrm{i}\boldsymbol{k}_1\cdot\boldsymbol{p}) \tag{7.359}$$

设表面的菲涅尔反射系数为 Γ，则表面的总场为

$$\Psi(\boldsymbol{r}_s) = (1+\Gamma)\Psi_1 \tag{7.360}$$

则

$$\frac{\partial\Psi(\boldsymbol{r}_s)}{\partial\boldsymbol{n}} = -\mathrm{i}(1-\Gamma)k_{1z}\exp(\mathrm{i}\boldsymbol{k}_1\cdot\boldsymbol{p})f(\boldsymbol{p}) \tag{7.361}$$

由此可见，一旦确定了 $f(x)$就可以求出散射场。在场近似理论中，$f(x)$可以用小参量 kh 表示为

$$f(x) = f^{(0)}(x) + (kh)f^{(1)}(x) + \frac{(kh)^2}{2!}f^{(2)}(x) + \frac{(kh)^3}{3!}f^{(3)}(x) + \cdots \tag{7.362}$$

在相位微扰理论中，$f(x)$可以用复相位函数 $q(x)$来表示，将相位近似用麦克劳琳级数展开，并令两种方法中的 kh 的同次幂项相等可得到

$$f(x) = \exp[q(x)] = \exp\left[q^{(0)}(x) + (kh)q^{(1)}(x) + \frac{(kh)^2}{2!}q^{(2)}(x) + \cdots\right] \tag{7.363}$$

因此可得

$$\begin{cases} q^{(0)}(x)=0,\ q^{(1)}(x)=f^{(1)}(x),\ q^{(2)}(x)=f^{(2)}(x)-[f^{(1)}(x)]^2 \\ q^{(3)}(x)=f^{(3)}(x)-3f^{(2)}(x)f^{(1)}(x)+2[f^{(1)}(x)]^3 \\ q^{(4)}(x)=f^{(4)}(x)-4f^{(3)}(x)f^{(1)}(x)-[f^{(2)}(x)]^2+12f^{(2)}(x)[f^{(1)}(x)]^2-6[f^{(1)}(x)]^4 \end{cases}$$

同时易得

$$f(x) = \exp\left\{khf^{(1)}(x) + \frac{(kh)^2}{2!}\{f^{(2)}(x)-[f^{(1)}(x)]^2\}\right\} \equiv \exp[\phi(x)] \equiv \exp[\phi(\boldsymbol{p})] \tag{7.364}$$

由此 T 矩阵可写为

$$\begin{aligned} T(\boldsymbol{k}_2, \boldsymbol{k}_1) &= -\frac{1}{2\mathrm{i}(2\pi)^2 k_2}\int \exp[-\mathrm{i}\boldsymbol{k}_2\cdot\boldsymbol{p} - \mathrm{i}k_{2z}f(\boldsymbol{p})]\cdot(1-\Gamma)k_{1z}\exp[\mathrm{i}\boldsymbol{k}_1\cdot\boldsymbol{p}+\phi(\boldsymbol{p})]\mathrm{d}^2|\boldsymbol{p}| \\ &= -\frac{(1-\Gamma)k_{1z}}{2\mathrm{i}(2\pi)^2 k_2}\int \exp[-\mathrm{i}(\boldsymbol{k}_2-\boldsymbol{k}_1)\cdot\boldsymbol{p}]\exp[-\mathrm{i}k_{2z}f(\boldsymbol{p})+\phi(\boldsymbol{p})]\mathrm{d}^2|\boldsymbol{p}| \end{aligned} \tag{7.365}$$

对于一维情况：

$$T(\boldsymbol{k}_2,\boldsymbol{k}_1)=-\frac{(1-\Gamma)k_{1z}}{2\mathrm{i}(2\pi)^2k_{2z}}\int\exp[-\mathrm{i}(\boldsymbol{k}_{2x}-\boldsymbol{k}_1)\cdot\hat{\boldsymbol{x}}]\exp[-\mathrm{i}k_{2z}f(x)+\phi(x)]\mathrm{d}x$$
$$=-\frac{(1-\Gamma)}{2}\boldsymbol{T}'(\boldsymbol{k}_2,\boldsymbol{k}_1)\tag{7.366}$$

其中 $T'(\boldsymbol{k}_2,\boldsymbol{k}_1)$为满足 Dirichlet 条件下的 T 矩阵。

不难发现，对于相位微扰展开的二阶近似，有如下近似的展开式：

$$f(x)\approx\exp\left[(kh)q^{(1)}(x)+\frac{(kh)^2}{2!}q^{(2)}(x)\right]$$
$$=1+(kh)f^{(1)}(x)+\frac{(kh)^2}{2!}f^{(2)}(x)+\frac{(kh)^3}{3!}[3f^{(2)}(x)f^{(1)}(x)-2(f^{(1)}(x))^3]+\cdots\tag{7.367}$$

对场近似展开，取展开式的前两项，有

$$f(x)\approx1+(kh)f^{(1)}(x)\tag{7.368}$$

可见，由于在相位微扰近似中取了指数形式的展开式，因此在最终的形式中出现了 kh 和 $f(x)$倒数的高阶项，这比场近似精确得多。由相位微扰法得到双站雷达散射截面：

$$\sigma^{\mathrm{s}}(\boldsymbol{k}_2,\boldsymbol{k}_1)=\frac{(1-\Gamma)^2}{4}\frac{k_{1x}^2}{|\boldsymbol{k}_2|}\exp[-2\mathrm{Re}(N_2)]\int_{-\infty}^{\infty}\exp[-\mathrm{i}(k_2-k_{1z})x]\exp(N_{11}-1)\mathrm{d}x\tag{7.369}$$

其中

$$N_2=\frac{h^2}{2}(k_{2z}^2-k_{1z}^2)+k(k_{2z}-k_{1z})\int_{-\infty}^{\infty}W(K)\beta\left[\frac{(K+k_{1z})}{|\bar{k}_2|}\right]\mathrm{d}K\tag{7.370}$$

$$N_{11}=\int_{-\infty}^{\infty}\left\{W(K)\exp(\mathrm{i}Kx)\left|k_{2z}+k_2\beta\left[\frac{K+k_{1z}}{|\boldsymbol{k}_2|}\right]\right|^2\right\}\mathrm{d}K\tag{7.371}$$

$$\beta\left(\frac{K}{|\boldsymbol{k}_2|}\right)=\left[1-\left(\frac{K}{|\boldsymbol{k}_2|}\right)^2\right]^{1/2}\tag{7.372}$$

对于后向散射，$k_{1x}=-k_{2x}$，$k_{1z}=-k_{2z}$。

$W(K)$是粗糙面的谱密度，对应粗糙面高度起伏相关函数的傅里叶谱分布，K 为空间波数，即

$$W(K)=\frac{1}{2\pi}\int_{-\infty}^{\infty}\exp(-\mathrm{i}Kx)\rho(x)\mathrm{d}x\tag{7.373}$$

其中 $\rho(x)=\langle f(x_1),f(x_2)\rangle$是粗糙面的相关函数。

7.5.2 散射系数

高斯粗糙面的谱密度为

$$W(k)=\left(\frac{l\delta^2}{2\sqrt{\pi}}\right)\exp\left(-\frac{k^2l^2}{4}\right)\tag{7.374}$$

其中，δ 为粗糙面的均方根高度，l 为粗糙面的相关长度，k 为空间波数。

图 7.24 给出了使用相位微扰法求得的后向散射角分布。图 7.24(a)给出相位微扰法求得的两种粗糙度下的后向散射系数。图 7.24(b)给出的是相同粗糙度下 KA 近似和相位微扰法(PPT)的比较。从图 7.24(b)中可以看出，在近垂直入射时，KA 和 PPT 非常接近，但是到了大角度，甚至是掠入射时，两者误差明显增大。

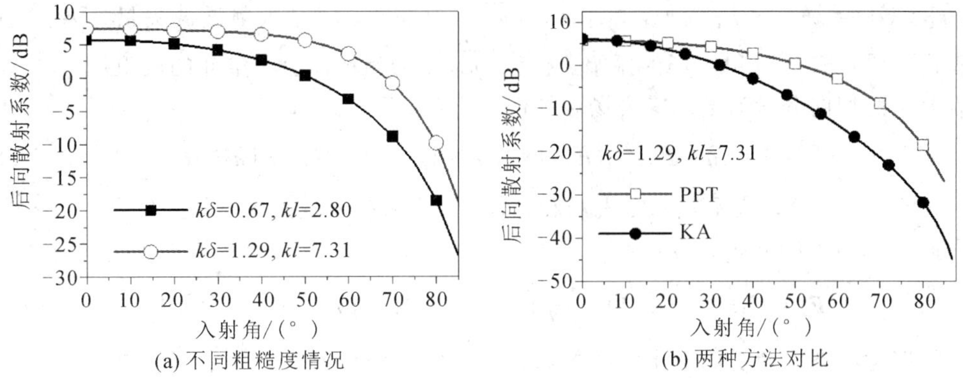

图 7.24 相位微扰后向散射系数角分布

综上所述，可以看出相位微扰近似的低阶项中包含了传统微扰法的高阶项，而且精确度更高。在微扰法和基尔霍夫法的适用范围内，相位微扰法可以退化到微扰法和基尔霍夫法的结果。并且在两种传统方法都不适用时，相位微扰法的结果也是精确的。

7.6 随机粗糙面散射的积分方程法

7.6.1 积分方程法

作为一种近似方法，随机粗糙面散射的积分方程法(Integral Equation Method，IEM)从电场和磁场所满足的积分方程出发，得到了表面上切向电场和磁场的表达式。它包含两项，分别为 Kirchhoff 近似项和附加项，因此比 Kirchhoff 近似要精确得多。

如图 7.25 所示，假设平面波入射到一粗糙面上，其中 θ_i 和 θ_s 分别为入射角和散射角，ϕ_i 和 ϕ_s 分别为入射方位角和散射方位角。图 7.25 中假设入射面在(x, z)面内，因此 $\phi_i=0$。

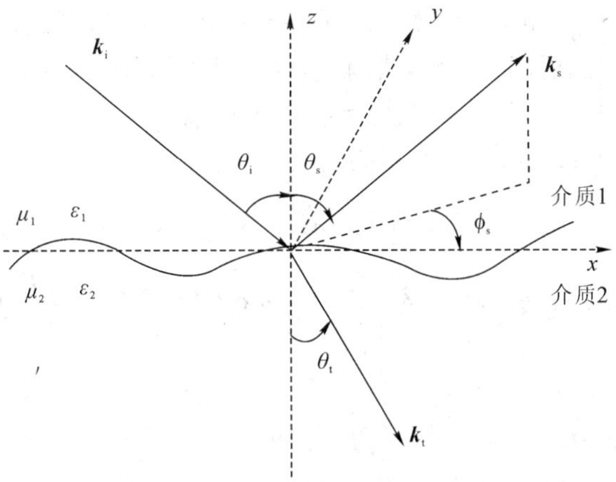

图 7.25 粗糙面电磁散射几何示意图

入射波的电场和磁场分别为

$$\boldsymbol{E}_i=\hat{\boldsymbol{p}}E_0\exp[\mathrm{i}\boldsymbol{k}_i\cdot\boldsymbol{r}]=\hat{\boldsymbol{p}}E_i,\ \boldsymbol{H}_i=\hat{\boldsymbol{k}}_i\times\frac{\hat{\boldsymbol{p}}E_i}{\eta_1} \tag{7.375}$$

其中，$\boldsymbol{k}_i=\hat{\boldsymbol{k}}_i k_1=\hat{\boldsymbol{x}}k_{1x}+\hat{\boldsymbol{y}}k_{1y}+\hat{\boldsymbol{z}}k_{1z}$，$k_1=\omega\sqrt{\mu_1\varepsilon_1}$ 为波数，$\hat{\boldsymbol{k}}_i$ 是入射波波矢量，$\hat{\boldsymbol{p}}$ 是入射波单位极化矢量，E_0 是入射电场的振幅，$\eta_1=\sqrt{\mu_1/\varepsilon_1}$ 为粗糙面上半空间的波阻抗。

表面场的切向分量为基尔霍夫场和补偿场之和，即

$$\hat{\boldsymbol{n}}\times\boldsymbol{E}=(\hat{\boldsymbol{n}}\times\boldsymbol{E})_k+(\hat{\boldsymbol{n}}\times\boldsymbol{E})_c,\quad \hat{\boldsymbol{n}}\times\boldsymbol{H}=(\hat{\boldsymbol{n}}\times\boldsymbol{H})_k+(\hat{\boldsymbol{n}}\times\boldsymbol{H})_c \tag{7.376}$$

其中，下标 k 和 c 分别表示基尔霍夫场和补偿场，$\hat{\boldsymbol{n}}$ 为粗糙表面的单位法矢量。

根据 Stratton-Chu 积分方程：

$$\boldsymbol{E}_s=K\hat{\boldsymbol{k}}_s\times\int\hat{\boldsymbol{n}}\times\boldsymbol{E}-\eta_1\hat{\boldsymbol{k}}_s\times(\hat{\boldsymbol{n}}\times\boldsymbol{H})\exp[-\mathrm{i}(\boldsymbol{k}_s\cdot\boldsymbol{r})]\mathrm{d}s \tag{7.377}$$

不同极化状态下粗糙面上半空间的远区散射场可表示为

$$\begin{aligned}E_{s,pq}&=K\int\{\hat{\boldsymbol{q}}\cdot[\hat{\boldsymbol{k}}_s\times(\hat{\boldsymbol{n}}\times\boldsymbol{E}_p)+\eta_1(\hat{\boldsymbol{n}}\times\boldsymbol{H}_p)]\}\exp[-\mathrm{i}(\boldsymbol{k}_s\cdot\boldsymbol{r})]\mathrm{d}s\\&=K\int[\hat{\boldsymbol{q}}\times\hat{\boldsymbol{k}}_s\cdot(\hat{\boldsymbol{n}}\times\boldsymbol{E}_p)+\eta_1\hat{\boldsymbol{q}}\cdot(\hat{\boldsymbol{n}}\times\boldsymbol{H}_p)]\exp[-\mathrm{i}(\boldsymbol{k}_s\cdot\boldsymbol{r})]\mathrm{d}s\end{aligned} \tag{7.378}$$

式中，$K=\mathrm{i}k_1\exp(\mathrm{i}k_1R)/(4\pi R)$，$R$ 为照射面中心到观察点之间的距离，下标 p 和 q 分别表示入射波极化状态和散射波极化状态，$\boldsymbol{k}_s$ 为散射波极化矢量，可以表示为

$$\boldsymbol{k}_s=k_1\hat{\boldsymbol{k}}_s=k_1(\hat{\boldsymbol{x}}\sin\theta_s\cos\phi_s+\hat{\boldsymbol{y}}\sin\theta_s\sin\phi_s+\hat{\boldsymbol{z}}\cos\theta_s)=\hat{\boldsymbol{x}}k_{sx}+\hat{\boldsymbol{y}}k_{sy}+\hat{\boldsymbol{z}}k_{sz} \tag{7.379}$$

$\hat{\boldsymbol{p}}$ 和 $\hat{\boldsymbol{q}}$ 分别表示入射波和散射波的单位极化矢量。$\hat{\boldsymbol{p}}$ 在水平极化和垂直极化情况下可分别表示为 $\hat{\boldsymbol{h}}$ 和 $\hat{\boldsymbol{v}}$，即

$$\hat{\boldsymbol{h}}=\hat{\boldsymbol{\phi}}=-\hat{\boldsymbol{x}}\sin\phi_i+\hat{\boldsymbol{y}}\cos\phi_i,\quad \hat{\boldsymbol{v}}=-\hat{\boldsymbol{\theta}}=\hat{\boldsymbol{x}}\cos\theta_i\cos\phi_i+\hat{\boldsymbol{y}}\cos\theta_i\sin\phi_i+\hat{\boldsymbol{z}}\sin\theta_i \tag{7.380}$$

类似地，$\hat{\boldsymbol{q}}$ 也可以表示为 $\hat{\boldsymbol{h}}_s$ 和 $\hat{\boldsymbol{v}}_s$，即

$$\hat{\boldsymbol{h}}_s=-\hat{\boldsymbol{\phi}}_s=\hat{\boldsymbol{x}}\sin\phi_s-\hat{\boldsymbol{y}}\cos\phi_s,\quad \hat{\boldsymbol{v}}_s=-\hat{\boldsymbol{\theta}}_s=-\hat{\boldsymbol{x}}\cos\theta_s\cos\phi_s-\hat{\boldsymbol{y}}\cos\theta_s\sin\phi_s+\hat{\boldsymbol{z}}\sin\theta_s \tag{7.381}$$

在后向散射情况下 $\theta_s=\theta_i$，$\phi_s=\phi_i+\pi$，$\hat{\boldsymbol{v}}_s=\hat{\boldsymbol{v}}$ 和 $\hat{\boldsymbol{h}}_s=\hat{\boldsymbol{h}}$，将得到的切向场代入 Stratton-Chu 公式进行积分得到散射场。显然，散射场也分成两部分：Kirchhoff 场和补偿场，即

$$\boldsymbol{E}_{s,pq}=\boldsymbol{E}_{k,pq}+\boldsymbol{E}_{c,pq} \tag{7.382}$$

由 7.3.1 节，Kirchhoff 场分量表示为

$$E_{k,pq}=KE_0\int f_{pq}\exp[-\mathrm{i}(\boldsymbol{k}_s-\boldsymbol{k}_i)\cdot\boldsymbol{r}]\mathrm{d}s \tag{7.383}$$

$$f_{pq}=[\hat{\boldsymbol{q}}\times\boldsymbol{k}_s\cdot(\hat{\boldsymbol{n}}\times\boldsymbol{E}_p)_k+\eta_1\hat{\boldsymbol{q}}\cdot(\hat{\boldsymbol{n}}\times\boldsymbol{H}_p)_k]\left(\frac{D}{E_i}\right) \tag{7.384}$$

补偿场各分量为

$$\begin{aligned}E_{pq}^c=\frac{KE_0}{8\pi^2}\int F_{pq}\exp\{-\mathrm{i}[&(\boldsymbol{k}_s-\boldsymbol{k}_i)\cdot\boldsymbol{r}+\\&\mu(x'-x'')+\nu(y'-y'')+\boldsymbol{k}_s\cdot\boldsymbol{r}'-\boldsymbol{k}_i\cdot\boldsymbol{r}'']\}\mathrm{d}x'\mathrm{d}y'\mathrm{d}x''\mathrm{d}y''\mathrm{d}\mu\mathrm{d}\nu\end{aligned} \tag{7.385}$$

$$F_{pq}=8\pi^2[\hat{\boldsymbol{q}}\times\hat{\boldsymbol{k}}_s\cdot(\hat{\boldsymbol{n}}\times\boldsymbol{E}_p)_c+\eta_1\hat{\boldsymbol{q}}\cdot(\hat{\boldsymbol{n}}\times\boldsymbol{H}_p)_c]\frac{D}{E_i} \tag{7.386}$$

$$D=(f_x^2+f_y^2+1)^{1/2} \tag{7.387}$$

粗糙面高度用 $f(x,y)$ 来表示，f_x 和 f_y 分别代表粗糙面沿 x 和 y 方向的导数。由此可以

得到散射场的总散射功率为

$$\langle E_{pq}^{s}E_{pq}^{s*}\rangle=\langle E_{pq}^{k}E_{pq}^{k*}\rangle+2\text{Re}\langle E_{pq}^{c}E_{pq}^{k*}\rangle+\langle E_{pq}^{c}E_{pq}^{c*}\rangle \tag{7.388}$$

为了得到非相干散射功率，需要从总的散射功率中减去均方根功率，即

$$\begin{aligned}P_{pq}&=\langle E_{s,pq}E_{s,pq}^{*}\rangle-\langle E_{s,pq}\rangle\langle E_{s,pq}\rangle^{*}=\langle E_{k,pq}E_{k,pq}^{*}\rangle-\langle E_{k,pq}\rangle\langle E_{k,pq}\rangle^{*}+\\&\quad 2\text{Re}[\langle E_{c,pq}E_{k,pq}^{*}\rangle-\langle E_{c,pq}\rangle\langle E_{k,pq}\rangle^{*}]+\langle E_{c,pq}E_{c,pq}^{*}\rangle-\langle E_{c,pq}\rangle\langle E_{c,pq}\rangle^{*}\\&=P_{k,pq}+P_{kc,pq}+P_{c,pq}\end{aligned} \tag{7.389}$$

其中，P_{pq}^{k}为 Kirchhoff 项，$P_{kc,pq}$为交叉项，$P_{c,pq}$为补偿项。它们的表达式分别为

$$\begin{aligned}P_{k,pq}&=\langle E_{k,pq}E_{k,pq}^{*}\rangle-\langle E_{k,pq}\rangle\langle E_{k,pq}\rangle^{*}\\P_{kc,pq}&=2\text{Re}[\langle E_{c,pq}E_{k,pq}^{*}\rangle-\langle E_{c,pq}\rangle\langle E_{k,pq}\rangle^{*}]\\P_{c,pq}&=\langle E_{c,pq}E_{c,pq}^{*}\rangle-\langle E_{c,pq}\rangle\langle E_{c,pq}\rangle^{*}\end{aligned} \tag{7.390}$$

其中“〈·〉”表示集平均，“∗”表示取复共轭，“Re”表示取实部。

7.6.2　散射系数

散射系数的定义为该方向上产生相同散射功率密度的各向同性等效散射体的总散射功率与照射面积上的总入射功率的比值，其数学表达式为

$$\sigma_{pq}=\frac{4\pi R^2 P_{pq}}{E_0^2 A_0} \tag{7.391}$$

其中，A_0 为照射面积。可以将散射系数定义为三项之和的形式：

$$\sigma_{pq}=\sigma_{k,pq}+\sigma_{kc,pq}+\sigma_{c,pq} \tag{7.392}$$

其中，$\sigma_{k,pq}$为 Kirchhoff 项，$\sigma_{kc,pq}$为交叉项，$\sigma_{c,pq}$为补偿项。单次散射的散射系数为

$$\sigma_{pq}=\frac{k_1^2}{2}\exp[-\delta^2(k_{1z}^2+k_{sz}^2)]\sum_{n=1}^{\infty}\delta^{2n}\,|I_{pq}^{n}|^2\,\frac{W^{(n)}(k_{sx}-k_{1x},\,k_{sy}-k_{1y})}{n!} \tag{7.393}$$

式中，δ 为粗糙面高度起伏均方根。

$$I_{pq}^{n}=(k_{sz}+k_{1z})^n f_{pq}\exp(-\delta^2 k_{1z}k_{sz})+\frac{(k_{sz})^n F_{pq}(-k_{1x},\,-k_{1y})+(k_{1z})^n F_{pq}(-k_{sx},\,-k_{sy})}{2} \tag{7.394}$$

其中

$$k_{1x}=k_1\sin\theta_i\cos\phi_i,\ k_{1y}=k_1\sin\theta_i\sin\phi_i,\ k_{1z}=k_1\cos\theta_i \tag{7.395}$$

$$k_{sx}=k_1\sin\theta_s\cos\phi_s,\ k_{sy}=k_1\sin\theta_s\sin\phi_s,\ k_{sz}=k_1\cos\theta_s \tag{7.396}$$

式(7.394)仅适用于 $k_1\delta$ 较小或中等程度的情况，如果 $k_1\delta$ 大于 1.5，那么式(7.394)等号右边第二项可以忽略，因为式(7.394)中的第一项包含一个足够大的增长因子来补偿指数衰减因子，而第二项却没有。因此，对于大的 $k_1\delta$ 仅保留式(7.394)中的第一项。其中

$$f_{vv}=\frac{2R_{vv}}{\cos\theta_i+\cos\theta_s}[\sin\theta_i\sin\theta_s-(1+\cos\theta_i\cos\theta_s)\cos(\phi_s-\phi_i)] \tag{7.397}$$

$$f_{hh}=-\frac{2R_{hh}}{\cos\theta_i+\cos\theta_s}[\sin\theta_i\sin\theta_s-(1+\cos\theta_i\cos\theta_s)\cos(\phi_s-\phi_i)] \tag{7.398}$$

$$f_{hv}=(R_{vv}-R_{hh})\sin(\phi_s-\phi_i) \tag{7.399}$$

$$f_{vh}=(R_{vv}-R_{hh})\sin(\phi_i-\phi_s) \tag{7.400}$$

通常情况下菲涅尔(Fresnel)反射系数是局部入射角的函数，但是对于小粗糙度的情况或者是大介电常数的表面，可以用入射角代替局部入射角。令 $\varepsilon_r=\varepsilon_2/\varepsilon_1$，$\mu_r=\mu_2/\mu_1$，则两

种极化情况下的菲涅尔反射系数分别为

$$R_{hh}=\frac{\cos\theta_i-\sqrt{\varepsilon_r-\sin^2\theta_i}}{\cos\theta_i+\sqrt{\varepsilon_r-\sin^2\theta_i}},\ R_{vv}=\frac{\varepsilon_r\cos\theta_i-\sqrt{\varepsilon_r-\sin^2\theta_i}}{\varepsilon_r\cos\theta_i+\sqrt{\varepsilon_r-\sin^2\theta_i}} \tag{7.401}$$

基于上面的假设，可以将同极化下的补偿场系数写为

$$\begin{aligned}F_{vv}(-k_{1x},\ -k_{1y})&=\frac{4(\mu_r\varepsilon_r-\sin^2\theta_i-\varepsilon_r\cos^2\theta_i)\sin\theta_i[\sin\theta_s-\sin\theta_i\cos(\phi_s-\phi_i)]}{(\varepsilon_r\cos\theta_i+\sqrt{\mu_r\varepsilon_r-\sin^2\theta_i})^2\cos\theta_s}\\&=\frac{(\mu_r\varepsilon_r-\sin^2\theta_i-\varepsilon_r\cos^2\theta_i)(1+R_{vv})^2}{(\varepsilon_r\cos\theta_i)^2\cos\theta_s}\sin\theta_i[\sin\theta_s-\sin\theta_i\cos(\phi_s-\phi_i)]\end{aligned} \tag{7.402}$$

$$\begin{aligned}F_{hh}(-k_{1x},\ -k_{1y})&=-\frac{4(\mu_r\varepsilon_r-\sin^2\theta_i-\mu_r\cos^2\theta_i)\sin\theta_i[\sin\theta_s-\sin\theta_i\cos(\phi_s-\phi_i)]}{(\mu_r\cos\theta_i+\sqrt{\mu_r\varepsilon_r-\sin^2\theta_i})^2\cos\theta_s}\\&=-\frac{(\mu_r\varepsilon_r-\sin^2\theta_i-\mu_r\cos^2\theta_i)(1+R_{hh})^2}{(\mu_r\cos\theta_i)^2\cos\theta_s}\sin\theta_i[\sin\theta_s-\sin\theta_i\cos(\phi_s-\phi_i)]\end{aligned} \tag{7.403}$$

交叉极化下的补偿场系数写为

$$\begin{aligned}F_{hv}(-k_{1x},\ -k_{1y})=\Big[&\frac{(\varepsilon_r T)\cos\theta_i\cos\theta_s(\varepsilon_r T-\sin^2\theta_i)-(\mu_r\varepsilon_r-\sin^2\theta_i)}{T\varepsilon_r\cos\theta_s(\mu_r\varepsilon_r-\sin^2\theta_i)^{1/2}}+\\&\frac{\cos\theta_i}{\cos\theta_s}-1+T\sin^2\theta_i\Big](1-R'^2)\sin(\phi_s-\phi_i)\end{aligned} \tag{7.404}$$

$$\begin{aligned}F_{vh}(-k_{1x},\ -k_{1y})=\Big[&\frac{\mu_r\cos\theta_i\cos\theta_s(\mu_r-T\sin^2\theta_i)-T^2(\mu_r\varepsilon_r-\sin^2\theta_i)}{T\mu_r\cos\theta_s(\mu_r\varepsilon_r-\sin^2\theta_i)^{1/2}}+\\&\frac{\cos\theta_i}{\cos\theta_s}-1+\frac{\sin^2\theta_i}{T}\Big](1-R'^2)\sin(\phi_s-\phi_i)\end{aligned} \tag{7.405}$$

其中

$$T=\frac{f(\theta_i)[\mu_r\cos\theta_i+f(\theta_i)]+\mu_r\cos\theta_i[\varepsilon_r\cos\theta_i+f(\theta_i)]}{\varepsilon_r\cos\theta_i[\mu_r\cos\theta_i+f(\theta_i)]+f(\theta_i)[\mu_r\cos\theta_i+f(\theta_i)]} \tag{7.406}$$

$$R'=(R_{vv}-R_{hh})/2,\qquad f(\theta_i)=(\mu_r\varepsilon_r-\sin^2\theta_i)^{1/2} \tag{7.407}$$

假设粗糙面上方为自由空间，下方相对介电常数为(15.34，3.66)，高度起伏均方根 $\delta=0.004$ m，相关长度 $l=0.084$ m。图 7.26 给出了不同入射频率下的粗糙面后向散射系

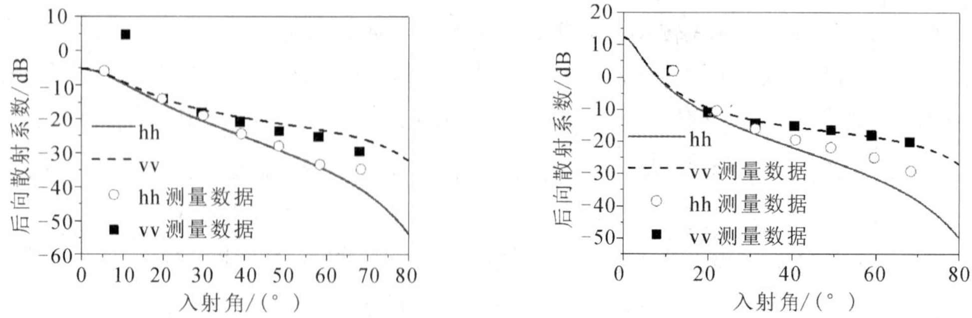

(a) f=1.5 GHz　(b) f=4.75 GHz

图 7.26　不同入射频率下后向散射系数随入射角的变化曲线

数随入射角的变化曲线，并与测量数据进行了比较。由图可知，无论处于何种极化状态，小入射角下的后向散射系数的计算结果都与测量数据吻合得较好，随着入射角的增大，计算结果和测量数据差异变大，这是由于未考虑体散射造成的，随着频率的升高，土壤中颗粒体散射影响更明显。同时，与 hh 极化结果相比，vv 极化下的计算结果与测量数据吻合得更好。

7.7　随机粗糙面散射的矢量辐射传输方程

矢量辐射传输理论不仅广泛应用于离散随机介质中波传输与多重散射，而且也广泛应用于各类复杂地貌地表和多尺度海面的电磁散射与辐射领域。随着机载与星载 SAR 成像的快速发展，微波遥感、环境监测、目标探测等众多学科研究不仅涉及多层粗糙面，而且涉及在粗糙面上方或内部嵌入随机分布的各种组元的体散射。矢量辐射传输理论在研究含体散射元随机粗糙面的相干散射和非相干散射问题中具有明显优势。本小节仅介绍矢量辐射传输理论用于分层粗糙面散射的基本方程。

在矢量辐射传输理论中，通常采用矢量辐射强度 $\boldsymbol{I}$ 来描述极化电磁波的散射和吸收过程。任一入射的椭圆极化平面电磁波可以写为

$$\boldsymbol{E}_{\mathrm{i}}=(E_{\mathrm{iv}}\hat{\boldsymbol{v}}+E_{\mathrm{ih}}\hat{\boldsymbol{h}})\exp(\mathrm{i}kT) \tag{7.408}$$

矢量辐射强度 $\boldsymbol{I}$ 可以表示为

$$\boldsymbol{I}_{\mathrm{i}}=\begin{bmatrix} I_{\mathrm{iv}} \\ I_{\mathrm{ih}} \\ U_{\mathrm{i}} \\ V_{\mathrm{i}} \end{bmatrix}=\frac{1}{\eta}\begin{bmatrix} |E_{\mathrm{iv}}^2| \\ |E_{\mathrm{ih}}^2| \\ 2\mathrm{Re}(E_{\mathrm{iv}}E_{\mathrm{ih}}^*) \\ 2\mathrm{Im}(E_{\mathrm{iv}}E_{\mathrm{ih}}^*) \end{bmatrix} \tag{7.409}$$

其中，η 为自由空间的波阻抗，I_{iv}、I_{ih}、U_{i} 和 V_{i} 为四个修正的 Stokes 参数。由于 Stokes 参数具有可相加性，因此当随机介质中各离散散射体的散射场之间不相关时，总场的 Stokes 参数即为各粒子散射场的 Stokes 参数之和。由于出射的散射场变为球面波，所以其矢量辐射强度采用 Stokes 参数表示时需要对立体角进行归一化处理，即

$$\boldsymbol{I}_{\mathrm{s}}=\begin{bmatrix} I_{\mathrm{sv}} \\ I_{\mathrm{sh}} \\ U_{\mathrm{s}} \\ V_{\mathrm{s}} \end{bmatrix}=\frac{1}{\eta A\cos\dfrac{\theta_{\mathrm{s}}}{r^2}}\begin{bmatrix} \langle |E_{\mathrm{sv}}^2| \rangle \\ \langle |E_{\mathrm{sh}}^2| \rangle \\ 2\mathrm{Re}(\langle E_{\mathrm{sv}}E_{\mathrm{sh}}^* \rangle) \\ 2\mathrm{Im}(\langle E_{\mathrm{sv}}E_{\mathrm{sh}}^* \rangle) \end{bmatrix} \tag{7.410}$$

散射场的 Stokes 参数与入射场的 Stokes 参数之间的关系可以表示为

$$\boldsymbol{I}_{\mathrm{s}}(\theta_{\mathrm{s}},\ \phi_{\mathrm{s}})=\frac{1}{r^2}\overline{\overline{\boldsymbol{L}}}(\theta_{\mathrm{s}},\ \phi_{\mathrm{s}};\ \theta_{\mathrm{i}},\ \phi_{\mathrm{i}};\ \theta_{\mathrm{k}},\ \phi_{\mathrm{k}})\boldsymbol{I}_{\mathrm{i}}(\theta_{\mathrm{i}},\ \phi_{\mathrm{i}}) \tag{7.418}$$

其中，$\overline{\overline{\boldsymbol{L}}}(\theta_{\mathrm{s}},\ \phi_{\mathrm{s}};\ \theta_{\mathrm{i}},\ \phi_{\mathrm{i}};\ \theta_{\mathrm{k}},\ \phi_{\mathrm{k}})$ 为修正的 Muller 矩阵，可由散射振幅矩阵元素表示为

$$\overline{\overline{\boldsymbol{L}}}(\hat{\boldsymbol{k}}_{\mathrm{s}},\ \hat{\boldsymbol{k}}_{\mathrm{i}})=\begin{bmatrix} |f_{\mathrm{vv}}|^2 & |f_{\mathrm{vh}}|^2 & \mathrm{Re}(f_{\mathrm{vv}}f_{\mathrm{vh}}^*) & -\mathrm{Im}(f_{\mathrm{vv}}f_{\mathrm{vh}}^*) \\ |f_{\mathrm{hv}}|^2 & |f_{\mathrm{hh}}|^2 & \mathrm{Re}(f_{\mathrm{hv}}f_{\mathrm{hh}}^*) & -\mathrm{Im}(f_{\mathrm{hv}}f_{\mathrm{hh}}^*) \\ 2\mathrm{Re}(f_{\mathrm{vv}}f_{\mathrm{hv}}^*) & 2\mathrm{Re}(f_{\mathrm{vh}}f_{\mathrm{hh}}^*) & \mathrm{Re}(f_{\mathrm{vv}}f_{\mathrm{hh}}^*+f_{\mathrm{vh}}f_{\mathrm{hv}}^*) & -\mathrm{Im}(f_{\mathrm{vv}}f_{\mathrm{hh}}^*-f_{\mathrm{vh}}f_{\mathrm{hv}}^*) \\ 2\mathrm{Im}(f_{\mathrm{vv}}f_{\mathrm{hv}}^*) & 2\mathrm{Im}(f_{\mathrm{vh}}f_{\mathrm{hh}}^*) & \mathrm{Im}(f_{\mathrm{vv}}f_{\mathrm{hh}}^*+f_{\mathrm{vh}}f_{\mathrm{hv}}^*) & \mathrm{Re}(f_{\mathrm{vv}}f_{\mathrm{hh}}^*-f_{\mathrm{vh}}f_{\mathrm{hv}}^*) \end{bmatrix}$$

(7.412)

其中，f_{pq}为粒子的散射振幅矩阵。对于 q 极化入射的平面波，p 极化出射的球面波，其双站散射系数可写为

$$\sigma_{pq}^{0}=\frac{4\pi r^{2}\langle |E_{sq}|^{2}\rangle}{A|E_{ip}|^{2}} \tag{7.413}$$

根据电场和矢量辐射强度的关系，其双站散射系数可进一步写为

$$\sigma_{pq}^{0}(\theta_{s},\ \phi_{s};\ \pi-\theta_{0},\ \phi_{0})=\frac{4\pi\cos\theta_{s}I_{sq}(\theta_{s},\ \phi_{s})}{I_{iq}(\pi-\theta_{i},\ \phi_{i})} \tag{7.414}$$

因此，在主动微波遥感中，重要的是求解散射波强度。随机介质中单位体积的矢量辐射传输强度 $\boldsymbol{I}$ 满足的矢量辐射传输方程为

$$\frac{\mathrm{d}\boldsymbol{I}(\boldsymbol{r},\ \hat{\boldsymbol{s}})}{\mathrm{d}s}=-\boldsymbol{K}\cdot\boldsymbol{I}(\boldsymbol{r},\ \hat{\boldsymbol{s}})+\int_{4\pi}\boldsymbol{P}(\boldsymbol{r},\ \hat{\boldsymbol{s}},\ \hat{\boldsymbol{s}}')\cdot\boldsymbol{I}(\boldsymbol{r},\ \hat{\boldsymbol{s}}')\mathrm{d}\Omega' \tag{7.415}$$

式中，$\boldsymbol{K}$ 为消光系数矩阵，表示随机介质波中波强度的衰减；$\boldsymbol{P}(\boldsymbol{r},\ \hat{\boldsymbol{s}},\ \hat{\boldsymbol{s}}')$为介质的相矩阵，表示 $\hat{\boldsymbol{s}}'$方向的入射波沿 $\hat{\boldsymbol{s}}$ 方向散射。为进一步求解矢量辐射传输方程，需要获知随机媒质中的粒子散射场及其相位矩阵和消光矩阵。

在分层随机粗糙面之间嵌入随机分布的散射体，按照种类和尺寸总共分为 N 组，同一组中散射体的介电特性和尺寸大小相同，空间取向则按照一定的密度函数随机分布。例如，水泥地中各类石块骨料、植被的杆和树枝可以近似用球形、椭球形、圆柱来模拟，树叶可以由椭球来模拟。当椭球的一个轴趋于零时，它可以退化为圆盘状散射体，如叶片；当椭球的一个轴拉长时，它可以表示成针状散射体，如细杆和枝等。所以，采用椭球体和圆柱体可实现对常见植被层离散散射体的较准确描述。

1. 椭球体粒子

设椭球体的三个轴长分别为 a、b、c，将椭圆球放置在局部坐标系($\hat{\boldsymbol{x}}_{b}$，$\hat{\boldsymbol{y}}_{b}$，$\hat{\boldsymbol{z}}_{b}$)的坐标原点位置。由第一章可知在 Rayleigh - Gans 近似下，单个粒子的远区散射场可根据散射体的内场表示为

$$\boldsymbol{E}_{s}(\boldsymbol{r})=\frac{k_{0}^{2}\mathrm{e}^{ikr}}{4\pi r}(\hat{\boldsymbol{v}}_{s}\hat{\boldsymbol{v}}_{s}+\hat{\boldsymbol{h}}_{s}\hat{\boldsymbol{h}}_{s})\cdot\int(\varepsilon_{r}-1)\boldsymbol{E}_{in}(\boldsymbol{r}')\mathrm{e}^{-i\boldsymbol{k}_{s}\cdot\boldsymbol{r}}\mathrm{d}\boldsymbol{r}' \tag{7.416}$$

其中，ε_{r} 为粒子的相对介电常数。

实际应用中，为了将所有随机分布散射粒子的散射场进行叠加，需要考虑局部坐标系($\hat{\boldsymbol{x}}_{b}$，$\hat{\boldsymbol{y}}_{b}$，$\hat{\boldsymbol{z}}_{b}$)与全局坐标系($\hat{\boldsymbol{x}}$，$\hat{\boldsymbol{y}}$，$\hat{\boldsymbol{z}}$)的关系。设 α、β、γ 为散射体的 Euler 取向角，分别由局部坐标系绕参考坐标系三个轴 z、y、x 旋转而成，因此，局部坐标系与参考坐标系的关系可以表示为

$$\hat{\boldsymbol{x}}_{b}=\cos\beta\cos\alpha\hat{\boldsymbol{x}}+\cos\beta\sin\alpha\hat{\boldsymbol{y}}-\sin\beta\hat{\boldsymbol{z}} \tag{7.417}$$

$$\hat{\boldsymbol{y}}_{b}=(\cos\alpha\sin\beta\sin\gamma-\sin\alpha\cos\gamma)\hat{\boldsymbol{x}}+(\cos\alpha\cos\gamma+\sin\alpha\sin\beta\sin\gamma)\hat{\boldsymbol{y}}+\cos\beta\sin\gamma\hat{\boldsymbol{z}} \tag{7.418}$$

$$\hat{\boldsymbol{z}}_{b}=(\sin\alpha\sin\gamma+\cos\alpha\sin\beta\cos\gamma)\hat{\boldsymbol{x}}+(\sin\alpha\sin\beta\cos\gamma-\cos\alpha\sin\gamma)\hat{\boldsymbol{y}}+\cos\beta\cos\gamma\hat{\boldsymbol{z}} \tag{7.419}$$

在 Rayleigh - Gans 近似下，椭球散射体的内场可以表示为

$$\boldsymbol{E}_{in}(\boldsymbol{r}')=\boldsymbol{a}\cdot\boldsymbol{E}_{i}(\boldsymbol{r}')=\boldsymbol{a}\cdot\hat{\boldsymbol{q}}_{i}E_{0}\exp(\mathrm{i}\boldsymbol{k}_{i}\cdot\boldsymbol{r}') \tag{7.420}$$

其中，$\boldsymbol{a}$ 为极化张量，定义为

$$\boldsymbol{a}=\frac{\hat{\boldsymbol{x}}_b\hat{\boldsymbol{x}}_b}{1+(\varepsilon_r-1)g_x}+\frac{\hat{\boldsymbol{y}}_b\hat{\boldsymbol{y}}_b}{1+(\varepsilon_r-1)g_y}+\frac{\hat{\boldsymbol{z}}_b\hat{\boldsymbol{z}}_b}{1+(\varepsilon_r-1)g_z} \tag{7.421}$$

$$g_x=\frac{\cos\phi\cos\theta}{\sin^3\theta\sin^2\alpha}[F(k,\theta)-E(k,\theta)] \tag{7.422}$$

$$g_y=\frac{\cos\phi\cos\theta}{\sin^3\theta\sin^2\alpha\cos^2\alpha}\left[E(k,\theta)-\cos^2\alpha F(k,\theta)-\frac{\sin^2\alpha\sin\theta\cos\theta}{\cos\phi}\right] \tag{7.423}$$

$$g_z=\frac{\cos\phi\cos\theta}{\sin^3\theta\cos^2\alpha}\left[\frac{\sin\theta\cos\phi}{\cos\theta}-E(k,\theta)\right] \tag{7.424}$$

$$\cos\theta=\frac{c}{a},\ 0\leqslant\theta\leqslant\frac{\pi}{2};\ \cos\phi=\frac{b}{a},\ 0\leqslant\phi\leqslant\frac{\pi}{2} \tag{7.425}$$

$$\sin\alpha=\left[\frac{1-\left(\dfrac{b}{a}\right)^2}{1-\left(\dfrac{c}{a}\right)^2}\right]=\frac{\sin\phi}{\sin\theta},\quad 0\leqslant\alpha\leqslant\frac{\pi}{2} \tag{7.426}$$

其中，$F(k,\theta)$和 $E(k,\theta)$ 分别为第一类和第二类不完全椭球函数，g_x、g_y、g_z 称为去磁因子。

将式(7.420)代入式(7.416)，可得粒子的散射场为

$$\begin{aligned}\boldsymbol{E}_s(\boldsymbol{r}) &= \frac{k_0^2\mathrm{e}^{ikr}}{4\pi r}(\varepsilon_r-1)(\hat{\boldsymbol{v}}_s\hat{\boldsymbol{v}}_s+\hat{\boldsymbol{h}}_s\hat{\boldsymbol{h}}_s)\cdot\boldsymbol{a}\cdot\hat{\boldsymbol{q}}_i E_0\int\exp[\mathrm{i}(\boldsymbol{k}_i-\boldsymbol{k}_s)\cdot\boldsymbol{r}']\mathrm{d}\boldsymbol{r}' \\ &= (\hat{\boldsymbol{v}}_s\hat{\boldsymbol{v}}_s+\hat{\boldsymbol{h}}_s\hat{\boldsymbol{h}}_s)\cdot\boldsymbol{S}(\boldsymbol{k}_i,\boldsymbol{k}_s)\cdot\hat{\boldsymbol{q}}_i E_0\frac{\mathrm{e}^{ikr}}{r}\end{aligned} \tag{7.427}$$

式中，$\boldsymbol{S}(\boldsymbol{k}_i,\boldsymbol{k}_s)$表示椭球的散射振幅矩阵，其计算式为

$$\overline{\overline{\boldsymbol{S}}}(\boldsymbol{k}_i,\boldsymbol{k}_s)=\frac{k_0^2}{4\pi}V_0(\varepsilon_r-1)\boldsymbol{a}\mu(\boldsymbol{k}_i,\boldsymbol{k}_s)=\begin{bmatrix}S_{vv} & S_{vh}\\ S_{hv} & S_{hh}\end{bmatrix} \tag{7.428}$$

式中，$S_{pq}=\hat{\boldsymbol{p}}_s\cdot\boldsymbol{S}(\hat{\boldsymbol{k}}_s,\hat{\boldsymbol{k}}_i)\cdot\hat{\boldsymbol{q}}_i$为散射振幅矩阵的 pq 分量，$V_0=4\pi abc/3$ 为椭球体的体积，$\mu(\boldsymbol{k}_i,\boldsymbol{k}_s)$为 Debye 干涉因子，即

$$\mu(\boldsymbol{k}_i,\boldsymbol{k}_s)=\frac{1}{V_0}\int\exp[\mathrm{i}(\boldsymbol{k}_i-\boldsymbol{k}_s)\cdot\boldsymbol{r}']\mathrm{d}\boldsymbol{r}'$$

当粒子为椭圆盘，即 $a\geqslant b\gg c$，$kc(\varepsilon_r-1)\ll 1$ 时，有

$$\mu(\boldsymbol{k}_i,\boldsymbol{k}_s)=\frac{2\mathrm{J}_1(Q_i)}{Q_i} \tag{7.429}$$

其中，$\mathrm{J}_1(\cdot)$为一阶 Bessel 函数，且满足 $Q_i=\sqrt{(aq_{ix})^2+(bq_{iy})^2}$，$q_{ix}=(\boldsymbol{k}_i-\boldsymbol{k}_s)\cdot\hat{\boldsymbol{x}}_b$，$q_{iy}=(\boldsymbol{k}_i-\boldsymbol{k}_s)\cdot\hat{\boldsymbol{y}}_b$。

当粒子为针状散射体，即 $a=b\ll c$，$k_0a(\varepsilon_r-1)\ll 1$ 时，有

$$\mu(\boldsymbol{k}_i,\boldsymbol{k}_s)=\frac{\sin(q_{iz}c)}{q_{iz}c},\ q_{iz}=(\boldsymbol{k}_i-\boldsymbol{k}_s)\cdot\hat{\boldsymbol{z}}_b \tag{7.430}$$

2. 圆柱体粒子

与椭球体类似，有限长介质圆柱的远区散射场也可以由其内场计算得到。对于无限长的介质圆柱散射体，其内部散射场可以表示为

$$\boldsymbol{E}_{in}(\boldsymbol{r}')=\sum_{q=v,h}E_{\rho q}\hat{\boldsymbol{\rho}}'+E_{\phi q}\hat{\boldsymbol{\phi}}'+E_{zq}\hat{\boldsymbol{z}}' \tag{7.431}$$

其中

$$E_{\rho q}=\frac{k_0}{\lambda_i}\sum_{n=-\infty}^{\infty}\left[\mathrm{i}\cos\theta_i e_{nq}J'_n(\lambda_i\rho')+n\eta h_{nq}\frac{\mathrm{J}_n(\lambda_i\rho')}{\lambda_i\rho'}\right]F_n \tag{7.432}$$

$$E_{\phi q}=\frac{k_0}{\lambda_i}\sum_{n=-\infty}^{\infty}\left[-n\cos\theta_i e_{nq}\frac{\mathrm{J}_n(\lambda_i\rho')}{\lambda_i\rho'}+\mathrm{i}\eta h_{nq}J'_n(\lambda_i\rho')\right]F_n \tag{7.433}$$

$$E_{zq}=\sum_{n=-\infty}^{\infty}e_{nq}\mathrm{J}_n(\lambda_i\rho')F_n \tag{7.434}$$

将式(7.431)代入式(7.416)，并对圆柱进行体积积分，得到极化散射矩阵为

$$S_{vv}(\boldsymbol{k}_i,\boldsymbol{k}_s)=k_0^2h(\varepsilon_r-1)\mu(\boldsymbol{k}_i,\boldsymbol{k}_s)\{e_{0v}(B_0\cos\theta_i\cos\theta_s-\sin\theta_s z_0+2\sum_{n=1}^{\infty}[(e_{nv}\cos\theta_i B_n-\mathrm{i}\eta h_{nv}A_n)\cos\theta_s-e_{nv}z_n\sin\theta_s]\cos[n(\phi_i-\phi_s)]\} \tag{7.435}$$

$$S_{vv}(\boldsymbol{k}_i,\boldsymbol{k}_s)=k_0^2h(\varepsilon_r-1)\mu(\boldsymbol{k}_i,\boldsymbol{k}_s)\{B_0\eta h_{0h}+2\sum_{n=1}^{\infty}[(\eta h_{nh}B_n+\mathrm{i}e_{nh}\cos\theta_i A_n)\cos[n(\phi_i-\phi_s)]]\} \tag{7.436}$$

其中，ε_r 表示圆柱的介电常数，h 表示圆柱的长度。

为了得到辐射传输方程的解，需要得到表示辐射强度传播和散射特性的消光矩阵 $\boldsymbol{K}$ 和相位矩阵 $\boldsymbol{P}$。下面将给出植被层的相位矩阵以及消光矩阵的具体表达式。

一般情况下，相位矩阵 $\boldsymbol{P}(\hat{\boldsymbol{k}}_s,\hat{\boldsymbol{k}}_i)$ 可以表示为

$$\boldsymbol{P}(\hat{\boldsymbol{k}}_s,\hat{\boldsymbol{k}}_i)=n_0\boldsymbol{L}_{mn}$$

$$=n_0\begin{bmatrix}|f_{vv}|^2 & |f_{vh}|^2 & \mathrm{Re}(f_{vv}f_{vh}^*) & -\mathrm{Im}(f_{vv}f_{vh}^*)\\ |f_{hv}|^2 & |f_{hh}|^2 & \mathrm{Re}(f_{hv}f_{hh}^*) & -\mathrm{Im}(f_{hv}f_{hh}^*)\\ 2\mathrm{Re}(f_{vv}f_{hv}^*) & 2\mathrm{Re}(f_{vh}f_{hh}^*) & \mathrm{Re}(f_{vv}f_{hh}^*+f_{vh}f_{hv}^*) & -\mathrm{Im}(f_{vv}f_{hh}^*-f_{vh}f_{hv}^*)\\ 2\mathrm{Im}(f_{vv}f_{hv}^*) & 2\mathrm{Im}(f_{vh}f_{hh}^*) & \mathrm{Im}(f_{vv}f_{hh}^*+f_{vh}f_{hv}^*) & \mathrm{Re}(f_{vv}f_{hh}^*-f_{vh}f_{hv}^*)\end{bmatrix} \tag{7.437}$$

其中 $f_{pq}(p, q=\mathrm{h}, \mathrm{v})$ 为粒子的散射振幅，n_0 为单位体积的粒子数，并且满足：

$$n_0=\int_{a_{\min}}^{a_{\max}}p(a)\mathrm{d}a \tag{7.438}$$

其中 $p(a)$ 为粒子半径 a 在 $(a_{\min}, a_{\max})$ 中的概率分布函数。

若粒子为各向同性，且均匀分布，其相位矩阵可以化简为

$$\boldsymbol{P}(\hat{\boldsymbol{k}}_s,\hat{\boldsymbol{k}}_i)=n_0\boldsymbol{L}_{mn}$$

$$=n_0\begin{bmatrix}|f_{vv}|^2 & |f_{vh}|^2 & \mathrm{Re}(f_{vv}f_{vh}^*) & 0\\ |f_{hv}|^2 & |f_{hh}|^2 & \mathrm{Re}(f_{hv}f_{hh}^*) & 0\\ 2\mathrm{Re}(f_{vv}f_{hv}^*) & 2\mathrm{Re}(f_{vh}f_{hh}^*) & \mathrm{Re}(f_{vv}f_{hh}^*+f_{vh}f_{hv}^*) & 0\\ 0 & 0 & 0 & \mathrm{Re}(f_{vv}f_{hh}^*-f_{vh}f_{hv}^*)\end{bmatrix} \tag{7.439}$$

在后向散射方向上，同极化和交叉极化散射没有相关性，相位矩阵可以进一步表示为

$$
\boldsymbol{P}(\hat{\boldsymbol{k}}_{\mathrm{s}}, \hat{\boldsymbol{k}}_{\mathrm{i}}) = n_0 \boldsymbol{L}_{mn}
= n_0 \begin{bmatrix} |f_{\mathrm{vv}}|^2 & |f_{\mathrm{vh}}|^2 & 0 & 0 \\ |f_{\mathrm{hv}}|^2 & |f_{\mathrm{hh}}|^2 & 0 & 0 \\ 0 & 0 & \mathrm{Re}(f_{\mathrm{vv}} f_{\mathrm{hh}}^* + f_{\mathrm{vh}} f_{\mathrm{hv}}^*) & 0 \\ 0 & 0 & 0 & \mathrm{Re}(f_{\mathrm{vv}} f_{\mathrm{hh}}^* - f_{\mathrm{vh}} f_{\mathrm{hv}}^*) \end{bmatrix} \tag{7.440}
$$

消光矩阵表示电磁波辐射强度在随机介质中的散射和吸收衰减，根据光学定理，它可以根据粒子的前向散射矩阵虚部计算得到：

$$
\boldsymbol{k}_{\mathrm{e}}(\hat{\boldsymbol{k}}_{\mathrm{s}}, \hat{\boldsymbol{k}}_{\mathrm{i}}) = \frac{4\pi}{k} n_0 \mathrm{Im}\langle f_{pq}(\theta_{\mathrm{s}}, \phi_{\mathrm{s}}, \theta_{\mathrm{i}}, \phi_{\mathrm{i}}) \rangle
= \frac{2\pi}{k} n_0 \begin{bmatrix} 2\mathrm{Im}\langle f_{\mathrm{vv}} \rangle & 0 & \mathrm{Im}\langle f_{\mathrm{vh}} \rangle & -\mathrm{Re}\langle f_{\mathrm{vh}} \rangle \\ 0 & 2\mathrm{Im}\langle f_{\mathrm{hh}} \rangle & \mathrm{Im}\langle f_{\mathrm{hv}} \rangle & \mathrm{Re}\langle f_{\mathrm{hv}} \rangle \\ 2\mathrm{Im}\langle f_{\mathrm{hv}} \rangle & 2\mathrm{Im}\langle f_{\mathrm{vh}} f_{\mathrm{hh}}^* \rangle & \mathrm{Im}\langle f_{\mathrm{vv}} + f_{\mathrm{hh}} \rangle & \mathrm{Re}\langle f_{\mathrm{vv}} - f_{\mathrm{hh}} \rangle \\ 2\mathrm{Re}\langle f_{\mathrm{hv}} \rangle & -2\mathrm{Re}\langle f_{\mathrm{vh}} \rangle & \mathrm{Re}\langle f_{\mathrm{hh}} - f_{\mathrm{vv}} \rangle & \mathrm{Im}\langle f_{\mathrm{vv}} + f_{\mathrm{hh}} \rangle \end{bmatrix} \tag{7.441}
$$

而对于各向同性的随机粒子，其消光矩阵可以化简为对角阵形式：

$$
\boldsymbol{k}_{\mathrm{e}}(\hat{\boldsymbol{k}}_{\mathrm{s}}, \hat{\boldsymbol{k}}_{\mathrm{i}}) = \begin{bmatrix} K_{\mathrm{ev}} & 0 & 0 & 0 \\ 0 & K_{\mathrm{ev}} & 0 & 0 \\ 0 & 0 & K_3 & 0 \\ 0 & 0 & 0 & K_4 \end{bmatrix} \tag{7.442}
$$

其中

$$
K_{\mathrm{ev}} = \frac{4\pi}{k} n_0 \langle \mathrm{Im}[f_{\mathrm{vv}}(\hat{\boldsymbol{i}}, \hat{\boldsymbol{i}})] \rangle \tag{7.443}
$$

$$
K_{\mathrm{eh}} = \frac{4\pi}{k} n_0 \langle \mathrm{Im}[f_{\mathrm{hh}}(\hat{\boldsymbol{i}}, \hat{\boldsymbol{i}})] \rangle \tag{7.444}
$$

$$
K_3 = K_4 = 0.5(K_{\mathrm{ev}} + K_{\mathrm{eh}}) \tag{7.445}
$$

进一步，若粒子为球形粒子，则 $\boldsymbol{k}_{\mathrm{e}}(\hat{\boldsymbol{k}}_{\mathrm{s}}, \hat{\boldsymbol{k}}_{\mathrm{i}})$ 可以简化为一常数 K_{e}。在得到矢量辐射传输方程的相位矩阵和消光矩阵后，即可研究各类地表，例如植被、水泥沥青地面以及含泡沫海面的电磁散射特性，这些内容将在下一章详细介绍。

习 题

1. 在二维物体电磁散射问题中，经常用 E_z（对 TM 波）作为基本的场量。在 TM 情形下关于 E_z 的积分表示为

$$
\begin{cases} E_z(\boldsymbol{t}) = E_z^{\mathrm{inc}}(t) - \displaystyle\int \left(\frac{\partial E_z}{\partial n} - E_z \frac{\partial}{\partial n} \right) G(\boldsymbol{t}, \boldsymbol{t}') \mathrm{d}l, & \boldsymbol{t} \in V_1 \\ E_z(t) = \displaystyle\int \left(\frac{\partial E_z}{\partial n} - E_z \frac{\partial}{\partial n} \right) G(\boldsymbol{t}, \boldsymbol{t}') \mathrm{d}l, & \boldsymbol{t} \in V_2 \end{cases}
$$

依据对偶原理写出 TE 情形下关于 H_z 的积分方程。

2. 随机粗糙面的高度起伏为 $z=\zeta(x, y)$，高度起伏遵循高斯分布。其概率密度函数为

$$P(\zeta)=\frac{1}{\delta\sqrt{2\pi}}\exp\left(-\frac{\zeta^2}{2\delta^2}\right)$$

写出上述一维高斯粗糙面的特征函数。如果粗糙面的非归一化相关函数$C(\boldsymbol{R})$的功率谱为

$$W(\boldsymbol{K})=\frac{\delta^2}{(2\pi)^2}\int_{-\infty}^{\infty}C(\boldsymbol{R})\exp(\mathrm{i}\boldsymbol{K}\cdot\boldsymbol{R})\mathrm{d}\boldsymbol{R}$$

请证明高度起伏方差$\delta^2=\int_{-\infty}^{\infty}W(\boldsymbol{K})\mathrm{d}\boldsymbol{K}$。

3. 证明各向同性高斯相关函数粗糙面的斜率均方根为$s=\delta\sqrt{2}/l$，其中δ、l分别为粗糙面的高度起伏均方根和相关长度。

4. 对于导体粗糙面，在一阶微扰法中，有约束条件$\nabla\cdot\boldsymbol{E}=0$，证明：

$$(\beta+p)A(p,q)+qB(p,q)+b(\beta+p,q)C(p,q)=0$$

5. 导出导体粗糙面一阶微扰法计算散射系数的公式：

$$\sigma_{\text{hh}}=4\pi k^4\cos^2\theta_{\text{i}}\cos^2\theta_{\text{s}}\cos^2\phi_{\text{s}}W(p,q),\quad \sigma_{\text{vh}}=4\pi k^4\cos^2\theta_{\text{i}}\sin^2\phi_{\text{s}}W(p,q)$$

$$\sigma_{\text{hv}}=4\pi k^4\cos^2\theta_{\text{s}}\sin^2\phi_{\text{s}}W(p,q),\quad \sigma_{\text{vv}}=4\pi k^4(\sin\theta_{\text{i}}\sin\theta_{\text{s}}-\cos\phi_{\text{s}})^2W(p,q)$$

其中$W(p,q)$为粗糙面高度起伏的功率谱。

6. 推导介质粗糙面一阶散射系数的一阶微扰法的计算公式

$$\sigma_{\text{rt}}=4\pi k^2\cos^2\theta_{\text{i}}\cos^2\theta_{\text{s}}\,|\alpha_{\text{rt}}|^2W(p,q)$$

以及其中的极化系数：

$$\alpha_{\text{hh}}=-\frac{(\varepsilon_{\text{r}}-1)\cos\phi_{\text{s}}}{[\cos\theta_{\text{i}}+(\varepsilon_{\text{r}}-\sin^2\theta_{\text{i}})^{1/2}][\cos\theta_{\text{s}}+(\varepsilon_{\text{r}}-\sin^2\theta_{\text{s}})^{1/2}]}$$

$$\alpha_{\text{hv}}=\frac{(\varepsilon_{\text{r}}-1)(\varepsilon_{\text{r}}-\sin^2\theta_{\text{i}})^{1/2}\sin\phi_{\text{s}}}{[\varepsilon_{\text{r}}\cos\theta_{\text{i}}+(\varepsilon_{\text{r}}-\sin^2\theta_{\text{i}})^{1/2}][\cos\theta_{\text{s}}+(\varepsilon_{\text{r}}-\sin^2\theta_{\text{s}})^{1/2}]}$$

$$\alpha_{\text{vh}}=\frac{-(\varepsilon_{\text{r}}-1)(\varepsilon_{\text{r}}-\sin^2\theta_{\text{i}})^{1/2}\sin\phi_{\text{s}}}{[\cos\theta_{\text{i}}+(\varepsilon_{\text{r}}-\sin^2\theta_{\text{i}})^{1/2}][\varepsilon_{\text{r}}\cos\theta_{\text{s}}+(\varepsilon_{\text{r}}-\sin^2\theta_{\text{s}})^{1/2}]}$$

$$\alpha_{\text{vv}}=\frac{(\varepsilon_{\text{r}}-1)[\varepsilon_{\text{r}}\sin\theta_{\text{i}}\sin\theta_{\text{s}}-\cos\phi_{\text{s}}(\varepsilon_{\text{r}}-\sin^2\theta_{\text{i}})^{1/2}(\varepsilon_{\text{r}}-\sin^2\theta_{\text{s}})^{1/2}]}{[\varepsilon_{\text{r}}\cos\theta_{\text{s}}+(\varepsilon_{\text{r}}-\sin^2\theta_{\text{s}})^{1/2}][\varepsilon_{\text{r}}\cos\theta_{\text{s}}+(\varepsilon_{\text{r}}-\sin^2\theta_{\text{s}})^{1/2}]}$$

7. 利用粗糙面的电磁散射的基尔霍夫近似，导出水平极化总场的切向场表示式

$$\hat{\boldsymbol{N}}\times\boldsymbol{E}=-(1+R_{\perp0})[\hat{\boldsymbol{x}}\cos\phi+\hat{\boldsymbol{y}}\sin\phi+\hat{\boldsymbol{z}}(\zeta_x\cos\phi+\zeta_y\sin\phi)]E_0-$$
$$R_{\parallel1}(\hat{\boldsymbol{x}}\cos\phi+\hat{\boldsymbol{y}}\sin\phi)(\zeta_x\cos\phi+\zeta_y\sin\phi)]E_0$$

$$\eta_1(\hat{\boldsymbol{N}}\times\boldsymbol{H})=-(1-R_{\perp0})\cos\theta+[R_{\perp1}\cos\theta-$$
$$(1-R_{\perp0})\sin\theta]\cdot(\zeta_x\cos\phi+\zeta_y\sin\phi)(\hat{\boldsymbol{x}}\sin\phi-\hat{\boldsymbol{y}}\cos\phi)E_0$$

并进一步导出对应垂直极化总场的切向场表示式。

8. 导出粗糙面的电磁散射基尔霍夫近似下的相干散射系数

$$\gamma_{\text{c}}=4\pi k^2\cos^2\theta_{\text{i}}\,|R_0|^2\exp(-4k^2\delta^2\cos^2\theta_{\text{i}})\delta(V_x)\delta(V_y)$$

9. 已知高斯分布粗糙面参数$\varepsilon_{\text{r}}=1.6$，$k\delta=1.5$，0.6，利用基尔霍夫近似，数值计算两种同极化后向散射系数角分布，以及入射角分别为0°和30°时同极化与交叉极化的双站散射系数。

10. 简要说明粗糙面电磁散射中微扰法、基尔霍夫近似法、相位微扰法、小斜率近似法的主要差异。

第八章　地面、海面电磁散射特性与应用

对各类典型地表，例如裸土、农耕地、植被、沙地、岩石、冰雪的遥感探测，可获得大量的地物信息，如植被覆盖率、农作物成熟度、地表含水量、土壤沙漠化和盐碱化程度、冰雪覆盖率等。信息的监控和有效分析能够对维持生态平衡，监测环境变化、农作物长势等提供有效的帮助。本章主要介绍各类典型地表和海洋环境的基本属性和电磁参数特性，以及地面和海面电磁散射的基本理论和分析方法。

8.1　典型地面结构和介电常数

实际地表绝大多数由混合物组成，如土壤、植被、沙砾和岩石等，其组成成分、结构参数以及湿度等因素均会影响其等效介电常数，从而影响地表散射特性。

8.1.1　等效介电常数理论

自然界的复合介质，可以看作是多种单相介质的组合。假设一种单相介质的性质与多相介质在宏观平均上相同，则这种单相介质就称为多相介质的“等效介质”。该理论称为等效介质理论。等效介质理论在复杂物质的介电特性研究中有着广泛的应用。通过等效介电常数和等效磁导率既可以研究复杂物质的介电特性，也可以进一步用于研究地面、海面的电磁散射特性。常用的等效介质理论有 Maxwell－Garnett 理论、Bruggeman 理论、Polder-Van Santen 理论等。下面将对应用最多的 Maxwell－Garnett 理论做进一步说明。

多相混合介质的等效电磁本构关系是通过电场 $\boldsymbol{E}$ 和电位移矢量 $\boldsymbol{D}$ 获取的。设混合介质的等效介电常数为 ε_{eff}，则

$$\langle \boldsymbol{D} \rangle = \varepsilon_{\text{eff}} \langle \boldsymbol{E} \rangle \tag{8.1}$$

其中，混合介质中的平均电位移 $\langle \boldsymbol{D} \rangle$ 和平均电场 $\langle \boldsymbol{E} \rangle$ 分别表示为

$$\langle \boldsymbol{D} \rangle = \frac{1}{V}\left[\int_{V-\sum V_i} \varepsilon_0 \boldsymbol{E}_0(\boldsymbol{r})\,\mathrm{d}\boldsymbol{r} + \sum_{i=1}^{n}\int_{V_i} \varepsilon_i \boldsymbol{E}_i(\boldsymbol{r})\,\mathrm{d}\boldsymbol{r}\right] \tag{8.2}$$

$$\langle \boldsymbol{E} \rangle = \frac{1}{V}\left[\int_{V-\sum V_i} \boldsymbol{E}_0(\boldsymbol{r})\,\mathrm{d}\boldsymbol{r} + \sum_{i=1}^{n}\int_{V_i} \boldsymbol{E}_i(\boldsymbol{r})\,\mathrm{d}\boldsymbol{r}\right] \tag{8.3}$$

式中，V 为混合介质的总体积，n 为混合介质内部粒子的总个数，V_i 和 ε_i 分别表示第 i 个粒子的体积和介电常数，ε_0 和 $\boldsymbol{E}_0$ 为粒子外部的介电常数和电场。因此，等效介电常数为

$$\varepsilon_{\text{eff}} = \frac{\displaystyle\int_{V-\sum V_i} \varepsilon_0 \boldsymbol{E}_0(\boldsymbol{r})\,\mathrm{d}\boldsymbol{r} + \sum_{i=1}^{n}\int_{V_i} \varepsilon_i \boldsymbol{E}_i(\boldsymbol{r})\,\mathrm{d}\boldsymbol{r}}{\displaystyle\int_{V-\sum V_i} \boldsymbol{E}_0(\boldsymbol{r})\,\mathrm{d}\boldsymbol{r} + \sum_{i=1}^{n}\int_{V_i} \boldsymbol{E}_i(\boldsymbol{r})\,\mathrm{d}\boldsymbol{r}} \tag{8.4}$$

当粒子尺寸非常小时，多组元粒子之间以及粒子内部的电场被看作是均匀分布的。设多相组元粒子 i 的电场为 $\boldsymbol{E}_i$，粒了的体积为 ΔV_i，$f_i-n\Delta V_i/V$ 为 i 粒子在多相混合介质中的体积分数(或称占空比)。特殊情况下，当粒子为均匀介质小球时，根据瑞利散射理论，其内场和外场满足的关系为

$$\boldsymbol{E}_i=\frac{3\varepsilon_0}{\varepsilon_i+2\varepsilon_0}\boldsymbol{E}_0 \tag{8.5}$$

因此，将式(8.5)带入式(8.4)可得到多相介质 Maxwell - Garnett 理论的一般表达式为

$$\varepsilon_{\mathrm{eff}}=\varepsilon_0+\frac{\sum_{i=1}^{n} f_i \frac{3\varepsilon_0(\varepsilon_i-\varepsilon_0)}{\varepsilon_i+2\varepsilon_0}}{1-\sum_{i=1}^{n} f_i \frac{\varepsilon_i-\varepsilon_0}{\varepsilon_i+2\varepsilon_0}} \tag{8.6}$$

假设所有粒子的大小相同，在总体积 V 中均匀分布。当粒子尺寸非常小，粒子内部电场均匀分布，内场与外场的幅度之比为 $A=E_i/E_o$，则等效介电常数可以表示为

$$\varepsilon_{\mathrm{eff}}=\frac{\varepsilon_0(1-f)+f\varepsilon_i A}{(1-f)+fA} \tag{8.7}$$

如对于两相介质，$n=1$ 时，Maxwell - Garnett 理论可以简化为

$$\frac{\varepsilon_{\mathrm{eff}}-\varepsilon_0}{\varepsilon_{\mathrm{eff}}+\varepsilon_0}=f\frac{\varepsilon_i-\varepsilon_0}{\varepsilon_i+2\varepsilon_0} \tag{8.8}$$

式(8.8)也称为瑞利混合公式。当体积分数 $f=0$ 时，$\varepsilon_{\mathrm{eff}}=\varepsilon_0$；当 $f=1$ 时，$\varepsilon_{\mathrm{eff}}=\varepsilon_i$。上述 Maxwell - Garnett 混合介质模型只有在介质粒子很小的低频情况下才近似成立。但当粒子的尺寸与粒子介质中波长相比拟且远小于背景介质(ε_0，μ_0)的波长时，等效介电常数可以表示为

$$\varepsilon_{\mathrm{eff}}=\varepsilon_0\left(1+\frac{3f}{\frac{F(\theta)+2\varepsilon_0/\varepsilon_i}{F(\theta)-2\varepsilon_0/\varepsilon_i}-f}\right) \tag{8.9}$$

等效磁导率可以表示为

$$\mu_{\mathrm{eff}}=\mu_0\left(1+\frac{3f}{\frac{F(\theta)+2\mu_0/\mu_i}{F(\theta)-\mu_0/\mu_i}-f}\right) \tag{8.10}$$

其中，$f=4\pi a^3/(3p^3)$ 为球形粒子的体积分数，p 为混合介质的晶格常数，并且 $F(\theta)=2(\sin\theta-\theta\cos\theta)/[(\theta^2-1)\sin\theta+\theta\cos\theta]$。当背景介质的介电常数 ε_0 和粒子的介电常数 ε_i 都是实数时，$\varepsilon_{\mathrm{eff}}$ 也是实数。但在电磁散射运算中需要考虑介质的散射效应，因此需要考虑粒子的复介电常数。

对于随机离散粒子，在低频情况下，考虑所有粒子的单次总散射场和总散射功率，在分布函数 $g(r)=1$ 的情况下，介质的复有效介电常数表示为

$$\varepsilon_{\mathrm{eff}}=\varepsilon\left[\frac{1+\frac{2f(\varepsilon_i-\varepsilon_0)}{(\varepsilon_i+2\varepsilon_0)}}{1-\frac{f(\varepsilon_i-\varepsilon_0)}{(\varepsilon_i+2\varepsilon_0)}}+\mathrm{i}2fk^3a^3\left|\frac{\frac{(\varepsilon_i-\varepsilon_0)}{(\varepsilon_i+2\varepsilon_0)}}{1-\frac{f(\varepsilon_i-\varepsilon_0)}{(\varepsilon_i+2\varepsilon_0)}}\right|^2\right] \tag{8.11}$$

其中，实部为 Maxwell - Garnett 公式的结果，虚部与瑞利散射得到的结果相同。在粒子分布稀疏，间距较大的散射情况下，对式(8.11)进行校正，其有效介电常数为

$$\varepsilon_{\mathrm{eff}}=\varepsilon\left[\frac{1+\dfrac{2f(\varepsilon_i-\varepsilon_0)}{(\varepsilon_i+2\varepsilon_0)}}{1-\dfrac{f(\varepsilon_i-\varepsilon_0)}{(\varepsilon_i+2\varepsilon_0)}}+\mathrm{i}2fk^3a^3\left|\frac{\dfrac{(\varepsilon_i-\varepsilon_0)}{(\varepsilon_i+2\varepsilon_0)}}{1-\dfrac{f(\varepsilon_i-\varepsilon_0)}{(\varepsilon_i+2\varepsilon_0)}}\right|^2(1-8f)\right] \tag{8.12}$$

但式(8.12)只适用于散射粒子有较小体积分数的情况。当粒子满足 Percus - Yevick 成对分布函数时，粒子的有效介电常数可以表示为

$$\varepsilon_{\mathrm{eff}}=\varepsilon\left\{\left[\frac{1+2f(\varepsilon_i-\varepsilon_0)/(\varepsilon_i+2\varepsilon_0)}{1-f(\varepsilon_i-\varepsilon_0)/(\varepsilon_i+2\varepsilon_0)}\right]+\mathrm{i}2fk^3a^3\left|\frac{(\varepsilon_i-\varepsilon_0)/(\varepsilon_i+2\varepsilon_0)}{1-f(\varepsilon_i-\varepsilon_0)/(\varepsilon_i+2\varepsilon_0)}\right|^2\frac{(1-f)^4}{(1+2f)^2}\right\} \tag{8.13}$$

连续随机介质的有效介电常数为 $\varepsilon_{\mathrm{g}}(r)=\varepsilon_{\mathrm{a}}+\varepsilon_{\delta}(r)$，其中 ε_{a} 是介电常数的平均值，$\varepsilon_{\delta}(r)$是介电常数的变化部分。在弱起伏理论情况下，$\langle\varepsilon_{\delta}(r)\rangle=0$。假设混合介质中包含 n 种介电常数和体积分数分别为 ε_{ν} 和 f_{ν} 的组成成分，其中 $\nu=1,\ 2,\ \cdots,\ n$，Polder - Van Santen 公式写为

$$\sum_{\nu=1}^{n}\frac{\varepsilon_{\nu}-\varepsilon_0}{\varepsilon_{\nu}+2\varepsilon_{\mathrm{g}}}f_{\nu}=\frac{\varepsilon_{\mathrm{g}}-\varepsilon_0}{3\varepsilon_{\nu}} \tag{8.14}$$

低频近距离情况下，对于包含球形粒子的混合介质，其等效介电常数可以表示为

$$\varepsilon_{\mathrm{eff}}=\varepsilon_{\mathrm{g}}\left\{1+\mathrm{i}2k_{\mathrm{g}}^3a^3\left[f_{\mathrm{s}}\left(\frac{\varepsilon_{\mathrm{s}}-\varepsilon_{\mathrm{g}}}{\varepsilon_{\mathrm{s}}+2\varepsilon_{\mathrm{g}}}\right)^2+(1-f_{\mathrm{s}})\left(\frac{\varepsilon-\varepsilon_{\mathrm{g}}}{\varepsilon+2\varepsilon_{\mathrm{g}}}\right)^2\right]\right\} \tag{8.15}$$

其中，ε_{g} 和 ε_{s} 分别表示基质和粒子的介电常数，$f_{\mathrm{g}}=1-f_{\mathrm{s}}$ 和 f_{s} 分别表示基质和粒子的体积分数。当内部粒子体积分数较小，即 $f_{\mathrm{s}}\ll1$ 时，式(8.15)可以化简为

$$\varepsilon_{\mathrm{eff}}=\varepsilon_{\mathrm{g}}\left\{1+3f_{\mathrm{s}}\frac{\varepsilon-\varepsilon_{\mathrm{g}}}{\varepsilon+2\varepsilon_{\mathrm{g}}}+\mathrm{i}2f_{\mathrm{s}}k_{\mathrm{g}}^3a^3\frac{(\varepsilon-\varepsilon_{\mathrm{g}})^2}{(\varepsilon+2\varepsilon_{\mathrm{g}})^2}\right\} \tag{8.16}$$

与离散情况下散射粒子的等效介电常数公式(8.11)一致。

特殊情况下，对于圆盘粒子和基底的两相介质混合物，其等效介电常数可以写为

$$\varepsilon_{\mathrm{eff}}=\varepsilon_0+\frac{V_i}{3}(\varepsilon_i-\varepsilon_0)\left(2+\frac{\varepsilon^*}{\varepsilon_i}\right) \tag{8.17}$$

当体积分数 $V_i\leqslant0.1$ 时，$\varepsilon^*=\varepsilon_0$；当体积分数 $V_i\to1$ 时，$\varepsilon^*=\varepsilon_{\mathrm{eff}}$。但当体积分数 V_i 位于 0.1～1 之间时，若设定 $\varepsilon^*=\varepsilon_i$，则介电常数的预测值会高于实测数据值，若设定 $\varepsilon^*=\varepsilon_0$，则介电常数的预测值会低于实测数据值，因此 ε^* 应视具体情况而定。

与圆盘粒子类似，对于针状粒子和基底的两相介质混合物，其等效介电常数为

$$\varepsilon_{\mathrm{eff}}=\varepsilon_0+V_i\frac{(\varepsilon_i-\varepsilon_0)(5\varepsilon^*+\varepsilon_i)}{3(\varepsilon_i+\varepsilon^*)} \tag{8.18}$$

海面在风驱动作用下，将空气卷入海水中形成空气泡，由于空气与海水的介电常数差异很大，所以在计算风驱海面后向散射系数时，必须考虑气泡的介电常数。这种空气包裹了一层海水壳的气泡，可以认为是由海水构成的多孔物质，因此气泡的介电常数为

$$\varepsilon_{\mathrm{bubble}}=\varepsilon_{\mathrm{sea}}\left[1-\frac{3V(\varepsilon_{\mathrm{sea}}-1)}{2\varepsilon_{\mathrm{sea}}+1+V(\varepsilon_{\mathrm{sea}}-1)}\right] \tag{8.19}$$

式中，V 是气泡的占空比；$\varepsilon_{\mathrm{sea}}$ 为海水介电常数，它可由双 Debye 公式给出，是频率、海水温度和盐度的函数，稍后详细讨论。

国外学者结合实验经验总结了一些二元混合体的等效介电常数公式，如表 8.1 所示。

表 8.1　二元混合体的等效介电常数经验模型

公　式	学者与发表年份
$\frac{\varepsilon-1}{\varepsilon+2}=f_0\frac{\varepsilon_0-1}{\varepsilon_0+2}=f_1\frac{\varepsilon_1-1}{\varepsilon_1+2}$	LordRayleigh，1892
$\frac{\varepsilon-\varepsilon_1}{3\varepsilon_1}=f_0\frac{\varepsilon_0-\varepsilon_1}{\varepsilon_0-2\varepsilon_1}$	K. W. Wange，1914
$\frac{\varepsilon}{\varepsilon_1}(1+f_0)^2=\left(\frac{\varepsilon_0-\varepsilon}{\varepsilon_0-\varepsilon_1}\right)^3$	D. A. G. Bruggeman，1935
$\varepsilon=f_0\varepsilon_0+f_1\varepsilon_1$	W. F. Brown，1956
$\sqrt{\varepsilon}=f_0\sqrt{\varepsilon_0}+f_1\sqrt{\varepsilon_1}$	J. R. Birchak，1974

对于简单的二元混合物，表 8.1 中的经验公式也许适用，但对于一些复杂的混合物，其等效介电参数化需要进一步研究。

8.1.2　典型地物的介电常数模型

1. 土壤的等效介电常数

通常情况下，裸土由固态土壤、空气、束缚水和自由水组成，其介电常数主要受入射波频率 f(GHz)、土壤湿度 m(g/cm^3)、土壤成分(含沙量 $S\%$、黏土含量 $C\%$)、土壤的物理温度 T(℃)等因素的影响。

1985 年，Dobson 利用自由空间法和波导传播测量法分别测量了不同类型的土壤，并通过数据分析了裸土的介电常数随入射波频率、含水量、质地、温度的变化关系，在此基础上建立了湿土的等效介电常数模型：

$$\varepsilon_m^\alpha=V_s\varepsilon_s^\alpha+V_a\varepsilon_a^\alpha+V_{fw}\varepsilon_{fw}^\alpha+V_{bw}\varepsilon_{bw}^\alpha \tag{8.20}$$

其中，角标 s、a、fw、bw 分别表示土壤的固体物质、空气、自由水和结合水，V、ε 分别表示对应物质的体积分数和介电常数。因为结合水的复介电常数未知，并且它的体积分数要经过复杂的运算才能得到，所以采取以下近似：

$$m_v^\beta\varepsilon_{fw}^\alpha=V_{fw}\varepsilon_{fw}^\alpha+V_{bw}\varepsilon_{bw}^\alpha \tag{8.21}$$

其中，m_v 为土壤湿度。把每种土壤介电常数的测试数据与式(8.20)进行对比，使得实部 ε'_{soil} 和虚部 ε''_{soil} 的均方误差最小，得到式(8.21)中对应的 α 和 β。国外学者通过大量研究得出，α 的最优值为 0.65，而 β 是一个可调整的参数，它的值一般在 1.0～1.17 之间，测量中可由下述经验公式确定：

$$\beta_{\varepsilon'}=\frac{127.48-0.519S-0.152C}{100},\quad \beta_{\varepsilon''}=\frac{1.337\,97-0.603S-0.166C}{100} \tag{8.22}$$

式中，S 和 C 分别表示土壤的含沙量和黏土含量。对于给定的土壤体密度 ρ_b 和土壤中固体物质的密度 ρ_s(一般取 $\rho_s=2.65$ g/cm^3)，土壤复介电常数的半经验模型可重新写为

$$\varepsilon_m^\alpha=1+\frac{\rho_b}{\rho_s}(\varepsilon_s^\alpha-1)+m_v^\beta\varepsilon_{fw}^\alpha-m_v \tag{8.23}$$

其中

$$\varepsilon_s=(1.01+0.44\rho_s)^2-0.062$$

$$\varepsilon_{fw}=\varepsilon_{w\infty}+\frac{\varepsilon_{w0}-\varepsilon_{w\infty}}{1-i2\pi f\tau_w}+i\sigma_{eff}\frac{\rho_s-\rho_b}{2\pi f\varepsilon_0\rho_s m_v}$$

$$\sigma_{eff}=-1.645+1.039\rho_b-0.020\ 13S+0.015\ 84C,\quad 1.4\leqslant f\leqslant 18\ \text{GHz}$$

$$\sigma_{eff}=0.0467+0.2204\rho_b-0.411\ 1S+0.661\ 4C,\quad 0.3\leqslant f\leqslant 1.3\ \text{GHz}$$

土壤介电常数的实部 ε_m' 和虚部 ε_m'' 可以进一步写为

$$\varepsilon_m'=\left[1+\frac{\rho_b}{\rho_s}(\varepsilon_s^{\alpha}-1)+m_v^{\beta}\varepsilon_{fw}'^{\alpha}-m_v\right]^{1/2},\ \varepsilon_m''=(m_v^{\beta}\varepsilon_{fw}''^{\alpha})^{1/2} \tag{8.24}$$

Dobson 介电常数模型中的参数与土壤类型关系不大，并且适用的电磁波频段较宽，因此该模型被广泛用于土壤的复介电常数计算中。

此外，Schmugge 和 Wang 等人建立了土壤四成分模型，定义土壤湿度压缩点为

$$Q_p=0.067\ 74-0.000\ 64\times S+0.004\ 78\times C \tag{8.25}$$

其中，S 表示含沙量，C 是黏土含量，B_v 是土壤湿度，B_t 是过渡点湿度，其公式为

$$B_t=0.49Q_p+0.165 \tag{8.26}$$

$$B_v=-0.57Q_p+0.481 \tag{8.27}$$

土壤的积孔率 $p=1-\rho_b/\rho_r$，其中 $\rho_b=3.455/R^{0.3018}$ 是干土的密度，$R=25.1-0.21\times S+0.22\times C$，$\rho_r$ 是岩石密度。

当 $B_v\leqslant B_t$ 时，有

$$\varepsilon_g=B_v\varepsilon_x+(p-B_v)\varepsilon_a+(1-p)\varepsilon_r \tag{8.28}$$

$$\varepsilon_x=\varepsilon_i+(\varepsilon_w-\varepsilon_i)\frac{B_v}{B_t}\beta \tag{8.29}$$

当 $B_v>B_t$ 时，有

$$\varepsilon_g=B_v\varepsilon_x+(B_v-B_t)\varepsilon_w+(p-B_v)\varepsilon_a+(1-p)\varepsilon_r \tag{8.30}$$

$$\varepsilon_x=\varepsilon_i+(\varepsilon_w-\varepsilon_i)\beta \tag{8.31}$$

式(8.28)至式(8.31)中，ε_r、ε_i、ε_w、ε_a 分别是岩石、冰、水、空气的介电常数。上述两种等效介电参数模型的表述形式不完全相同，但结果相差不大。

地表中水分含量的大小直接影响地表的介电常数值，并在很大程度上决定了地表的介电特性。因此国内外众多学者利用该特性，结合多频段、多入射角、多极化状态的微波遥感数据，基于雷达后向散射模型反演了地表介电常数，如 Dubois 模型、Shi 模型和 Oh 模型等，并依据介电常数的经验模型，实现了地表土壤湿度的实时监测。

纯水的介电常数是入射波频率 f 和温度 T 的函数，单 Debye 介电常数经验模型为

$$\varepsilon_w=\varepsilon_w'+i\varepsilon_w''=\left[\varepsilon_{w\infty}+\frac{\varepsilon_{w0}-\varepsilon_{w\infty}}{1+(2\pi f\tau_w)^2}\right]+i\left[\frac{2\pi f\tau_w(\varepsilon_{w0}-\varepsilon_{w\infty})}{1+(2\pi f\tau_w)^2}\right] \tag{8.32}$$

其中，f 为入射波频率，ε_{w0} 为 $f=0$ 时的静态介电常数，$\varepsilon_{w\infty}$ 为 $f\to\infty$ 时的高频介电常数，τ_w 为松弛时间常数。一般情况下，$\varepsilon_{w\infty}$ 可取为 4.9。Klein 和 Swift 给出 ε_{w0} 的表达式为

$$\varepsilon_{w0}=88.045-0.4147T+6.295\times 10^{-4}T^2+1.075\times 10^{-5}T^3 \tag{8.33}$$

而纯水的松弛因子为

$$2\pi\tau_w(T)=1.1109\times 10^{-10}-3.824\times 10^{-12}T+6.938\times 10^{-14}T^2-5.096\times 10^{-16}T^3 \tag{8.34}$$

实验测量表明，单 Debye 介电常数模型只在频率 $f\leqslant 50$ GHz，温度 $0\leqslant T\leqslant 30$℃时有效，且误差随频率的升高而增大。2004 年，Meissner 和 Wentz 提出了双 Debye 海水介电常数模

型，它与温度、盐度和电磁波频率有关，而与泡沫、浪花无关，适用频率范围为 10 MHz～10 000 GHz，公式为

$$\varepsilon(T,S)=\varepsilon_\infty+\frac{\varepsilon_s(T,S)-\varepsilon_1(T,S)}{1+[\mathrm{i}f/f_1(T,S)]}+\frac{\varepsilon_1(T,S)-\varepsilon_\infty(T,S)}{1+[\mathrm{i}f/f_2(T,S)]}+\mathrm{i}\frac{\sigma(T,S)}{2\pi\varepsilon_0 f} \tag{8.35}$$

式中，S 表示盐度(‰)，$f_{i=1,2}(T,S)$表示 Debye 相关频率(GHz)，σ 是海水的电导率，ε_∞ 是频率无限大时的介电常数，$\varepsilon_s(T,S)$是静态介电常数，$\varepsilon_0=8.854\times10^{-12}$ F/m 是自由空间的介电常数。式(8.35)中采用的时间因子是 $\exp(-\mathrm{i}\omega t)$，其中参数 $\varepsilon_\infty(T,S)$、$\varepsilon_s(T,S)$、$\varepsilon_1(T,S)$、$f_{1,2}(T,S)$等均为海水温度和盐度的函数，可详细表示为

$$\varepsilon_s(T,S)=\frac{3.708\,86\times10^4-8.2168\times10T}{4.218\,54\times10^2+T}\exp(b_0S+b_1S^2+b_2TS) \tag{8.36}$$

$$\varepsilon_\infty(T,S)=(a_6+a_7T)[1+S(b_{11}+b_{12}T)] \tag{8.37}$$

$$f_1(T,S)=\frac{45+T}{a_3+a_4T+a_5T^2}[1+S(b_3+b_4T+b_5T^2)] \tag{8.38}$$

$$f_2(T,S)=\frac{45+T}{a_8+a_9T+a_{10}T^2}[1+S\cdot(b_9+b_{10}T)] \tag{8.39}$$

$$\varepsilon_1(T,S)=(a_0+a_1T+a_2T^2)\exp(b_6S+b_7S^2+b_8TS) \tag{8.40}$$

$$\sigma(T,S)=\sigma(T,S=35)\frac{R_T(S)}{R_{15}(S)} \tag{8.41}$$

$$\sigma(T,S=35)=2.903\,602+8.607\times10^{-2}\cdot T+4.738\,817\times10^{-4}T^2-2.991\times10^{-6}T^3+4.3047\times10^{-9}T^4 \tag{8.42}$$

$$R_{15}(S)=S\cdot\frac{37.5109+5.452\,16S+1.4409\times10^{-2}S^2}{1004.75+182.283S+S^2} \tag{8.43}$$

$$\frac{R_T(S)}{R_{15}(S)}=1+\frac{\alpha_0(T-15)}{\alpha_1+T} \tag{8.44}$$

$$\alpha_0=\frac{6.9431+3.2841S-9.9486\times10^{-2}S^2)}{84.85+69.024S+S^2} \tag{8.45}$$

$$\alpha_1=49.843-0.2276S+0.198\times10^{-2}S^2 \tag{8.46}$$

令盐度 $S=0$，得到纯水的双 Debye 介电常数模型。式(8.36)～式(8.46)中 $a_i(i=0,\cdots,10)$和 $b_i(i=0,\cdots,12)$如表 8.2 所示。

表 8.2　双 Debye 介电常数模型中系数 a_i 和 b_i

i	a_i	b_i	i	a_i	b_i
0	5.7230E+00	−3.564 17E−03	7	2.8841E−02	1.760 32E−04
1	2.2379E−02	4.748 68E−06	8	1.3652E−01	−9.221 44E−05
2	−7.1237E−04	1.155 74E−05	9	1.4825E−03	1.997 23E−02
3	5.0478E+00	2.393 57E−03	10	2.4166E−04	1.811 76E−04
4	−7.0315E−02	−3.135 30E−05	11	—	−2.042 65E−03
5	6.0059E−04	2.524 77E−07	12	—	1.578 83E−04
6	3.6143E+00	−6.289 08E−03			

值得注意的是，不同频率下地表的介电常数不同，电磁波的穿透深度就不同，并直接影响到地表电磁散射的建模的介电常数的计算。一般情况下，电磁波的穿透深度可表示为 $\delta_p=\sqrt{\varepsilon'}/(k_0\varepsilon'')$。其中 k_0 为自由空间的波数，$\varepsilon=\varepsilon'+i\varepsilon''$ 为地表介电常数，ε' 和 ε'' 分别表示实部和虚部。

判断电磁波的穿透深度，将有助于准确预测地表的电磁散射回波。若在穿透深度范围内，地表介质均一，或内部存在的散射粒子较小且稀疏，则单层面散射模型足以准确地描述地表散射回波。若地表穿透深度范围内存在分层现象，且每层内介质均一，则地表采用多层面散射模型进行计算。但当地表内部不均匀或包含散射粒子时，内部会发生体散射作用，且在表层仍存在面散射作用，因此需要考虑面—体复合模型。此部分内容将在沥青路面、沙地以及植被的电磁散射中进行详细介绍。

采用 Dobson 模型计算沙壤土、粉沙壤土 2 以及粉质黏土三类土壤的介电常数随含水量以及入射波频率的变化关系，如图 8.1 所示，其中温度为 23℃。表 8.3 给出了五种不同的土壤类型下土壤成分的物理参数。

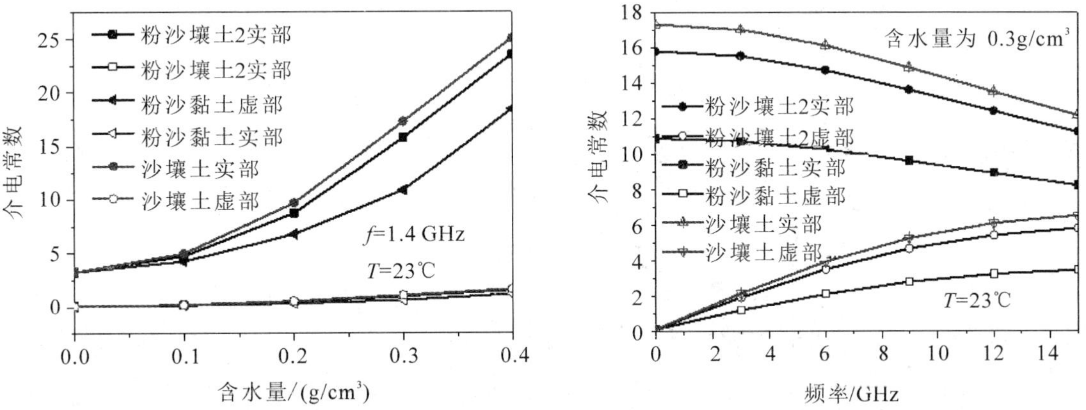

(a) 土壤含水量影响　　(b) 频率影响

图 8.1 不同土壤含水量和不同频率对介电常数的影响

表 8.3 土壤成分的物理参数

组成成分	沙壤土	壤土	粉砂壤土 1	粉沙壤土 2	粉质黏土
含沙量(*S*)	51.51%	41.96%	30.63%	17.16%	5.02%
泥土	35.06%	49.51%	55.89%	63.84%	47.60%
黏土含量(*C*)	13.43%	8.53%	13.48%	19.00%	47.38%

从图 8.1 中可以看出，含水量对上述三类土壤的介电常数实部影响均比较大，尤其是沙壤土地表，但含水量对介电常数虚部的影响比较小；入射波频率对沙壤土的影响最大，而对粉质黏土的影响最小。

图 8.2 给出不同频率下沙壤土介电常数随含水量变化的计算值、文献值与实测值的比较。图 8.3 给出了不同含水量的沙壤土介电常数随频率变化的计算值与文献值的比较，其中二者的介电常数的实部吻合得很好，虚部略有差异。

Schmugge 和 Wang 建立的土壤四成分模型所需参数较少，物理意义明确，得到广泛应用。依据表 8.4 给出的土壤四成分模型参数，得出的土壤相对介电常数随频率和土壤湿度的变化如图 8.4 所示。

表 8.4　土壤四成分模型参数

土壤类型	含沙量(S)	黏土含量(C)
沙壤土	51.5%	13.5%
粉沙壤土 1	30.6%	13.5%
粉沙壤土 2	17.2%	19.0%
粉质黏土	5.0%	47.4%

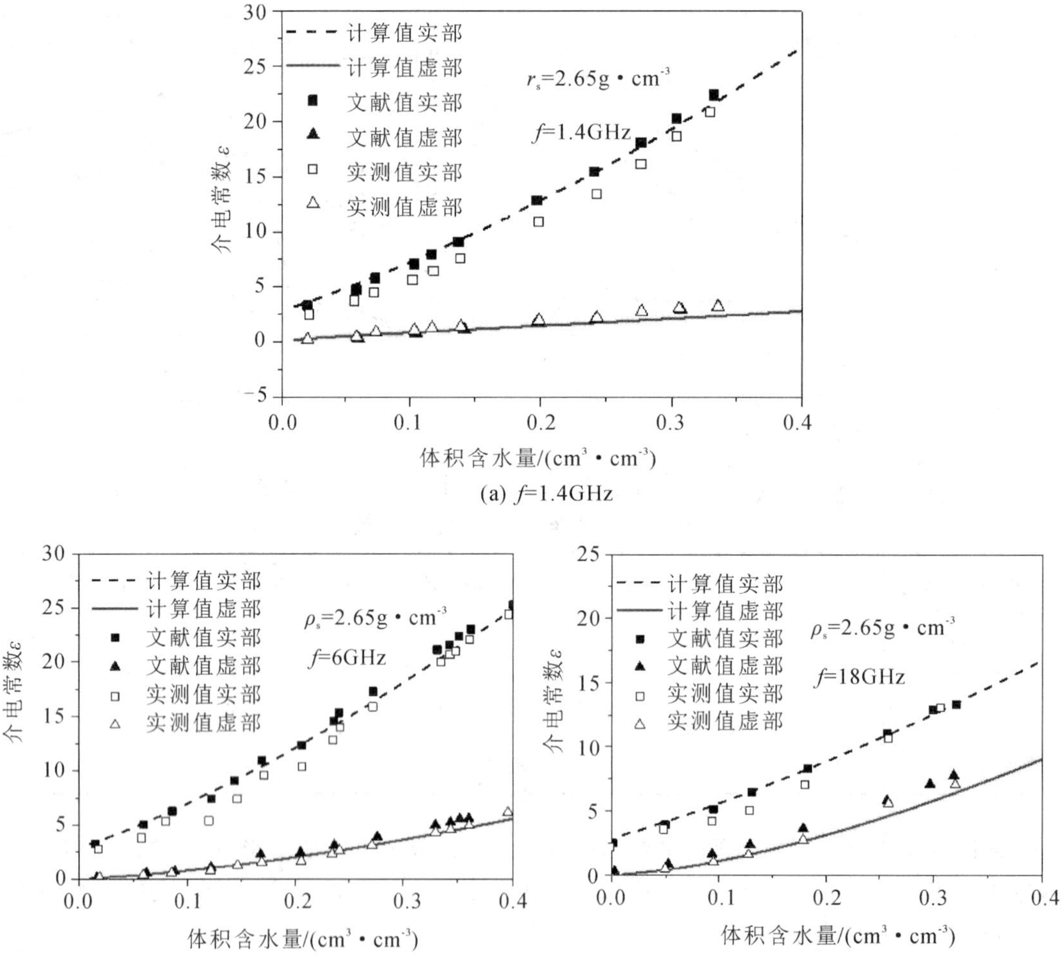

(a) f=1.4GHz

(b) f=6GHz

(c) f=18GHz

图 8.2　沙壤土 ε 随含水量的变化

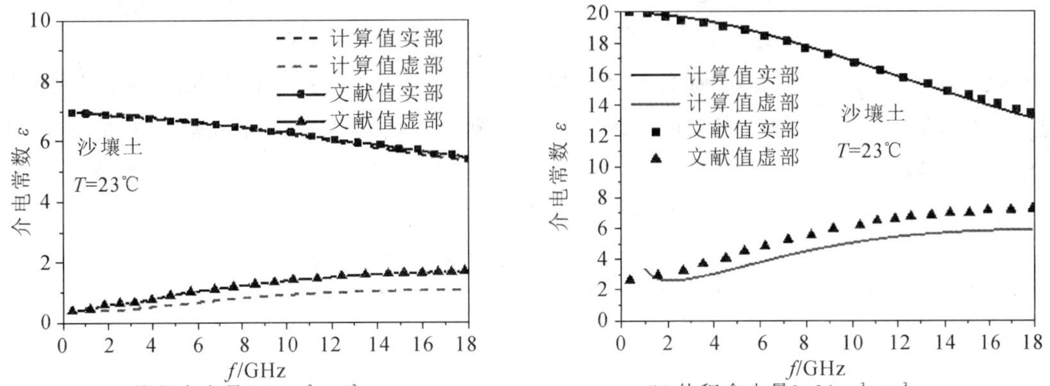

(a) 体积含水量0.1/cm³.cm⁻³　　(b) 体积含水量0. 3/cm³.cm⁻³

图 8.3　不同含水量的沙壤土 ε 随 f 的变化

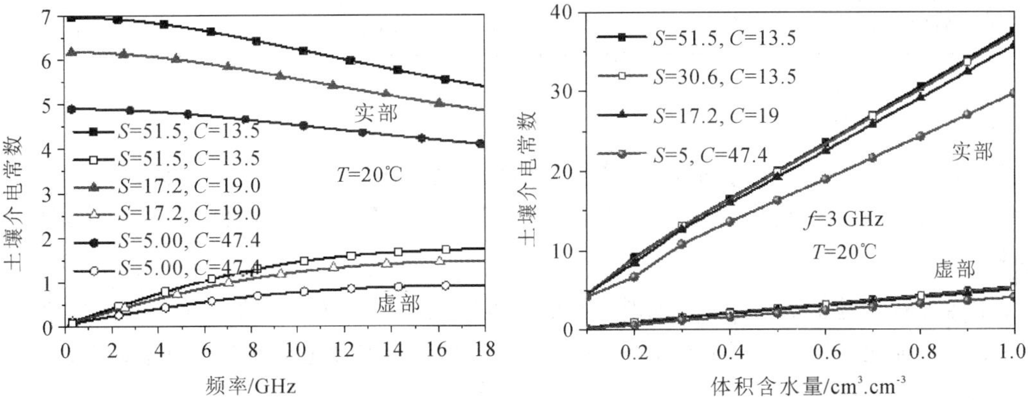

(a) 频率影响　　(b) 土壤湿度影响

图 8.4　土壤介电常数的实部和虚部绝对值分别随频率与湿度的变化

图 8.4(a)为土壤的相对介电常数随入射波频率的变化曲线，由图可知：随着黏土含量的增加和含沙量的减少，介电常数的实部值与虚部值都在减小。图 8.4(b)为土壤相对介电常数随土壤湿度的变化，由图可知：随着黏土含量的增加和沙含量的减少，不同土壤组分的相对介电常数的实部值与虚部值都在减小。

2. 水泥、沥青路面的介电常数模型

水泥混凝土路面、沥青混凝土路面均由多相复合介质组成。其中，水泥路面由水泥石净浆、骨料、空气组成；沥青路面由骨料、沥青、空气组成。依据等效介质理论，常用的路面等效介电常数模型有两种，即修正的均方根模型和修正的线性模型。修正的线性模型较为简单，并且具有一定的物理意义。

由于沥青路面是由骨料、沥青、空气组成的三相复合介质，Dobson 给出其介电常数的线性模型表示为

$$\varepsilon_{ac}=V_a\varepsilon_a+V_{as}\varepsilon_{as}+V_s\varepsilon_s \tag{8.47}$$

其中，V_a、V_{as}、V_s 分别为空气、沥青混凝土和骨料的体积比，ε_{ac}、ε_a、ε_{as}、ε_s 分别为沥青混

凝土、空气、沥青和骨料的介电常数值。修正的介电常数线性模型可以写为

$$\varepsilon_{ac}=1.1996(V_a\varepsilon_a+V_{as}\varepsilon_{as}+V_s\varepsilon_s)-3.4354 \tag{8.48}$$

表 8.5 中列出了五种不同成分的沥青混凝土材料，并给出了入射波为 40～50 MHz 情况下，沥青路面介电常数的实测值，其中沥青混凝土中所用骨料的介电常数为 8.197，沥青的介电常数为 2.753。采用修正的线性模型计算的沥青路面介电常数值与实测值的对比，表明沥青路面介电常数的实测值与计算值吻合得较好。

表 8.5 沥青路面组成成分的体积率表

组成成分	样本 1	样本 2	样本 3	样本 4	样本 5
空气	5.76%	4.29%	9.09%	5.15%	3.21%
沥青	11.60%	12.65%	10.01%	11.52%	13.60%
骨料	82.63%	83.05%	80.89%	83.33%	83.18%
介电常数的实测值	5.09	5.29	5.16	5.06	5.23

3. 沙地的介电常数模型

沙地地表类型主要分为两种：一种为近海的沙滩，另一种为广袤的沙漠。这两种沙地的地表均由沙砾、空气以及水组成。近海的沙滩中水分较多，而沙漠中沙砾所占比例较多，水分较少。

根据等效介电常数理论，沙地混合物的介电常数的计算通常要将三成分的体积比和介电常数进行加权平均，Nashashibi 和 Sarabandi 给出了一般沙地的等效介电常数表达式：

$$\begin{cases}\varepsilon_m=[\theta\varepsilon_w^\alpha+(1-\eta)\varepsilon_s^\alpha+(\eta-\theta)\varepsilon_a^\alpha]^{1/\alpha}\\ \varepsilon_w=4.9+\dfrac{\varepsilon_{w0}-4.9}{1+i2\pi\tau_w f}\\ \varepsilon_{w0}(T)=88.045-0.4147T+6.295\times10^{-4}T^2+1.075\times10^{-5}T^3\\ 2\pi\tau_w(T)=1.1109\times10^{-10}-3.824\times10^{-12}T+6.938\times10^{-14}T^2-5.096\times10^{-16}T^3\end{cases} \tag{8.49}$$

式中，η 表示沙地空隙比，θ 表示含水量，ε_w、ε_s 和 ε_a 分别为水、沙砾和空气的相对介电常数。纯水的相对介电常数可以由 Debye 方程得到，沙砾的相对介电常数在 3 到 5 之间，$\varepsilon_a=1.0$。α 为黏合因子，在式(8.49)中取值为 0.33。图 8.5 给出了不同频率下的沙地含水量对介电常数实部和虚部的影响。

根据包含着非导电沙砾混合物模型的 Maxwell - Wagner 损耗，建立沙地的介电常数模型。假设沙地的主要损耗来自于沙砾部分，则沙地的介电常数可以表示为

$$\varepsilon=\varepsilon'+i\varepsilon''=\varepsilon_\infty+\frac{\varepsilon_s-\varepsilon_\infty}{1-\dfrac{if}{f_0}}+ia'' \tag{8.50}$$

当选择 $\varepsilon_\infty=2.53$，$\varepsilon_s=2.79$，$f_0=0.27$ GHz，$a''=0.002$ 时，沙地介电常数的实部和虚部的实测数据值与模型计算值吻合良好，如图 8.6 所示。这表明在 0.1～10 GHz 范围内，

沙地介电常数的实部和虚部随入射波频率的变化非常小。介电常数实部始终保持在 2.50～2.75 之间，介电常数虚部始终位于 0～0.14 之间。

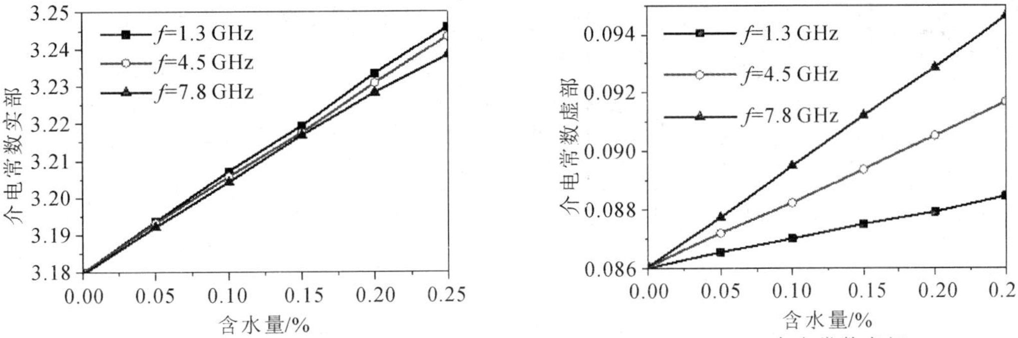

(a) 介电常数实部　　(b) 介电常数虚部

图 8.5　沙地含水量对等效介电常数实部和虚部的影响

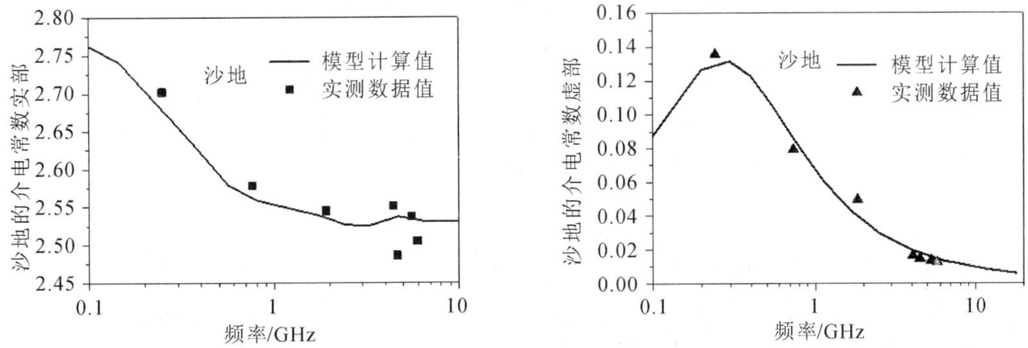

(a) 介电常数实部　　(b) 介电常数虚部

图 8.6　沙地的介电常数实部(左)和虚部(右)随入射波频率的变化

4. 单层植被的等效介电常数

通常情况下，植被可以被认为是由水分和植物体(叶片、杆)组成的一种简单混合体，其中水分包括结合水和自由水，植物体包括叶片、树枝以及树干等。空气在植被层中所占的体积分数也会影响到植被层的相对介电常数。不同的生长期，植被的散射体成分以及湿度变化很大，此变化常常反映在介电常数的变化上。Ulaby 根据等效介质理论，建立了单层植被介电常数模型，它可以较为准确地预测植被介电常数：

$$\varepsilon_r=\varepsilon_n+V_{fw}\left(4.9+\frac{75.0}{1+\mathrm{i}f/18}-\mathrm{i}\frac{18\sigma}{f}\right)+V_b\left[2.9+\frac{55.0}{1+(\mathrm{i}f/0.18)^{0.5}}\right] \tag{8.51}$$

其中

$$\begin{cases}\varepsilon_n=1.7-0.74M_g+6.16M_g^2,\ V_{fw}=M_g(0.55M_g-0.076)\\ V_b=\dfrac{4.64M_g^2}{1+7.63M_g^2},\ \sigma=1.27\end{cases} \tag{8.52}$$

M_g 代表植被的含水量，f 为入射波频率。图 8.7 给出了植物的介电常数随含水量和频率的变化情况。

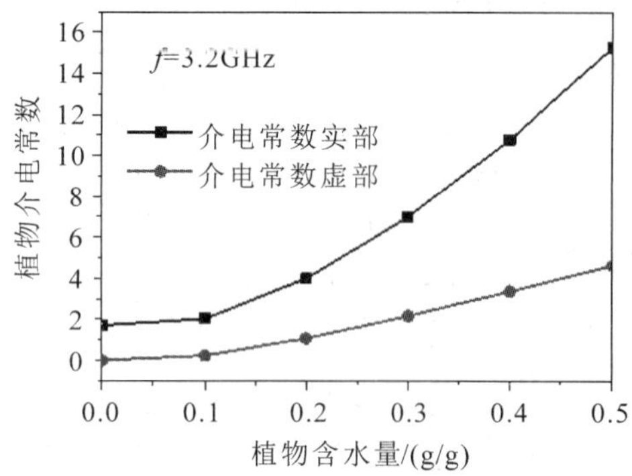

(a) 植物含水量影响

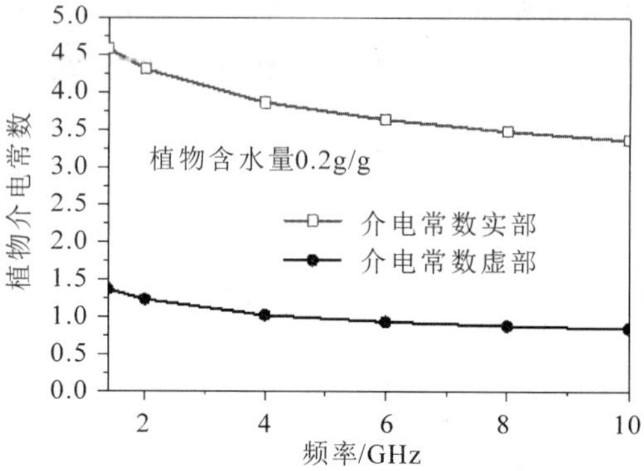

(b) 频率影响

图 8.7　植物介电常数随含水量和频率的变化

鉴于典型地物介电常数的重要性，表 8.6 给出了几种不同路况和含水量情况下，X 波段和 Ku 波段典型地表的常用介电参数值，为地表电磁散射回波计算提供参考。

表 8.6　典型地表的常用介电常数

地表类型	X 波段	Ku 波段
干燥裸土	(6.07，−1.46)	(5.80，−1.60)
湿裸土	(16.31，−5.55)	(14.10，−6.20)
干燥沙地	(2.60，−0.012)	(2.53，−0.005)
沥青混凝土	(4.80，−0.035)	(4.50，−0.030)
剥落沥青混凝土	(3.00，−0.035)	(2.80，−0.028)
湿沥青混凝土	(10.00，−0.27)	(8.50，−0.22)
新水泥混凝土	(15.00，−2.20)	(13.00，−2.00)
旧水泥混凝土	(8.00，−0.47)	(7.00，−0.32)
草地	(3.50，−1.00)	(2.70，−0.40)

8.2　典型地表的体面复合电磁散射特性

本节以水泥/沥青路面为例(假设水泥/沥青路面填充的沙砾为各向同性的)，运用辐射传输理论，分析路面总散射回波随上表面不同粗糙度的变化情况以及体散射回波对总散射回波的影响。为了具体研究水泥/沥青路面环境的散射特性，分别对水泥路面和沥青路面进行了打孔取样测量。水泥路面的总厚度为 20.8 cm，水泥层中夹杂着石子等杂质，下面为泥土地基层。沥青路面上部沥青层的厚度为 3.2 cm，中部混凝土层的厚度为 8.5 cm，下部为泥土地基层。当入射波频率较低时，电磁波在路面的穿透深度 δ_p 较大。当入射波无法到达水泥路面的泥土地基层(其中水泥层厚度为 d_1)，或者入射波无法到达沥青路面的中部混凝土层(其中沥青层厚度为 d_2)，即 $\delta_p<d_1$ 或者 $\delta_p<d_2$ 时，水泥/沥青路面的电磁散射模型可以等效为半空间粗糙面包含体散射粒子模型。此外，对于冰层覆盖下的水泥/沥青路面，

当入射波无法到达冰层覆盖水泥路面的泥土地基层，即 $d_1<\delta_p<d_1+d_w$（其中水泥层厚度为 d_1，冰层厚度为 d_w），或者入射波无法到达冰层覆盖沥青路面的中部混凝土层，即 $d_2<\delta_p<d_2+d_w$ 时，冰层覆盖下的水泥/沥青路面散射模型等效为三层介质散射模型，如图 8.8 所示。

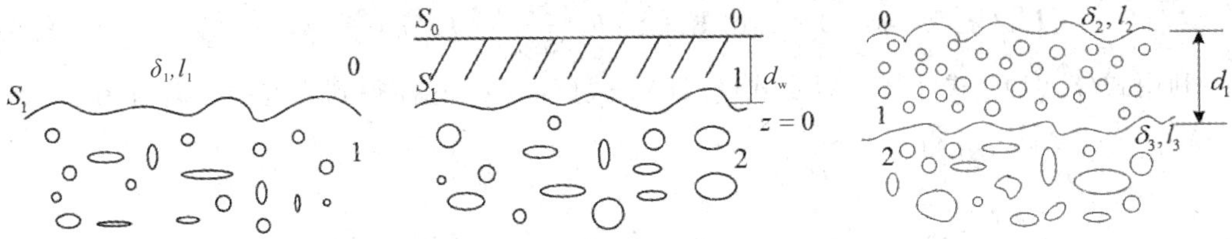

图 8.8 半空间水泥、沥青路面或冰层覆盖下的水泥、沥青路面的散射模型（$\delta_p<d_1$ 或者 $\delta_p<d_2$，$d_1<\delta_p<d_1+d_w$ 或者 $d_2<\delta_p<d_2+d_w$）

8.2.1 地表的体面复合散射模型

本节采用半空间粗糙面的辐射传输理论研究各向同性水泥/沥青路面的体面复合电磁散射特性。如图 8.8 所示，设入射波强度为 $\boldsymbol{I}_{0i}$，在区域 0 内以 $(\pi-\theta_{0i},\ \phi_{0i})$ 入射到水泥路面的上表面 S_{c1} 或者沥青路面的上表面 S_{as1}，则入射 Stokes 矢量写为

$$\boldsymbol{I}_{0i}(\pi-\theta_0,\ \phi_0)=\boldsymbol{I}_{0i}\delta(\cos\theta_0-\cos\theta_{0i})\delta(\phi_0-\phi_{0i}) \tag{8.53}$$

入射波在粗糙面 S_1 或 S_2 上发生散射和透射，将向上传播和向下传播的辐射强度矢量分别用 $\boldsymbol{I}(\theta,\ \phi,\ z)$ 和 $\boldsymbol{I}(\pi-\theta,\ \phi,\ z)(0\leqslant\theta\leqslant\pi/2)$ 表示，则辐射输运理论方程为

$$\cos\theta\frac{\mathrm{d}\boldsymbol{I}(\theta,\ \phi,\ z)}{\mathrm{d}z}=-\overline{\overline{\boldsymbol{K}}}_e(\theta)\cdot\boldsymbol{I}(\theta,\ \phi,\ z)+\boldsymbol{S}(\theta,\ \phi,\ z) \tag{8.54}$$

$$-\cos\theta\frac{\mathrm{d}\boldsymbol{I}(\pi-\theta,\ \phi,\ z)}{\mathrm{d}z}=-\overline{\overline{\boldsymbol{K}}}_e(\pi-\theta)\cdot\boldsymbol{I}(\pi-\theta,\ \phi,\ z)+\boldsymbol{S}(\pi-\theta,\ \phi,\ z) \tag{8.55}$$

假设介质内是各向同性球形颗粒，消光矩阵退化为参数 K_e。等效源函数 $\boldsymbol{S}$ 可以表示为

$$\begin{aligned}\boldsymbol{S}(\theta,\ \phi,\ z)=&\int_0^{2\pi}\int_0^{\frac{\pi}{2}}[\overline{\overline{\boldsymbol{P}}}(\theta,\ \phi,\ \theta',\ \phi')\cdot\boldsymbol{I}(\theta',\ \phi',\ z)+\\&\overline{\overline{P}}(\theta,\ \phi,\ \pi-\theta',\ \phi')\cdot\boldsymbol{I}(\pi-\theta',\ \phi',\ z)]\sin\theta'\mathrm{d}\theta'\mathrm{d}\phi'\end{aligned} \tag{8.56}$$

$$\begin{aligned}\boldsymbol{S}(\pi-\theta,\ \phi,\ z)=&\int_0^{2\pi}\int_0^{\frac{\pi}{2}}[\overline{\overline{\boldsymbol{P}}}(\pi-\theta,\ \phi,\ \theta',\ \phi')\cdot\boldsymbol{I}(\theta',\ \phi',\ z')+\\&\overline{\overline{\boldsymbol{P}}}(\pi-\theta,\ \phi,\ \pi-\theta',\ \phi')\cdot\boldsymbol{I}(\pi-\theta',\ \phi',\ z)]\sin\theta'\mathrm{d}\theta'\mathrm{d}\phi'\end{aligned} \tag{8.57}$$

源函数的级数解为

$$\begin{aligned}\boldsymbol{S}^{(n)}(\theta,\ \phi,\ z)=&\int_0^{2\pi}\int_0^{\frac{\pi}{2}}[\overline{\overline{\boldsymbol{P}}}(\theta,\ \phi,\ \theta',\ \phi')\cdot\boldsymbol{I}^{(n-1)}(\theta',\ \phi',\ z)+\\&\overline{\overline{\boldsymbol{P}}}(\theta,\ \phi,\ \pi-\theta',\ \phi')\cdot\boldsymbol{I}^{(n-1)}(\pi-\theta',\ \phi',\ z)]\sin\theta'\mathrm{d}\theta'\mathrm{d}\phi'\end{aligned} \tag{8.58}$$

$$\begin{aligned}\boldsymbol{S}^{(n)}(\pi-\theta,\ \phi,\ z)=&\int_0^{2\pi}\int_0^{\frac{\pi}{2}}[\overline{\overline{\boldsymbol{P}}}(\pi-\theta,\ \phi,\ \theta',\ \phi')\cdot\boldsymbol{I}^{(n-1)}(\theta',\ \phi',\ z')+\\&\overline{\overline{\boldsymbol{P}}}(\pi-\theta,\ \phi,\ \pi-\theta',\ \phi')\cdot\boldsymbol{I}(\pi-\theta',\ \phi',\ z)]\sin\theta'\mathrm{d}\theta'\mathrm{d}\phi'\end{aligned} \tag{8.59}$$

在水泥粗糙面 S_{c1} 或者沥青粗糙面 S_{as1} 上，边界条件为

$$\begin{aligned}\boldsymbol{I}(\pi-\theta,\ \phi,\ z=0)=&\int_0^{2\pi}\int_0^{\frac{\pi}{2}}\overline{\overline{\boldsymbol{T}}}_{01}(\theta,\ \phi;\ \theta_0',\ \phi_0')\cdot\boldsymbol{I}_{0i}(\pi-\theta_0',\ \phi_0')\sin\theta_0'\mathrm{d}\theta_0'\mathrm{d}\phi_0'+\\&\int_0^{2\pi}\int_0^{\frac{\pi}{2}}\overline{\overline{\boldsymbol{R}}}_{01}(\theta,\ \phi;\ \theta',\ \phi')\cdot\boldsymbol{I}(\theta',\ \phi',\ z=0)\sin\theta'\mathrm{d}\theta'\mathrm{d}\phi'\end{aligned} \tag{8.60}$$

其中，$(\theta,\ \phi)$、$(\theta',\ \phi')$定义在随机介质区域内，$(\theta_0',\ \phi_0')$定义在空气区域 0 中。

当源项为零时，得到零阶解：

$$\boldsymbol{I}^{(0)}(\theta,\ \phi,\ z)=0 \tag{8.61}$$

$$\boldsymbol{I}^{(0)}(\pi-\theta,\ \phi,\ z)=\exp\left[K_e(\pi-\theta)\frac{z}{\cos\theta}\right]\cdot \boldsymbol{I}_{0i}(\pi-\theta,\ \phi,\ z=0) \tag{8.62}$$

利用式(8.61)、式(8.62)以及式(8.56)、式(8.57)，化简得到方程的一阶解为

$$\begin{aligned}
\boldsymbol{I}^{(1)}(\theta,\ \phi,\ z) &= \int_{-\infty}^{z}\exp\left[K_e(\theta)\frac{z'-z}{\cos\theta}\right]\times \\
&\quad \int_0^{2\pi}\int_0^{\frac{\pi}{2}}\left[\overline{\overline{\boldsymbol{P}}}(\theta,\ \phi,\ \theta',\ \phi')\cdot \boldsymbol{I}^{(0)}(\theta',\ \phi',\ z')\sin\theta'\mathrm{d}\theta'\mathrm{d}\phi'\mathrm{d}z' + \right. \\
&\quad \left.\overline{\overline{\boldsymbol{P}}}(\theta,\ \phi,\ \pi-\theta',\ \phi')\cdot \boldsymbol{I}^{(0)}(\pi-\theta',\ \phi',\ z')\right]\sec\theta \\
&= \overline{\overline{\boldsymbol{P}}}(\theta,\ \phi,\ \pi-\theta_0,\ \phi_0)\boldsymbol{I}^{(0)}(\pi-\theta,\ \phi,\ z=0)\exp\left[-K_e(\theta)\frac{z}{\cos\theta}\right]\times \\
&\quad \left.\frac{\exp[(K_e(\theta)\sec\theta_0+K_e(\pi-\theta)\sec\theta)z']}{[K_e(\theta)\sec\theta_0+K_e(\pi-\theta)\sec\theta]}\right|_{-\infty}^{0}\sec\theta \\
&= \overline{\overline{\boldsymbol{P}}}(\theta,\ \phi,\ \pi-\theta_0,\ \phi_0)\boldsymbol{I}(\pi-\theta,\ \phi,\ z=0)\frac{\sec\theta\exp\left[-K_e(\theta)\dfrac{z}{\cos\theta}\right]}{[K_e(\theta)\sec\theta_0+K_e(\pi-\theta)\sec\theta]}
\end{aligned} \tag{8.63}$$

因此

$$\begin{aligned}
\boldsymbol{I}^{(1)}(\theta,\ \phi,\ 0) &= \overline{\overline{\boldsymbol{P}}}(\theta,\ \phi,\ \pi-\theta_0,\ \phi_0)\frac{\sec\theta\exp\left[-K_e(\theta)\dfrac{z}{\cos\theta}\right]}{[K_e(\theta)\sec\theta_0+K_e(\pi-\theta)\sec\theta]}\times \\
&\quad \left[\int_0^{2\pi}\int_0^{\frac{\pi}{2}}\overline{\overline{\boldsymbol{T}}}_{01}(\theta,\ \phi;\ \theta_0',\ \phi_0')\cdot \boldsymbol{I}_{0i}(\pi-\theta_0',\ \phi_0')\sin\theta_0'\mathrm{d}\theta_0'\mathrm{d}\phi_0' + \right. \\
&\quad \left.\int_0^{2\pi}\int_0^{\frac{\pi}{2}}\overline{\overline{\boldsymbol{R}}}_{01}(\theta,\ \phi;\ \theta',\ \phi')\cdot \boldsymbol{I}(\theta',\ \phi',\ z=0)\sin\theta'\mathrm{d}\theta'\mathrm{d}\phi'\right] \\
&= \overline{\overline{\boldsymbol{P}}}(\theta,\ \phi,\ \pi-\theta_0,\ \phi_0)\frac{\sec\theta\exp\left[-K_e(\theta)\dfrac{z}{\cos\theta}\right]}{[K_e(\theta)\sec\theta_0+K_e(\pi-\theta)\sec\theta]}\cdot \\
&\quad [\overline{\overline{\boldsymbol{T}}}_{01}(\theta,\ \phi;\ \pi-\theta_0,\ \phi_0)\cdot \boldsymbol{I}_{0i}+\overline{\overline{\boldsymbol{R}}}_{01}(\theta,\ \phi;\ \pi-\theta_0,\ \phi_0)\cdot \boldsymbol{I}_{0i}] \\
&= \overline{\overline{\boldsymbol{P}}}(\theta,\ \phi,\ \pi-\theta_0,\ \phi_0)\cdot \overline{\overline{\boldsymbol{T}}}_{01}(\theta,\ \phi;\ \pi-\theta_0,\ \phi_0)\cdot \boldsymbol{I}_{0i}\frac{\sec\theta\exp\left[-K_e(\theta)\dfrac{z}{\cos\theta}\right]}{[K_e(\theta)\sec\theta_0+K_e(\pi-\theta)\sec\theta]}
\end{aligned} \tag{8.64}$$

则在区域 0 中观察到的散射 Stokes 强度矢量为

$$\begin{aligned}
\boldsymbol{I}_{0s}(\theta,\ \phi) &= \cdot\int_0^{2\pi}\int_0^{\frac{\pi}{2}}\overline{\overline{\boldsymbol{R}}}_{01}(\theta_{0s},\ \phi_{0s};\ \theta_0',\ \phi_0')\cdot \boldsymbol{I}_{0i}(\pi-\theta_0',\ \phi_0')\sin\theta_0'\mathrm{d}\theta_0'\mathrm{d}\phi_0' + \\
&\quad \int_0^{2\pi}\int_0^{\frac{\pi}{2}}\overline{\overline{\boldsymbol{T}}}_{10}(\theta_{0s},\ \phi_{0s};\ \theta',\ \phi')\cdot \boldsymbol{I}(\theta',\ \phi',\ z=0)\sin\theta'\mathrm{d}\theta'\mathrm{d}\phi' \\
&= \int_0^{2\pi}\int_0^{\frac{\pi}{2}}\overline{\overline{\boldsymbol{R}}}_{01}(\theta_{0s},\ \phi_{0s};\ \theta_0',\ \phi_0')\cdot \boldsymbol{I}_{0i}(\pi-\theta_0',\ \phi_0')\sin\theta_0'\mathrm{d}\theta_0'\mathrm{d}\phi_0' + \\
&\quad \int_0^{2\pi}\int_0^{\frac{\pi}{2}}\overline{\overline{\boldsymbol{T}}}_{10}(\theta_{0s},\ \phi_{0s};\ \theta',\ \phi')\cdot \overline{\overline{\boldsymbol{P}}}(\theta,\ \phi,\ \pi-\theta_0,\ \phi_0)\cdot \\
&\quad \overline{\overline{\boldsymbol{T}}}_{01}(\theta,\ \phi;\ \pi-\theta_0,\ \phi_0)\cdot \boldsymbol{I}_{0i}\frac{\sec\theta\exp[-K_e(\theta)z/\cos\theta]}{[K_e(\theta)\sec\theta_0+K_e(\pi-\theta)\sec\theta]}\sin\theta'\mathrm{d}\theta'\mathrm{d}\phi'
\end{aligned} \tag{8.65}$$

令

$$\boldsymbol{I}_{0s}(\theta,\ \phi)=\boldsymbol{I}_{\text{suf}}(\theta,\ \phi)+\boldsymbol{I}_{\text{vol}}(\theta,\ \phi) \tag{8.66}$$

其中

$$\boldsymbol{I}_{\text{suf}}(\theta,\ \phi)=\int_0^{2\pi}\int_0^{\frac{\pi}{2}}\overline{\overline{\boldsymbol{R}}}_{01}(\theta_{0s},\ \phi_{0s};\ \theta_0',\ \phi_0')\cdot\boldsymbol{I}_{0i}(\pi-\theta_0',\ \phi_0')\sin\theta_0'\,\mathrm{d}\theta_0'\,\mathrm{d}\phi_0' \tag{8.67}$$

$$\begin{aligned}\boldsymbol{I}_{\text{vol}}(\theta,\ \phi)=&\int_0^{2\pi}\int_0^{\frac{\pi}{2}}\overline{\overline{\boldsymbol{T}}}_{10}(\theta_{0s},\ \phi_{0s};\ \theta',\ \phi')\cdot\overline{\overline{\boldsymbol{P}}}(\theta,\ \phi,\ \pi-\theta_0,\ \phi_0)\cdot\\&\overline{\overline{\boldsymbol{T}}}_{01}(\theta,\ \phi;\ \pi-\theta_0,\ \phi_0)\cdot\boldsymbol{I}_{0i}\frac{\sec\theta\exp\left[-K_e(\theta)\dfrac{z}{\cos\theta}\right]}{[K_e(\theta)\sec\theta_0+K_e(\pi-\theta)\sec\theta]}\sin\theta'\,\mathrm{d}\theta'\,\mathrm{d}\phi'\end{aligned} \tag{8.68}$$

其中，$\overline{\overline{\boldsymbol{R}}}_{01}$ 为粗糙面的散射矩阵，表示为

$$\overline{\overline{\boldsymbol{R}}}_{01}(\hat{\boldsymbol{k}}_s,\ \hat{\boldsymbol{k}}_i)=\frac{1}{A\cos\theta_s}\cdot\begin{bmatrix}\langle|S_{vv}|^2\rangle & \langle|S_{vh}|^2\rangle & \mathrm{Re}\langle S_{vv}S_{vh}^*\rangle & -\mathrm{Im}\langle S_{vv}S_{vh}^*\rangle\\ \langle|S_{hv}|^2\rangle & \langle|S_{hh}|^2\rangle & \mathrm{Re}\langle S_{hv}S_{hh}^*\rangle & -\mathrm{Im}\langle S_{hv}S_{hh}^*\rangle\\ 2\mathrm{Re}\langle S_{vv}S_{hv}^*\rangle & 2\mathrm{Re}\langle S_{vh}S_{hh}^*\rangle & \mathrm{Re}\langle S_{vv}S_{hh}^*+S_{vh}S_{hv}^*\rangle & -\mathrm{Im}\langle S_{vv}S_{hh}^*-S_{vh}S_{hv}^*\rangle\\ 2\mathrm{Im}\langle S_{vv}S_{hv}^*\rangle & 2\mathrm{Im}\langle S_{vh}S_{hh}^*\rangle & \mathrm{Im}\langle S_{vv}S_{hh}^*+S_{vh}S_{hv}^*\rangle & \mathrm{Re}\langle S_{vv}S_{hh}^*-S_{vh}S_{hv}^*\rangle\end{bmatrix} \tag{8.69}$$

其中，$\langle S_{pq}S_{mn}^*\rangle=[Ak^2/(16\pi^2)]\langle|I_0|^2\rangle f_{pq}f_{mn}^*$，$p$、$q$=h 或 v，$m$、$n$=h 或 v，$f_{pq}$ 和 f_{mn} 为地面的散射振幅矩阵，$\langle S_{pq}S_{mn}^*\rangle=A\sigma/(4\pi)$，$\sigma_2$ 为电磁波在路面的照射面积。

对于透射系数，有

$$\begin{cases}T_{01}^{hh}=\dfrac{2\varepsilon_0\sqrt{\varepsilon_0-\sin^2\theta_0}}{\varepsilon_0\sqrt{\varepsilon_0-\sin^2\theta_0}+\varepsilon_t\sqrt{\varepsilon_t-\sin^2\theta_t}},\ T_{01}^{vv}=\dfrac{2\mu_0\sqrt{\varepsilon_0-\sin^2\theta_0}}{\mu_0\sqrt{\varepsilon_0-\sin^2\theta_0}+\mu_t\sqrt{\varepsilon_t-\sin^2\theta_t}}\\ T_{10}^{hh}=\dfrac{2\varepsilon_t\sqrt{\varepsilon_t-\sin^2\theta_t}}{\varepsilon_0\sqrt{\varepsilon_0-\sin^2\theta_0}+\varepsilon_t\sqrt{\varepsilon_t-\sin^2\theta_t}},\ T_{10}^{vv}=\dfrac{2\mu_t\sqrt{\varepsilon_t-\sin^2\theta_t}}{\mu_0\sqrt{\varepsilon_0-\sin^2\theta_0}+\mu_t\sqrt{\varepsilon_t-\sin^2\theta_t}}\end{cases} \tag{8.70}$$

根据双站散射系数的定义

$$\sigma_{pq}(\theta,\ \phi;\ \pi-\theta_0,\ \phi_0)=\frac{4\pi\cos\theta\boldsymbol{I}_q^s(\theta,\ \phi)}{I_p^i(\pi-\theta_0,\ \phi_0)} \tag{8.71}$$

当只考虑 VRT 方程的零阶解和一阶解时，其总散射系数可以表示为

$$\sigma_{pq}=\sigma_{pq}^{(1)}+\sigma_{pq}^{(2)} \tag{8.72}$$

其中，地表面散射系数 $\sigma_{pq}^{(1)}$ 可以写为

$$\sigma_{pq}^{(1)}(\theta,\ \phi;\ \pi-\theta_0,\ \phi_0)=\frac{4\pi\cos\theta\boldsymbol{I}_{\text{suf}}(\theta,\ \phi)}{\boldsymbol{I}_{0i}(\pi-\theta_0,\ \phi_0)}=4\pi\cos\theta\hat{\boldsymbol{p}}\cdot\overline{\overline{\boldsymbol{R}}}_{01}\cdot\hat{\boldsymbol{q}} \tag{8.73}$$

随机分布粒子的体散射系数 $\sigma_{pq}^{(2)}$ 可以表示为

$$\begin{aligned}\sigma_{pq}^{(2)}(\theta,\ \phi;\ \pi-\theta_0,\ \phi_0)=&4\pi\cos\theta\int_0^{2\pi}\int_0^{\frac{\pi}{2}}\overline{\overline{\boldsymbol{T}}}_{10}(\theta,\ \phi;\ \theta',\ \phi')\cdot\overline{\overline{\boldsymbol{P}}}(\theta,\ \phi;\ \pi-\theta_0,\ \phi_0)\cdot\\&\overline{\overline{\boldsymbol{T}}}_{01}(\theta',\ \phi';\ \pi-\theta_0,\ \phi_0)\cdot\boldsymbol{I}_{0i}\frac{\sec\theta\exp[-K_e(\theta)z/\cos\theta]}{[K_e(\theta)\sec\theta_0+K_e(\pi-\theta)\sec\theta]}\sin\theta'\,\mathrm{d}\theta'\,\mathrm{d}\phi'\end{aligned} \tag{8.74}$$

由于水泥/沥青路面层中颗粒形状、尺寸、密度、介电常数以及分布特征等难以确定，因此，准确计算相位矩阵和消光矩阵存在一定的难度。为了解决该问题，假设水泥地和沥青地中的石砾为均匀各向同性的球形或旋转对称的椭球形颗粒。在后向散射方向上，同极

化和交叉极化散射没有相关性，此时消光矩阵 $\overline{\boldsymbol{K}}_e$ 也退化为一常数 K_e，因此式(8.74)中 vv 极化和 hh 极化随机颗粒的体散射截面可以简化为

$$\sigma_{vv}^{(2)}(\theta, \phi; \pi-\theta_0, \phi_0)=4\pi\cos\theta \boldsymbol{T}_{10}^{v}(\theta, \phi; \theta', \phi')\cdot \boldsymbol{T}_{01}^{v}(\theta', \phi'; \pi-\theta_0, \phi_0)\frac{p_1}{2K_e} \tag{8.75}$$

$$\sigma_{hh}^{(2)}(\theta, \phi; \pi-\theta_0, \phi_0)=4\pi\cos\theta \boldsymbol{T}_{10}^{h}(\theta, \phi; \theta', \phi')\cdot \boldsymbol{T}_{01}^{h}(\theta', \phi'; \pi-\theta_0, \phi_0)\frac{p_1}{2K_e} \tag{8.76}$$

式中，透射系数由式(8.70)给出，p_1 是球形粒子相函数矩阵对应的元素。

8.2.2 水泥和沥青地面的电磁散射系数

根据上一节中考虑体面复合散射的总散射系数公式，图 8.9 计算入射角为 50°～90°范围内的水泥/沥青路面的总体后向散射系数，并与掠入射实测数据进行了对比。由图可知，在入射角为 75°～85°范围内，水泥地后向散射回波的理论值与地表实测值吻合良好，且 vv 极化散射回波值大于 hh 极化散射回波值。沥青路面的总散射回波计算值在入射角为 70°～90°范围内与实测数据基本保持一致。

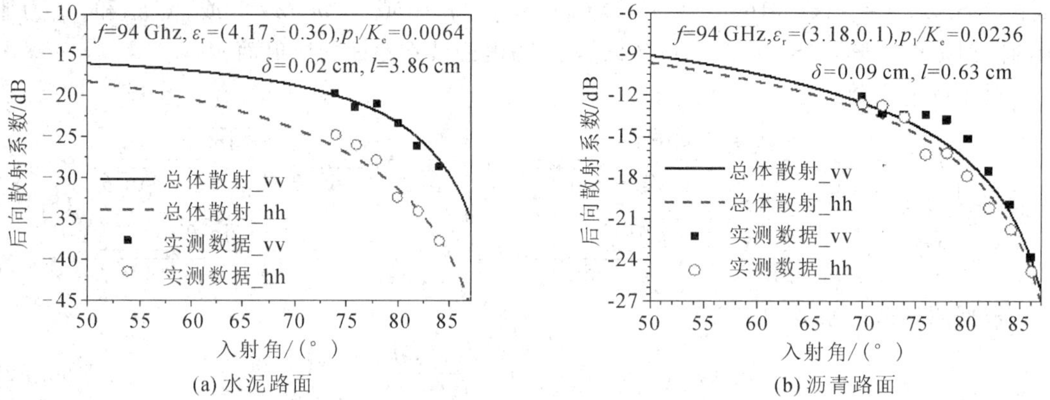

图 8.9 水泥地和沥青地面体面复合后向电磁散射系数

8.2.3 冰水覆盖水泥和沥青地面的电磁散射系数

如图 8.8 所示，当水泥/沥青路面上方存在冰层时，入射波可以穿透冰层到达水泥的地基层或者沥青层，此时水泥/沥青路面的散射模型可以等效为三层介质散射模型，即空气层(0)、冰层(1)和水泥/沥青层(2)。下面将采用辐射传输理论计算存在冰层时水泥/沥青路面的后向散射回波。设入射波强度为 $\boldsymbol{I}_{0i}$，在空气中以角度$(\pi-\theta_{0i}, \phi_{0i})$入射到冰层上表面 S_0，此时 $\boldsymbol{I}_{0i}$可以写为

$$\boldsymbol{I}_{0i}(\pi-\theta_0, \phi_0, d_1)=\boldsymbol{I}_{0i}\delta(\cos\theta_0-\cos\theta_{0i})\delta(\phi_0-\phi_{0i}) \tag{8.77}$$

假设冰层上表面光滑，入射波穿透冰层并在下表面 $z=0$ 处发生散射和透射。在水泥层或者水泥沥青层中向下传播的辐射强度可以表示为 $\boldsymbol{I}(\pi-\theta, \phi, z)$，向上传播的辐射强度表示为 $\boldsymbol{I}(\theta, \phi, z)$，$0\leqslant\theta\leqslant\pi/2$。同上小节类似，由矢量辐射传输理论方程，在 $z=0$ 处，即冰层和水泥/沥青层的边界处，向下传播的辐射强度可以写为

$$\boldsymbol{I}^{(0)}(\pi-\theta,\ \phi,\ z=0)=\overline{\overline{\boldsymbol{T}}}_{02}\cdot\boldsymbol{I}_{0i}\delta(\cos\theta_0-\cos\theta_{0i})\delta(\phi_0-\phi_{0i}) \tag{8.78}$$

其中，$(\theta,\ \phi)$定义在随机介质区域 2 中，$(\theta_0,\ \phi_0)$定义在冰层随机介质区域 1 中，$(\theta_{0i},\ \phi_{0i})$定义在空气区域 0 中。仅考虑矢量辐射传输方程的一阶近似，在区域 0 中观察到的散射强度可以写为

$$\begin{aligned}\boldsymbol{I}_s(\theta,\ \phi)=&\int_0^{2\pi}\int_0^{\frac{\pi}{2}}\overline{\overline{\boldsymbol{R}}}_{01}(\theta,\ \phi;\ \theta_0',\ \phi_0')\cdot\boldsymbol{I}_{0i}(\pi-\theta_0',\ \phi_0')\sin\theta_0'\mathrm{d}\theta_0'\mathrm{d}\phi'+\\&\int_0^{2\pi}\int_0^{\frac{\pi}{2}}\overline{\overline{\boldsymbol{T}}}_{20}(\theta,\ \phi;\ \theta',\ \phi')\cdot\boldsymbol{I}(\theta',\ \phi',\ z=0)\sin\theta'\mathrm{d}\theta'\mathrm{d}\phi'\\=&\Bigg[\int_0^{2\pi}\int_0^{\frac{\pi}{2}}\overline{\overline{\boldsymbol{R}}}_{01}(\theta,\ \phi;\ \theta_0',\ \phi_0')\cdot\boldsymbol{I}_{0i}(\pi-\theta_0',\ \phi_0')\sin\theta_0'\mathrm{d}\theta_0'\mathrm{d}\phi_0'+\\&\int_0^{2\pi}\int_0^{\frac{\pi}{2}}\overline{\overline{\boldsymbol{T}}}_{20}(\theta_{0s},\ \phi_{0s};\ \theta',\ \phi')\cdot\overline{\overline{\boldsymbol{P}}}(\theta,\ \phi,\ \pi-\theta_0,\ \phi_0)\cdot\\&\overline{\overline{\boldsymbol{T}}}_{02}(\theta,\ \phi;\ \pi-\theta_0,\ \phi_0)\cdot\boldsymbol{I}_{0i}\frac{\sec\theta\exp\left[-K_e(\theta)\dfrac{z}{\cos\theta}\right]}{[K_e(\theta)\sec\theta_0+K_e(\pi-\theta)\sec\theta]}\Bigg]\sin\theta'\mathrm{d}\theta'\mathrm{d}\phi'\end{aligned} \tag{8.79}$$

其中，$(\theta',\ \phi')$定义在随机介质区域 2 中，$\overline{\overline{\boldsymbol{R}}}_{01}$为冰层上表面的散射矩阵，可表示为

$$\overline{\overline{\boldsymbol{R}}}_{01}=\begin{bmatrix}R_{v0} & 0\\ 0 & R_{h0}\end{bmatrix}$$

其中

$$R_{v0}=\frac{\varepsilon_w\cos\theta_{0i}-\sqrt{\varepsilon_w-\sin^2\theta_{0i}}}{\varepsilon_w\cos\theta_{0i}+\sqrt{\varepsilon_w-\sin^2\theta_{0i}}},\quad R_{h0}=\frac{\cos\theta_{0i}-\sqrt{\varepsilon_w-\sin^2\theta_{0i}}}{\cos\theta_{0i}+\sqrt{\varepsilon_w-\sin^2\theta_{0i}}} \tag{8.80}$$

透射系数 $\overline{\overline{\boldsymbol{T}}}_{20}$ 和 $\overline{\overline{\boldsymbol{T}}}_{02}$ 可以写为

$$\overline{\overline{\boldsymbol{T}}}_{02}=\frac{\varepsilon_0\cos\theta_0}{\varepsilon_2\cos\theta_2}\begin{bmatrix}|t_{02}^{v}|^2 & 0\\ 0 & |t_{02}^{h}|^2\end{bmatrix},\quad \overline{\overline{\boldsymbol{T}}}_{20}=\frac{\varepsilon_2\cos\theta_2}{\varepsilon_0\cos\theta_0}\begin{bmatrix}|t_{20}^{v}|^2 & 0\\ 0 & |t_{20}^{h}|^2\end{bmatrix} \tag{8.81}$$

其中，t_{02}^{v} 和 t_{02}^{h} 可以分别表示为

$$t_{02}^{v}=\frac{\eta_2}{\eta_0}\frac{(1+r_{12}^{v})(1+r_{01}^{v})}{1+r_{01}^{v}r_{12}^{v}\exp(\mathrm{i}2k_{1z}d_1)}\exp(\mathrm{i}2k_{1z}d_1) \tag{8.82}$$

$$r_{01}^{v}=\frac{\varepsilon_1k_{0z}-\varepsilon_0k_{1z}}{\varepsilon_1k_{0z}+\varepsilon_0k_{1z}},\quad r_{12}^{v}=\frac{\varepsilon_2k_{1z}-\varepsilon_1k_{2z}}{\varepsilon_2k_{1z}+\varepsilon_1k_{2z}} \tag{8.83}$$

$$t_{02}^{h}=\frac{(1+r_{12}^{h})(1+r_{01}^{h})}{1+r_{01}^{h}r_{12}^{h}\exp(\mathrm{i}2k_{1z}d_1)}\exp(\mathrm{i}2k_{1z}d_1) \tag{8.84}$$

$$r_{01}^{h}=\frac{k_{0z}-k_{1z}}{k_{0z}+k_{1z}},\quad r_{12}^{h}=\frac{k_{1z}-k_{2z}}{k_{1z}+k_{2z}} \tag{8.85}$$

类似地，t_{20}^{v} 和 t_{20}^{h} 可以分别写为

$$t_{20}^{v}=\frac{\eta_0}{\eta_2}\frac{(1+r_{21}^{v})(1+r_{10}^{v})}{1+r_{10}^{v}r_{21}^{v}\exp(\mathrm{i}2k_{1z}d_1)}\exp(\mathrm{i}2k_{1z}d_1) \tag{8.86}$$

$$r_{10}^{v}=\frac{\varepsilon_0k_{1z}-\varepsilon_1k_{0z}}{\varepsilon_0k_{1z}-\varepsilon_1k_{0z}},\quad r_{21}^{v}=\frac{\varepsilon_1k_{2z}-\varepsilon_2k_{1z}}{\varepsilon_1k_{2z}+\varepsilon_2k_{1z}} \tag{8.87}$$

$$t_{20}^{h}=\frac{(1+r_{21}^{h})(1+r_{10}^{h})}{1+r_{10}^{h}r_{21}^{h}\exp(\mathrm{i}2k_{1z}d_1)}\exp(\mathrm{i}2k_{1z}d_1) \tag{8.88}$$

$$r_{10}^{h}=\frac{k_{1z}-k_{0z}}{k_{1z}+k_{0z}}, \quad r_{21}^{h}=\frac{k_{2z}-k_{1z}}{k_{2z}+k_{1z}} \tag{8.89}$$

根据双站散射系数的定义：

$$\sigma_{pq}(\theta, \phi; \pi-\theta_0, \phi_0)=\frac{4\pi\cos\theta \boldsymbol{I}_q^s(\theta, \phi)}{\boldsymbol{I}_p^i(\pi-\theta_0, \phi_0)} \tag{8.90}$$

因此，冰层覆盖下水泥/沥青路面的总散射系数为 $\sigma_{pq}=\sigma_{pq}^{(1)}+\sigma_{pq}^{(2)}$。其中 $\sigma_{pq}^{(1)}$ 为冰覆盖地表面散射系数，$\sigma_{pq}^{(2)}$ 为水泥/沥青中随机分布粒子的体散射系数，且有

$$\sigma_{pq}^{(1)}(\theta, \phi; \pi-\theta_0, \phi_0)=\frac{4\pi\cos\theta \boldsymbol{I}_{\mathrm{suf}}(\theta, \phi)}{\boldsymbol{I}_{0\mathrm{i}}(\pi-\theta_0, \phi_0)}=4\pi\cos\theta\hat{\boldsymbol{p}}\cdot\overline{\overline{\boldsymbol{R}}}_{01}(\theta, \phi; \theta_0', \phi_0')\cdot\hat{\boldsymbol{q}} \tag{8.91}$$

假设水泥路面和沥青路面中的石砾为均匀各向同性的球形粒子，则式(8.91)vv 极化和 hh 极化随机分布粒子的体散射回波可以简化，如式(8.75)和式(8.76)所示。

对于冰层覆盖下的水泥/沥青路面，本节首先验证了其后向散射回波公式的准确性。当入射波为 94 GHz 时，冰层厚度为 1.4 mm，冰层的介电常数为 $\varepsilon_w=(3.15, 0.27)$。入射波在冰层表面发生反射和透射作用，反射作用主要表现为镜像相干分量。而透射波穿透冰层进入水泥/沥青层，在水泥/沥青层粒子间发生体散射作用。取 94 GHz 情况下水泥层 $p_1/K_e=6.4\times10^{-3}$ 以及沥青层 $p_1/K_e=2.36\times10^{-2}$。图 8.10 给出了掠入射情况下冰层覆盖的水泥/沥青路面后向总散射系数随入射角的变化，与实测结果吻合良好。

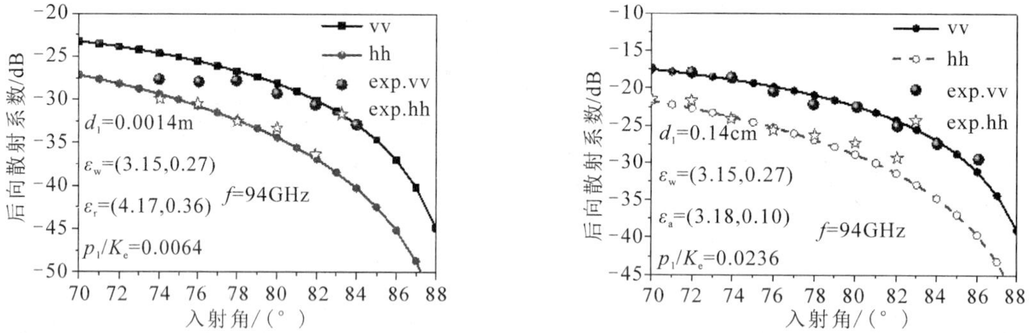

(a) 冰层-水泥路面　　(b) 冰层-沥青路面

图 8.10　冰层覆盖下水泥、沥青路面后向散射系数实测数据的对比

通过对比分析，当冰层存在时，vv 极化与 hh 极化总散射回波值间的差值随入射角的增大而逐渐增加，并且 vv 极化大于 hh 极化散射回波。与单纯的水泥/沥青路面散射比较，当冰层存在时，除路面的镜像相干分量增大外，其余角度下的后向总散射系数均小于单纯水泥/沥青路面的散射系数。

8.2.4　海冰层的后向电磁散射系数

海冰的电磁散射与植被的电磁散射计算有些类似。海冰的相对介电参数由盐溶液的介电常数 ε_b、盐溶液的含盐量 S_i(‰)和海冰的温度 T(℃)决定。Ulaby、Moor 给出的盐溶液的介电常数 ε_b 公式如下：

$$\varepsilon_b'=4.9+\frac{\varepsilon_{b0}-4.9}{1+(2\pi f\tau_b)^2}, \quad \varepsilon''_b=\frac{2\pi f\tau_b(\varepsilon_{b0}-4.9)}{1+(2\pi f\tau_b)^2}+\frac{\sigma_b}{2\pi f\varepsilon_0} \tag{8.92}$$

其中，ε_b' 为盐溶液介电常数的实部，ε''_b 为盐溶液介电常数的虚部，f 为入射电磁波频率。

$\varepsilon_{b0}=a_1\varepsilon_{b0}^0$，$\tau_b=b_1\tau_b^0$，$\sigma_b=c_1\sigma_b^0$，它们都是温度 T 的函数，具体形式请查阅 Ulaby 的专著，这里不再赘述。海冰为针状粒子混合物，作为一种随机强起伏介质，不能用一般求平均值的方法获取等效介电常数。海冰在垂直方向和水平方向的等效介电常数随频率和温度呈现不同的变化，如图 8.11 所示。由图可知，在 1～20 GHz 范围内，海冰的水平方向相对介电常数 $\varepsilon_{si\rho}$ 随入射频率的变化不大。垂直方向相对介电常数 ε_{siz} 的实部和虚部均随频率增大而减小；且 ε_{siz} 的虚部远大于 $\varepsilon_{si\rho}$ 的虚部。海冰水平方向的相对介电常数的实部和虚部在 0～－40℃范围内基本无变化，且实部远大于虚部；而垂直方向的介电常数，在温度高于－10℃时，随温度降低会有较大幅度的降低，在温度低于－10℃之后，逐渐与水平方向的相对介电常数一致。

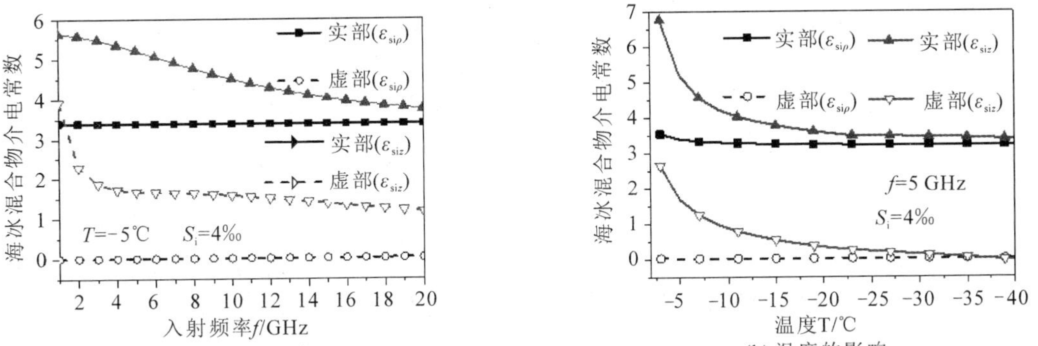

(a) 入射频率的影响　　(b) 温度的影响

图 8.11　海冰介电常数随频率与温度变化

电磁波在海冰中传播，由于散射和吸收等损耗作用，存在一个最大透射深度，即当能量衰减到总能量的 $1/e$ 时，所对应的传播距离即为透射深度，定义为

$$h=0.5\left\{\left(\frac{2\pi\mu_r\varepsilon'_{si}}{2\lambda_0}\right)\left[\sqrt{1+\left(\frac{\varepsilon''_{si}}{\varepsilon'_{si}}\right)^2}-1\right]^{0.5}\right\}^{-1} \tag{8.93}$$

其中，λ_0 为入射波的波长，μ_r 为相对磁导率，ε'_{si}、ε''_{si} 分别为海冰相对介电常数的实部和虚部。随入射频率的增加，冰层的透射深度 h 不断减小。在 1～6 GHz 范围内，透射深度减小得较快；在 6～10 GHz 范围内，透射深度减小速度变缓；在 1 GHz 时，达到最大透射深度 $h_{max}=2.25$ m；在 10 GHz 时，达到最小透射深度 $h_{min}=0.225$ m。

海冰层电磁散射，既要考虑冰层粗糙表面的散射，又要考虑冰内部的随机体散射。另外，如果入射电磁波能够穿透冰层厚度，还要考虑冰层底层的散射作用。因此海冰层电磁散射模型需要考虑与空气接触的粗糙冰层面散射、冰层内部气泡和各向异性盐水泡导致等效各向异性介质的散射，以及冰层底部与海水接触面的散射作用。

冰层上表面为高斯分布的粗糙面，采用第七章中的微扰近似可以获得 σ_{surf}。但是，计算冰层底层的散射系数 σ_{bot} 时，要考虑冰层对电磁波和散射波的衰减。因而冰层底层的散射系数应该表示为

$$\sigma_{bot}=T^2(\theta)\Gamma^2(\theta)\sigma'_{bot}(\theta) \tag{8.94}$$

其中，$T(\theta)$ 为透射系数，$\sigma'_{bot}(\theta)$ 为海冰与海水接触层的散射系数，同 σ_{surf} 类似，可以用微扰法进行计算。$\Gamma^2(\theta)$ 为损耗因子，即

$$\Gamma^2(\theta)=\exp(-2\kappa_e d\sec\theta) \tag{8.95}$$

其中，κ_e 为消光系数，d 为冰层厚度。消光系数由散射系数 κ_s 和吸收系数 κ_a 组成，即

$$\kappa_a = 2k_1''(1-\eta) + k_1' \frac{\varepsilon_s''}{\varepsilon_{si}'} \left| \frac{3\varepsilon_{si}}{\varepsilon_s + 2\varepsilon_{si}} \right|^2 \eta \tag{8.96}$$

$$\kappa_s = \frac{8}{3}\pi N k_1' r_s^6 \left| \frac{\varepsilon_s - \varepsilon_{si}}{\varepsilon_s + 2\varepsilon_{si}} \right|^2 \tag{8.97}$$

式中，$k_1 = k_0\sqrt{\varepsilon_{si}}$，$k_0$ 为空气中的传播波数，k_1'、k_1'' 分别为 k_1 的实部和虚部，ε_s 和 ε_{si} 分别为冰层内散射体和海冰的相对介电常数，η 为散射体的体积分数，r_s 为散射体半径，$N=3\eta/(4\pi r_s^3)$ 为单位体积内散射体个数。

在冰层内部，盐水泡、空气泡等杂质的存在，使得海冰呈现各向异性。为简化起见，假设冰层在水平方向呈现一致性，在垂直方向亦呈现一致性，且彼此独立分布。冰层内不均匀体起伏的相关函数在水平方向呈高斯分布，在垂直方向呈指数分布。即

$$C_1(\boldsymbol{r}_1 - \boldsymbol{r}_2) = \delta_1^2 k_1'^4 \exp\left(-\frac{|\boldsymbol{\rho}_1 - \boldsymbol{\rho}_2|^2}{l_\rho^2}\right) \exp\left(-\frac{|z_1 - z_2|}{l_z}\right) \tag{8.98}$$

$$C_2(\boldsymbol{r}_1 - \boldsymbol{r}_2) = \delta_2^2 k_1'^4 \exp\left(-\frac{|\boldsymbol{\rho}_1 - \boldsymbol{\rho}_2|^2}{l_\rho^2}\right) \exp\left(-\frac{|z_1 - z_2|}{l_z}\right) \tag{8.99}$$

其中，δ_1^2、δ_2^2 分别为介电常数在水平和垂直方向的起伏方差，l_ρ、l_z 分别为水平方向和垂直方向的相关长度。依据相关函数，经过傅里叶变换，可求出功率谱函数。利用一阶波恩近似理论和双值格林函数，可以求得分层介质的散射系数：

$$\sigma_{pp} = \sum_{m=1}^{M} \delta_m k_m'^4 \left[R_{pp}^{(m)}(d_m - d_{m-1}) W_m(2k_\rho,\ 0) + S_{pp}^{(m)} \frac{W_m(2k_\rho,\ 2k_{mz})}{k_{mz}''} \right] \tag{8.100}$$

其中，W_m 为各层功率谱函数。海冰可以看作双层介质计算，展开式(8.100)可得出海冰内部的后向散射系数公式为

$$\begin{aligned}\sigma_{\text{ichh}} = {} & \delta_1^2 \pi^2 k_1'^4 \left| \frac{X_{01}}{D} \right|^4 \left\{ \frac{1-\exp(-4k_{1z}''d)}{2k_{1z}''} [1 + |R_{12}|^4 \exp(-4k_{1z}''d)] W_{11} + 8d|R_{12}|^2 \exp(-4k_{1z}''d) W_{12} \right\} + \\ & \delta_2^2 \pi^2 k_1'^4 \left| \frac{X_{01}}{D} \right|^4 \cdot \left\{ \frac{1-\exp(-4k_{1z}''d)}{2k_{1z}''} [1 + |R_{12}|^4 \exp(-4k_{1z}''d)] W_{21} + 8d|R_{12}|^2 \exp(-4k_{1z}''d) W_{22} \right\}\end{aligned} \tag{8.101}$$

$$\begin{aligned}\sigma_{\text{icvv}} = {} & \delta_1^2 \pi^2 k_1'^4 \left| \frac{Y_{01}}{E} \right|^4 \frac{k_0^4}{|\boldsymbol{k}_1|^8} \left\{ \frac{1-\exp(-4k_{1z}''d)}{2k_{1z}''} [1 + |S_{12}|^4 \exp(-4k_{1z}''d)] \cdot \right. \\ & \left. |k_{1z}^2 + k_0^2 \sin^2\theta|^2 W_{11} + 8d|S_{12}|^2 \exp(-4k_{1z}''d) |k_{1z}^2 - k_0^2 \sin^2\theta|^2 W_{12} \right\} + \\ & \delta_2^2 \pi^2 k_1'^4 \left| \frac{Y_{01}}{E} \right|^4 \frac{k_0^4}{|\boldsymbol{k}_1|^8} \left\{ \frac{1-\exp(-4k_{1z}''d)}{2k_{1z}''} [1 + |S_{12}|^4 \exp(-4k_{1z}''d)] \cdot \right. \\ & \left. |k_{1z}^2 + k_0^2 \sin^2\theta|^2 W_{21} + 8dS_{12}|^2 \exp(-4k_{1z}''d) |k_{1z}^2 - k_0^2 \sin^2\theta|^2 W_{22} \right\}\end{aligned} \tag{8.102}$$

其中

$$k_{1z} = \sqrt{k_1^2 - k_0^2 \sin^2\theta} = \sqrt{k_0^2(\varepsilon_1 - \sin^2\theta)}$$

$$R_{ij} = \frac{k_{iz} - k_{jz}}{k_{iz} + k_{jz}}$$

$$X_{01} = 1 + R_{01}$$

$$S_{ij} = \frac{\varepsilon_j k_{iz} - \varepsilon_i k_{jz}}{\varepsilon_j k_{iz} + \varepsilon_i k_{jz}}$$

$$Y_{01}=1+S_{01}$$

$$D=1+R_{01}R_{12}\exp(\mathrm{i}2k_{1z}d)$$

$$E=1+S_{01}S_{12}\exp(\mathrm{i}2k_{1z}d)$$

$$W_{i1}=\delta_i^2 l_z l_\rho^2 \frac{\exp(-k_0^2 l_\rho^2 \sin^2\theta)}{4\pi^2 \cdot (1+4k_{1z}^2 l_z^2)}$$

$$W_{i2}=\delta_i^2 l_z l_\rho^2 \frac{\exp(-k_0^2 l_\rho^2 \sin^2\theta)}{4\pi^2}$$

选取两种海冰参数：

(1) 海冰相对介电常数为 $\varepsilon_{si}=(3.8, 0.5)$，盐水泡内的盐水及冰层下面海水的介电常数 $\varepsilon_{sw}=(70, 38)$，冰层内介电常数在水平方向和垂直方向的起伏方差分别为 $\delta_1^2=0.2$，$\delta_2^2=1$。冰层内水平和垂直相关长度分别为 $l_\rho=3$ mm，$l_z=4.5$ mm。

(2) $\varepsilon_{si}=(3.1, 0.4)$，$\varepsilon_{sw}=(66, 44)$，$\delta_1^2=0.2$，$\delta_2^2=0.8$，$l_\rho=4$ mm，$l_z=8.0$ mm。海冰厚度 $d=9$ cm，入射频率为：L 波段 $f=1.25$ GHz，C 波段 $f=5.3$ GHz，X 波段 $f=9.8$ GHz。

图 8.12 给出上述两种情况下，海冰层的不同极化的后向散射系数的角分布。除了 L 波段下 vv 极化散射系数值略小于 hh 极化散射系数值外，其他两个波段下，vv 极化结果均高于 hh 极化结果。随着入射波频率的增大，后向散射系数也随之增大，而且减小海冰及海水的相对介电常数实部和起伏方差，增大虚部后，其后向散射系数值出现了减小趋势。

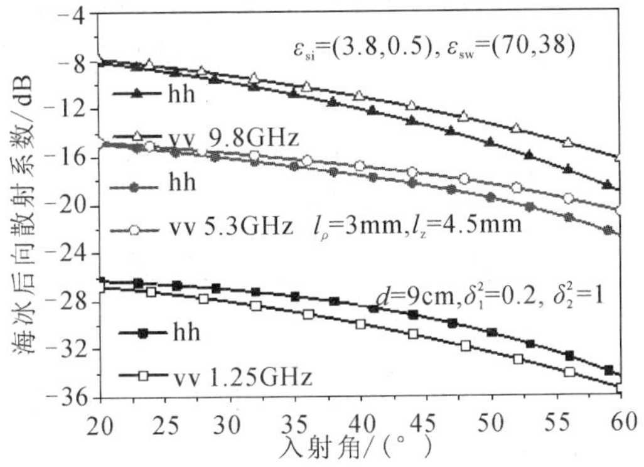

(a) 参数一

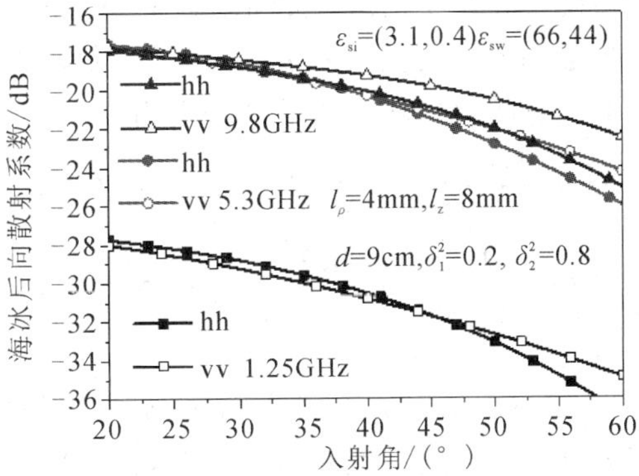

(b) 参数二

图 8.12 海冰层后向散射系数角分布

8.3 典型植被的复合电磁散射特性

1988 年，美国得克萨斯大学波散射研究中心的 Ulaby 等人提出了多层森林散射模型，即 MIMICS 森林散射模型。MIMICS 模型对植被散射的各个分量进行了非常细致的描述，具有清晰的物理意义，在高频情况下可以对散射回波进行准确的预测。在低频段入射波情况下，电磁波在植被层中的穿透深度增加，植被杆产生的相干散射作用对计算结果影响较大，但由于 MIMICS 模型只考虑了场能量，忽略了散射场相位的影响，其理论结果与实测数据之间常存在一定差距。

本节采用一阶矢量辐射传输理论(VRT)建立了农作物的双站散射模型；结合蒙特卡洛方法分析了不同类型植被单双站散射回波随散射角和散射方位角的变化；并进一步研究在

不同频率的波的照射下，植被与粗糙地面的相互作用，植被的体散射和冠散射以及植被高度、叶片大小、植被湿度以及土壤湿度对单双站电磁散射的影响。

8.3.1 双层植被的一阶双站散射模型

如图 8.13 所示，植被层包含叶子、茎和杆，其总厚度为 d。

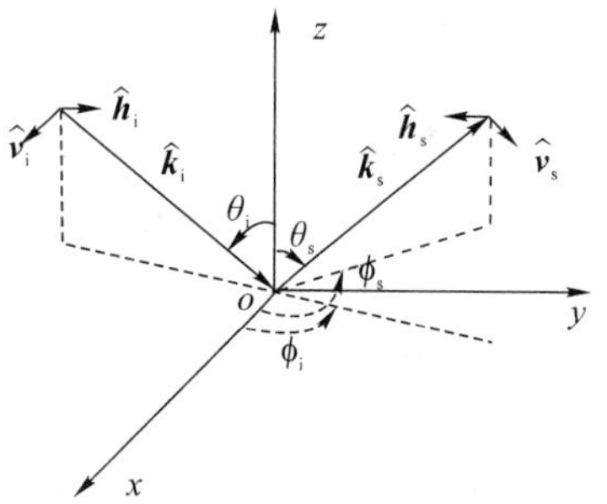

(a) 坐标关系

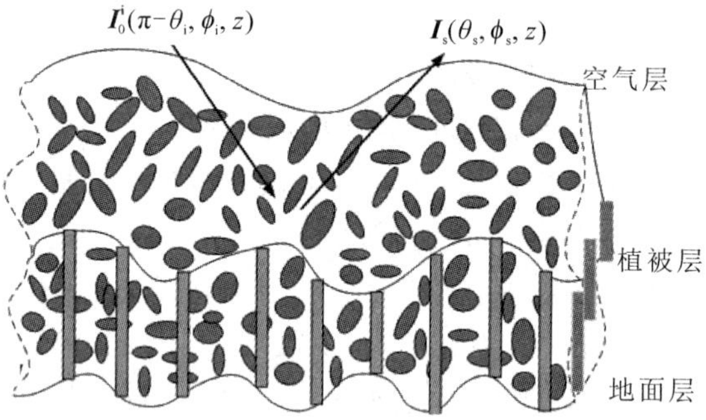

(b) 双层植被模型

图 8.13 双层植被模型示意图

假设水平方向上冠层散射体分布均匀且对称。采用迭代法来求解矢量传输方程在双层植被随机介质中的解。设强度为 $\boldsymbol{I}_0^i(\pi-\theta_i, \phi_i, z)$ 的入射电磁波照射进植被层，植被各层内部矢量辐射强度分量表示向上传播 $\boldsymbol{I}(\theta, \phi, z)$ 和向下传播 $\boldsymbol{I}(\pi-\theta, \phi, z)$ 的辐射强度，其满足的矢量辐射传输方程形式分别为

$$\begin{cases}\cos\theta\dfrac{\mathrm{d}\boldsymbol{I}(\theta, \phi, z)}{\mathrm{d}z}=-\overline{\overline{\boldsymbol{K}}}_e(\theta, \phi)\cdot I(\theta, \phi, z)+\boldsymbol{S}(\theta, \phi, z), \ -d\leqslant z\leqslant 0\\ -\cos\theta\dfrac{\mathrm{d}\boldsymbol{I}(\pi-\theta, \phi, z)}{\mathrm{d}z}=-\overline{\overline{\boldsymbol{K}}}_e(\pi-\theta, \phi)\cdot \boldsymbol{I}(\pi-\theta, \phi, z)+\boldsymbol{S}(\pi-\theta, \phi, z), \quad -d\leqslant z\leqslant 0\end{cases} \tag{8.103}$$

其中，$\overline{\overline{\boldsymbol{K}}}_e(\theta, \phi)$、$\overline{\overline{\boldsymbol{K}}}_e(\pi-\theta, \phi)$ 分别为植被向上和向下的消光系数矩阵。矩阵 $\boldsymbol{S}(\theta, \phi, z)$、$\boldsymbol{S}(\pi-\theta, \phi, z)$ 分别为散射方向 (θ, ϕ) 和 $(\pi-\theta, \phi)$ 的源函数，其表达式为

$$\begin{cases}\boldsymbol{S}(\theta, \phi, z)=\displaystyle\int_0^{2\pi}\int_0^{\frac{\pi}{2}}[\overline{\overline{\boldsymbol{P}}}(\theta, \phi, \theta', \phi')\cdot\boldsymbol{I}(\theta', \phi', z)+\\ \qquad\overline{\overline{\boldsymbol{P}}}(\theta, \phi, \pi-\theta', \phi')\cdot\boldsymbol{I}(\pi-\theta', \phi', z)]\sin\theta'\mathrm{d}\theta'\mathrm{d}\phi'\\ S(\pi-\theta, \phi, z)=\displaystyle\int_0^{2\pi}\int_0^{\frac{\pi}{2}}[\overline{\overline{\boldsymbol{P}}}(\pi-\theta, \phi, \theta', \phi')\cdot\boldsymbol{I}(\theta', \phi', z)+\\ \qquad\overline{\overline{\boldsymbol{P}}}(\pi-\theta, \phi, \pi-\theta', \phi')\cdot\boldsymbol{I}(\pi-\theta', \phi', z)]\sin\theta'\mathrm{d}\theta'\mathrm{d}\phi'\end{cases} \tag{8.104}$$

当散射体的平均反照率小时，辐射传输方程的解表示为微扰级数形式，即

$$\boldsymbol{I}_c(\theta, \phi, z)=\boldsymbol{I}_c^{(0)}(\theta, \phi, z)+\boldsymbol{I}_c^{(1)}(\theta, \phi, z)+\boldsymbol{I}_c^{(2)}(\theta, \phi, z)+\cdots \tag{8.105}$$

将植被散射 Stokes 矢量 $\boldsymbol{I}_c(\theta_s, \phi_s; \pi-\theta_i, \phi_i, z)$ 表示为微扰级数的形式：

$$\begin{aligned}\boldsymbol{I}(\theta_s, \phi_s; \pi-\theta_i, \phi_i, z)=&\boldsymbol{I}^{(0)}(\theta_s, \phi_s; \pi-\theta_i, \phi_i, z)+\\ &\boldsymbol{I}^{(1)}(\theta_s, \phi_s; \pi-\theta_i, \phi_i, z)+\boldsymbol{I}^{(2)}(\theta_s, \phi_s; \pi-\theta_i, \phi_i, z)+\cdots\end{aligned} \tag{8.106}$$

为了便于采用迭代解计算，将方程(8.103)变换为积分方程形式，即

$$\begin{aligned}\boldsymbol{I}(\theta_s, \phi_s; \pi-\theta_i, \phi_i, z) &= \boldsymbol{I}^{(0)}(\theta_s, \phi_s; \pi-\theta_i, \phi_i, z) + \sum_{n=1}^{\infty}\boldsymbol{I}^{(n)}(\theta_s, \phi_s; \pi-\theta_i, \phi_i, z) \\ &= \exp[-K_e(\theta_s, \phi_s; \pi-\theta_i, \phi_i)(z+d)\sec\theta_s]\cdot\boldsymbol{I}^{(0)}(\theta_s, \phi_s; \pi-\theta_i, \phi_i, -d) + \\ &\sum_{n=1}^{\infty}\int_{-d}^{z}\exp[-K_e(\theta_s, \phi_s; \pi-\theta_i, \phi_i)(z-z')\sec\theta_s]\boldsymbol{S}^{(n)}(\theta_s, \phi_s, z')\sec\theta_s\mathrm{d}z'\end{aligned} \tag{8.107}$$

$$\begin{aligned}\boldsymbol{I}(\pi-\theta_s, \phi_s; \pi-\theta_i, \phi_i, z) &= \boldsymbol{I}^{(0)}(\pi-\theta_s, \phi_s; \pi-\theta_i, \phi_i, z) + \sum_{n=1}^{\infty}I^{(n)}(\pi-\theta_s, \phi_s; \pi-\theta_i, \phi_i, z) \\ &= \exp[-K_e(\pi-\theta_s, \phi_s; \pi-\theta_i, \phi_i)z\sec\theta_s]\cdot\boldsymbol{I}^{(0)}(\pi-\theta_s, \phi_s; \pi-\theta_i, \phi_i, 0) - \\ &\int_0^z\exp[-K_e(\pi-\theta_s, \phi_s; \pi-\theta_i, \phi_i)(z-z')\sec\theta_s]\boldsymbol{S}^{(n)}(\pi-\theta_s, \phi_s, z')\sec\theta_s\mathrm{d}z'\end{aligned} \tag{8.108}$$

式(8.107)和式(8.108)中，消光矩阵元 K_e 由第七章中式(7.441)给出。对于各向同性散射体，K_e 由式(7.442)给出。源函数也可以写为迭代解的形式：

$$\begin{cases}\boldsymbol{S}^{(n)}(\theta_s, \phi_s, z) = \displaystyle\int_0^{2\pi}\int_0^{\frac{\pi}{2}}[\overline{\overline{\boldsymbol{P}}}(\theta_s, \phi_s, \theta', \phi')\cdot\boldsymbol{I}^{(n-1)}(\theta', \phi', z) + \\ \qquad\overline{\overline{\boldsymbol{P}}}(\theta_s, \phi_s, \pi-\theta', \phi')\cdot\boldsymbol{I}^{(n-1)}(\pi-\theta', \phi', z)]\sin\theta'\mathrm{d}\theta'\mathrm{d}\phi' \\ S^{(n)}(\pi-\theta_s, \phi_s, z) = \displaystyle\int_0^{2\pi}\int_0^{\frac{\pi}{2}}[\overline{\overline{\boldsymbol{P}}}(\pi-\theta_s, \phi_s, \theta', \phi')\cdot\boldsymbol{I}^{(n-1)}(\theta', \phi', z) + \\ \qquad\overline{\overline{\boldsymbol{P}}}(\pi-\theta_s, \phi_s, \pi-\theta', \phi')\cdot\boldsymbol{I}^{(n-1)}(\pi-\theta', \phi', z)]\sin\theta'\mathrm{d}\theta'\mathrm{d}\phi'\end{cases} \tag{8.109}$$

在式(8.109)中假设空气—冠层之间只存在透射，则入射波穿透植被层，在地表粗糙面处发生散射，因此方程的两个边界条件可以写为

$$\boldsymbol{I}^{(0)}(\pi-\theta, \phi, 0) = \boldsymbol{I}_0^i\delta(\cos\theta-\cos\theta_i)\delta(\phi-\phi_i) \tag{8.110}$$

$$\boldsymbol{I}(\theta, \phi, -d) = \int_0^{\frac{\pi}{2}}\int_0^{2\pi}\boldsymbol{I}(\pi-\theta', \phi', -d)\cdot\overline{\overline{\boldsymbol{G}}}(\theta, \phi; \pi-\theta', \phi')\sin\theta'\mathrm{d}\theta'\mathrm{d}\phi' \tag{8.111}$$

其中，$\overline{\overline{\boldsymbol{G}}}$ 为地面的相位矩阵，且 $\overline{\overline{\boldsymbol{\sigma}}}_g = 4\pi\cos\theta_s\overline{\overline{\boldsymbol{G}}}$。公式(8.108)中 $z=-d$，则存在

$$\begin{aligned}\boldsymbol{I}(\pi-\theta_s, \phi_s; \pi-\theta_i, \phi_i, -d) = &\exp[-K_e(\pi-\theta_s, \phi_s; \pi-\theta_i, \phi_i)d\sec\theta_s]\cdot \\ &\boldsymbol{I}^{(0)}(\pi-\theta_s, \phi_s; \pi-\theta_i, \phi_i, 0)\delta(\cos\theta_s-\cos\theta_i)\delta(\phi_s-\phi_i) - \\ &\int_0^z\mathrm{d}z'\exp[K_e(\pi-\theta_s, \phi_s; \pi-\theta_i, \phi_i)(-d-z')\sec\theta_s]\cdot \\ &\boldsymbol{S}^{(n)}(\pi-\theta_s, \phi_s, z')\sec\theta_s\end{aligned} \tag{8.112}$$

将式(8.109)和式(8.111)代入式(8.107)，得到植被层向上的散射强度为

$$\begin{aligned}\boldsymbol{I}(\theta_s, \phi_s; \pi-\theta_i, \phi_i, z) = &\exp[-K_e(\theta_s, \phi_s; \pi-\theta_i, \phi_i)(z+d)\sec\theta_s]\cdot \\ &\int_0^{\frac{\pi}{2}}\int_0^{2\pi}I(\pi-\theta', \phi', -d)\cdot\overline{\overline{G}}(\theta_s, \varphi_s; \pi-\theta', \phi')\sin\theta'\mathrm{d}\theta'\mathrm{d}\phi' + \\ &\sum_{n=1}^{\infty}\int_{-d}^{z}\exp[-K_e(\theta_s, \phi_s; \pi-\theta_i, \phi_i)(z-z')\sec\theta_s]\boldsymbol{S}^{(n)}(\theta_s, \phi_s, z')\sec\theta_s\mathrm{d}z'\end{aligned} \tag{8.113}$$

1. 零阶解

令式(8.107)和式(8.108)中植被层的源函数项为0，得到植被层的零阶解为

$$\boldsymbol{I}^{(0)}(\pi-\theta_s, \phi_s; \pi-\theta_i, \phi_i, z)=\boldsymbol{I}_0^i\delta(\cos\theta_s-\cos\theta_i)\delta(\phi_s-\phi_i)\cdot \exp[K_e(\pi-\theta_s, \phi_s; \pi-\theta_i, \phi)z\sec\theta_s] \tag{8.114}$$

$$\boldsymbol{I}_g^{(0)}(\pi-\theta_s, \phi_s; \pi-\theta_i, \phi_i, z)=\exp[-K_e(\theta_s, \phi_s; \pi-\theta_i, \phi_i)(z+d)\sec\theta_s]\cdot \exp[-K_e(\pi-\theta_s, \phi_s; \pi-\theta_i, \phi_i)d\sec\theta_i]\overline{\overline{\boldsymbol{G}}}(\theta, \phi; \pi-\theta_i, \phi_i)\cdot \boldsymbol{I}_c(\theta, \phi, -d) \tag{8.115}$$

由式(8.1115)可知，VRT方程(矢量辐射传输方程)零阶解对应于地面层的散射。式中$\exp[-K_e(\theta_s, \phi_s; \pi-\theta_i, \phi_i)(z+d)\sec\theta_s]$和$\exp[-K_e(\pi-\theta_s, \phi_s; \pi-\theta_i, \phi_i)d\sec\theta_i]$分别为散射方向和入射方向植被层对电磁波的衰减。令$z=0$，$\sigma_{pq,g}$为单纯粗糙地面散射系数，由此可得到地面的双站散射系数为

$$\sigma_{pq}^{(0)}(\theta_s, \phi_s; \pi-\theta_i, \phi_i, 0)=\exp[-K_e(\theta_s, \phi_s; \pi-\theta_i, \phi_i)(z+d)\sec\theta_s]\cdot \sigma_{pq,g}(\theta_s, \phi_s; \pi-\theta_i, \phi_i)\exp[-K_e(\pi-\theta_s, \phi_s; \pi-\theta_i, \phi_i)d\sec\theta_i] \tag{8.116}$$

2. 一阶解

令式(8.107)和式(8.108)中$n=1$，得到植被层的一阶辐射强度矢量为

$$\begin{aligned}\boldsymbol{I}^{(1)}(\theta_s, \phi_s; \pi-\theta_i, \phi_i, z) = {}&\exp[-K_e(\theta_s, \phi_s; \pi-\theta_i, \phi_i)(z+d)\sec\theta_s]\cdot\\ &\left\{\int_0^{\frac{\pi}{2}}\int_0^{2\pi}\overline{\overline{\boldsymbol{G}}}(\theta, \phi; \pi-\theta', \phi')\sin\theta' d\theta' d\phi'\cdot\right.\\ &\left[\int_{-d}^0\exp[K_e(\pi-\theta', \phi'; \pi-\theta_i, \phi_i)(-d-z')\sec\theta']\right.\\ &\left.\left.\boldsymbol{S}^{(1)}(\pi-\theta', \phi', z')\sec\theta' dz'\right]\right\}+\\ &\sum_{n=1}^{\infty}\int_{-d}^{z}\exp[-K_e(\theta_s, \phi_s; \pi-\theta_i, \phi_i)(z-z')\sec\theta_s]\boldsymbol{S}^{(1)}(\theta_s, \phi_s, z')\sec\theta dz'\end{aligned} \tag{8.117}$$

$$\begin{aligned}&\boldsymbol{I}^{(1)}(\pi-\theta_s, \phi_s; \pi-\theta_i, \phi_i, z)\\ &=\int_z^0\exp[K_e(\pi-\theta_s, \phi_s; \pi-\theta_i, \phi_i)(z-z')\sec\theta_s]\boldsymbol{S}^{(1)}(\pi-\theta_s, \phi_s, z')\sec\theta_s dz'\end{aligned} \tag{8.118}$$

将零阶解式(8.114)和式(8.115)分别代入式(8.109)中，计算其一阶源函数值，并代入式(8.117)和式(8.118)中，得到其一阶向下辐射强度的具体表达式为

$$\begin{aligned}&\boldsymbol{I}^{(1)}(\pi-\theta_s, \phi_s; \pi-\theta_i, \phi_i, z)\\ &=\exp[K_e(\pi-\theta_s, \phi_s, \pi-\theta_i, \phi_i)z\sec\theta_s]\exp[-K_e(\pi-\theta_i)d\sec\theta_i]\sec\theta_s\cdot\\ &\int_0^{2\pi}\int_0^{\frac{\pi}{2}}\overline{\overline{\boldsymbol{P}}}(\pi-\theta_s, \phi_s, \theta', \phi')\cdot\overline{\overline{\boldsymbol{G}}}(\theta', \phi'; \pi-\theta_i, \phi_i)\cdot\boldsymbol{I}^{(0)}\exp[-K_e(\theta')d\sec\theta']\cdot\\ &\frac{\{\exp[-K_e(\pi-\theta_s, \phi_s; \pi-\theta_i, \phi_i)z\sec\theta_s-K_e(\theta')z\sec\theta']-1\}}{K_e(\pi-\theta_s, \phi_s; \pi-\theta_i, \phi_i)\sec\theta+K_e(\theta')\sec\theta'}\sin\theta' d\theta' d\phi'+\end{aligned}$$

$$\exp[K_e(\pi-\theta_s,\ \phi_s;\ \pi-\theta_i,\ \phi_i)z\sec\theta_s]\sec\theta_s\cdot$$

$$\int_0^{2\pi}\int_0^{\frac{\pi}{2}}\boldsymbol{I}^{(0)}\cdot\overline{\overline{\boldsymbol{P}}}(\pi-\theta_s,\ \phi_s;\ \pi-\theta',\ \phi')\cdot$$

$$\frac{1-\exp[K_e(\pi-\theta_i,\ \phi_i;\ \pi-\theta_i,\ \phi_i)z\sec\theta_i-K_e(\pi-\theta_s,\ \phi_s;\ \pi-\theta_i,\ \phi_i)z\sec\theta_s]}{K_e(\pi-\theta_i,\ \phi_i;\ \pi-\theta_i,\ \phi_i)\sec\theta_i-K_e(\pi-\theta_s,\ \phi_s;\ \pi-\theta_i,\ \phi_i)\sec\theta_s}\sin\theta'\mathrm{d}\theta'\mathrm{d}\phi'$$

$$=\boldsymbol{I}_m^{(1)}(\pi-\theta_s,\ \phi_s;\ \pi-\theta_i,\ \phi_i,\ z)+\boldsymbol{I}_n^{(1)}(\pi-\theta_s,\ \phi_s;\ \pi-\theta_i,\ \phi_i,\ z)\tag{8.119}$$

而一阶向上辐射强度表达式为

$$\begin{aligned}\boldsymbol{I}^{(1)}(\theta_s,\ \phi_s;\ \pi-\theta_i,\ \phi_i,\ z)=\ &\exp[-K_e(\theta_s,\ \phi_s;\ \pi-\theta_i,\ \phi_i)(z+d)\sec\theta_s]\cdot\\&\int_0^{\frac{\pi}{2}}\int_0^{2\pi}\overline{\overline{\boldsymbol{G}}}(\theta_s,\ \phi_s;\ \pi-\theta',\ \phi')\sin\theta'\mathrm{d}\theta'\mathrm{d}\phi'\cdot\\&\left\{\int_{-d}^{0}\exp[K_e(\pi-\theta',\ \phi';\ \pi-\theta_i,\ \phi_i)(-d-z')\sec\theta']\sec\theta'\cdot\right.\\&\int_0^{2\pi}\int_0^{\frac{\pi}{2}}[\overline{\overline{\boldsymbol{P}}}(\pi-\theta',\ \phi',\ \theta'',\ \phi'')\cdot\boldsymbol{I}^{(0)}(\theta'',\ \phi'',\ z')+\\&\left.\overline{\overline{\boldsymbol{P}}}(\pi-\theta',\ \phi',\ \pi-\theta'',\ \phi'')\cdot\boldsymbol{I}^{(0)}(\pi-\theta'',\ \phi'',\ z')]\right\}\sin\theta''d\theta''\mathrm{d}\phi''\mathrm{d}z'+\\&\sum_{n=1}^{\infty}\int_{-d}^{z}\exp[-K_e(\theta_s,\ \phi_s;\ \pi-\theta_i,\ \phi_i)(z-z')\sec\theta_s]\sec\theta_s\mathrm{d}z'\cdot\\&\left\{\int_0^{2\pi}\int_0^{\frac{\pi}{2}}[\overline{\overline{\boldsymbol{P}}}(\theta_s,\ \phi_s,\ \theta',\ \phi')\cdot\boldsymbol{I}^{(0)}(\theta',\ \phi',\ z')\sin\theta'\mathrm{d}\theta'\mathrm{d}\phi'+\right.\\&\left.\overline{\overline{\boldsymbol{P}}}(\theta_s,\ \phi_s,\ \pi-\theta',\ \phi')\cdot\boldsymbol{I}^{(0)}(\pi-\theta',\ \phi',\ z')]\right\}\\=\ &\boldsymbol{I}_a^{(1)}(\theta_s,\ \phi_s;\ \pi-\theta_i,\ \phi_i,\ z)+\boldsymbol{I}_b^{(1)}(\theta_s,\ \phi_s;\ \pi-\theta_i,\ \phi_i,\ z)+\\&\boldsymbol{I}_c^{(1)}(\theta_s,\ \phi_s;\ \pi-\theta_i,\ \phi_i,\ z)+\boldsymbol{I}_d^{(1)}(\theta_s,\ \phi_s;\ \pi-\theta_i,\ \phi_i,\ z)\end{aligned}\tag{8.120}$$

结合植被层的零阶解和一阶解，可以得出植被层的向下辐射矢量强度有两项 $\boldsymbol{I}_m$ 和 $\boldsymbol{I}_n$，而向上辐射强度矢量则主要由五项组成，即 $\boldsymbol{I}^{(0)}$、$\boldsymbol{I}_a^{(1)}$、$\boldsymbol{I}_b^{(1)}$、$\boldsymbol{I}_c^{(1)}$ 和 $\boldsymbol{I}_d^{(1)}$。向下和向上的辐射强度矢量示意图分别如图 8.14(a)和图 8.14(b)所示。

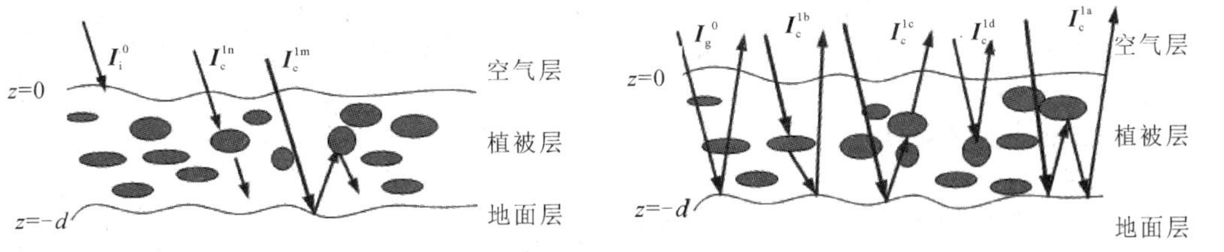

(a) 向下辐射强度　　(b) 向上辐射强度

图 8.14　双层植被电磁散射示意图

从公式(8.120)可以看出，辐射传输方程中的一阶解包括植被冠层散射、地面—植被层散射、植被—地面层散射以及地面—植被—地面散射项，具有明确的物理意义。其中地面—植被—地面的散射作用项 $\boldsymbol{I}_a^{(1)}(\theta_s,\ \phi_s;\ \pi-\theta_i,\ \phi_i,\ z)$可以表示为

$$\boldsymbol{I}_a^{(1)}(\theta_s,\ \phi_s;\ \pi-\theta_i,\ \phi_i,\ z)$$

$$=\exp[-K_e(\theta_s,\ \phi_s,\ ;\ \pi-\theta_i,\ \phi_i)(z+d)\sec\theta_s]\exp[-K_e(\pi-\theta_i,\ \phi_i;\ \pi-\theta_i,\ \phi_i)d\sec\theta_i]\cdot$$

$$\int_0^{\frac{\pi}{2}}\int_0^{2\pi}\overline{\overline{\boldsymbol{G}}}(\theta_s,\ \phi_s;\ \pi-\theta',\ \phi')\cdot\boldsymbol{I}_0^i\sec\theta'\exp[-K_e(\pi-\theta',\ \phi';\ \pi-\theta_i,\ \phi_i)d\sec\theta']\sin\theta'\mathrm{d}\theta'\mathrm{d}\phi'\cdot$$

$$\int_0^{2\pi}\int_0^{\frac{\pi}{2}} \overline{\overline{\boldsymbol{P}}}(\pi-\theta',\phi',\theta'',\phi'')\cdot\overline{\overline{\boldsymbol{G}}}(\theta'',\phi'',\pi-\theta_i,\phi_i)\exp[-K_e(\theta'',\phi'',\pi-\theta_i,\phi_i)d\sec\theta'']\cdot \frac{\exp[K_e(\pi-\theta',\phi',\theta'',\phi'')d\sec\theta'+K_e(\theta'',\phi'';\pi-\theta_i,\phi_i)d\sec\theta'']-1}{K_e(\pi-\theta',\phi',\theta'',\phi'')\sec\theta'+K_e(\theta'',\phi'';\pi-\theta_i,\phi_i)\sec\theta''}\sin\theta''\mathrm{d}\theta''\mathrm{d}\phi'' \tag{8.121}$$

植被—地面散射项 $\boldsymbol{I}_b^{(1)}(\theta_s,\phi_s,;\pi-\theta_i,\phi_i,z)$ 可以写为

$$\boldsymbol{I}_b^{(1)}(\theta_s,\phi_s;\pi-\theta_i,\phi_i,z)=\exp[-K_e(\theta_s,\phi_s;\pi-\theta_i,\phi_i)(z+d)\sec\theta_s]\cdot \int_0^{\frac{\pi}{2}}\int_0^{2\pi}\overline{\overline{\boldsymbol{G}}}(\theta_s,\phi_s;\pi-\theta',\phi')\cdot\overline{\overline{\boldsymbol{P}}}(\pi-\theta',\phi';\pi-\theta_i,\phi_i)\cdot\boldsymbol{I}_0^i\sec\theta' \frac{\exp[-K_e(\pi-\theta',\phi';\pi-\theta_i,\phi_i)d\sec\theta']-\exp[-K_e(\pi-\theta_i,\phi_i;\pi-\theta_i,\phi_i)d\sec\theta_i]}{K_e(\pi-\theta_i,\phi_i;\pi-\theta_i,\phi_i)\sec\theta_i-K_e(\pi-\theta',\phi';\pi-\theta_i,\phi_i)\sec\theta'}\sin\theta'\mathrm{d}\theta'\mathrm{d}\phi' \tag{8.122}$$

地面—植被散射项 $\boldsymbol{I}_c^{(1)}(\theta_s,\phi_s;\pi-\theta_i,\phi_i,z)$ 可以表示为

$$\begin{aligned}&\boldsymbol{I}_c^{(1)}(\theta_s,\phi_s;\pi-\theta_i,\phi_i,z)\\&=\exp[-K_e(\theta_s,\phi_s;\pi-\theta_i,\phi_i)z\sec\theta_s]\exp[-K_e(\pi-\theta_i,\phi_i;\pi-\theta_i,\phi)d\sec\theta_i]\sec\theta_s\cdot\\&\int_0^{2\pi}\int_0^{\frac{\pi}{2}}\overline{\overline{\boldsymbol{P}}}(\theta_s,\phi_s;\theta',\phi')\cdot\overline{\overline{\boldsymbol{G}}}(\theta',\phi';\pi-\theta_i,\phi_i)\cdot\boldsymbol{I}_0^i\cdot\\&\left\{\frac{\exp[K_e(\theta_s,\phi_s;\pi-\theta_i,\phi_i)z\sec\theta_s-K_e(\theta',\phi';\pi-\theta_i,\phi_i)z\sec\theta'-K_e(\theta',\phi';\pi-\theta_i,\phi_i)d\sec\theta']}{K_e(\theta_s,\phi_s;\pi-\theta_i,\phi_i)\sec\theta_s-K_e(\theta',\phi';\pi-\theta_i,\phi_i)\sec\theta'}-\right.\\&\left.\frac{\exp[-K_e(\theta_s,\phi_s;\pi-\theta_i,\phi_i)d\sec\theta_s]}{K_e(\theta_s,\phi_s;\pi-\theta_i,\phi_i)\sec\theta_s-K_e(\theta',\phi';\pi-\theta_i,\phi_i)\sec\theta'}\right\}\sin\theta'\mathrm{d}\theta'\mathrm{d}\phi'\end{aligned} \tag{8.123}$$

冠层的散射作用 $\boldsymbol{I}_d^{(1)}(\theta_s,\phi_s;\pi-\theta_i,\phi_i,z)$ 可以写为

$$\begin{aligned}\boldsymbol{I}_d^{(1)}(\theta_s,\phi_s;\pi-\theta_i,\phi_i,z)=&\exp[-K_e(\theta_s,\phi_s;\pi-\theta_i,\phi_i)z\sec\theta_s]\overline{\overline{\boldsymbol{P}}}_c(\theta,\phi,\pi-\theta_i,\phi_i)\cdot\boldsymbol{I}_0^i\sec\theta_s\cdot\\&\left\{\frac{\exp[K_e(\theta_s,\phi_s;\pi-\theta_i,\phi_i)z\sec\theta_s+K_e(\pi-\theta_i,\phi_i;\pi-\theta_i,\phi_i)z\sec\theta_i]}{K_e(\theta_s,\phi_s;\pi-\theta_i,\phi_i)\sec\theta_s+K_e(\pi-\theta_i,\phi_i;\pi-\theta_i,\phi_i)\sec\theta_i}-\right.\\&\left.\frac{\exp[-K_e(\theta_s,\phi_s;\pi-\theta_i,\phi_i)d\sec\theta-K_e(\pi-\theta_i,\phi_i;\pi-\theta_i,\phi)d\sec\theta_i]}{K_e(\theta_s,\phi_s;\pi-\theta_i,\phi_i)\sec\theta_s+K_e(\pi-\theta_i,\phi_i;\pi-\theta_i,\phi_i)\sec\theta_i}\right\}\end{aligned} \tag{8.124}$$

植被一阶散射系数为

$$\sigma_{pq}^{(1)}(\theta_s,\phi_s;\pi-\theta_i,\phi_i,0)=\frac{4\pi\cos\theta_s}{I_0^i}\sum_j\hat{\boldsymbol{q}}\cdot\boldsymbol{I}_j^{(1)}(\theta_s,\phi_s;\pi-\theta_i,\phi_i,0)\cdot\hat{\boldsymbol{p}},\ j=\mathrm{a,b,c,d} \tag{8.125}$$

因此，双层植被的总散射回波可以表示为零阶和一阶双站散射系数之和，即

$$\sigma_{pq}^{\mathrm{total}}(\theta_s,\phi_s;\pi-\theta_i,\phi_i,0)=\sigma_{pq}^{(0)}(\theta_s,\phi_s;\pi-\theta_i,\phi_i,0)+\sigma_{pq}^{(1)}(\theta_s,\phi_s;\pi-\theta_i,\phi_i,0) \tag{8.126}$$

8.3.2 双层植被的一阶后向散射模型

当 $\theta_s=\theta_i$，$\phi_s=\phi_i+\pi$ 时，植被的一阶双站辐射强度可以退化为后向情况，其中地面辐射强度项为

$$\boldsymbol{I}^{(0)}(\theta_i,\pi+\phi_i;\pi-\theta_i,\phi_i,0)=\exp[-K_e(\theta_i,\pi+\phi_i;\pi-\theta_i,\phi_i)(z+d)\sec\theta_i]\cdot \exp[-K_e(\theta_i,\pi+\phi_i;\pi-\theta_i,\phi_i)d\sec\theta_i]\overline{\overline{\boldsymbol{G}}}(\theta_i,\pi+\phi_i;\pi-\theta_i,\phi_i)\cdot\boldsymbol{I}_0^i \tag{8.127}$$

冠层的散射作用为

$$\boldsymbol{I}_d^{(1)}(\theta_i,\pi+\phi_i;\pi-\theta_i,\phi_i,0)=\overline{\overline{\boldsymbol{P}}}(\theta_i,\phi_i;\pi-\theta_i,\phi_i)\cdot\boldsymbol{I}_0^i\sec\theta_i\times \frac{1-\exp[-K_e(\theta_i,\phi_i;\pi-\theta_i,\phi_i)d\sec\theta_i-K_e(\pi-\theta_i,\phi_i;\pi-\theta_i,\phi_i)d\sec\theta_i]}{K_e(\theta_i,\phi_i;\pi-\theta_i,\phi_i)\sec\theta_i+K_e(\pi-\theta_i,\phi_i;\pi-\theta_i,\phi_i)\sec\theta_i} \tag{8.128}$$

地面—植被—地面的辐射作用项为

$$\begin{aligned}&\boldsymbol{I}_a^{(1)}(\theta_i,\pi+\phi_i;\pi-\theta_i,\phi_i,0)\\
&=\exp[-K_e(\theta_i,\pi+\phi_i;\pi-\theta_i,\phi_i)d\sec\theta_i]\exp[-K_e(\pi-\theta_i,\phi_i;\pi-\theta_i,\phi_i)d\sec\theta_i]\times\\
&\int_0^{\frac{\pi}{2}}\int_0^{2\pi}\overline{\overline{\boldsymbol{G}}}(\theta_s,\phi_s;\pi-\theta',\phi')\cdot\boldsymbol{I}_0^i\sec\theta'\exp[-K_e(\pi-\theta',\phi';\pi-\theta_i,\phi_i)d\sec\theta']\sin\theta'\mathrm{d}\phi'\mathrm{d}\theta'\cdot\\
&\int_0^{2\pi}\int_0^{\frac{\pi}{2}}\overline{\overline{\boldsymbol{P}}}(\pi-\theta_i,\phi_i,\theta'',\phi'')\cdot\overline{\overline{\boldsymbol{G}}}(\theta'',\phi'';\pi-\theta_i,\phi_i)\exp[-K_e(\theta'',\phi'';\pi-\theta_i,\phi_i)d\sec\theta'']\cdot\\
&\frac{\exp[K_e(\pi-\theta',\varphi',\theta'',\phi'')d\sec\theta'+K_e(\theta'',\phi'';\pi-\theta_i,\phi_i)d\sec\theta'']-1}{K_e(\pi-\theta',\varphi',\theta'',\phi'')\sec\theta'+K_e(\theta'',\phi'';\pi-\theta_i,\phi_i)\sec\theta''}\sin\theta''\mathrm{d}\theta''\mathrm{d}\phi''\\
&=\exp[-K_e(\theta_i,\pi+\phi_i,;\pi-\theta_i,\phi_i)d\sec\theta_i]\exp[-K_e(\pi-\theta_i,\phi_i;\pi-\theta_i,\phi_i)d\sec\theta_i]\cdot\\
&\overline{\overline{\boldsymbol{G}}}(\theta_i,\pi+\phi_i;\pi-\theta_i,\phi_i)\cdot\boldsymbol{I}_0^i\sec\theta_i\exp[-K_e(\pi-\theta_i,\pi+\phi_i;\pi-\theta_i,\phi_i)d\sec\theta_i\cdot\\
&\overline{\overline{\boldsymbol{P}}}(\pi-\theta_i,\phi_i,\theta_i,\phi_i)\cdot\overline{\overline{\boldsymbol{G}}}(\theta_i,\phi_i;\pi-\theta_i,\phi_i)\exp[-K_e(\theta_i,\pi+\phi_i;\pi-\theta_i,\phi_i)d\sec\theta_i\cdot\\
&\frac{\exp[K_e(\pi-\theta_i,\pi+\phi_i;\pi-\theta_i,\phi_i)d\sec\theta_i+K_e(\theta_i,\pi+\phi_i;\pi-\theta_i,\phi_i)d\sec\theta]-1}{K_e(\pi-\theta_i,\pi+\phi_i;\pi-\theta_i,\phi_i)\sec\theta_i+K_e(\theta_i,\pi+\phi_i;\pi-\theta_i,\phi_i)\sec\theta_i}\end{aligned} \tag{8.129}$$

植被—地面辐射强度项为

$$\begin{aligned}\boldsymbol{I}_b^{(1)}(\theta_i,\pi+\phi_i;\pi-\theta_i,\phi_i,0)=&\exp[-K_e(\theta_i,\pi+\phi_i;\pi-\theta_i,\phi_i)d\sec\theta_i]\cdot\\
&\int_0^{\frac{\pi}{2}}\int_0^{2\pi}\overline{\overline{\boldsymbol{G}}}(\theta_i,\phi_i;\pi-\theta',\phi')\cdot\overline{\overline{\boldsymbol{P}}}_c(\pi-\theta',\phi';\pi-\theta_i,\phi_i)\cdot\boldsymbol{I}_0^i\sec\theta'\cdot\\
&\exp[-K_e(\pi-\theta',\phi';\pi-\theta_i,\phi_i)d\sec\theta']\cdot\\
&\frac{\exp[K_e(\pi-\theta',\phi';\pi-\theta_i,\phi_i)d\sec\theta'+K_e(\pi-\theta_i,\pi+\phi_i;\pi-\theta_i,\phi_i)d\sec\theta_i]-1}{K_e(\pi-\theta_i,\pi+\phi_i;\pi-\theta_i,\phi_i)\sec\theta_i-K_e(\pi-\theta',\phi';\pi-\theta_i,\phi_i)\sec\theta'}\sin\theta'\mathrm{d}\theta'\mathrm{d}\phi'\end{aligned} \tag{8.130}$$

地面—植被辐射项为

$$\begin{aligned}\boldsymbol{I}_c^{(1)}(\theta_i,\pi+\phi_i;\pi-\theta_i,\phi_i,0)=&\exp[-K_e(\pi-\theta_i,\pi+\phi_i;\pi-\theta_i,\phi_i)d\sec\theta_i]\sec\theta_i\cdot\\
&\int_0^{2\pi}\int_0^{\frac{\pi}{2}}\overline{\overline{\boldsymbol{P}}}_c(\theta_i,\phi_i;\theta',\phi')\cdot\overline{\overline{\boldsymbol{G}}}(\theta',\phi';\pi-\theta_i,\phi_i)\cdot\boldsymbol{I}_0^i\cdot\\
&\frac{\exp[-K_e(\theta',\phi';\pi-\theta_i,\phi)d\sec\theta']-\exp[-K_e(\theta_i,\phi_i;\theta',\phi')d\sec\theta_i]}{K_e(\theta_i,\phi_i;\theta',\phi')\sec\theta_i-K_e(\theta',\phi';\pi-\theta_i,\phi)\sec\theta'}\sin\theta'\mathrm{d}\theta'\mathrm{d}\phi'\end{aligned} \tag{8.131}$$

上述分析仅考虑了植被项和地面一次散射作用，则后向散射系数可以表示为

$$\sigma_{pp}^{\text{back}}(\theta_i, \pi+\phi_i; \pi-\theta_i, \phi_i, 0) = \frac{4\pi\cos\theta_s}{I_0^i}\Big\{\hat{\boldsymbol{p}}\cdot\boldsymbol{I}^{(0)}(\theta_i, \pi+\phi_i; \pi-\theta_i, \phi_i, 0)\cdot\hat{\boldsymbol{p}}+$$
$$\sum_j \hat{\boldsymbol{p}}\cdot\boldsymbol{I}_j^{(1)}(\theta_i, \pi+\phi_i; \pi-\theta_i, \phi_i, 0)\cdot\hat{\boldsymbol{p}}\Big\},\quad j=\text{a, b, c, d} \tag{8.132}$$

上述各后向散射项增加了地面—植被—地面散射项的计算。

8.3.3 典型双层植被的单双站电磁散射系数

植被的双站散射回波的实测数据较少，为了验证模型，我们采用 MIMICS 方法计算了小麦地的后向散射情况，并与 Toure、Thomson 提供的实验数据进行了对比分析，其中小麦地的植被参数见表 8.7 所示。小麦地后向散射回波理论值与实测数据的对比如图 8.15 所示。由图可知，在入射角为 15°到 60°范围内，植被后向散射回波的理论值与实测数据较为吻合。对于 L 波段，由于电磁波频率较低，地面散射、地面与植被的耦合散射贡献较大，MIMICS 方法的计算结果与实验数据存在一定差异。对于 C 波段，电磁波散射主要来自植被上层散射，地面散射较弱，其理论计算与实验数据吻合程度优于 L 波段。

表 8.7 小麦地的植被参数

植株杆	叶片	地面层
湿度：0.72 g/g	湿度：0.67 g/g	湿度：0.17 g/m^3
高度：50 cm	长度：120 mm	均方根高度：1.2 cm
半径：1 mm	宽度：10 mm	相关长度：4.9 cm
密度：320/m^3	厚度：0.2 mm	植被层高度：50 cm
取向分布：垂直	密度：3430/m^3	取向分布：各向均匀

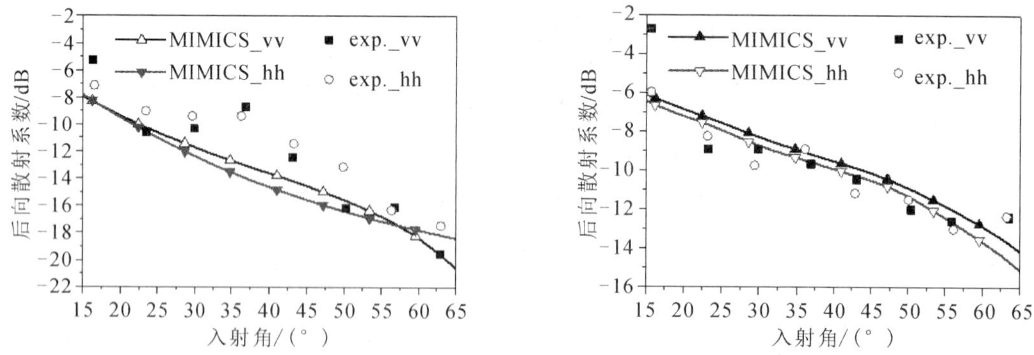

(a) f=1.70 GHz　　(b) f=4.75 GHz

图 8.15 小麦地后向散射回波的理论值与实测数据的对比

图 8.16 给出了 L 波段(f=1.7 GHz)小麦地的后向散射特性角分布中植被层、地面层、地面—植被层、植被—地面层以及地面—植被—地面层散射对总体散射的贡献。图 8.16 表明，地面—植被—地面层散射的贡献很弱，即可以不需要考虑复杂的地表与植被的多次散射，总体散射主要来自地面散射和植被冠层的散射。

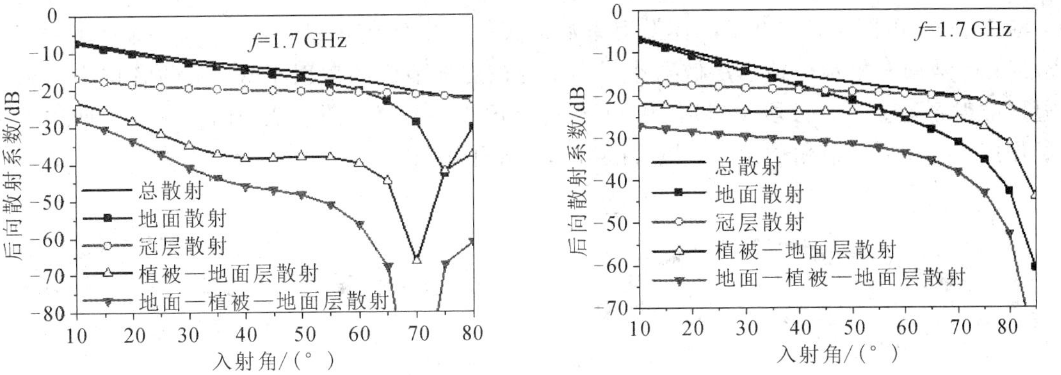

(a) vv极化　　(b) hh极化

图 8.16　L 波段小麦地的后向散射系数中各散射项对总体散射的贡献

图 8.17 分别对 L 波段大豆地的后向散射系数进行了分析。其中大豆地的植被参数由 Vine 和 Karam(1996)提供，如表 8.8 所示。

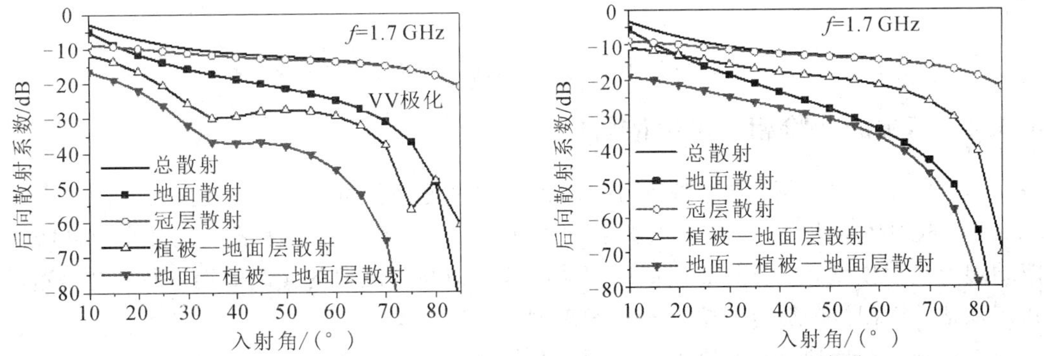

(a) vv极化　　(b) hh极化

图 8.17　L 波段大豆地的后向散射系数中各散射项的贡献

表 8.8　大豆地的植被参数

植株杆	叶片	地面层
湿度：0.6 g/g	湿度：0.6 g/g	湿度：0.3 g/m^3
高度：9 cm	长度：4.3 mm	均方根高度：1.1 cm
半径：1.6 mm	宽度：4.3 mm	相关长度：15 cm
密度：124/m^3	厚度：0.24 mm	植被层高度：50 cm
取向分布：垂直	密度：968/m^3	取向分布：各向均匀

图 8.17 表明，在 L 波段下，当 $\theta_i < 20°$时，地表面散射在总散射中起主导作用。随着入射角度的增大，地表面散射迅速下降，而植被冠层散射作用下降缓慢并逐渐起主导作用。当 $\theta_i > 20°$时，对于 vv 极化，地面—植被散射弱于地面散射作用；但对于 hh 极化，植被—地面散射强于地面散射作用。

图 8.18 分析了小麦地在 L 波段的一阶双站散射特性，其中 $\theta_i=30°$，$\phi_i=\phi_s=0°$，$\theta_s=-80°\sim80°$。由图可以看出，总体散射系数最大值均出现在 $\theta_s=\theta_i=30°$，$\phi_s=\phi_i=0°$的相干散射处。地面—植被—地面层散射作用小于植被层—地面的散射系数，且两者均小于植被冠层散射系数。在 L 波段 vv 极化和 hh 极化情况下，大部分角度范围内土壤散射回波起主导作用，但在大入射角情况下，植被散射起主导作用。

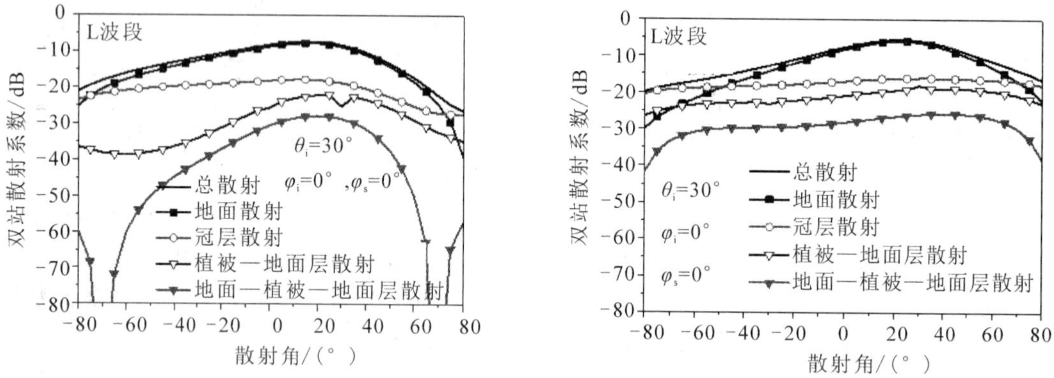

(a) vv极化　　(b) hh极化

图 8.18　小麦地的一阶双站散射项随散射角的变化关系

8.3.4　植被的一阶相干电磁散射模型

本节以盐碱地为例。盐碱地中分布的植被主要为蓬科草或刺麻，且呈现簇随机分布状态。考虑散射体的大小、形状以及散射体的具体位置，本节建立了簇随机分布植被的一阶双站相干散射模型，并将其后向散射回波的理论值与盐碱地的实测数据进行对比，随后分析了双站散射回波随簇分布规律和簇间隔大小的变化关系。

选择甘肃盐碱地，该地块表面平坦，较为干燥，植被为干枯的刺麻，植株整体低矮且呈簇随机分布。选取了两个测量点：一号测量点植被为干枯的刺麻，植株整体低矮且比较稀疏；二号测量点地势更为平缓，但土壤沙化严重，表面刺麻分布十分密集，刺麻的叶子包含干枯的冬叶和新芽。测量点实景如图 8.19 所示。

(a) 一号　　(b) 二号

图 8.19　簇随机分布植被一号和二号测量点实景

一号测量点地表面的均方根高度为 0.0123 m，相关长度为 0.3913 m，当 $f=1.34$ GHz 时，土壤的介电常数为(4.29，2.99)，而当 $f-10$ GHz 时，土壤的介电常数为(2.67，1.05)。

植被的平均高度为 0.1552 m，植株中各散射体都接近枯萎，各部分的含水量相当，当 $f=1.34$ GHz 时，植被的介电常数为(5.73，0.082)，而当 $f=10$ GHz 时，植被的介电常数为(5.65，0.018)。

二号测量点植被的平均高度为 0.2614 m，植被散射体包含枯萎的树干和绿色的叶片，当 $f=1.34$ GHz 时，枯萎树干的介电常数为(5.65，0.018)，而绿色叶片的介电常数为(8.65，0.018)。当 $f=10$ GHz 时，枯萎树干的介电常数为(3.65，0.012)，而绿色叶片的介电常数为(6.65，0.016)。盐碱地表面的均方根高度为 0.0152 m，相关长度为 0.3873 m，当 $f=1.34$ GHz 时，土壤的介电常数为(4.46，0.52)，而当 $f=10$ GHz 时，土壤的介电常数为(2.46，0.36)。假设雷达的照射面积 A 为 4 m×4 m，一号测量点和二号测量点每簇植株各部分散射体的尺寸和数量如表 8.9 所示。

表 8.9　每簇植株中各散射体的尺寸和数量参数

测试点	主枝干		分支干		叶片		植株高度/cm	植株间隔/cm
	数量	尺寸/cm	数量	尺寸/cm	数量	尺寸/cm		
一号测量点	20～30	$a=0.4$ $b=0.4$ $h=10$	80～100	$a=0.2$ $b=0.2$ $h=5$	120～140	$a=2.0$ $b=1.0$ $c=0.1$	15.52	97.14
二号测量点	20～40	$h=10$ $a=0.4$ $b=0.4$	160～180	$h=5$ $a=0.2$ $b=0.2$	160～180	$c=0.1$ $a=2.5$ $b=1.5$	26.14	39.10

盐碱地的单簇植株地表可以模拟为微粗糙地表面上方存在厚度为 d 的随机分布离散散射体，其中离散散射体可以用介质椭球或者介质圆柱来模拟。单个散射体的散射场包括散射体散射场、散射体—地面层散射场、地面层—散射体散射场以及地面—散射体—地面层的散射场，同时总散射回波中还包含地面层散射场，如图 8.20 所示。

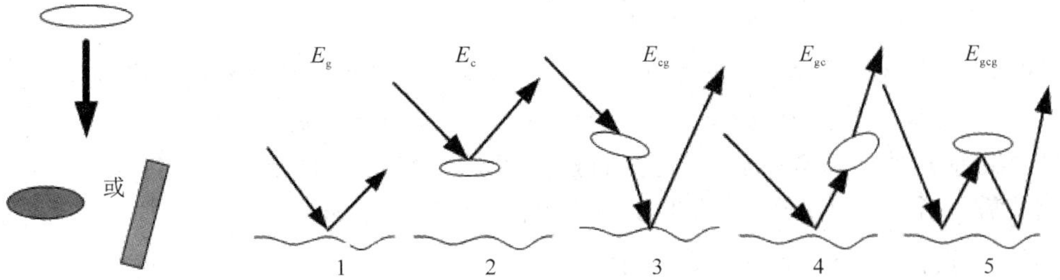

图 8.20　簇分布植株的五项双站散射示意图

1. 植被层散射场 E_s^n 和地面层散射回波 E_s^g

设植被层的入射波矢量 $\boldsymbol{k}_i$ 和散射波矢量 $\boldsymbol{k}_s$ 的单位矢量分别为

$$\hat{\boldsymbol{k}}_i=\sin\theta_i\cos\phi_i\hat{\boldsymbol{x}}+\sin\theta_i\sin\phi_i\hat{\boldsymbol{y}}-\cos\theta_i\hat{\boldsymbol{z}} \tag{8.133}$$

$$\hat{\boldsymbol{k}}_s=\sin\theta_s\cos\phi_s\hat{\boldsymbol{x}}+\sin\theta_s\sin\phi_s\hat{\boldsymbol{y}}+\cos\theta_s\hat{\boldsymbol{z}} \tag{8.134}$$

其中，后向散射方向为 $\theta_s=\theta_i$，$\phi_s=\pi+\phi_i$。设第 n 个散射体的位置矢量为 $\boldsymbol{r}_n$，从 $\boldsymbol{r}$ 处发出的

电磁波传播至第 n 个散射体时的电场为

$$\boldsymbol{E}_{\mathrm{i}}^{\mathrm{n}}=\hat{\boldsymbol{p}}_{\mathrm{i}}E_0\exp[\mathrm{i}\boldsymbol{k}_{\mathrm{i}}\cdot(\boldsymbol{r}_n-\boldsymbol{r})] \tag{8.135}$$

散射体的远区双站散射场可以表示为

$$E_{\mathrm{s},\,pq}^{\mathrm{n}}=\frac{E_0\exp[\mathrm{i}(\boldsymbol{k}_{\mathrm{i}}-\boldsymbol{k}_{\mathrm{s}})\cdot\boldsymbol{r}]}{r}\exp[\mathrm{i}(\boldsymbol{k}_{\mathrm{s}}-\boldsymbol{k}_{\mathrm{i}})\cdot\boldsymbol{r}_n]\hat{\boldsymbol{q}}\cdot\bar{\bar{\boldsymbol{S}}}_n^{\mathrm{c}}(\hat{\boldsymbol{k}}_{\mathrm{s}},\,\hat{\boldsymbol{k}}_{\mathrm{i}})\cdot\hat{\boldsymbol{p}} \tag{8.136}$$

式中，$\bar{\bar{\boldsymbol{S}}}_n^{\mathrm{c}}(\hat{\boldsymbol{k}}_{\mathrm{s}},\,\hat{\boldsymbol{k}}_{\mathrm{i}})$由第七章 7.7 节给出。直接到达地表面的入射场为

$$\boldsymbol{E}_{\mathrm{i}}^{\mathrm{g}}=\hat{\boldsymbol{p}}E_0\exp[\mathrm{i}\boldsymbol{k}_{\mathrm{i}}\cdot(\boldsymbol{r}_{\mathrm{g}}-\boldsymbol{r})] \tag{8.137}$$

因此，地表面的散射场可以表示为

$$E_{\mathrm{s},\,pq}^{\mathrm{g}}=\frac{E_0\exp[\mathrm{i}(\boldsymbol{k}_{\mathrm{i}}-\boldsymbol{k}_{\mathrm{s}})\cdot\boldsymbol{r}]}{|\boldsymbol{r}-\boldsymbol{r}_{\mathrm{g}}|}\exp[-\mathrm{i}(\boldsymbol{k}_{\mathrm{i}}-\boldsymbol{k}_{\mathrm{s}})\cdot\boldsymbol{r}_{\mathrm{g}}]\hat{\boldsymbol{q}}\cdot\bar{\bar{\boldsymbol{G}}}(\hat{\boldsymbol{k}}_{\mathrm{s}},\,\hat{\boldsymbol{k}}_{\mathrm{i}})\cdot\hat{\boldsymbol{p}} \tag{8.138}$$

若地表面微粗糙，则地面的散射矩阵 $\bar{\bar{\boldsymbol{G}}}(\hat{\boldsymbol{k}}_{\mathrm{s}},\,\hat{\boldsymbol{k}}_{\mathrm{i}})$可以写为

$$\bar{\bar{\boldsymbol{G}}}(\hat{\boldsymbol{k}}_{\mathrm{s}},\,\hat{\boldsymbol{k}}_{\mathrm{i}})=\begin{bmatrix}R_{\mathrm{vv}} & 0\\ 0 & R_{\mathrm{hh}}\end{bmatrix}\exp[-2(k_0\delta\cos\theta_{\mathrm{i}})^2] \tag{8.139}$$

其中，R_{vv}和 R_{hh}分别为光滑平面的反射系数，δ 为地表的高度起伏均方根。

2. 地面与散射体之间的相互作用项

地面与散射体之间的相互作用项包括：地面层—散射体作用项 $\boldsymbol{E}_n^{\mathrm{gc}}$，散射体—地面层作用项 $\boldsymbol{E}_n^{\mathrm{cg}}$ 以及地面层—散射体—地面层作用项 $\boldsymbol{E}_n^{\mathrm{gcg}}$，其散射场分别表示为

$$\boldsymbol{E}_n^{x}=\hat{\boldsymbol{q}}_i\hat{\boldsymbol{p}}_j\,\frac{\exp(-\mathrm{i}\boldsymbol{k}_{\mathrm{s}}\cdot\boldsymbol{r})}{r}\exp(\mathrm{i}\boldsymbol{k}_{\mathrm{s}}\cdot\boldsymbol{r}_{\mathrm{n}})\bar{\bar{\boldsymbol{S}}}_n^{x}(\hat{\boldsymbol{k}}_{\mathrm{s}},\,\hat{\boldsymbol{k}}_{\mathrm{i}})\cdot\boldsymbol{E}_{\mathrm{i}}^{n} \tag{8.140}$$

式中，x 为 gc、cg 和 gcg，散射矩阵 $\bar{\bar{\boldsymbol{S}}}_n^{x}$ 可以写为

$$\bar{\bar{\boldsymbol{S}}}_n^{\mathrm{gc}}=\exp(\mathrm{i}\tau_{\mathrm{i}})\bar{\bar{\boldsymbol{S}}}_n^{\mathrm{c}}(\boldsymbol{k}_{\mathrm{s}},\,\boldsymbol{k}_{\mathrm{tg}})\cdot\bar{\bar{\boldsymbol{G}}}(\boldsymbol{k}_{\mathrm{tg}},\,\boldsymbol{k}_{\mathrm{i}}) \tag{8.141}$$

$$\bar{\bar{\boldsymbol{S}}}_n^{\mathrm{cg}}=\exp(\mathrm{i}\tau_{\mathrm{s}})\bar{\bar{\boldsymbol{G}}}(\boldsymbol{k}_{\mathrm{s}},\,\boldsymbol{k}_{\mathrm{tc}})\cdot\bar{\bar{\boldsymbol{S}}}_n^{\mathrm{c}}(\boldsymbol{k}_{\mathrm{tc}},\,\boldsymbol{k}_{\mathrm{i}}) \tag{8.142}$$

$$\bar{\bar{\boldsymbol{S}}}_n^{\mathrm{gcg}}=\exp[\mathrm{i}(\tau_{\mathrm{i}}+\tau_{\mathrm{s}})]\bar{\bar{\boldsymbol{G}}}(\boldsymbol{k}_{\mathrm{s}},\,\boldsymbol{k}_{\mathrm{tc}})\cdot\bar{\bar{\boldsymbol{S}}}_{\mathrm{n}}^{\mathrm{c}}(\boldsymbol{k}_{\mathrm{t2}},\,\boldsymbol{k}_{\mathrm{t1}})\cdot\bar{\bar{\boldsymbol{G}}}(\boldsymbol{k}_{\mathrm{tg}},\,\boldsymbol{k}_{\mathrm{i}}) \tag{8.143}$$

对于一阶近似，考虑在地面处发生类镜面反射，因此有

$$\boldsymbol{k}_{\mathrm{tc}}=\hat{\boldsymbol{k}}_{\mathrm{s}}-2\hat{\boldsymbol{n}}_{\mathrm{g}}(\hat{\boldsymbol{n}}_{\mathrm{g}}\cdot\hat{\boldsymbol{k}}_{\mathrm{s}}),\ \boldsymbol{k}_{\mathrm{tg}}=\hat{\boldsymbol{k}}_{\mathrm{i}}-2\hat{\boldsymbol{n}}_{\mathrm{g}}(\hat{\boldsymbol{n}}_{\mathrm{g}}\cdot\hat{\boldsymbol{k}}_{\mathrm{i}}) \tag{8.144}$$

其中，$\hat{\boldsymbol{n}}_{\mathrm{g}}$ 为粗糙地面的法向单位矢量。τ_{i}、τ_{s} 为电磁波在地面镜像反射时导致的相位差，且

$$\tau_{\mathrm{i}}=2(\boldsymbol{r}_n\cdot\hat{\boldsymbol{n}}_{\mathrm{g}})(\hat{\boldsymbol{n}}_{\mathrm{g}}\cdot\boldsymbol{k}_{\mathrm{i}}),\ \tau_{\mathrm{s}}=-2(\boldsymbol{r}_n\cdot\hat{\boldsymbol{n}}_{\mathrm{g}})(\hat{\boldsymbol{n}}_{\mathrm{g}}\cdot\boldsymbol{k}_{\mathrm{s}}) \tag{8.145}$$

上述散射场的计算均基于自由空间进行，但电磁波在植被层中传播时会发生衰减现象，因此需要引入透射矩阵 $\bar{\bar{\boldsymbol{T}}}$，此时植被层的各散射矩阵变为

$$\begin{cases}\bar{\bar{\boldsymbol{S}}}_{n\_T}^{\mathrm{c}}=\bar{\bar{\boldsymbol{T}}}(L_{\mathrm{sc}},\,\hat{\boldsymbol{k}}_{\mathrm{s}})\cdot\bar{\bar{\boldsymbol{S}}}_n^{\mathrm{c}}(\hat{\boldsymbol{k}}_{\mathrm{s}},\,\hat{\boldsymbol{k}}_{\mathrm{i}})\cdot\bar{\bar{\boldsymbol{T}}}(L_{\mathrm{ic}},\,\hat{\boldsymbol{k}}_{\mathrm{i}})\\ \bar{\bar{\boldsymbol{S}}}_{n\_T}^{\mathrm{g}}=\bar{\bar{\boldsymbol{T}}}(L_{\mathrm{sg}},\,\hat{\boldsymbol{k}}_{\mathrm{s}})\cdot\bar{\bar{\boldsymbol{G}}}(\hat{\boldsymbol{k}}_{\mathrm{s}},\,\hat{\boldsymbol{k}}_{\mathrm{i}})\cdot\bar{\bar{\boldsymbol{T}}}(L_{\mathrm{ig}},\,\hat{\boldsymbol{k}}_{\mathrm{i}})\\ \bar{\bar{\boldsymbol{S}}}_{n\_T}^{\mathrm{gc}}=\exp(\mathrm{i}\tau_{\mathrm{i}})\bar{\bar{\boldsymbol{T}}}(L_{\mathrm{sgc}},\,\hat{\boldsymbol{k}}_{\mathrm{s}})\cdot\bar{\bar{\boldsymbol{S}}}_n^{\mathrm{c}}(\hat{\boldsymbol{k}}_{\mathrm{s}},\,\hat{\boldsymbol{k}}_{\mathrm{tg}})\bar{\bar{\boldsymbol{T}}}(L_{\mathrm{tgc}},\,\hat{\boldsymbol{k}}_{\mathrm{tg}})\cdot\bar{\bar{\boldsymbol{G}}}(\hat{\boldsymbol{k}}_{\mathrm{tg}},\,\hat{\boldsymbol{k}}_{\mathrm{i}})\cdot\bar{\bar{\boldsymbol{T}}}(L_{\mathrm{igc}},\,\hat{\boldsymbol{k}}_{\mathrm{i}})\\ \bar{\bar{\boldsymbol{S}}}_{n\_T}^{\mathrm{cg}}=\exp(\mathrm{i}\tau_{\mathrm{s}})\bar{\bar{\boldsymbol{T}}}(L_{\mathrm{scg}},\,\hat{\boldsymbol{k}}_{\mathrm{s}})\cdot\bar{\bar{\boldsymbol{G}}}(\hat{\boldsymbol{k}}_{\mathrm{s}},\,\hat{\boldsymbol{k}}_{\mathrm{tc}})\cdot\bar{\bar{\boldsymbol{T}}}(L_{\mathrm{tcg}},\,\hat{\boldsymbol{k}}_{\mathrm{tc}})\cdot\bar{\bar{\boldsymbol{S}}}_n^{\mathrm{c}}(\hat{\boldsymbol{k}}_{\mathrm{tc}},\,\hat{\boldsymbol{k}}_{\mathrm{i}})\cdot\bar{\bar{\boldsymbol{T}}}(L_{\mathrm{icg}},\,\hat{\boldsymbol{k}}_{\mathrm{i}})\\ \bar{\bar{\boldsymbol{S}}}_{n\_T}^{\mathrm{gcg}}=\exp[\mathrm{i}(\tau_{\mathrm{s}}+\tau_{\mathrm{i}})]\bar{\bar{\boldsymbol{T}}}(L_{\mathrm{sgcg}},\,\hat{\boldsymbol{k}}_{\mathrm{s}})\cdot\bar{\bar{\boldsymbol{G}}}(\hat{\boldsymbol{k}}_{\mathrm{s}},\,\hat{\boldsymbol{k}}_{\mathrm{t2}})\cdot\bar{\bar{\boldsymbol{T}}}(L_{\mathrm{t2gcg}},\,\hat{\boldsymbol{k}}_{\mathrm{t2}})\cdot\bar{\bar{\boldsymbol{S}}}_n^{\mathrm{c}}(\hat{\boldsymbol{k}}_{\mathrm{t2}},\,\hat{\boldsymbol{k}}_{\mathrm{t1}})\cdot\\ \qquad\bar{\bar{\boldsymbol{T}}}(L_{\mathrm{t1gcg}},\,\hat{\boldsymbol{k}}_{\mathrm{t1}})\cdot\bar{\bar{\boldsymbol{G}}}(\hat{\boldsymbol{k}}_{\mathrm{t1}},\,\hat{\boldsymbol{k}}_{\mathrm{i}})\cdot\bar{\bar{\boldsymbol{T}}}(L_{\mathrm{igcg}},\,\hat{\boldsymbol{k}}_{\mathrm{i}})\end{cases} \tag{8.146}$$

其中，透射矩阵 $\overline{\overline{\boldsymbol{T}}}$ 为矩阵 $\boldsymbol{M}_{pq}$ 的指数函数，根据 Foldy－Lax 近似可得矩阵 $\boldsymbol{M}_{pq}$ 为

$$\boldsymbol{M}_{pq}=\frac{\mathrm{i}2\pi n_0}{k_0}\langle S_{pq}(\boldsymbol{k}_q,\ \boldsymbol{k}_p)\rangle \tag{8.147}$$

式中，k_0 为自由空间中的波数，n_0 为散射体的数密度，S_{pq} 为散射体的散射振幅矩阵，〈·〉表示对植被层所有散射体的尺寸及其取向角取平均。一般情况下，水平极化场和垂直极化场之间的耦合不为 0。除后向散射方向外，在其他散射方向上，上述四类散射场之间相位不同，并且相位差取决于散射体的位置。在后向散射情况下，若只考虑相干散射情况，即 $\boldsymbol{M}_{\mathrm{vh}}=\boldsymbol{M}_{\mathrm{hv}}=\boldsymbol{0}$，则透射矩阵可进一步表示为

$$\overline{\overline{\boldsymbol{T}}}(L,\ \boldsymbol{k})=\begin{bmatrix}\exp(\mathrm{i}\boldsymbol{M}_{\mathrm{vv}}L) & 0\\ 0 & \exp(\mathrm{i}\boldsymbol{M}_{\mathrm{hh}}L)\end{bmatrix} \tag{8.148}$$

因此，为了考虑单簇植株中全部散射体的散射场，需要对植被的枝、杆和叶等散射体的散射场求和，即

$$\boldsymbol{E}_n=\boldsymbol{E}_n^{\mathrm{c}}+\boldsymbol{E}_n^{\mathrm{cg}}+\boldsymbol{E}_n^{\mathrm{gc}}+\boldsymbol{E}_n^{\mathrm{gcg}} \tag{8.149}$$

单个簇团植株的叶片可由椭圆盘来表示，植株枝干可由细长圆柱来表示，且各叶片和枝干随机分布。假设所有的叶片和植株杆独立散射，并采用广义 Rayleigh－Gans(GRN)近似来模拟单簇植被中的单个散射体散射，则每一簇团的散射场为

$$\boldsymbol{E}=\sum_{n=1}^{N_1}\boldsymbol{E}_{n_1}\exp[\mathrm{i}(\boldsymbol{k}_{\mathrm{i}}-\boldsymbol{k}_{\mathrm{s}})\cdot\boldsymbol{r}_{n_1}]+\sum_{n=1}^{N_2}\boldsymbol{E}_{n_2}\exp[\mathrm{i}(\boldsymbol{k}_{\mathrm{i}}-\boldsymbol{k}_{\mathrm{s}})\cdot\boldsymbol{r}_{n_2}]+\boldsymbol{E}_{\mathrm{s}}^{\mathrm{g}} \tag{8.150}$$

其中，N_1 为簇团中叶片的总个数，N_2 为簇团中植株杆的总个数，$\boldsymbol{r}_{n_1}$ 为第 n_1 个叶片的位置矢量，$\boldsymbol{E}_{n_1}$ 为第 n_1 个叶片的散射场，它由四部分组成；同理，$\boldsymbol{r}_{n_2}$ 为第 n_2 个植株杆的位置矢量，$\boldsymbol{E}_{n_2}$ 为第 n_2 个植株杆的散射场，它也由四部分组成，均可按照公式(8.149)计算得到。$\boldsymbol{E}_{\mathrm{s}}^{\mathrm{g}}$ 为地面的双站散射场，见式(8.138)。

3. 簇状分布植被的一阶双站相干散射

设在入射波照射范围内的簇分布个数为 M，则植被层的总散射场可以表示为

$$\boldsymbol{E}_{\mathrm{s}}=\sum_{m=1}^{M}\boldsymbol{E}_m \tag{8.151}$$

式中，$\boldsymbol{E}_m$ 为第 m 簇植株的散射场，见式(8.150)。植被层的双站散射系数表示为

$$\sigma_{pq}(\boldsymbol{k}_{\mathrm{s}},\ \boldsymbol{k}_{\mathrm{i}})=\lim_{r\to\infty}\frac{4\pi r^2\langle|E_q^{\mathrm{s}}|^2\rangle}{A|E_p^{\mathrm{i}}|^2} \tag{8.152}$$

其中，p、q＝v 或 h，$\boldsymbol{E}_q^{\mathrm{s}}$ 为散射场，$\boldsymbol{E}_p^{\mathrm{i}}$ 为入射场，A 为雷达的照射面积。〈 〉表示对样本取平均。散射系数可以表示为两部分之和，分别为对应于平均场的相干散射系数和对应于起伏场的非相干散射系数。非相干散射系数定义为

$$\sigma_{pq}^{i}(\boldsymbol{k}_{\mathrm{s}},\ \boldsymbol{k}_{\mathrm{i}})=\lim_{r\to\infty}\frac{4\pi r^2\langle|E_q^{\mathrm{s}}-\langle E_q^{\mathrm{s}}\rangle|^2\rangle}{A|E_p^{\mathrm{i}}|^2} \tag{8.153}$$

在真实盐碱地植被模型中，叶片和植株杆的位置、方向取向等随机分布。一号测试点和二号测试点中每一簇植株的各散射体尺寸和数目分别如表 8.9 所示。叶片的欧拉角 α、β、γ 分别在 0°～360°、30°～90°、0°～30°内均匀分布，而枝干的欧拉角 α、β、γ 分别在 0°～360°、30°～90°、0°～10°内均匀分布，且取值独立。设雷达照射面积 A＝4 m×4 m。为获取盐碱地簇分布植株的双站散射结果，本书采用 Monte－Carlo 方法进行计算。其具体计算步骤如下：

（1）将叶片和枝干的欧拉角 α、β、γ 的分布范围分别分成 N_α、N_β、N_γ 等份，按公式计算各种可能空间取向分布情况下叶片和枝干的后向散射场。

（2）按照公式(8.149)计算由多叶片和多枝干组成的簇分布植株的散射场，每个叶片和枝干的散射场均从 N_α、N_β、N_γ 组场中随机选取。计算并保存 N 组簇分布植株的散射场。这里分别采用了两种簇分布方式，一种为簇植株在照射面积内均匀随机分布，另一种为簇植株的分布位置按等间距规则分布。

（3）将样本中每一簇植株的散射场按照式(8.150)叠加，得到所有簇的总散射场。

（4）重复步骤(2)和(3)，直到得到足够确定总散射回波统计特性的独立样本数。这里计算中所取的样本数为200。

（5）对所有样本的散射回波结果取平均，得到所要求的散射系数均值。

图8.21给出了一号测量点和二号测量点簇随机分布植株的后向散射回波理论结果与实测数据的对比。由图可以看出，在大部分角度范围内，后向散射回波理论结果与实测数据吻合良好。同时发现，当 $f=1.34$ GHz时，vv极化后向散射系数大于hh极化情况，而当10 GHz时，除大角度外，vv极化与hh极化后向散射系数比较接近。

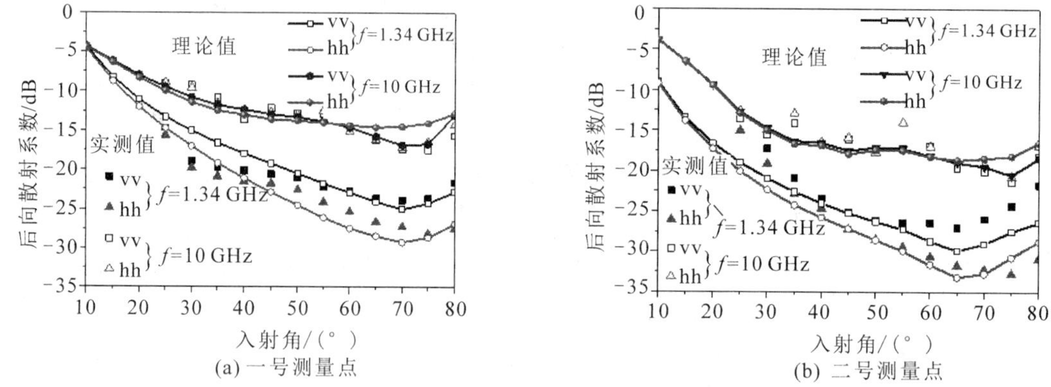

图8.21 一号测量点和二号测量点的后向散射系数的理论值与实测数据比较

图8.22给出了L波段Monte-Carlo计算结果与实验数据和VRT计算结果的比较，输入参数见表8.9。图8.23给出了S波段簇规则分布植被的总后向散射系数角分布，并与非相干散射系数进行了比较。

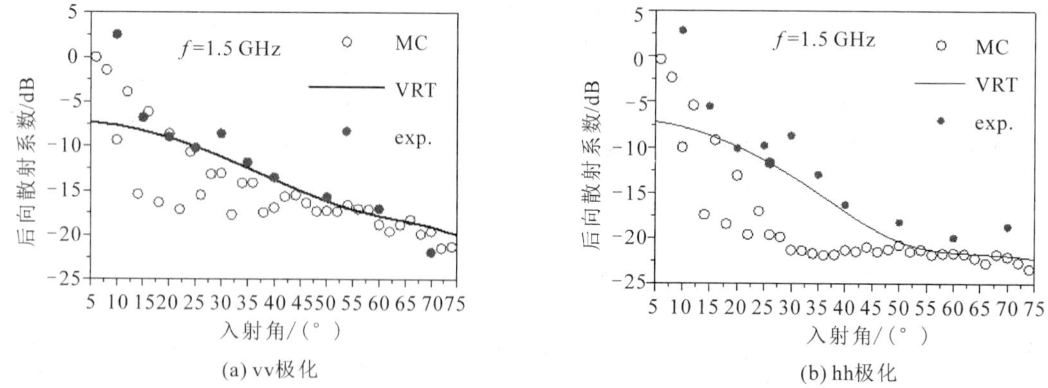

图8.22 L波段MC计算和VRT结果与实验数据比较

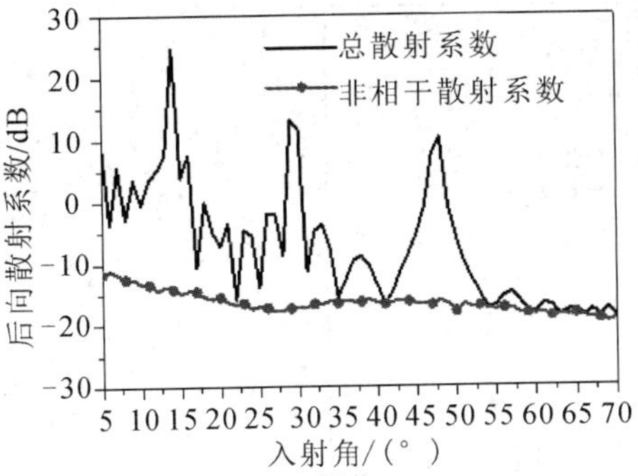

(a) vv极化

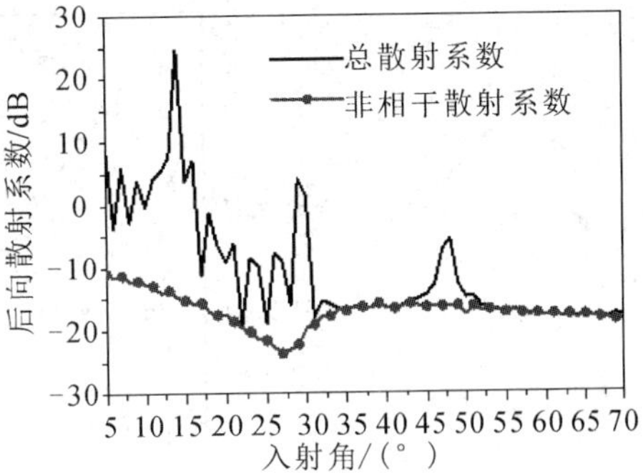

(b) hh极化

图 8.23 簇规则分布植被的后向散射系数随入射角的变化($f=3$ GHz)

由图 8.22 可知，对于 vv 极化，MC 结果与实验数据吻合良好；对于 hh 极化，二者存在差距。VRT 结果没有考虑地面后向散射在小入射角时的相干效应，所以在 $\theta_i<10°$时，与实验数据有一定的偏差。图 8.23 中地面及叶子的介电常数分别为 $\varepsilon_g=(23.6, 1.1)$，$\varepsilon_r=(20.7, 6.03)$，叶子的湿度为 0.6，地面的湿度为 0.4，植株间距为 0.2 m，簇与簇之间存在一定的相位差，相干散射使得在某些角度，后向散射系数明显增强，而非相干系数一直较低。

4. 双层植被的电磁散射的并行计算

双层植被模型用于农作物的电磁散射模拟。农作物主要由叶状散射体构成。根据叶子的形状，可将农作物分成阔叶类农作物和窄叶类农作物两大类。上述建模过程主要由三步组成：一是获取叶片和地面的初始化参数，如叶片和土壤的湿度；二是获取叶片尺寸和土壤的统计参数，并由此计算出叶片和土壤的相对介电常数和叶片的退磁因子；三是依据叶片的尺寸和空间取向的不同对叶片进行分组，并运用 Monte - Carlo 抽样计算叶片空间取向和电磁散射参数，再根据每组相矩阵和各类散射叠加，获得植被后向散射系数。其中第二步所用串行程序计算时间最长，占总时长的 97.8%。由于植被的电磁散射计算比较繁琐，因此运用 CUDA 程序对这部分进行并行化处理。

这里以阔叶类农作物大豆和窄叶类农作物水稻为例。大豆模型参数由表 8.8 给出，水稻模型参数如表 8.10 所示。Monte - Carlo 方法先将植被层依据叶片的尺寸和取向分组，再计算每组的相矩阵以及相关电磁参数。由于分组数目多且相互独立，此问题具有很大的并行性，正适合使用具有大规模并行性的 CUDA 构架显卡求解该问题。图 8.24 给出了水稻在 L 和 C 波段 HH 极化电磁后向散射系数的串行和并行计算结果，其中点为串行结果，线为并行结果，两者完全吻合。为了对比，图 8.25 给出了大豆后向电磁散射角分布。

表 8.10 水稻和地面主要输入参数

水稻茎		水稻叶片		地面	
湿度	0.74 g/g	湿度	0.74 g/g	湿度	0.3 g/cm
长	50 cm	长	31.92 cm	均方根	1.1 cm
半径	1.4 mm	宽	0.98 cm	相关长度	15 cm
密度	200/m³	厚度	0.2 mm	植被层高度	50 cm
取向分布函数	垂直	密度	1400/m³	取向分布	均匀

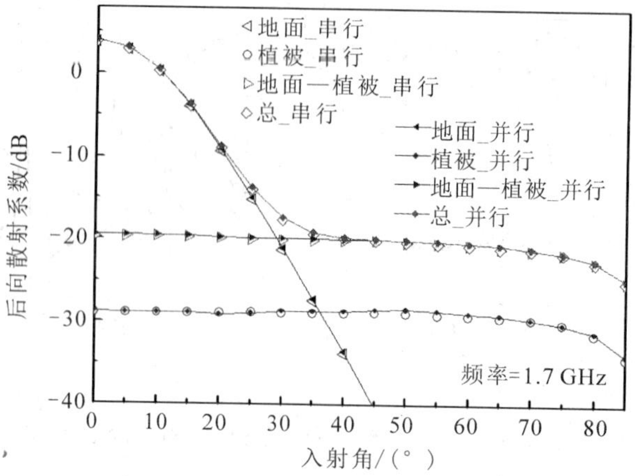

图 8.24 水稻 HH 极化的后向散射系数角分布

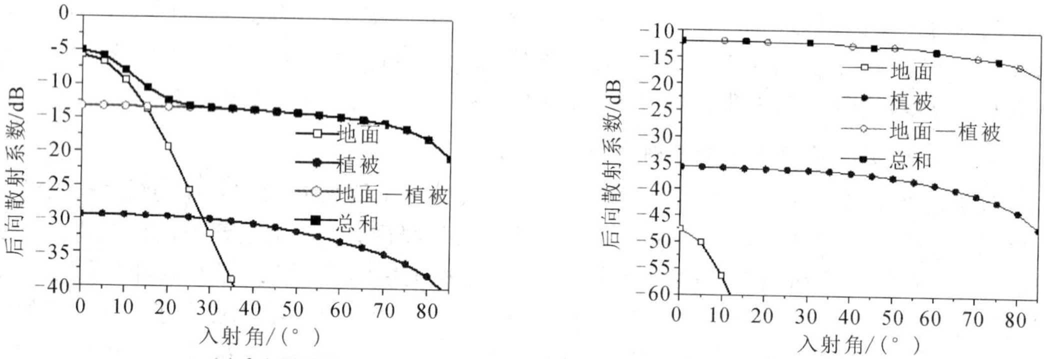

(a) f=1.70 GHz　　(b) f=4.75 GHz

图 8.25 大豆 HH 极化的后向散射系数角分布

图 8.25 表明：在 L 波段，与水稻情况类似，在小入射角范围，大豆以地面散射为主；在大入射角范围，大豆以叶片与地面复合散射为主。但对于 C 波段，由于大豆宽叶电磁散射作用，电磁波穿透性能更弱，单纯地面散射只在很小入射角内产生贡献。总体散射系数基本上是大豆叶片与地面复合散射的贡献。实际应用表明，采用 CUDA 在处理大量的数据时比采用传统的串行方法要快得多，将其用于植被的电磁散射计算，可以有效提高计算效率。

8.4 典型地表的电磁散射系数的工程统计模型

8.4.1 单频段地表的后向电磁散射的工程统计模型

过去几十年里，国内外众多学者依据地表的后向散射回波随入射角的变化规律，提出了多种地表的后向散射工程统计模型。Ulaby 和 Dobson 总结了 20 世纪 60 年代至 80 年代已公布的大量的地物测量实验数据，根据他们提出的四项准则对数据进行遴选和修正，并建立了一个数据库(数据库包含多种地貌，如草地、雪地、农田等)，最后对测量数据进行统计分析，提出了一个简单、灵活而又准确的地物散射工程统计模型，其形式如下：

$$\sigma^0(\text{dB})=a_1+a_2\exp(-a_3\theta)+a_4\cos(a_5\theta+a_6) \tag{8.154}$$

其中，$a_1\sim a_6$ 均为待定系数。此模型对大部分地貌后向散射均适用。而另一种模型——Morchin 模型建立了不同地貌和擦地角情况下的后向散射系数：

$$\sigma^0=\frac{A\sigma_c^0\sin\theta}{\lambda}+u\cot^2\beta_0\exp\left[-\frac{\tan^2(B-\theta)}{\tan^2\beta_0}\right] \tag{8.155}$$

其中，$u=\frac{\sqrt{f_0}}{4.7}$，$\theta=\arcsin\left(\frac{\lambda}{4\pi h_e}\right)$，$h_e=9.3\beta_0^{2.2}$。对于不同地貌，Morchin 模型参数如表 8.11 所示。

表 8.11　Morchin 模型参数

地貌	A	B	β_0	σ_c^0
沙漠	0.001 26	π/2	0.14	θ/θ_c
农田	0.004	π/2	0.2	1
丘陵	0.0126	π/2	0.4	1
高山	0.04	1.24	0.5	1

中国电波传播研究所和编者所在团队成员，根据多年来所测得的各种地物的实验数据，参考 Ulaby 建立的模型，总结出一种工程统计模型：

$$\sigma^0(\text{dB})=a_1+a_2\lg(a_3\cos\theta)+a_4\exp[-(a_5+a_6\theta)]+a_7\cos\theta \tag{8.156}$$

其中，$a_1\sim a_7$ 均为模型的拟合系数，每一个系数的值都会对模型的精确度有很大影响。在拟合实验数据时，$a_1\sim a_7$ 初始值的选取也非常重要，合适的初始值能够减小运算量，并且使模型精确度提高。

当入射波频段较低时，裸土、水泥地、粗糙沙地以及稀疏植被等典型地表的面散射回波在总散射回波中起主导作用。频率较高时，稠密低矮双层植被的总散射回波的主要贡献来自植被上层散射，也可以等效采用单层植被散射模型。小粗糙度情况下，SPM 方法表示的指数谱地表后向散射系数为

$$\sigma^0=8k^4\delta^2l^2\cos^4\theta_i|\alpha_{pp}|^2[1+(2kl\sin\theta_i)^2]^{-1.5} \tag{8.157}$$

可以看出，在固定入射波频段情况下，地表的结构参数和电磁参数不发生变化，后向散射系数仅与入射角以及地面功率谱相关，因此上述函数近似退化为

$$\sigma^0=\frac{p_1\sin^{P_2}\theta_i\cos^{P_3}\theta_i}{(P_4+P_5\sin^2\theta_i)^{P_6}} \tag{8.158}$$

式(8.158)转化为 dB 形式后，可进一步写为

$$\sigma^0(\text{dB})=P_1+P_2\lg(\sin\theta_i)+P_3\lg(\cos\theta_i)+P_6\lg(P_4+P_5\sin\theta_i) \tag{8.159}$$

其中，$P_1=\lg p_1$。

在 KA 模型的适用范围内，在固定地表和入射波频率的情况下，kl、$k\delta$ 以及 R_{pp} 均保持不变，散射系数与角度 $\cos\theta_i$ 和 $\sin\theta_i$ 关系密切，因此指数谱地表的后向非相干散射系数的工程统计模型表示为

$$\begin{aligned}\sigma^0(\text{dB})=&B_1+B_2\lg(\sin\theta_i)+B_3\lg(\cos\theta_i)+\\&\lg(B_4\sin\theta_i+B_5\cos\theta_i)+\lg[\exp(-B_6\sin^2\theta_i)]\end{aligned} \tag{8.160}$$

而对于极其粗糙的地表面，其后向散射回波常采用 KA 的稳定相位法模型进行拟合，该方法与地表谱特性无关。固定入射波频率时，后向散射系数工程统计模型表示为

$$\sigma^0(\mathrm{dB})=Q_1+Q_2\lg(\cos\theta_i)+Q_3\lg(\sin\theta_i)+\lg[\exp(-Q_4\tan^2\theta_i)] \tag{8.161}$$

当入射电磁波穿透沥青路面或沙地表面，在其内部发生体散射作用时，其总散射结果为上层粗糙面散射和内部体散射作用之和。一般假设沥青路面和沙地内部粒子为各向同性，其消光矩阵退化为一常数。因此，沥青路面或沙地的后向总散射系数表示为

$$\begin{aligned}\sigma^0(\mathrm{dB})&=P_1+P_2\lg(\cos\theta_i)+P_3\lg(\sin\theta_i)+M_1+M_2\lg(\cos\theta_i)\\&=N_1+N_2\lg(\cos\theta_i)+N_3\lg(\sin\theta_i)\end{aligned} \tag{8.162}$$

若地表面存在植被，如草地和玉米地等，其后向散射系数主要由四部分组成，即地面层散射系数 σ^g、植被层散射系数 σ^c、地面—植被层散射系数 σ^{cg} 以及植被—地面层散射系数 σ^{gc}。因此，地表总散射系数可以写为

$$\sigma^{\mathrm{total}}=\sigma^g+\sigma^c+\sigma^{cg}+\sigma^{gc} \tag{8.163}$$

将植被层的各散射分量转化为 dB 形式，即

$$\sigma^g(\mathrm{dB})=[P_1+P_2\lg(\cos\theta_i)+P_3\lg(\sin\theta_i)]+P_4\lg\left[\exp\left(-\frac{P_5}{\cos\theta_i}\right)\right] \tag{8.164}$$

$$\sigma^c(\mathrm{dB})=E_1+E_2\lg(\cos\theta_i) \tag{8.165}$$

$$\begin{aligned}\sigma^{cg}(\mathrm{dB})=\sigma^{gc}(\mathrm{dB})=&F_1\lg\left(\frac{F_2}{\sin\theta_i}\right)+F_3\lg[\exp(-F_4\cos^2\theta_i)]+\\&F_5\lg\left[\exp\left(-\frac{F_6}{\cos\theta_i}\right)\right]+F_6\lg(\cos\theta_i)\end{aligned} \tag{8.166}$$

因此，总散射系数工程统计模型为

$$\sigma^{\mathrm{total}}(\mathrm{dB})=N_1+N_2\lg(\cos\theta_i)+N_3\lg(\sin\theta_i)+N_4\lg\left[\exp\left(-\frac{N_5}{\cos\theta_i}\right)\right] \tag{8.167}$$

上述各工程统计模型中的系数，可以利用对应频率的后向散射角分布实验数据和相关理论模型，通过优化建模得到。

图 8.26 将式(8.156)的 7 参数模型、Ulaby 模型以及小斜率方法(SSA)理论结果和农耕地的 L 波段 hh 极化实验数据进行对比。小斜率计算方法中各参数值如下：频率 $f=3.2$ GHz，

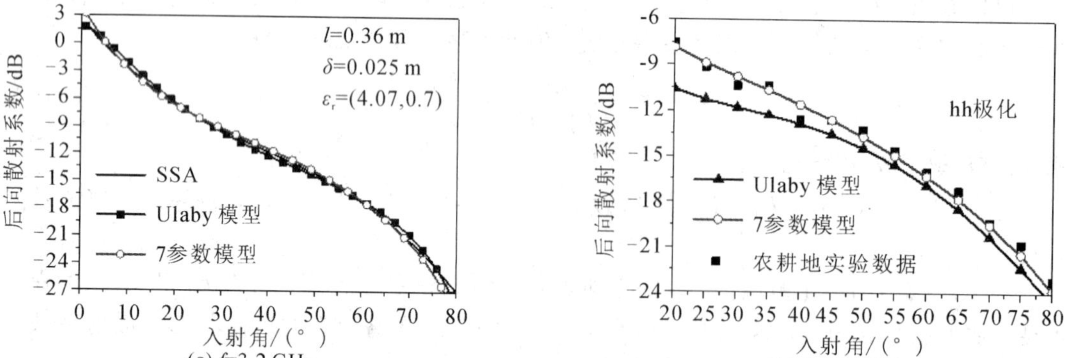

(a) f=3.2 GHz　　(b) f=1.34 GHz

图 8.26　7 参数模型、Ulaby 模型和 SSA 计算以及与农耕地后向电磁散射系数实验数据对比

相关长度 $l=0.36$ m，均方根高度 $\delta=0.025$ m，相对复介电常数 $\varepsilon_r=(4.07, 0.7)$。从图(a)可以看出，7 参数模型和 Ulaby 模型与理论计算结果的拟合度都很高。图(b)表明 7 参数模型在整体和局部上都非常贴近实验数据，适用度要优于 Ulaby 模型，这也是因为本节建立的经验模型待定参数更多，因而结果更为精细。

图 8.27 给出 7 参数模型、Ulaby 模型与细沙地的 L 波段后向散射系数实验数据对比情况。对于 hh 极化，7 参数模型在整体上体现了实验数据的特性，其缺陷是在最大的入射角处下降过快，结果稍有偏差。而 Ulaby 经验模型在数值上与实验数据的差别不大，但体现实验数据的总体特征不够。对于 vv 极化的数据，7 参数模型和 Ulaby 模型在整体趋势和数值上都能很好地拟合实验数据。

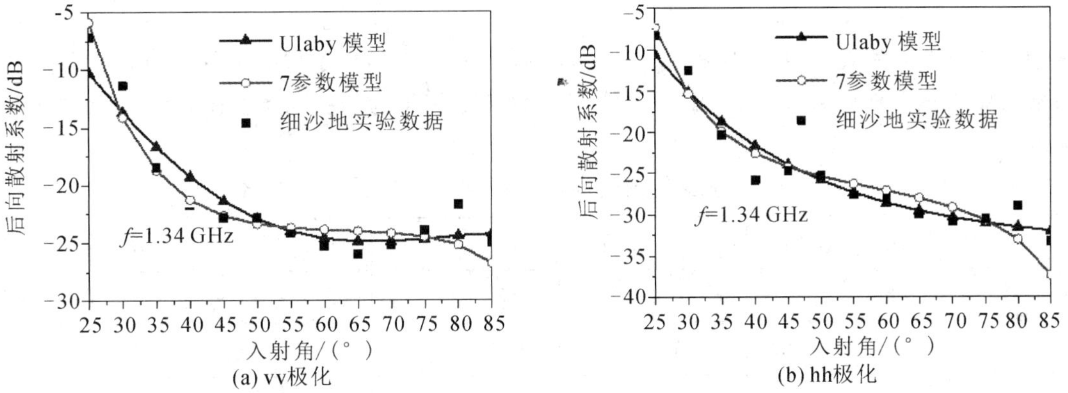

图 8.27　7 参数模型、Ulaby 模型与细沙地的 L 波段后向散射系数实验数据对比

图 8.28 给出表面较光滑、内部气泡含量较少的海冰在 L 波段 hh 极化和 C 波段 vv 极化的后向散射系数实验数据与 7 参数模型、Ulaby 模型的对比情况。

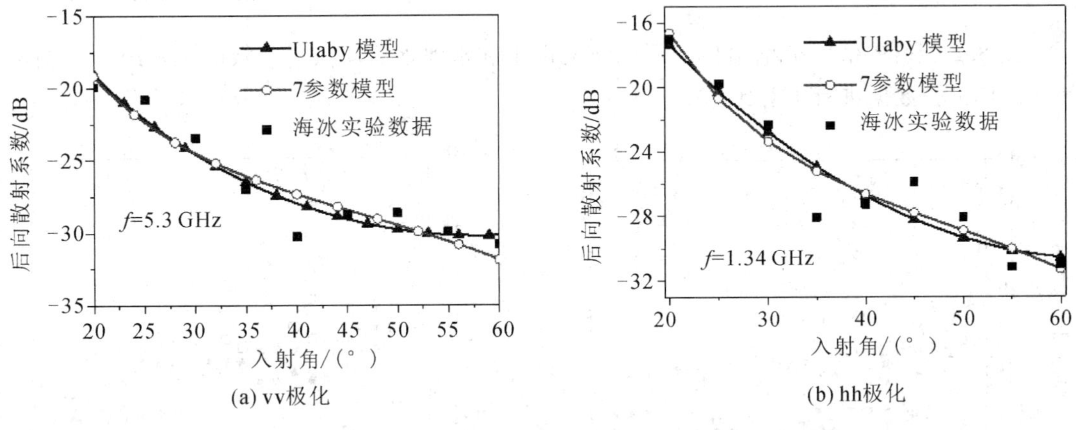

图 8.28　7 参数模型、Ulaby 模型与海冰后向电磁散射系数实验数据对比

L 波段 hh 极化的两种模型与实验数据都较为吻合。实验数据在 35°～45°的范围内有一定的起伏，但总体的趋势与工程统计模型还是一致的。C 波段 vv 极化的两种模型与实验数据也能较好地吻合。两种模型经验公式的结果非常接近。

8.4.2 多频段地表的后向电磁散射的工程统计模型

Ulaby 于 1980 年还提出了一种关于入射角 θ 和频率 f 的工程统计模型：

$$\sigma_{\mathrm{dB}}^{0}(\theta,\ f)=a_1+a_2\exp(a_3\theta)+[a_4+a_5\exp(-a_6\theta)]\exp[-(a_7+a_8\theta)f] \quad (8.168)$$

此模型待定参数多达八个，并且将入射波频率考虑在内，相比式(8.154)，此模型有所改进。但是这个模型的适用范围较为局限，只对植被的杂波模型较为适用。而且从其模型建立的数据量上来看，使用的数据也较少。

基于 L/S/X/Ku 波段的地表后向散射实验数据，结合理论模型，我们优化反演了地表的粗糙度参数和不同频率的介电常数。该 4 波段的中心频率分别为 1.34 GHz、3.2 GHz、10 GHz 和 16 GHz。在此基础上，建立的多频段地表的后向电磁散射工程统计模型为

$$\sigma_{\mathrm{dB}}^{0}(\theta)=Q_1+(Q_2-h_1 f)\lg(\cos\theta_i)+[Q_3-h_2(f-h_3)^2]\lg(\sin\theta_i)+h_4\lg f \quad (8.169)$$

其中，未知参数为 Q_1、Q_2、Q_3 和 h_1、h_2、h_3、h_4。表 8.12 给出了根据多频段地表后向散射系数实验数据获取的式(8.169)中的各待定参数。表中 R 为相关系数，rms 为统计均方根误差。

表 8.12 地表多频段面后向散射工程统计模型参数

地表类型	极化	Q_1	Q_2	Q_3	h_1	h_2	h_3	h_4	R	rms
裸土	hh	−33.59	8.71	−29.34	0.76	−0.111	0.85	15.92	0.92	3.80
	vv	−33.51	−10.12	−30.60	−0.45	−0.08	−0.93	16.60	0.92	3.70
水泥地	hh	−37.14	4.45	−26.64	0.874	0.10	9.43	13.04	0.96	2.94
	vv	−35.65	−15.05	−25.34	−0.95	0.07	11.67	14.33	0.96	2.88
沙地	hh	−21.13	31.58	−17.22	−0.62	0.09	5.04	4.13	0.94	3.99
	vv	−20.65	21.27	−18.65	−1.18	0.07	5.34	3.86	0.94	3.65

图 8.29 和图 8.30 分别给出了不同波段裸土和水泥地后向散射系数的工程统计模型预测，并与实验数据进行了对比。

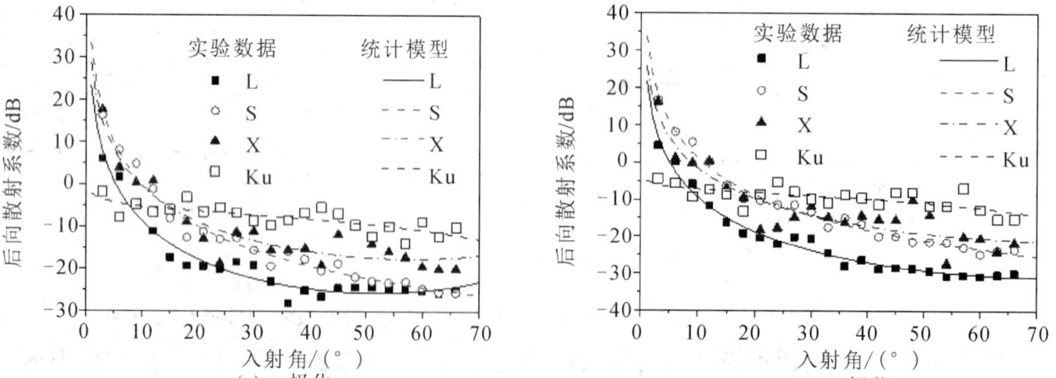

(a) vv极化　　(b) hh极化

图 8.29 不同波段裸土后向电磁散射系数工程统计模型预测

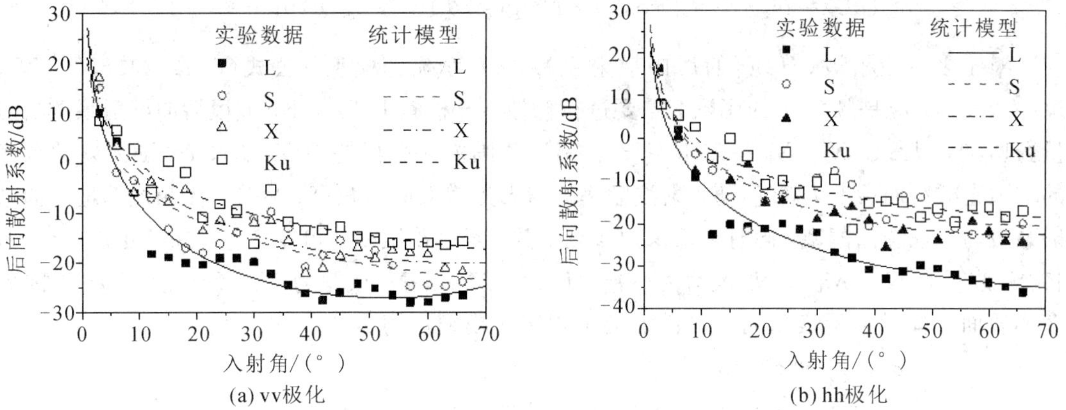

(a) vv极化　　(b) hh极化

图 8.30 不同波段水泥地后向电磁散射系数工程统计模型预测

图 8.29 表明，X 波段和 Ku 波段的地表实测数据存在较大振荡起伏，工程统计模型的预测值始终位于实测数据的中心线处，二者在整体趋势上保持一致。L 波段和 S 波段的实测数据随入射角变化较为平缓，其后向散射系数工程统计模型预测值与实验数据吻合良好。图 8.30 给出了 L/S/X/Ku 波段水泥地后向散射模型预测值与实测数据的对比结果，可以看出，在低频段下，水泥地散射模型的预测值与实测数据吻合良好，但在高频段下实测数据震荡剧烈，该模型与实测数据的大致趋势一致。地表面散射系数的工程统计模型可以在较宽波段范围内实现对地表后向散射系数的预测。

这里以植被为例，讨论体面复合后向散射系数的工程统计模型。其后向散射系数主要由四部分组成，即地面层散射 σ_{pq}^{g}、植被层散射回波 σ_{pq}^{c}、地面—植被层散射回波 σ_{pq}^{cg} 以及植被—地面层散射回波 σ_{pq}^{gc}，因此，地表总散射回波可以写为

$$\sigma_{pq}^{t}=\sigma_{pq}^{g}+\sigma_{pq}^{c}+\sigma_{pq}^{cg}+\sigma_{pq}^{gc} \tag{8.170}$$

其中

$$\sigma_{pq}^{g}=L_p(\theta_i)\sigma_{pq}^{s}(\theta_s,\ \phi_s;\ \pi-\theta_i,\ \phi_i)L_q(\theta_s) \tag{8.171}$$

$$\sigma_{pq}^{c}=4\pi P_{pq}(\theta_s,\ \phi_s;\ \pi-\theta_i,\ \phi_i)\frac{1-L_q(\theta_s)L_p(\theta_i)}{K_e(\theta_s)\sec\theta_s+K_e(\theta_i)\sec\theta_i} \tag{8.172}$$

$$\sigma_{pq}^{cg}=\sigma_{pq}^{gc}=d\sec\theta_i P_{pq}(\theta_i,\ \phi_i+\pi;\ \theta_i,\ \phi_i)\sigma_{cpp}^{c}L_p(\theta_i)L_q(\theta_s) \tag{8.173}$$

式(8.173)中 σ_{cpp}^{c} 为地面相干散射场，且有

$$L_p(\theta_i)=\exp[-K_e(\theta_i)d\sec\theta_i],\ L_q(\theta_s)=\exp[-K_e(\theta_s)d\sec\theta_s] \tag{8.174}$$

将植被层的各散射分量转化为分贝(dB)形式，即

$$\sigma_{pq}^{g}(\mathrm{dB})=[P_1+P_2\lg(\cos\theta_i)+P_3\lg(\sin\theta_i)]+P_4\lg\left[\exp\left(-\frac{P_5}{\cos\theta_i}\right)\right] \tag{8.175}$$

$$\sigma_{pq}^{c}(\mathrm{dB})=E_1+E_2\lg(\cos\theta_i) \tag{8.176}$$

$$\sigma_{pq}^{cg}(\mathrm{dB})=\sigma_{pq}^{gc}(\mathrm{dB})=F_1\lg\left(\frac{F_2}{\sin\theta_i}\right)+F_3\lg[\exp(-F_4\cos^2\theta_i)]+$$

$$F_5\lg\left[\exp\left(-\frac{F_6}{\cos\theta_i}\right)\right]+F_6\lg(\cos\theta_i) \tag{8.177}$$

因此，根据式(8.170)，其总后向散射系数工程统计模型可以简化为

$$\sigma_{pq}^{t}(\text{dB})=N_1+N_2\lg(\cos\theta_i)+N_3\lg(\sin\theta_i)+N_4\lg\left[\exp\left(-\frac{N_5}{\cos\theta_i}\right)\right] \tag{8.178}$$

对于多频段植被（草地）的后向散射系数的工程统计模型，公式(8.178)中 N_1、N_2、N_3、N_4、N_5 应是频率 f 的函数，需要进行修改。分析其 L/S/X/Ku 波段后向散射系数的测量数据，模型参数 N_1、N_4 在 1.34～13.5 GHz 范围内几乎保持不变，N_2、N_5 随入射波频率的增大先减小而后增大，N_3 随入射波频率的增大先增大而后减小。为获取多频段草地后向散射系数的工程统计模型，同时降低未知参数个数，经多次尝试，可令 N_1 保持不变，$N_4=10$，将 N_2 改写为 N_2-M_1f，N_3 改写为 $N_3-M_2(f-M_3)^2$，N_5 改写为 $N_5-M_4(f-M_5)^2$，因此多频段面一体散射地表后向电磁散射的工程统计模型可写为

$$\begin{aligned}\sigma_{pq}^{t}&=\sigma_{pq}^{g}+\sigma_{pq}^{c}+\sigma_{pq}^{cg}+\sigma_{pq}^{gc}\\&=N_1+(N_2-M_1\cdot f)\lg(\cos\theta_i)+[N_3-M_2(f-M_3)^2]\lg(\sin\theta_i)+\\&\quad 10\lg\left\{\exp\left[-\frac{(N_5-M_4(f-M_5)^2)}{\cos\theta_i}\right]\right\}\end{aligned} \tag{8.179}$$

其中，待定参数为 N_1、N_2、N_3、N_4、N_5、M_1、M_2、M_3、M_4、M_5。根据本章 8.3 节多频段草地后向散射系数的测量数据和介电参数与粗糙参数反演，优化拟合出的多频段后向散射系数的工程统计模型的待定参数由表 8.13 给出。

表 8.13　多频段面一体散射草地后向散射系数工程统计模型参数

参数	N_1	N_2	N_3	N_4	R	rms
hh	−15.53	44.91	8.843	−1.197	0.889	3.62
vv	−17.3	−44.33	36.27	−3.21	0.931	2.78
参数	M_1	M_2	M_3	M_4	M_5	
hh	−5.245	0.0502	29.14	−0.019	15.72	
vv	−7.576	−0.029	48.85	−0.016	19.3	

图 8.31 给出了三个频段典型频率的草地后向散射系数工程模型的预测值与实验数据，两者吻合良好，均方根误差小于 4 dB。

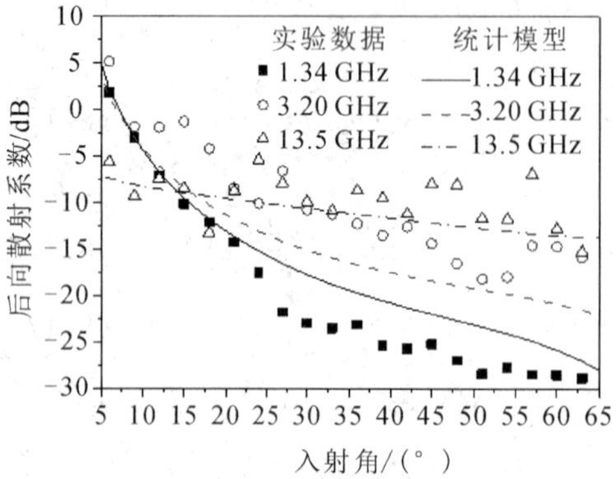

(a) hh极化

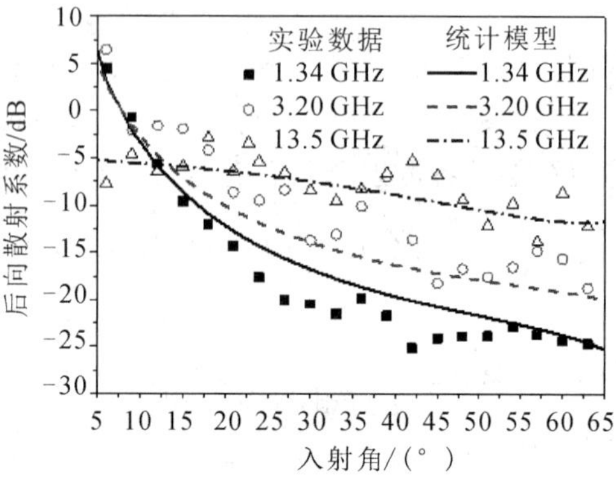

(b) vv极化

图 8.31　不同频段草地后向电磁散射系数工程统计模型预测

稍后将采用后向和双站电磁散射系数的工程统计模型与 Ulaby 提供的实验数据进行对比，表明其工程统计模型具有较宽的适用范围。针对不同地表的后向电磁散射系数，国内外建立了不同形式的工程统计模型。

8.4.3　地表面的双站电磁散射的工程统计模型

地表双站雷达散射回波的信息量大，在反隐身、反辐射、抗干扰，以及考虑各类地形地貌大区域的 SAR 成像等方面具有独特的优势。对各类地表双站雷达散射系数进行快速、精确的预测，具有重要的工程应用价值。

一般微波段地表双站散射的实测数据极其匮乏，可以利用多波段后向散射系数，反演不同地表的介电参数和粗糙度参数，结合 AIEM 方法，对不同类型地表电磁散射系数进行预测，建立地表双站散射系数数据库。在上述基础上可以建立不同地表的双站散射系数的工程统计模型(B－SCEM)如下：

$$\sigma_{\exp}(\text{dB})=10\lg\left\{\frac{P_1\cos^{P_2}\theta_s\cos^{P_3}\theta_i[P_4\sin\theta_i\sin\theta_s-\cos(\phi_s-\phi_i)]^2}{[P_5+P_6(\sin^2\theta_s+\sin^2\theta_i-2\sin\theta_s\sin\theta_i\cos(\phi_s-\phi_i))]^{P_7}}\right\} \tag{8.180}$$

该模型对于 hh 极化和 vv 极化同时适用。入射角 θ_i、散射角 θ_s、入射方位角 ϕ_i 以及散射方位角 ϕ_s 的单位为弧度，$P_i(i=1, 2, \cdots, 7)$为 7 个待定的未知参数。该经验模型中，P_1 为正数，P_2、P_3 调节菲涅尔反射系数对双站总散射回波的影响程度。一般常见的地表类型均满足指数谱分布，因此分母中 $\sin^2\theta_s+\sin^2\theta_i-2\sin\theta_s\sin\theta_i\cos(\phi_s-\phi_i)$为类指数谱形式，$P_7$ 的取值范围为 0～2。相比于 AIEM、SPM 和 KA 等电磁散射解析近似模型，该双站经验模型中除去了粗糙度参数、电磁参数以及无限求和项的影响，仅与角度 θ_i、θ_s、ϕ_i、ϕ_s 有关，因此其计算效率得到了大幅提升。

当散射平面和入射平面为同平面时，$\phi_s-\phi_i=0$，双站模型可以简化为

$$\sigma_{\exp\_\theta_i\theta_s}(\text{dB})=10\lg\left[\frac{P_1\cos^{P_2}\theta_s\cos^{P_3}\theta_i(P_4\sin\theta_i\sin\theta_s-1)^2}{(P_5+P_6\cdot(\sin\theta_s-\sin\theta_i)^2)^{P_7}}\right] \tag{8.181}$$

将式(8.181)的分子进一步简化，可以写为下述形式：

$$\sigma_{1\exp}(\text{dB})=10\lg\left[\frac{A_1\cos^{A_2}\theta_s\cos^{A_3}\theta_i}{(A_4+A_5\times(\sin\theta_s-\sin\theta_i)^2)^{A_6}}\right] \tag{8.182}$$

当入射角、入射方位角以及散射角固定时，模型仅与 $\phi_s-\phi_i$ 有关，因此有

$$\sigma_{2\exp}(\text{dB})=10\lg\left[\frac{B_1(B_2-\cos(\phi_s-\phi_i))^2}{(B_3+B_4\cos(\phi_s-\phi_i))^{B_5}}\right] \tag{8.183}$$

在后向散射方向上，即 $\theta_s=\theta_i$，$\phi_i=0$，$\phi_s=\pi$ 时，模型式(8.180)可以退化为

$$\sigma_{3\exp}(\text{dB})=10\lg\left[\frac{C_1\cos^{C_2}\theta_i}{(C_3+C_4\sin^2\theta_i)^{C_5}}\right] \tag{8.184}$$

根据多频段各类地表的后向散射系数的实验数据，结合 AIEM 模型，优化反演地表的介电常数和粗糙度参数，可获得不同极化地表双站电磁散射系数分布，利用它们拟合出的双站散射工程统计经验模型的参数值分别如表 8.14、表 8.15 和表 8.16 所示。

表 8.14　裸土表面 B-SCEM 经验模型参数

波段	极化	P_1	P_2	P_3	P_4	P_5	P_6	P_7	R	RMSE
L	hh	9.45	0.0017	1.43	−0.0003	1.6	84.05	1.53	0.912	2.14
	vv	25.90	0.107	2.178	1.232	1.98	189.14	1.52	0.934	2.60
S	hh	8.64	0.30	2.0	−0.009	0.11	46.13	1.21	0.910	2.45
	vv	88.15	−0.268	1.94	1.11	0.88	152.3	1.50	0.926	2.49
X	hh	2.2	0.33	1.8	−0.0075	0.098	27.60	0.90	0.913	3.61
	vv	46.18	−0.66	1.51	1.25	3.62	100.9	1.43	0.933	2.20
Ku	hh	4.39	0.30	1.80	−0.01	0.152	57.66	0.66	0.910	3.74
	vv	39.88	−0.0013	1.83	1.07	1.25	211.48	0.98	0.931	1.82

表 8.15　水泥地表面 B-SCEM 经验模型参数

波段	极化	P_1	P_2	P_3	P_4	P_5	P_6	P_7	R	RMSE
L	hh	5.45	0.0018	1.45	−0.0003	1.63	80.13	1.52	0.904	3.68
	vv	32.77	−0.02	2.13	1.11	1.51	244.31	1.53	0.921	1.79
S	hh	9.40	0.30	2.7	−0.010	0.047	43.03	1.33	0.918	3.41
	vv	71.04	−1.10	1.54	0.94	0.63	73.53	1.79	0.923	1.65
X	hh	2.50	0.30	2.0	−0.007	0.017	48.08	0.86	0.893	3.94
	vv	99.70	−0.33	1.78	1.22	0.81	233.26	1.44	0.912	2.29
Ku	hh	2.48	0.31	2.60	−0.001	0.088	25.00	0.84	0.863	3.20
	vv	96.77	−0.18	2.29	1.04	0.522	175.52	1.35	0.910	1.66

表 8.16　沙地表面 B-SCEM 经验模型参数

波段	极化	P_1	P_2	P_3	P_4	P_5	P_6	P_7	R	RMSE
L	hh	2.30	1.0	2.0	−1.0	0.71	158.12	0.80	0.913	3.61
	vv	63.70	−0.81	1.67	1.11	5.45	104.9	1.72	0.930	1.77
S	hh	29.45	0.0017	1.43	−0.0003	0.098	84.05	1.53	0.906	3.83
	vv	62.27	−0.19	2.12	1.11	0.89	151.07	1.42	0.926	1.88
X	hh	6.47	0.003	2.0	−0.0001	0.047	70.52	0.90	0.900	4.60
	vv	46.87	−0.52	1.37	1.39	1.53	99.85	1.66	0.928	1.94
Ku	hh	16.47	0.003	1.50	−0.0001	0.047	70.52	1.21	0.911	4.76
	vv	73.05	−0.93	1.44	1.24	2.55	66.26	1.75	0.922	1.80

在 L/S/X/Ku 波段下三种地表的 vv 极化情况是：其相关系数均大于 0.910，均方根误差均小于 2.60 dB；而对于 hh 极化，其相关系数均大于 0.860，均方根误差均小于 4.60 dB。通过回归系数 R 和均方根误差 RMSE 的值可以看出，B－SCEM 经验模型对双站散射回波的预测值与数据吻合良好。同时经观察发现，B－SCEM 模型预测较差的点均出现在 $\phi_s=90°$ 的散射方向附近，这些点接近于雷达散射计的最小可探测值，因此这里忽略了它们。

这里选取了 Ulaby 研究团队提供的 35 GHz 裸土双站散射系数的实测数据与 B－SCEM 模型进行对比验证。若入射波和散射波位于同一平面，如式(8.182)所示，则 B－SCEM 双站经验模型中未知参数的个数可以由原来的 7 个简化为 6 个。如图 8.32(a)所示，B－SCEM 工程统计模型对双站散射回波的预测值与实测数据吻合良好。hh 极化情况下，未知参数 A_1，A_2，A_3，A_4，A_5，A_6 的反演结果分别为 106.88，－5.44，－0.31，63.02，264.86 和 1.47，其均方根误差为 0.69 dB；而在 vv 极化情况下，上述未知参数分别为 102.60，4.28，0.45，56.52，298.37 和 1.35，其均方根误差为 0.60 dB。

对于入射波和散射波异面的情况，选取 Ulaby 团队提供的 35 GHz 沙地的双站散射系数的实测数据对 B－SCEM 经验模型(8.180)进行建模。优化反演模型待定参数，得到 vv 极化下 $P_i(i=1, 2, \cdots, 7)$及 R 和 RMSE 参数的值分别为 99.29，－5.64，8.16，0.85，0.008，101.34，0.87，0.07 和 1.73，反演的均方根误差为 4.46 dB。而在 hh 极化下，待定参数值分别为 85.10，－9.28，7.29，0.87，－0.21，206.85，1.57，－0.89 和 2.40，均方根误差为 4.18 dB。如图 8.32(b)所示，可以看出 B－SCEM 双站散射模型对沙地双站散射回波的预测值与实测数据吻合良好。

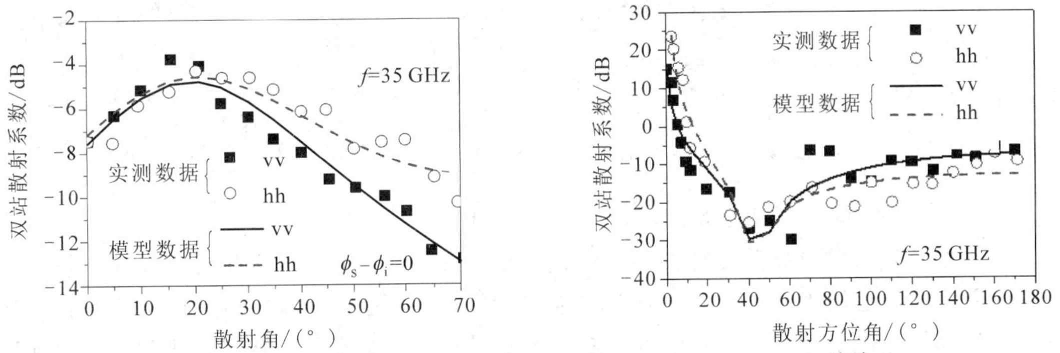

(a) 裸土　　(b) 沙地

图 8.32　B－SCEM 模型与实测数据对比

令 $\theta_s=\theta_i$，$\phi_i=0$，$\phi_s=\pi$，上述双站经验模型退化为后向散射情况。这里采用 B－SCEM 双站散射模型对地表的后向散射回波进行预测，并与实测数据进行对比分析。L 波段和 S 波段裸土后向散射回波的预测值与实测数据的对比结果如图 8.33 所示，其中 L 波段下 hh 极化和 vv 极化的裸土后向散射回波预测值与实测数据的均方根误差分别为 2.67 dB 和 3.33 dB，而 S 波段下 hh 极化和 vv 极化的预测结果与实测数据的均方根误差分别为 2.34 dB 和 3.57 dB。同理，图 8.34 给出了 X 波段和 Ku 波段水泥地表的后向散射系数预测情况。对于 X 波段，hh 极化和 vv 极化后向散射回波预测值与实测数据的均方根误差分别为 4.78 dB 和 3.62 dB；而在 Ku 波段下，均方根误差分别为 3.66 dB 和 4.61 dB。从各图中可以看出，基于 B－SCEM 模型对不同频段地表的后向系数预测值与实测数据变化趋势保持一致，二者吻合良好，从而进一步证明了 B－SCEM 双站散射经验模型的有效性。

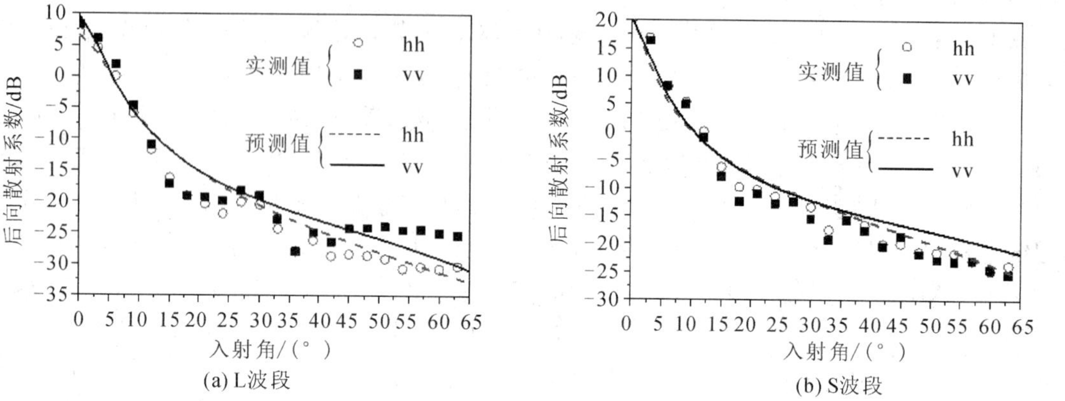

图 8.33　裸土 B－SCEM 模型后向散射系数预测值与实测数据对比

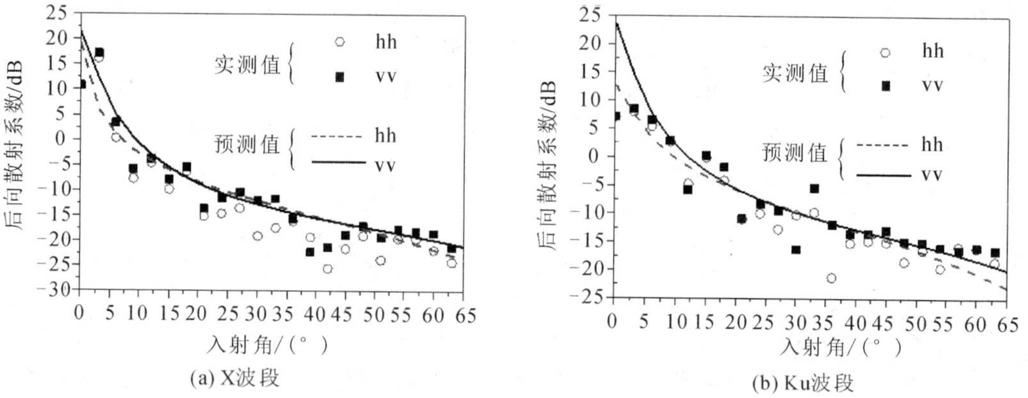

图 8.34　水泥地 B－SCEM 模型后向散射系数预测值与实测数据对比

由于各类地表的电磁散射特性不仅依赖于地表多组元结构、粗糙度参数、含水量及植被的长势，而且还依赖于电磁波的频率与极化特征，因此根据单双站电磁散射系数角分布的测量数据，优化拟合建立工程模型的参数也不尽相同。随着人工智能在雷达探测、遥感方面的应用与发展，可以将上述各种地表参数与雷达参数作为输入矢量，根据深度学习方法，对数据库进行聚类分析，利用多层网络模型，可以建立更为普适的工程统计模型。

8.5　海面的电磁散射

8.5.1　海面电磁散射的传统双尺度方法

双尺度法是在 Kirchhoff 近似和微扰法的基础上发展起来的。对于海面，海浪的波高一般能达到数英尺，并且在大的波浪上面还覆盖着小的风浪和毛细波，即海面由大尺度的重力波和小尺度的张力波组成，因而可将它简化为仅含有两种尺度粗糙度的表面：一种比入射波长大，一种比入射波长小，而小尺度粗糙度是按照表面大尺度粗糙度的斜率分布来倾斜的。当入射角 $\theta_i<30°$时，表面的散射特性由大尺度粗糙度所支配；当 $\theta_i>30°$时，散射特性由小尺度粗糙度所支配。这样可以用微扰理论的一阶近似来计算小尺度粗糙度的散射系数，然后通过对大尺度的斜率分布求集平均的方法来考虑海面的倾斜效应，这就是所谓的双尺度法。设入射面位于 $x-z$ 平面中，则后向散射系数为

$$\sigma_{hh}^{0}(\theta_i)=\int_{-\infty}^{\infty}\int_{-\cot\theta_i}^{\infty}(\hat{\boldsymbol{h}}\cdot\hat{\boldsymbol{h}}')^4\sigma_{hh}(\theta_i')(1+z_x\tan\theta_i)P(z_x,z_y)\mathrm{d}z_x\mathrm{d}z_y \tag{8.185}$$

$$\sigma_{vv}^{0}(\theta_i)=\int_{-\infty}^{\infty}\int_{-\cot\theta_i}^{\infty}(\hat{\boldsymbol{v}}\cdot\hat{\boldsymbol{v}}')^4\sigma_{vv}(\theta_i')(1+z_x\tan\theta_i)P(z_x,z_y)\mathrm{d}z_x\mathrm{d}z_y \tag{8.186}$$

式中：$\sigma_{hh}^{0}(\theta_i)$和 $\sigma_{vv}^{0}(\theta_i)$表示不同极化状态下的后向散射系数，其第一个下标表示接收极化，第二个下标表示发射极化。在本节中，如无特别说明，发射与接收均为同极化，即水平极化指发射与接收均为水平极化，垂直极化类似；$\hat{\boldsymbol{h}}$、$\hat{\boldsymbol{v}}$，$\hat{\boldsymbol{h}}'$、$\hat{\boldsymbol{v}}'$分别是基准坐标系和本地坐标系中的单位水平极化矢量和垂直极化矢量；θ_i、θ_i' 分别是入射角和本地入射角；z_x 和 z_y 分别表示粗糙面在 x 方向和 y 方向的斜率；$P(z_x,z_y)$是大尺度粗糙度在 x 方向和 y 方向的斜率服从的联合概率密度函数，它乘以$(1+z_x\tan\theta_i)$项表示从入射方向看斜率 z_x 和 z_y 服从的联合概率密度函数。对 x 方向的斜率 z_x 的积分是从 $-\cot\theta_i$ 至$+\infty$，这是考虑到了粗糙面的自遮挡效应。$\sigma_{hh}(\theta'_i)$和 $\sigma_{vv}(\theta'_i)$分别是水平极化和垂直极化时表面小尺度粗糙度引起的后向散射系数，可用微扰法求得，其表示式为

$$\sigma_{hh}(\theta_i')=8k_i^4\cos^2\theta_i'\,|\alpha_{hh}|^2W(2k_i\sin\theta_i',0) \tag{8.187}$$

$$\sigma_{vv}(\theta_i')=8k_i^4\cos^2\theta_i'\,|\alpha_{vv}|^2W(2k_i\sin\theta_i',0) \tag{8.188}$$

式中，k_i 是入射波的波数，α_{hh}和 α_{vv}分别代表水平和垂直极化下的极化幅度，$W(k_x,k_y)$为二维海谱。

8.5.2 小擦地角海面的电磁散射修正双尺度法

1. 遮挡修正

在大入射角或掠入射情况下，海面入射遮蔽和散射遮蔽明显，而传统双尺度模型只考虑了自遮挡效应，忽略了面元间的相互遮挡。Bourlier 等人给出了各向异性二维粗糙海面的后向散射的遮蔽函数。在不考虑粗糙面斜率和高度分布相关性的条件下，二维粗糙面后向散射的遮蔽函数通常可以表示为

$$S(v)=\Lambda'\times\frac{1}{\Lambda+1} \tag{8.189}$$

其中，$\Lambda'=1-\mathrm{erfc}(v)/2$，$v=\mu/(\sqrt{2}\sigma_x)$，$\mu=\cot\theta_i$，$\Lambda=[\exp(-v^2)-v\sqrt{\pi}\,\mathrm{erfc}(v)]/(2v\sqrt{\pi})$，$\sigma_x^2=\alpha+\varepsilon\cos(2\phi)$，$\alpha=(\sigma_u^2+\sigma_c^2)/2$，$\varepsilon=(\sigma_u^2-\sigma_c^2)/2$，$\sigma_u^2=3.16\times10^{-3}U_{12.5}$，$\sigma_c^2=0.003+1.92\times10^{-3}U_{12.5}$，$\mathrm{erfc}(v)=1-\mathrm{erf}(v)$为余误差函数。考虑遮蔽修正后的后向散射系数的公式如下：

$$\sigma_{hh}^{0s}(\theta_i)=S(v)\int_{-\infty}^{\infty}\int_{-\infty}^{\infty}(\hat{\boldsymbol{h}}\cdot\hat{\boldsymbol{h}}')^4\sigma_{hh}(\theta_i')(1+z_x\tan\theta_i)\cdot P(z_x,z_y)\mathrm{d}z_x\mathrm{d}z_y \tag{8.190}$$

$$\sigma_{vv}^{0s}(\theta_i)=S(v)\int_{-\infty}^{\infty}\int_{-\infty}^{\infty}(\hat{\boldsymbol{v}}\cdot\hat{\boldsymbol{v}}')^4\sigma_{vv}(\theta_i')(1+z_x\tan\theta_i)\cdot P(z_x,z_y)\mathrm{d}z_x\mathrm{d}z_y \tag{8.191}$$

对于某一观察方向(θ,ϕ)，定义一个新的坐标系，z'轴沿视线方向并指向观察者，$x'oy'$平

面与视线方向垂直，y'取为原基准坐标系的 z 在 $x'oy'$平面内的投影，这样可保持形体的直立。新旧坐标系的具体变换关系为

$$\begin{cases}\hat{\boldsymbol{x}}'=-\sin\phi\hat{\boldsymbol{x}}+\cos\phi\hat{\boldsymbol{y}}\\ \hat{\boldsymbol{y}}'=-\cos\theta\cos\phi\hat{\boldsymbol{x}}-\cos\theta\sin\phi\hat{\boldsymbol{y}}+\sin\theta\hat{\boldsymbol{z}}\\ \hat{\boldsymbol{z}}'=\sin\theta\cos\phi\hat{\boldsymbol{x}}+\sin\theta\sin\phi\hat{\boldsymbol{y}}+\cos\theta\hat{\boldsymbol{z}}\end{cases} \tag{8.192}$$

当把海面上各点在基准坐标系中的坐标变换到新坐标系中后，各点 z'值的大小就表示该点距观察者的远近。若只考虑 x'、y'两个坐标分量，相当于把海面投影到 $x'oy'$平面上，这就是平行投影。将投影面 $x'oy'$划分成许多均匀大小的像素，为了达到一定的精确度，像素的个数应远大于海面划分的面元数。当两个面元出现遮挡时，它们在投影面上的投影会出现重叠，求出重叠的部分所占的像素的个数，即可得出两个面元相互遮挡的面积，并且根据两个面元的 z'坐标值的大小可以判断出面元是遮挡了其他面元还是被遮挡了。最后将每一面元未被遮住的面积相加后除以所有面元的总面积，即为该观察方向下的遮蔽函数。

图 8.35 给出了遮蔽函数的大小随风速变化的情况。从图中可以看出，风速越大，同一入射角情况下的遮蔽函数幅值越小，也就是说随着风速的增大，海面的粗糙度也增大，因此遮蔽效应也就越明显。

图 8.36 给出了不同入射角度时后向散射方向遮蔽函数的大小随风向变化的情况。从图中可以看出，随着风向角度的变化，遮蔽函数的大小也是起伏变化的。图中 90°和 270°为侧风方向，其后向散射方向的遮蔽函数幅值出现峰值，比其他角度入射时的幅值大，遮挡效应较弱；而图中 0°和 360°及 180°方向上(即逆风及顺风情况)遮蔽函数的幅值出现低谷，比其他角度入射的幅值小，遮挡效应较强。这主要是因为在顺风或逆风探测时，海面的粗糙度比侧风时要大。

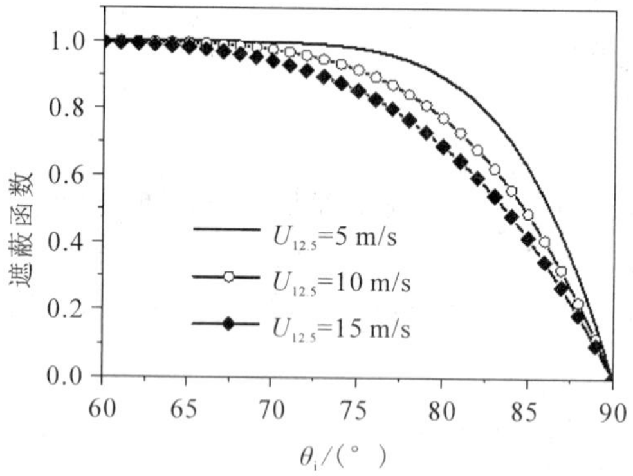

图 8.35 遮蔽函数和风速的关系

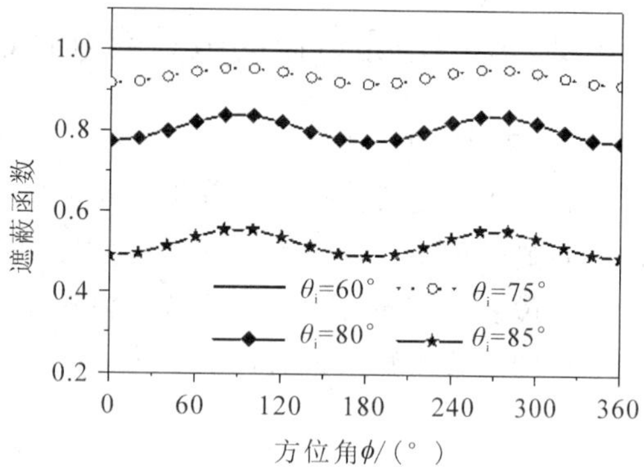

图 8.36 遮蔽函数随风向变化的情况

2. 曲率修正

在式(8.185)和式(8.186)中，对大尺度粗糙度采用的是 Kirchhoff 切平面近似，它忽略了入射波在表面上的绕射效应，这要求表面的大尺度成分起伏变化比较缓慢，用数学表达式表示即 $k_i R\cos^3\theta_i \gg 1$，式中 $k_i=2\pi/\lambda$ 是入射波波数，R 是表面大尺度成分的均方根曲率半径，θ_i 是入射角。根据这个限制，对于海面来说，只有在入射角 $\theta_i<70°$时，Kirchhoff 切平面近似才有效，而在 $\theta_i>70°$，即在掠入射情况下，组成海面的大尺度成分的面元就不

能再被看作平面，而应当按曲面来处理，即不仅要考虑大尺度的斜率对散射波的影响，也要将它的曲率的调制作用考虑进去。

Voronovich 计算了半径为 R 的表面有微起伏的圆柱面的电磁散射。设入射波波数为 k_i，入射角为 θ_i，则后向散射系数为

$$\sigma_{hh}(\theta_i)=c_{hh}(\theta_i, k_iR)[\sigma_{hh}(\theta_i)]_{R=\infty} \tag{8.193}$$

$$\sigma_{vv}(\theta_i)=c_{vv}(\theta_i, k_iR)[\sigma_{vv}(\theta_i)]_{R=\infty} \tag{8.194}$$

式中：$[\sigma_{hh}(\theta_i)]_{R=\infty}$ 和 $[\sigma_{vv}(\theta_i)]_{R=\infty}$ 是不考虑曲率的微扰法的结果，$c_{hh}(\theta_i, k_iR)$ 和 $c_{vv}(\theta_i, k_iR)$ 分别为水平和垂直极化下的曲率修正因子，表示为

$$c_{hh}(\theta_i, k_iR)=\frac{\left|\sqrt{\varepsilon_2-\varepsilon_1\sin^2\theta_i}+\sqrt{\varepsilon_1}\cos\theta_i\right|^4}{\left|\sqrt{\varepsilon_2-\varepsilon_1\sin^2\theta_i}A^*+\sqrt{\varepsilon_1}\cos\theta_i B^*\right|^4} \tag{8.195}$$

$$c_{vv}(\theta_i, k_iR)=\frac{\left|\varepsilon_1\sqrt{\varepsilon_2-\varepsilon_1\sin^2\theta_i}+\varepsilon_2\sqrt{\varepsilon_1}\cos\theta_i\right|^4}{\left|\varepsilon_1\sqrt{\varepsilon_2-\varepsilon_1\sin^2\theta_i}A^*+\varepsilon_2\sqrt{\varepsilon_1}\cos\theta_i B^*\right|^4} \tag{8.196}$$

其中

$$A^*=\sqrt{\frac{\pi t}{2}}H_{1/3}^{(1)}(t)\exp\left(-\mathrm{i}t+\mathrm{i}\frac{5\pi}{12}\right), \quad t=\frac{1}{3}k_i\sqrt{\varepsilon_1}R\frac{\cos^3\theta_i}{\sin^2\theta_i} \tag{8.197}$$

$$B^*=-\frac{\mathrm{i}}{3\sin^2\theta_i}\sqrt{\frac{\pi}{2t}}[(1-3\mathrm{i}t\cos^2\theta_i)H_{1/3}^{(1)}(t)+3tH_{1/3}^{(1)\prime}(t)]\exp\left(-\mathrm{i}t+\mathrm{i}\frac{5\pi}{12}\right) \tag{8.198}$$

$H_{1/3}^{(1)}(t)$ 是第一类 1/3 阶 Hankel 函数。

图 8.37 给出了不同曲率半径下，曲率修正因子 $c_{hh}(\theta_i, k_iR)$ 和 $c_{vv}(\theta_i, k_iR)$ 随入射角变化的曲线。从图中可以看出，曲率效应只在大入射角下才出现，并且曲率半径越小，曲率效应越显著，而且水平极化下的曲率修正因子比垂直极化下的要大。

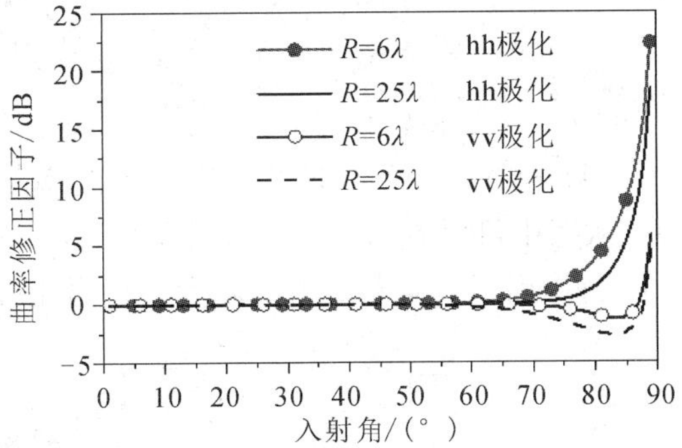

图 8.37　曲率修正因子随入射角变化

对于二维粗糙海面，沿着风向上的粗糙度比垂直于风向上的粗糙度要大，因此可近似只考虑沿着风向上的大尺度粗糙度的曲率对散射回波的影响。假设风向沿 x 方向，这时式(8.185)和式(8.186)可修正为

$$\sigma_{hh}^0(\theta_i)=c_{hh}(R_x)\int_{-\cot\theta_i}^{\infty}\int_{-\infty}^{\infty}(\hat{\boldsymbol{h}}\cdot\hat{\boldsymbol{h}}')^4\sigma_{hh}(\theta_i')(1+z_x\tan\theta_i)\cdot P(z_x, z_y)\mathrm{d}z_x\mathrm{d}z_y \tag{8.199}$$

$$\sigma_{vv}^0(\theta_i)=c_{vv}(R_x)\int_{-\cot\theta_i}^{\infty}\int_{-\infty}^{\infty}(\hat{\boldsymbol{v}}\cdot\hat{\boldsymbol{v}}')^4\sigma_{vv}(\theta_i')(1+z_x\tan\theta_i)\cdot P(z_x, z_y)\mathrm{d}z_x\mathrm{d}z_y \tag{8.200}$$

其中的曲率半径 R_x 可通过下式计算：

$$R_x^2 = \iint W(k_x, k_y) k_x^4 \mathrm{d}k_x \mathrm{d}k_y \tag{8.201}$$

式中，$W(k_x, k_y)$是二维海谱。

图 8.38 所示是随着风速的变化，考虑曲率修正后的双尺度后向散射系数与传统双尺度后向散射系数的比较。图中给出的是频率 f=13.9 GHz，海水的介电常数为 43.18+36.95i，入射角为 85°时，逆风情况下 hh 和 vv 两种极化的后向散射系数。从图中可以看出，曲率的修正对于 hh 和 vv 极化的影响有所不同。hh 极化时，曲率的修正因子使得后向散射系数曲线整体上移，后向散射系数增强，后向散射系数曲线的斜率因此变小，即在风速比较小时，曲率修正因子对于散射的贡献比较明显，而随着风速的增加，这一参数的贡献越来越趋于微小。对于 vv 极化，曲率因子的修正使得曲线整体向下平移，曲线斜率没有明显变化。同样的曲率修正因子，对 hh、vv 两种极化的贡献有很大差异，体现了不同极化的异性特点，说明了极化之间的不同特征。

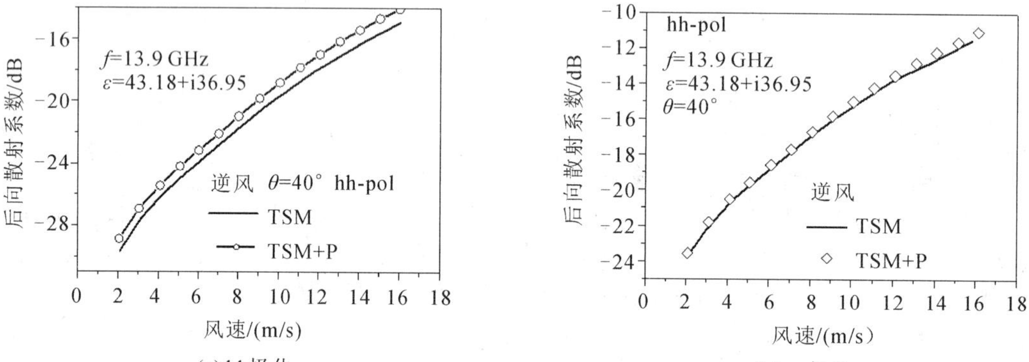

(a) hh极化　　(b) vv极化

图 8.38　曲率效应对后向散射系数的影响

图 8.39 给出了传统的双尺度法的计算结果及分别考虑曲率效应、遮挡效应和同时考虑两者效应情况下的结果。从图中可以看出，在大入射角情况下，无论是水平极化还是垂直极化，当考虑了曲率的调制作用后，随入射角的增大后向散射系数下降得要缓慢一些。

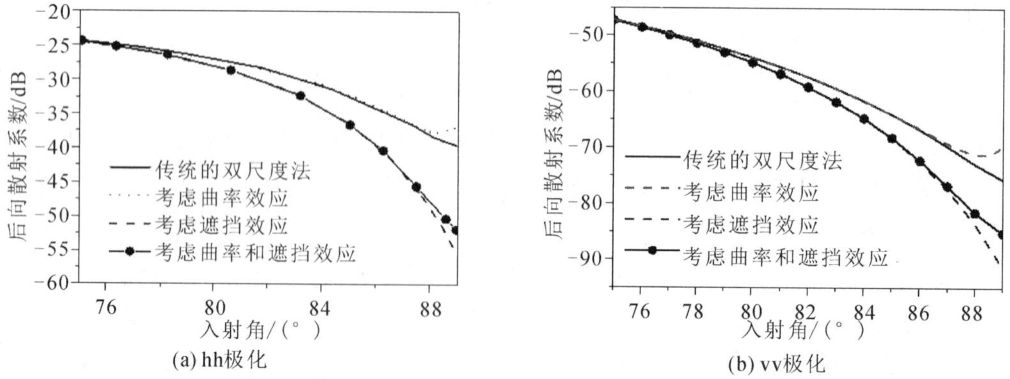

(a) hh极化　　(b) vv极化

图 8.39　掠入射下后向散射系数随入射角变化(f=14 GHz)

这是因为将曲率考虑进去后，大尺度粗糙度不再是由一个个小平面组成的，而被看成是许多小曲面的组合，因而绕射作用也被考虑进去，使得后向散射系数增大。相反，对原始结果考虑遮挡效应后，大入射角下的散射系数值减小，总的效应是随着入射角的增大，后向散射系数下降得要快一些。

3. 对斜率联合概率密度的修正

从入射方向看的倾斜概率密度函数和从垂直方向看的概率密度函数 $P(z_x', z_y')$ 相关，表示为

$$P_\theta(z_x', z_y') = (1 + z_x \tan\theta) P(z_x', z_y') \tag{8.202}$$

即，当以 $P(z_x', z_y')$ 计算出的平均斜率为零时，在正常情况下，以 $P_\theta(z_x', z_y')$ 计算出的平均斜率不为零。Cox 和 Munk 提出：

$$P(z_u, z_c) = \frac{F(z_u, z_c)}{2\pi\sigma_{su}\sigma_{sc}} \exp\left(-\frac{z_u^2}{2\sigma_{su}^2} - \frac{z_c^2}{2\sigma_{sc}^2}\right) \tag{8.203}$$

$$\begin{aligned} F(z_u, z_c) = {} & 1 - \frac{c_{21}}{2}(\Gamma_c^2 - 1)\Gamma_u - \frac{c_{03}}{6}(\Gamma_u^2 - 3)\Gamma_u + \\ & \frac{c_{22}}{4} \cdot (\Gamma_u^2 - 1)(\Gamma_c^2 - 1) + \frac{c_{40}}{24}(\Gamma_c^4 - 6\Gamma_c^2 + 3) + \frac{c_{04}}{24}(\Gamma_u^4 - 6\Gamma_u^2 + 3) \end{aligned} \tag{8.204}$$

在 Cox 和 Munk 的计算过程中，没有表现大尺度与小尺度粗糙海面的斜率方差 σ_c^2 和 σ_u^2 所体现出的不同，这是因为双尺度理论只应用于大尺度斜率分布，就是说必须把小尺度粗糙面所作的贡献转换到 σ_c^2 和 σ_u^2 上去。为了得到这样一个结果，就要用到 Cox - Munk 的光滑的海面模型：

$$\Gamma_{u,c} = \frac{z_{u,c}}{\sigma_{su,sc}}, \quad \begin{cases} \sigma_{su}^2 = (3.16U_{12.5} \pm 4)10^{-3} \\ \sigma_{sc}^2 = (1.92U_{12.5} + 3 \pm 4)10^{-3} \end{cases} \tag{8.205}$$

$$\begin{cases} c_{21} = (0.86U_{12.5} - 1 \pm 3)10^{-2} \geqslant 0 \\ c_{03} = (3.3U_{12.5} - 4 \pm 12)10^{-2} \geqslant 0 \end{cases}, \quad \begin{cases} c_{04} = 0.23 \pm 0.41 \\ c_{40} = 0.40 \pm 0.23 \\ c_{22} = 0.12 \pm 0.06 \end{cases} \tag{8.206}$$

表达式(8.205)中，σ_{su}^2 和 σ_{sc}^2 分别是海面逆风向和侧风向时的斜率方差。$U_{12.5}$ 为海拔 12.5 m 处的风速。基本坐标系中的斜率和局部坐标系中的斜率之间存在下面的关系：

$$z_u = -z_x\cos\phi - z_y\sin\phi, \quad z_c = -z_y\cos\phi + z_x\sin\phi \tag{8.207}$$

以上讨论表明，Cox - Munk 的光滑海平面模型不能体现高频波的斜率的影响。理论上，区分高频波和低频波依赖于电磁波的频率，然而在没有可靠的信息来源的情况下，我们可以认为 Cox 和 Munk 提出的海面模型可以提供满意的模拟结果。由于 Cox - Munk 斜率分布模型包括大尺度和小尺度的整个粗糙面的斜率分布密度函数，因此在应用双尺度模型求解海面的电磁散射过程中，对于大尺度部分而言，其斜率分布不再是式(8.205)所给的结果，必须对其进行修正。通过式(8.205)可以看出影响斜率分布的核心物理量是斜率方差，这样就可以应用大尺度部分在逆风向和侧风向上的斜率方差方法代替整个粗糙面上的斜率方差方法对式(8.205)进行修正。大尺度粗糙面部分的不同方向上的斜率方差可以通过以下关系式求得，即

$$\sigma_{\mathrm{sul\,arge}}^2 = \int_0^{K_L}\int_0^{2\pi} (K\cos\Theta)^2 S(K, \Theta)\,\mathrm{d}K\,\mathrm{d}\Theta \tag{8.208}$$

$$\sigma_{\text{scl arge}}^2 = \int_0^{K_L}\int_0^{2\pi}(K\sin\Theta)^2 S(K, \Theta)\mathrm{d}K\mathrm{d}\Theta \tag{8.209}$$

这样，对于求解散射系数的积分式(8.185)和式(8.186)而言，斜率分布函数中逆风向和侧风向的斜率方差应当由式(8.208)和式(8.209)确定。综上，下面的后向散射系数公式赋予了 $P(z_x, z_y)$ 新的含义：

$$\sigma_{\text{hh}}^{0\text{s}}(\theta_\text{i}) = \int_{-\infty}^{\infty}\int_{-\infty}^{\infty}(\hat{\boldsymbol{h}}\cdot\hat{\boldsymbol{h}}')^4\cdot[\sigma_{\text{hh}}(\theta_\text{i}')]_{R=\infty}\cdot(1+z_x\tan\theta_\text{i})\cdot P(z_x, z_y)\mathrm{d}z_x\mathrm{d}z_y \tag{8.210}$$

$$\sigma_{\text{vv}}^{0\text{s}}(\theta_\text{i}) = \int_{-\infty}^{\infty}\int_{-\infty}^{\infty}(\hat{\boldsymbol{v}}\cdot\hat{\boldsymbol{v}}')^4\cdot[\sigma_{\text{vv}}(\theta_\text{i}')]_{R=\infty}\cdot(1+z_x\tan\theta_\text{i})\cdot P(z_x, z_y)\mathrm{d}z_x\mathrm{d}z_y \tag{8.211}$$

4. 海浪水平及垂直方向上的不对称性修正

除了曲率这个影响因素外，顺风、逆风、侧风三种情况的不同，也会影响后向散射系数的分布，即产生顺风和逆风方向上的不对称性。这是由海浪水平及垂直方向上的不对称性引起的。经典的双尺度模型主要基于高斯分布粗糙面的电磁散射，计算公式中只包含粗糙面的表面轮廓谱，并不包含高阶统计特征和高阶谱，因此并不能解释后向散射在顺风和逆风方向上的不对称性。可以在粗糙面电磁散射积分方程法的基础上，假设在海浪小尺度部分的高度起伏方根很小的条件下，给出包含双谱的非高斯微粗糙面散射系数的附加修正项为如下形式：

$$\sigma_{pp}^{2\text{s}}(\theta_\text{i}') = -k_\text{i}^5\cos^3\theta_\text{i}' B_\text{a}(2k_\text{i}\sin\theta_\text{i}', \phi)\cdot[4|f_{pp}|^2 + 1.5\text{Re}(f_{pp}\cdot F_{pp}) + 0.125|F_{pp}|^2] \tag{8.212}$$

此修正项与非高斯海面的双谱函数成正比。其中下标 p 代表了水平极化 h 或垂直极化 v 的状态，而

$$f_{\text{vv}} = \frac{2R_{\text{vv}}}{\cos\theta_\text{i}'}, \quad f_{\text{hh}} = \frac{-2R_{\text{hh}}}{\cos\theta_\text{i}'} \tag{8.213}$$

$$\begin{cases} F_{\text{vv}} = \dfrac{2\sin^2\theta_\text{i}'}{\cos\theta_\text{i}'}\cdot\left[\left(1-\dfrac{\varepsilon_\text{r}\cos^2\theta_\text{i}'}{\varepsilon_\text{r}-\sin^2\theta_\text{i}'}\right)(1-R_{\text{vv}})^2 + \left(1-\dfrac{1}{\varepsilon_\text{r}}\right)(1+R_{\text{vv}})^2\right] \\ F_{\text{hh}} = \dfrac{2\sin^2\theta_\text{i}'}{\cos\theta_\text{i}}\left[4R_{\text{vv}} - \left(1-\dfrac{1}{\varepsilon_\text{r}}\right)(1+R_{\text{hh}})^2\right] \end{cases} \tag{8.214}$$

其中，R_{hh}、R_{vv} 分别为 hh 极化和 vv 极化下粗糙面的 Fresnel 反射系数，ε_r 为粗糙海面的相对介电常数。由于反映海浪上下不对称性的双谱的实部对散射场的影响很小，因此式(8.214)只包含反映水平倾斜效应的双谱的虚部 $B_\text{a}(2k_\text{i}\sin\theta_\text{i}', \phi)$，它可以表示为

$$B_\text{a}(\theta_\text{i}', \phi) = -2k_\text{i}s_0^6[6-(2k_\text{i}\sin\theta_\text{i}')^2 s_0^2\cos^2\phi]\cdot\frac{\sin\theta_\text{i}'\cos\phi}{16}\exp\left[-\frac{(2k_\text{i}\sin\theta_\text{i}')^2 s_0^2}{4}\right] \tag{8.215}$$

其中 s_0 是双谱函数的相关距离，可由下式确定：

$$s_0 = \zeta\xi\frac{\sigma_R}{(U_{12.5}-A/B)^{1/3}U_{12.5}^{1/2}} \tag{8.216}$$

其中 $\sigma_R = \delta/k_\text{i}$，$\delta = 0.205\lg u_* - 0.001\,25$，$u_*$ 指摩擦风速，$\xi = (6/B)^{1/3}/\sqrt{0.5C} = 103.5$，$A = 5.0\times10^{-2}$，$B = 42\times10^{-3}$，$C = 5.1\times10^{-3}$，$U_{12.5}$ 是海上 12.5 m 高度处的风速，ζ 是与

风速和入射波频率相关的变量因子。因此对于非高斯海面而言，应用$[\sigma_{hh}^{1s}(\theta_i')+\sigma_{hh}^{2s}(\theta_i')]$和$[\sigma_{vv}^{1s}(\theta_i')+\sigma_{vv}^{2s}(\theta_i')]$分别代替式(8.210)和式(8.211)中的一阶微扰散射系数$\sigma_{hh}^{1s}(\theta_i')$与$\sigma_{vv}^{1s}(\theta_i')$是合理的。综上，后向散射系数公式可修正为

$$\sigma_{hh}^{0s}(\theta_i)=\int_{-\infty}^{\infty}\int_{-\infty}^{\infty}(\hat{\boldsymbol{h}}\cdot\hat{\boldsymbol{h}}')^4\cdot[\sigma_{hh}^{1s}(\theta_i')+\sigma_{hh}^{2s}(\theta_i')]_{R=\infty}\cdot(1+z_x\tan\theta_i)\cdot P(z_x,z_y)\mathrm{d}z_x\mathrm{d}z_y \tag{8.217}$$

$$\sigma_{vv}^{0s}(\theta_i)=\int_{-\infty}^{\infty}\int_{-\infty}^{\infty}(\hat{\boldsymbol{v}}\cdot\hat{\boldsymbol{v}}')^4\cdot[\sigma_{vv}^{1s}(\theta_i')+\sigma_{vv}^{2s}(\theta_i')]_{R=\infty}\cdot(1+z_x\tan\theta_i)\cdot P(z_x,z_y)\mathrm{d}z_x\mathrm{d}z_y \tag{8.218}$$

图 8.40 所示是非高斯各向异性海面，随着风速的变化，考虑对斜率联合概率密度函数修正后的双尺度后向散射系数与传统双尺度后向散射系数的比较。图中给出了频率取 13.9 GHz，海水的介电常数为 43.18+36.95i，入射角为 40°时，逆风情况下 hh 和 vv 两种极化的后向散射系数。由图可以看出，修正对于 hh 和 vv 极化的影响也是有所不同的。hh 和 vv 极化时，斜率联合概率密度函数的修正因子都使得后向散射系数曲线整体向上平移，即使得后向散射系数增强，但曲线的斜率没有明显的变化，只是对 hh 的修正比较明显。

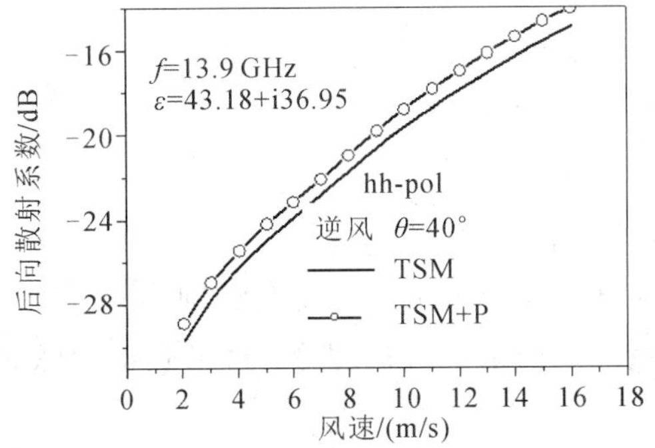

(a) hh极化

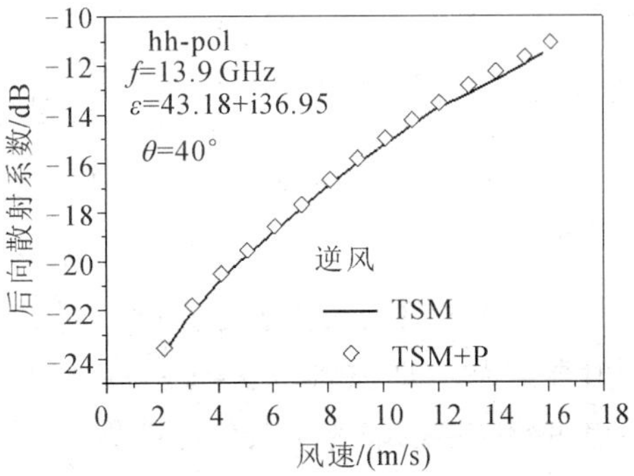

(b) vv极化

图 8.40　非高斯各向异性海面斜率联合概率密度的修正

5. 斜率修正

在式(8.185)和式(8.186)中，大尺度粗糙度的概率密度函数$P(z_x,z_y)$是一个未知函数，在以前的计算中一般都假设它近似服从 Gaussian 分布或 Weibull 分布等，但这些假设是否符合实际情况还有待于进一步的检验。既然可以数值构造出二维大尺度粗糙海面，那么就可以直接得到其斜率分量z_x和z_y。这里采用海浪波方程来模拟海面，分别对x和y求导，得

$$z_x(t)=-\sum_{n=1}^{N}a_n\frac{\omega_n^2}{g}\cos\theta_n\sin\left[\frac{\omega_n^2}{g}(\delta\cos\theta_n+y\sin\theta_n)-\omega_nt+\phi_n\right] \tag{8.219}$$

$$z_y(t)=-\sum_{n=1}^{N}a_n\frac{\omega_n^2}{g}\sin\theta_n\sin\left[\frac{\omega_n^2}{g}(\delta\cos\theta_n+y\sin\theta_n)-\omega_nt+\phi_n\right] \tag{8.220}$$

进一步用求和来代替式(8.185)和式(8.186)中的积分，并考虑遮挡效应，得

$$\sigma_{hh}^{0}(\theta_i)=c_{hh}(R_x)\cdot\frac{1}{M}\frac{1}{N}\sum_{m=1}^{M}\sum_{n=1}^{N}(\hat{\boldsymbol{h}}\cdot\hat{\boldsymbol{h}}')^4\sigma_{hh}(\theta_i')(1+z_x(x_m,y_n)\tan\theta_i)\cdot S^2(\theta_i) \tag{8.221}$$

$$\sigma_{\mathrm{vv}}^{0}(\theta_{\mathrm{i}})=c_{\mathrm{vv}}(R_{\mathrm{x}})\cdot\frac{1}{M}\frac{1}{N}\sum_{m=1}^{M}\sum_{n=1}^{N}(\hat{\boldsymbol{v}}\cdot\hat{\boldsymbol{v}}')^{4}\sigma_{\mathrm{vv}}(\theta_{\mathrm{i}}')(1+z_{x}(x_{m},\ y_{n})\tan\theta_{\mathrm{i}})\cdot S^{2}(\theta_{\mathrm{i}}) \tag{8.222}$$

式中，M 和 N 分别是海面在 x 和 y 方向离散的总点数，$S(\theta_{\mathrm{i}})$是用 Z-BUFFER 消隐算法数值计算的入射遮挡函数。由于计算的是后向散射系数，散射角等于入射角，所以散射遮挡等于入射遮挡，因而多了一个平方因子。

8.5.3 小擦地角海面的电磁散射的修正微扰法

实际中微起伏一般处于有一定曲率的曲面上，考虑曲率半径为 R，表面有微起伏的情形，如图 8.41 所示。假设入射点处粗糙面的曲率半径为 R。当 $R\to\infty$时，曲面变为平面，即退化到经典微扰法情形。

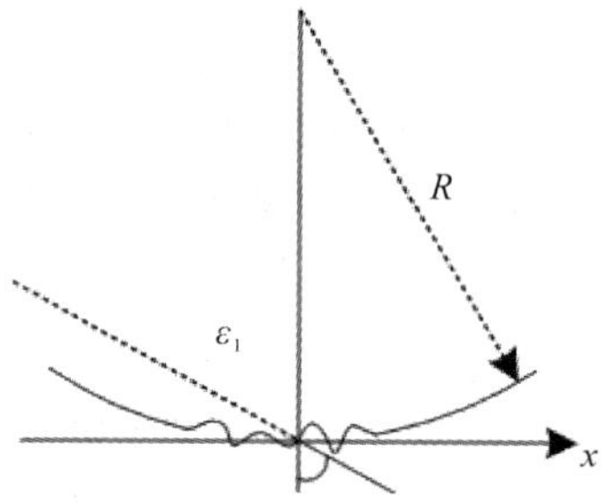

图 8.41 基于曲面的微粗糙面的电磁散射

设一入射平面波由上方介质 1 向下方介质 2 入射，两介质的介电常数分别为 ε_1 和 ε_2，入射余角为 α(即掠射角 $\alpha=(\pi/2)-\theta_{\mathrm{i}}$)。采用矢量的一阶散射近似理论，可以获得考虑曲率修正效应后的非相干散射截面为

$$\sigma_{\mathrm{rt}}=8k_1^4\cos^2\theta_{\mathrm{i}}\cos^2\theta_{\mathrm{s}}\,|\alpha_{\mathrm{rt}}|^2c_{\mathrm{rt}}(\alpha,\ k_1R)S(k_x+k_1\sin\theta_{\mathrm{i}},\ k_y)=c_{\mathrm{rt}}(\alpha,\ k_1R)[\sigma_{\mathrm{rt}}(\alpha)]_{R=\infty} \tag{8.223}$$

后向散射截面可以写为

$$\sigma_{\mathrm{rt}}^0=8k_1^4\cos^4\theta_{\mathrm{i}}\,|\alpha_{\mathrm{rt}}|^2c_{\mathrm{rt}}(\alpha,\ k_1R)S(2k_1\sin\theta_{\mathrm{i}})=c_{\mathrm{rt}}(\alpha,\ k_1R)[\sigma_{\mathrm{rt}}^0(\alpha)]_{R=\infty} \tag{8.224}$$

而$[\sigma_{\mathrm{rt}}(\alpha)]_{R=\infty}$和$[\sigma_{\mathrm{rt}}^0(\alpha)]_{R=\infty}$是不考虑曲率修正效应的微扰法结果。可见加上曲率修正的散射截面结果，即在原有散射截面公式的基础上乘上一个曲率修正因子 $c_{\mathrm{rt}}(\alpha,\ k_1R)$。后向散射可以表示为

$$c_{\mathrm{hh}}(\alpha,\ k_1R)=\frac{|q_1+q_2|^4}{|q_2A^*+q_1B^*|^4} \tag{8.225}$$

$$c_{\mathrm{vv}}(\alpha,\ k_1R)=\frac{|\varepsilon_1q_1+\varepsilon_2q_1|^4}{|\varepsilon_1q_2A^*+\varepsilon_2q_1B^*|^4} \tag{8.226}$$

而式(8.225)、式(8.226)中的 A、B 则可以分别表示为

$$A=\sqrt{\frac{\pi t}{2}}H_{1/3}^{(1)}(t)\exp\left[\mathrm{i}\left(\frac{5\pi}{12}-t\right)\right],\qquad t=\frac{1}{3}k_1R\frac{\sin^3\alpha}{\cos^2\alpha} \tag{8.227}$$

$$B=-\frac{\mathrm{i}}{3\cos^2\alpha}\sqrt{\frac{\pi}{2t}}[(1-3\mathrm{i}t\sin^2\alpha)H_{1/3}^{(1)}(t)+3tH_{1/3}^{(1)\prime}(t)]\exp\left[\mathrm{i}\left(\frac{5\pi}{12}-t\right)\right] \tag{8.228}$$

需要说明的是，以上的修正主要考虑了入射波对曲面的绕射效应，因此在大入射角入射时，计算精度得到了提高，但由于只是对曲率进行修正，并未考虑到多次散射等的影响，因此应用其解决低擦地角问题时仍有一定局限性。

为了验证考虑曲率修正效应的微扰法的准确性，我们将该方法与有关文献的散射测量结果做了比较。图 8.42 计算了实际裸土粗糙面的后向散射截面(hh 极化)，并与实验测量结果做了比较，其中 $f=8.91$ GHz。图 8.43 计算了实际海面的后向散射截面(hh 极化)，其中测试频率 $f=1.5$ GHz，均方根斜率为 0.12，$k_1\delta=0.13$，$k_1 l=2.0$，$\varepsilon_1=1$，$\varepsilon_2=(48.3, 34.9)$。该粗糙海面同样满足负幂指数功率谱，幂指数 $\gamma=0.75$，$S_0=2.1\times10^{-5}$。

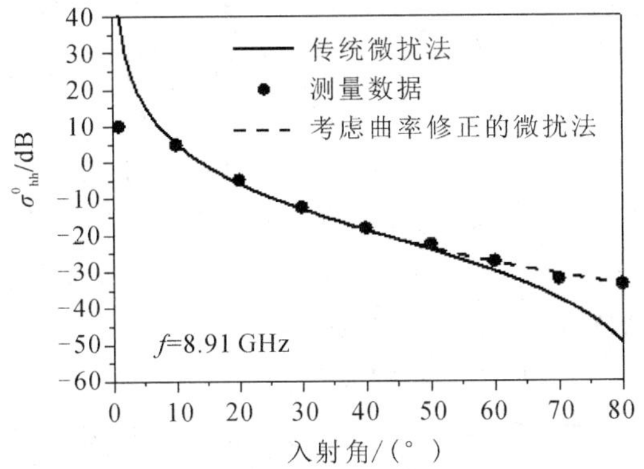

图 8.42　曲率修正的裸土后向散射截面

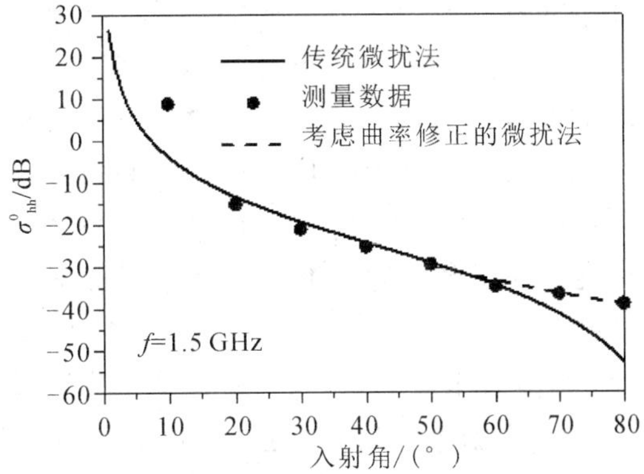

图 8.43　曲率修正的海面后向散射截面

对于自然背景中的粗糙面(如陆地、海面等)，其功率谱在主要频率范围内满足负幂指数规律：

$$S(f)=S_0 f^{-\gamma} \tag{8.229}$$

其中 S_0 为一常数，$S_0=3.5\times10^{-5}$，$\gamma=0.5$。从图 8.42 中可以看出，当入射角 $\theta_i\leqslant60°$ 时，采用传统微扰法和考虑曲率修正的微扰法所得结果基本一致。当入射角大于 20°时，传统的微扰法的结果在中等入射角($20°\leqslant\theta_i\leqslant60°$)范围内与实际测量结果吻合得较好；但在大入射角($\theta_i>60°$)入射时，传统的微扰法的结果与测量结果差别较大；而采用考虑曲率修正的微扰法进行计算时，无论是在中等入射角，还是在大入射角入射时，所得的结果与实际测量结果均吻合得很好。在采用曲率修正的微扰法时，取 $R/\lambda=20$。事实证明，当 $10\leqslant R/\lambda\leqslant60$ 时，均能获得与测量结果吻合较好的计算结果，而当 $R/\lambda>60$ 时，计算结果与实测结果有一定误差。

由图 8.43 可以看出，在入射角 $10°\leqslant\theta_i\leqslant50°$ 的范围内，采用传统的微扰法与实验测试结果有较好的吻合，而当入射角大于 50°时，采用传统的微扰法的结果与实验测量结果有较大误差。但是，若采用考虑曲率修正的微扰法进行计算，取 $R/\lambda=20$，无论是中等入射角($10°\leqslant\theta_i\leqslant50°$)，还是较大入射角($\theta_i>50°$)，计算结果与实测结果均吻合得很好。值得注意的是，在小入射角情况下，散射计算结果与测量结果相差较大，这是由于在入射角较小时，粗糙面低频分量所起作用较小，此时可采用基尔霍夫近似法来处理。

习　题

1. 等效介质理论一般基于长波长近似，如在第二章中假设雨滴尺寸分布模式满足 M-P

分布。常用水的介电常数公式由双 Debye 公式给出，其实部和虚部公式分别为

$$\varepsilon_r=\frac{\varepsilon_0-\varepsilon_1}{[1+(f/f_p)^2]}+\frac{\varepsilon_1-\varepsilon_2}{[1+(f/f_s)^2]}+\varepsilon_2,\quad \varepsilon_i=\frac{f(\varepsilon_0-\varepsilon_1)}{f_p[1+(f/f_p)^2]}+\frac{f(\varepsilon_1-\varepsilon_2)}{f_s[1+(f/f_s)^2]}$$

其中，$\varepsilon_0=77.66+103.3(\theta-1)$，$\varepsilon_1=5.48$，$\varepsilon_2=3.51$，$f_s=590-1500(\theta-1)$，$f_p=20.09-142.4(\theta-1)+294(\theta-1)^2$，$\theta=300/T$；$T$ 为温度(K)，f 为工作频率(GHz)，其适用频率范围为 0～1000 GHz。计算降雨率 R 为 1～4 mm/h 时雨滴的介电常数、雨介质的体积百分比，并基于二元等效介质理论，计算在毫米波段(3～8 mm)时的雨介质的等效介电常数。

2. 按双 Debye 模型计算温度为 20℃，盐度为 0.5‰时，频率为 0.5～100 GHz 海水的介电常数。

3. 一般来说土壤是由固体土壤、空气、自由水与结合水组成的四相混合物。定义土壤的湿度压缩点为 $Q_p=0.06774-0.00064\times S+0.00478\times C$，其中，$S$ 表示含沙量，C 是黏土含量，B_v 是土壤湿度，B_t 是过渡点湿度，孔率为 $p=1-(\rho_b/\rho_r)$，其中干土的密度 $\rho_b=3.455/R^{0.3018}$，$R=25.1-0.21\times S+0.22\times C$，$\rho_r$ 是岩石密度。由 8.1.2 节分别计算温度在 20℃，频率为 1.4 GHz 时粉质黏土($S=5.0\%$，$C=47.4\%$)、粉沙壤土($S=17.2\%$，$C=19.0\%$)、沙壤土($S=51.5\%$，$C=13.5\%$)的介电常数随含水量(0～0.4 g/cm^3)的变化，以及含水量为 0.3 g/cm^{3}时介电常数随频率(0.5～15 GHz)的变化。

4. 根据等效介质理论，获得不同频率下裸土、沙地、混凝土、沥青地的介电常数。假设各类地表遵循指数分布，具有给定的高度起伏均方根、相关长度和斜率均方根，分别利用微扰法(SPM)、基尔霍夫近似(KA)和改进型积分方程法(AIEM)计算单双站散射系数角分布。

5. 基于半空间粗糙面矢量辐射传输理论，导出典型地表体面复合电磁散射特性辐射输运方程的零阶解和一阶解。

6. 导出双层随机介质的矢量辐射传输方程的一阶解，分别计算微波段海冰、低矮植被单双站散射系数。

7. 风驱动二维海面的二维能量谱分布函数模型可以写成 $S(k,\phi)=S(k)G(k,\phi)$，其中：k 是波数；ϕ 表示波浪方向相对于水平方向 x 轴的夹角；$S(k)$是不考虑角度分布影响的一维海浪谱；$G(k,\phi)$是与波浪波数有关的角度分布函数，表示特定波数的海浪能量在不同方向的分布特征。典型海浪谱包括充分发展海面情况下的 PM 海浪谱、综合考虑风区和风时的未充分成长的 JONSWAP 海浪谱以及全波数 Elfouhaily 海浪谱等。例如 PM 谱为 $S_{PM}(\omega)=(\alpha g^2/\omega^5)\exp[-\beta(\omega_0/\omega)^4]$，其中 $\alpha=8.1\times10^{-3}$，$\beta=0.74$，g 为重力加速度，$g=9.8\ \text{m/s}^2$，$\omega_0=g/U$，U 表示高于海面 19.5 m 处的风速。计算不同参数情况下，PM 海浪谱模型，以及 JONSWAP 海浪谱和全波数 Elfouhaily 海浪谱波束模型。

8. 风驱动时变海面几何建模可以分别采用线性叠加法和线性滤波法。采用线性叠加法，海面上某一点高度可表示为

$$\xi(x,y,t)=\sum_{i=1}^{M}\sum_{j=1}^{N}\sqrt{2S(\omega_i,\phi_j)\Delta\omega_i\Delta\phi_j}\times\cos[\omega_i t-k_i x\cos\phi_j-k_i y\sin\phi_j+\phi_{ij}(\text{seed})]$$

其中，$S(\omega_i,\phi_j)$为基于海洋环境要素的海浪谱模型；初始相位 $\phi_{ij}(\text{seed})$满足 0～2π 之间的均匀分布；k_i、ω_i 和 ϕ_j 分别对应线性叠加中余弦波的波数、圆频率和方向角；常数 M、N 分别对应叠加波浪的频率和方向角上的采样点数。

线性滤波法也是将海面看作一系列不同谐波的叠加，实现的基本过程是利用傅里叶变换将高斯白噪声转化到频域，再用海浪谱对高斯白噪声进行滤波。对于任意时刻 t，任意坐标点 (x, y) 处海面波动起伏幅度值为

$$f(x, y, t) = \frac{1}{L_x L_y} \sum_{m_k=-M/2}^{M/2-1} \sum_{n_k=-N/2}^{N/2-1} F(k_{m_k}, k_{n_k}) \exp[-\mathrm{i}(k_{m_k} x + k_{n_k} y)]$$

海面每个点 (x, y, t) 的起伏高度可表示为

$$F(k_{m_k}, k_{n_k}, t) = 2\pi \cdot [L_x L_y S(k_{m_k}, k_{n_k})]^{1/2} \cdot \exp(i\omega_{m_k, n_k} t) \cdot \begin{cases} \dfrac{[N(0, 1) + \mathrm{i}N(0, 1)]}{\sqrt{2}} &, m_k \neq 0, \dfrac{M}{2}, \text{且 } n_k \neq 0, \dfrac{N}{2} \\ N(0, 1) &, m_k = 0, \dfrac{M}{2}, \text{或 } n_k = 0, \dfrac{N}{2} \end{cases}$$

其中，$x=(m-1)\Delta x$，$y=(n-1)\Delta y$，$m=1, 2, \cdots, M$，$n=1, 2, \cdots, N$；$N(0, 1)$ 为标准高斯随机数；$S(k_{m_k}, k_{n_k})$ 为海面功率谱，$k_{m_k}=2\pi m_k/L_x$，$k_{n_k}=2\pi n_k/L_y$，ω_{m_k, n_k} 可通过色散关系求得。假设风速为 4 m/s 和 7 m/s 时，分别利用线性叠加法与线性滤波法仿真生成海面，x 和 y 方向海面长度均为 128 m，剖分网格数取 256，面元剖分精度为 1 m×1 m。

9. 传统双尺度模型的后向散射系数计算公式可写为

$$\sigma_{\mathrm{hh}}^{0\mathrm{s}}(\theta_{\mathrm{i}}) = \int_{-\infty}^{\infty} \int_{-\cot\theta_{\mathrm{i}}}^{\infty} (\hat{\boldsymbol{h}} \cdot \hat{\boldsymbol{h}}')^4 \sigma_{\mathrm{hh}}^{1\mathrm{s}}(\theta_{\mathrm{i}}') P_\theta(z_x', z_y') \mathrm{d}z_x \mathrm{d}z_y$$

$$\sigma_{\mathrm{vv}}^{0\mathrm{s}}(\theta_{\mathrm{i}}) = \int_{-\infty}^{\infty} \int_{-\cot\theta_{\mathrm{i}}}^{\infty} (\hat{\boldsymbol{v}} \cdot \hat{\boldsymbol{v}}')^4 \sigma_{\mathrm{vv}}^{1\mathrm{s}}(\theta_{\mathrm{i}}') P_\theta(z_x', z_y') \mathrm{d}z_x \mathrm{d}z_y$$

其中，$P_\theta(z_x', z_y')$ 表示从入射方向看的起伏海面斜率概率分布，$\sigma_{pp}^{1\mathrm{s}}(\theta_{\mathrm{i}}')$ 为粗糙面一阶微扰法，$p=\mathrm{h}$、v，θ_{i}' 为本地入射角，$z_{x, y}$ 为海面斜率，$\hat{\boldsymbol{h}}$ 和 $\hat{\boldsymbol{v}}$ 均为极化矢量，风向与观察方向的夹角为 ϕ。在本地坐标系下，海面斜率为 $z_x'=z_x\cos\phi+z_y\sin\phi$ 和 $z_y'=z_y\cos\phi-z_x\sin\phi$。斜率概率密度函数为

$$P_\theta(z_x', z_y') = (1 + z_x \tan\theta_{\mathrm{i}}) P(z_x', z_y')$$

利用传统双尺度模型，计算不同海情下典型频率的海面后向电磁散射系数，并讨论传统双尺度模型的局限性。

10. 根据小擦地角海面电磁散射修正双尺度法，分别考虑遮蔽效应、曲率修正、对斜率联合概率密度的修正和海浪水平及垂直方向上的不对称性修正，计算不同风速风向下 L、S、X 和 Ku 频段海面后向电磁散射系数角分布。

11. 根据海面泡沫覆盖率与风速的关系，结合矢量辐射传输方程，研究海面与泡沫的体面复合散射，采用考虑泡沫存在下的修正双尺度方法计算风速在 5～10 m/s 范围内，S、X 和 Ku 频段的海面的后向散射系数角分布。

参考文献

[1] KERKER M. The scattering of light and other electromagnetic radiation [M]. New York: Academic Press. 1969.

[2] BOHREN C F, HUFFMAN D R. Absorption and scattering of light by small particles [M]. New York: Wiley, 1998.

[3] ISHIMARU A. Wave propagation and scattering in random media [M]. New York: Academic Press, 1978.

[4] 邹进上，刘长盛，刘文保. 大气物理基础 [M]. 北京：气象出版社，1982.

[5] ULABY F T, MOORE R K, FUNG A K. Microwave remote sensing: active and passive, volume I, microwave remote sensing fundamentals and radiometry [M]. Boston: Addison-Wesley, 1981.

[6] 赵振维. 水凝物的电波传播特性与遥感研究 [D]. 西安电子科技大学，2001.

[7] 韩一平. 椭球粒子对高斯波束的散射 [D]. 西安电子科技大学，2000.

[8] 李正军. 各向异性粒子系对平面波/高斯波束的散射 [D]. 西安电子科技大学，2012.

[9] EDMONDS A R. Angular momentum in quantum mechanics [M]. Princeton: Princeton University Press, 1957.

[10] MISHCHENKO M I, VIDEEN G, BABENKO V A, et al. T-matrix theory of electromagnetic scattering by particles and its applications: A comprehensive reference database [J]. Journal of Quantitative Spectroscopy & Radiative Transfer, 2004, 88(1): 357-406.

[11] CHEW W C, LU C C. The recursive aggregate interaction matrix algorithm for multiple scatterers [J]. IEEE Transactions on antennas and propagation, 1995, 43: 1483-1486.

[12] 白璐. 多粒子对高斯波束的相干散射[D]. 西安电子科技大学，2006.

[13] PURCELL E M, PENNYPACKER C R. Scattering and absorption of light by nonspherical dielectric grains [J]. The Astrophysical Journal, 1973, 186: 705-714.

[14] 黄朝军. 随机簇团粒子全极化电磁散射特性研究 [D]. 西安电子科技大学，2006.

[15] 李兴财. 小粒子电磁散射与沙尘暴微波遥感 [M]. 北京：电子工业出版社，2017.

[16] VAN DE HULST H C. Multiple lights scattering: tables, formulas and applications [M]. New York: Academic Press, 1980.

[17] 李亚清. 斜程湍流大气中部分相干波束的传输特性 [D]. 西安电子科技大学，2014.

[18] 张元元. 典型地表的电磁散射特性及其工程统计模型研究 [D]. 西安电子科技大学，2017.